BIM思维课堂

Revit建筑设计思维课堂

王君峰　娄琮味　王亚男　编著

机械工业出版社
CHINA MACHINE PRESS

《Revit 建筑设计思维课堂》是"BIM 思维课堂"系列图书中的 1 本，作者团队来自 BIM 应用一线，具有丰富的实战及管理经验，本书以建筑师和 BIM 专家的视角，通过建筑项目实践，全面讲解 Revit 以正向设计为目标的 BIM 工作流程，同时讲解了 Revit 中完成 BIM 信息协同与管理的相关知识。

全书分为 4 篇共 26 章。第 1 篇介绍了 BIM 的概念和应用，以及 Revit 软件的基本操作；第 2 篇和第 3 篇以带地下室的综合楼项目为核心案例，介绍如何在 Revit 中完成从零开始创建三维模型到生成施工图再到出图打印的全部正向设计过程；第 4 篇介绍模型管理、高级设计应用、三维协同设计、自定义族库及阶段管理的实战案例，更进一步掌握 Revit 中各种管理的技巧与方法，理解 BIM 的管理理念。

本书可作为建筑设计师、建筑设计相关专业学生和三维设计爱好者的自学用书，也可作为各大院校相关专业、相关培训机构的教材或参考用书。

本书采用互联网+实体书的形式进行发布。随书附带的多媒体教学内容，书中绝大部分操作都配有同步的教学视频，时长近 26 小时。同时为每一个操作提供了随书文件包，内容包括书中每个操作的全部项目操作过程文件及相关素材文件。教学视频以及随书文件以网络下载的方式提供，具体操作方法请通过微信扫描下方二维码，关注"影响思维讲堂"公众号，在"书籍服务中"单击"配套视频说明"即可查看相应的视频使用方法。

图书在版编目（CIP）数据

Revit 建筑设计思维课堂/王君峰，娄琮味，王亚男编著．—北京：机械工业出版社，2019.1（2023.8 重印）
（BIM 思维课堂）
ISBN 978-7-111-61789-1

Ⅰ.①R…　Ⅱ.①王…　②娄…　③王…　Ⅲ.①建筑设计-计算机辅助设计-应用软件　Ⅳ.①TU201.4

中国版本图书馆 CIP 数据核字（2019）第 007857 号

机械工业出版社（北京市百万庄大街 22 号　邮政编码 100037）
策划编辑：张　晶　责任编辑：张　晶　范秋涛
封面设计：张　静　责任校对：刘时光
责任印制：常天培
固安县铭成印刷有限公司印刷
2023 年 8 月第 1 版第 3 次印刷
210mm×285mm · 31.5 印张 · 1134 千字
标准书号：ISBN 978-7-111-61789-1
定价：129.00 元

凡购本书，如有缺页、倒页、脱页，由本社发行部调换

电话服务	网络服务
服务咨询热线：010-88361066	机 工 官 网：www.cmpbook.com
读者购书热线：010-68326294	机 工 官 博：weibo.com/cmp1952
010-88379203	金 书 网：www.golden-book.com
封面无防伪标均为盗版	教育服务网：www.cmpedu.com

书籍配套视频及素材使用说明

本书配套有软件操作章节的操作视频及操作过程素材文件，读者可免费查看本书的配套视频，并下载相应的过程操作文件，以便于学习和使用。

1. 使用微信扫描下方图1的二维码，或直接在微信中搜索“筑学Cloud”，添加“筑学Cloud”公众号。

2. 使用微信扫描下方图2的二维码，加入筑学云课程。

图1

图2

3. 扫描二维码之后如图3所示，查看用户协议并勾选，点击“注册”，进入“新用户注册”页面，如图4所示，填写登录名称及注册邮箱；点击“下一步”，如图5所示，填写真实姓名及手机号码；点击“设置密码”，如图6所示；设置密码后点击“完成”，返回“新用户注册”页面，点击“下一步”，成功加入筑学云，如图7所示。

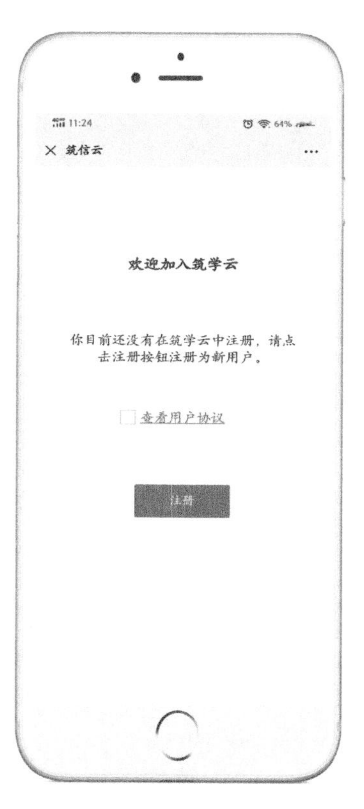

图3

图4

图5

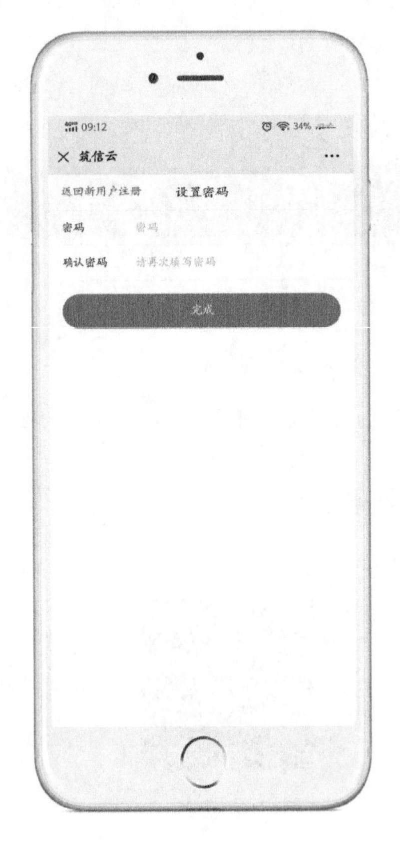

图 6

图 7

4. 在 Google chrome 浏览器输入 http：//www. zhuxuecloud. com/地址，如图 8 所示，通过微信扫描二维码登录。

5. 如图 9 所示，在微信端点击“同意”，允许微信账号进行网站登录。

图 8

图 9

6. 浏览器页面如图 10 所示。在任务学习页面中显示当前正在学习的课程，包括课程信息、学习进度、授课老师及课程版本。

图 10

作者序

BIM到今天，已经不再是发烧友的爱好了，而是成为了工程建设行业的一项必不可少的工作。同时，BIM也已经成为工程建设行业中创新管理、创新应用的代名词，不论智慧工地还是各大型项目的现场观摩会，BIM都会是重要的主题。

自我的上一本《Revit建筑设计火星课堂》出版以来，一晃居然已经过去了6年。在这期间我出了一本关于Navisworks的BIM管理的用书，一本用于大学BIM教育的《BIM导论》，再来看看这本Revit的教程，顿时有了很强的历史的即视感。于是决定对这本书进行重新编写。在一本已经成熟的书的知识体系下进行再次的突破与创新是一件很不容易的事。思考很久，我决定从以下几个方面来对本书进行更新调整。

第一，版本更新。虽然Autodesk保持着每年一次的Revit的版本更新，但这些更新并没有太大的功能性变化与调整，Revit的应用思路已经成型，不需要因为新版本中的几个新的功能而纠结。在我启动这本书的时候，那时候是Revit 2017版，而当我快结束这本书的时候，Revit已经发布到2019版，最终在视频录制时我决定仍然以2018版本作为主要的操作版本，一是2018版已经成熟稳定；二是也可避免过程数据文件因为软件版本带来的向下不兼容的问题。

第二，案例更新。这本书中仍然坚持了围绕一个案例完成正向设计的全部过程的方式。作为教材，它既不能太复杂，也不能太简单，同时还必须能尽量涉及Revit应用的各个方面。在多次比较之后，选择了本书的主案例综合楼项目。它既有裙楼，也有塔楼，同时还有一个地下室。由于前后各章操作关联性强，选择这种单一案例的方式会使写书的难度陡增。但为了能够让读者完成完整的正向设计过程，选择了这种近似折磨的方式来完成本书。

第三，方法更新。在今天BIM普及应用的背景下，正向设计与协同设计是BIM应用中非常重要的一环。因此在这本书中加强了对协同设计的应用。从标高轴网开始，就以协同设计的方式，引入结构专业的链接模型，同时考虑多专业协同时各专业模型的边界问题，来实现基于协同的正向设计过程。

第四，理念更新。虽然这是一本讲应用的书，但在整个操作过程中，已经将我这些年中所有总结的BIM相关的理论做了分解融入到书的操作过程中。包括建模规则的理解、BIM标准的理解、出图设置的理解等。读者应该能够体会到这些差异化的操作带来的对于BIM的信息管理的影响 。

第五，思维更新。这种更新更多地体现在与本书配套的视频当中。以前我会把正向设计过程看做是BIM的起源，对它关爱有加，但今天，我更愿意把它看做是满足管理要求的BIM工作流程中的一个环节。不论是正向设计也好，模型应用也好，都只是BIM管理应用中的一个子集。基于管理角度看待BIM的视角，决定了BIM的工作方法与思维。

第六，模式更新。经过和编辑的多次探讨，本书不再附带实体的光盘。一是本书视频与文件体量太大会导致无法使用光盘承载；二是越来越多的读者所使用的计算机已经不再具备光驱这一古老装置。本书采用互联网的形式提供本书中所需要的全部视频以及操作案例，可随时随地进行学习，也成为BIM教育领域里的一次新模式的探索。

本书分为四篇，共计26章。其中第一篇为第1~3章，主要介绍Revit的基础知识；第二篇为第4~13章，主要介绍Revit中的BIM模型设计过程；第三篇为第14~19章，主要讲解图纸正向深化设计；第四篇为第20~26章，主要讲解Revit的高级定制与管理应用。

本书的第4~13章的所有模型部分的内容由娄琮味负责编著，同时正是他不断地对模型进行优化与修改，并定义了几种漂亮的视图的展示样式，才让我们的BIM成果和书中的项目截图看起来如此赏心悦目。本书第14~20章由王亚男负责编著，这一部分是关于出图的部分以及族部分的内容，这也是实现BIM正向设计出图工作的最重要的部分。我本人负责编写其余的章节，并对第4~20章进行了修订与更正。时光荏苒，历经两年的辛苦编写，这本书终于能够付梓，让我们能够有机会看到这样一本关于Revit建筑设计应用的厚书，让我有机会可以把我们作者团队这十余年的BIM工作经验都集成在了这本厚厚的书里。

在这里，我必须首先要感谢我的家人，是家人的支持，才得以让我能够在这两年中可以心无旁骛地专心在Revit构建的BIM世界里，能够集中精力完成这项浩大的工程。本书的案例原型由昆明市建筑设计研究院股份有限公司项目经理、高级建筑师彭铸先生提供，他为我提供了一个医院的设计原型，为了写书方便，经过他本人同意，我将它做了适当的调整与改动。

同时，我还要感谢我的好友安利女士，是她帮助我设计了本书的LOGO及视频的片头。我的前同事程帅先生也参与了本书的前期策划过程及第3篇部分章节，并给出了很多宝贵的意见，在此对他对本书的支持一并感谢。

限于时间及作者水平有限，本书错误再所难免，还请读者不吝指正。

序 一

2004年，美国Autodesk公司推出“长城计划”的合作项目，与我国清华大学、同济大学、华南理工大学、哈尔滨工业大学四所在国内建筑业中有重要地位的著名大学合作组建“BLM-BIM联合实验室”，推广BIM，推广基于BIM技术开发的Revit软件，那时我国的BIM研究与应用刚刚起步。由上述四校教师联合编写出版的“BLM理论与实践丛书”包含以下四册书：《建设工程信息化导论》《工程项目信息化管理》《信息化建筑设计》《信息化土木工程设计》。这是国内第一批介绍BLM和BIM理论与实践的专著。十几年来，这四所学校持续不断推动BIM在我国的应用发展，培养了一批又一批的掌握BIM理论与技能的人员。

2018年1月1日，国家标准《建筑信息模型施工应用标准》正式实施，这也标志着我国BIM在施工领域中的应用有了自己的规范和标准要求。目前，BIM正在如火如荼地在我国的工程建设各领域中开展着，已经涵盖了从前期策划到设计、施工、运维等建筑全生命周期的方方面面，基于BIM的信息化建设已成为当前行业的新的热点。各个省份也纷纷制定BIM的地方标准以推动BIM在本省内的应用。有些省份如四川省已要求在建设全过程咨询的项目中，引入BIM管理平台，协助完成项目的管理。

装配式建筑的发展更进一步带动了BIM的应用，BIM已经成为装配式建筑管理环节中必不可少的手段。BIM发展到今天，已经成为推动建筑业发展、促进建筑业发生革命性变化的重要理念，并催生了如4D-BIM（3D-BIM＋施工模拟）、5D-BIM（4D-BIM＋成本管理）、6D-BIM（5D-BIM＋智能信息管理）等许多新技术、新方法。

因此，为了用好这些基于BIM的新技术、新方法，或者进行基于BIM进行建筑业信息化建设，都需要大量合格的BIM人才。而有关BIM的教育培训在近几年来非常火爆，从培训到考试、认证等多种形式的人才培训体系正在各地开花结果。在各种培训中，BIM软件的操作技能是每个希望从事BIM的人都必须掌握的技术。可以说，利用BIM软件完成BIM模型和信息的创建，从而形成完整的BIM模型，是应用诸如nD－BIM等各种新技术、新方法的基础。

在众多创建BIM模型的软件中，Autodesk公司的Revit软件在我国的市场占有率是最高的，其应用也非常广泛。它不仅被广泛地应用在设计环节中，用于完成多专业三维协同的正向设计工作，还更广泛地被应用在施工环节中，成为各大总承包单位有效协调现场工作的强大工具。BIM 在刚刚建成通车的港珠澳大桥建造过程中大放异彩，创新性地利用 BIM 技术完成了桥梁及海底隧道以及东西两个人工岛的全部工程，并将其所有设计信息、施工信息都集成到应用 BIM 进行运维管理的环节中，实现机电自控与 BIM 模型的无缝整合，而这些 BIM 模型和信息全部采用 Revit 工具来进行创建。

我很荣幸受邀为本书写序。本书的作者长期在一线从事 BIM 推广工作，在本书中就反映出其对 BIM 的体系有比较完整而深刻的理解。本书中对 BIM 基础创建和正向设计，以及对 BIM 数据的管理都做了细致、详实的讲解，文字阐述也深入浅出、通俗易懂。

BIM 仍然在不断发展中，这种发展过程难免会出现一些问题，新生事物在发展过程中总会经历不断完善的过程。只要认准 BIM 是未来建筑业发展的新理念，就踏踏实实地选择一本 BIM 的入门书籍来学习吧。开始 BIM 成功之旅，那就从这一本开始吧。

李建成
华南理工大学建筑学院
2018 年 11 月

序 二

住房和城乡建设部印发的《关于印发建筑业发展“十三五”规划的通知》（建市［2017］98号）中要求：“加快传统建筑业与先进制造技术、信息技术、节能技术等的融合，以创新带动产业结构调整和转型升级……加快推进建筑信息模型（BIM）技术在规划、工程勘察设计、施工和运营维护全过程的集成应用，支持基于具有自主知识产权三维图形平台的国产BIM软件的研发和推广使用。”

由此可以看出，“建筑信息模型（BIM）技术”将成为未来传统建筑业乃至整个工程建设行业与信息技术结合，实现产业结构调整和转型升级的重要手段和发展方向。

我们中国建筑设计研究院有限公司认为BIM技术将改变工程建设行业的生产方式、管理方式和消费方式，将成为传统工程建设行业与互联网、大数据、云计算等信息技术相结合的重要入口。我院以BIM设计研究中心团队（现独立为中设数字技术股份有限公司）为龙头，多年来通过北京城市副中心北京市政府和委办局办公楼BIM设计项目、雄安新区市民服务中心BIM设计项目、中国移动国际信息港BIM设计项目等大量工程项目的BIM正向设计应用，已经在部分团队、部分项目中实现了全员、全专业、全过程BIM正向设计（替代了传统CAD设计），同时为我院培养了大批BIM设计工程师，为我院未来的企业转型升级起到了重要的促进作用。

在实践与推广的过程中，我们也深深感到BIM教育与培训对产业发展带来的重大作用。每个从事BIM工作的团队，都必须要从基础的BIM工具的使用起步。

本书以一栋医院建筑为项目案例，以BIM正向设计流程为主线，详细讲解了Revit软件从基础模型创建到打印出图设计全过程中的使用方法和技巧。

本书作者王君峰，集以往10多年的欧特克Revit等系列软件的销售、培训经验，大量BIM工程项目咨询经验，以及多年的超过10本BIM系列教程撰写经验为一身，相信本书一定能成为广大建筑师、BIM咨询工程师、建筑专业院校学生和讲师等学习、传授BIM设计方法的必备工具用书，从而也必将为我国建筑业乃至整个工程建设行业未来BIM技术的推广普及应用、为整个行业的产业结构调整和转型升级起到重要的促进作用。

秦　军
中设数字技术有限公司 副总经理
中国建筑设计研究院有限公司 BIM设计研究中心副主任
2018年11月10日

前 言

本书采用互联网的形式提供本书中所需要的全部视频以及操作案例，可随时随地进行学习，也成为 BIM 教育领域里的一次新模式的探索。

本书分为四篇，共计 26 章。其中第一篇为第 1 ~ 3 章，主要介绍 Revit 的基础知识；第二篇为第 4 ~ 13 章，主要介绍 Revit 中的 BIM 模型设计过程；第三篇为第 14 ~ 19 章，主要讲解图纸正向深化设计；第四篇为第 20 ~ 26 章，主要讲解 Revit 的高级定制与管理应用。

本书第 4 ~ 13 章的所有模型部分的内容由娄琮味负责编著，同时正是他不断地对模型进行优化与修改，并定义了几种漂亮的视图的展示样式，才让我们的 BIM 成果和书中的项目截图看起来如此赏心悦目。本书第 14 ~ 20 章由王亚男负责编著，这一部分是关于出图的部分以及族部分的内容，这也是实现 BIM 正向设计出图工作的最重要的部分。我本人负责编写其余的章节，并对第 4 ~ 20 章进行了修订与更正。

时光荏苒，历经两年的辛苦编写，这本书终于能够付梓，能够让我们有机会看到这样一本关于 Revit 建筑设计应用的厚书，让我有机会可以把我们作者团队这十余年的 BIM 工作经验都集成在了这本厚厚的书里。

在这里，我必须首先要感谢我的家人，是家人的支持，才得以允许我能够在这两年中的假期可以心无旁骛地专心在 Revit 构建的 BIM 世界里，能够集中精力完成这项浩大的工程。本书的案例原型由昆明市建筑设计研究院股份有限公司项目经理、高级建筑师彭铸先生提供，他为我提供了一个医院的设计原型，为了编写方便，经过他本人同意，我将它做了适当的调整与改动。同时，我还要感谢我的好友安利女士，是她帮我设计了本书的 LO-GO 以及视频的片头。

限于时间及作者水平有限，本书错误再所难免，还请读者不吝指正。

第1篇 Revit基础

BIM（Building Information Modeling）的出现是迄今为止工程建设行业正在发生的最重要的一次产业革命。自21世纪初在国内引入BIM（建筑信息模型）概念以来，BIM已经成为目前工程建设行业信息化领域乃至工程管理领域中重要的议题。Autodesk推出的以BIM为理念的三维参数化软件Revit更是已经成为事实上国内最为流行的BIM工作平台。随着近几年BIM应用的高速发展，Revit已成为当今国内应用最为广泛的BIM模型和信息创建软件，被广泛应用在工程设计、工程施工等工程全过程中。

本篇将介绍BIM的概念及应用，以及Revit软件的基本操作。理解Revit操作的基本概念与方法，是学习和掌握Revit的基础。同时，也是理解BIM应用的入门与基础。

第1章 BIM与Revit概述

BIM 是当前工程建设行业中最炙手可热的技术，BIM 技术正在以破竹之势在工程建设行业中引起一场信息化数字革命。2015 年6 月16 日，住房和城乡建设部印发《关于推进建筑信息模型应用的指导意见》的通知，对 BIM 技术在设计、施工及运维等各领域的应用提供指导意见。作为当前国内应用较为广泛的 BIM 创建工具之一，Revit 系列软件是由全球领先的数字化设计软件供应商 Autodesk（欧特克）公司，针对工程建设行业开发的三维参数化 BIM 软件平台。目前 Revit 平台支持建筑、结构、机电（包含暖通、给水排水、电气等专业），横跨设计、施工、运营维护等建筑全生命周期各个阶段，以满足工程建设行业中各专业各阶段的应用需求。

本书将以 Revit 2017 为基础，以建筑工程师为视角，介绍 Revit 软件在建筑设计中应用的方方面面，以期让读者掌握这一划时代的三维参数化设计工具的使用方法。由于 Revit 软件功能具有一定的版本延续性，如无特别说明，本书中介绍的所有技巧均适用于 Revit 2017 或更新的 Revit 版本中，并且许多方法与技巧也与 Revit 的结构及机电模块通用。

本章将介绍 BIM 的概念及意义，了解 BIM 软件体系，掌握 Revit 的基本知识与概念，学习 Revit 软件的基本操作。学习完本章，可以理解 BIM 的概念以及 Revit 在 BIM 体系中的作用与价值，并理解三维参数化工具带来的工作方式的变革。

1.1 建筑信息模型与 Revit

BIM 全称为 Building Information Modeling，其中文含义为“建筑信息模型”，该概念最初由乔治亚理工大学教授，被称为“BIM 之父”的 Chuck Eastman 于 1975 年提出。Chuck Eastman 在 AIA 发表的论文中提出了一种名为 Building Description System（BDS，建筑描述系统）的工作模式，该模式中包含了参数化设计、由三维模型生成二维图纸、可视化交互式数据分析、施工组织计划与材料计划等功能。各国学者围绕 BDS 概念进行研究，后来在美国将该系统称为 Building Product Models（BPM，建筑产品模型），并在欧洲被称为 Product Information Models（PIM，产品信息模型）。经过多年的研究与发展，学术界整合 BPM 与 PIM 的研究成果，提出 Building Information Model（建筑信息模型）的概念。1986 年由现属于 Autodesk（欧特克）研究院的 Robert Aish 最终将其定义为 Building Modeling（建筑模型），并沿用至今。从 BIM 的发展历史可以看到，BIM 经历了由最初关注于建筑模型，到关注于建筑模型和建筑信息，再到变为 BIM 方法的认识历程。目前公认的 BIM 解释为：BIM 是以三维数字技术为基础，集成了各种相关信息的工程数据模型，可以为设计、施工和运营提供相协调的、内部保持一致的并可进行运算的信息并进行管理的过程。麦格劳-希尔建筑信息公司对建筑信息模型的定义为：创建并利用数字模型对项目进行设计、建造及运营管理的过程。即利用计算机三维软件工具，创建包含建筑工程项目中完整数字模型，并在该模型中包含详细工程信息，能够将这些模型和信息应用于建筑工程的设计过程、施工管理及物业和运营管理等全建筑生命周期管理（BLM：Builidng Lifecycle Management）过程中。这是目前较为全面、完善的关于 BIM 的定义。

1.1.1 BIM 概念及其在中国的发展历程

“甩图板”是中国工程建设行业（AEC：Architecture、Engineering、Construction）20 世纪最重要的一次信息化过程。通过“甩图板”，实现了工程建设行业由绘图板、丁字尺、针管笔等手工绘图方式提升为现代化的、高效率、高精度的 CAD（Computer Added Design，计算机辅助设计）制图方式。以 AutoCAD 为代表的 CAD 类工具的普及应用以及以 PKPM、Ansys 等为代表的 CAE（Computer Added Engineering，计算机辅助分析）工具的普及，极大地提高了工程行业制图、修改、管理效率，极大提升了工程建设行业的发展水平。

然而工程建设项目的规模、形态和功能越来越复杂。高度复杂化的工程建设项目，再次向以 AutoCAD 为主体的以工程图纸为核心的设计和工程管理模式提出了挑战。随着计算机软件和硬件水平的发展，以工程数字模型为核心的全新的设计和管理模式，逐步走入人们的视野，于是以 BIM 理解为核心的软件和方法开始逐渐走进工程领域。

2002 年，Autodesk（欧特克）以 1.33 亿美金收购 BIM 参数化设计软件公司 Revit Technology（Revit 技术公司），并于 2004 年在中国发布 Autodesk Revit 5.1 版，BIM 概念开始随之引入中国。事实上，最初引入中国的 BIM 的全称为“Building Information Model”，即利用三维建筑设计工具，创建包含完整建筑工程信息的三维数字模型，并利用该数字模型由软件自动生成设计所需要的工程视图，并添加尺寸标注等，使得设计师在设计的过程中，可以在直观的三维空间中观察设计的各个细节，特别是对于形态复杂的建筑设计来说，无论其直观的表达还是其高效、准确的图档，其效率的提升不言而喻。希望用 Revit 的三维设计方法取代 AutoCAD 完成设计需要的平面、立面、剖面、详图大样等施工图纸，其主要目的为强调可以创建带有建筑信息的三维模型软件，用于区分 Revit 与 AutoCAD。后来，随着对 BIM 理解的加深，Autodesk 将国内的 BIM 概念开始演变为“Building Information Modeling”，即将“BIM”手段作为一种工程方法在工程领域中应用。除强调三维参数化的功能外，人们越来越多的发现 BIM 可以应用在工程的设计、施工、运维等各个阶段，成为名副其实的革命性工程管理方法。

2011 年，住房和城乡建设部印发《2011—2015 年建筑业信息化发展纲要》，在该纲要中，明确提出“加快建筑信息模型（BIM）等新技术在工程中的应用；推动基于 BIM 技术的协同设计系统建设与应用”，这是 BIM 作为建筑行业的新技术第一次出现在住建部官方文件中。

2014 年，住房和城乡建设部印发《关于推进建筑业发展和改革的若干意见》，在该意见中，再次提及“推进建筑信息模型（BIM）等信息技术在工程设计、施工和运行维护全过程的应用，提高综合效益”。第一次明确了 BIM 技术可以应用在设计、施工和运行维护的建筑全生命周期过程中。这是国内 BIM 领域发展和应用的一次重要的推进，也由此引爆了国内 BIM 推广和发展的热潮。上海、广东、北京、陕西等多地相关政府部门推出 BIM 发展的相关意见，极大地促进了 BIM 的应用。因此，有人将 2014 年称之为“中国 BIM 元年”。

2015 年，住房和城乡建设部印发《关于推进建筑信息模型应用的指导意见》，指导意见中明确提出“到 2020 年末，建筑行业甲级勘察、设计单位以及特级、一级房屋建筑工程施工企业应掌握并实现 BIM 与企业管理系统和其他信息技术的一体化集成应用。到 2020 年末，以下新立项项目的勘察设计、施工、运营维护中，集成应用 BIM 的项目比率达到 90%：以国有资金投资为主的大中型建筑；申报绿色建筑的公共建筑和绿色生态示范小区”。该文件除了明确了 2020 年末 BIM 要达到的应用范围外，同时还进一步明确了 BIM 属于“与企业管理系统集成应用”的目标，明确了 BIM 的过程管理特征。笔者认为，该指导意见是对 Building Information Modeling 的一次完全正确的解读。更进一步推动了各省各地区的 BIM 联盟等组织，推进 BIM 的发展。

目前，国内已经有包括中国建筑设计研究院、北京市建筑设计研究院等大型设计企业掌握了在设计过程中应用 BIM 技术的能力。而包括中建三局、中建五局、中铁建工集团等国内大型工程总承包企业也掌握了在施工过程中应用 BIM 技术的能力，并在上海中心、中国尊等项目中进行了全面的应用。如图 1-1 所示，为中国第一高楼上海中心项目在设计阶段使用 BIM 技术进行多专业协同设计过程。

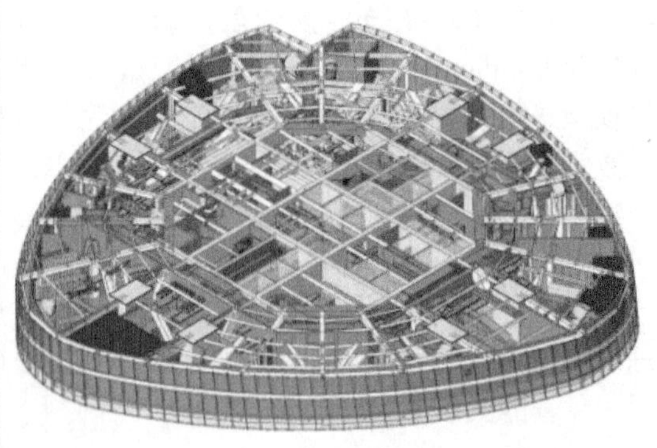

图 1-1

利用 BIM 工具完成三维 BIM 模型后，利用 BIM 模型的三维可视化特性可以完成建筑效果渲染、漫游动画等建筑工程表现，其主要应用领域在于民用建筑设计和施工企业。如图 1-2 所示，在 Revit 等 BIM 工具中可以对工程项目进行直观、真实的表达。

同时能够基于 BIM 模型进行结构分析以及建筑绿色性能分析等分析工具的出现和完善，更进一步使复杂空间结构、绿色建筑成为可能。2010 年上海世博会带给世人的建筑盛宴中，世博演艺中心、德国馆、上海案例馆、国家电力馆等多个项目均在 BIM 技术的支持下，得以顺利完成，如图 1-3 所示。

图 1-2

图 1-3

利用 BIM 模型的信息可共享的特性，结合相应的模拟、分析，可完成绿色建筑、结构分析等工程应用。其主要应用领域已经跨越最初的民用建筑工程项目，而进入工业建筑、水利水电等多个工程设计领域。通过三维信息模型的应用，减少设计错误，提升设计效率，保障工程质量。其用户主要在设计企业。

除在设计过程中利用 BIM 技术完成设计之外，BIM 技术越来越多地应用于施工过程中，解决重点部位、复杂节点的施工方案问题。图 1-4 所示为在某口岸项目施工过程中利用 Revit 完成的局部施工支撑型钢组合体系方案，用于施工方案展示与审查。

随着 BIM 系列软件工具的不断完善与发展，BIM 技术已经不仅在建筑工程设计的过程中用于绘制完成施工图纸，而是可以使用创建与施工现场完全一致的完整三维工程数字模型，并可以利用 Autodesk Navisworks 等模型管理工具完成管线与结构之间、管线与管线之间的碰撞冲突检测，使得在项目实施前即可发现工程中存在的问题，节约工程项目投资，确保项目进度。图 1-5 所示为利用 Navisworks 工具对工程中机电管线存在的冲突进行查看与分析，以期在 BIM 模型中提前对施工中可能存在的风险进行分析。

图 1-4

图 1-5

目前越来越多的施工方和业主也开始逐渐引入 BIM 技术，并将其作为重要的信息化技术手段逐步应用于企业管理中。中国建筑总公司已经明确提出要实现基于 BIM 的施工招标投标、采购、施工进度管理，并积极投入研发基于 Revit 系列数据的信息管理平台。与此同时，各大软件厂商也在积极提出 BIM 管理的解决方案和相关管理信息系统。此时的 BIM 含义已延伸为：Building Information Modeling，即不仅仅是包含建筑信息的模型，而是围绕建筑工程数字模型和其强大、完善的建筑工程信息，形成工程建设行业建筑工程的设计、管理和运营的一套方法。BIM 方法体现了工程信息的集中、可运算、可视化、可出图、可流动等诸多特性。因此，才会有麦格劳-希尔建筑信息公司对建筑信息模型的定义。这也真正反映了 BIM 这一革命性信息化管理手段的真面目。

从 Building Information Model 到 Building Information Modeling，从 BIM 概念引入中国到当前蓬勃发展，只用了

10多年的时间。试想一下，当创建完成BIM模型后，设计方可以利用该模型完成施工图纸的绘制、利用BIM模型的碰撞检查功能确保工程设计质量；施工企业在管理系统中导入BIM模型后，得出施工材料量，并根据施工进度得出每个阶段的资金预算；业主能够在工程设计阶段完整了解和模拟工程使用的状况，利用BIM模型进行施工进度和工程质量管理，利用BIM模型在后期物业运营时用于物业的管理，时刻跟进建筑工程中设备、管线的变化。BIM技术让这一切都不再是梦想。目前中国的BIM标准和规范也已经在制定之中，相信随着越来越多的人加入到BIM行列，BIM这一革命性的方法注定会改变整个工程建设行业的管理模式。

随着对BIM应用的逐步深入的理解，对于BIM的认知也在不断改进和深入。目前，已提出BIM 1.0，BIM 2.0，BIM 3.0及BIM+等观点。限于篇幅，本书不再深入讨论。读者可自行查阅相关文献进行了解。

1.1.2 BIM相关工具

BIM将涉及工程项目的全生命周期管理的各个阶段，如图1-6所示。在工程项目全生命周期管理中，根据不同的需求可划分为BIM模型创建、BIM模型共享和BIM模型管理三个不同的应用层面。BIM模型创建是利用BIM创建工具创建包含完成信息的三维数字模型。BIM模型共享是指将所创建的BIM模型集中存储于网络中云服务器上，利用Autodesk BIM 360、云立方等云数据管理工具管理模型的版本、人员的访问权限等，以方便团队中不同角色的人员对数字工程模型进行浏览。BIM模型管理是在BIM数字模型基础上，整合并运用BIM模型中的信息，完成施工模拟、材料统计、进度管理、造价管理等。由于专业的复杂性，不同的阶段需要不同的BIM工具。例如，利用Autodesk Revit软件创建BIM模型，使用Autodesk Navisworks等工具进行冲突检测、施工进度模拟等管理应用，利用BMgo管理系统管理BIM数据的共享方式。

图1-6

目前市场上能够真正意义上提供创建BIM模型的工具主要有Autodesk Revit系列、Gehry Technologies基于Dasault Catia的Digital Project（简称DP）、Bentley Architecture系列、Graphisoft（已被德国Nemetschek AG收购）的ArchiCAD等。使用这些工具不仅可以创建完整的建筑信息模型，这些工具还内置了施工图绘制、协同设计等针对创建、设计用户的工具，实现施工图纸的设计。其中在国内知名度最高、应用最广的即为Autodesk Revit系列工具。

Revit最早是美国一家名为Revit Technology公司于1997年开发的三维参数化建筑设计软件。Revit的原意为：Revise immediately，意为“所见即所得”。2002年，美国Autodesk公司以1.33亿美元收购了Revit Technology，Revit正式成为Autodesk BIM产品线中的一部分。经过多年的开发，已发展成为包含建筑、结构、机电等多专业的BIM工具，并横跨设计、施工、运维多个阶段，成为全球知名的三维参数化BIM平台，也是国内应用最为广泛的BIM数据创建平台。

Revit系列软件中，针对广大设计师和工程师开发的三维参数化建筑设计软件。利用Revit可以让建筑师在三维设计模式下，方便地推敲设计方案、快速表达设计意图、创建三维BIM模型，并以BIM模型为基础，得到所需的建筑施工图档，完成概念到方案，最终完成整个建筑设计过程。由于Revit功能强大，且易学易用，目前已经成为国内使用最多的三维参数化建筑设计软件。目前，在国内已经成为数百家大中型建筑设计企业、工业设计企业、总承包企业首选的BIM工具，并在数百个项目中发挥了重要作用。Revit已经历了近20次版本更新和升级，其软件名称也由过去的Revit、Revit Building，到后来发展为分别针对建筑、结构、机电专业的Revit Architecture、Revit Structure和Revit MEP，自2014版开始，再次重新将Revit Architecture、Revit Structure和Revit MEP的功能整合为Revit直到现在。目前的最新版本已更新为2017版。相信随着时间的推移，Autodesk还将推出功能更加丰富的Revit版本。

Revit是标准的Windows系统应用软件。目前Revit 2017软件支持64 bit的Windows 7 SP1、Windows 8.1、Windows 10系列操作系统，不再支持32 bit的系统版本，还请各位读者在安装时确认Revit所需要的系统版本，以便于正确安装和使用。

> **提 示**
>
> 关于 Revit 的系统需求和详细安装过程，请参见本书附录一。

Revit 是开放的 BIM 平台，支持完全开放的 API，以方便用户在 Revit 平台基础上通过软件二次开发生成独特的应用程序，极大地提高 Revit 的使用效率。例如，一款名为模术师的软件可以在 Revit 平台上提供基于二维 CAD 图纸快速生成三维 BIM 模型的功能，并提供多达一百项效率提升工具，方便用户对 BIM 模型进行创建和修改。

本书将以建筑专业为基础，详细介绍如何使用 Revit 创建完整建筑专业 BIM 模型，并利用 Revit 完成施工图档的创建，实现三维协同设计。Revit 中除完成 BIM 模型创建外，还带有部分 BIM 管理功能，在本书第四篇中将分别介绍这些功能。

1.1.3 Revit 的应用领域

Revit 系列工具是以 BIM 为核心的三维建筑设计工具。除可以建立真实的三维 BIM 模型外，还可以在 Revit 中生成图纸、表格和工程量清单等信息。由于所有这些信息都来自于 BIM 模型，所以当发生设计变更时，Revit 会自动更新所有相关信息（所有图纸、表格、工程量清单等）。图 1-7 中，是在 Revit 中创建的设计的项目情况，可以在 Revit 中同时查看该项目的三维视图、平面图纸、统计表格和剖面图纸。Revit 会把所有这些内容都自动关联在一起，并存储在同一个项目文件中。

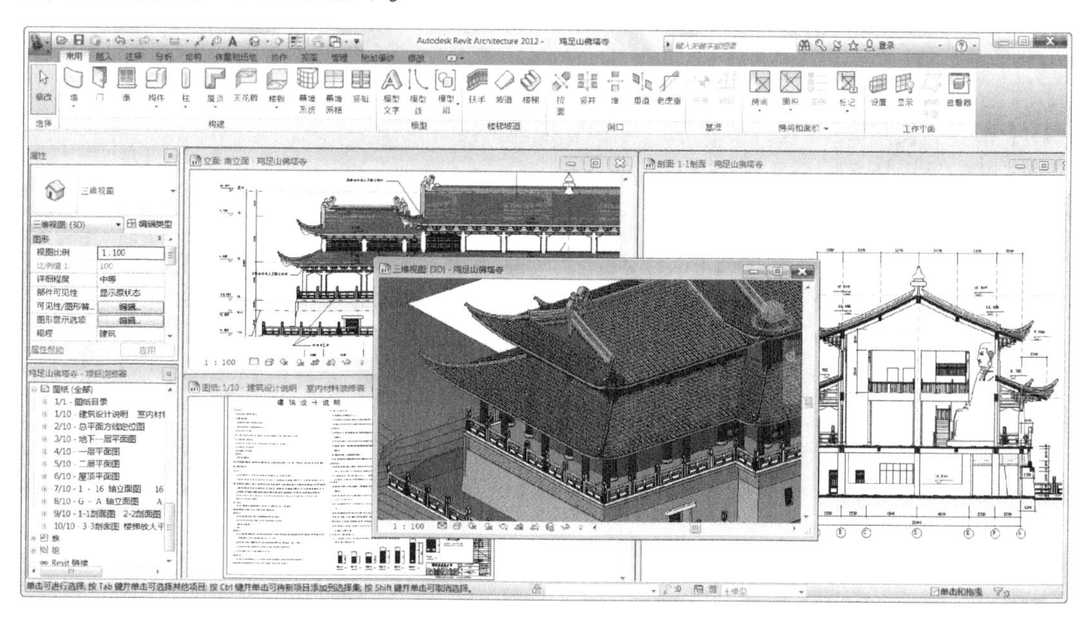

图 1-7

由于 BIM 模型将反映完整的项目设计情况，BIM 模型中构件模型可以与施工现场中的真实构件一一对应。可以通过 BIM 模型发现项目在施工现场中出现的错、漏、碰、缺的设计错误，从而提高设计质量，减少施工现场的变更，降低项目成本。正因 BIM 在工程建设中有如此巨大的效益，越来越多的设计企业和业主利用 BIM 来保障设计质量，降低项目变更成本。图 1-8 显示了在 Revit 中发现空调管线与结构梁的干涉情况。

图 1-8

提示

除可在 Revit 中直接进行项目协调和查看外，还可以利用 Autodesk Navisworks 进行更高级的项目协调与管理。

由于在进行工程项目设计时，将会由包括建筑、结构、机电等多个专业、多个设计人员共同设计完成。在目前各专业均以 AutoCAD 等二维图纸的方式进行设计时，很难检查出潜在的设计问题。目前看来 BIM 是彻底解决这个问题的最有效的方法。

Revit 适用于各行业的建筑设计专业。例如，在民用建筑设计中，可以利用 Revit 完成建筑专业从方案、扩初至施工图阶段的全部设计内容。除民用建筑行业外，Autodesk Revit 越来越多的应用于工厂、市政、水利水电等 EPC 及设计企业中。

在水利水电行业，利用 Revit 强大的参数化建模功能，可以方便建立厂房专业所需的三维厂房模型，并生成所需要的设计图纸。图 1-9 所示为水电站厂房模型局部三维视图。

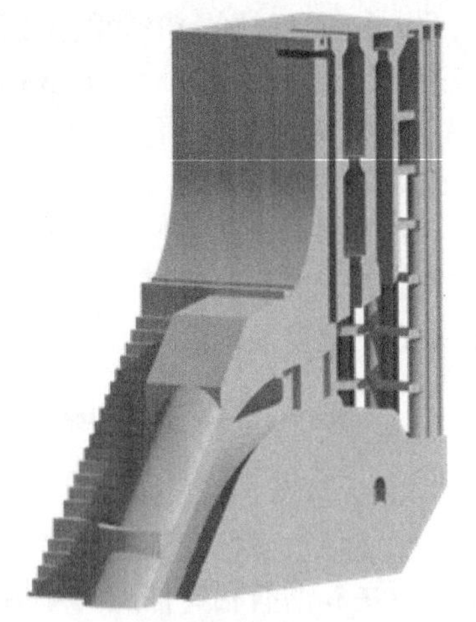

图 1-9

利用 Revit 平台各专业软件间的强大数据互通能力，可以轻松实现多专业三维协同设计。图 1-10 所示为利用 Revit 设备管线功能基于三维协同设计模式创建水电站厂房内部机电设计模型，在设计过程中，使用 Revit 的机电工程师直接链接导入由土建工程师使用创建的厂房模型，实现三维协同设计。并最终由机电工程师利用 Revit 软件的视图和图纸功能完成水电站设计所需要的机电施工图纸。

在工厂行业，可以利用 Revit 系列分别创建工厂的建筑、结构、工艺设备、管线模型，完成完整的数字工厂设计，如图 1-11 所示为使用 Revit 设计的工业厂房 BIM 模型的内部视图。

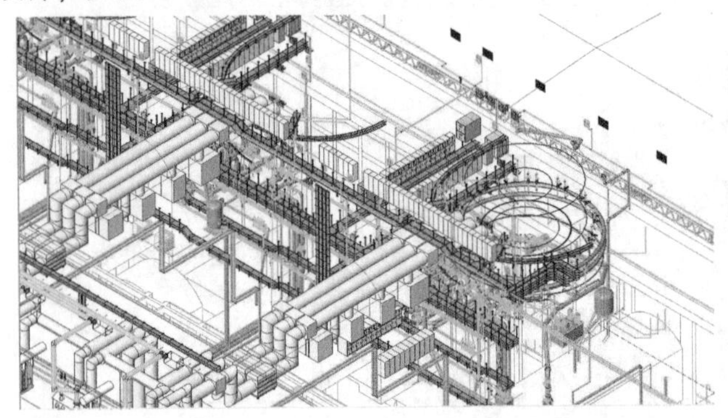

图 1-10

图 1-11

提示

本书在后面将介绍如何利用 Revit 创建工业建筑的流程。图 1-8 与图 1-9 中所示的管线由基于 Revit 平台的 Revit 创建。

Revit 还越来越多地应用在桥梁、隧道、地铁等交通工程领域中。图 1-12 所示为使用 Revit 创建的跨海大桥的部分。利用该模型可以对大桥的设施、设备进行精确的统计与管理。目前，Revit 已经成为事实上使用最为广泛的 BIM 平台。

图 1-12

利用 Revit 强大的参数化建模能力、精确统计及 Revit 平台各专业软件间的优秀协同设计、碰撞检查功能，Revit 系列在民用及工厂设计领域中，已经被越来越多的民用设计企业、专业设计院、EPC 企业采用。本书将主要以 Revit 在民用建筑设计过程中的应用为基础，学习 Revit 的各项基本操作，并掌握在 Revit中完成 BIM 模型创建及完成建筑设计的过程。由于 Revit 中各模块操作的一致性，理解这些操作后，也将帮助读者理解 Revit 其他各模块的使用方法。

1.2 Revit 基础

“读万卷书，行万里路”，学习和掌握 Revit 最好的方法就是动手实践。通过本书的学习和不断深入，相信您一定能很好掌握软件的操作步骤。接下来扬帆启航，进入精彩的 Revit 的世界。

1.2.1 Revit 的启动

Revit 是标准的 Windows 应用程序。以 Windows 10 为例，安装完成 Revit 后，单击“Windows→所有程序→Autodesk→Revit”，或双击桌面 Revit 快捷图标 即可启动 Revit。注意 Autodesk 会同时提供一款名为 Revit Viewer 的软件，主要用于浏览和查看 RVT 模型。该软件具有 Revit 的全部功能，但不能保存或另存为任何项目。在做任何项目变更后，Revit Viewer 也将禁止导出、打印项目，以防止因用户误操作而造成的项目误修改。

提 示

如果安装了其他 Autodesk 产品，在 Windows 10 系统中所有产品都将显示在开始菜单的 Autodesk 文件夹中。

启动完成后，会显示如图 1-13 所示的“最近使用的文件”界面。在该界面中，Revit 会分别按时间顺序依次列出最近使用的项目文件和最近使用的族文件缩略图和名称。鼠标单击缩略图将打开对应的项目或族文件。移动鼠标至缩略图上不动时，将显示该文件所在的路径及文件大小、最近修改日期等详细信息。第一次启动 Revit 时，会显示软件自带的基本样例项目及高级样例项目两个样例文件，以方便用户感受 Revit 的强大功能。在“最近使用的文件”界面中，还可以单击相应的快捷方式打开、新建项目或族文件，也可以查看相关帮助和在线帮助，快速掌握 Revit 的使用。

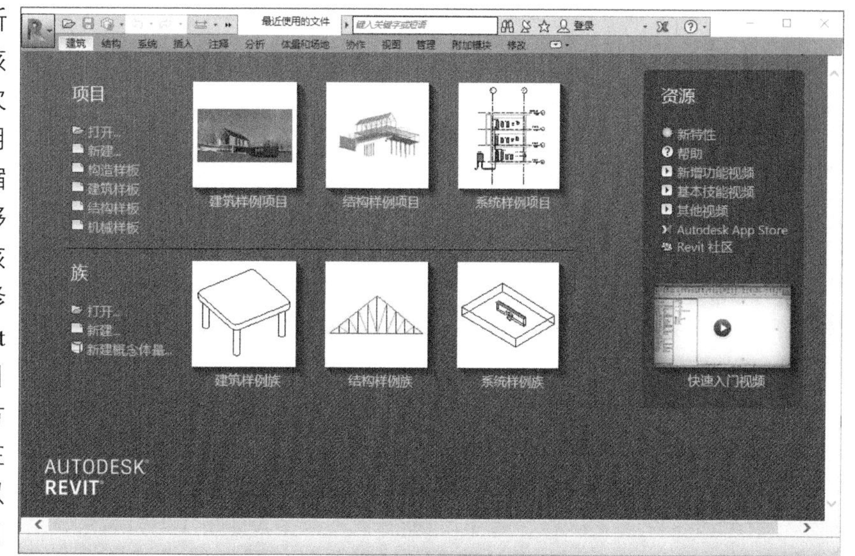

图 1-13

提 示

Revit 会最多显示 4 个最近打开的项目或族文件。如果最近打开的项目文件或族文件被删除、重命名或移动至其他位置，则在启动时会自动从最近使用的项目列表中删除该文件。

如果在启动 Revit 时，不希望显示“最近使用的文件”界面，可以按以下步骤来设置。

Step01 启动 Revit，单击界面左上角“应用程序”按钮 ，在菜单中选择位于右下角的“选项”按钮，弹出 Revit“选项”对话框。

Step02 如图 1-14 所示，在“选项”对话框中，切换至“用户界面”选项，清除“启动时启用“最近使用的文件”页面复选框，设置完成后单击“确定”按钮，退出“选项”对话框。

提 示

在 Revit“选项”对话框“用户界面”选项中，还可以配置 Revit 界面中是否要显示的建筑、结构或机电相关工具的选项卡。

Step03 单击“应用程序”按钮，在菜单中选择右下角的“退出 Revit”选项，退出 Revit。再次重新启动 Revit，此时将不再显示“最近使用的文件”界面，仅显示空白界面。

Step04 使用相同的方法，再次勾选“选项”对话框“用户界面”选项中“启动时启用”最近使用的文件“页面”复选框并单击“确定”按钮，将重新启用“最近使用的文件”界面。

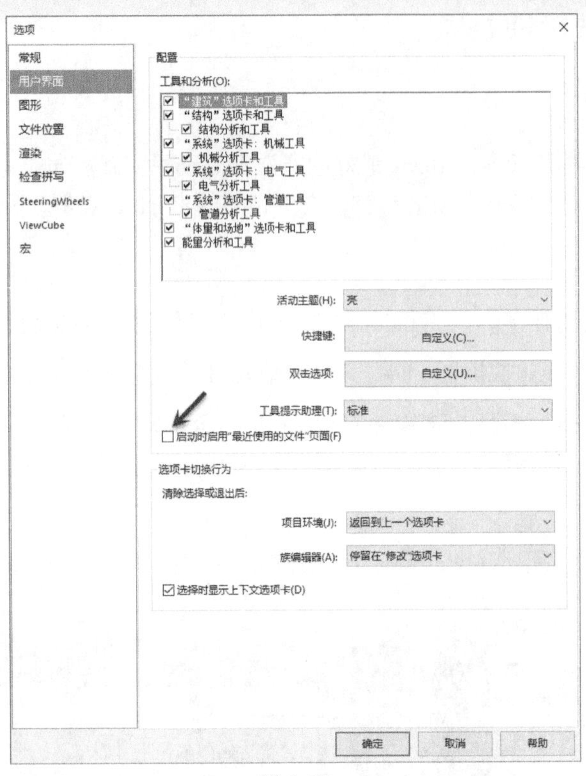

图 1-14

在“选项”对话框“用户界面”选项中，还可以指定 Revit 的界面主题风格样式，主题样式类似于 Windows 10 中的“桌面主题”。通过单击“活动主题”后面的下拉列表可选择其他主题样式。Revit 提供了“暗”和“亮”两种主题样式。读者可自行选择自己喜欢的界面主题样式。

1.2.2 Revit 的界面

启动 Revit 后，在“最近使用的文件”界面“项目”列表中单击“建筑样例项目”缩略图，打开“建筑样例项目”文件。Revit 进入项目查看与编辑状态，移动鼠标至场景中任意构件位置单击将选择该对象，Revit 将显示与所选择构件相关的绿色上下文选项卡。其界面如图 1-15 所示。

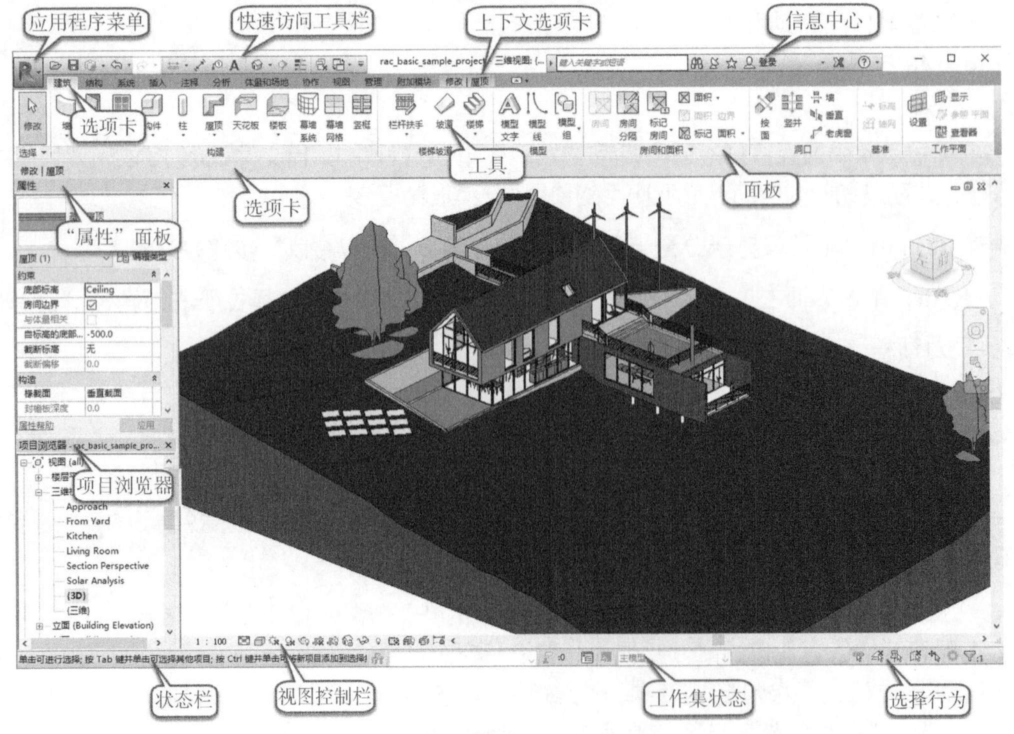

图 1-15

提 示

在 Revit 2018 版中，提供了“文件”选项卡用于取代“应用程序菜单”按钮。

鼠标单击选项卡的名称，可以在各选项卡中进行切换，每个选项卡中都包括一个或多个由各种工具组成的面板，每个面板都会在下方显示该面板的名称。单击面板上的工具，可以执行该工具。请读者自行在不同的选项卡中切换，熟悉各选项卡中所包含的面板及工具。

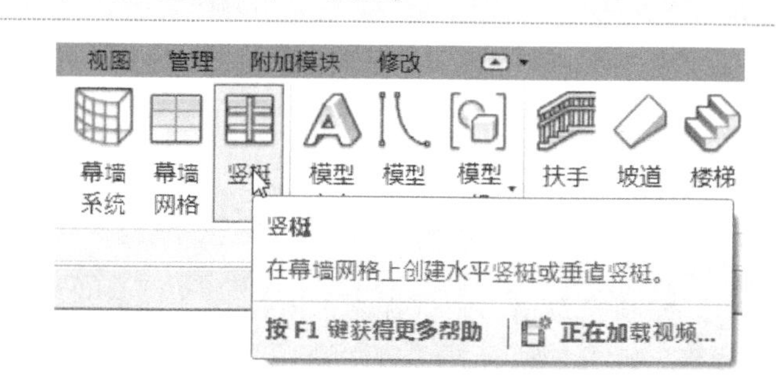

图 1-16

移动鼠标至面板中工具图标上并稍做停留，Revit 会弹出当前工具的名称及文字操作说明，如图 1-16 所示。如果鼠标继续停留在该工具处，将显示该工具的具体的图示说明，对于复杂的工具，还将以演示动画的形式给予说明，如图 1-17 所示。方便用户直观地了解各个工具的使用方法。

默认 Revit 将显示全部选项卡。如图 1-18 所示，在“选项”对话框“用户界面”选项中，通过勾选配置栏“工具和分析”列表中对应的选项，可以控制 Revit 主界面中是否显示相应的选项卡和工具，从而实现自定义 Revit 界面。

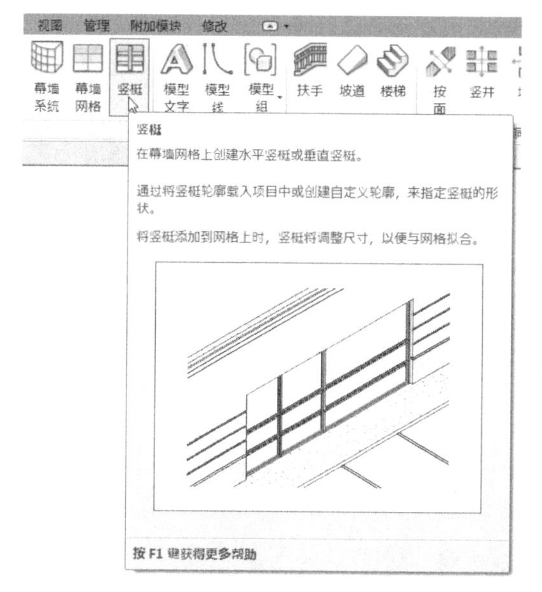

图 1-17

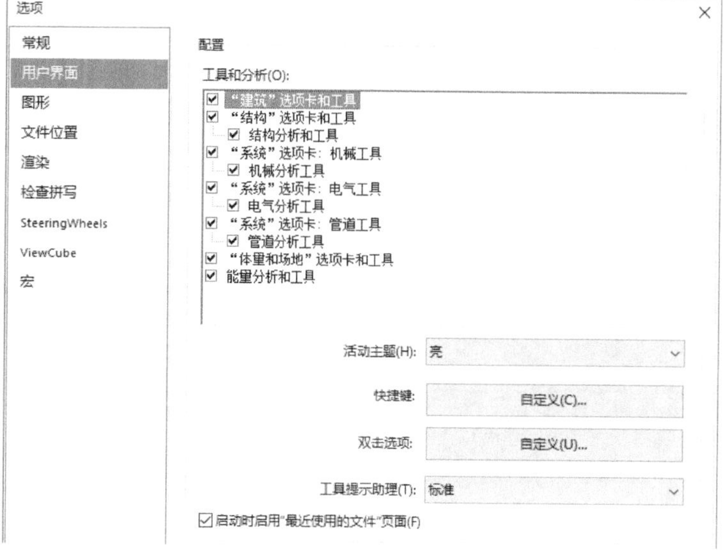

图 1-18

在“用户界面”选项中，还可以单击“双击选项”后的“自定义”按钮，打开“自定义双击设置”对话框，如图 1-19 所示，可以分别针对 Revit 中不同的状态下双击鼠标左键时执行的动作。

图 1-19

在“选项”对话框“用户界面”选项“工具提示助理”中，可以控制当鼠标在面板工具上停留时，工具提示的显示的内容。若设置为“无”，则关闭工具提示，低、标准、高选项则代表鼠标停留时仅显示精简文字提示、先显示精简文字提示再显示完整图示提示、仅显示完整图示提示。

当在 Revit 中选择对象时，Revit 将自动切换至与所选择对象相关的修改、上下文选项卡。该选项卡中，将显示 Revit 中可用于所选择的对象进行编辑、修改的工具。如图 1-20 所示，为选择墙对象时显示的“修改 | 墙”上下文选项卡。事实上，上下文选项卡是将“修改”选项卡中的工具与所选对象相关的专用编辑工具面板的组合。在图 1-20 中，左侧灰色标题面板中工具为在 Revit 中通用修改工具，如移动、复制等工具；而右侧绿色标题面板中的工具，则为所选择墙体对象特有的编辑工具，如编辑轮廓、重设轮廓等工具。

图 1-20

提 示

关于选择的具体操作，详见第 2 章相关内容。

可以控制当取消对象选择后，Revit 的上下文选项卡做何调整。如图 1-21 所示，在“选项”对话框“用户界面”选项“选项卡切换行为”中，可以分别指定在项目中或在族编辑器中清除选择或退出后选项卡如何变化。例如，可以设置在项目编辑状态下取消选择时“返回到上一个选项卡”，在族编辑器状态下取消选择时“停留在修改选项卡”。

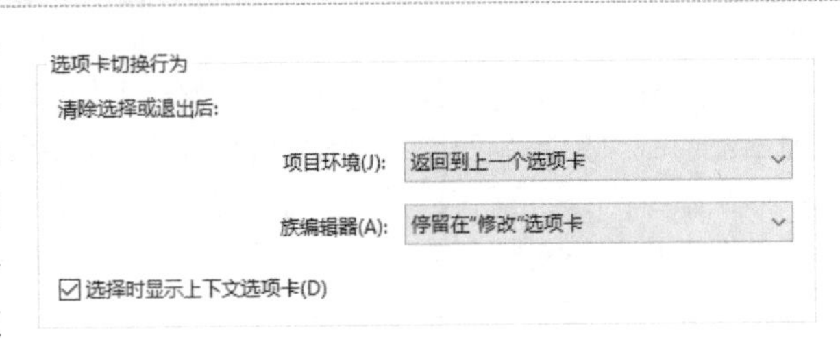

图 1-21

提 示

关于族与族编辑器，参见本书第 20 章。

在 Revit 中，功能区面板有三种显示模式，即最小化为选项卡，最小化为面板标题、最小化为面板按钮和显示完整功能区。单击选项卡后的选项板状态切换按钮，可在以上各状态中进行切换。如图 1-22 所示，为“最小化为面板标题”状态时 Revit 的界面。功能区面板被隐藏后，当用鼠标单击选项卡时，将临时弹出完整的面板及相关工具。选择相关工具后，Revit 会自动隐藏面板，以最大限度节约屏幕空间。读者可以尝试将选项板切换为其他状态，以体验不同状态下 Revit 的界面样式。

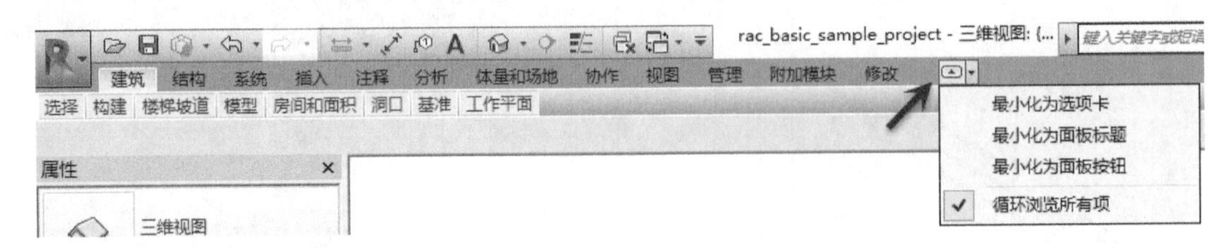

图 1-22

在功能区任意空白区域内单击鼠标右键，可以控制是否显示面板标题，如图 1-23 所示。当不勾选“显示面板标题”，Revit 将隐藏每个工具面板的标题名称。

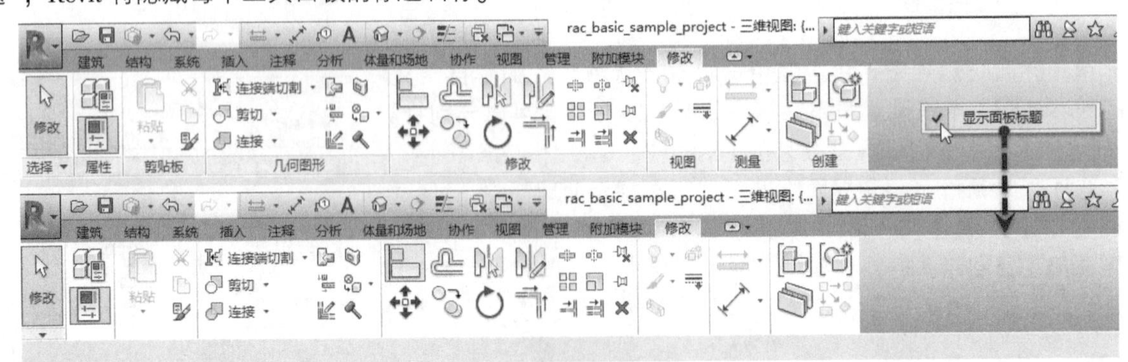

图 1-23

Revit 的每一个面板都可以变为自由面板。自由面板类似于传统 Windows 应用程序的工具条，自由面板不再受选项卡的约束而独立存在。以将“构件”选项板设置为自由面板为例，操作步骤如下：

Step 01 启动 Revit，在“最近使用的文件”界面中，单击项目类别中的“建筑样板”或按键盘快捷键 Ctrl + N，在弹出如图 1-24 所示“新建项目”对话框“样板文件”中选择“建筑样板”，其他参数默认，单击“确定”按钮建立空白项目。

Step02 确认功能区的显示方式设置为“显示完整功能区”。单击“建筑”选项卡，在功能区内将显示该选项卡内包含的全部面板内容。

Step03 在“构建”面板的标题位置按住鼠标左键并向绘图区域内拖动，如图1-25所示，“构建”面板将脱离功能区域。

Step04 在屏幕适当位置松开鼠标，该面板将成为自由面板，它将不再受选项卡切换的制约，同时，“建筑”选项卡功能区将变为如图1-26所示。切换至“注释”选项卡，观察“构建”面板仍然会显示在放置位置。

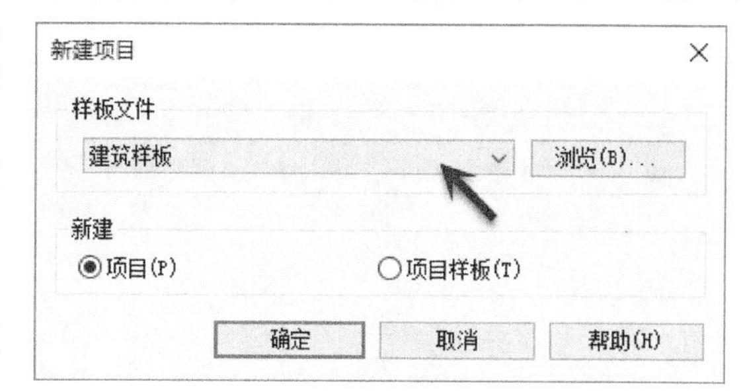

图1-24

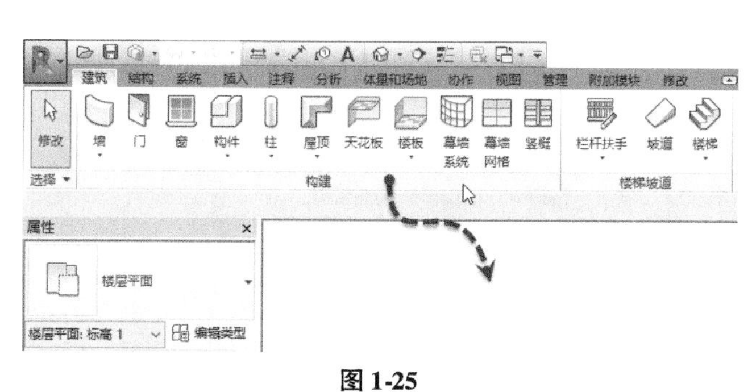

图1-25

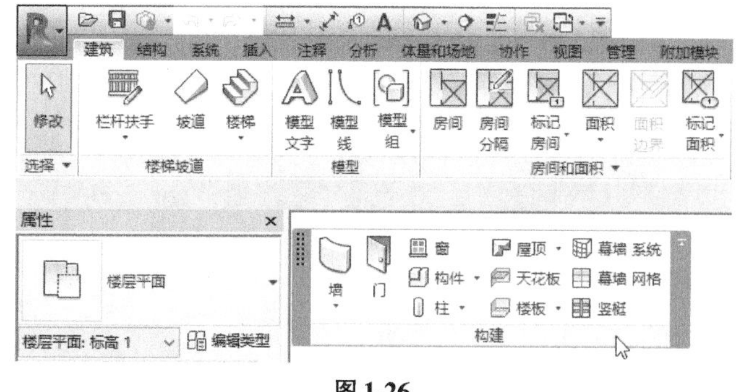

图1-26

Step05 当鼠标移至自由面板上时，自由面板会显示两侧边框。单击浮动工具面板右上角“将面板返回到功能区”按钮，可将面板复原至原位置。到此完成本面板调整操作。

提 示

还可按住自由面板的标题位置，拖动至功能区位置释放鼠标即可将自由面板还原。按住面板标题并在功能区范围内拖动，还可以修改各面板在功能区内的排列顺序。

Revit仅可将面板复原至原选项卡内，不允许将属于“常用”选项卡的面板放置到“注释”选项卡中。

Revit的Ribbon工具面板中，除可以访问各种工具、命令外，还隐藏着多种对话框操作。如图1-27所示，当面板标题中带有黑色向下三角形时，表示单击该三角形可以展开以访问该面板的隐藏工具。面板展开后如图1-28所示。如果需要在Ribbon中永久显示这些工具，可以单击工具面版左下角的锁定符号，使之变为锁定状态，则Revit不会自动隐藏这些工具。

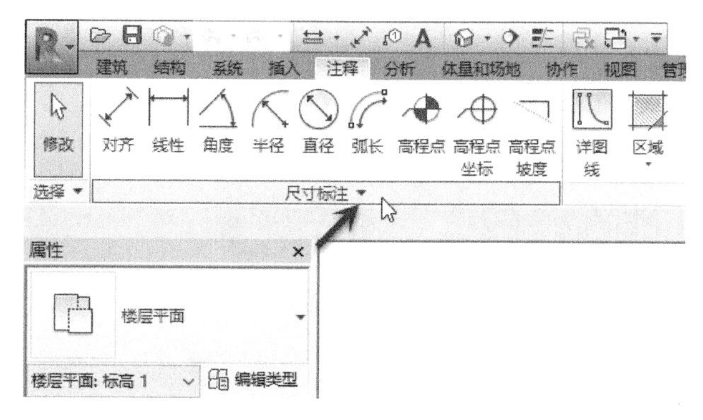

图1-27

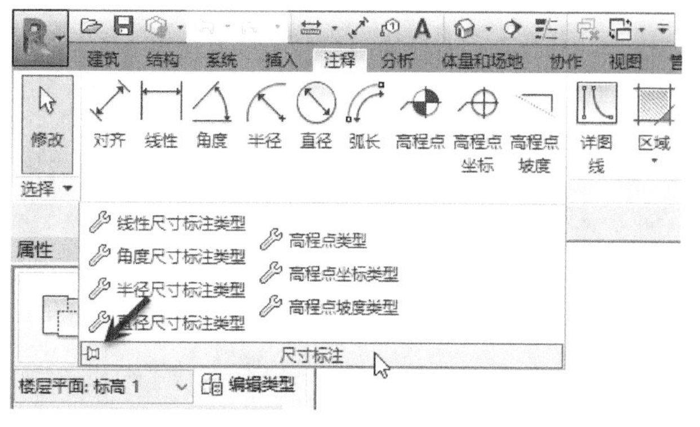

图1-28

当面板内的工具有其他的设置选项时，如图1-29所示的“视图”选项卡中“图形”工具面板，单击面板右下方的，将弹出“图形显示选项”设置对话框，以便设置图形显示相关选项。

通过Revit的快速访问工具栏，可以将最经常使用的工具放置在此区域内，以供快速执行和访问该工具。如果需要将功能区面板中工具放置在快速访问栏，只需在该工具上右键单击，在弹出的右键菜单中选择“添加到快速访问工具栏”即可。例如，希望将墙工具放置在快速访问工具栏中，鼠标右键单击“构件”工具面板→

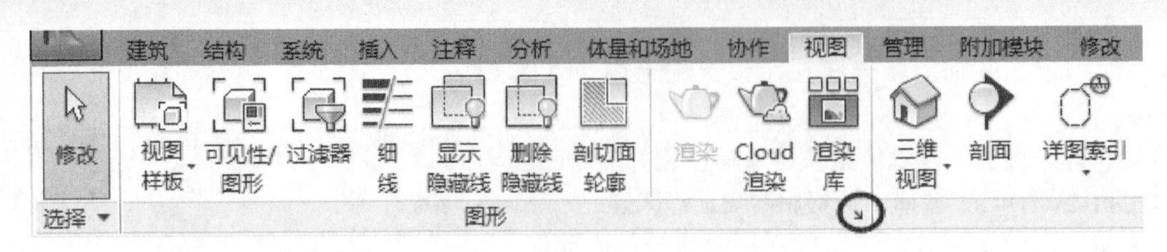

图 1-29

“墙”工具图标，选择“添加到快速访问工具栏”，即可在快速访问栏中添加墙工具。要从快速访问工具栏中删除指定的工具，如图 1-30 所示，将鼠标移动至该工具处单击右键，在弹出菜单中选择“从快速访问工具栏中删除”即可。

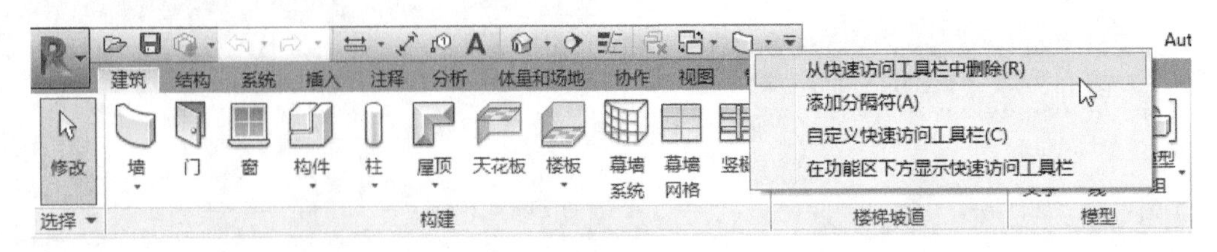

图 1-30

单击快速访问工具栏右侧下拉箭头，在下拉列表中可以修改默认显示在快速访问工具栏中的工具。单击底部“自定义快速访问工具栏”选项，打开“自定义快速访问工具栏”对话框。如图 1-31 所示，在该对话框中，可以调整工具栏中各工具的先后顺序，删除工具以及为工具添加分隔线等，读者可以根据自己的习惯，打造一套属于自己的个性化界面。

在 Revit 视图选项卡中，单击“窗口”面板中的“用户界面”工具，在其下拉列表中，可以通过复选框控制界面中其他部分是否显示，如图 1-32 所示。例如，可以控制是否显示项目浏览器、属性面板、状态栏等。还可以在这里设置 Revit 的快捷键。

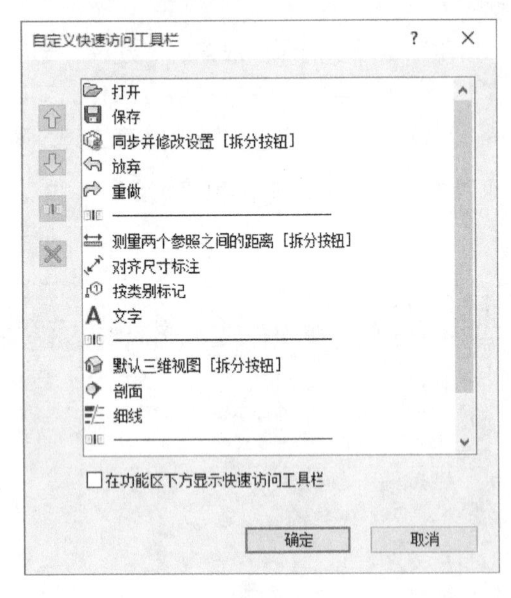

图 1-31

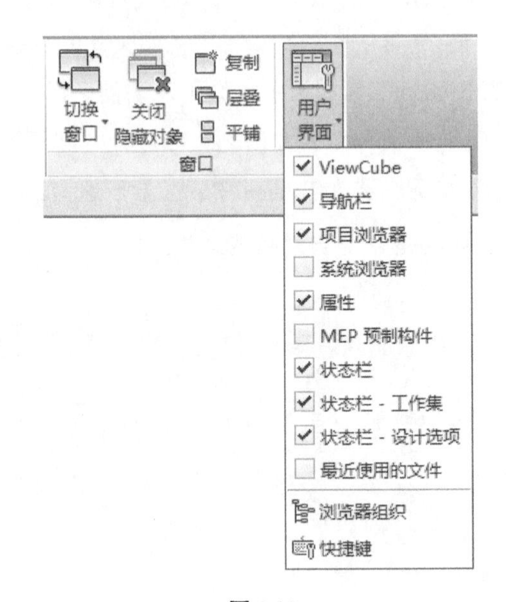

图 1-32

> **提示**
>
> 关于项目浏览器的应用详见第 2 章相关内容。

1.2.3 使用帮助与信息中心

Revit 提供了非常完善的帮助文件系统，以方便用户在遇到使用困难时查阅。可以随时单击“帮助与信息中心”栏中的“帮助”按钮 或按键盘 F1 键，打开帮助文件查阅相关的帮助。

如果您是 Autodesk 360 用户，还可以单击“登录”按钮，利用 Autodesk 360 账号和密码登录至 Autodesk 服务中心。Autodesk 提供了基于云计算概念的 Revit 工具，例如对概念体量进行建筑性能分析、能耗分析、基于云的文档管理等，要求用户必须使用 Autodesk 360 账号登录后才能使用该功能。

1.3 Revit 的基本术语

Revit 是三维参数化 BIM 工具。不同于大家熟悉的 AutoCAD 绘图系统，Revit 拥有自己专用的数据存储格式，且针对不同的用途的文件，Revit 将存储为不同格式的文件。在 Revit 中，最常见的几种类型的文件为：项目文件、样板文件和族文件。

1.3.1 项目与项目样板

Revit 中所有的设计的模型、视图及信息都被存储在一个后缀名为“.rvt”的 Revit“项目”文件中。在项目文件中，将包括设计中所需的全部 BIM 信息。这些信息包括建筑的三维模型、平立剖面及节点视图、各种明细表、施工图图纸以及其他相关信息。前面已经提到，Revit 会自动关联项目中所有的设计信息。

当在 Revit 中新建项目时，Revit 会自动以一个后缀名为“.rte”的文件作为项目的初始条件，这个“.rte”格式的文件称为“样板文件”。Revit 的样板文件功能同 AutoCAD 的 .dwt 相同。样板文件中定义了新建的项目中默认的初始参数，例如：项目默认的度量单位、默认的楼层数量的设置、层高信息、线型设置、显示设置等。Revit 允许用户自定义自己的样板文件的内容，并保存为新的 .rte 文件。

通过下面的练习，可以理解不同的样板对于新建项目的影响。

Step01 启动 Revit，默认将打开“最近使用的文件”界面。如图 1-33 所示，单击主界面项目栏中“新建…”按键，弹出“新建项目”对话框。或单击左上角“应用程序菜单”按钮，如图 1-34 所示，选择菜单中“新建”→“项目”选项，也将弹出“新建项目”对话框。

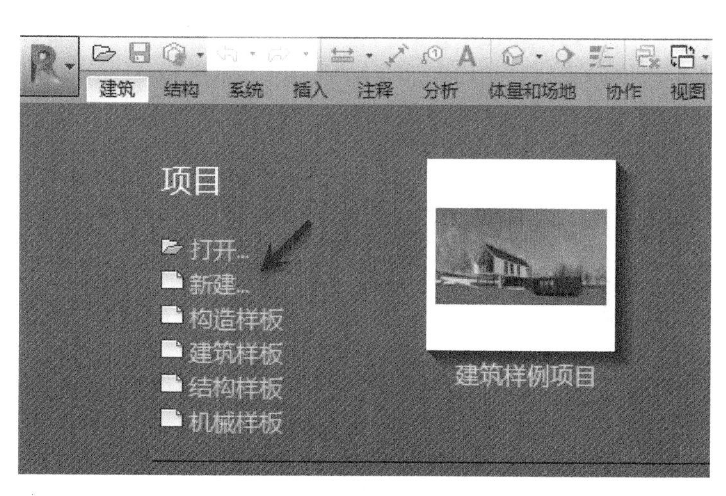

图 1-33

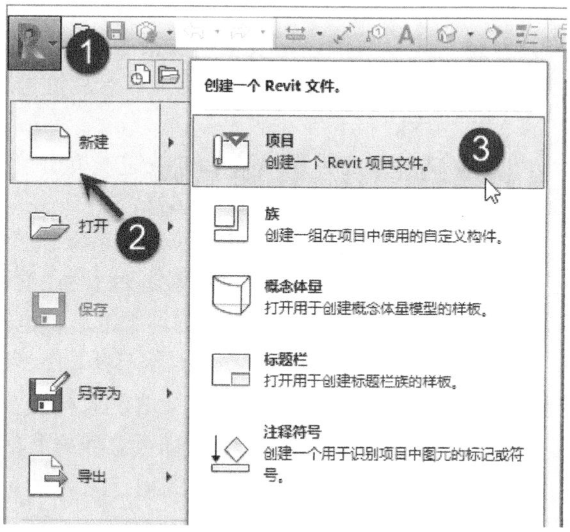

图 1-34

提 示

新建项目的默认快捷键为 Ctrl + N。

Step02 在“新建项目”对话框中，如图 1-35 所示，单击“浏览”按钮，弹出“选择样板”对话框。浏览至随书文件“练习文件\ 第 1 章\ RTE”目录，选择“样板 A. rte”，单击“打开”按钮，返回“新建项目对话框”。

Step03 在新建项目对话框中，确认“新建”类型为“项目”，单击“确定”按钮，Revit 将以“样板 A”为基础，建立新项目。Revit 将进入项目编辑界面状态。

Step04 在项目中，在左侧“项目浏览器”中，依次单击左侧的“⊞”展开“视图”→“立面（Building Elevation）”，Revit 将列出该项目中包含的所有立面视图。双击“South”视图，切换至南立面视图，如图1-36所示。

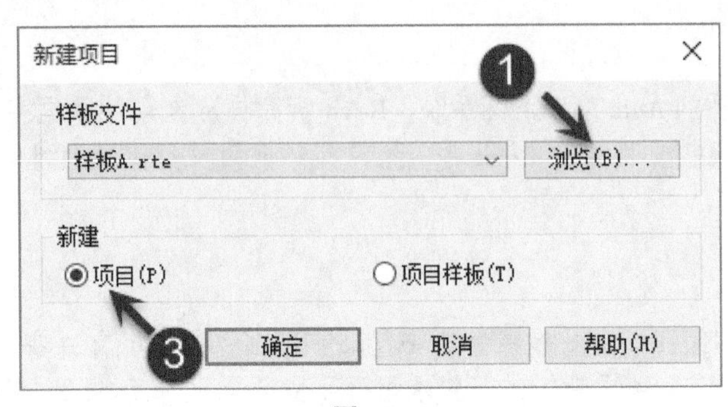

图 1-35

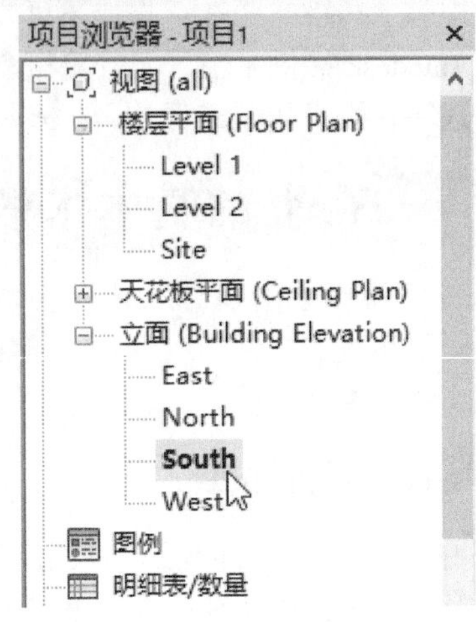

图 1-36

Step05 注意观察以该样板建立的项目中，标高的形式如图 1-37 所示。该项目中默认包含 2 层标高，且该标高的标注单位为英制标注样式。

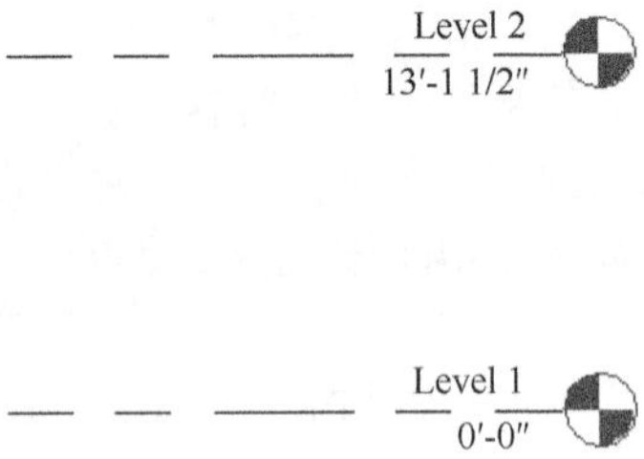

Level 2
13'-1 1/2"
Level 1
0'-0"

图 1-37

Step06 单击“应用程序菜单”按钮，单击“关闭”按钮，关闭当前项目。当询问“是否保存项目”时，选择否。

Step07 重复步骤 2)~5)，在出现“新建项目”对话框时，单击“浏览”按钮，浏览至随书文件“练习文件\第 1 章\RTE”目录中“样板 B. rte”文件，以样板 B 建立新项目。

Step08 在项目中，在左侧“项目浏览器”中，依次单击左侧的“⊞”展开“视图”→“立面（12mm 圆）”，Revit 将列出该项目中所有已有默认立面视图。双击“南”视图，切换至南立面视图，观察该项目中立面符号如图 1-38 所示。该项目中默认包含 3 层标高，其标高符号默认为中国样式标高符号，其标高显示为米。

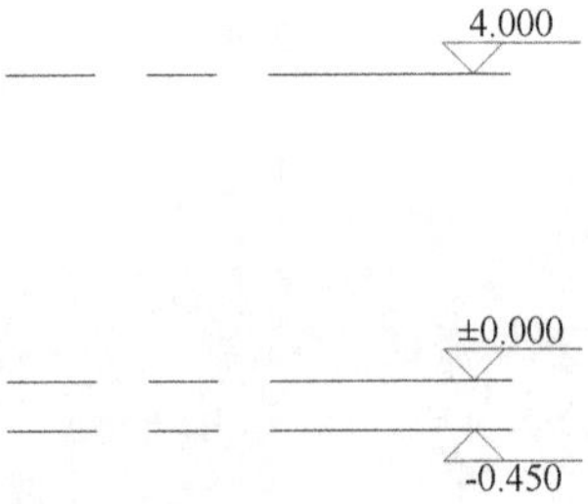

4.000
±0.000
-0.450

图 1-38

Step09 单击“应用程序菜单”按钮，单击“关闭”按钮，关闭当前项目。如果询问“是否保存项目”时，选择否。

由此操作可以看出，项目样板对项目默认设置的影响。在 Revit 中，一个合适的项目样板是项目基础，可以减少后期在项目中的设置和调整，提高项目设计的效率。关于定义样板文件的详细信息，请参见本书第 20 章相关内容。

Revit 默认提供了构造样板、建筑样板、结构样板和机械样板快捷方式，以方便用户在启动 Revit 时可直接选择指定的项目样板快捷方式，以指定的样板快速开始工作。Revit 允许用户修改样板快捷方式的名称，并分别为每个样板快捷方式指定默认的工作样板，以满足不同专业用户的工作要求。可以将自定义的项目样板指定给以上几种类型的工作样板。

Step01 启动 Revit，单击“应用程序菜单”按钮，在菜单中选择右下角的“选项”按钮。弹出“选项”对话框。

Step02 在选项对话框中，切换至“文件位置”选项，如图 1-39 所示。单击“项目样板文件”列中各行名称，进入名称修改模式，可对主界面中显示的各样板名称进行修改。单击样板名称后的“路径”栏的“浏览”按钮，弹出“浏览样板文件”对话框。浏览到希望指定为默认样板文件的 . rte文件位置。单击“确定”按钮返回“选项”

图 1-39

对话框。

Step 03 分别单击列表左侧向上移动行按钮 ↑E 或向下移动行按钮 ↓E ，可调节列表中各样板快捷方式的显示顺序。单击添加值按钮 ✚ ，可在列表中创建新的样板快捷方式；单击删除值按钮 ▬ ，可删除已有样板的快捷方式。

Step 04 在“选项”对话框中，选择“确定”按钮，退出选项对话框。此时已将 Revit 的默认样板文件修改为指定样板。

Revit 将在欢迎界面中按顺序显示列表中前 5 个样板快捷方式，超出数量的样板快捷方式将不再显示在欢迎界面中。注意，如果不启用“最近使用的文件”选项，则 Revit 在启动时不会显示这些快捷方式。

在“文件位置”设置对话框中，还可以对 Revit 项目的默认存档位置及默认的族库所在位置进行设置。在下一节中，将介绍族的相关知识。

1.3.2 族与参数

Revit 中进行 BIM 工作时，基本的图形单元被称为“图元”。例如在项目中建立的墙、门、窗、文字、尺寸标注等都被称为图元。所有这些图元都是利用“族”（Family）来创建的。可以说“族”是 Revit 的工作基础。

Revit 中，项目中所用到的族是随项目文件一同存储的。在上一节中所讲的项目样板中，也在不同的样板中预置了指定的族。可以通过展开项目浏览器中的“族”类别，查看项目中所有可使用的族。族还可以保存为独立的后缀为“.rfa”格式的文件，方便与其他项目共享使用，如“门”“家具”等构件，这类族称为“可载入族”。Revit 提供了族编辑器，可以根据设计要求自由创建、修改所需的族文件，详情参见本书第 20 章。

提 示

Revit 中的墙、楼板等族为系统通过参数设定生成，这些族称为系统族，系统族不能保存为独立的族文件。

“族”中包括许多可以自由调节的参数，这些参数记录着图元在项目中的尺寸、材质、安装位置等信息。修改这些参数可以改变图元的尺寸、位置等。为方便管理，Revit 将族的参数分为实例参数和类型参数两大类别。实例参数用于控制特定图元的特性，例如，窗距离地面的高度，修改该参数将仅影响所选择的窗图元。而类型参数则用于控制一类图元特性，例如类型名称为 C1 的窗图元的宽度和高度，修改该参数将同时修改项目中所有类型名称为 C1 的窗宽度和高度值。通过下面的练习可以更好地理解 Revit 的族和参数的关系。

Step 01 启动 Revit。在“最近打开的文件”界面下，单击项目栏目中的“打开”按钮，或单击 Revit 左上角“应用程序菜单”按钮，在菜单中选择“打开”，将弹出“打开”对话框，如图 1-40 所示。

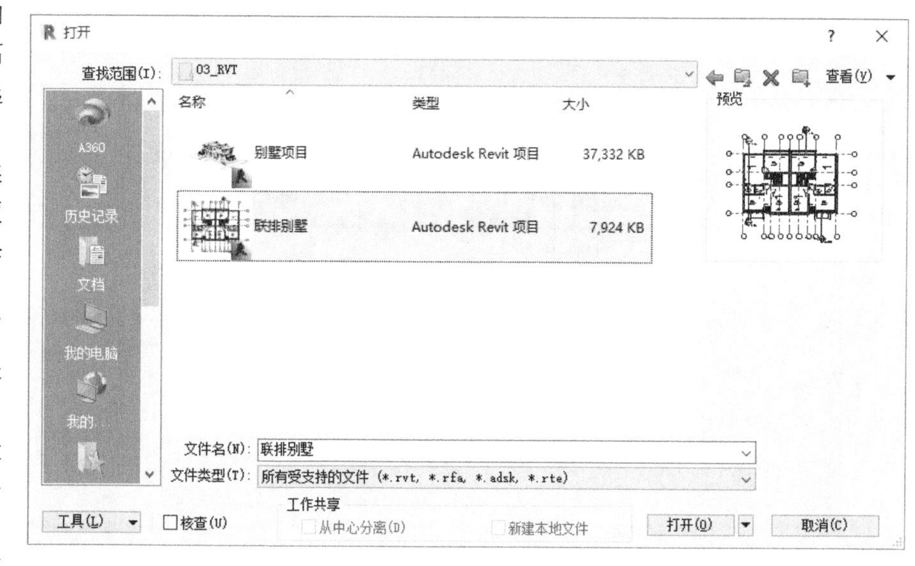

图 1-40

提 示

在“打开”对话框中，可以在左侧位置列表中为最常访问的文件夹创建快捷方式，以快速打开该文件夹。浏览至要放置快捷方式的文件夹位置，单击“打开”对话框左下角“工具”按钮，在弹出菜单中选择“将当前文件夹添加到位置列表中”即可。

Step 02 单击“查找范围”后下拉列表框，浏览至随书文件“练习文件\第 1 章\RVT”目录，单击选择“联排别墅.rvt”文件，单击打开按钮，打开该项目文件。

提 示

选择文件后，会在右侧预览对话框中预览显示所选择文件。单击“打开”对话框右上方“查看”按钮，可以再设置文件的显示方式。

Step 03 默认情况下，将打开该联排别墅项目的5.300平面（二楼）楼层平面视图。要确认当前打开的视图，可通过Revit顶部标题栏中显示来确认。

Step 04 单击项目浏览器中“视图”→“剖面”前的“⊞”，以展开该项目的剖面视图类别，将列出该项目中所有剖面视图。双击列表中“剖面4”，切换至“剖面4”视图。注意观察项目浏览器中，“剖面4”将高亮显示，如图1-41所示。

提 示

在项目浏览器中展开类别后，该类别前的“⊞”将变为“⊟”，单击类别前的“⊟”符号可收拢该类别。

Step 05 如图1-42所示，切换至“视图”选项卡，单击“窗口”面板中的“平铺”，或键盘直接按快捷键WT，将平铺显示已打开的“5.300平面（二楼）”楼层平面视图和“剖面4”视图。

Step 06 分别在左、右两个视图窗口中空白处单击鼠标右键，在弹出的右键菜单中选择“缩放匹配”，Revit将缩放视图，以完整显示视图内容。结果如图1-43所示。注意观察平面视图中显示剖面4剖切线位置位于1、2轴线之间。

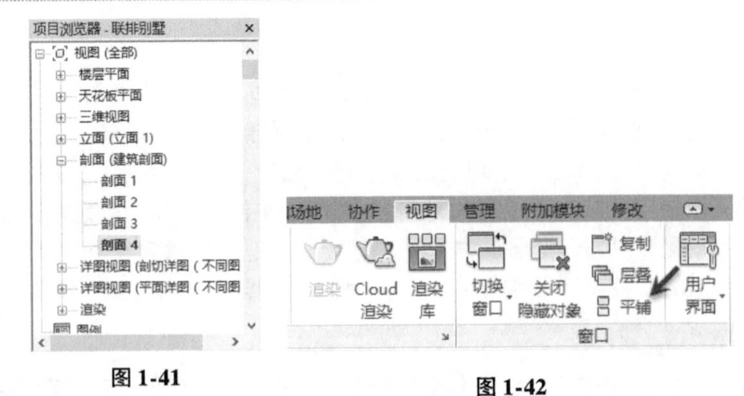

图1-41　　图1-42

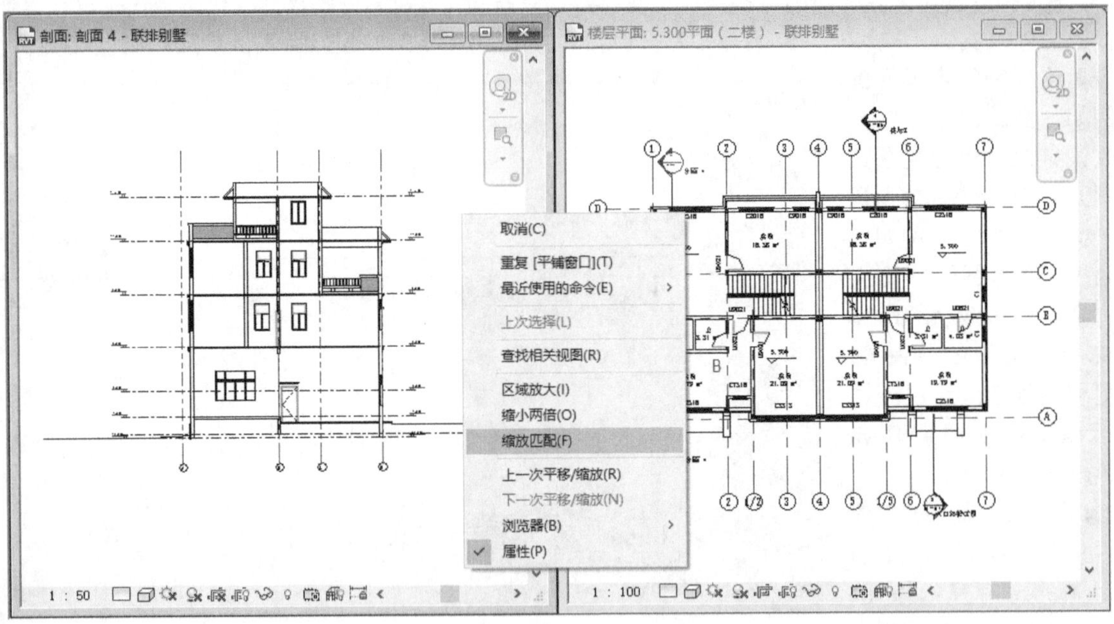

图1-43

提 示

在窗口中双击鼠标滚轮中键，同样会实现视图缩放匹配功能。

Step 07 单击标题为“楼层平面：5.300平面（二楼）”的视图空白处激活该视图。如图1-44所示，单击该视图右侧导航栏中“区域放大”工具，或在该视图空白处单击鼠标右键，在弹出菜单中选择“区域放大”，进入视图区域放大模式。

图1-44

Step 08 鼠标指针将显示为，表示将进入区域放大操作模式。在C、1轴相交处的A点按下鼠标左键，拖动至 B、2 轴下方的 B 点处松开鼠标，Revit 将放大显示鼠标经过区域内图元。使用相同的方式适当放大“剖面：剖面 4”视图模型部分，结果如图 1-45 所示。

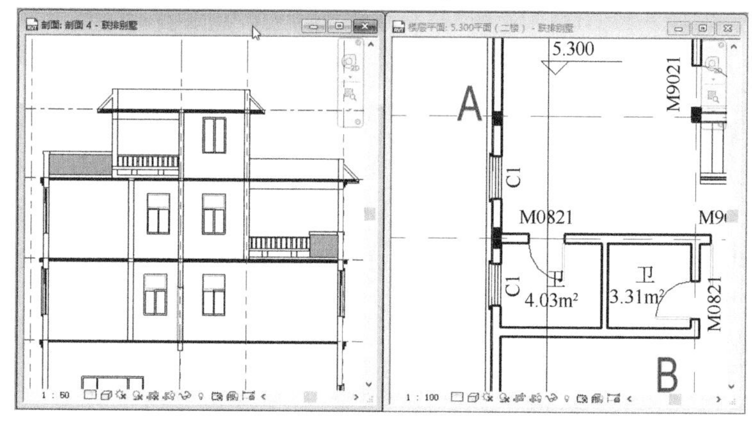

图 1-45

提 示

上、下滚动鼠标滚轮，也可以实现视图的放大、缩小。关于视图的控制，详见本书第 2 章相关内容。

Step09 在“楼层平面：5.300 平面（二楼）”视图中，鼠标左键单击 1 轴上卫生间内的编号为 C1 的窗，选择该对象，该对象将以蓝色显示。同时注意“剖面：剖面 4”视图中对应的窗也被选中。此时 Revit 的功能界面会自动变为“修改丨窗”上下文关联选项卡，如图 1-46 所示。

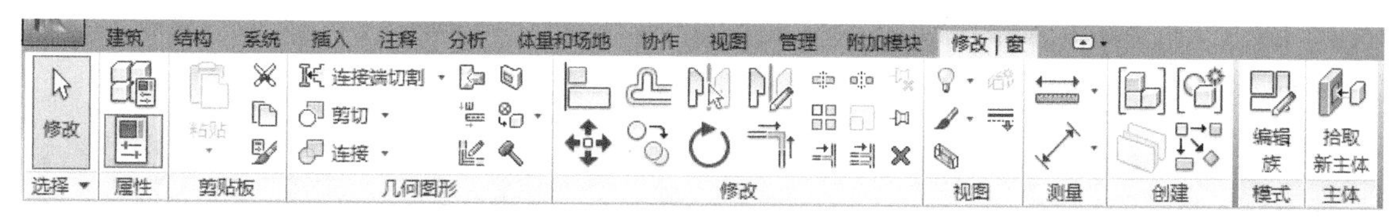

图 1-46

提 示

不要单击窗编号 C1，否则将选择该编号文字，而不是窗。

Step10 如图 1-47 所示，修改左侧“属性”面板列表中“底高度”为 600，即距离“标高”5.300 平面（二楼）距离为标高之上 600mm。单击“应用”按钮应用该参数值。如果未出现“属性”对话框，则单击 Ribbon“修改丨窗”上下文选项卡“属性”面板中“属性”按钮，打开“属性”面板。

提 示

在“属性”对话框中修改参数后，当鼠标指针离开该面板，所输入参数将自动应用。

Step11 注意观察左侧“剖面：剖面 4”视图中，所选择窗已向下偏移，如图 1-48 所示。但不会影响其他相同类型的窗图元。在 Revit 中这种参数为图元实例参数，所有实例参数将显示于“属性”面板中。

Step12 在“楼层：5.300 平面（二楼）”平面视图中，选择 B 轴上方编号为 C1 的窗，使用同样的方法修改实例属性中“底高度”为 600，观察“剖面：剖面 4”视图中对应窗的变化。

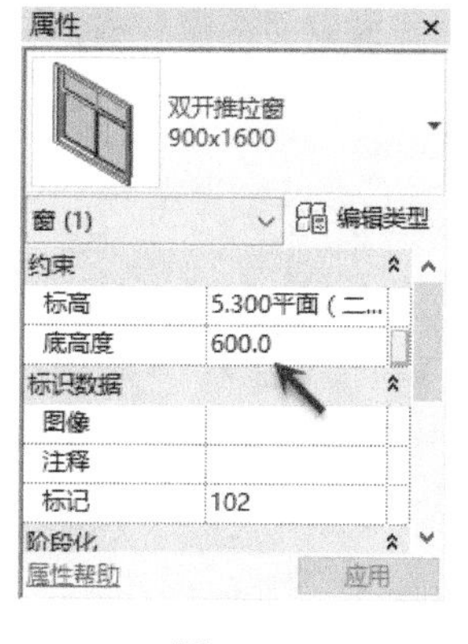

图 1-47

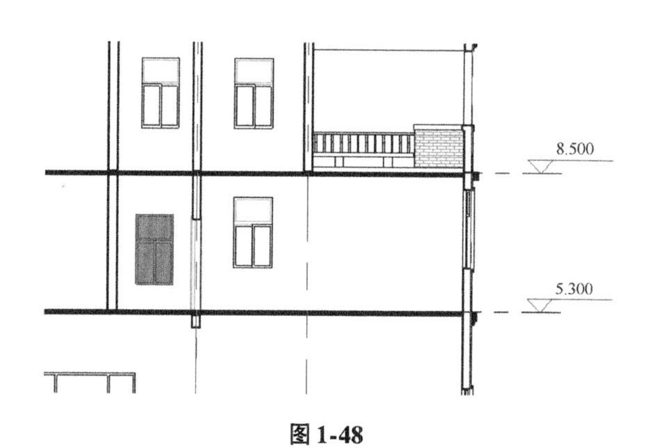

图 1-48

Step13 激活“剖面：剖面 4”视图，鼠标指针移至 5.300 标高与 8.500 标高间 B 轴线左侧即卫生间处窗，单

击选择该窗。如图 1-49 所示，单击功能区“修改 | 窗”上下文选项卡“属性”面板中“类型属性”按钮，将弹出“类型属性”对话框。

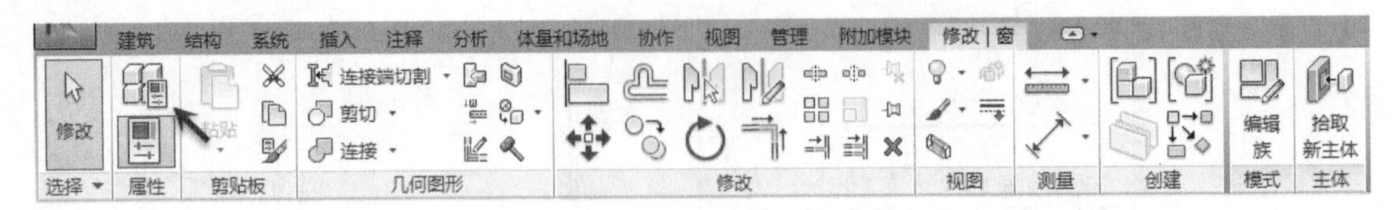

图 1-49

Step 14 修改类型参数中“宽度”值为 1500，如图 1-50 所示。修改完成后，单击“确定”按钮退出“类型属性”对话框。

提 示

在图 1-47 所示的“属性”面板中，单击“属性过滤器”右侧的“编辑类型”按钮，也可以打开“类型属性”对话框。

Step 15 观察“剖面：剖面 4”视图中所有相同类型的窗的宽度均被修改为 1500，同时平面视图中 C1 两窗也均被修改为 1500 新宽度。如图 1-51 所示。类型属性对话框中的参数将修改项目中该族类型的所有图元实例，这些参数称为类型参数。

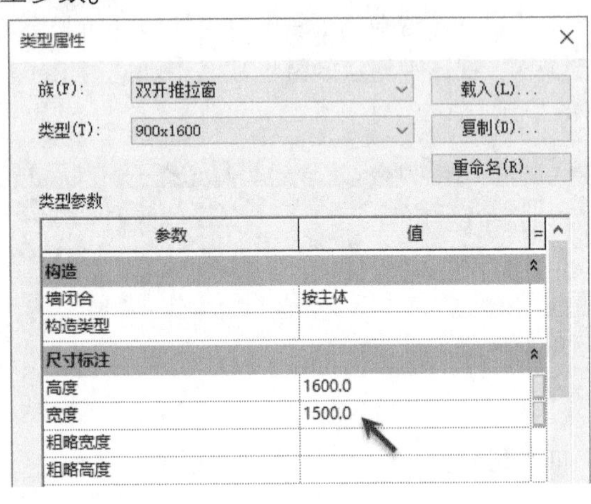

图 1-50

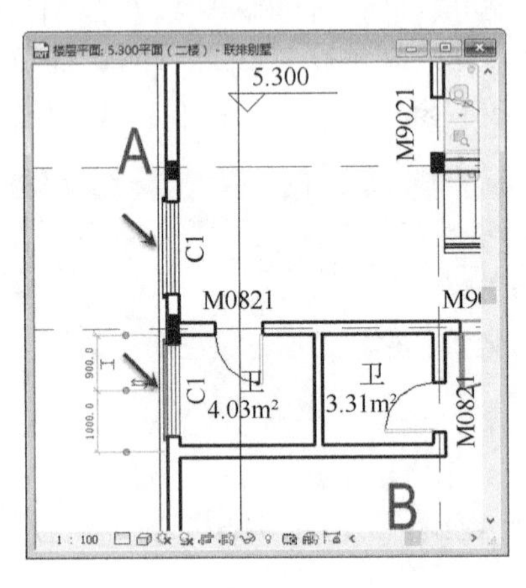

图 1-51

Step 16 单击“应用程序菜单”按钮，在菜单中单击“关闭”项目。当弹出“是否保存修改”对话框时，选择“否”，不保存对项目文件的修改。

在 Revit 中，每一个族都具备一个或多个类型，而每种类型都可以具备多个实例。每一个图元都是类型下的具体实例。因此，Revit 中图元都具有实例属性和类型属性两种属性。通过上面的练习可知，修改实例属性将仅影响所选择的图元。例如，修改窗的“底高度”时，它仅修改所选择的窗对象。而当修改类型参数“宽度”时，所有该类型窗的实例，都将被自动修改。理解好实例参数与类型参数的区别，是掌握 Revit 的重要基础。

Revit 的项目文件、样板文件及族文件会随 Revit 的版本升级而升级。且新版本的 Revit 可以打开旧版本 Revit 创建的项目文件、样板文件和族文件，但旧版本 Revit 无法打开新版本创建的文件。当使用新版本的 Revit 打开旧版本的 RVT 项目文件时，Revit 会显示如图 1-52 所示的“模型升级”对话框，提示正在将旧版本的项目文件升级为新版本。升级完成后，保存文件时，该文件会自动按新版本格式保存。注意，Revit 不提供另存为低版本文件的功能，因此升级后，低版本用户将无法再打开高版本的文件。

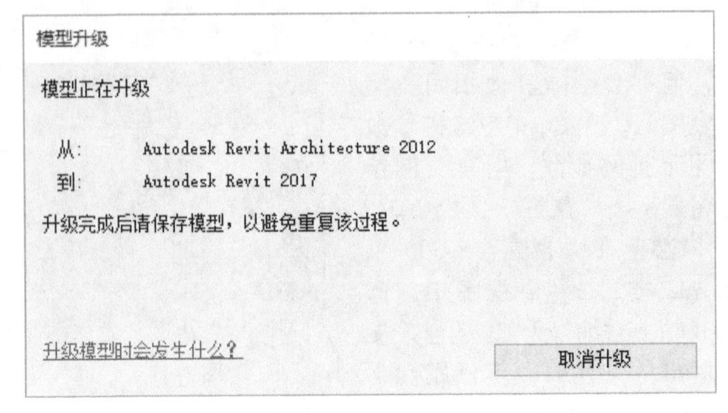

图 1-52

1.3.3 参数化

参数化设计是Revit的一个重要特征，它分为两个部分：参数化图元和参数化修改引擎。Revit中的图元都是以“族”的形式出现，这些构件是通过一系列参数定义的。参数保存了图元作为数字化建筑构件的所有信息。举个例子来说明Revit中参数化的作用：当建筑师需要指定墙与门之间的距离为200mm的墙垛时，可以通过参数关系来“锁定”门与墙的间隔。

参数化修改引擎允许用户对建筑设计时任何部分的任何改动都可以自动修改其他相关联的部分。例如，在上一节的练习中，如果在平面视图中修改了窗实例属性中的窗底高度，Revit将自动修改与该窗相关联的剖面视图中窗底高度，并生成正确的图形。任一视图下所发生的变更都能参数化的、双向的传播到所有视图，以保证所有视图的一致性，毋须逐一对所有视图进行修改。从而提高了工作效率和工作质量。

Revit 2017新增全局参数功能，可以在项目中自定义全局参数，使用该参数对项目进行全面的参数控制。例如，可以定义“门垛宽度”参数值，如图1-53所示，为“全局参数”对话框中定义“门垛宽”参数的示例。

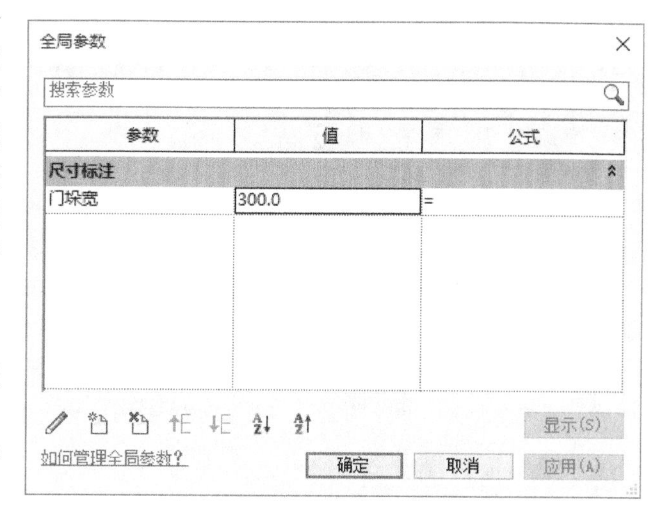

图1-53

定义全局参数后，可以将该参数应用于项目所有门垛的位置，如图1-54所示，当修改全局参数值时，所有应用该参数的门垛将同时进行修改。关于全局参数的详情参见本书第6章及第20章相关内容。

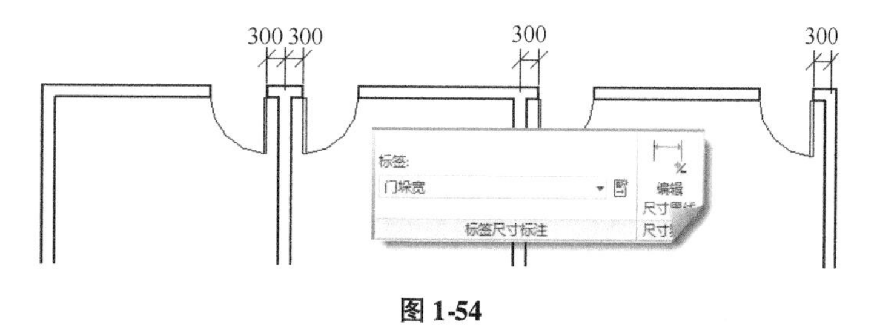

图1-54

1.4 本章小结

本章主要介绍了BIM的基本概念以及在中国的发展历程，简要说明当前相关政策情况。介绍了Revit参数化的概念及意义，以及Revit的概况、基本概念和应用范围，了解了Revit系列其他软件的基本情况。学习掌握Revit的界面操作以及项目、样板及族的基本概念及应用。介绍了如何使用样板文件新建项目，如何控制图元的参数，并介绍了Revit中族的两种不同类型参数——实例参数和类型参数的区别，族、族类型及图元的关系。这些内容是掌握Revit操作的基础，在下一章将进一步介绍Revit中的基本操作。

第2章 Revit操作基础

上一章中介绍了 Revit 中的项目、族等基础概念。本章将进一步介绍 Revit 中项目浏览器的应用及视图的控制、图元选择、编辑和修改操作工具，掌握 Revit 的编辑修改操作，进一步熟悉 Revit 的操作模式。

2.1 视图控制工具

视图控制是 Revit 中重要基础操作之一。在 Revit 中视图不同于常规意义上理解的 CAD 绘制的图纸，它是 Revit 项目中 BIM 模型根据不同的规则显示的模型投影或截面。Revit 中常见的视图包括三维视图、楼层平面视图、天花板视图、立面视图、剖面视图、详图视图等。另外 Revit 还提供了明细表视图和图纸类别视图。其中明细表视图用于以表格统计项目中各类信息，图纸视图用于将各类不同的视图组织成为最终发布的项目图档。

Revit 将所有可访问的视图、图纸等都组织管理在项目浏览器中。使用项目浏览器，可以在各视图间进行切换操作。Revit 同时提供强大、易用的视图操作工具，对各视图进行缩放、平移、旋转等视图控制操作。

2.1.1 使用项目浏览器

项目浏览器用于组织和管理当前项目中包括的所有信息。包括项目中所有视图、明细表、图纸、族、组、链接的 Revit 模型等项目资源。Revit 按逻辑层次关系组织这些项目资源，方便用户管理。展开和折叠各分支时，将显示下一层集的内容。如图 2-1 所示，为项目浏览器中包含的项目内容。项目浏览器中，项目类别前显示“⊞”表示该类别中还包括其他子类别项目。在 Revit 中进行 BIM 工作时，最常用的操作就是通过项目浏览器在各视图中切换。

单击项目浏览器右上角的“关闭”按钮 ✕ 可以关闭项目浏览器面板，以获得更多的屏幕操作空间。要重新显示项目浏览器，可以单击“视图”选项卡“窗口”面板“用户界面”按钮，在弹出的“用户界面”下拉列表中单击勾选“项目浏览器”复选框，即可重新显示“项目浏览器”。默认情况下，项目浏览器显示在 Revit 界面窗口的左侧且位于属性面板下方。移动鼠标至项目浏览器面板的标题栏上任意位置按住鼠标左键不放，拖动鼠标至屏幕任意位置并松开鼠标左键，可拖动项目浏览器面板至新的位置。当项目浏览器面板靠近屏幕边界时，项目浏览器面板会自动吸附于边界位置。用户可以根据自己的操作习惯定义适合自己的项目浏览器位置。

提 示

在“用户界面”下拉菜单中，还可以控制属性面板、状态栏、工作集状态栏等显示与隐藏。

在 Revit 中，可以合并两个或多个面板。如图 2-2 所示，在项目浏览器窗口标题栏上单击并按住鼠标左键，拖动项目浏览器至“属性”面板标题栏位置时松开鼠标左键，Revit 将合并属性面板和项目浏览器面板，以最大

图 2-1

图 2-2

限度节约屏幕空间。合并后面板状态如图 2-3 所示，可以通过单击面板底部标题栏名称进行面板功能切换。鼠标左键单击并按住底部的面板名称选项卡，拖动至屏幕任意位置松开鼠标左键，可将该面板分离为独立工具面板。

提 示

除属性面板和项目浏览器外，Revit 系统中提供的所有面板，如用于机电系统管理的“系统浏览器”和机电预制加工管理的“MEP 预制构件”面板均可合并显示。

使用项目浏览器，双击对应的视图名称，可以方便地在项目的各视图中进行切换。下面通过实战操作，学习如何利用项目浏览器在项目不同类型视图间切换。

Step01 启动 Revit，打开随书文件“练习文件 \ 第 2 章 \ RVT \ 别墅项目 . rvt”项目文件。默认Revit 将打开联排别墅项目的默认 3D 视图。

Step02 在项目浏览器中，单击“视图”类别中“楼层平面”前的“⊞”，展开楼层平面类别，该楼层平面视图类别中包括如图 2-4 所示共 7 个视图。双击“楼层平面”类别中“F1”视图名称，Revit 将打开“F1”楼层平面视图。注意项目浏览器中该视图名称将高亮显示。

图 2-3

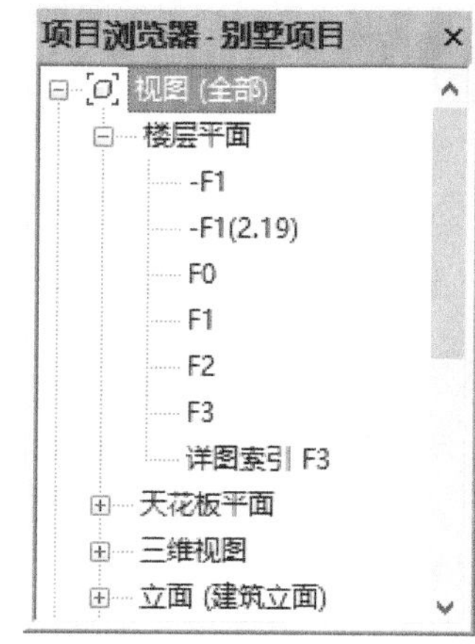

图 2-4

提 示

楼层平面视图表现的内容类似于传统意义中的“平面图”。关于视图的详细内容，参见本书第 14 章。

Step03 在项目浏览器中展开“视图”中的“立面（建筑立面）”类别，双击“南立面”视图，Revit 将打开“南立面”视图，注意项目浏览器中该视图名称将高亮显示。

Step04 展开“三维视图”类别，Revit 在“三维视图”类别中存储默认的三维视图和所有用户自定义的相机位置视图。双击“{3D}”视图名称，Revit 将打开默认三维视图。

提 示

还可以单击快速访问工具栏中“三维视图”按钮，快速切换至默认三维视图。Revit 中所有的项目都包含一个默认名称为 {3D} 的由 Revit 自动生成默认的三维视图。

Step05 展开“渲染”类别，Revit 在“渲染”类别中存储所有保存过的渲染效果视图。双击“3D-1”，打开该渲染视图，查看该渲染的效果。以相同的方式切换至其他渲染视图，对比不同的材质方案效果。

提 示

关于渲染的更多详情，参见本书第 13 章相关内容。

Step06 单击项目浏览器“视图”类别前的“⊟”，收拢“视图”类别。单击“明细表/数量”类别前的“⊞”，展开“明细表/数量”视图类别。双击“门明细表楼层数量”视图，切换至该明细表视图，如图 2-5 所示，该视图以明细表的形式反映了项目中各标高门的统计信息。

Step07 使用类似的方式切换至“面积明细表”及“图纸列表”视图，查看该项目中的面积明细表及图纸列表的信息。

项目浏览器 - 别墅项目
视图 (全部)
图例
明细表/数量
体量明细表
各部门的房间面积
图纸列表
墙明细表
房间明细表
房间明细表 2
房间面积/涂层(按类型)
窗明细表
窗明细表楼层数量
门窗表
门明细表楼层数量
面积明细表(总建筑面积)
图纸 (全部)
族
组
Revit 链接
属性　项目浏览器 - 别墅项目

<门明细表楼层数量>

A	B	C	D	E	F	G
		洞口尺寸			数 量	
门编号	名称	宽度	高度	标高	合计	备注
-F1						
JM2522	70系列仿木铝合	2500	2000	-F1	2	
LHM1525	70系列仿木铝合	1500	2350	-F1	1	
M0821	实木门	800	2100	-F1	1	
M1021	实木门	1000	2100	-F1	6	
F1						
LHM1521	70系列仿木铝合	1500	2100	F1	1	
LHM1524	70系列仿木铝合	1500	2700	F1	1	
LHM1525	70系列仿木铝合	1500	2350	F1	1	
LM1521	70系列仿木铝合	1500	2100	F1	1	
M0821	实木门	800	2100	F1	2	
M1021	实木门	1000	2100	F1	2	
M1124	实木门	1100	2400	F1	1	
F2						
LHM1521	70系列仿木铝合	1500	2100	F2	2	
LM1521	70系列仿木铝合	1500	2100	F2	1	
M0821	实木门	800	2100	F2	2	
M1021	实木门	1000	2100	F2	2	
M1221	实木门	1200	2100	F2	1	
27						

图 2-5

提 示

在 Revit 中，明细表可以按不同的形式进行统计和显示。本书第 18 章中介绍了关于明细表的更多详细内容。

Step08 单击“图纸（全部）”类别前的“⊞”，展开图纸类别，显示该项目中所有可用的图纸列表。双击“3/17-一层平面图”图纸，Revit 将打开该图纸。该图纸中包括“F1”楼层平面视图，并设置了图框。使用类似的方式，尝试在其他视图中切换。

提 示

在 Revit 中，一张图纸视图中可以包含多个不同的视图。

Step09 单击视图右上角的视图窗口控制栏中关闭按钮，关闭当前打开的视图窗口。Revit 将显示上次打开的视图。

Step10 连续单击视图窗口控制栏中的“关闭”按钮，直到最后一个视图窗口关闭时，Revit 将关闭项目。

事实上在 Revit 中使用项目浏览器切换不同视图时，Revit 将在新视图窗口中打开视图。因此每次切换视图时，Revit 都会创建新的视图窗口。如果切换视图的次数过多，可能会因为视图窗口过多而消耗较多的计算机内存资源。在操作时应根据情况及时关闭不需要的视图窗口，以节约计算机内存资源。

Revit 提供了一个快速关闭隐藏窗口的工具，可以关闭除当前窗口外的其他不活动视图窗口。如图 2-6 所示，切换至“视图”选项卡，单击“窗口”面板中“关闭隐藏对象”工具，或单击默认选项栏中“关闭隐藏对象”工具，可关闭除当前视图窗口之外的所有视图窗口。该工具仅在当前视图窗口最大化显示时有效。

图 2-6

在“窗口”面板中，使用“切换窗口”工具，可以在已打开的视图间进行快速切换。使用“窗口”面板中“层叠”“平铺”等工具对已打开的视图窗口进行排列和组织。本书在第 1 章中使用了窗口的“平铺”功能，限于篇幅，本书不再赘述其他窗口工具的使用方式，请读者自行尝试。

可以根据需要自定义项目浏览器中视图或图纸的显示方式，例如，设置项目中各视图按所在的楼层重新组织，而不是按“楼层平面”“立面”等视图类别的方式组织视图。通过下面的练习，掌握项目浏览器中，视图显示的定义方式。

Step01 启动 Revit，打开随书文件“练习文件 \ 第 2 章 \ rvt \ 别墅项目 . rvt”项目文件。默认将打开项目默认三维视图。

Step02 如图 2-7 所示，移动鼠标至“项目浏览器”面板“视图”类别，单击鼠标右键，在弹出右键快捷菜单中选择“浏览器组织”选项，弹出“浏览器组织”对话框。

提 示

在“视图”选项卡“窗口”工具面板“用户界面”下拉列表中，也提供了“浏览器组织”选项。单击该选项同样可打开“浏览器组织”对话框。

Step03 在“浏览器组织”对话框中，可对项目浏览器中视图或图纸的显示方式进行自定义。如图 2-8 所示，

图 2-7

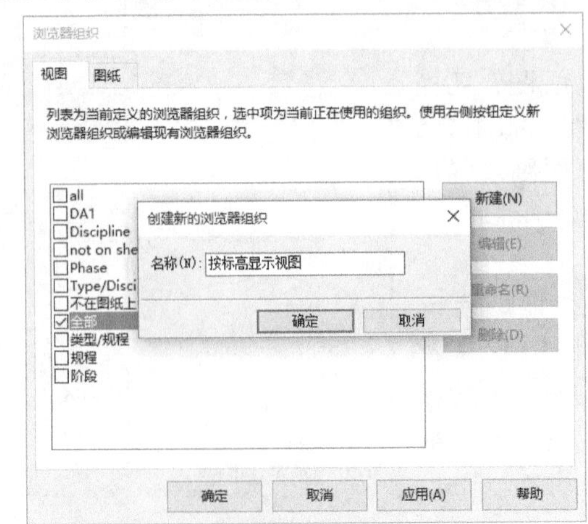

图 2-8

确认当前选项卡为“视图”，“浏览器组织”对话框中在列表中显示当前“别墅项目.rvt”项目中所有可用的预定义组织形式，该项目当前显示方式为“全部”。单击对话框右侧“新建”按钮，打开“浏览器组织名称”对话框，输入新的浏览器组织名称为“按标高显示视图”。

Step04 完成后单击“确定”按钮，打开“浏览器组织属性”对话框，如图 2-9 所示，切换至“成组和排序”选项卡，修改“成组条件”为“相关标高”，“否则按”条件为“类型”，即在项目浏览器中显示视图归类时优先使用视图所在的标高作为第一成组条件，然后再按视图的类型（如楼层平面、天花板平面等）归类组织视图。确认底部“排序方式”为“视图名称”，并按“升序”的方式排列。即在同一视图类别中如果包含多个视图，将按照视图名称升序的方式排列。其他参数参见图中所示，设置完成后单击“确定”按钮，退出“浏览器组织属性”对话框，返回“浏览器组织”对话框。

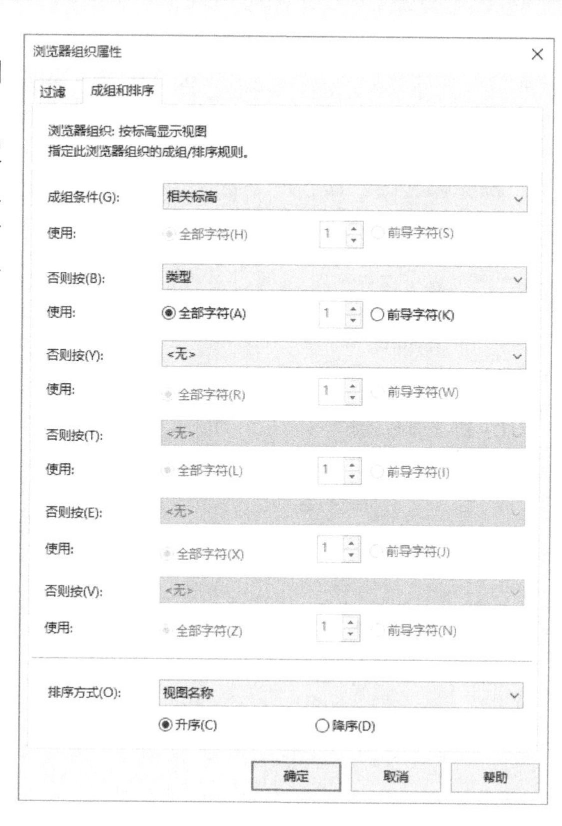

图 2-9

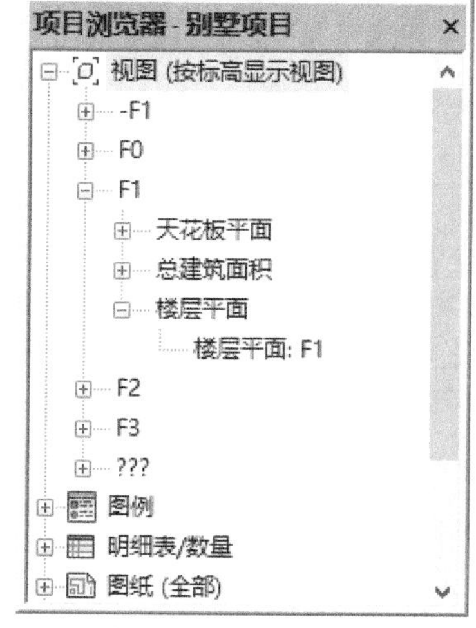

图 2-10

Step05 在“浏览组织”对话框中，勾选上一步中创建的“按标高显示视图”选项，再次单击“确定”按钮退出“浏览器组织”对话框，项目浏览器中显示的方式变化如图 2-10 所示。注意视图已经按各标高重新组织排序，展开 F1 标高，可以看到与该标高相关的所有视图类型：天花板平面视图、总建筑面积视图和楼层平面视图，再次展开，可以看到不同视图类型下面所包含的视图。同时请注意“视图”类别后面将显示上一步中自定义的“按标高显示视图”的属性名称，用于提示用户当前的视图显示属性配置。

提 示

“???”视图类型表示不属于任何标高的视图，如三维视图、剖面视图、渲染视图等。

Step06 再次打开“浏览器组织”对话框，确认当前选项卡为“视图”，注意 Revit 显示当前视图组织为上一步中创建的“按标高显示视图”配置。单击“编辑”按钮，打开“浏览器组织属性”对话框。切换至“过滤”选项卡，如图 2-11 所示，设置“过滤条件”分类为“相关标高”，逻辑关系为“等于”，标高值为“F1”，即在项目浏览器中只显示与标高 F1 相关的视图。其他参数默认，单击“确定”按钮，返回“浏览器组织”对话框。

Step07 再次单击确定按键，退出“浏览器组织”对话框。如图 2-12 所示，项目浏览器视图列表中将仅显示与 F1 标高相关的视图，其他视图将不再显示。

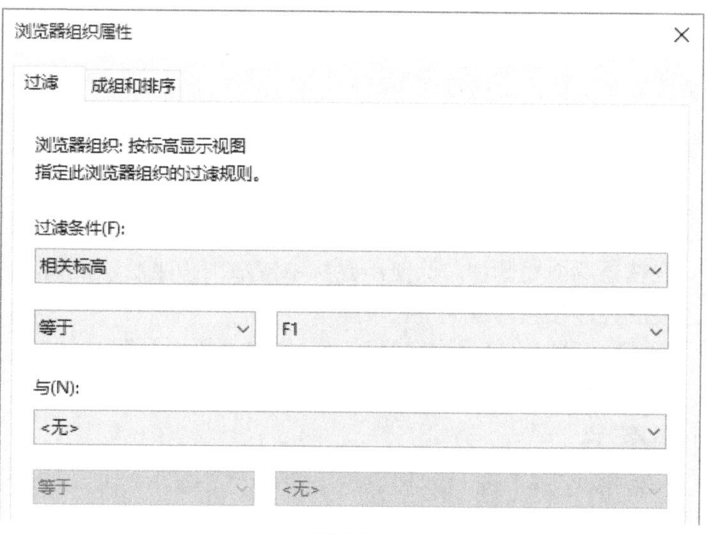

图 2-11

提 示

由于本制作中的“按标高显示视图”属于浏览器组织对话框的“视图”类别，因此该过滤器仅会影响项目浏览器中的“视图”类别中的显示状态，不会影响“图纸”类别中的各图纸视图的显示。

Step08 右键单击“视图”类别，在弹出菜单中选择“搜索”选项，弹出如图 2-13 所示的“在项目浏览器中搜索”对话框。输入“一层平面”作为搜索条件，单击“下一个”按钮，Revit 将在浏览器中搜索并定位至所有包含“一层平面”的视图、明细表、图纸等资源位置。

Step09 单击左上角“应用程序菜单”按钮，在列表中选择“关闭”选项，关闭“别墅项目 . rvt”项目文件，当询问是否将修改保存到项目时，选择“否”，放弃对项目的修改，完成本练习。

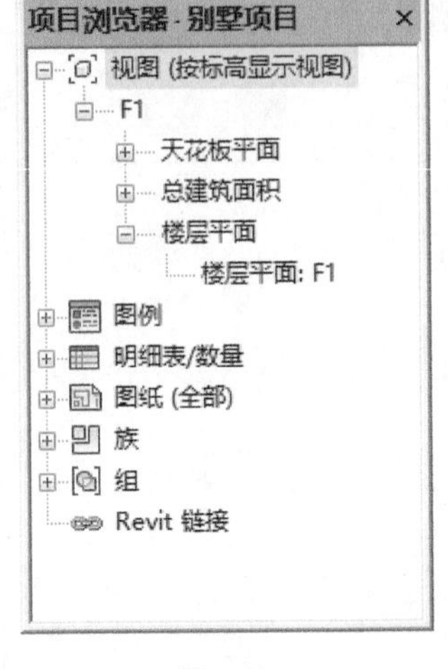

图 2-12

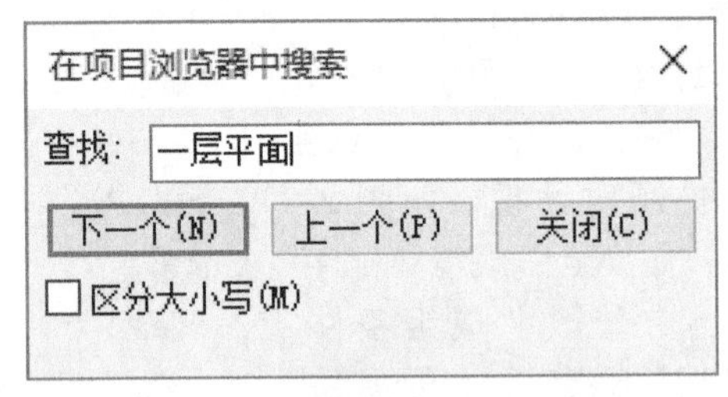

图 2-13

在 Revit 中，一个标高可以具备多个不同类型的视图，例如对于 F1 标高，可以根据标高生成 F1 楼层平面视图、F1 天花板平面视图、F1 总建筑面积平面图等。关于视图的更多信息，参见本书第 14 章相关内容。

2.1.2 视图导航

Revit 提供了多种视图导航工具，可以对视图进行诸如缩放、平移等操作控制。利用鼠标配合键盘功能键或使用 Revit 提供的用于视图控制的“导航栏”，可以分别对不同类型的视图进行多种控制操作。

在视图操作过程中，利用鼠标滚轮将大大提高 Revit 视图操作效率，强烈建议在操作 Revit 时使用带有滚轮的三键鼠标。下面通过具体实例操作说明在 Revit 中视图操作的方法。

Step01 打开随书文件中“练习文件 \ 第 2 章 \ RVT \ 别墅项目 . rvt”文件，在项目浏览器中切换至楼层平面视图类别中“F1”楼层平面视图。

Step02 移动鼠标指针至视图中 A 点位置，向上滚动鼠标滚轮，Revit 将以鼠标指针所在位置为中心放大显示视图。向下滚动鼠标滚轮，Revit 将以鼠标指针所在位置为中心，缩小显示视图。

Step03 移动鼠标指针至视图中心位置，按住鼠标中键不放，此时鼠标指针变为 ，上下左右移动鼠标，Revit将沿鼠标移动的方向平移视图。移动至所需位置后，松开鼠标中键，退出视图平移模式。

Step04 单击快速访问栏中“默认三维视图”工具 ，切换至默认三维视图。按上述相同的方式可以在默认三维视图中进行视图缩放和视图平移。

Step05 移动鼠标至默认三维视图中心位置，按住鼠标滚轮不放，同时按住键盘 Shift 键不放，鼠标指针将变为 ，左右移动鼠标，将旋转视图中模型。

提 示

旋转视图时，仅旋转了三维视图中默认相机的位置，并未改变模型的实际朝向。Revit 仅在三维视图中提供视图旋转查看功能。

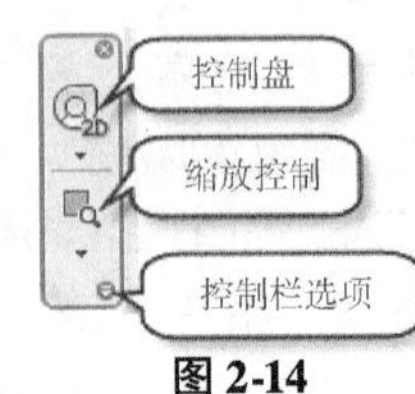

图 2-14

在楼层平面视图中，除使用鼠标中键放大、平移、旋转视图外，还可以使用 Revit 提供的视图控制工具对视图进行操作。

Step06 在项目浏览器中切换至“F1”楼层平面视图。单击视图右侧如图 2-14 所示的导航栏中“控制盘”工具，将打开二维控制盘。

提 示

如果视图中未显示“导航栏”，单击“视图”选项卡“窗口”面板中“用户界面”，在弹出的“用户界面”下拉列表中勾选“导航栏”复选框即可。

Step 07 如图 2-15 所示，鼠标移至控制盘中不同选项时，该选项将高亮显示。移动鼠标指针至“平移”选项，按住鼠标左键不放，鼠标指针将变为视图平移状态，左右或上下方向移动鼠标，Revit 将按鼠标移动方向平移视图。当视图平移至视图中心位置后，松开鼠标左键，重新显示二维控制盘。

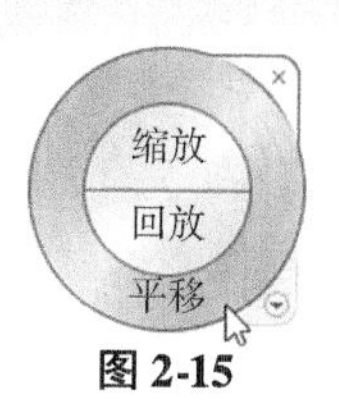

图 2-15

提 示

Revit 的视图控制盘将跟随鼠标指针的位置移动。

Step 08 移动鼠标至 3 轴右侧楼梯处，二维控制盘也将跟随鼠标移动至此处。鼠标指针移动至控制盘“缩放”选项，按住鼠标左键不放，鼠标指针将变为视图缩放状态，向上或向右移动鼠标，Revit 将以控制盘所在位置为中心，放大视图。向下或向左移动鼠标，Revit 将以控制盘所在位置为中心，缩小视图。缩放至可以看清楼梯细节时，松开鼠标左键，完成缩放操作，Revit 重新显示二维控制盘。

图 2-16

Step 09 鼠标指针移至二维控制盘的“回放”选项，按住鼠标左键不放，Revit 将以缩略图的形式显示对当前视图进行操作的历史记录，如图 2-16 所示，在缩略图列表中左右滑动鼠标，当鼠标经过缩略图时，Revit 将重新按缩略图显示视图状态缩放视图。

Step 10 如果需要修改控制盘的外观属性，可以单击控制盘右下角显示控制盘菜单按钮“”，在弹出的控制盘菜单中单击“选项”，如图 2-17 所示，打开控制盘选项控制对话框。

Step 11 Revit 将打开“选项”对话框，并自动切换至“SteeringWheels”选项，如图 2-18 所示。在该选项中，可以对控制盘的大小、提示文字、透明度等进行详细设置。设置完成后单击“确定”按钮即可生效。

图 2-17　　图 2-18

Step 12 单击视图控制盘上的关闭按钮或按键盘 Esc 键，退出二维控制盘。

提 示

按键盘快捷键 Shift + W 可以直接开启或关闭视图控制盘。

在三维视图中，Revit 提供了功能更为强大的视图控制盘，以方便在三维视图中浏览查看模型。

Step13 单击快速访问工具栏中的“三维视图”按钮，切换至默认三维视图。单击右侧“导航栏”中导航盘工具下的黑色三角，弹出导航盘样式选择列表，如图 2-19 所示，在列表中选择“全导航控制盘”，启用全导航控制盘。

Step14 全导航控制盘如图 2-20 所示。在该控制盘中，除可以完成缩放、平移、回放等二维控制盘能完成的视图控制功能外，还可以实现更多视图操作功能。

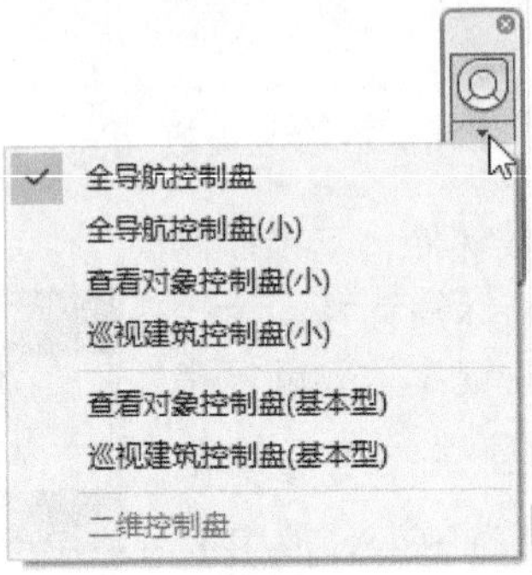

Step15 鼠标指针移至控制盘“动态观察”选项，按住鼠标左键不放，鼠标指针变为“动态观察”状态，左右移动鼠标，Revit 将按鼠标移动方向旋转三维视图中的模型。视图中绿色球体表示动态观察时视图旋转的中心位置。松开鼠标左键，退出动态观察模式，返回控制盘。

Step16 鼠标指针移动至控制盘“中心”选项，按住鼠标左键不放，拖动绿色球体至模型上任意位置，松开鼠标左键，重新设置中心位置。再使用控制盘动态观察选项放置视图时，Revit 将以该指定位置为中心旋转查看视图。

全导航控制盘
全导航控制盘(小)
查看对象控制盘(小)
巡视建筑控制盘(小)
查看对象控制盘(基本型)
巡视建筑控制盘(基本型)
二维控制盘

图 2-19

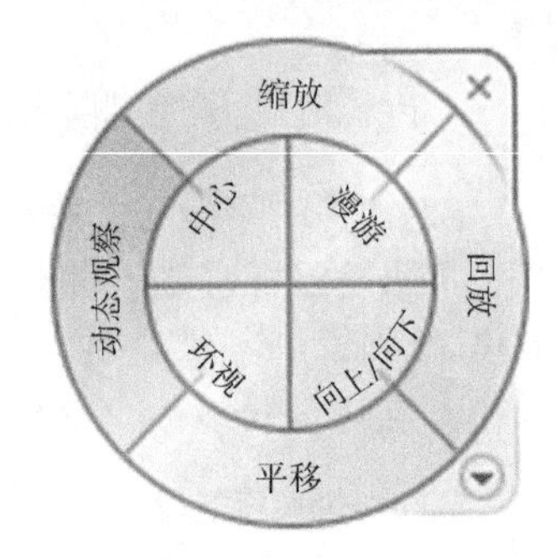

图 2-20

Step17 其他工具使用方式与动态观察非常相似，请读者自行尝试使用其他几组查看浏览工具。完成查看后，单击控制盘上的关闭按钮，或按键盘 Esc 键，退出视图控制盘。

提 示

在默认三维视图中不可使用“漫游”工具。可以在相机视图中尝试使用该工具。在本例中，可以通过项目浏览器切换至“视图”→“三维视图”→“三维视图 1”中尝试使用该工具。

Revit 根据视图浏览控制需求为三维视图，提供了几个不同样式的控制盘。如图 2-21 所示，单击全导航控制盘右下角选项按钮，在弹出列表“基本控制盘”次级菜单中，可以切换至不同风格的导航控制盘内容。

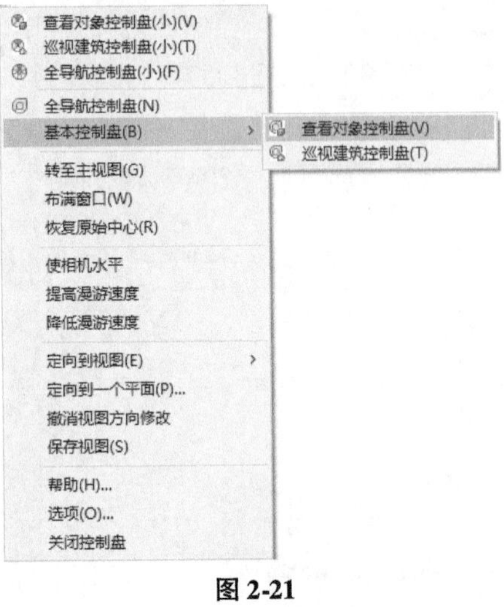

查看对象控制盘(小)(V)
巡视建筑控制盘(小)(T)
全导航控制盘(小)(F)
全导航控制盘(N)
基本控制盘(B)
查看对象控制盘(V)
巡视建筑控制盘(T)
转至主视图(G)
布满窗口(W)
恢复原始中心(R)
使相机水平
提高漫游速度
降低漫游速度
定向到视图(E)
定向到一个平面(P)...
撤消视图方向修改
保存视图(S)
帮助(H)...
选项(O)...
关闭控制盘

图 2-21

图 2-22 为“查看对象控制盘（基本型）”控制盘，图 2-23 为“巡视建筑控制盘（基本型）”控制盘。各不同类型控制盘的操作方法与前述“全导航控制盘”完全相同，限于篇幅，在此不再赘述。

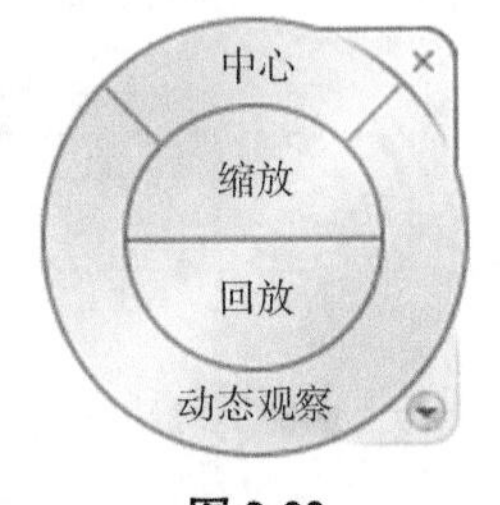

图 2-22

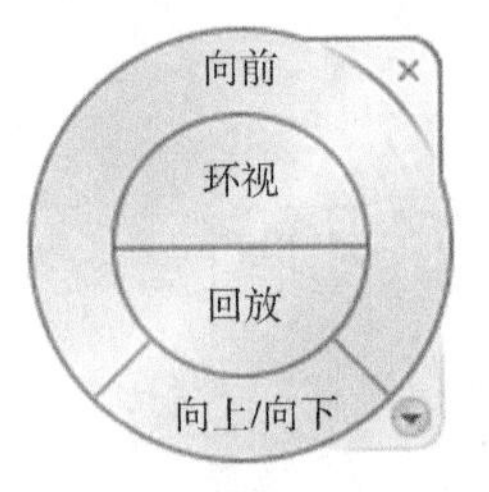

图 2-23

提 示

可以在视图控制栏控制盘样式下拉列表中切换要使用的控制盘样式。

在全导航控制盘选项菜单中，除可以控制视图控制盘的大小和功能外，还可以控制三维视图的视图方向。其中笔者认为最常用的选项是“定向到一个平面”，它允许拾取任意指定平面作为当前工作视图，以方便在该平面上绘制。

在三维视图中，各类型控制盘都可以显示为小控制盘样式。在控制盘样式列表中，选择为“全导航控制盘（小）”的小控制盘状态，如图 2-24 所示，小控制盘实现的功能与对应的大控制盘完全相同。光盘移动至小控制盘上不同方位，注意观察小控制盘下方的文字提示，按住鼠标左键，即可实现对视图的控制导航操作。

图 2-24

除使用滚动鼠标滚轮的方式对视图进行缩放外，还可以使用 Revit 在视图控制栏中提供的视图缩放工具对视图进行精确地缩放控制。

Step18 接上面练习。确认当前视图为默认三维视图，单击“视图”选项卡“窗口”面板中“关闭隐藏对象”工具，将所有未激活的视图关闭。在项目浏览器中切换到“F1”楼层平面视图，Revit 将恢复显示该视图的全部内容。

Step19 单击导航栏下方视图缩放按钮下的黑色三角形，弹出缩放选项列表，如图 2-25 所示，在缩放选项菜单中选择“区域放大”，单击视图控制栏中区域放大图标，鼠标光标变为🔍，进入视图区域放大缩放模式。

Step20 在视图中左侧 A 点处单击并按住鼠标左键，向右下方 B 点处拖动鼠标，Revit 将显示缩放区域范围框，如图 2-26 所示。到达 B 点时释放鼠标左键，Revit 将显示范围框内图元充满当前视图窗口。

Step21 使用相同的方式，在导航栏缩放选项中切换至“缩放匹配”选项，Revit 将重新缩放视图，以显示视图中全部图元。

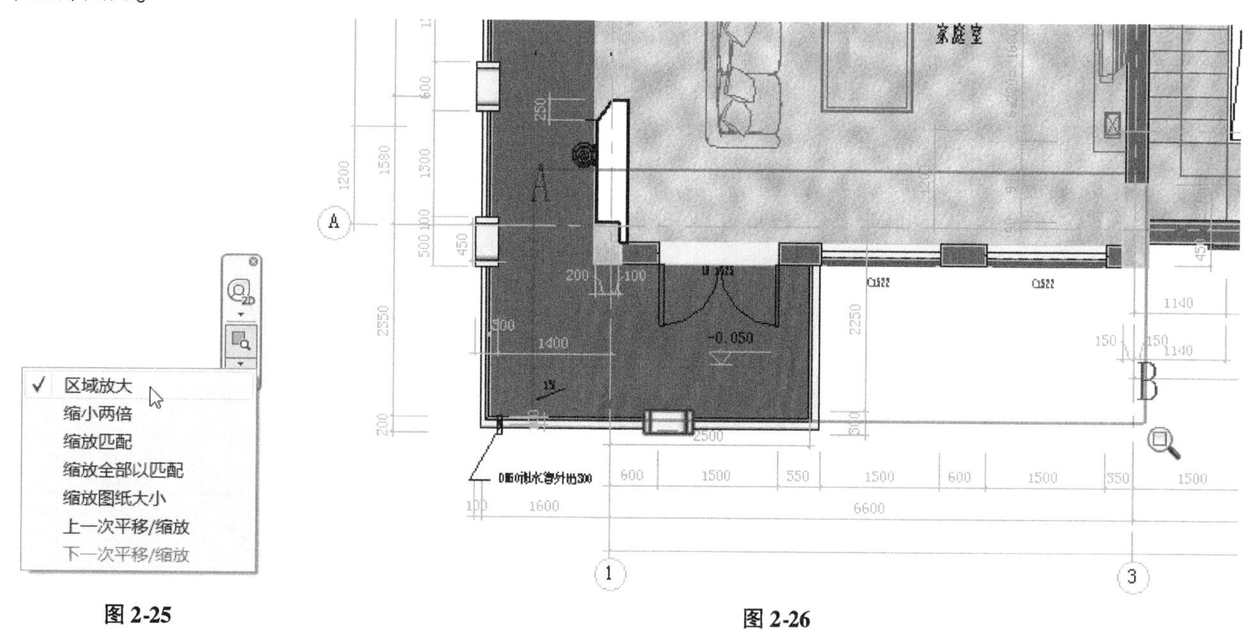

图 2-25　　图 2-26

提 示

在任意空白位置双击鼠标中键，Revit 将自动执行缩放全部视图操作，在视图中显示全部图元。

Step22 单击左上角“应用程序菜单”按钮，在菜单列表中选择“关闭”，关闭“别墅项目 . rvt”项目文件，当弹出“是否要将修改保存”对话框时，选择“否”，不保存对项目的修改，完成视图控制操作练习。

在视图空白区域内单击鼠标右键，弹出与导航栏视图缩放控制选项相同的右键菜单，选择右键菜单中相关选项，也可以实现对视图的缩放操作。

还可以通过键盘直接输入快捷键的方式直接访问区域缩放、缩放匹配等视图控制功能，关于键盘快捷键详见本章 2. 2. 3 节。

2. 1. 3　使用 ViewCube

在三维视图中，除可以使用“动态观察”等工具查看模型三维视图外，Revit 还提供了“ViewCube”工具，方便将视图定位至东南轴测、顶部视图等常用三维视点。默认情况下，该工具位于三维视图窗口的右上角，如图 2-27 所示。

ViewCube 立方体的各顶点、边及面和指南针的指示方向，代表三维视图中不同的视点方向，单击立方体或指南针的各部位，可以在各方向视图中切换显示，按住 ViewCube 或指南针上任意位置并拖动鼠标，可以旋转视图。下面通过练习，掌握 ViewCube 的具体操作方式。

Step01 打开随书文件“练习文件 \ 第 2 章 \ RVT \ 别墅项目 . rvt”项目文件，切换至默认三维视图。鼠标左键单击右上角 ViewCube 的“上”面，如图 2-28 所示，Revit 将旋转三维视图变为顶部视点视图。同时，ViewCube 将变为如图 2-29 所示结果。

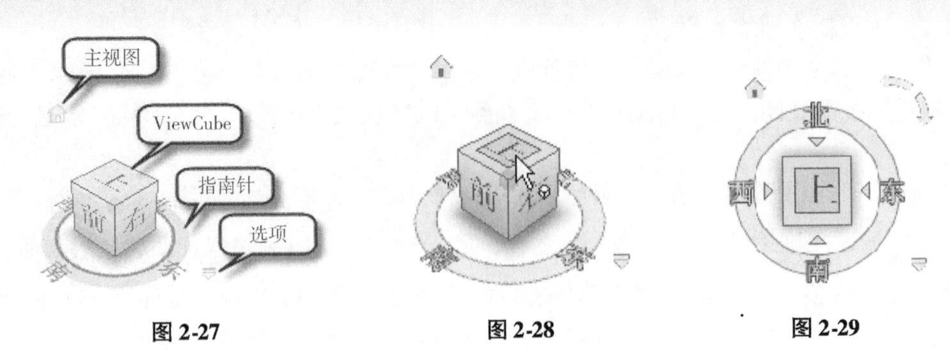

图 2-27　　图 2-28　　图 2-29

提 示

在 Revit 中出现正视图时，可以单击 ViewCube 右上角的方向箭头按 90°旋转视图。

Step02 在 ViewCube 中单击指南针“南”侧方向箭头△，Revit 将旋转视图至南侧面（正前方）视点，如图 2-30 所示。

提 示

在 ViewCube 中，单击指南针“南”方向，也将旋转至正前方视点。注意该视图与南立面视图不同。

Step03 单击 ViewCube 立方体左上角点位置，如图 2-31 所示，将切换视图方向为西南轴测视图。结果如图 2-32 所示。

Step04 单击 ViewCube 左上角“主视图”图标，如图 2-33 所示，Revit 将自动切换到默认主视图。本项目中默认主视图为东南轴测视图。

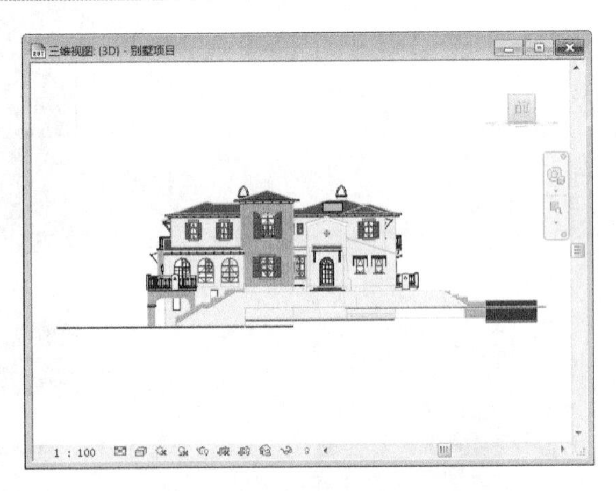

图 2-30

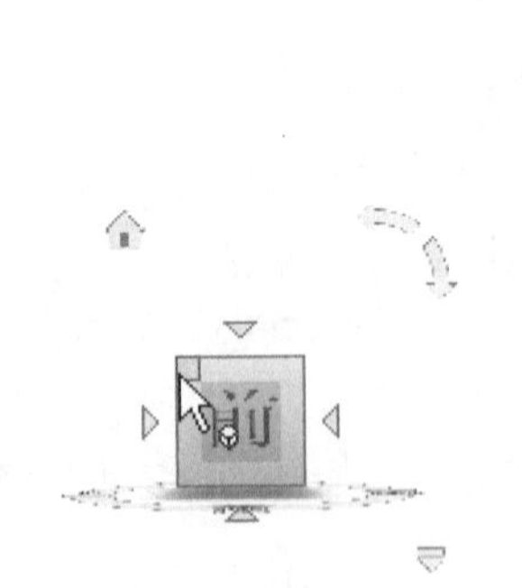

图 2-31

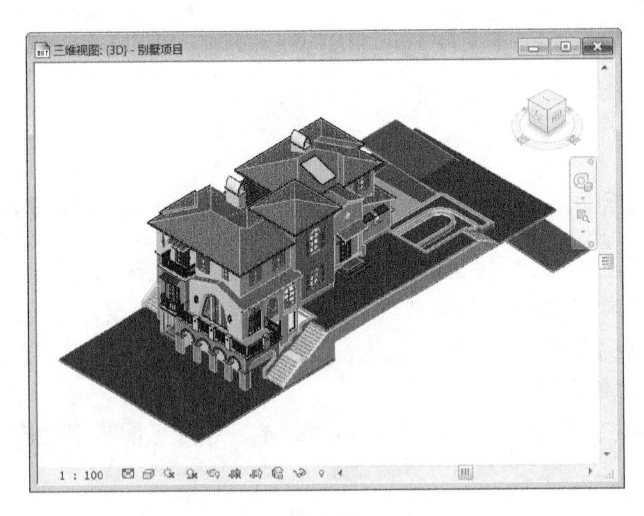

图 2-32

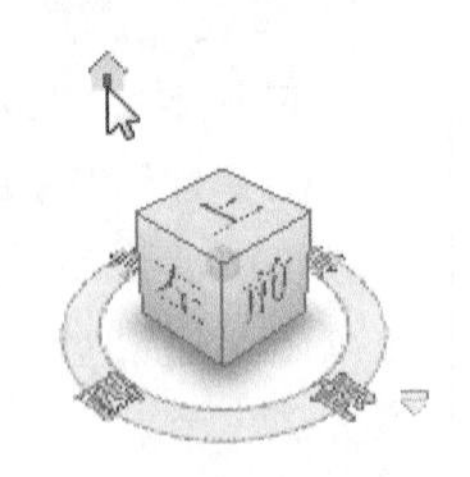

图 2-33

Step05 在 ViewCube 上单击鼠标右键，或 ViewCube 单击右下角选项按钮，弹出如图 2-34 所示 ViewCube 选项菜单。

在 ViewCube 菜单中可以通过使用“将当前视图设定为主视图”选项，将任意视角的三维视图设定为主视图。设定为主视图后，可以通过单击“主视图”图标，随时返回主视图。在 ViewCube 选项菜单中，也可以访问“定向到一个平面”工具。

Step06 在 ViewCube 选项菜单中，单击“选项”，将打开“选项”对话框，并自动切换至 ViewCube 选项。如图 2-35 所示，可以在该选项卡中设置在视图中是否显示 ViewCube，以及指定 ViewCube 的位置等。本操作练习中不修改任何设置，单击“确定”按钮退出“选项”对话框。

Step07 单击 ViewCube 其他方向，读者自行切换至其他视图方向。完成后关闭“别墅项目.rvt”项目文件，完成 ViewCube 操作练习。

使用 ViewCube 可以在三维视图中按各指定方向快速查看模型，方便方案表达和展示。值得注意的是，使用 ViewCube 仅在改变三维视图中相机的视点位置，并不能替代项目中的立面视图。

注意，当创建了锁定的三维视图时，ViewCube 的功能将失效。关于“锁定的三维视图”更多信息参见本章第 2.1.4 节内容。

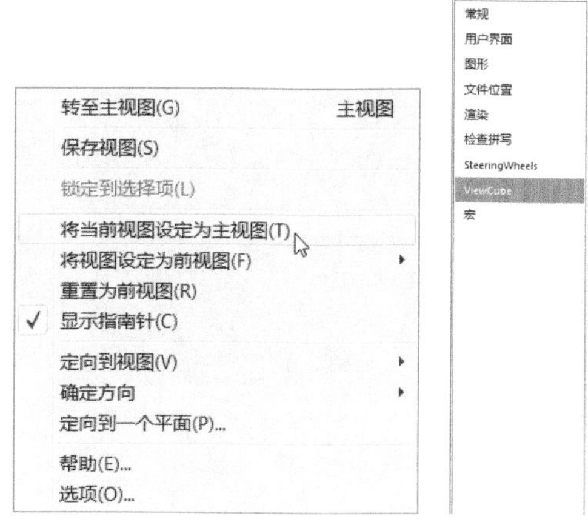

图 2-34

图 2-35

2.1.4 使用视图控制栏

在 Revit 中，每个视图窗口底部都有视图控制栏，用于控制该视图的显示状态。不同类别视图的视图控制栏内容稍有不同。如图 2-36 所示，为默认三维视图窗口的视图控制栏工具中的工具。

视图控制栏中视觉样式、临时隐藏隔离及显示隐藏的图元是最常用的视图显示状态工具。通过下面的操作，掌握这三个显示控制工具的用法。其他工具用法，将在后面的章节中详述。

Step01 打开随书文件中“练习文件\第 2 章\RVT\别墅项目.rvt”文件，切换至默认三维视图，使用 ViewCube 设置该视图视点为西南轴测视图。

Step02 单击视图底部视觉样式按钮 ，弹出模型图形样式列表，在列表中单击选择“隐藏线”，如图 2-37 所示。

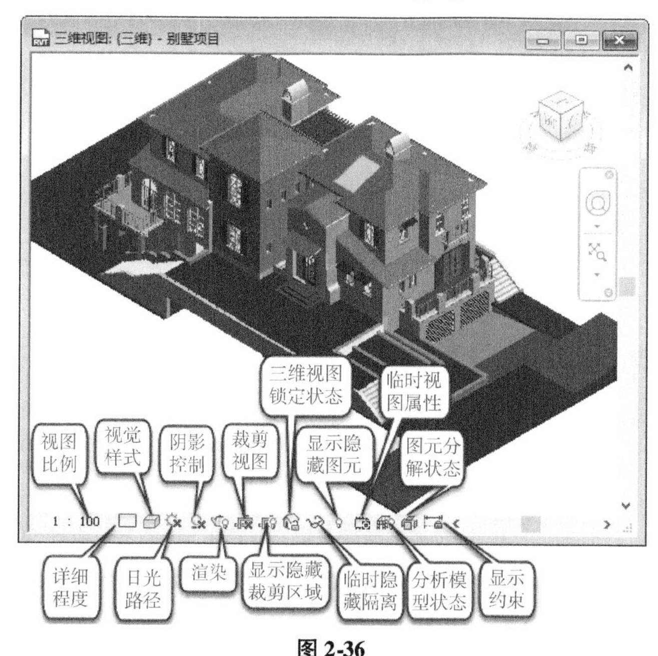

图 2-36

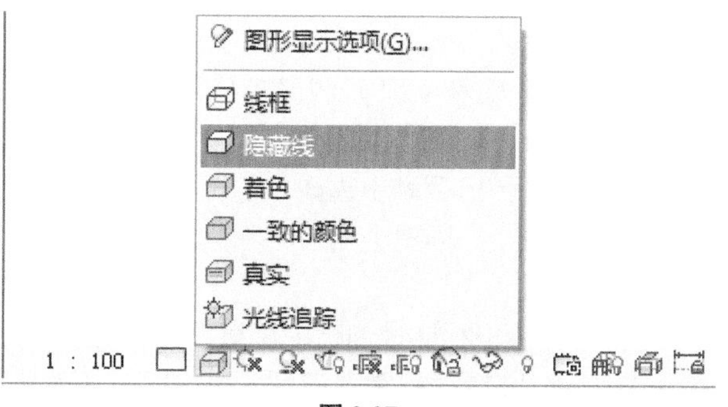

图 2-37

Step03 Revit 将以如图 2-38 所示形式显示模型视图。同时视图控制栏视觉样式按钮变为 ，以提示用户当前视图的模型图形样式为隐藏线。

Step04 使用类似的方式，切换视觉样式为“真实”，视图控制栏视觉样式按钮变为 。滚动鼠标滚轮，适当放大视图，模型以如图 2-39 所示方式显示。该模式真实反映出模型的材质纹理。

Step05 切换至视觉样式为“光线追踪”模式，视图控制栏视觉样式按钮变为 ，注意，此时 Revit 将进入实时光线追踪渲染状态，计算完成后，Revit 将显示纹理的纹理效果，如图 2-40 所示。

图 2-38

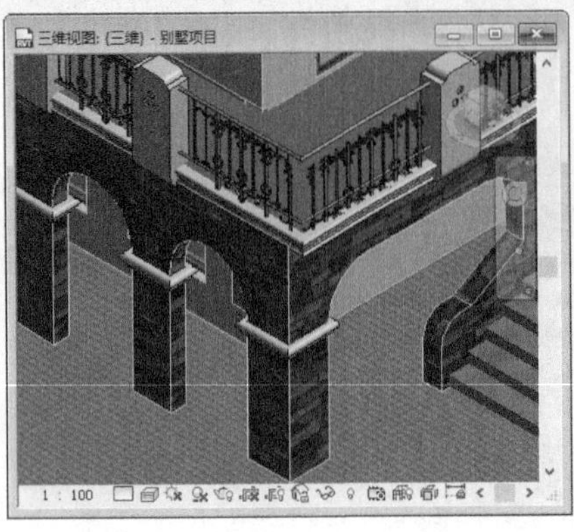
图 2-39

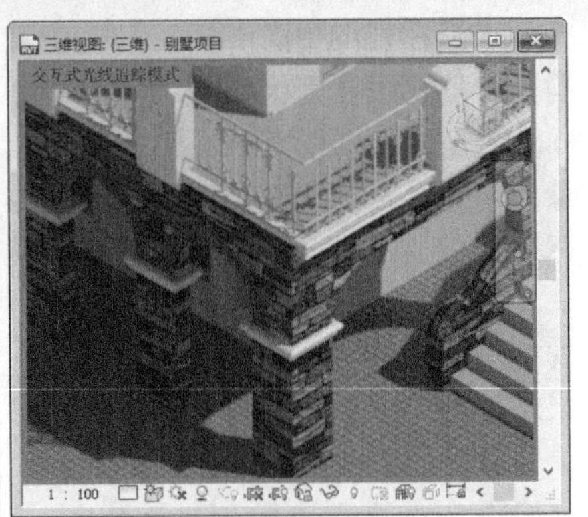
图 2-40

提 示

光线追踪模式将实时对视图中的模型进行渲染计算，会消耗大量的计算资源。在工作的过程中，建议使用该模式查看光影效果后及时关闭以节约计算资源。

Revit 允许用户自定义设置视觉样式，关于材质与视觉样式设置的更多内容，详见本书第 12 章。

Step 06 切换视觉样式为"着色"模式，以加快视图显示速度。如图 2-41 所示，移动鼠标指针至别墅室外台阶位置，台阶图元将以蓝色高亮显示。单击视图控制栏中"临时隐藏/隔离"按钮，弹出隐藏/隔离图元选项列表。

Step 07 在列表中选择"隔离类别"选项，Revit 将在当前视图中隐藏除楼梯类别图元以外的所有模型图元。Revit 会在包含临时隐藏图元的视图周围显示淡蓝色边框，同时视图控制栏中隐藏/隔离图元图标变为，提示该视图中包含已隐藏的图元。

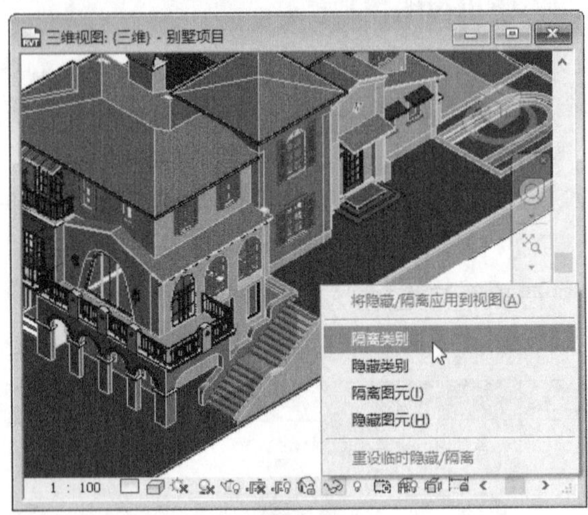

图 2-41

提 示

Revit 按图元类别管理项目中各种对象。关于对象类别的更多信息，参见本书第 14 章。

Step 08 再次单击视图控制栏中隐藏/隔离图元按钮，在弹出选项中选择"重设临时隐藏/隔离"，Revit 将重新显示被隐藏的图元。

Step 09 移动鼠标指针至西侧屋顶，屋顶将高亮显示。单击选择屋顶图元，如图 2-42 所示，单击视图控制栏隐藏/隔离图元按钮，在弹出列表中选择"隐藏图元"。Revit 将在视图隐藏所选择屋顶。同时会在包含临时隐藏图元的视图周围显示淡蓝色边框。

Step 10 再次单击视图控制栏中隐藏/隔离图元按钮，在弹出选项中选择"将隐藏/隔离应用于视图"，注意，视图中用于指示临时隐藏的蓝色边框消失，即屋顶图元被永久隐藏。同时，单击临时隐藏隔离图元工具中，注意其中列表将变为灰色。

Step 11 单击视图控制栏中"显示隐藏图元"按钮，进入显示隐藏图元模式。如图 2-43 所示，视图中所有被隐藏的图元均以暗红色显示。移动鼠标至上一步中隐藏的屋顶位置单击选择该屋顶图元，单击鼠标右键，在弹出菜单中选

图 2-42

择“取消在视图中隐藏→图元”选项，取消对该图元的隐藏。完成后再次单击“显示隐藏图元”工具按钮，切换至正常视图显示状态，注意该屋顶已重新显示在视图中。

Step⑫切换至“三维位移视图”，注意该视图显示了屋顶的位移，用于更好地展示屋顶与各房间之间的关系。单击视图控制栏“高亮显示位移集”按钮，进入高亮显示位移集状态。如图 2-44 所示，被位移的图元以绿色显示。再次单击该按钮，关闭高亮显示状态。

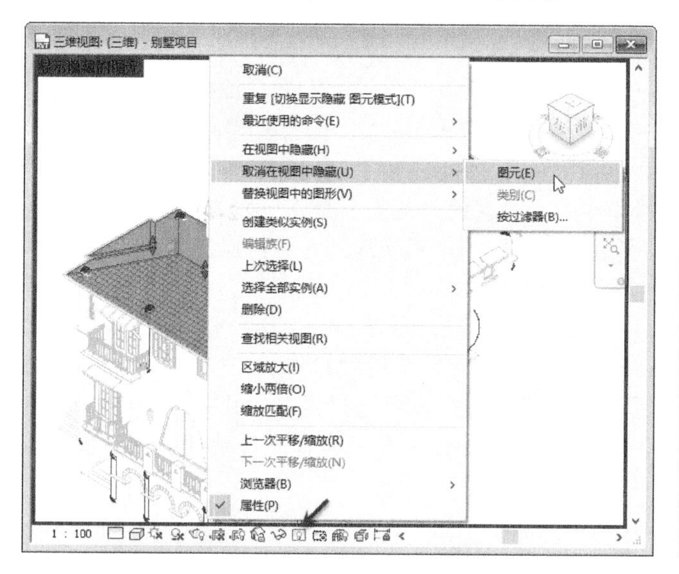

图 2-43

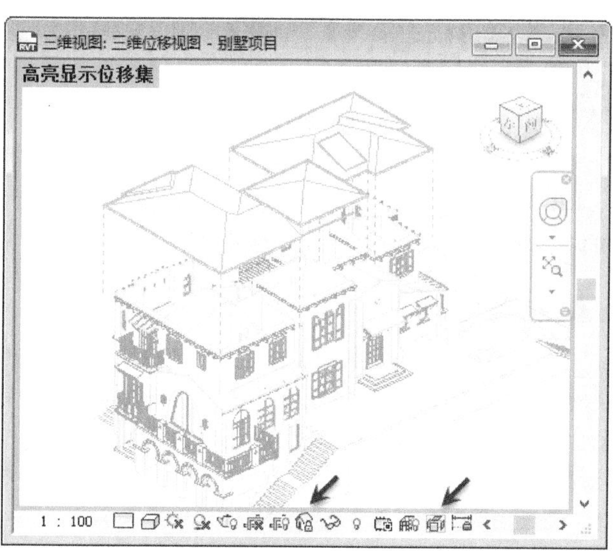

图 2-44

提 示

在 Revit 中选择任意图元后，在“修改”选项卡“视图”面板中提供了“置换图元”功能，用于在视图中实现图元位移，以展示图元间的逻辑关系。

Step⑬注意该视图中“三维视图锁定状态”为“锁定”，此时无法在视图中使用旋转等三维视图操作功能，但可对视图进行平移和缩放。

Step⑭关闭“别墅项目 . rvt”项目文件，当询问是否保存对项目的修改时，选择否，不保存对项目的修改。完成本练习。

使用临时隐藏隔离工具所设置的图元隐藏设置不会随项目一起保存。而将隐藏应用于视图后，Revit 将永久隐藏图元。当保存项目后重新打开项目时，使用临时隐藏隔离工具隐藏的图元会再次显示在视图中，而永久隐藏的图元依然保持隐藏状态。

在 Revit 中，使用视图工具栏进行的任何设置均只针对当前视图，设置视觉样式、图元隐藏等操作，均不会影响其他视图。

为提高显示性能，Revit 支持显卡硬件加速功能。Revit 使用 Direct 3D 模式的硬件加速。可以在 Revit 中打开 Direct 3D 硬件加速，以增强 Revit 的显示性能。要打开 Direct 3D 硬件加速非常简单，单击“应用程序菜单”按钮，单击菜单列表右下角“选项”按钮，在弹出的“选项”对话框中切换至“图形”选项卡，如图 2-45 所示，勾选“图形模式”中的“使用硬件加速（Direct 3D）”，单击“确定”按钮，退出选项对话框，重新启动 Revit 即可生效。

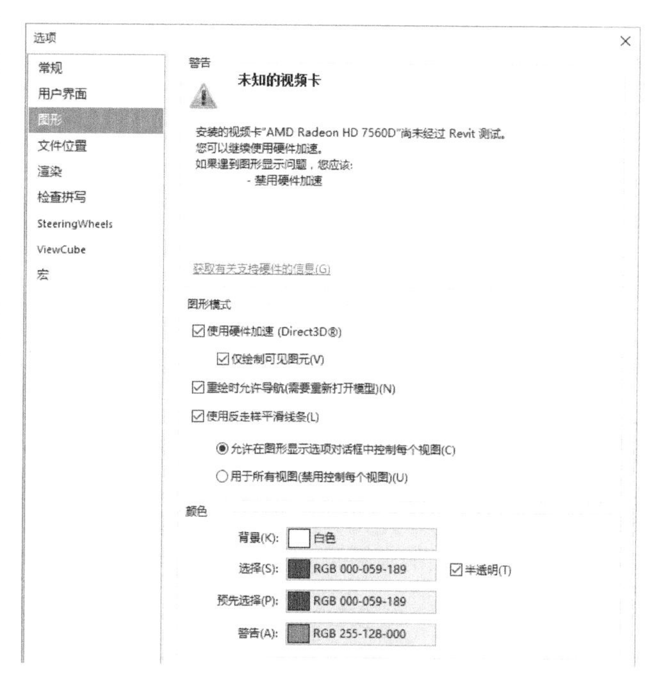

图 2-45

如果因启用硬件加速后造成 Revit 不稳定，请关闭“硬件加速”选项。笔者推荐有条件的用户使用经过 Revit认证的显卡，并安装经过认证的驱动程序，以达到最佳的兼容性。可以在该对话框中单击“获取有关支持硬件的信息”链接访问 Autodesk 网站，查看所有经过 Revit 认证的显卡芯片。

在该对话框中，可以勾选“使用反走样平滑线条”选项，可以使三维视图中显示的轮廓边缘更平滑，增强三维视图中线的显示质量。如用户喜欢类似于 AutoCAD 中绘图时那种黑色的视图背景，可以在该对话框中勾选“颜色”中“反转背景色”选项。还可以单击“选择颜色”、“亮显颜色”、“警报颜色”后的颜色按钮，修改选择图元时的指示颜色。

提 示

Revit 插件“模术师”中提供了快速切换 Revit 背景颜色的功能。

2.2 常用图元编辑

Revit 提供了移动、复制、镜像、旋转等多种图元编辑和修改工具，使用这些工具，可以方便地对图元进行编辑和修改操作。要使用这些编辑操作工具，多数时候需要选择图元，才能对所选图元进行操作。

2.2.1 构件选择

图元选择是 Revit 编辑和修改操作的基础，也是在 Revit 中进行设计时最常用的操作。在前面的练习中，多次使用单击鼠标左键选择图元。事实上在 Revit 中，在图元上直接单击鼠标左键选择是最常用的图元选择方式。配合键盘功能键，可以实现更灵活构建图元选择集，实现图元选择。Revit 将在所有视图中高亮显示选择的图元，以区别于未选择的图元。

Step 01 打开随书文件“练习文件 \ 第 2 章 \ RVT \ 加油站服务区 . rvt”项目文件，在项目浏览器中切换至“一层平面图”楼层平面视图。

Step 02 使用导航栏中“缩放匹配”选项，将该视图中全部图元内容充满视图窗口显示。使用“区域放大”工具，按图 2-46 所示范围，放大显示餐厅位置。

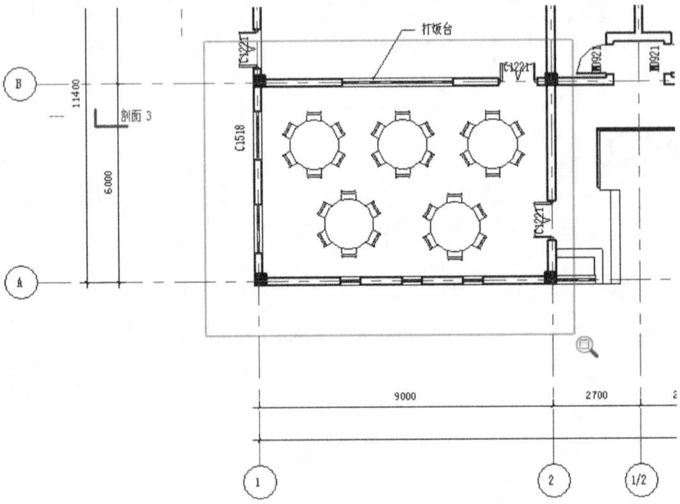

Step 03 该项目中餐厅 A 轴线墙上共有三扇窗。移动鼠标指针至左侧窗图元上，单击鼠标左键选择窗，该窗将以蓝色显示。移动鼠标至中间窗图元处，单击鼠标左键选择该窗。注意 Revit 中将仅保留中间窗图元，而取消已选择的左侧窗。

图 2-46

Step 04 按住键盘 Ctrl 键，鼠标指针变为 ，表示将向选择集添加图元，分别单击左侧和右侧窗，Revit 将图元添加至选择集中，如图 2-47 所示。

Step 05 按住鼠标 Shift 键，鼠标指针变为 ，表示将从选择集中删除图元，单击左侧窗，可以从选择集中取消该窗。在视图空白处单击鼠标左键或按键盘 Esc 键，取消选择集。

Step 06 确认“按面选择图元”状态为关闭。如图 2-48 所示，移动鼠标至左侧窗左下角位置单击并按住鼠标左键，向右上方移动鼠标，Revit 将显示实线范围框，当范围框将三扇窗完全包围时，松开鼠标左键，Revit 将选择被范围框完全包围的窗图元。

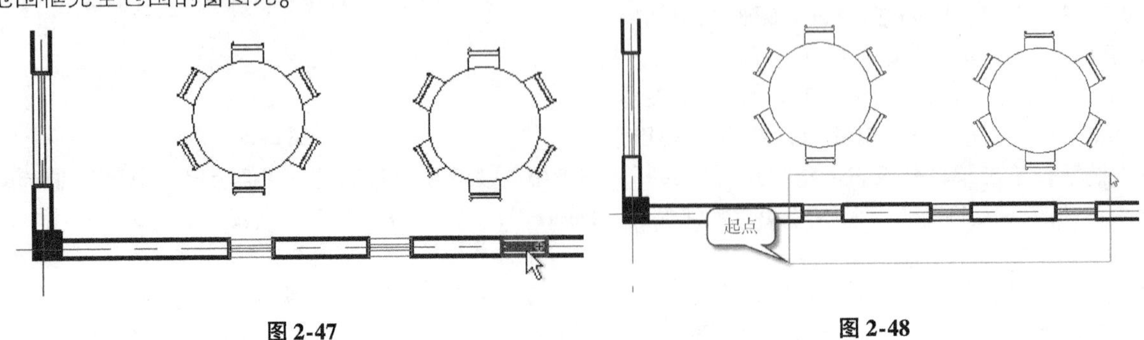

图 2-47　　　　图 2-48

提 示

Revit 将在右下角的选择过滤器中显示选择集中图元的数量。本次操作中，选择了 3 个窗图元，选择过滤器将显示 :3。

Step07 按键盘 Esc 键取消选择集。在第三个窗右下角单击并按住鼠标左键，向左上角移动鼠标，Revit 将显示虚线选择范围框。如图 2-49 所示，当虚线范围框完全包围窗时，松开鼠标左键，Revit 将不仅选择被范围框完全包围的窗图元，还将选择与范围框相交的墙体、轴线和楼板（在视图中不可见）。注意右下角选择过滤器中显示的构件数量为 6。

Step08 Revit 将自动切换至“修改 | 选择多个”上下文选项卡。如图 2-50 所示，单击“选择”面板中“过滤器”按钮，或单击右下角过滤器图标，打开“过滤器”对话框。

Step09 如图 2-51 所示，过滤器对话框中将按选择集中图元的类别列出各类图元的数量。单击去除墙、楼板和轴网类别勾选状态，仅勾选窗类别，单击“确定”按钮退出“过滤器”对话框。Revit 将仅在选择集中保留窗类别图元。单击视图空白处，取消选择集。

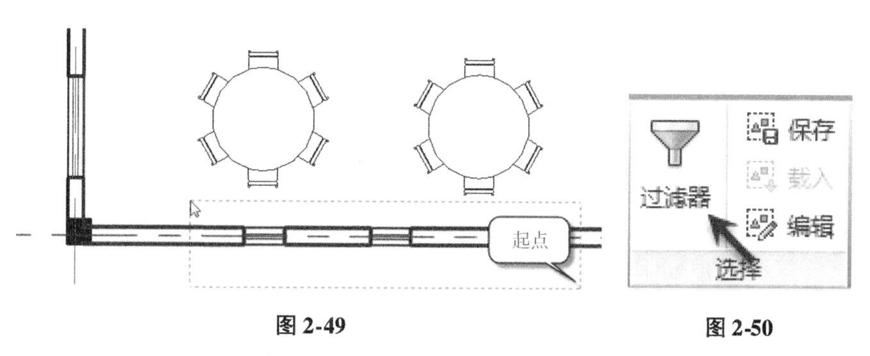

图 2-49　　图 2-50

Step10 单击选择左侧窗图元，单击鼠标右键，在弹出右键菜单中选择“选择全部实例→在视图中可见”选项，如图 2-52 所示。Revit 将选择当前视图中所有与该窗同类型的窗图元。

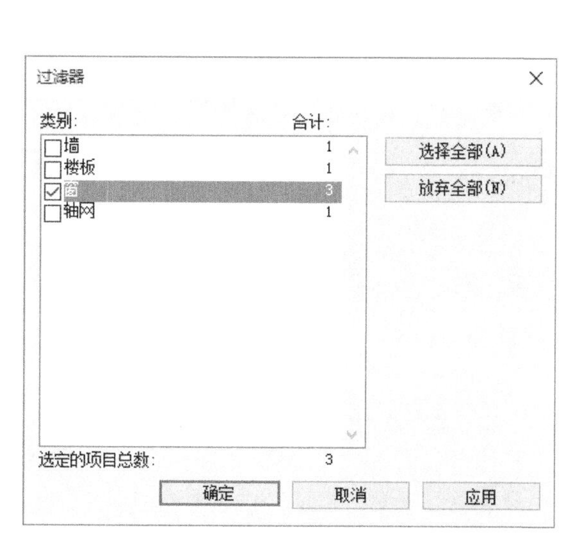

图 2-51

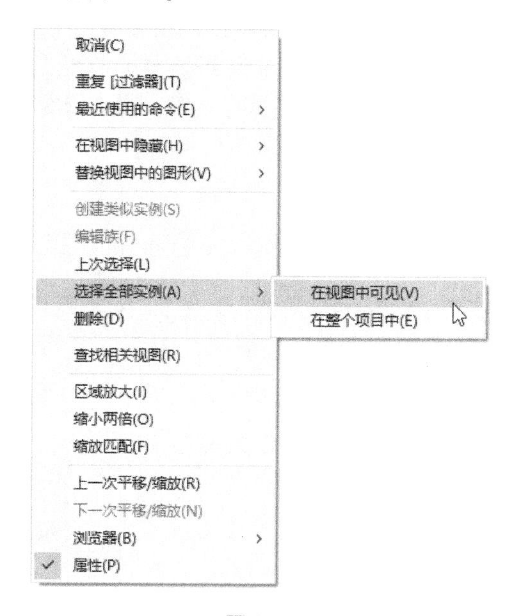

图 2-52

提 示

如图使用“选择全部实例→在整个项目中”选项，则 Revit 将不仅选择当前视图中同类型的窗，还将选择项目中其他相同类型的窗。

Step11 如图 2-53 所示，单击“修改 | 窗”上下文关联选项卡“选择”面板“保存”工具，弹出“保存选择”对话框。

Step12 如图 2-54 所示，在“保存选择”对话框中输入“窗选择集”作为选择集名称，单击“确定”按钮，退出“保存选择”对话框。

Step13 按键盘 Esc 键取消当前选择集。注意 Revit 将退出“修改 | 窗”上下文关联选项卡。切换至“管理”选项卡，单击“选择”面板中“载入”工具，打开“载入过滤器”

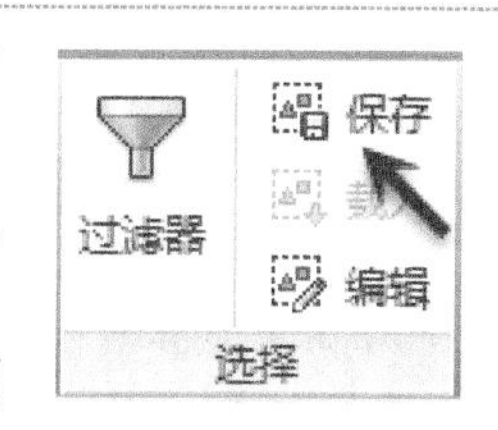

图 2-53

对话框。如图 2-55 所示，在该对话框中将显示上一步中创建的选择集名称。在列表中选择“窗选择集”名称，单击“确定”按钮，Revit 将重新选择保存在选择集中的图元。

Step 14 移动鼠标指针至餐厅下方 A 轴墙稍偏向内墙处，如图 2-56 所示，Revit 将亮显指针处墙体图元。表示单击鼠标左键时将选择亮显的墙图元。鼠标稍做停留，Revit 将显示亮显图元的名称。

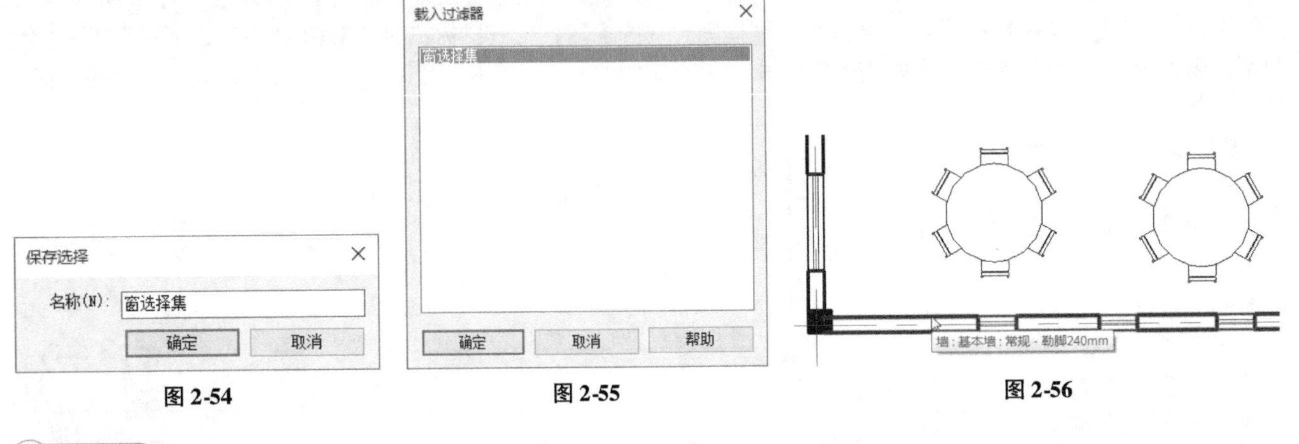

图 2-54　　图 2-55　　图 2-56

> **提示**
>
> 在显示对象名称时，Revit 按“对象类别、族名称、族类型”的顺序显示高亮对象的名称。例如，图 2-56 中所显示的对象为“墙类别、基本墙族、常规-勒脚 240mm 族类型的墙实例”。

Step 15 保持鼠标位置不动，循环按下键盘 Tab 键，Revit 将在墙或线链（首尾相接的墙体）以及楼板（在平面视图中与墙边缘重合，不可见）中循环亮显。如图 2-57 所示，当轴线楼板边缘亮显时，单击鼠标左键，将选择餐厅位置的楼板。

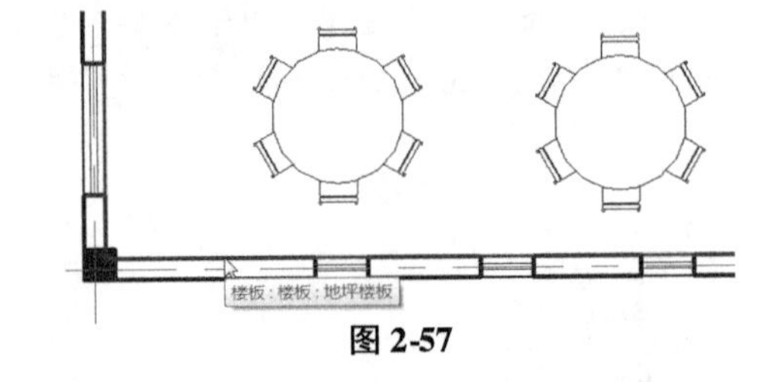

图 2-57

> **提示**
>
> Revit 会在状态栏中鼠标指针处显示亮显图元的类别和名称。

Step 16 按 Esc 键退出当前选择。如图 2-58 所示，确认状态栏右下角选择状态指示栏中“按面选择图元”选项处于激活状态，该状态将显示为 [图标]。移动鼠标至餐厅房间中任意空白位置单击鼠标左键，注意 Revit 将选择该房间内的楼板图元。

图 2-58

> **提示**
>
> 无法在“线框”视图状态下启用“按面选择图元”功能。

Step 17 按 Esc 键退出当前选择。再次单击状态栏，选择状态指示栏中“按面选择图元”按钮，将该选项变为关闭状态 [图标]。再次移动鼠标至餐厅房间中任意空白位置单击鼠标左键，注意 Revit 将无法选择任何图元。关闭“加油站服务区”项目。完成图元选择操作练习。如果 Revit 询问是否保存时，选择否，不保存对项目的修改。

图元选择是 Revit 中最常用的操作。根据要选择图元的特征，恰当使用框选、过滤器、选择同实例、TAB 键循环等选择方式，可以起到事半功倍的效果。

对于已选择的图元，可以通过使用“选择”面板中“保存”工具将选择集进行保存，以便于随时通过“载入”的方式载入已保存的选择集。单击“选择”面板中“编辑”工具，可打开“编辑过滤器”对话框，如图 2-59 所示，可在该对话框中对当前项目

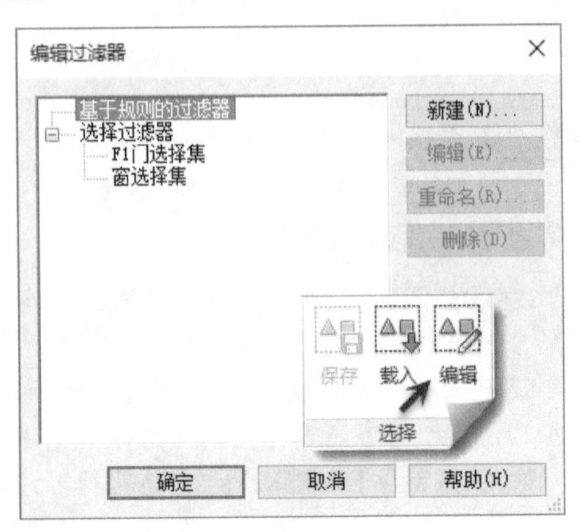

图 2-59

中已保存的选择集进行修改。

提 示

除将选择的图元保存为选择集外，还可以在该对话框中通过“新建”按钮，根据图元类别的方式创建定义的选择集。

如图 2-60 所示，Revit 在选择状态指示栏中提供了 5 种选择状态，从左至右分别为：选择链接、选择基线图元、选择锁定图元、按面选择图元和选择时拖拽图元。各功能详述见表 2-1。

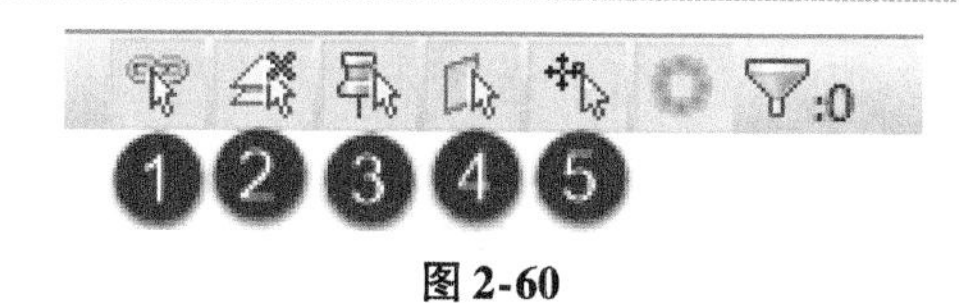

图 2-60

表 2-1 选择状态的功能及说明

功能	状态说明
选择链接	激活时可选择链接文件中的任意图元，否则将无法选择链接文件
选择基线图元	当视图中显示“基线”时，激活该选项可选择显示为基线状态的图元
选择锁定图元	激活该选项可选择已被锁定的图元，否则将无法选择锁定图元
按面选择图元	激活该选项可在平面视图中楼板、天花板、屋顶的投影面积范围内单击选择该图元，否则只能选择楼板、天花板、屋顶的边缘来选择该类图元
选择时拖拽图元	激活时，选择图元时按住鼠标左键不放，拖动鼠标时可移动图元

如图 2-61 所示，单击“选择”面板下拉列表，在该列表中也可查看选择状态选项。选择面板默认位于任意一个选项卡的第一个面板位置。

在“选项”对话框“图形”选项卡中，可以设置 Revit 中预选图元、选择图元的指示颜色。Revit 支持在选择图元后以半透明的方式显示所选图元，勾选“半透明”选项可开启该显示功能。

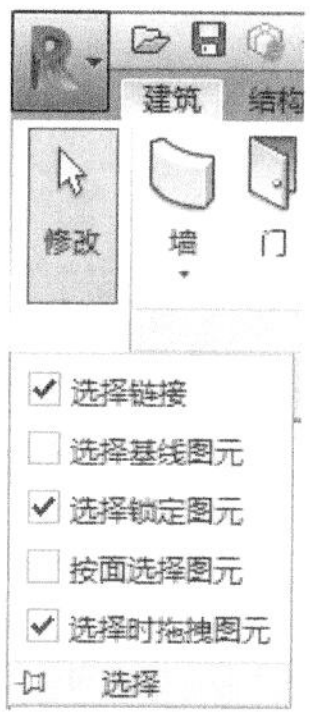

图 2-61

2.2.2 修改编辑工具

选择图元后，可以对图元进行修改和编辑。在第 1 章中介绍了利用图元属性面板和类型属性对话框调整图元参数的操作，本节中进一步介绍图元的其他编辑操作。

Revit 可以对选择的图元进行类型修改、移动、复制、镜像、旋转等编辑操作。通过“修改”选项卡或选择图元后自动切换显示的上下文选项卡中可以访问这些修改和编辑工具。通过下面的操作，可以掌握如何修改和编辑图元。

Step 01 打开随书文件“练习文件 \ 第 2 章 \ RVT \ 加油站服务区 . rvt”文件。使用项目浏览器切换至“楼层平面”→“二层平面图”视图。单击“视图”选项卡“窗口”面板中“关闭隐藏对象”工具，关闭其他视图窗口。

Step 02 在项目浏览器中，打开“剖面（建筑剖面）”→“剖面 3”视图。单击“视图”选项卡“窗口”面板中“平铺”工具，平铺显示剖面 3 视图和二层平面图视图，Revit 将左右并列显示二层平面图和剖面 3 视图窗口。

Step 03 单击视图空白处激活视图窗口，分别使用导航栏“缩放匹配”功能，将在视图窗口中完全显示视图中所有图元。再使用区域放大工具，放大显示平面视图中会议室房间，以及剖面 3 视图中 1～2 轴线间对应位置，如图 2-62 所示。

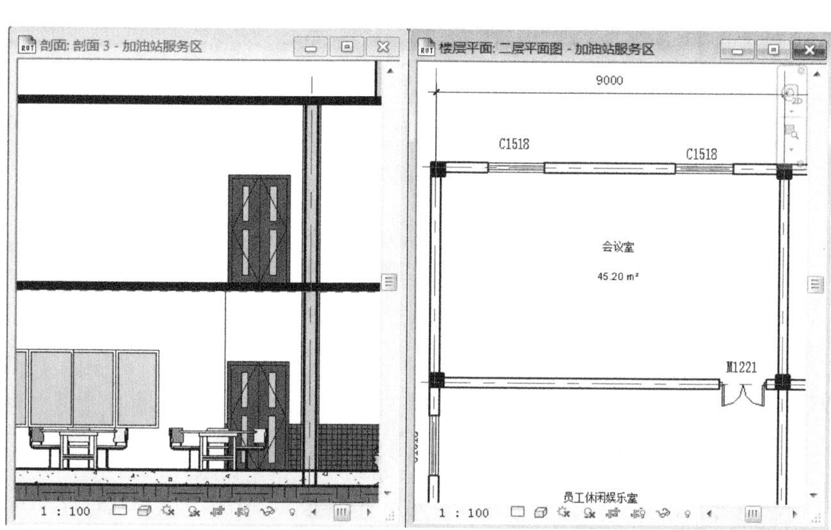

图 2-62

Step 04 单击二层平面图视图空白位置激活该视图，单击选择会议室B轴线墙上编号为M1221门图元（注意不要选择门编号M1221），Revit将自动切换至与门图元相关的“修改 | 门”上下文选项卡。注意“属性”面板也自动切换为与所选择门相关的图元实例属性，如图2-63所示，在类型选择器中显示了当前所选择的门图元的族名称为“门-双扇平开”，其类型名称为“M1221”。

Step 05 单击“属性”面板“类型选择器”下拉列表，该列表中显示了项目中所有可用的门族及族类型。如图2-64所示，Revit以带有灰色背景显示可用门族名称，以不带背景色的名称显示该族包含的类型名称。在列表中单击选择“塑钢推拉门”类型的门，该类型属于“型材推拉门”族。Revit在二层平面视图和剖面3视图中，将门修改为新的门样式。

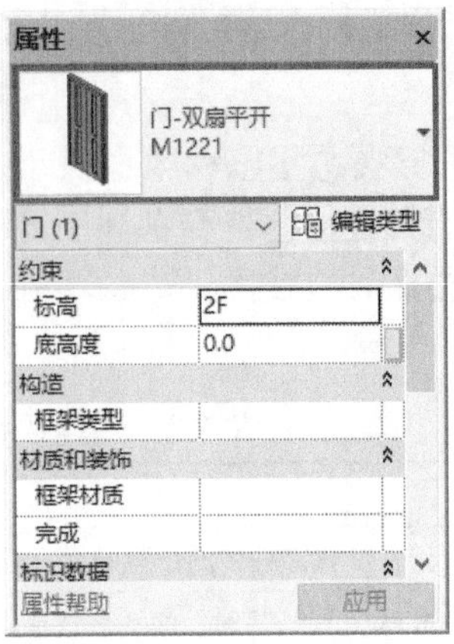

图2-63

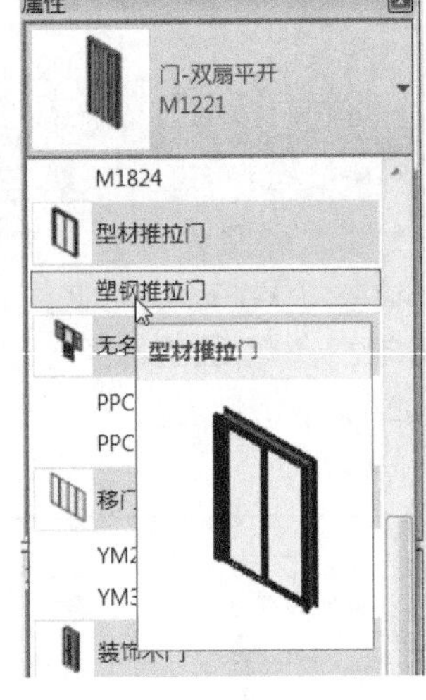

图2-64

Step 06 在剖面3视图空白处单击鼠标左键，激活剖面3视图，确认门仍处于选择状态。单击“修改 | 门”上下文选项卡“修改”选项板中“移动”工具，进入移动编辑状态，鼠标指针变为移动光标。设置选项栏中仅勾选“约束”选项，如图2-65所示。

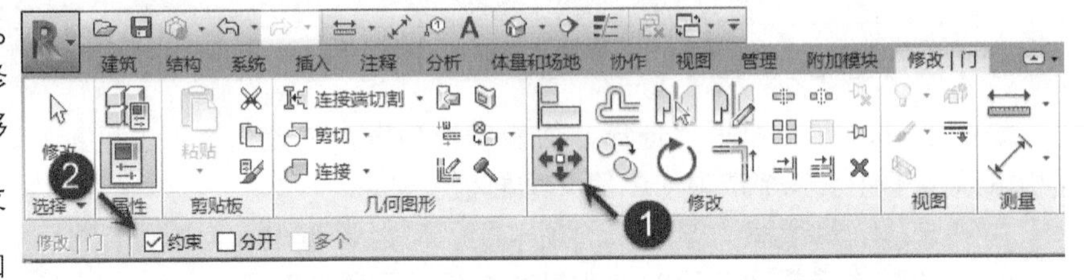

图2-65

Step 07 在剖面3视图中，移动鼠标光标到门右上角点位置，Revit将自动捕捉门图元的端点，如图2-66所示，当捕捉至门左上角端点时，单击鼠标左键，该位置将作为移动的参照基点。

Step 08 向左移动鼠标，Revit将显示临时尺寸标注，提示鼠标当前位置与参照基点间的距离。使用键盘输入500作为移动的距离，如图2-67所示，按键盘Enter（回车）键确认输入。

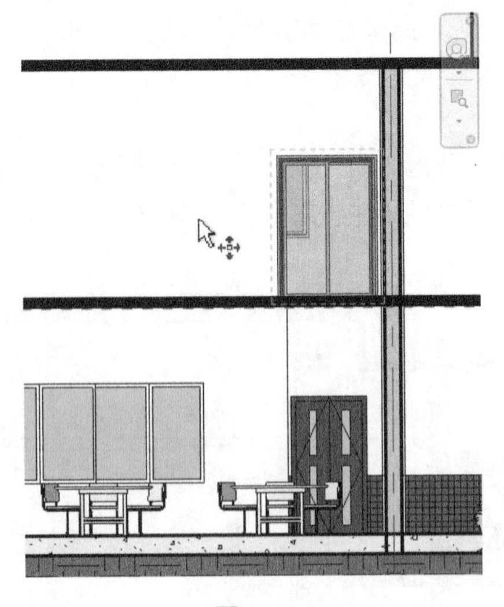

图2-66

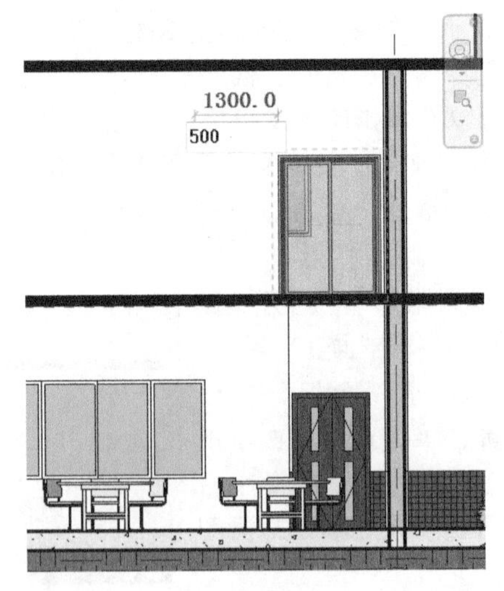

图2-67

提 示

由于勾选了选项栏中“约束”选项，因此Revit仅允许在水平或垂直方向移动鼠标。

Step 09 Revit将门向左移动500距离。由于Revit中各视图都基于三维模型实时剖切生成，因此在“剖面3”视图中移动门时，Revit同时会自动更新二层平面视图中门的位置。

下面，将使用对齐修改工具，使刚才移动的会议室门洞口右侧与一层餐厅中门洞口右侧精确对齐。

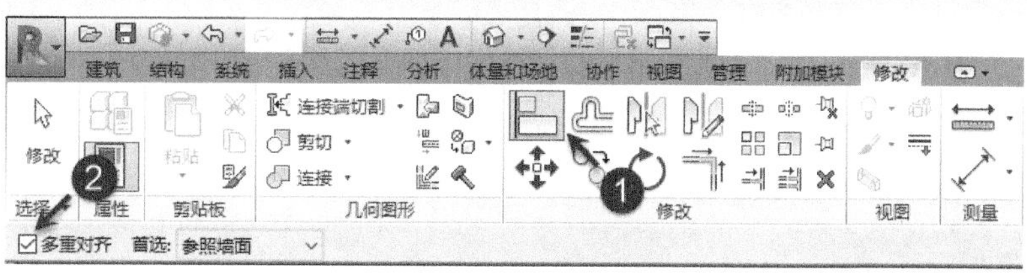

图 2-68

Step⑩按键盘 Esc 键，取消选择集。单击“修改”选项卡“编辑”面板中“对齐”工具，进入对齐编辑模式，鼠标光标变为。不勾选选项栏中“多重对齐”选项，如图 2-68 所示。

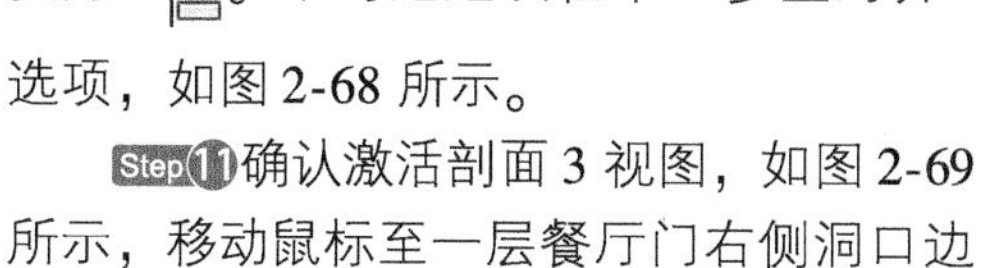

Step⑪确认激活剖面 3 视图，如图 2-69 所示，移动鼠标至一层餐厅门右侧洞口边缘，Revit 将捕捉门洞口边并亮显。单击左键，Revit 将在该位置处显示蓝色参照平面；移动鼠标指针至二层会议门洞口右侧，Revit 会自动捕捉门边参考位置并高亮显示。再次单击鼠标左键。

Step⑫ Revit 将会议室门向右移动至参照位置，实现与一层餐厅门洞对齐，结果如图 2-70 所示。按 Esc 键两次退出“对齐”操作模式。

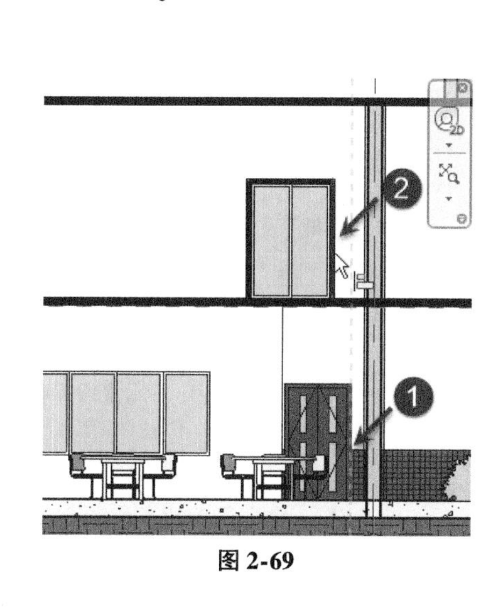

图 2-69

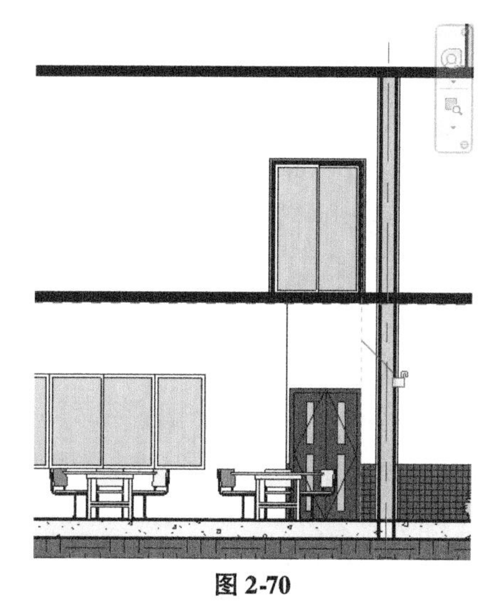

图 2-70

提 示

使用对齐工具对齐至指定位置后，Revit 会在参照位置处给出锁定标记，单击该标记，Revit 将在图元间建立对齐参数关系，同时锁定标记变为。当修改具有对齐关系的图元时，Revit 会自动修改与之对齐的其他图元。

Step⑬激活二层平面图视图，在视图中放大显示 2～3 轴间男卫生间和盥洗间位置，选择盥洗间房间编号为 M0921 的门图元（注意不要选择门编号），单击键盘 Delete 键或单击“修改 | 门”上下文选项卡“修改”面板中的删除工具，删除该门。

提 示

在 Revit 中，门编号与门模型关联，因此删除门时，Revit 会自动删除该门对应的门编号。

Step⑭切换至“修改”选项卡，单击“修改”面板中“镜像——拾取轴”工具，如图 2-71 所示。Revit 进入镜像修改模式，鼠标光标变为。

Step⑮单击选择 1/2 轴左侧男卫生间编号为 M0921 的门，选择该门图元。按键盘空格键或回车键确认已完成图元选择。Revit 自动切换至“修改 | 门”上下文选项卡。确保选项栏中勾选“复制”选项，如图 2-72 所示，该选项表示 Revit 在镜像时将复制原图元。

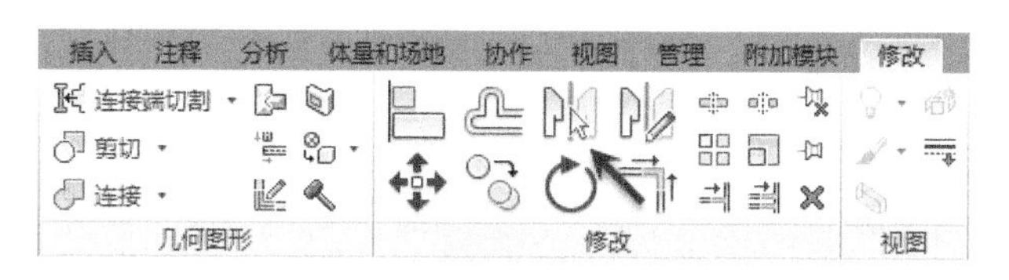

图 2-71

修改 | 门　☑复制

图 2-72

Step16 移动鼠标指针至1/2轴男卫生间与盥洗室间的墙，如图2-73所示，Revit将自动捕捉并亮显墙中心线，单击鼠标左键，将以该墙中心线为镜像轴在右侧盥洗间墙体上复制生成所选择的门图元。按键Esc退出选择集。

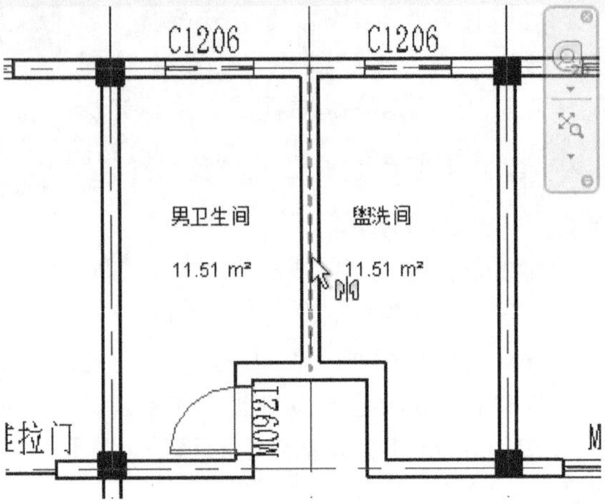

图 2-73

提 示

由于本操作中仅选择了门模型图元，因此随镜像操作时不会复制门编号。可以在镜像后使用“标记”工具为门添加门标记。详见本书第15章。

如果视图中无合适的作为镜像轴的图元对象，可以使用“镜像——绘制轴”的镜像方式，该选项允许用户手动绘制镜像的轴。

Step17 在二层平面图视图中，平移并适当缩放视图，显示4～1/5轴线间8人宿舍位置。按住Ctrl键，单击选择4～1/4轴线间8人宿舍C轴墙上C1518窗图元及窗编号，Revit自动切换至“修改丨选择多个”上下文选项卡。在“修改”面板中，选择“复制”工具，鼠标指针将变为![]。勾选选项栏中“约束”和“多个”选项，如图2-74所示。

图 2-74

Step18 如图2-75所示，鼠标移至C轴与1/4轴处相交位置，Revit将自动捕捉轴线交点，单击鼠标左键，该位置将作为复制基点。向右移动鼠标至C轴与5轴交点处，当捕捉至该交点时，单击鼠标左键，Revit将复制所选择的窗至新开间。

Step19 继续向右捕捉其他开间交点并单击，直至复制到C轴与6轴交点，按Esc退出复制编辑模式，在每个8人宿舍开间内复制生成窗及窗编号图元。

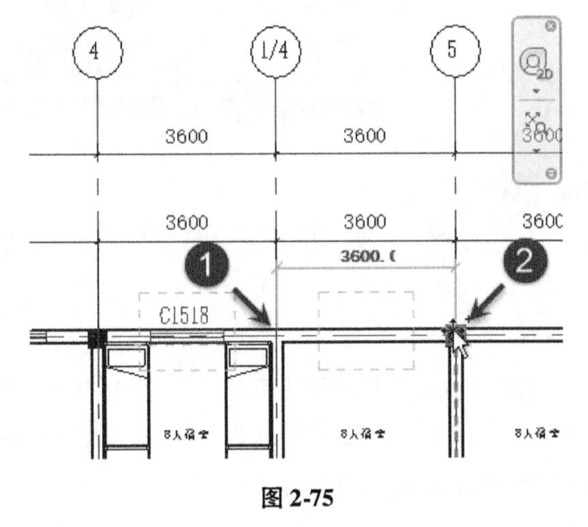

图 2-75

提 示

在复制时可以直接通过键盘输入复制的距离，按指定间距复制图元。

Step20 按住键盘Ctrl键，选择4～1/4轴8人宿舍中所有家具，单击“修改丨家具”上下文选项卡“修改”面板中的“阵列”工具，进入阵列编辑模式，鼠标指针变为![]。如图2-76所示，设置选项栏阵列方式为“线性”，勾选“成组并关联”选项，设置“项目数”为4，设置移动到为“第二个”，勾选“约束”选项。

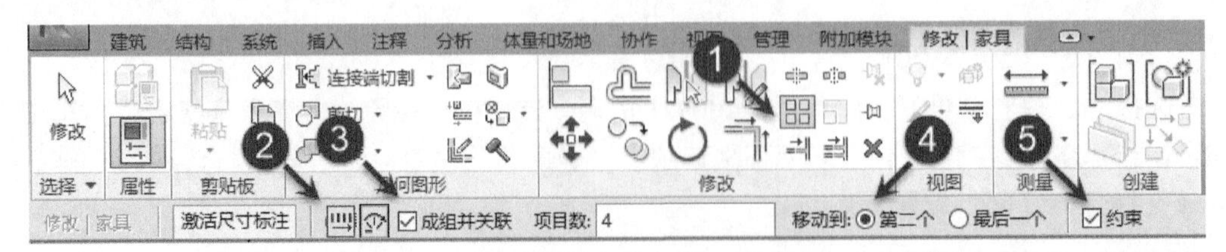

图 2-76

Step21 移动鼠标指针至C轴与1/4轴交点处，Revit将自动捕捉该交点，单击鼠标左键，确定为阵列基点。向右移动鼠标，Revit给出鼠标当前位置与阵列基点间距离的临时尺寸标注，该距离为阵列间距。键盘输入3600作为阵列间距，如图2-77所示，按键盘Enter（回车）键确认。

提示

也可以在选择 C 轴与 1/4 轴线交点作为基点后，直接拾取 C 轴与 5 轴线交点，Revit 会自动以两点间距离作为阵列间距，其效果与直接通过键盘输入阵列间距相同。

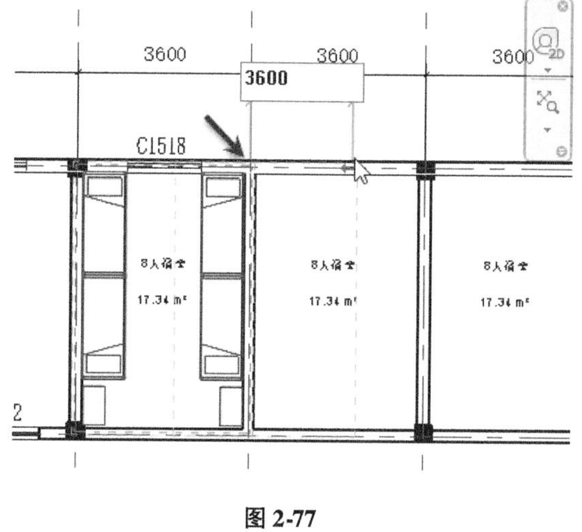

图 2-77

Step22 完成后，Revit 将以 3600 为间距向右侧 8 人宿舍房间阵列生成家具图元。由于在选项栏中勾选了“成组并关联”选项，所以 Revit 会将所选择的构件阵列构件生成模型组，并允许用户再次修改阵列的数量，直接按键盘回车键接受阵列数量，按 Esc 键取消图元选择集，完成阵列操作。

提示

选项栏中“约束”选项用于限制阵列成员沿着与所选的图元垂直或共线的矢量方向移动。关于组的更多内容，请参见本书第 26 章。

Step23 激活剖面 3 视图，适当缩放视图，配合键盘 Ctrl 键，在剖面视图中选择一楼 4～6 轴间共 4 扇门联窗图元。Revit 自动切换至“修改 | 门”上下文选项卡。

Step24 单击“剪贴板”面板中“复制至剪贴板”工具，将所选择图元复制至 Windows 剪贴板。单击“剪贴板”面板中“粘贴”工具下拉列表，弹出对齐粘贴下拉列表，在列表中选择“与选定的标高对齐”选项，如图 2-78 所示。

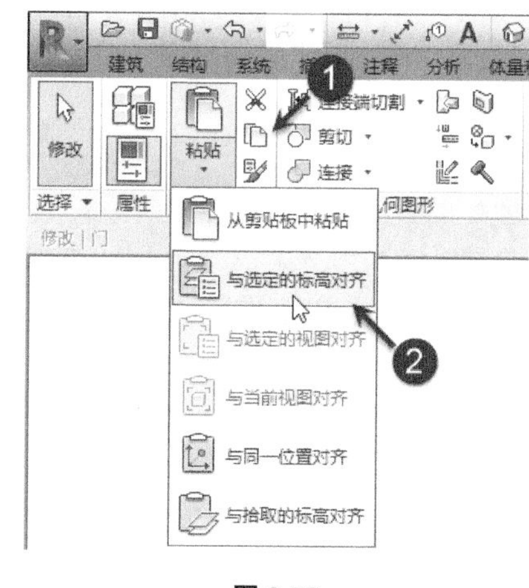

图 2-78

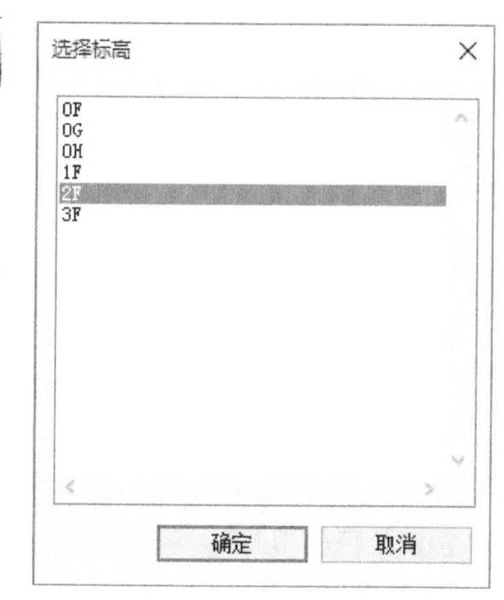

图 2-79

Step25 弹出“选择标高”对话框，如图 2-79 所示。在对话框标高列表中，单击选择“2F”，按“确定”按钮退出“选择标高”对话框。

Step26 Revit 将复制一楼所选门联窗图元至二楼相同位置，同时注意在二层平面图楼层平面视图中，Revit 也会显示复制后的门联窗图元。按键盘 Esc 键退出选择集。

Step27 至此，已完成了 Revit 中基本编辑操作练习。另存为新的项目文件或直接关闭“加油站服务区”项目文件，当 Revit 询问是否将修改保存至项目时，选择否，不保存对项目的修改。

在 Revit 中，对于移动、复制、阵列等编辑工具，可以同时操作一个或多个图元。这些编辑工具允许用户先选择图元，再通过上下文选项卡中单击对应的编辑工具对图元进行编辑；也可以先选择要执行的编辑工具，再选择需要编辑的图元，图元选择完成后，必须单击键盘空格或回车键确认完成选择，才能实现对图元的编辑和修改。

当 Revit 的编辑工具处于运行状态时，鼠标光标通常将显示为不同形式的指针样式，提示用户当前正在执行的编辑操作。任何时候，用户都可以按键盘 Esc 键退出图元编辑模式，或在视图空白处单击鼠标右键，在右键菜单中选择“取消”即可取消当前编辑操作。

在 Revit 选项对话框用户界面选项中，可以指定选项卡的显示行为。如图 2-80 所示，可以指定在选择对象时是否显示上下文选项卡。也可以分别指定取消选择集后 Revit 自动切换至操作前的选项卡或停留在修改选项卡上。

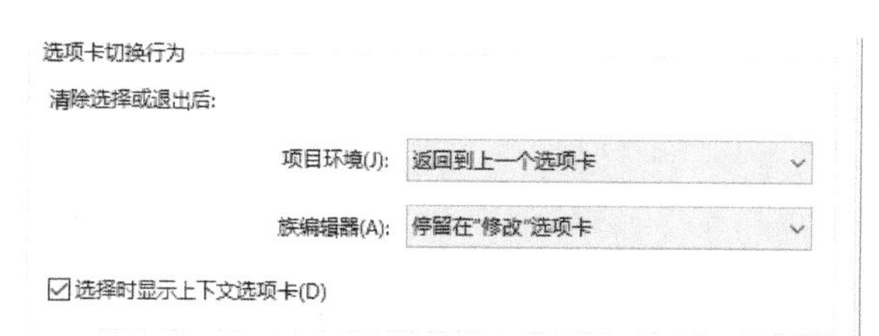

图 2-80

在 Revit 中进行操作时，为防止操作过程中发生计算机断电等意外造成操作丢失，当操作达到一定时间时，Revit 会给出如图 2-81 所示的“最近没有保存项目”提醒对话框，可以选择“保存项目”，立即保存当前项目；或选择“保存项目并设置提醒间隔”，则 Revit 除保存项目外，还将打开“选项”对话框，并在该对话框中设置 Revit 提醒用户保存项目的时间；也可以选择“不保存且不设置提醒间隔”或直接单击“取消”按钮，不保存目前已经对项目的修改。

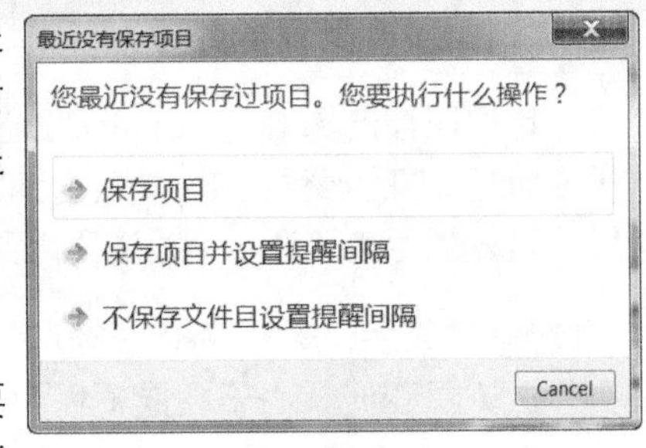

图 2-81

2.2.3 使用快捷键

在 Revit 中，除可以直接单击各选项卡中的工具访问各工具外，如果要重复执行上一次操作中使用过的命令，可以直接按键盘“回车”键。或者在视图空白位置单击鼠标右键，在弹出右键菜单中选择“重复［上一次命令］”，或在“最近使用的命令”列表中，选择执行最近使用过的命令。还可以直接通过键盘输入各工具的快捷键的方式直接执行指定的工具和命令。

Revit 的快捷键由两个字母组成。在工具提示中，可以看到各工具分配的快捷键。以“对齐”工具为例，如图 2-82 所示，移动鼠标至该工具位置，鼠标稍做停留，Revit 即显示该工具的工具提示，注意在工具提示中，除显示该工具的名称外，括号中的英文字母代表该工具指定的键盘快捷键。

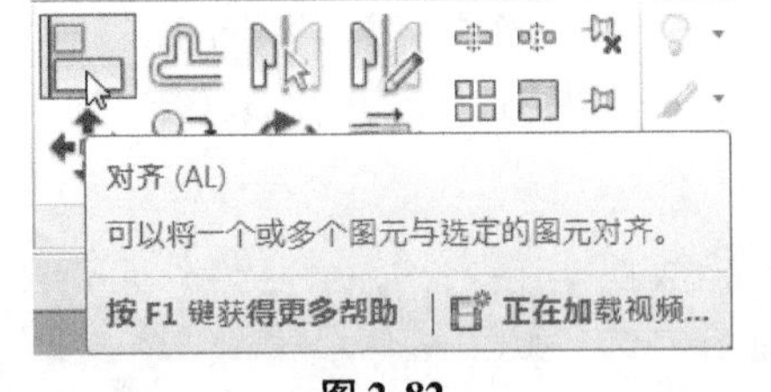

图 2-82

图 2-83

要使用快捷键，直接在键盘上键入快捷键字母即可。在 Revit 中不需要使用空格或回车键确认快捷键的输入。在输入快捷键首字母时，Revit 会在左下方状态栏中提示以当前输入字母开头的所有可用工具，如图 2-83 所示。如果有多个工具的快捷键以该字母开头，按键盘向上或向下箭头可以在各工具间切换。找到所需要的工具后，按空格或回车键即可执行该快捷键。

Revit 允许用户根据自己的习惯为工具自定义快捷键。下面以切换至视图控制栏中“真实”视觉样式指定快捷键为例，说明如何在 Revit 中修改键盘快捷键。

Step01 启动 Revit，打开随书文件“练习文件 \ 第 2 章 \ RVT \ 别墅项目 . rvt”项目文件，使用项目浏览器切换至默认三维视图。

Step02 如图 2-84 所示，单击“视图”选项卡“窗口”工具面板中“用户界面”下拉列表，在下拉列表中选择“快捷键”选项。

Step03 Revit 弹出如图 2-85 所示的“快捷键”对话框，在“过滤器”下拉列表中选择“视图控制栏”，Revit 将仅显示“视图控制栏”中的所有命令。在列表中找到“真实”命令，单击选择该命令。

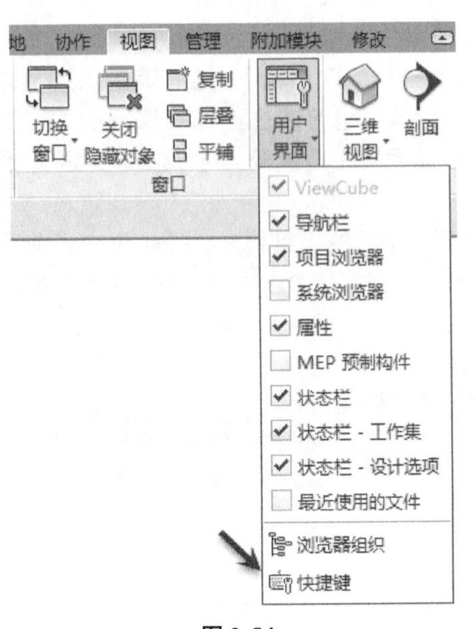

图 2-84

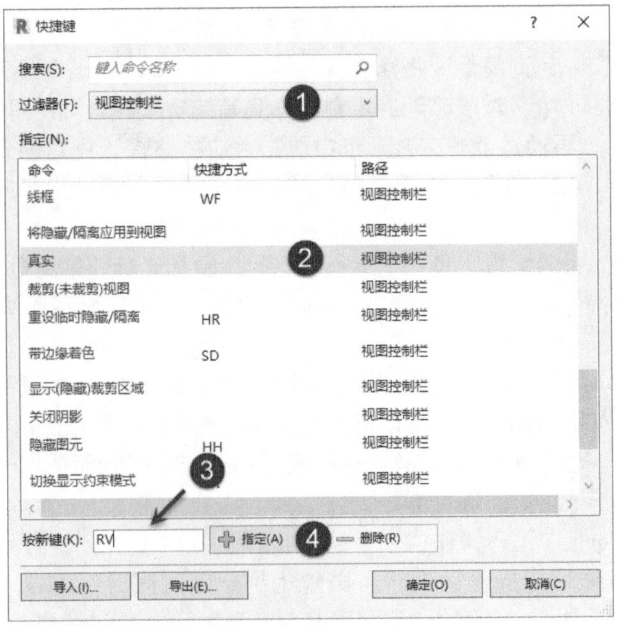

图 2-85

提 示

该列表将默认显示 Revit 支持的全部操作命令。可以使用“过滤器”过滤显示指定位置的命令，方便查找。

Step04 在“按新键”栏中，输入要为该命令指定的快捷键，本例中通过键盘输入“RV”，单击“指定”按钮将其指定给“真实”显示模式命令。完成后单击“确定”按钮退出“快捷键”对话框。

Step05 直接键盘输入字母“RV”，注意 Revit 将自动切换视图视觉样式为“真实”模式。关闭“别墅项目”，不保存对项目的修改。

由于当前 Revit 平台中包括了 Revit 平台中所有专业的功能，可以通过使用“过滤器”快速找到指定的快捷键。在自定义快捷键时，如果新指定的快捷键与已定义的快捷键重复，Revit 会弹出如图 2-86 所示的“快捷方式重复”对话框。Revit 允许命令具有重复的快捷键，当输入重复的快捷键时，注意状态栏提示，通过键盘方向箭头在命令间进行切换，确认为所选择的命令后，按空格或回车键确认执行命令。或者按取消按钮，重新为命令指定快捷键。

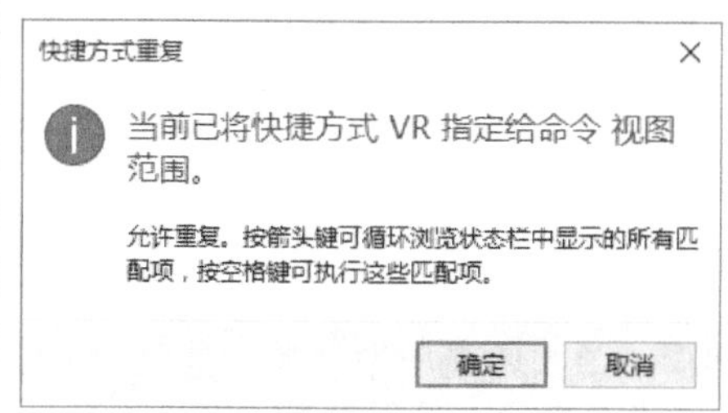

图 2-86

注意在 Revit 中定义的快捷键将保存在 Revit 的配置文件中，不会随项目的关闭而消失。Revit 允许用户备份自定义的快捷键设置。在“快捷键”对话框中，单击“导出”按钮将其保存为独立的 xml 文件。单击“导入”按钮，导入已备份的 xml 文件，Revit 会自动根据 xml 文件更新快捷键的设置。在本书附录二中，给出了 Revit 默认的快捷键列表，方便读者查阅。

2.3 使用临时尺寸标注

在 Revit 中选择图元时，Revit 会自动捕捉该图元周围的参照图元，如墙体、轴线等，以指示所选图元与参照图元间的距离。可以修改临时尺寸标注的默认捕捉位置，以更好地对图元进行定位。通过下面的练习，学习 Revit 中临时尺寸标注的应用及设置。

Step01 打开随书文件“练习文件\第 2 章\RVT\加油站服务区.rvt”项目文件，切换至一层平面图楼层平面视图，适当缩放 2～1/2 轴间视图，选择 C 轴线上 2～1/2 轴间编号为 C1206 的窗，Revit 将在窗洞口两侧与最近的墙表面间显示尺寸标注，如图 2-87 所示。由于该尺寸标注仅在选择图元时才会出现，所以称为临时尺寸标注。每个临时尺寸两侧都具有拖拽操作夹点，可以拖拽改变临时尺寸线的测量位置。

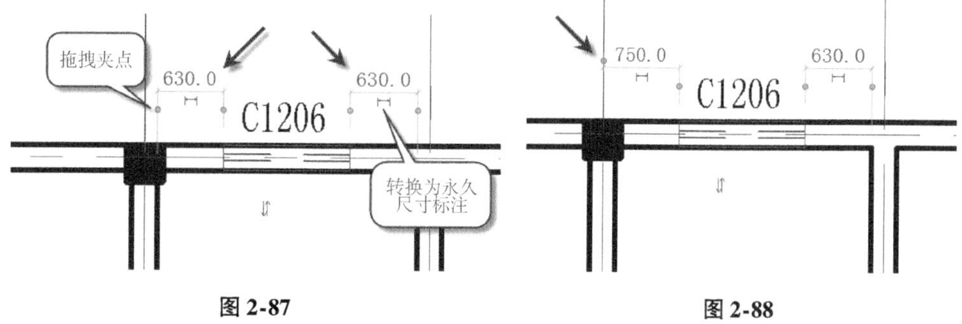

图 2-87

图 2-88

Step02 移动鼠标至窗左侧临时尺寸标注 2 轴线墙处拖拽夹点，按住鼠标左键不放，向左拖动鼠标至 2 号轴线附近，Revit 会自动捕捉至 2 号轴线，松开鼠标左键。则临时尺寸线将显示为窗洞口边缘与 2 轴线间距离，如图 2-88 所示。

Step03 保持窗图元处于选择状态。单击窗左侧与 2 号轴线的临时尺寸值 750，Revit 进入临时尺寸值编辑状态，通过键盘输入 900，如图 2-89 所示。

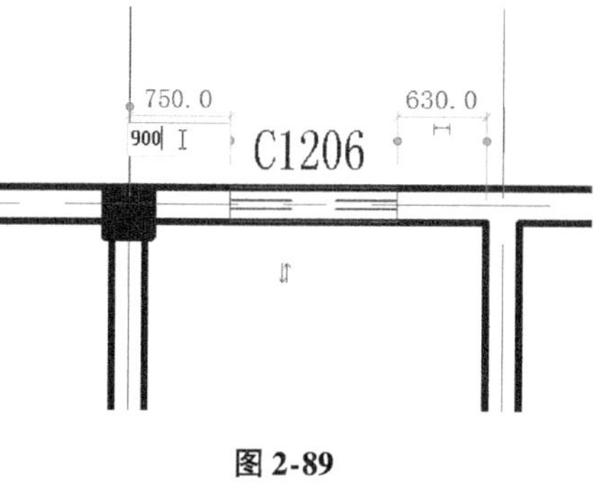

图 2-89

Step04 按键盘回车键确认输入，Revit 将向右移动窗图元，使得窗与 2 号轴线间的距离为 900。注意窗洞口右侧与 1/2 轴线墙间临时尺寸标注值也会修改为新值。

提 示

在修改临时尺寸标注时，除直接键入距离值之外，还可以输入“=”号后再输入公式，由 Revit 自动计算结果。例如，输入“=150*2+750”，Revit 将自动计算出结果为“1050”，并以该结果修改所选图元与参照图元间距离。

Step05 在视图空白处单击鼠标左键，取消选择集，临时尺寸标注将消失。再次选择该窗，窗两侧临时尺寸标注再次出现，注意临时尺寸标注仍捕捉到窗边至墙边。按键盘 Esc 键，取消选择集。临时尺寸标注再次消失。

可以设置临时尺寸捕捉的构件的默认位置，例如可以通过设置使得选择窗时，Revit 自动显示窗洞口与墙中心线间的距离。

Step06 切换至“管理”选项卡，单击“项目设置”面板中“设置”，弹出项目设置列表，在列表中选择“临时尺寸标注”，如图 2-90 所示。注意图中菜单经过特殊处理，Revit 设置列表中的选项远多于图中所示内容。

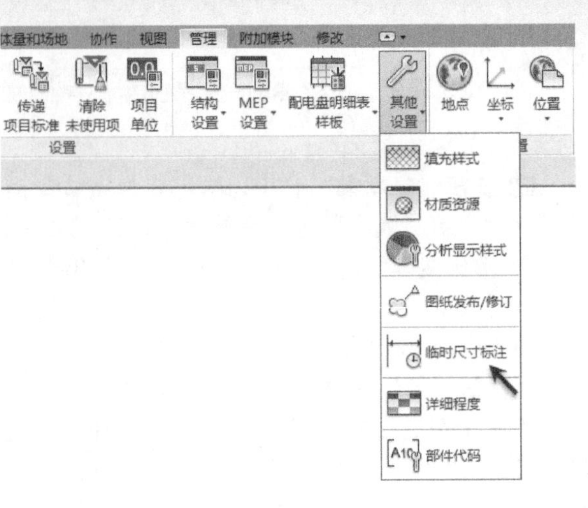

图 2-90

Step07 Revit 弹出“临时尺寸标注属性”对话框，如图 2-91所示。该项目中临时尺寸标注在捕捉墙时默认会捕捉到墙面。单击墙选项中“中心线”，将临时尺寸标注设置为捕捉墙中心线位置，其他设置不变，单击确定按钮退出“临时尺寸标注属性”对话框。

Step08 再次选择 C 轴 2 ~ 1/2 轴线间编号为 C1206 的窗图元，Revit 将显示窗洞口边缘距两侧墙中心线的距离，如图 2-92 所示。

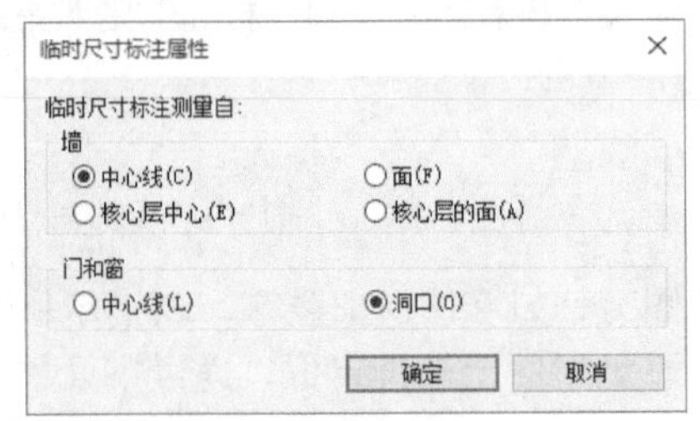

图 2-91

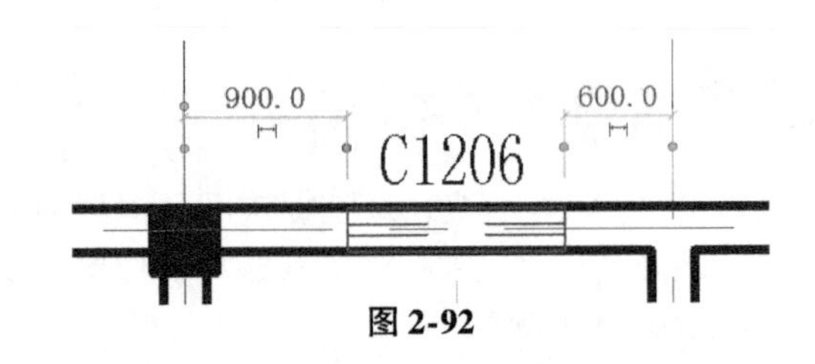

图 2-92

提 示

在“临时尺寸标注属性”对话框中，墙各部位区别，详见本书第 5 章相关内容。

Step09 分别单击窗左右两侧临时尺寸线下方“转换为永久尺寸标注”符号，如图 2-93 所示，Revit 将按临时尺寸标注显示的位置转换为永久尺寸标注，按 Esc 键取消选择集，尺寸标注将依然存在。

Step10 另存为新的项目文件或直接关闭“加油站服务区”项目文件，当 Revit 询问是否将修改保存至项目时，选择否。至此完成关于临时尺寸标注修改及设置练习。

Revit 的临时尺寸标注对于快速定位、修改构件图元的位置非常有用。在 Revit 中进行设计时，绝大多数情况下都将使用临时尺寸标注、修改临时尺寸标注值的方式精确定位图元，所以掌握临时尺寸标注的应用及设置至关重要。

使用高分辨率显示器时，如果感觉 Revit 显示的临时尺寸标注文字较小，可以设置临时尺寸文字字体的大小，以方便阅读。打开“选项”对话框，切换至“图形”选项卡，在“临时尺寸标注文字外观”栏目中，可以设置临时尺寸的字体尺寸以及文字背景是否透明，如图 2-94 所示。

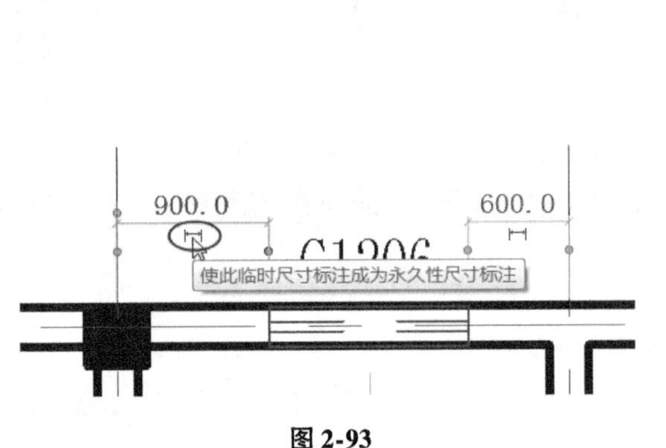

图 2-93

图 2-94

2.4 本章小结

本章通过实例操作说明了Revit中如何使用项目浏览器在Revit项目的视图间进行切换，并介绍视图浏览、平移、缩放和放置。详细介绍了如何利用鼠标并配合键盘功能键以及选择过滤器灵活选择所需要的图元的方法。掌握在Revit中图元修改、编辑操作的基本方法，以及替换图元类型、删除、移动、对齐、复制、镜像、阵列及对齐粘贴等编辑图元的方法和步骤。

本章中，详细介绍了临时尺寸标注的作用和修改临时尺寸标注参照构件的方法，以及如何设置项目中临时默认测量位置的操作，学习如何利用临时尺寸标注修改图元位置的方法。这些内容都是Revit中操作的基础，希望读者能认真练习，熟练掌握本章所述各图元编辑工具的操作。

第3章 基于Revit的工作流程

了解 Revit 的基本操作后，便可开始用 Revit 进行 BIM 相关工作，例如使用 Revit 完成建筑设计或使用 Revit 开始施工 BIM 建模。不论是哪种 BIM 工作，都需要通过创建 BIM 模型再利用 BIM 模型完成包括出图、碰撞检查分析、沟通展示等工作。以建筑设计过程为例，因为 Revit 的工作模式和以 CAD 绘图为中心的常规设计方法有较大区别，在本章中将对这种差别做阐述，并通过一个建筑介绍一下 Revit 的设计流程以及它的外延运用。其他 BIM 工作应用可参考 BIM 设计应用中建模功能，并结合本书介绍的其他相关功能来完成相关工作。

3.1 常规建筑设计流程

从 20 世纪 90 年代初“丢图板”开始，CAD（计算机辅助绘图）在国内的使用经历了从排斥到接受再到依赖的过程。在当前以二维 CAD 绘图为主导的工程设计模式下，设计人员把三维的实体建筑利用画法几何知识翻译为二维图纸，用于表达设计的意图。二维图纸已经成为当前工程界交流的语言。而为了让所有专业人士更加直观理解建筑设计意图，通常还会在二维图纸的基础上增加利用 3ds max 等制作的建筑效果图。目前的主流工作模式大致可以描述为二维图纸加三维效果图的形式，如图 3-1 所示。

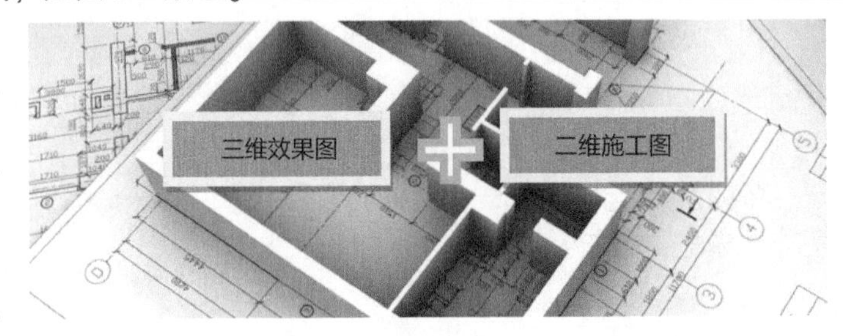

图 3-1

国内的建筑工程在设计阶段一般可划分为方案设计、初步设计、施工图设计这三个逐步深入的阶段，这些阶段中均以二维 CAD 图纸为主线，图纸成了整个设计工作的核心，占整个项目设计周期的比重也很大。然而各图纸间大多没有关联，平面、立面及剖面等均各自为政，设计过程容易出错，出错后修改和变更也较为繁琐，往往一个平面图中微小的改动，在各立面、各剖面甚至详图大样和统计表格都要进行校改。如果要进行后期效果图渲染、生态环境分析模拟等，则又需要借助其他软件或者更加专业的人员才能完成。

而在利用 Revit 进行建筑设计时，流程和设计阶段的时间分配上会与二维 CAD 绘图模式有较大区别。Revit 以三维模型为基础，设计过程就是一个虚拟建造的过程，图纸不再是整个过程的核心，而只是设计模型的衍生品。而且几乎可以在 Revit 这一个软件平台下，完成从方案设计、施工图设计、效果图渲染、漫游动画甚至生态环境分析模拟等所有的设计工作，整个过程一气呵成。虽然在前期模型建立所花费的工作时间占整个设计周期的比例较大，但是在后期成图、变更、错误排查等方面具有很大优势。

总之，用 Revit 进行建筑设计需要着眼于整个设计周期，并用三维的思维方式去看待和设计建筑。

从常规来看，施工图纸将贯穿工程建设过程的始终，而从 BIM 的角度来看，BIM 的模型和信息将贯穿工程建设过程的始终，且 BIM 模型中的信息和数据将不断地完善。

3.2 在 Revit 中开始工作

理解了新的 BIM 工作模式，我们即将开始用 Revit 实战，体验 Revit 带来的新的 BIM 工作之旅程。为了避免大家一开始就接触到复杂的操作和概念，本节以一个 3 层小建筑为例化繁为简地介绍基于 BIM 设计的工作流程。

3.2.1 项目介绍及创建

打开随书文件“练习文件\第 3 章\RVT\小办公楼.rvt”，分别切换至一层平面、剖面 1、正立面及三维视图，查看本项目的基本概况。如图 3-2 所示，本项目为 3 层砖混结构建筑，外观简单，所处场地平坦。

在 Revit 中，基本设计流程是：选择项目样板创建空白项目，确定项目标高、轴网，创建墙体、门窗、楼

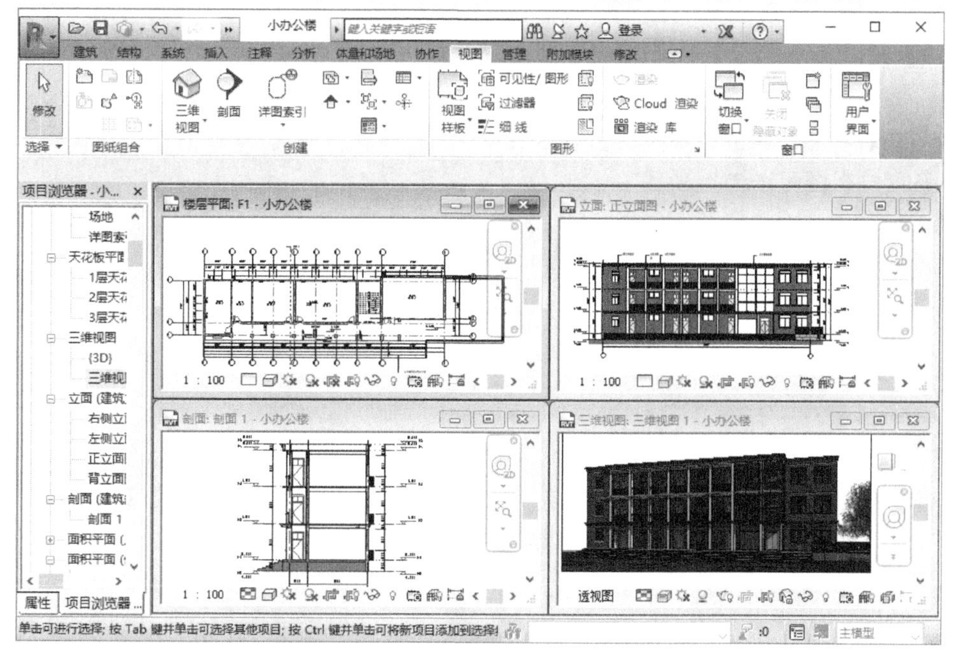

图 3-2

板、屋顶，为项目创建场地地坪以及其他构件；完成模型后，再根据模型生成指定视图，对视图进行细节调整，为视图添加尺寸标注和其他注释信息，将视图布置于图纸中并打印；对模型进行渲染，与其他分析、设计软件进行交互。

提 示

Revit 的项目样板的相关概念见本书第 1 章相关部分。在实际项目中可根据各项目类型的特点自定义符合工作要求的项目样板，从而一劳永逸。

3.2.2 绘制标高

与大多数二维 CAD 不同，用 Revit 绘制模型首先需要确定的是建筑高度方向的信息，即标高。模型的绘制过程中很多构件都与标高紧密联系。本建筑共 3 层，主体层高 3.6m，室内外高差 1.0m，详细标高信息如图 3-3 所示。注意标高的命名方式应按直观易读的方式进行命名。

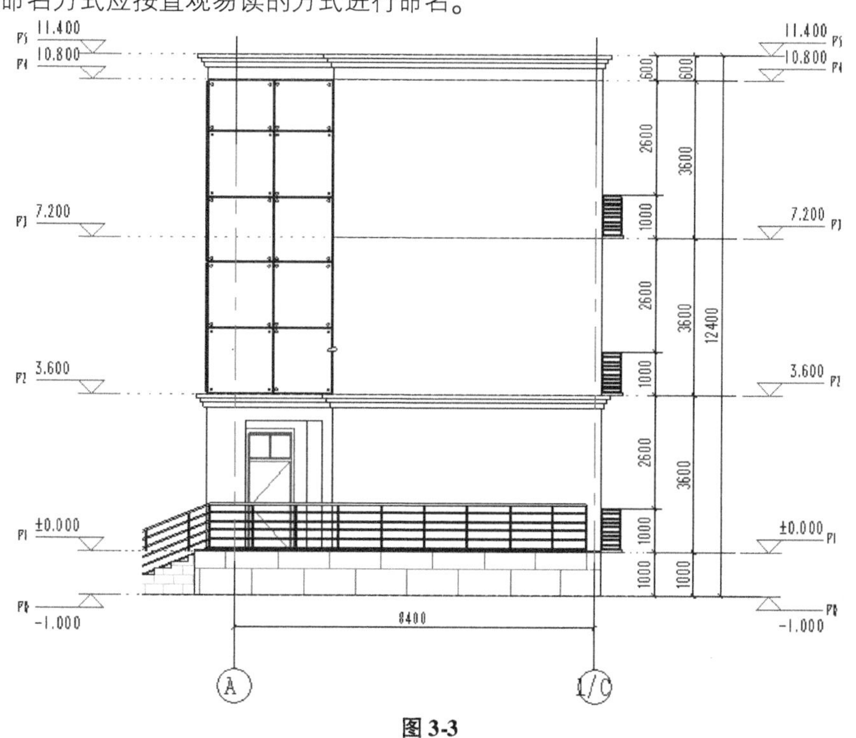

图 3-3

如图3-4所示，使用“建筑”选项卡“基准”面板中“标高”工具可以在项目中创建新的标高。注意必须在立面或剖面视图中才能绘制和查看标高。通过切换至南、北、东、西等立面视图可以浏览项目中标高设置情况。在本例中不需要绘制任何标高。关于标高绘制的详细信息，请参见本书第4章。

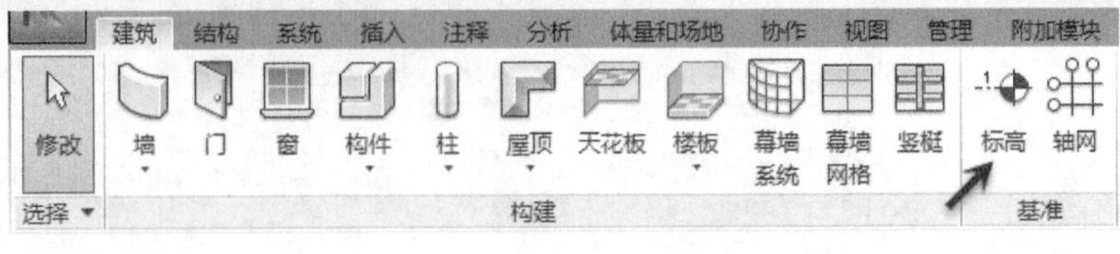

图3-4

提示

在“结构”选项卡“基准”面板中也提供了标高工具，其功能与上述“标高”工具相同。

3.2.3 绘制轴网

绘制轴网过程与基于CAD绘图的二维方式无太大区别。但必须注意Revit中的轴网是具有三维属性信息的，如图3-5所示，它与标高共同构成了建筑模型的三维网格定位体系。

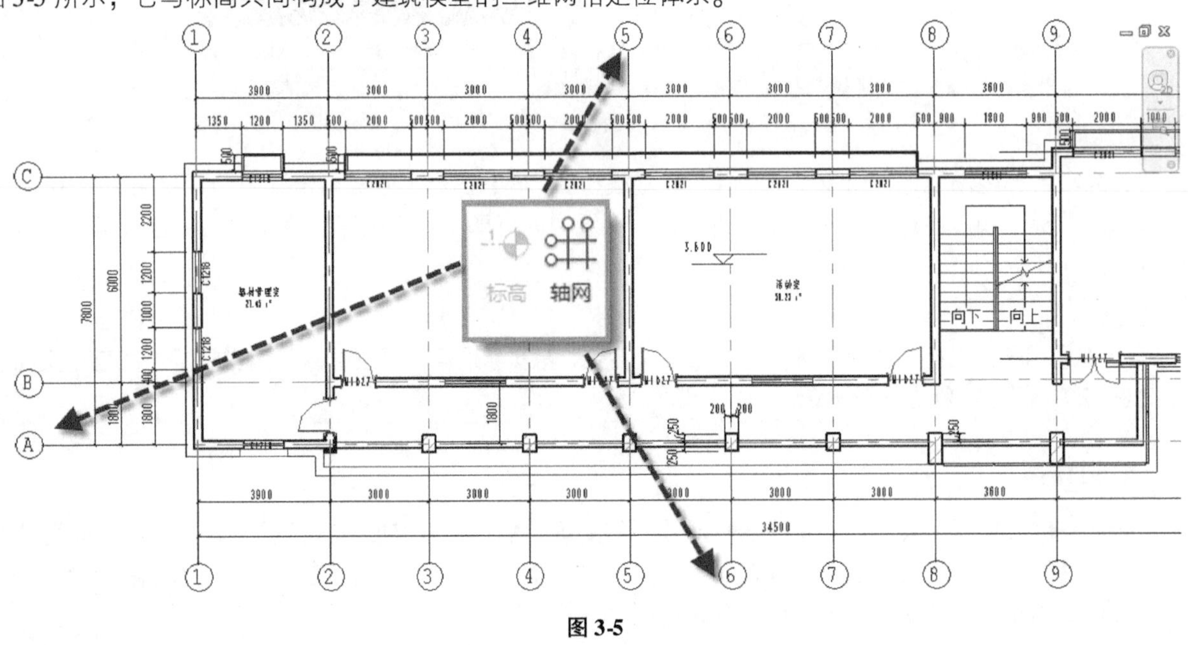

图3-5

在本书第4章中，将详细介绍标高和轴网的绘制方式及设置方法。

3.2.4 创建基本模型

Step01 创建墙体和幕墙。Revit提供了墙工具，用于绘制和生成墙体对象。在Revit中创建墙体时，需要先定义好墙体的类型。在墙族类型的类型属性中，通过参数的方式定义包括墙厚、做法、材质、功能等，再指定墙体的到达标高等高度等参数，在平面视图中指定的位置绘制生成三维墙体。

幕墙属于Revit提供的三种墙族之一，幕墙的绘制方法流程与基本墙类似，但幕墙的参数设置方法与基本墙有较大区别。

在本书第5章中，将详细介绍墙的定义与绘制方式，在第6章中，将介绍幕墙的详细设置。

Step02 创建柱子。Revit中提供了建筑柱和结构柱两种不同的柱构件。建筑柱和结构柱的使用方法基本一致，但其功能有本质的不同。对于大多数结构体系采用结构柱这个构件。可以根据需要在完成标高和轴网定位信息后创建结构柱，也可以在绘制完成墙体后再添加结构柱。在本书第5章中将介绍如何布置建筑柱，在本书第9章中将详细介绍如何布置结构柱。

Step03 创建门窗。Revit提供了门、窗工具，用于在项目中添加门、窗图元。门、窗图元必须依附于墙、屋顶等主体图元上才能被建立，同时门、窗这些构件都可以通过创建自定义的门窗族的方式进行自定义，如图3-6所示。本书第6章中，将介绍如何放置门窗，本书第20章中，将详细介绍族的相关内容。

Step04 创建楼板、屋顶。Revit提供了三种创建楼板的方式：楼板、结构楼板和面楼板。其中“楼板”命令

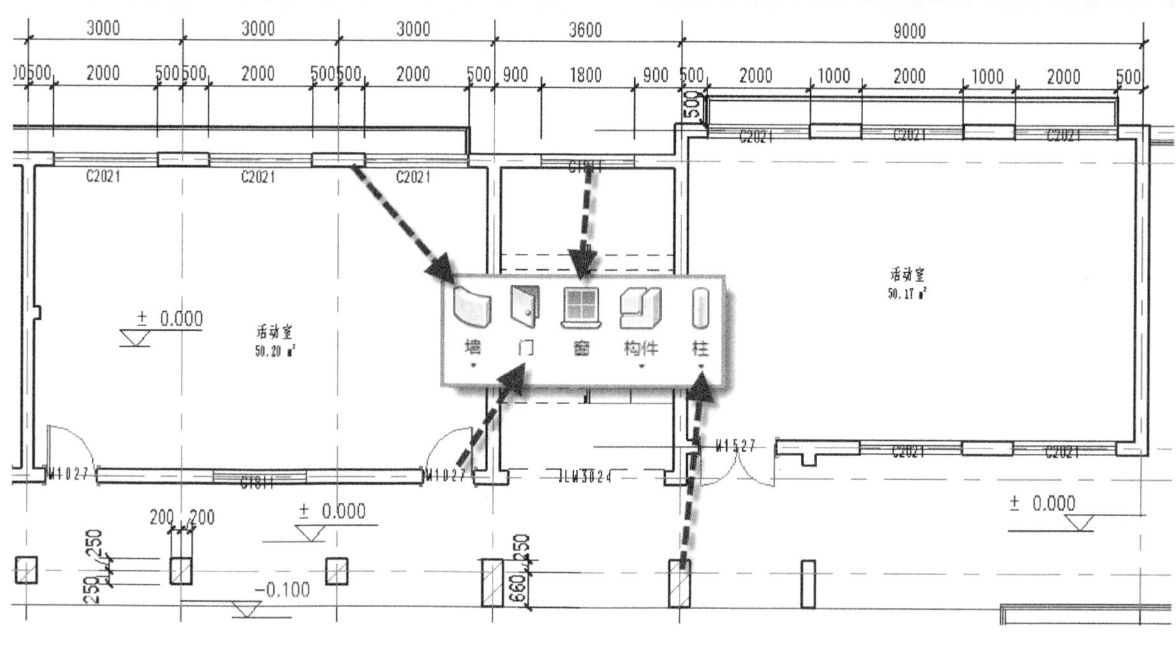

图 3-6

使用频率最高，其参数设置类似于墙体。

Revit 提供了迹线屋顶、拉伸屋顶和面屋顶三种创建屋顶的方式。其中迹线屋顶使用频率最高，其创建方式与楼板类似，可以绘制平屋顶、坡屋顶等常见的屋顶类型，如图 3-7 所示。

楼板和屋顶的用法有很多相似之处。本书第 7 章中，将介绍如何使用楼板和屋顶工具，创建各种楼板和屋顶。

Step05 创建楼梯。使用楼梯工具，可以在项目中添加各种样式的楼梯。在 Revit 中，楼梯由踏步和扶手两部分构成，使用楼梯前，应首先定义好楼梯类型属性中的各种参数。楼梯穿过楼板时的洞口不会自动开设，需要通过编辑楼板或者用“洞口”命令进行开洞。

本书第 8 章中，将详细介绍楼板、扶手及洞口的相关内容。

Step06 创建其他构件。除了前述的主要建筑构件外，还有如栏杆、坡道、散水、台阶等其他构件。Revit 提供了栏杆、坡道等工具，可以直接使用这些工具创建这些图元。但诸如散水、台阶等则没有提供直接的命令工具，要创建这些构件，需要使用一些变通的方式，例如利用主体放样工具来实现，或者采用自定义构件族的方式生成需要的图元。具体绘制方法也是多种多样的，本书介绍了一些方法，可参看后续对应内容。

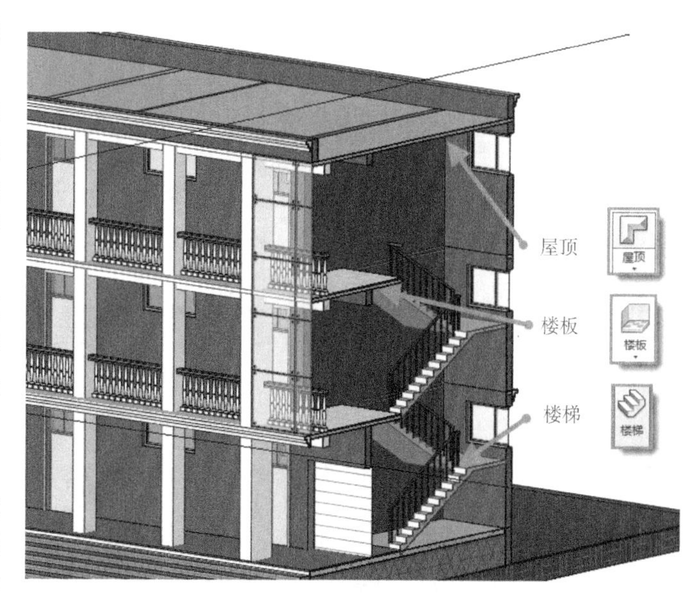

图 3-7

可以把所有的模型均通过三维的方式建出来，这样会使模型更加接近实际建筑，但同时相对应的工作量也会增加，且某些信息在特定的情况和设计阶段是不必要的。比如大部分建筑施工图我们无需为一个普通门绘制铰链，也无须在方案阶段把墙体的构造层处理得面面俱到，相反一些情况下适当采用二维绘图的方法却可以减少建模的工作量并提高绘图速度。所以建模之初我们需要考虑好哪些是需要建的，哪些是可以忽略的或者哪些是可以用二维方式替代的，并根据设计的情况灵活使用 Revit，选择与项目相适应的处理方法。

3.2.5 楼层复制

如果每层建筑间的共用信息较多，比如存在标准层，可以进行楼层复制来加快建模速度。复制后的模型将作为独立的模型，对原模型的任何编辑或修改，均不会影响复制后的模型，如图 3-8 所示。除非使用“组”的方式进行复制。

如果标准层较多，比如高层住宅的情况，可以对标准层全部图元或者部分图元设置为“组”，“组”的概念与 AutoCAD 中的“块”有点类似，这样可以加快建模速度，且能更方便地进行模型管理。但是需要注意的是，如果“组”较多会增加计算机的运算负担。本书将在第 26 章中介绍“组”的详细使用方法。

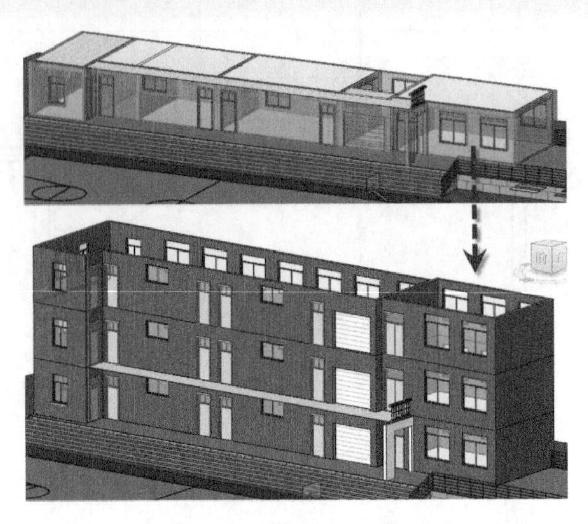

图 3-8

3.2.6　立面、剖面、详图生成

Revit 中的立面图、剖面图是根据模型实时生成的，也就是说只要模型建立恰当，立、剖面视图中模型图元几乎不需要绘制，就像前面所说“图纸只是 BIM 模型的衍生品”。而且，这里与一些可以生成立、剖面视图的传统 CAD 不同，立、剖面图是根据模型的变化实时更新的，且每个视图都相互关联。对于详图，如楼梯详图、卫生间详图等一般可以直接生成，但是对于部分节点大样，因为模型建立时不可能每个细节都面面俱到，除了软件本身功能限制外，时间成本也是巨大的，因此必须采用 Revit 提供的二维详图功能进行深化、完善。在本书第 14 章至第 17 章中，将详细介绍 Revit 视图的设置及定义的方法。

Step 01 立面生成：Revit 默认情况下有东南西北 4 个立面图，如图 3-9 所示，如果需要生成更多的立面视图可以通过创建一个立面视图符号来生成所需要的任何立面图。一般情况下，只要模型建立恰当，Revit 所生成的立面图无需做过多二次调整即能满足我们在立面图中的图形显示要求。

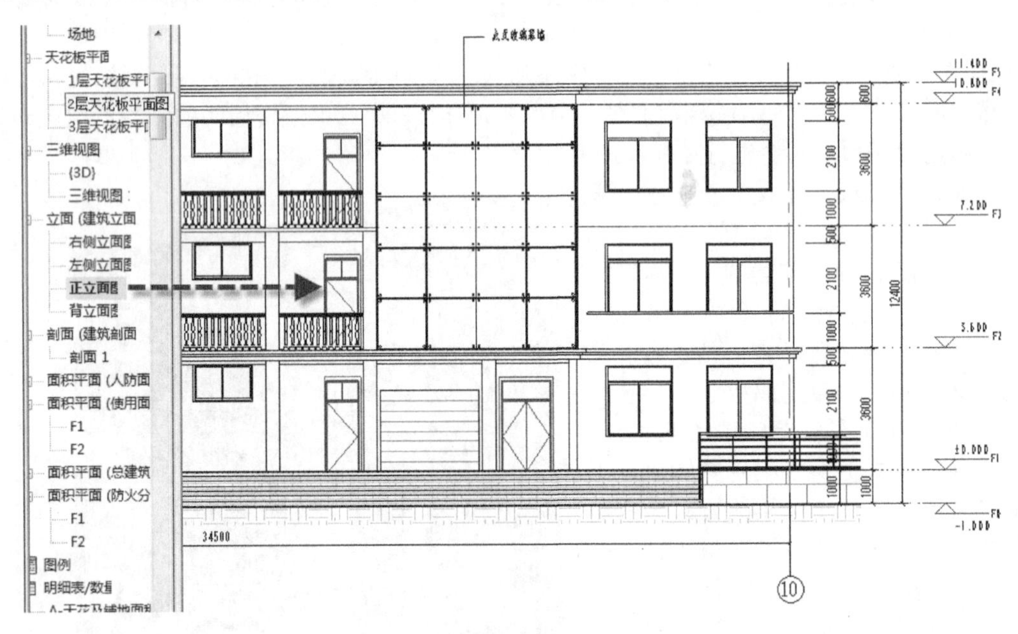

图 3-9

Step 02 剖面生成：生成剖面前需要先绘制一个剖面符号来确定剖切的位置，剖面符号绘制完成，剖面视图即已生成。这里需要说明的是，Revit 中自动生成的剖面视图并不能完全达到我们的要求。往往需要添加一些构件，比如素土夯实符号，以及对某些建筑构件进行视图显示处理，通过这些加工后才能满足剖面施工图的要求，如图 3-10 所示。

Step 03 详图生成：详图绘制有三种方式，即“纯三维”“纯二维”及“三维 + 二维”。对于楼梯、卫生间等一些详图，因为模型建立时信息基本已经完善，可以通过视图索引直接生成，此时索引视图和详图视图模型图元部分是完全关联的，如图 3-11 所示。对于一些节点大样如屋顶挑檐，大部分主体模型已经建立，只需在详图视图中补充一些二维图元即可，此时索引视图和详图视图的三维部分是关联的。而有些大样因为无法用三维表达或者可以利用已有的 DWG 图纸，那么可以在 Revit 中生成的详图视图中采用二维图元的方式绘制或者直接导入 DWG 图形，以满足出图的要求。

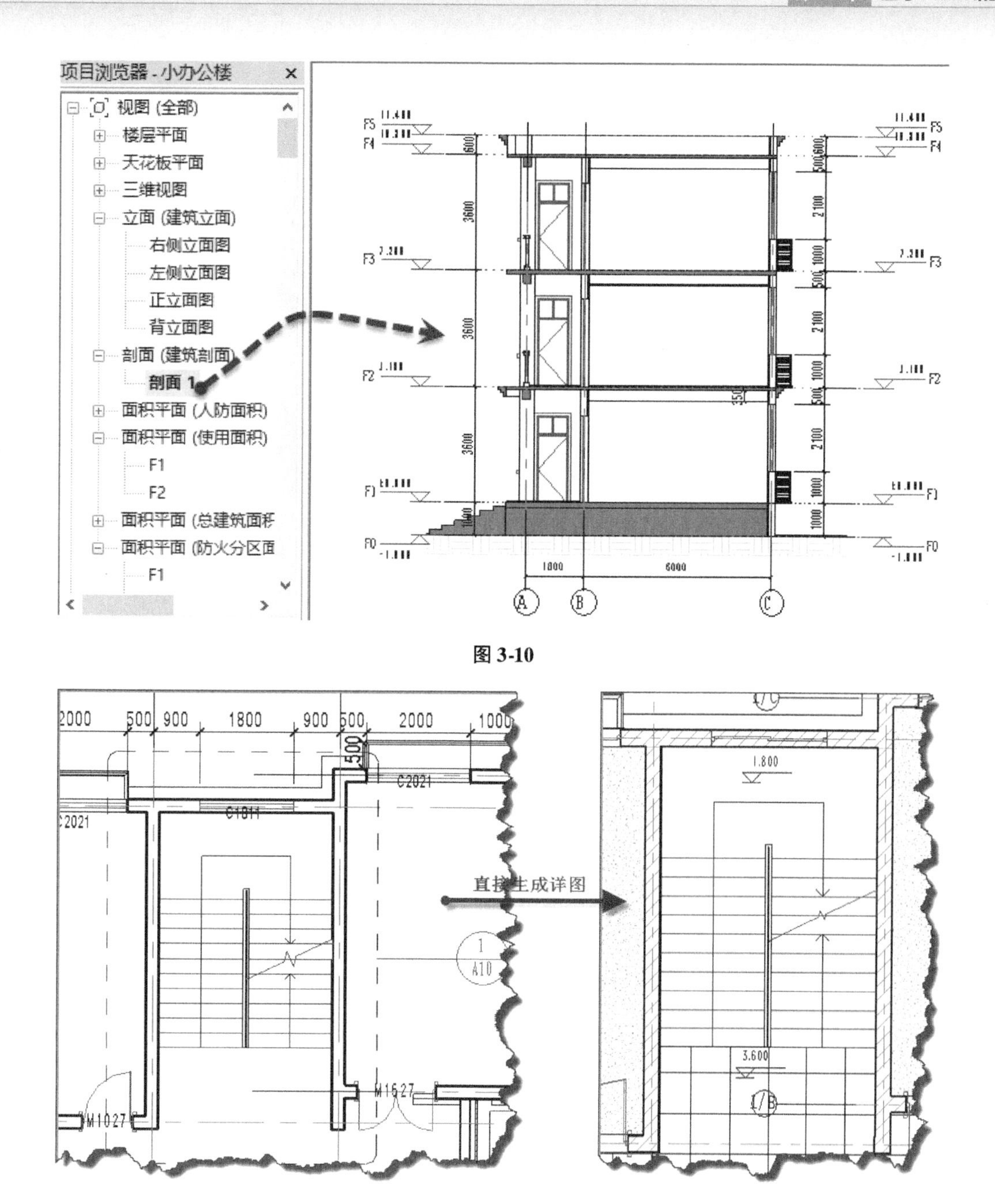

图 3-10

图 3-11

3.2.7 模型及视图处理

模型建好后，要得到完全符合制图标准的图纸还需要进行视图的调整和设置。进行视图处理最快捷也是最常用的方法就是使用视图样板。视图样板可以定义在项目样板中，也可以根据需要自由定义。在本项目所采用的项目样板中，已经针对不同的视图设置了满足制图要求的样板，如图 3-12 所示。

如图 3-13 所示，是在运用视图样板后楼梯平面大样的区别。除使用视图样板控制视图的默认显示模式外，Revit 还允许用户在视图中针对特定的图元进行单独显示调整。另外，对于视图中有连接关系的图元，比如剖面视图中的梁与楼板，需要使用连接工具手动处理连接构件。

3.2.8 标注及统计

Revit 中除了模型图元外，要实现施工图纸，还必须在视图中添加注释图元，如图 3-14 所示。主要是标注、添加二维图元，以及进行统计报表等。Revit 中的标注主要有尺寸标注、标高（高程）标注、文字、其他符号标注等。与 AutoCAD 不同的是，Revit 中的注释信息可以提取模型图元中的信息，比如在标注楼板标高时可以自动提取出此楼面的高程而无需手动注写，可以最大程度避免因手工填写而带来的人为错误。

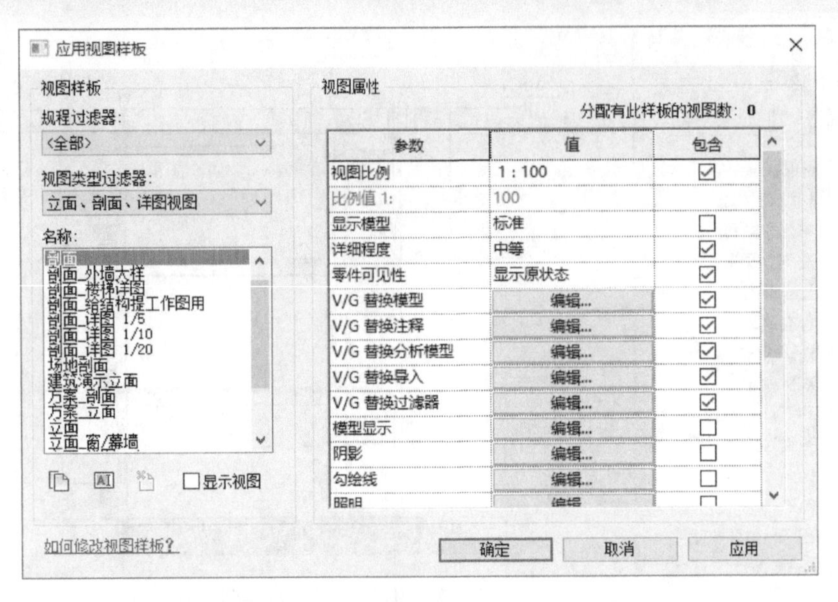

图 3-12

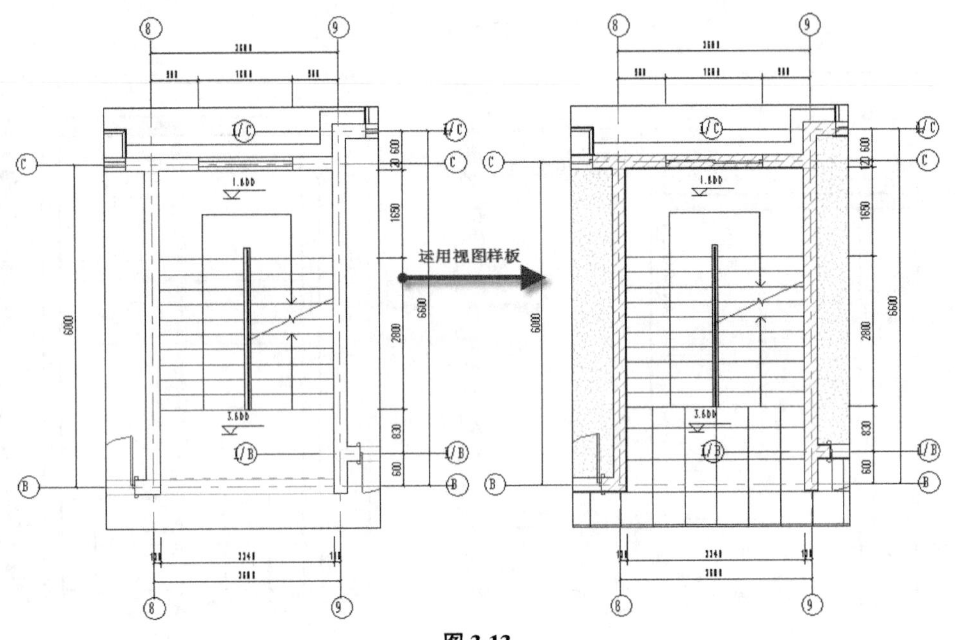

图 3-13

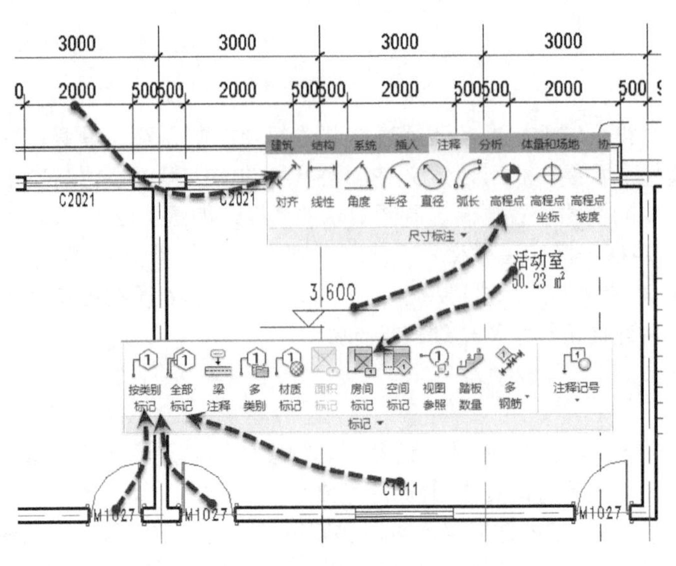

图 3-14

Revit 提供了强大的报表统计功能，例如利用明细表数量功能进行门窗表统计、房间类型及面积统计、工程量统计等，如图 3-15 所示。在 Revit 中所有的统计数据与模型之间是相互关联的。

项目浏览器 - 小办公楼
B_外墙明细表
B_屋顶明细表
B_扶手明细表
B_楼层明细表
B_楼梯明细表
B_结构柱明细表
B_结构框架明细表
窗明细表
门明细表
图纸 (全部)
A03 - 一、二层平面图
A04 - 三层、屋顶平面
A05 - 正立面

<窗明细表>

A	B	C	D	E	F	G	H	I
		洞口尺寸		樘数		选用图集		
设计编号	类型	宽度	高度	总数	标高	参照图集	型号	备注
C1218	塑钢窗	1200	1800	4	F1		90型	5+9A+5中空热反射玻璃
C1218	塑钢窗	1200	1800	4	F2		90型	5+9A+5中空热反射玻璃
C1218	塑钢窗	1200	1800	4	F3		90型	5+9A+5中空热反射玻璃
				12				
C1811	塑钢窗	1800	1100	3	F1		90型	高窗5+9A+5中空热反射玻璃
C1811	塑钢窗	1800	1100	3	F2		90型	高窗5+9A+5中空热反射玻璃
C1811	塑钢窗	1800	1100	3	F3		90型	高窗5+9A+5中空热反射玻璃
				9				
C2021	塑钢窗	2000	2100	11	F1		90型	5+9A+5中空热反射玻璃
C2021	塑钢窗	2000	2100	11	F2		90型	5+9A+5中空热反射玻璃
C2021	塑钢窗	2000	2100	11	F3		90型	5+9A+5中空热反射玻璃
				33				

图 3-15

3.2.9 效果图生成

模型建好后，就可以对模型中的图元进行材质设定以满足渲染的需要。Revit 的渲染功能非常简单，无需过多设置就能得到较为满意的效果图，渲染结果如图 3-16 所示。

图 3-16

在任何时候，都可以基于模型进行渲染操作，这个步骤不一定要在完成视图标注后再进行。它可以在方案推敲过程中，甚至还只是一个初步模型的时候就用来做实时的渲染。它是动态、非线性的一个过程，建筑师可以一开始就了解自己的方案的成熟度，而不是借助专业的效果图公司来完成三维成果的输出，并且使建筑师摆脱了仅在二维立面图纸上进行设计分析的弊端。在本书第 12 章中，将详细介绍如何利用 Revit 进行表现和渲染。

3.2.10 布图及打印输出

完成以上操作后，就可以进行图纸的布图和打印。布图也是在 Revit 标题栏图框中布置视图，类似于 AutoCAD中“布局”中布置视图操作的过程，一个图框中可以布置任意多个视图，且图纸上的视图与模型仍然保持双向关联的，如图 3-17 至 3-19 所示。Revit 的打印既可以借助外部 PDF 虚拟打印机输出为 PDF 文件，也可以输出成 Autodesk 公司自有的 DWF 或 DWFx 格式的文件。同时 Revit 中的所有视图和图纸也均可以导出为 DWG 文件。

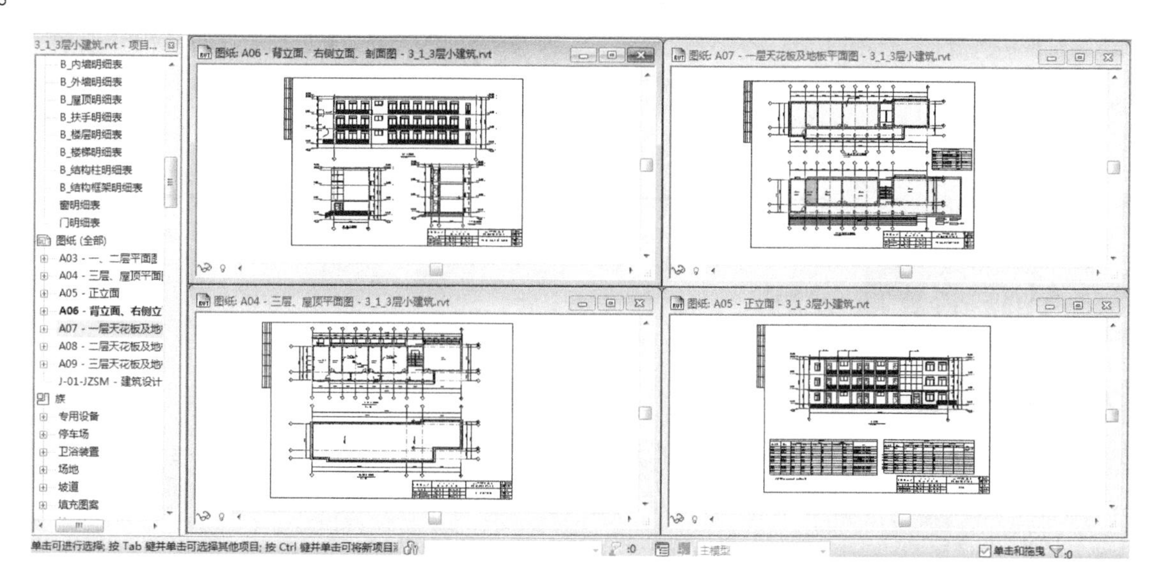

图 3-17

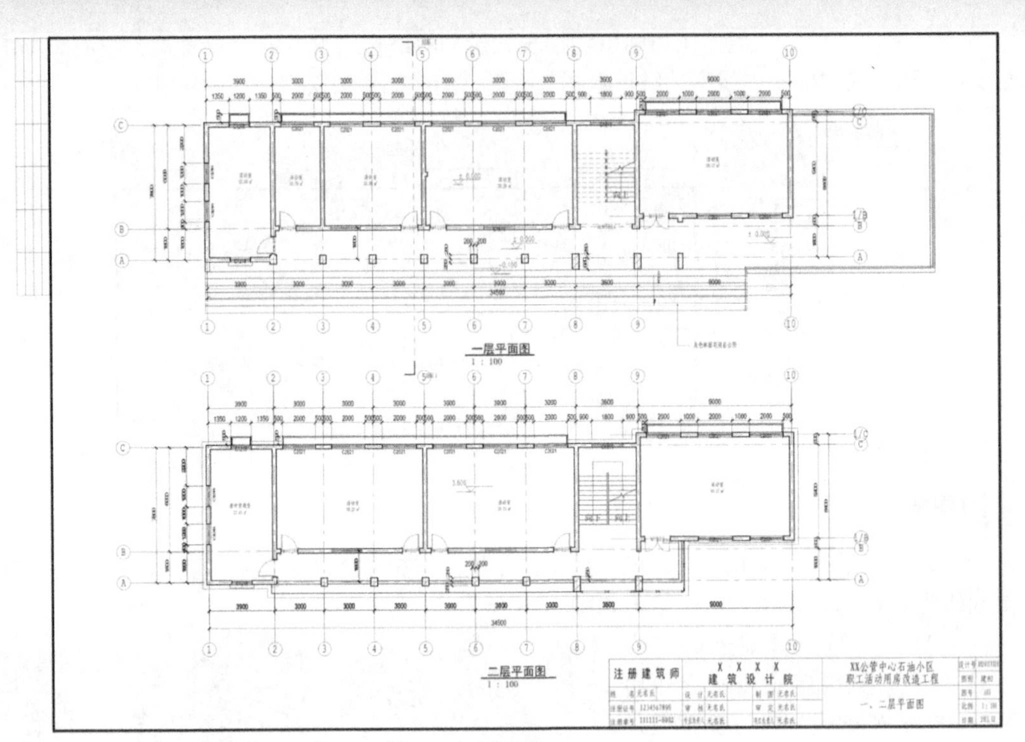

图 3-18

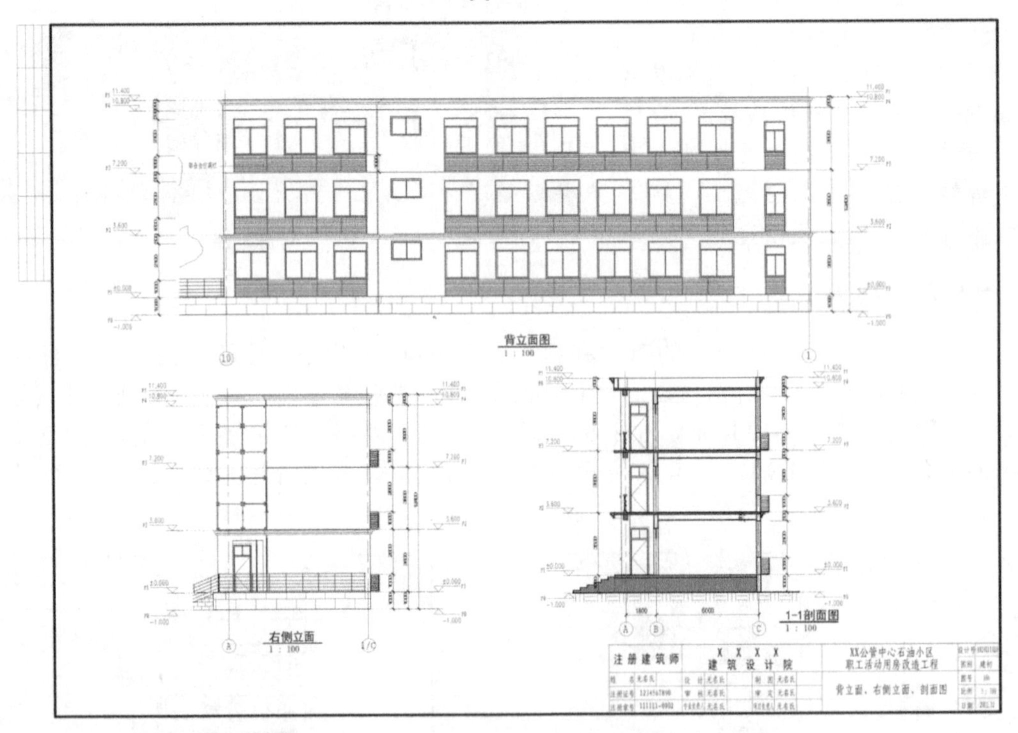

图 3-19

3.3 BIM 的其他应用

3.3.1 链接其他专业模型

完成一个专业的 BIM 模型后，还可以使用链接的功能来链接其他专业的 BIM 模型，实现协同工作。如图3-20所示，在“插入”选项卡“链接”面板中，使用“链接 Revit”工具可以链接其他专业 BIM 模型，形成完整的建筑综合模型。

利用 Revit 中提供的碰撞检查功能，可以对专业间的冲突进行分析，从而完成专业协调与修改。如图3-21所示。在“协作”选项卡“坐标”面板“碰撞检查”下拉工具中，选择“运行碰撞检查”，在弹出的碰撞检查对话框中可以设置要运行检查的构件类别。

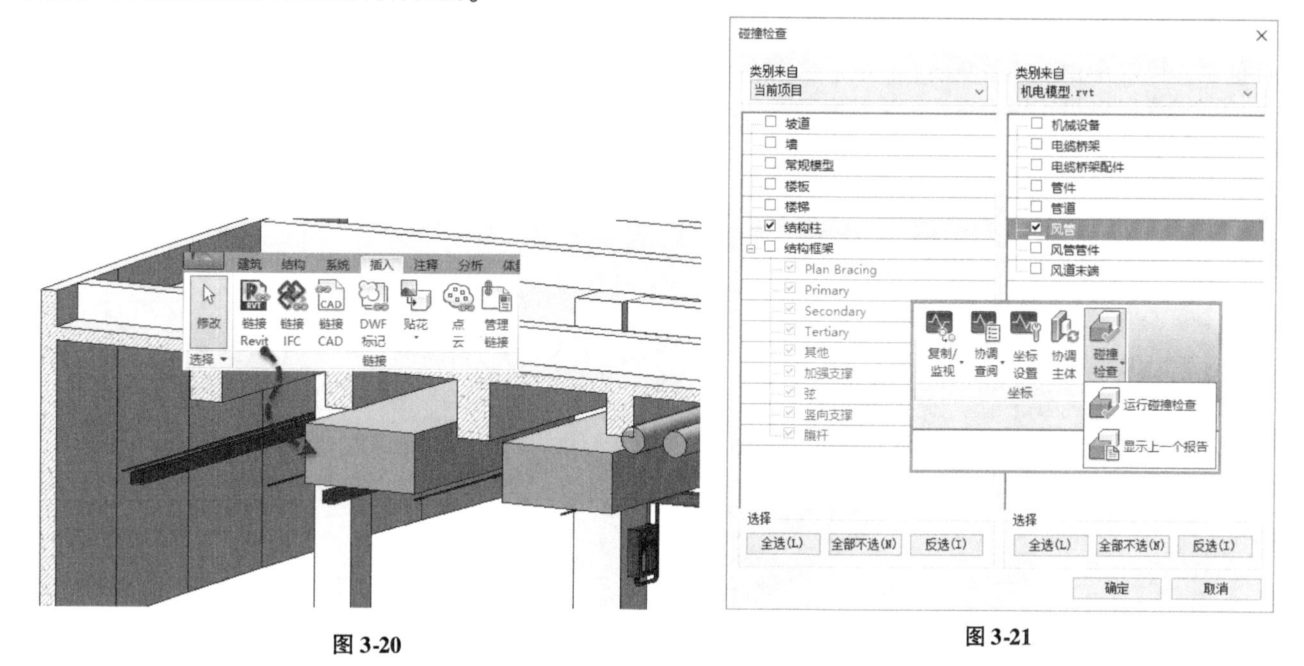

图 3-20

图 3-21

利用碰撞检查功能，可以在三维可视的状态下实现多专业的协调工作，从而极大地提高 BIM 的工作成果。

3.3.2 与其他软件交互

在用 Revit 进行建筑设计的过程中，可以根据需要将 Revit 中的模型和数据导入到其他软件中做进一步的处理。例如，可以将 Revit 创建的三维模型导入到 3ds max 中进行更为专业的渲染；或导入到 Autodesk Ecotect Analysis中进行生态方面的分析；还可以通过专用的接口将结构柱、梁等模型导入到 PKPM 或 Etabs 等结构建模或计算分析软件中进行结构方面的分析运算。

特别是采用 Autodesk Navisworks 可以将所有专业的 BIM 模型整合为同一个模型，并实现施工模拟、更进一步的碰撞检查等功能。如图 3-22 所示，为在 Navisworks 中利用 BIM 模型生成的施工模拟。

图 3-22

3.3.3 基于 BIM 的算量应用

在 Revit 中创建的 BIM 模型中所有的图元均可进行统计。例如，在本节 3.2.8 节中介绍了明细表功能。在 Revit 中除可以直接利用明细表统计图元的数量外，还可以统计图元的面积、体积等信息。例如，统计混凝土的体积、梁表面积等。由于 Revit 中的所有项目指标的统计严格依赖于模型的几何图形，因此要使 BIM 模型直接统计得到的结果符合算量的要求，必须严格处理BIM模型的建模，例如构件间的扣减关系，这样的BIM模型的创建规则将大大地增加BIM模型创建的工作量，因此直接利用BIM模型的统计功能生成几何算量并不实用。为解决此问题，可以在BIM模型基础上利用诸如isBIM QS这样的算量软件系统，即可不在增加几何模型建模工作量的基础上直接利用BIM模型完成相关算量工作。isBIM QS的界面如图3-23所示。利用该工具可轻松根据BIM模型完成基于BIM的算量工作。

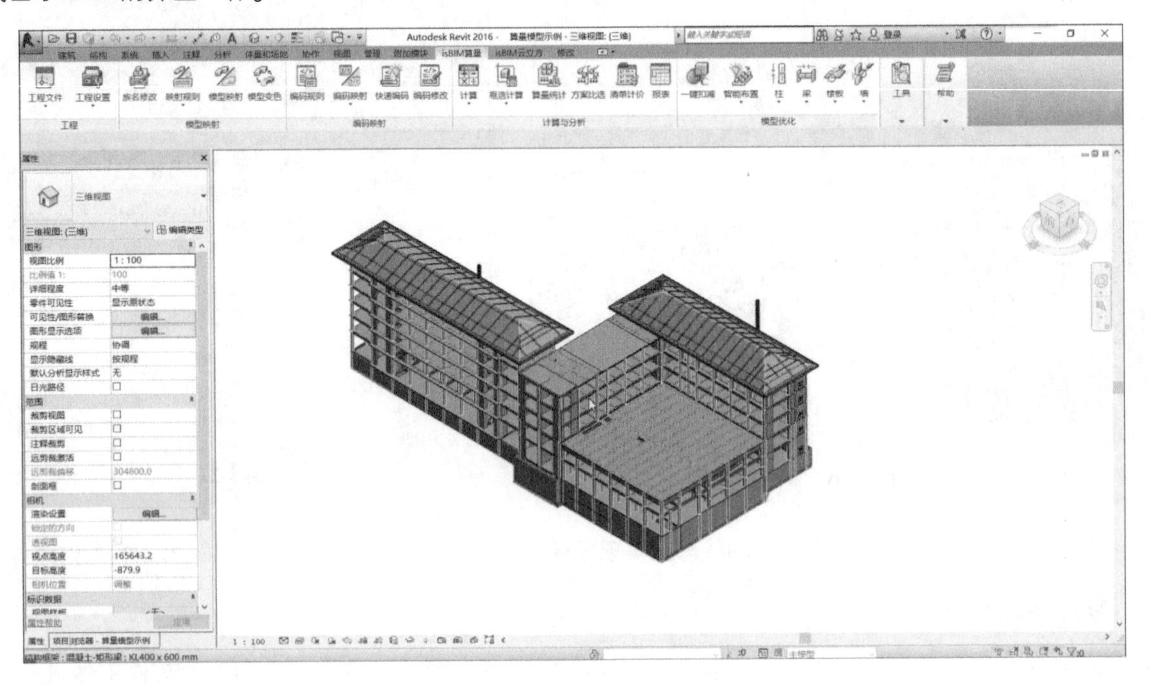

图 3-23

3.4 本章小结

Revit是个非常系统而且结构化的软件，但是却不失灵活性，笔者所介绍的这个流程，也不是一成不变的。当读者越来越熟悉它以后，将发现流程可以有很多种，建模的方法也可以是多方案的。读者可以在使用过程中根据自己项目的特点、阶段来选择不同的流程和方法，提高使用的水平，改进工作效率和质量。

第 2 篇 模型设计

创建建筑信息模型是在 Revit 中进行工作的基础，也是 BIM 工作的基础内容。从本篇开始，将以图 4-1 中所示的综合楼项目作为核心案例，介绍如何使用 Revit 建立 BIM 模型。在后续章节中，将利用该 BIM 模型完成项目的渲染表达和施工图设计及其他与 BIM 有关的操作。

图 4-1

Revit 创建和应用模型按流程可以分三步：第一步为模型定位，第二步为模型创建，第三步为模型应用。模型定位主要是利用标高、轴网等图元对项目的构件进行空间定位，当涉及结构、机电等多专业协同工作时，模型定位非常重要。模型创建主要将 Revit 的墙、门、窗等图元放置在正确的空间位置，满足项目功能需求。模型应用主要是指完成 BIM 模型后，依据需求对模型进行分析、出图、管理等应用，从而实现基于 BIM 模型的建筑生命周期管理。

Revit 模型按专业可划分为建筑专业模型、结构专业模型和机电专业模型。鉴于 Revit 操作思路的通用性，本篇主要讲解建筑模型创建和应用流程，Revit 在结构和机电模型的应用可参考本书所链接的在线教学内容。在后续章节中，将继续利用该 BIM 模型完成该项目的视图设置、明细表统计、图纸布置等应用，并介绍如何利用模型进行多专业综合协调管理。

本篇从第 4 章至第 13 章，共计 10 章，其中第 4 章至第 9 章将利用 Revit 创建综合楼项目主体建筑、结构模型；第 10 章至第 12 章中将介绍如何利用 Revit 的系统族为项目造型，内容有外立面设计、场地总图、动画表现等；第 13 章介绍如何在 Revit 中进行模型规划深度分析，为后续项目深化和专业协同做好准备。

在光盘"chapter 4"目录中提供了综合楼项目的全部 DWG 及 PDF 格式的二维图纸，可以使用 AutoCAD 2004（及以上版本）或 Adobe Reader 分别打开浏览 DWG 或 PDF 格式的图纸。请读者在继续学习前自行熟悉该项目图纸，以了解项目基本情况。

本项目材质均采用自定义贴图，需要复制随书文件下"chapter 12\Other"文件夹下"substance"文件夹至"C:\Program Files (x86)\Common Files\Autodesk Shared\Materials"路径下，才能正确显示项目外观材质。

第4章 标高与轴网

标高和轴网是建筑设计中重要的定位信息。在Revit中则提供了标高与轴网图元，用于确定构件的位置。由于Revit是三维BIM软件，因此在Revit中标高与轴网均为空间面形式的定位参考平面，而这些面投影在对应的平面视图中则显示为传统意义上的轴网，在立面视图中则显示为垂直于该视图的轴网和标高，例如在南立面视图中，将显示数字编号的轴网投影线和标高投影线。如图4-2所示，其中轴网控制对象在平面x，y轴坐标位置，而标高则控制对象在z轴坐标位置。

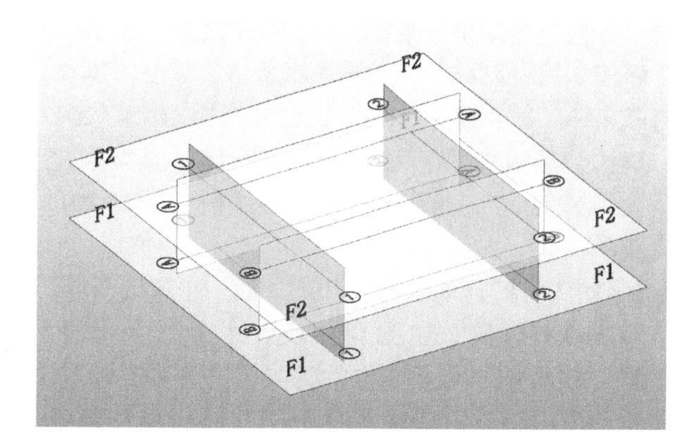

图4-2

在Revit中创建BIM模型，一般来说均从标高和轴网定位开始，根据标高和轴网信息建立建筑中的墙、门、窗等模型构件。如果考虑与结构、机电等各专业协同工作，则必须在各专业开始工作前协调好标高和轴网，以确保各专业准确定位。

在Revit中还可以先建立概念体量模型，再根据概念体量生成标高、墙、门、窗等三维构件模型，最后再加轴网、尺寸标注等注释信息，完成整个项目。如图4-3所示，在Revit 2017中，集成了参数化模型创建工具Dynamo，用于采用数字驱动的方式生成复杂造型的概念体量模型。两种方法殊途同归，本书将以第一种方法创建完成综合楼项目模型，这种流程符合国内绝大多数建筑设计院或其他BIM企业的模型创建流程。本章中将介绍如何创建项目的标高和轴网定位信息，并对标高和轴网进行修改。

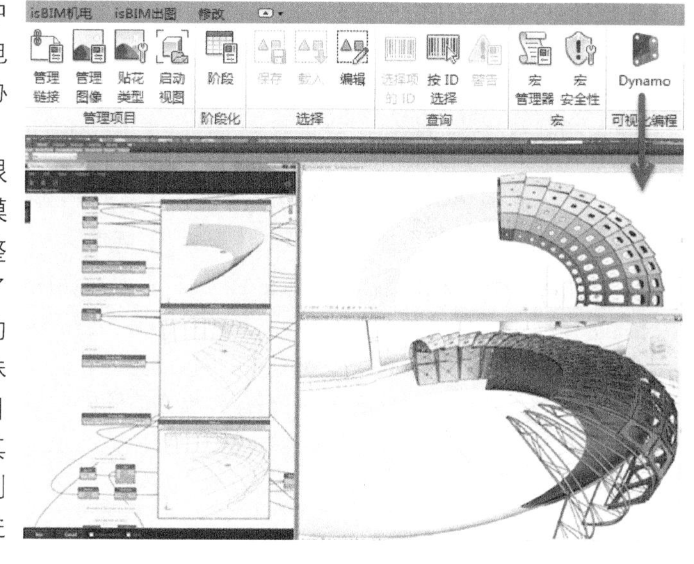

图4-3

在Revit中创建模型时，遵循“由整体到局部”的原则，从整体出发，逐步细化。需要注意，在Revit中进行工作时，建议读者都遵循这一原则进行设计，在创建模型时只需要考虑建模的规则而不需要太多考虑与出图相关的内容，在全部创建完成后再来完成图纸工作。

4.1 创建标高

标高表示建筑物各部分的高度，是建筑物某一部位相对于基准面（标高的零点）的竖向高度，是竖向定位的依据。在Revit中开始建模设计前，应先对项目的标高信息做出整体规划。在建立模型时，Revit将通过标高确定建筑构件的高度和空间位置。

4.1.1 创建综合楼标高

Revit中开始模型搭建，我们首先要创建项目标高信息，Revit提供了标高工具用于创建项目的标高。

在创建标高时，本书约定项目中标高名称统一为英文缩写：如地下室楼层标高缩写为B1、B2、B3；地下室顶板标高缩写为BR；地下室底板标高缩写为BB；正负零以上楼层标高缩写为F1、F2、F3；屋面层标高缩写为RF；机房层标高缩写为CF；出屋面层标高缩写为TF。在项目中统一标高的名称是在Revit中进行BIM信息统一管理的基础，读者应根据项目的特点，结合企业及行业的一般名称制定统一的标高及其他构件命名规则。

下面以综合楼项目为例，说明在 Revit 中从空白项目开始，创建项目标高的一般步骤。读者可查看光盘中给出的综合楼项目图纸，以理解综合楼项目中标高的分布情况。

图 4-4

Step01 启动 Revit，默认将打开“最近使用的文件”页面。单击左上角“应用程序菜单”按钮，在列表中选择“新建”→“项目”，弹出“新建项目”对话框，如图 4-4 所示。单击“浏览”按钮，浏览至随书文件“第 4 章\ Other\ 综合楼样板_建筑_2017.rte”样板文件，确认“新建项目”对话框中“新建”类型为“项目”，单击“确定”按钮，Revit 将以“综合楼样板_建筑_2017.rte”为样板建立新项目。

Step02 默认将打开 F1 楼层平面视图，注意该样板中默认已经绘制 1 和 A 两根轴网。如图 4-5 所示，切换至“管理”选项，单击“设置”面板中“项目单位”工具，打开项目单位对话框。注意当前项目中“长度”单位为“mm”，面积单位为“m^2”，单击“确定”按钮退出“项目单位”对话框。

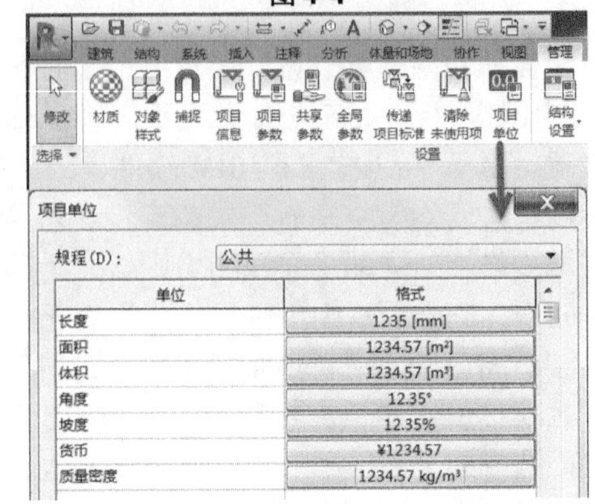

图 4-5

提 示

项目的默认单位由项目所采用的项目样板决定。单击格式中各种单位后的按钮，可以修改项目中该类别的单位格式。

Step03 在项目浏览器中展开“立面”视图类别，双击“南立面”视图名称，切换至南立面视图。在南立面视图中，显示项目样板中设置的默认标高 F1 与 F2，且标明 F1 标高为 ±0.000m，F2 标高为 3.000m，如图 4-6 所示。

Step04 选择标高：使用视图右侧导航栏中“区域放大”工具，或上下滚动使用鼠标滚轮中键，在视图中适当放大标高左侧标头位置，单击标高 F2 标高平面选择该标高，标高 F2 将高亮显示。

Step05 移动鼠标至标高 F2 标高值位置，用鼠标左键双击标高值，进入如图 4-7 所示标高值文本编辑状态，键入“4.2”，按回车键确认输入，Revit 将向上移动标高 F2 至 4.2m 位置，同时该标高与标高 F1 的距离为 4200mm。平移视图，观察标高 F2 右侧标头标高值同时被修改。该标高已与图纸中 F2 标高一致。

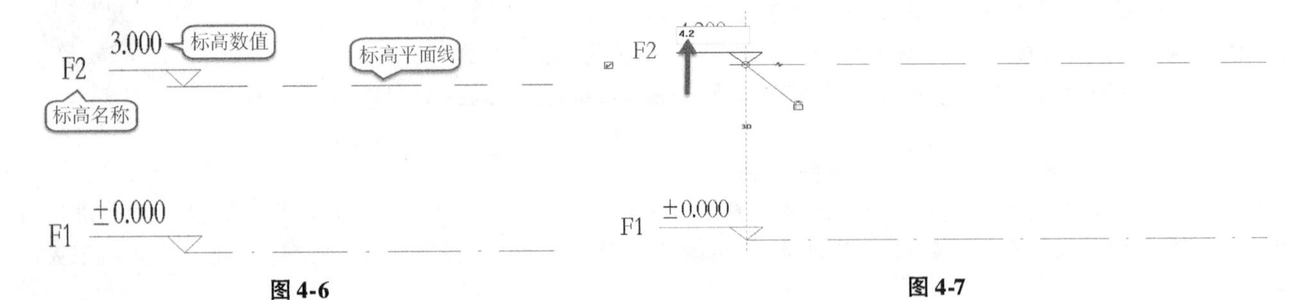

图 4-6

图 4-7

提 示

在样板中，已设置标高对象标高值的单位为米，因此在标高值处输入“4.2”时，Revit 将自动换算为项目单位 4200mm。

Step06 如图 4-8 所示，单击“建筑”选项卡“基准”面板中“标高”工具，进入放置标高绘制模式，Revit 会自动切换至“修改 | 放置标高”上下文选项卡。

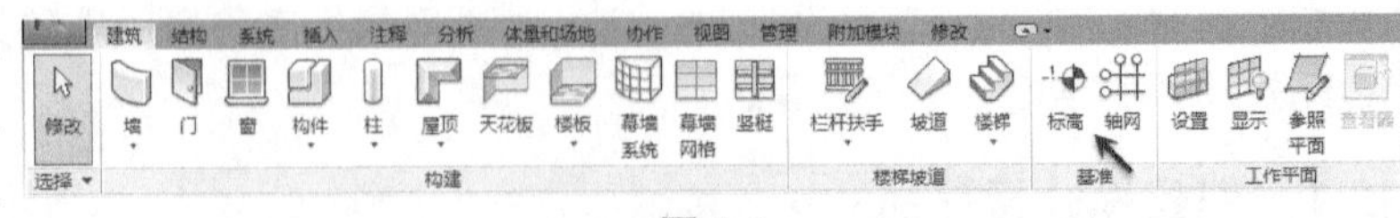

图 4-8

提 示

Revit 在“结构”选项卡“基准”面板中同样提供了标高工具，其功能与作用与“建筑”选项卡中的“标高”一致。

Step07 确认“绘制”面板中标高的生成方式为“直线”。如图 4-9 所示，确认选项栏中勾选“创建平面视图”选项，设置偏移量为 0。

Step08 单击选项栏中“平面视图类型”按钮，打开“平面视图类型”对话框，如图 4-10 所示。在视图类型列表中选择“专业拆分”，单击“确定”按钮确认退出“平面视图类型”对话框，将在绘制标高时自动为标高创建与标高同名的楼层平面视图。

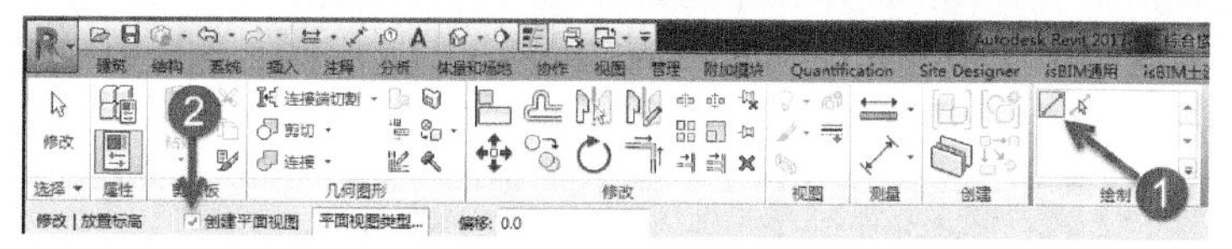

图 4-9

提 示

按住 Ctrl 键可以在视图列表中进行多重选择。“专业拆分”平面视图类型为本节所采用的项目样板中自定义创建（在本书第 14 章节会介绍如何创建平面视图类型），注意 Revit 将在项目浏览器中创建名称为“专业拆分”的新类别。“专业拆分”平面视图主要作用为模型创建，“综合布局”平面视图主要作用为图纸打印，其他视图类型各有用处，后续章节逐一介绍。

Step09 选择标高类型：如图 4-11 所示，单击“属性”面板中类型选择器列表，在弹出列表中将显示当前项目中所有可用的标高类型。移动鼠标至“上标头”处单击，将“上标头”类型设置为当前类型。

提 示

当未执行任何命令或选择任何对象时，属性面板将显示当前视图的属性。在执行命令或选择对象后，将自动切换为显示当前图元对象的属性。

Step10 绘制标高：鼠标光标将显示为绘制状态，如图 4-12 所示；移动鼠标至标高 F2 上方并与 F2 端点对齐；当光标位置与标高 F2 端点对齐时，Revit 将捕捉已有标高端点并显示端点对齐蓝色虚线。对齐后，将在光标与标高 F2 间显示蓝色临时尺寸标注，键盘直接输入 4200 作为 F2 和 F3 之间层高，按 Enter 键确认，Revit 将以该位置为起点，进入标高绘制模式。

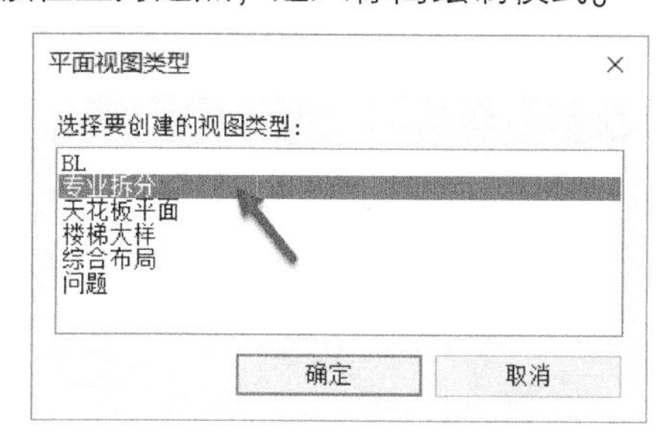

图 4-10

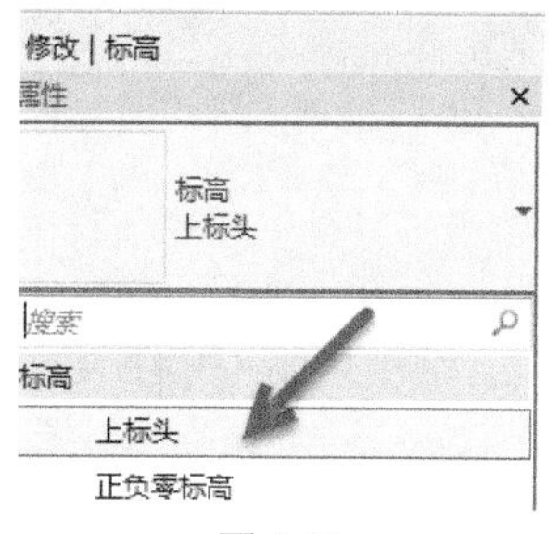

图 4-11

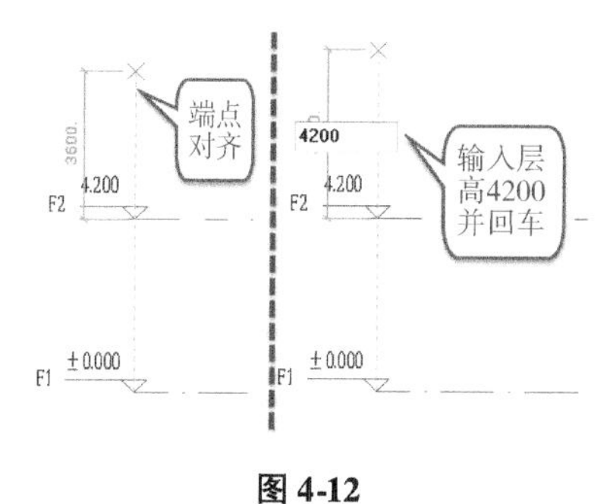

图 4-12

Step11 沿水平方向向右移动鼠标，当光标移动至已有标高右侧端点位置时，Revit 将显示端点对齐位置，单击鼠标左键完成标高绘制。Revit 自动命名该标高为 F3，并根据与标高 F2 的距离自动计算标高值，如图 4-13 所示。按键盘 Esc 键两次退出标高绘制模式。注意观察项目浏览器中，“专业拆分”平面视图中将自动建立“F3”楼层平面视图。

提 示

每一个新命令开始前，前一个命令必须要按 Esc 键两次退出绘制模式，新命令才能执行，Revit 中一定要养成每绘制完成一个命令，就按 Esc 键两次的好习惯。

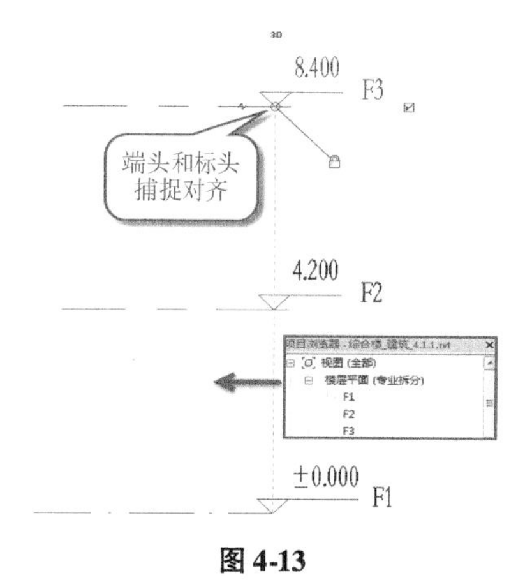

图 4-13

本项目标高 F4 至出屋面层标高 TF，层高均为 3m，共计 9 层。可以采用批量复制的方式创建 F4 至 TF 屋面层标高。地下室部分可用正负零直接复制，然后修改类型得到。

Step12 单击选择标高 F3，Revit 自动切换至“修改 | 标高”选项卡，如图 4-14 所示。单击“修改”面板中“复制”工具，勾选选项栏“约束”选项。

图 4-14

Step⑬移动鼠标至标高 F3 上任意一点，单击作为复制的基点，向上移动鼠标，使用键盘输入 3000 并按回车键确认，作为第一次复制的距离，如图 4-15 所示。Revit 将自动在标高 F3 上方 3000mm 处复制生成新标高，并自动命名为 F4，按 Esc 键两次结束绘制模式。

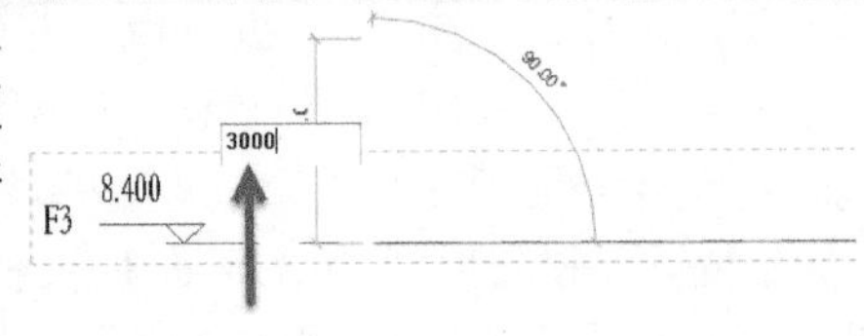

图 4-15

提 示

因勾选了选项栏中“约束”选项，因此 Revit 将移动方向锁定在水平和垂直两个方向。

Step⑭单击鼠标左键选择上一步骤中创建的 F4 标高。使用“复制”工具，勾选选项栏“约束”和“多个”选项，以标高 F3 任意位置为基点，垂直向上移动鼠标至标高 F4，作为终点，Revit 将在 F4 标高上方创建标高 F5。注意 Revit 将自动修改标高值。

Step⑮继续向上移动鼠标捕捉至新创建的标高单击创建新的标高，连续向上复制，直到标高值为 35.4 的 F12 标高为终止，完成 F4 至 F12 楼层标高创建，结果如图 4-16 所示。按 Esc 键两次退出绘制模式。

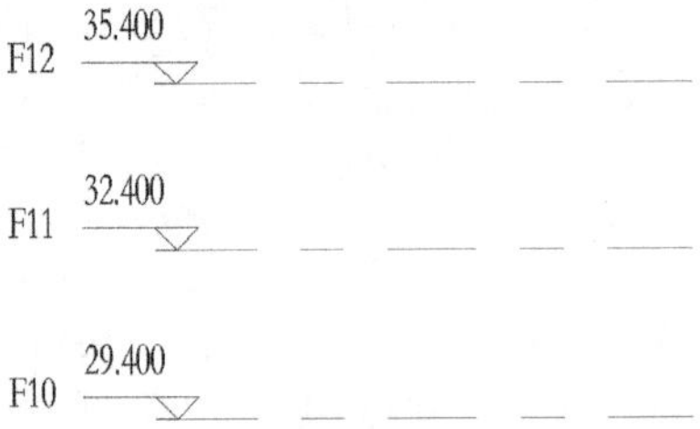

图 4-16

提 示

注意到复制新建的标高 F4 至 F12 层和标高 F3 的区别了吗？注意观察项目浏览器楼层平面视图列表中，并未生成 F4 至 F12 层标高相对应的平面视图，如图 4-17 所示。Revit 以黑色标高标头指示没有生成平面视图的标高。可以随时为标高创建对应的平面视图类型，详见本章下一节相关内容。

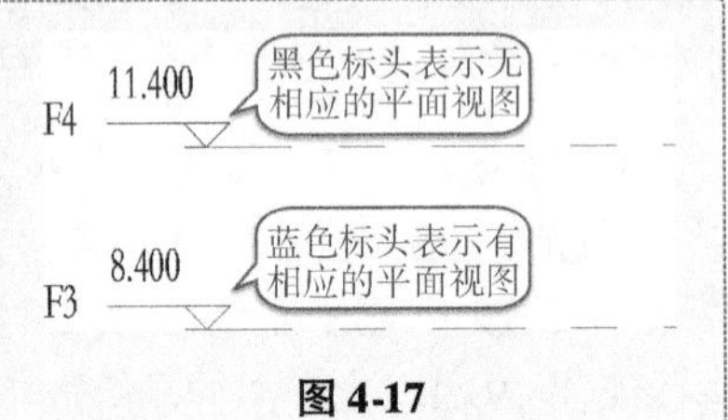

图 4-17

Step⑯选择 F12 标高，使用复制工具，确认勾选选项栏“约束”选项，不勾选“多个”选项，以 F12 标高为基点，向上复制 1800mm 创建 F13 标高，按 Esc 键两次完成后如图 4-18 所示。

图 4-18

图 4-19

接下来将创建地下室部分标高。

Step⑰选择 F1 ±0.000 标高，使用复制工具，确认勾选选项栏“约束”及“多个”选项，以正负零标高为基点，连续向下移动 1300mm 和 2900mm，按 Esc 键两次结束复制。如图 4-19 所示，Revit 将自动生成名称为 F14：－1.300 标高和 F15：－4.200 标高。

提 示

在本操作步骤中，因复制的标高类型为正负零标高类型，所以在地下室部分显示为错误的标高样式。在 4.2 节中将介绍如何调整和设置标高样式。

Step⑱至此，完成标高绘制。保存该文件，或参见随书文件“第 4 章\RVT\4-1-1.rvt”文件查看完成结果。

Revit 仅允许在与标高垂直的视图如立面视图、剖面视图中创建标高。在平面或者三维视图中绘制标高时，基准面板中标高图标将显示为灰色调的，说明在平面或者三维视图中不允许创建标高。

第一次保存项目时，Revit 会弹出“另存为”对话框。保存项目后，再点击“保存”将直接按原文件名称和路径保存文件。在保存文件时，Revit 默认将为用户自动保留 3 个备份文件，以方便用户找回保存前的项目状态。Revit 将自动按 filename.001.rvt、filename.002.rvt、filename.003.rvt……的文件名称保留备份文件。

在“另存为”对话框中，单击右下角“选项”按钮，弹出“文件保存选项”对话框，如图 4-20 所示。修改“最大备份数”选项，可以修改允许 Revit 保留的历史版本数量。当保存次数达到设置的“最大备份数”时，Revit 将自动删除最早的备份文件。

在“文件保存选项”对话框中，在“缩略图预览”选项中，还可以设置所保存的 RVT 项目文件在 Windows 资源管理器中预览该文件时的预览视图。默认设置为项目当前的活动视图或图纸。保存预览视图后，在 Windows 资源管理器中使用“中等图标”或以上模式时，可以看到该项目保存的预览缩略图，如图 4-21 所示。

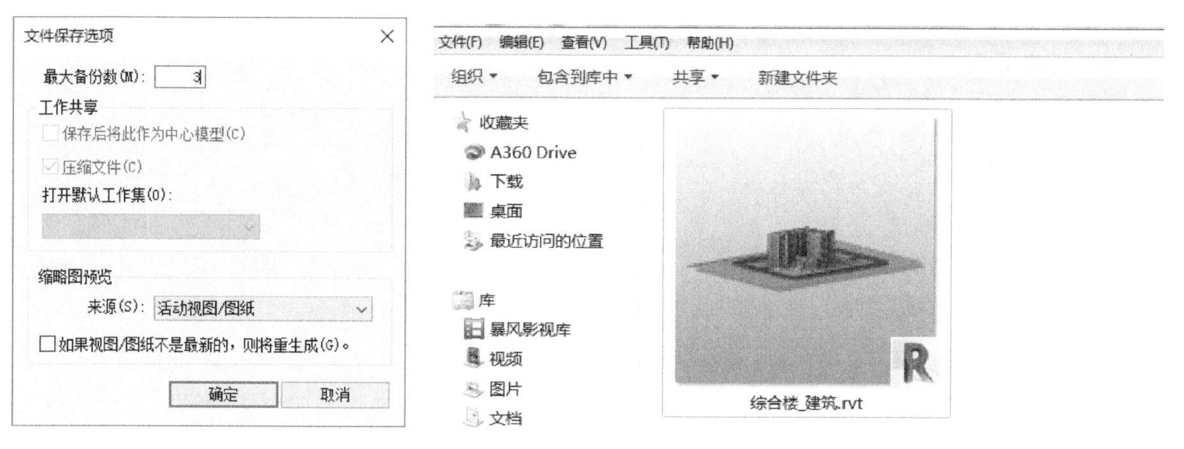

图 4-20　　　　图 4-21

“文件保存选项”对话框“工作共享”选项用于在启用工作集模式进行协同工作后，对于该项目文件的共享保存方式，要了解关于工作集的更多信息，请参见本书第 23 章相关内容。

4.1.2　添加楼层平面视图

在上一节中，我们注意到通过复制命令生成的 F4 ~ F13 标高，在项目浏览器视图列表中，并未生成相应的平面视图，其标高标头显示为黑色，而通过绘制生成的 F1、F2、F3 标高，在绘制时自动创建了相应的楼层平面视图，标高标头显示为蓝色，如图 4-22 所示。接下来可以为 F4 ~ F13 标高添加楼层平面视图。

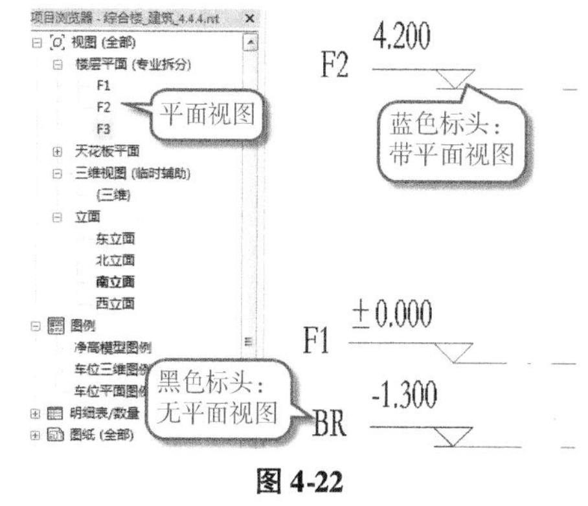

图 4-22

提 示

双击蓝色标高标头，可以快速进入相对应的楼层平面视图。

Step 01 如图 4-23 所示，单击视图选项卡创建面板中平面视图下拉列表，在列表中选择楼层平面工具，打开“新建楼层平面”对话框。

Step 02 如图 4-24 所示，在“新建楼层平面”对话框“类型”列表中选择视图类型为“专业拆分”；确认勾选底部“不复制现有视图”选项，在“类型”列表中将显示所有未生成“专业拆分”平面视图类型的标高名称。配合使用 Shift 键选中列表中所有标高，点击确定按钮，退出“新建楼层平面”对话框。Revit 将为所选择的标高分别创建“专业拆分”类型的楼层平面视图。

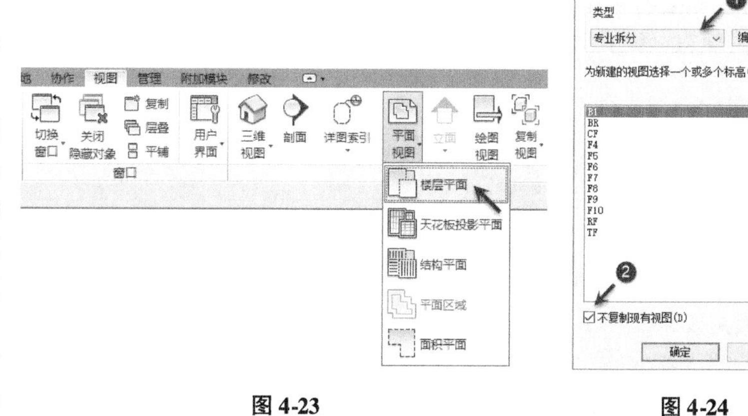

图 4-23　　　　图 4-24

提 示

由于勾选了“不复制现有视图”，已创建楼层平面视图的标高 F1，F2，F3 不会显示在列表中，以避免创建重复的视图。

Step 03 注意项目浏览器视图列表中，已显示上一步中新建的楼层平面视图，如图 4-25 所示。

为了保证项目中的标高和轴线等基准定位图元位置准确，防止在软件操作中不小心移动或者修改了标高位置，可以对项目中的标高进行锁定。

Step04 切换至南立面视图中，框选所有标高图元。如图4-26所示，单击“修改”面板中锁定工具，Revit将锁定所选择的标高图元。

Step05 锁定标高后，Revit将在被锁定的标高位置显示锁定状态符号，如图4-27所示。锁定的标高图元将无法通过鼠标拖动的方式移动标高图元位置，但仍可以修改标高的名称及标高参数值。按Esc键取消当前选择。

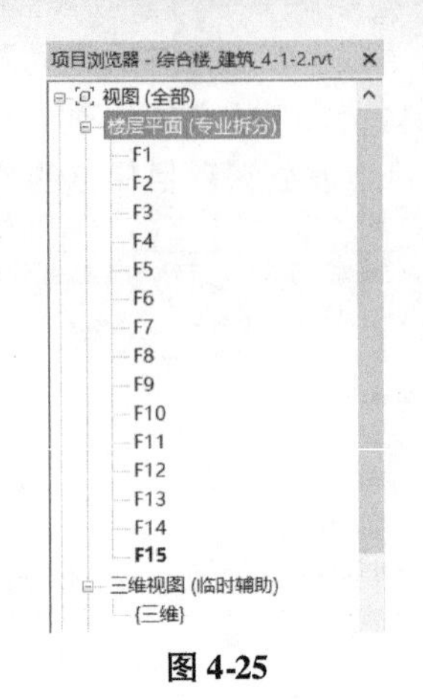

图 4-25

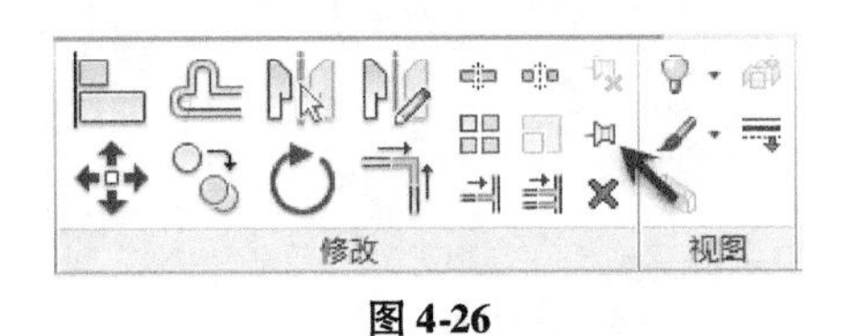

图 4-26

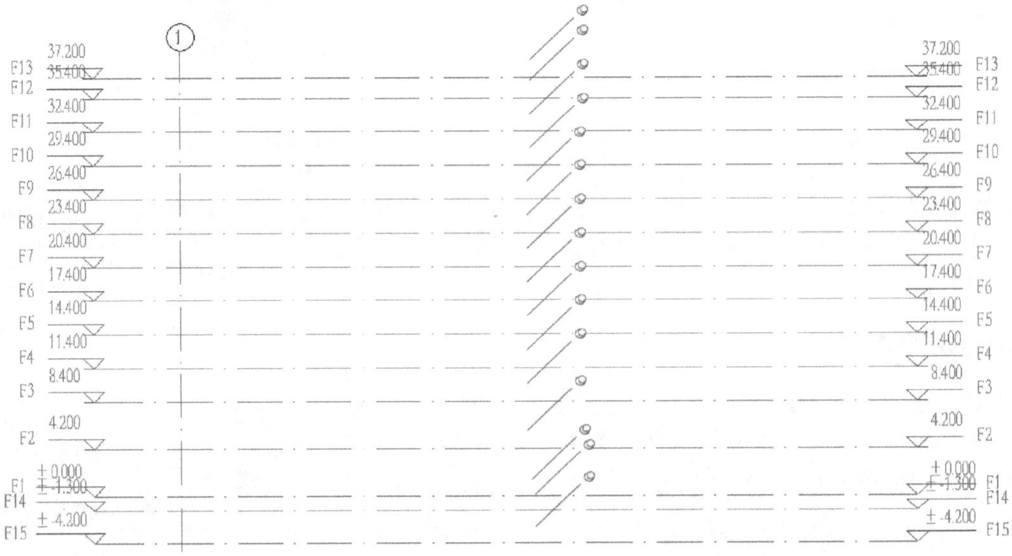

图 4-27

提 示

默认情况下，视图右下角视图控制栏位置“选择锁定图元”选项处于激活状态，如图4-28所示，必须激活该选项才可以选择锁定的图元，否则Revit将无法选择锁定的图元。选择任意锁定的标高，单击视图中任意锁定符号，锁定符号将显示为解锁状态，该标高将解除锁定，即可对不满意的标高做重新调整工作。

图 4-28

Step06 保存该文件，完成本操作练习。最终结果参见随书文件“第4章\RVT\4-1-2.rvt”项目文件。

4.2 编辑标高

标高绘制完成后，还需要对标高的样式进行必要的调整，例如修改标高的标头样式、调整标高的名称等，以满足图纸、规范等相关要求。在Revit中，标高实际是在空间高度方向上相互平行的一组平面。Revit会在立面视图、剖面视图等视图类别中显示标高的投影。因此，在任意一个立面视图中绘制和修改标高信息，将在其他立面、剖面视图中自动修改标高的信息。

图 4-29

4.2.1 修改标高类型和名称

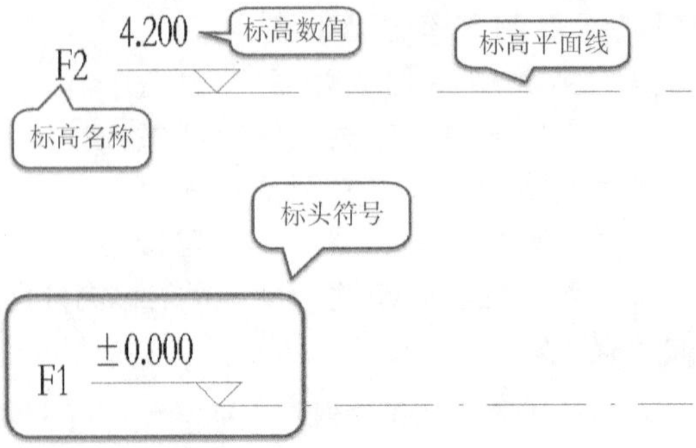

Revit中，标高由两部分组成：标头符号和标高平面线形。如图4-29所示，标头符号反映了标高的标头符号样式（如图中所示的三角形是中国标准的标高符号）、标高值、标高名称等信息。标高线形用于反映标高对象投影的位置和线型、线宽、线颜色等。在Revit中，标高的标头符号由该标高所采用的标头族定义，而标高线形则由标高类型参数中对应的参数设置定义。

选择标高后，在属性面板中，参数“立面”和“名称”分别对应标高对象的高程值和标高名称。值得注意的是，“立面”中的值是以当前项目单位显示标高值，而在标高对象中显示的高程值则取决于标高所使用的标头符号族中单位的设置。

Revit 提供了多种参数，用于调整和设置标高样式。通过下面的练习，认识 Revit 标高对象的各种参数，掌握在 Revit 中控制标高设置的方法。

Step01 接上节练习，切换至南立面视图。单击选择 F11 层标高，如图 4-30 所示。修改“属性”面板“标识数据”中“名称”值为 RF。注意视图中 F11 层标高自动命名为 RF。

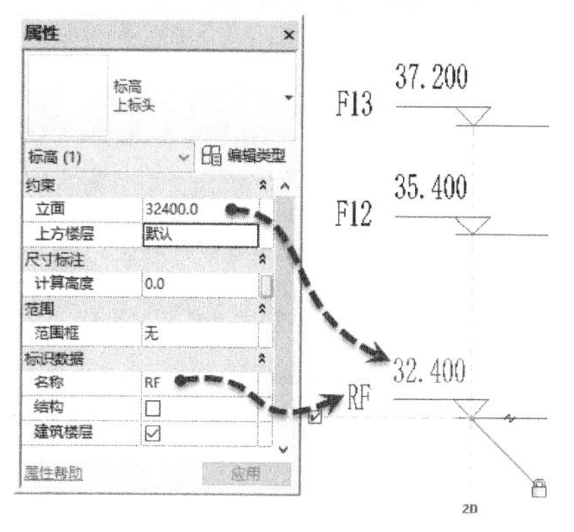

图 4-30

提 示

“属性”对话框中立面的值为该标高的标高值，注意该单位为 mm，与项目设置中的长度单位一致。

Step02 由于该标高已生成对应的楼层平面视图，Revit 将弹出如图 4-31 所示对话框，询问用户是否希望重命名对应的视图，单击“是”，Revit 将重新命名与该标高关联的视图名称，以保持与标高名称一致。

图 4-31

Step03 单击选择 F12 标高。移动鼠标至标头名称位置，单击标头文字，进入文字编辑状态。输入“TF”（代表出屋面层标高），按 Enter 键确认，Revit 将自动修改标高的名称。注意在“属性”面板中“名称”值也同样被修改为“TF”。当弹出是否希望重命名视图时，选择“是”。

Step04 重复上述第 1、第 2 步操作，分别修改下列各标高名称。

- F13 标高，37.200m：CF（机房层）
- F14 标高，－1.300m：BR（地下室顶板）
- F15 标高，－4.200m：B1（地下 1 层）

提 示

Revit 不允许出现相同标高名称。

接下来，将修改地下室 B1 及 BR 标高的标高类型。

Step05 配合键盘 Ctrl 键，分别选择 B1 和 BR 标高。注意“属性”栏“类型列表”中显示该标高的类型名称为“正负零标高”。单击属性面板“类型选择器”，在列表中选择“上标头”，Revit 将修改 B1 和 BR 标高类型为“上标头”类型，结果如图 4-32 所示。

Step06 切换至东立面和其他立面视图中，可以观察 Revit 已经在该视图中生成了与南立面视图相同的标高，如图 4-33 所示。

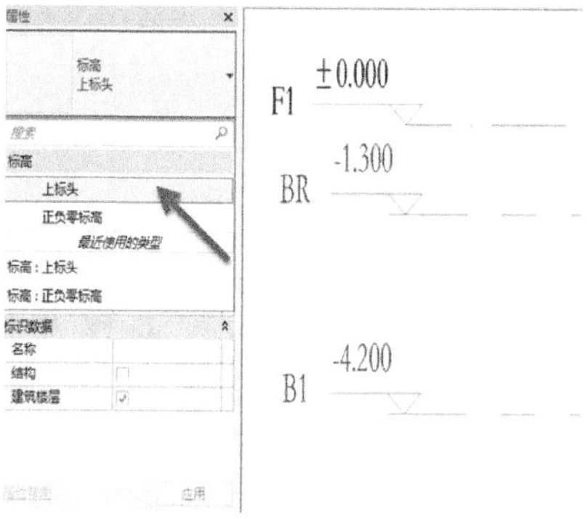

图 4-32

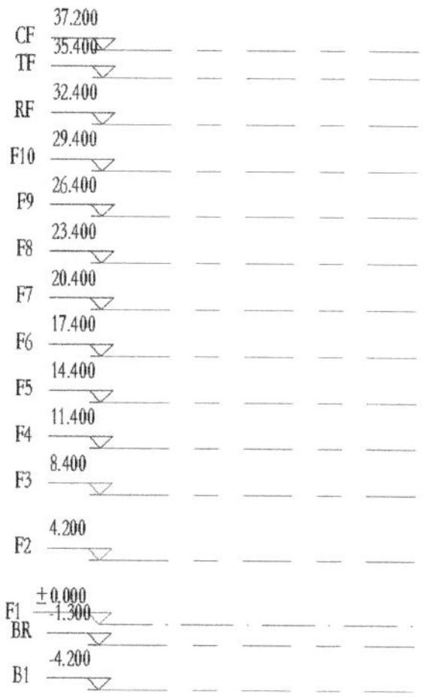

图 4-33

Step07 选择 BR 标高，单击属性面板中“编辑类型”按钮，打开“类型属性”对话框。如图 4-34 所示，注意“类型属性”对话框中标高的“符号”为“标高标头_普通标准：上标头 4.0”；单击类型选项栏列表，切换至“正负零标高”类型。注意该类型标高“符号”定义为“标高标头_±0 标准：上标头 4.0”。该符号决定标高的标头形式。单击取消按钮，不保存该操作，退出“类型属性”对话框。

Step08 切换至南立面视图。单击“注释”选项卡“尺寸标注”面板中“对齐标注”工具，依次单击各楼层标高，添加楼层标高间尺寸标注，完成后单击任意空白位置生成尺寸标注，结果如图 4-35 所示。

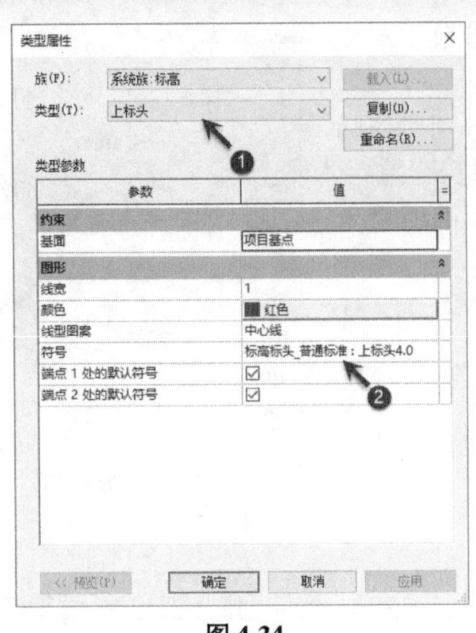

图 4-34

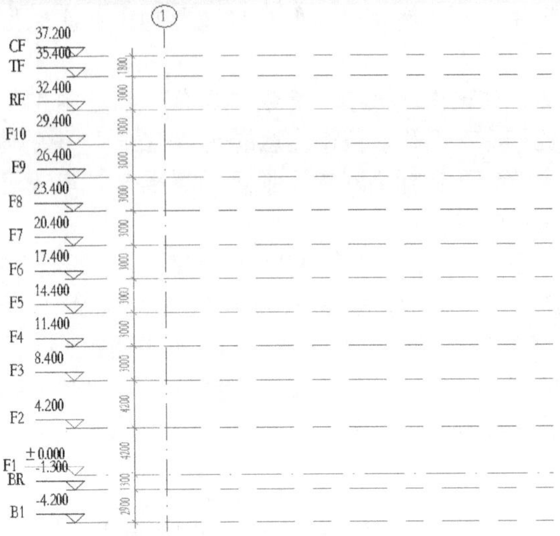

图 4-35

关于尺寸标注的更多操作，详见本书第 15 章的相关内容。

Step 09 重复上一步骤，为东立面视图及其他视图添加尺寸标注。

Step 10 至此完成本操作练习。保存该文件，或打开随书文件“第 4 章 \ RVT \ 4-2-1. rvt”项目文件查看最终结果。

标高标头符号决定标高的标头的样式。标头符号由 Revit 的标高标头族定义，可以根据需要创建任意形式的标头族，以满足项目设计的要求。在标头符号中，定义了标高的高程值显示单位（米还是毫米）、是否显示标高名称等信息。详见本书第 20 章相关内容。

4. 2. 2 定义标高线型及端点样式

Revit 中可以自定义标高的线宽、颜色、线型图案等图元表现信息，以设置标高在立面、剖面视图中的表现。接下来，通过练习说明如何对标高的线宽、颜色等进行修改。

Step 01 打开上节练习文件。切换至南立面视图，选择 F1 标高，单击属性面板中“编辑类型”按钮，打开“类型属性”对话框。

Step 02 如图 4-36 所示，单击“线宽”参数列表，设置“线宽”值为“5”；单击“线型图案”下拉列表，在列表中选择“实线”，修改“线型图案”为“实线”；单击“颜色”参数后的颜色按钮，弹出“颜色”对话框。

Step 03 如图 4-37 所示，在“颜色”对话框中选择“蓝色”作为标高投影线颜色；完成后单击“确定”按钮返回“类型属性”对话框。

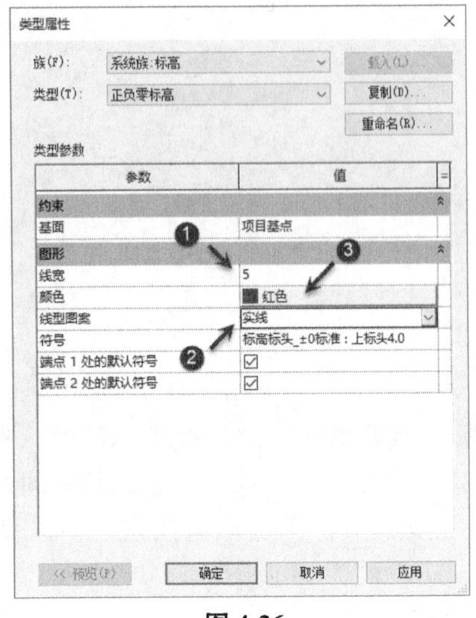

图 4-36

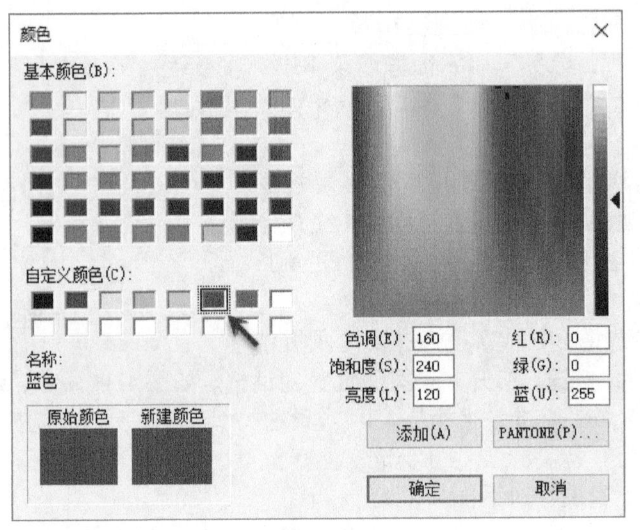

图 4-37

Step04 再次单击“确定”按钮退出“类型属性”对话框，注意此时视图中正负零标高线型为如图 4-38 所示结果。

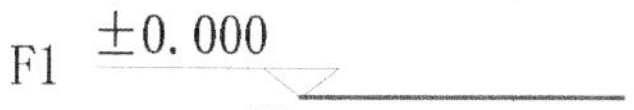

F1 ±0.000

图 4-38

提 示

“线宽”列表中，设置线宽为“5”并不代表打印的线宽为 5mm，如果线型不能显示粗线样式，请点击“视图”选项卡“图形”面板中“细线”按钮，关闭细线显示模式即可显示线宽。关于线宽和线型图案的更多信息，请参见本书第 14 章相关内容。

Step05 适当平移视图，放大显示 F2 标高左侧端点。选择 F2 标高，打开标高“类型属性”对话框。如图 4-39 所示，取消勾选类型参数中“端点 1 处的默认符号”选项，完成后单击“确定”按钮，退出“类型属性”对话框。

注意在南立面视图中标高左侧端点处显示的标头符号已经隐藏显示，如图 4-40 所示。Revit 将隐藏所有与 F2 相同的标高类型的标高起点位置的标头。

Step06 选择“标高 2”，如图 4-41 所示，勾选标高符号左侧“隐藏符号”复选框，将显示“标高 2”的被隐藏的标头。注意 Revit 仅会显示 F2 标高的起点标头，而不影响其他标高的标头状态。

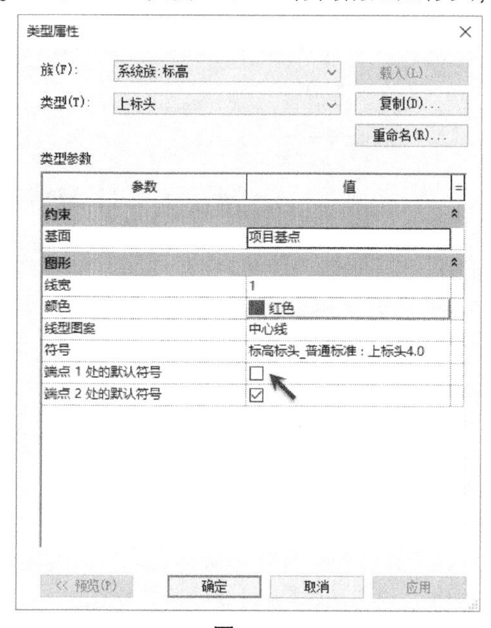

图 4-39

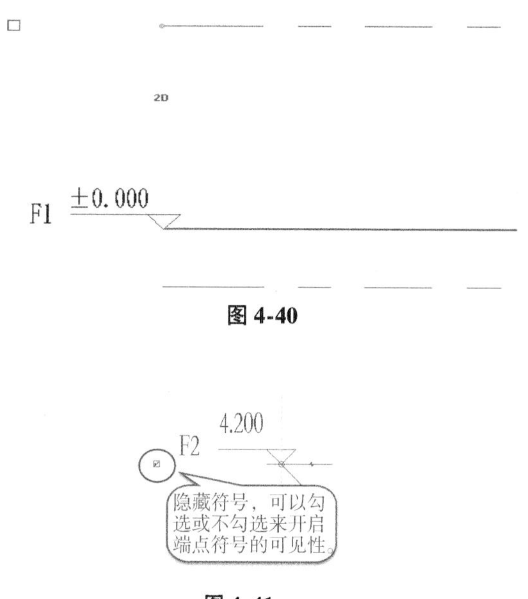

图 4-40

图 4-41

提 示

勾选“类型属性”对话框中“端点 1 处的默认符号”选项，所有该类型标高的实例都将显示端点 1 处的标头符号。选择标高后，通过清除或选择“隐藏符号”将仅影响当前所选择标高标头符号的隐藏或显示。

Step07 确认“标高 2”处于选择状态，Revit 会自动在端点对齐标高间显示对齐锁定蓝色虚线，并显示对齐锁定标记。如图 4-42 所示，移动鼠标至“标高 2”端点位置，按住并左右拖动，将同时修改已对齐端点的所有标高。单击“对齐锁定”符号，解除端点对齐锁定，Revit 显示为，按住并左右拖动“标高 2”端点，可单独拖拽修改“标高 2”端点位置而不影响其他标高。

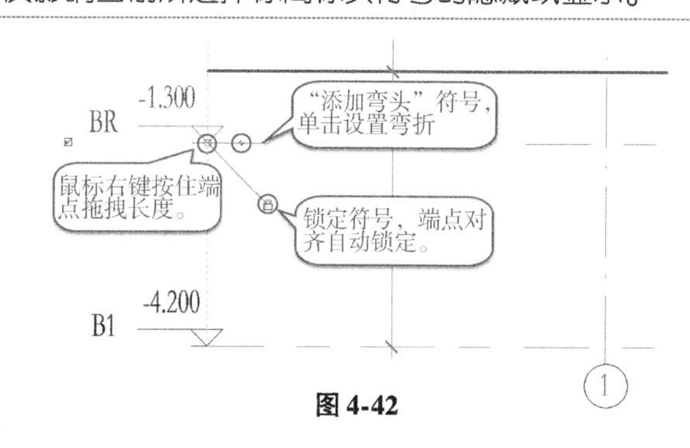

图 4-42

提 示

当拖拽标高端点至附近标高正上方时，Revit 会自动捕捉其他标高端点，并自动锁定端点位置。

Step08 单击标头右侧“添加弯头”符号，Revit 将为所选标高添加弯头。添加弯头后，Revit 允许用户按住鼠标右键，拖拽操作夹点来修改标头的位置，如图 4-43 所示。当两个操作夹点重合时，Revit 会恢复默认标高标头位置。

Step 09 关闭项目，不保存对项目的修改，完成本练习。

在 Revit 中标高的修改操作与轴网操作非常相似。在本章 4.3 节中将详细介绍为轴网添加弯头操作，可参考轴网的设置来进一步理解标高修改中各不同状态的影响，例如 3D 状态下修改标高的长度与 2D 状态下修改标高的长度的区别。

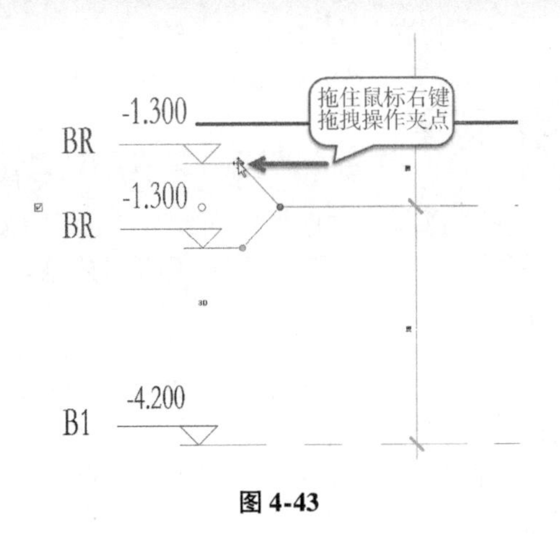

图 4-43

4.2.3 定义相对标高和绝对标高

在 Revit 中，标高值可以显示为绝对高程或相对高程。选择任意标高，打开标高“类型属性”对话框，如图 4-44 所示，查看类型参数中“基面”参数，基面参数可分别设置为“项目基点”或“测量点”两种。当设置为“项目基点”时，显示了当前标高值与项目坐标系的原点间的高程值，即通常所说的相对标高。而“测量点”显示了当前标高与大地测量零标高间的高程，即项目的绝对高程或海拔高程。

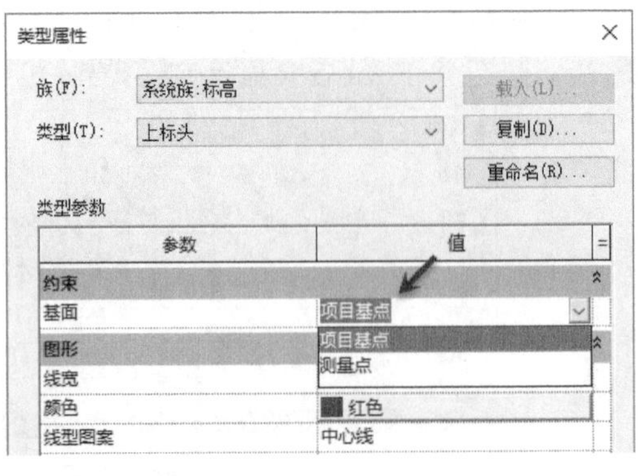

图 4-44

Revit 中每个项目都有项目基点和测量点，系统可见性默认设置下，两点的位置是不可见的，可在“可见性图形替换”对话框“模型类别→场地”子类别中找到项目基点和测量点，并勾选开启可见性。有关项目基点和测量点的可见性详细操作，详见本书第 23 章相关内容。

使用“管理”选项卡“项目位置”面板“位置”下拉列表中“重新定位此项目”工具，在立面视图中设置正负零标高的绝对标高值，并通过标高“类型属性”中“基面”设置为“测量点”的方式显示各标高的绝对高程。在本书的所有操作中，项目位置均使用“项目基点”的方式，即按项目的相对高程显示标高，不考虑测量点，关于项目基点和测量点的详细操作，详见本书第 23 章相关内容。

4.3 创建轴网

标高创建完成后，可以切换至任意平面视图，例如：楼层平面视图、创建和编辑轴网。项目轴网用于在平面视图中定位项目图元，Revit 提供了“轴网”工具，用于创建轴网对象。下面继续为综合楼项目创建轴网。

4.3.1 创建正交轴网

在 Revit 中，创建轴网的过程与创建标高的过程基本相同，其操作与标高创建的操作一致。

Step 01 接 4.2.1 节练习，或打开随书文件“第 4 章\RVT\4-2-1.rvt”项目文件，切换至 F1 楼层平面视图。如图 4-45 所示，楼层平面视图中，符号表示本项目中东、南、西、北各立面视图的视图位置。在本项目样板中，已在楼层平面中提供 1 轴和 A 轴 2 根定位轴网。

单击”建筑”选项卡“基准”面板中“轴网”工具，自动切换至“修改 | 放置轴网”上下文关联选项卡，进入轴网放置状态。

Step 02 确认属性面板中轴网的类型为“出图_双标头”，绘制面板中轴网绘制方式为“直线”，确认选项栏中偏移量为 0.0。

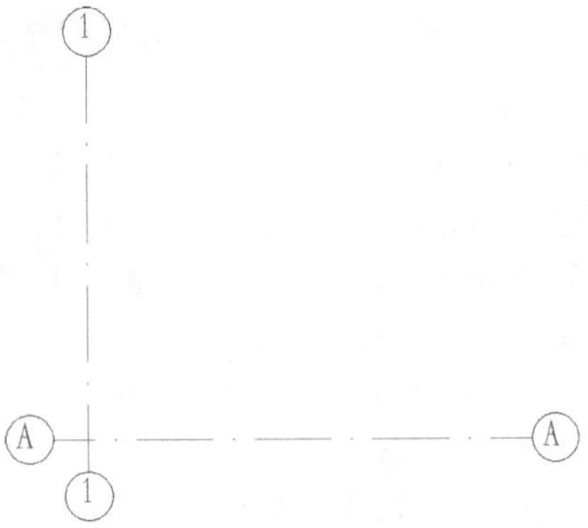

图 4-45

Step 03 适当缩放视图至 1 轴线顶部位置。移动鼠标至 1 轴线起点右侧任意位置，Revit 将自动捕捉该轴线的起点，给出端点对齐捕捉参考线，并在光标与 1 轴线间显示临时尺寸标注，指示光标与 1 轴线的间距。键盘键入 6000 并按 Enter 键确认，将在距 1 轴右侧 6000 处确定为第二根轴线起点，如图 4-46 所示。

Step 04 按住键盘 Shift 键不放，Revit 将进入正交绘制模式，可以约束在水平或垂直方向绘制。沿垂直方向移动鼠标，直到捕捉至 1 轴线另一侧端点时单击鼠标左键，完成第 2 根轴线绘制。该轴线将自动编号为 2，如图 4-47所示，按 Esc 键两次退出放置轴网模式。

Step 05 选择 2 号轴线，自动切换至“修改 | 轴网”上下文选项卡。单击“修改”面板中“复制”工具，进入复制修改状态，勾选选项栏“约束”和“多个”选项。

Step 06 如图 4-48 所示，移动鼠标至 2 号轴线任意位置，单击鼠标左键，以该轴线为基点，水平向右移动鼠标，输入 2100、4500、3300、2700、5100，分别生成 3、4、5、6、7 号轴网，完成后按 Esc 键两次退出复制模式。

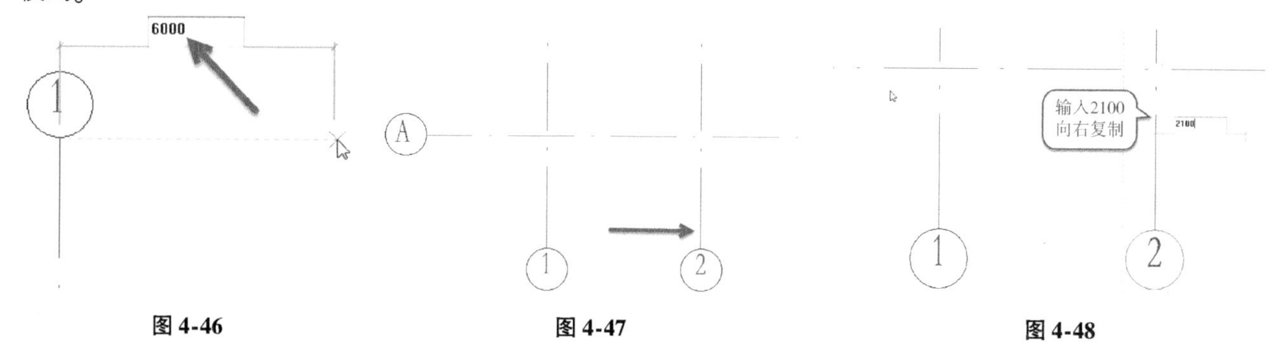

图 4-46　　图 4-47　　图 4-48

Step 07 选择 7 号轴线，单击“修改”面板中“阵列”工具，进入阵列修改状态。如图 4-49 所示，设置选项栏中阵列方式为“线性”，不勾选“成组并关联”选项，设置项目数为 5，移动到“第二个”，勾选“约束”选项。

修改 | 轴网　☑ 成组并关联　项目数: 5　移动到: ◉ 第二个 ○ 最后一个　☑ 约束

图 4-49

提 示

有关阵列的操作，详见本书第 2 章相关内容。

Step 08 移动至 7 号轴线上任意位置单击作为阵列基点，向右移动鼠标光标位置与基点间出现临时尺寸标注。直接通过键盘输入 7800 作为阵列间距并按键盘 Enter 键确认，Revit 将向右阵列生成轴网，并自动生成 8、9、10、11 号轴网。

Step 09 使用“线性”尺寸标注工具，依次单击拾取 1 至 11 号轴网，完成后单击空白位置为轴网添加尺寸标注。设置视图比例为 1∶200，以方便查看整体尺寸标注。1～11 轴尺寸总长度为 54900，结果如图 4-50 所示。

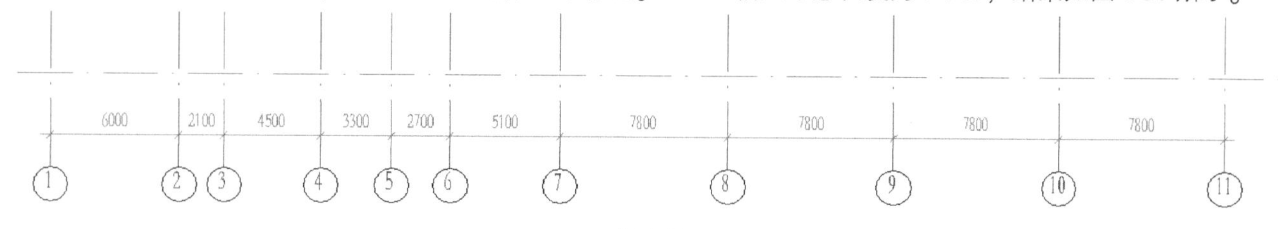

图 4-50

接下来，将使用类似的方式创建 B～J 轴网。

Step 10 选择 A 轴线，使用“复制”工具，进入复制修改状态，确认勾选选项栏“约束”选项，不勾选“多个”选项。如图 4-51 所示，移动鼠标至 A 轴线任意位置单击鼠标左键，以 A 号轴网为基点，向上移动鼠标，输入 6000 作为复制距离，按键盘 Enter 键完成复制。Revit 将自动生成编号为 12 的轴线。

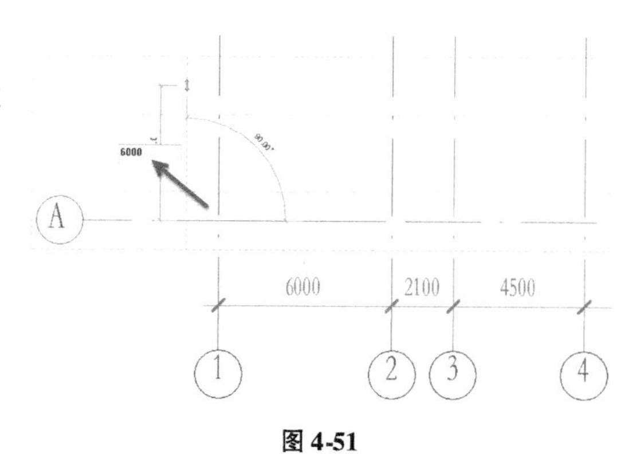

图 4-51

Step 11 单击选择上一步骤中生成的 12 号轴网，单击轴网标头中轴网编号，进入编号文本编辑状态。删除原有轴网编号值，键盘输入“B”，按键盘回车键确认输入，该轴线编号将修改为 B，结果如图 4-52 所示。

选择B轴线，使用复制工具，确认勾选选项栏中“约束”和“多个”选项。以B轴线为起始基点，向上依次输入4500、2100、6000、7800、7800、3900、7800，Revit将自动按指定距离生成C、D、E、F、G、H、I号轴网。完成后按Esc键两次退出复制模式。

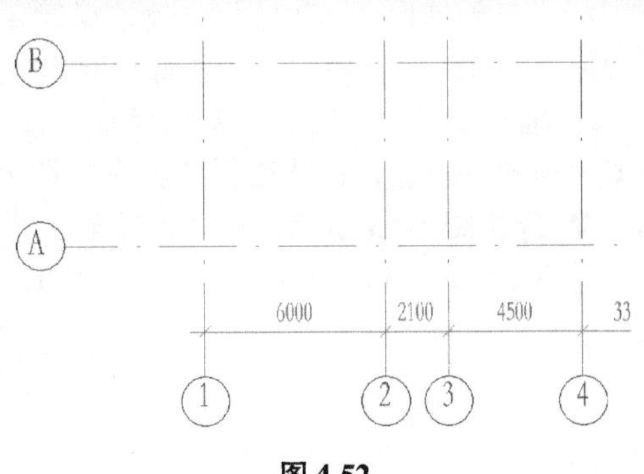

图 4-52

Step⑫选择I轴线，重复11）修改名称操作步骤，将I轴网编号修改为J。

Step⑬使用“对齐尺寸标注”工具，依次为A至H轴网添加轴网间距尺寸标注；适当缩放视图，给横向和纵向轴网添加总尺寸标注，结果如图4-53所示。1～11轴尺寸总长为54900，A～J轴总尺寸总长为45900。

切换至F2楼层平面视图，观察该视图中，已经生成与F1完全一致的轴网。切换至南立面视图，注意南立面视图中，已经生成垂直方向轴线。

Step⑭至此已完成轴网操作，保存该文件，或打开随书文件“第4章\RVT\4-3-1.rvt”项目文件查看最终结果。

在Revit中，默认轴网和标高的编号是基于上次最后修改编辑的标高或者轴线的命名为基准，自动按顺序命名的。REVIT中，所有标高和轴网的名称，不允许有重复编号。

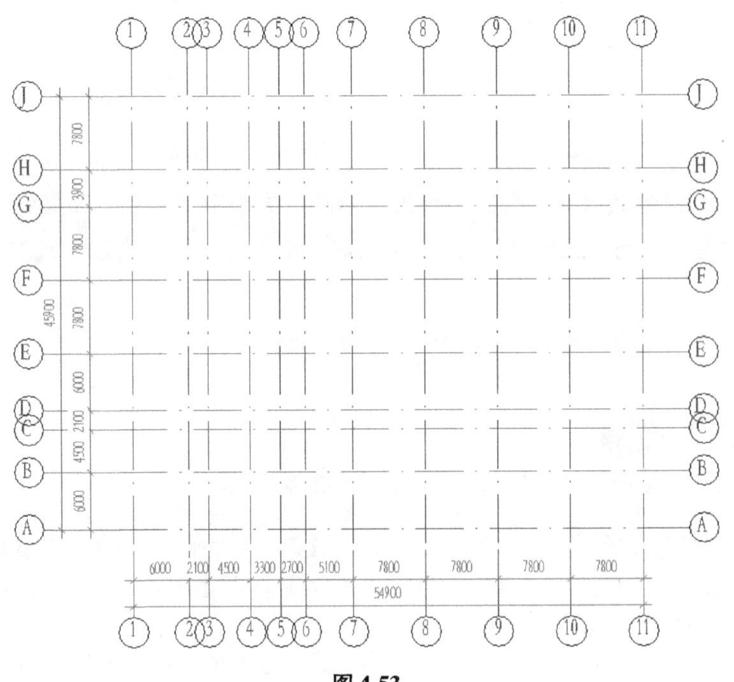

图 4-53

4.3.2 创建曲线轴网

在综合楼项目7轴、8轴间存在弧形轴网，相切7轴和8轴之间，切点距离7轴、H轴均为400，轴线圆弧半径为7400。接下来，继续为本项目创建弧形轴网。

Step01接上节练习。切换至F1楼层平面视图，适当缩放视图至7号轴网上标头位置。单击“建筑”选项卡“基准”面板中“轴网”工具，如图4-54所示，选择属性面板中轴网的类型为“出图-无标头”。

Step02如图4-55所示，单击“绘制”面板中“起点-终点-半径”选项，将进入草图绘制模式，光标自动变为⊹形状。

Step03移动鼠标至J轴网与7轴网交点位置，如图4-56中A所示，捕捉至J轴网，Revit显示当前鼠标位置与7号轴线之间临时尺寸间距，输入数值为400，按回车键确认，作为圆弧轴网起点位置；继续向右下方移动光标捕捉至8轴线位置，如图4-56中B所示，当临时角度值变为45°时，单击鼠标左键，作为圆弧轴网终点。

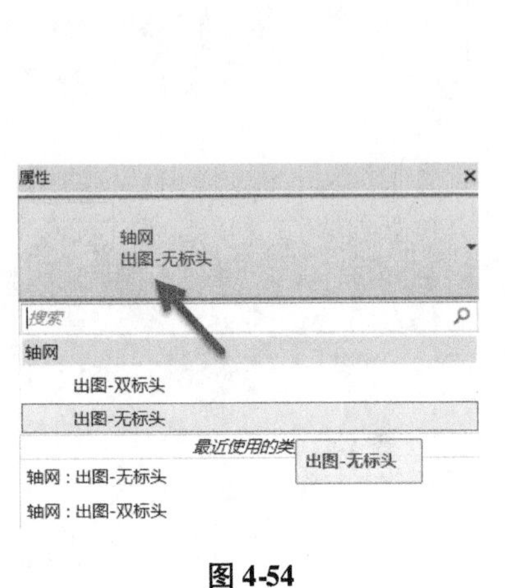

图 4-54

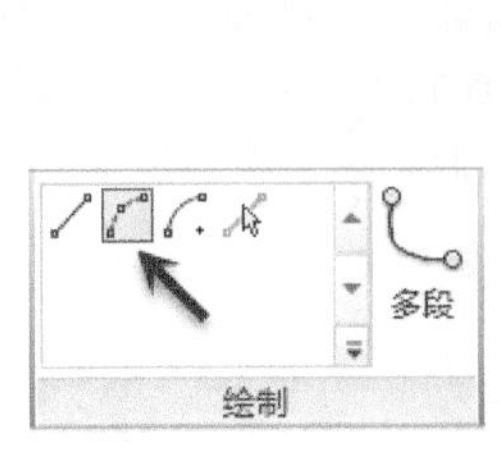

图 4-55

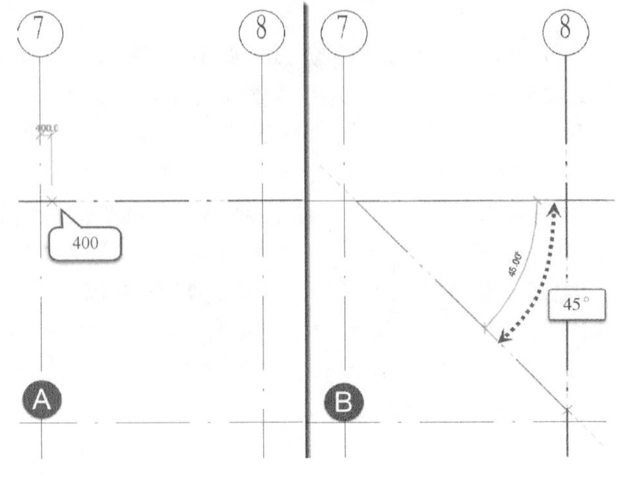

图 4-56

Step 04 继续向右上方适当移动鼠标，如图4-57中D所示，Revit将显示圆弧的凸起方向，捕捉至正交位置时，显示圆弧的半径为7400，单击鼠标左键完成圆弧轴线绘制。圆弧轴网完成后，结果如图4-57中E所示。

Step 05 至此已经完成该项目轴网的绘制，选择保存项目，完成项目轴网练习，如图4-58所示。最终完成结果请查看随书文件“第4章\RVT\4-3-2.rvt”。

在绘制轴网时，Revit在“修改丨放置”轴网面板中提供了多种轴网的绘制形式，如图4-59所示。在绘制弧形轴网时，Revit还可以使用“起点-终点-半径”①或“中心-端点”②的形式绘制弧形轴网。如果需要通过拾取已有对象生成轴网，还可以使用“拾取”③的方式通过拾取已有图元沿已有图元生成轴网。

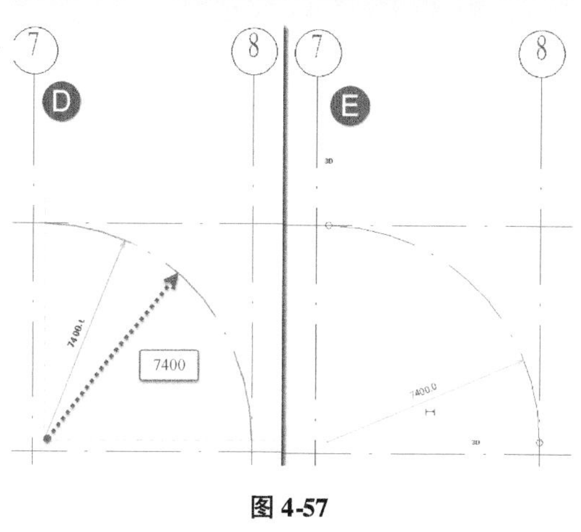

图4-57

在Revit中，可以绘制带有折弯的轴网。单击“绘制”面板中“多段”选项，将进入草图绘制模式。根据需要绘制任意形式的轴网草图，绘制完成后单击“完成编辑模式”按钮，即可生成多段轴网，如图4-60所示。

利用多段线方式，可以绘制如图4-61所示的复杂形式的轴网形式。

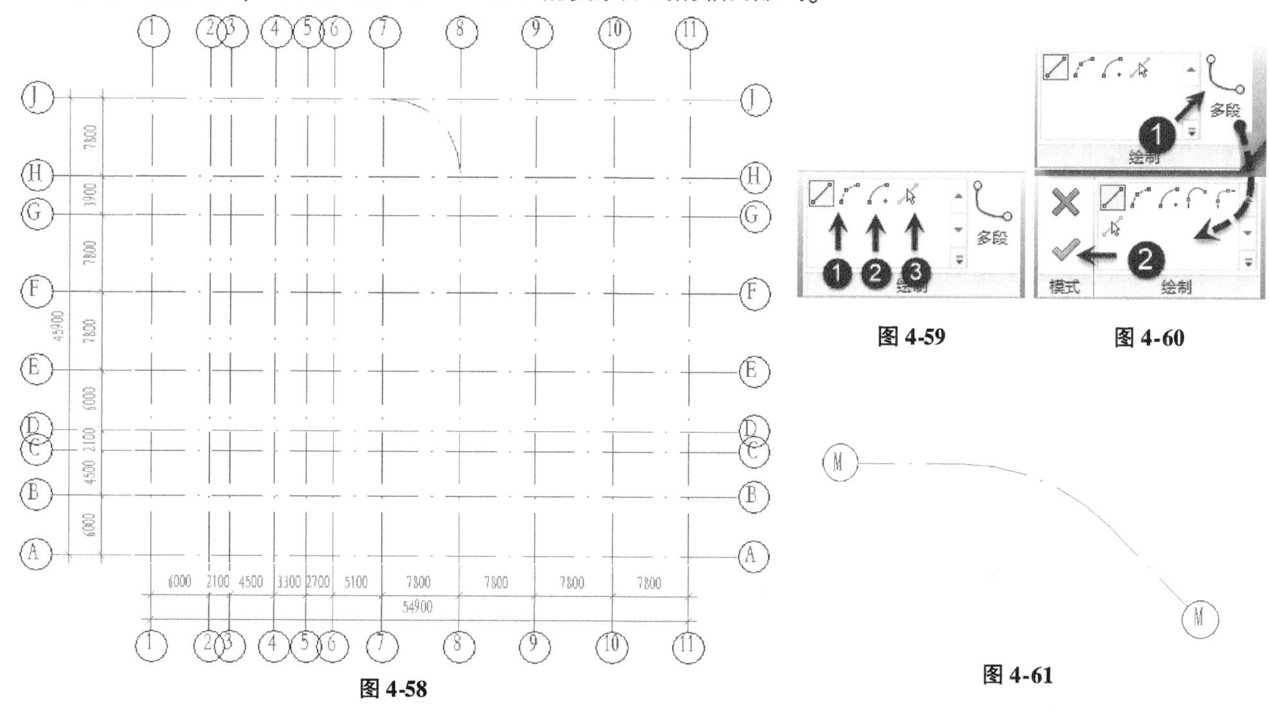

图4-58

图4-59

图4-60

图4-61

4.4 编辑轴网

和编辑标高类似，轴网绘制完成后，还需要对轴网的样式、长度进行必要的细节调整，以满足图纸、规范等相关要求。

4.4.1 调整轴网长度

Revit中轴网对象与标高对象类似，是垂直于标高平面的一组“轴网面”，因此它可以在与标高平面相交的平面视图（包括楼层平面视图与天花板视图）中自动产生投影，并在相应的立面视图中生成正确的投影。注意，只有与视图截面垂直的轴网对象才能在视图中生成投影。

Revit的轴网对象同样由轴网标头和轴线两部分构成，如图4-62所示。轴网对象的操作方式与标高对象基本相同，可以参照标高对象的修改方式修改、定义Revit的轴网。其操作方式与标高对象完全一致。

通过下面的练习，学习Revit中轴网对象的修改方法，其中轴线的修改和编辑的方法同样适用于标高对象。

Step 01 接上节练习，切换至F1楼层平面视图。选择2号轴线，确认下方轴头显示“3D”状态 3D。单击下方标头对齐锁定标记，使其状态变为解锁状态，如图4-63所示。

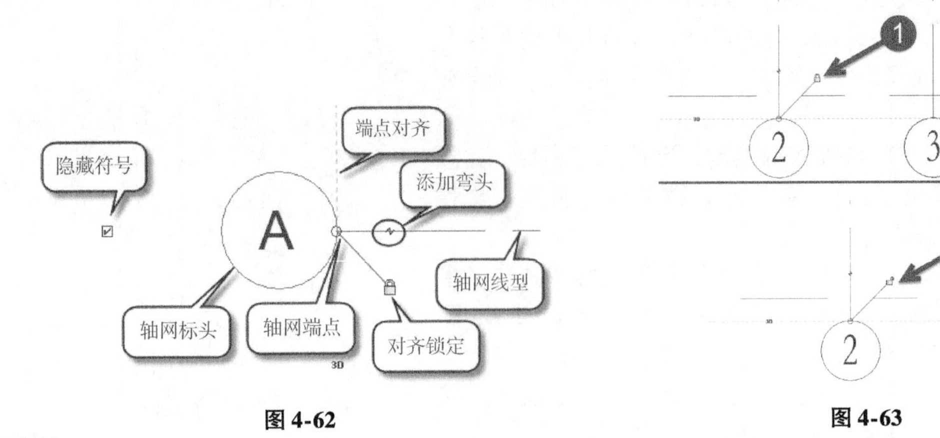

图 4-62　　图 4-63

提 示

当轴网处于 3D 状态时，轴网端点显示为空心圈。

Step 02 移动鼠标至 2 号轴网端点位置，按住并拖动 2 号轴网下方标头端点向上移动至 C 轴线下方位置松开鼠标左键，Revit 将修改 2 号轴线的长度。切换至 F2 楼层平面视图，观察该视图中 1 号轴线同时被修改，结果如图 4-64 所示。

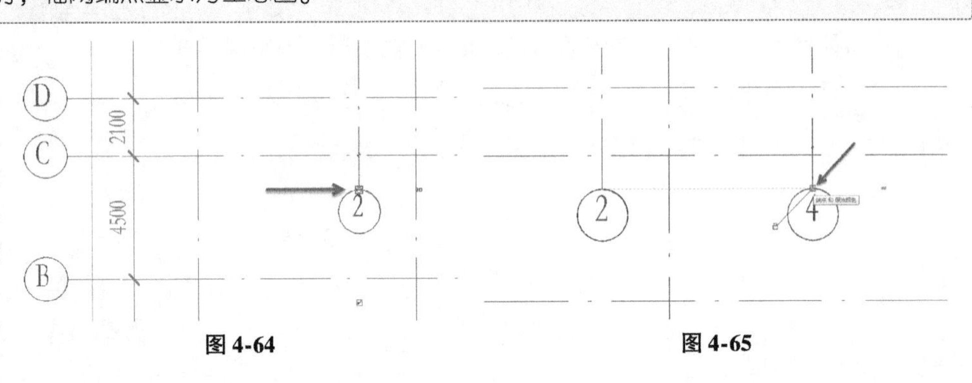

图 4-64　　图 4-65

Step 03 重新切换至 F1 楼层平面视图。选择 4 号轴网，采用相同的操作方式，解锁 4 号轴线下方标头的对齐锁定符号，修改 4 轴线至 C 轴下方，直到捕捉对齐至 2 号轴线标头端点时松开鼠标，Revit 将自动锁定 4 号轴线和 2 号轴线标头位置。结果如图 4-65 所示。

Step 04 重新拖拽 4 号轴网标头，注意 4 号轴网标头和 2 号轴网标头长度会同时改变。

Step 05 缩放视图至 5 号轴网上方标头位置。采用与上一步骤类似的方式修改 5 号轴线起点位置至 4 号轴网下方终点位置，结果如图 4-66 所示。

Step 06 切换至 F2 楼层平面视图，注意在该视图中 4、5 轴线长度已经同步修改。切换至其他视图中观察轴线已同样调整。

Step 07 切换至 F1 楼层平面视图，选择 2 号轴线，如图 4-67 所示，单击 2 轴线下方“隐藏编号”按钮，隐藏 2 轴线端点标头。

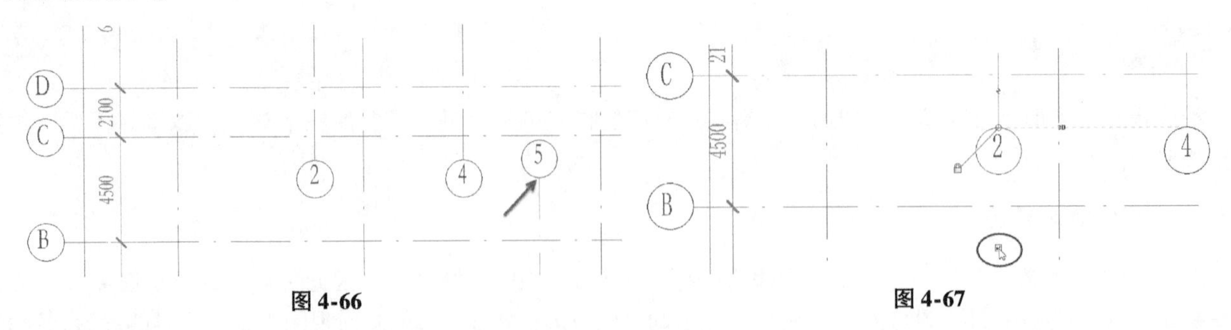

图 4-66　　图 4-67

Step 08 采用相同的方式，分别隐藏 4、5 轴网修改后的端点位置轴网编号。切换至 F2 楼层平面视图，注意 F2 楼层平面和其余楼层平面视图中并未隐藏 2、4、5 轴网的标头。

Step 09 切换至 F1 楼层平面视图，配合使用 Ctrl 键，选择 2、4、5 号轴网。如图 4-68 所示，单击“修改 | 轴网”选项卡“基准”面板中“影响范围”按钮，打开“影响基准范围”对话框。

Step 10 如图 4-69 所示，在“影响基准范围”对话框中不勾选“仅显示与当前视图具有相同比例的视图”选项，在列表中选择全部视图，单击“确定”按钮退出“影响基准范围”对话框。

Step⑪再次查看 F2 和其余楼层平面视图，注意该视图中 2、4、5 轴网已隐藏端点轴网编号。

Step⑫切换至 F1 楼层平面视图，选择轴线 B，点击左侧轴号 3D 标记 3D，变为 2D 状态 2D，如图 4-70 所示。

Step⑬移动鼠标至 B 轴线端点位置，按住鼠标左键，向左拖动轴网端点一段距离后松开鼠标，修改 B 号轴线的长度。切换至 F2 楼层平面视图，发现 F2 楼层平面视图中轴线 B 长度并未变化，结果如图 4-71 所示。

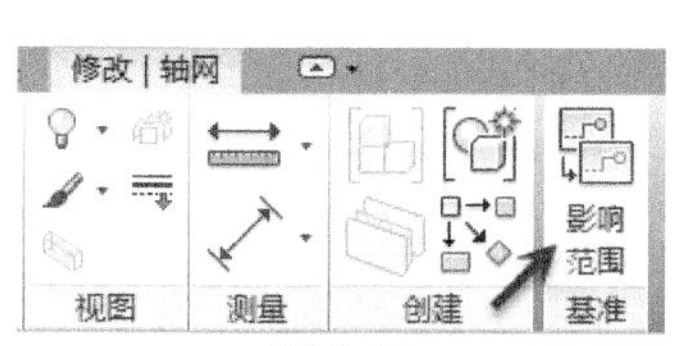

图 4-68

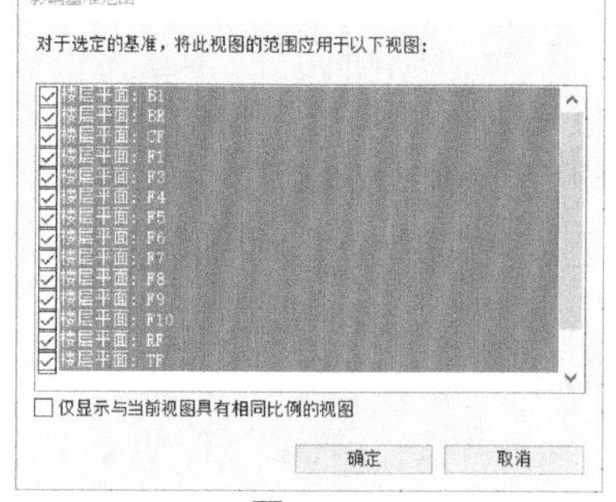

图 4-69

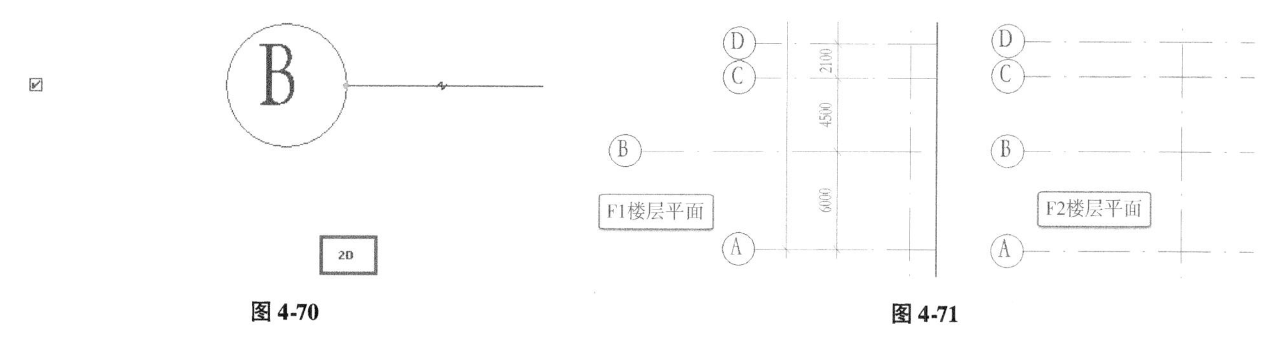

图 4-70

图 4-71

Step⑭重新切换至 F1 楼层平面视图，选择 B 轴线，自动切换至“修改 | 轴网”上下文关联选项卡。单击“基准”选项板中“影响范围”按钮，弹出“影响基准范围”对话框，在视图列表中勾选“楼层平面：标高 2”，单击“确定”按钮退出“影响基准范围”对话框。

Step⑮再次切换至标高 2 楼层平面视图，轴线 B 此时已被修改为与标高 1 楼层平面视图相同状态。

Step⑯切换至 F1 楼层平面视图。鼠标移动至 B 轴网右侧端点位置，单击轴网标头 2D 状态标记，修改为 3D 状态。鼠标移动至 B 轴网左侧位置，拖拽 B 轴端点长度直到与其他轴网端点位置一致，2D 状态自动修改为 3D 状态。

Step⑰采用同样的操作修改 F2 平面视图中 B 轴线，保存该文件，完成轴网修改练习。打开随书文件“第 4 章 \ RVT \ 4-4-1. rvt”项目文件查看最终结果。

当轴网被切换为 2D 状态后，所做的修改将仅影响本视图。在 3D 状态下，所做的修改将影响所有平行视图。“影响范围”工具可以将 2D 状态下的轴网修改状态、轴网标头隐藏状态等传递给与当前视图平行的其他视图中。

修改 2D 长度后，选择轴线单击鼠标右键，在右键菜单中选择“重设为三维范围”可恢复为三维长度。修改轴网 2D 长度操作在立面视图中同样有效，用于修改轴网立面二维高度。2D、3D 状态的修改及影响范围的操作同样适用于标高对象。

4.4.2 修改轴网对象

Revit 中轴网对象与标高对象类似，通过类型属性定义轴网的线型、线宽以及轴头的符号样式。Revit 允许用户通过自定义轴头符号的方式修改轴网标头的样式。轴网标头符号的修改操作同样适用于标高标头符号的设置。接下来，通过练习说明如何对轴网的类型进行设置与修改。

Step01打开随书文件“第 4 章 \ RVT \ 4-4-1. rvt”项目文件，切换至东立面视图，注意观察东立面视图中已生成 1 ~ 11 轴轴网投影，且轴网编号在 CF 层标高上方。

提 示

也可以在立面视图中双击“F1”标头符号切换至 F1 楼层平面视图。

Step02重新切换至 F1 楼层平面视图。单击“插入”选项卡“从库中载入”面板中“载入族”工具，载入随书文件“第 4 章 \ rfa \ 轴网标头_双圈练习 . rfa”族文件。

Step03在标高 1 楼层平面视图中，选择 B 号轴线，打开“类型属性”对话框，如图 4-72 所示，复制新建名称为“双圈_练习_1 标头”的新轴网类型。

Step04 如图 4-73 所示，修改“符号”为“轴网标头_双圈练习”，修改轴线中段为“修改轴线末段”颜色为绿色，不勾选“平面视图轴号端点 2（默认）”选项，设置“非平面视图轴号（默认）”值为“底”，其他参数不变。单击“确定”按钮退出类型属性对话框。

Step05 注意此时 F1 楼层平面视图中轴网 B 的标头形式已修改为如图 4-74 所示状态。B 轴网轴头形式变为双圈轴头，轴线颜色为绿色，且默认轴网 2 号端点（终点）没出现轴头符号。

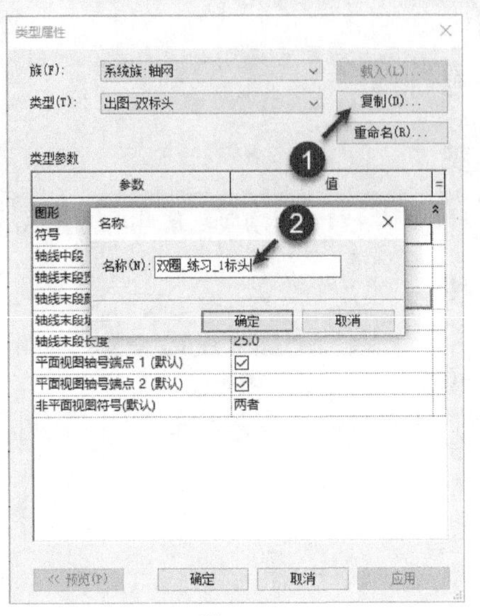

图 4-72

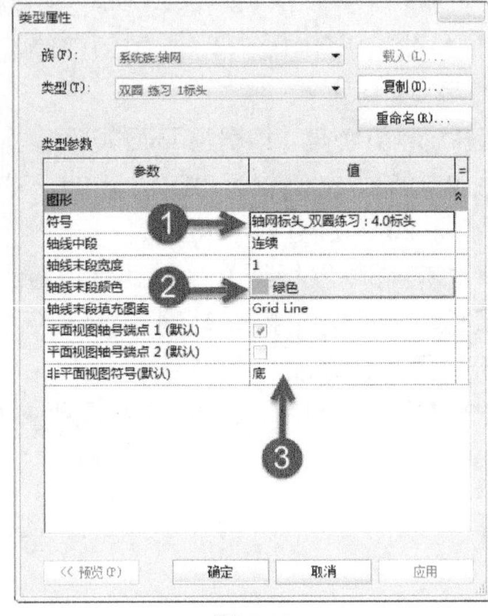

图 4-73

Step06 切换至东立面视图，适当缩放视图，注意观察东立面视图中 B 轴网顶部的标头没有显示，仅下方显示轴网轴头符号，如图 4-75 所示。

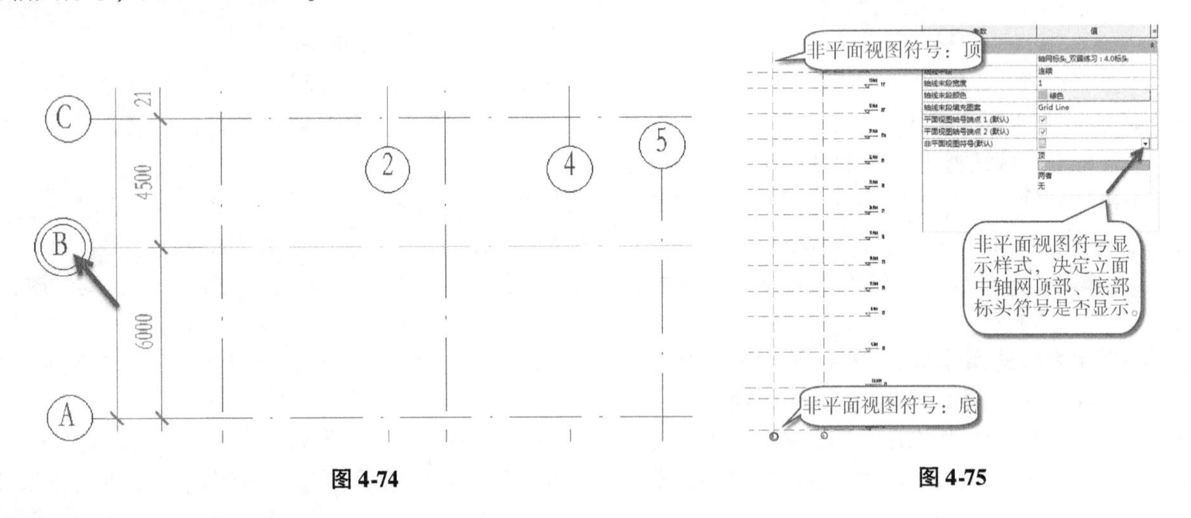

图 4-74　　图 4-75

提 示

“非平面视图符号”中顶、底、两者、无四种显示样式，决定立面中轴网顶部、底部标头符号是否显示。

Step07 切换至 F1 楼层平面视图，选择 A 轴网，打开“类型属性”对话框，如图 4-76 所示，确认轴网类型为“出图-双标头”，设置“轴线中段”为“无”，此时类型属性对话框中将出现“轴线末段长度”参数，设置该参数值为 25，即轴网两端将显示 25mm 的轴网长度。设置完成后，单击“确定”按钮退出类型属性对话框。

类型参数

参数	值
图形	
符号	轴网标头_标准：4.0标头
轴线中段	无
轴线末段宽度	1
轴线末段颜色	红色
轴线末段填充图案	Grid Line
轴线末段长度	25.0
平面视图轴号端点 1 (默认)	☑
平面视图轴号端点 2 (默认)	☑
非平面视图符号(默认)	两者

图 4-76

Step08 注意 F1 楼层平面视图中项目中所有“出图-双标头”类型轴网中间部分线型均已隐藏，结果如图 4-77 所示。

提 示

“轴线末段长度”参数值是指按比例打印出图后图纸中的长度。在不同比例视图中，Revit 会自动在视图中显示按比例换算后的实际长度。

Step 09 切换至南立面视图，注意立面视图中轴网中间段也被隐藏。在东立面视图中，选择 A 轴网，如图 4-78 所示，移动鼠标至“轴线间隙”操作夹点位置，沿轴网方向按住并拖动该夹点，可以修改轴线间隙大小。当拖动该点与轴网端点位置重合时，Revit 会隐藏该轴网末段线。

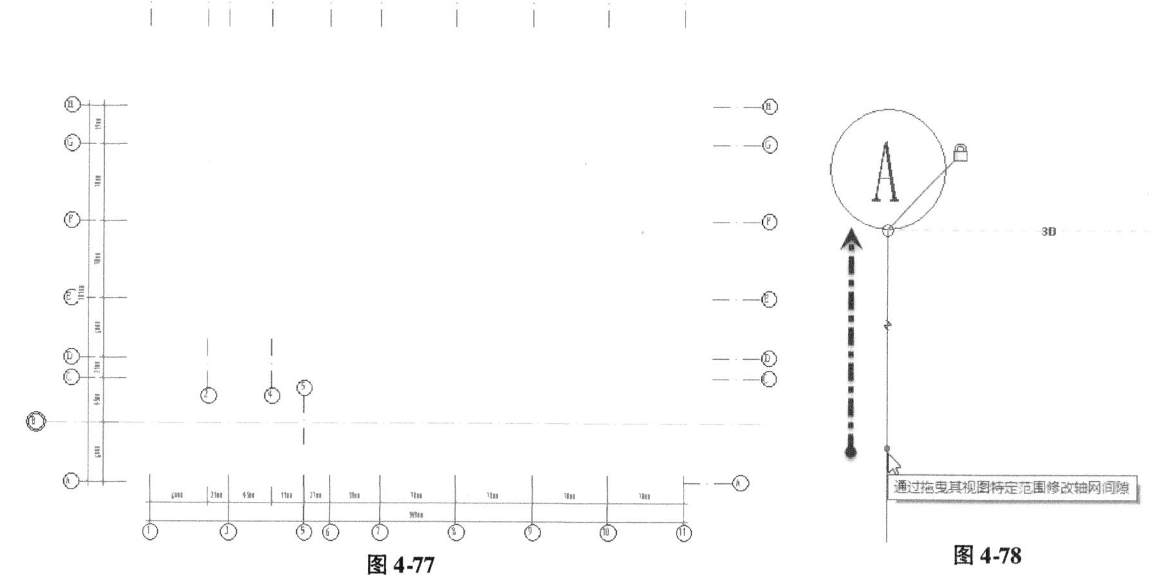

图 4-77

图 4-78

提 示

修改轴线的间隙后，可以使用“影响范围”工具将修改应用至其他平行视图。

Step 10 在东立面视图中，使用标高工具，确认勾选选项栏中“创建平面视图”选项，如图 4-79 所示，在标高 CF 上方 5000mm 处绘制新标高，Revit 自动为该标高生成楼层标高 F13 平面视图。绘制完成后，按 Esc 键两次结束标高创建状态。

Step 11 切换至标高 F13 楼层平面视图，观察该视图中并未出现任何标高投影。因该标高位置高于轴网高度范围，所以轴网无法在该标高视图内生成投影。

Step 12 切换至东立面视图，选择 A 至 J 轴任意轴网对象，确保轴网端点处于 3D 状态，按住并拖动轴网长度控制夹点，使 A 至 J 轴轴网标头高度高于标高 F13，如图 4-80 所示。再次切换至 F13 楼层平面视图，注意此时该平面视图中出现所修改的 A 至 J 轴网投影。

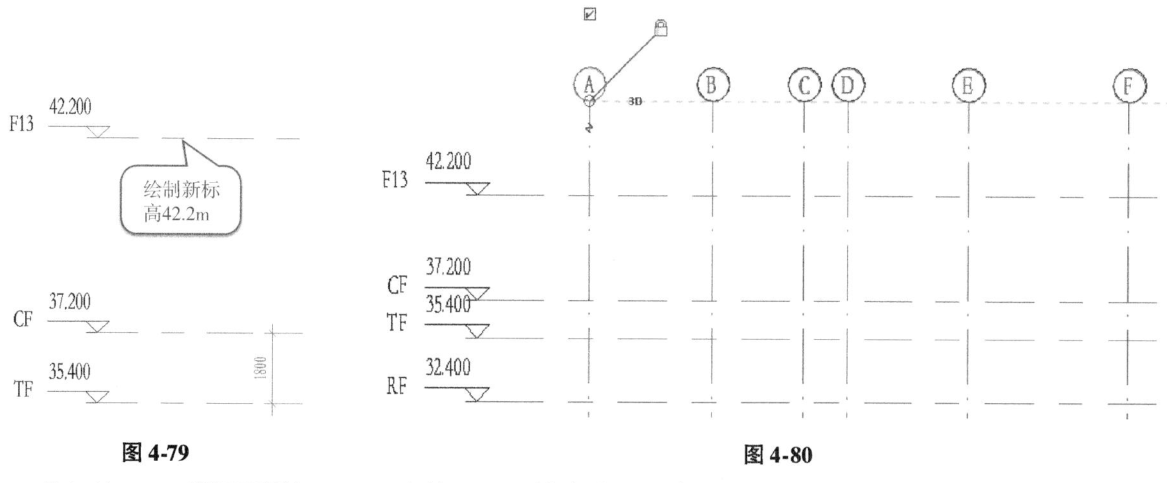

图 4-79

图 4-80

Step 13 切换至 F1 楼层平面视图，配合使用 Ctrl 键或使用虚线框选形式框选选择 1 ~ 11 轴网，在任意轴线上单击鼠标右键，在弹出如图 4-81 所示右键菜单中选择“最大化三维范围”，完成后按 Esc 键退出选择集。

Step14 切换至标高 F13 楼层平面视图，此时轴线 1 ~ 11 轴线出现在该视图中。

Step15 关闭项目，不保存对项目的修改，完成本练习。

由于绘制标高 F13 时，标高 F13 的高度高于轴线的高度，因此 Revit 无法在该标高的楼层平面视图中剖切生成标高投影。轴线高度必须高于标高才能产生轴线投影。因此为避免出现此情况，在 Revit 中进行设计时，一般先绘制标高再定轴网。

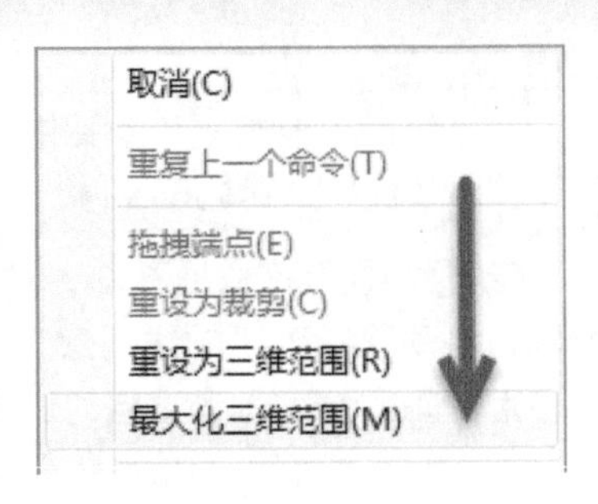

图 4-81

轴网的设置与标高的设置类似，均由代表标头或轴头的符号代表投影的线型构成，且可以通过自定义的符号族定义不同的标头形式及显示的信息。

在设置非平面视图符号类型参数时，可以定义轴网在立面、剖面等非平面视图状态下轴网标头符号默认显示位置于轴网高度范围内的上方、下方还是上下两侧均显示。可以像楼层平面视图中控制轴网标头的显示一样，在立面或剖面视图中通过勾选“显示或隐藏轴网标头符号”的控制按钮在视图中控制每个轴网的符号显示状态。

4.5 参照平面

在 Revit 项目中，除使用标高、轴网对象进行项目定位外，还提供了“参照平面”工具用于局部定位。参照平面工具用于局部的、不需要生成轴网、标高的位置进行定位，在项目中作用主要为辅助线，如楼梯和坡道定位辅助线，参照平面不参与图纸打印。

如图 4-82 所示，在“建筑”选项卡“工作平面”面板中，“参照平面”工具用于创建参照平面。参照平面的创建方式与标高和轴网类似。不同的是，在立面视图、楼层平面视图以及剖面视图中均可以创建参照平面。

参照平面可以在所有与参照垂直的视图中生成投影，方便在不同的视图中进行定位。例如，在南立面视图中垂直标高方向绘制任意参照平面，可以在北立面视图、楼层平面视图中均生成该参照平面的投影。当视图中参照平面数量较多时，可以在参照平面属性面板中通过修改“名称”参数，为参照平面命名，以方便在其他视图中找到指定参照平面，如图 4-83 所示。在新版 Revit 中，可以在选择参照平面后，通过单击参照平面两端的名称直接修改参照平面的名称。

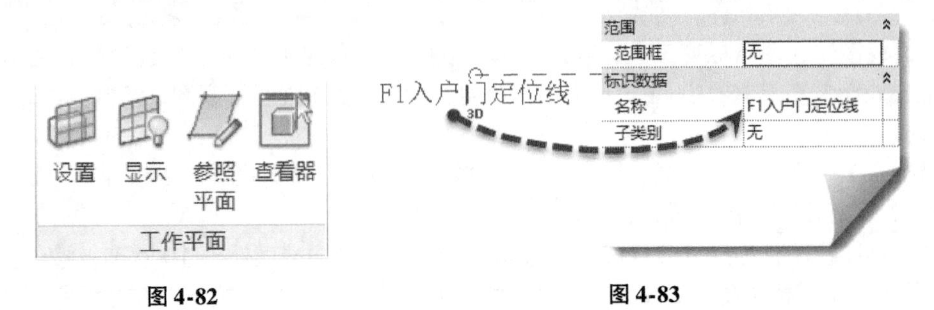

图 4-82　　图 4-83

提示

如果未给参照平面命名，则参照平面名称显示为“未命名”。

在 Revit 中，创建项目以及创建族时，参照平面是非常重要的定位对象，并可以通过常用选项卡工作平面面板中“设置”工具设置所绘制的参照平面作为绘制工作平面。在本书后面的操作中，将多次使用参照平面作为项目或族的定位基准，详情请参见本书后面相关章节，在此仅做粗略介绍。

4.6 本章小结

本章主要介绍了 Revit 中定位构件标高、轴网的概念，为综合楼项目建立了标高和轴网。通过练习，详细学习如何修改自定义标高与轴网对象，可以根据需要修改任意需要的标高和轴网形式。介绍了 Revit 中参照平面的概念及使用。

标高和轴网是 Revit 中进行项目设计的基础，在开始下一章前，请读者务必掌握并完成本章练习内容，特别是综合楼项目的标高和轴网练习，为下一章的学习做好准备。下一章中，将建立综合楼项目的墙体模型。

第5章 创建墙体

在上一章中，使用 Revit 的标高和轴网工具为综合楼项目建立了标高和轴网。从本章开始，将为综合楼项目创建三维模型。在 Revit 中，模型对象根据不同的用途和特性，被划分为很多类别，如：柱、墙、幕墙、门、窗、家具等。我们将首先从建筑的最基本的墙体构件开始。

在 Revit 中，墙属于系统族，即可以根据指定的墙结构参数定义生成三维墙体模型。墙是 Revit 中最灵活、复杂的建筑构件，可以依据指定的参数生成三维墙体构件。本章将要完成综合楼项目部分楼层的砌体墙，并介绍墙的一般编辑与修改方法。

请读者注意，按一般的设计习惯完成轴网后，需要创建结构柱，而本书中综合楼项目操作将采用链接结构模型的方式作为结构剪力墙、结构柱布置的参考，这与一般的设计的思路有所不同。限于篇幅本章将创建综合楼项目 F1、F2、屋顶及地下室部分的外墙及内部分隔墙，其他层墙体将在下一章中采用成组的方式创建。在本书第 10 章中，还将再次利用墙体创建综合楼项目的外立面。

5.1 创建综合楼砌体墙

Revit 提供了墙工具，用于绘制和生成墙体对象。在 Revit 中创建墙体时，需要先定义好墙体的类型——包括墙厚、做法、材质、功能等，再指定墙体的平面位置、高度等参数。Revit 提供基本墙、幕墙和叠层墙三种族类型。使用“基本墙”可以创建项目的外墙、内墙及分隔墙等墙体。下面，使用“基本墙”族创建综合楼项目 F1、F2、屋顶及地下室部分的外墙及内部分隔墙体。

从本章开始，将涉及三维模型，为使项目三维显示表达的效果与书中一致，需要先将随书文件“第 4 章\Other”目录下“substance”文件复制到“C:\Program Files (x86)\Common Files\Autodesk Shared\Materials”文件夹下中。该文件夹是 Revit 的材质库贴图默认位置，所有的材质贴图均将存储在此文件夹中。如图 5-1 所示，“substance”文件中提供了 56 种常用材质贴图，每种材质贴图包含三张贴图图片，均以相同中文拼音为名。其中“*.jpg”为 3D 材质效果预览图，“*_dff. png”为材质反射贴图，“*_nrm. png”为材质法线贴图。关于材质贴图使用的详细说明参见第 12 章。

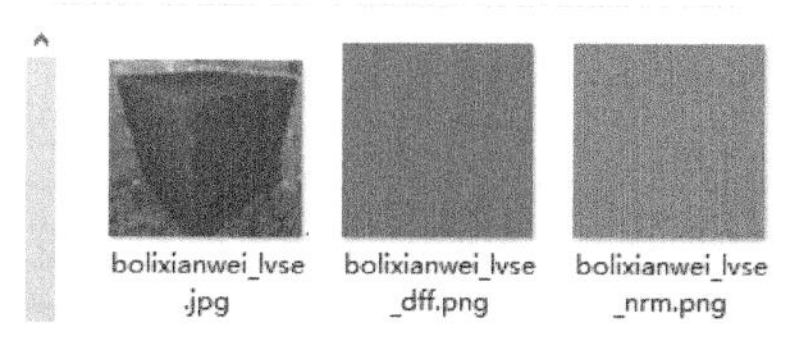

图 5-1

5.1.1 链接结构模型

由于建筑属于龙头专业，在一般的建筑设计过程中，应由建筑专业绘制全部墙体后，再结合结构提资图纸在图纸中标识出剪力墙，所以在开始设计时大多不具备结构模型，可以直接使用建筑墙体的位置进行绘制。在本书练习操作中，为减少建筑墙体绘制工作量，将尽量利用已提供的结构模型中的墙体及结构构件。读者在使用 Revit 进行设计或 BIM 工作时，可根据实际情况调整操作步骤。

本章节中的墙体定位，除考虑设计流程之外，更多考虑基于结构模型的综合协调，如：砌体墙顶部砌筑至框架梁底部、砌体墙端连接至框架柱边等。在大多数设计过程中，可忽略此环节，按正常方式进行绘制即可。

Step 01 接上一章节 4.4.1 练习中保存的标高和轴网文件，或打开随书文件“第 4 章\RVT\4-4-1. rvt”练习文件，切换至 F1 楼层平面视图。

图 5-2

Step 02 如图 5-2 所示，单击面板“插入”选项卡“链接”面板中的“链接 Revit”按钮，打开“导入/链接 RVT”对话框。

Step 03 如图 5-3 所示，在“导入/链接 RVT”对话框中，浏览至随书文件“chapter 4 \ RVT \ 综合楼_结构.rvt”文件，设置链接“定位”方式为“自动-原点到原点”，然后单击“打开”按钮，退出“导入/链接 RVT”对话框。

Step 04 Revit 将载入“综合楼_结构”模型，并按原点到原点的方式放置于当前项目中。注意 F1 楼层平面视图中，“综合楼_结构”模型中的轴网已与当前项目中的轴完全对齐。换至默认 3D 视图，载入的结构模型如图 5-4 所示。

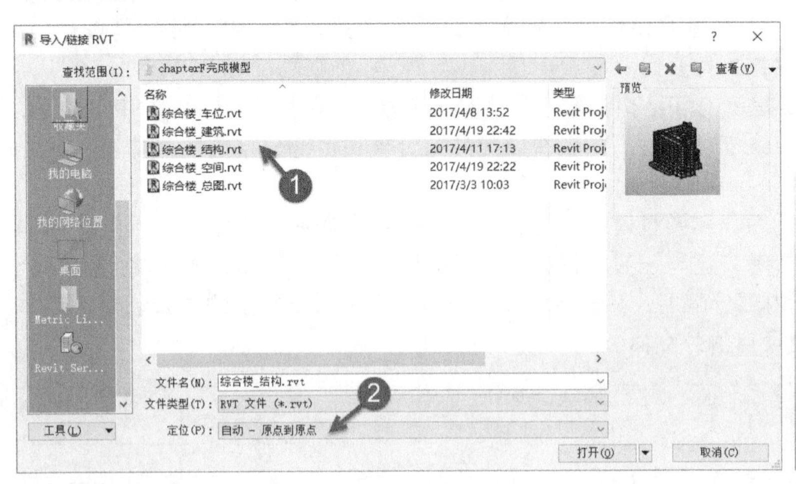

图 5-3

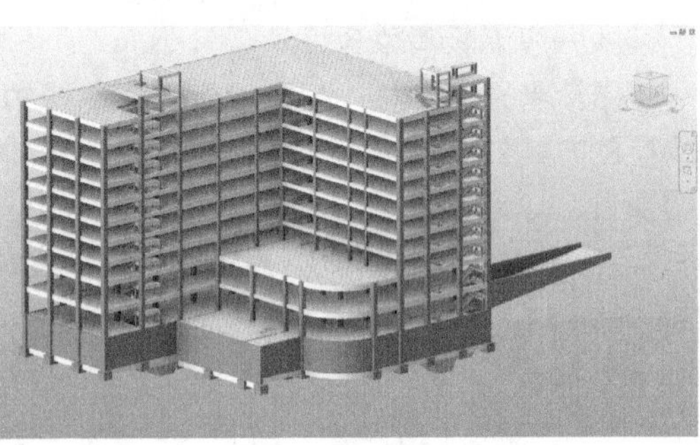

图 5-4

提 示

关于链接模型定位方式设置的详细说明，详见本书第 23 章。

Step 05 保存该项目文件，完成本节练习，最终结果参见随书文件“第 5 章 \ RVT \ 5-1-1. rvt”项目文件。

再次提醒，在常规的建筑设计中将不会在开始时载入链接的结构模型，本书为简化定位操作并介绍如何完美实现建筑与结构间的建模配合，因此提前引入链接结构文件。

在项目中引入链接后，再次打开该项目时，Revit 除打开当前项目文件外，还将同时打开被链接的文件，因此在项目中使用链接后，务必确保被链接文件的位置路径，否则 Revit 将无法打开链接文件。因此建议读者将本章中用到的所有链接文件拷贝至本地硬盘指定位置，以方便后面的操作步骤。

5.1.2 绘制 F1 砌体墙

Revit 的墙体模型不仅显示墙形状，还记录墙的详细做法和参数。本项目设置中不考虑抹灰、保温等构造要求，只考虑砌体和结构层厚度。接下来，使用 Revit 的“基本墙”族，在 F1 平面中，创建外墙和内墙，并给墙体指定高度。

Step 01 接上节练习。切换至 F1 楼层平面视图，如图 5-5 所示。单击“建筑”选项卡“构建”面板中“墙”工具下拉列表，在列表中选择“墙”工具，自动切换至“修改 | 放置墙”上下文选项卡。

Step 02 单击“属性”面板类型选择列表，如图 5-6 所示。在“墙类型”下拉列表中，注意当前列表中共有叠层墙、基本墙和幕墙三种墙族。选择“基本墙”族下墙类型为“建筑外墙_砌块_200”。

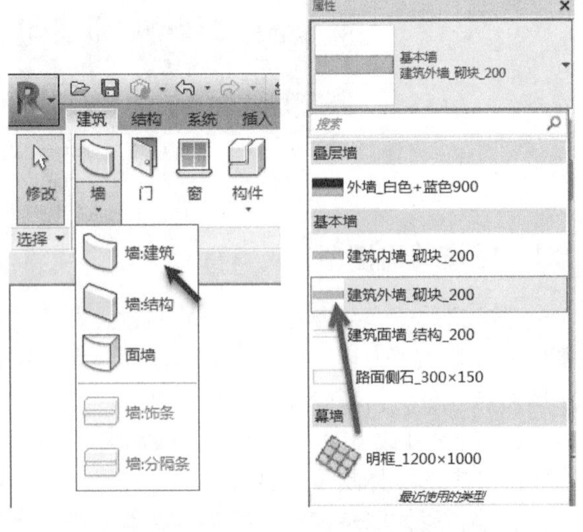

图 5-5　　图 5-6

提 示

类型列表中默认的类型设置取决于建立项目时所使用的项目样板中墙类型的设置。在本项目的样板中，约定墙类型名称按“类别_核心层材质_厚度”规则命名，以方便设计选型。

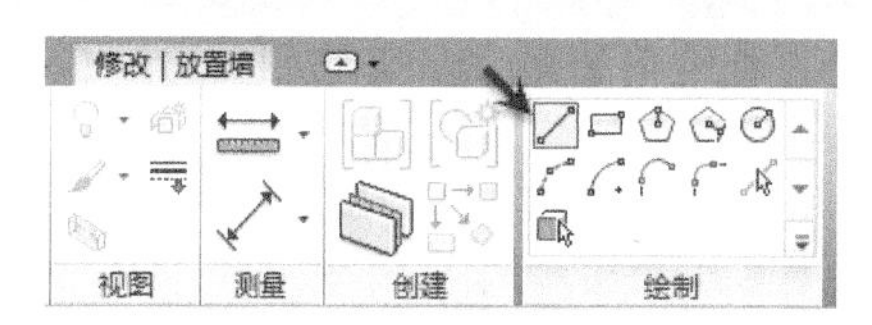

图 5-7

Step03 如图 5-7 所示，选择“修改 | 放置墙”上下文选项卡“绘制”面板中绘制方式为“直线”。

Step04 如图 5-8 所示，在选项栏中设置墙放置方式为“高度”，高度到达标高为 F2，底部偏移为 0，顶部偏移为 0，即该墙高度由当前 F1 标高直到标高 F2；设置墙“定位线”为“核心层中心线”；勾选“链”选项，将连续绘制墙；设置偏移量为 0；不勾选半径选项，并保证属性面板中底部偏移为 0，顶部偏移为 0；其他参数默认。

修改 | 放置墙　高度:　F2　4200.0　定位线: 核心层中心线　☑链　偏移量: 0.0　☐半径: 1000.0　连接状态: 允许

图 5-8

提 示

Revit 提供了 5 种墙体定位方式：墙中心线、核心层中心线、面层面内部和外部、核心面内部和外部，本章 5.2 节重点介绍这 5 种墙体定位线的具体区别。

Step05 适当放大视图，移动鼠标至 1 轴与 J 轴线交点位置，以 J 轴为中心，捕捉结构柱外侧和 J 轴交点处，单击鼠标左键作为墙绘制的起点；沿 J 轴线右侧移动鼠标，Revit 将显示墙体绘制预览。移动鼠标捕捉至 2 轴与 J 轴交点位置结构柱外侧，单击作为墙绘制的终点，按 Esc 键两次退出墙体绘制，完成首段墙体，结果如图 5-9 所示。由于设置墙体定位方式为“面层面：外部”，Revit 将以拾取的起点和终点位置作为墙外表面。

提 示

如果捕捉不到结构框架柱外侧，可选择 Tab 键循环切换捕捉。

Step06 单击选择上一步中绘制的墙体，如图 5-10 所示，Revit 将在墙上方显示反转符号。该符号所在位置代表墙“外侧”方向。单击该符号或按键盘空格键，可按墙绘制时的定位线为轴线反转墙体方向。确认墙体外侧与结构柱对齐。

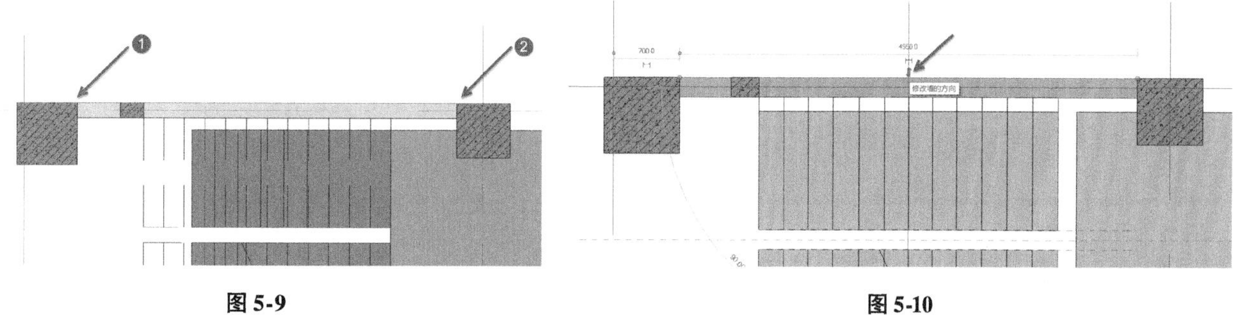

图 5-9　　　　图 5-10

提 示

绘制时，Revit 将墙绘制方向的左侧设置为“外部”。因此，在绘制外墙时，如果采用“顺时针”方向绘制，即可保证在 Revit 中绘制的墙体正确的“内外”方向。

Step07 采用同样的方法，设置墙“定位线”为“核心层中心线”，以 J 轴为中心，顺时针方向沿 J 轴方向绘制 1 ~ 7 轴之间墙体；以 8 轴为中心，顺时针方向沿 8 轴方向绘制 H ~ E 轴之间墙体；以 E 轴为中心，顺时针方向沿 E 轴方向绘制 8 ~ 11 轴之间墙体；以 11 轴为中心，顺时针方向沿 11 轴绘制 E ~ A 轴之间墙体；以 1 轴为中心，顺时针方向沿 1 轴绘制 A ~ J 轴之间墙体；完成后按 Esc 键两次退出墙体绘制模式，完成 F1 层外墙模型绘制，如图 5-11 所示。

提 示

绘制时，如果链接的结构模型中的轴网影响绘制效果，可以使用“VV”快捷键开启视图“可见性/图形替换”面板，单击 Revit 链接面板中的显示设置“按主体视图”选项，勾选“基本”面板中显示方法为“自定义”，继续单击“注释类别”面板，设置注释类别为“自定义”，不勾选“在此视图中显示注释类别”，点击应用完成修改，如图 5-12 所示。即可隐藏结构模型中的全部注释类别图元，包括标高、轴网等。

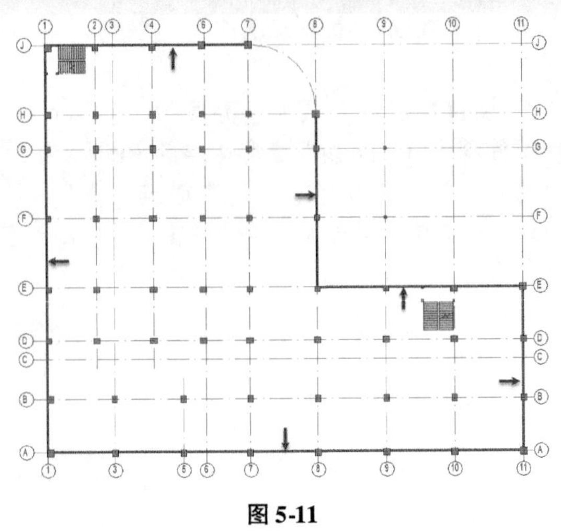

图 5-11

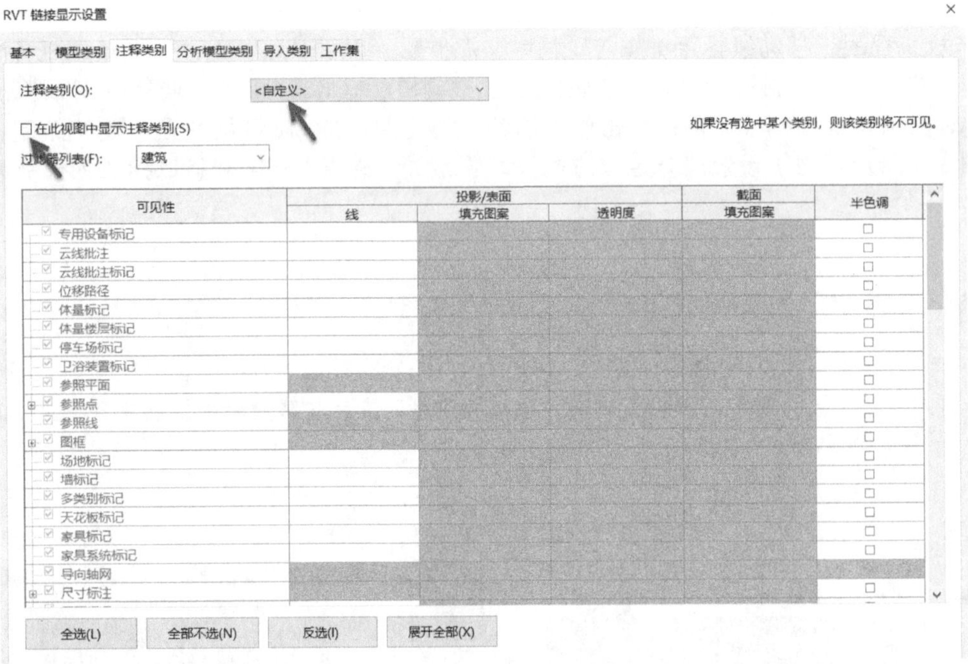

RVT 链接显示设置

基本 | 模型类别 | 注释类别 | 分析模型类别 | 导入类别 | 工作集

注释类别(O): <自定义>

□ 在此视图中显示注释类别(S)

如果没有选中某个类别，则该类别将不可见。

过滤器列表(F): 建筑

可见性	投影/表面			截面	半色调
	线	填充图案	透明度	填充图案	
☑ 专用设备标记					□
☑ 云线批注					□
☑ 云线批注标记					□
☑ 位移路径					□
☑ 体量标记					□
☑ 体量楼层标记					□
☑ 停车场标记					□
☑ 卫浴装置标记					□
☑ 参照平面					□
☑ 参照点					□
☑ 参照线					□
☑ 图框					□
☑ 场地标记					□
☑ 墙标记					□
☑ 多类别标记					□
☑ 天花板标记					□
☑ 家具标记					□
☑ 家具系统标记					□
☑ 导向轴网					
☑ 尺寸标注					□

全选(L) | 全部不选(N) | 反选(I) | 展开全部(X)

图 5-12

Step 08 适当放大视图至 7～8 轴线交点弧形轴网位置，如图 5-13 所示，单击“墙”工具选择墙类型为“建筑外墙_砌块_200”；在选项栏中设置墙“高度”为 F2，设置墙“定位线”为“核心层中心线”；勾选“链”选项，设置“绘制”面板中绘制方式为“拾取线”。

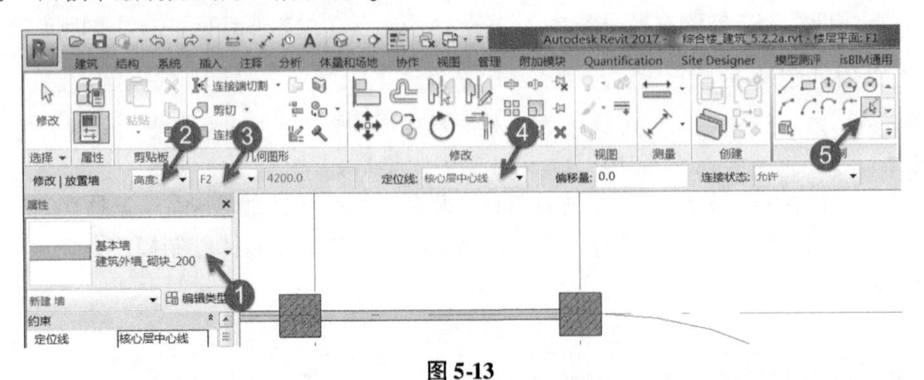

图 5-13

提 示

墙体的绘制方式除了“直线”“拾取线”命令之外，还提供“矩形”“内接多边形”“外接多边形”“圆形”“起点-终点-半径弧”“圆心-端点弧”“相切-端点弧”“圆角弧”“拾取面”等多种绘制工具。

Step 09 移动鼠标至视图中弧形轴线位置，单击鼠标左键拾取弧形轴线，Revit 将以轴网为核心层中心线沿轴网生成弧形建筑墙体，如图 5-14 所示。

Step 10 适当放大视图至 1-J 轴线交点 1 号楼梯位置，单击“墙”工具选择墙类型为“建筑外墙_砌块_200”；设置属性栏中“定位线”为“核心层中心线”，“底部约束”为 F1，“底部偏移”为 0，“顶部约束”为“直到标高：F2”，“顶部偏移”为 –2530，即墙体顶高度在 F2 标高之下 2530 位置，选择“定位线”为“核心层中心线”。如图 5-15 所示，由下而上，以结构柱外侧为端点绘制墙体。

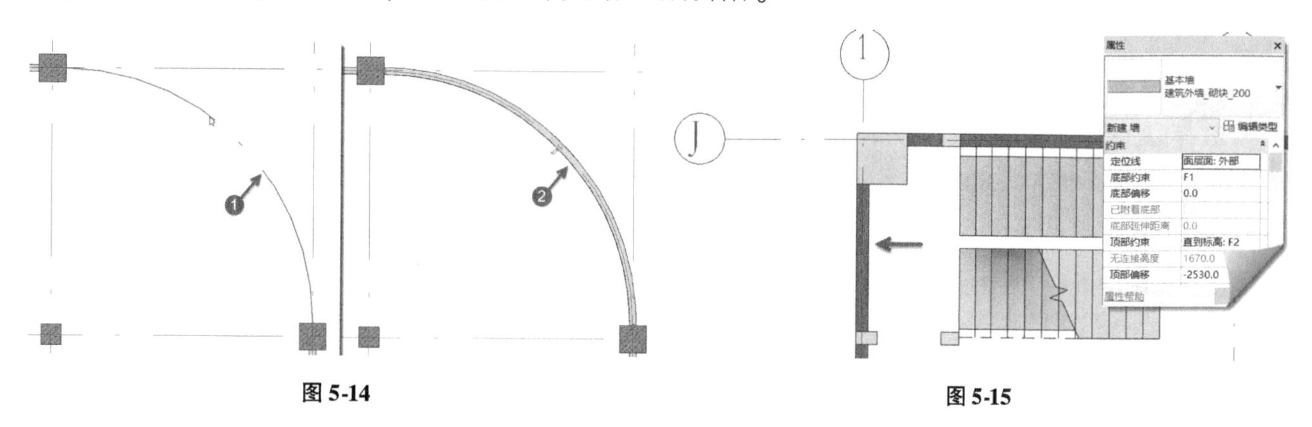

图 5-14

图 5-15

Step 11 继续选择“建筑外墙_砌块_200”，设置属性栏“底部约束”为 F1，“底部偏移”为 2070，即墙体顶高度在 F1 标高之上 2070 位置，“顶部约束”为“直到标高：F2”，“顶部偏移”为 1670，即墙体顶高度在 F2 标高之上 1670 位置。采用相同的绘制方法，提示“所创建的图元在视图楼层平面 F1 中不可见”，如图 5-16 所示。点击关闭按钮，关闭警告。

提 示

F2 标高之下 2530 位置为 F1 楼梯平台梁底部，F1 标高之上 2070 位置为 F1 楼梯平台顶部，F2 标高之上 1670 位置为 F2 楼梯平台梁底部。

Step 12 单击项目浏览器中“三维视图_临时辅助”列表中“{三维}”视图，切换至默认三维视图。

提 示

如图 5-17 所示，单击“视图”选项卡“创建”面板中“三维视图”按钮，或单击快速选项栏中“三维视图”按钮也可以切换至{三维}视图。

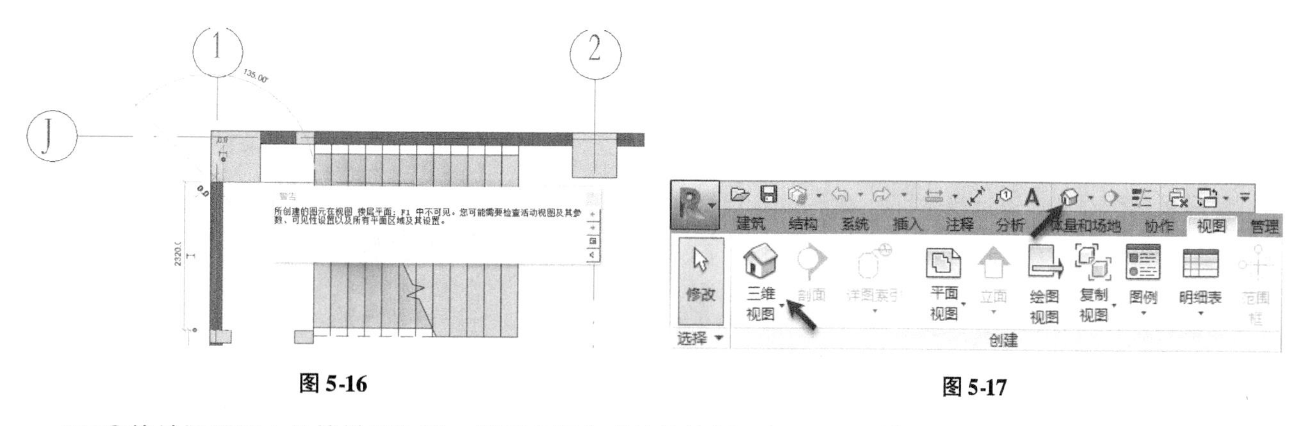

图 5-16

图 5-17

Step 13 缩放视图至 1 号楼梯间位置，发现已经完成墙体绘制，如图 5-18 所示。

提 示

当前楼层平面视图中的视图范围深度决定墙体图元是否在楼层平面中可见。切换至 F1 楼层平面视图，不选择任何构件。单击属性面板中视图范围“编辑”命令，如图 5-19 所示“剖切面偏移”为 1200，上图中墙体在 F1 视图中底部偏移为 2070 超出剖切面，故在绘制墙体过程中提示“所创建的图元在视图楼层平面 F1 中不可见”警告。请读者自行测试，只需在绘制墙体前设置“剖切面偏移”大于 2070 即可看见墙体。

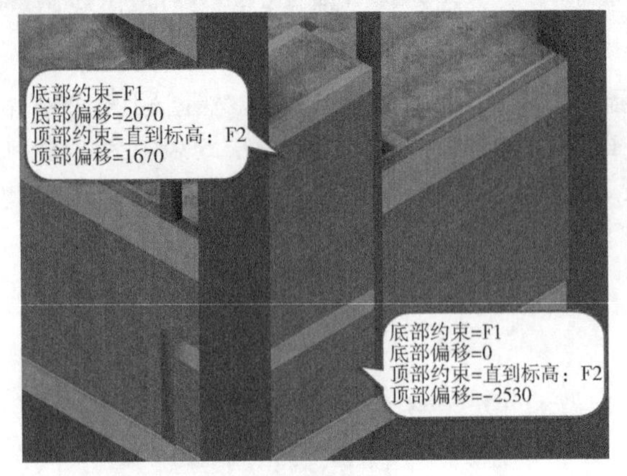

图 5-18

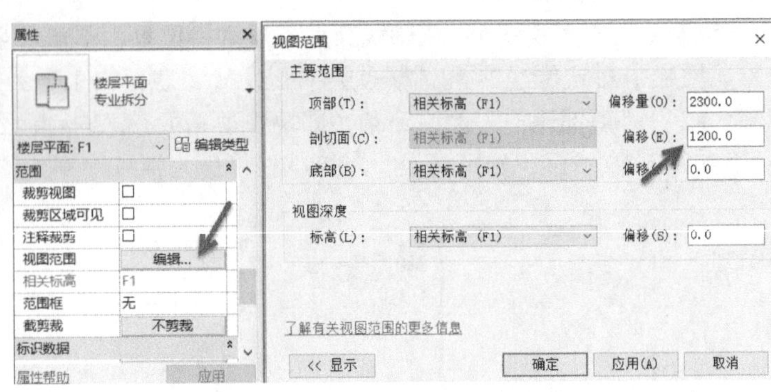

图 5-19

Step⑭缩放 10-E 轴 2 号楼梯间位置，采用相同的操作方法，按图 5-20 所示位置和标高创建楼梯间墙体。

Step⑮单击项目浏览器中“三维视图_临时辅助”列表中“{三维}”视图，切换至默认三维视图，单击“视图”选项卡“创建”面板中选择“复制视图”工具下拉列表，在列表中选择“复制视图”，Revit 将复制生成名称为“{三维}副本 1”的视图。

Step⑯在项目浏览器中，右键单击上一步中复制生成的视图“{三维}副本 1”，在弹出右键菜单中选择“重命名”，弹出“重命名视图”对话框；输入视图名称为“3DZ_F1”，单击确定按钮退出“重命名视图”对话框。

Step⑰单击属性面板“编辑类型”按钮，打开“类型属性”对话框，如图 5-21 所示，修改视图类型为“局部详图”，完成后单击“确定”按钮退出“类型属性”对话框。

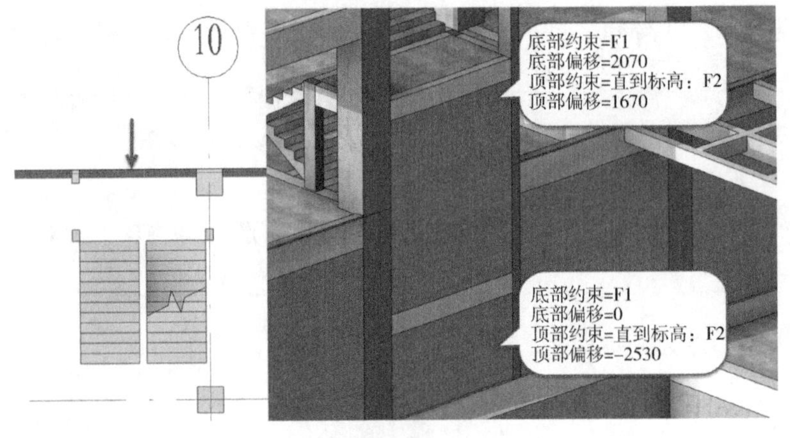

图 5-20

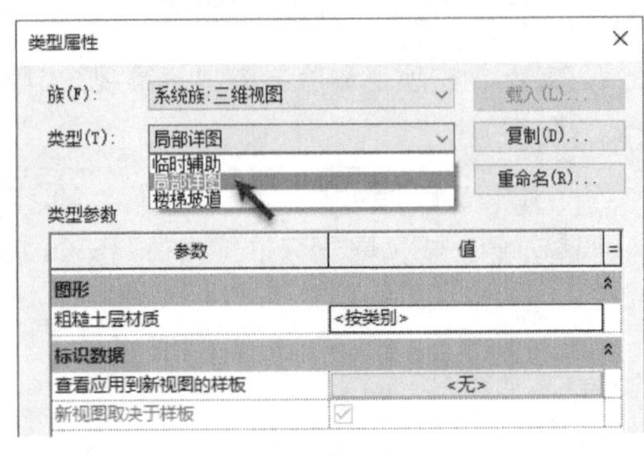

图 5-21

Step⑱配合键盘 Ctrl 键选择全部外墙，Revit 自动切换至“修改 | 墙”上下文选项卡。选择选项卡下“视图”中的“选择框”命令，如图 5-22 所示，Revit 将自动以所选择墙体为最大范围剖切生成局部三维视图。

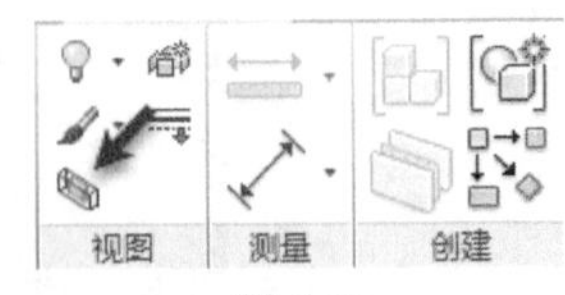

图 5-22

Step⑲单击视图底部视图控制栏中“显示隐藏图元”按钮，Revit 将出现红色的剖面框。点击选择剖面框，Revit 将显示剖面框范围调节操作手柄。移动至上方调节操作手柄，按住鼠标左键不动向下移动鼠标直到顶部楼板不可见，松开鼠标左键，再次单击视图底部“显示隐藏图元”按钮，恢复视图显示。调整后视图结果如图 5-23 所示。

提 示

在设置视图类型为“局部详图”时，已在为该视图默认应用了视图样板，并在视图样板中定义了三维剖切框不可见。关于视图样板的详细信息参见本书第 14 章相关内容。

Step⑳至此，完成 F1 层外墙绘制。接下来将继续完成内墙绘制。

F1 层内墙类型包括 100 厚及 120 厚的砖墙。在 Revit 中创建墙体对象时，需要先定义墙体对象的构造类型。Revit 中墙类型设置包括结构厚度、墙做法、材质等，接下来创建综合楼 100 及 120 厚内墙墙体类型。

Step21 切换至 F1 楼层平面视图。使用“墙”工具，单击“编辑类型”命令，打开墙“类型属性”对话框，确认当前墙族为“系统族：基本墙”，选择当前类型为“建筑外墙_砌块_200”，单击“复制”按钮，弹出“名称”对话框，在“名称”对话框中输入“建筑内墙_砖块_100”作为新类型名称，单击“确定”按钮返回“类型属性”对话框，将以“建筑外墙_砌块_200”为基础创建名称为“建筑内墙_砖块_100”的新族类型，如图5-24所示。

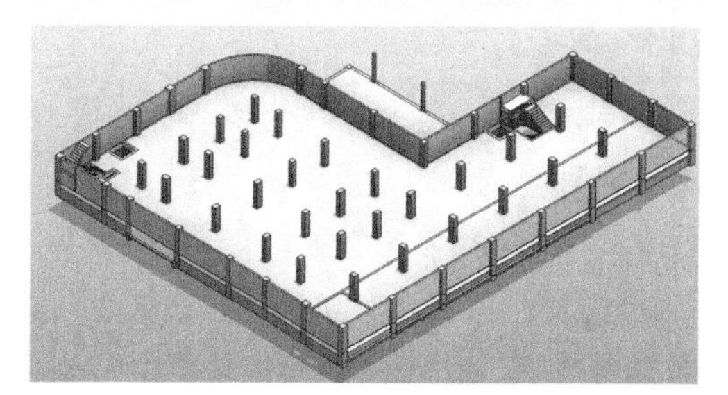

图 5-23

提 示

墙体类型列表中默认的墙体类型名称及设置取决于项目所使用的项目样板中预设的墙类型的名称。

Step22 如图 5-25 所示，确认“类型属性”对话框中“构造”分类下，类型参数列表中“功能”设置为“内部”，单击“结构”参数后的“编辑”按钮，打开“编辑部件”对话框。

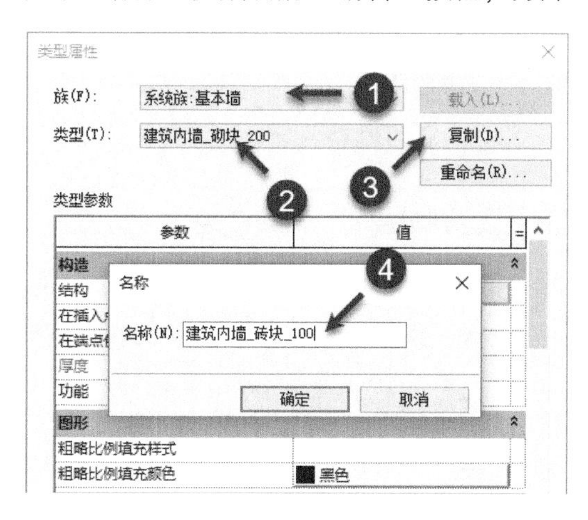

图 5-24

参数	值
构造	
结构	编辑...
在插入点包络	不包络
在端点包络	无
厚度	200.0
功能	内部
图形	
粗略比例填充样式	
粗略比例填充颜色	黑色
文字	
墙面1编号	NF3
墙面2编号	NF3
墙面1做法	白色涂料

图 5-25

提 示

在 Revit 墙类型参数中“功能”用于定义墙的用途，它反映墙在建筑中所起的作用。Revit 提供了外墙、内墙、挡土墙、基础墙、檐底板及核心竖井六种墙功能。在管理墙时，墙功能可以作为建筑信息模型中信息的一部分，用于对墙进行过滤、管理和统计。

Step23 如图 5-26 所示，在“编辑部件”面板“层”列表中，修改墙“结构［1］”厚度值为 100。

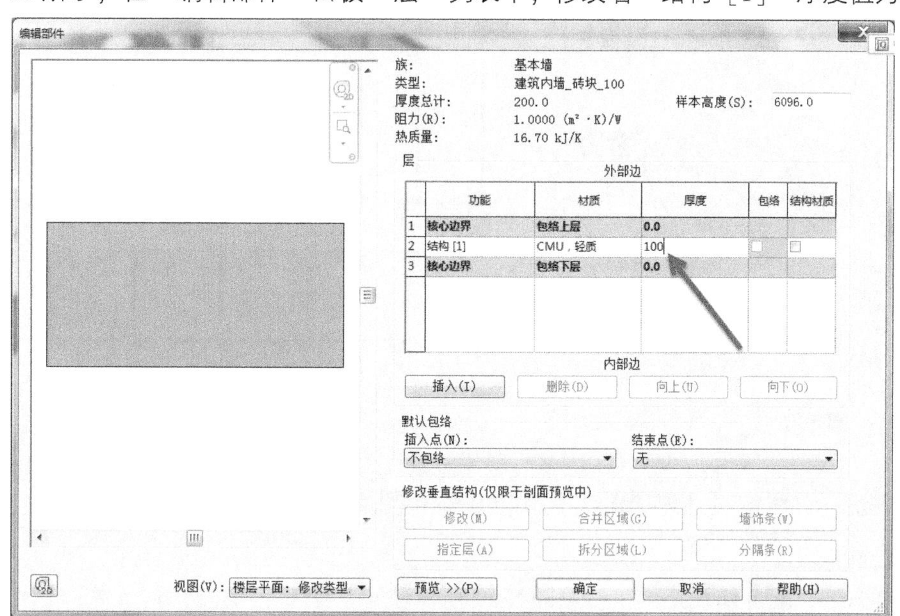

图 5-26

提 示

墙部件定义中，“层”用于表示墙体的构造层次。“编辑部件”对话框中定义的墙结构列表中从上（外部边）到下（内部边）代表墙构造从“外”到“内”的构造顺序。本项目中墙外部构造粉刷抹灰等不做创建，关于墙构造层次更多操作，请参考本章 5.1.4 节。

Step24 单击“材质”单元格中“浏览”按钮，弹出如图 5-27 所示的“材质浏览器”对话框。单击“开启/隐藏库面板”，显示完整的材质库底部“Autodesk 材质”面板。单击上方项目材质列表中“材质类型”下拉列表，在列表中选择项目材质类别为“砖石”，Revit 将过滤显示“砖石”材质类别中包括的所有材质。在列表中选择“砖，普通，褐色”材质，单击对话框底部“确定”按钮返回“编辑部件”对话框，再次单击对话框底部“确定”按钮返回“类型属性”面板，单击“确认”按钮关闭面板，完成砖墙类型属性设置。

提 示

有关材质更多参数设置，请查看本书第 12 章设计表现。

Step25 重复类似操作，以上一步中创建的“建筑内墙_砖块_100”为基础再次复制创建名称为“建筑内墙_砖块_120”的新墙体类型，修改结构层厚度为 120，其余参数不变，完成单击“类型属性”对话框中“确定”按钮退出类型属性对话框。

提 示

在本项目样板中，已预设了“建筑外墙_砌块_200”“建筑内墙_砌块_200”等墙体类型。

至此，完成办公楼内墙类型设置，接下来继续使用基本墙配合编辑修改工具，完成办公部分 F1 内墙绘制。内墙设计一般分两部分绘制，首先需要确定走道和电梯厅等内墙位置，完成交通体系划分；其次为房间确认，用内墙分隔房间布局。

Step26 选择墙体类型为“建筑内墙_砌块_200”，设置选项栏中墙“高度”为 F2，设置墙“定位线”为“核心层中心线”；勾选“链”选项，设置偏移量为 0；设置墙体绘制方法为“直线”，按照如图 5-28 所示绿色墙体位置，沿轴线绘制“建筑内墙_砌块_200”内墙。

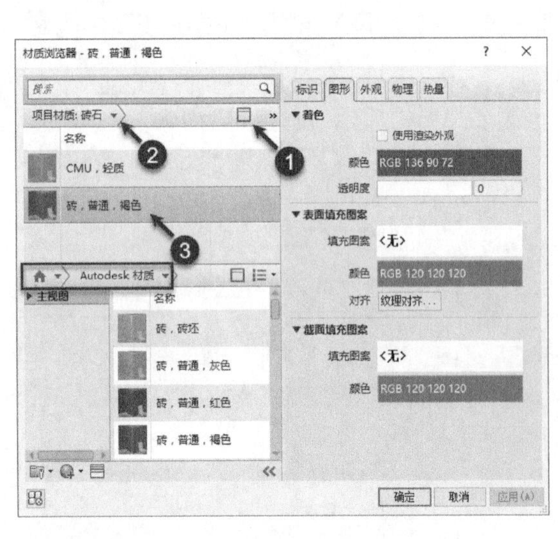

图 5-27

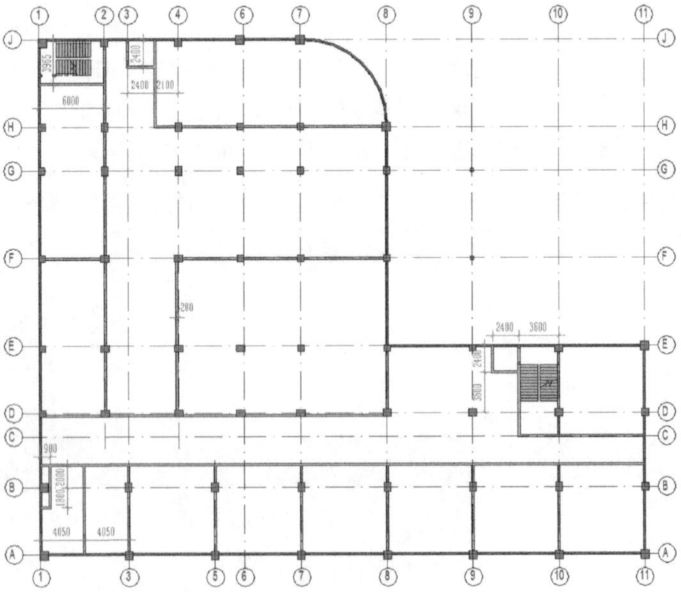

图 5-28

提 示

无特殊说明情况下，墙体中心和轴线平齐，其中 D 轴位置墙体外侧和柱边平齐，其余墙体位置以图纸尺寸为准。

Step27 采用同样方法，配合修改工具，参照图 5-29 所示位置，绘制楼梯间、管道井、卫生间位置“建筑内墙_砖块_120”墙体、“建筑内墙_砖块_100”墙体、“建筑内墙_砌块_200”墙体。

提示

墙体定位详细尺寸，请参考光盘附加的PDF图纸。

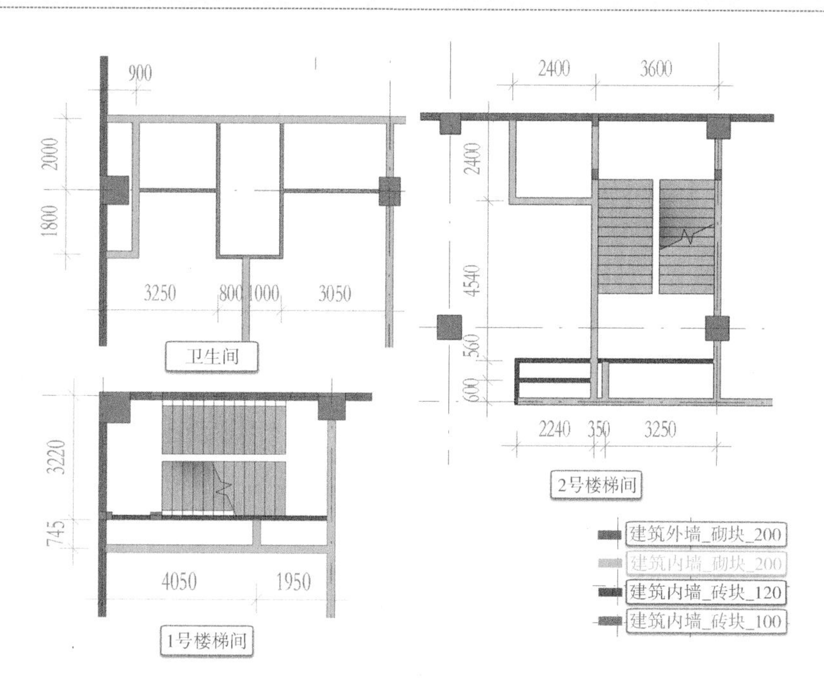

图5-29

Step 28 至此，完成F1层全部墙体绘制，切换“3DZ_F1”，结果如图5-30所示。保存当前文件，完成F1墙体绘制练习。或打开随书文件“第5章\ RVT\ 5-1-2. rvt”项目文件查看最终结果。

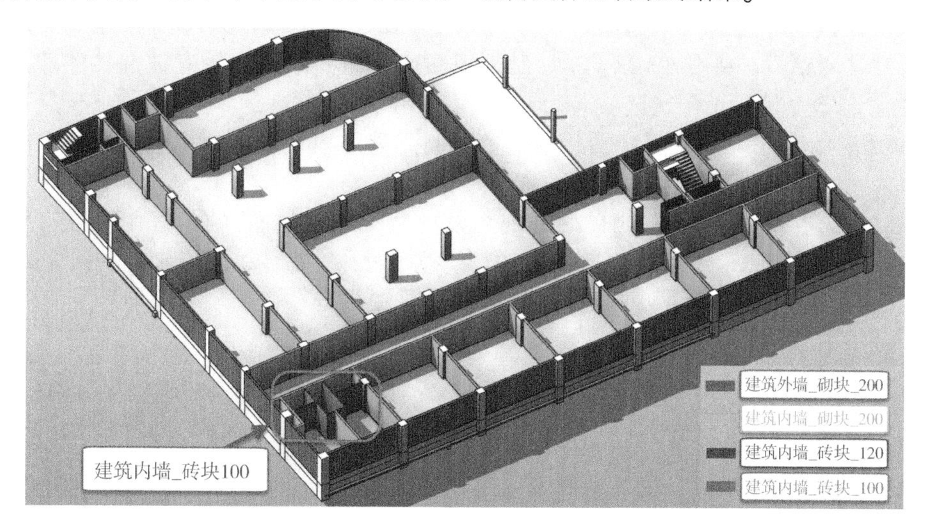

图5-30

提示

在Revit 2017中，墙系列工具命名为：“墙：建筑、墙：结构、面墙、墙：饰条、墙：分隔缝”，合计5种。

F1共有四种墙体类型，分别为“建筑外墙_砌块_200”“建筑内墙_砌块_200”“建筑内墙_砖块_120”和“建筑内墙_砖块_100”，在三维视图中，结合视图过滤器，可以区分不同墙体的颜色，以方便模型审核。关于视图过滤器详细信息，参见本书第14章相关内容。

在绘制墙时，Revit提供了“墙中心线”“核心层中心线”“面层面：外部”“面层面：内部”“核心面：外部”“核心面：外部”共计六种墙体定位方式，在绘制墙体时应注意设置墙体的定位方式。在绘制墙体时，可以在选项栏设置墙体的定位方式。墙体绘制完成后，在墙“属性”面板“定位线”中可重新修改墙体的定位方式，如图5-31所示。注意修改墙体定位线并不会修改墙的位置，但反转墙体内外时，Revit将以墙体的定位线为基准作为墙体内外反转的镜像轴。本章5.2节中将详细介绍各定位方式的区别。

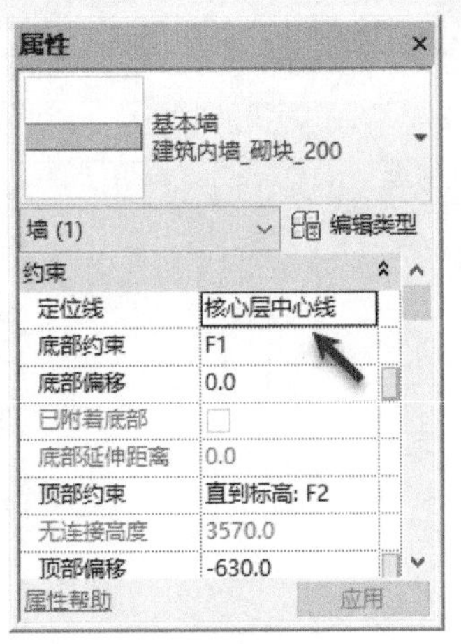

图 5-31

如图5-32所示，Revit在“修改”选项卡“修改”面板中“拆分”工具，单击该工具后，鼠标光标变为，在墙体上任意位置单击鼠标左键可将单一的墙图元拆分为两段独立墙。如果勾选选项栏中“删除内部线段”选项，当在同一墙体不同位置单击两次时，Revit将自动删除两次鼠标单击间的墙图元。

Revit同时还提供了一个名为“用间隙拆分”的工具，使用该工具拆分墙体时，将在两段墙体间创建选项卡中“连接间隙”设定的数值的间隙，并自动添加对齐约束，使拆分前后的墙体保持共线约束状态。请读者自行对比该工具与拆分工具的差别。

5.1.3 绘制F2、F3砌体墙

综合楼F2层外墙位置与F1外墙位置完全相同，F2层内墙在F1层内墙基础上进行调整，部分走道位置有所变化。因此在Revit中可以复制F1层墙体至F2标高后，再对复制的墙体进行编辑，提高绘图效率。

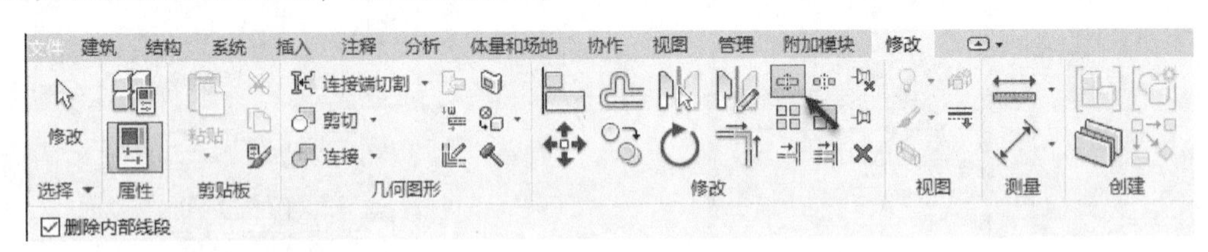

图 5-32

Step01 接上节练习。在项目浏览器中分别打开“3DZ_F1”和“F2”视图。单击“视图”选项卡“窗口”面板中“平铺”工具，将视图设置为平铺效果。

Step02 确认不激活“选择链接图元”选项。在“3DZ_F1”三维视图中，框选视图中全部构件。如图5-33所示，单击“选择”面板中“过滤器”选项，在弹出“过滤器”对话框中只勾选“墙”类别，单击“确定”按钮，退出“过滤器”对话框，将在“3DZ_F1”三维视图选中所有墙体，所有被选择的墙呈蓝色高亮显示。Revit将自动显示为“修改丨墙”上下文选项卡。

Step03 如图5-34所示，单击“剪贴板”面板中的“复制到剪贴板”命令，将所选择的墙体复制到Windows剪贴板中。

Step04 单击“F2”楼层平面视图，将当前活动视图设置为“F2”楼层平面。如图5-35所示，单击“剪贴板”面板中的“粘贴”下拉列表，在列表中选择“与当前视图对齐”命令，弹出“墙稍微偏离了轴”警告对话框，关闭该面板，Revit将所有已选择的F1层砌体墙体复制到F2标高中。

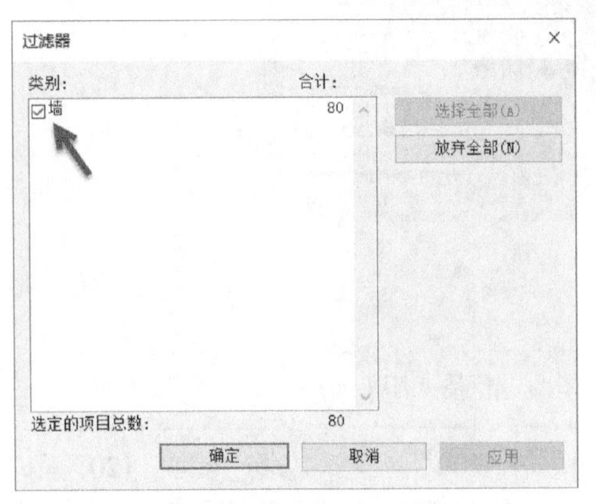

图 5-33

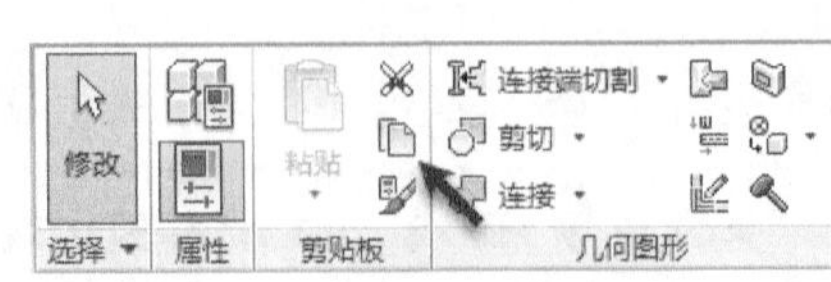

图 5-34

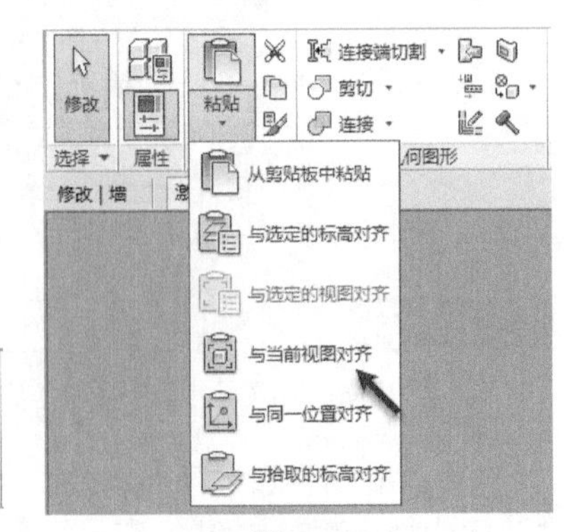

图 5-35

Step05 按Esc键取消所有图元选择集，接下来继续调整F2层墙体位置，如图5-36所示，选择编号为①的墙图元，按键盘Delete键删除该墙图元。

Step06 如图5-37所示，单击“修改”选项卡“修改”面板中“修剪丨延伸为角”工具，进入图元修剪状态，进入修剪编辑模式，鼠标指针变为。

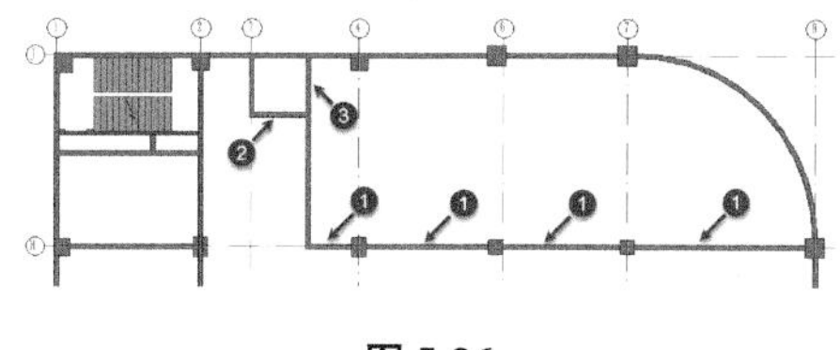

图 5-36

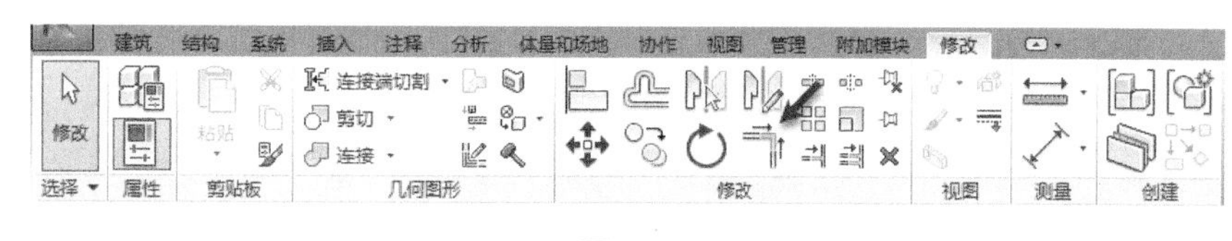

图 5-37

Step 07 如图 5-38 所示分别单击②号、③号墙体箭头所指的位置，Revit 将修剪③号墙体的长度与②号墙体保持连接。

提 示

使用“修剪 | 延伸为角”工具时，Revit 将保留鼠标拾取的部分墙体。

Step 08 继续使用“修改”面板中“修剪 | 延伸为角”工具，修改如图 5-39 所示①号墙体和②号墙体在 D 轴与 3 号轴交点位置成转角。

提 示

使用“修剪 | 延伸为角”工具修剪 2 号墙体时，注意 Revit 将保留鼠标拾取的部分墙体。

Step 09 选择墙体类型为“建筑内墙_ 砌块_200”，设置选项栏中底部约束为 F2，底部偏移值为 0，顶部约束设置为直到标高：F3，顶部偏移值为 0，设置墙“定位线”为“核心层中心线”，其余参数值为默认，创建图 5-40所示位置墙体。

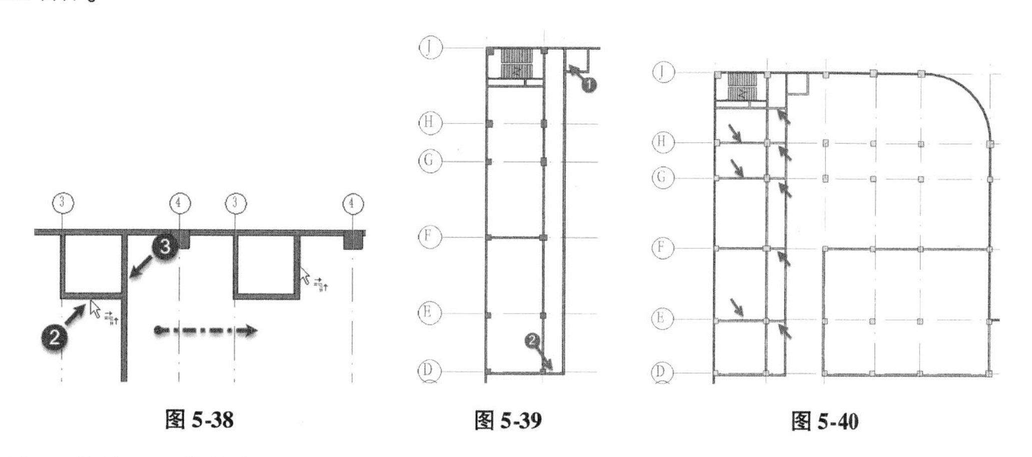

图 5-38　　图 5-39　　图 5-40

Step 10 选择“修剪 | 延伸单个图元”工具，如图 5-41 所示，修改 D 轴线墙体端点至结构柱边。

Step 11 继续选择编号为①的墙图元，按键盘 Delete 键删除该墙图元，配合“修剪 | 延伸单个图元”修剪②号墙体，结果如图 5-42 所示。

Step 12 缩放视图至 C 轴与 9 轴交点 2 号楼梯间位置，选择墙体类型为“建筑内墙_ 砌块_200”，如图 5-43 所示，创建①号、②号墙体，并配合“修剪 | 延伸为角”工具，修剪②号和 C 轴墙体为转角。

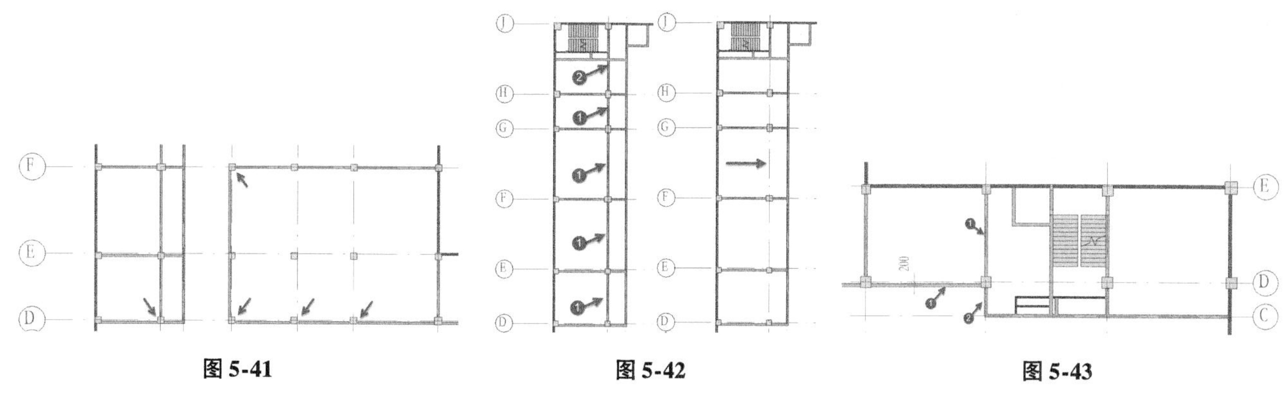

图 5-41　　图 5-42　　图 5-43

Step 13 缩放 1 至 10 ~ E 轴 2 号楼梯间位置，采用相同的操作方法，按图 5-20 所示位置和标高创建楼梯间墙体。

Step14 切换至默认三维视图，缩放视图至 1 号楼梯间及 2 号楼梯间位置，选择墙体，按图 5-44 所示标高要求，调整墙体高度。

至此完成 F2 层全部墙体编辑和绘制，如图 5-45 所示，接下来通过复制 F2 层墙体模型继续创建 F3 层墙体模型。

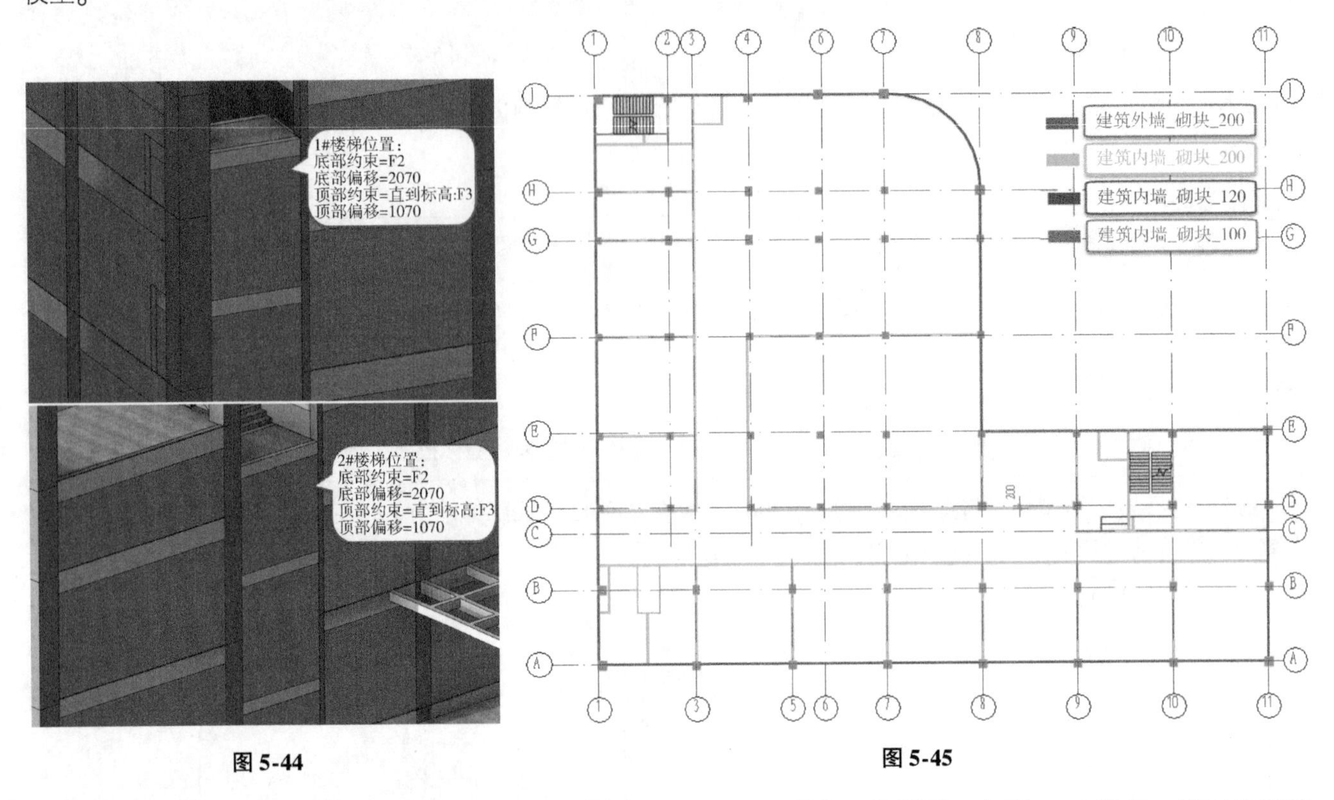

图 5-44　　图 5-45

Step15 采用和创建“3DZ_F1”相同的方法，创建“3DZ_F2”局部三维视图，如图 5-46 所示，接下来继续通过复制 F2 层墙体模型创建 F3 层墙体模型。

Step16 确认激活 F2 楼层平面视图，不选择任何图元，注意此时属性面板中将显示当前视图的属性。如图 5-47所示，修改“基线”中“范围：底部标高”为“F1”，“范围：顶部标高”为 F2；即在当前视图中以基线的方式显示 F1 标高至 F2 标高的图元。

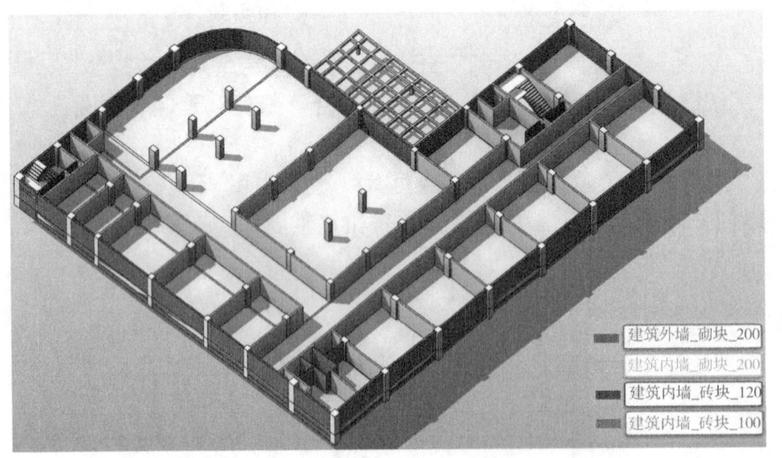

图 5-46

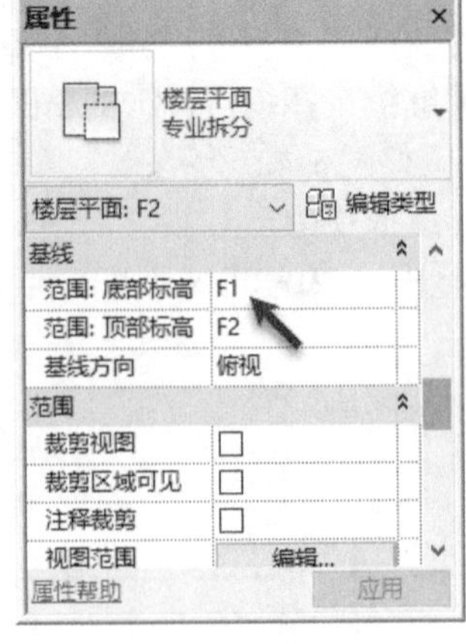

图 5-47

提 示

在 Revit 2017 中，基线功能提供了“范围：底部标高”和“范围：顶部标高”限制功能，可以依据项目需要，设置基线高度范围。

Step17 此时，Revit 将以淡显方式显示 F1 标高图元，结果如图 5-48 所示。

Step18 在 F2 楼层平面视图中，选择全部墙体，配合过滤器，仅选择“墙”类别。单击“复制到剪贴板”工具，将所选择墙体复制到 Windows 剪贴板。如图 5-49 所示，单击选择“粘贴”下拉列表中“与选定的标高对齐”选项，将会弹出“选择标高”对话框。

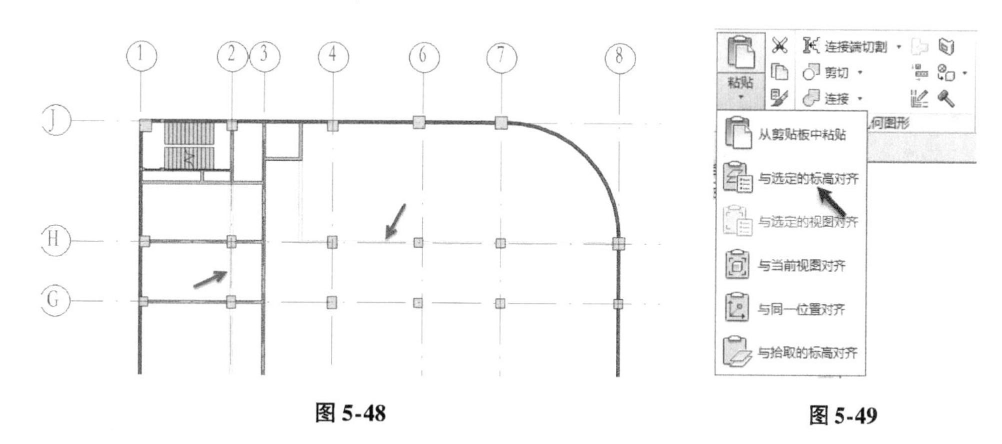

图 5-48　　　　图 5-49

Step 19 如图 5-50 所示，在“选择标高”对话框中，显示了当前项目中所有可用标高。在列表中单击选择“F3”标高，单击“确定”按钮，Revit 将所选择的 F2 标高墙体粘贴至 F3 标高。

Step 20 切换至 F3 楼层平面视图，在当前标高中，Revit 已创建墙体。选择所有墙体，在属性对话框中可以查看到所有墙体“底部约束”为 F3，“底部偏移”值为 0；“顶部约束”为“直到标高：F4”，“顶部偏移”值为 1200，调整“顶部偏移”值为 0，如图 5-51 所示。

提 示

因为 F2 ~ F3 层高为 4200，F3 ~ F4 层高为 3000，故 F3 层墙体完成粘贴后，需要调整墙体高度约束条件。Revit 中可以把一个或者多个图元复制到另外一个地方，但图元自身的几何尺寸，如长度、高度等，不会随着图元的复制而产生变化。

Step 21 如图 5-52 所示，使用“修剪/延伸为角”工具，修剪 1 号、2 号墙体。

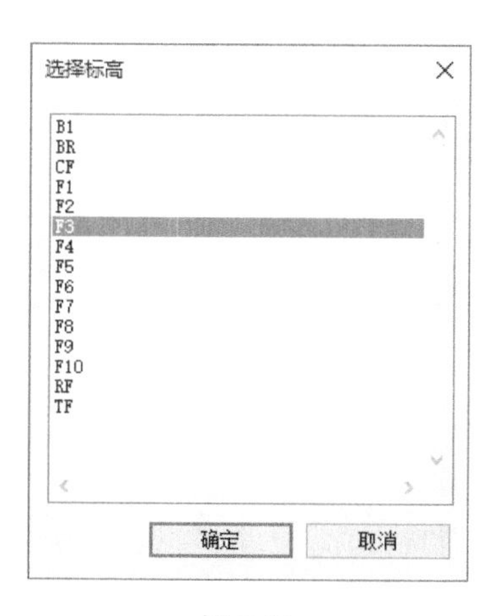

图 5-50

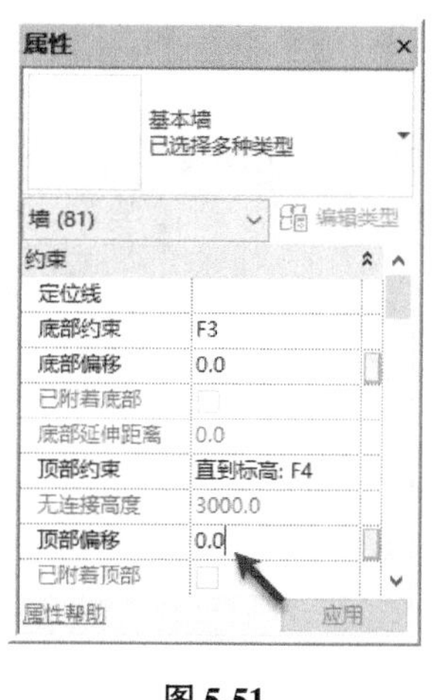

图 5-51

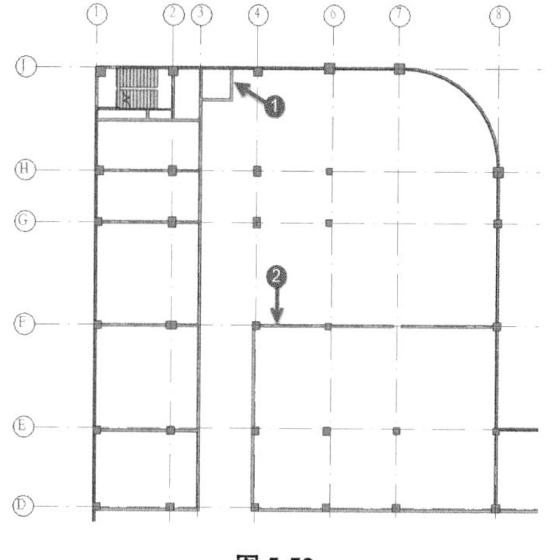

图 5-52

Step 22 如图 5-53 所示，单击“建筑”选项卡“工作平面”面板中“参照平面”工具，进入参照平面绘制状态，切换至“修改 | 放置参照平面”上下文选项卡。设置“绘制”面板中参照平面绘制方式为“直线”；设置选项栏“偏移量”值为 3900。

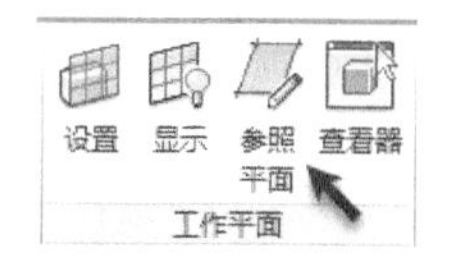

图 5-53

Step 23 如图 5-54 所示，移动鼠标至 F 轴图中所示位置任意一点单击左键作为参照平面绘制起点，沿 F 轴线水平向右移动鼠标，Revit 将在 F 轴上方 3900 位置生成参照平面预览；按键盘空格键，反转参照平面绘制方向。移动鼠标直到 6 轴线右侧任意位置单击左键作为参照平面绘制终点，Revit 将在 F 轴线下方 3900 位置生成参照平面。

提 示

Revit 默认将沿绘制方向的右侧绘制生成偏移的参照平面。在 Revit 中绘制任意图元时，均将以参照方向的右侧作为默认的偏移方向。按空格键可反转绘制偏移的位置。

Step24 使用“墙”工具，设置墙类型为“建筑外墙_砌块_200”，设置选项栏墙高度为 F4；定位线为“面层面：外部”，确认勾选“链”选项，确认墙偏移量为 0。使用直线绘制方式，捕捉 J 轴与 6 轴线交点为结构柱外侧作为墙起点，沿 6 轴线由上向下捕捉结构柱边依次绘制墙体 3。继续选择墙类型为“建筑外墙_砌块_200”，定位线为“核心层中心线”，以墙体 3 端点为起点，沿参照平面向左移动鼠标，直到与 4 轴线位置墙体相交，单击完成墙体 4 绘制。按 Esc 键两次退出墙体绘制模式，结果如图 5-55 所示。

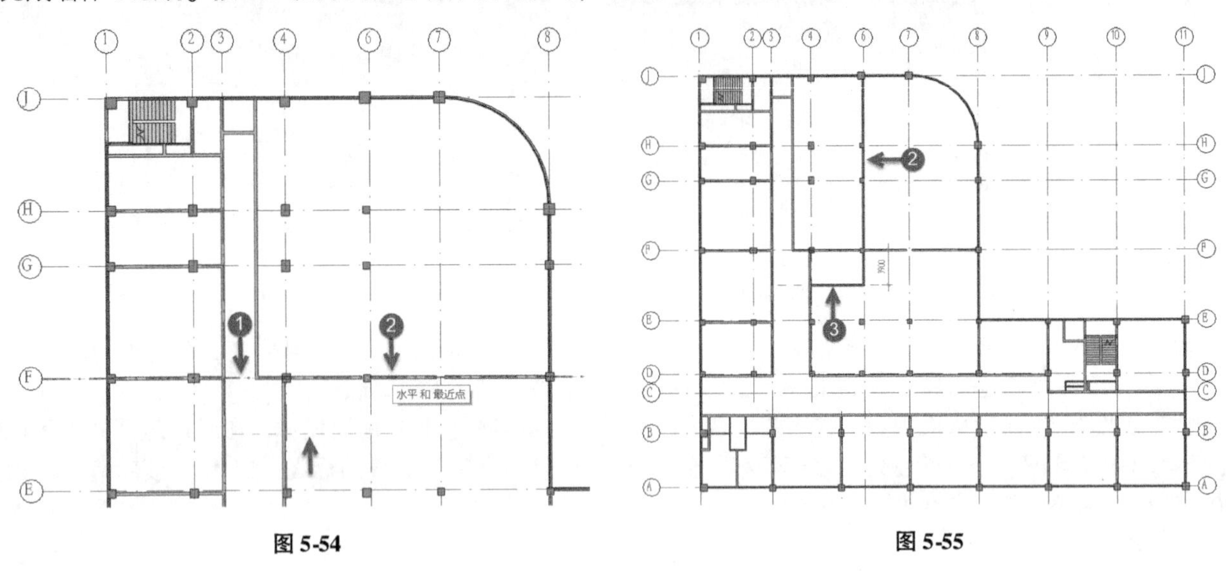

图 5-54　　图 5-55

Step25 如图 5-56 所示，单击“修改”选项卡“修改”面板中“拆分”工具，拆分 1 号墙体，使墙体在结构柱位置断开；单击“修剪/延伸单个图元”工具，修剪 1 号和 2 号墙体至结构柱边；继续使用“修剪/延伸为角”工具，修剪 4 号墙体与 5 号墙体间的连接为转角。

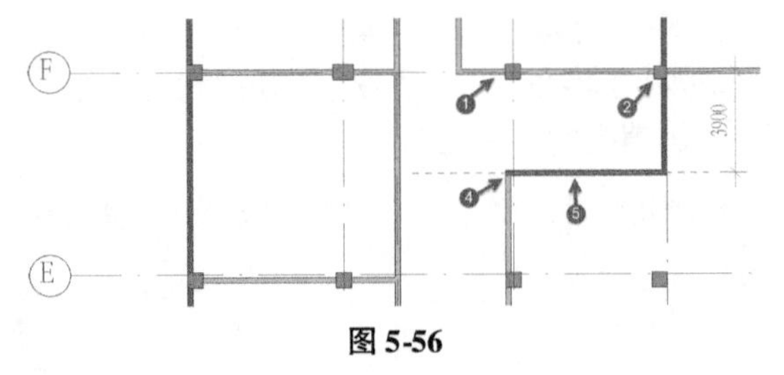

图 5-56

Step26 使用“墙”工具，选择墙类型为“建筑外墙_砌块_200”，设置选项栏墙高度为 F4；定位线为“核心层中心线”，确认墙偏移量为 0。使用直线绘制方式，按如图 5-57 所示，以 E 轴为中心，由左向右绘制外墙。

Step27 使用“匹配类型属性”工具，修改修剪后 4 号墙体类型与 5 号墙体相同，均为“建筑外墙_砌块_200”，如图 5-58 所示。

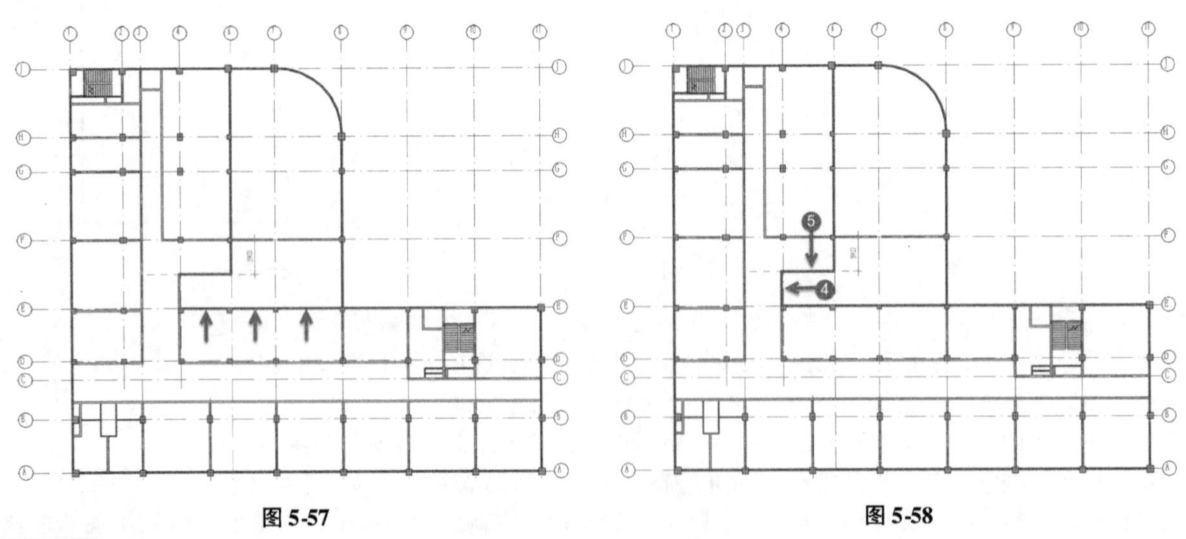

图 5-57　　图 5-58

提 示

F3 标高之上为标准层，4 号、5 号墙体将作为标准层塔楼部分的外墙。

Step28 选择图 5-59 所示位置墙体，按 Delete 删除墙体。

Step29 使用“修剪/延伸单个图元”工具，修改图 5-60 所示轴线位置墙体至结构柱边。

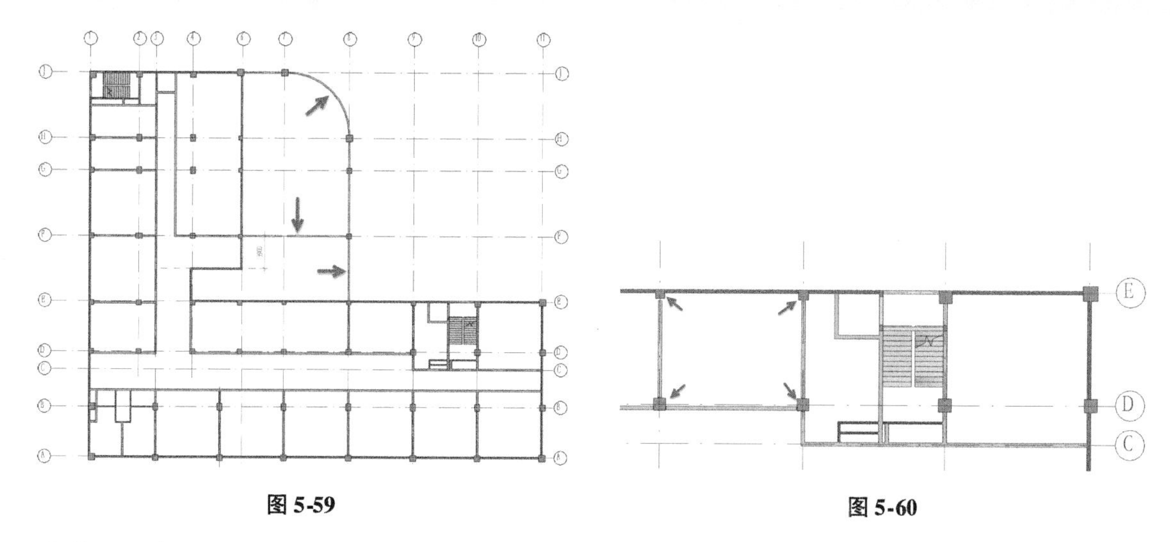

图 5-59　　　　图 5-60

Step30 使用“墙”工具，设置墙类型为“建筑内墙_砌块_200”，设置选项栏墙高度为 F4；定位线为“核心层中心线”，确认墙偏移量为 0。使用直线绘制方式，按如图 5-61 所示轴线位置绘制内部隔墙。注意分别捕捉到各轴线的交点位置作为墙体的起点及终点。至此完成 F3 层墙体绘制。

提 示

如果需要精确完成各墙体，需要捕捉至链接文件结构柱的边缘位置。

Step31 切换至默认三维视图，缩放视图至 1 号楼梯间及 2 号楼梯间位置，选择墙体，按图 5-62 所示标高要求调整墙体高度。

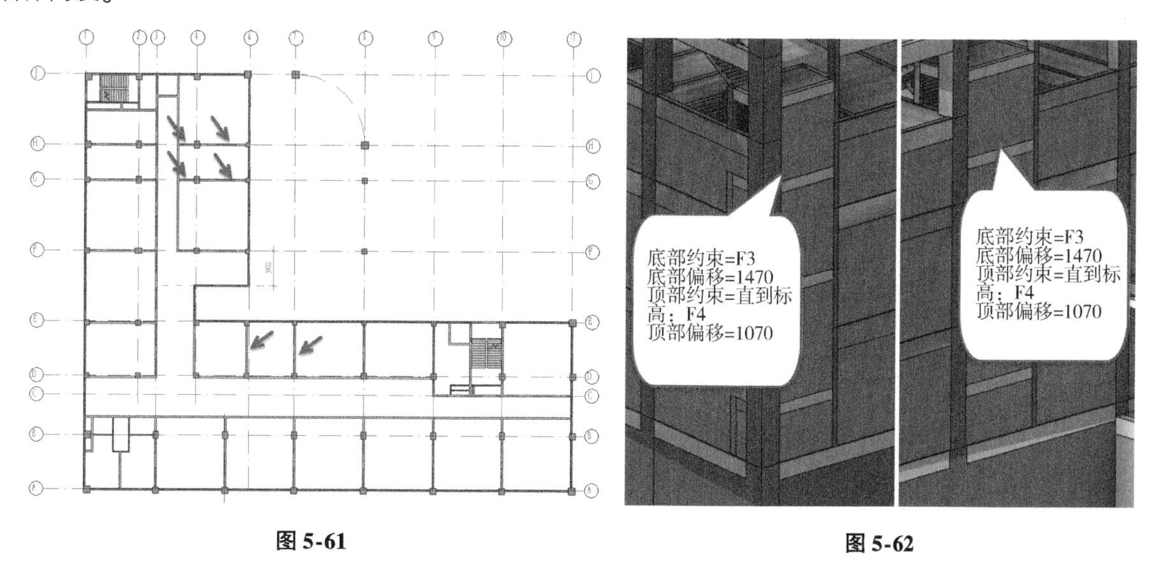

图 5-61　　　　图 5-62

Step32 采用和创建“3DZ_F1”相同的方法，创建“3DZ_F3”局部三维视图，完成后，F3 墙体类型分布如图 5-63 所示。保存该文件，请参见随书文件“第 5 章\RVT\5-1-3. rvt”查看最终结果。

不同标高、不同项目之间图元复制操作，均可采用“复制剪贴板”“粘贴”的方式在不同标高间进行复制。在操作时，建议都打开三维视图中选择需要复制的图元，然后到指定平面中使用“粘贴”，“与当前视图对齐”的方式即可复制图元到指定工作平面。

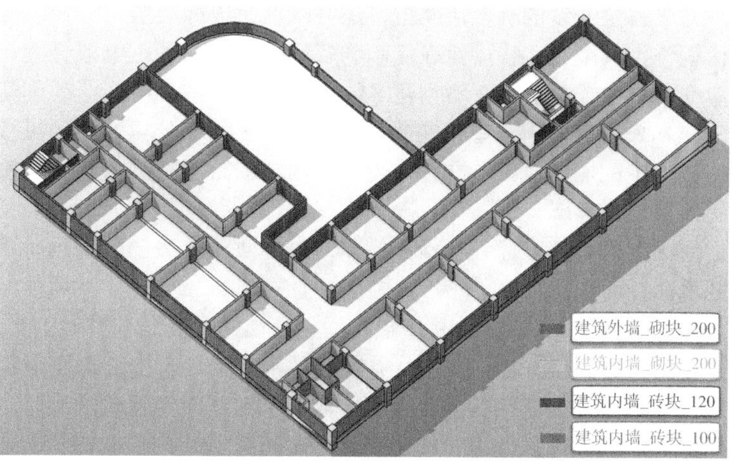

图 5-63

墙和建筑柱图元“属性”面板中“底部限制条件”“底部标高”或“顶部约束”“顶部标高”列表中的标高名称取决于项目中标高的设置。Revit 通过指定墙图元、柱图元底部标高及顶部标高的参数确定墙、建筑柱图元的三维高度。

Revit 提供了“修剪延伸为角”“修剪延伸单个单元”以及“修剪延伸单个单元”三个修剪命令，用于修剪、延伸图元。其中“修剪延伸为角”工具将分别修剪延伸两个选择的图元，“修剪延伸单个单元”将选择的第一个图元作为目标，修剪或延伸第二个或后面单击的图元。该工具不仅可以修改墙体，Revit 中所有线性图元，比如轮廓，均可以使用该工具进行修改和编辑。请读者多加尝试，掌握这三个工具的用法。

使用三维视图，配合使用视图“剖面框”，可以更直观地展示各标高的墙体情况。使用“真影”效果，配合视图过滤器，可按照墙体类型，区分表达不同的颜色效果。

要创建三维视图，可按照以下操作步骤进行操作。以 F3 标高视图为例，复制创建名为“3DZ_F3”的三维视图，适当调整剖面框，使剖面框顶面处于 F4 之下，底面处于 F2 之上。切换至“3DZ_F3”三维视图，设置“视觉样式”为真实模式。如图 5-64 所示，单击“视觉样式”按钮，在弹出列表中选择“图形显示选项”，打开“图形显示选项”面板。

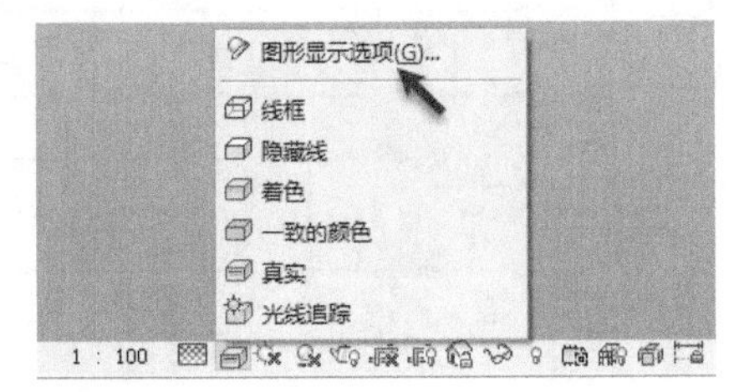

图 5-64

如图 5-65 所示，勾选“图形显示选项”面板中“模型显示”列表中“使用反失真平滑线条”选项，勾选该面板中“阴影”列表中“投射阴影”和“显示环境阴影”选项，在背景选项中设置“背景”参数为“渐变”，其他参数默认，设置完成后单击“确认”完成视图设置。

完成后三维视图显示如图 5-66 所示。

“真影”视图效果是指在真实的“视觉样式”下，设定视图的光影、线条及背景，使项目模型展示的时候，配合材质库，有更佳的表现效果，比起渲染图效率更高。

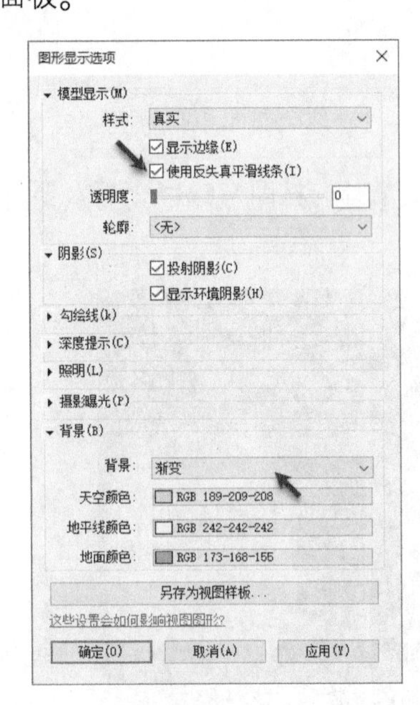

图 5-65

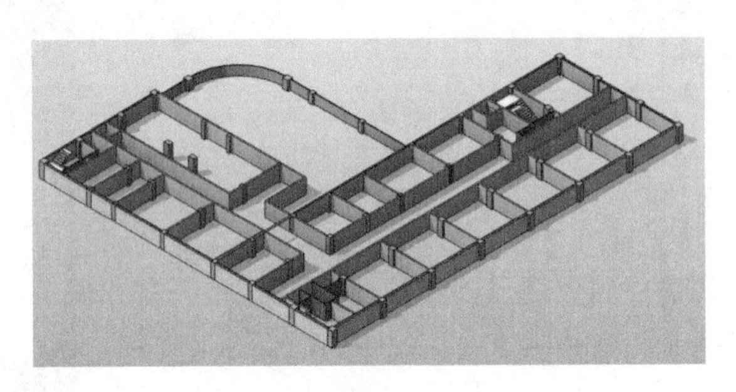

图 5-66

5.1.4 创建屋顶及地下室墙体

F4～F10 楼层为标准层，楼层布局和 F3 楼层一致，可以采用复制 F3 标高墙体的方式创建 F4～F10 标高墙体。对于完全一致的标准层模型，还可以在完成标准层门、窗、楼板等构件后，使用软件中“组”工具将标准层模型作为模型组，模型组在复制到各标高之后，可在修改任意一个组时各组图元同时修改，以减少修改工作量。在本书中，将在第 7 章创建 F4～F10 墙体。本章中将继续创建屋顶层、地下室等非标准层墙体。

在本练习操作中，屋面层结构模型提供了大部分墙体，为减少建筑墙体绘制工作量，将尽量参照已提供的结构模型中的墙体及结构构件作为建筑墙体的绘制基线。读者在使用 Revit 进行设计或 BIM 工作时，可根据实际情况调整操作步骤。

屋面层砌体墙难点在于标高控制，出屋面和机房部分墙顶标高需要分层单独控制，还需单独绘制屋面部分女儿墙。

如图 5-67 所示，屋面由 1#楼梯间、2#楼梯间及结构混凝土女儿墙墙体构成。屋面墙体主要有墙出烟道、风道、电梯机房、女儿墙，其中女儿墙为现浇混凝土，由结构模型创建，其余为砌筑墙体，将在建筑模型中创建。注意，是否需要绘制结构混凝土墙体取决于专业间的建模规则，并非所有项目的模型都直接套用结构模型中的结构墙体。在建筑设计时，由于建筑专业需要为结构专业提资，因此必须在建筑模型中包含完整的墙体。本书为简化操作步骤，将直接采用结构模型中的结构墙体。

Step01 切换至 RF 楼层平面，适当放大 1 号楼梯间位置。使用“墙”工具，设置墙体类型为“建筑外墙_砌块_200”，设置底部约束为 RF，底部偏移值为 0，顶部约束为 TF，顶部偏移值为 -600，即墙体顶高度在 TF 标高之下 600 位置，按如图 5-68 所示，对齐结构柱外边缘绘制。

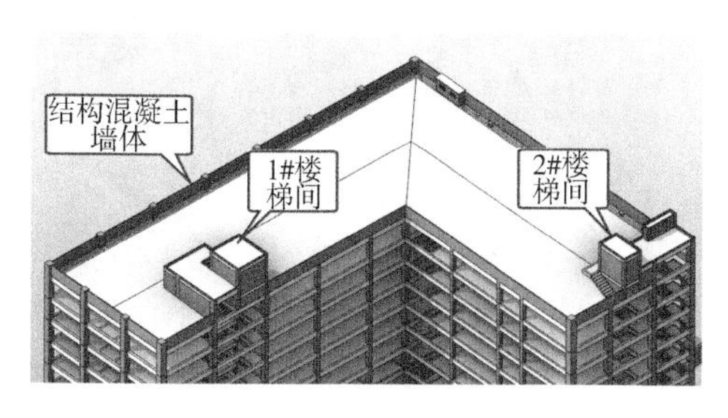

图 5-67

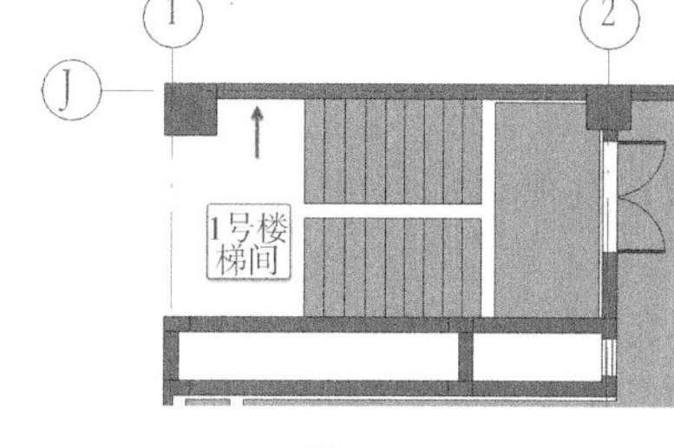

图 5-68

提 示

此处墙和柱边平齐，请各位读者自行选择墙体定位线，思考哪种绘制方法最简便；TF 标高之下 600 位置为结构梁底部，F10 标高之上 1470 位置为 1 号楼梯平台顶部。

Step02 按图 5-69 所示，创建“3DZ_RF#1”和“3DZ_RF#2”三维视图，完成楼梯间墙体，1 号楼梯间和 2 号楼梯间剩余其他墙，在本书第 6 章中，通过创建标准层模型组的方法创建。

Step03 至此，完成屋顶层全部墙体绘制，创建“3DZ_RF”局部楼层三维视图，结果如图 5-70 所示。

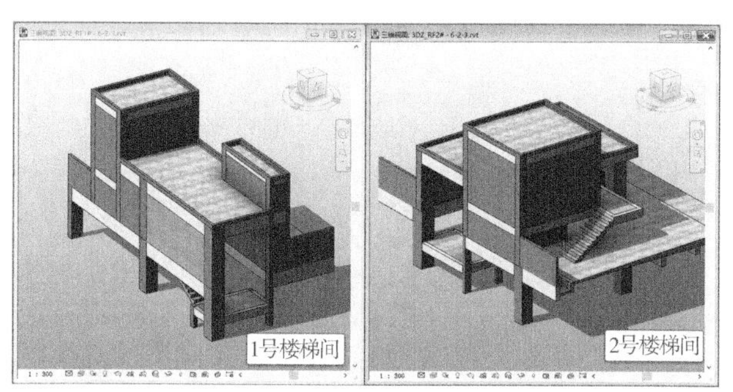

图 5-69

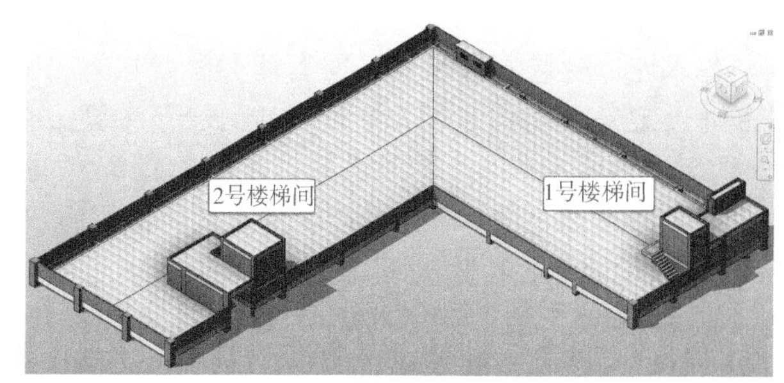

图 5-70

接下来，创建地下室墙体。地下室墙体分混凝土墙和砌块墙两种墙体。为减少建筑墙体绘制工作量，将尽量利用已提供的结构模型中的墙体及结构构件。

Step04 切换至 B1 楼层平面视图。适当缩放视图至 1 号楼梯间位置。使用“墙”工具，设置墙类型为“建筑内墙_砌块_250”，在“属性”中设置墙“底部约束”为“B1”，“底部偏移”值为 0；设置“顶部约束”为“直到标高：F1”，“顶部偏移”值为 -630，按图 5-71 所示位置对齐结构墙外侧，绘制 1 号楼梯间地下室内部隔墙。

Step05 继续使用“墙”工具，设置墙类型为“建筑内墙_砌块_200”，在“属性”中设置墙“底部约束”为“B1”，“底部偏移”值为 0；设置“顶部约束”为“直到标高：F1”，“顶部偏移”值为 -630，按图 5-72 所示绘制电梯井位置砌体墙。

Step06 适当缩放视图至 2 号楼梯间位置，使用上一步骤中相同的参数，设置墙“底部约束”为“B1”，“底部偏移”值为 0；设置“顶部约束”为“直到标高：F1”，“顶部偏移”值为 -630，绘制图 5-73 所示 2 号楼梯间地下室墙体。

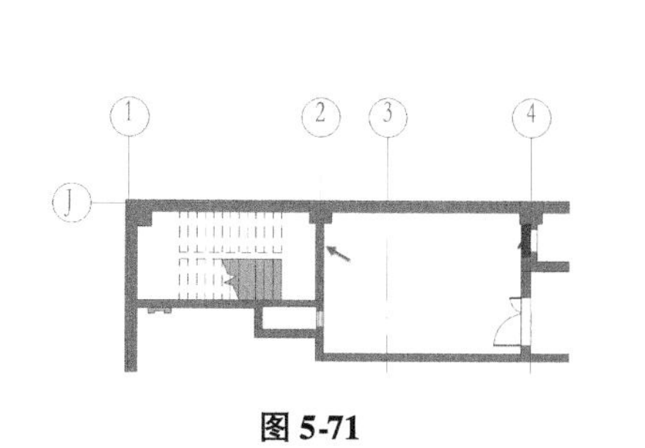

图 5-71

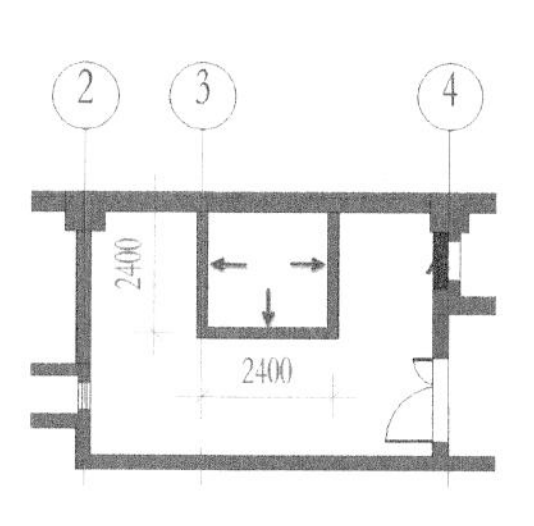

图 5-72

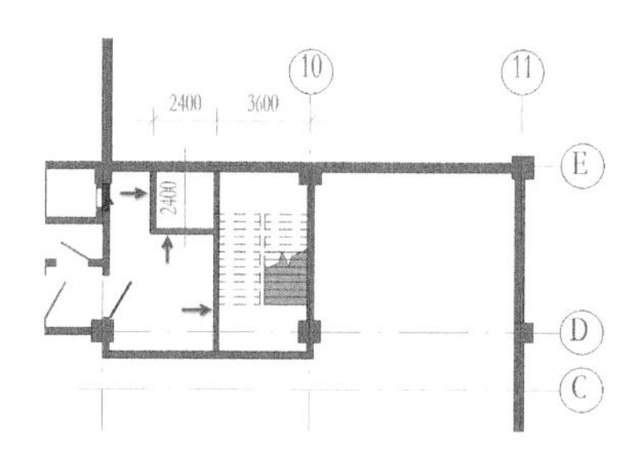

图 5-73

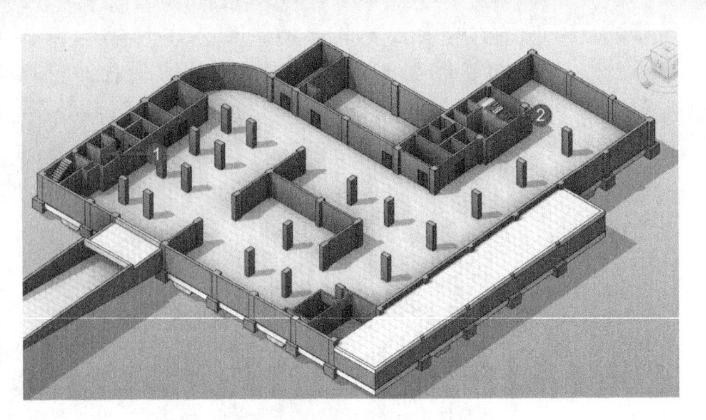

图 5-74

Step 07 创建“3DZ_ B1”三维视图，适当调整视图剖面框位置，B1 层墙体结果如图 5-74 所示。保存项目，或打开随书文件“第 5 章 \ RVT \ 5-1-4. rvt”文件查看最终成果。

至此，完成 F1、F2、F3 层、屋顶层及地下室墙体模型。F4 ~ F10 楼层为标准层，楼层布局和 F3 楼层一致，后续章节操作过程中，结合楼层门、窗、楼板等构件一并创建。

在本章项目墙体创建操作中，为减少建筑墙体绘制工作量，利用了已链接的结构模型中的大部分墙体。建筑工程中建筑与结构墙体的创建过程完全相同。在本书操作中，考虑了模型的专业分工，因此在楼梯间部分将仅创建砌体填充墙体，其他墙体将采用已有的结构模型中的墙体。但在一般的建筑设计过程中，需要根据 BIM 各专业的分工及职责，通常需要在建筑专业中创建完整的墙体。请读者留意按照本专业及 BIM 模型的标准要求来完成对应专业的模型工作。

5.2 墙结构与墙编辑

5.2.1 关于墙体结构的说明

Revit 中，墙属于系统族。Revit 共提供三种类型的墙族：基本墙、叠层墙和幕墙。所有墙类型都由这三种系统族通过定义不同样式和参数而来。上一节中建立的“建筑内墙_ 砖块_ 100”，属于“基本墙”族的新类型。在本章后面将详细介绍其他两种墙族的定义和使用方法。Revit 通过“编辑部件”对话框中各结构层的定义反映墙构造做法和参数。接下来，将以“建筑外墙_ 砌块_ 200_ 做法 1”为例，说明在 Revit 中定义墙体结构的一般过程。如图 5-75 所示，该墙从外到内结构做法依次为：10 厚外抹灰、30 厚保温层、200 厚砌块、20 厚内抹灰。

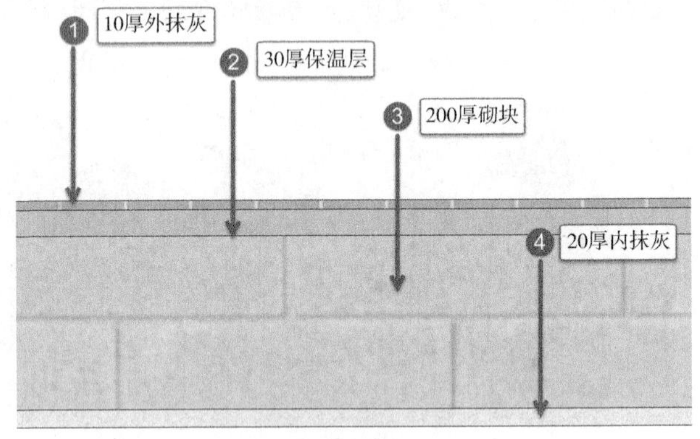

图 5-75

Step 01 启动 Revit，默认将打开“最近使用的文件”页面。单击左上角“应用程序菜单”按钮，在列表中选择“新建”→“项目”，弹出“新建项目”对话框。单击“浏览”按钮，浏览至随书文件“第 4 章 \ Other \ 综合楼样板_ 建筑_ 2017. rte”样板文件，确认“新建项目”对话框中“新建”类型为“项目”，单击“确定”按钮，Revit 将以“综合楼样板_ 建筑_ 2017. rte”为样板建立新项目。

Step 02 至 F1 楼层平面视图。使用墙工具，在类型列表中选择“建筑外墙_ 砌块_ 200”，单击“属性”对话框“编辑类型”按钮，打开“类型属性”对话框。

Step 03 单击类型列表后“复制”按钮，在弹出“名称”对话框中输入“建筑外墙_ 砌块_ 200_ 做法 1”作为新类型名称，单击“确定”按钮返回“类型属性”对话框。

Step 04 如图 5-76 所示，在墙类型属性面板中，单击类型参数列表中“构造”分组中“结构”后的“编辑”按钮，打开“编辑部件”面板。

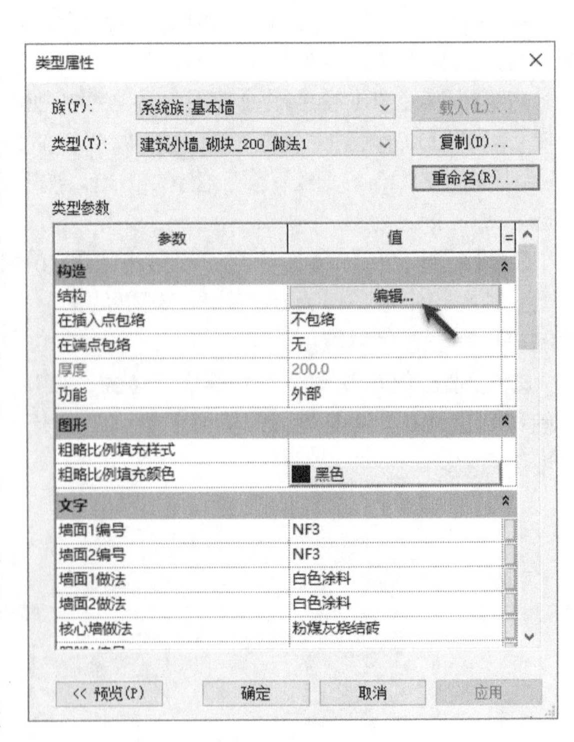

图 5-76

Step 05 单击“编辑部件”对话框中“插入”按钮三次，在“层”列表插入三个新层，如图 5-77 所示，新插入的层默认厚度为 0.0，且默认功能均为“结构 [1]”。

提 示

墙部件定义中，“层”用于表示墙体的构造层次。“编辑部件”对话框中定义的墙结构列表中从上（外部边）到下（内部边）代表墙构造从“外”到“内”的构造顺序。

Step 06 单击编号为“2”的墙构造层，Revit 将高亮显示该行。单击“向上”按钮，向上移动该层直到该层编号变为 1。注意其他层编号将根据所在位置自动修改。修改该行功能为“面层 1［4］”，修改“厚度”值为“10”。如图 5-78 所示，单击第 1 行“功能”单元格，在功能下拉列表中选择“面层 2［5］”；注意 Revit 默认将勾选“包络”选项。

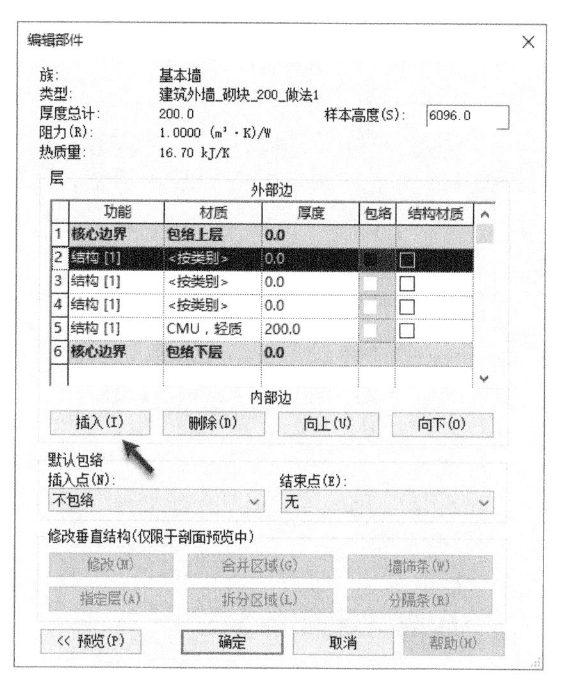

图 5-77

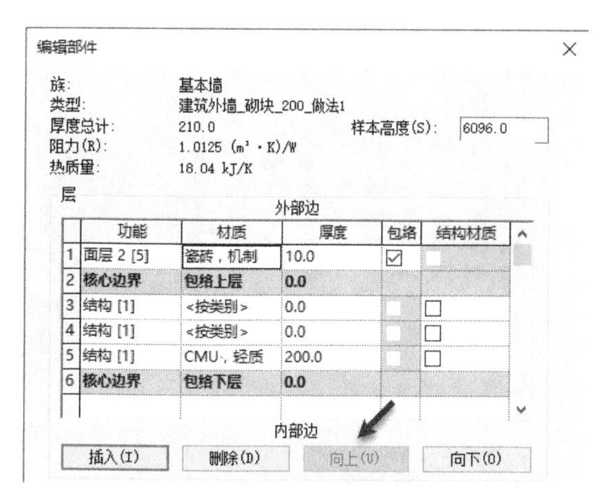

图 5-78

Step 07 单击第 1 行“材质”单元格中“浏览”按钮，弹出如图 5-79 所示的“材质”对话框。浏览至 Autodesk材质中“Autodesk 材质”文件夹下“瓷砖”类别中“瓷砖，机制”。移动鼠标至左侧面板中“瓷砖，机制”材质名称上，材质名称上会出现“将材质添加到文档中”按钮，单击该按钮，“瓷砖，机制”材质被添加至上方“项目材质”中。

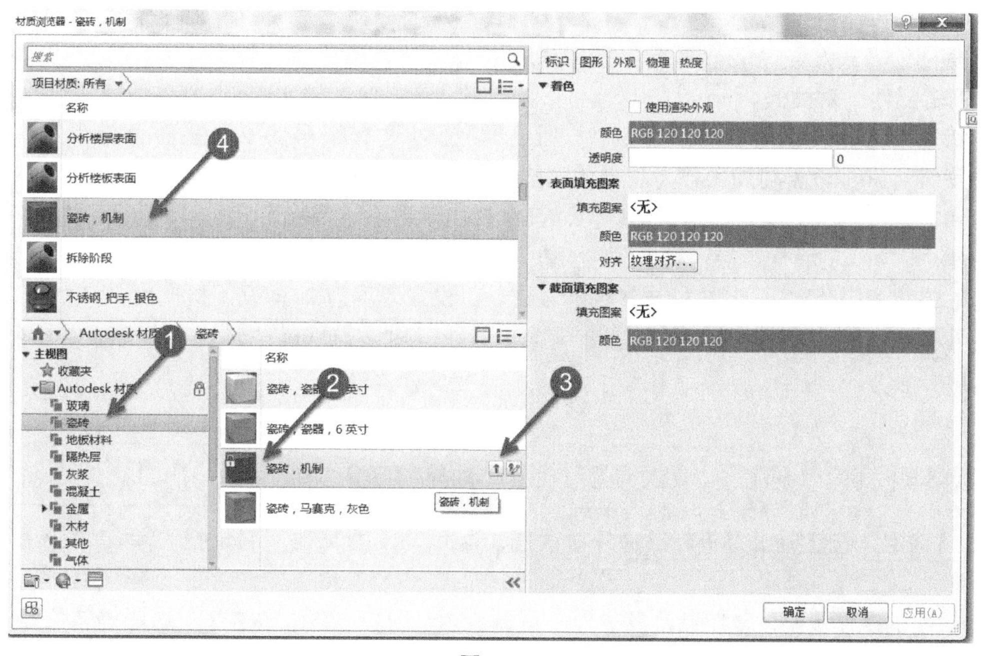

图 5-79

提 示

只有将库的材质移动至项目中，才可以在项目中使用该材质。

Step 08 单击“项目材质”面板中“瓷砖，机制”材质，Revit 将在右侧显示该材质的特性。在“图形”选项卡“着色”列表中显示了该材质在着色视图下颜色显示的设定。确认不勾选“使用渲染外观”选项，注意该材质默认颜色为灰色（RGB：120 120 120），单击颜色区域，弹出“颜色”对话框。如图 5-80 所示，在“颜色”对话框“基本颜色”中选择图中所示颜色。完成后单击“确定”按钮退出颜色属性对话框。

提 示

如果“材质”对话框中未显示右侧材质详细信息，请单击材质对话框右下角“打开/关闭材质编辑器”按钮以显示材质属性。

Step 09 如图 5-81 所示，单击“表面填充图案”下“填充图案”区域，弹出“填充样式”对话框，在“填充样式”对话框中，选择图案名称为“Vertical”样式，完成后单击“确定”按钮返回材质对话框，颜色为默认值。

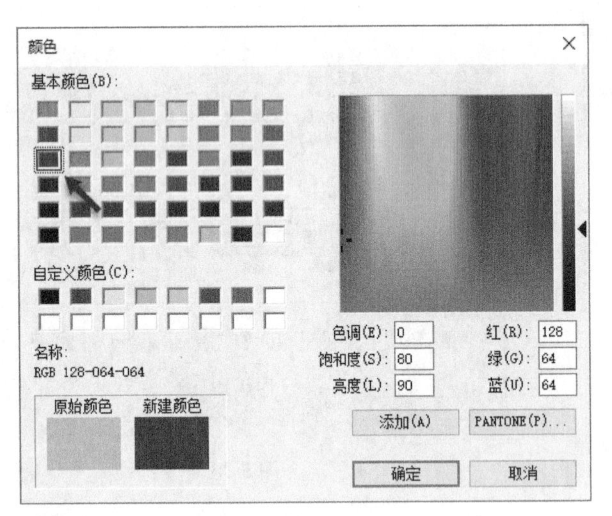

图 5-80

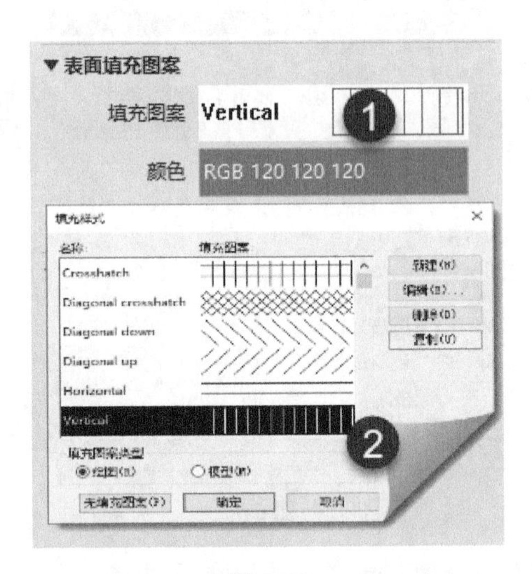

图 5-81

提 示

注意在截面填充图案设置中，“填充样式”对话框中的“填充图案类型”仅可设置为“绘图”。关于填充样式设置的详细区别，参见本书第 12 章设计表现。

Step 10 使用相同的方式设置“截面填充”图案为“沙-密实”，颜色均为默认。设置完成后，单击“确定”按钮返回墙“编辑部件”对话框。

Step 11 单击编号“3”的墙构造层，单击“向上”按钮修改其编号为 2。设置功能为“保温层/空气层[3]”；设置厚度值为 30；设置材质名称为“硬质隔热层”，勾选“外观”选项卡中“使用渲染外观”选项，即 Revit 将使用与渲染贴图相近的颜色作为着色颜色，其余材质参数不做调整。

Step 12 单击编号“4”的墙构造层，“向下”移动至编号为 6，设置功能为“面层 2 [5]”；设置材质名称为“灰泥”，勾选“使用渲染外观”，其余材质参数不做调整；设置厚度为 20，设置材质为“灰泥”，勾选“外观”选项卡中“使用渲染外观”选项。完成后，单击“编辑部件”对话框底部“预览”按钮，显示墙体构造预览，结果如图 5-82 所示。

提 示

可以在预览面板下方“视图”中切换预览方式为“剖面”或者“楼层平面”视图。

Step 13 单击“确定”按钮退出“编辑部件”对话框，返回“类型属性”对话框。单击“应用”按钮保存墙类型设置。

Step 14 采用相同的操作步骤，复制创建名称为“建筑外墙_砌块_200_做法 2”的新墙体类型，其构造如图 5-83 所示。设置 1、7 层功能类型均为“面层 1 [4]”，材质为“灰泥”，厚度为“20”；设置 2、6 层功能类型均为“衬底［2］”，材质为“防潮层”，厚度为“10”。完成后单击“确定”按钮两次，退出“类型属性”对话框。

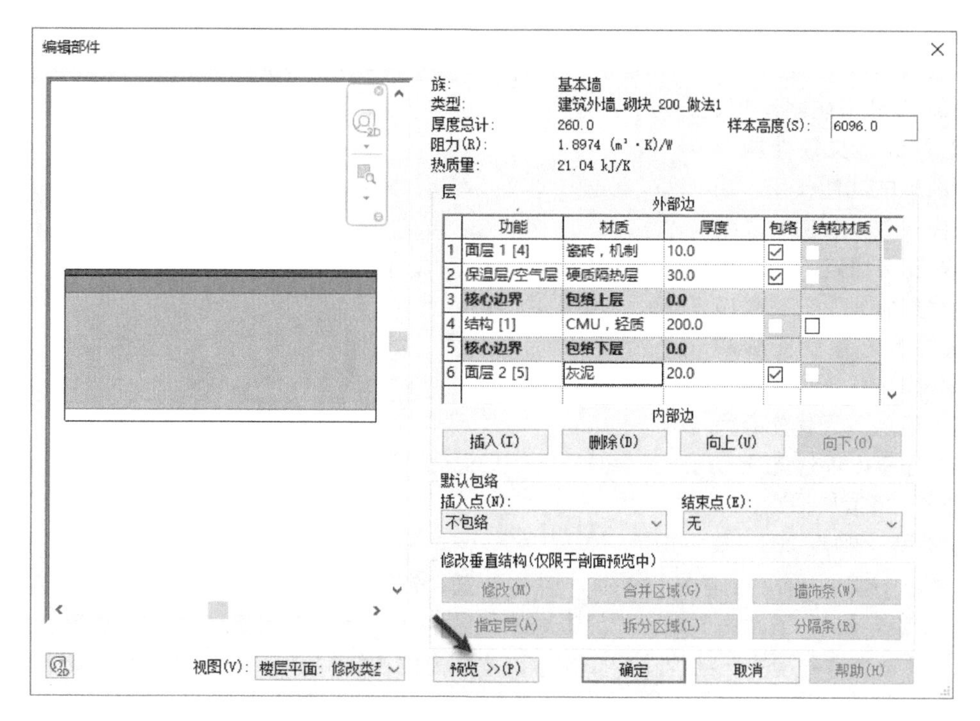

图 5-82

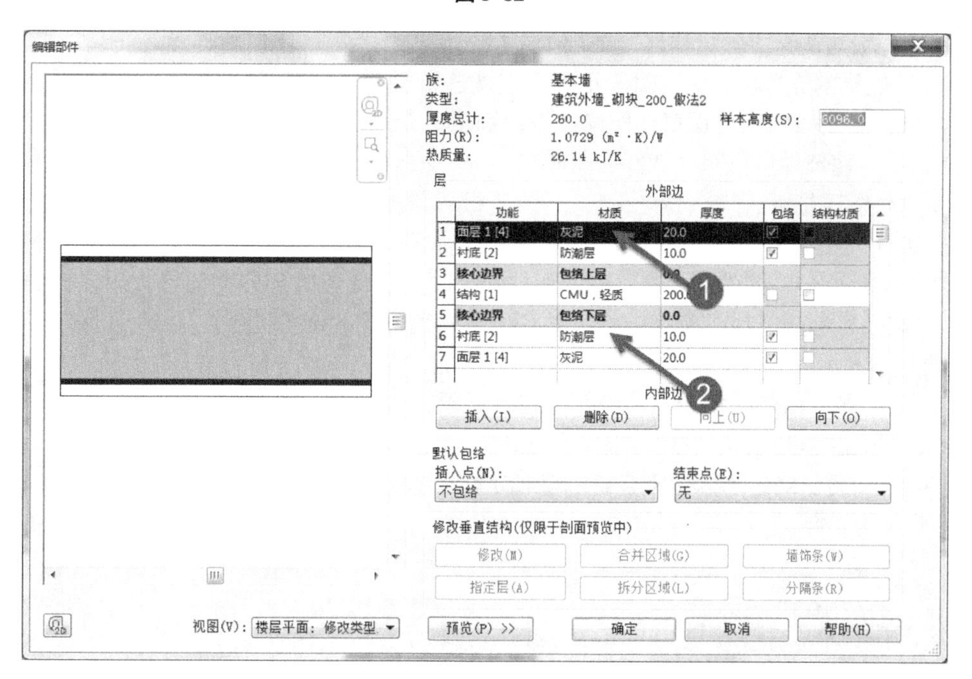

图 5-83

Step15 使用墙体绘制工具，在视图中任意空白位置，使用“建筑外墙_砌块_200_做法 1”绘制水平方向墙体，“建筑外墙_砌块_200_做法 2”绘制垂直墙体，使两墙体相交。切换视图详细程度为“精细”，注意 Revit 自动处理墙体各层间连接关系，如图 5-84 所示。

Step16 至此，完成本练习，关闭当前项目，不保存对文件的修改。

本节中定义的“建筑外墙_砌块_200_做法 1”“建筑外墙_砌块_200_做法 2”，在绘制该类型墙时，可以在视图中显示该墙定义的墙体结构，用于帮助设计师仔细推敲建筑细节，这与近年来各工程行业中提倡的“精细化设计”理念相符。只有在中等或精细视图显示模式下才能在视图中详细显示墙定义的各层结构。可以通过“视图”选项卡“图形”面板中“细线”按钮，切换视图为细线模式。在细线模式下，将以细节替代模型实际线宽，以更好查看墙各构造层。在本书第 14 章中将详述如何定义对象在视图中的显示样式。

在墙“编辑部件”对话框“功能”列表中共提供了6种墙体功能，即结构［1］、衬底［2］、保温层/空气层［3］、面层1［4］、面层2［5］、涂膜层（通常用于防水涂层，厚度必须为0）。可以定义墙结构中每一层在墙体中所起的功能作用。功能名称后方括号中的数字，例如“结构［1］”，表示当墙与墙连接时，墙各层之间连接的优先级别。方括号中的数字越大，该层的连接优先级越低。当墙相连接时，Revit会试图连接功能相同的墙功能层。但优先级为1的结构层将最先连接，而优先级最低的“面层2［5］”将最后相连。

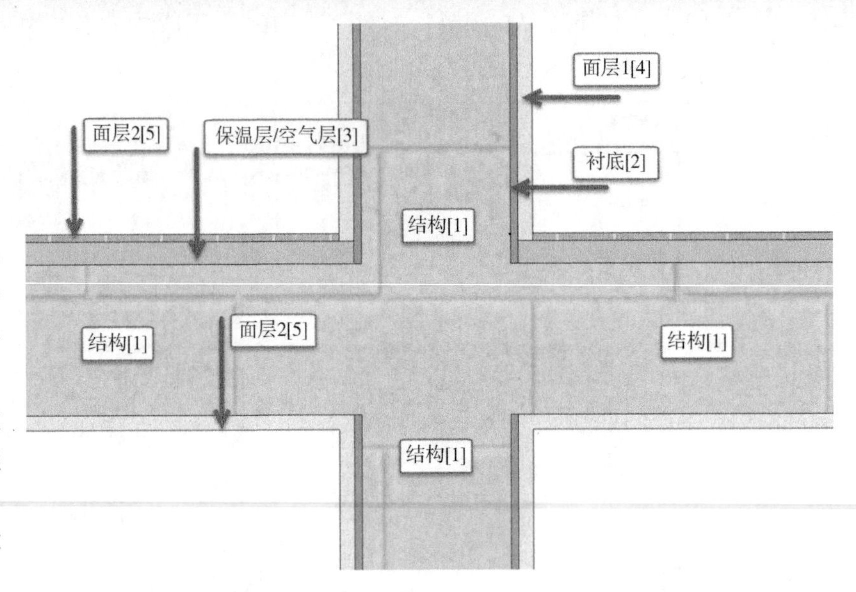

图 5-84

使用“建筑外墙_砌块_200_做法1”和“建筑外墙_砌块_200_做法2”在F1中空白位置绘制两交叉墙体，查看墙体构造连接后优先顺序效果。当具有多层的墙连接时，水平方向墙优先级最高的“结构［1］”功能层将“穿过”垂直方向墙的“面层1［4］”功能层连接到垂直方向墙的“结构［1］”层。而水平方向墙结构层“衬底［2］”也将穿过垂直方向“面层1［4］”，直到“结构［1］”层。类似的，垂直方向优先级为4的“面层1［4］”将穿过水平方向墙“面层2［5］”，但无法穿过水平方向墙优先级更高的“衬底［2］”结构层。而在水平方向墙另一侧，由于墙该结构层“面层1［4］”的优先级与垂直方向结构层“面层1［4］”优先级相同，所以将连接在一起。

合理设计墙和功能层的连接优先级，对于正确表现墙连接关系至关重要。请读者思考，如果将垂直方向墙“建筑外墙_砌块_200_做法2”两侧面层功能修改为“面层2［5］”，墙连接将变为何种形式呢？

Revit在墙结构中，墙部件包括两个特殊的功能层——“核心边界”，用于界定墙的核心结构与非核心结构。“核心边界”之间的功能层是墙的“核心结构”，所谓“核心结构”是指墙存在的必需条件，例如砖砌体、混凝土墙体等。“核心边界”之外的功能层为“非核心结构”，如可以是装饰层、保温层等辅助结构。以砖墙为例，“砖”结构层是墙的核心部分，而砖结构层之外的如抹灰、防水、保温等部分功能层依附于砖结构部分而存在，因此可以称为“非核心”部分。功能为“结构”的功能层必须位于“核心边界”之间。“核心结构”可以包括一个或几个结构层或其他功能层，用于创建复杂结构的墙体。

Revit中，“核心边界”以外的构造层，都可以设置是否“包络”。所谓“包络”是指墙非核心构造层在断开点处的处理方法。例如在墙端点部位或当墙体中插入门、窗等洞口时，可以分别控制墙在端点或插入点的包络方式。对比图5-85和图5-86，为未定义包络的墙和定义了包络后的墙的平面形式。注意Revit中墙仅在开放的端点处包络。

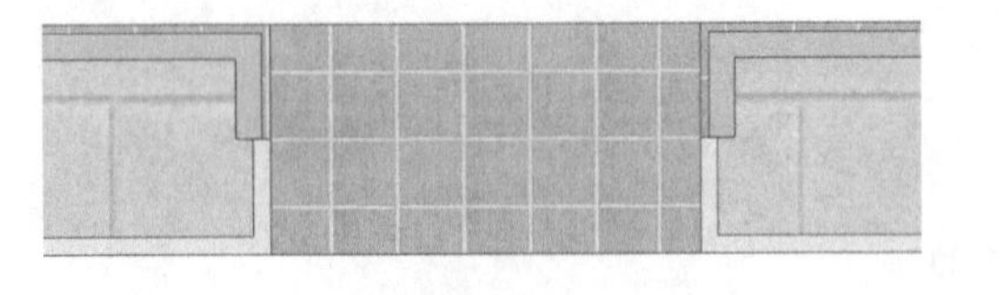

图 5-85

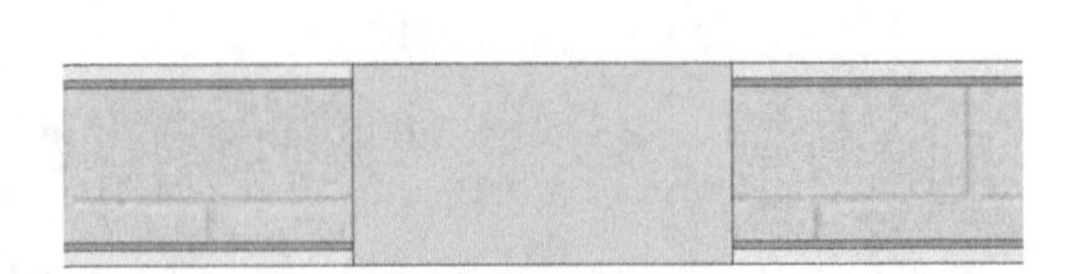

图 5-86

在墙“类型属性”对话框的“类型参数”或“编辑部件”对话框中，提供修改在“插入点”和“结束点”的包络参数设置。如图5-87所示，为编辑部件对话框中设置墙类型中“默认包络”选项。针对插入点包络，提供了无（不包络）、内侧（内侧结构向外包络）、外侧（外侧结构向内包络）三种包络方式；而“端点包络”除上述三种类型外，还增加了“两者”选项，即两侧结构向中心线包络。请读者自行验证几种包络方式的区别。注意Revit仅会对“编辑部件”对话框中勾选了“包络”选项的构造层进行包络。

“插入点”包络设置将被插入的主体图元类型属性中的“墙包络”设置替代。例如，设置墙体“插入点”包络方式为“外部”，当在该墙类型实例中插入门时，如果在门“类型属性”对话框中“墙包络”设置为“无”，则墙仍然不会在该插入点包络。

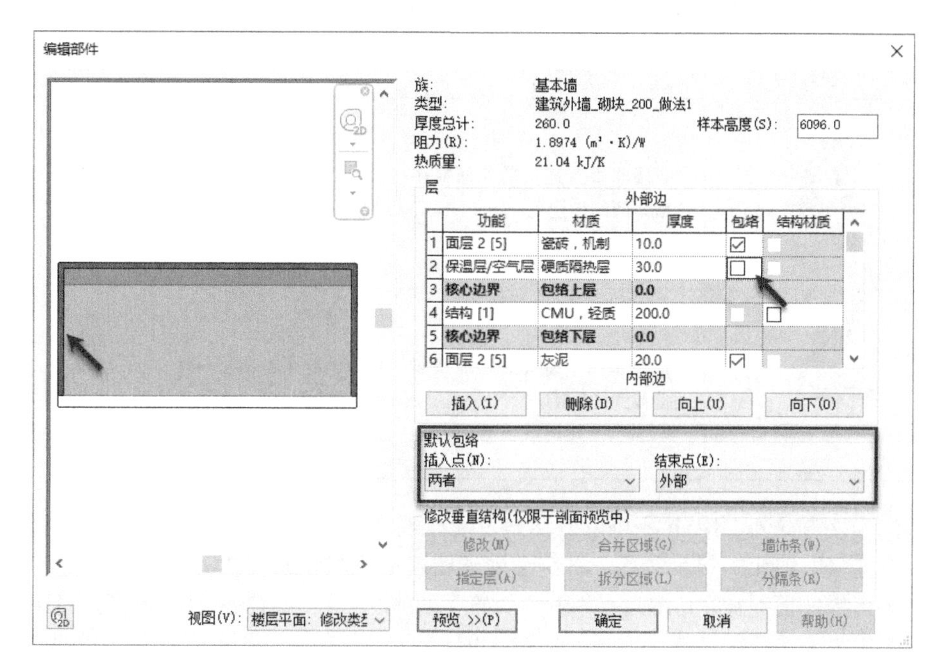

图 5-87

5.2.2 墙连接与连接清理

当墙与墙相交时，Revit 通过控制墙端点处“允许连接”方式控制连接点处墙连接的情况。该选项适用于叠层墙、基本墙和幕墙各种墙图元实例。如图 5-88 所示，同样绘制至水平墙表面的两面墙，允许墙连接和不允许墙连接的墙连接情况。

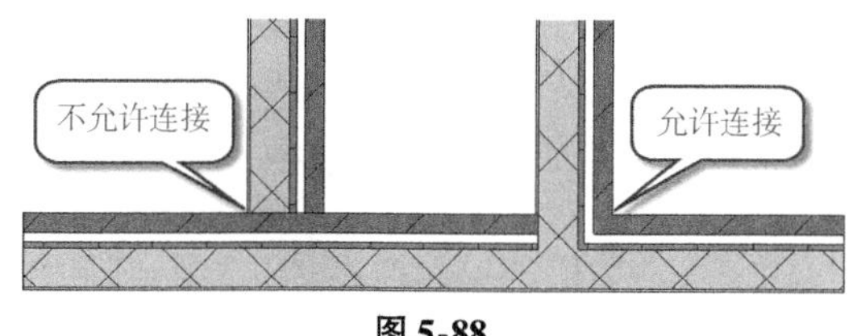

图 5-88

除可以通过控制墙端点的允许连接和不允许连接外，当两个墙相连时，还可以控制墙的连接形式。Revit 在“修改”选项卡“几何图形”面板中，提供了墙连接工具，如图 5-89 所示。

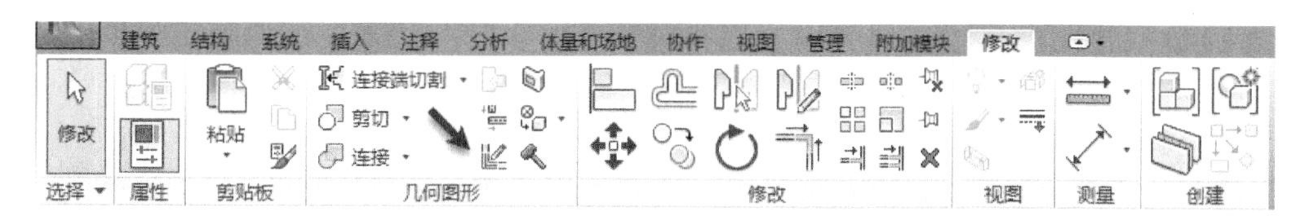

图 5-89

使用该工具，移动鼠标至墙图元相连接的位置，Revit 在墙连接位置显示预选边框。单击要编辑墙连接的位置，即可通过修改选项栏连接方式选项修改墙连接，如图 5-90 所示。

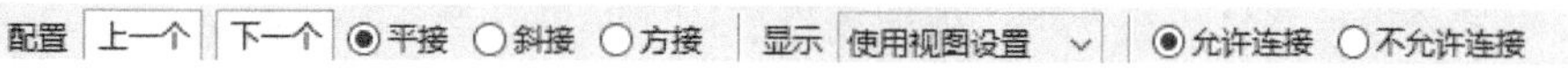

配置 上一个 下一个 ◉平接 ○斜接 ○方接 显示 使用视图设置 ◉允许连接 ○不允许连接

图 5-90

当 Revit 可以修改最多涉及 4 个墙图元的连接的配置，用于改变墙之间的连接类型或墙连接的顺序及墙连接的位置，Revit 提供了三种不同的墙连接方式：平接、斜接和方接。在表 5-1 中，列举了各种不同的连接方式的区别。

表 5-1

连接方式	连接结果	连接说明	修改选项
平接		任何情况均可使用此连接方式	通过选项栏“上一个”或“下一个”指定平接的连接顺序，被剪切的墙将改变体积

（续）

连接方式	连接结果	连接说明	修改选项
斜接		仅限非垂直连接的两面或多面墙体间的连接	通过选项栏“上一个”或“下一个”指定斜的连接顺序，被剪切的墙将改变体积
方接		仅限非垂直连接的两面或多面墙体间的连接	通过选项栏“上一个”或“下一个”指定方接的剪切顺序，被剪切的墙将改变体积

除可以设置墙的连接方式外，Revit 还可以显示是否清理墙连接位置。如图 5-91 所示，完全相同的连接情况下，左侧为不清理墙连接时图元的显示情况，右侧为清理墙连接的图元显示情况。

在项目中，当不选择任何对象时，Revit 将在“属性”面板中显示当前视图的属性。在楼层平面视图属性中，提供了当前视图中墙连接的默认显示方式，如图 5-92 所示，在当前视图中所有墙连接将显示为“清理所有墙连接”。使用该选项，表示在默认情况下，Revit 将清理视图中所有墙的连接。使用“墙连接”修改工具，可以修改任意墙连接的显示方式。关于视图属性的更多信息，参见本书第 14 章。

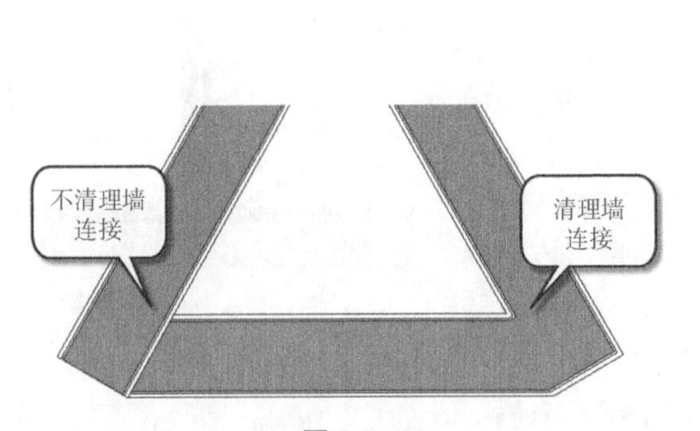

图 5-91

图 5-92

值得注意的是，当在视图中使用“编辑墙连接”工具单独指定了墙连接的显示方式后，视图属性中的墙连接显示选项将变为不可调节。必须保证视图中所有的墙连接均为默认的“使用视图设置”，视图属性中的墙连接显示选项才可以设置和调整。

对于未与其他墙发生连接的墙端点，可以选择墙体后，右键单击端点位置，在弹出菜单中选择设置该端点“不允许连接”，如图 5-93 所示，则该墙端点与其他墙体相交时，Revit 将不连接墙体。在使用“编辑墙连接”工具时，当选择未与其他墙发生连接的墙端点时，可以设置该端点“允许连接”或“不允许连接”，其功能与右键菜单中的选项完全一致。

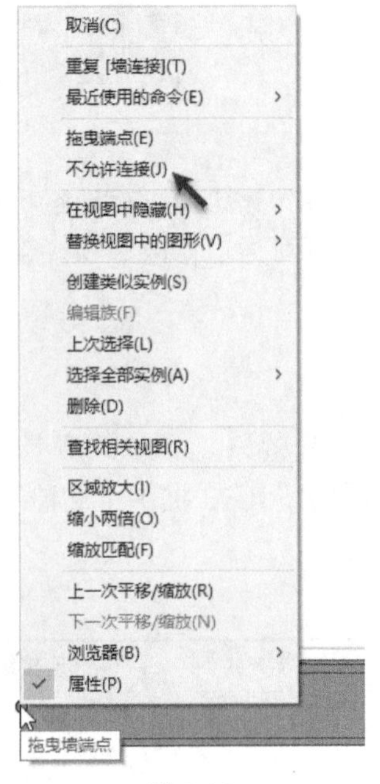

图 5-93

5.2.3　关于编辑墙轮廓的说明

Revit 可以对基本墙、叠层墙和幕墙编辑墙轮廓。事实上，Revit 中的墙图元，可以理解为基于立面轮廓草图，根据墙类型属性中的结构厚度定义拉伸生成的三维实体。在编辑墙轮廓时，轮廓线必须首尾相连，不得交叉、开放或重合。轮廓线可以在闭合的环内嵌套。如图 5-94 所示墙轮廓，将在墙体上生成洞口。

对于嵌入其他墙中的幕墙，也可以修改幕墙轮廓。如图 5-95 所示，修改嵌入其他墙中的幕墙轮廓时会同时修改嵌入主体的洞口轮廓。

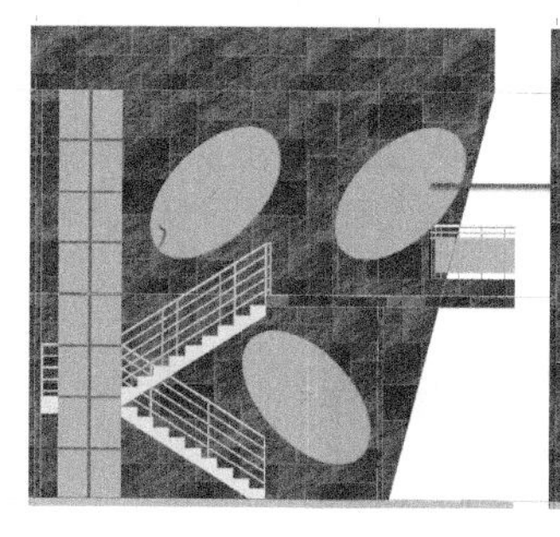
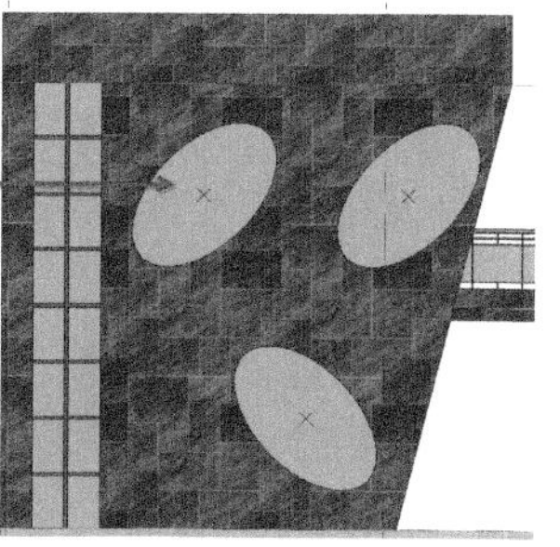

图 5-94

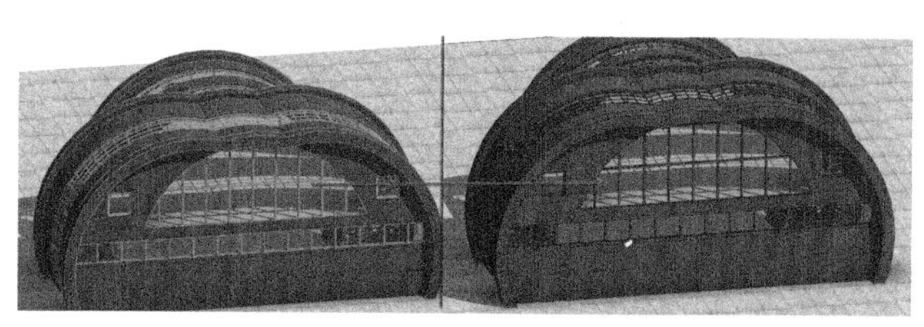

图 5-95

选择编辑墙轮廓后的墙图元，在“修改墙”上下文关联选项卡“修改”面板中“重设轮廓”工具将变为可用，如图 5-96 所示。单击“重设轮廓”工具，可以删除所选择墙用户编辑的轮廓形状，还原为默认墙绘制状态。

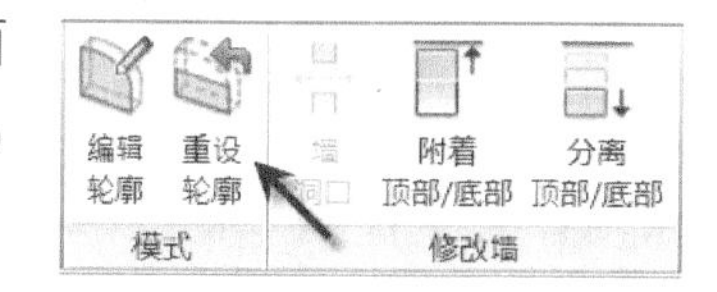

图 5-96

5.2.4 墙附着与分离

编辑轮廓工具仅针对直线形墙有效。而对于弧形、圆形等非直线形墙，将无法使用“编辑轮廓”编辑工具。Revit 在“修改 | 墙”面板中，提供了“附着”工具，用于将所选择墙附着至其他图元对象。如参照平面或楼板、屋顶、天花板等构件表面。通过下面练习，学习墙附着编辑的操作方法。

Step01 打开随书文件“第 5 章 \ RVT \ 墙附着练习 . rvt”项目文件。切换至三维视图，如图 5-97 所示。

Step02 切换至南立面视图。在视图中使用虚线框选的形式框选墙，自动切换至“修改 | 墙”上下文关联选项卡。注意由于所选择为弧形墙，因此“编辑轮廓”工具为不可用状态。单击“修改墙”面板中“附着”工具，设置选项栏中附着墙的部位为“顶部”，如图 5-98 所示。

提 示

“墙洞口”工具仅在只选择单一弧形墙时可用。因为圆墙由两段圆弧墙组成，所以使用虚线框选的方式将选择两段弧形墙图元。

Step03 单击视图中参照平面作为附着目标。墙顶部高于参照平面的部分将被删除，而低于参照平面的墙将延伸。切换至三维视图，结果如图 5-99 所示。

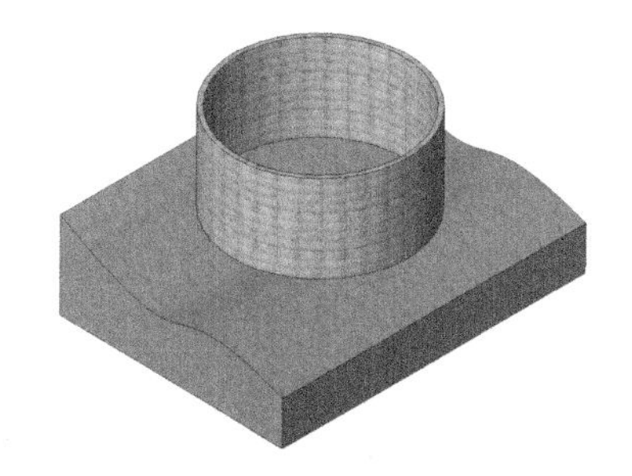

图 5-97

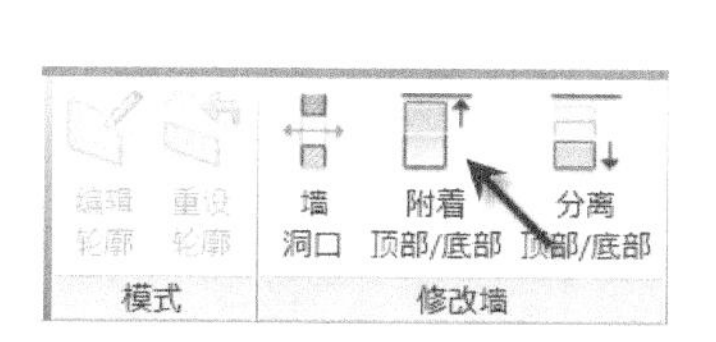

图 5-98

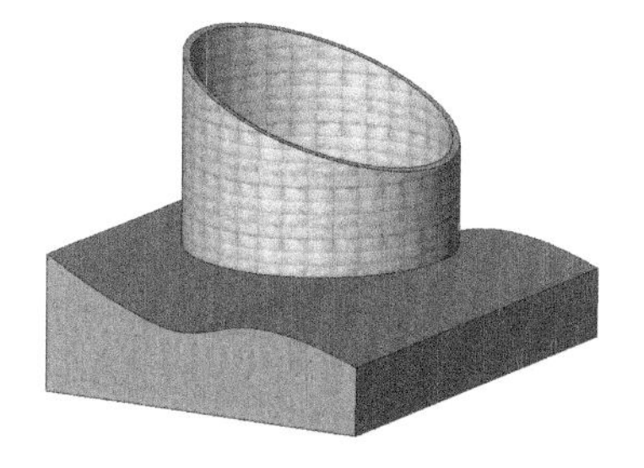

图 5-99

Step04 在三维视图中，按 Ctrl 键选择全部墙，使用“附着”工具，设置选项栏附着墙的部位为“底部”，如图 5-100 所示。

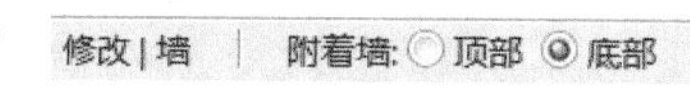

图 5-100

Step05 单击选择下方楼板对象，该对象为使用在位创建功能创建的楼板。Revit 将沿楼板表面修改墙立面形状，如图 5-101 所示。

Step06 选择墙，单击“修改墙”面板中“分离”工具，单击已附着的对象，可取消墙附着。或单击选项栏中，“全部分离”按钮分隔所有已附着对象，恢复至原始状态。关闭项目而不保存对项目的修改。至此已完成墙附着与分离的练习。

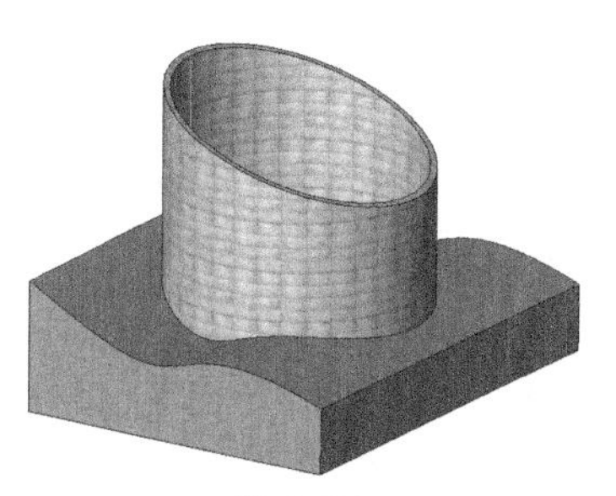

图 5-101

除基本墙外，Revit 还可以附着叠层墙、幕墙等墙图元。Revit 允许墙附着于参照平面、楼板、屋顶、屋顶檐底板等对象之上，实现对墙立面形状的快速编辑。在使用墙附着工具时，注意在修改选项栏中选择要附着墙的顶部还是底部，以得到正确的结果。

5.2.5 定义叠层墙

前面介绍了 Revit 中基本墙族类型。Revit 在墙工具中还提供了另外一种墙族类型“叠层墙”。使用叠层墙可以创建更为复杂结构的墙。如图 5-102 所示，该叠层墙由上下两种不同厚度、不同材质的“基本墙”类型子墙构成。

叠层墙用于在墙垂直高度上拥有复杂墙结构的墙对象。叠层墙在高度方向上由一种或几种基本墙类型的子墙构成。在叠层墙类型参数中可以设置叠层墙结构，分别指定每种类型墙对象在叠层墙中的高度、对齐定位方式等。可以使用与其他墙图元相同的修改和编辑工具修改和编辑叠层墙对象图元。

图 5-102

要定义叠层墙，必须先定义叠层墙结构定义中要使用的基本墙族类型。本项目中叠层墙由两种基本墙“建筑外墙_花岗石_20”“建筑外墙_地石_20”在高度方向上叠合构成。“建筑外墙_地石_20”在下，高度 700，数值固定不变，“建筑外墙_花岗石_20”高度随项目变化而变化。

Step01 启动 Revit，默认将打开“最近使用的文件”页面。单击左上角“应用程序菜单”按钮，在列表中选择“新建”→“项目”，弹出“新建项目”对话框，单击“浏览”按钮，浏览至随书文件“第 4 章\ Other\ 综合楼样板_建筑_2017. rte”样板文件，确认“新建项目”对话框中“新建”类型为“项目”，单击“确定”按钮，Revit 将以“综合楼样板_建筑_2017. rte”为样板建立新项目。

Step02 切换至“F1”楼层平面视图。使用墙工具，在类型列表中选择墙类型为“基本墙：建筑外墙_砌块_200”；以该类型为基础复制新建名称为“建筑外墙_花岗石_20”的基本墙类型。打开“编辑部件”对话框，按如图 5-103 所示构造定义厚度为 20 的“面层 1［4］”墙结构，设置材质名称为：huagangshi_xuehuadia；设置完成后，单击“确定”按钮返回类型属性对话框。单击“类型属性”对话框中“应用”按钮不退出对话框应用设置。

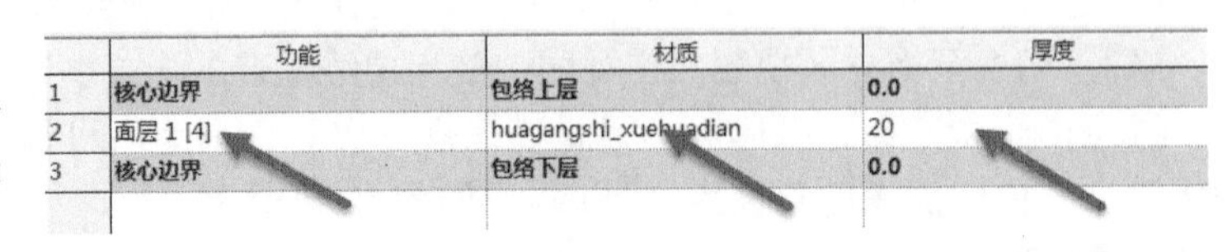

	功能	材质	厚度
1	核心边界	包络上层	0.0
2	面层 1 [4]	huagangshi_xuehuadian	20
3	核心边界	包络下层	0.0

图 5-103

Step03 继续复制新建名称为“建筑外墙_地石_20”的基本墙类型。打开“编辑部件”对话框，按如图 5-104 所示构造定义厚度为 20 的“面层 1［4］”墙结构，设置材质名称为：dizhuan_banwucuofeng。设置完成后，单击“确定”按钮返回类型属性对话框。单击“类型属性”对话框中“应用”按钮并按“确定”退出对话框，完成基本墙装饰面墙设置。

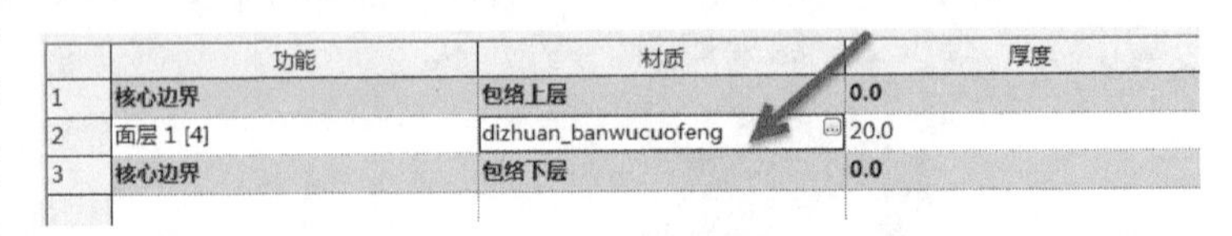

	功能	材质	厚度
1	核心边界	包络上层	0.0
2	面层 1 [4]	dizhuan_banwucuofeng	20.0
3	核心边界	包络下层	0.0

图 5-104

Step04 在“类型属性”对话框中，单击顶部“族”列表，选择墙族为“叠层墙”，在类型列表中选择“外墙_白色 + 蓝色 900”类型，复制新建名称为“建筑外墙_地石 700 + 花岗石_20”叠层墙类型；注意叠层墙类型参数中仅包括“结构”一个参数。

Step05 单击“结构”参数后“编辑”按钮，打开“编辑部件”对话框。如图 5-105 所示，设置“偏移”方式为“核心层中心线”，即叠层墙各类型子墙在垂直方向上以墙核心层中心线对齐；在“类型”列表中，单击“插入”按钮插入新行。修改第 1 行“名称”列表，在列表中选择墙类型为“建筑外墙_地石_20”；设置高度为 700。修改第 2 行墙名称为“建筑外墙_花岗石_20”，设置墙高度为“可变”。点击“向上”按钮，调整 1 和 2 位置，使“建筑外墙_花岗石_20”基本墙类型为 1，其他参数参见图中所示。单击底部“预览”按钮，在左侧预览窗口中可查看缩略图。单击“确定”按钮，返回“类型属性”对话框；再次单击“确定”按钮退出“类型属性”对话框，完成叠层墙“建筑外墙_地石 700 + 花岗石_20”类型定义。

提 示

“类型”列表中按从下到上的顺序，显示叠层墙自底部至顶部方向的子墙类型和高度。各行“名称”列表中显示项目中所有可用基本墙族类型。对话框中“偏移”值用于控制各子墙体在垂直方向上（墙剖面）所设置的各墙对齐基线间的偏移距离。

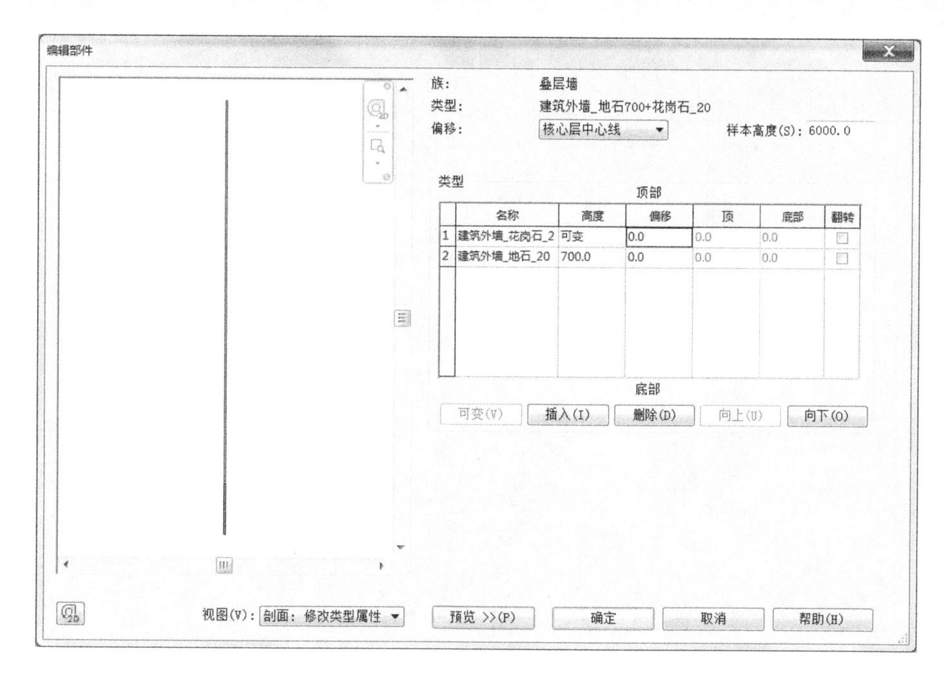

图 5-105

Step06 切换至"F1"楼层平面视图，使用墙工具，在类型列表中选择当前墙类型为"叠层墙：建筑外墙_地石700+花岗石_20"；绘制方式"圆形"，设置选项栏墙"定位方式"为"墙核心层中心线"，确认勾选"链"选项；设置"属性"面板墙"高度"为F2，"顶部偏移值"为3000，即墙顶部位于F2标高之上3000；在F1楼层平面视图中绘制任意圆形墙体，切换至三维视图，结果如图5-106所示。

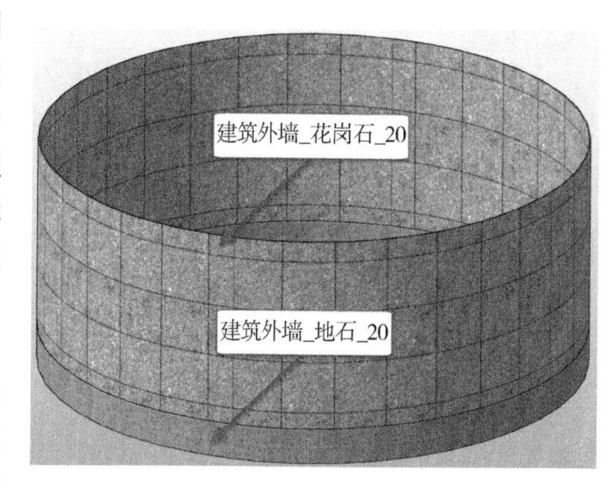

图 5-106

Step07 不保存项目，完成叠层墙测试练习。

"编辑部件"对话框中，各类型墙"高度"决定在生成叠层墙实例时各子墙的高度。在本项目中墙体高度共计6000mm，在叠层墙"建筑外墙_地石700+花岗石_20"类型中，设置底部"建筑外墙_地石_20"子墙高度为700mm，其余高度将根据叠层墙实际高度由"可变"高度子墙自动填充，故上部"建筑外墙_花岗石_20"墙体高度为5300mm。在叠层墙中有且仅有一个可变的子墙高度。在绘制叠层墙实例时，墙实例的高度必须大于叠层墙"编辑部件"对话框中定义子墙高度之和。

5.2.6 修改垂直墙结构

使用基本墙族时，在基本墙类型参数中，可以进一步对基本墙垂直结构进行编辑，生成更为复杂的垂直复合墙对象。下面通过练习说明如何在Revit中创建复杂垂直复合墙。

Step01 打开随书文件"第5章\RVT\5-2-6.rvt"项目文件，单击"视图"选项卡"图形"面板中"细线"工具，可以在"细线"和"非细线"两种显示模式下互相切换，建议作图过程中，均使用"细线"模式绘制图元。

提 示

在默认的快速访问栏中，也可以找到"细线"工具。

Step02 切换至F1楼层平面视图。切换至默认三维视图，注意在该项目中，已创建一段类型为"基本墙：常规-500"的墙图元。

Step03 打开墙"类型属性"对话框，复制新建墙类型"常规-500_修改垂直"。打开墙"编辑部件"对话框，如图5-107所示，单击"编辑部件"对话框左下方"预览"按钮，在对话框左侧显示墙预览视图。修改"视图"类型为"剖面：修改类型属性"。此时"编辑部件"对话框中"修改垂直结构（仅限于剖面预览中）"

列表中工具变为可用。

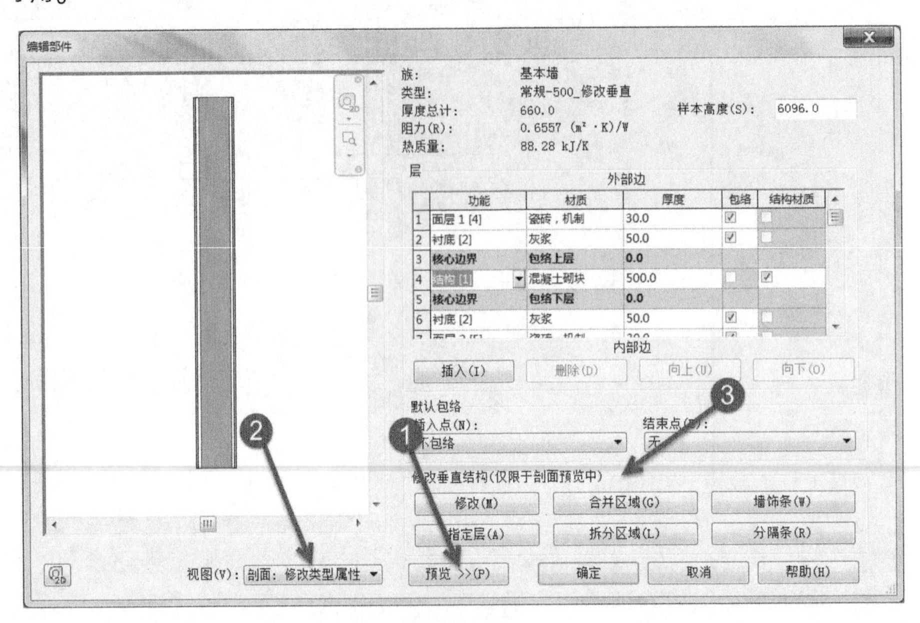

图 5-107

> **提 示**
>
> 单击“编辑部件”对话框预览框底部左侧“动态视图”按钮，可以放大、平移预览视图，可以像在项目视图中一样使用鼠标中键缩放和平移视图。

Step 04 单击“修改垂直结构（仅限于剖面预览中）”工具列表中“拆分区域”按钮，适当放大左侧预览视图中的墙体，在左侧涂层（墙体外侧）距底部任意位置单击，拆分外涂层为上下两段，如图 5-108 所示，拆分后在拆分位置与墙底部之间自动生成尺寸标注。

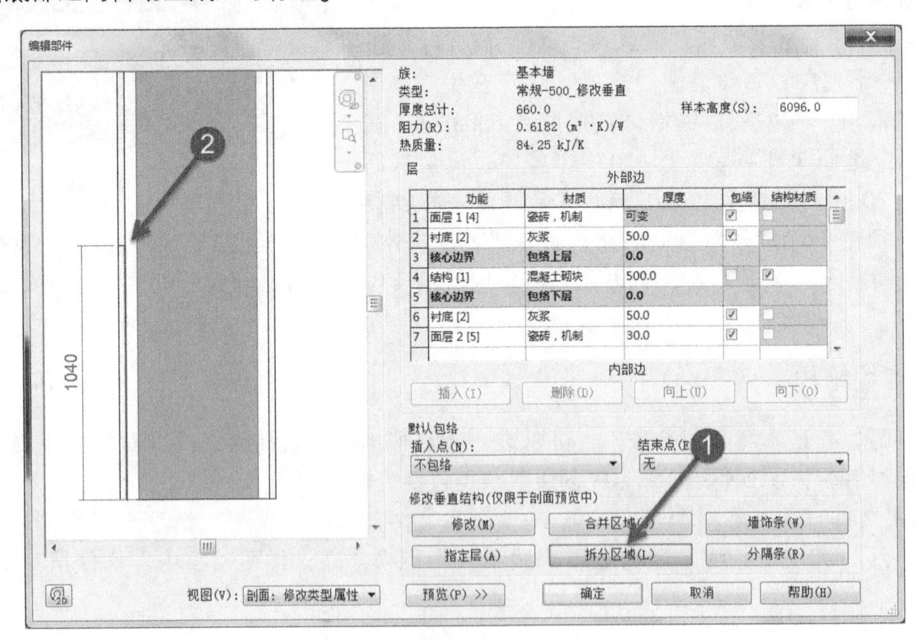

图 5-108

> **提 示**
>
> 使用“修改”垂直结构中，切记不要按 Esc 键，否则将退出命令，并不会保存垂直拆分。完成修改后请按确认键或者点击切换到其他修改垂直命令，不能用 Esc 键。

Step 05 如图 5-109 所示，拆分完成后，单击“修改垂直结构（仅限于剖面预览中）”工具列表中“修改”按钮，单击选择拆分后生成的分割线，拆分线位置出现蓝色向上箭头，拆分线处于可修改状态，尺寸标注文字将变为蓝色可编辑状态，修改尺寸数据为 1000，调整拆分位置。

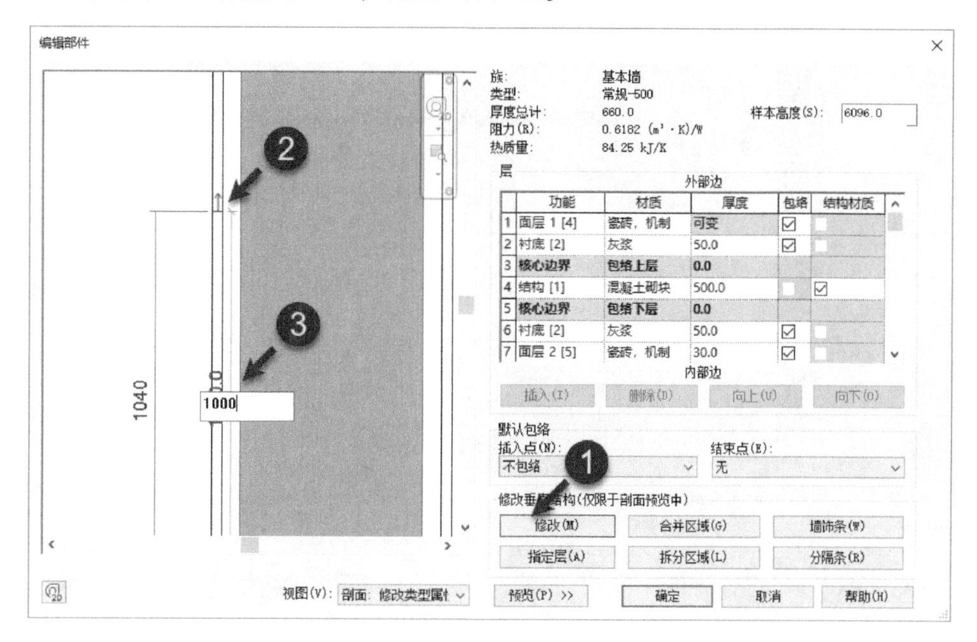

图 5-109

提 示

也可以用鼠标直接拖动以改变拆分位置。

Step 06 继续使用拆分工具，按图 5-110 所示尺寸拆分墙体外表面涂层，底部和顶部上下拆分尺寸一致。

Step 07 单击墙结构层列表顶部“插入”按钮，在顶部插入新层，设置该层功能为“面层 1［4］”，材质为“竹木”，厚度“0”，如图 5-111 所示。

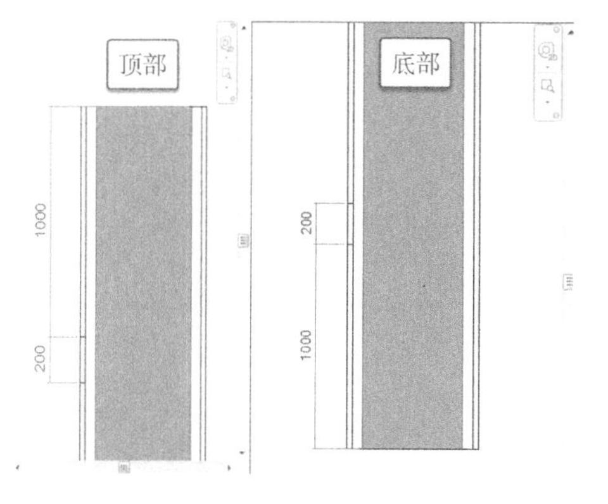

图 5-110

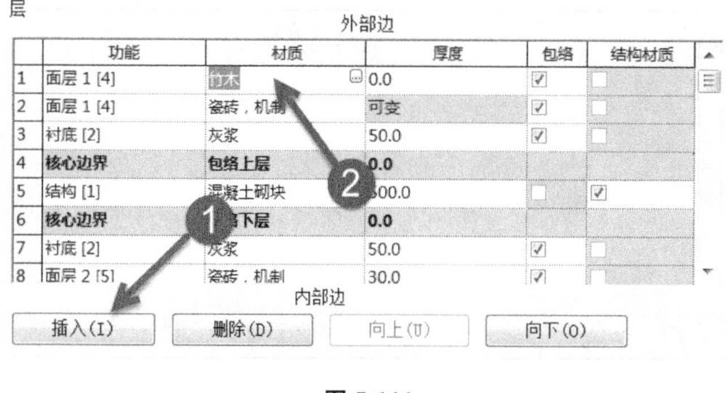

图 5-111

Step 08 单击墙结构层编号 1，高亮显示编号为 1 的结构层；单击“修改垂直结构（仅限于剖面预览中）”工具列表中“指定层”按钮，在左侧预览窗口中单击拾取所有拆分高度为 100 的区域，将该区域附予编号为 1 的墙构造层材质，如图 5-112 所示。注意：此时编号为 1 的墙结构层厚度变为“可变”。

Step 09 单击“修改垂直结构（仅限于剖面预览中）”工具列表中“合并区域”按钮，在左侧预览窗口放大视图至顶部 1000 分隔线位置。移动鼠标至构造层上，鼠标会出现合并至左侧←‖，或者右侧的合并提示符‖→。选择合并至左侧选项，即出现提示“层 2 和层 2 的边界合并指定层 3 后”，如图 5-113 所示。

Step 10 单击“墙饰条”按钮，弹出“墙饰条”对话框。在“墙饰条”对话框中单击“添加”命令 4 次，在墙饰条列表中添加新行。如图 5-114 所示参数设置墙饰条位置，注意第 4 行中墙饰条的定位边为“内部”。完成后单击“确定”按钮，返回“编辑部件”对话框。

Step 11 单击“分隔条”按钮，弹出“分隔条”对话框。在“分隔条”对话框中单击“添加”命令 2 次，在墙饰条列表中添加新行。参数设置分隔条位置如图 5-115 所示。完成后单击“确定”按钮返回“编辑部件”对话框。

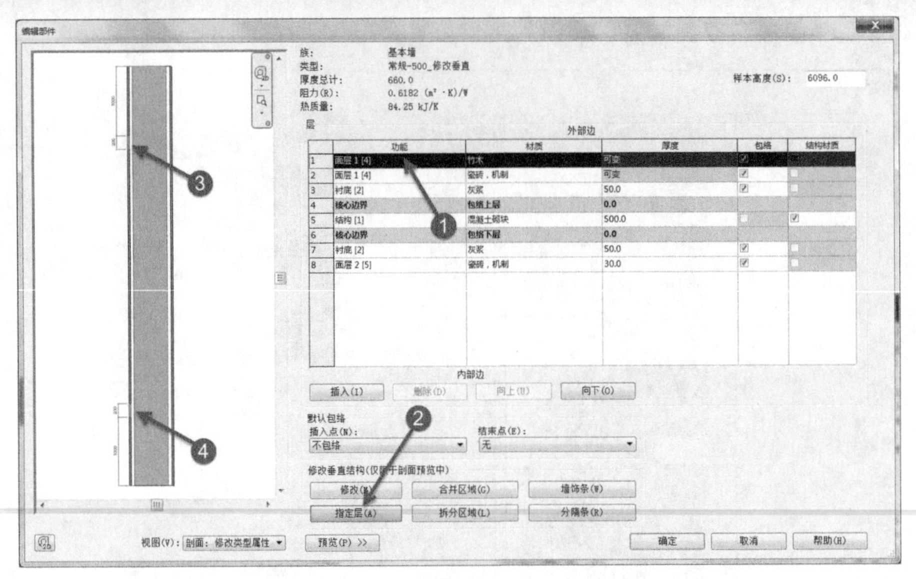

图 5-112

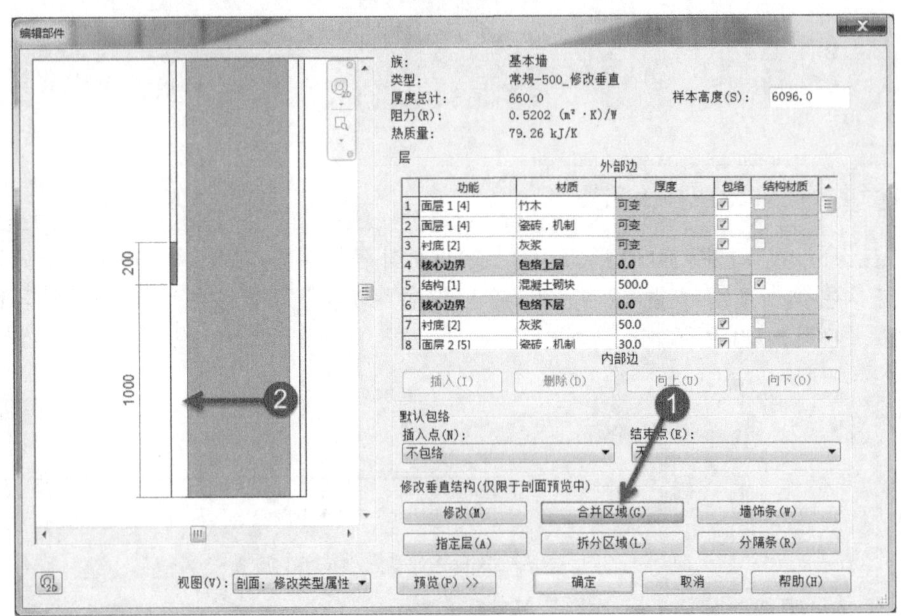

图 5-113

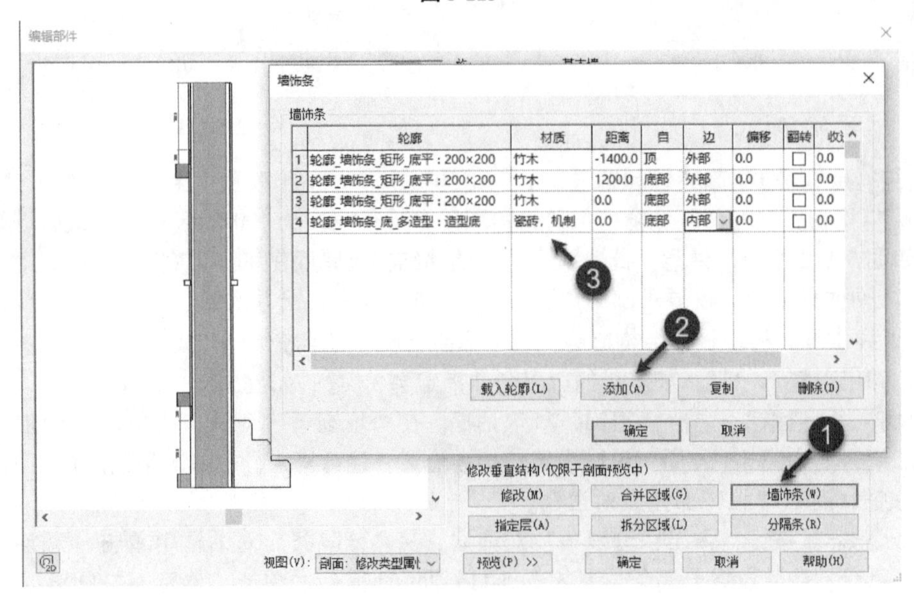

图 5-114

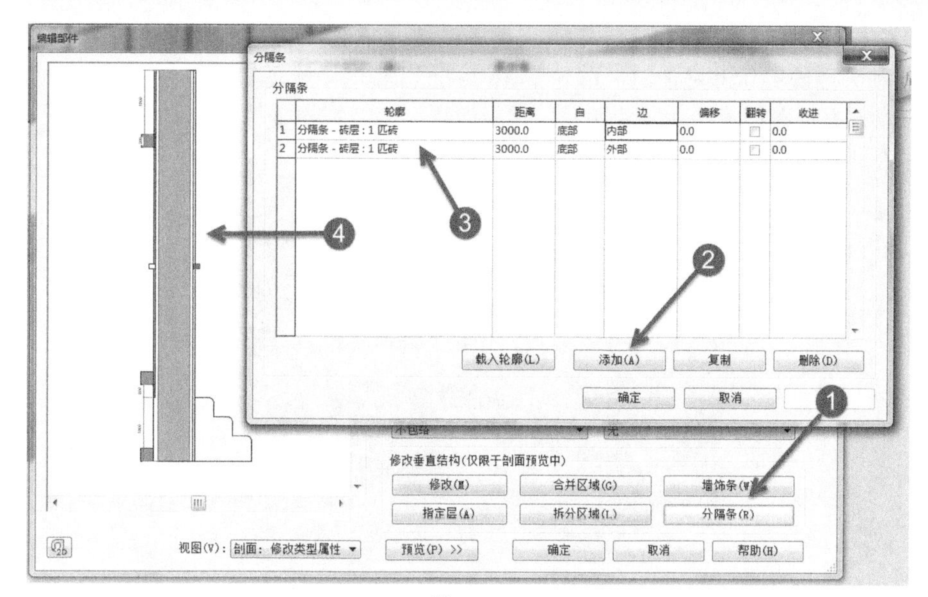

图 5-115

Step 12 单击“确定”按钮两次，完成墙类型设置。在标高 1 楼层平面视图绘制任意形式墙体。切换至三维视图，墙体显示如图 5-116 所示，绘制墙时将自动生成墙饰条、分隔缝和不同材质的装饰线条。

Step 13 关闭项目文件而不保存对文件的修改，完成垂直复合墙修改练习。

使用垂直复合墙，可以轻松定义任意复杂墙体。在创建建筑立面带装饰线条的外墙时，使用垂直复合墙可以在创建墙体的同时，创建满足设计要求的带装饰线条的墙。注意，Revit 的垂直复合墙仅可用于与标高垂直的墙体。

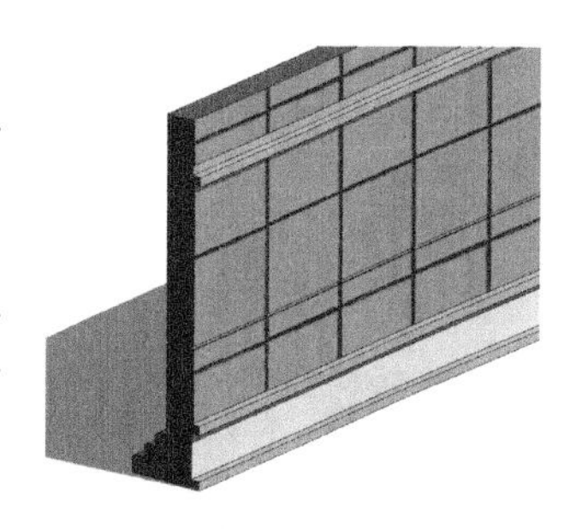

图 5-116

5.2.7 面墙与内建墙体

在 Revit 墙工具中，除前述使用的“墙”工具外，还提供了“结构墙”、“面墙”、墙饰条和“墙分隔缝”几种构件类型。结构墙的用法与墙完全相同。不同的是，使用“结构墙”创建的墙将在“属性”面板中，会添加与结构计算和结构配筋相关的结构信息，如是否启用分析模型、钢筋保护层设置等，如图 5-117 所示。结构墙用于创建承重的墙构件，如剪力墙等。用于建筑师与结构工程师之间提供数据交换接口。使用结构墙体可以为结构墙布置钢筋、进行受力分析等。

“面墙”用于将概念体量模型表面转换为墙图元。在 Revit 中，使用“墙”工具创建的墙均垂直于标高。要创建斜墙或异形墙图元，可以使用 Revit 的体量功能创建体量曲面或体量模型，再利用“面墙”功能将体量表面转换为墙图元。如图 5-118 所示异形墙体使用“面墙”工具通过拾取左侧体量曲面生成。关于概念体量的更多内容请参见本书第 21 章相关内容。

Revit 自带的墙族仅能创建截面轮廓是矩形的墙图元。在处理含有异形的特殊项目时，如果需要创建非矩形截面的墙图元，则可以使用 Revit 的内建墙族功能，创建任意截面的墙体，如图 5-119 所示。

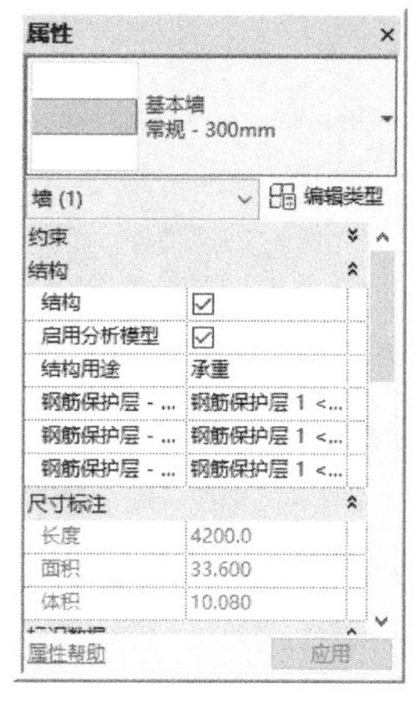

图 5-117

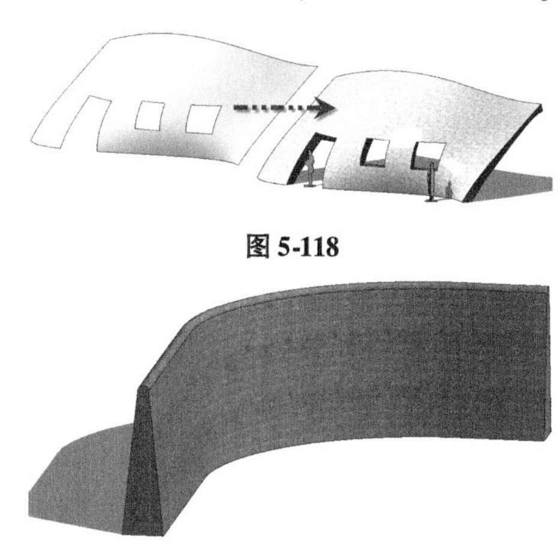

图 5-118

图 5-119

墙饰条和分隔缝是依附于墙主体的带状模型，用于沿墙水平方向或垂直方向创建带状墙装饰结构，如图5-120所示。墙饰条和分隔缝实际上是预定义的轮廓由 Revit 沿墙水平或垂直方向放样生成的线性模型。使用墙饰条和分隔缝，可以很方便地创建如女儿墙压顶、室外散水、墙装饰线条等。在本书第 10 章中，将详细介绍基于主体的放样构件。

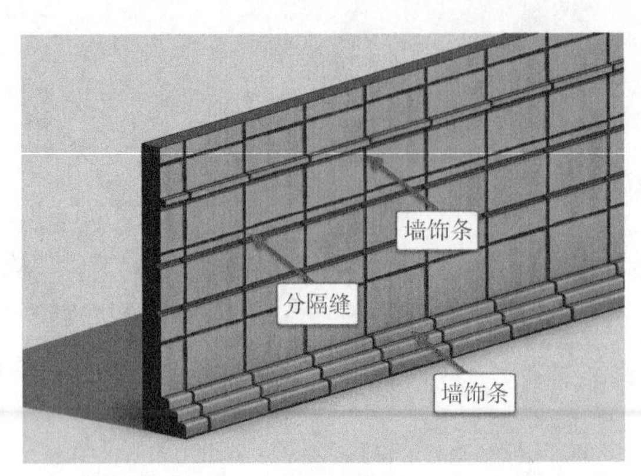

图 5-120

提 示

无法在幕墙上生成墙饰条。但将幕墙嵌板替换为基本墙后，可以添加墙饰条和分隔缝。

对于上图中所示墙体，除可以使用在位建族的方式创建外，还可以参考本节中“垂直复合墙”的定义，通过将“墙饰条”指定为特殊的自定义轮廓的方式来创建。要了解族的更多内容，详见本书第 21 章。

5.3 本章小结

本章开始使用 Revit 建立项目模型中最基础模型——墙。通过完成综合楼项目外墙、内墙、幕墙和装饰墙，学习 Revit 中各类墙体的绘制、编辑、修改方法。在定义各墙类型时，合理命名各族类型是更好管理建筑信息模型的前提和基础。

本章中介绍了自顶向下完成三维设计的设计管理理念，学习创建更复杂、更灵活的垂直复合墙。对于特殊造型的墙图元，还可以使用内建族的方式创建更加灵活的墙体。完成本章中介绍的综合楼项目墙模型是学习操作本书后面各操作的基础。下一章中将介绍门、窗构件，并详细介绍幕墙创建。

第6章 门窗与幕墙

门、窗是建筑设计中最常用的构件。Revit提供了门、窗工具，用于在项目中添加门、窗图元。门、窗必须放置于墙、屋顶等主体图元上，这种依赖于主体图元而存在的构件称为“基于主体的构件”。

本章将使用门窗构件为综合楼项目模型添加门、窗，并学习幕墙的编辑和定义方法。在开始本章练习之前，请确保已经完成上一章中综合楼项目所有墙体模型。

6.1 创建F1层门和窗

使用门、窗工具，可以在项目中添加任意形式的门窗。在Revit中，门、窗构件与墙不同，门、窗图元属于可载入族，在添加门窗前，必须在项目中载入所需的门窗族，才能在项目中使用。

本项目门族共计13种。如图6-1所示，其中1、2号门族为样板文件自带，3、4号MC1、MC2族需要载入外部文件。

本项目窗族共计9种。如图6-2所示，窗族均为样板文件自带，无需载入外部族文件。

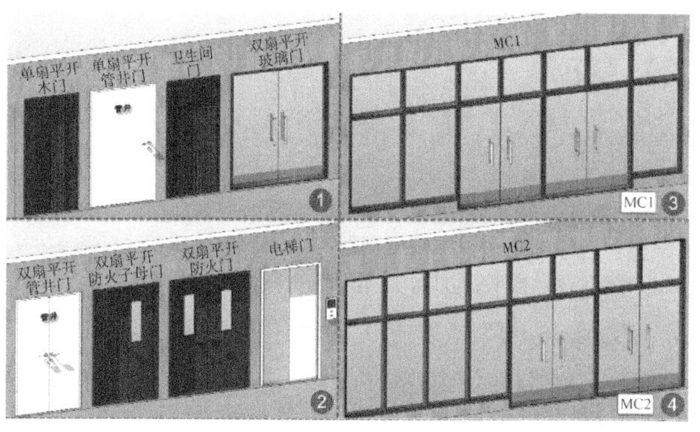

图6-1

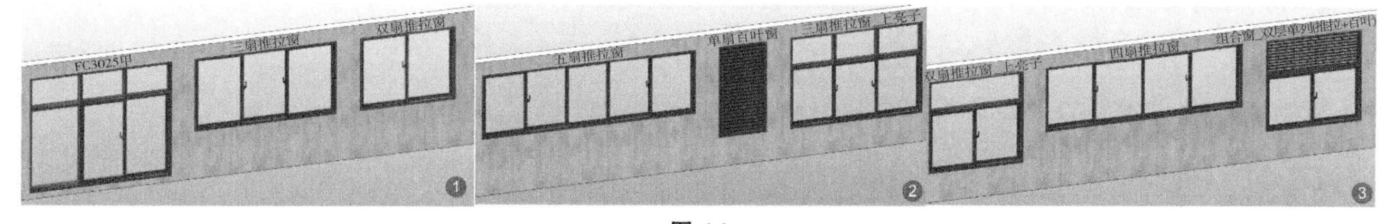

图6-2

6.1.1 添加F1标高门

在随书文件“第5章\RVT\5-1-4.rvt”文件中，提供了第5章完成的项目文件，请打开此练习文件继续本章练习。本章将按从外到内的顺序，首先将向项目综合楼部分添加“双扇平开玻璃门”模型图元。

Step01 切换至F1楼层平面视图，适当缩放视图至2～3轴线间J轴线外墙位置，将在2～3轴线间放置“双扇平开玻璃门：FDM1521”类型门图元。

Step02 单击“建筑”选项卡“构建”面板中选“门”工具。Revit进入“修改|放置门”上下文选项卡。

Step03 在属性列表中选择门类型为“双扇平开玻璃门：双扇平开玻璃门”。打开“类型属性”对话框，复制新建名称为“M1521”门类型，如图6-3所示，修改类型参数下“尺寸标注”参数分组中“宽度”值为1500，“高度”值为2100，其他参数保持不变。设置完成后，单击“确定”按钮退出“类型属性”对话框。

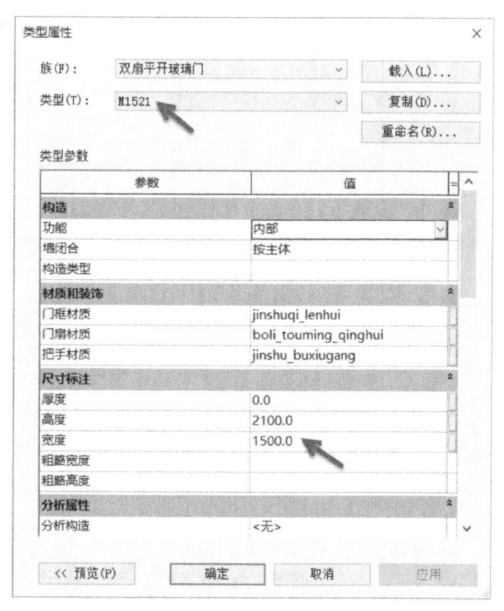

图6-3

Step04 注意属性栏中“底高度”为0。如图6-4所示，单击“在放置时进行标记”按钮，确认该按钮处于激活状态，不勾选选项栏中“引线”选项，其他参数采用默认值。

Step05在视图中移动鼠标，当鼠标处于视图中空白位置时，鼠标指针显示为⊘，表示不允许在该位置放置门图元。移动鼠标至 J 轴 2～3 轴线间外墙，将沿墙方向显示放置门预览，并在门两侧与 2～3 轴线间显示临时尺寸标注指示门边与轴线的距离。如图 6-5 所示，鼠标指针移动至靠墙外侧墙面时，显示门预览开门方向为外侧；上下移动鼠标，当 2 轴柱边临时尺寸标注线为 0 时，单击放置门图元，Revit 会自动放置该门的标记“M1521”。放置门时会自动在所选墙上剪切洞口。放置完成后按 Esc 键两次退出门工具。

图 6-4

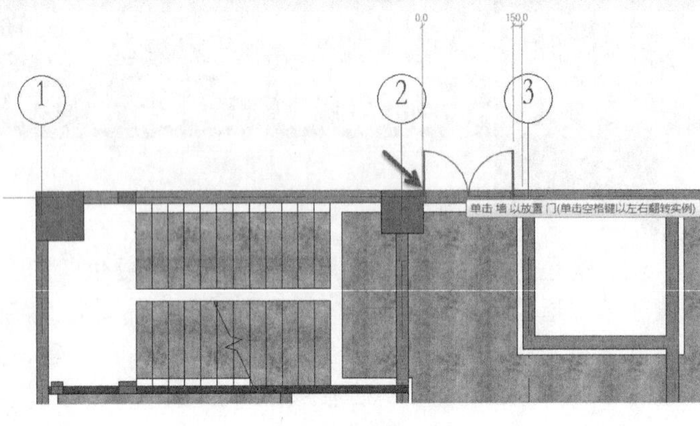

图 6-5

提 示

只有激活“在放置时进行标记”按钮时，才会在放置门图元的同时自动为该图元添加门标记。该标记的文字内容取决于项目样板中门类别设置的标记族。本案例中标记将显示门图元的类型名称。关于族的详细内容，参见本书第 20 章相关内容。

Step06采用类似的方式，参照图 6-6 所指定的门边至轴线距离位置，创建剩余 M1521 门构件。

Step07适当缩放至 B、C 轴走廊位置，继续单击“建筑”选项卡“构建”面板中选“门”工具，在属性列表中选择门类型为“单扇平开木门：单扇平开木门”。打开“类型属性”对话框，复制新建名称为“M1021”门类型，如图 6-7 所示，修改类型参数下“尺寸标注”参数分组中“宽度”值为 1000，“高度”值为 2100，其他参数保持不变。设置完成后，单击“确定”按钮退出“类型属性”对话框。

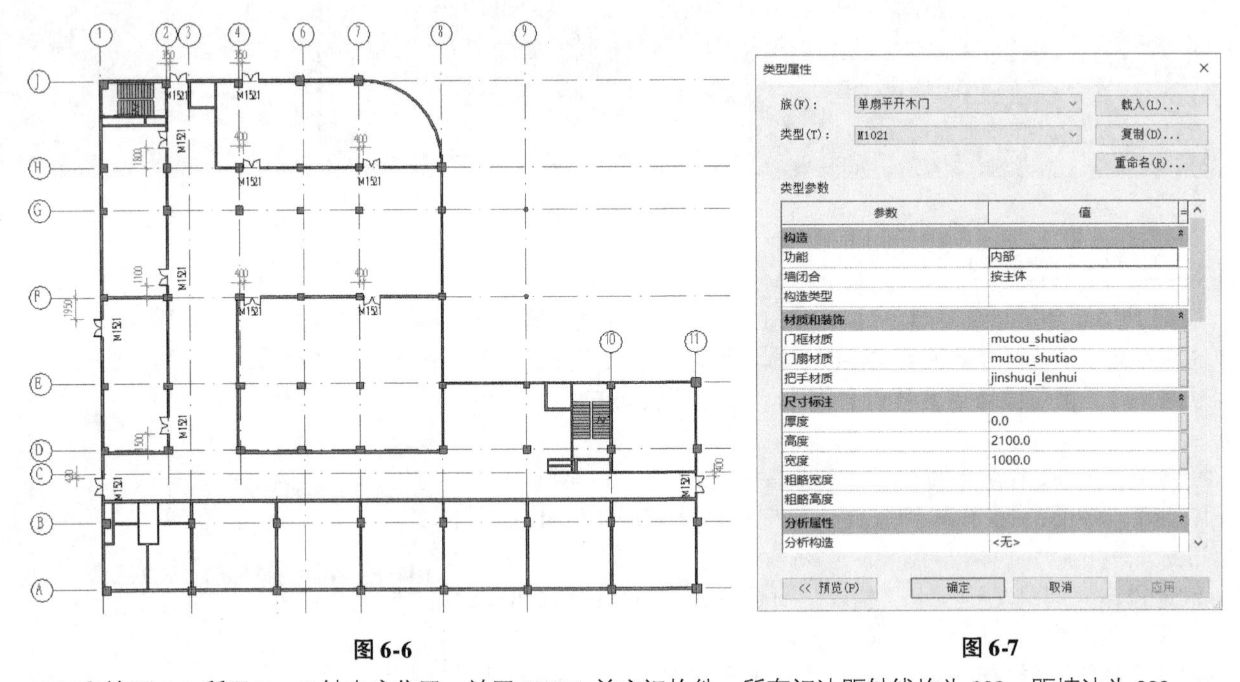

图 6-6　　图 6-7

Step08按图 6-8 所示 B、C 轴走廊位置，放置 M1021 单扇门构件，所有门边距轴线均为 300，距墙边为 200。

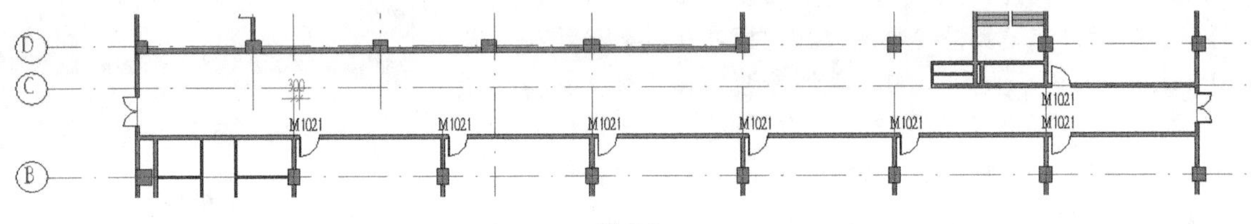

图 6-8

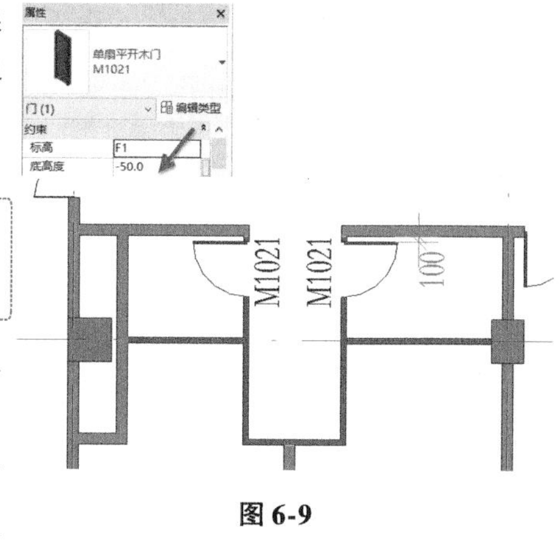
图 6-9

Step09缩放至卫生间位置，继续选择“单扇平开木门：M1021”门类型，修改属性面板中“底高度”值为-50，按图6-9所示，门边距墙边为100，放置卫生间位置单扇门。

提 示

属性栏中“底高度”为-50是指卫生间位置降板高度为50mm，故设置门底偏移高度为-50。

Step10继续选择门类型为“门洞：门洞”。打开“类型属性”对话框，复制新建名称为“MD1732”门类型，修改类型参数下“尺寸标注”参数分组中“宽度”值为1700，“高度”值为3200，其余参数不变，缩放至1、2号楼梯间位置，不激活“在放置时进行标记”，修改属性面板中“底高度”值为0，按图6-10所示放置卫生间入口门洞。

Step11继续使用门工具，选择门类型为“双扇平开防火子母门：双扇平开防火子母门”。打开“类型属性”对话框，复制新建名称为“FMZ乙1521”门类型，修改类型参数下“尺寸标注”参数分组中“宽度”值为1500，“高度”值为2100，其余参数不变，缩放至1、2号楼梯间位置，按图6-11所示放置楼梯间防火门构件。

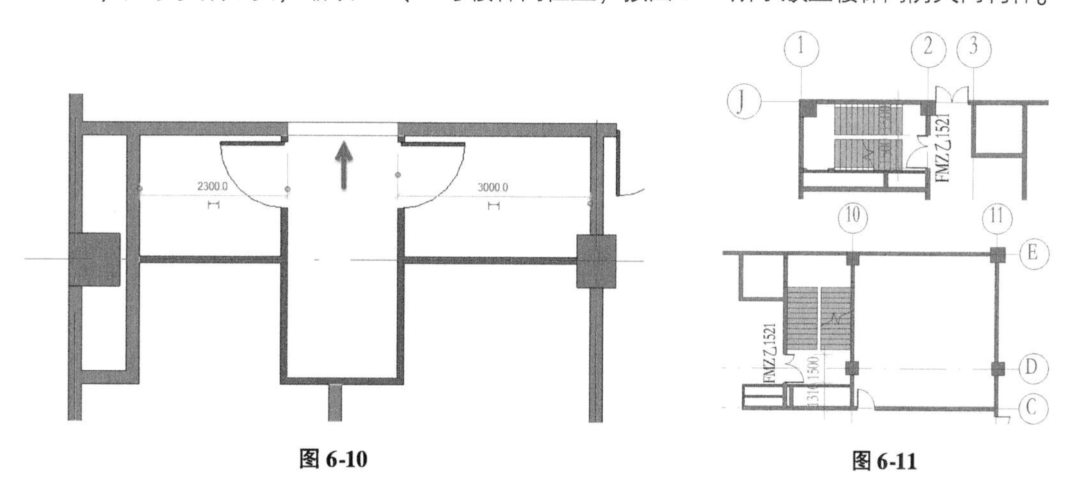
图 6-10　　图 6-11

提 示

电梯井、卫生间、管道井、防火门位置都必须用对应的门族放置。

Step12缩放至B轴和11轴交点位置，选择门类型为“双扇平开防火门：双扇平开防火门”。打开“类型属性”对话框，复制新建名称为“FM1221甲”门类型，修改类型参数下“尺寸标注”参数分组中“宽度”值为1200，“高度”值为2100，其余参数不变，按图6-12所示放置。

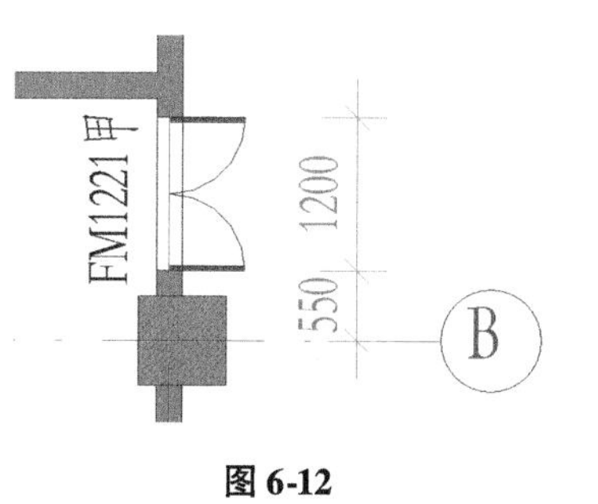

图 6-12

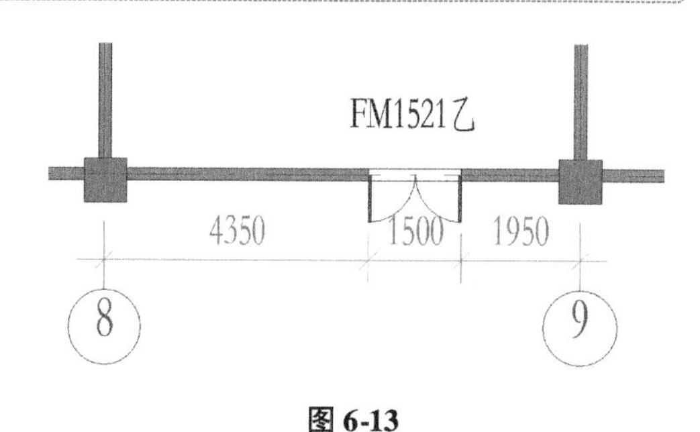

图 6-13

Step13缩放至A轴和9轴轴交点位置，选择门类型为“双扇平开防火门：双扇平开防火门”。打开“类型属性”对话框，复制新建名称为“FM1521乙”门类型，修改类型参数下“尺寸标注”参数分组中“宽度”值为1500，“高度”值为2100，其余参数不变，按图6-13所示放置。

Step14缩放至1、2号电梯位置，使用“门”工具，选择门类型为“电梯门：电梯门”。打开“类型属性”对话框，复制新建名称为“DTM1122”门类型，修改类型参数下“尺寸标注”参数分组中“宽度”值为1100，“高度”值为2200，其余参数不变，按图6-14所示居中放置电梯门。

Step15如图6-15所示，单击“模式”面板中“载入族”按钮，弹出“载入族”对话框。

Step16在“载入族”对话框中，浏览至随书文件“第6章\rfa\MC-1.rfa”，单击“打开”按钮载入该族。

如图 6-16 所示，“属性”面板“类型选择器”中将自动设置当前门类型为 MC-1。注意“底高度”值为“0.0”。

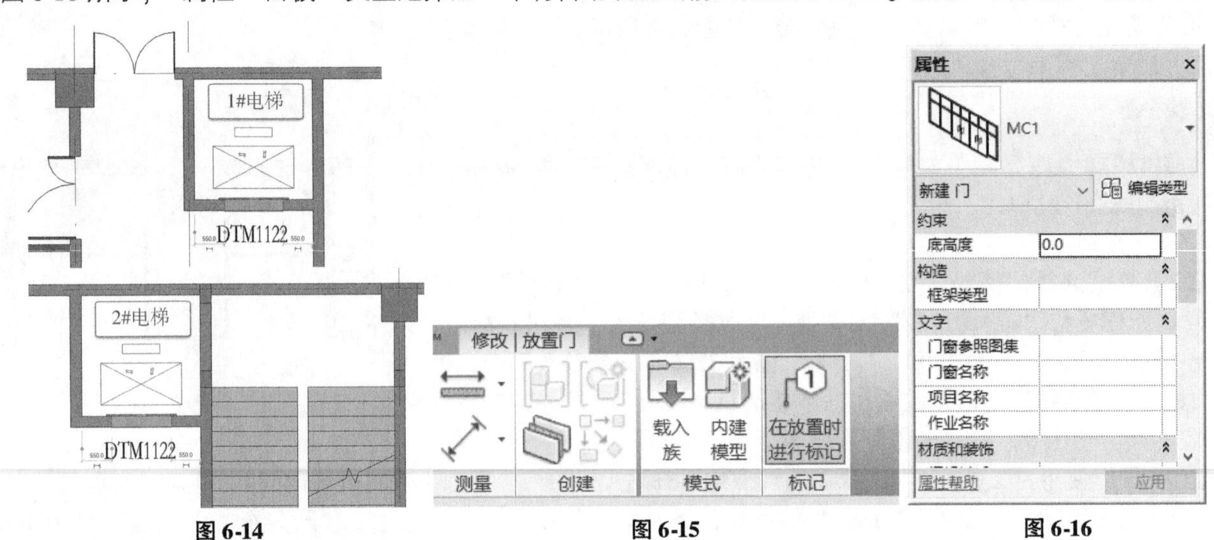

图 6-14　　图 6-15　　图 6-16

Step17 不修改类型属性，缩放视图至 9 轴和 E 轴交点位置，参照图 6-17所示，按空格键切换门的放置方向，放置“门 MC-1”。

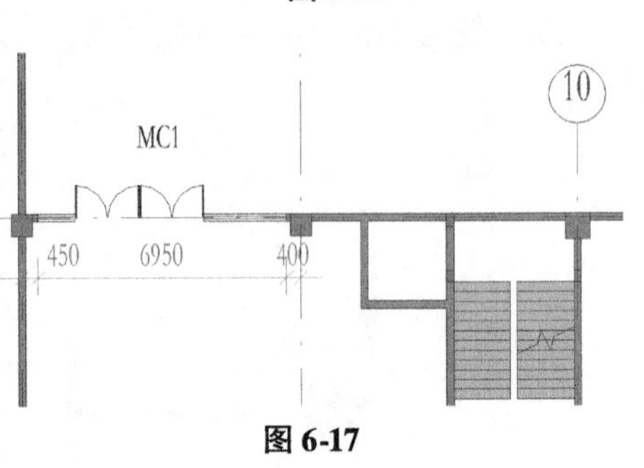

图 6-17

Step18 采用同样的方法，继续载入 MC-2 族，参照图 6-18 所示，空格键切换门的放置方向，连续放置“门 MC-2”。

Step19 适当缩放视图至卫生间入口位置，选择门类型为“卫生间门：卫生间门”，复制新建名称为“SM0821”门类型，修改类型参数下“尺寸标注”参数分组中“宽度”值为 800，“高度”值为 2100，其余参数不变。设置属性栏中“底高度”为 –50，移动至卫生间隔断位置，距墙边为 100，参照图 6-19 所示及开门方向，放置门“SM0821”。

Step20 选择左侧卫生间门，如图 6-20 所示，在门属性面板中点击“文字”实例参数组下“文字”参数“WOMEN”值，将在参数值后出现浏览按钮。单击该图标，打开“编辑文字”对话框。

Step21 如图 6-21 所示，在“编辑文字”对话框中，修改文字为“女厕”，单击面板下方“确定”按钮完成文字修改，退出“编辑文字”对话框。

Step22 如图 6-22 所示，在门“属性”面板“可见性”参数组中，勾选“正面”选项，即“女厕”文字以正常的方式显示，完成左侧女厕门修改。

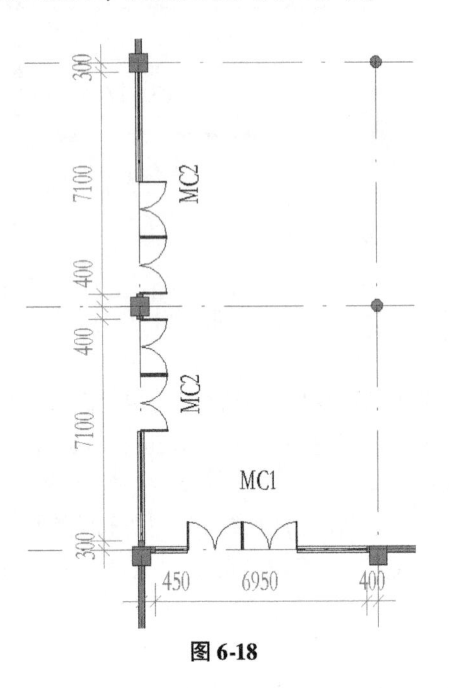

图 6-18

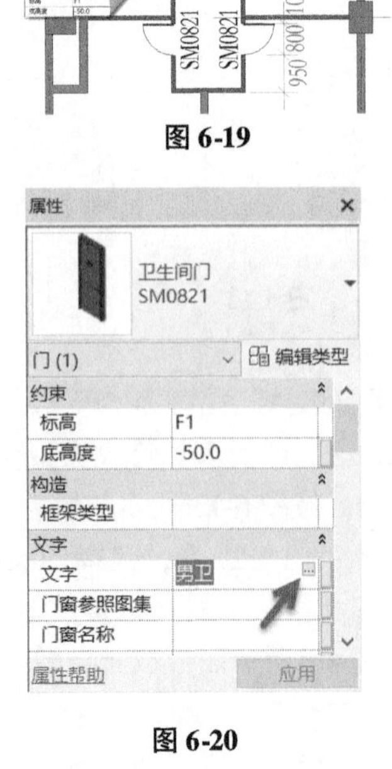

图 6-19

图 6-20

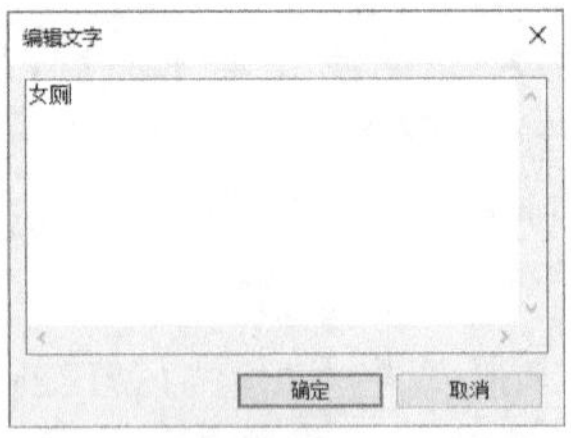

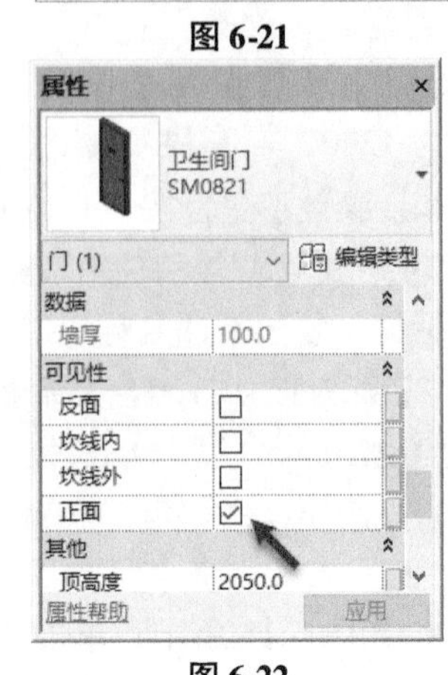

图 6-21

图 6-22

提 示

"类型属性"对话框中所列的参数如"文字"实例参数、"可见性"实例参数等，均为定义该族时由族文件定义，不同的族所包含的参数数量、名称会有所区别。

Step23 使用同样的方式，修改右侧门"文字"参数为"男厕"；"可见性"参数勾选"反面"，退出"编辑文字"对话框，"男厕"的文字以镜像的方式显示，以保障相反方向开门时文字的可读性。完成后效果如图 6-23所示。

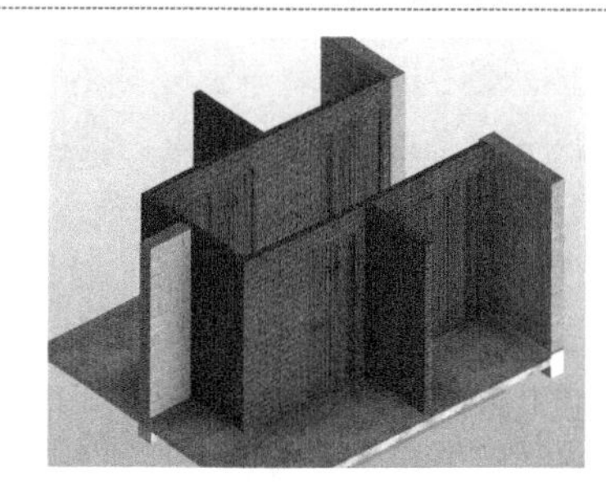

图 6-23

提 示

"正面"与"反面"参数用于控制文字的正向下映像显示方式，以保障文字在不同开门方向时均可读。该参数为"卫生间门"中自定义参数。

Step24 适当缩放视图至 C 轴线 9、10 轴线之间管道井位置，选择门类型为"双扇平开管井门：双扇平开管井门"，复制新建名称为"FM1218"门类型，修改类型参数下"尺寸标注"参数分组中"宽度"值为 1200，"高度"值为 1800；选择门类型为"单扇平开管井门：单扇平开管井门"，复制新建名称为"FM0718"门类型，修改类型参数下"尺寸标注"参数分组中"宽度"值为 700，"高度"值为 1800，分别按图 6-24 中所示位置放置管井门。

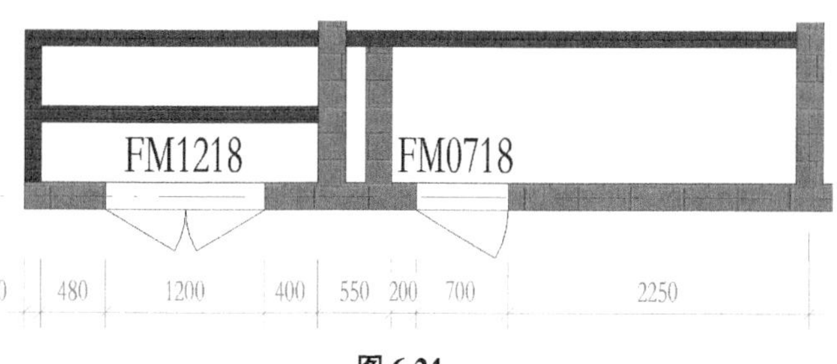

图 6-24

Step25 选择左侧"FM1218"门图元，修改属性面板中"文字"参数为"管井"，在"可见性"参数组中勾选"正面"，不勾选"反面"选项；选择右侧"FM0718"门图元，修改属性面板中"文字"参数为"电井"，"可见性"参数勾选"正面"，不勾选"反面"选项。完成后管道井门如图 6-25 示。

Step26 至此完成 F1 层门图元放置，切换至"3DZF1"视图，如图 6-26 所示，查看 1F 门添加之后模型状态。保存该文件，请参见随书文件"第 6 章\RVT\6-1-1. rvt"项目文件查看最终结果。

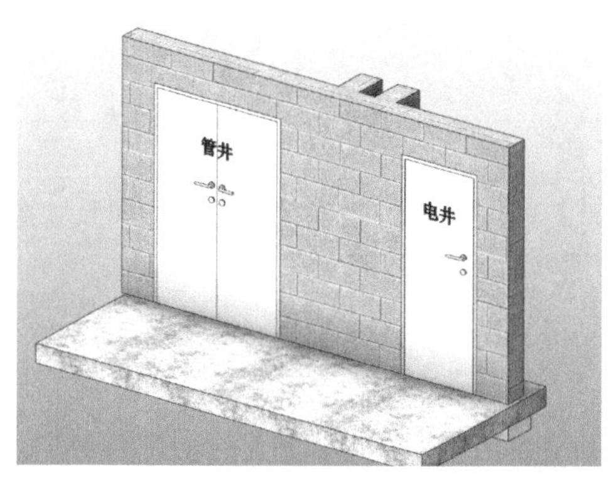

图 6-25

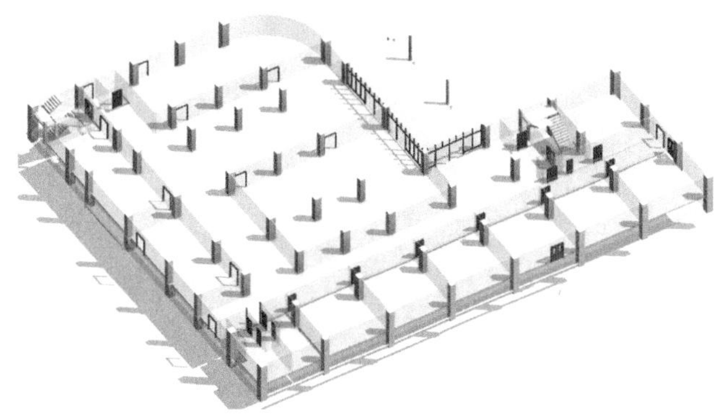

图 6-26

在 Revit 中，已经放置完成的门可单独调整门开启方向。选择已放置的门，单击内外翻转符号⇕或左右翻转符号⇆翻转门的开启或安装方向，或单击空格键，可在内外、左右翻转间循环。

在创建其他相同类型的门时，也可以用复制的命令操作，由于门是基于墙主体的图元，因此在复制门时 Revit默认会自动勾选选项栏中"约束"选项，它将约束在复制门图元时沿门所在墙方向复制。要临时取消约束，可以在复制时按住键盘 Shift 键。

在放置门时，可在放置门后配合使用"临时尺寸标注"精确确定门的位置。在本书第 2 章中详细介绍了临时尺寸标注的捕捉设置方式，读者可根据项目的需要调整临时尺寸捕捉的默认位置。

"卫生间门"和"管井门"属性面板中"可见性"实例参数下的"正面"和"反面"效果，与门打开方向有关，只要文件不重复、不颠倒即可，项目中不需要强制"正面"或"反面"，该参数均为自定义族参数，本书第 20 章中详细讲解了族参数的创建方法。

放置门操作比较简单，根据需要载入族文件，通过新建或修改族类型名称，设置正确的宽度、高度等参数，即可通过拾取墙体的方式在墙上插入门图元。上述插入门的方法，并不适用于在入口处幕墙处插入门。本书在后续章节中，详细介绍如何在幕墙上插入门。接下来，将在F1标高中插入窗。

6.1.2 添加F1标高窗

插入窗的方法，与上述插入门的方法完全相同。与门稍有不同的是，在窗户绘制完成时需要考虑设置窗台高度。

Step01 接上一节练习，切换至F1楼层平面视图。适当缩放视图至1~3轴线间A轴线外墙位置，将在1轴线位置处放置"三扇推拉窗"窗族"GC3016"类型窗图元。

Step02 单击"建筑"选项卡"构建"面板中选"窗"工具。Revit进入"修改丨放置窗"上下文选项卡。

Step03 在窗属性面板中单击"编辑类型"打开窗"类型属性"对话框，如图6-27所示，在"族"列表中选择族类型为"三扇推拉窗"，复制新建名称为"GC3016"新类型。修改类型参数下"尺寸标注"参数分组中"宽度"值为3000，"高度"值为1600，其他参数保持不变。设置完成后，单击"确定"按钮退出"类型属性"对话框。

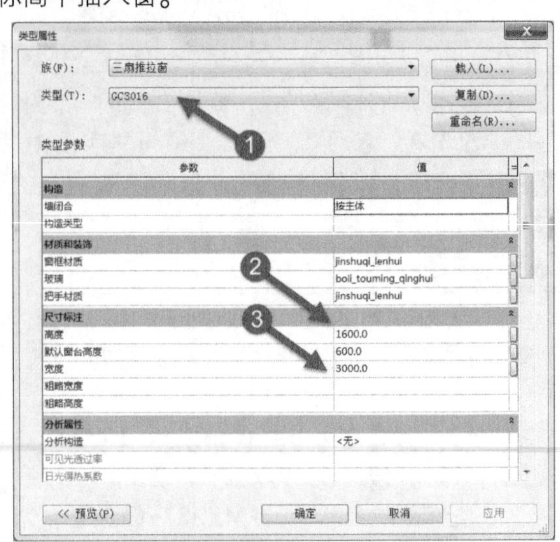

图6-27

提 示

类型属性中"默认窗台高度"参数决定放置窗时"底高度"的默认值。但在项目中放置时的最终窗台高度，取决于放置时"属性"面板中"底高度"设置值。

Step04 确认激活"标记"面板中"在放置时进行标记"选项，不勾选选项栏中"引线"选项，其他参数采用默认值。如图6-28所示，在1轴、A轴柱右侧墙上任意一点单击放置窗GC3016，注意保证窗内外反转符号⇅位于墙外侧。按Esc键两次退出放置窗模式。

Step05 使用"对齐"命令，选择窗洞口左侧结构柱边缘为目标，对齐窗至洞左侧柱边，结果如图6-29所示。按Esc键两次退出当前所有命令。

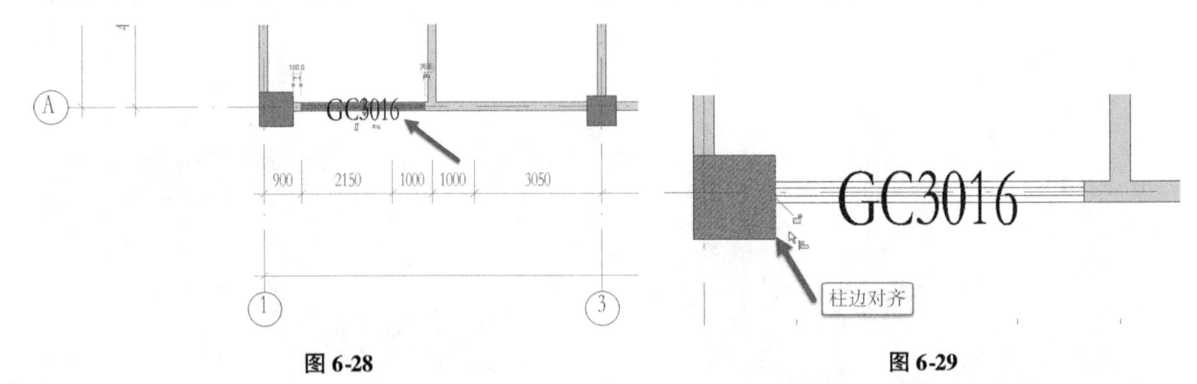

图6-28　　图6-29

Step06 选择上一步骤中创建的窗图元，注意"底高度"即窗台高度默认为600。如图6-30所示，修改"底高度"为1600，单击应用按钮，Revit将修改窗台底高度为1600。

Step07 按Esc键退出选择，保证属性栏中当前属性为"楼层平面：专业拆分"，单击属性面板中视图范围"编辑"命令，弹出视图范围修改面板，如图6-31所示。修改面板中顶部偏移量为1800，剖切面偏移为3000，其余参数不变，单击确认完成视图范围调整。

Step08 适当缩放视图至1/J轴线1号楼梯间位置，单击"建筑"选项卡"构建"面板中选"窗"工具，在窗属性面板中单击"编辑类型"打开窗"类型属性"对话框，选择族类型为"组合窗_双层单列（推拉+百叶）"，复制新建名称为"BY1825"新类型。修改类型参数下"尺寸标注"参数分组中"宽度"值为1800，"高度"值为2500，其他参数保持不变，如图6-32所示，设置完成后，单击"确定"

图6-30

按钮退出“类型属性”对话框。

Step 09 确认激活“标记”面板中“在放置时进行标记”选项，不勾选选项栏中“引线”选项，设置属性面板中“底高度”为 2570，其他参数默认。如图 6-33 所示，在 1 轴线 1 号楼梯间墙位置放置窗构件。

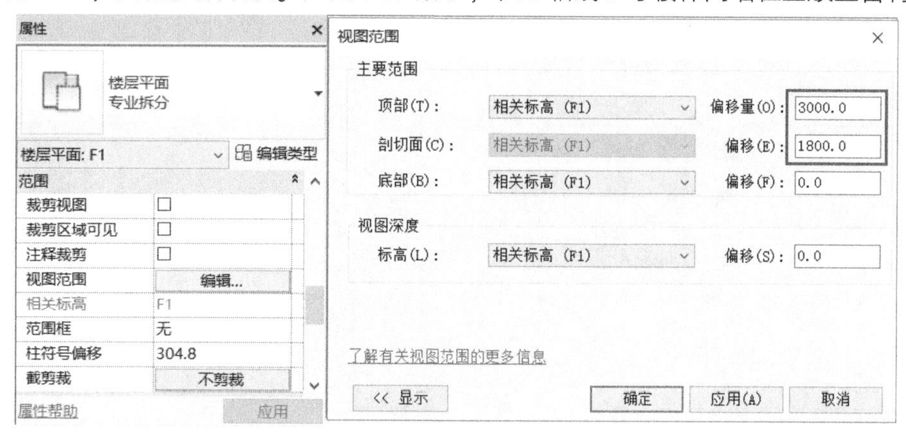

图 6-31

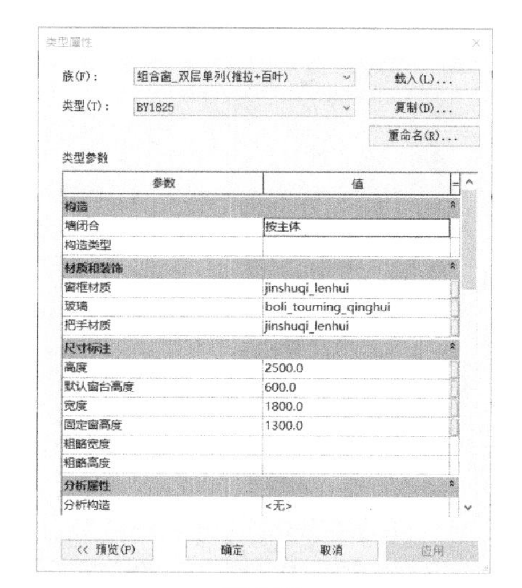

图 6-32

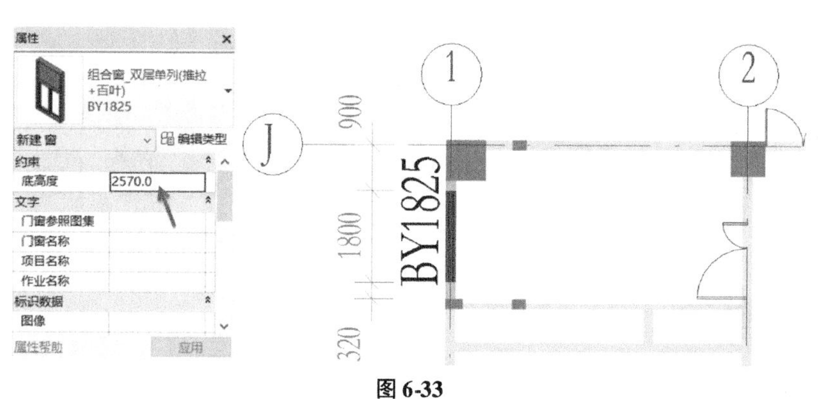

图 6-33

提 示

如果不在视图范围中调整顶部偏移量和剖切面偏移数值，单窗底高度设置为 2570 去放置窗图元时，会出现“不能从墙外剪切 BY1825 的实例”错误报告。

Step 10 适当缩放视图至10/E轴线2 号楼梯间位置，选择“窗”工具，单击“编辑类型”选择族类型为“三扇推拉窗_上亮子”，复制新建名称为“C3025”新类型。修改类型参数下“尺寸标注”参数分组中“宽度”值为 3000，“高度”值为 2500，其他参数保持不变，设置属性面板中“底高度”为 2570，按图 6-34 所示尺寸创建 2 号楼梯间位置窗构件。

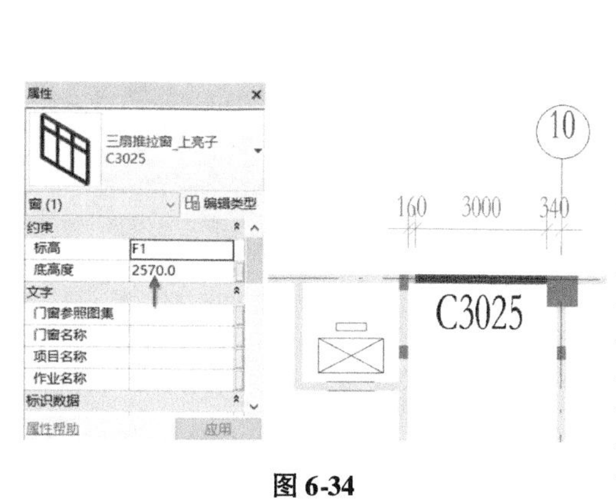

图 6-34

表 6-1

标高	族与类型	宽度	高度	底高度	合计
F1	三扇推拉窗:GC3016	3000	1600	1600	1
F1	三扇推拉窗:GC3116a	3150	1600	1600	1
F1	三扇推拉窗_上亮子:C2825a	2850	2500	700	1
F1	三扇推拉窗_上亮子:C3025	3000	2500	700	15
F1	三扇推拉窗_上亮子:C3025	3000	2500	2570	1
F1	三扇推拉窗_上亮子:C3125	3100	2500	700	1
F1	三扇推拉窗_上亮子:C3125a	3150	2500	700	1
F1	三扇推拉窗_上亮子:C3325a	3350	2500	700	1
F1	单扇百叶窗:BY0518	500	1800	700	1
F1	单扇百叶窗:BY0912	900	1200	700	1
F1	单扇百叶窗:BY1005	1000	500	1900	1
F1	单扇百叶窗:BY1515	1500	1500	700	1
F1	双扇推拉窗:GC0916	900	1600	1600	1
F1	双扇推拉窗_上亮子:C2225	2200	2500	700	1
F1	组合窗_双层单列(推拉+百叶):BY1825	1800	2500	2570	1

Step 11 采用类似的方式，参照表 6-1 所示各窗尺寸，采用指定的窗族，创建相应的族类型，分别修改各窗宽

度与高度类型参数。

Step⑫按图 6-35 所示，用相同的方法继续在 F1 楼层平面中放置剩余的窗图元，注意放置时调整底高度数值和上图中一致。

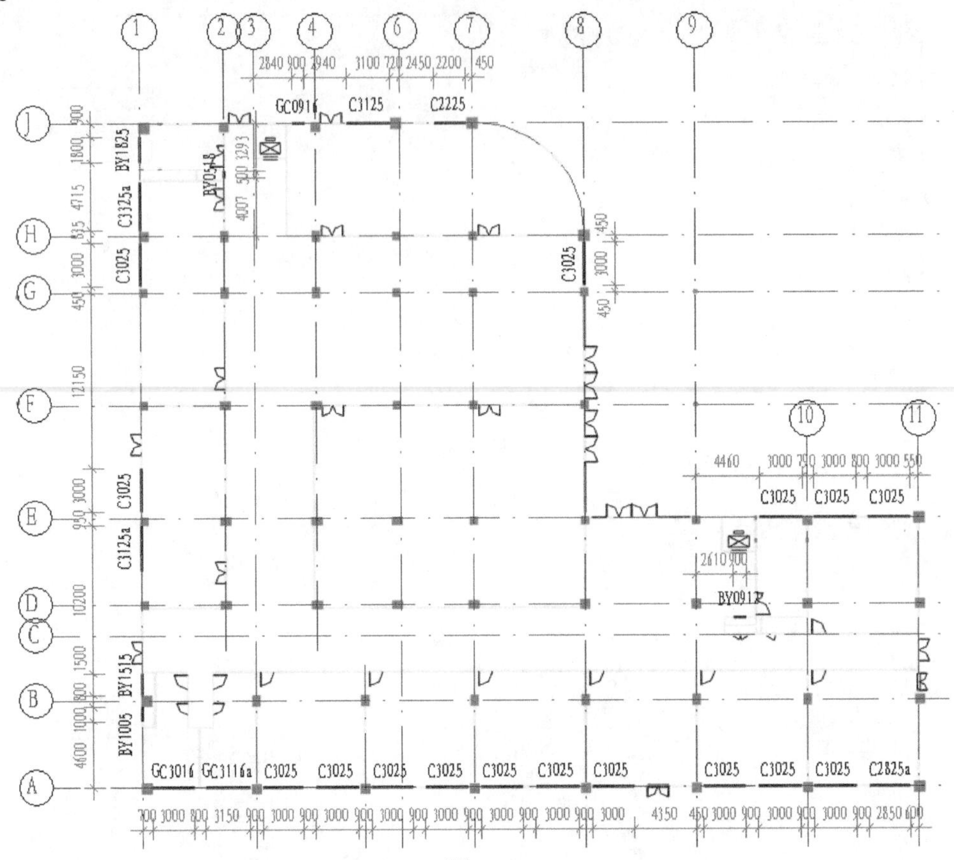

图 6-35

提 示

对于 A 轴线 C3025 窗，因在各开间内位置相同，因此，可采用镜像复制的方式在各开间之间进行镜像复制。

Step⑬注意在 F1 楼层平面 1 ~ 3 轴、A 轴位置类型为 GC3016、GC3116 窗“底高度”为 1600；F1 楼层平面 J 轴与 4 轴位置 GC3016 窗“底高度”为 1600。B 轴、1 轴位置 BY1005 百叶窗“底高度”为 1900，1、2 号楼梯间位置窗“底高度”为 2570，其余窗“底高度”数值均为 700。结果如图 6-36 所示。

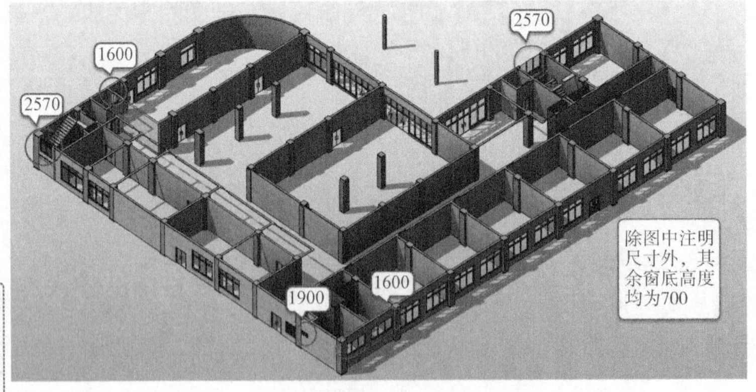

图 6-36

提 示

可以在窗明细表中添加“标高”和“底高度”参数，在明细表中直接修改“底高度”数值的方式修改窗底高度。关于明细表具体设置，请参照本书第 18 章。

Step⑭至此完成 F1 层门、窗布置，结果如图 6-37 所示。保存该文件，或打开光盘“第 6 章 \ RVT \ 6-1-2. rvt”项目文件查看最终结果。

通过本节练习，可以进一步理解 Revit 中族与族类型的关系。例如，在使用窗“单扇百叶窗”族时，可以以该族为基础建立 BY0518、C0912 两个新的类型，BY0518 与 C0912 窗具备相似的三维、二维式，但却定义了不同的宽度参数。Revit 以“族文件名：族类型名”的方式表示族的类型。族类型通过“类型属性”对话框中类型参数控制族类型的宽度、高度、默认底高度等信息；而放置在项目中的类型都称为该类型的实例，并通过“实例属性”对话框中实例参数控制每个实例的标高、底高度等。Revit 根据参数的不同用途，将参数按分组的方式显示在各参数分组中。例如，在“限制条件”分组中，包括“标高”和“底高度”两个参数。单击分组名称后折叠符号可收拢或展开参数组中的参数。Revit 中的门、窗标记内容取值于门、窗实例或类型属性对话框中所列举一个或几个参数。具体取自哪个参数，取决于门、窗标记族的定义。本书第 20 章中将详细介绍族的相关内容。

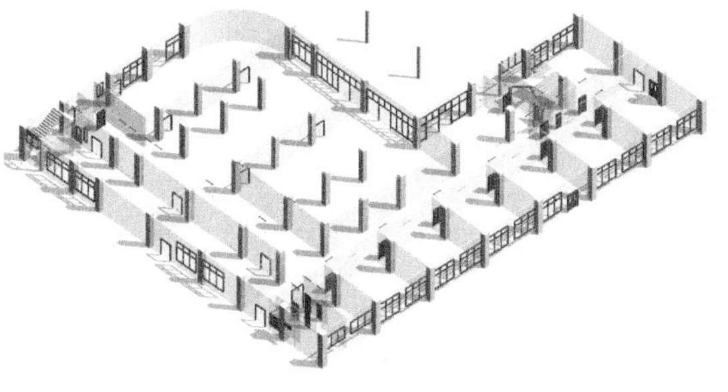

图 6-37

6.1.3 尺寸约束与全局参数

在门窗绘制过程中，可以利用 Revit 尺寸标注的锁定、等分等功能对门窗的位置进行约束。接下来，通过练习说明如何在 Revit 启用“按中心点等分”的方式放置窗。

Step01 打开随书文件“第 6 章 \ RVT \ 6-1-3. rvt”练习文件，切换至 F1 楼层平面视图。该项目中已创建墙和门窗。

Step02 如图 6-38 所示，切换至“注释”选项卡，单击“尺寸标注”面板中“对齐”尺寸标注工具。

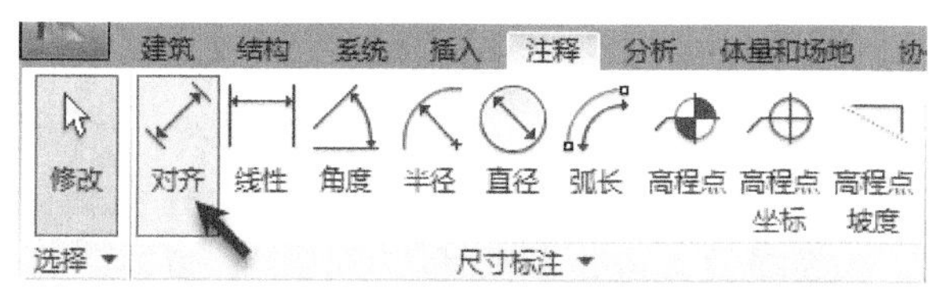

图 6-38

Step03 如图 6-39 所示，设置选项栏中标注默认参照位置为“参照核心层表面”，拾取方式为“单个参照点”。

图 6-39

Step04 依次单击 1 轴线墙内侧边缘、窗 C1010 中心位置和 2 轴线墙内侧边缘，创建生成连续标注预览。移动鼠标至 B 轴线上方任意空白位置单击放置生成连续尺寸标注，结果如图 6-40 所示。按 Esc 键两次退出尺寸标注工具。

Step05 选择上一步中尺寸标注线，单击尺寸线等分状态标记EQ。等分标记状态变为EQ，表示已等分对象。将在 1 ~2 轴线间均等放置窗 C1012，同时尺寸标注值显示“EQ”，表示已为所标注对象应用“等分”参数约束，结果如图 6-41 所示。

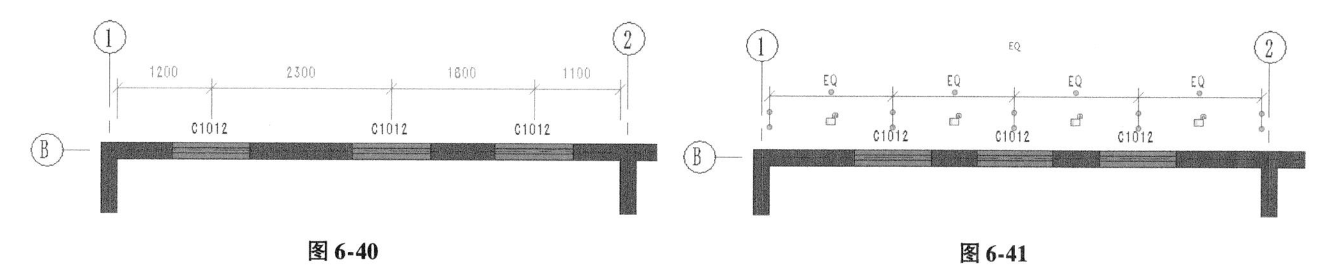

图 6-40

图 6-41

Step06 选择 2 轴线垂直方向墙体，使用移动工具将墙体水平向左移动 1200，注意 Revit 将自动修订 C1012 窗位置保持等分状态。按键盘 Ctrl + Z 恢复墙位置。

Step07 单击选择 2 轴线上门 M0921 尺寸标注线，该尺寸标注线表明门距离 A 轴线的距离。Revit 自动切换至“修改 | 尺寸标注”上下文选项卡。如图 6-42 所示，单击“标签尺寸标注”面板中“创建参数”按钮，弹出“全局参数属性”对话框。

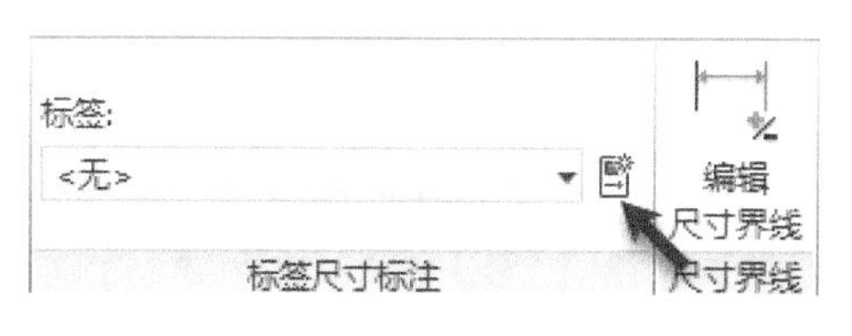

图 6-42

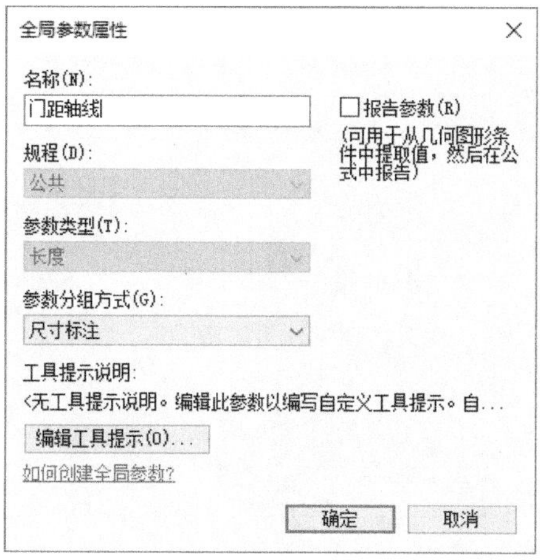

全局参数属性

名称(N):
门距轴线
报告参数(R)
(可用于从几何图形条件中提取值，然后在公式中报告)
规程(D):
公共
参数类型(T):
长度
参数分组方式(G):
尺寸标注
工具提示说明:
<无工具提示说明。编辑此参数以编写自定义工具提示。自...
编辑工具提示(O)...
如何创建全局参数?
确定
取消

图 6-43

Step08 如图 6-43 所示，在“全局参数属性”对话框中输入“名称”为“门距轴线”，其余参数默认，单击“确定”按钮退出“全局参数属性”对话框。

Step09 单击选择 3 轴线门 M0921 尺寸标注线，Revit 自动切换至“修改 | 尺寸标注”上下文选项卡。如图 6-44 所示，单击“标签尺寸标注”面板中标签下拉列表，在列表中选择上一步中创建的“门距轴线”标签名称。

Step10 Revit 将自动修改尺寸标注值为 300，且在尺寸标注值旁出现“全局参数”标记，如图 6-45 所示。

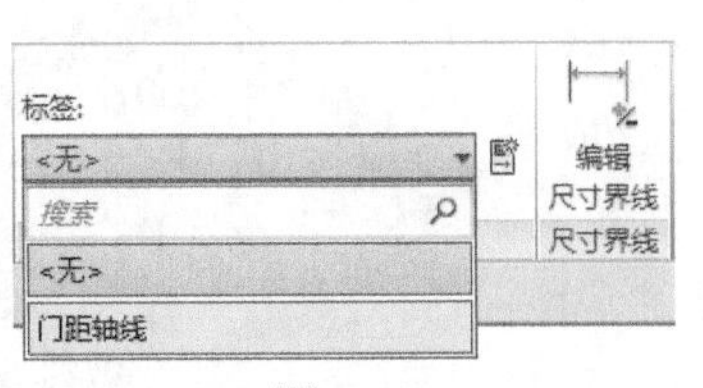

图 6-44

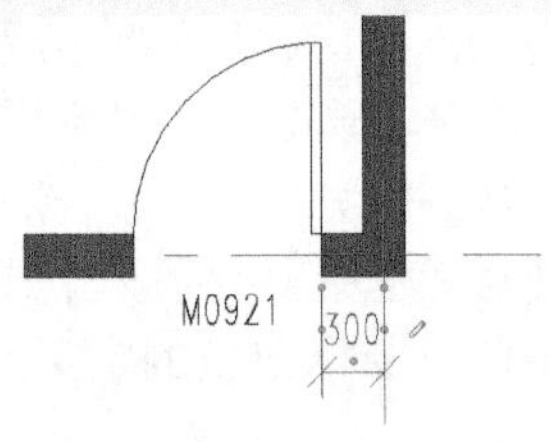

图 6-45

> **提 示**
>
> 2 轴线门位置尺寸标注也将显示“全局参数”图标。

Step 11 单击尺寸标注线旁的“全局参数”标记，弹出“全局参数”对话框。如图 6-46 所示，修改“门距轴线”参数值为 600，单击“确定”按钮退出“全局参数”对话框。

Step 12 注意 Revit 将同时修改两个门距离轴线的距离。至此完成使用尺寸约束练习，关闭该项目，不保存对文件的修改。

等分约束是 Revit 中非常重要的参数关系。应用了等分约束的对象，当修改对象位置时，会自动调整所有约束图元的相对距离，保持修改后各图元仍然维持这种等分关系。使用这种方式，在进行等分插入对象时非常高效。

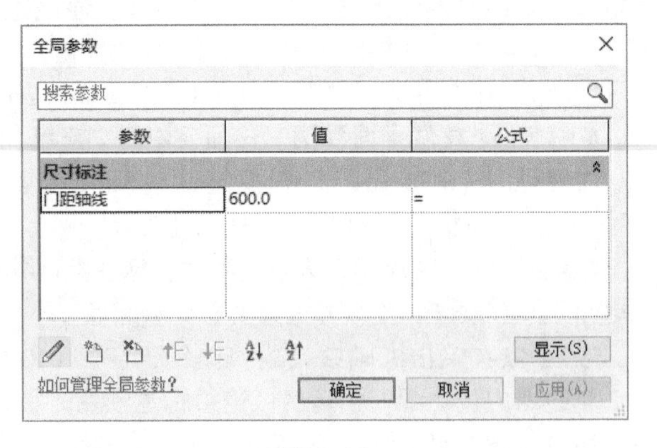

图 6-46

当删除等分或全局参数尺寸标注时，Revit 将给出如图 6-47 所示的警告对话框，提示用户删除尺寸标注时，Revit 仍将保持图元间的约束关系。单击“取消约束”按钮时，Revit 将会同时删除约束关系。

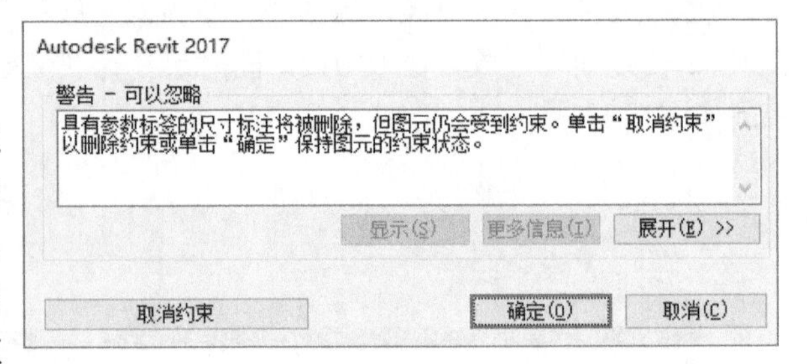

图 6-47

当项目中具有等分、锁定或全局参数约束时，可以单击视图属性栏“显示约束”按钮，在视图中高亮显示所有已添加约束的标记，Revit 将以红色显示已添加的约束，如图 6-48 所示。

全局参数功能是 Revit 在 2017 版本中加入的新功能。利用全局参数功能，可以对任意需要控制的位置通过添加全局参数的方式进行约束。Revit 将同时修改所有应用全局参数的图元。在 Revit 2018 版本中，对全局参数的功能进一步升级，除可支持长度尺寸外，还可支持对半径、弧长等尺寸标注添加全局参数，使得全局参数的控制更加灵活。全局参数的使用方式类似于 Revit 中族参数的使用，详见本书第 20 章相关内容。

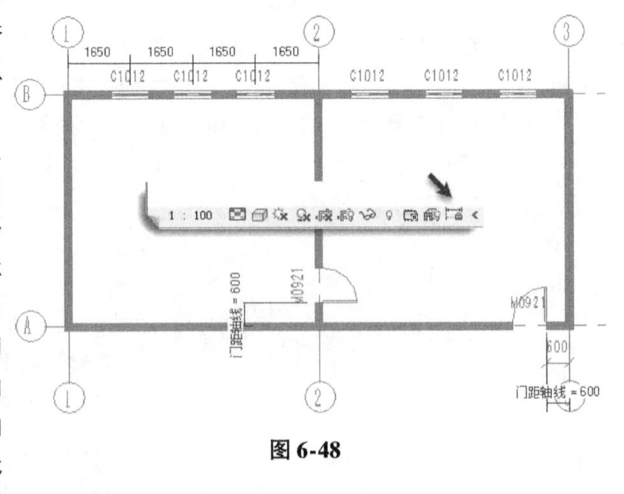

图 6-48

除等分约束外，单击尺寸标注线上的锁定标记，当锁定标记指示为时，表示锁定构件间距离约束。锁定距离约束条件下，当修改构件位置时，与之锁定的构件会同时移动。启用等分或选择尺寸线，按键盘 Delete 键删除尺寸标注线。Revit 将给出如图 6-46 所示警告对话框。提示用户当删除应用了“等分”约束的尺寸线时，可以单击“取消约束”，在删除尺寸线时同时删除等分约束关系，或单击“确定”按钮仅删除尺寸线而保留约束关系。本例中单击“确定”按钮关闭警告对话框，删除尺寸标注，但保留对图元的约束。关于标注的更多信息，参见本书第 15 章相关内容。

6.2 创建其他标高门和窗

6.2.1 创建 F2、F3、RF、TF、B1 层门

创建完成 F1 标高门、窗后，可以按类似的方式布置其他层门、窗。对于与一层完全相同的门窗，可以选择

一层门窗图元，复制到粘贴板并配合使用“对齐粘贴→与选定的标高对齐”的方式对齐粘贴至其他标高相同位置。

Step01 接上节练习，如图6-49所示，选择F1标高中管道井门、电梯井门、卫生间、卫生间入口门洞、楼梯间门及A~C轴之间内墙位置门，注意不要选择门标记。单击“剪贴板”面板中“复制至剪贴板”按钮，将所选门图元复制到剪贴板。

Step02 单击“粘贴”按钮下拉列表，在粘贴列表选项中选择“与选定的标高对齐”选项，弹出“选择标高”对话框。在列表中选择F2标高，单击“确定”按钮，将F1标高门粘贴至F2标高对应位置。

Step03 切换至F2楼层平面视图，注意上一步骤中所选择的门图元已粘贴至F2的相同位置，F2视图中并未显示门标记。如图6-50所示，选择任意卫生间门，注意“属性”面板中门图元所在标高已自动修改为F2，“底高度”为-50，与F1标高中设置相同。

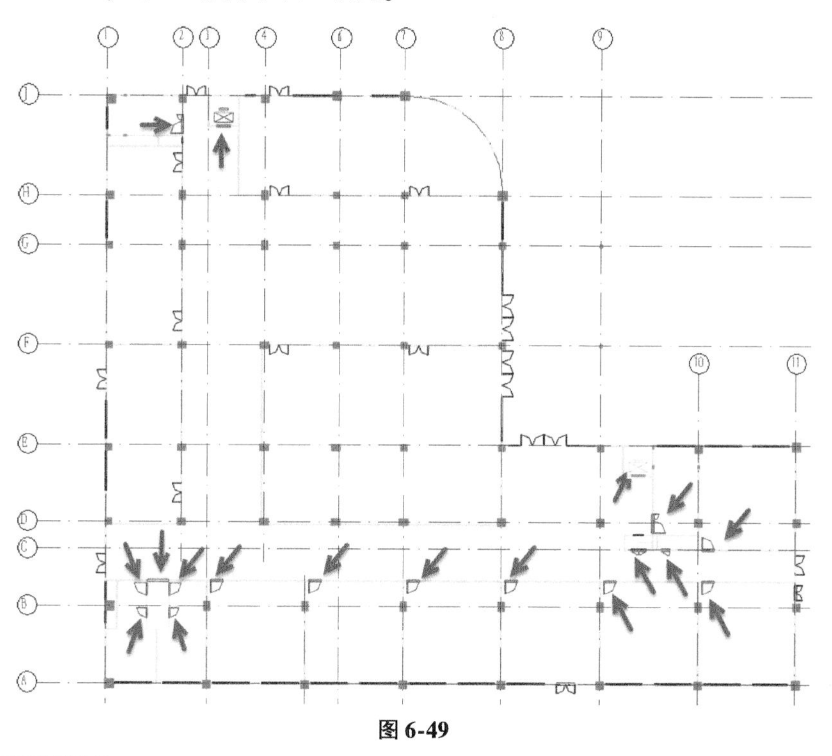

图6-49

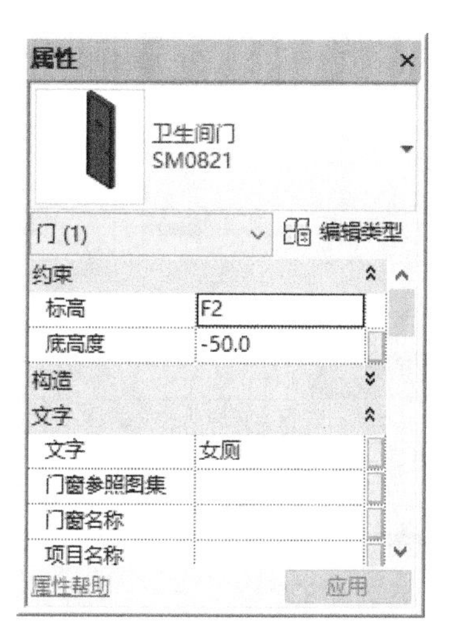

图6-50

提示

Revit中门图元属于模型图元，而门标记属于注释图元，在复制门模型时，不会同时复制门标记。同时，门图元将显示在三维视图中，而门标记则仅显示在指定的视图中。复制图元后，可以使用“注释”选项卡“标记”面板中“按类别标记”工具为图元添加标记。

Step04 缩放视图至3/J轴1号电梯附近，选择门类型为“双扇平开防火门：FM1221甲”，底高度为0，按图6-51贴电梯井墙边放置门图元。

Step05 缩放视图至9/C轴2号楼梯附近，选择门类型为“双扇平开防火门：FM1521乙”，底高度为0，按图6-52尺寸放置门图元。

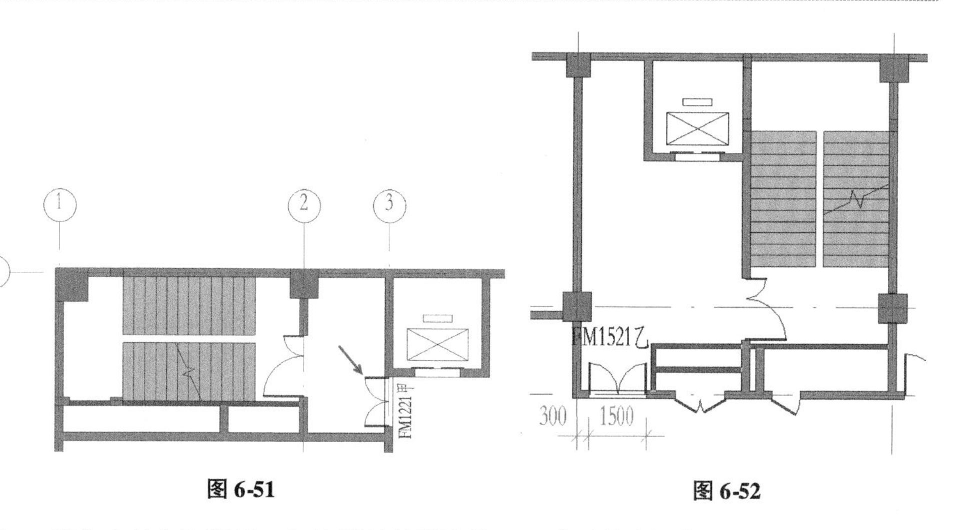

图6-51　图6-52

Step06 使用“门”工具，参照图6-53所示位置创建F2标高中其余门图元，门边距墙体距离为200或贴柱边平齐。

Step07 至此完成 F2 层门图元创建，切换至三维视图，如图 6-54 红色位置所示。

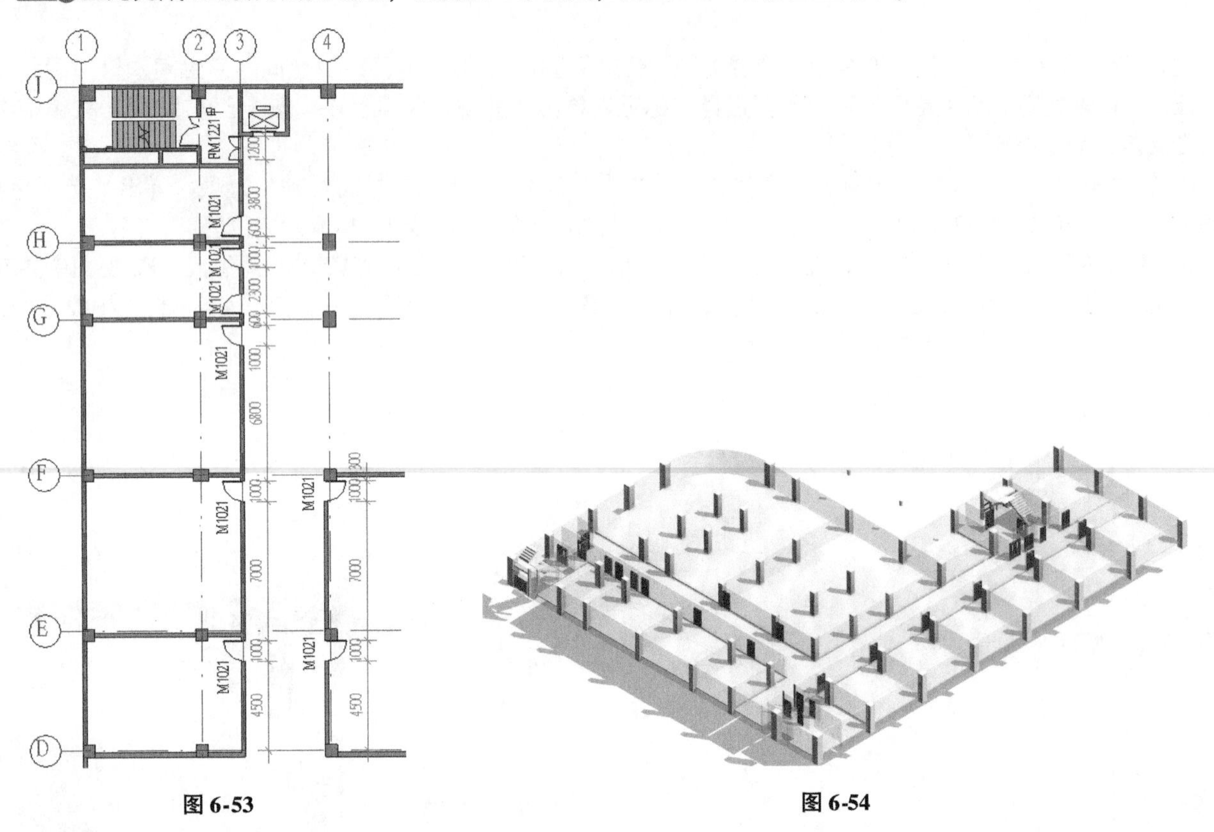

图 6-53　　　　图 6-54

提 示

在 3D 模型中，设置“详细程度”为“精细”精细模式可看见门把手，其他“详细程度”模式下门把手均为不可见。

Step08 适当缩放 F2 视图，选择图 6-55 位置门构件，单击“剪贴板”面板中“复制至剪贴板”按钮，配合使用“与选定的标高对齐”工具在 F3 标高创建门图元。

Step09 切换至 F3 楼层平面视图，缩放视图至 4/G 走廊位置，选择门类型为“单扇平开木门：M1021”，底高度为 0，按图 6-56 所示尺寸放置门图元。

Step10 继续选择“单扇平开木门：M1021”门类型，设置底高度为 0，缩放视图至 6/D 走廊位置，按图 6-57 尺寸放置构件。

Step11 缩放视图至 4/E 外墙位置，选择门类型为“双扇平开玻璃门：M1521”，底高度为 0，按图 6-58 所示尺寸放置门图元。

Step12 缩放视图至 B 轴卫生间位置，选择“门洞：MD1732”门图元，点击编辑类型，复制新建类型为 MD1722，调整类型属性面板中“高度”尺寸为 2200，其余参数不变，点击确认完成卫生间入口门洞高度修改，如图 6-59 所示。

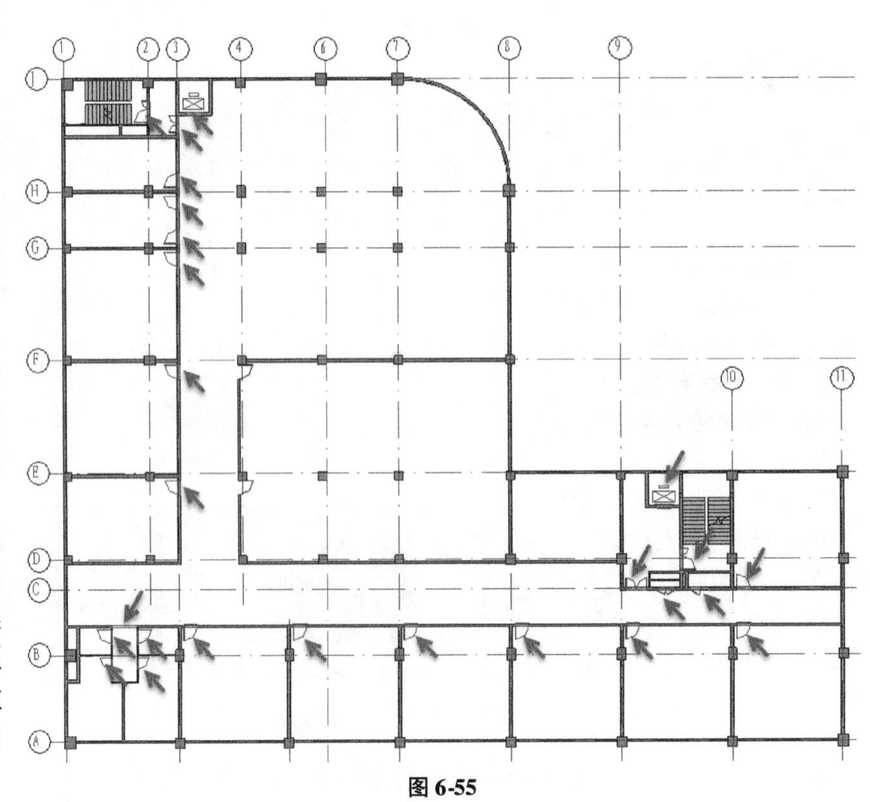

图 6-55

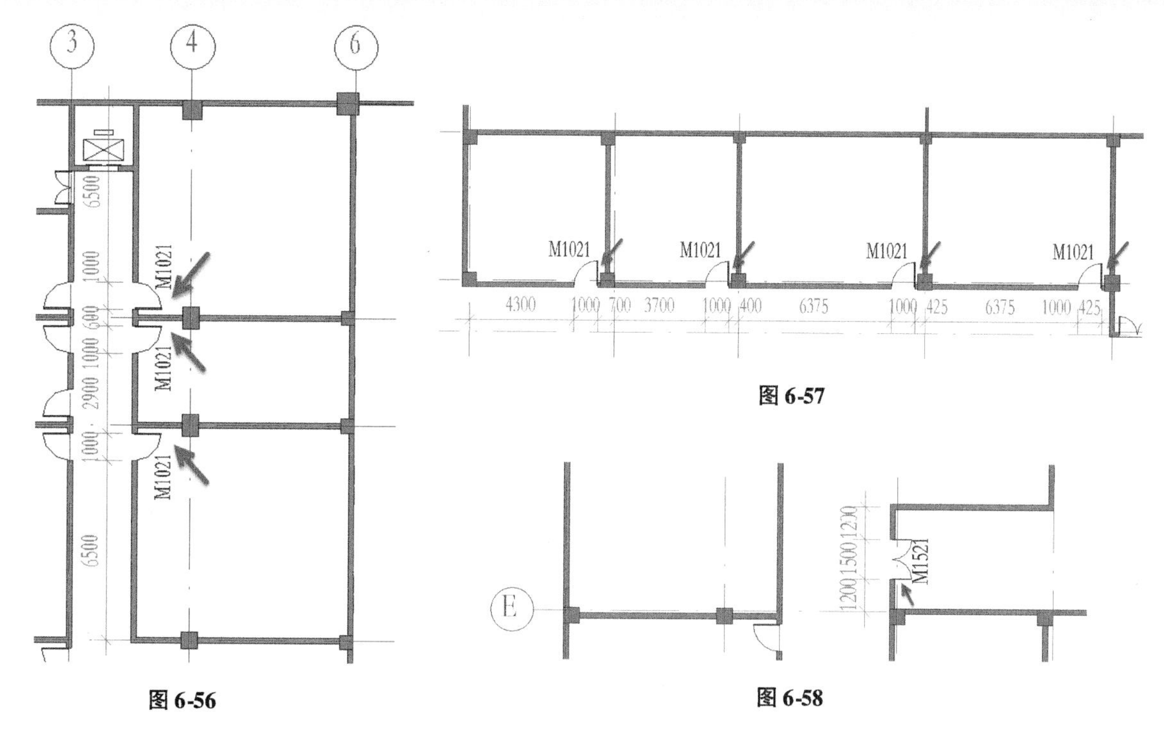

图 6-56

图 6-57

图 6-58

Step13 至此完成 F3 层门图元创建，切换至三维视图，如图 6-60 红色位置所示。

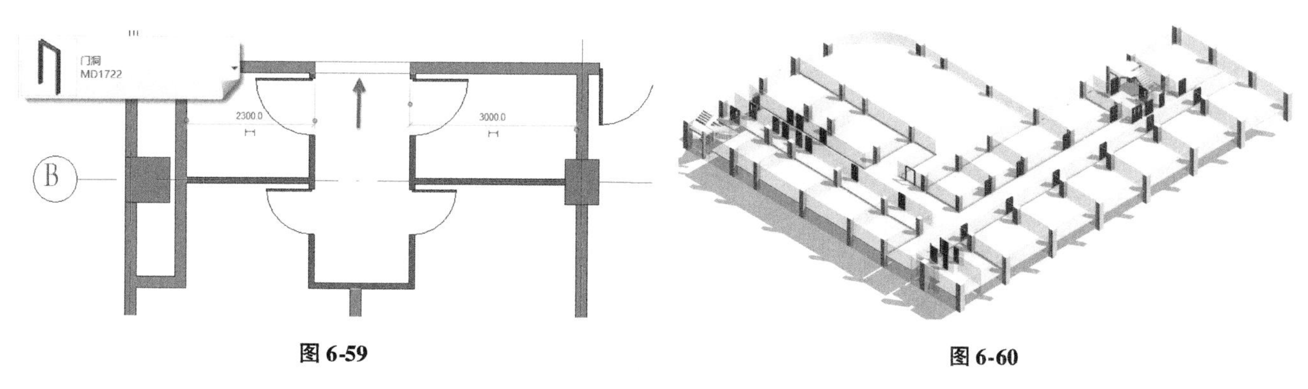

图 6-59

图 6-60

Step14 切换至 RF 楼层平面。注意在 RF 标高 1#楼梯间、2#楼梯间位置在链接的结构模型中已放置完成“平开防火门：FDM1521”“单扇平开管井门：FM0718”门构件；切换至 TF 楼层平面。注意在 1#楼梯间、2#楼梯间位置在链接的结构模型中已放置完成“单扇平开防火门：FM1021”“双扇平开防火子母门：FZM1521（甲）”，如图 6-61 所示。

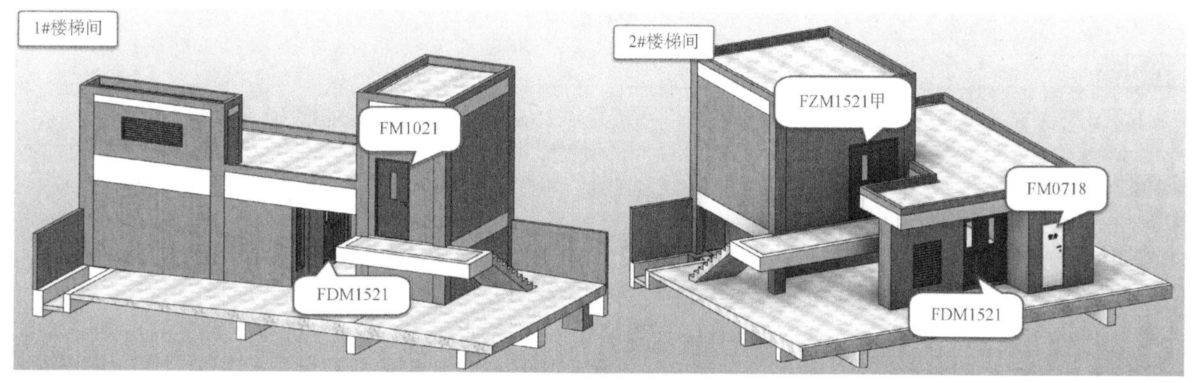

图 6-61

提 示

激活“选择链接”模式，可配合键盘 TAB 键选择链接模型中的门图元。

Step15 切换至 B1 楼层平面视图，注意在结构模型中已创建人防门。使用“门”工具，选择门类型为“双扇平开防火子母门：FMZ 乙 1521”，设置底高度为 0，按图 6-62 所示尺寸放置 1#、2#楼梯间防火门图元。

Step16 继续选择门类型为“电梯门：DTM1122”，设置底高度为 0，按图 6-63 所示 1#、2#电梯井位置居中放置。

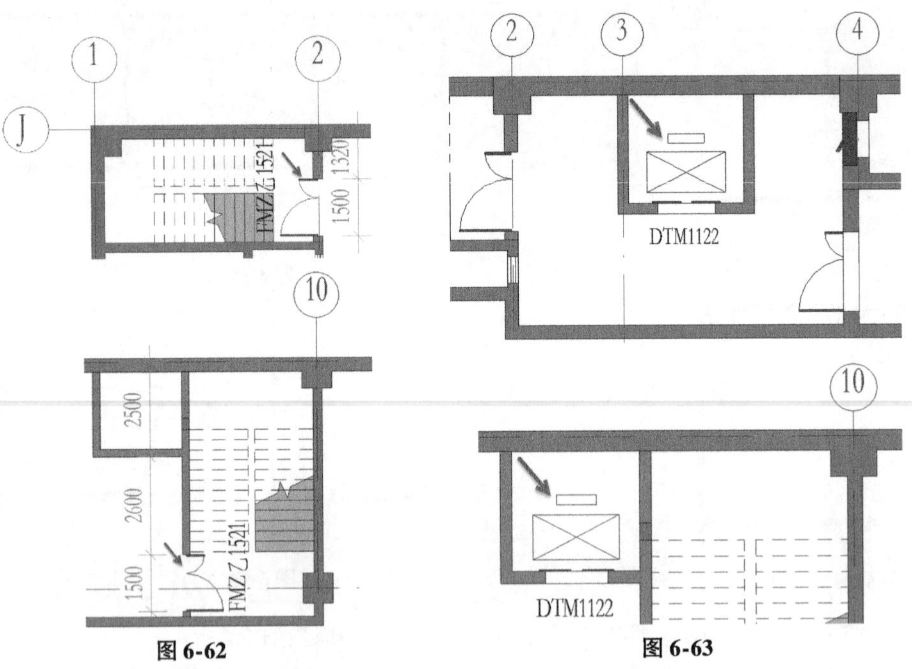

图 6-62　　　　图 6-63

Step17 至此完成地下室部分建筑单体门图元构件绘制，完成后效果如图 6-64 所示。

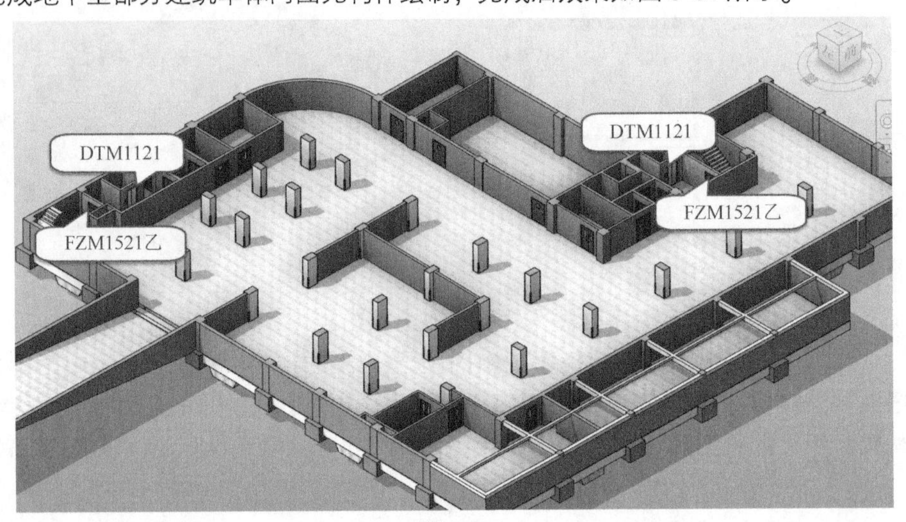

图 6-64

提 示

也可以选择 F1 标高中对应的门，配合使用“与选定的标高对齐”的方式创建 B1 层门。

Step18 至此，完成项目中所有门图元绘制，保存该文件，请参见随书文件“第 6 章 \ RVT \ 6-2-1. rvt”项目文件查看最终结果。

本节中的屋顶层及地下室部分门构件，大部分基于结构模型操作，为节省操作步骤及专业协同效果，结构模型门构件由结构模型提供。在大多数设计过程中可忽略此环节，与其余层绘制方法同样绘制即可。

注意在 Revit 中，门、窗图元与门、窗标记图元是两种不同类别的图元，门、窗图元属于模型图元类别，而门窗标记图元属于注释图元类别。在复制门窗图元时，如果未复制门窗标记，则复制后 Revit 将不会显示门窗标记信息。Revit 允许用户手动创建门窗标记。

6.2.2　创建 B1、F2、F3、RF、TF 层窗

F2 标高层窗户构件主要分布在 1#、2#楼梯间风井及外墙位置上。其中风井位置的百叶窗构件大小和标高，均和 F1 标高一致，复制 F1 标高窗图元即可；B1、RF、TF 层，无外墙窗构件；F3 层窗构件需要手动按图绘制。

Step01 接上节练习，切换至 F1 楼层平面视图，保证属性栏中当前属性为“楼层平面：专业拆分”，单击属性面板中视图范围“编辑”命令，弹出视图范围修改面板，如图 6-65 所示。修改面板中顶部偏移量为 1800，剖切面偏移为 3000，其余参数不变，单击确认完成视图范围调整。

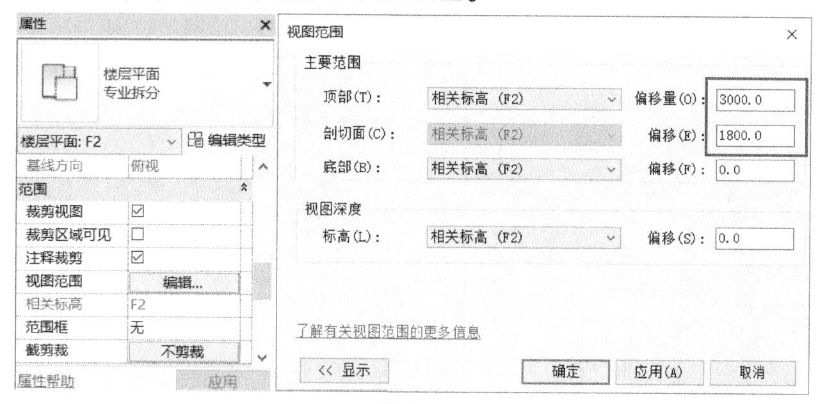

图 6-65

Step02 适当缩放至 1#楼梯间风井位置，如图 6-66 所示，选择楼梯间风井位置“单扇百叶窗：BY0518”窗图元，配合使用“复制到粘贴板”和“与选定的标高对齐”选项，将 BY0518 复制到 F2、F3 标高。

Step03 采用相同的方法，适当缩放至 2#楼梯间风井位置，选择“线框”显示样式，按 TAB 键切换选择楼梯间风井“单扇百叶窗：BY0912”窗图元，配合使用“复制到粘贴板”和“与选定的标高对齐”选项，将 BY0912 复制到 F2、F3 标高，如图 6-67 所示。

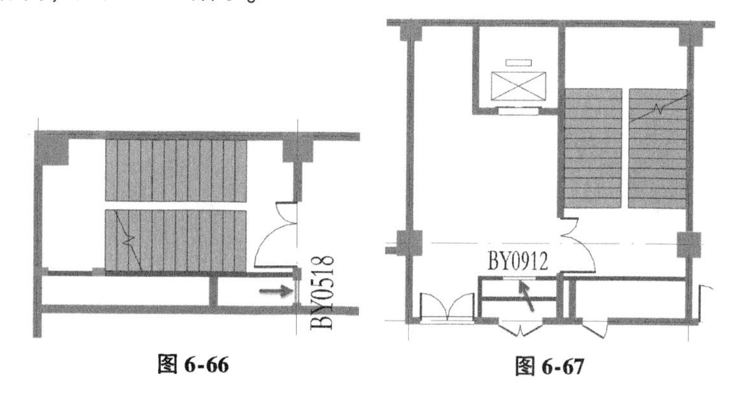

图 6-66　　图 6-67

提 示

在 Revit 软件中，门、窗等图元都必须放置在“墙”图元上，没有墙的地方，不能放置门、窗图元，像这样某个图元必须放置在另一个图元上的图元，称为基于主体图元，在 Revit 软件中有很多这样的图元，后续章节中还有基于楼板、基于线、基于标高、基于工作平面图元等。

Step04 切换至三维视图，注意屋面层百叶窗已在链接的结构模型中创建，如图 6-68 所示。

Step05 切换至 F2 楼层平面，使用“窗”工具，参照表 6-2 中所示窗位置、编号、底高度放置窗图元。结果如图 6-69 所示。

Step06 至此完成 F2 层窗图元创建，切换至三维视图，如图 6-70 所示位置。

Step07 切换至 F3 楼层平面，不调整视图深度，使用“窗”工具，采用相同的方法，参照表6-3中所示窗位置、编号、底高度放置窗图元。

Step08 选择 1 轴、A 轴、11 轴位置外墙窗图元，配合使用“复制到剪贴板”和“与选定的标高对齐”的方式粘贴至 F3 标高外墙位置，如图 6-71所示。

Step09 至此完成 F3 层窗图元创建，切换至“3DZ_F3”三维视图，如图 6-72 所示位置。

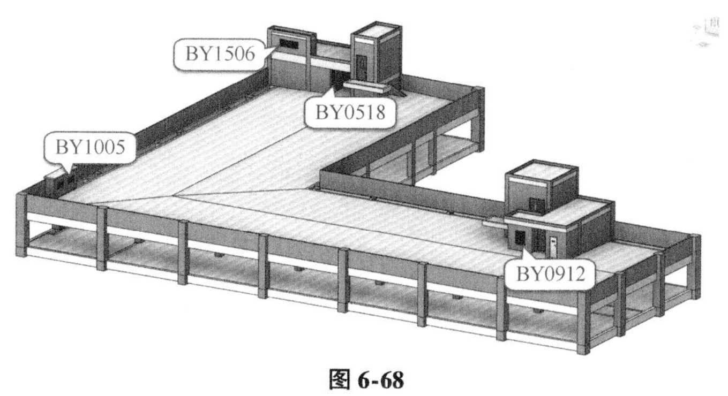

图 6-68

表 6-2

标高	族与类型	宽度	高度	底高度	合计
F2	FC3025甲: FC3025甲	3000	2500	700	5
F2	三扇推拉窗_上亮子: C2825a	2850	2500	700	2
F2	三扇推拉窗_上亮子: C3025	3000	2500	700	20
F2	三扇推拉窗_上亮子: C3025	3000	2500	2570	1
F2	三扇推拉窗_上亮子: C3125	3100	2500	700	1
F2	三扇推拉窗_上亮子: C3125a	3150	2500	700	2
F2	三扇推拉窗_上亮子: C3325a	3350	2500	700	1
F2	单扇百叶窗: BY0518	500	1800	700	1
F2	单扇百叶窗: BY0912	900	1200	700	1
F2	双扇推拉窗_上亮子: C1625a	1650	2500	700	2
F2	双扇推拉窗_上亮子: C1825	1800	2500	2570	1
F2	双扇推拉窗_上亮子: C2225	2200	2500	700	3

图 6-69

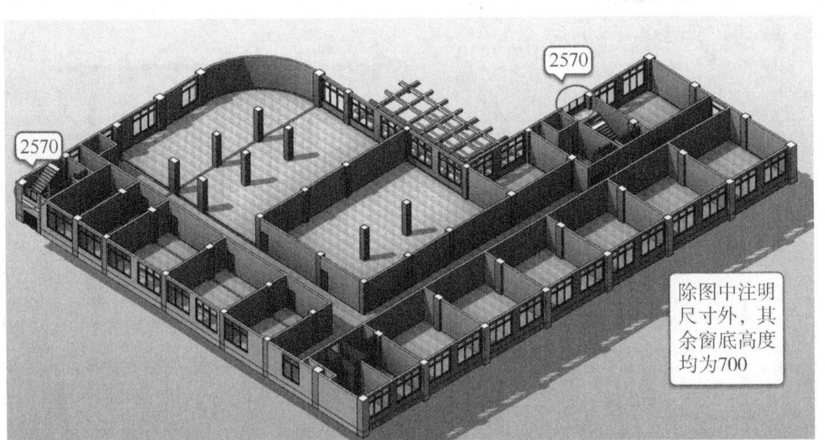

图 6-70

表 6-3

标高	族与类型	宽度	高度	底高度	合计
F3	三扇推拉窗: C2814a	2850	1400	700	2
F3	三扇推拉窗: C3014	3000	1400	700	27
F3	三扇推拉窗: C3014	3000	1400	1970	1
F3	三扇推拉窗: C3114	3100	1400	700	1
F3	三扇推拉窗: C3114a	3150	1400	700	2
F3	三扇推拉窗: C3214	3200	1400	700	1
F3	三扇推拉窗: C3314a	3350	1400	700	1
F3	五扇推拉窗: C5114	5100	1400	700	1
F3	单扇百叶窗: BY0518	500	1800	700	1
F3	单扇百叶窗: BY0912	900	1200	700	1
F3	双扇推拉窗: C1614a	1650	1400	700	2
F3	双扇推拉窗: C1814	1800	1400	1970	1
F3	双扇推拉窗: C2214	2200	1400	700	2
F3	四扇推拉窗: C4214	4200	1400	700	1

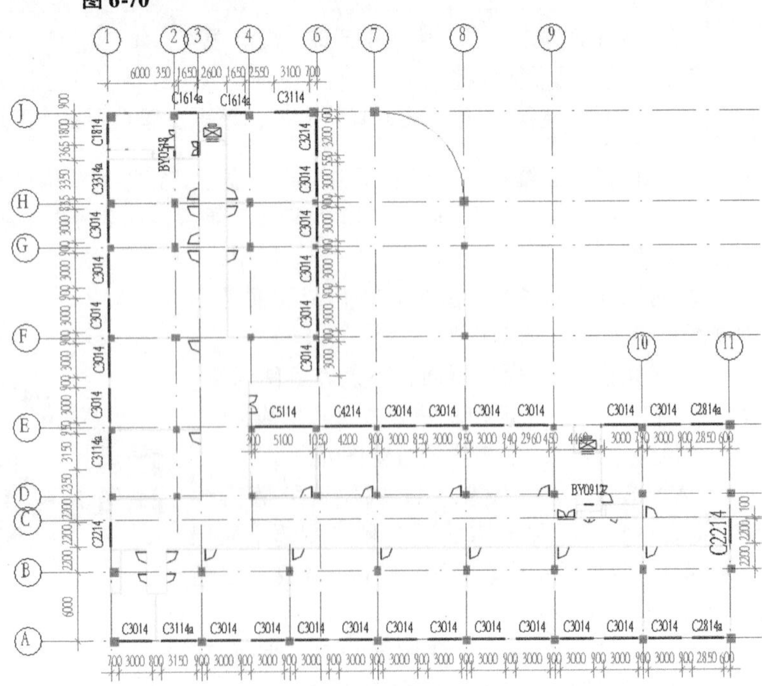

图 6-71

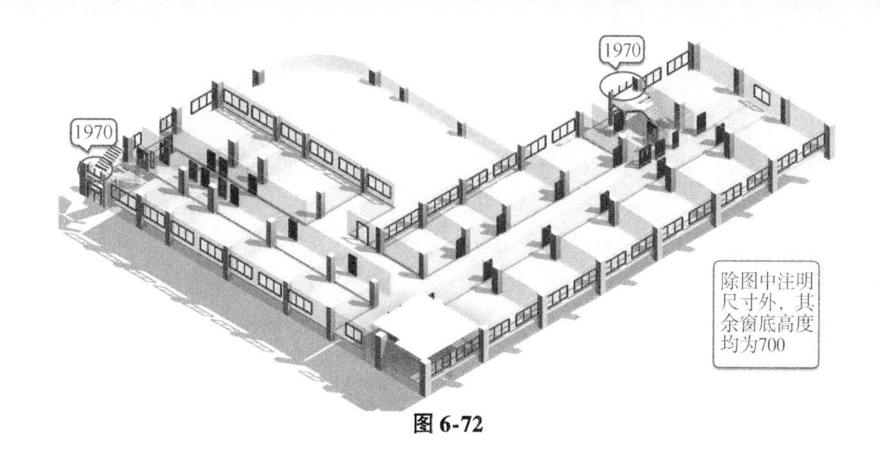

图 6-72

提 示

除在楼层平面视图中放置门、窗外，还可以在立面或三维视图中放置，其方法与在楼层平面视图中放置门窗方法相同。Revit 会自动将放置门窗在对应的平面视图或其他视图中产生正确的投影。

Step10 切换至默认三维视图，查看完成后整体模型如图 6-73 所示。

Step11 保存项目文件，完成本练习，或打开随书文件“第 6 章\RVT\6-2-2. rvt”项目文件查看最终结果。

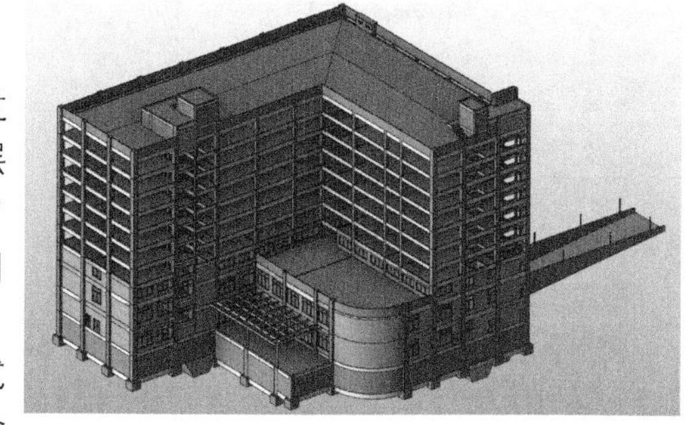

图 6-73

至此完成 B1、F2、F3、RF、TF 层门、窗图元创建。在创建过程中，灵活采用复制、镜像等工具，快速实现模型定位，不同楼层之间门窗图元，均可配合使用“复制到剪贴板”以及“对齐粘贴”的方式对齐粘贴到不同的标高中，该命令还可以用于复制两个项目之间的图元构件。

在 Revit 的门窗族中，定义了门窗的三维样式、二维表现形式等。例如，本项目中使用的窗族在平面视图中剖切后均表现为符合我国建筑制图习惯的“四线”窗。Revit 提供了强大的族编辑器，允许用户自定义各种形式的门窗族。在本书第 20 章中将详细介绍族的相关内容。

插入门窗后，门窗将依附于主体而存在。例如，在墙上放置门窗后，如果删除了墙，则门窗一并被删除；如果使用“复制”工具复制墙图元，则门窗将一并被复制。如图 6-74 所示，选择已插入的门窗图元，在上下文选项卡中单击“主体”面板中“拾取新主体”，可以重新为门窗指定主体。

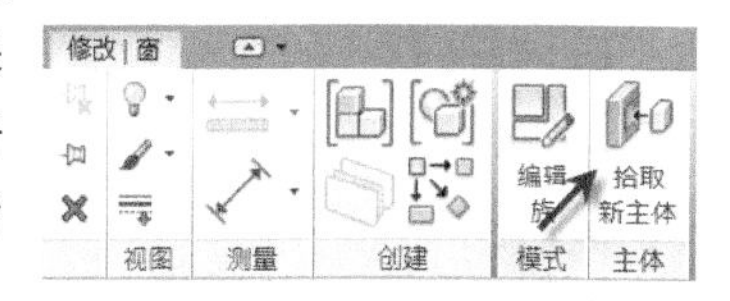

图 6-74

除以墙为主体外，还可以利用族编辑器定义特殊形式以其他对象为主体的窗，例如，可以定义放置在屋顶对象的“天窗”对话框。

为方便模型后期管理，在使用门、窗族时，应根据设计需要按规则正确命名族的类型名称。各位读者在使用 Revit 进行设计的过程中，应养成规范的族类型命名管理习惯。

在使用对齐粘贴时，除本案例操作中使用的“与选定的标高对齐”及“与选定的视图对齐”外，Revit 提供了“与当前视图对齐”“与同一位置对齐”“与拾取的标高对齐”和“从剪贴板中粘贴”几个不同的选项，如图 6-75所示。

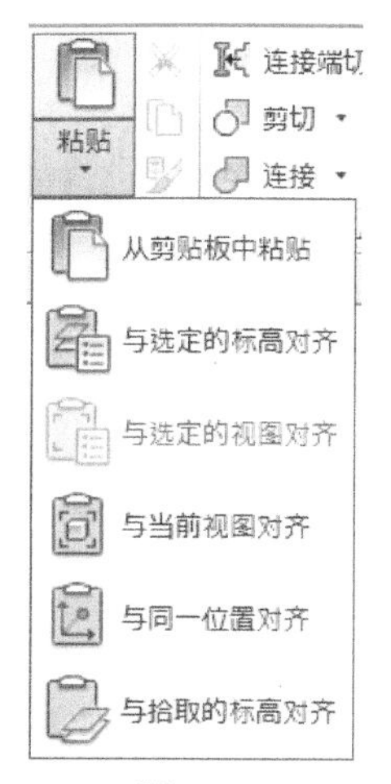

图 6-75

其中“与当前视图对齐”选项将剪贴板中的图元对齐粘贴到当前激活的视图中。“与同一位置对齐”选项将在原复制图元位置创建完全重合的两个图元。“与拾取的标高对齐”用于当复制模型图元至剪贴板时，允许用户在立面和剖面视图中通过直接单击标高对象的方式对齐粘贴生成图元。而“从剪贴板中粘贴”将允许用户在模型中任意位置放置被复制到粘贴板中的模型图元对象。如果选择集中包含注释图元，由于 Revit 中的注释图元与视图相关，因此使用对齐粘贴至视图时，当前视图的视图类别必须与复制图元时的视图类别相同，例如，Revit 不允许将楼层平面视图中复制的门及门标记对齐粘贴至立面视图中。

6.2.3 创建标准层墙与门窗

在 F4 ~ F10 标准层中，门、窗、墙等图元规格、位置、形状尺寸布置均一致。通常将这些标高称之为标准层。为处理这种标准层模型，可以采用 Revit 中创建组的方法，实现重复模型快速绘制。

Step 01 接上节练习。打开并平铺 F3 视图和默认“三维”视图，单击 F3 楼层平面视图，在视图中框选全部图元，并单击过滤器，只勾选墙、门、窗图元，如图 6-76 所示。

Step 02 激活默认三维视图视口，视图中选中的构件为高亮显示状态，旋转缩放视图至 1#楼梯间位置，配合使用键盘 Shift 和 Ctrl 键，在选择集中保留如图 6-77 所示的楼梯间墙体和窗图元。

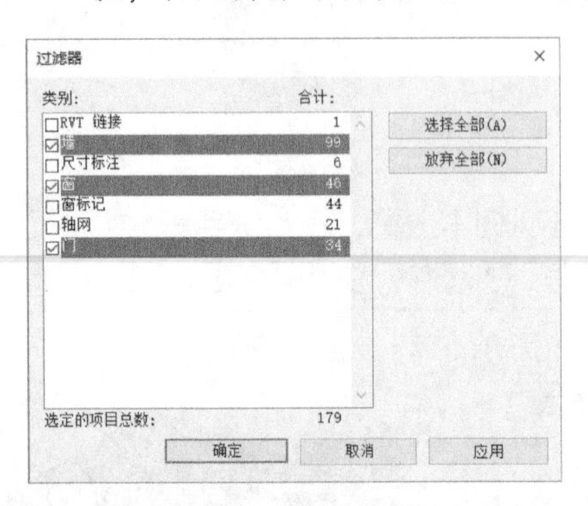

图 6-76

图 6-77

Step 03 旋转并缩放至 2#楼梯间位置，配合键盘 Shift 和 Ctrl 键，在选择集中保留图 6-78 所示的楼梯间墙体和窗图元，取消选择中门、窗图元。

Step 04 确保图元处于蓝色选择状态，单击“复制至剪贴板”命令，对齐粘贴至 F4 标高。

Step 05 切换至 F4 楼层平面视图，删除 4/E ~ F 轴间“双扇平开玻璃门：M1521”模型图元。使用“窗”工具，选择窗类型为“三扇推拉窗：C3014”，设置属性面板中底标高为 700；按图 6-79 中所示位置在 E 轴线上方 450 处放置 C3014 窗图元。

图 6-78

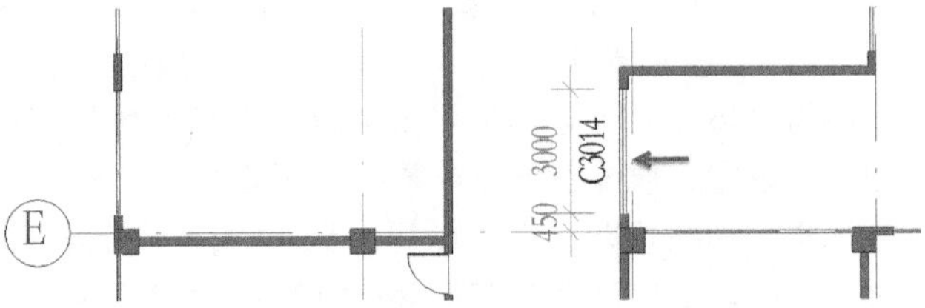

图 6-79

Step 06 采用和框选 F3 模型图元相同的操作方法，平铺 F4 楼层平面和默认三维视图，在楼层平面视图中，框选全部模型图元，配合使用过滤器工具选择墙、门、窗图元，并在三维视图中配合 Ctrl 和 Shift 键调整楼梯间位置模型选择。如图 6-80 所示，在“修改 | 选择多个”上下文选项卡“创建”面板中单击“创建组”工具，弹出“创建模型组”对话框。

图 6-80

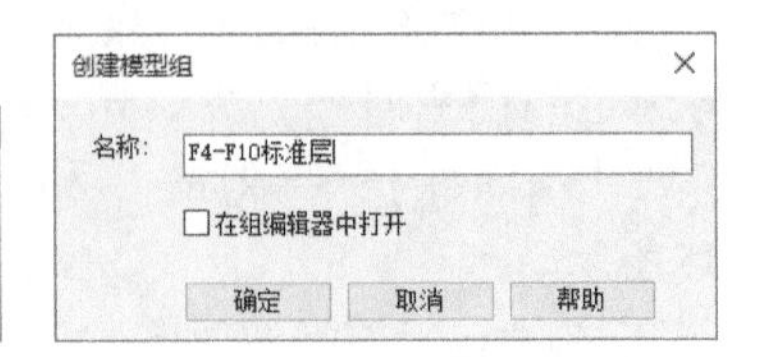

图 6-81

Step 07 如图 6-81 所示，在“创建模型组”对话框中输入创建的组名称为“F4 ~ F10 标准层”，单击“确认”按钮完成组创建。

提 示

在 Revit 软件中，模型图元和注释图元不能在一个组中创建，所以在创建 F4 层模型组时，不能选择尺寸标注和门窗标记图元，只能选择模型图元成组。

Step08按 Esc 键退出当前选择集，切换至 F4 楼层平面视图，单击视图中任意图元，Revit 将选择上一步中创建的全部组图元并自动切换至“修改丨模型组”上下文选项卡。如图 6-82 所示，在属性栏“类型选择器”列表中显示组的名称为“模型组：F4～F10 标准层”。

Step09单击“复制到剪贴板”命令，配合使用“与选定的标高对齐”工具，如图 6-83 所示，在“选择标高”列表中选择“F5、F6、F7、F8、F9、F10”标高名称，单击“确定”按钮完成复制。

Step10切换至 F10 楼层平面视图，单击选择组，在“修改丨模型组”上下文选项卡“创建”面板中单击“解组”工具，如图 6-84 所示。

Step11配合使用“修剪丨延伸单个图元”和“修剪丨延伸多个图元”工具，按图 6-85 所示位置修剪墙端至结构柱边。

Step12切换至默认三维视图，按图 6-86 所示，分别调整 1#、2#楼梯位置外墙属性参数为：底部约束为 F10，底部偏移为 0，顶部约束为直到标高：RF，顶部偏移为 2400。

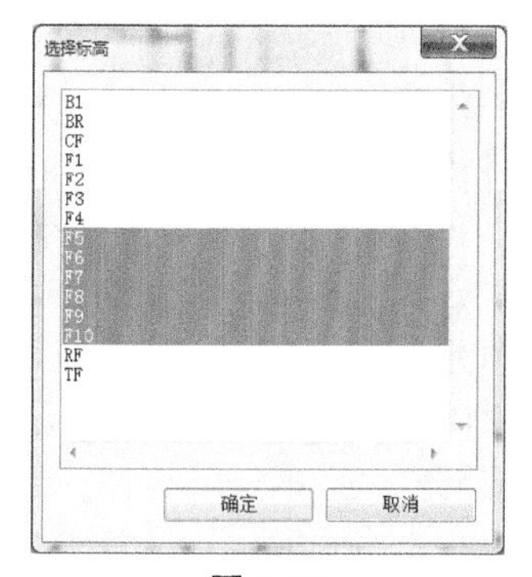

图 6-82　　图 6-83

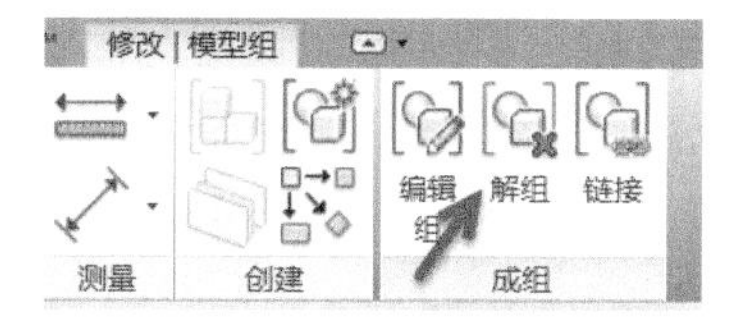

图 6-84

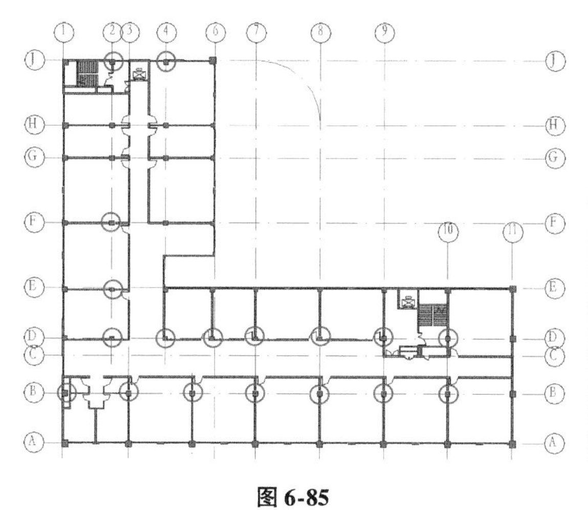

图 6-85

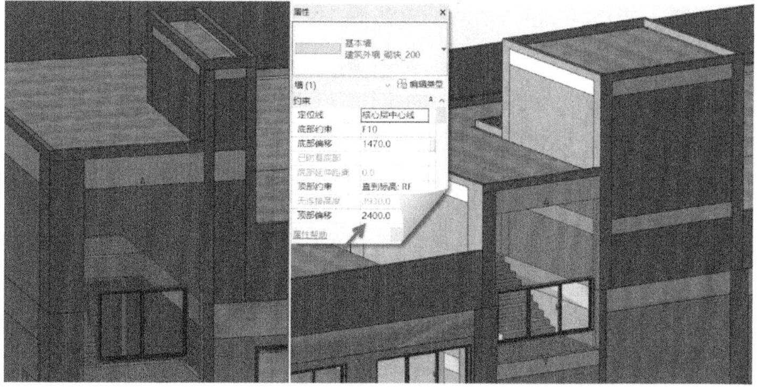

图 6-86

Step13至此完成项目全部墙体和门窗模型绘制，结果如图 6-87 所示。保存该文件，请参见随书文件“第 6 章\RVT\6-2-3. rvt”项目文件查看最终结果。

使用组功能可以将多个图元作为组的方式进行管理。当对组中的图元进行修改时，Revit 会自动修改所有组图元的实例。关于组的更多信息，请参见本书第 26 章。

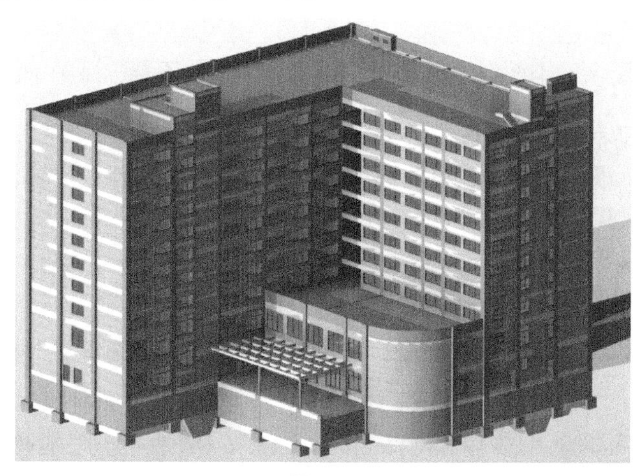

图 6-87

6.3 创建幕墙

幕墙是现代建筑设计中常用的建筑构件。Revit 在墙工具中提供了幕墙系统族类别，可以使用其创建设计中所需各类幕墙。

在 Revit 中，幕墙由“幕墙嵌板”“幕墙网格”“幕墙竖梃”三部分构成，如图 6-88 所示。幕墙嵌板是构成幕墙的基本单元，幕墙由一个或多块幕墙嵌板组成。幕墙嵌板的大小、数量由划分幕墙的幕墙网格决定。幕墙竖梃即幕墙龙骨，是沿幕墙网格生成的线性构件。当删除幕墙网格时，依赖于该网格的竖梃也将同时删除。在 Revit 中，可以手动或通过参数指定幕墙网格的划分方式和数量。幕墙嵌板可以替换为任意形式的基本墙或层叠墙类型，也可以替换为自定义的幕墙嵌板族。本节主要介绍幕墙的创建和定义，在第 6.4 节中，将详细介绍幕墙网格、幕墙嵌板以及幕墙竖梃的定义和修改。

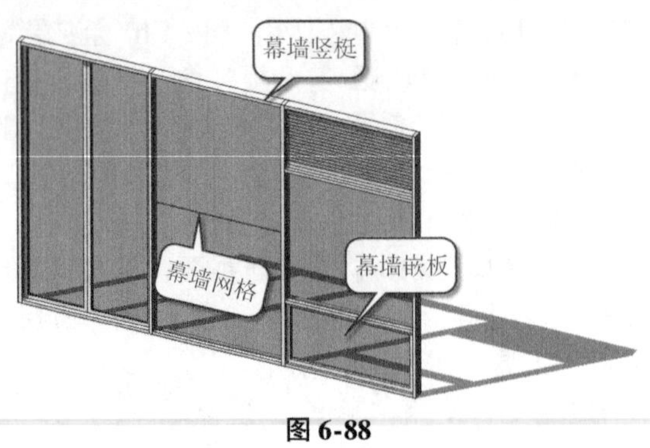

图 6-88

6.3.1 创建综合楼幕墙

使用 Revit 提供的幕墙工具，可以为项目创建幕墙。幕墙的使用方法与上一章中介绍的“基本墙”类似。有了上一章中的基础概念，可以开始为综合楼项目添加幕墙。

Step01 接上节练习。切换至 F1 楼层平面视图。使用“墙”工具，在“属性”面板类型选择器中选择墙类型为“幕墙：明框_1200×1000”幕墙类型。

Step02 如图 6-89 所示，确认幕墙的绘制方式为“拾取线”，设置选项幕墙属性参数为：底部约束为 F1，底部偏移为 700，顶部约束为 F3，顶部偏移为 -300，设置“偏移量”为 80，即在拾取线位置“外侧”80mm 位置生成幕墙。

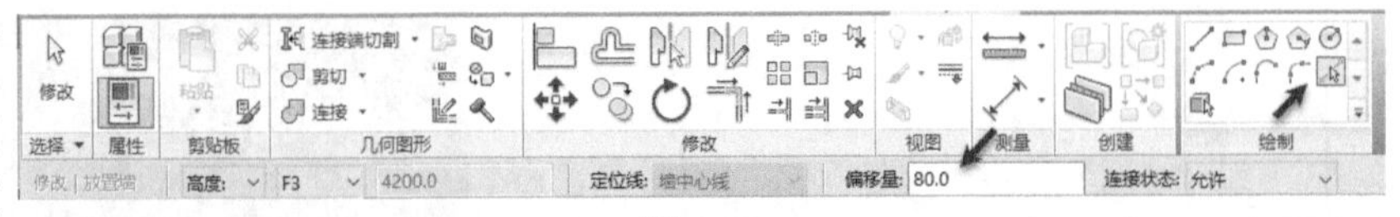

图 6-89

> **提 示**
>
> 在 Revit 中，幕墙不允许设置“定位线”。

Step03 适当缩放视图至 7～8 轴线间圆弧轴网位置，移动鼠标至圆弧轴网处，Revit 将沿轴网方向生成幕墙绘制预览。沿垂直轴网方向稍移动鼠标，可改变预览的生成方向。确认预览偏移位置为轴线外侧，单击生成幕墙。结果如图 6-90 所示，注意幕墙将自动剪切已有基本墙体。

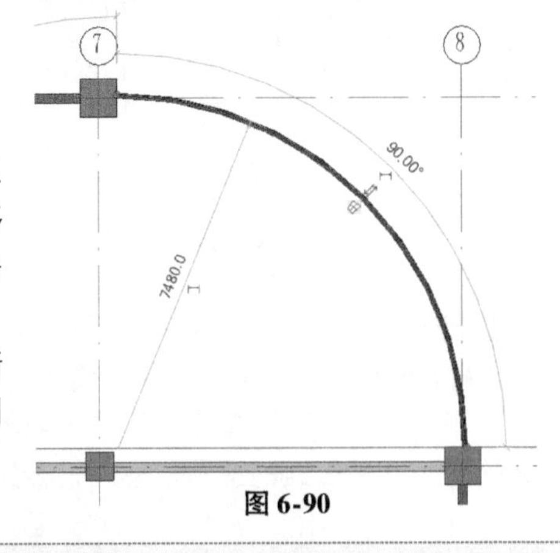

图 6-90

Step04 切换至默认三维视图，选择上一步中创建的幕墙，打开幕墙“类型属性”对话框，单击“重命名”按钮，修改幕墙类型名称为“明框_800×800”。

> **提 示**
>
> 移动到幕墙边缘位置，配合使用键盘 TAB 键可选择幕墙。注意不要选择幕墙嵌板、竖梃及网格图元。

Step05 在“类型属性”对话框中，确认勾选“自动嵌入”选项，修改“垂直网格样式”参数组中“布局”方式为“固定距离”，设置“间距”为 800；设置“水平网格样式”参数组中“布局”方式为“固定距离”，设置“间距”为 800，其他参数参不变，如图 6-91 所示，完成后单击“确定”按钮退出“类型属性”对话框。Revit 将按指定的距离自动生成幕墙网格。

> **提 示**
>
> 在幕墙类型属性中，勾选“自动嵌入”功能，幕墙可以自动在其他墙体上产生类似门窗开洞效果，可以自动扣除其他墙体。

Step06 Revit 将按指定的间距重新生成幕墙网格划分，如图 6-92 所示。注意幕墙的竖梃位置已随网格位置修改。

Step07 注意幕墙垂直网格默认以幕墙的起始点为起点，沿幕墙方向按每 800mm 放置垂直方向网格。而幕墙的终点边界处嵌板则因尺寸不足 800mm 而导致嵌板与起点嵌板不同。

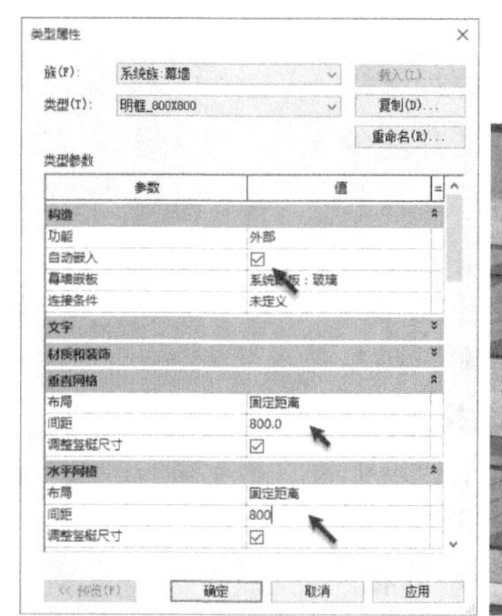

图 6-91

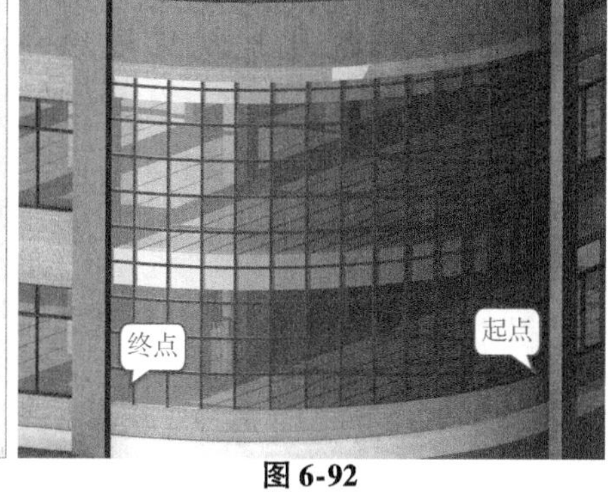

图 6-92

Step08 选择幕墙，如图 6-93 所示，在幕墙属性面板中，修改垂直网格实例属性下“对正”方法为“中心”，其余参数不变。

Step09 Revit 将自动以水平方向的中心作为第一条垂直幕墙网格的起点，向两侧自动布置幕墙垂直网格。结果如图 6-94所示。

Step10 继续选择幕墙图元，修改幕墙属性面板中“水平网格”参数组中“对正”类型为“起点”，“偏移量”为 100，则 Revit 修改幕墙如图 6-95 所示。

Step11 选择幕墙图元，幕墙图元中间位置将显示“配置轴网布局”标记。单击该标记，进入幕墙系统网格布局编辑模式。如图 6-96 所示，Revit 将显示幕墙网格布局的 UV 坐标系及坐标系角度与起始点偏移值，其作用方式与属性面板中对正及偏移值相同。

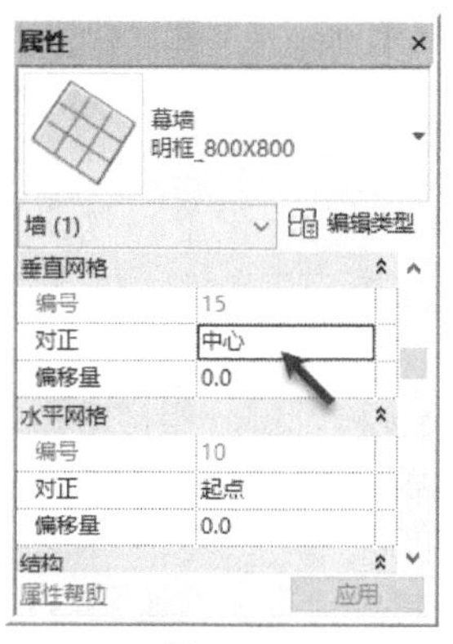

图 6-93

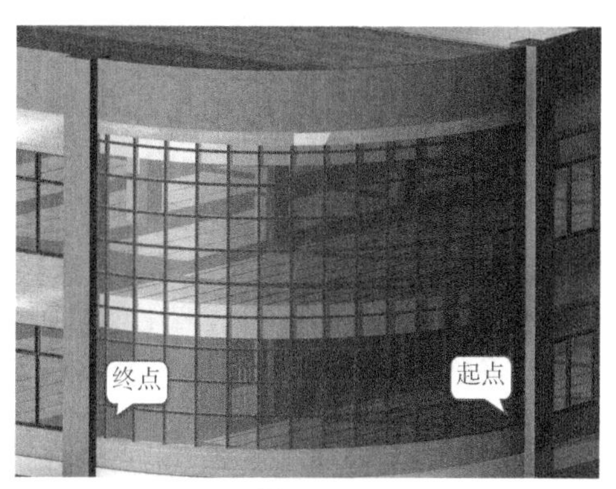

图 6-94

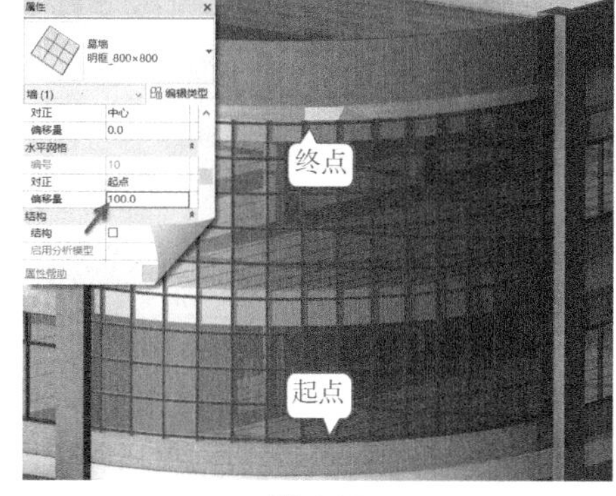

图 6-95

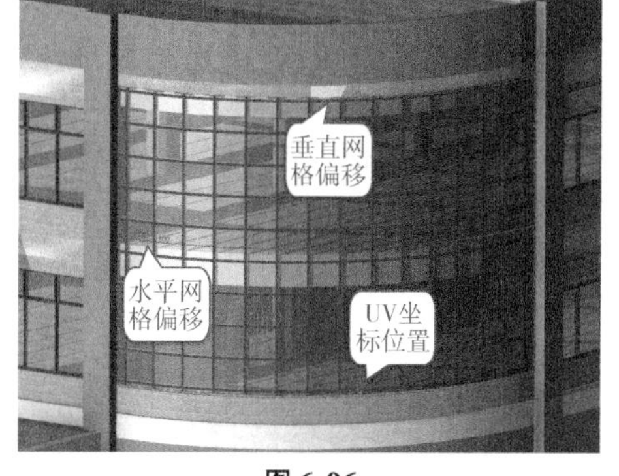

图 6-96

提 示

Revit 以幕墙 UV 坐标所在的位置为起点，根据偏移值生成第一根水平和垂直网格。其他网格以第一根水平和垂直网格为基础，依次按间距生成其他网格。

Step12 单击“幕墙 UV 坐标”的左侧坐标箭头，Revit 将移动 UV 坐标至幕墙左下角，注意 Revit 将自动按左下角为垂直网格起点，修改垂直方向网格的布置，结果如图 6-97 所示。注意 Revit 将同时修改属性面板“垂直网格”的“对正”方式。

Step13 继续单击 UV 坐标的其他箭头，移动 UV 坐标至不同的位置，注意幕墙网格的变化。

Step14 将 UV 坐标恢复至第 11）步骤状态。按 Esc 键退出幕墙 UV 坐标状态。至此，完成综合楼项目幕墙网格设置调整。保存该文件，请参见随书文件“第 6 章 \ RVT \ 6-3-1. rvt”文件查看最终结果。

图 6-97

本幕墙操作中，利用了 Revit 自动生成幕墙的方式创建了弧形外幕墙。利用幕墙的垂直和水平网格布局，通过指定布局的方式以及定义幕墙的 UV 坐标，生成不同的幕墙划分形式。Revit 共提供了 9 种 UV 坐标定位状态，在“布局”选项中，除了“固定距离”选项，还提供“固定数量”“最大间距”“最小间距”共四种布局方案，各参数的具体区别详请参见本章第 6.4.4 节相关内容。

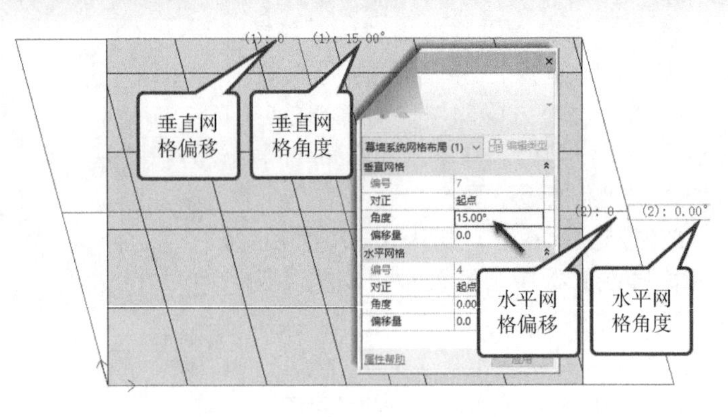

图 6-98

对于平面幕墙，在幕墙网格布局设置中，Revit还提供了“角度”参数用于调整网格的角度。如图 6-98 所示，在属性面板上“垂直网格”和“水平网格”实例参数中修改“角度”值可修改垂直和水平网格的角度。也可以在幕墙 UV 坐标状态下，直接修改各网格方向上的角度值，以调整幕墙网格的角度。注意 Revit 的幕墙网格的角度参数仅对平面幕墙有效，对于弧形等非平面幕墙 Revit 不允许调整网格角度。

6.3.2 创建幕墙窗

上一节中完成了综合楼项目中的门、窗构件布置，但上述创建门窗的方法并不适用于幕墙门窗。门窗构件必须基于基本墙或层叠墙主体图元放置，它无法应用于幕墙。Revit 提供了更为灵活的幕墙工具用于编辑、生成幕墙门、窗。

Revit 的幕墙由幕墙嵌板、幕墙网格和幕墙竖梃几部分组成。Revit 根据幕墙网格将幕墙划分为数个独立的、可自由控制的幕墙嵌板，通过自由指定幕墙嵌板的族类型，生成任意形式的幕墙，可以自由指定和替换每个幕墙嵌板。

幕墙嵌板可以替换为系统嵌板族、外部嵌板族或任意基本墙及层叠墙族类型。其中 Revit 提供的“系统嵌板族”包括玻璃、实体和空心三种，接下来使用替换幕墙嵌板功能创建综合楼项目幕墙窗图元。

Step01 接上节练习。单击“插入”选项卡“从库中载入”面板中“载入族”按钮，浏览至随书文件“第 6 章\RFA\幕墙窗_单扇竖向平开窗.rfa”族文件，将其载入至项目中。

Step02 切换至默认的三维视图。选择幕墙，单击下方视图控制栏区域“临时隐藏 | 隔离”工具列表中“隔离图元”选项，在视图中隔离显示幕墙。

Step03 单击“视图”选项卡“图形”面板中“可见性/图形”按钮，打开“可见性/图形替换”对话框。如图 6-99 所示，在“模型类别”中，取消勾选“幕墙竖梃”类别，单击“确认”按钮退出“可见性/图形”对话框。注意当前视图中已隐藏幕墙竖梃。

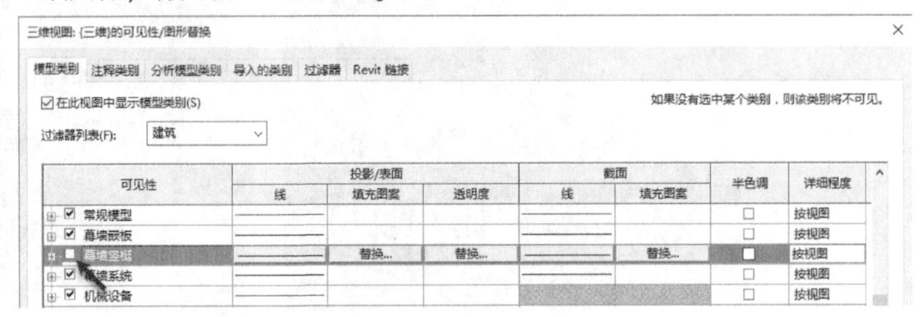

图 6-99

Step04 确认视图底部激活“选择锁定图元”选择状态。如图 6-100 所示，移动鼠标至图中所示嵌板幕墙网格位置，循环按键盘 Tab 键，直到幕墙嵌板高亮显示，单击鼠标左键选择该嵌板。

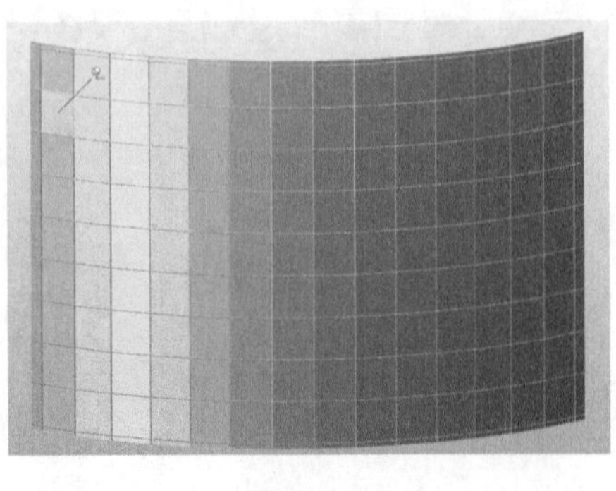

图 6-100

图 6-101

Step05 注意高亮显示的嵌板处于锁定状态。如图 6-101 所示，单击嵌板上的锁定符号，解锁嵌板。

Step06 单击“属性”面板“类型选择器”中幕墙嵌板类型列表，在列表中选择本节第 1）步中载入的“幕墙窗_单扇竖向平开窗”类型。完成后，按 Esc 键取消当前选择集。Revit 将以“幕墙窗_单扇竖向平开窗”替换“系统嵌板：玻璃”。“平开窗”嵌板的大小取决于幕墙网格的大小，结果如图 6-102 所示。

Step07 重复上述操作，按如图 6-103 所示，位置替换完成幕墙其他嵌板。

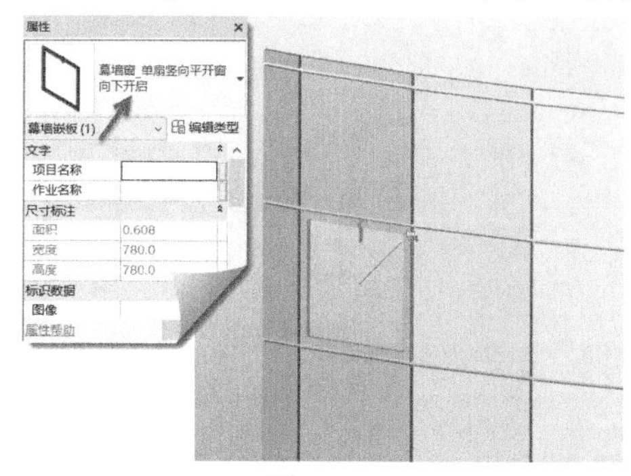

图 6-102

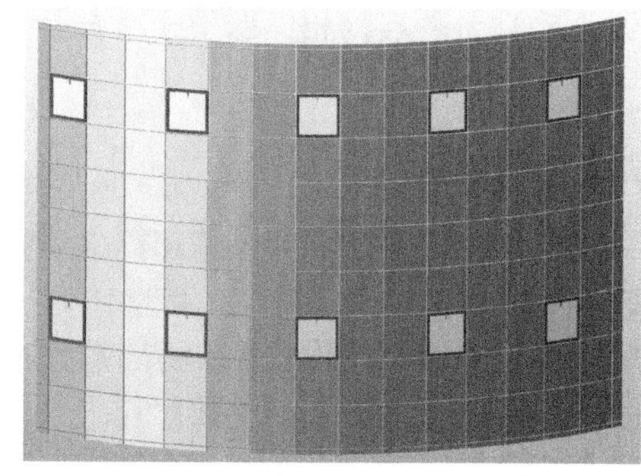

图 6-103

提 示

注意在族类型选择器中，除“幕墙窗_单扇竖向平开窗”嵌板族外，还包括“系统嵌板”和“空系统嵌板”、基本墙和层叠墙族以及其他包含在项目样板中已载入的幕墙嵌板族。

Step08 打开“可见性/图形”对话框，再次勾选“幕墙竖梃”，单击“确定”按钮退出“可见性/图形”对话框。在视图“临时隐藏 | 隔离”选项中选择“重设临时隐藏 | 隔离”命令，查看视图中完整幕墙模型，结果如图 6-104 所示。

Step09 至此完成项目中幕墙嵌板编辑操作。保存该文件，或打开随书文件“第 6 章 \ RVT \ 6-3-2. rvt”文件查看最终结果。

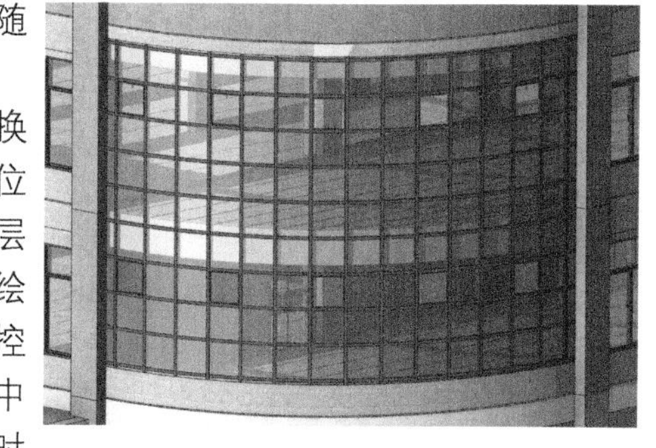

图 6-104

幕墙嵌板还可以替换为任意基本墙及层叠墙族类型，当将嵌板替换为墙类型时，选择墙嵌板，在墙“实例”面板中可以外墙指定“定位线”方式为墙中心线、墙核心层中心线、墙内外表面及墙内外核心层表面等，以确定墙与幕墙定位线（在楼层平面视图中绘制幕墙时的绘制线）的对齐关系。Revit 还提供了“定位线偏移”选项，用于精确控制墙与幕墙定位线之间的位置关系。同时，在标识数据参数分组中“分类方式”自动修改为“嵌板”，该信息可以在管理建筑信息模型时作为墙信息过滤条件，如图 6-105 所示。例如，对视图应用过滤器，以不同颜色区分显示所有作为“嵌板”的墙与普通墙。关于视图过滤器的更多内容，参见本书第 14 章。

不论使用幕墙载入的嵌板族还是使用基本墙或层叠墙族替换幕墙嵌板，Revit 均会根据所选择的嵌板尺寸自动调整嵌板的大小。注意，除系统嵌板族和基本墙、层叠墙外，当使用载入的墙嵌板族时，嵌板的网格形状必须为矩形，否则 Revit 将无法生成嵌板。Revit 提供了“公制幕墙嵌板 . rte”“公制门-幕墙 . rte”“公制窗-幕墙 . rte”族样板，允许用户使用该族样板定义任意形式的幕墙嵌板。其中使用“公制门-幕墙 . rte”和“公制窗-幕墙 . rte”族样板定义的幕墙嵌板将在统计门、窗数量时，作为门、窗进行统计。本例入口处幕墙窗即由“公制窗-幕墙 . rte”族样板定义。关于族的更多信息请参见本书第 20 章相关内容。

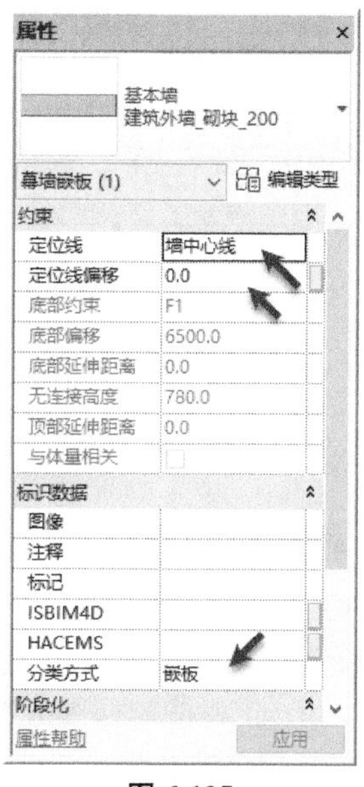

图 6-105

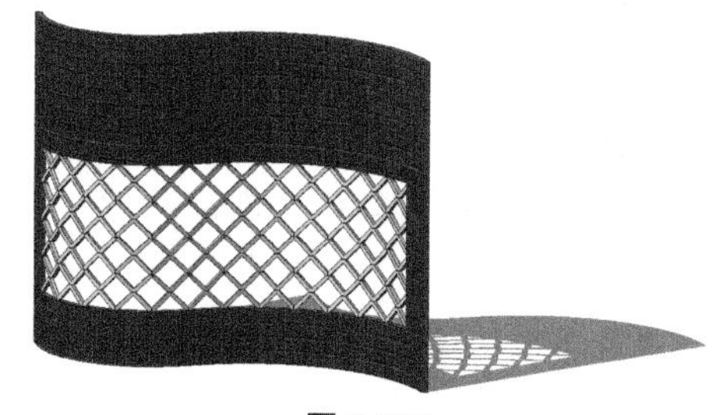

图 6-106

灵活设置幕墙和幕墙嵌板族，可以生成更多复杂模型。如图 6-106 所示，为通过自定义幕墙嵌板族得到的特殊幕墙模型。

6.4 编辑幕墙

除上节练习中讲解的按间距或者数量方式自动创建幕墙网格外，在 Revit 中还允许手动划分幕墙网格，以便于生成更多复杂的网格图案。

6.4.1 手动创建幕墙网格

接下来将采用幕墙网格工具进行手动幕墙网格划分。

Step01 打开随书文件“第 6 章\ RVT\ 幕墙练习_6-4-1. rvt”项目文件。切换至“标高 1”楼层平面视图，适当放大视图至 5～6 轴线外墙位置，注意该项目中已创建参照平面。

Step02 使用“墙”工具，在“类型选择器”中选择墙类型为“幕墙”，打开类型属性对话框，复制新建名称为“综合楼-入口处幕墙”的新类型。在该墙“类型属性”面板中，设置全部网格布局和竖梃均为无，如图 6-107 所示。单击“确定”按钮退出“类型属性”对话框。

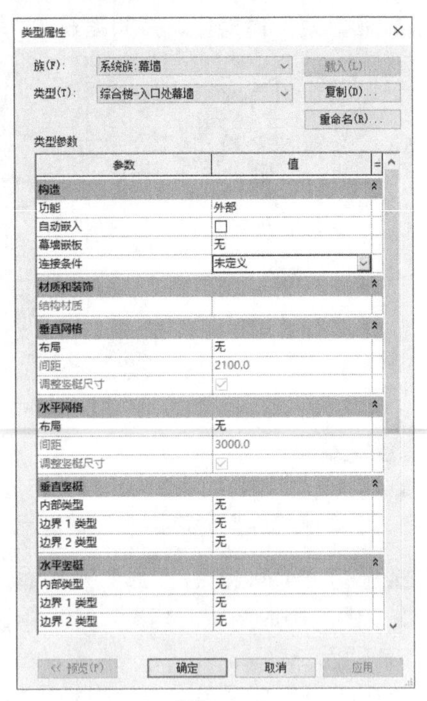

图 6-107

Step03 确认墙绘制方式为“直线”，设置选项栏墙生成方式为“高度”，直到标高设置为“标高 2”，捕捉墙中心线与右侧参照平面交点作为起点，向左沿墙中心线在参照平面之间绘制“幕墙-手动调整”幕墙图元。完成后按 Esc 键两次退出墙绘制工具。

提 示

不同的绘制方向将决定幕墙的内、外墙面的方向。与墙一样，绘制幕墙时将按绘制方向的左侧作为幕墙外侧。

Step04 Revit 给出如图 6-108 所示警告对话框，提示幕墙与现有墙重叠。单击屏幕任意位置，Revit 将隐藏警告对话框。

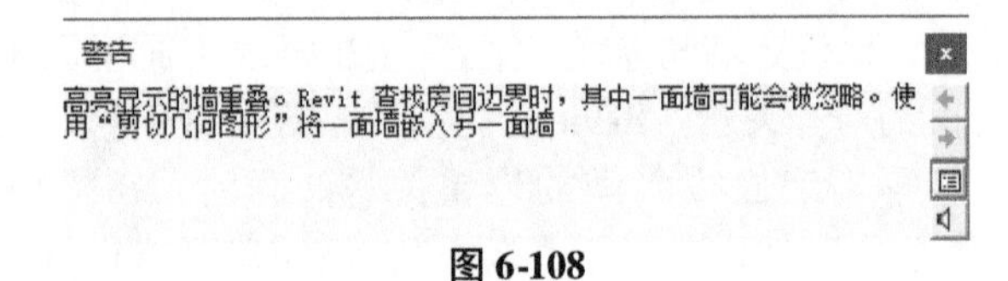

图 6-108

提 示

由于幕墙完全嵌入在外墙中，因此 Revit 显示该对话框。

Step05 选择上一步中创建的幕墙图元。打开“类型属性”对话框，如图 6-109 所示，勾选“构造”中“自动嵌入”选项，单击“确认”按钮返回楼层平面视图。

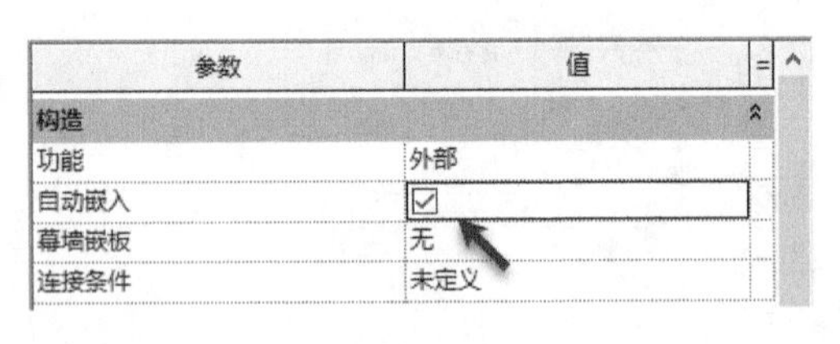

图 6-109

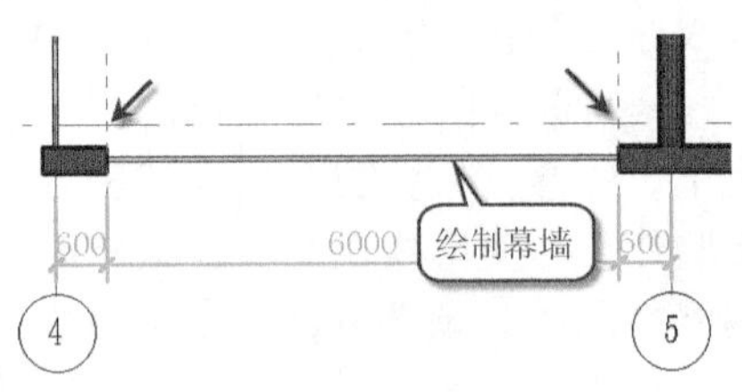

图 6-110

Step06 注意 Revit 将使用幕墙图元剪切主体墙体，幕墙图元将“嵌入”至主体墙中，结果如图 6-110 所示。切换至三维视图，观察嵌入后幕墙状态。

Step07 选择上一步骤中创建的幕墙图元，如图 6-111 所示，修改属性面板中幕墙的“顶部约束”为“F4”，“顶部偏移”值为 -600，其他参数默认。切换至默认三维视图，查看修改后幕墙状态。

Step08 切换至南立面视图，该视图中已经正确显示了当前项目模型的立面投影。如图 6-112 所示，在视图底部视图控制栏中修改视图显示状态为“着色”，Revit 将按模型图元材质中设置的着色颜色模型，所有玻璃（包括幕墙玻璃）均显示为蓝色。

Step09 选择 4～5 轴线间入口处幕墙图元，单击视图控制栏中“临时隐藏\ 隔离”按钮，在弹出菜单中选择“隔离图元”，视图中将仅显示所选择的综合楼入口处幕墙。

Step10 单击“建筑”选项卡“构建”面板中“幕墙网格”工具，自动切换至“修改 | 放置幕墙网格”上下

文选项卡，如图 6-113 所示，鼠标指针变为 ╬。

图 6-111

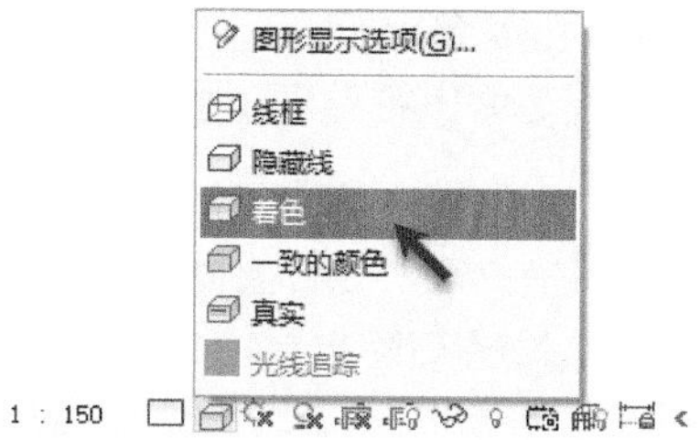

图形显示选项(G)...
线框
隐藏线
着色
一致的颜色
真实
光线追踪
1 : 150

图 6-112

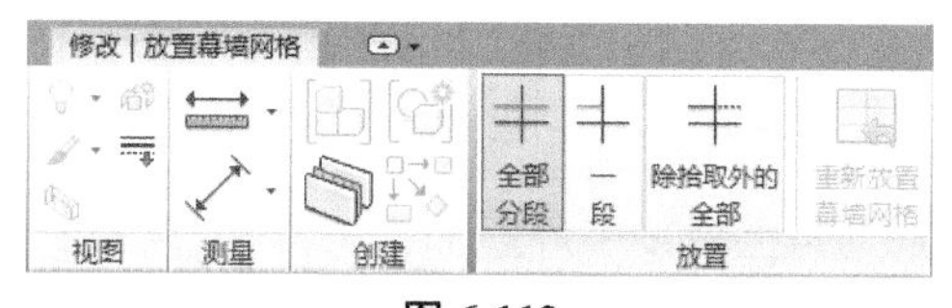

图 6-113

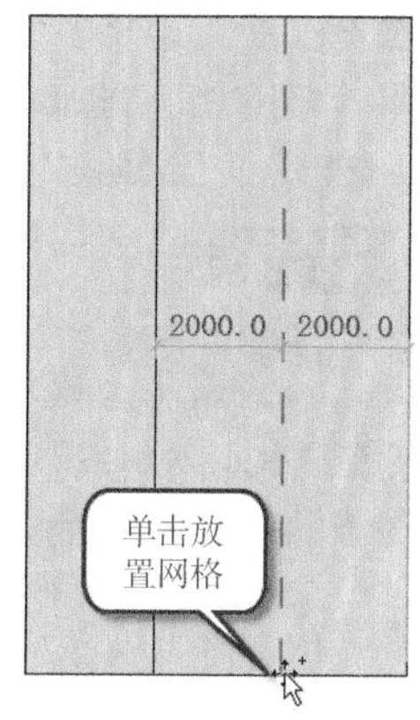

图 6-114

Step⑪单击“放置”面板中“全部分段”按钮，如图 6-114 所示，移动鼠标指针至幕墙水平方向边界位置，将以虚线显示垂直于光标处幕墙网格的幕墙网格预览，分别距离左右各 1/3 处单击鼠标左键放置幕墙网格，完成后按 Esc 键两次退出放置幕墙网格状态。

提 示

幕墙的四周边界实际上是幕墙边界网格。Revit 会自动捕捉所拾取边界的 1/3、1/2 等位置。

Step⑫单击选择上一步中创建的右侧幕墙网格，在邻近幕墙网格间显示临时尺寸标注。修改幕墙网格距右侧边界网格临时尺寸标注值为 2100。使用同样的方法修改上一步中创建的左侧网格距幕墙左侧边界网格距离为 2100。

Step⑬如图 6-115 所示，选择上一步中生成的左侧第一根幕墙网格，自动切换至“修改 | 幕墙网格”上下文选项卡。单击“修改”面板中“复制”工具，勾选选项栏中“约束”选项，不勾选“多个”选项；向左侧距离 500 处复制生成新幕墙网格。使用相同方式向上一步生成的第二根网格右侧 500 处复制生成新幕墙网格。

Step⑭继续使用“幕墙网格”工具，确认选择“放置”面板中“全部分段”方式，单击幕墙左侧垂直边界网格，按图 6-116 所示尺寸生成水平幕墙网格。

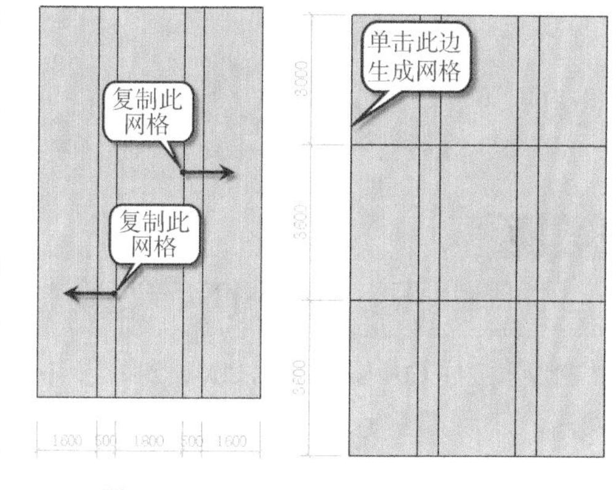

图 6-115　图 6-116

提 示

单击任意垂直网格，均可生成水平方向幕墙网格。

Step⑮按住 Ctrl 键，单击选择上一步操作中创建的水平幕墙网格，沿垂直方向向下 600 复制生成新幕墙网格，结果如图 6-117 所示。

Step⑯选择最下方水平幕墙网格，自动切换至“修改 | 幕墙网格”上下文选项卡。单击“幕墙网格”面板中“添加/删除线段”工具。

Step⑰移动鼠标至如图 6-118 所示水平网格位置单击左键，完成后，按 Esc 键退出“修改幕墙轴网”状态。删除单击位置处两垂直幕墙网格间水平幕墙网格段。

Step⑱重复上一步骤操作，修改其他幕墙网格线段，修改幕墙网格结果如图 6-119 所示。

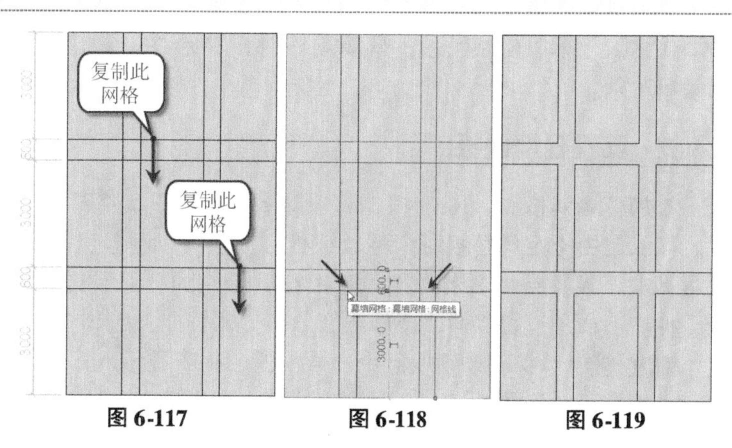

图 6-117　图 6-118　图 6-119

提 示

网格“添加/删除线段”功能仅针对所选择网格有效。添加/删除线段并未删除实际的幕墙网格对象，而是将网格段隐藏显示。Revit 中幕墙网格将始终贯穿整个幕墙对象。

Step19 使用幕墙网格工具，单击“修改｜放置幕墙网格”上下文选项卡“放置”面板中“一段”按钮。如图 6-120 所示，移动鼠标至底部垂直幕墙网格位置，在垂直网格间出现幕墙网格预览。稍微左右移动鼠标，当生成预览在所选网格右侧时，单击在所选垂直网格右侧垂直网格间生成一段水平幕墙网格。修改幕墙网格在已有水平幕墙网格下方 600 位置。

Step20 使用类似的方式，生成图 6-121 所示距离和位置，在垂直幕墙网格间生成水平幕墙轴网。

提 示

可以使用对齐尺寸标注工具，标注所绘制幕墙轴网，并使用等分约束等分各幕墙轴网。

Step21 如图 6-122 所示，分别选择上一步中放置的幕墙网格，使用“添加/删除线段”工具，单击网格右侧空位置添加水平幕墙轴网右侧水平网格段。结果参照图中所示。

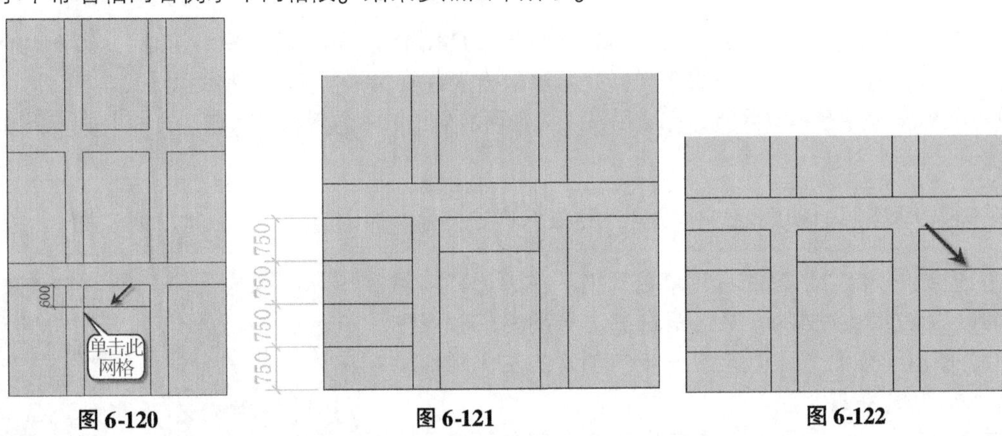

图 6-120　图 6-121　图 6-122

提 示

即使使用添加一段网格的方式生成的网格，仍然为贯穿整个幕墙的完整网格，不过仅显示其中一段而已。

Step22 按住 Ctrl 键选择第 20）、21）步中添加的三根水平方向幕墙网格，使用“复制”工具，勾选选项栏中“多个”选项；沿垂直方向向上以 3600 间距复制两次，生成如图 6-123 所示幕墙网格。

Step23 分别选择复制后中间水平幕墙网格，使用“添加/删除线段”工具编辑幕墙网格，最终如图 6-124 所示。至此完成入口处幕墙网格编辑。保存该文件，请参见随书文件“第 6 章\RVT\幕墙练习_6-4-1-完成.rvt”文件查看最终结果。

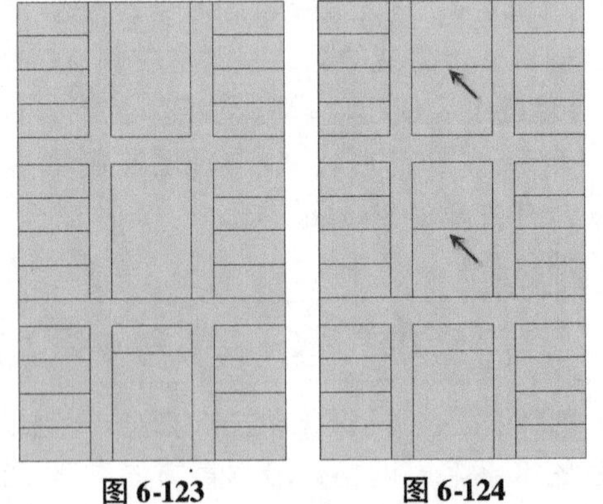

图 6-123　图 6-124

使用幕墙网格工具，可以灵活自由划分幕墙。注意不论是否添加或删除了幕墙网格线段，幕墙网格对象将始终沿幕墙方向贯穿幕墙对象。

6.4.2 设置幕墙嵌板

添加幕墙网格后，Revit 根据幕墙网格线段的形状将幕墙划分为数个独立的幕墙嵌板。可以自由指定和替换每个幕墙嵌板。嵌板可以替换为系统嵌板族、外部嵌板族或任意基本墙族及层叠墙族类型。其中 Revit 提供的“系统嵌板族”包括玻璃、实体和空心三种。下面通过替换幕墙嵌板设置入口处幕墙门及墙体。

Step01 接上节练习。切换至南立面视图，隔离显示入口处幕墙。单击“插入”选项卡“从库中载入”面板中“载入族”按钮，浏览至随书文件“第 6 章\rfa\幕墙双开门.rfa”族文件，将其载入至项目中。

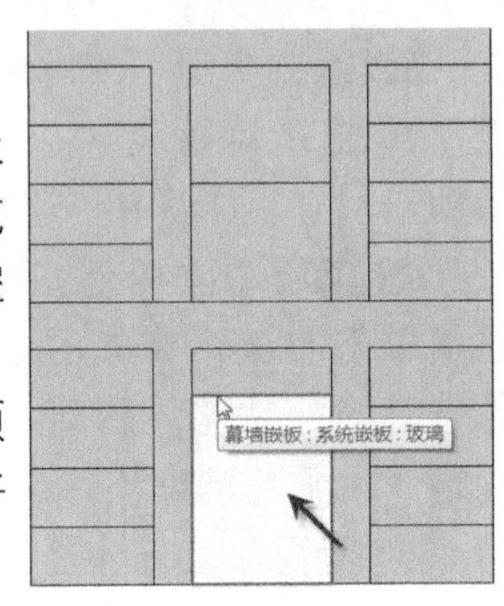

图 6-125

Step02 移动鼠标指针至如图 6-125 所示入口处幕墙底部幕墙网格处，循环按键盘

TAB 键，直到幕墙网格嵌板高亮显示时单击鼠标左键选择该嵌板。自动切换至“修改 | 幕墙嵌板”上下文选项卡。

提 示

激活“按面选择图元”选择方式后，移动鼠标至嵌板任意位置，配合键盘 TAB 键也可以选择幕墙嵌板。

Step03 单击“属性”面板“类型选择器”中幕墙嵌板类型列表，在列表中选择本节第 1）步中载入的“幕墙双开门：幕墙双开门”类型。完成后，按 Esc 键取消当前选择集。Revit 将以“幕墙双开门”嵌板族替换原“系统嵌板：玻璃”，如图 6-126 所示。“双开门”嵌板的大小取决于幕墙网格的大小。切换至 F1 楼层平面视图，观察替换面板后入口幕墙门显示为门平面符号。

提 示

注意在族类型选择器中，除“幕墙双开门”嵌板族外，还包括“系统嵌板”和“空系统嵌板”、基本墙和层叠墙族以及其他包含在项目样板中已载入的幕墙嵌板族。

Step04 切换至南立面视图。移动鼠标至如图 6-127 所示幕墙网格，循环按键盘 TAB 键直到图示中嵌板高亮显示时，单击选择该嵌板。

Step05 在“属性”面板“类型选择器”幕墙嵌板类型列表中选择“基本墙：综合楼-F1-240mm-外墙”，该类型为综合楼项目中定义的办公楼部分一层外墙。Revit 以“基本墙：综合楼-F1-240mm-外墙”替换原嵌板并按幕墙嵌板轮廓生成墙，如图 6-128 所示。

Step06 使用类似的方式使用“综合楼-F2-F5-240mm-外墙”替换幕墙嵌板，结果如图 6-129 所示。切换至默认三维视图，观察完成后入口处幕墙形状。

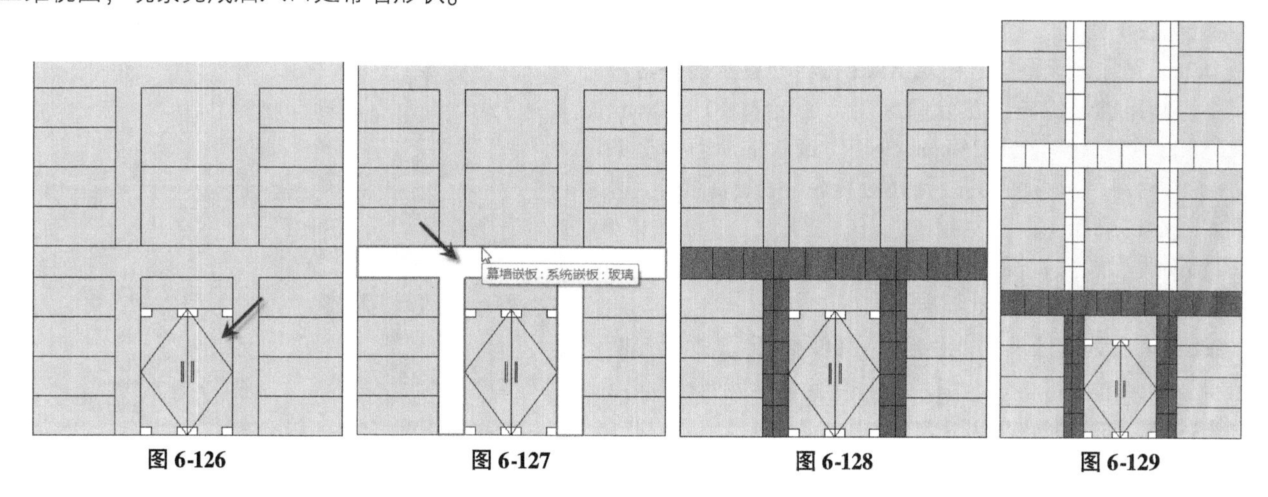

图 6-126　　图 6-127　　图 6-128　　图 6-129

Step07 至此完成入口处幕墙嵌板编辑。保存该文件，请参见随书文件“第 6 章 \ RVT \ 6-4-2. rvt”文件查看最终结果。

在幕墙类型属性中，可以通过“类型属性”对话框中“幕墙嵌板”参数设置幕墙的默认嵌板类型。设置默认嵌板类型后，Revit 将自动按该参数生成全部嵌板，如图 6-130 所示。

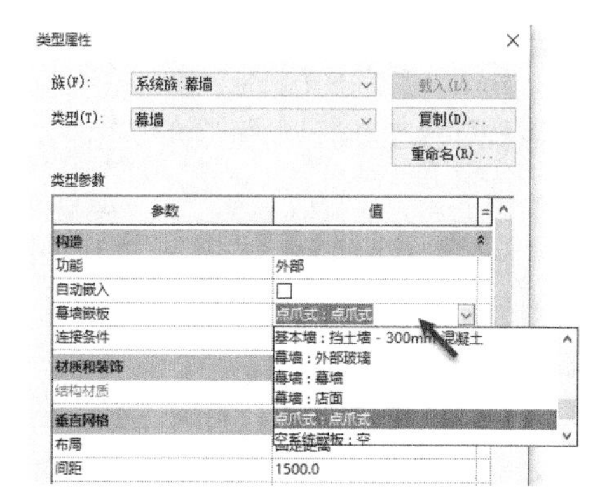

图 6-130

6.4.3 添加幕墙竖梃

使用幕墙竖梃工具可以自由在幕墙网格处生成指定类型的幕墙竖梃。幕墙竖梃实际上是竖梃轮廓沿幕墙网格方向放样生成的实体模型。使用“公制轮廓-竖梃 . rte”族样板可以定义任意需要的幕墙竖梃轮廓。

下面，通过设置幕墙练习项目中幕墙竖梃，说明在 Revit 中添加幕墙竖梃的一般方法。

Step01 接上节练习。切换至南立面视图，隔离显示 4 ~ 5 轴线间入口处幕墙。单击“建筑”选项卡“构建”面板中“竖梃”工具，自动切换至“修改 | 放置竖梃”上下文选项卡。

Step02 在“属性”面板“类型选择器”类型列表选择竖梃类型为“矩形竖梃：50 × 150”，打开“类型属性”对话框，如图 6-131 所示，该竖梃使用的轮廓为“默认”（矩形）系统轮廓；厚度为 150，修改“边 1 上的宽

度”为 0，“边 2 上的厚度”为 50。完成后单击确定按钮，退出类型属性对话框。

提 示

载入轮廓后，在轮廓列表中选择“轮廓”可以修改竖梃的截面形状。

Step 03 单击“放置”面板中“全部网格”选项，如图 6-132 所示。移动鼠标至入口处幕墙任意网格，所有幕墙网格线均亮显，表示将在所有幕墙网格上创建竖梃。单击任意网格线，沿全部网格线上生成竖梃。完成后按 Esc 键，退出放置竖梃模式。

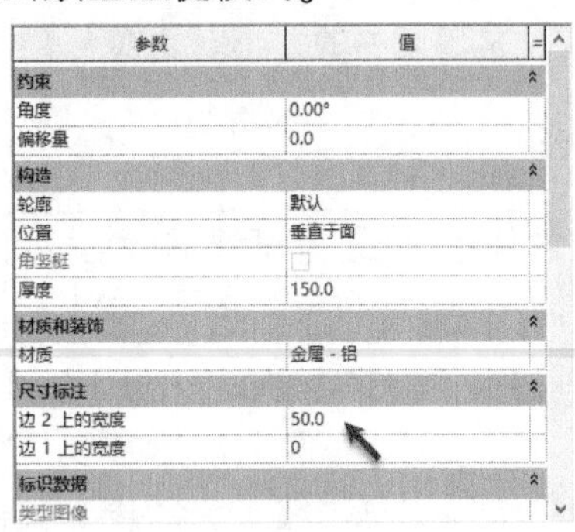

参数	值
约束	
角度	0.00°
偏移量	0.0
构造	
轮廓	默认
位置	垂直于面
角竖梃	
厚度	150.0
材质和装饰	
材质	金属 - 铝
尺寸标注	
边 2 上的宽度	50.0
边 1 上的宽度	0
标识数据	
类型图像	

图 6-131

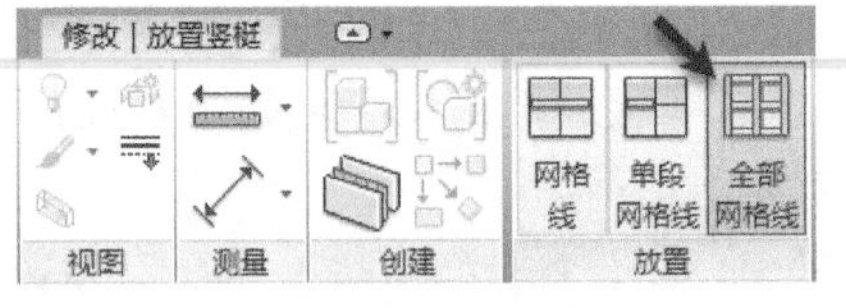

图 6-132

提 示

添加幕墙竖梃后，幕墙嵌板将自动调整大小以适应竖梃。

Step 04 按 TAB 键，直到选择“幕墙门”底部竖梃，按键盘 Delete 键删除该竖梃。注意 Revit 将自动重新调整幕墙门大小。使用类似的方式删除打断墙“综合楼-F1-240mm-外墙”和“综合楼-F2-F5-240mm-外墙”嵌板的所有竖梃共 10 处（包括幕墙与墙相交边界处竖梃），使墙保持连续。结果如图 6-133 所示。

Step 05 适当放大视图，注意 Revit 默认垂直方向竖梃被水平竖梃打断，如图 6-134 所示。

Step 06 单击选择任一垂直竖梃，竖梃两端出现竖梃打断指示符号╪，单击符号╪，指示符号变为╪，竖梃该端点将变为连续，而打断水平方向竖梃。

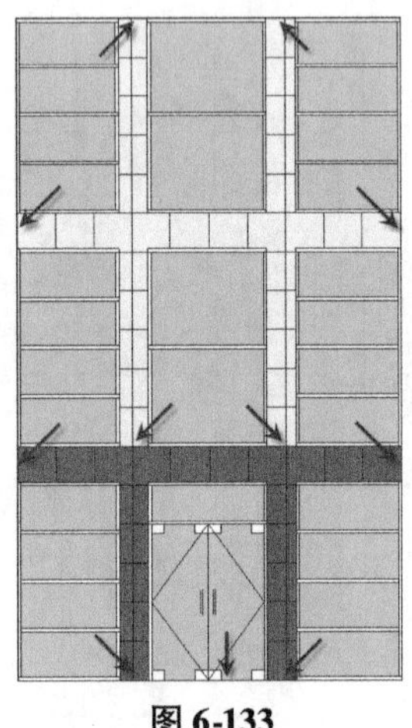

图 6-133

图 6-134

提 示

选择竖梃后单击鼠标右键，在弹出右键快捷菜单中选择“连接条件”→“结合”或“打断”选项，可以沿幕墙网格方向修改竖梃的连接条件。

使用上述方法可以根据设计需要灵活修改任意竖梃在交点处连接、断开。但对于需要对幕墙全部垂直网格都进行连接修改，会显得较为繁琐。可以在幕墙的类型属性中指定竖梃默认连续位置。

Step 07 移动鼠标至入口幕墙边缘，配合使用键盘 TAB 键选择入口处幕墙图元。打开“类型属性”对话框，如图 6-135 所示，修改竖梃“连接条件”为“边界和垂直网格连续”选项，即保持竖梃在边界和垂直方向网格连接，水平方向网格被打断。完成后单击“确定”按钮退出类型属性对话框。

Step 08 Revit 将自动更新入口处幕墙的全部竖梃的连接关系，保持边界和垂直竖梃连接。至此完成添加幕墙竖梃练习。保存该文件，请参见随书文件“第 6 章\RVT\6-4-3. rvt”文件查看最

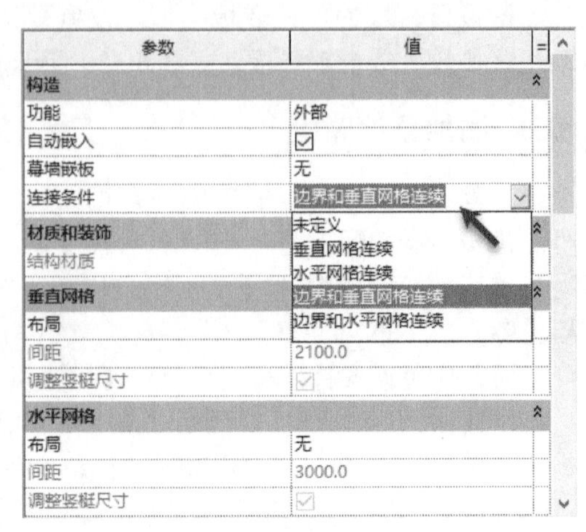

参数	值
构造	
功能	外部
自动嵌入	☑
幕墙嵌板	无
连接条件	边界和垂直网格连续
材质和装饰	
结构材质	
垂直网格	
布局	
间距	2100.0
调整竖梃尺寸	☑
水平网格	
布局	无
间距	3000.0
调整竖梃尺寸	☑

图 6-135

终结果。

在为幕墙添加竖梃时，Revit 提供了网格线、单段网格线和全部网格线三种添加方式。可以分别沿整条网格线方向、网格线中一段线段的方向及幕墙中全部网格放置生成竖梃。注意，Revit 仅会沿显示的幕墙网格的线段放置竖梃，通过“添加/删除线段”删除的幕墙网格线段上将不会生成竖梃。

如图 6-136 所示，Revit 中的竖梃是利用竖梃类型属性中指定的轮廓（图中红色矩形轮廓）沿网格线（图中橙色虚线）方向“放样”生成的带状模型。竖梃最终的形状取决于“类型属性”中定义的“轮廓”族类型。可以为竖梃创建多个不同的族类型，分别指定不同轮廓族，以便在幕墙中生成指定类型的竖梃图元。

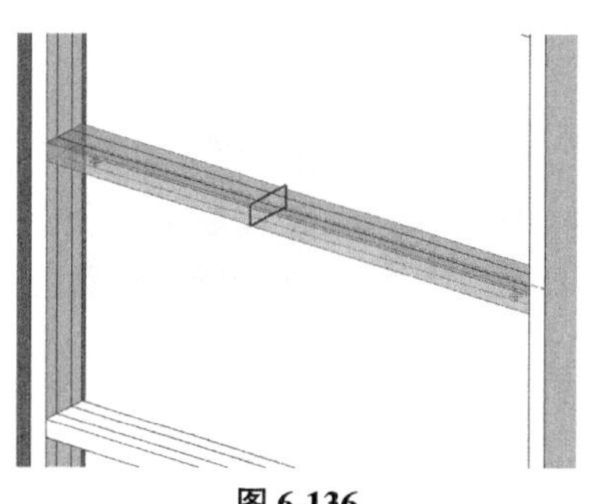

图 6-136

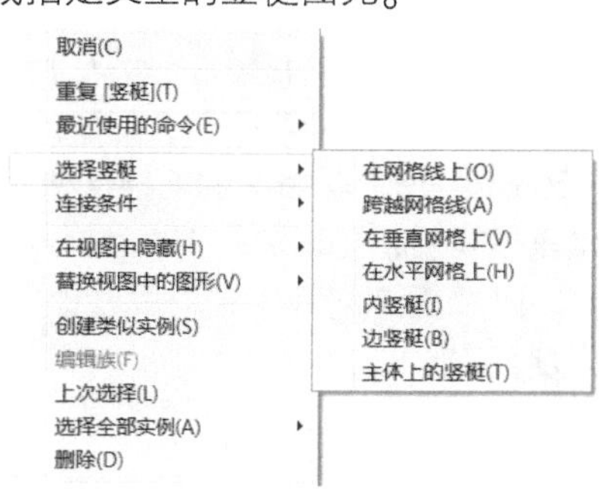

图 6-137

使用“公制轮廓.rte”或“公制轮廓-竖梃.rte”族样板，可以根据设计要求自定义任意竖梃的放样轮廓。除可载入的竖梃轮廓族之外，Revit 还提供了几种系统竖梃轮廓族，如本操作中使用的“默认”轮廓，它实际上是一个可以控制长、宽的矩形轮廓族。

在本节添加入口处幕墙竖梃操作中，可以通过调节“边 1 上的宽度”“边 2 上的宽度”及“角度”“偏移量”来确定“默认”轮廓与幕墙网格间的相对位置。当使用自定义轮廓时，“厚度”“边 1 上的宽度”及“边 2 上的宽度”将不再可用，而取决于轮廓族中的定义尺寸。

选择任意竖梃后，在所选竖梃上单击鼠标右键，在弹出如图 6-137 所示右键菜单中选择“选择竖梃”列表中，可以使用更多的幕墙竖梃选择方式。例如，使用“在网格线上”选项，可以选择与所选竖梃在同一幕墙网格上的所有竖梃。请读者自行尝试其他选择竖梃的方式，限于篇幅，在此不再赘述。

在 Revit 类型属性中，可以通过设定垂直竖梃和水平竖梃的方式，为幕墙生成默认的竖梃。如图 6-138 所示，设置幕墙竖梃后，无论手动添加幕墙网格还是自动生成幕墙网格，Revit 都将自动沿幕墙网格生成指定类型的竖梃。

在幕墙边界处，为处理幕墙转角，有一类较为特殊的“边界”竖梃，用于连接两个不同的幕墙图元。如图 6-139 所示，为在幕墙连接位置生成的“L 形角竖梃”。Revit 提供了 L 形、V 形、四边形和梯形共四种角竖梃。角竖梃会根据角竖梃连接处两幕墙的夹角自动调整竖梃角度。

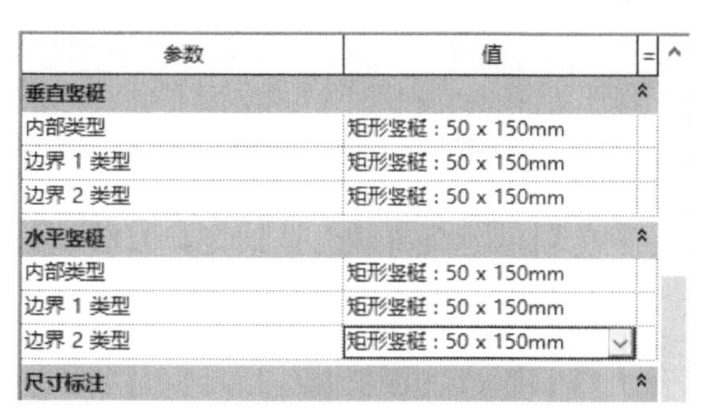

参数	值
垂直竖梃	
内部类型	矩形竖梃：50 x 150mm
边界 1 类型	矩形竖梃：50 x 150mm
边界 2 类型	矩形竖梃：50 x 150mm
水平竖梃	
内部类型	矩形竖梃：50 x 150mm
边界 1 类型	矩形竖梃：50 x 150mm
边界 2 类型	矩形竖梃：50 x 150mm
尺寸标注	

图 6-138

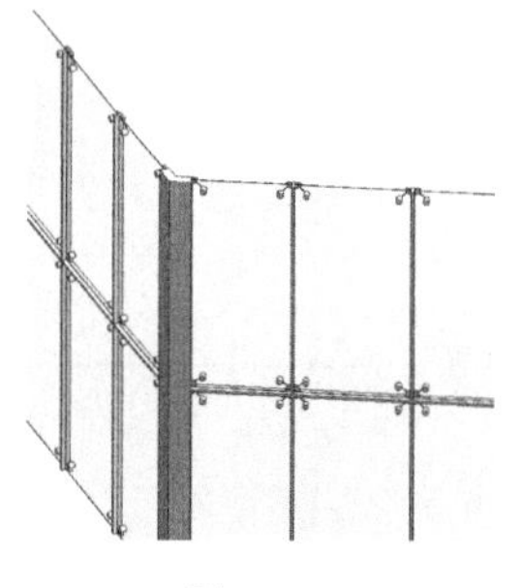

图 6-139

6.4.4 幕墙编辑的补充说明

Revit 在幕墙类型属性中，共提供了 4 种不同的幕墙网格自动划分方式，即固定距离、固定数量、最大间距和最小间距。其区别见表 6-4。

表 6-4

划分方式	具体表现	需要指定参数
固定距离	该类型的幕墙的每个实例均以独自的幕墙 UV 坐标为基准，按指定距离精确放置网格。当余下距离不足指定距离时，则余下部分不再划分	类型参数：距离

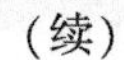
（续）

划分方式	具体表现	需要指定参数
固定数量	该类型的幕墙按各实例在“属性”面板中指定分割数量等间距划分幕墙网格	实例参数：水平网格数量或垂直网格数量
最大间距	该类型的幕墙按各实例按相等间距等分划分幕墙网格，每个网格的间距最大值不会超过设定的距离	类型参数：距离 实例参数：水平或垂直网格数量（只读）
最小间距	该类型的幕墙按各实例按相等间距等分划分幕墙网格，每个网格的间距最小值不会低于设定的距离	类型参数：距离 实例参数：水平或垂直网格数量（只读）

Revit 中每个幕墙实例均具备独立的 UV 坐标系，用于控制每个幕墙对象的划分方式。进入幕墙系统网格布局编辑模式后，可以单击 UV 坐标系方向箭头，调整 UV 坐标系的原点位置。Revit 共提供了 9 种不同的坐标系位置。以“固定间距”的方式设置“距离”值为 6m，划分长度和宽度分别为 6m 的幕墙为例，不同幕墙 UV 坐标位置见表 6-5。

表 6-5

UV 坐标位置	UV 坐标符号	实际划分情况
右下	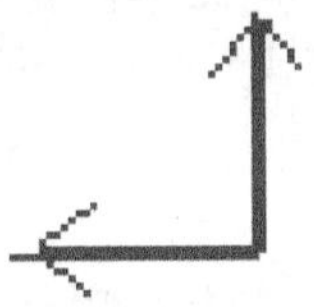	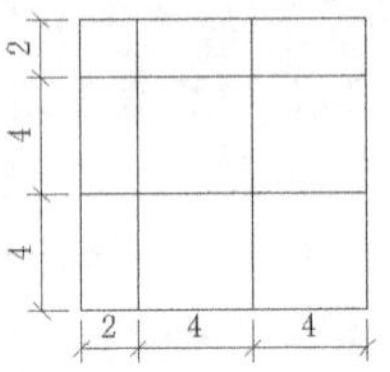
下中	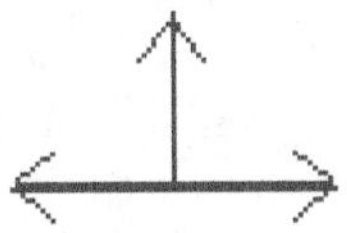	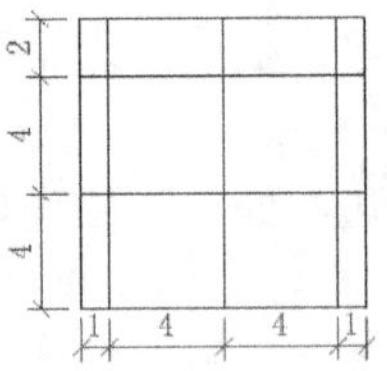
左下	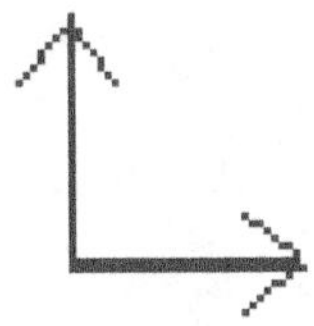	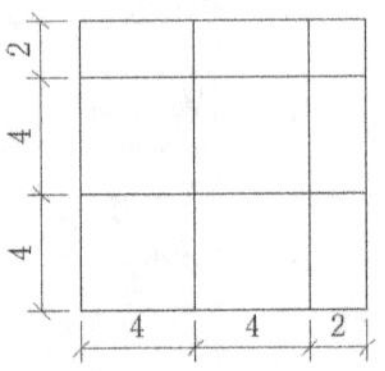
右中	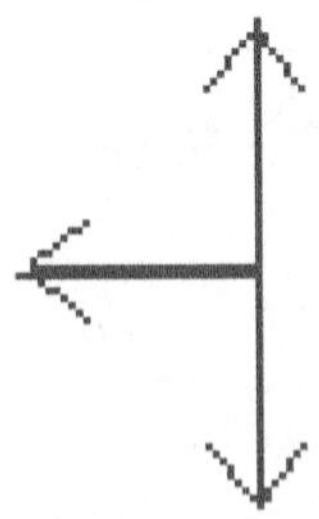	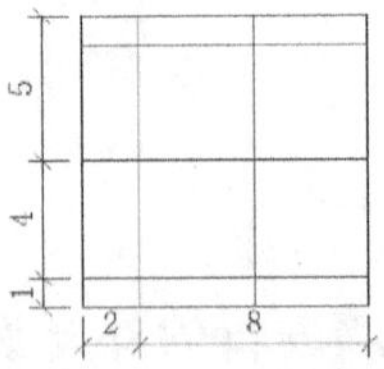
正中	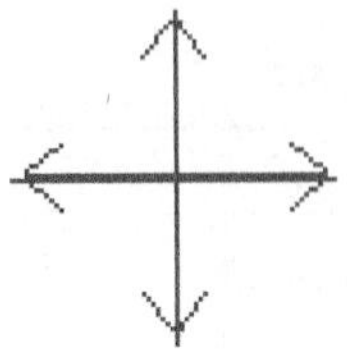	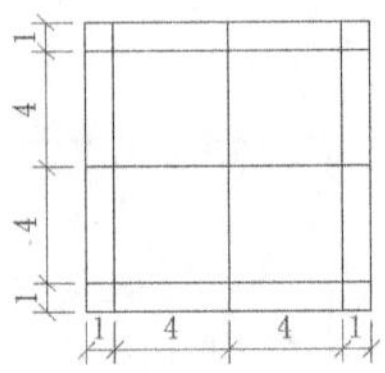

（续）

UV 坐标位置	UV 坐标符号	实际划分情况
左中		
右上		
上中		
左上		

除在默认位置和方向放置 UV 坐标外，Revit 还允许用户精确调整各坐标的原点位置。以精确控制幕墙网格划分的起点位置。如图 6-140 所示，可以通过修改 U 向和 V 向偏移值，调整 UV 坐标起点位置，而 Revit 会根据 UV 坐标所在的位置重新计算各网格的划分位置（注意图中尺寸标注单位为米）。

还可以修改 U、V 方向坐标的旋转角度，如图 6-141 所示，当修改 UV 方向角度时，Revit 将按指定的角度生成 U、V 方向的幕墙网格。注意，每个幕墙图元均具有其独立的 UV 坐标，调整幕墙 UV 坐标系将仅影响当前幕墙的网格划分。

幕墙可以像基本墙和层叠墙一样，对其进行编辑墙轮廓。编辑幕墙轮廓后，可以按边界形状生成边界幕墙竖梃，如图 6-142 所示。

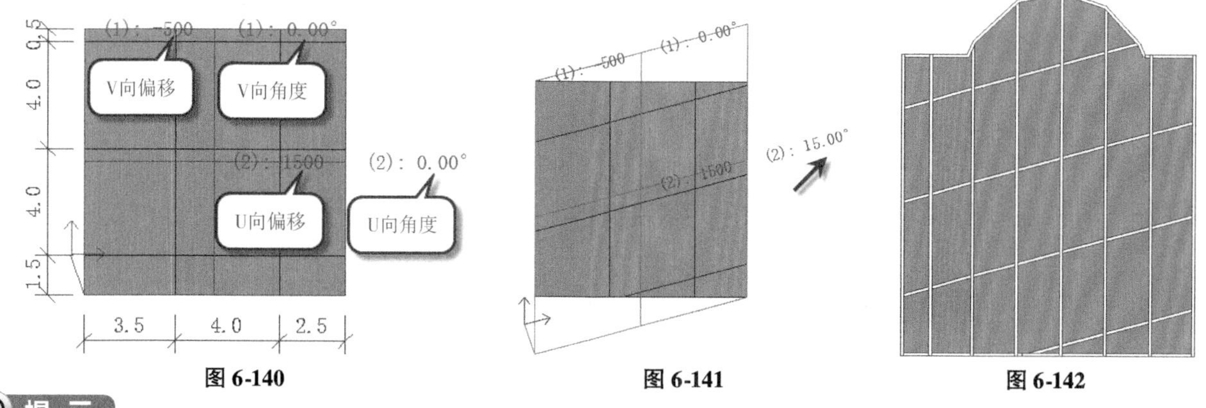

图 6-140　　图 6-141　　图 6-142

提 示

Revit 的幕墙不支持纯粹的弧形，如果修改幕墙的立面轮廓形状为圆弧，Revit 会根据幕墙网格间距拟合生成弧形，弧形 Revit 幕墙没有 UV 方向角度参数。

除使用第 5 章介绍的“墙”工具创建垂直于标高的幕墙外，还可以使用“屋顶”工具中的“玻璃斜窗”族创建平行于标高或与标高有一定角度的幕墙。使用“玻璃斜窗”的类型设置与本章中介绍的幕墙设置方式完全相同，但其创建方式与屋顶的创建方式相同，详见本书第 7 章相关内容。

如果用户希望创建异形曲面幕墙，如图6-143所示，还可以通过Revit自带的体量工具创建曲面模型，使用"建筑"选项卡"创建"面板中"幕墙系统"工具，将体量或曲面的表面转换为幕墙系统。幕墙系统的设置方式遵从本章中介绍的幕墙"自动修改幕墙"中使用的所有方法。关于体量的更多内容，详见本书第21章。

由于幕墙表面不一定是平面，如图6-143中所示的幕墙系统，因此Revit在绘制幕墙网格时采用UV坐标系记录幕墙网格的相对位置。UV坐标系在幕墙中使用时，可以看作是平面坐标系中的XY坐标，但每一个幕墙图元的UV坐标系都是独立的。

Revit的幕墙功能非常灵活。任何在平面内重复创建的图元都可以考虑利用幕墙通过替换嵌板的方式生成。例如，在处理建筑设计中常见的外部装修干挂大理石材模型时，可以考虑利用幕墙功能生成准确的大理石干挂模型，并且幕墙的嵌板、竖梃等各种参数均可以准确统计在明细表中，得到准确的工程加工数据。

在载入幕墙嵌板族及幕墙竖梃轮廓族时，可以在项目浏览器族类别列表中，找到项目中所有已经载入的族及其族类型。如图6-144所示，双击族类型名称，可以打开族类型属性对话框，修改族类型参数，以达到改变族类型的效果。事实上，Revit项目中所有族都可以使用这种方式进行浏览和编辑。

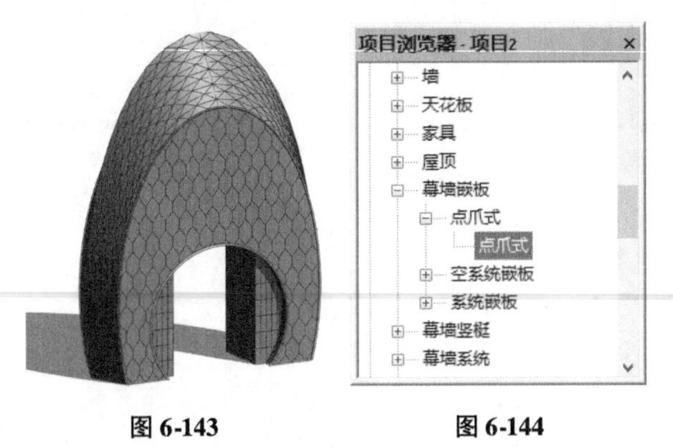

图6-143　　图6-144

6.5 使用匹配类型属性工具

Revit提供了"匹配类型属性"工具，可以快速将同类别对象修改为任意族类型。通过下面的练习操作"匹配类型属性"工具的使用。

Step01 打开随书文件"第6章\rvt\匹配类型.rvt"项目文件。切换至"服务站正立面"立面视图。将使用"匹配类型属性"工具，替换左侧1轴线处±0.000标高墙体和3.600标高右侧窗。

Step02 单击选择1轴右侧窗位置墙，注意该墙类型为"基本墙：地沟墙体"，查看该墙"属性"面板中"顶部限制条件"为"直到标高：2F"；顶部偏移为-600。

Step03 选择服务站正立面±0.000标高入口门处外墙，注意该墙类型为"基本墙：常规-勒脚240mm"；查看该墙"属性"面板中"顶部限制条件"为"直到标高：2F"；顶部偏移为0.0。不修改任何参数，退出"实例属性"对话框。

Step04 切换至"修改"选项卡，单击"剪切板"面板中"匹配类型"工具，进入"匹配类型"修改状态，鼠标指针变为![cursor]。如图6-145所示，单击立面±0.000标高入口门处外墙，墙图元变为选择状态，同时鼠标指针变为![cursor]，表示已获取图元类型。

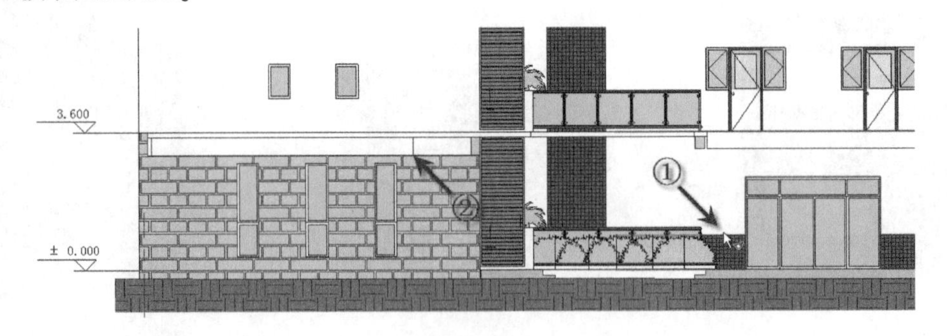

图6-145

Step05 移动鼠标至1轴右侧一层任意窗洞口边缘，当墙高亮显示时单击鼠标左键，Revit将匹配该墙类型为"常规-勒脚240mm"。按Esc键两次退出匹配类型模式。选择该墙，注意"属性"面板中该墙实参数"顶部偏移"为0。

Step06 选择1轴右侧±0.000标高窗，该窗类型为"推拉窗：C0624"；查看该窗"属性"面板中所在标高1F，底高度为350；选择1轴右侧3.600标高处任意窗，该窗类型为"单开窗：C0609"，查看该窗"属性"面板中所在标高为2F，底高度为900。

Step07 使用“匹配类型属性”工具，单击 ±0.000 标高任意窗获取该窗类型。如图 6-146 所示，单击“多个”面板中“选择多个”按钮，激活选择多个模式。

Step08 如图 6-147 所示，使用实线框框选的形式框选 3.600 标高处所有窗 C0624，完成后单击“多个”面板中“完成”按钮，完成选择。

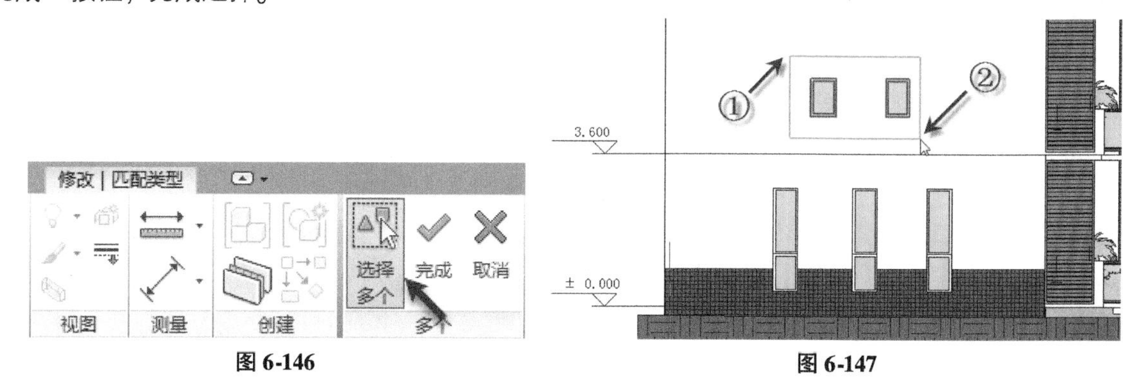

图 6-146

图 6-147

Step09 Revit 将替换窗，所选择窗，类型为“推拉窗：C0624”，按 Esc 键两次退出“匹配类型”修改工具，注意替换后窗实例属性中窗标高仍为 F2，底高度仍为 900。关闭该项目，不保存对项目的修改。

匹配类型工具可以匹配所有类别的图元。匹配类型工具无法在不同类别对象间进行匹配，例如无法将门类别图元匹配给窗类别图元。同时匹配类型工具只能在同一视图中使用，不能将南立面视图中获取的图元类型匹配至东立面视图中。

修改墙的类型时，“匹配类型”工具会将源墙类型的“底部偏移”“无连接高度”“顶部延伸距离”和“底部延伸距离”复制到目标墙。如果目标墙与源墙位于同一标高，则还将复制“顶部限制条件”和“顶部偏移”的值。

6.6 本章小结

本章中使用 Revit 的门、窗工具创建完成综合楼项目各层门窗。并利用幕墙网格、幕墙嵌板和幕墙竖梃完成综合楼入口处幕墙和主体幕墙设计。在 Revit 中门窗属于外部族，要在项目中创建门窗必须先载入门窗族，并设置好族类型和族参数。

使用 Revit 墙工具可以创建幕墙。利用手动编辑幕墙网格及自动生成幕墙网格两种编辑方式，可以对幕墙进行各种编辑。灵活使用幕墙工具，可以创建任意复杂形式的幕墙样式。本章介绍了 Revit 中较为常用的“匹配类型”工具，方便在放置门窗时自由匹配和修改门窗图元类型。

下一章中，将使用 Revit 中楼板、屋顶和天花板工具，继续完成综合楼项目模型设计。

第7章 楼板、屋顶、天花板

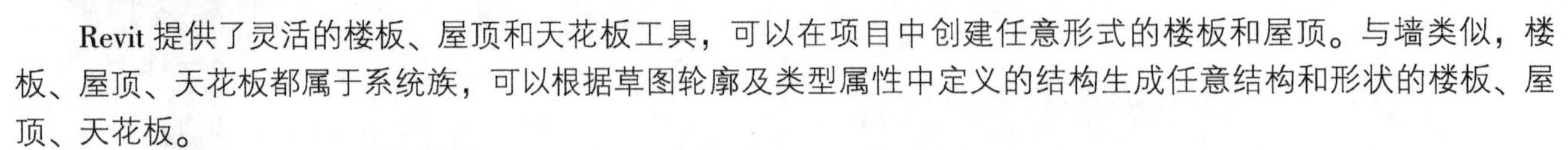

Revit 提供了灵活的楼板、屋顶和天花板工具，可以在项目中创建任意形式的楼板和屋顶。与墙类似，楼板、屋顶、天花板都属于系统族，可以根据草图轮廓及类型属性中定义的结构生成任意结构和形状的楼板、屋顶、天花板。

本章将使用这些工具继续完成综合楼项目，掌握楼板、屋顶、天花板工具的使用方法。

7.1 添加楼板

楼板是建筑设计中常用的建筑构件，用于分隔建筑各层空间。Revit 提供了三种创建楼板的方式：楼板、结构楼板和面楼板。其中面楼板是用于将概念体量模型的楼层面转换为楼板模型图元，该方式只能用于从体量创建楼板模型时使用。结构楼板是为方便在结构设计时在楼板中布置钢筋、进行受力分析等结构专业应用而设计，提供了钢筋保护层厚度等参数，结构楼板与楼板的用法没有任何区别。Revit 还提供了楼板边缘工具，用于创建基于楼板边缘的放样模型图元，在本书第 10 章中，将介绍“楼板边缘”工具的应用。

下面将通过在综合楼项目中添加各层楼板实际操作，学习楼板的使用方法。

7.1.1 楼板拆分说明

在本书综合楼项目中，考虑到满足建筑与结构专业的链接与协同工作，将楼板划分为建筑楼板和结构楼板，组合后效果如图 7-1 所示。结构楼板将在结构模型中绘制，按照功能和受力条件，区分不同的楼板厚度。建筑模型中楼板仅作为楼板建筑面层做法，而不考虑结构楼板厚度。为简化操作，在综合楼案例中未考虑建筑楼板面层具体做法，如防水层、找平层等构造层，在施工图阶段用设计说明即可。

在综合楼项目中，统一建筑楼板做法厚度为 30mm，根据不同的部位将建筑楼板分别采用的楼板类型名称见表 7-1。

图 7-1

表 7-1

应用部位	楼板类型名称
室内走道楼面部位	室内_楼面_走道_30
室内常规楼面部位	室内_楼面_常规_30
室内卫生间楼面部位	室内_楼面_卫生间_30
室内楼梯间楼面部位	室内_楼面_楼梯间_30
室外台阶部位	室外_楼面_台阶板_450
室外屋顶部位	室外_屋面_常规_30

以 F1 标高为例，各楼板分布位置如图 7-2 所示。根据建筑设计的要求建筑楼板通常沿楼板所在空间的墙内侧核心层表面绘制。对于门、洞口等部位，需要考虑与其他房间楼板的连接关系。楼板的绘制顺序通常为先整体、后局部。即首先绘制通道等区域面积较大的楼板，再绘制各房间内不同做法的楼板，最后绘制室外部分楼板。

注意以上拆分原则仅在本书的综合楼案例为实现精细化 BIM 模型而使用。对于绝大多数 BIM 工作，不需要如此严格地区分结构楼板与建筑楼板，且在大多数采用 Revit 进行设计时，不会有可参考的结构 BIM 模型。因此，可按实际的结构楼板厚度来创建各标高的楼板，对于各标高的楼板，也只需要按结构厚度区分不同厚度的楼板类型即可。

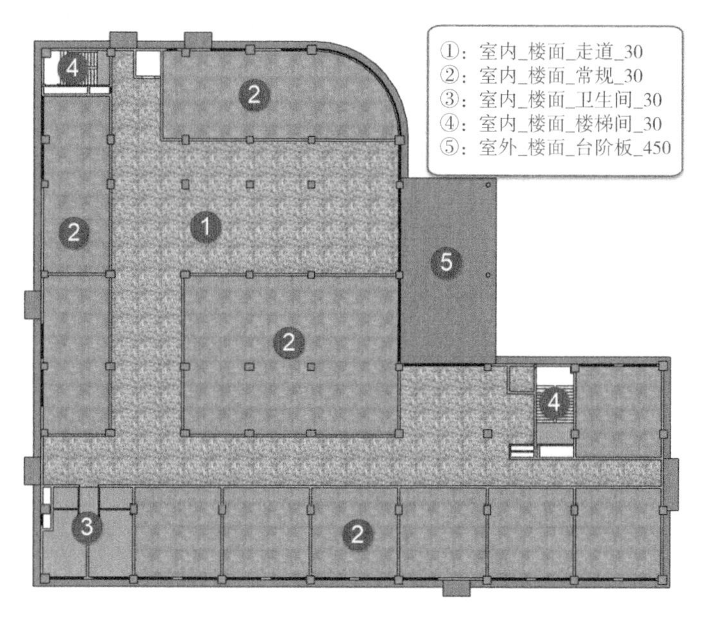

图 7-2

7.1.2 添加 F1 室内楼板

使用 Revit 的楼板工具，可以创建任意形式的楼板。只需要在楼层平面视图中绘制楼板的轮廓边缘草图，即可以生成指定构造的楼板模型。与 Revit 其他对象类似，在绘制前，须预先定义好需要的楼板类型。

为防止楼板绘制过程中，新绘制的建筑楼板与链接模型中的结构楼板混淆，可以在绘制时隐藏结构模型，在完成建筑楼板后再打开结构模型的显示。注意在综合楼项目中，已在样板内预设了楼板“室内_楼面_走道_30”和楼板“室内_楼面_常规_30”等常用楼板类型。

Step01 接上一章练习或打开随书文件“chapter6 \ RVT \ 6-3-2. rvt”项目文件，切换至 F1 楼层平面视图，按下键盘快捷键“VV”，打开“可见性/图形替换”对话框。在“可见性/图形替换”对话框中，切换至“Revit 链接”选项卡，单击“综合楼_结构”文件后“按主体视图”按钮，打开“RVT 链接显示设置”对话框，如图 7-3 所示。

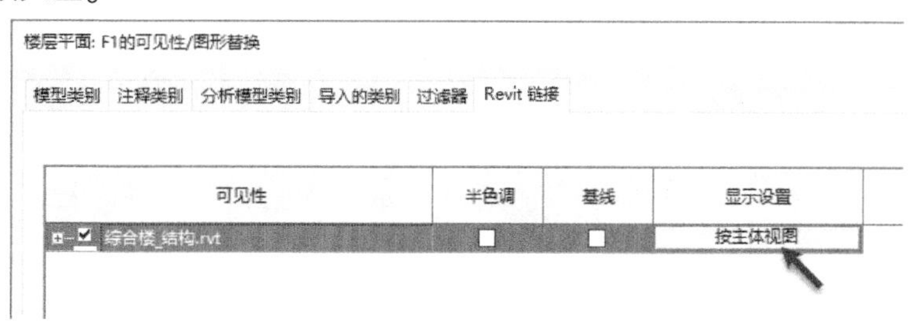

图 7-3

提 示

使用“可见性/图形替换”对话框中隐藏的图元，仅在当前视图隐藏所选择的图元。该设置不会影响其他视图。

Step02 如图 7-4 所示，在“基本”选项卡中，选择当前显示的设置方式为“自定义”。

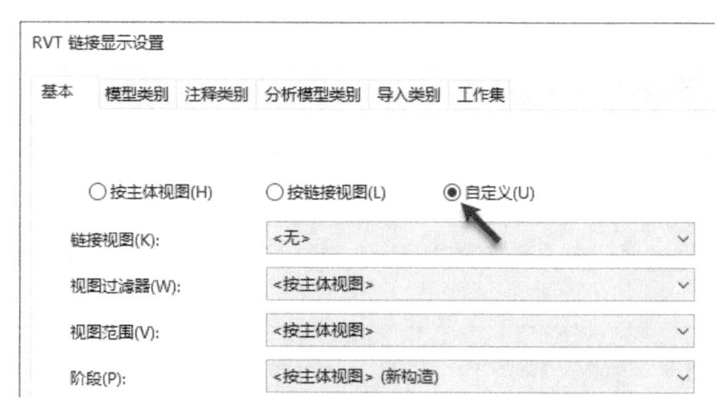

图 7-4

Step03 切换至“模型类别”选项卡。如图 7-5 所示，设置“模型类别”显示方式为“自定义”；只勾选“楼梯”和“结构柱”类别复选框，其余类别均不勾选，完成后单击“确定”按钮返回“可见性/图形替换”对话框。再次单击“确定”按钮退出“可见性/图形替换”对话框，Revit 将在当前视图中隐藏结构链接模型中的楼板图元。

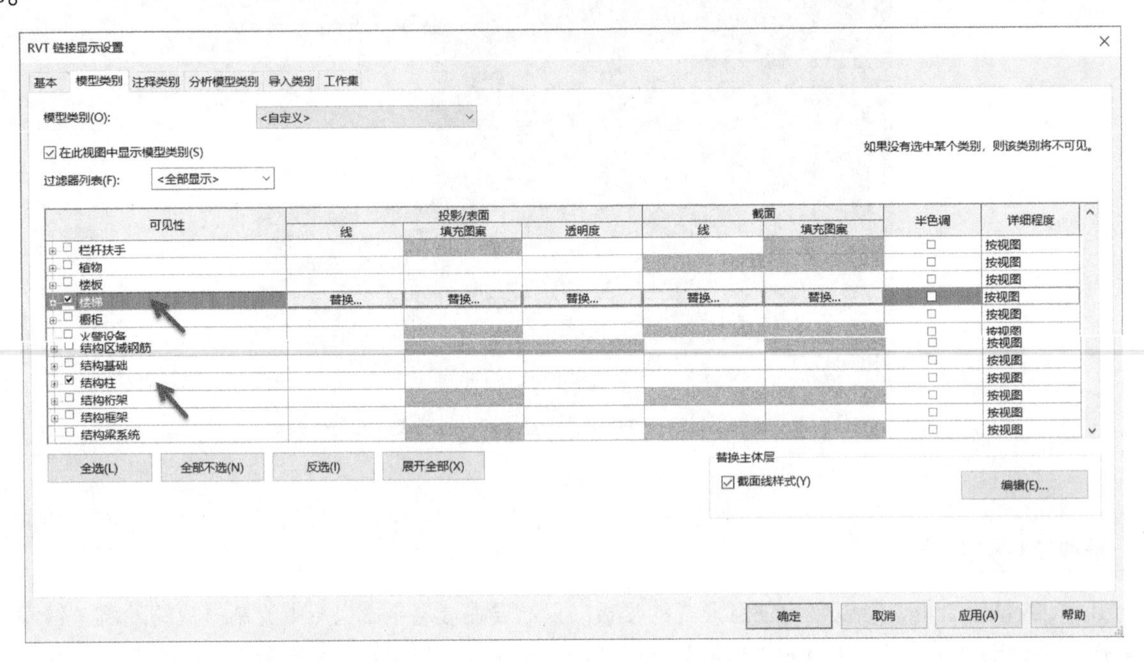

图 7-5

Step04 适当放大综合楼大厅及过道位置。单击“建筑”选项卡“构建”面板中“楼板”工具，进入创建楼板边界模式。自动切换至“修改 | 创建楼层边界”上下文选项卡。如图 7-6 所示，Revit 将淡显视图中其他图元。

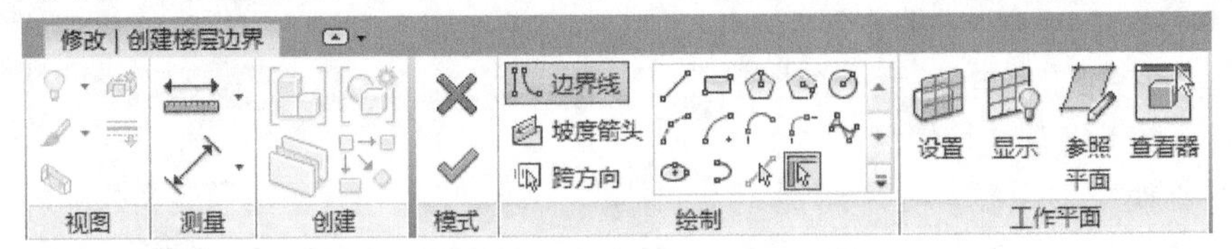

图 7-6

提 示

单击“楼板”工具后下拉列表箭头，可以查看楼板工具中其他可用工具，如结构楼板、面楼板等；在列表中，还可以访问楼板边缘工具。

Step05 单击“属性”面板“类型选择器”中选择楼板类型为“室内_楼面_走道 30”，确认“绘制”面板中，绘制状态为“边界线”，绘制方式为“拾取墙”；设置选项栏中偏移值为 0.0，设置属性栏中“标高为 F1”，“自标高的高度偏移值为 0”，勾选“延伸至墙中（至核心层）”选项，如图 7-7 所示。

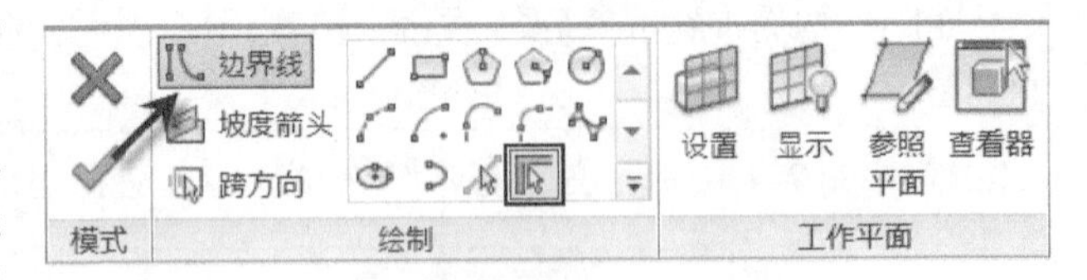

图 7-7

提 示

在“创建楼层边界”时，以“拾取墙”方式创建“边界线”是默认的绘制选项。

Step06 移动鼠标至过道墙体表面位置，墙将高亮显示。单击鼠标左键，沿墙内表面生成粉红色楼板边界线。

提 示

可以使用“视图”选项卡“图形”面板中“细线”显示模式，用细线替代所有真实线宽。

Step07 采用同样方法，拾取剩余位置墙体表面，使用“修剪/延伸”命令，修剪边界线为首尾闭合轮廓。注意轮廓边界在外墙面时，应对齐至外墙面核心表面外侧。结果如图 7-8 所示。

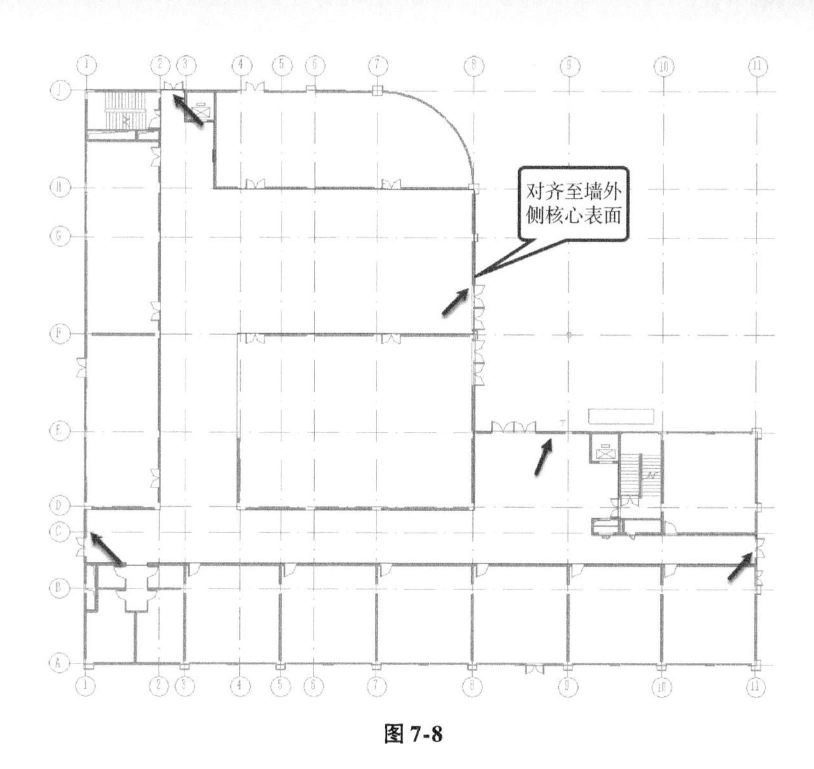

图 7-8

提 示

拾取墙生成楼板轮廓边界线时，单线上反转符号⇆，可切换边界线沿墙核心层外表面或外表面间切换。

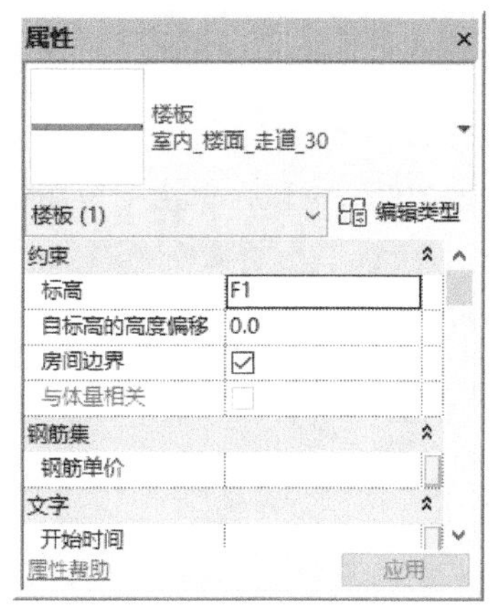

图 7-9

Step08 确认“属性”面板中“标高”为 F1，“自标高的高度偏移”值为 0.0。单击“模式”面板中“完成楼板”按钮完成楼层边界绘制，生成楼板，如图 7-9 所示。

接下来继续使用“楼板”工具创建其余部位楼板，注意，由于在处理室内各房间时，涉及门洞等洞口，因此将按房间墙体的“外侧”位置拾取生成楼板边界。

Step09 使用“楼板”工具，进入“创建楼层边界”草图绘制状态。单击“属性”面板“类型选择器”中选择楼板类型为“室内_楼面_常规_30”。确认楼层边界线绘制方式为“拾取线”，设置选项栏中偏移值为 0.0，勾选“延伸至墙中（至核心层）”选项。

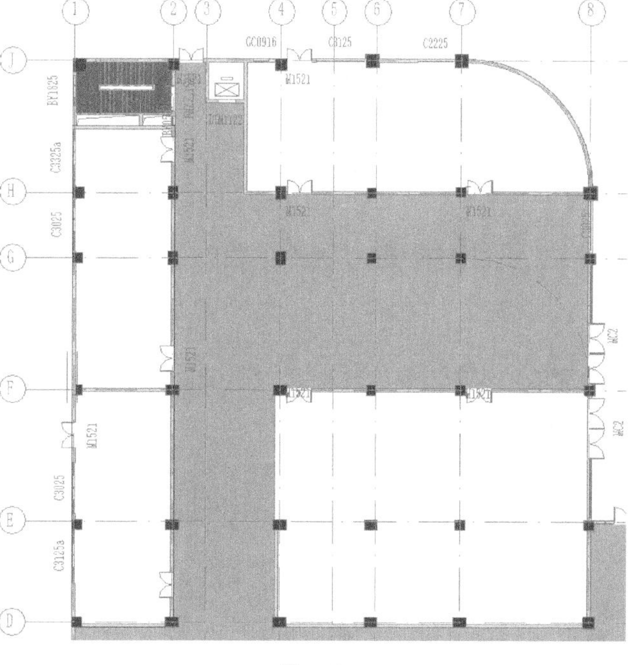

图 7-10

Step10 如图 7-10 所示，依次拾取房间边缘墙体外侧位置，配合使用修剪工具将草图修改为首尾相连的封闭轮廓。确认“属性”面板中“标高”值为 F1，确认“自标高的高度偏移”值为 0.0。单击“模式”面板中“完成楼板”按钮，完成楼层边界绘制，生成楼板。

Step11 继续使用“楼板”工具，使用上一步骤中完全相同的参数，按如图 7-11 所示，沿房间墙体外侧核心边界绘制封闭的楼板轮廓边界。单击“模式”面板中“完成楼板”按钮，完成楼层边界绘制，生成楼板。

Step12 确认视图底部激活“按面选择图元”选项。单击第 10）操作步骤中创建的楼板任意位置，Revit 将选择楼板图元。注意，由于在同一个草图中创建了多个封闭的区域，Revit 将这些草图作为一个楼板图元同时选择。按 Esc 键两次退出图元选择。

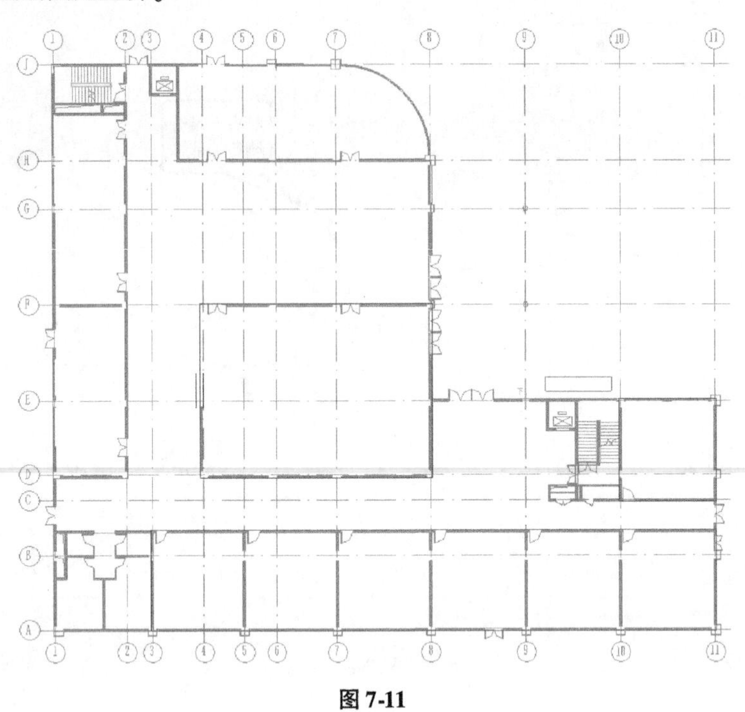

图 7-11

提 示

激活“按面选择图元”后，移动鼠标到任意楼板空白位置，双击鼠标，将进入楼板边界草图修改模式。

Step 13 适当放大 4 ~7 轴线房间。继续使用“楼板”工具，使用上一步骤中完全相同的参数，按如图 7-12 所示，沿房间墙体外侧核心边界绘制封闭的楼板轮廓边界。使用修剪工具修剪轮廓线使其依次连接。

Step 14 设置选项栏“偏移”值为 0，移动鼠标至 7 ~8 轴线弧形“建筑外墙_ 砌块_200”位置，单击拾取墙体内侧生成轮廓边界。

Step 15 如图 7-13 所示，边界的生成方式为“拾取线”，确认选项栏“偏移量”为 0。适当放大 7 轴线与 J 轴线结构柱位置。

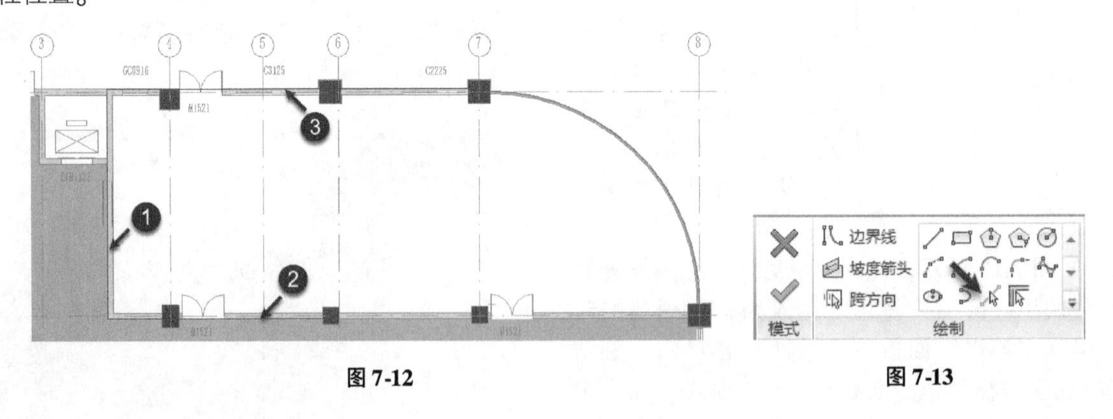

图 7-12　　图 7-13

Step 16 依次单击结构柱外侧边缘，Revit 将沿结构柱边缘生成楼板边界。配合使用修剪工具，修剪楼板边界线首尾相连，结果如图 7-14 所示。

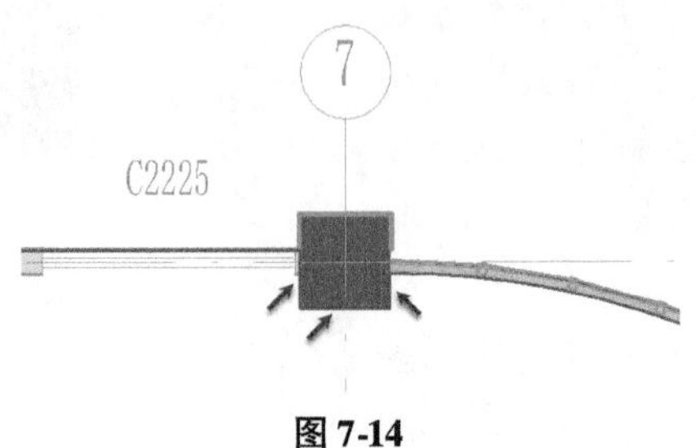

图 7-14

Step 17 使用相同的方式，适当放大 8 轴线与 H 轴线结构柱位置。依次单击结构柱外侧边缘，Revit 将沿结构柱边缘生成楼板边界。配合使用修剪工具，修剪楼板边界线首尾相连，结果如图 7-15 所示。单击“模式”面板中“完成楼板”按钮，完成楼层边界绘制，生成楼板。

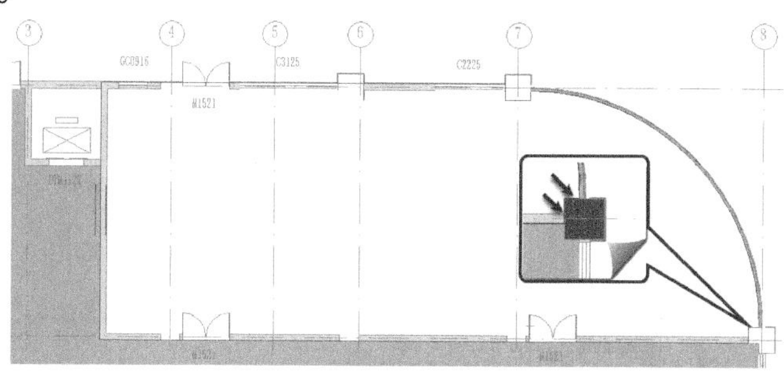

图 7-15

Step 18 使用“楼板”工具进入“创建楼层边界”状态。单击“属性”面板“类型选择器”中选择楼板类型为“室内_楼面_30”，打开“类型属性”对话框，如图 7-16 所示，复制新建名称为“室内_楼面_卫生间_30”的楼板类型。单击类型参数“构造”列表中“结构”参数后的“编辑”按钮，打开“编辑部件”对话框，该对话框内容与基本墙族类型中“编辑部件”对话框相似。

Step 19 单击第 2 层“结构［1］”功能层设置材质按钮，弹出“材质”对话框后在材质列表中选择名称为“cizhuan_bandian”；设置“结构［1］”层厚度为 30，如图 7-17 所示。设置完成后按确定键两次退出“类型属性”对话框。

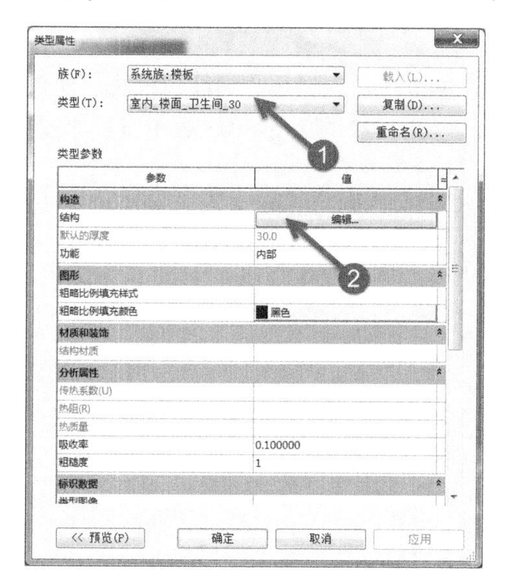

图 7-16

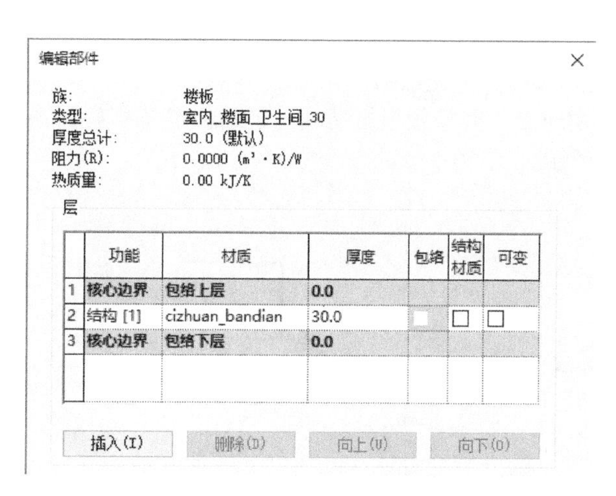

图 7-17

Step 20 确认“绘制”面板中，绘制状态为“边界线”，方式为“拾取墙”；确认选项栏中“偏移”值为 0.0，勾选“延伸至墙中（至核心层）”选项。如图 7-18 所示，沿卫生间墙核心层表面外侧依次拾取墙体生成楼板边界，配合使用修剪工具，修剪楼板边界使之首尾相连。

Step 21 如图 7-19 所示，继续使用“拾取墙”工具，拾取卫生间内过道两侧男、女卫生间墙体外部核心边界，使用拆分工具，单击 B 轴线上方卫生间入口处边界任意位置，将边界拆分为两段。配合使用修剪工具，修剪楼板边界。

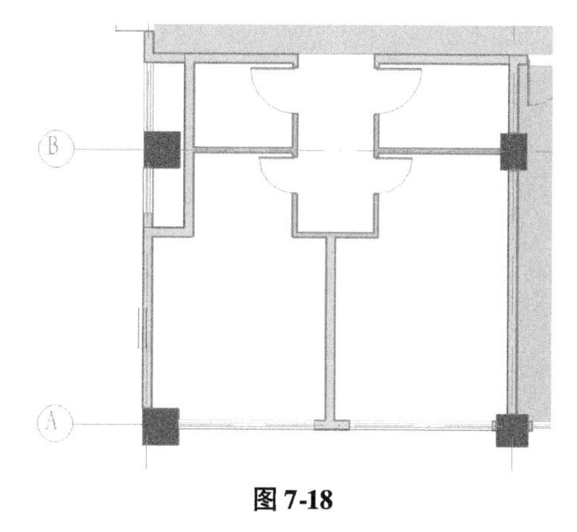

图 7-18

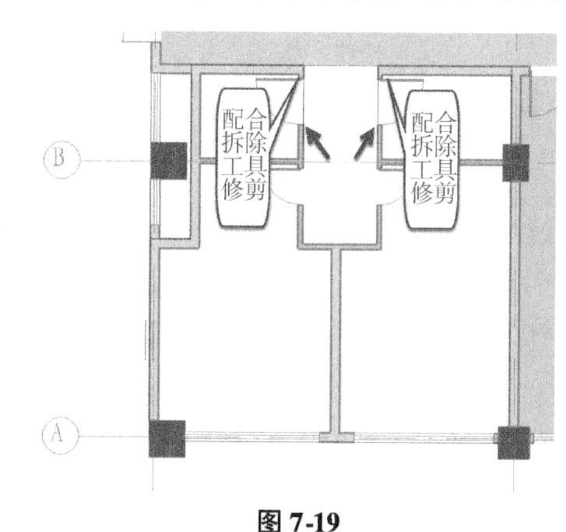

图 7-19

Step 22 如图 7-20 所示，使用“拾取线”工具，拾取卫生间 B 轴线上方水平位置墙体内侧边缘，配合使用修剪工具修剪。

Step23 如图 7-21 所示，确认“属性”面板中楼板“标高”为 F1，修改“自标高的高度偏移”值为 –50。完成后，单击“模式”面板中“完成楼板”按钮完成楼层边界绘制，生成卫生间楼板。

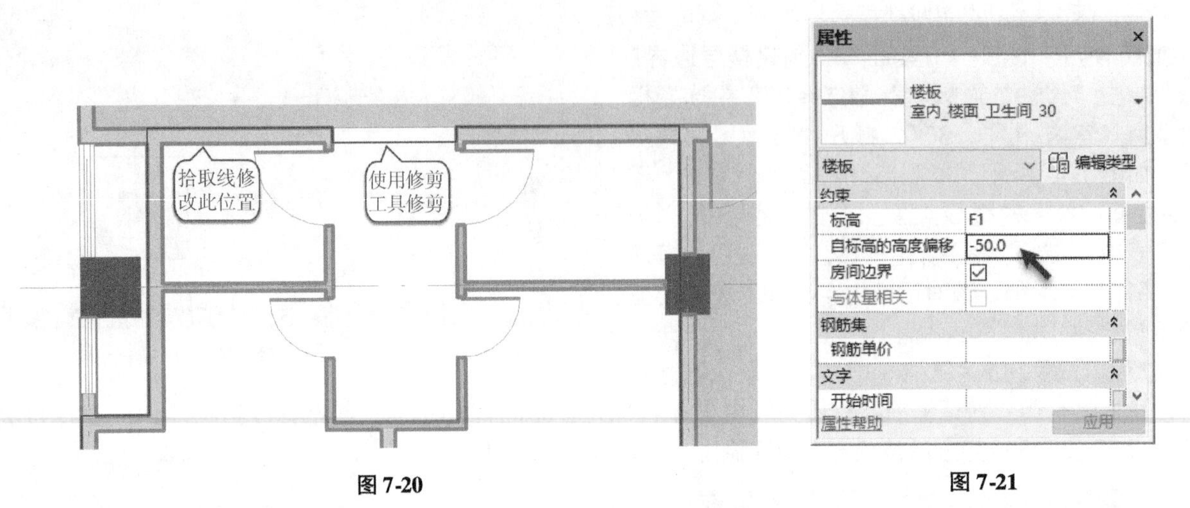

图 7-20　　图 7-21

Step24 确认激活“按面选择图元”选项。双击走道处楼板任意位置，进入楼板蓝图编辑模式。配合使用拾取墙、拾取线、拆分图元及修剪工具，修改卫生间入口位置轮廓，如图 7-22 所示。完成后单击“模式”面板中“完成楼板”按钮完成楼层边界编辑。

Step25 由于卫生间楼板板面高度与走道位置楼板板面高度不同，Revit 自动沿楼板边界位置显示“拦水线”，如图 7-23 所示。

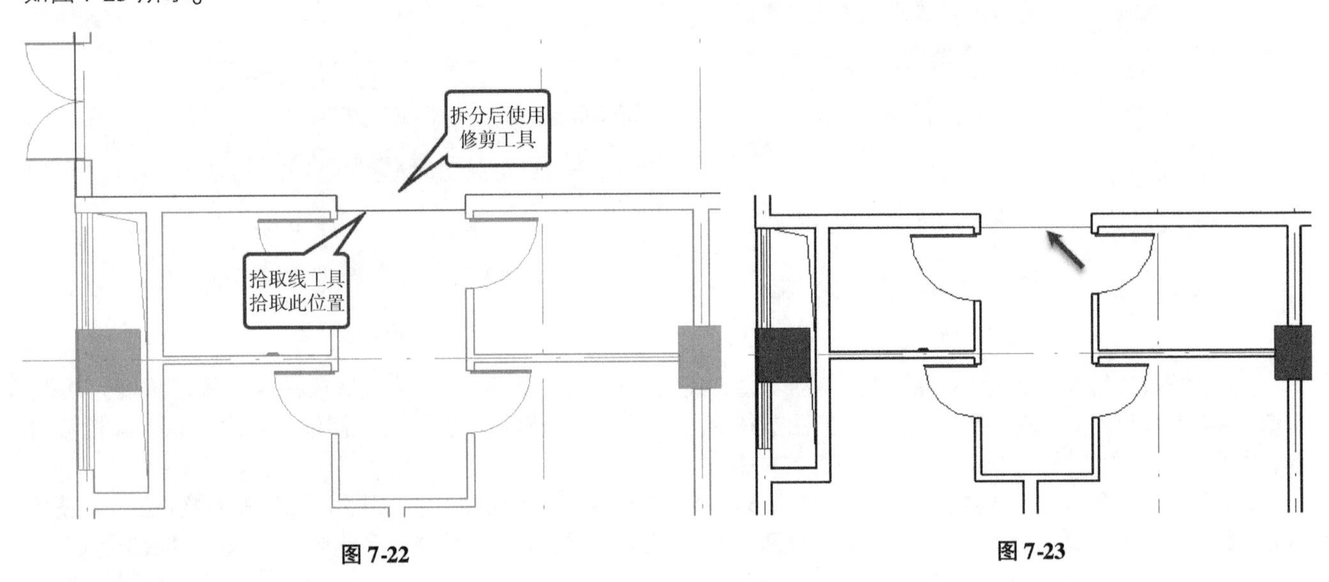

图 7-22　　图 7-23

提 示

在任何具有楼板高差的位置需要仔细规划楼板边界，以正确显示拦水线。

接下来，继续在楼板间位置添加楼板间的地面。

Step26 使用“楼板”工具。打开“类型属性”对话框，以“室内_楼面_常规_30”为基础，复制新建类型名称为“室内_楼面_楼梯间_30”的新楼板类型。如图 7-24 所示，修改结构层材质名称为“huagangshi_tiaowen”，其他参数默认。设置完成后单击“确定”按钮退出“类型属性”对话框。

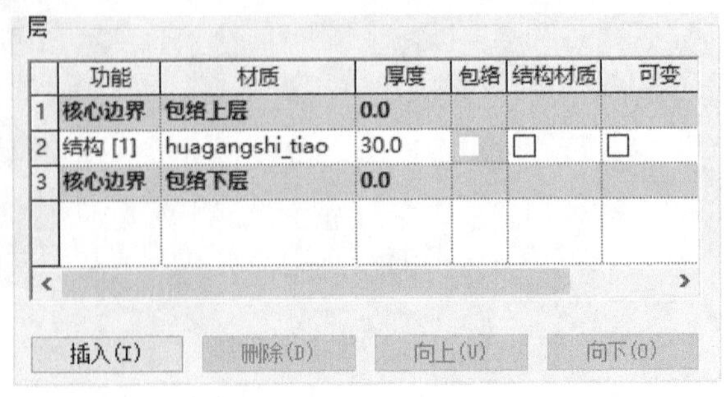

层

	功能	材质	厚度	包络	结构材质	可变
1	核心边界	包络上层	0.0			
2	结构 [1]	huagangshi_tiao	30.0	☐	☐	☐
3	核心边界	包络下层	0.0			

插入(I)　删除(D)　向上(U)　向下(O)

图 7-24

Step27 适当放大 J 轴线楼梯间位置。如图 7-25 所示，使用“拾取线”的方式，确认选项栏“偏移量”为 0，拾取楼梯边缘位置；使用“拾取墙”的方式，依次拾取楼梯间墙体内边缘，修改2轴线边界对齐至楼梯间外侧；确认“属性”面板中楼板“标高”为F1，修改“自标高的高度偏移”值为0。配合使用修剪工具保持楼板边界首尾相连。完成后，单击“模式”面板中“完成楼板”按钮完成楼层边界绘制，生成楼梯间楼板。

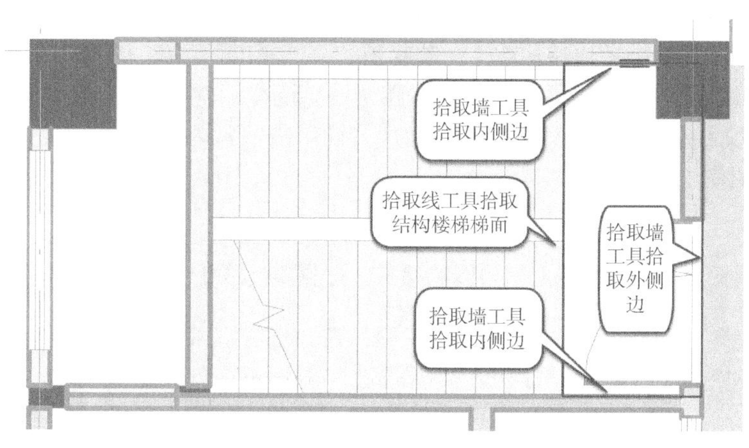

图 7-25

提示

一般建议在创建完成建筑楼板后再创建楼梯间楼板模型，以方便边界定位。本书为简化操作步骤并保证楼板完整性，将此步骤提前。

Step 28 适当放大10轴线右侧楼梯间位置。使用楼板工具，采用上一步骤中相同的参数，按图7-26所示位置绘制2号楼梯间楼板。

Step 29 到此完成F1室内楼板的绘制，如图7-27所示。保存该文件，或打开随书文件“第7章\RVT\7-1-2. rvt”文件查看最终结果。

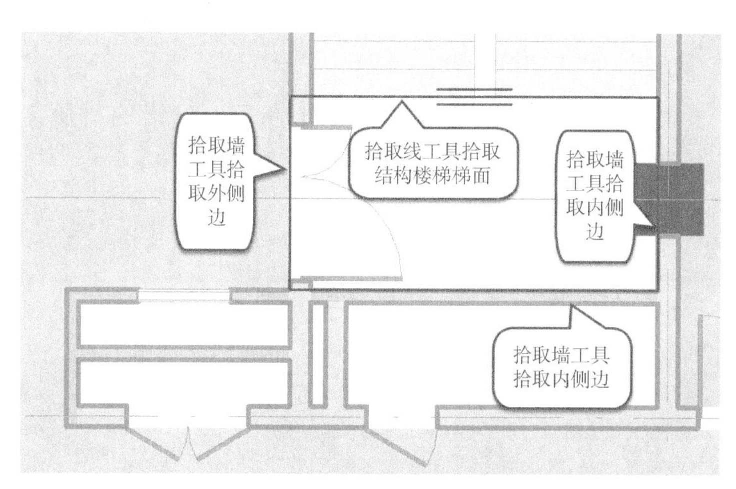

图 7-26

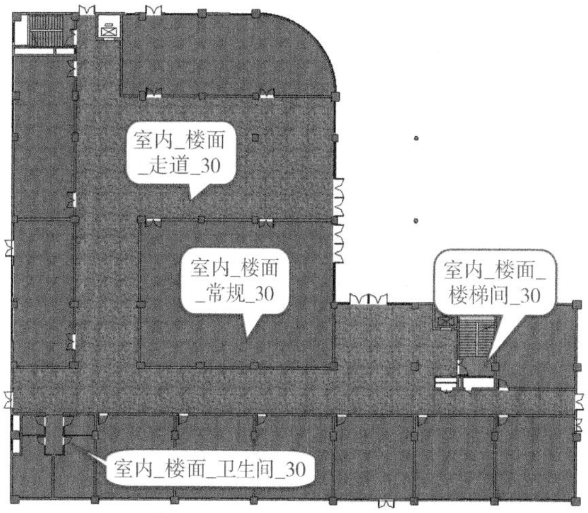

图 7-27

楼板创建方式比较简单，设置好楼板类型中楼板结构，绘制首尾相连的楼板轮廓边界线即可。创建完成楼板后，选择楼板，双击楼板图元或单击“修改 | 楼板”上下文选项卡“模式”选项板中“编辑边界”按钮，将进入楼板边界轮廓编辑模式，可以重新修改和编辑楼板边界轮廓形状。

在创建楼板过程中，无论是“拾取线”还是“拾取墙”，目的都是为了保证楼板边界线和墙边线一致。在绘制楼板边线过程中，需要保证边线连续和闭合，Revit允许在绘制楼板草图时存在多个独立的、封闭的草图轮廓。但楼板草图轮廓中不能存在重合的、交叉的或具有开放端点的轮廓线。楼板边界轮廓允许嵌套，如图7-28所示，当两个轮廓相互嵌套时，Revit会为楼板创

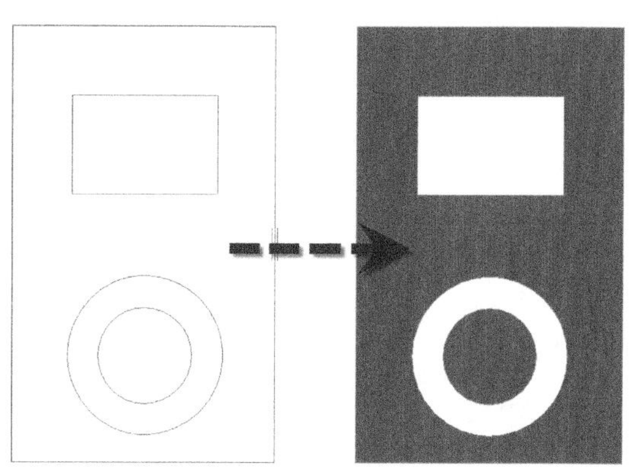

图 7-28

建洞口（如图中矩形洞口）。当多个独立的轮廓嵌套时，Revit 将依次创建洞口、楼板（如图中圆形洞口）。在同一草图中创建的边界轮廓，Revit 将作为单一的楼板对象进行管理。

7.1.3 添加 F1 室外楼板

使用相同的方式可以为综合楼项目添加室外台阶楼板。

Step01 接上节练习，切换至 F1 楼层平面视图。如图 7-29 所示，依次展开项目浏览器“族”→“楼板”→“楼板”，该类别中显示项目中楼板的所有已定义类型。右键单击“室内_楼面_常规_30”，在弹出右键菜单中选择“复制”，Revit 将复制生成新楼板类型。

提 示

在项目浏览器中直接双击族类型的方式可以直接打开任何类别族的“类型属性”对话框。

Step02 右键单击上一步中复制后生成的楼板类型名称，在弹出右键菜单中选择“重命名”，修改类型名称为“室外_楼面_台阶板_450”。双击该名称打开“类型属性”对话框。如图 7-30 所示，在面板下设置室外楼板“功能”为“外部”。

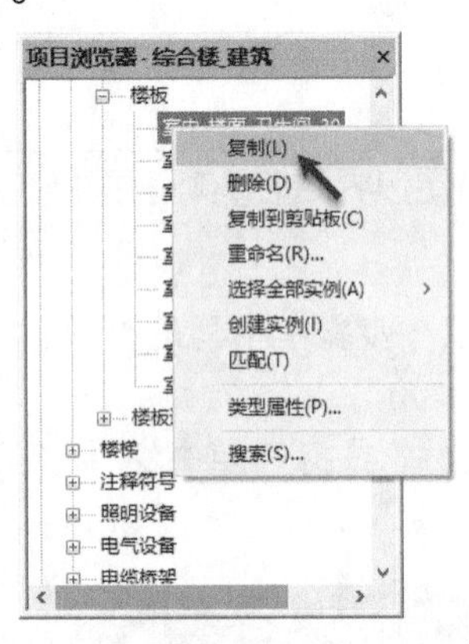

图 7-29

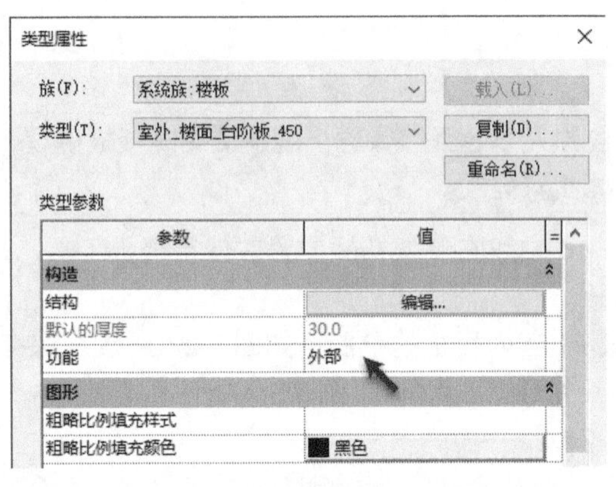

图 7-30

Step03 点击“结构”中“编辑”按钮，打开“编辑部件”对话框。如图 7-31 所示，设置的材质为“dizhuan_banwucuofeng”，厚度为 450，勾选“可变”选项；完成后单击“确定”按钮两次退出“类型属性”对话框。

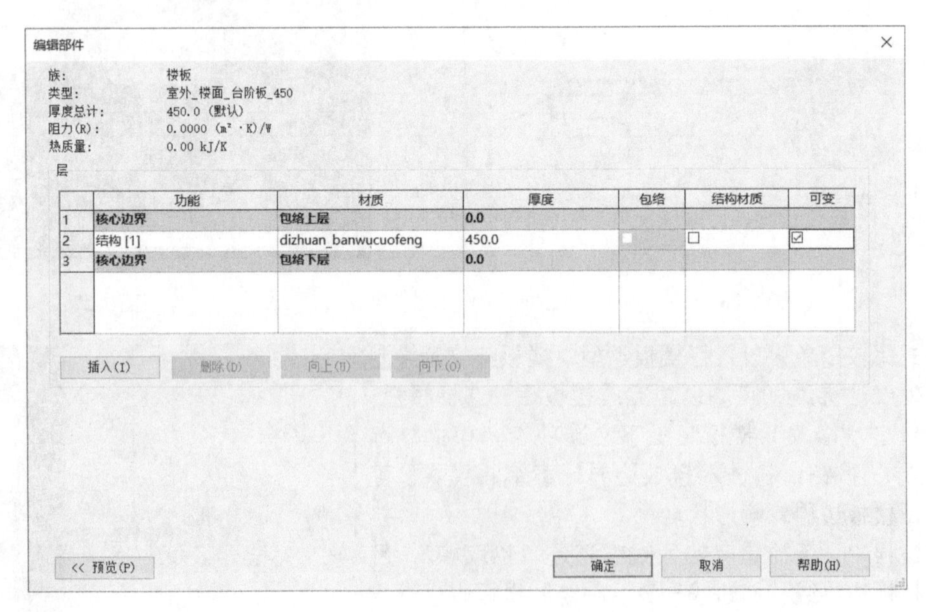

图 7-31

提 示

可变选项用于当编辑楼板表面时，勾选“可变”选项的结构功能层，其厚度将发生变化。

Step04 适当放大 8 ~ 9 轴线间 E ~ H 轴线位置，该位置为室外台阶顶板位置。如图 7-32 所示，使用参照平面工具，在 9 轴线右侧 700 位置沿垂直方向绘制参照平面，完成后继续在 G 轴线上方 600 位置沿水平方向绘制参照平面。

Step05 使用“楼板”工具，选择“室外_楼面_台阶板_450”楼板类型，确认绘制方式为“拾取墙”，确认选项栏“偏移”值为 0，勾选“延伸到墙中（至核心层）”选项。如图 7-33 所示，依次拾取外墙外边界核心层表面，Revit 将沿墙核心层表面生成楼板边界。再次使用“拾取线”工具，拾取 G 轴线以及上一步骤中创建的参照平面，配合使用修剪工具修剪楼板边界首尾相连。

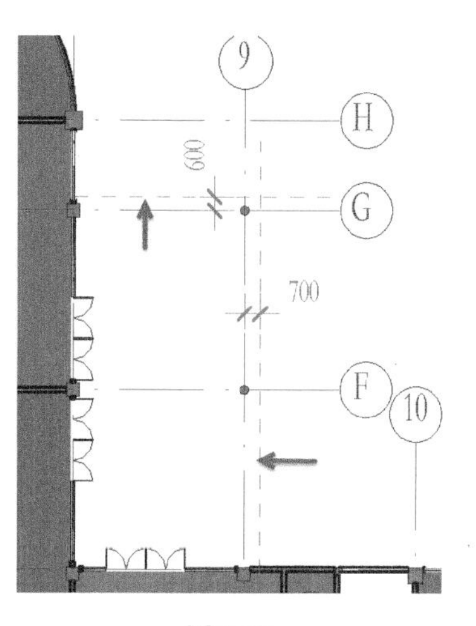

图 7-32

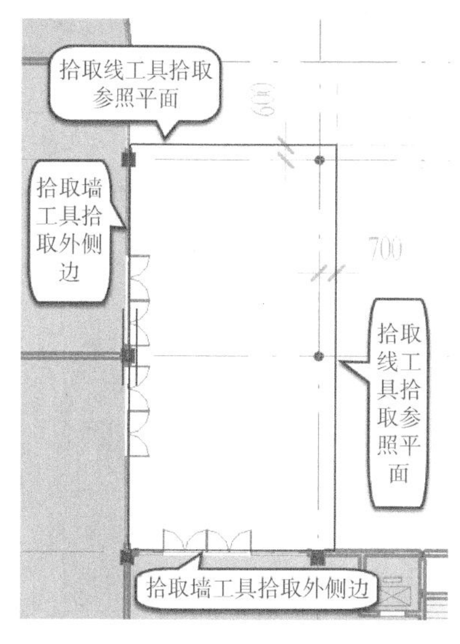

图 7-33

Step06 确认“属性”面板中“标高”为 F1，“自标高的高度偏移”值为 −30，Revit 将自动修改楼板板面标高至 −0.03m。单击“模式”面板中“完成楼板”按钮完成楼层边界绘制，生成楼板。

Step07 适当放大 1 轴线与 C 轴线交点处外墙门位置，使用“楼板”工具，单击绘制面板中“矩形”工具，按图 7-34 所示，在矩形顶部边线和 C 轴一致，右侧边线和外墙外边线一致位置，左侧边线和底部边线位置随意，绘制矩形。

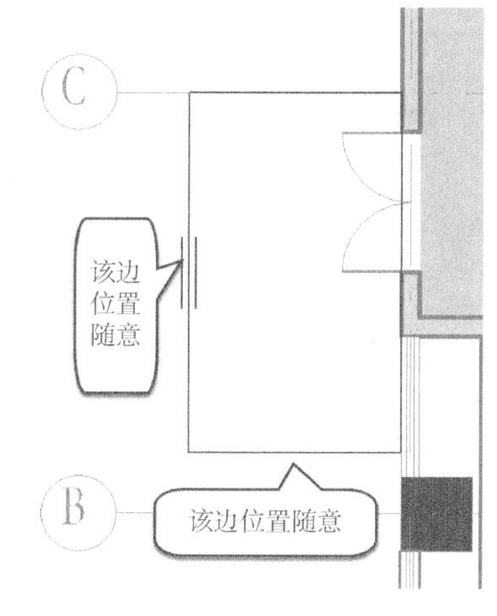

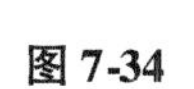

图 7-34

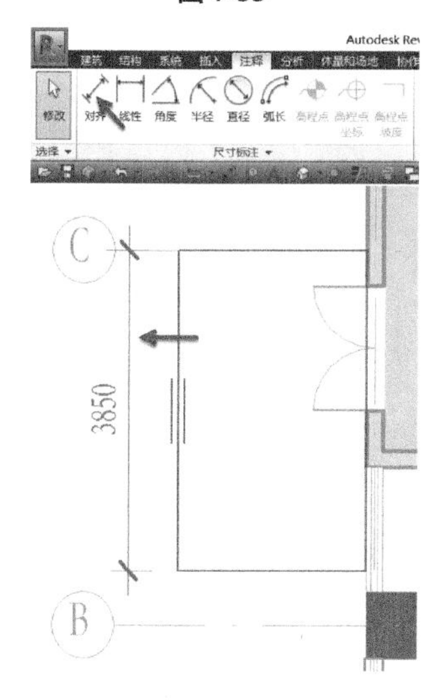

图 7-35

Step08 单击注释面板中的“对齐”工具，以 C 轴为起点，以矩形底部边线为终点，添加尺寸标注，如图 7-35 所示。

Step09 单击矩形底部边线为终点，点击尺寸标注上的尺寸数据，按图 7-36 所示修改尺寸数据为 2400。

Step10 采用相同的方法，在矩形左侧边线和 1 号轴线之间添加尺寸标注，点击矩形左侧边线，修改尺寸数据为 1500，完成后楼板边线尺寸如图 7-37 所示。

Step11 确认“属性”面板中“标高”为 F1，“自标高的高度偏移”值为 −30，单击“模式”面板中“完成楼板”按钮，如图 7-38 所示，完成楼板绘制。

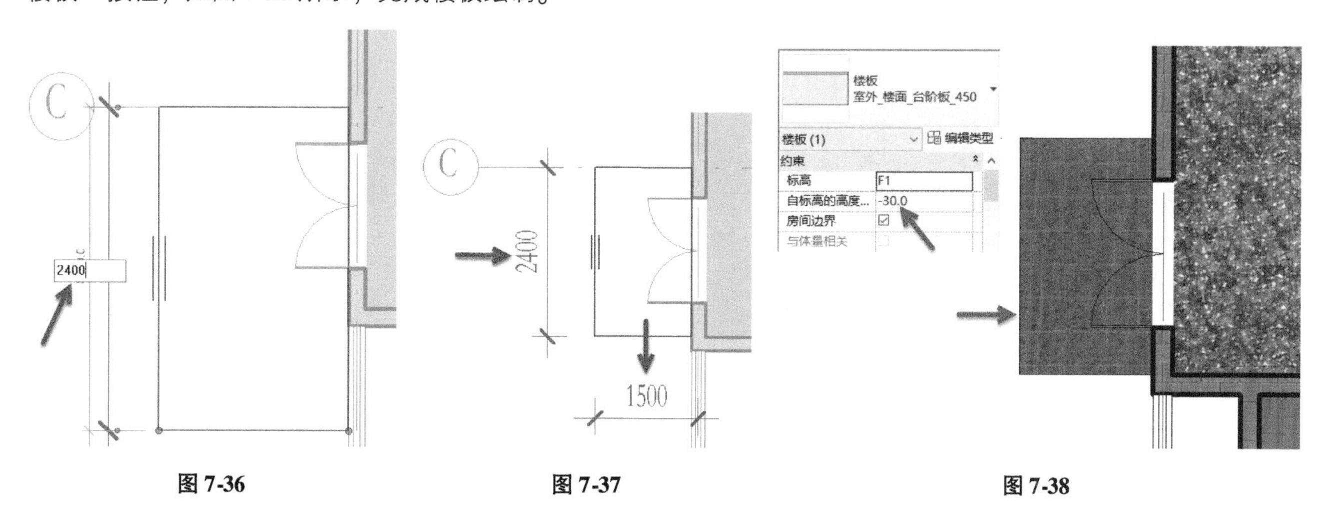

图 7-36　　图 7-37　　图 7-38

Step12 使用相同创建方法，按图 7-39 第 1，2，3，4 号位置所示，分别在 2 轴外墙、4 轴外墙、B 轴外墙、9 轴外墙绘制楼板边界，添加尺寸标注，按图中指定数据修改完。确认“属性”面板中“标高”为 F1，“自标高的高度偏移”值为 –30，单击“完成楼板”按钮完成楼板绘制。

Step13 继续使用“楼板”工具，选择“室外_楼面_台阶板_450”楼板类型，缩放视图至 3，4 号轴网外墙位置，配合“拾取线”和“拾取墙”工具，拾取外墙外边线和上个操作绘制完成的楼板边线位置，调整楼板外边线与墙体中心轴线之间距离为 720，如图 7-40 所示。

Step14 移动视图至 6，7 号轴网外墙位置，配合“拾取线”和“拾取墙”工具，拾取外墙外边线和上个操作绘制完成的楼板边线位置，楼板外边线与墙体中心轴线之间距离为 720，配合修剪工具，修剪线条右端点至 7 轴结构柱外侧，如图 7-41 所示。

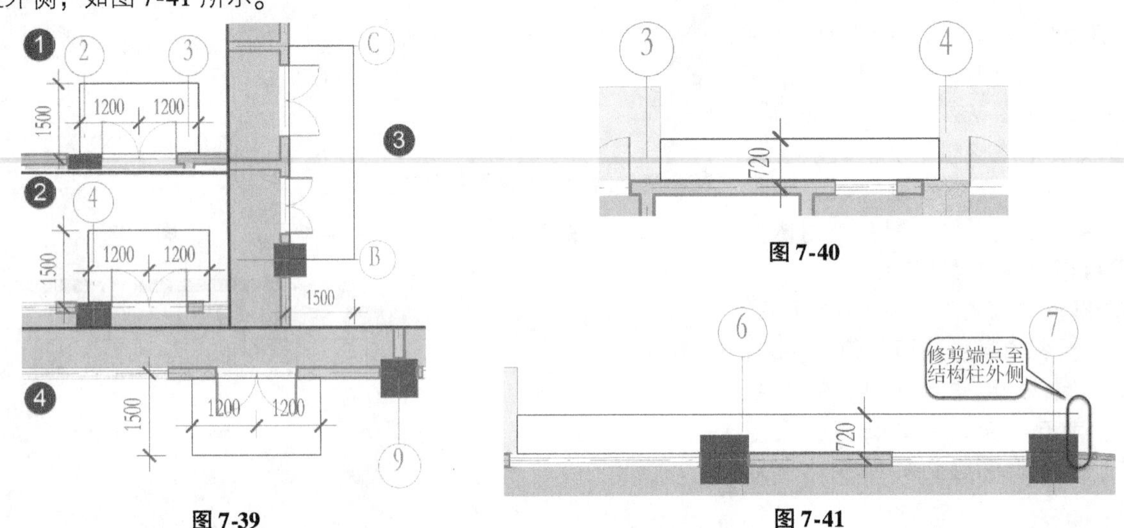

图 7-39

图 7-40

图 7-41

Step15 移动视图至 8 轴，H 轴外墙位置，配合“拾取线”和“拾取墙”工具，拾取外墙外边线和上个操作绘制完成的楼板边线位置，楼板外边线与墙体中心轴线之间距离为 720，配合修剪工具，修剪线条上端点至 H 轴结构柱外侧，如图 7-42 所示。

Step16 选择绘制面板中的“起点-终点-半径弧”工具，以 14) 操作步骤中的线条端点为起点，15) 操作步骤中的线条端点为终点，分别绘制相切的 1/4 圆弧，如图 7-43 所示。

Step17 选择绘制面板中的“直线”工具，采用与 13) 步相同的操作，配合“拾取线”和“拾取墙”工具，拾取外墙外边线和楼板边线位置，并调整楼板外边线与墙中心轴线之间距离为 720，按图 7-44 所示，绘制 3，4，5，6，7 号位置剩余楼板边线。

Step18 确认“属性”面板中“标高”为 F1，“自标高的高度偏移”值为 –30，单击“完成楼板”按钮完成楼板绘制。

Step19 至此，完成 F1 楼层全部楼板绘制，换至“3DZ_F1”楼层三维视图，完成后楼板如图 7-45 所示。保存该文件，请参见随书文件“第 7 章 \ RVT \ 7-1-3. rvt”项目文件查看最终结果。

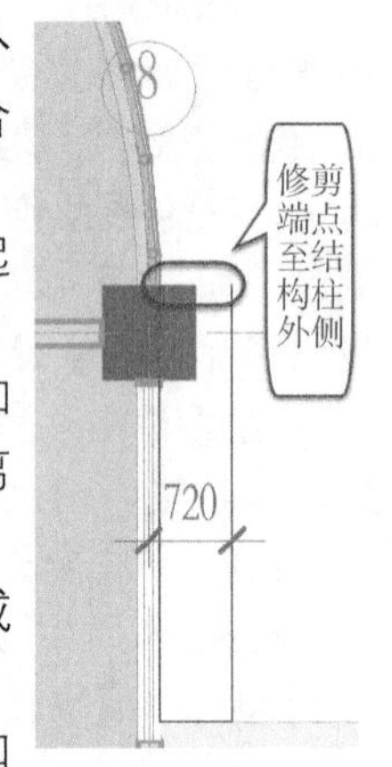

图 7-42

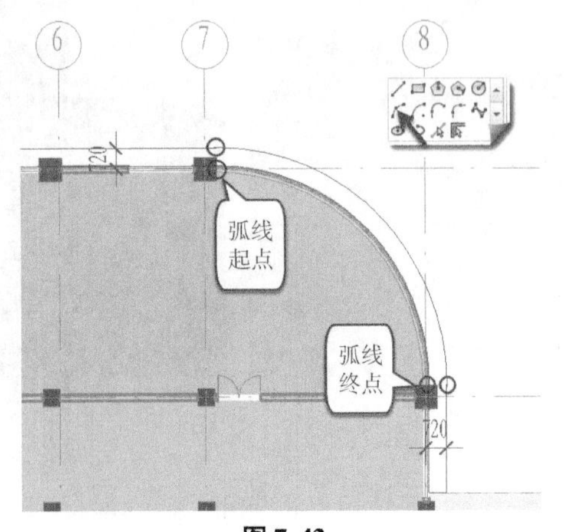

图 7-43

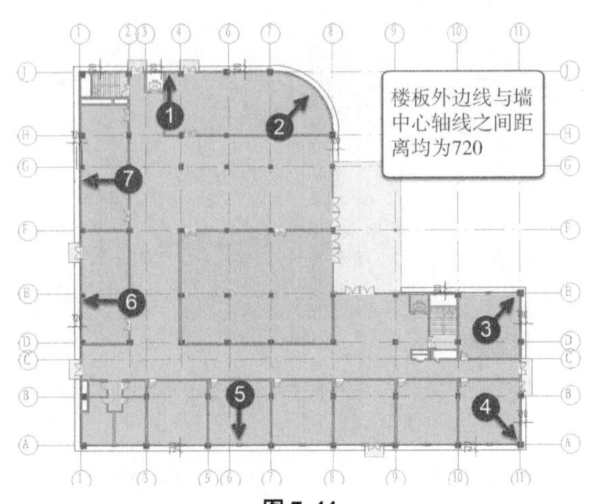

图 7-44

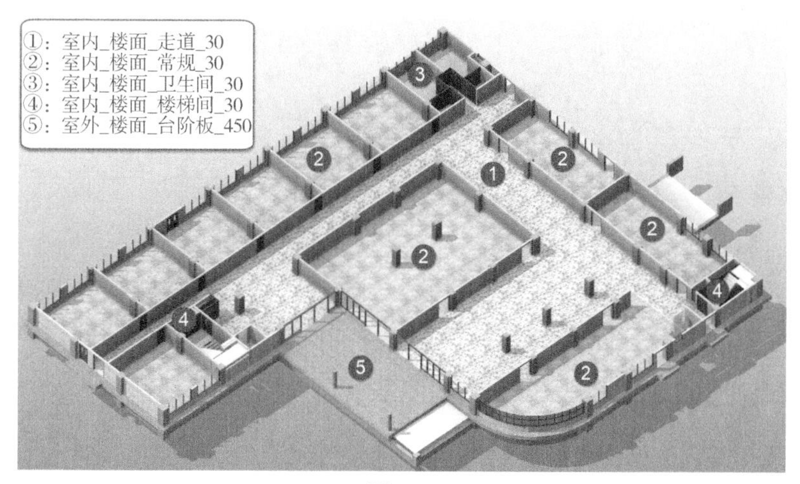

图 7-45

7.1.4 创建 F2、F3、RF 层楼板

F2、F3 层楼板图元绘制顺序和 F1 相似，绘制流程为先绘制走道部分，然后绘制各房间及卫生间的楼板，最后再绘制楼梯间楼板。可以复制 F1 标高的楼板至指定标高后，再对楼板轮廓进行编辑与修改。注意在绘制各房间楼板时，涉及外墙部分，应将楼板边缘绘制在外墙的核心层外表面。

Step01 接上节练习。切换至 F1 楼层平面视图。确认激活“按面选择图元”选择模式，移动鼠标至走道内任意位置，单击选择 F1 标高“室内_楼面_走道_30”楼板图元，单击剪贴板面板中“复制到剪贴板”工具，将楼板复制到剪贴板。配合使用“粘贴→按名称选择标高”工具，在弹出的“选择标高”对话框中选择 F2 标高，按“确定”按钮将楼板图元对齐粘贴至 F2 标高对应位置。

Step02 切换至 F2 楼层平面视图。单击选择走道楼板，双击进入楼板边界轮廓编辑模式。配合使用“拾取墙”“对齐”等工具，重新修改楼板边界至 F2 走道砌体墙边界位置，结果如图 7-46 所示。注意图中所示位置楼板边界应放置于墙核心层外表面，其余位置楼板边界应放置于墙体核心层内表面。绘制弧形位置时，选择“拾取线”工具，设置偏移量为 100，拾取弧线轴网并向外侧偏移，同时注意处理卫生间洞口位置的楼板边界。

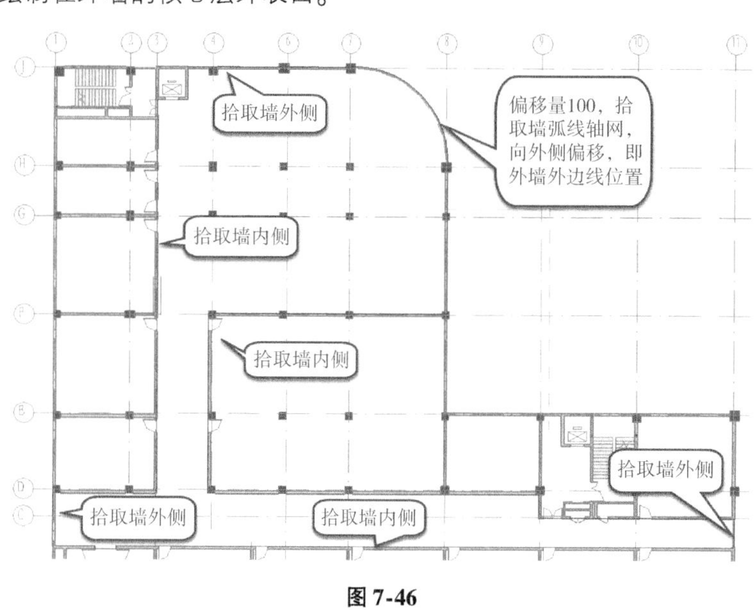

图 7-46

提 示

选择楼板后单击“修改 | 楼板”上下文选项卡“模式”选项板中“编辑边界”按钮，也可以进入“编辑边界”模式。

Step03 点击“完成编辑模式”按钮，因本操作中所创建边界线延伸至墙核心层外表面，因此楼板与墙有相交部分，Revit 给出如图 7-47 所示对话框，弹出 Revit 询问“是否希望将高达此楼层标高的墙附着到此楼层的底部?”，单击“否”按钮不接受该建议。Revit 继续弹出询问“楼板/屋顶与高亮显示的墙重叠，是否希望连接几何图形并从墙中剪切重叠的体积?”，选择“否”按钮不接受该建议，完成 F2 走道楼板修改。

Step04 选择使用“楼板”工具，确认当前楼板类型为“室内_楼面_常规_30”，确认属性面板中“自标高的高度偏移”值为 0；使用“拾取墙”工具，勾选选项栏“延伸到墙中（至核心层）选项”，按如图 7-48 所示轮廓位置绘制室内楼板边界。注意处理洞口位置边界与墙外核心层表面对齐，如 1，2 号大样所示。完成后单击“完成编辑模式”按钮，完成 F2 房间楼板绘制。当 Revit 询问“是否附着到底部”时，选择“否”。

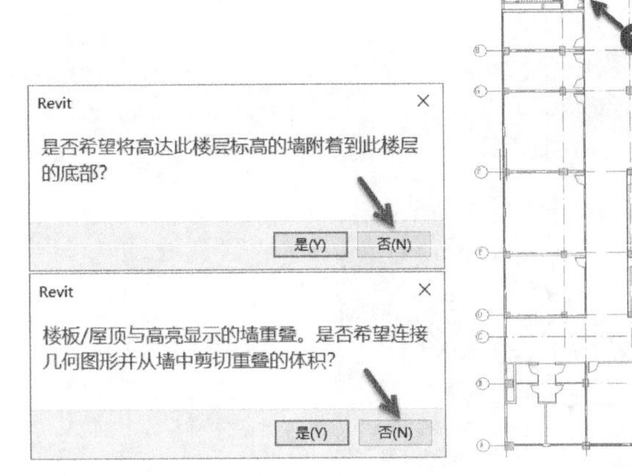

图 7-47

图 7-48

Step05 使用“楼板”工具，确认当前楼板类型为“室内_楼面_楼梯间_30”，确认属性面板中“自标高的高度偏移”值为 0；使用“拾取墙”工具，勾选选项栏“延伸到墙中（至核心层）选项”，按如图 7-49 所示轮廓位置分别绘制 1、2 号楼梯间楼板边界，注意拾取墙时应沿墙内侧核心层表面拾取。完成后单击“完成编辑模式”按钮，完成 F2 楼梯间楼板绘制。当 Revit 询问“是否附着到底部”时，选择“否”。

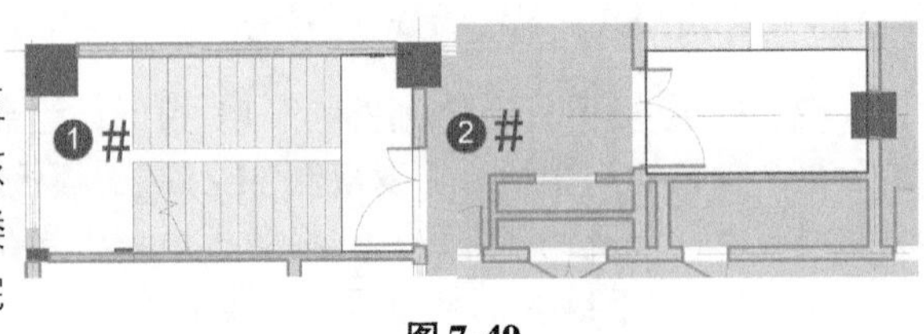

图 7-49

提 示

请使用拾取线工具拾取链接结构模型中的楼梯踏步投影以生成正确的楼梯侧楼板边界。

Step06 切换至 F1 楼层平面视图，选择卫生间位置楼板，配合使用复制到剪贴板对齐粘贴至指定标高的方式，将卫生间楼板对齐粘贴至 F2 标高。

Step07 至此，完成 F2 楼层全部楼板绘制，切换至 F2 楼层平面视图，查看结果如图 7-50 所示。

Step08 选择 F2 标高中走道楼板、室内楼板、卫生间楼板及楼梯间楼板，对齐粘贴 F3 标高。

Step09 切换至 F3 楼层平面视图，双击走道位置楼板，进入楼板轮廓编辑状态。重新编辑走道楼板边界，如图 7-51 所示。注意图中所示箭头位置楼板边界应放置于墙核心层外表面，其余位置楼板边界应放置于墙体核心层内表面，同时注意处理卫生间洞口位置的楼板边界。完成后点击“完成编辑模式”按钮，完成 F3 走道楼板修改。当 Revit 询问“是否附着到底部”及“是否从墙中剪切重叠的体积”时，选择“否”。

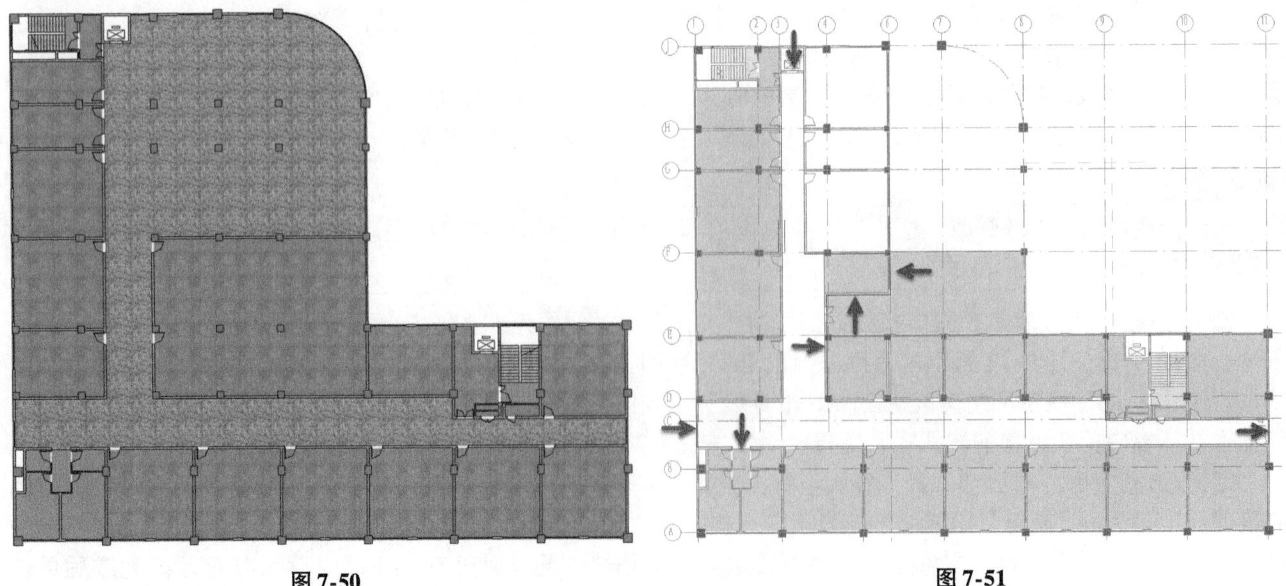

图 7-50　　图 7-51

Step⑩双击房间内部楼板，进入楼板编辑状态。按图 7-52 所示轮廓修改房间楼板轮廓。注意图中所示箭头位置楼板边界应放置于墙核心层内表面，其余位置楼板边界应放置于墙体核心层外表面，完成后点击“完成编辑模式”按钮，完成 F3 房间楼板修改。当 Revit 询问“是否附着到底部”时，选择“否”；询问“是否从墙中剪切重叠的体积”时，选择“否”。

Step⑪双击楼梯间楼板，进入楼板编辑状态。按图 7-53 所示轮廓修改房间楼板轮廓。完成后点击“完成编辑模式”按钮，完成 F3 楼梯间楼板修改。当 Revit 询问“是否附着到底部”时，选择“否”。

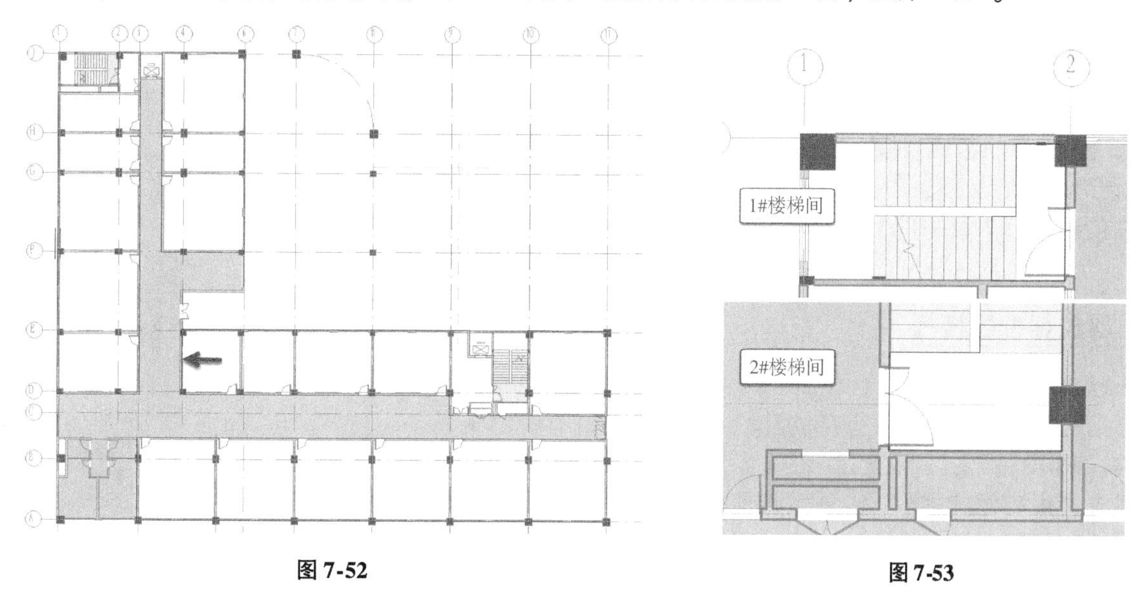

图 7-52　　图 7-53

Step⑫使用“楼板”工具，进入楼板轮廓草图绘制状态。在类型选择器中选择“室外_屋面_常规_30”楼板类型，设置属性面板中标高为“F3”，自标高的高度偏移值为 0。如图 7-54 所示，使用“拾取墙”的方式，勾选“延伸到墙中（至核心层）”选项，依次沿塔楼外墙体核心层外表面拾取生成楼板轮廓；采用“拾取线”的方式，依次拾取链接结构模型中弧形墙位置结构柱边缘生成楼板轮廓，修剪楼板轮廓为闭合轮廓。单击“完成编辑模式”按钮完成楼板轮廓绘制，生成裙楼屋面楼板。

提 示

F3 室外屋面部分，建筑楼板和结构楼板标高已经拆分，建筑板面标高为 8.40m，结构板面标高为 8.37m，故此处屋顶板采用楼板类型绘制屋面，Revit 软件中，“楼板”类型图元顶面标高和当前标高对齐。如果采用“屋顶”图元绘制，那么屋顶底面和当前标高平齐。

Step⑬切换至“3DZ_F3”楼层三维视图，完成后楼板如图 7-55 所示。

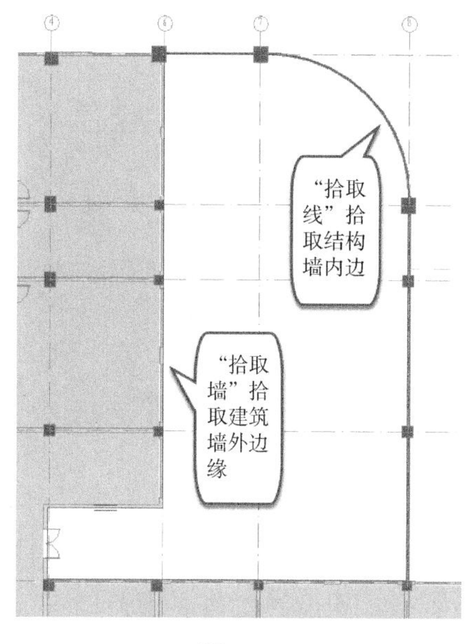

图 7-54

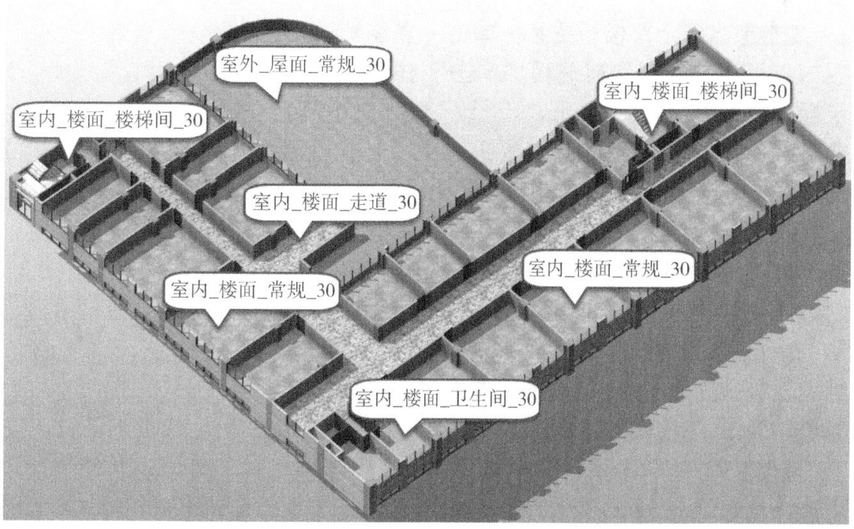

室外_屋面_常规_30
室内_楼面_楼梯间_30
室内_楼面_楼梯间_30
室内_楼面_走道_30
室内_楼面_常规_30
室内_楼面_常规_30
室内_楼面_卫生间_30

图 7-55

Step14 切换至 RF 层楼层平面，使用楼板工具。打开“类型属性”对话框，以“室内_楼面_楼梯间_30”为基础，复制新建类型名称为“室内_楼面_楼梯间_60”的新楼板类型。如图 7-56 所示，修改结构层厚度为“60”，其他参数默认。设置完成后单击“确定”按钮退出“类型属性”对话框。

Step15 确认属性面板中“标高为 RF，自标高的高度偏移值为 30”；使用“拾取线”工具，勾选选项栏“延伸到墙中（至核心层）选项”，按如图 7-57 所示轮廓位置分别绘制 1、2 号楼梯间楼板边界，注意拾取墙时应沿墙内侧核心层表面拾取。完成后单击“完成编辑模式”按钮，完成 RF 层楼梯间楼板绘制。

Step16 到此，完成 F2、F3、RF 楼板创建。保存该文件，或打开随书文件“第 7 章\RVT\7-1-4.rvt”项目文件查看最终结果。

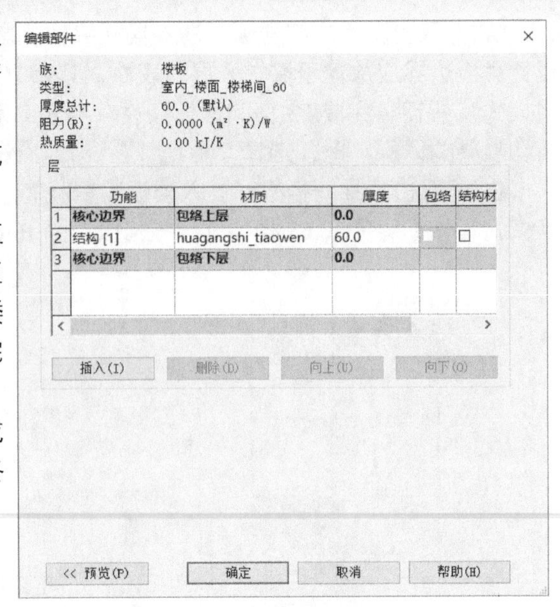

图 7-56

7.1.5 创建标准层楼板

对于标准层中楼板，可配合使用复制到剪贴板及与选定标高对齐粘贴的方式粘贴至指定标高位置。由于在上一章节中创建了“F4～F10 标准层”模型组，还可以对模型组进行修改为组中添加楼板，实现为其他各标准层的楼板添加楼板图元。接下来，将采用编辑组的方式，为各标准层组中添加楼板图元。

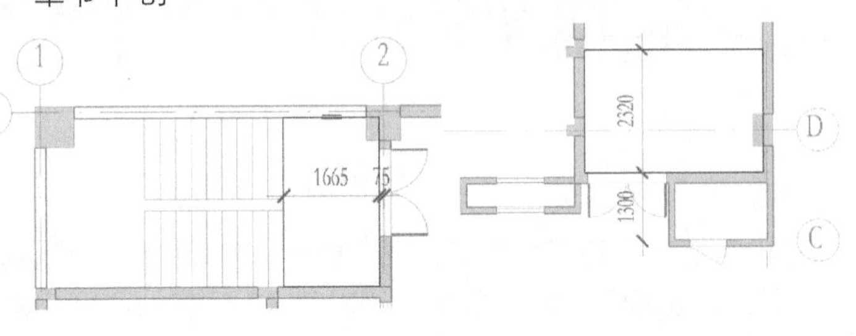

图 7-57

Step01 接上节练习。切换至 F3 楼层平面，选择全部室内楼板图元（不含“室外_屋面_常规_30”屋面楼板），单击“复制到剪贴板”工具将其复制到剪贴板。单击“粘贴→与选定标高对齐”工具，弹出“选择标高”对话框。如图 7-58 所示，在标高列表中选择“F4”，单击“确定”按钮，将所选择图元粘贴至 F4 标高位置。

Step02 切换至 F4 楼层平面，单击选择楼梯间楼板，双击进入楼板边界轮廓编辑模式。配合使用“拾取墙”“对齐”等工具，按图 7-59 所示轮廓位置分别修改 1、2 号楼梯间楼板边界。完成后单击“完成编辑模式”按钮，完成 F4 房间楼板绘制。当 Revit 询问“是否附着到底部”时，选择“否”。

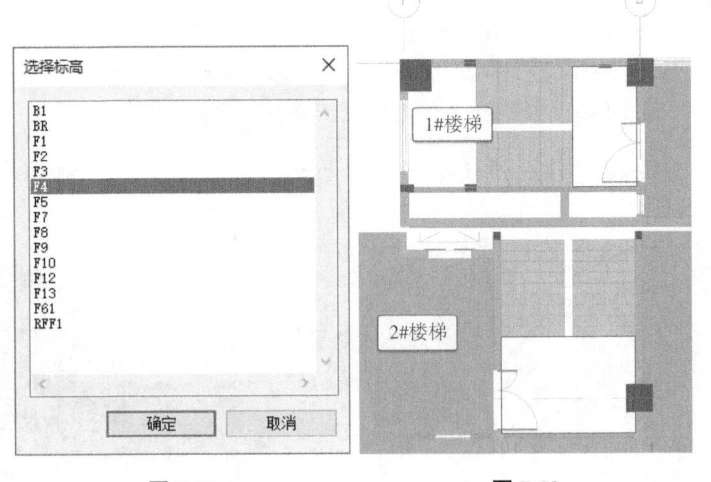

图 7-58　图 7-59

Step03 选择全部楼板图元，单击“复制到剪贴板”工具将其复制到剪贴板。单击“粘贴→与选定标高对齐”工具，弹出“选择标高”对话框。选择“F10”，单击“确定”按钮，将所选择图元粘贴至 F10 标高位置，完成 F10 层楼板图元绘制。

Step04 重新切换至 F4 楼层平面，单击任意位置墙体，注意 Revit 将选择模型组。同时切换至“修改 | 模型组”上下文选项卡中。如图 7-60 所示，单击“成组”面板中“编辑组”按钮，进入组编辑模式，Revit 将高亮显示模型组中图元，同时自动弹出“编辑组”面板。

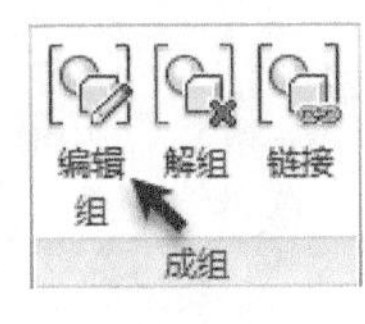

图 7-60

图 7-61

Step05 如图 7-61 所示，单击“编辑组”面板中添加命令，进入添加组图示模式。Revit 将淡显模型组图元而高亮显示所有不属于当前模型组的图元。

Step06确认激活“按面选择图元”选择模式，依次单击走道、房间、卫生间及楼梯间楼板任意位置，将楼板图元添加至当前模型组中。拾取完成后，点击“编辑组”面板中“完成”按钮，完成组编辑，Revit 将退出模型组编辑状态。

提 示

关于组的更多信息，请参见本书第 26 章。

Step07创建 3DZ_F4 切换局部三维视图，调整剖切框范围，结果如图 7-62 所示。

Step08继续查看其余标准层模型，由于更新了模型组中图元，Revit 会自动更新其他各标准层楼板。至此完成全部楼板绘制。保存该习件，或查看随书文件“第 7 章 \ RVT \ 7-1-5. rvt”项目文件查看最终结果。

在项目中，成组后模型作为一个独立的构件，在项目浏览器组的分类中可查看组的详细信息，并可对组内的成员做添加及删除修改。

7.1.6 创建 B1 层底板

地下室 B1 层楼板分为普通楼板和坡道楼板两部分。其中普通楼板部分在配电室位置存在标高差异，有板降，地下室楼板不考虑走道和楼梯间分隔。地下室建筑楼板类型采用“室内_楼面_常规_30”，而坡道部分楼板需要定义一个新建筑楼板类型，并为坡道部分楼板添加坡度。

Step01接上节练习。切换至 B1 楼层平面视图，注意在当前视图中无法显示链接结构模型中结构底板、坡道顶部边界、结构集水坑和排水沟。需要调整视图深度显示上述图元以便于精确确定建筑楼板轮廓边界。

Step02按 Esc 键两次确认未选择任何图元，此时“属性”面板将显示为当前视图属性。如图 7-63 所示，单击属性面板“范围”类别中“视图范围”参数后的“编辑”按钮，打开“视图范围”对话框。

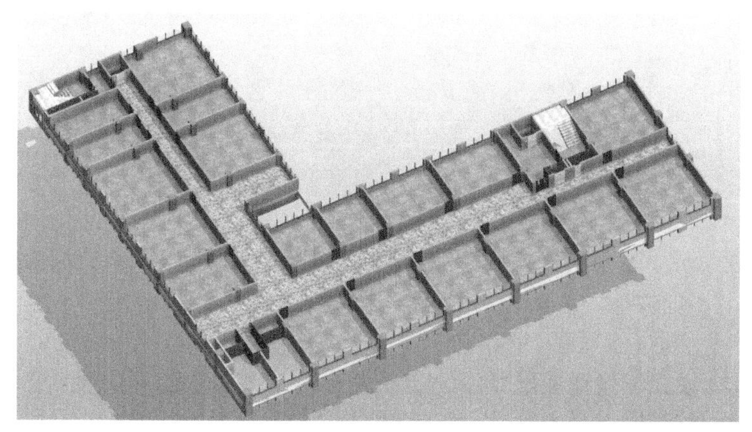

图 7-62

属性
楼层平面
专业拆分
楼层平面: B1
编辑类型
范围
裁剪视图
裁剪区域可见
注释裁剪
视图范围
编辑...
相关标高
B1
范围框
无
柱符号偏移
304.8
截剪裁
不剪裁
属性帮助
应用

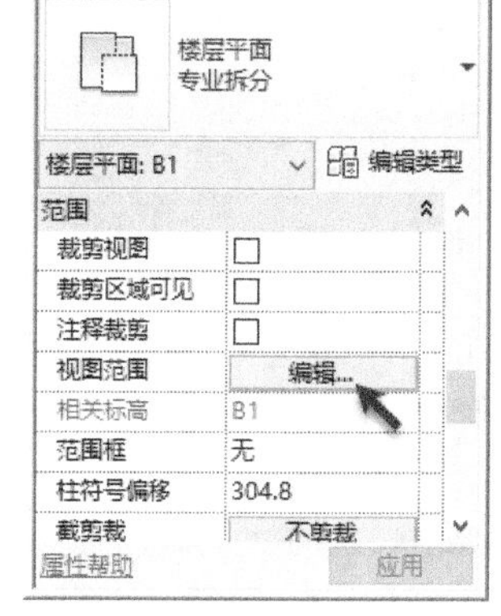

图 7-63

Step03如图 7-64 所示，在“视图范围”对话框中，修改“视图深度”偏移量值为 -1000，即在当前视图中以“超出线”的方式显示 B1 标高以下 1000 位置的图元投影。完成后单击“确定”按钮退出“视图范围”对话框，Revit 将在当前视图中显示结构模型底板及排水沟等投影。

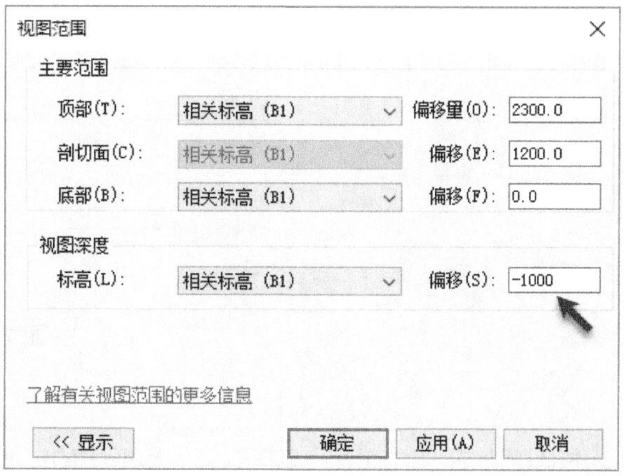

视图范围
主要范围
顶部(T):
相关标高 (B1)
偏移量(O):
2300.0
剖切面(C):
相关标高 (B1)
偏移(E):
1200.0
底部(B):
相关标高 (B1)
偏移(F):
0.0
视图深度
标高(L):
相关标高 (B1)
偏移(S):
-1000
了解有关视图范围的更多信息
<< 显示
确定
应用(A)
取消

图 7-64

提 示

由于地下室底板在变配电室部分，结构楼板标高偏移为 -900，故要使结构底板均在 B1 中可见，需设置“视图深度”中偏移量 < -900，关于视图范围的详细信息，参见本书第 14 章。

本项目中，坡道顶边界线距 1 轴线左侧 35.3m，坡道顶和坡道底高差为 4400。在 B1 视图中，由于超出视图高度范围，坡道顶部部分被截断不可见。需使用 Revit 提供的“平面区域”功能设置坡道部分视图范围深度，使坡道可见。

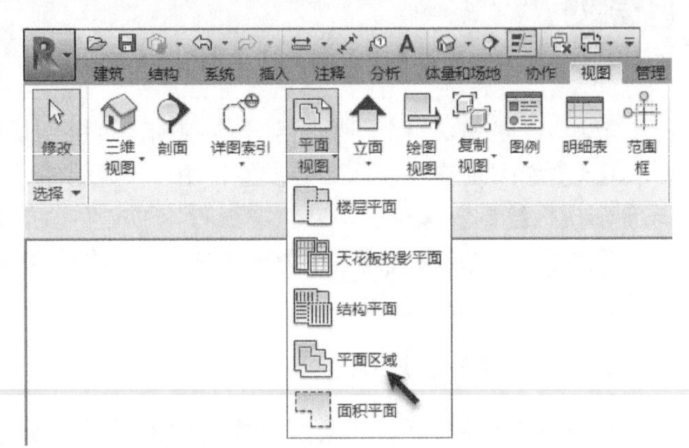

图 7-65

Step04 如图 7-65 所示，单击“视图”选项卡“创建”面板中“平面视图”下拉列表中的“平面区域”工具，进入“修改 | 创建平面区域边界”状态，该面板操作和“修改 | 创建楼板边界”类似。

Step05 如图 7-66 所示，单击绘制面板中“矩形”工具，进入绘制状态。确认选项栏“偏移量”为 0。

Step06 如图 7-67 所示，移动鼠标至 1 轴线与坡道右上角结构柱角点排水沟边线位置单击作为矩形绘制起点，向左下方移动鼠标，直到距离 1 轴为超过 41000 时作为矩形终点，完成矩形左侧边线绘制。绘制时，矩形上下两边线比结构坡道边略宽即可。

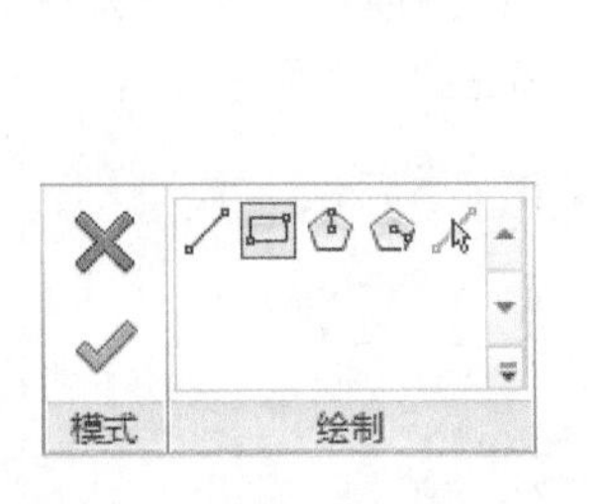

图 7-66

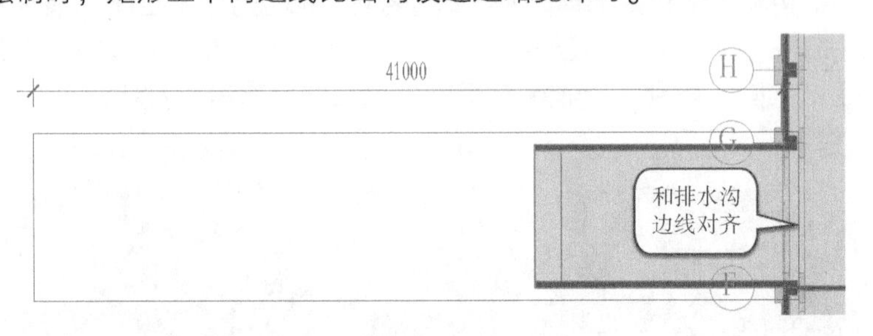

图 7-67

Step07 单击“属性”面板“视图范围”中“编辑”按钮，弹出“视图范围”对话框。如图 7-68 所示，修改“主要范围”中“顶部”偏移量为 6000，“剖切面”偏移值为 5000，单击“确定”按钮退出“视图范围”对话框。

Step08 单击“模式”面板中“完成编辑模式”按钮退出草图绘制模式。Revit 将修改矩形范围内的视图显示范围，结果如图 7-69 所示。结构模型中的坡道将在 B1 视图中显示完整投影。

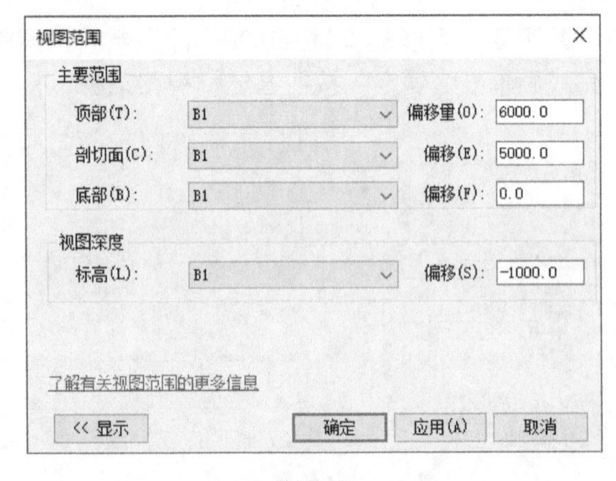

图 7-68

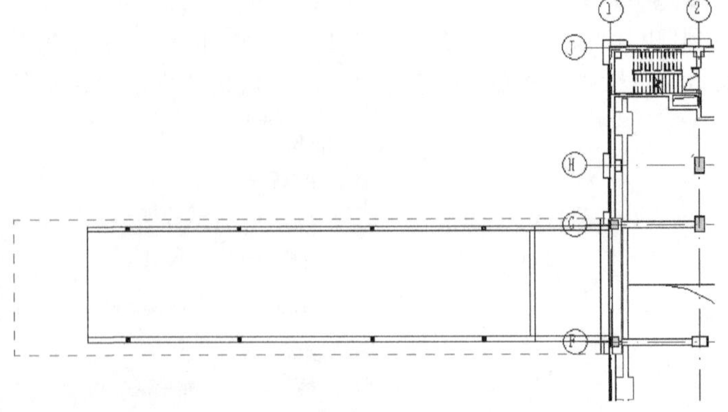

图 7-69

提 示

视图平面区域工具仅修改草图范围内视图的范围，而不影响当前视图的其他部分。

Step09 使用“楼板”工具，进入楼板草图绘制状态。确认类型选择器中当前楼板类型为“室内_楼面_常规_30”，设置标高为“B1”，“自标高的高度偏移”值为0。

Step⑩如图7-70所示，使用“拾取线”工具，拾取结构墙体内侧和拾取坡道底边缘及变配电室内台阶位置。配合使用修剪及拆分工具，使楼板轮廓线首尾相连。完成边界修改后，单击“完成编辑模式”按钮完成楼板编辑。当询问“是否从墙中剪切重叠的体积”时，选择“否”。

Step⑪重复“楼板”工具，选择“室内_楼面_常规_30”楼板类型，如图7-71所示，使用“拾取线”工具，沿变配电室内侧墙边缘依次拾取墙体内边界；设置标高为“B1”，自标高的高度偏移值为-900，单击“完成编辑模式”按钮完成楼板绘制。

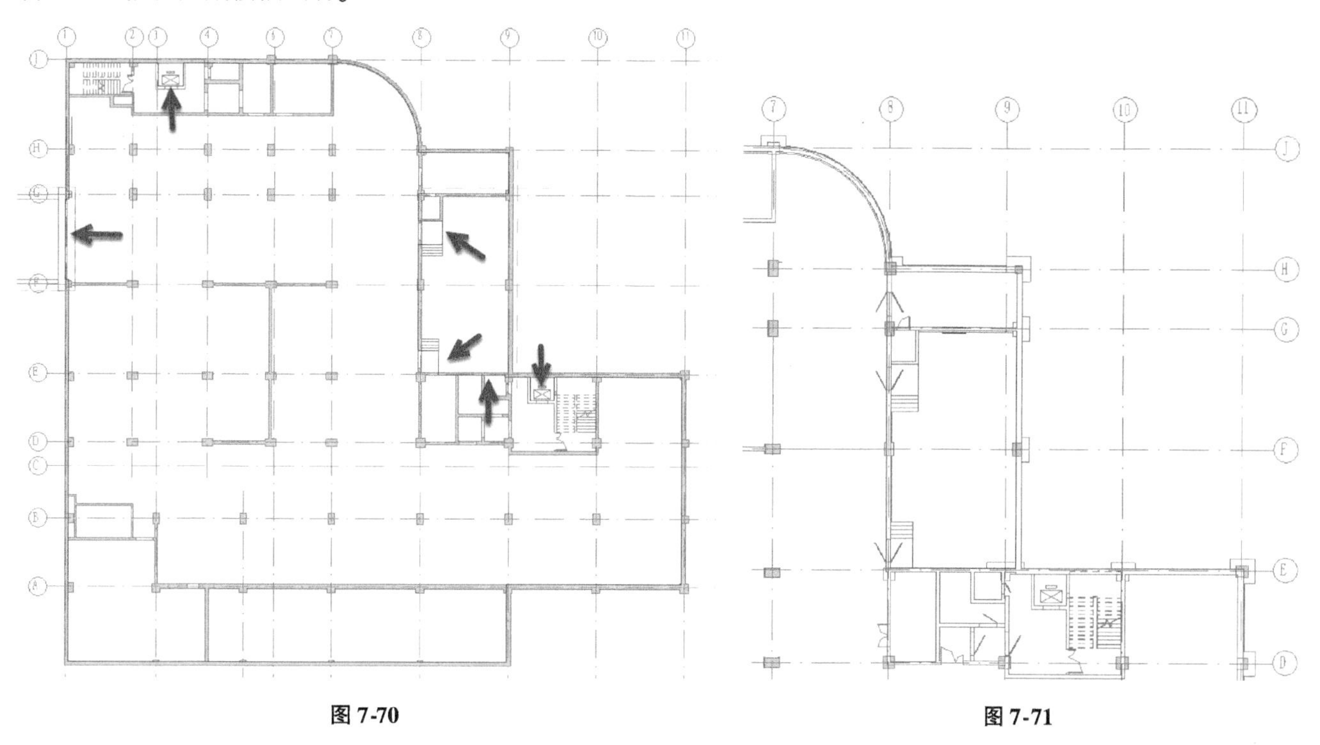

图7-70　　　　图7-71

Step⑫如图7-72所示，单击“建筑”选项卡“洞口”面板中“垂直”洞口工具，鼠标自动变成十字选择状态 ⊹，提示需要选择开洞的图元。

Step⑬单击选择第10）操作步骤中创建的楼板任意位置，Revit将进入洞口草图编辑状态，自动切换至“修改丨创建洞口”上下文选项卡，该选项卡与楼板草图编辑选项卡类似。

Step⑭如图7-73所示，单击视图属性栏“视觉样式”按钮，切换视觉样式为“线框”模式。

Step⑮单击“绘制”面板中“直线”工具，如图7-74所示，沿结构排水沟和集水坑边线，绘制洞口轮廓边界，洞口边界要与楼板边界一致，必须保证首尾相连。单击“完成编辑模式”按钮，完成洞口轮廓绘制。

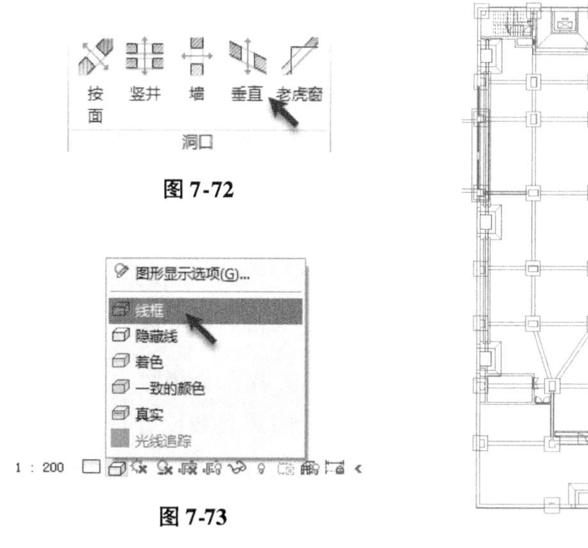

图7-72

图7-73

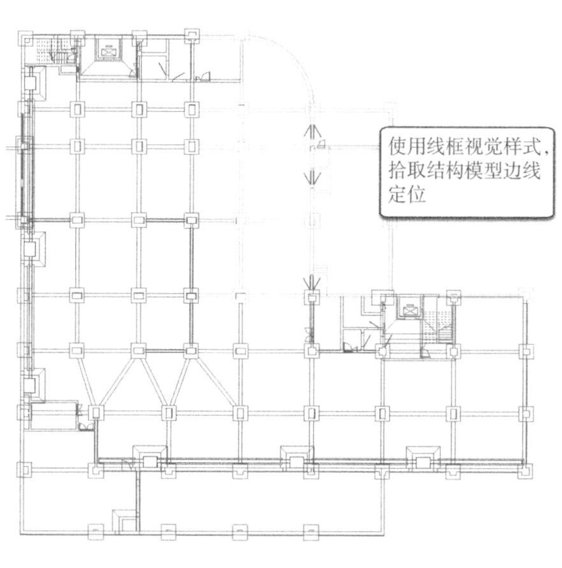

图7-74

提 示

在线框模式下，“按面选择图元”将不可用。

Step16 切换至三维视图，完成后，排水沟效果如图 7-75 所示。

Step17 再次使用“楼板”工具。打开“类型属性”对话框，复制新建名称为“室内_盖板_蜂窝_30”的新楼板类型。如图 7-76 所示，设置类型属性对话框中“功能”为“内部”；单击“结构”参数后“编辑”按钮，修改材质为“gaiban_hui”，厚度为 30。设置完成后单击“确定”按钮两次退出“类型属性”对话框。

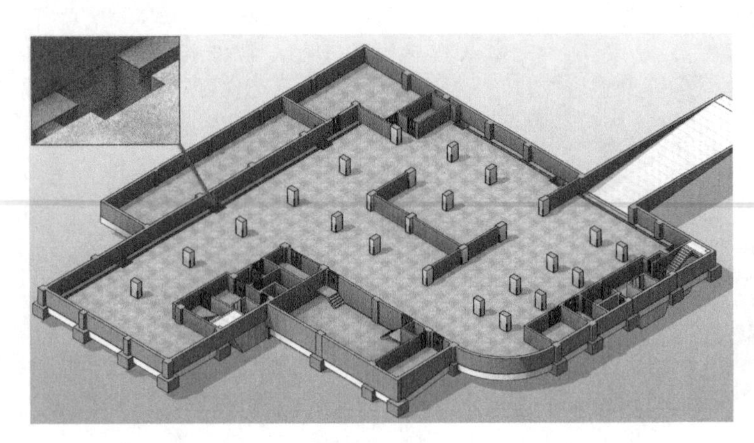

图 7-75

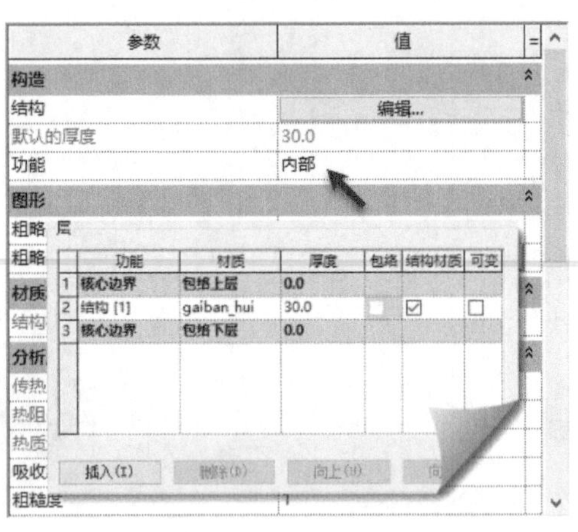

图 7-76

Step18 在“绘制”面板中选择绘制方式为“拾取线”，确认选项栏“偏移量”值为 0；依次拾取洞口边缘作为楼板轮廓。设置属性面板中楼板“标高”为“B1”，“自标高的高度偏移”值为 0；单击“完成编辑模式”按钮完成楼板轮廓编辑。

Step19 接下来，将继续创建坡道板。选择“楼板”工具，打开类型属性对话框，新建名称为“室外_坡面_坡道_30”的楼板类型。如图 7-77 所示，设置“功能”为“外部”；打开“编辑部件”对话框，修改材质为“hunningtu_liqingxiliao”，厚度为 30，勾选“可变”；设置完成后单击“确定”按钮两次退出“类型属性”对话框。

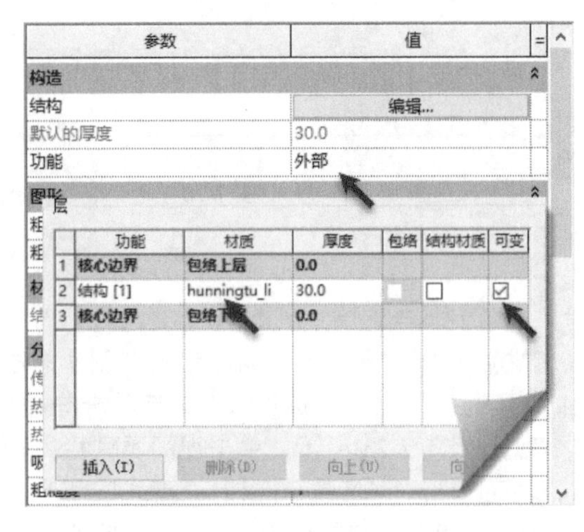

图 7-77

Step20 在“绘制”面板中选择绘制方式为“拾取线”，确认选项栏“偏移量”值为 0；如图 7-78 所示，依次沿坡道墙内侧、顶部和底部单击拾取坡道的边缘，生成轮廓边界。确认坡道顶至坡道底之间距离长度为 35200，坡道底边线至 1 轴距离为 100。

Step21 如图 7-79 所示，单击“绘制”面板“坡度箭头”工具，切换至坡度箭头绘制模式，设置箭头绘制方式为“直线”，确认选项栏“偏移量”为 0。

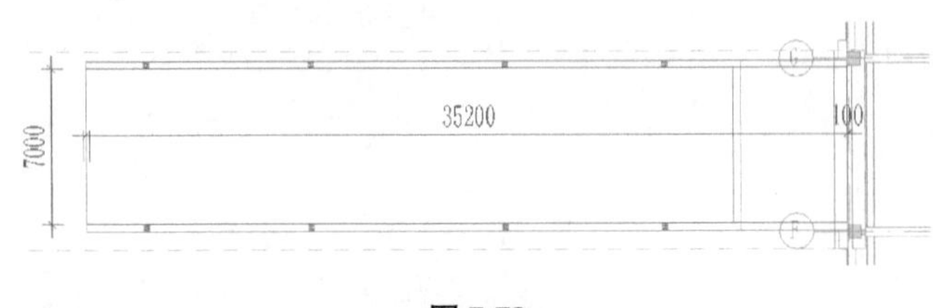

图 7-78

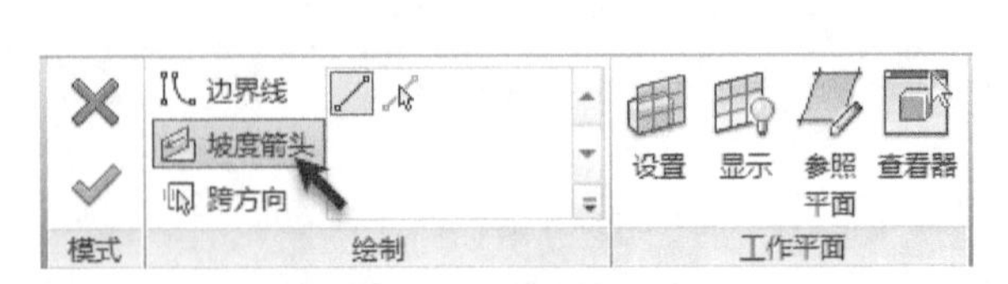

图 7-79

Step22 如图 7-80 所示，移动鼠标至楼板右侧轮廓边界线位置，捕捉至该轮廓边界线中点，单击作为坡度箭头的起点。按住 Shift 键，沿水平方向向左移动鼠标，当捕捉至左侧楼板轮廓边界线位置时单击作为坡度箭头终点，完成坡度箭头绘制。

Step23 按 Esc 键，退出当前绘制模式。单击选择上一步中绘制的坡度箭头，注意“属性”面板会自动切换为“坡度箭头”草图属性。如图 7-81 所示，修改“指定”方式为“尾高”，即通过指定坡度箭头首、尾高度的形式定义坡度箭头；修改“最低处标高”（即右侧箭尾所在标高）为 B1，“尾高度偏移”设置为 0；修改“最高处标高”（即左侧箭头所在标高）为 B1，“头高度偏移”设置为 3600，设置完成后单击“应用”按钮应用该设置。然后点击“完成编辑模式”，完成楼板绘制。

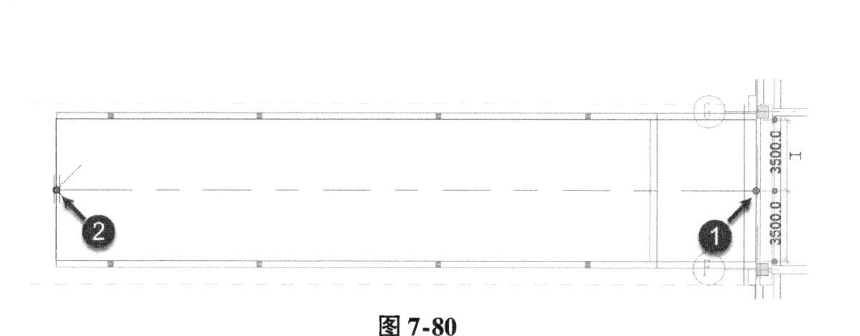

图 7-80

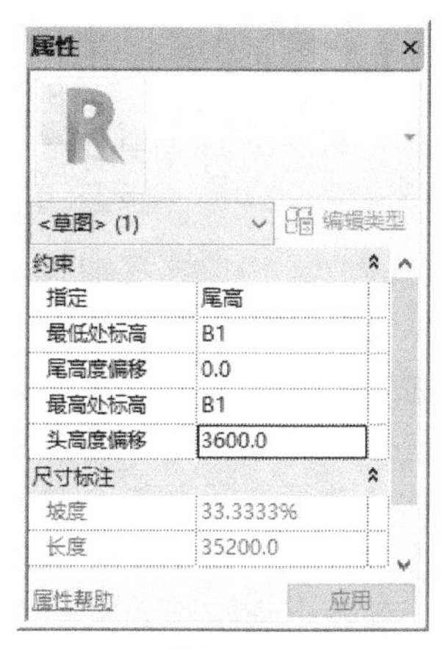

图 7-81

提 示

单击“属性”面板中“草图”内下拉列表，可以在当前所选择对象、楼板及当前视图属性中进行切换。

Step24 切换至三维视图，完成后坡道楼板如图 7-82 所示。

Step25 至此完成地下室楼板创建。保存该文件，或打开随书文件“chapter7 \ RVT \ 7-1-6. rvt”项目文件查看最终结果。

一般项目中地下室部分板面高差均比较复杂，地下室楼板创建中，需要多次调整视图深度及显示方式，方便楼板绘制。

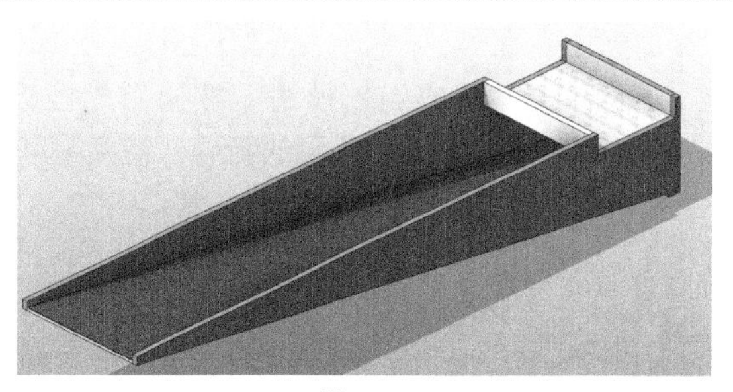

图 7-82

7.2 楼板造型

默认情况下 Revit 中生成的楼板与所在标高平行，即楼板板面均为平面。在部分特殊建筑中，比如使用连廊的形式连接有高差的两栋建筑时（这种情况多见于工业建筑设计中），就必须创建带有坡度的楼板。

在绘制楼板时，可以使用坡度箭头、定义边界线高度、定义边界线坡度、修改子图元 4 种方法来创建不规则楼板造型。下面通过练习说明几种楼板造型方法。

7.2.1 带坡度楼板

Step01 打开随书文件“第 7 章 \ RVT \ 斜楼板练习 . rvt”项目文件。该项目由两部分独立的主体建筑构成，中间使用走廊的方式连接两主体建筑。切换至南立面视图，两主体建筑间存在 1. 2m 的高差。目前走廊部分仅有墙体，本练习中将使用斜楼板连接两主体建筑。

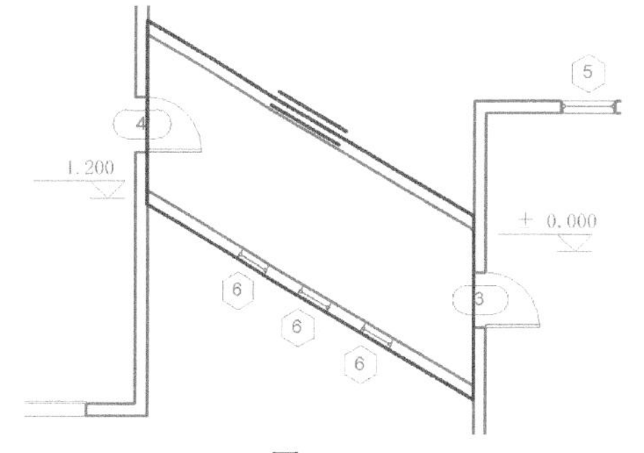

图 7-83

Step02 切换至 F1 楼层平面视图，分别选择走廊左、右两侧门，打开门“实例属性”对话框，注意左侧编号为 4 的门位于 FM 标高，右侧编号为 3 的门位于 F1 标高。这确定了楼板左右的高差信息。

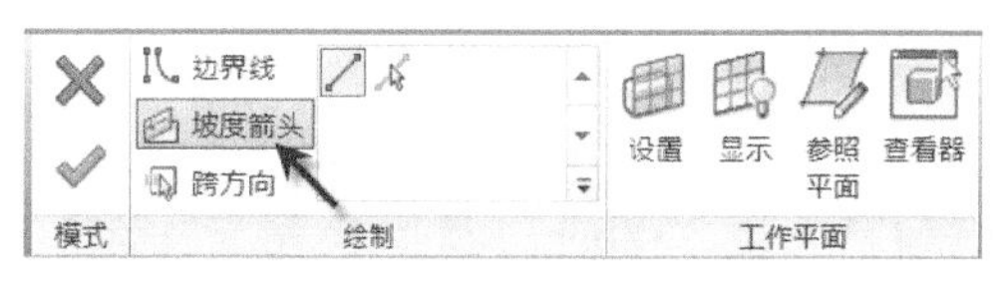

图 7-84

Step03 使用“楼板”工具，进入“创建楼层边界”编辑模式。使用“拾取墙”方式绘制边界线，设置选项栏中“偏移量”为 0。如图 7-83 所示，沿走廊拾取墙外墙面，并使用修剪工具修剪为首尾相连的轮廓边界。

Step04 如图 7-84 所示，单击“绘制”面板“坡度箭头”工具，切换至坡度箭头绘制模式，设置绘制方式为

“直线”，确认选项栏“偏移量”为 0。

Step05 如图 7-85 所示，移动鼠标至楼板右侧轮廓边界线位置，捕捉至该轮廓边界线任意一点单击确定为坡度箭头的起点。按住 Shift 键，沿水平方向向左移动鼠标，当捕捉至左侧墙表面时（即楼板轮廓左侧边界线的位置）单击完成坡度箭头绘制。

Step06 按 Esc 键退出当前所有绘制模式。选择上一步中绘制的坡度箭头，注意“属性”面板会自动切换为“坡度箭头”草图属性。如图 7-86 所示，修改“指定”方式为“尾高”，即通过指定坡度箭头首、尾高度的形式定义坡度箭头；修改“最低处标高”（即右侧箭尾所在标高）为 F1 标高，“尾高度偏移”设置为 0；修改“最高处标高”（即左侧箭头所在标高）为 FM 标高，“头高度偏移”设置为 0，设置完成后单击“应用”按钮应用该设置。

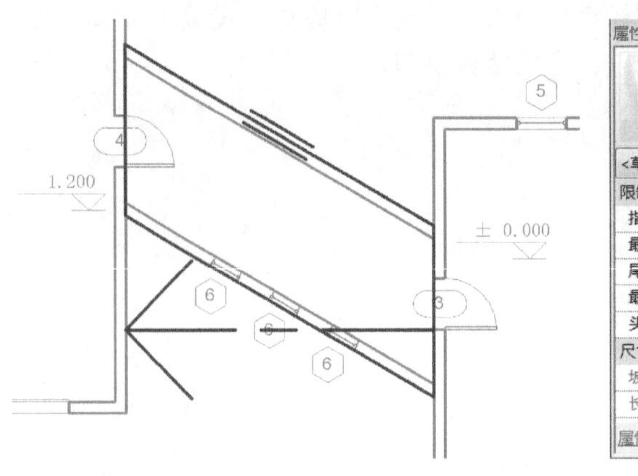

图 7-85

图 7-86

提 示

单击“属性”面板中过滤器列表，可以在当前所选择对象、楼板及当前视图属性中进行切换。

Step07 单击“完成编辑模式”按钮完成楼板。切换至“剖面 1”剖面视图，完成后楼板如图 7-87 所示，Revit标高根据坡度箭头中设置的箭尾、箭头高度生成带坡度楼板。

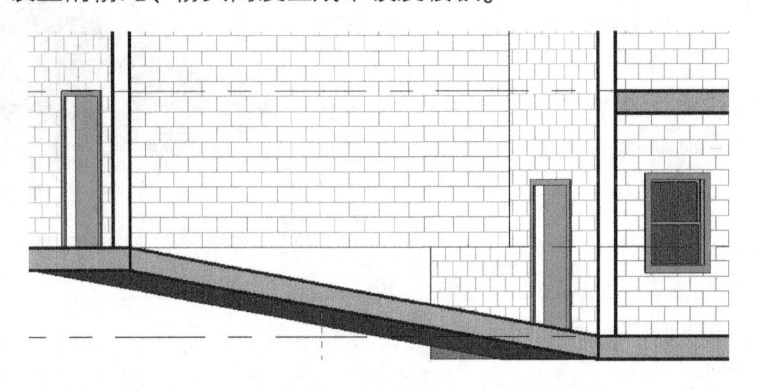

图 7-87

提 示

在使用坡度箭头时，可以在实例属性对话框中，设置“指定”方式为“坡度”，请读者自行尝试该方式。Revit 仅允许在楼板中绘制一个坡度箭头。

还可以通过指定楼板轮廓边界线相对边界线所在标高的形式创建带坡度的楼板。下面将使用该方式为练习中走廊创建顶部楼板。

Step08 继续上面的练习。切换至 F1 楼层平面视图，使用“楼板”工具，绘制本练习第 3）步中完全相同的楼板轮廓边界线。

Step09 选择左侧楼板轮廓边界线，“属性”面板中将显示当前所选择轮廓草图实例属性。如图 7-88 所示，勾选“属性”面板中“定义固定高度”选项，此时“标高”参数变为可用；修改“标高”为 FM 标高，修改“相对基准的偏移”为 3000，即该边界线位置在 FM 之上 3000mm 处。设置完成后单击“应用”按钮应用该设置。

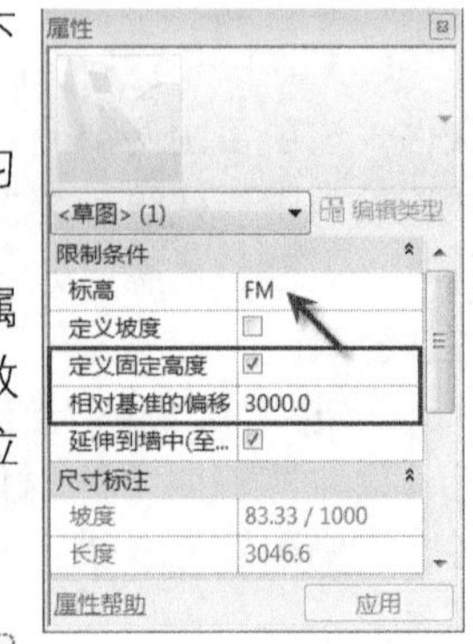

图 7-88

提 示

定义了固定高度的边界线将变为蓝色以示区别。

Step10 选择右侧楼板轮廓边界线，修改“属性”面板中参数如图 7-89 所示。单击“完成编辑模式”按钮完成楼板。Revit 将以指定的边界线高度为板面标高生成斜楼板。切换至剖面 1 视图，查看该楼板。

Step⑪切换至三维视图。选择走廊两侧墙，使用“修改墙”面板中“附着”工具，确认选项栏中“附着墙”部位为“底部”；单击底部斜楼板，墙底部将附着至该楼板。继续使用“附着”工具，设置选项栏“附着墙”部位为“顶部”，单击顶部斜楼板，墙顶部将附着至该楼板，结果如图 7-90 所示。

Step⑫切换至 Level 3 楼层平面视图。适当放大左侧房间位置。使用“楼板”工具，进入楼板草图编辑状态。使用“拾取墙”的方式，修改选项栏“偏移”值为 900；勾选“延伸到墙中（至核心层）”选项；移动鼠标至墙位置，Revit 将显示草图边界预览，确认预览方向为墙外侧；按 TAB 键并单击，Revit 将生成楼板草图，如图 7-91 所示。

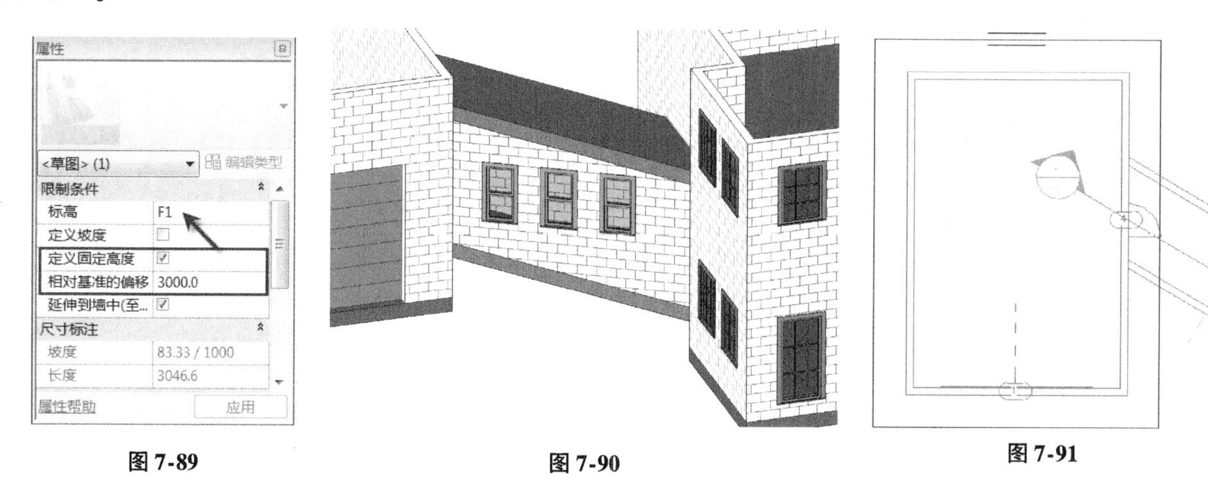

图 7-89　　图 7-90　　图 7-91

Step⑬按 Esc 键，退出绘制状态。单击选择右侧边界线，如图 7-92 所示，勾选选项栏中“定义坡度”选项。

Step⑭如图 7-93 所示，单击“管理”选项卡“设置”面板中“项目单位”工具，打开“项目单位”对话框。

Step⑮如图 7-94 所示，在“项目单位”对话框中，单击“坡度”参数后的“格式”按钮，打开坡度“格式”对话框。

Step⑯如图 7-95 所示，在格式对话框中，修改“单位”为“十进制数”，其他参数默认，单击“确定”按钮两次退出“项目单位”对话框。

偏移: 900.0　☑定义坡度　☑延伸到墙中(至核心层)　悬臂: 混凝土: 0.0　钢: 0.0

图 7-92

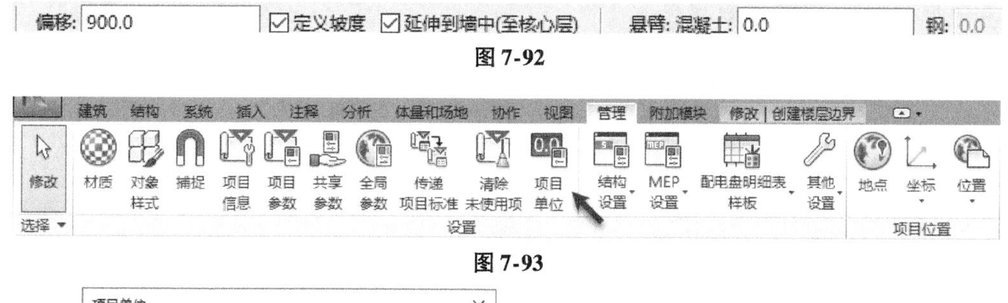

图 7-93

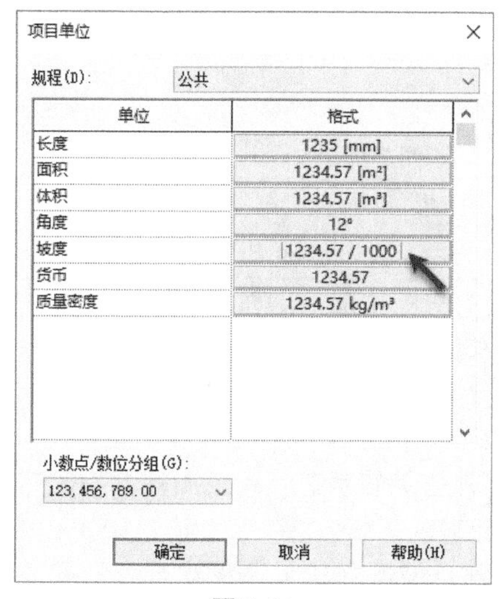
项目单位

规程(D): 公共

单位	格式
长度	1235 [mm]
面积	1234.57 [m²]
体积	1234.57 [m³]
角度	12°
坡度	1234.57 / 1000
货币	1234.57
质量密度	1234.57 kg/m³

小数点/数位分组(G):
123, 456, 789.00

确定　取消　帮助(H)

图 7-94

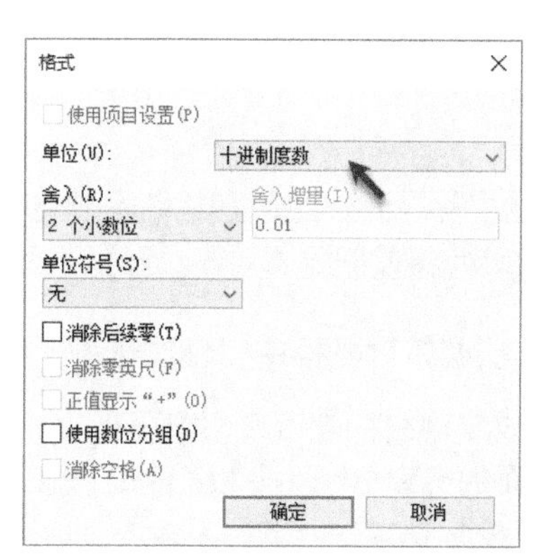

图 7-95

Step17 再次选择第13）操作步骤中楼板边界。如图7-96所示，修改“属性”对话框中“标高”为Level 3；修改“坡度”值为10。单击“完成编辑模式”按钮完成楼板绘制。

Step18 切换至默认三维视图，注意Revit已生成带有坡度的楼板。到此完成本练习，关闭该文件，不保存对项目的修改。

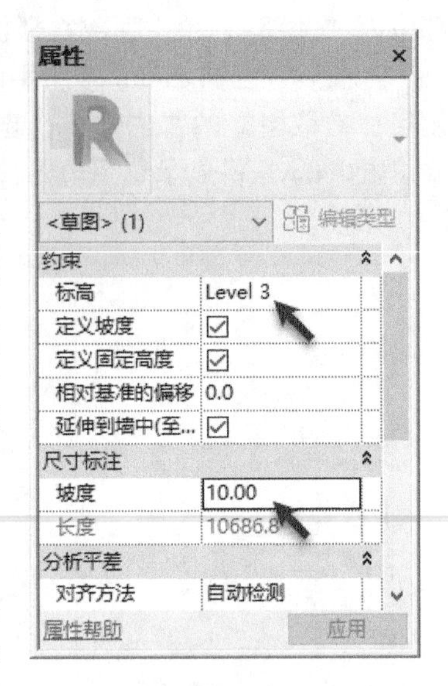

图7-96

使用定义边界线高度的方式生成斜楼板时，必须成对指定边界线高度。否则Revit将无法生成楼板。

在边界线“属性”面板中勾选楼板边界线“定义固定高度”时，如果勾选“定义坡度”选项，则Revit会以该边界线所在高度为基准，按指定的坡度生成斜楼板。Revit仅允许为一条边界线定义坡度。选择边界线，勾选选项栏中“定义坡度”选项，将在所选边界线旁边出现坡度符号⊿并显示坡度值。单击坡度值可以修改坡度。其作用与边界线“属性”面板中“定义坡度”完全相同。读者可自行尝试该功能，在此不再赘述。

7.2.2 修改子图元

Revit提供了修改楼板图元顶点、边界、分割线子图元的高程功能，以满足卫生间、屋顶等部位实现局部组织排水的建筑找坡功能。下面，以修改建筑屋顶楼板建筑找坡为例，说明如何通过修改楼板对象子图元实现排水的建筑找坡。

Step01 打开随书文件“第7章\rvt\修改子图元.rvt”项目文件。该项目由主体办公楼和食堂两部分构成。切换至F2楼层平面视图，注意在该视图中已创建两个与F轴线相交的参照平面。

图7-97

Step02 确认激活“按面选择图元”选择方式，单击左上方食堂部分空白位置选择左侧食堂屋顶楼板，自动切换至如图7-97所示的“修改丨楼板”上下文选项卡。在“形状编辑”面板中，提供了子图元编辑工具。

Step03 单击“形状编辑”面板中“添加点”工具，进入楼板子图元编辑模式。Revit将淡显其他已有图元。并以绿色显示屋顶原有顶点和边界。如图7-98所示，分别捕捉至F轴线与参照平面交点，单击添加点子图元，新添加点将以蓝色显示。

Step04 单击“形状编辑”面板中“添加分割线”工具，如图7-99所示，连接上一步骤中放置的F轴线上各点子图元，绘制分割线。继续使用该“添加分割线”工具，连接屋顶图元顶点至上一步骤中绘制的各点子图元。在连接过程中注意精确捕捉至各点子图元。新添加的分割线以蓝色显示。

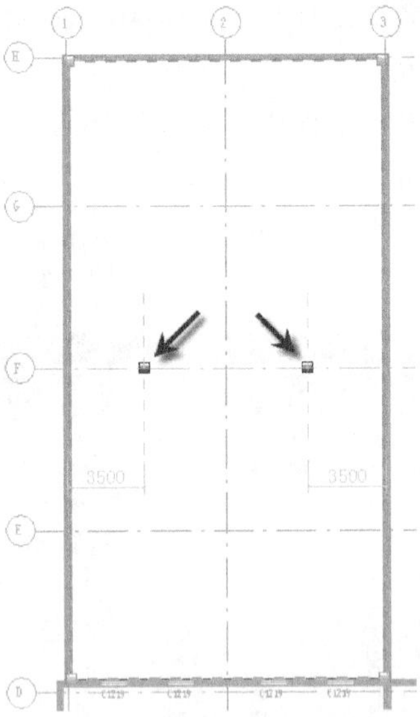

图7-98

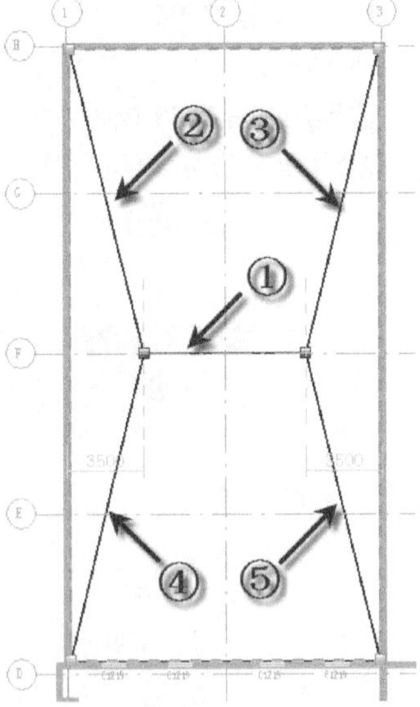

图7-99

提 示

为精确捕捉各点子图元，可以在绘制割线过程中单击鼠标右键，在弹出右键菜单中选择“捕捉替换→点”选项，此时Revit将仅捕捉点对象。详见本章相关内容。

Step05 单击“形状编辑”面板中“修改子图元”工具，鼠标指针变为↖。如图7-100所示，单击选择上一步骤中绘制的F轴线分割线；单击分割线高程值，进入高程值编辑状态；输入100并按回车键确认，修改所选分割线高于屋顶表面的标高200，按Esc键退出修改子图元模式。

Step06 单击“注释”选项卡“尺寸标注”面板中“高程点坡度”工具，移动至食堂屋顶任意位置查看生成的屋顶坡度值。切换至三维视图，完成后食堂屋顶如图7-101所示。此时屋顶表面将生成排水坡度。

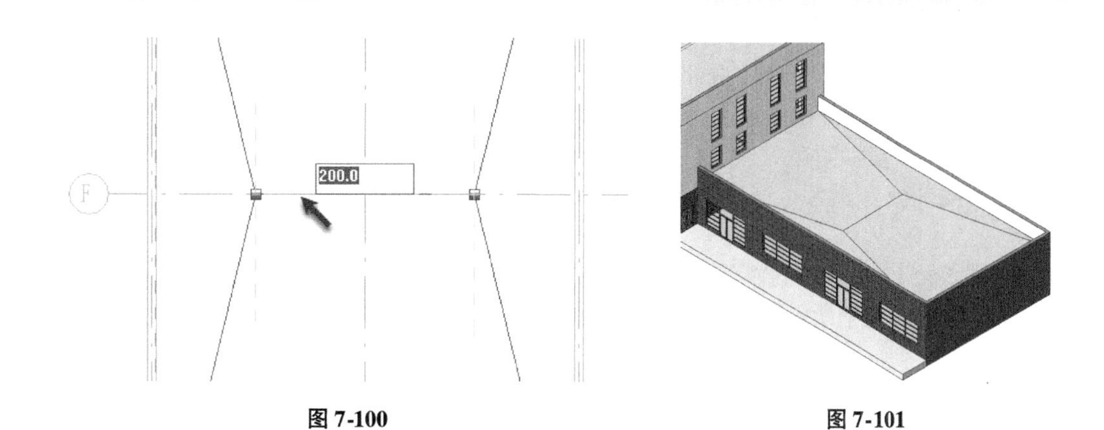

图 7-100　　　　图 7-101

Step07 单击选择食堂屋面楼板。打开"类型属性"对话框，单击"结构"后"编辑"按钮打开"编辑部件"对话框。如图 7-102 所示，注意该楼板构造设置中"面层 2［5］"设置为可变。不修改任何参数，单击"确定"按钮两次退出"类型属性"对话框。

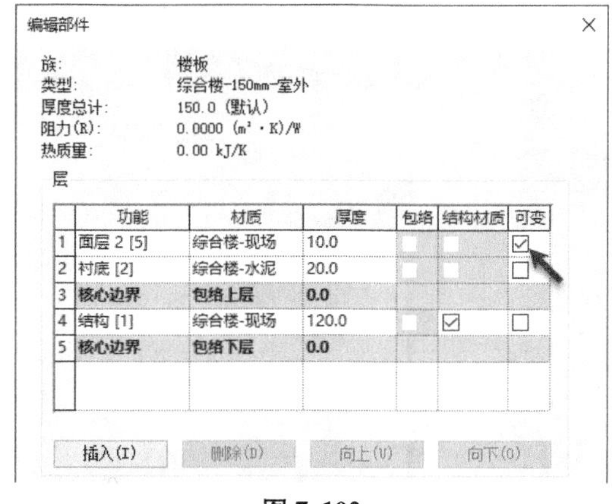
编辑部件

族：楼板
类型：综合楼-150mm-室外
厚度总计：150.0（默认）
阻力(R)：0.0000 (m²·K)/W
热质量：0.00 kJ/K

层

	功能	材质	厚度	包络	结构材质	可变
1	面层 2 [5]	综合楼-现场	10.0	☐	☐	☑
2	衬底 [2]	综合楼-水泥	20.0	☐	☐	☐
3	核心边界	包络上层	0.0			
4	结构 [1]	综合楼-现场	120.0	☐	☑	☐
5	核心边界	包络下层	0.0			

插入(I)　删除(D)　向上(U)　向下(O)

图 7-102　　　　图 7-103

Step08 切换至 F2 楼层平面视图，双击 2 轴线左侧剖面符号标高，Revit 将切换至指定剖面视图。如图 7-103 所示，适当放大该剖面视图，注意屋面部分楼板顶部结构厚度已经调整。

Step09 切换至默认三维视图。选择食堂屋面楼板。单击"形状编辑"面板中"重设形状"按钮，Revit 将重设楼板子图元。再次切换至剖面视图，注意此时屋面楼板的顶部结构层已恢复至水平。至此完成楼板子图元编辑练习。关闭该文件，不保存对项目的修改。

编辑子图元工具仅针对水平的楼板，任何设置了带有坡度的楼板图元，都将无法再编辑子图元。在创建迹线屋顶时，如果勾选了选项栏"创建坡度"选项，即使坡度值为 0，也无法使用编辑子图元工具。在任何时候选择编辑了子图元的楼板、迹线屋顶图元，单击"形状编辑"面板中"重设形状"按钮，可以删除楼板子图元的编辑，恢复为原始状态。

修改楼板子图元时，在楼板、迹线屋顶"类型属性"对话框"编辑部件"对话框中勾选"可变"的结构功能层厚度将发生变化。

如图 7-104 和图 7-105 所示，编辑子图元后仅在"编辑部件"对话框中勾选了"变化"选项的构造层的厚度发生变化，而其他构造层厚度不发生变化。注意 Revit 仅允许设置一个可变的构造层。

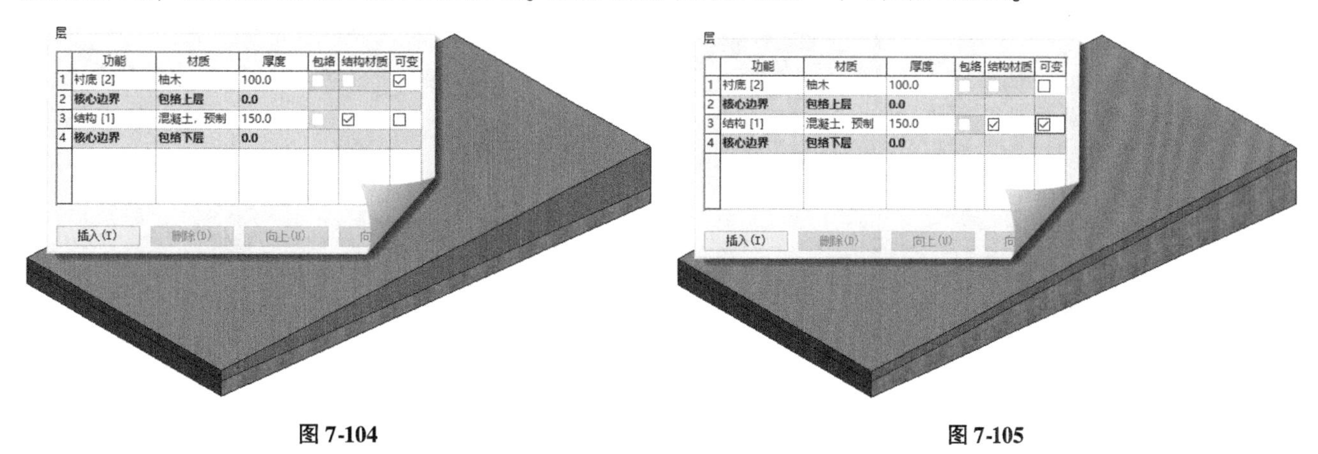
层

	功能	材质	厚度	包络	结构材质	可变
1	衬底 [2]	柚木	100.0	☐	☐	☑
2	核心边界	包络上层	0.0			
3	结构 [1]	混凝土，预制	150.0	☐	☑	☐
4	核心边界	包络下层	0.0			

插入(I)　删除(D)　向上(U)

层

	功能	材质	厚度	包络	结构材质	可变
1	衬底 [2]	柚木	100.0	☐	☐	☐
2	核心边界	包络上层	0.0			
3	结构 [1]	混凝土，预制	150.0	☐	☑	☑
4	核心边界	包络下层	0.0			

插入(I)　删除(D)　向上(U)

图 7-104　　　　图 7-105

对于包括曲线边界（如圆弧边界）的楼板，当修改顶点高程时，可以在“属性”面板中，单击“弯曲边缘条件”后按钮，弹出如图 7-106 所示的“弯曲边缘条件”对话框。在该对话框中设置弯曲边缘约束条件为“与曲线一致”或“投影到边”，用于控制曲线边界的变更方式。

如图 7-107 所示，在“投影到边”选项，当编辑顶点时，圆弧部分高度将沿弦变化，在剖面视图中圆弧部分呈为斜线；“与曲线一致”选项，当编辑顶点时，圆弧部分高度随圆弧弧长而变化，在剖面投影中显示为曲线。

使用修改楼板子图元工具，可以调整楼板形状为任意所需形状。如图 7-108 所示，为使用矩形楼板通过调整各顶点高度的方式，修改为图中所示双曲面张膜形式建筑小品。

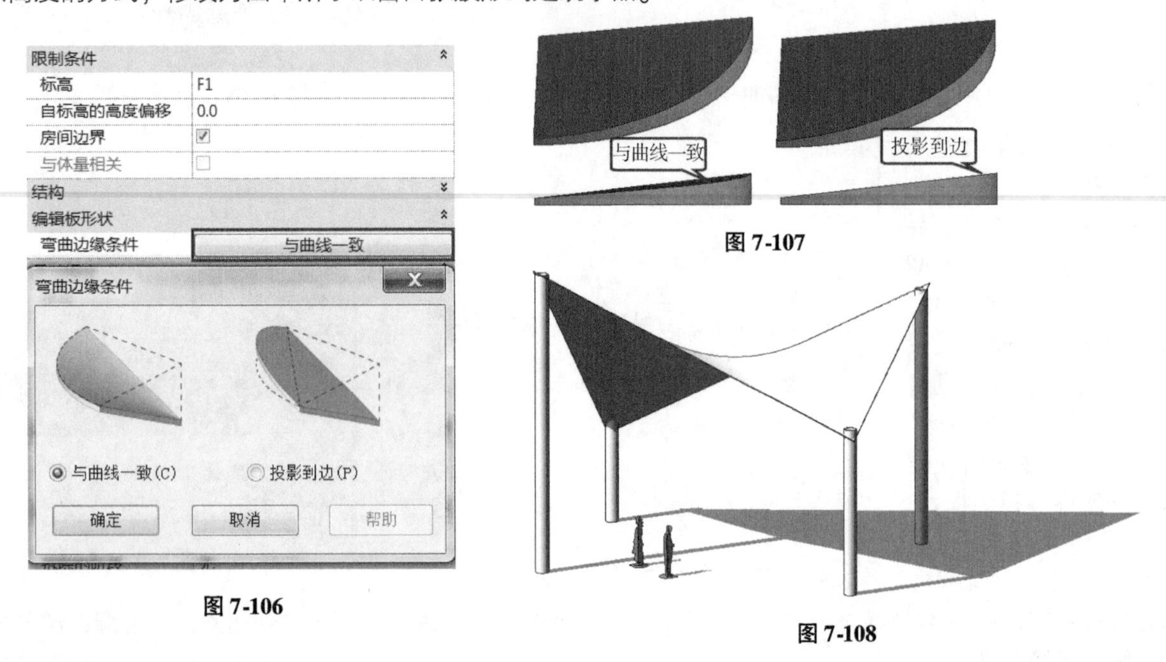

图 7-106

图 7-107

图 7-108

7.2.3 定义压型板

Revit 的楼板功能层中，还可以定义为金属压型板。如图 7-109 所示，在定义楼板类型属性时，可以将指定的结构层功能为“压型板［1］”。当设置结构功能为“压型板”时，可以在底部设置压型板轮廓族及族类型，并可以在“压型板用途”中设置为“与上层组合”或“独立压型板”。要使用“压型板”功能，必须在项目中载入可用的“压型板”轮廓族。在 Revit 自带的族库中“轮廓＼专项轮廓＼楼板金属压型板”目录下，提供了几个可用的压型板轮廓族。读者也可以载入随书文件“第 7 章＼RFA＼屋顶板_YX28-250-1000. rfa”族文件，进行压型板功能测试。

当设置为“与上层组合”时，Revit 会将与压型板功能层相邻的上一层构造层使用指定的压型板轮廓进行修剪，形成如图 7-110 所示编号为①的楼板截面。

如果在类型属性对话框中，将“压型板用途”设置为“独立压型板”，则 Revit 将生成新的压型板结构功能层。如图 7-110 中所示编号为②的压型板。

指定压型板后，仅在剖面视图中且视图详细程度为“精细”时，才可以显示压型板的断面形状，压型板形状无法在三维视图中显示。Revit 根据指定的压型板轮廓族沿板指定方向放样生成截面形状。

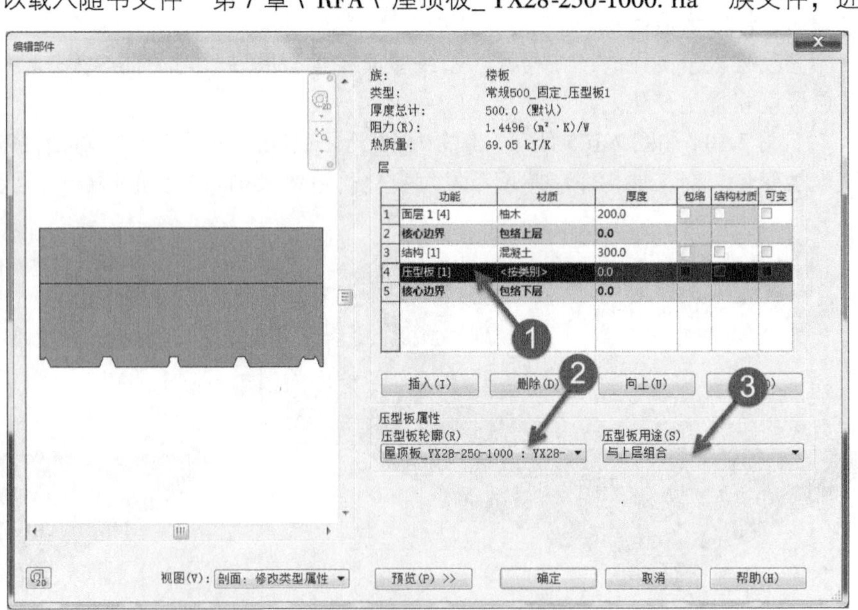

图 7-109

在绘制楼板轮廓草图时，可以指定压型板的生成方向。如图 7-111 所示，压型板的生成方向将以带有跨方向符号的楼板轮廓边界线为路径方向放样生成。

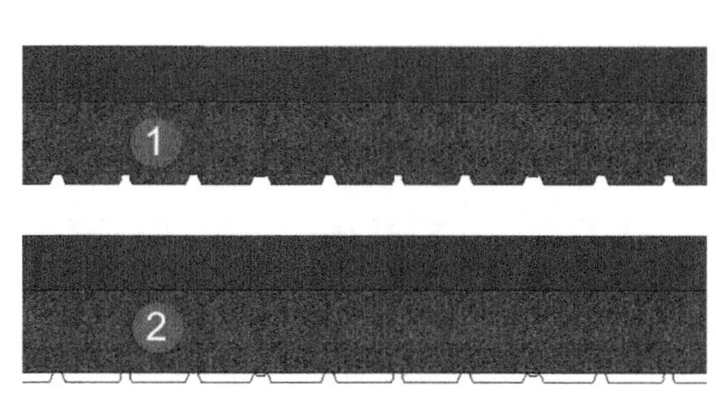

图 7-110

图 7-111

默认情况下，在绘制楼板边界轮廓时，绘制的第一条边界线将作为跨方向，并带有跨方向符号。在楼板边界编辑状态下，单击“绘制”面板中“跨方向”工具，再单击要作为跨方向的楼板边界即可指定任意轮廓线为压型板放样的路径方向，如图 7-112 所示。

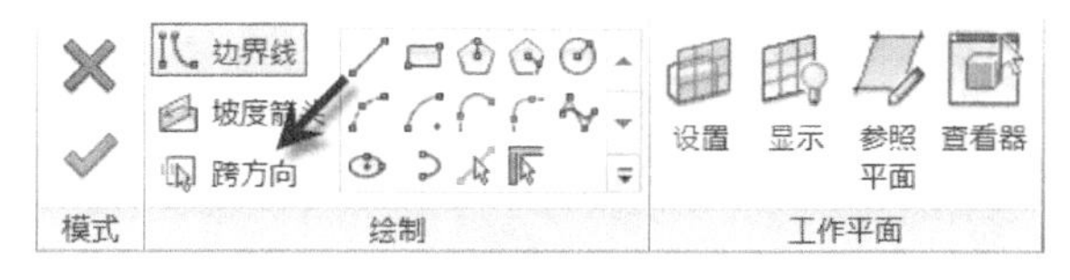

图 7-112

Revit 允许用户自定义任意形式的压型板轮廓族，使用“公制轮廓 . rft”轮廓族样板并修改该轮廓族的用途为“楼板金属压型板”即可，注意压型板轮廓族不可封闭。本书第 20 章将介绍该族相关内容。

7.3 创建屋顶

Revit 提供了迹线屋顶、拉伸屋顶和面屋顶三种创建屋顶的方式。其中迹线屋顶的创建方式与楼板的创建方法非常类似。不同的是，在迹线屋顶中可以灵活为屋顶定义多个坡度。下面将使用“迹线屋顶”的方式继续为综合楼项目添加屋顶。

7.3.1 添加屋顶

综合楼项目由于已在链接结构模型中创建了结构，因此只需要在建筑模型中创建屋顶建筑做法以及排水沟盖板两部分即可。屋顶建筑做法总厚度为 50mm，使用迹线屋顶工具创建生成，迹线屋顶的使用方法与楼板类似。注意对于绝大多数建筑模型，在不考虑结构链接模型的前提下，可以直接通过屋顶图元定义完整的屋顶厚度及做法。

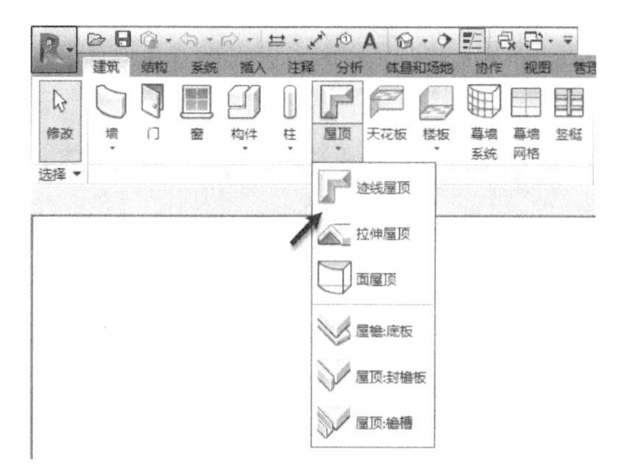

图 7-113

Step01 接前面练习，或打开“第 7 章 \ RVT \ 7.1.6. rvt”项目文件。切换至 RF 楼层平面视图。如图 7-113 所示，单击“建筑”选项卡“构建”面板中“屋顶”工具后黑色三角形弹出屋顶下拉选项列表，单击“迹线屋顶”工具，自动切换至“修改 | 创建屋顶迹线”上下文选项卡。该模式与上一节中“创建楼层边界”选项卡类似。

Step02 单击“属性”面板中“编辑类型”按钮，打开屋顶“类型属性”对话框。在“族”列表中选择“系统族：基本屋顶”。在“类型”列表中选择“灰浆_100”，重命名为“灰浆_50”。

Step03 单击“结构”参数后“编辑”工具，弹出“编辑部件”对话框，其内容与楼板“编辑部件”对话框类似。如图 7-114 所示，设置“结构 [1]”材质为“灰浆”，厚度为 50，并勾选“可变”选项。设置完成后单击“确定”按钮返回“类型属性”对话框。再次单击“确定”按钮，退出“类型属性”对话框。

层

	功能	材质	厚度	包络	可变
1	核心边界	包络上层	0.0		
2	结构 [1]	灰浆	50.0	☐	☑
3	核心边界	包络下层	0.0		

插入(I)　删除(D)　向上(U)　向下(O)

图 7-114

提 示

Revit 提供了两种屋顶："系统族：基本屋顶"和"系统族：玻璃斜窗"。

Step 04 设置"属性"面板中屋顶"底部标高"为 RF 标高，设置"自标高的底部偏移"值为 0，设置完成后，单击"应用"按钮应用该设置。

提 示

与楼板不同，在屋顶"属性"中设置的屋顶"底板标高"是指屋顶底面标高，而在楼板中"标高"指的是楼板顶面标高。

Step 05 确认"绘制"面板中绘制模式为"边界线"，绘制方式为"拾取线"；如图 7-115 所示，不勾选选项栏中"定义坡度"选项，确保"偏移量"为 1000.0，勾选"延伸到墙中（至核心层）"选项。

☐定义坡度 偏移量: 1000.0 ☐锁定

图 7-115

提 示

在迹线屋顶轮廓边界线编辑时，"偏移量"类似于创建楼板轮廓边界线时"偏移"值，它用于确定拾取墙时生成的边界线位置与所拾取墙位置的偏移值。

Step 06 如图 7-116 所示，依次拾取 1 轴线，A 轴线，在其内侧 1000 位置绘制生成屋顶轮廓边界；采用相同的方法，创建 6 轴左侧 1050 位置及 E 轴下侧 950 位置屋顶边界线。修改选项栏偏移量为 0，再次拾取 J 轴线及 11 轴线位置，在轴线位置生成边界线；配合使用拆分、修剪工具，确保屋顶边界线轮廓闭合。

提 示

屋顶边界线轮廓绘制要求与绘制楼板边界线一致，不允许线段重叠，或者有开放的环。

Step 07 配合 Ctrl 键依次单击选择 1、2、3、4 号边界，勾选选项栏"定义坡度"选项，Revit 将在轮廓线附近显示坡度⊿。确保上述轮廓边界处于选择状态，如图 7-117 所示，修改"属性"栏"坡度"值为 3.02%。

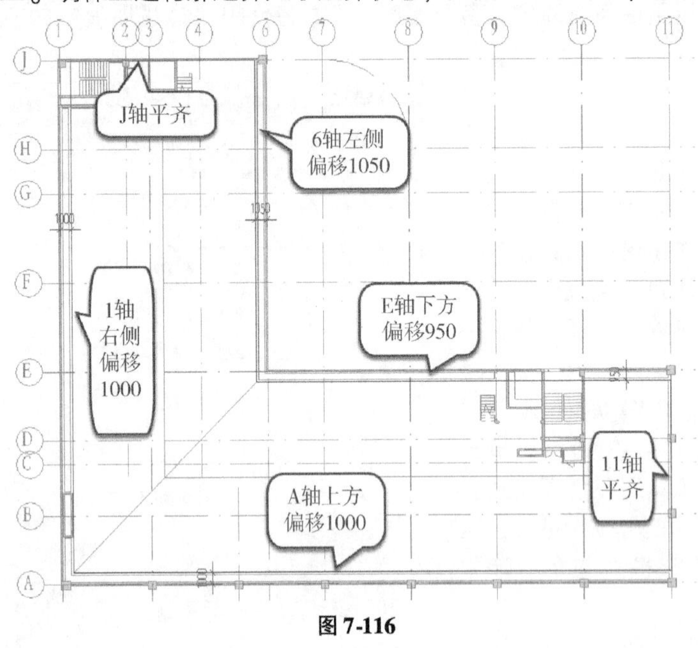

图 7-116

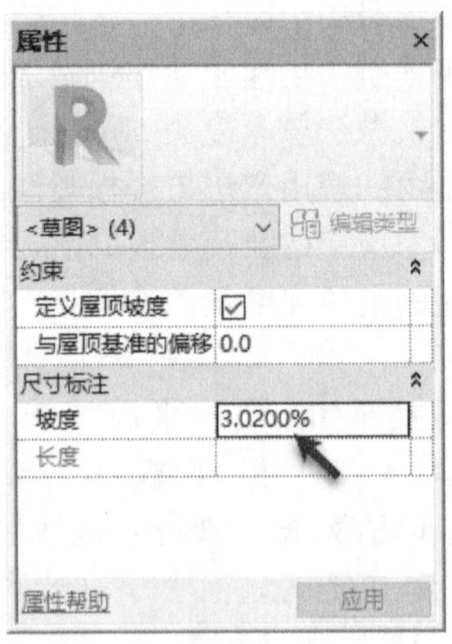

图 7-117

提 示

坡度单位取决于"项目单位"选项中定义的单位形式。

Step 08 单击"完成编辑模式"按钮，完成屋顶绘制。Revit 将根据边界轮廓线创建生成双坡屋顶，结果如图 7-118 所示。

Step 09 至此完成屋顶部楼板图元创建，保存该文件，或打开随书文件"第 7 章\RVT\7-3-1.rvt"项目文件查看最终结果。

屋顶坡度设计方法和编辑楼板边界坡度方法一致，都采用指定边界线标高从而调整板面坡度，接下来我们继续为屋面部分添加洞口。

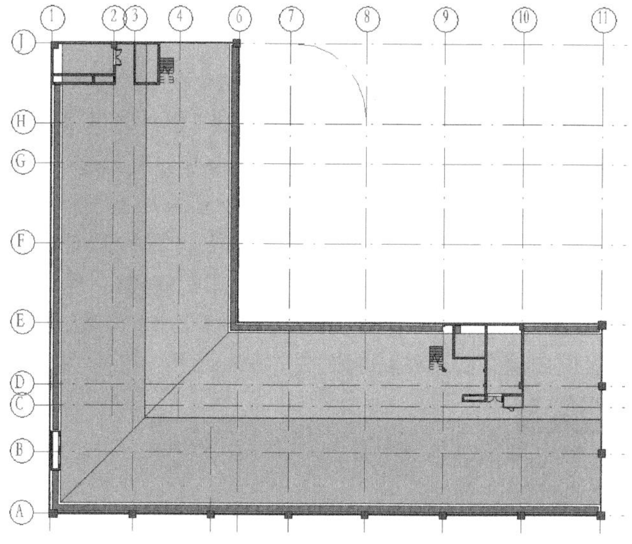

7.3.2 垂直洞口与天沟

上一节中利用迹线屋顶创建的屋顶建筑做法覆盖了项目的全部屋面。而在项目楼梯间、电梯井内均不含建筑屋面，需利用洞口功能切剪该部分屋顶模型。

屋顶天沟，结构模型中已设置结构构件，建筑模型中，和地下室部分楼板相似，利用楼板添加盖板即可。

图 7-118

Step01 接上节练习，单击“建筑”选项卡“洞口”面板中“垂直”洞口工具，单击选择绘制完成的屋顶，进入“修改 | 创建洞口”上下文选项。

Step02 如图 7-119 所示，使用“拾取线”工具，确认选项栏“偏移量”为 0；不勾选“半径”选项；依次沿 1 号楼梯间、2 号楼梯间墙体外边界，配合使用拆分、修剪工具修改洞口边界轮廓首尾相连。绘制完成后单击“完成编辑模式”完成洞口绘制。

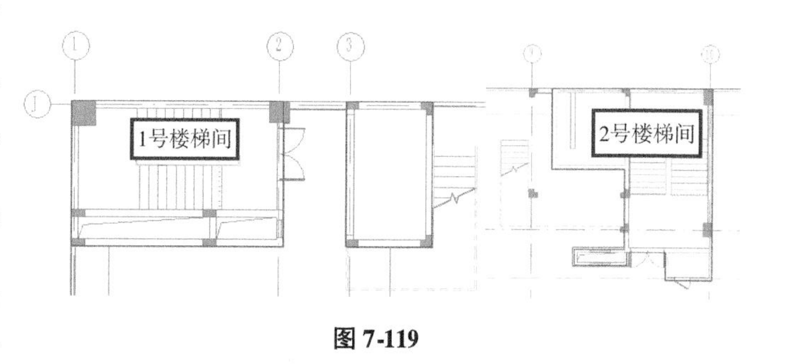

图 7-119

Step03 使用“楼板”工具，进入楼板轮廓草图编辑状态。选择楼板类型为“室内_盖板_蜂窝_30”，设置属性面板中“标高”为“RF”，修改“自标高的高度偏移”值为 30。如图 7-120 所示，使用“拾取线”工具沿屋顶边界及女儿墙内侧绘制楼板边界，拾取生成楼板轮廓线，配合使用拆分、修剪工具使边界首尾相连。

Step04 单击“完成编辑模式”完成天沟盖板楼板绘制。切换至“3DZ_RF”局部三维视图，查看完成的屋顶部分屋顶图元和楼板盖板图元，如图 7-121 所示。保存该文件，或打开随书文件“第 7 章 \ RVT \ 7-3-2. rvt”查看最终结果。

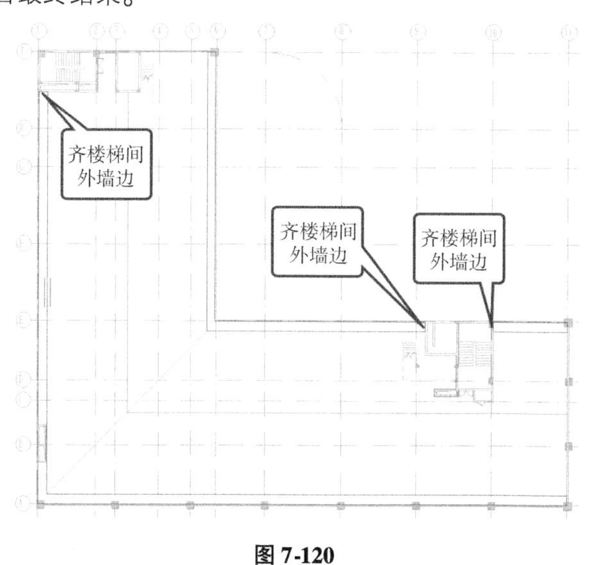

图 7-120

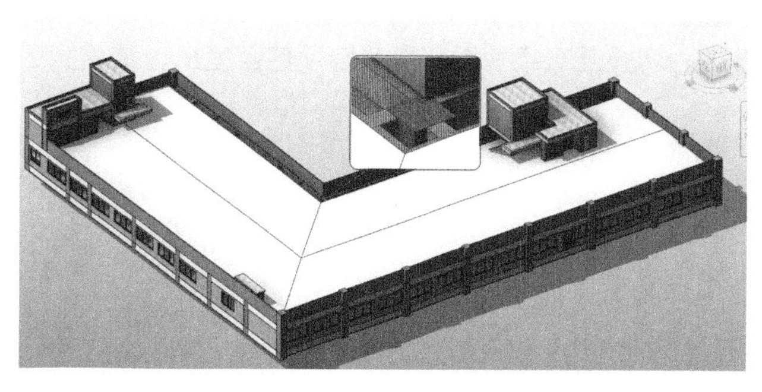

图 7-121

迹线屋顶的创建方式与楼板相似。但在创建迹线屋顶时，“属性”面板中设置的屋顶“标高”及“自标高的底部偏移”确定的高程位置定位于屋顶的“底面”标高。而在楼板“属性”面板中设置的“标高”及“自标高的高度偏移”定位于楼板的顶面标高。

7.3.3　坡屋顶和拉伸屋顶练习

迹线屋顶的使用方法与楼板非常类似。但在迹线屋顶中，允许通过为轮廓边界线定义坡度的形式，生成各种形状坡屋顶，通过下面的练习学习如何定义坡屋顶。

Step01 打开随书文件“第7章\rvt\屋顶生成练习.rvt”文件。该小别墅项目模型中，已经建立完成墙、楼板等模型构件，将使用屋顶工具为小别墅添加屋顶。

Step02 切换至“屋顶”楼层平面视图。使用“迹线屋顶”工具，选择边界线的绘制方式为“拾取墙”，勾选选项栏中“定义坡度”选项，设置悬挑值为600，勾选“延伸至墙中（至核心层）”选项。

Step03 沿外墙依次单击生成屋顶轮廓边界线，注意在生成的轮廓边界线处，Revit显示坡度符号⊿，按Esc键两次退出屋顶边界线绘制模式。

提示

移动鼠标至外墙位置，当外墙高亮显示时，按键盘TAB键，Revit将亮显所有首尾相接的外墙，单击可快速生成轮廓边界线。

Step04 依次选择图7-122所示轮廓边界线，去除选项栏中“定义坡度”复选框，去除选择轮廓边界线定义坡度选项。边界线坡度符号⊿消失，表示该边界线位置将不再定义坡度。

Step05 确认“属性”面板“类型选择器”中当前屋顶类型为“常规-125mm”，设置“底部标高”为“屋顶”，“自标高的底部偏移”值为0。确认尺寸标注参数分组中“坡度”设置为27°，如图7-123所示。单击“完成编辑模式”按钮完成屋顶。

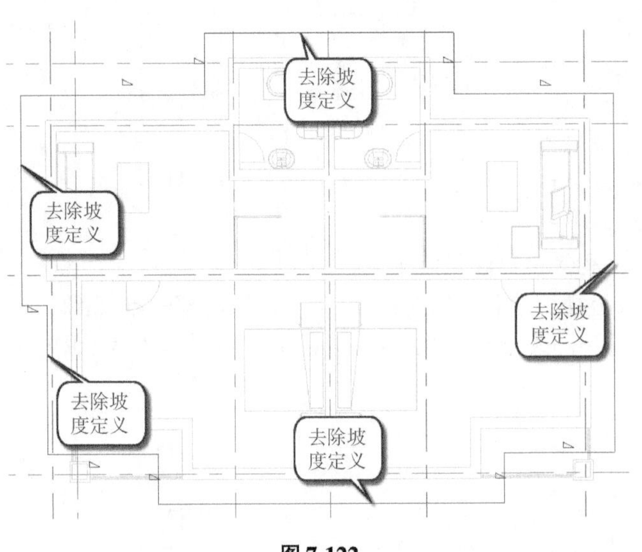

图7-122

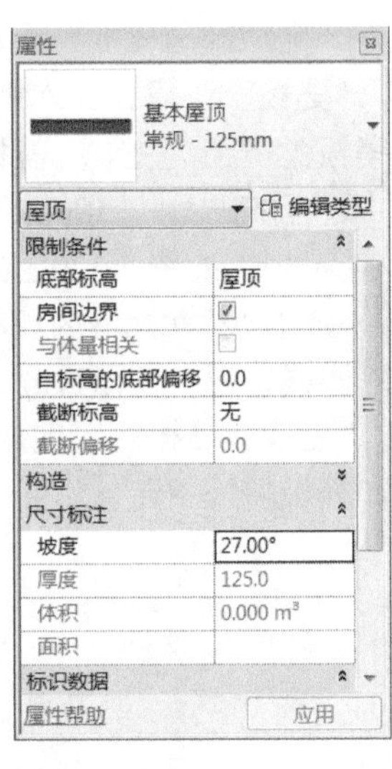

图7-123

Step06 因屋顶脊线高于屋顶楼层平面视图中设置的剖切高度，因此在屋顶楼层平面视图中无法显示完成的屋顶投影。切换至三维视图，附着墙顶部至屋顶，结果如图7-124所示。

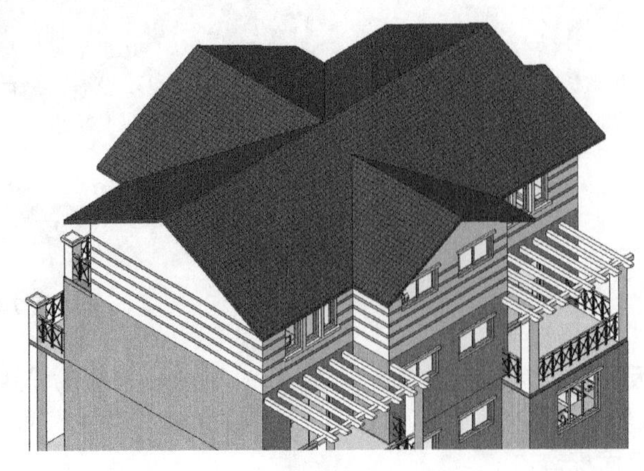

图7-124

提示

可以通过修改视图属性的方式修改楼层平面视图的剖切高度，详见本书第 14 章相关内容。

Step 07 在三维视图中选择屋顶，Revit 自动切换至“修改 | 屋顶”上下文关联选项卡。单击“编辑”面板中“编辑迹线”按钮，返回屋顶轮廓边界编辑状态。切换至屋顶楼层平面视图，单击 C 轴线上方 3 轴左侧垂直方向轮廓边界线，修改坡度值为 15°，修改完成后，单击“完成屋顶”按钮完成屋顶修改，该部位将生成不等坡屋顶，如图 7-125 所示。注意 Revit 会自动修改与屋顶连接的墙形状。

Step 08 选择屋顶单击“编辑迹线”按钮，进入屋顶轮廓边界编辑状态。继续编辑屋顶迹线，在屋顶楼层平面视图中，删除 C 轴线上方所有垂直方向及 5 轴线右侧水平轮廓边界线，使用修剪工具修剪其余边界线首尾相连，如图 7-126 所示。完成后单击“完成屋顶”按钮完成屋顶修改。

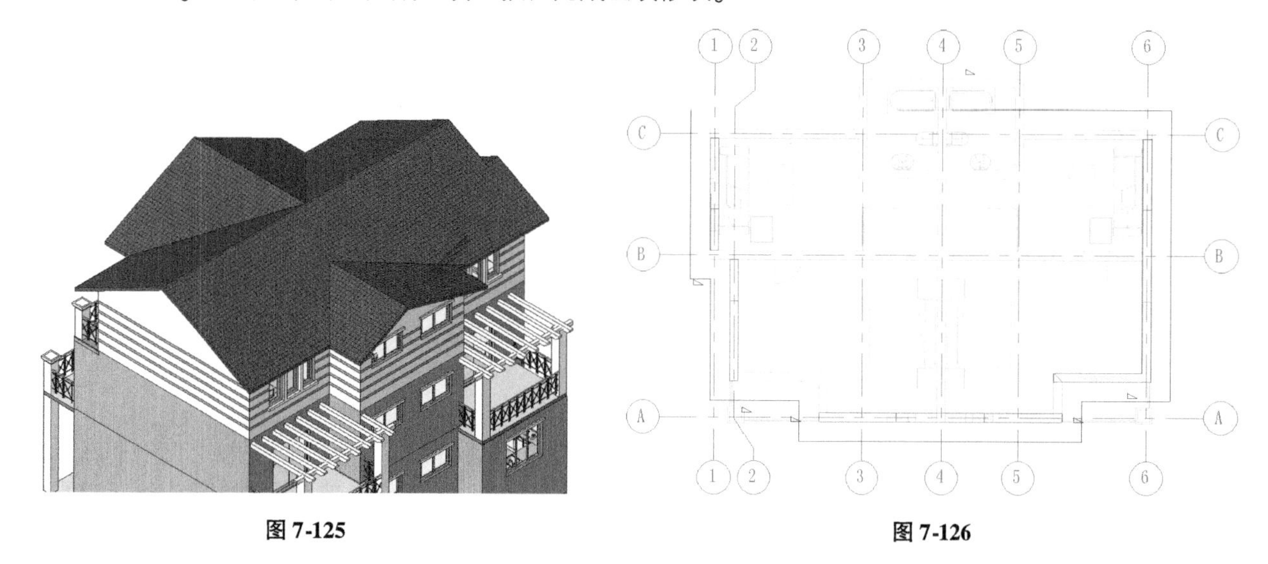

图 7-125　　图 7-126

Step 09 因部分屋顶被删除，D 轴线上墙无法再附着至屋顶，Revit 给出警告对话框，单击“分离目标”按钮分离墙与屋顶的附着。生成屋顶如图 7-127 所示。

Step 10 切换至屋顶楼层平面视图。使用“绘制参照平面”工具，如图 7-128 所示，在 3 轴线左侧 720 处沿垂直方向绘制平行于 3 轴线的参照平面；在 5 轴线右侧 720 处沿垂直方向绘制平行于 5 轴线的参照平面。

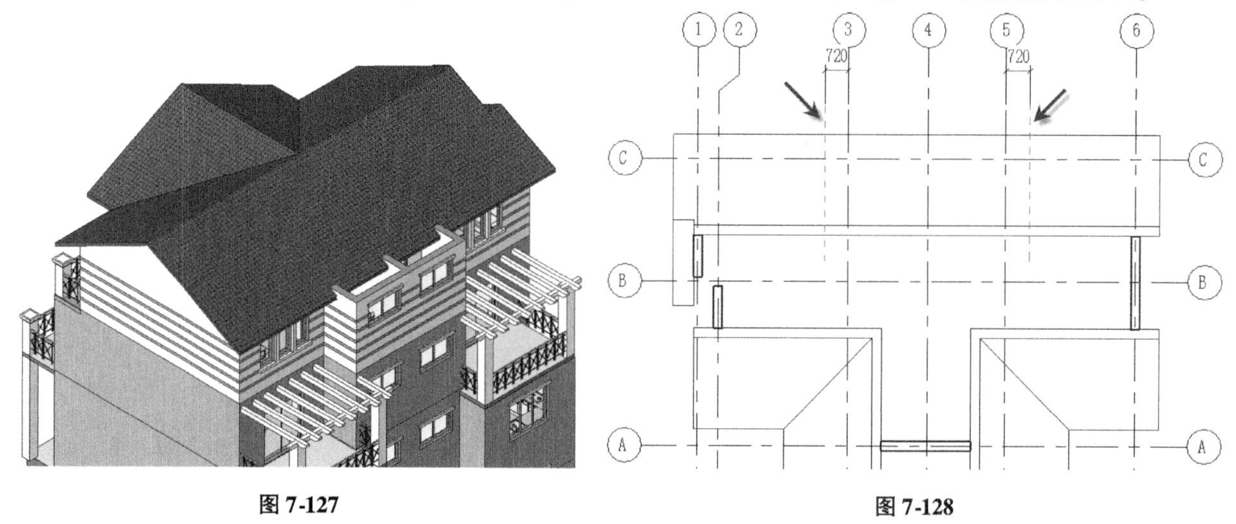

图 7-127　　图 7-128

Step 11 单击“屋顶”工具后黑色三角形，弹出屋顶下拉选项列表中选择“拉伸屋顶”。由于拉伸屋顶工具无法在标高平面中编辑，Revit 弹出“工作平面”对话框，如图 7-129 所示。将“指定新的工作平面”设置为“名称”，在下拉列表中选择“轴网：C”。

Step 12 因所选参照平面垂直于当前视图方向，弹出“转到视图”对话框，如图 7-130 所示。选择与轴网 C 平行的“立面：北立面”视图，单击“打开视图”按钮切换至北立面视图。

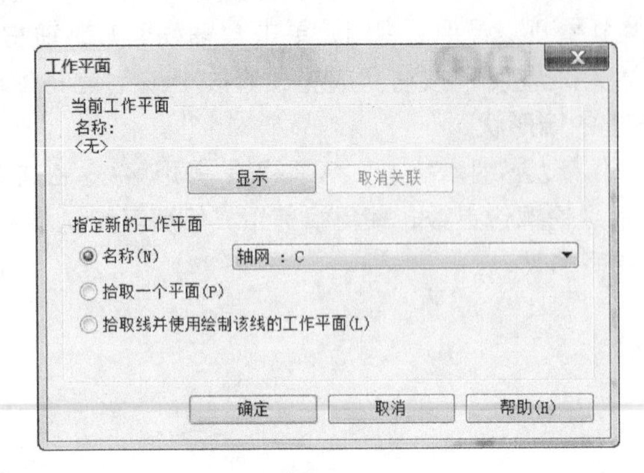

图 7-129

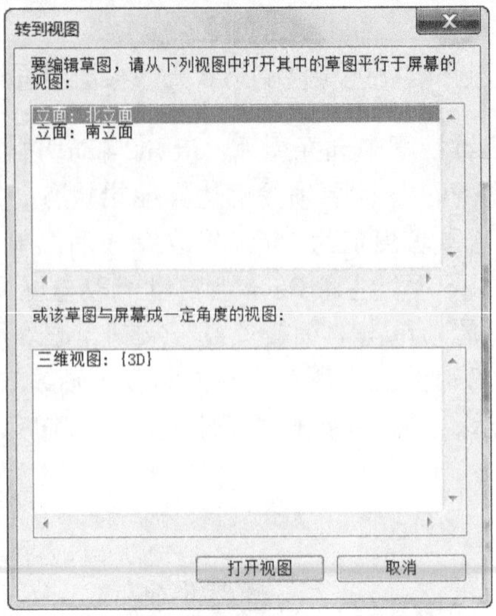

图 7-130

Step13 弹出“屋顶参照标高和偏移”对话框，如图 7-131 所示。设置标高为“屋顶”，偏移值为 0.0；单击“确定”按钮退出该对话框，进入“创建拉伸屋顶轮廓”模式。该模式与创建迹线屋顶边界线选项卡内容基本相同。

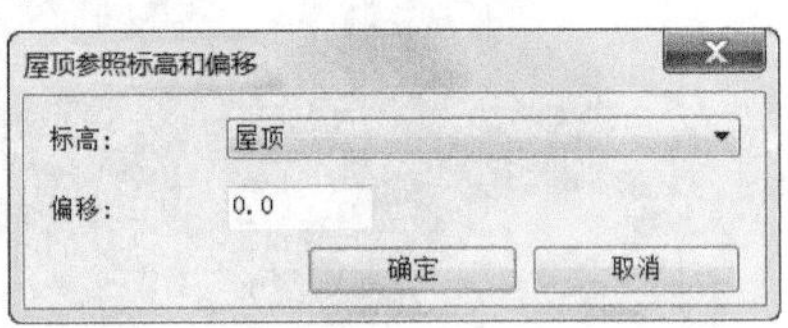

图 7-131

提 示

“屋顶参照标高和偏移”中的选项并不决定屋顶的实际所在标高和高度。该选项是 Revit 为管理屋顶属性设置的，例如当使用视图过滤器按条件过滤时，“标高”和“偏移”可以作为过滤的条件来进行过滤和选择。本书第 14 章中将详细介绍视图过滤器相关知识。

Step14 适当缩放视图至屋顶标高 3～5 轴线间位置。单击“绘制”面板中绘制方式为“起点-终点-半径”圆弧方式，鼠标指针变为。如图 7-132 所示，移动鼠标指针至 5 轴左侧参照平面与屋顶上边缘交点处，当捕捉至交点位置时单击作为圆弧起点；向右移动鼠标，当捕捉至 3 轴右侧参照平面与主屋顶上边缘交点时单击作为圆弧终点；稍向上移动鼠标，Revit 给出半径临时尺寸标注，输入 4200 作为圆弧半径。按 Esc 键两次退出圆弧绘制模式。

Step15 如图 7-133 所示，确认“属性”面板“类型选择器”中屋顶类型为“常规 - 125mm”；修改“拉伸终点”为 2200，其他参数如图中所示。

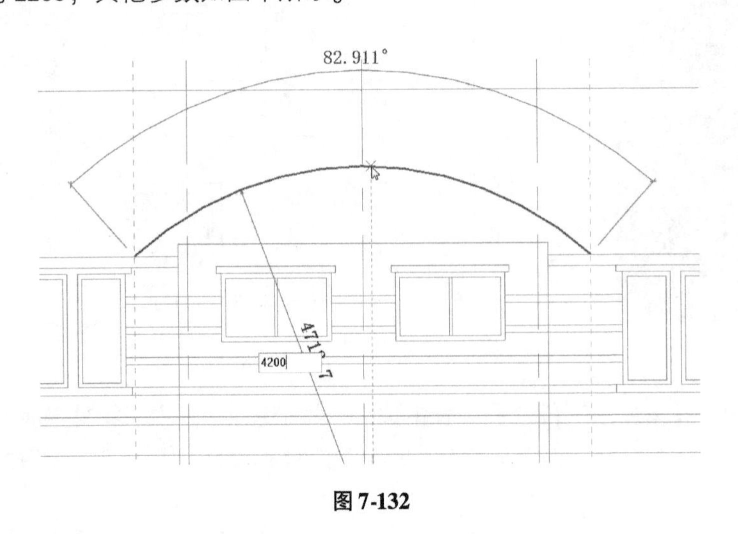

图 7-132

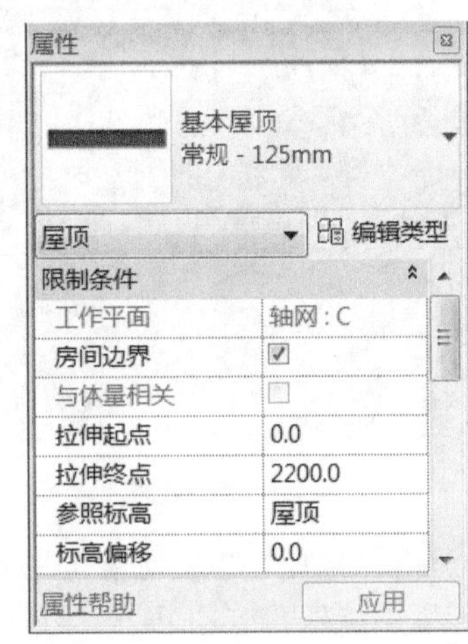

图 7-133

Step16 单击“完成编辑模式”按钮完成拉伸屋顶。Revit 按拉伸屋顶轮廓形状和指定的屋顶类型生成屋顶模型。切换至三维视图，附着圆屋顶下所有墙顶部至圆弧屋顶，结果如图 7-134 所示。

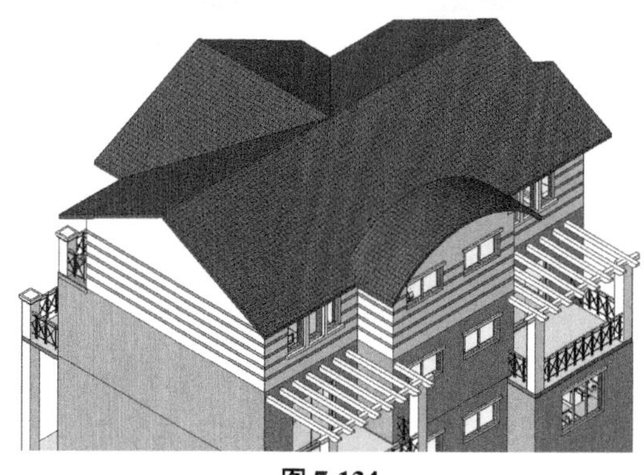

图 7-134

提 示

选择拉伸屋顶，单击“修改 | 屋顶”上下文选项卡“模式”面板中“编辑轮廓”工具，返回草图模式，编辑拉伸迹线。

Step 17 如图 7-135 所示，单击“修改”选项卡“编辑几何图形”面板中“连接/取消连接屋顶”工具。

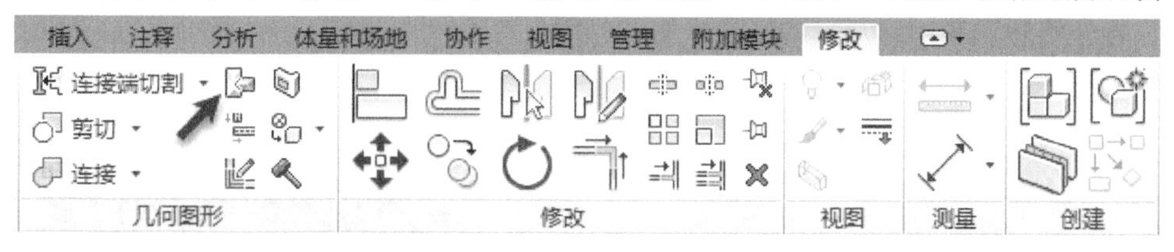

图 7-135

Step 18 如图 7-136 所示，单击圆弧屋顶边界，再单击主屋顶屋面。

Step 19 Revit 将连接弧形屋顶至主屋顶面，结果如图 7-137 所示。

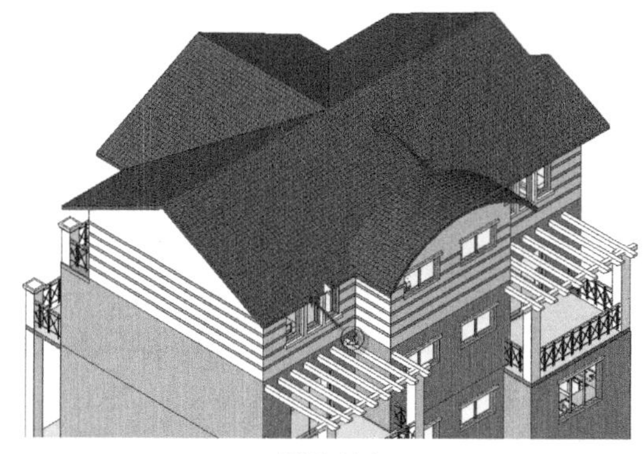

图 7-136

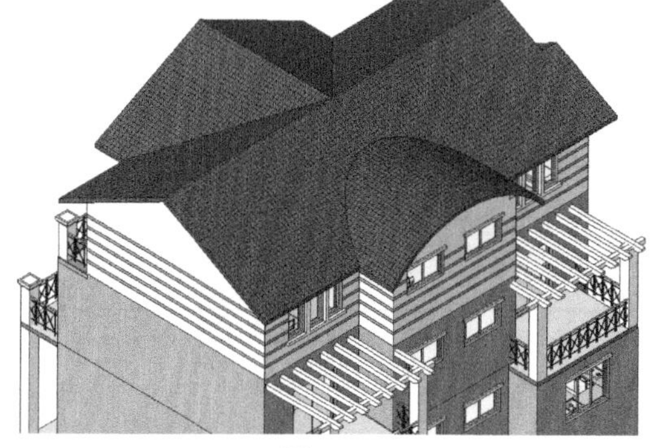

图 7-137

Step 20 选择圆弧屋顶，如图 7-138 所示，修改“属性”面板中构造参数分组中“椽截面”类型为“垂直双截面”，设置封檐带深度为 0。

Step 21 圆形屋顶檐口形式变为如图 7-139 所示。

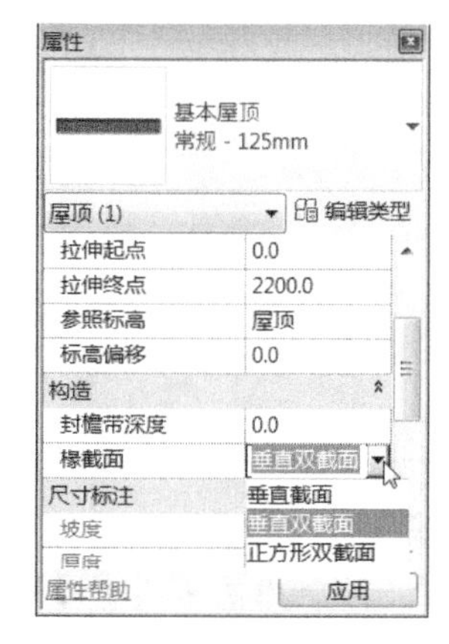

图 7-138

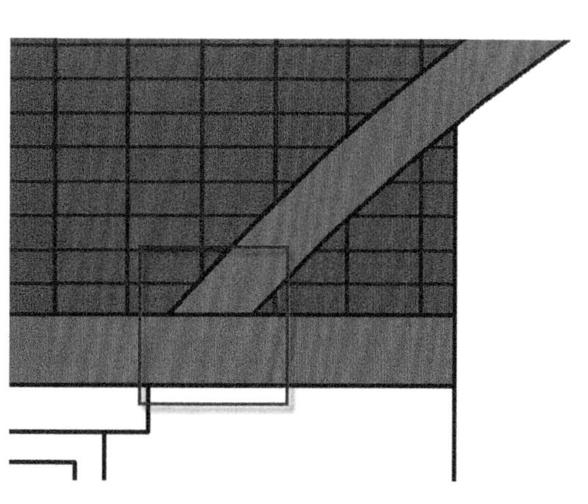

图 7-139

Step22 切换至默认三维视图，配合键盘 Ctrl 键，选择主屋顶和弧形屋顶。单击视图选项栏“隐藏隔离”按钮，选择“隔离图元”选项，在视图中隔离显示主屋顶与弧形屋顶。

Step23 如图 7-140 所示，单击“建筑”选项卡“洞口”面板中“老虎窗”工具，进入老虎窗生成选择状态。

Step24 单击主屋顶，作为生成老虎窗的主体屋顶图元。Revit 进入老虎窗“修改 | 编辑草图”状态。单击弧形屋顶边缘，Revit 将自动在主体屋顶位置生成老虎窗轮廓草图。结果如图 7-141 所示。

图 7-140　　图 7-141

Step25 再次拾取主体屋顶边缘，使用修剪工具对生成的洞口边缘进行修剪，形成首尾相接的轮廓草图，结果如图 7-142 所示。

Step26 单击“完成编辑模式”按钮，完成老虎窗。结果如图 7-143 所示。保存该文件，或参见光盘相同目录中“屋顶生成练习-完成 . rvt”文件查看屋顶最终结果。

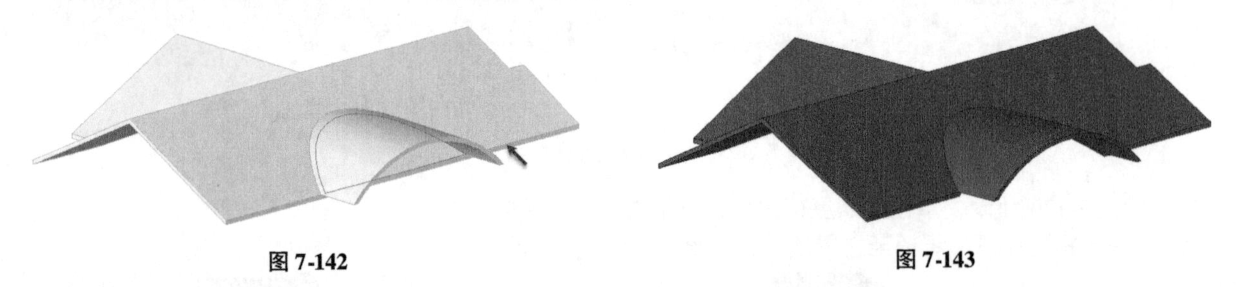

图 7-142　　图 7-143

使用迹线屋顶创建带坡度的屋顶后，选择屋顶，可以在三维或立面视图中修改屋顶脊线的高度，也可以使用对齐工具，将屋脊对齐至水平的参照平面位置，以改变屋顶的坡度。

Revit 提供了共 3 种形式椽截面形式。分别为：垂直截面、垂直双截面、正方形截面。这些类型分别和“封檐带深度”参数共同影响屋顶形式，见表 7-2。

表 7-2

椽截面形式	封椽带深度	椽截面形式	封檐带极限形式
垂直截面	不可用		不可用
垂直双截面	可用		
正方形截面	可用		

屋顶属于系统族。Revit 共提供了两种族：基本屋顶和玻璃斜窗。基本屋顶的定义方式与本书前述中介绍的基本墙、楼板完全一致。而玻璃斜窗则可以视为幕墙。与幕墙不同的是，玻璃斜窗可以不必像幕墙那样垂直于标高平面。

如图 7-144 所示，在定义坡屋顶时，在定义迹线屋顶坡度时，配合使用迹线“定义坡度”及坡度箭头，可以生成复杂的屋顶。要定义此类型屋顶，可以参考以下操作步骤。

图 7-144

Step01 打开随书文件“第 7 章\ 复杂坡屋顶 . rvt”文件。切换至 F2 楼层平面视图，在该项目中，绘制了定位轴网及参照平面用于定位。

Step02 使用“迹线屋顶”工具，进入屋顶“创建屋顶迹线”上下文选项卡。设置迹线绘制方式为“矩形”，确认勾选选项栏“定义坡度”选项，设置“偏移”值为 0。依次拾取 1 轴线与 B 轴线交点、3 轴线与 A 轴线交点作为矩形对角点绘制矩形屋顶迹线。绘制完成后按 Esc 键两次退出绘制模式。

Step03 如图 7-145 所示，使用拆分图元工具，确认不勾选选项栏“删除内部线段”选项。依次捕捉 A 轴线与 2 轴线左右两侧参照平面交点单击，将迹线拆分为三段首尾相连的迹线。

Step04 单击选择拆分后中间段迹线边界，去除选项栏“定义坡度”选项，不定义该迹线的坡度。

Step05 单击“绘制”面板中“坡度箭头”工具，切换至“坡度箭头”绘制模式。选择绘制方式为“直线”，如图 7-146 所示，单击 A 轴线迹线拆分后 A 点作为箭头起点，捕捉至 2 轴线位置即 AB 段中点单击作为箭头终点绘制坡度箭头。再次使用坡度箭头工具，使用相同方式绘制从 B 点至 AB 段中点箭头。

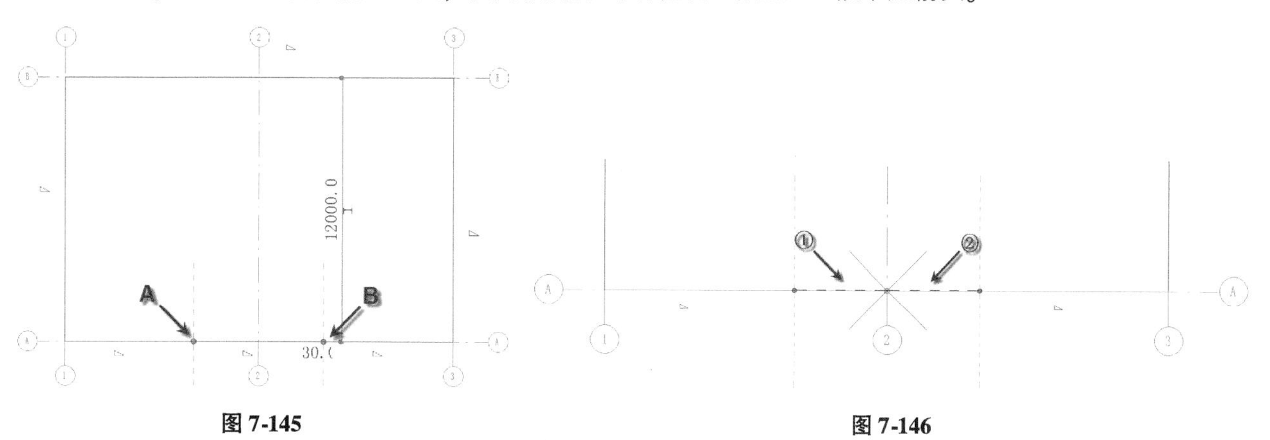

图 7-145　　　　图 7-146

提 示

两箭头相交于 AB 段中点位置。

Step06 配合 Ctrl 键选择上一步骤中绘制的两个坡度箭头，按图 7-147 所示参数，修改坡度箭线“头高度偏移”值为 1800，其他参数默认。单击“应用”按钮应用该设置。

Step07 按 Esc 键取消当前选择。确认“属性”面板中当前屋顶类型为“基本屋顶：混凝土 120mm”；修改“坡度”值为 30°，其他参数默认。单击“完成编辑模式”按钮完成屋顶编辑。切换至三维视图观察生成的屋顶形式。

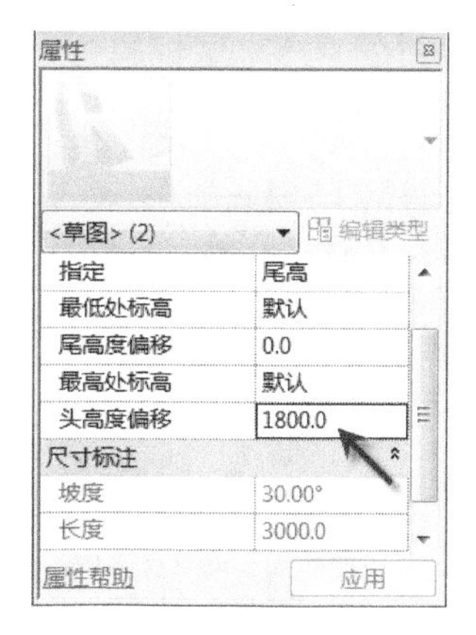

图 7-147

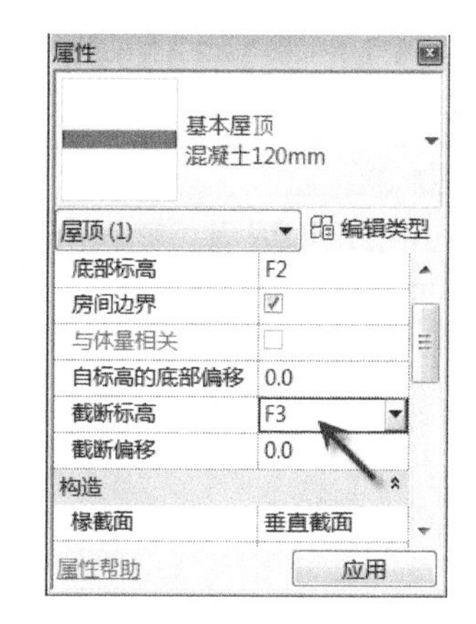

图 7-148

Step08 选择上一步中生成的屋顶（图 7-148）。修改“属性”面板中“截断标高”参数为“F3”，“截断偏移”值为 0。单击“应用”按钮应用该设置。

Step09 Revit 将在 F3 标高位置截断屋顶，结果如图 7-149 所示。

Step10 进入 F2 楼层平面视图。选择屋顶，单击“编辑迹线”按钮，返回屋顶迹线编辑模式。选择 B 轴线迹线，如图 7-150 所示，修改“属性”面板“与屋顶基准的偏移”值为 -3000，即修改该迹线位于 F1 标高位置。

完成后单击“完成编辑模式”按钮完成屋顶编辑。

Step 11 切换至三维视图，注意此时屋顶修改为如图 7-151 所示结果。

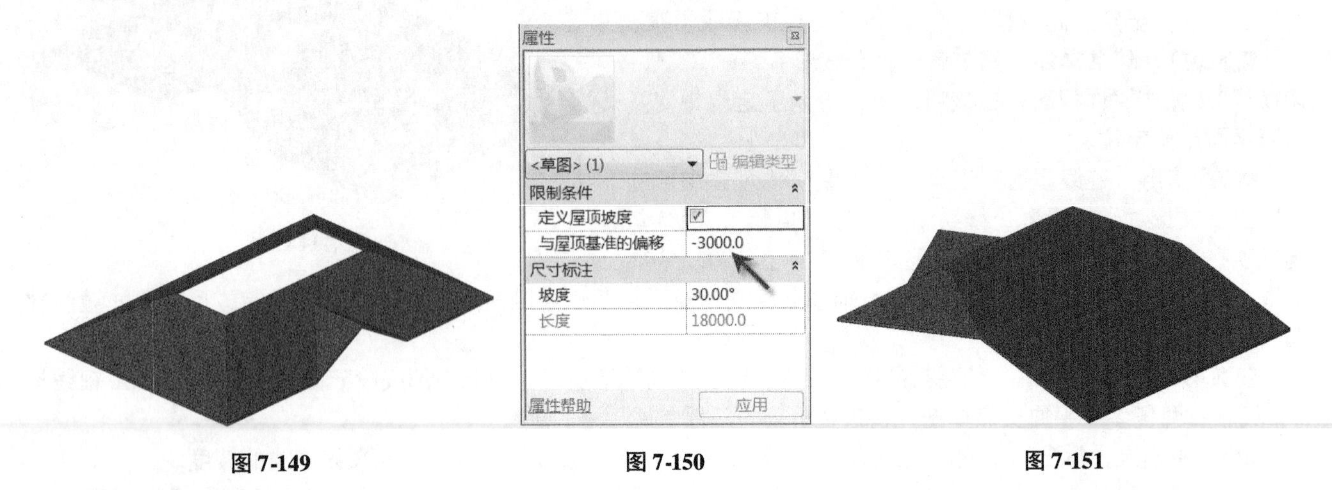

图 7-149　　图 7-150　　图 7-151

提 示

由于修改了屋顶屋檐高度，屋顶脊线高度将重新调整。当脊线低于“截断标高”的高程时，截断标高将不再起作用。

Step 12 切换至 F2 楼层平面视图，选择屋顶返回迹线编辑模式。单击“工具”选项板“对齐屋檐”工具，确认对齐方式为“调整高度”选项，如图 7-152 所示。

Step 13 Revit 将显示屋顶各边界迹线的屋檐高度。如图 7-153 所示，单击 B 轴线迹线，依次单击 A 轴线左右两段起坡位置迹线，该迹线高程修改为 –3000。完成后按 Esc 键两次退出对齐屋檐模式。

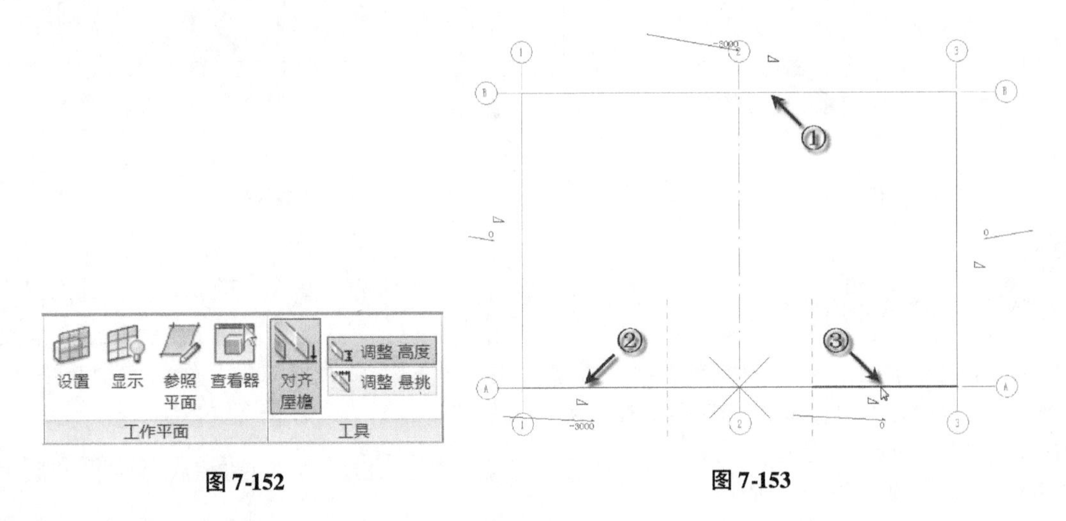

图 7-152　　图 7-153

提 示

Revit 将提取第一次单击的迹线高程特性并应用于后面拾取的迹线。

Step 14 单击“完成编辑模式”按钮，完成屋顶编辑。切换至三维视图，完成后屋顶如图 7-154 所示。

图 7-154

Step15 关闭该文件，当询问是否保存对项目的修改时，选择否。至此，完成复杂屋顶生成练习。

由于玻璃斜窗的定义方式与幕墙完全一致，读者可参考本书第6章相关内容进行设置，在此不再赘述。

7.4 天花板

使用“天花板”工具，可以快速创建室内天花板。在Revit中创建天花板的过程与楼板、屋顶的绘制过程类似。但Revit为“天花板”工具提供了更为智能的自动查找房间边界的功能。下面将为综合楼项目室内添加天花板，学习该构件的用法。

本项目模型中，天花板只布置在公共走道位置，其中F1、F2层天花板高度为3200，F3～RF层天花板高度为2200。天花板绘制流程和楼板及屋顶基本一致，首先绘制首层天花板，然后复制创建其余楼层天花板。

Step01 接7.3.2节练习，或打开随书文件“练习文件\第7章\rvt\7-3-2.rvt”练习文件，切换至F1楼层平面视图。单击”建筑”选项卡“构建”面板中“天花板”工具，进入“修改|放置天花板”编辑模式。切换至“放置天花板”上下文选项卡。

Step02 在“属性”面板中单击“编辑类型”按钮，打开“类型属性”对话框，选择天花板族类型为“系统族：复合天花板”，复制新建名称为“走道_100”新天花板类型。

Step03 单击“结构”参数后“编辑”按钮，弹出“编辑部件”对话框。参照图7-155所示尺寸值，设置天花板结构。修改第2层“结构[1]”材质为“tianhua_xuehuadian”，厚度为100。单击确认完成天花类型设置。

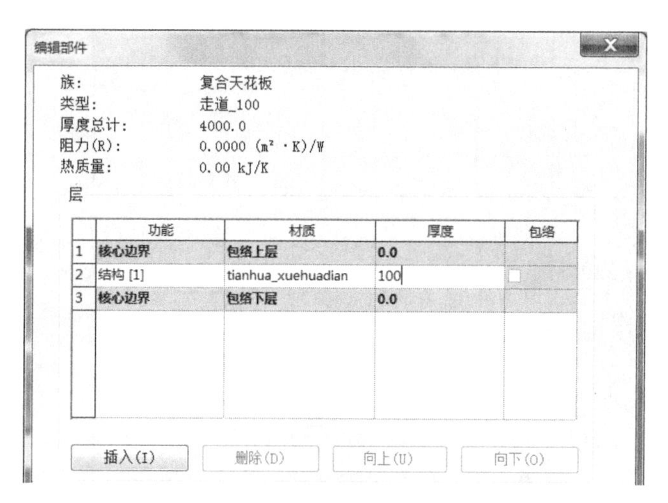

图7-155

Step04 如图7-156所示，单击“天花板”面板中天花板创建方式为“绘制天花板”，进入天花板轮廓草图编辑模式。

Step05 如图7-157所示，参考F1走道楼板完全一致的绘制方法，使用“拾取墙”的方式沿走道墙内表面拾取生成天花板轮廓；配合使用拆分、修剪工具确保天花板轮廓首尾相连；设置“属性”面板中天花板“自标高的高度偏移”为3200，单击“完成编辑模式”完成F1天花板绘制。

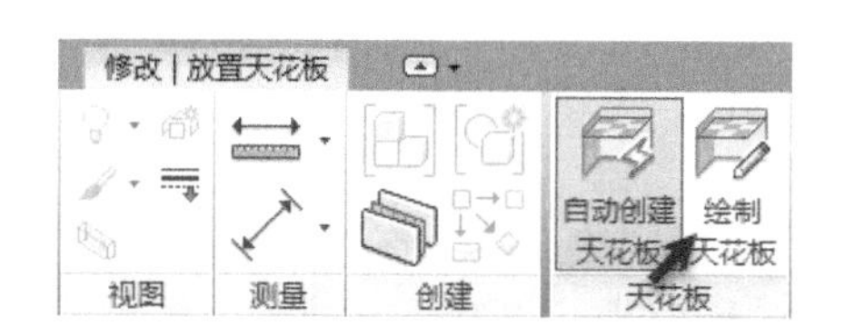

图7-156

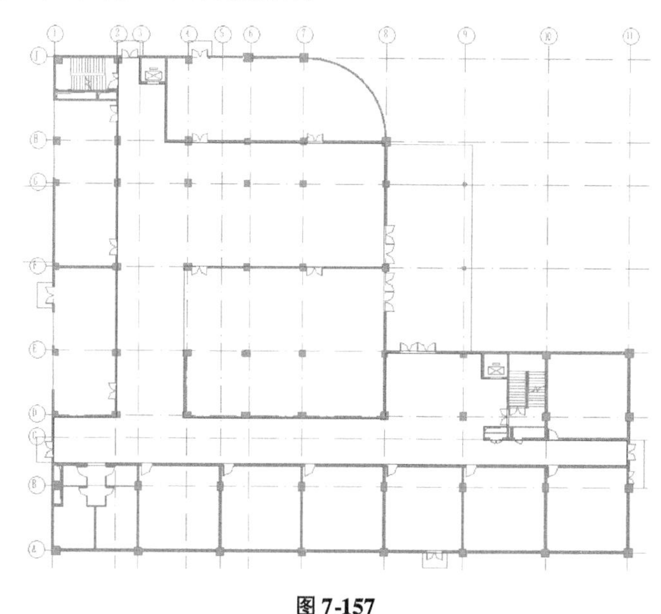

图7-157

提示

天花板定位方法与楼板不同，天花板以底面作为定位位置。

Step06 使用相同的方式，绘制完成F2、F3标高天花板边界，如图7-158所示。分别设置F2标高“自标高的高度偏移”高度为3200，F3标高“自标高的高度偏移”高度为2200。

Step07 切换至默认三维视图，适当调整剖面框大小，使天花板处于剖切可见状态，如图7-159所示。

Step08 在视图中选择F3天花板，配合使用“复制到剪贴板”及“对齐、粘贴到指定标高”工具，复制天花板至指定的F4，F10层标高，如图7-160所示。

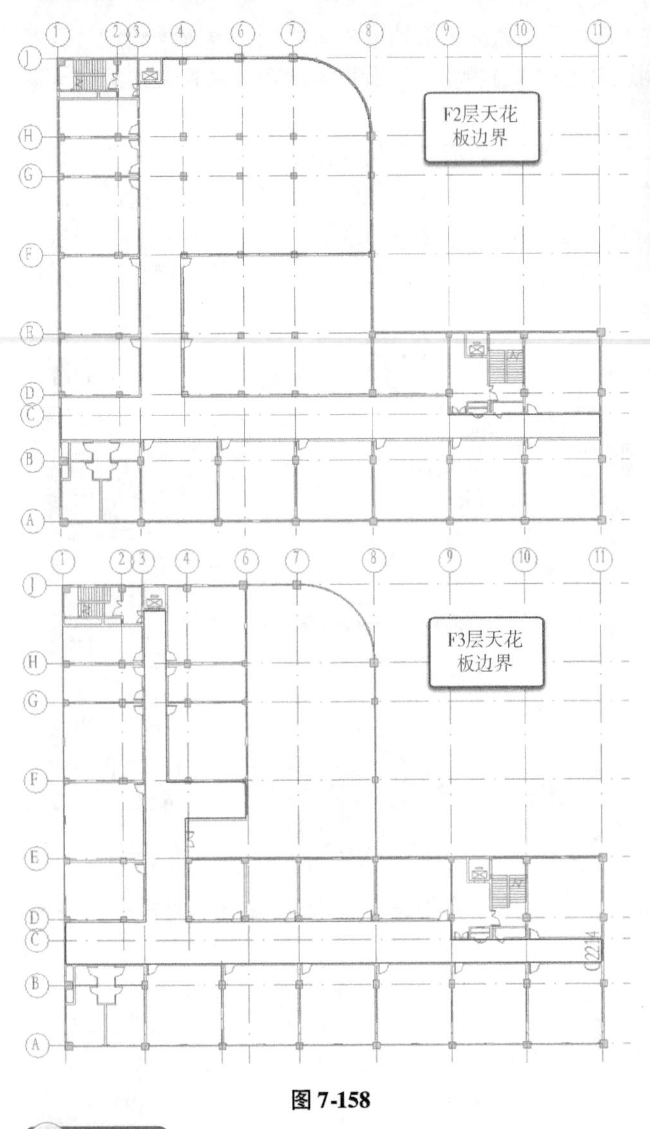

图7-158

图7-159

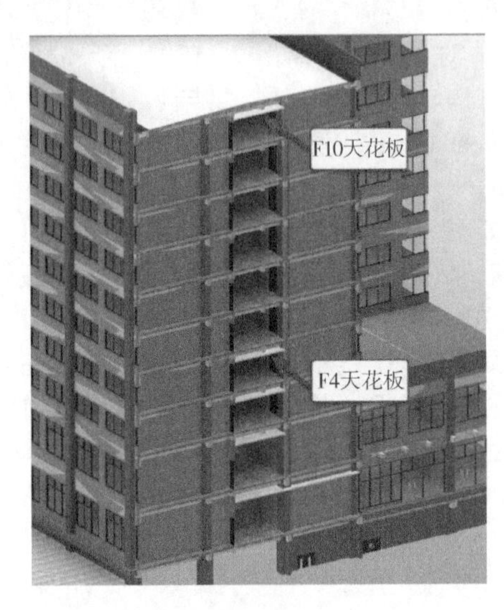

图7-160

提 示

Revit还提供了专用的天花板视图用于显示各标高的天花板图元。

Step09 单击F4层位置任意墙体选择“F4～F10标准层”模型组。单击“成组”面板中的“编辑组”按钮，自动弹出“编辑组”面板；在面板中单击“添加”按钮，选择天花板图元并单击“编辑组”面板中“完成”命令，向组中添加天花板图元，完成组成员修改。Revit将自动将天花板图元更新至F4～F10标准层中，如图7-161所示。

Step10 至此完成全部天花板图元创建，切换至局部三维视图“3DZ_F4”，查看结果如图7-162所示。保存项目文件，或打开随书文件“第7章\RVT\7.4.rvt”查看最终结果。

在Revit中使用天花板工具时，Revit还提供了“自动创建天花板”选项。该工具允许用户通过拾取闭合的房间自动沿房间边界生成天花板。使用“自动创建天花板”方式创建的天花板，仍然可以通过选择该天花板，通过单击“编辑边界”工具进入天花板边界编辑模式，继续修改天花板边界线得到正确的天花板轮廓。在编辑天花板边界轮廓时，可以配合使用坡度箭头工具，创建带有坡度的天花板。关于坡度箭头的使用，与楼板中坡度箭头的使用方式完全一致，在此不再赘述。

图 7-161

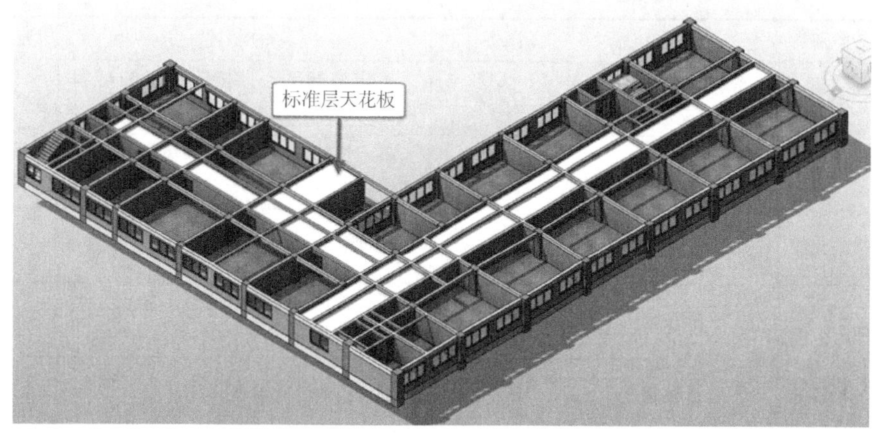

图 7-162

Revit 为天花板提供了“基本天花板”和“复合天花板”两种族。请读者自行查看天花板类型属性对话框，查看其区别，在此不再赘述。

Revit 提供了天花板视图，用于查看天花板，在综合楼项目中，默认并未提供该视图。新建天花板视图的方式与新建“楼层平面”视图相似，详见本书第 14 章相关内容。

7.5 绘制方式和捕捉设置

在 Revit 中创建墙、楼板轮廓边界线、屋顶迹线轮廓边界线、拉伸屋顶轮廓线、天花板边界线以及后面章节中介绍的楼梯、扶手、二维符号线等操作时，都需要使用绘制模式。在 Revit 中提供了如直线、矩形、圆弧等共计 14 种绘制方式。在不同的功能下，绘制的方式基本相同。在使用各绘制方式时，在选项栏均有“链”“偏移量”和“半径”几个选项。其中偏移量是指距离绘制点的偏移距离，“链”是指在绘制时是否允许连续绘制。“半径”选项在不同的绘制模式下有不同的作用。

表 7-3 中，列举了 Revit 提供的各种绘制方式及实际操作方式。

表 7-3

类别	名称	图标	功能描述	链	偏移量	选“半径”作用
直线	直线		在两点间绘制直线	√	√	连续绘制时，在线段连接处以相切圆弧连接
多边形	矩形		通过确定对角线方式绘制矩形	×	√	在矩形转角处以相切圆弧连接
	外内接多边形		在选项栏中确定边数，单击圆心位置和外接圆半径，绘制多边形	×	√	指定外接圆半径
	内接多边形		在选项栏中确定边数，单击圆心位置和内切圆半径绘制内接多边形	×	√	指定内切圆半径
圆	圆		确定圆心位置和半径绘制圆	×	√	指定轴圆半径
弧	起点-终点-半径弧		确定起点、终点和半径绘制圆	√	√	指定弧半径
	中心-端点弧		确定圆弧中点、半径，圆弧起点和终点绘制圆弧	×	√	指定弧半径
	切线端点弧		捕捉开放图元端点、绘制方向和半径与所选图元相切绘制圆弧	√	×	指定弧半径
	圆角弧		拾取两已有图元，绘制与已有图元相切圆弧，并修剪已有图元	×	×	指定圆角弧半径

（续）

类别	名称	图标	功能描述	链	偏移量	选“半径”作用
椭圆	椭圆		确定椭圆圆心、长轴和短轴绘制椭圆	×	×	×
	半椭圆		确定长轴起点、终点和短轴半径方式绘制半椭圆	√	×	×
样条曲线	样条曲线		通过多个控制点绘制样条曲线	×	×	×
拾取	拾取线		通过拾取已有参照平面、轴网、线等对象创建图元。	×	√	×
	拾取墙		通过拾取已有墙创建图元	×	√	×
	拾取面		将体量面转换为建筑模型构件	×	×	×

以上各绘制模式并非在绘制所有对象时都可以使用。例如，在绘制墙时无法绘制“样条曲线”形式的墙对象，在绘制楼板轮廓边界线时，无法使用“拾取面”的方式。

不论使用上述任何方式绘制，Revit 都会为绘制的图元添加参数约束。除上一章中介绍的长度约束和等分约束外，在绘制时还将自动为绘制图元添加其他几何约束，最常见的约束是“对齐”约束。例如在使用拾取墙方式创建的楼板轮廓边界线，当修改移动墙位置时会自动修改楼板的轮廓边界线保持与墙同时修改。还可以使用“对齐”编辑工具，手动为图元添加对齐约束。

在绘制时，Revit 可以按项目中设置的捕捉增量捕捉对象的长度和角度。单击“管理”选项卡“设置”面板中“捕捉”工具，打开“捕捉”对话框，如图 7-163 所示。

在绘制过程中任何时候按 TAB 键，Revit 都会捕捉最接近于所设置的长度和角度增量整数倍的值。如果要在水平或垂直方向绘制，可以在绘制时单击起点之后，按住键盘 Shift 键，进入正交绘制方式。

在“捕捉”对话框中，还可以控制使用“对象捕捉”的方式。例如捕捉对象的交点、（圆或圆弧）中心等。利用捕捉工具可以大大提高绘制的准确性。可以使用“捕捉替换”功能仅捕捉指定的捕捉位置。在绘制时直接通过键盘输入对象捕捉快捷键可以启用本次捕捉的“捕捉替换”。例如，既使在“捕捉”对话框中打开所有“对象捕捉”，在绘制图元时直接通过键入“SM”（不包括双引号，不需要加空格或回车），Revit 本次仅捕捉图元的中点而忽略其他对象捕捉行为。在绘制状态下单击鼠标右键，弹出如图 7-164 所示，右键菜单中选择“捕捉替换”，并在列表中选择替换的捕捉方式也可以指定当前绘制捕捉使用的捕捉方式。

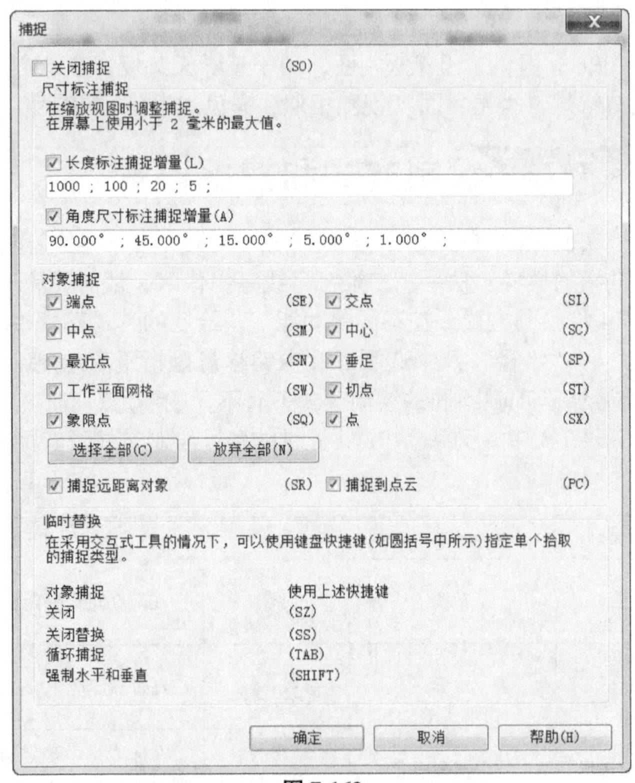

图 7-163

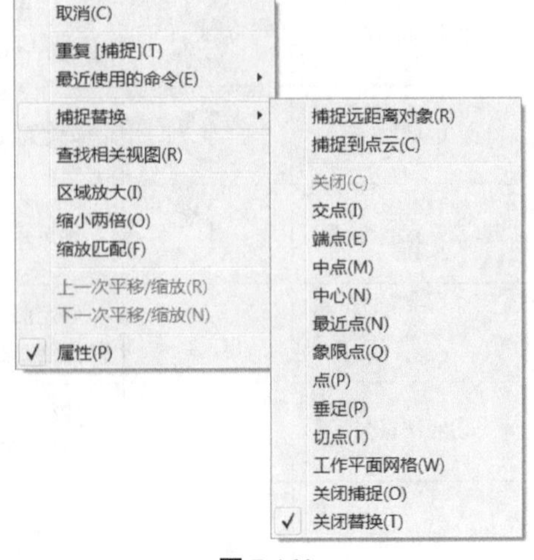

图 7-164

7.6 本章小结

本章中学习了 Revit 中楼板、屋顶、天花板等建筑构件的用法，并完成综合楼板项目中室内外楼板、屋顶和天花板。楼板、迹线屋顶、天花板的创建和编辑方式基本相同，例如，均可以使用坡度箭头工具生成带坡度的图元。对于屋顶，则可以通过指定轮廓边界线坡度生成复杂坡屋顶。使用拉伸屋顶，可以生成任意形状的屋顶模型。

本章中详细介绍了 Revit 中各种图元绘制的方法。这些方法不仅适用于墙、楼板轮廓边界线等绘制操作，还适用于 Revit 中所有类型的图元绘制操作。并介绍在绘制时如何利用对象捕捉提高绘图的精确性和效率。下一章中将继续为综合楼模型添加扶手、楼梯等模型图元。

第8章 楼梯、坡道、洞口与扶手

在 Revit 中提供了扶手、楼梯、坡道等工具，通过定义不同的扶手、楼梯的类型，可以在项目中生成各种不同形式的扶手、楼梯构件。

Revit 还提供了洞口工具，可以剪切楼板、天花板、屋顶等图元对象，生成垂直于面或垂直于标高的洞口。本章中将介绍这些图元的使用方式。

8.1 创建综合楼楼梯

使用楼梯工具，可以在项目中添加各种样式的楼梯。在 Revit 中，楼梯由楼梯和扶手两部分构成。在绘制楼梯时，可以沿楼梯自动放置指定类型的扶手。与其他构件类似，在使用楼梯前应定义好楼梯类型属性中各种楼梯参数。下面，继续为综合楼项目办公楼添加楼梯。办公楼由 1 号楼梯与 2 号楼梯组成。首先创建 1 轴线位置 1 号楼梯。

注意，由于在本项目中已经在链接的结构模型中绘制了楼板的结构部分，因此在绘制综合楼建筑模型时仅考虑绘制楼板的“建筑面层”部分。通过定义楼梯的“类型属性”参数，可以定义楼梯的生成方式。

8.1.1 按构件绘制楼梯

本项目中，B1 ~ F1 层梯段踏板深度为 270。为满足踏板深度要求，在 Revit 中，要创建一种楼梯类型，满足设计要求，Revit 软件中，一般设置“楼梯最小踏板深度”参数和“实际踏步深度”参数数值一致。

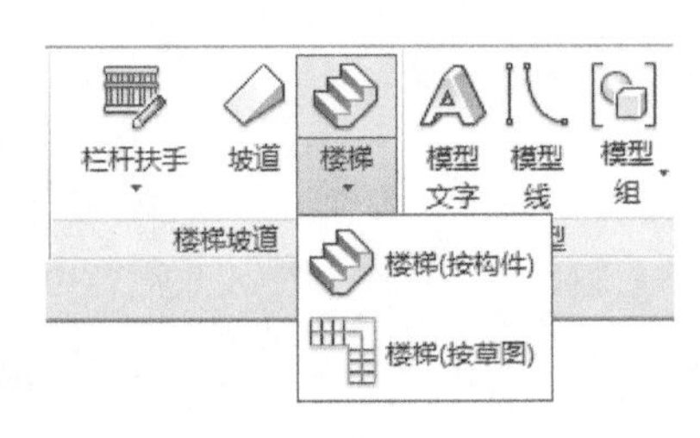

图 8-1

Step 01 接上一章 7.4 节练习。切换至 B1 楼层平面视图，适当缩放视图至左上角 1 轴线 1 号楼梯间位置。如图 8-1 所示，单击“建筑”选项卡“楼梯坡道”面板中“楼梯”工具下拉列表，单击“楼梯（按构件）”选项，进入“修改 | 创建楼梯”草图绘制状态。

提 示

在 Revit 中，楼梯工具包含“楼梯（按构件）”及“楼梯（按草图）”选项。单击“楼梯”工具，默认将进入“楼梯（按构件）”选项。

Step 02 单击“属性”面板中“编辑类型”按钮，打开楼梯“类型属性”对话框。在“类型属性”对话框中，选择族类型为“系统族：组合楼梯”，类型名称为“建筑楼梯_面砖_300 × 180_30”，复制新建名称为“建筑楼梯_面砖_270 × 180_30”的新楼梯类型。

Step 03 如图 8-2 所示，在计算规则中，设置最大踢面高度为 180，设置最小踏板深度为 270，其余参数不变；在构造中，确认“平台类型”为“非整体平台”，确认“梯段类型”为“地砖_30 × 30”，设置构造功能为“内部”。

参数	值
计算规则	
最大踢面高度	180.0
最小踏板深度	270.0
最小梯段宽度	1000.0
计算规则	编辑...
构造	
梯段类型	地砖_30×30
平台类型	非整体平台
功能	内部

图 8-2

提 示

在 Revit 中，梯段类型、平台类型由整体和非整体梯段类型系统族与整体和非整体平台系统族控制。在本章后续章节中，将详细介绍这两个族的用法。

Step 04 如图 8-3 所示，确认“支撑”参数中“右侧支撑”为“无”，“左侧支撑”为“无”；不勾选“中部支撑”选项，其余参数默认。单击“确定”按钮退出类型属性对话框。

Step 05 如图 8-4 所示，修改“属性”面板中楼梯“底部标高”为标高 B1，“顶部标高”为标高 F1。注意 Revit已经根据类型参数中设置的楼梯“最大踢面高度值”和楼梯的基准标高及顶部标高限制条件，自动计算出所需的最小踢面数为 24，实际踏板深度为 270，修改所需踢面数为 26，Revit 将自动计算实际踢面高度为 161.5。

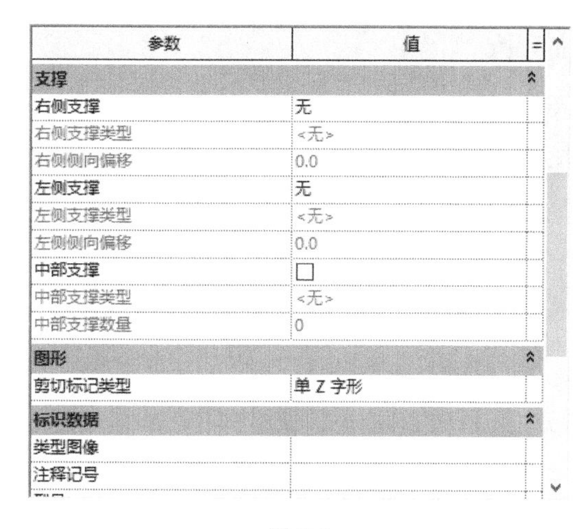

图 8-3

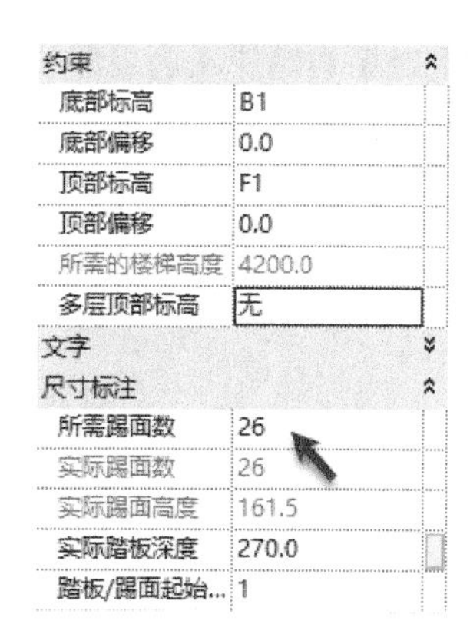

图 8-4

提 示

由于楼梯的底部标高与顶部标高涉及楼梯踏步数量，因此在绘制楼梯前应设置属性面板中正确的底部标高与顶部标高。

Step06 单击“修改 | 创建楼梯”上下文关系选项卡“工具”面板中“栏杆扶手”按钮，弹出“栏杆扶手”对话框，如图 8-5 所示。在扶手类型列表中选择“无”，单击“确定”按钮退出“栏杆扶手”对话框。

Step07 单击“修改 | 创建楼梯”上下文关系选项卡“构件”面板中绘制的模式为“梯段”，绘制方式为“直梯”，如图 8-6 所示。

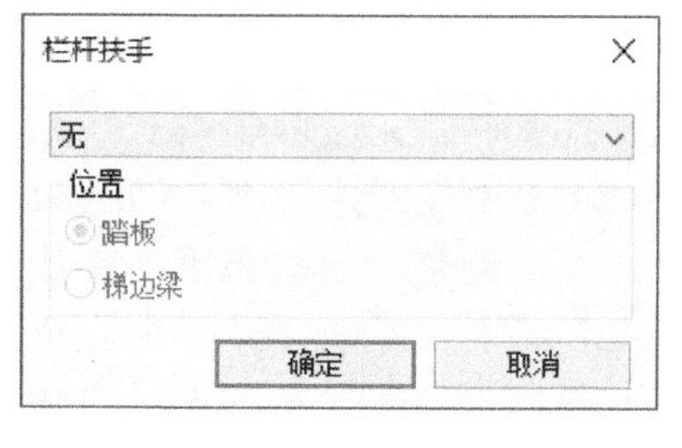

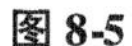

图 8-5

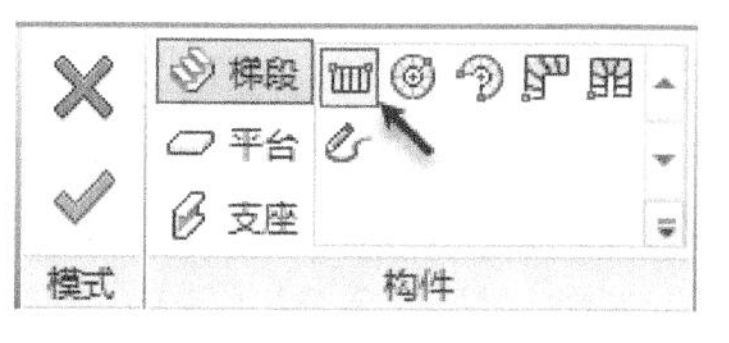

图 8-6

Step08 如图 8-7 所示，设置选项栏梯段“定位线”为“梯段：右”，设置“偏移量”为 0，设置“实际梯段宽度”为 1400，勾选“自动平台”选项。

定位线: 梯段: 右 偏移量: 0.0 实际梯段宽度: 1400.0 ☑自动平台

图 8-7

提 示

自动平台将在两梯段间自动生成楼梯平台构件。

Step09 如图 8-8 所示，移动鼠标捕捉至结构楼梯梯井下方右侧起点位置，单击作为楼梯第一跑起点；沿水平向左方向移动鼠标，注意 Revit 会在楼梯预览下方显示当前鼠标位置创建的梯面数量。直到创建完成 13 个踢面时单击鼠标左键完成第一跑梯段终点。

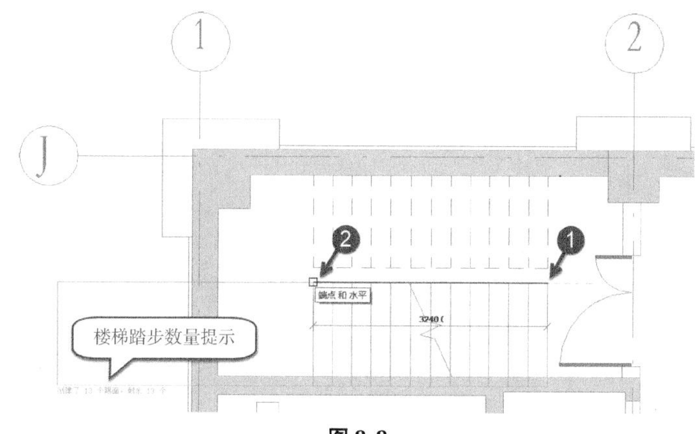

图 8-8

提 示

Revit 将沿梯段的绘制方向作为楼梯“上”的方向。

Step10 继续捕捉上方结构梯井左侧起点位置，单击作为楼梯第二跑起点；水平向右侧方向移动鼠标，当提示显示“创建了 13 个踢面，剩余 0 个”时，单击作为梯段终点，Revit 将完成梯段绘制。注意 Revit 会自动在两梯段间生成休息平台，如图 8-9 所示。

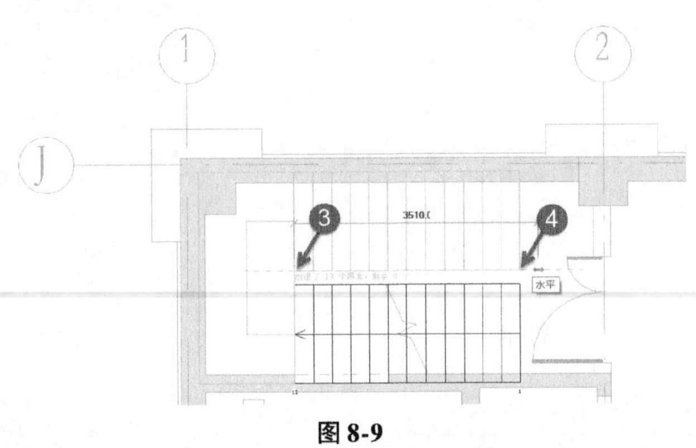

图 8-9

提 示

Revit 会自动记录在所设置的标高范围内剩余的踏步数量。

Step11 单击“修改 | 创建楼梯”面板中“完成编辑模式”按钮，完成楼梯绘制。切换至三维视图，在项目浏览中复制并创建“3DZ_1#”三维视图，修改视图类型为“楼梯坡道”，适当调整剖面框范围，完成后效果如图 8-10 所示。

Step12 切换至 B1 楼层平面视图。单击“视图”选项卡“创建”面板中“剖面”工具，设置剖面类型为“楼梯坡道”。如图 8-11 所示，按1～2的顺序沿楼梯梯段位置绘制剖面符号。完成后按 Esc 键退出剖面绘制工具。

Step13 单击剖面符号，出现虚线范围框调整区域，按住鼠标左键拖拽上方范围框至楼梯间外墙内部，如图 8-12 所示。

Step14 修改楼梯坡道属性面板中视图名称为“LT1”，如图 8-13 所示。

Step15 右键单击上一步骤中创建的剖面符号。在弹出右键快捷菜单中选择“转到视图”，Revit 将自动切换至该视图。注意，Revit 将沿楼梯方向显示楼梯剖面。在视图中选择建筑楼梯，自动切换至“修改 | 楼梯”上下文选项卡。如图 8-14 所示，单击“编辑”面板中的“编辑楼梯”按钮，进入楼梯修改编辑状态，自动切换至“修改 | 创建楼梯”面板，该面板和绘制楼梯时的“修改 | 创建楼梯”面板功能和方法完全一致。

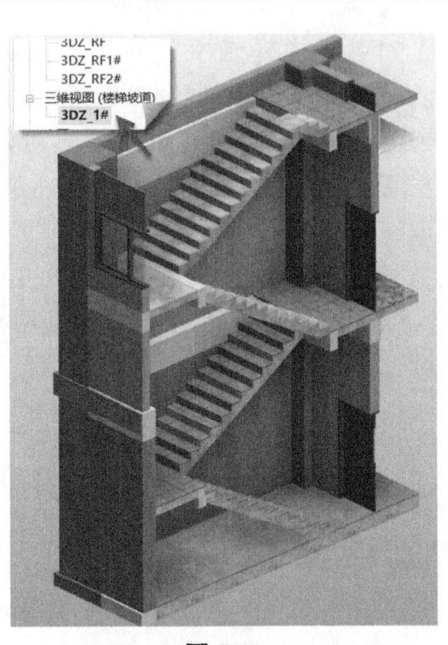

图 8-10

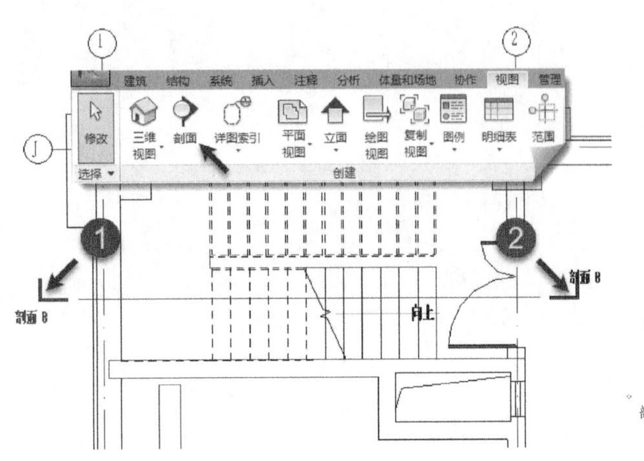

图 8-11

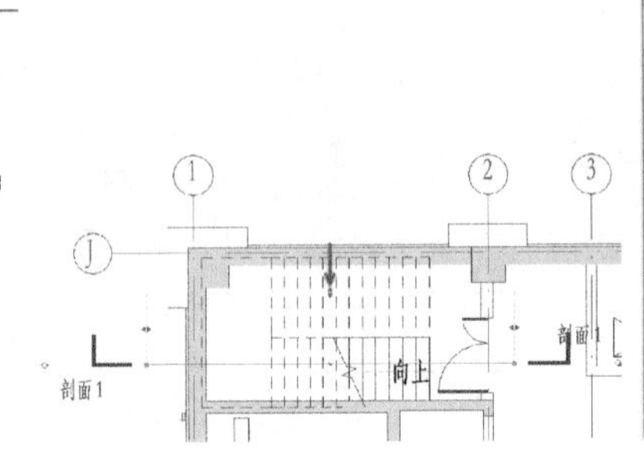

图 8-12

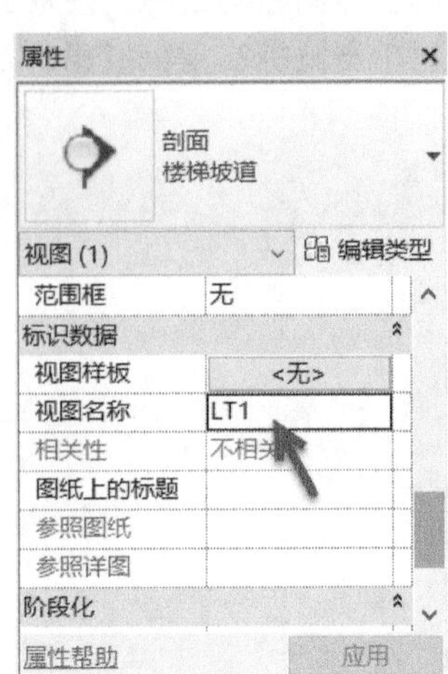

图 8-13

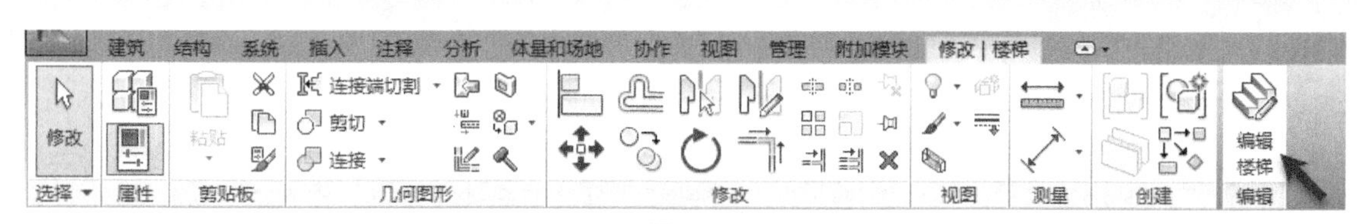

图 8-14

Step16 如图 8-15 所示，单击选择下方第一跑梯段，使用“移动”工具，沿水平向右将梯段移动 30mm；单击选择上方第二跑梯段，沿水平向左将梯段移动 30mm，单击“完成编辑模式”按钮完成楼梯编辑。该操作以保障建筑楼梯踢面在位于结构楼梯踢面外侧。

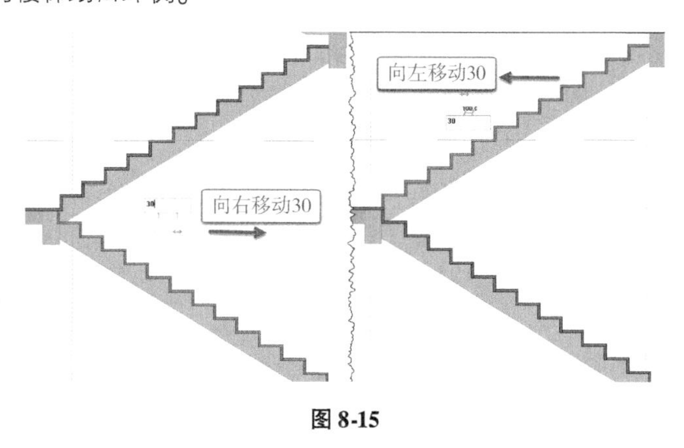

图 8-15

提 示

本项目中建筑楼梯作为铺装面使用，为保障建筑楼梯和结构楼梯不重叠，故移动距离为 30。

在项目中，地下室 B1～F1 层高和 F1～F2 层高一致，均为 4.20m，故可利用 B1～F1 层楼梯生成 F1～F2 层楼梯图元。

Step17 切换至三维视图，在视图中单击选择 B1～F1 层建筑楼梯，如图 8-16 所示，修改属性面板中“多层顶部标高”参数，在列表中选择标高值为“F2”，Revit将在 F1～F2 之间自动生成与所选择楼梯完全一致的楼梯图元。

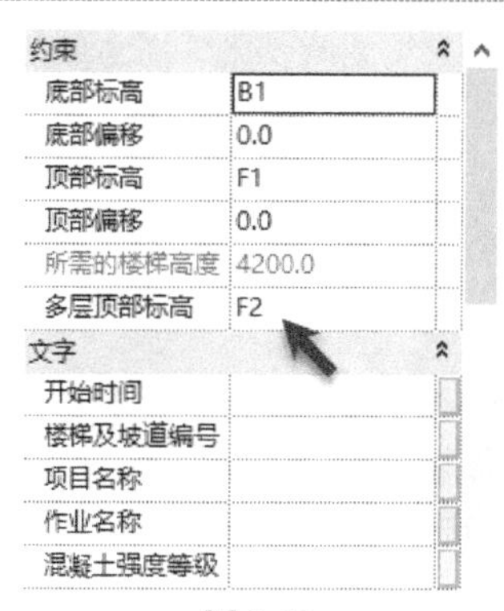

约束	
底部标高	B1
底部偏移	0.0
顶部标高	F1
顶部偏移	0.0
所需的楼梯高度	4200.0
多层顶部标高	F2
文字	
开始时间	
楼梯及坡道编号	
项目名称	
作业名称	
混凝土强度等级	

图 8-16

Step18 调整后的楼梯三维模型如图 8-17 所示。

接下来使用类似方式创建 1 号楼梯间其他标高楼梯。

Step19 切换至 F2 楼层平面视图，单击楼梯，选择编辑楼梯，选择生成的楼梯平台，如图 8-18 所示，视图选中的平台周边出现 4 个拖拽箭头，可按鼠标左键拖拽平台左侧箭头调整平台宽度。

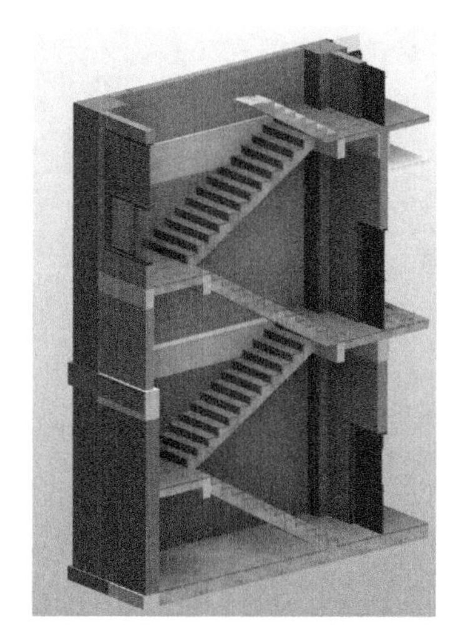

图 8-17

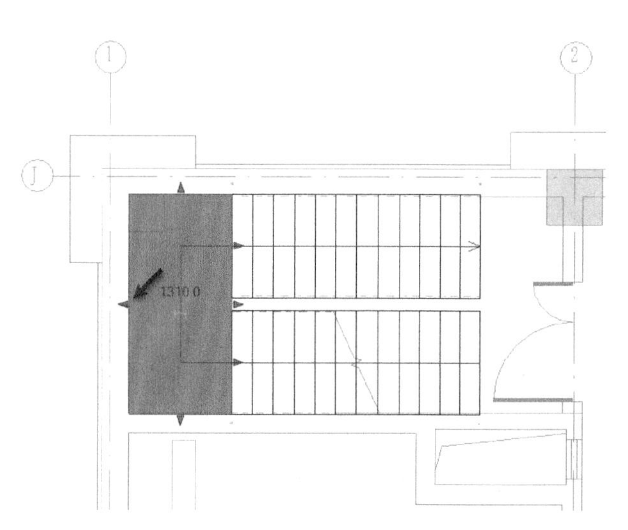

图 8-18

提 示

由于本例中默认平台距墙边仅10mm，因此可先向右拖动夹点，再将夹点拖动至墙边。Revit软件中，默认楼梯平台深度与梯段宽度相同。当修改梯段宽度时，一旦不满足该要求，会出现“平台深度小于梯段宽度”警告对话框。在后续章节当中，会继续修改平台宽度，以满足要求，故在本节警告面板中，点击确认警告即可，暂不修正平台宽度。

Step20 切换至F2楼梯平面视图。使用“按构件创建楼梯”工具，进入楼梯编辑状态。确认梯段类型为“建筑楼梯_面砖_270×180_30”，使用“直梯”方式，确认当前梯段类型为“地砖_30×30”；设置属性栏楼梯所需踢面数为26，Revit将自动计算“实际梯面高度”为161.5；其他参数参照图8-19所示。

Step21 设置“选项栏”梯段定位方式为“梯段：中心”，梯段宽度为1400；分别捕捉结构梯段的起点和终点，作为建筑梯段的起点和终点，创建与结构楼梯相同的等跑楼梯，如图8-20所示。注意修改休息平台边界位置，完成后单击“完成编辑模式”按钮，完成楼梯编辑。

属性
组合楼梯
建筑楼梯_面砖
_270×180_30
楼梯
编辑类型
约束
底部标高 F2
底部偏移 0.0
顶部标高 F3
顶部偏移 0.0
所需的楼梯高度 4200.0
多层顶部标高 无
文字
尺寸标注
所需踢面数 26
实际踢面数 1
实际踢面高度 161.5
实际踏板深度 270.0
踏板/踢面起始... 1
标识数据
属性帮助
应用

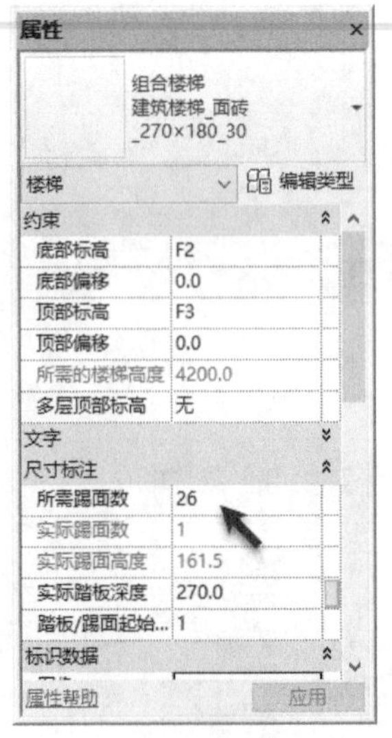

图 8-19

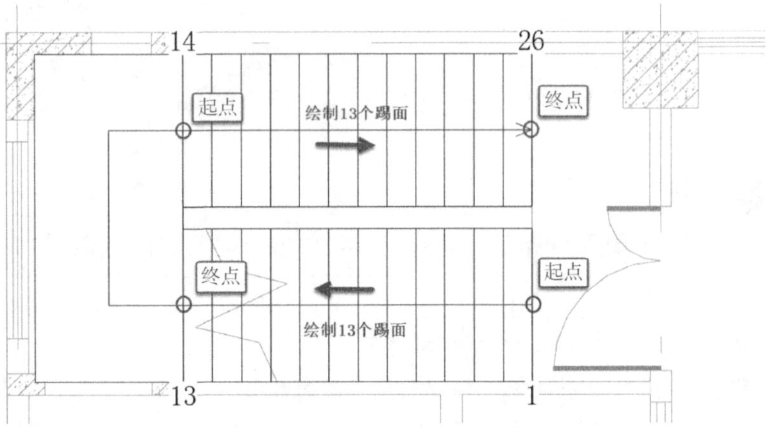

14
26
起点
终点
绘制13个踢面
终点
起点
绘制13个踢面
13
1

图 8-20

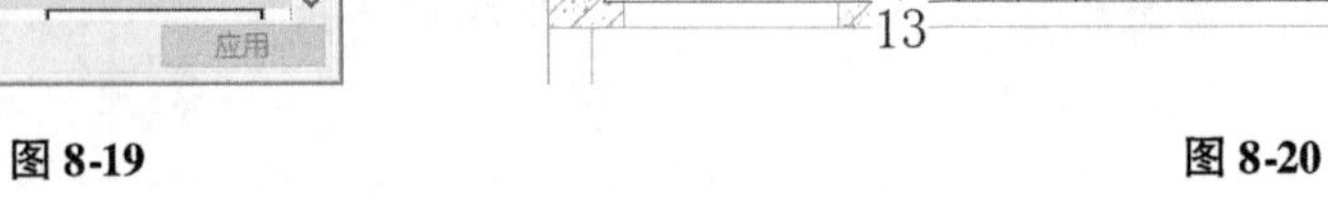

Step22 按19）步骤操作，调整平台宽度至墙边，切换至第13）操作步骤中创建的LT1剖面视图，按第15）操作步骤相同的方式修改楼梯的定位位置。

Step23 切换至F3楼层平面视图。使用“按构件创建楼梯”工具，进入楼梯编辑状态。确认梯段类型为“建筑楼梯_面砖_270×180_30”，使用“直梯”方式，确认当前梯段类型为“地砖_30×30”；设置属性栏楼梯所需踢面数为20，Revit将自动计算“实际梯面高度”为150；其他参数参照图8-21所示。

Step24 设置“选项栏”梯段定位方式为“梯段：中心”，梯段宽度为1400；按F2楼梯相同的定位方式绘制等跑楼梯，如图8-22所示。注意修改休息平台边界位置，完成后单击“完成编辑模式”按钮，完成楼梯编辑。

约束
底部标高 F3
底部偏移 0.0
顶部标高 F4
顶部偏移 0.0
所需的楼梯高度 3000.0
多层顶部标高 无
文字
尺寸标注
所需踢面数 20
实际踢面数 1
实际踢面高度 150.0
实际踏板深度 270.0
踏板/踢面起始... 1
标识数据

图 8-21

起点
终点
绘制10个踢面
终点
起点
绘制10个踢面
1830
2430
1740

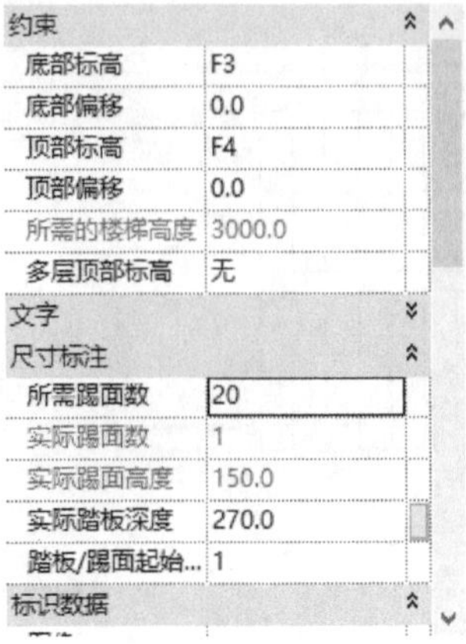

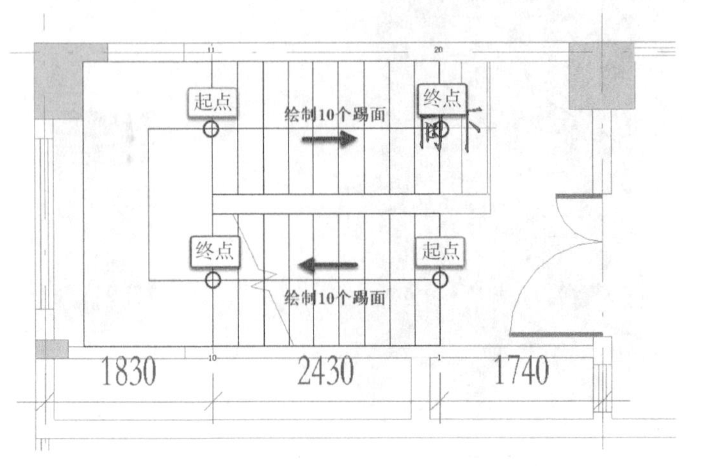

图 8-22

Step25 按 19）步骤操作，调整平台宽度至墙边。切换至第 13）操作步骤中创建的剖面视图，按第 15）操作步骤相同的方式修改楼梯的定位位置。

Step26 选择 F3～F4 标高建筑楼梯，修改属性面板中“多层顶部标高”参数值为“RF”，即在项目 F3～RF 标高中每一层都将生成完全一致的楼梯，结果如图 8-23 所示。

Step27 切换至 RF 楼层平面视图。设置视图显示模式为“线框”，适当放大 1 号楼梯间机房位置。继续使用“楼梯（按构件）”工具，选择“建筑楼梯_面砖_300×180_30”楼梯类型，如图 8-24 所示，修改楼梯实例属性中“底部标高”为 RF，底部偏移值为 30；设置顶部标高为 TF，顶部偏移值为 -1220；设置实际踏板深度为 300，修改所需踢面数为 10，Revit 自动计算实际踢面高度为 175；设置选项栏楼梯宽度为 1300，沿 1 号楼梯间机房室外结构楼梯位置绘制生成建筑楼梯。使用移动工具移动建筑楼梯踢面距离结构楼梯踢面 30mm。

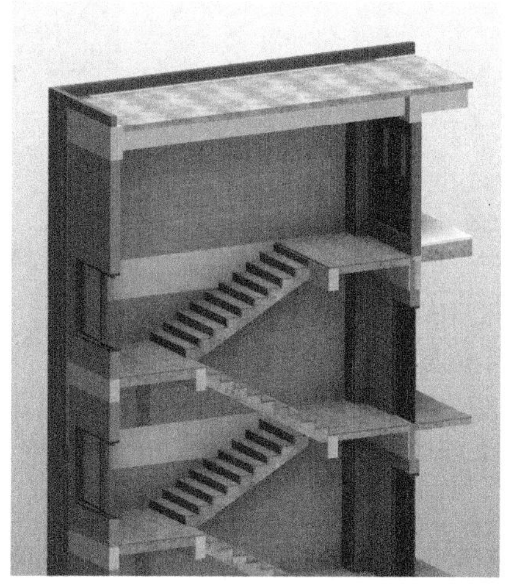

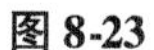

图 8-23

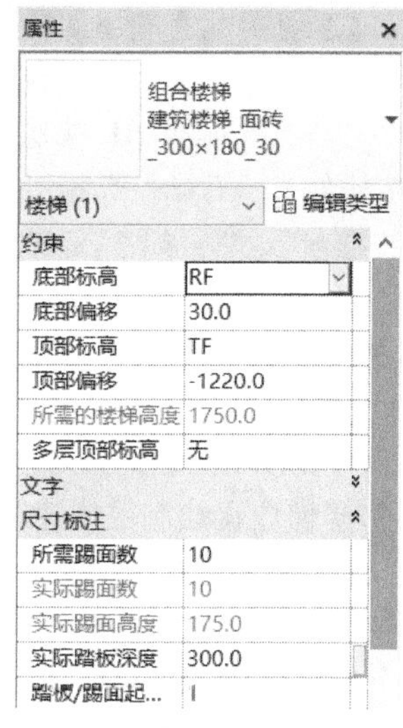

图 8-24

提示

屋顶结构楼梯起点踢面被屋顶结构遮挡，需要设置视图显示模式为“线框”状态才能看到下结构起点踢面，方便建筑踢面拾取绘制。

Step28 继续使用“楼梯（按构件）”工具，复制新建名称为“建筑楼梯_面砖_250×180_30”的新梯段类型，如图 8-25 所示，修改类型属性中最大踢面高度为 180，设置最小踏板深度为 250，其他参数不变。单击“确定”按钮退出类型属性对话框。

Step29 采用第 27）步骤中完全相同的参数，设置楼梯实例属性中“底部标高”为 RF，底部偏移值为 30；设置顶部标高为 TF，顶部偏移值为 -1220；设置实际踏板深度为 300，修改所需踢面数为 10，Revit 自动计算实际踢面高度为 175；设置选项栏楼梯宽度为 1300，如图 8-26 所示。沿 2 号楼梯间机房室外结构楼梯位置绘制生成建筑楼梯。

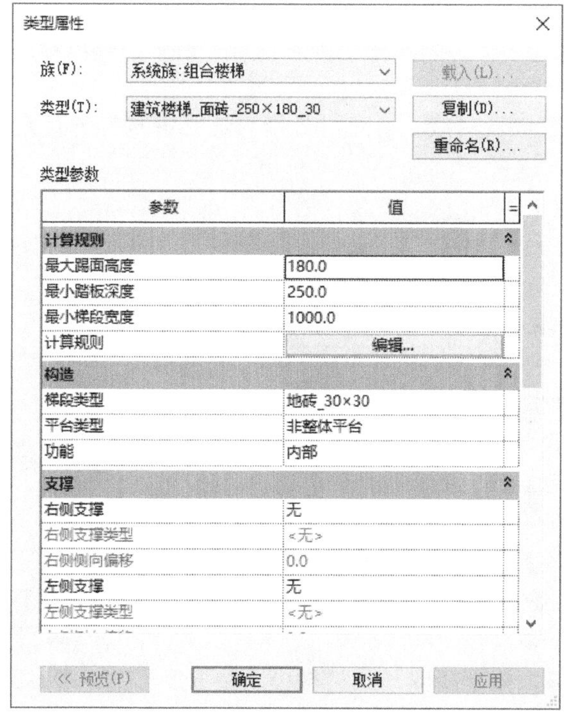

图 8-25

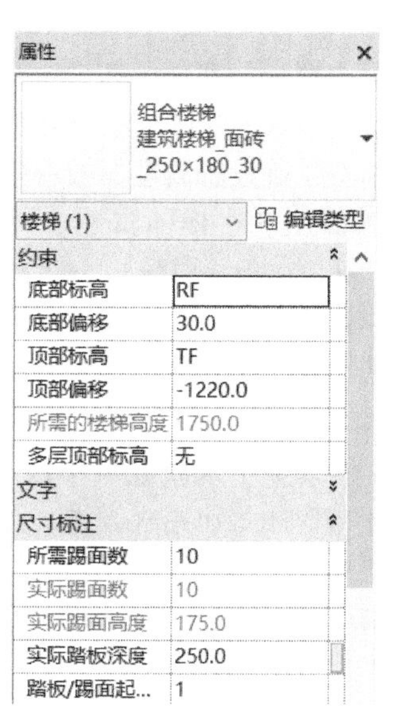

图 8-26

Step30 至此完成屋面层楼梯绘制，完成 1 号和 2 号机房层楼梯，如图 8-27 所示。

图 8-27

Step31 切换至 B1 楼层平面视图。继续使用“楼梯(按构件)”工具，选择“建筑楼梯_面砖_250×180_30”楼梯类型，如图 8-28 所示，修改楼梯实例属性中“底部标高”为 B1，“底部偏移值”为 -900；设置“顶部标高”为 B1，“顶部偏移值”为 0；设置实际踏板深度为 250，修改所需踢面数为 5，Revit 自动计算实际踢面高度为 180；设置选项栏楼梯宽度为 1800，沿配电间结构楼梯位置绘制生成建筑楼梯。使用移动工具移动建筑楼梯踢面距离结构楼梯踢面 30mm。

Step32 重复上一步骤，设置选项栏楼梯宽度为 1500，创建完成另一侧配电室建筑楼梯。完成后配电室楼梯如图 8-29 所示。

Step33 保存该文件，请读者自行查看随书文件“chapter8\RVT\8-1-1.rvt”文件查看最终结果。

在本练习项目中，由于已经链接了结构模型，因此在建筑专业中，仅创建了楼梯的“面层”，且在绘制时以结构楼梯的中梯段中心作为参照。在楼梯绘制过程中，参考结构模型，移动建筑踢面，保证建筑踢面和结构踢面分离。在大多数设计过程中，可能不具备结构楼梯模型，可以先绘制参照平面作为楼梯的定位线，确定梯段的定位位置后，再参考本节中介绍的绘制方式绘制梯段即可。

约束	
底部标高	B1
底部偏移	-900.0
顶部标高	B1
顶部偏移	0.0
所需的楼梯高度	900.0
多层顶部标高	无
文字	
尺寸标注	
所需踢面数	5
实际踢面数	5
实际踢面高度	180.0
实际踏板深度	250.0
踏板/踢面起始...	1

图 8-28

图 8-29

在绘制楼梯梯段时，Revit 提供了“梯边梁外侧：左”“梯边梁外侧：右”“梯段：左”“梯段：右”和“梯段：中心”五种定位方式，用于确定楼梯梯段的定位方式。分别用于确定在绘制楼梯时梯段与鼠标拾取位置的关系。读者可自行尝试各定位方式的差异。

Revit 中楼梯由梯段、梯梁和平台等几种不同族嵌套生成。可通过分别对这几种构件进行定义生成不同的楼梯。

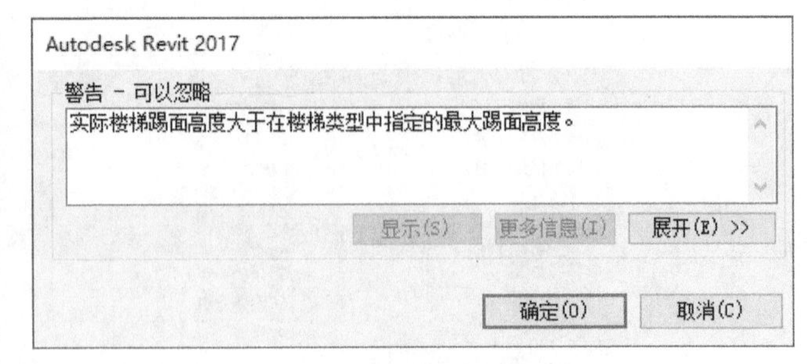

图 8-30

楼梯的高度由楼梯的底部标高与顶部标高参数决定，而踢面数量由踢面高度和楼梯高度共同决定，因此在绘制楼梯前应正确设置属性面板中的底部标高与顶部标高及踏板深度。在楼梯属性中，一定要保证“所需踢面数”和“实际踢面数”一致。在 Revit 中，楼梯类型属性中最大踢面高度决定楼梯所需要的最少踢面数量，而最小踏板深度则决定楼梯的最短长度。Revit 允许实际踢面高度小于或等于最大踢面高度值(即踏面数量大于或等于踏面数最小值)，也允许实际踏板深度大于或等于最小踏板尝试，否则 Revit 将给出如图 8-30 所示的警告提示。

Revit 软件中，由“最大踢面高度”“所需踢面数量”两个参数来控制楼梯参数，其过程是直角三角形求解过程，如图 8-31 所示。

在楼梯类型属性面板计算规则中，设定完“最大踢面高度”和“最小踏步深度”，在实际绘制过程确定总长度 L 和总高度 H，即可准确计算楼梯单个踢面高度和踏板深度取值。

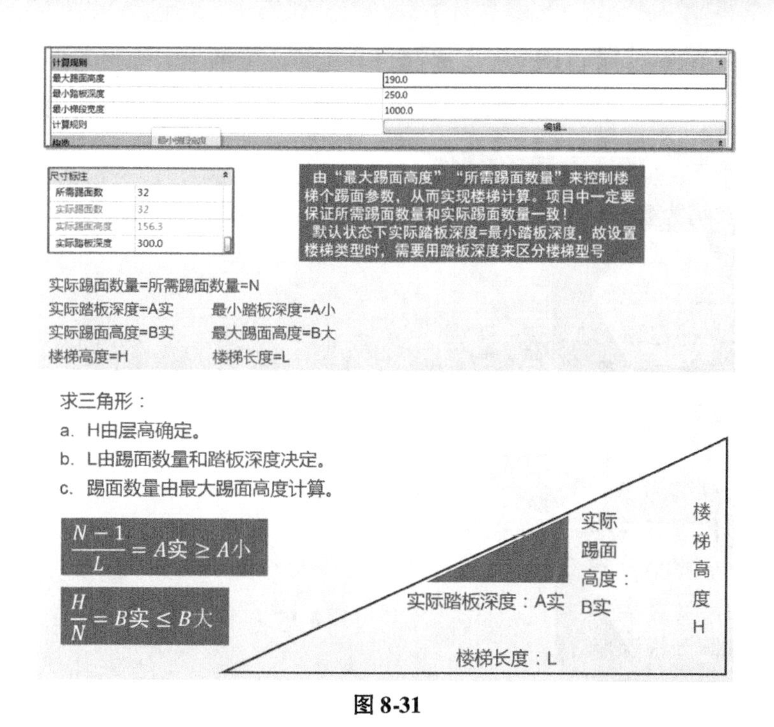

图 8-31

8.1.2 按草图创建楼梯

在 Revit 中，除使用构件方式创建楼梯外，还可以使用草图的方式创建楼梯。接下来，将使用草图方式创建 2 号楼梯间楼梯。

Step 01 接上节练习。切换至 B1 楼层平面视图。适当放大 9、10 轴线间 2 号楼梯间。如图 8-32 所示，单击“建筑”选项卡“楼梯坡道”面板中“楼梯”工具下拉列表，在列表中选择“楼梯（按草图）”选项，进入楼梯草图编辑模式，自动切换至“修改 | 创建楼梯草图”上下文选项卡。

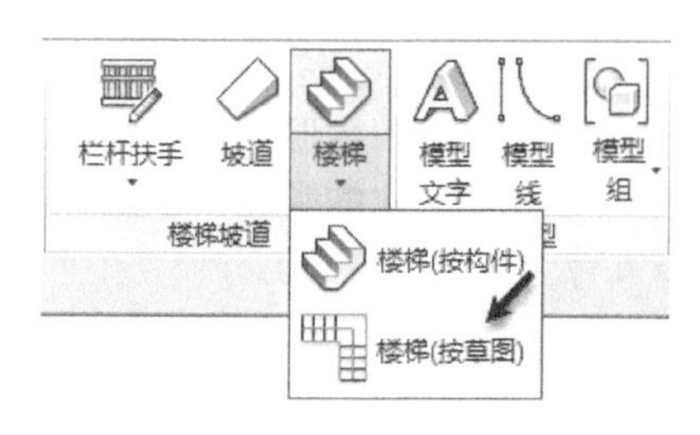

图 8-32

Step 02 打开类型属性对话框，复制新建名称为“建筑楼梯_面砖_270×180_30”的楼梯类型。如图 8-33 所示，设置“最小踏板深度”为 270，“最大踢面高度”为 180；不勾选“整体浇筑楼梯”选项，确认楼梯的功能为“内部”。

Step 03 确认勾选“平面中的波折符号”选项，设置文字大小为 3mm，设置踏板材质和踢面材质均为“huagangshi_tiaowen”，如图 8-34 所示。

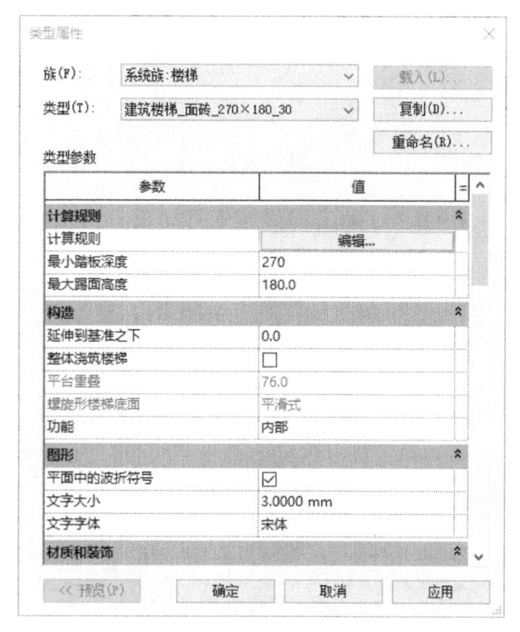

图 8-33

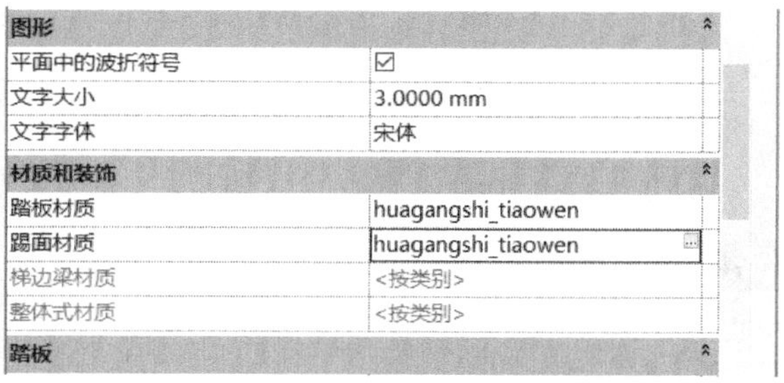

参数	值
图形	
平面中的波折符号	☑
文字大小	3.0000 mm
文字字体	宋体
材质和装饰	
踏板材质	huagangshi_tiaowen
踢面材质	huagangshi_tiaowen
梯边梁材质	<按类别>
整体式材质	<按类别>
踏板	

图 8-34

Step04 如图 8-35 所示，修改“踏板厚度”为 30，“楼梯前缘长度”为 0，修改“楼梯前缘轮廓”为“默认”；勾选“开始于踢面”和“结束于踏面”选项，确认踢面类型为直梯，踢面厚度为 30；确认踢面至踏板连接方式为“踢面延伸至踏板后”选项；分别设置右侧梯边梁和左侧梯边梁为无，其他参数如图中所示。单击“确定”按钮退出类型属性对话框。

Step05 在楼梯“属性”对话框中，如图 8-36 所示，设置底部标高为 B1，顶部标高为 F1，底部偏移和顶部偏移值设置为 0；设置宽度值为 1600，所需踢面数为 26，Revit 将自动计算实际踢面高度为 161.5，设置实际踏板深度为 270，其他参数不变。

参数	值
踏板	
踏板厚度	30.0
楼梯前缘长度	0.0
楼梯前缘轮廓	默认
应用楼梯前缘轮廓	仅前侧
踢面	
开始于踢面	☑
结束于踢面	☑
踢面类型	直梯
踢面厚度	30.0
踢面至踏板连接	踢面延伸至踏板后
梯边梁	
在顶部修剪梯边梁	不修剪
右侧梯边梁	无
左侧梯边梁	无
中间梯边梁	0
梯边梁厚度	50.0
梯边梁高度	400.0
开放梯边梁偏移	0.0
楼梯踏步梁高度	152.0
平台斜梁高度	303.4

图 8-35

约束	
底部标高	B1
底部偏移	0.0
顶部标高	F1
顶部偏移	0.0
多层顶部标高	无
图形	
文字(向上)	上
文字(向下)	下
向上标签	☑
向上箭头	☑
向下标签	☑
向下箭头	☑
在所有视图中显示...	☐
文字	
尺寸标注	
宽度	1600.0
所需踢面数	26
实际踢面数	0
实际踢面高度	161.5
实际踏板深度	280.0

图 8-36

Step06 如图 8-37 所示，单击“栏杆扶手”按钮，弹出“栏杆扶手”对话框，在对话框中选择楼梯栏杆类型为“无”；确认“绘制”选项卡中绘制方式为“梯段”，绘制方式为“直线”。

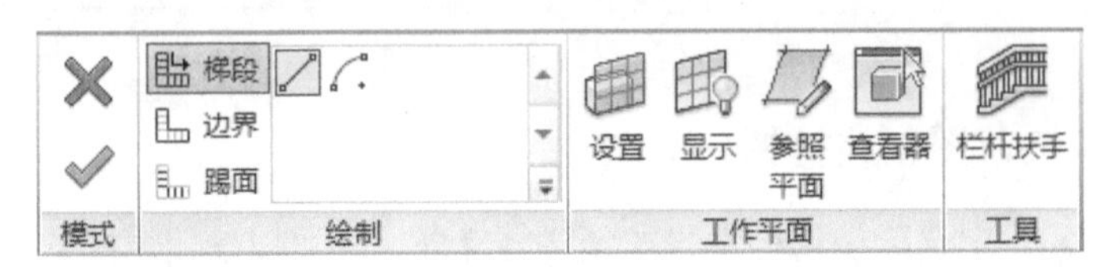

图 8-37

Step07 如图 8-38 所示，移动鼠标捕捉至结构楼梯右侧梯段中线起点位置，单击作为梯段起点，沿垂直方向向上移动鼠标，直到捕捉至结构楼梯梯段线结束位置单击鼠标左键绘制完成第一段梯段，注意 Revit 将在视图中显示当前位置已创建的踢面数量及剩余踢面数量。

提 示

如果视图中未链接结构楼梯作为参照，可以采用绘制参照平面的方式确定楼梯梯段的起始位置。

Step08 继续捕捉至右侧结构楼梯梯段中线起点位置，单击作为梯段起点，沿垂直向上方向移动鼠标，直到捕捉至梯段结束位置单击完成第二段梯段，结果如图 8-39 所示。注意，此时 Revit 提示已创建 26 个踢面，剩余 0。

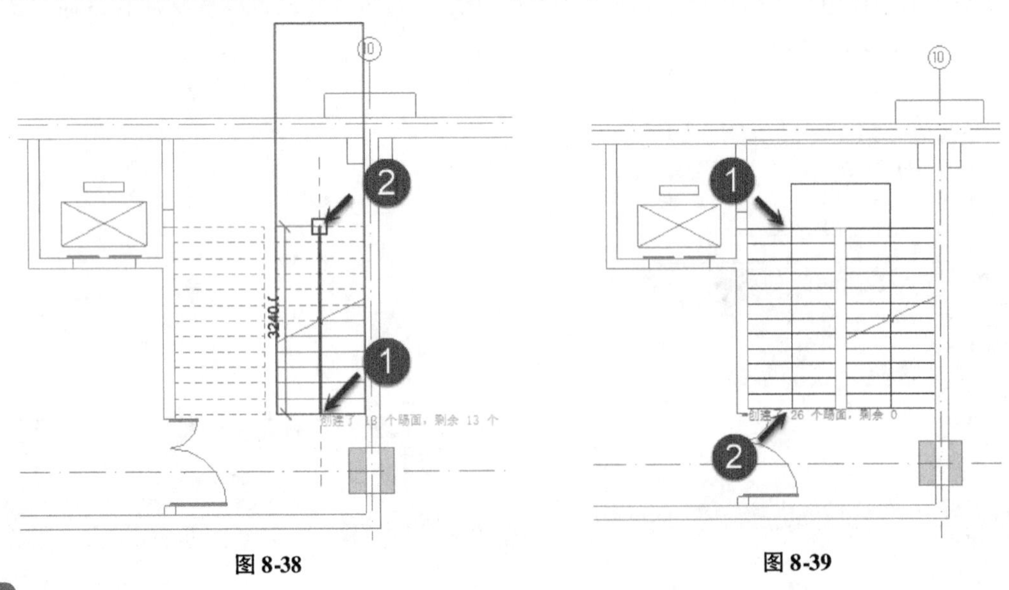

图 8-38　　图 8-39

提 示

Revit 以黑色线条显示楼梯踏步，以绿色线条显示楼梯边界。注意在绘制草图时，Revit 将自动在两梯段间生成休息平台边界。

Step 09 单击“模式”面板中“完成编辑模式”按钮，完成楼梯草图编辑。

Step 10 切换至三维视图，在项目浏览中复制并创建“3DZ_2#”三维视图，修改视图类型为“楼梯坡道”，适当调整剖面框范围，剖切显示 2 号楼梯间位置。完成后楼梯如图 8-40 所示。注意，此时楼梯踢面与结构楼梯踢面重叠。

Step 11 切换至 B1 楼层平面视图。选择并双击建筑楼梯图元，进入草图编辑模式。如图 8-41 所示，删除转角位置绿色边界线段。

Step 12 使用实线框框选的方式选择右侧梯段草图，使用移动工具将草图沿垂直向下移动 30mm。同样选择左侧梯段草图，使用移动工具将草图沿垂直向上移动 30mm，如图 8-42 所示。

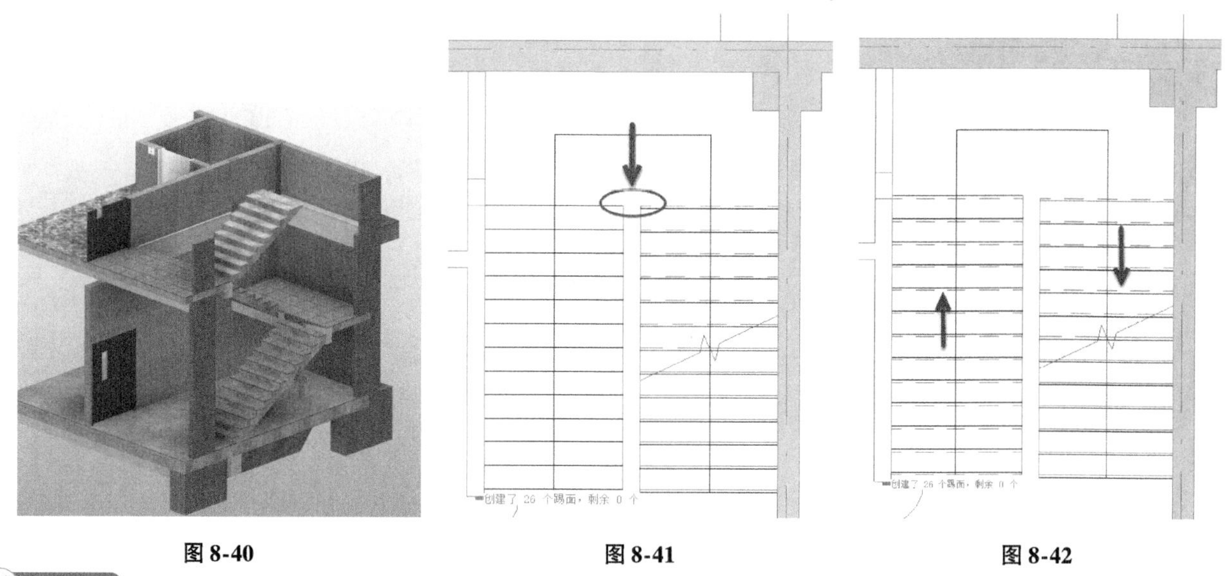

图 8-40　　图 8-41　　图 8-42

提 示

梯段草图应包含该梯段中所有的踢步及轮廓边界。

Step 13 选择绘制面板“边界”中“直线”命令，配合修剪工具，按图 8-43 所示创建转角位置梯段边界线，单击“完成编辑模式”完成修改。

Step 14 单击选择建筑楼梯。如图 8-44 所示，修改“属性”对话框中“多层顶部标高”为“F2”，注意 Revit 将自动在 F1 与 F2 标高间生成与 B1 至 F1 完全相同的楼梯。

Step 15 切换至 F2 楼层平面，双击楼梯进入编辑模式，使用“对齐”工具，确认选项栏对齐的方式为“墙核心层表面”；如图 8-45 所示，以 E 轴线楼梯平台墙内侧核心表面为目标，将楼梯“边界”线对齐至该墙面。

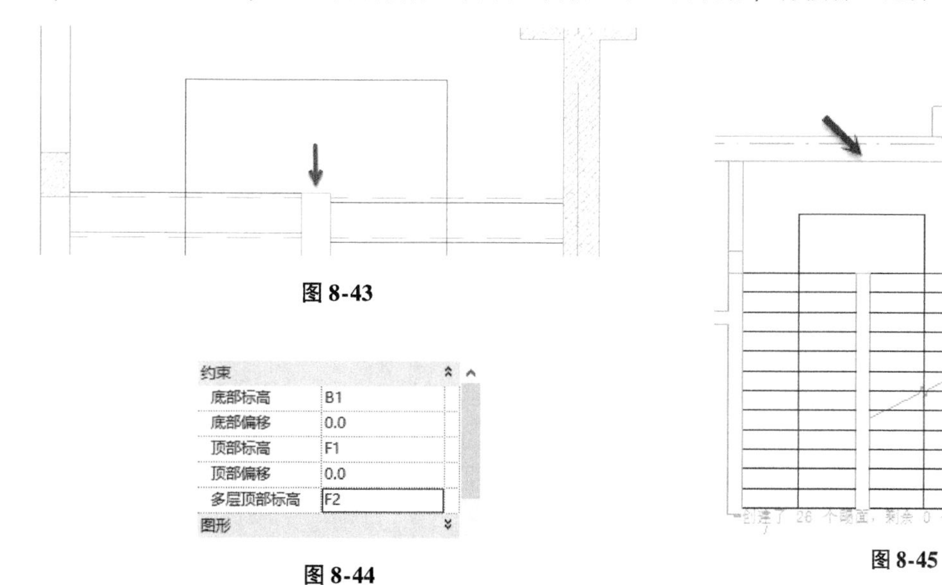

图 8-43

图 8-44

图 8-45

Step 16 切换至三维视图，注意修改后楼梯如图 8-46 所示。

Step17 切换至 F2 楼层平面，采用草图方式绘制 F2～F3 楼层中楼梯，设置参数为“所需踢面数”值为 26，“实际梯面高度”值为 161.5，“多层顶部标高”设置为无，如图 8-47 所示，继续重复上述相同的方法，调整踢面和楼梯平台位置，完成编辑，完成楼梯创建。

Step18 切换至 F4 楼层平面，采用草图方式绘制 F3～F4 楼层中楼梯，设置参数为“所需踢面数”值为 20，“实际梯面高度”值为 150，“多层顶部标高值为 RF”，如图 8-48 所示。继续重复相同的方法，调整踢面和楼梯平台边界位置，完成编辑，完成楼梯创建。

图 8-46

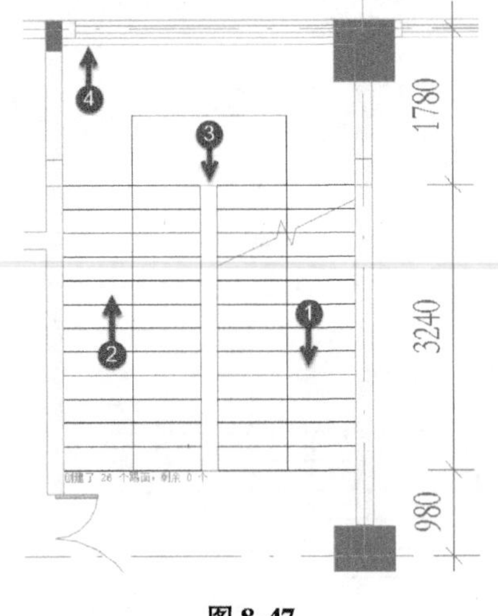

图 8-47

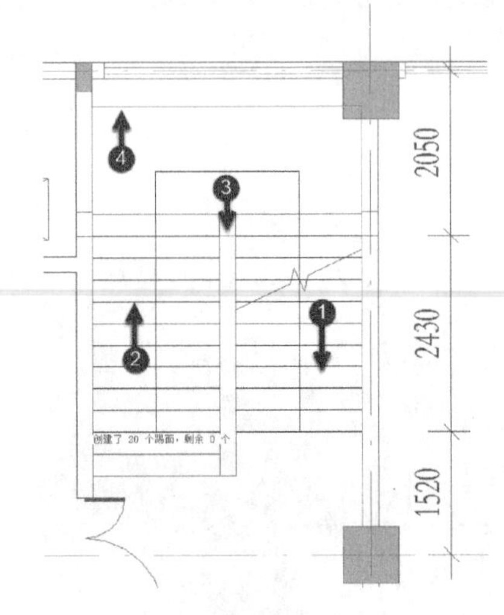

图 8-48

Step19 至此完成 2 号楼梯模型创建，如图 8-49 所示，完成后保存该文件，请读者自行查看随书文件“chapter8 \ RVT \ 8-1-2. rvt”文件查看最终结果。

由于在本练习操作中，建筑楼梯将作为结构楼梯的外装饰面，因此在使用草图方式绘制完成楼梯后，仍需对草图中各梯段的位置进行调整以达到精确定位的要求。在一般情况下，读者可根据实际设计的要求绘制生成楼梯。

在 Revit 中，草图方式绘制楼梯的参数设置与按构件方式绘制的参数设置基本相同。事实上，草图模式是 Revit 最为传统的楼梯绘制方式，而按构件绘制方式是直到 Revit 2013 版本时才加入的新功能。即使使用按构件方式绘制的楼梯，也可以将其转换为草图模式，以便于对楼梯的构件进行进一步的调整。

图 8-49

无论采用按草图还是按构件方式生成楼梯，Revit 均允许用户通过定义楼梯类型属性中的各项参数以及绘制方式生成参数化楼梯。楼梯类型参数中，可以定义调节非常多与楼梯相关的参数。

注意，在 Revit 2018 及后续的版本中，Autodesk 取消了"楼梯按草图"创建楼梯的方式，全部采用更加灵活的按构件的方式进行楼梯创建。

8.1.3 自定义楼梯参数

楼梯梯段中，除“楼梯最小踏板深度”和“实际踏步深度”等参数外，还涉及踏板、踢面、平台梁等细部构造，通过梯段构造设置，调整不同楼梯类型。

Step01 打开随书文件“chapter8 \ RVT \ 自定义楼梯练习 . rvt”项目练习文件，切换至默认三维视图，如图 8-50 所示，该项目中已使用按构件方式创建了一部转折楼梯。

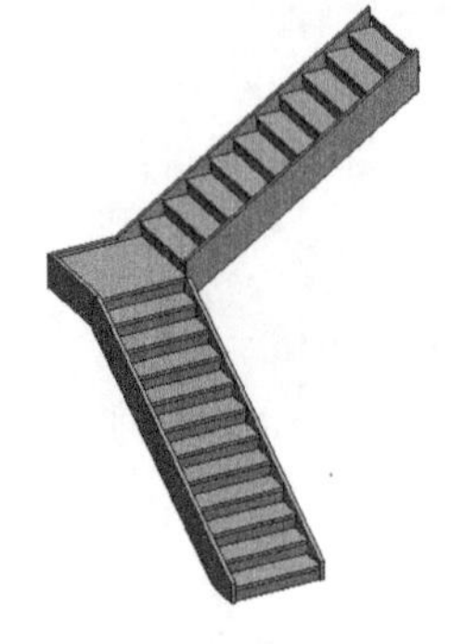

图 8-50

Step02 单击选择该楼梯，注意该楼梯的楼梯类型名称为“组合楼梯：自定义楼梯”。打开“类型属性”对话框，如图 8-51 所示，单击“梯段类型”参数后浏览按钮，打开梯段“类型属性”对话框。

提 示

Revit 提供了现场浇筑楼梯、组合楼梯和预浇筑楼梯三种不同的系统族，用于定义不同的楼梯类型。

Step 03 注意当前梯段族名称为“非整体梯段”，复制新建名称为“自定义 50mm 踏板直梯”新梯段类型。如图 8-52 所示，修改“楼梯前缘长度”值为 30，不勾选“斜梯”选项，设置踢面厚度为 30，确认踢面到踏板的连接形式为“踢面延伸至踏板后”，其他参数默认。

参数	值
计算规则	
最大踢面高度	180.0
最小踏板深度	275.0
最小梯段宽度	1000.0
计算规则	编辑...
构造	
梯段类型	50mm 踏板 25mm 前缘 18m...
平台类型	非整体平台
功能	内部
支撑	
右侧支撑	梯边梁(闭合)
右侧支撑类型	梯边梁 - 50mm 宽度
右侧侧向偏移	0.0
左侧支撑	梯边梁(闭合)
左侧支撑类型	梯边梁 - 50mm 宽度

图 8-51

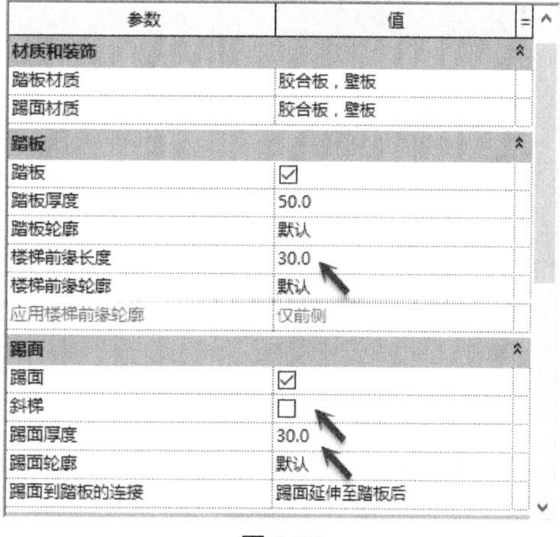

参数	值
材质和装饰	
踏板材质	胶合板，壁板
踢面材质	胶合板，壁板
踏板	
踏板	☑
踏板厚度	50.0
踏板轮廓	默认
楼梯前缘长度	30.0
楼梯前缘轮廓	默认
应用楼梯前缘轮廓	仅前侧
踢面	
踢面	☑
斜梯	☐
踢面厚度	30.0
踢面轮廓	默认
踢面到踏板的连接	踢面延伸至踏板后

图 8-52

提 示

Revit 提供了整体梯段和非整体梯段两种梯段系统族，用于定义不同的梯段类型。

Step 04 单击“确定”按钮返回楼梯“类型属性”对话框，再次单击“确定”按钮退出楼梯“类型属性”对话框。Revit 将修改楼梯踢面的形式如图 8-53 所示。

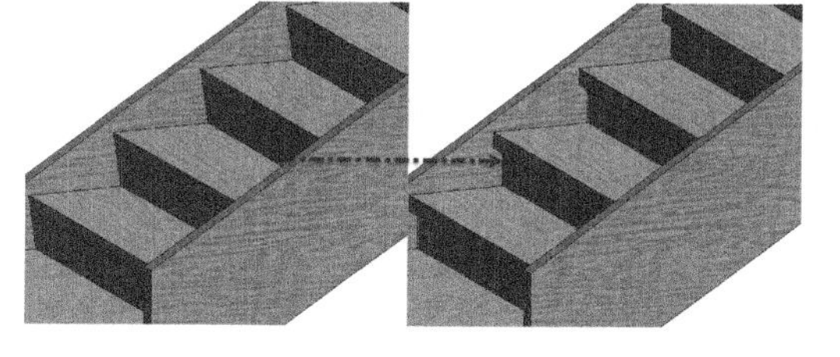

图 8-53

图 8-54

Step 05 再次打开“梯段”类型属性对话框（注意不是楼梯类型属性对话框），不勾选“踢面”选项，单击“确定”按钮两次退出“类型属性”对话框，Revit 将隐藏梯段中的踢面，如图 8-54 所示。

提 示

当在梯段类型属性对话框中不勾选“踢面”选项时，材质和装饰参数组中“踢面材质”选项将不可用。

Step 06 再次打开“梯段”类型属性对话框，如图 8-55 所示，修改楼梯前缘轮廓类型为“M_ 楼梯前缘-半径：30mm”，应用楼梯前缘轮廓方式为“仅前侧”，单击“确定”按钮两次退出类型属性对话框。

Step 07 如图 8-56 所示，Revit 将沿踏板前缘方向为每个踏板前缘添加轮廓装饰。

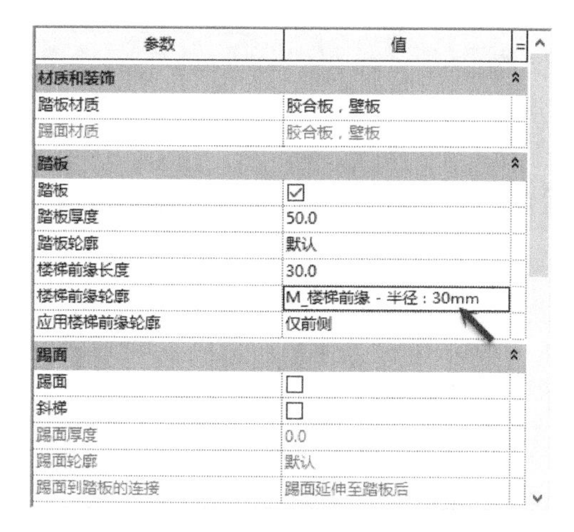

参数	值
材质和装饰	
踏板材质	胶合板，壁板
踢面材质	胶合板，壁板
踏板	
踏板	☑
踏板厚度	50.0
踏板轮廓	默认
楼梯前缘长度	30.0
楼梯前缘轮廓	M_楼梯前缘 - 半径：30mm
应用楼梯前缘轮廓	仅前侧
踢面	
踢面	☐
斜梯	☐
踢面厚度	0.0
踢面轮廓	默认
踢面到踏板的连接	踢面延伸至踏板后

图 8-55

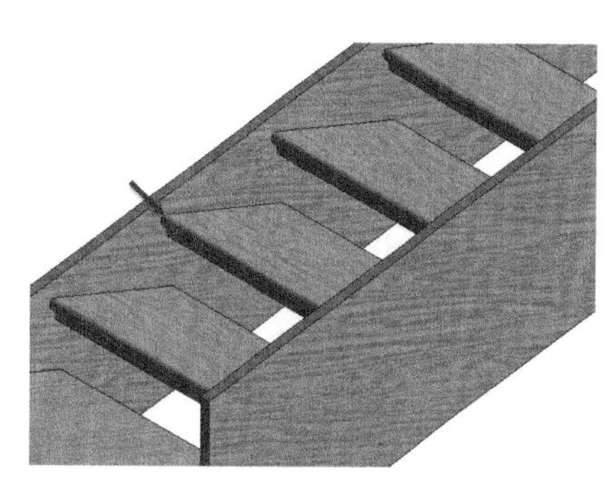

图 8-56

Step 08 单击“插入”选项卡“从库中载入”面板中“载入族”按钮，打开“载入族”对话框，载入随书文件“第8章\RVT\带梁踏板轮廓.rfa”族文件。再次打开“梯段”类型对话框，如图8-57所示，修改“踏板轮廓”为上一操作中输入的“带梁踏板轮廓”族。再次单击“确定”按钮两次退出类型属性对话框。

Step 09 激活三维视图中“剖面框”选项，适当调整三维视图中剖面框位置，剖切显示楼梯，Revit将修改楼梯踏板形状如图8-58所示。

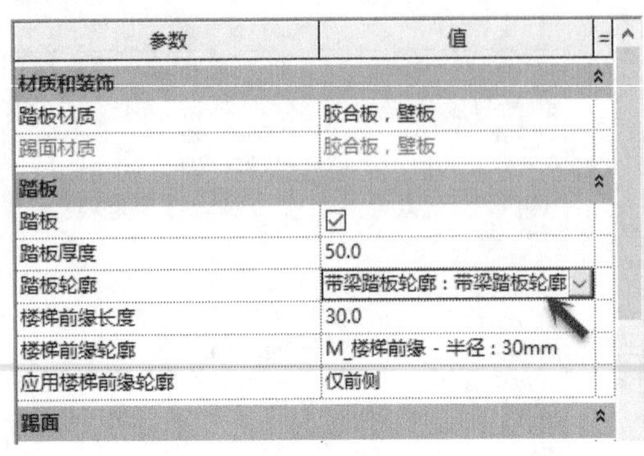

参数	值
材质和装饰	
踏板材质	胶合板，壁板
踢面材质	胶合板，壁板
踏板	
踏板	☑
踏板厚度	50.0
踏板轮廓	带梁踏板轮廓：带梁踏板轮廓
楼梯前缘长度	30.0
楼梯前缘轮廓	M_楼梯前缘 - 半径：30mm
应用楼梯前缘轮廓	仅前侧
踢面	

图8-57

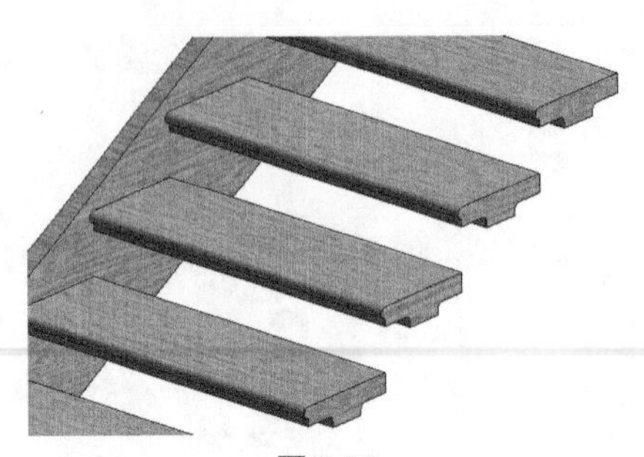

图8-58

提示

选择踏板轮廓后，Revit将根据该轮廓族中定义的踏板宽度生成实际踏板。

Step 10 打开楼梯“类型属性”对话框（注意，不是梯段类型属性对话框）。如图8-59所示，单击“平台类型”参数后浏览按钮，打开平台类型属性对话框。

Step 11 确认当前平台族为“系统族：非整体平台”，复制新建名称为“自定义木质平台”的新平台类型。不勾选“与梯段相同”选项，Revit将显示楼梯平台控制参数。如图8-60所示，修改踏板材质为“胶合板，壁板”，勾选“踏板”选项，修改踏板厚度为50，修改楼梯前缘长度为0，修改楼梯前缘轮廓为“M_楼梯前缘-半径：30mm”，应用楼梯前缘轮廓方式为“仅前侧”。

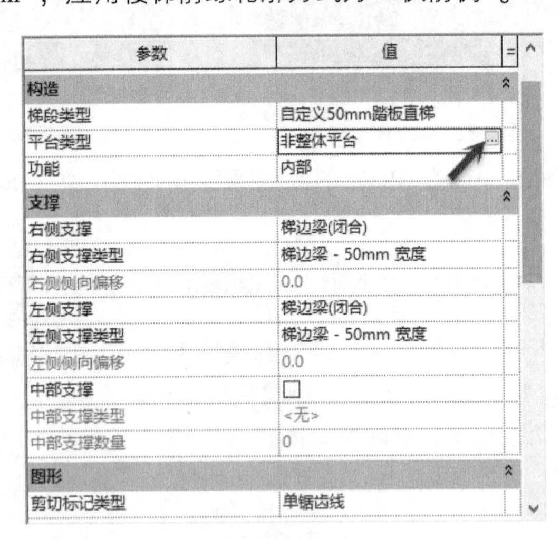

参数	值
构造	
梯段类型	自定义50mm踏板直梯
平台类型	非整体平台
功能	内部
支撑	
右侧支撑	梯边梁(闭合)
右侧支撑类型	梯边梁 - 50mm 宽度
右侧侧向偏移	0.0
左侧支撑	梯边梁(闭合)
左侧支撑类型	梯边梁 - 50mm 宽度
左侧侧向偏移	0.0
中部支撑	☐
中部支撑类型	<无>
中部支撑数量	0
图形	
剪切标记类型	单锯齿线

图8-59

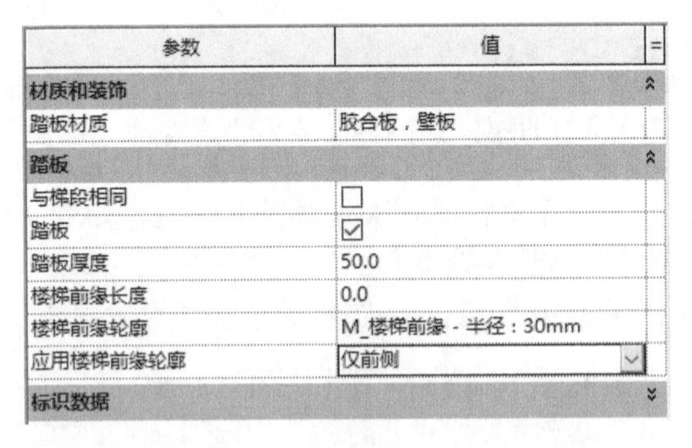

参数	值
材质和装饰	
踏板材质	胶合板，壁板
踏板	
与梯段相同	☐
踏板	☑
踏板厚度	50.0
楼梯前缘长度	0.0
楼梯前缘轮廓	M_楼梯前缘 - 半径：30mm
应用楼梯前缘轮廓	仅前侧
标识数据	

图8-60

提示

平台参数设置与梯段踏板参数设置方式相同。再次勾选“与梯段相同”选项，可设置所有参数与梯段中踏板参数相同。

Step 12 完成后单击“确定”按钮两次退出类型属性对话框，Revit将根据所设置的平台参数生成新的平台。

Step 13 打开楼梯类型属性对话框，如图8-61所示，单击“右侧支撑类型”参数后浏览按钮，打开“支撑”类型属性对话框。

Step 14 如图8-62所示，确认支撑材质为“胶合板，壁板”，截面轮廓为“默认”；修改“梯段上的结构深度”值为100，修改“平台上的结构深度”值为100，修改“总深度”为350，“宽度”为60，其他参数不变。单击“确定”按钮返回楼梯类型属性对话框。注意，Revit已经根据所设置的参数修改楼梯支撑尺寸。

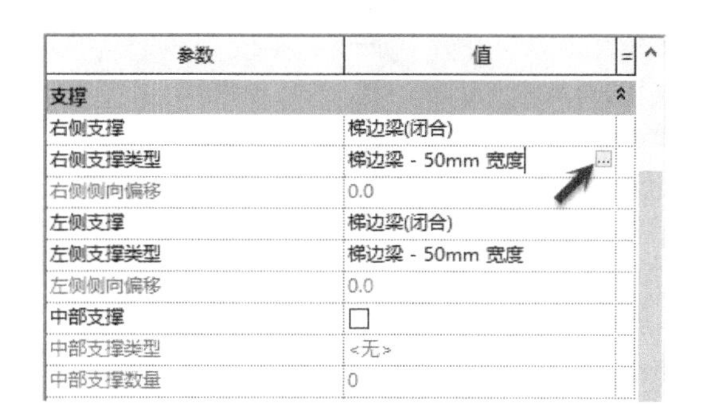

图 8-61

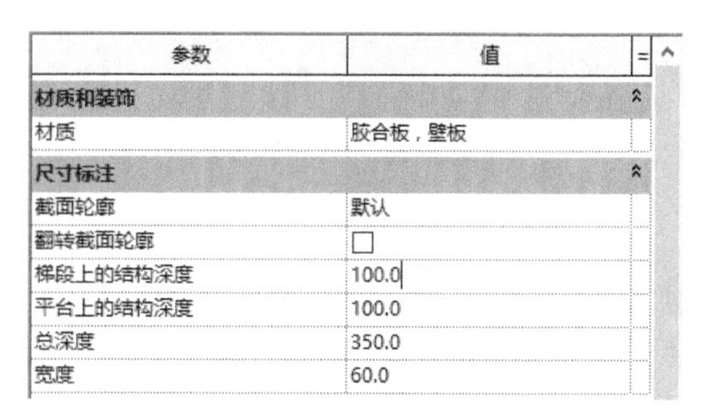

图 8-62

Step⑮如图 8-63 所示，勾选“中部支撑”选项，设置中部支撑数量为 1；单击中部支撑类型后浏览按钮，打开踏步梁类型属性对话框。

Step⑯如图 8-64 所示，在踏步梁类型属性对话框中，注意当前族名称为“系统族：踏步梁”。修改材质为“胶合板，壁板”，其他参数参照图 8-64 所示。设置完成后单击“确定”按钮两次退出类型属性对话框。

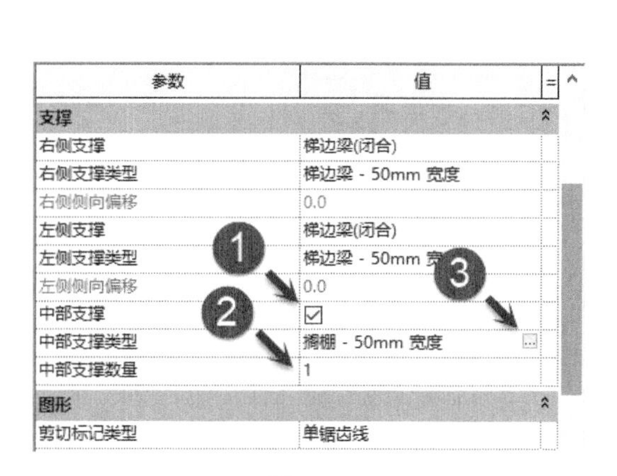

图 8-63

图 8-64

提 示

当设置楼梯左、右侧支撑为“踏步梁（开放）”时，楼梯支撑将采用该类型参数中的参数生成楼梯边梁。

Step⑰ Revit 将修改楼梯如图 8-65 所示。

Step⑱切换至标高 F1 楼层平面视图。双击楼梯图元进入楼梯梯段编辑模式。单击选择下方第一段梯段，如图 8-66 所示，单击“创建 | 创建楼梯”上下文选项卡“工具”面板中“转换”工具。

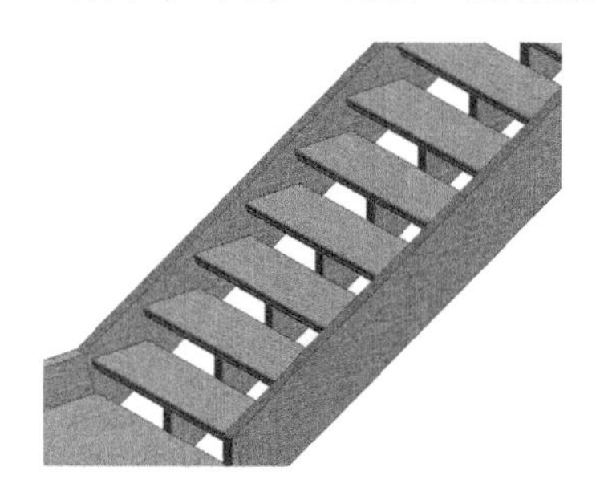

图 8-65

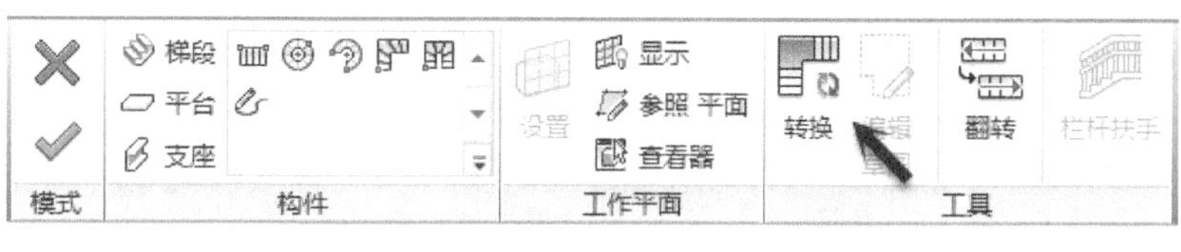

图 8-66

Step⑲ Revit 将弹出如图 8-67 所示警告对话框，提示将梯段构件转换为草图的操作将不可逆。单击“关闭”按钮关闭该警告对话框。Revit 将该梯段转换为自定义草图构件。

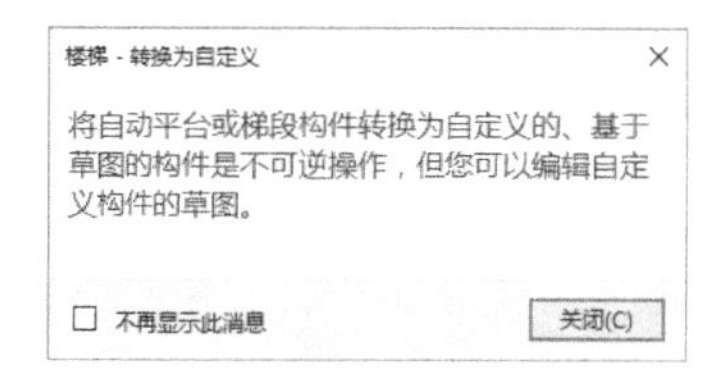

图 8-67

Step⑳如图 8-68 所示，单击“创建 | 创建楼梯”上下文选项卡“工具”面板中“编辑草图”工具，进入草图编辑模式，自动切换至“修改 | 创建楼梯 > 绘制梯段”上下文选项卡。该草图模式与按草图绘制楼梯模式相同。

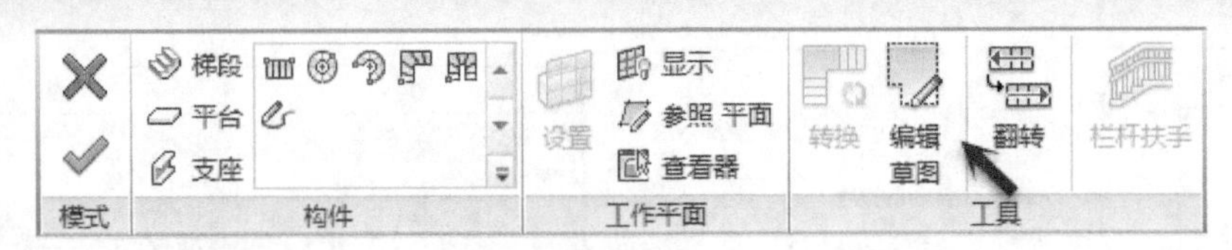

图 8-68

Step21 如图 8-69 所示，Revit 用绿色线条表示楼梯边界，用黑色线条表示楼梯踏步。单击选择绿色梯段边界线，按键盘 Delete 键将其删除。

Step22 如图 8-70 所示，使用参照平面工具，分别距中心两侧 1000 位置绘制垂直方向参照平面，并在下方沿梯段起始位置水平方向绘制参照平面并与垂直方向参照平面相交。

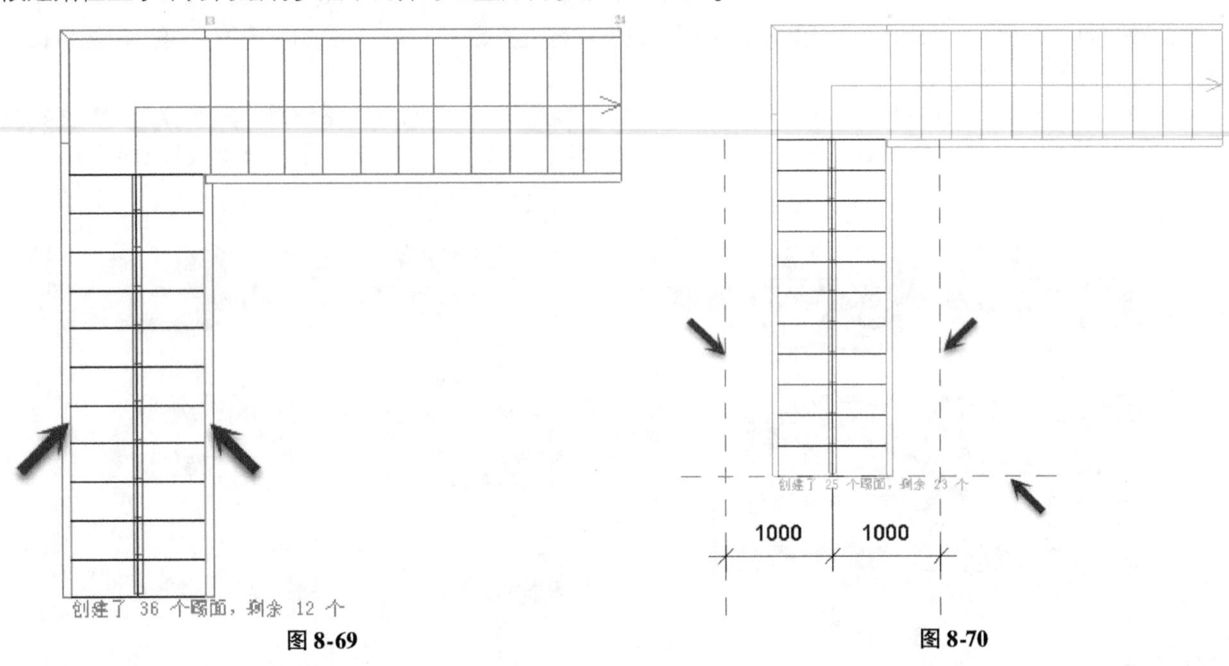

图 8-69　　图 8-70

Step23 如图 8-71 所示，确认绘制面板中当前绘制方式为“边界”，单击选择“起点-终点-半径”弧形绘制方式，进入楼梯边界绘制状态。

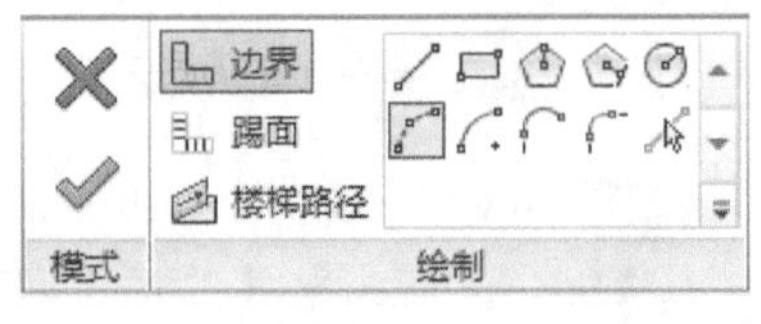

图 8-71

Step24 如图 8-72 所示，分别捕捉梯段结束位置及参照平面交点作为弧形的起点和终点，输入半径为 7500，完成右侧弧形边界轮廓；采用相同的方式完成左侧边界轮廓。

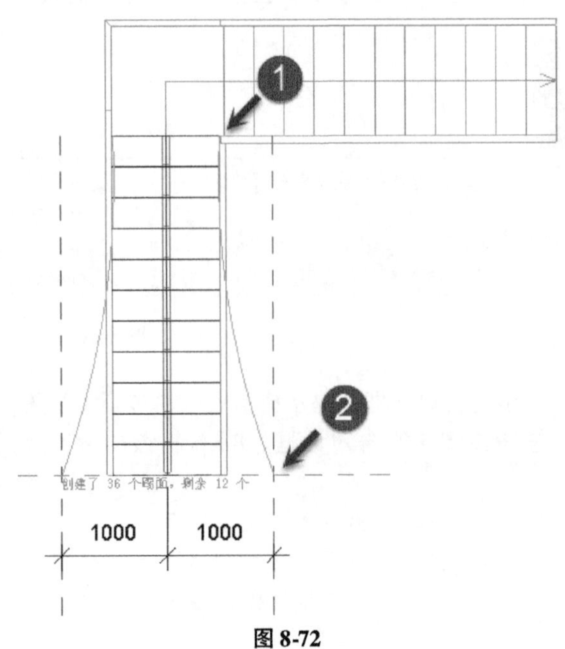

图 8-72

提 示

在 Revit 2018 中绘制楼梯边界时，需要按楼梯的方向进行绘制。否则，Revit 会根据楼梯的边界绘制方向重新定义为楼梯的方向。

Step25 单击选择梯段起始位置踢面线，按键盘 Delete 键删除该踢面线。确认绘制面板中当前绘制方式为“踢面”，单击选择“起点-终点-半径”弧形绘制方式，进入楼梯边界绘制状态。如图 8-73 所示，分别捕捉参照平面交点位置作为弧形踢面的起点和终点，输入 1800 作为弧形半径。完成后按 Esc 键退出踢面绘制模式。

Step26 使用“修剪延伸单个图元”工具，如图 8-74 所示，选择上一步骤中创建的楼梯踢面轮廓作为延伸目标，单击楼梯路径线将其延伸至踢面轮廓位置。

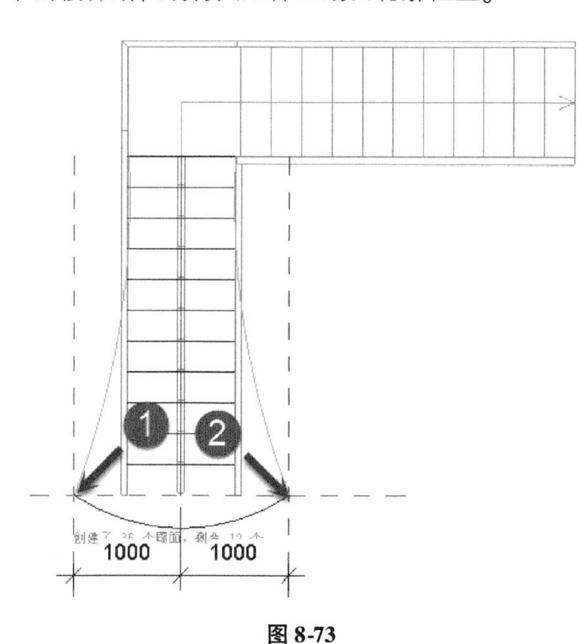

图 8-73

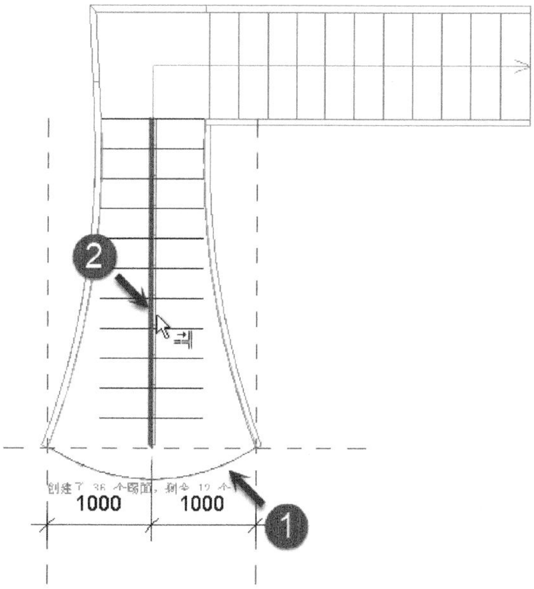

图 8-74

Step27 单击“完成编辑模式”按钮，完成梯段草图编辑，返回“修改 | 创建楼梯”上下文选项卡。再次单击“完成编辑模式”按钮，完成楼梯编辑。

Step28 切换至三维视图，修改后楼梯如图 8-75 所示。至此，完成楼梯编辑操作。关闭该项目，不保存对该文件的修改。

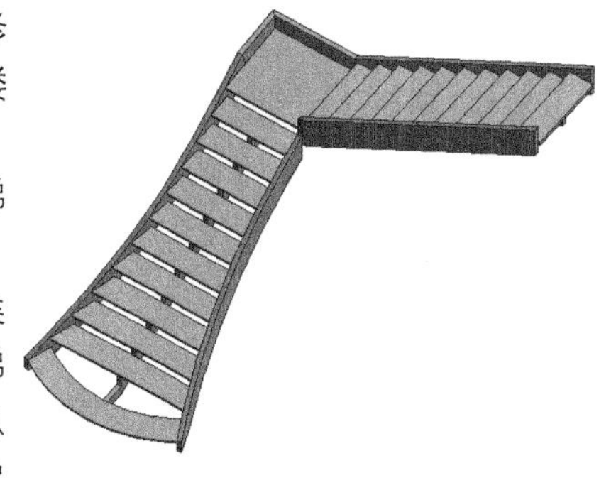

图 8-75

Revit 通过楼梯类型属性中的参数和楼梯草图生成参数化楼梯。楼梯类型参数中，可以定义调节非常多与楼梯相关的参数。例如，可以设定楼梯的形式、踏板的形式、梯面的形式；对于整体式楼梯，可以控制楼梯休息平台处楼梯平台的“平台斜梁高度”；对于非整体式楼梯，可以控制楼梯是否具备梯边梁，以及梯边梁在梯段位置的高度、在平台位置的高度等。通过组合不同的楼梯参数，可以生成不同的楼梯类型，如图 8-76 所示。在楼梯类型参数中，各类参数的组合方式较为灵活，读者可以自行尝试各参数对楼梯样式的影响。

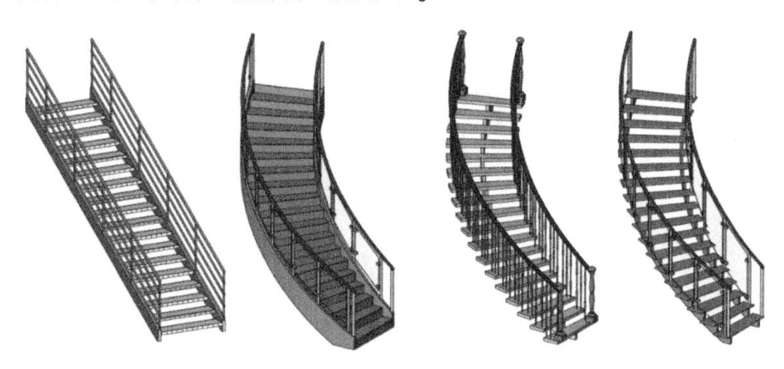

图 8-76

采用“按构件”方法绘制楼梯，还可选择“现场浇筑楼梯”“组合楼梯”“预浇筑楼梯”三种族类型，在绘制时使用直线、螺旋、转角等绘制方法，创建常用的直梯、L 形、U 形、螺旋等单跑或多跑楼梯，如图 8-77 所示。

在 Revit 楼梯参数中，通过指定踏板轮廓、楼梯前缘轮廓、梯面轮廓、支撑轮廓所使用的轮廓族，可以对踏板、踏板前缘、梯面及支撑进行自定义。Revit 提供了用于定义这些专用轮廓的族样板，以方便用户根据实际需要对楼梯的各部件进行自定义。当在楼梯参数中采用自定义的轮廓时，自定义的轮廓将无法根据楼梯踏面宽度值自动调节轮廓宽度参数。需要在轮廓族中根据楼梯的踏面宽度值设置对应的宽度值。

在设置楼梯支撑时，楼梯支撑的各项参数值如图 8-78 所示。注意当设置楼梯前缘长度且设置了楼梯前缘轮廓时，楼梯踢面轮廓的实际长度应设置为“实际踏板深度 + 楼梯前缘长度 – 楼梯前缘轮廓长度”。

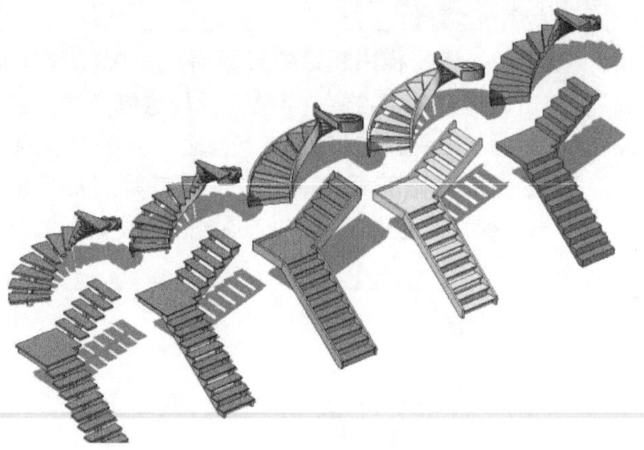

图 8-77

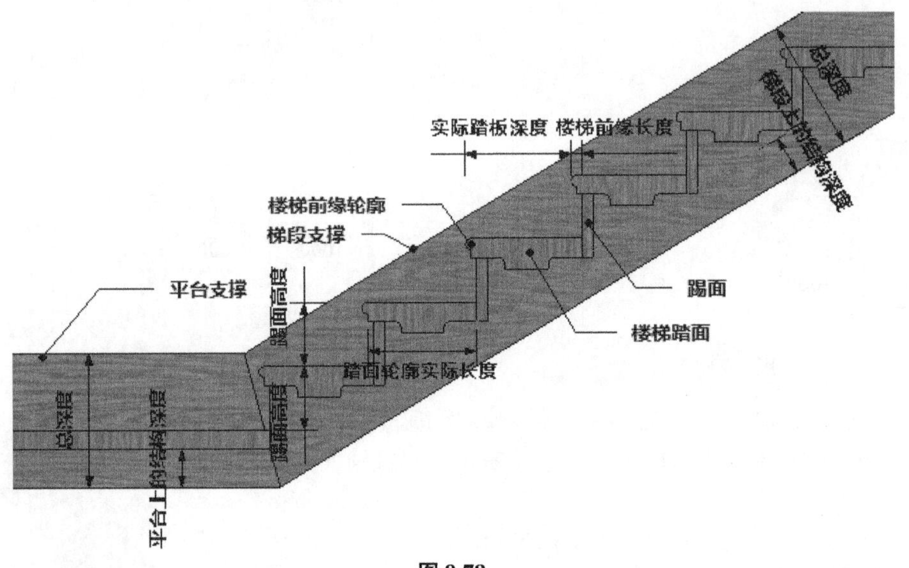

图 8-78

使用“楼梯（按构件）”的方式创建楼梯比较灵活，在绘制梯段时，允许绘制重叠的梯段，如图 8-79 所示的三跑楼梯，可以直接绘制生成。

在 Revit 中，楼梯构件均以族的方式存储在当前项目中。如图 8-80 所示，在项目浏览器中，可查看所有楼梯构件族及其设置。

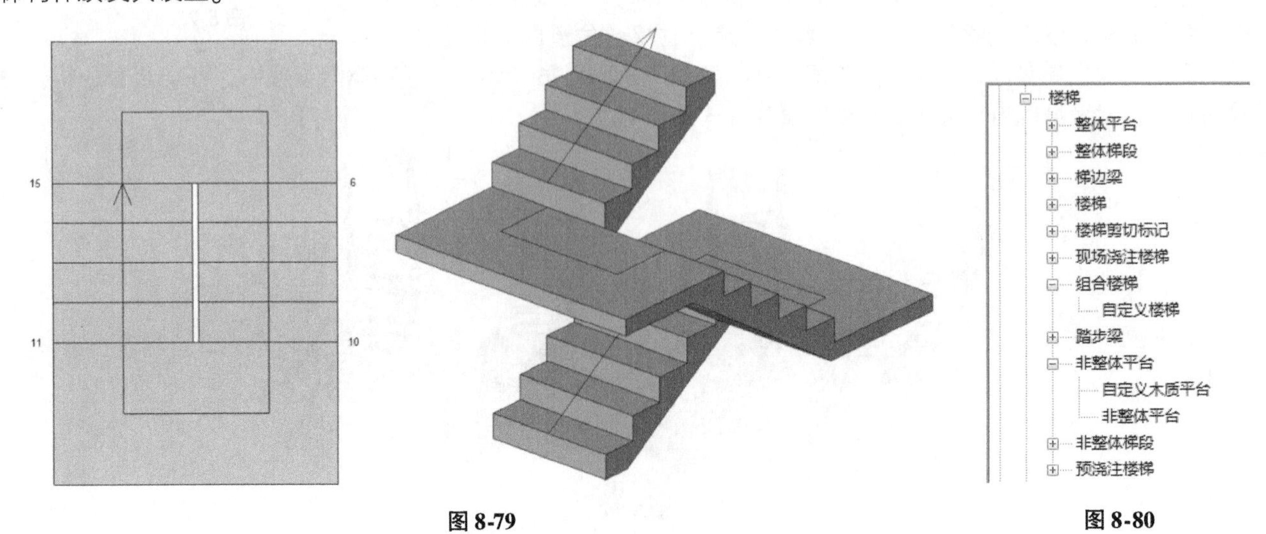

图 8-79

图 8-80

Revit 中，使用构件方式创建的楼梯均可转换为草图模式。在草图模式下，允许用户自由修改梯段和踢面轮廓线条，分别创建不同形状的梯段、踢面、休息平台，如图 8-81 所示。注意，构件转换为草图的操作不可逆转，Revit 无法将草图转换为楼梯构件。

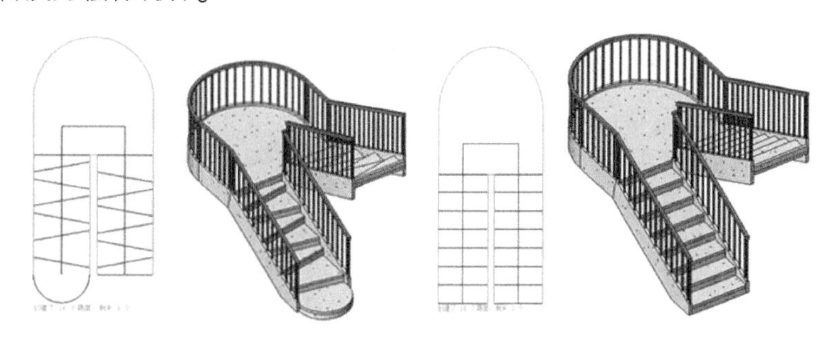

图 8-81

Revit 将沿构件的绘制方向作为上楼的方向。如果希望将楼梯上下楼方向反转，可在按构件方式创建楼梯时，单击“工具”面板中“翻转”工具将楼梯的上下楼方向进行翻转，如图 8-82 所示。

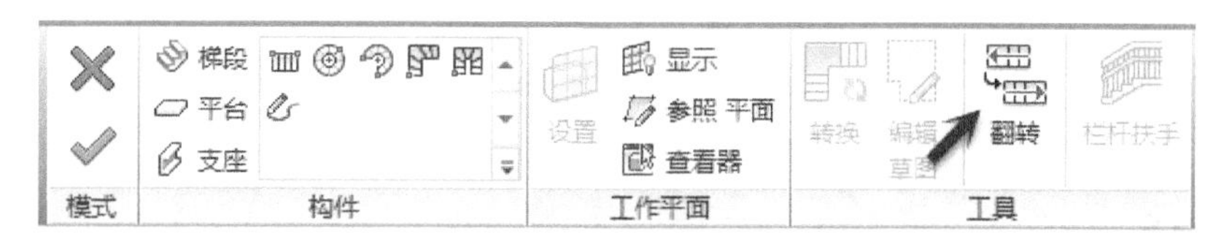

图 8-82

当使用按草图模式创建楼梯或按构件创建楼梯完成后，可以在任意楼层平面视图中选择楼梯图元，单击楼梯顶端“向上翻转楼梯的方向”符号进行上下楼方向翻转，如图 8-83 所示。

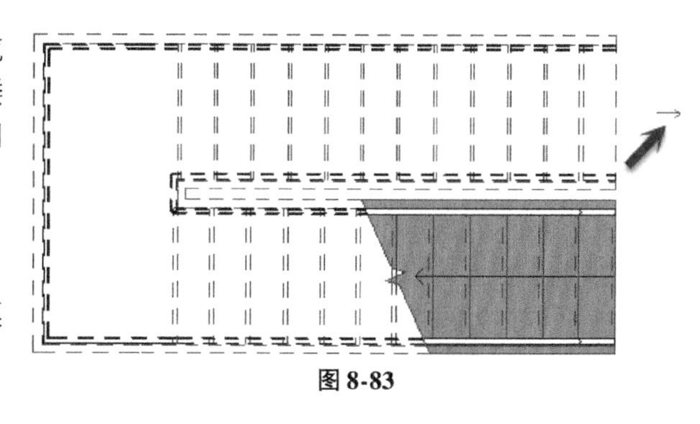

图 8-83

8.1.4 Revit 2018 新功能

Revit 2018 中的楼梯取消了“按草图”的楼梯绘制模式，只保留了“按构件”的功能，因此楼梯简化为如图 8-84 所示“楼梯”功能。

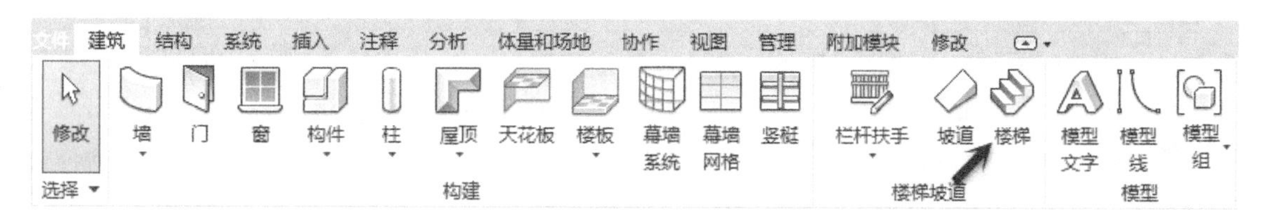

图 8-84

Revit 2018 同时取消了楼梯属性对话框中“多层顶部标高”选项，增加了更为灵活的多层楼梯选择标高功能，如图 8-85 所示。该功能允许用户在立面视图中，通过选择立面标高的方式自动在所选择标高之间创建楼梯。

如图 8-86 所示，启用该功能后，Revit 将自动切换至“修改 | 多层楼梯”上下文选项卡。在立面视图中，配合 Ctrl 键依次选择单击要添加楼梯的标高，完成后单击“完成编辑模式”按钮，Revit 将自动在所选择标高间生成楼梯图元。连接标高后的所有楼梯将作为一个完整的“组”图元。

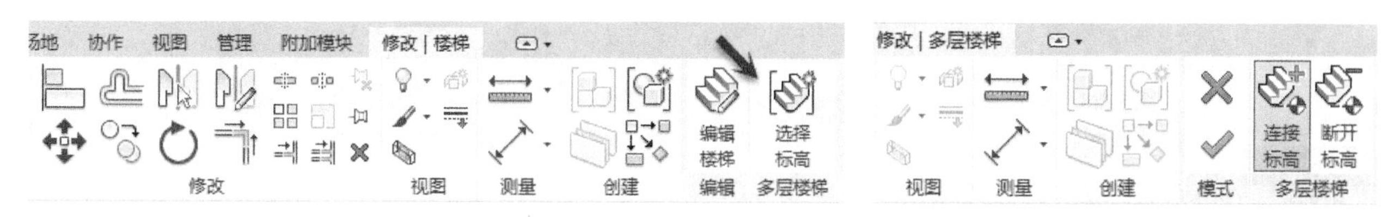

图 8-85　　图 8-86

连接标高后，配合键盘 TAB 键，可以选择楼梯组中任意楼梯图元，并像编辑独立楼梯一样进行修改和调整。修改单独的楼梯并不影响组中其他楼梯成员。

使用“断开标高”按钮，再次在立面视图中单击已选择的标高，Revit 将删除该标高间楼梯图元。值得注意的是，不论使用连接标高工具还是断开标高工具，当选择的标高不连续时（或标高间距不同时），Revit 会直接从所选择楼梯所在的标高到达下一个已选择的标高，即 Revit 将以所选择的楼梯为基础通过等比在梯段中添加（或减少）踏步数的方式，使楼梯达到下一个选择的标高，结果如图 8-87 所示。因此，建议在处理诸如标准层间的楼梯时使用该功能。

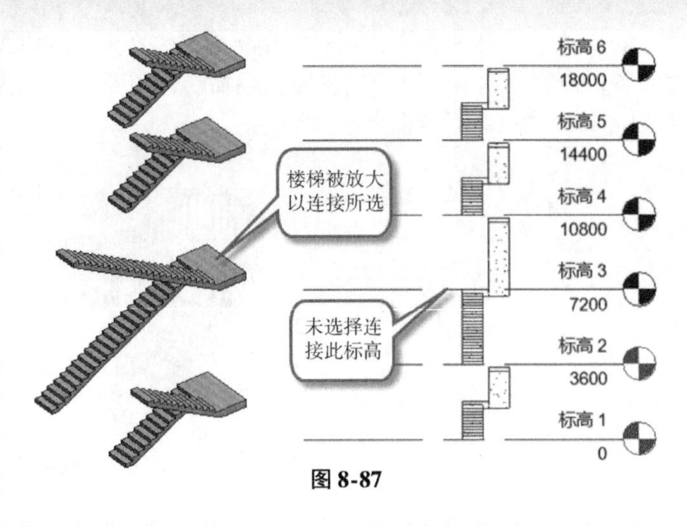

图 8-87

8.2 创建栏杆扶手

使用“栏杆扶手”工具，可以为项目创建任意形式的扶手。扶手可以使用“栏杆扶手”工具单独绘制，也可以在绘制楼梯、坡道等主体构件时自动创建扶手。

8.2.1 创建幕墙栏杆

扶手在 Revit 中由两部分组成，即扶手与栏杆，在创建扶手前，需要在扶手类型属性对话框中定义扶手结构与栏杆类型。扶手可以作为独立对象存在，也可以附着于楼板、楼梯、坡道、场地等主体图元。接下来，将使用扶手工具为综合楼项目创建幕墙内侧扶手。

Step01 接 8.1.2 节练习。切换至 F2 楼层平面视图，适当放大 8 轴圆弧幕墙位置。如图 8-88 所示，单击“建筑”选项卡“楼梯坡道”面板中“栏杆扶手”工具下拉面板，选择“绘制路径”，进入“修改 | 创建扶手路径”模式，自动切换至“修改 | 创建扶手路径”上下文选项卡。

Step02 确认当前扶手类型为“嵌板_117PC7 型_1100_建筑标准”。如图 8-89 所示，设置“属性”面板“底部标高”为 F2，“底部偏移”值为 0，“从路径偏移”值为 0。

> **提 示**
>
> 类型选择器中默认扶手类型列表取决于项目样板中预设扶手类型。

Step03 单击“绘制”面板中“拾取线”绘制方式，设置选项栏“偏移值”为 100。移动鼠标至弧形轴网位置，Revit 将显示绘制预览。左右移动鼠标，当偏移预览方向在轴线内侧时，单击弧形轴网，生成扶手路径。结果如图 8-90 所示。

图 8-88　　图 8-89　　图 8-90

> **提 示**
>
> 扶手路径可以不封闭。但所有路径迹线必须连续。

Step04 单击“完成编辑模式”按钮完成扶手。Revit 将按绘制的路径位置生成扶手。如图 8-91 所示，由于扶手生成的方向为逆时针方向，因此生成的扶手背离幕墙位置。单击翻转栏杆扶手方向符号，Revit 将重新按相反方向生成栏杆，此处不采用该翻转操作。

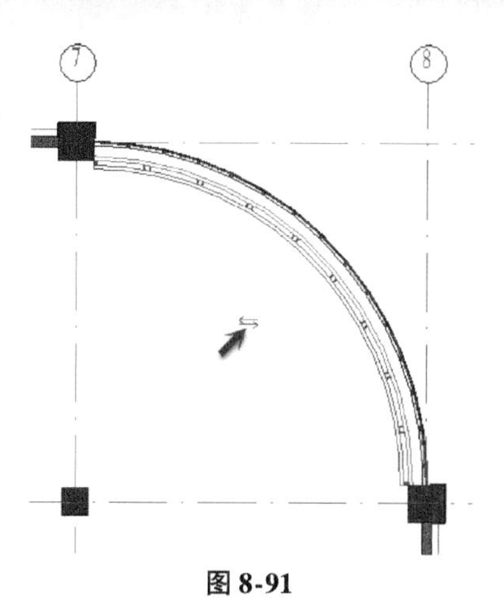

图 8-91

Step05 选择绘制完成的扶手，如图 8-92 所示，单击“视图”选项卡中“选择框”工具，Revit 将基于所选择的扶手图元生成剖切的临时三维视图。

Step06 Revit 自动切换至剖切的三维视图，结果如图 8-93 所示。保存该文件，请读者自行查看随书文件“chapter8 \ RVT \ 8-2-1. rvt”文件查看最终结果。

在 Revit 中完成栏杆创建后，双击栏杆图元或选择栏杆后单击“模式”面板中的“编辑路径”按钮，可以返回轮廓编辑模式，重新编辑扶手路径形状。

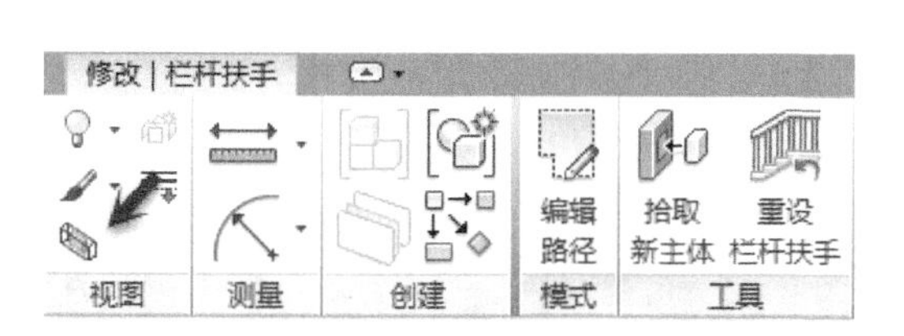

图 8-92

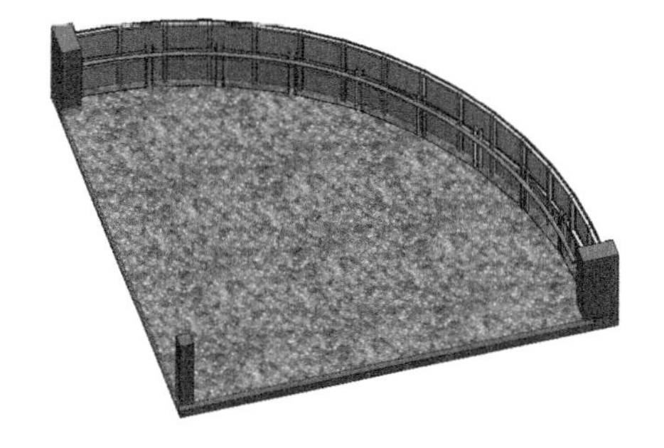
图 8-93

在编辑或者绘制栏杆路径时，单击如图 8-94 所示“修改 | 创建扶手路径”上下文选项卡“选项”面板中“预览”复选框，可以在视图中预览所选择扶手类型的形式。

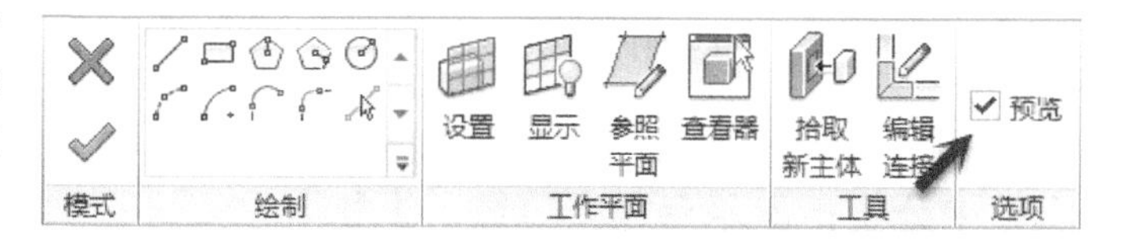

图 8-94

栏杆路径的绘制方法，与楼板、墙体等构件轮廓绘制方法类似，可以绘制直线、圆弧、多段线等多种形式。注意，在同一个草图中，栏杆路径必须首尾连续，Revit 不允许在同一个栏杆草图中存在多个闭环，但允许栏杆路径草图不封闭。

8.2.2 设置楼梯栏杆

上一节中，通过“绘制路径”方式生成幕墙栏杆，在水平面上绘制创建栏杆。在建筑表面复杂，如楼梯、坡道、山墙、波浪屋面等地方创建栏杆，则需要用“拾取主体”方式生成栏杆。

Step01 接上节练习，切换至“3DZ_1#”1 号楼梯三维视图，单击“建筑”选项卡“楼梯坡道”面板中“扶手”工具下拉面板，选择“放置在主体上”选项，进入“修改 | 创建扶手路径”模式，自动切换至“修改 | 创建主体上的栏杆扶手位置”上下文选项卡。在类型选择器扶手类型列表中选择当前扶手类型为“04J412-43-6_900”。

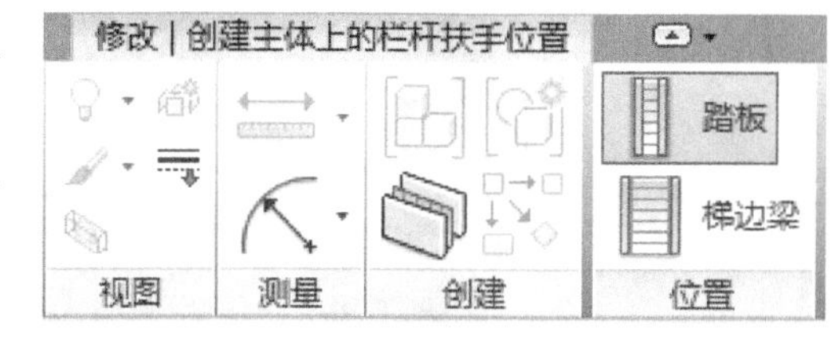

图 8-95

Step02 如图 8-95 所示，单击“位置”面板中“踏板”命令。单击 B1 ~ F1 标高建筑楼梯，Revit 将沿所选择楼梯梯段两侧生成扶手。

> **提 示**
>
> Revit 可以将栏杆放置于楼梯踏板或梯边梁上。

Step03 结果如图 8-96 所示。单击选择平台外靠墙位置扶手，按键盘 Delete 键删除该扶手。

Step04 使用相同的方法，选择“04J412-43-6_900”栏杆类型，拾取 1 号楼梯其余梯段、2 号楼梯梯段、机房层楼梯梯段、配电室楼梯梯段，生成栏杆。

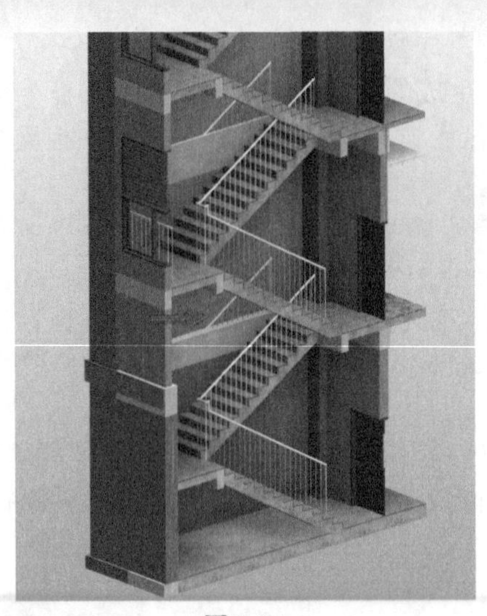

图 8-96

提 示

按 Enter 键可重复上次操作。

Step05 切换至 1 号楼梯机房三维详图"3DZ_RF1#"，如图 8-97 所示。1 号楼梯间机房层楼梯栏杆，需要延伸至平台边，保证平台安全性。

图 8-97

Step06 选择外侧栏杆，单击"模式"面板中的"编辑路径"按钮并进入扶手编辑路径模式。确认勾选"选项"面板中"预览"复选框，使用"拾取线"方式，在三维视图中分别拾取平台楼板边缘，单击"完成编辑模式"，完成扶手轮廓编辑。Revit将自动沿平台生成扶手。

Step07 采用同样方法绘制 2 号机房位置栏杆、采用同样的方法调整扶手路径，调整完成后继续调整地下室变配电室处扶手路径。选择绘制路径工具，切换至 RF 层，缩放至楼梯间位置，绘制 1 号和 2 号楼梯间屋顶扶手。完成后效果如图 8-98 所示。

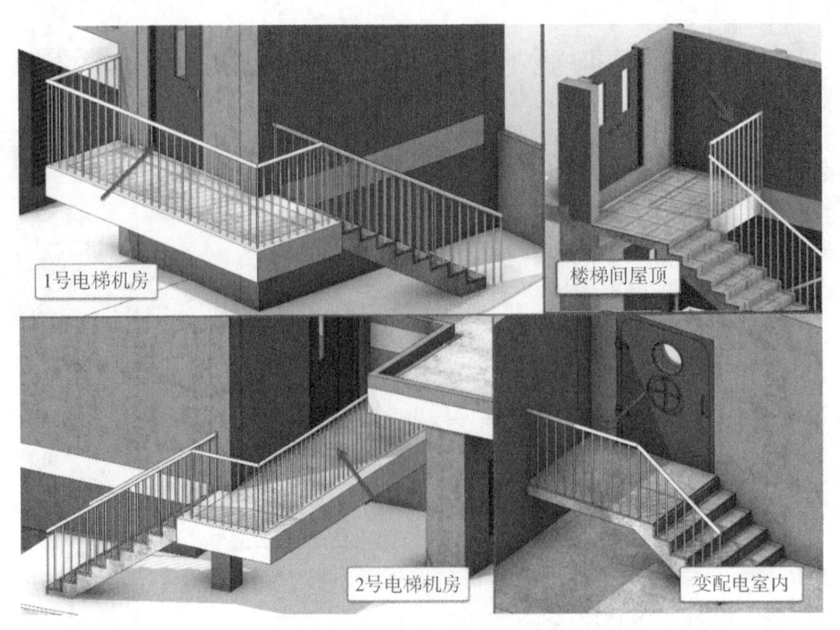

图 8-98

Step 08 保存该文件，读者可参见随书文件“chapter8 \ RVT \ 8-2-2. rvt”项目文件查看最终成果。

采用“拾取主体”的方式生成扶手的操作较为简单，拾取楼梯或坡道主体后，Revit 将自动沿楼梯或坡道方向生成扶手图元。在创建楼梯时，可以在如图 8-99 所示对话框中指定栏杆扶手样式，指定后，在生成楼梯同时，Revit 将生成与楼梯相匹配的扶手图元。

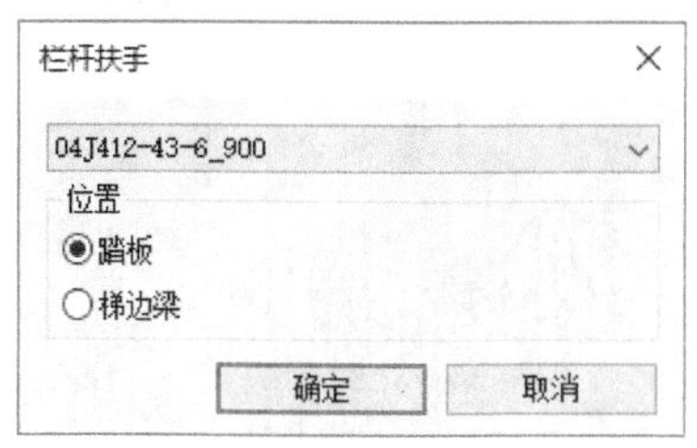

图 8-99

8.2.3 设置栏杆主体

在 Revit 中除可为楼梯、坡道主体图元自动放置栏杆扶手，还可以沿楼板、底板、底板边、墙或屋顶的顶面，设置主体后的栏杆扶手都能随可选主体的不规则曲面和路径自适应生成。

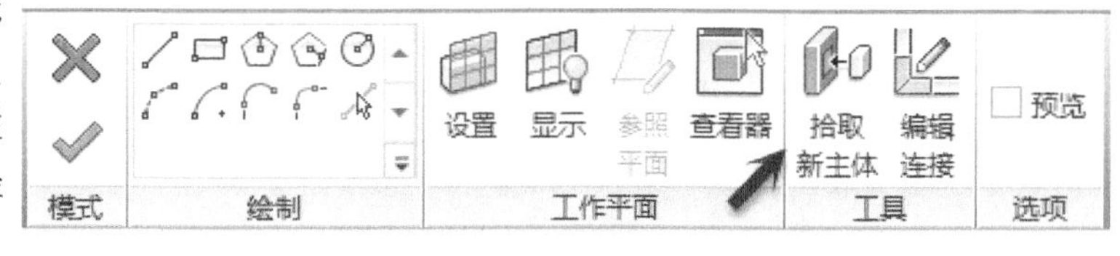

图 8-100

如图 8-100 所示，在栏杆路径草图编辑时，单击“工具”面板中“拾取新主体”工具，单击选择楼板、墙、屋顶、坡道等主体图元，完成编辑模式后，Revit 将自动所拾取主体表面生成栏杆扶手。

提示

还可以在完成栏杆扶手路径草图后，选择栏杆图元，单击“修改栏杆扶手”上下文选项卡“工具”面板中“拾取新主体”工具，为已创建的栏杆扶手拾取或更改主体。

如图 8-101 所示，将扶手主体设置为墙后，Revit 生成的扶手状态。当编辑墙立面形状时，Revit 将自动调整扶手的形状以适应新的主体形状。注意当主体图元删除时，附着于主体的栏杆扶手图元也将同时删除。

图 8-101

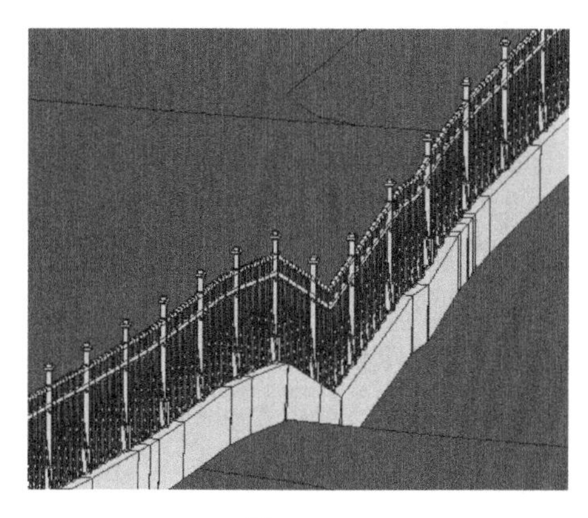
图 8-102

注意，设置主体时，扶手草图路径必须完全位于主体范围之内。当草图中仅有部分路径与主体相交时，对于相交部分，Revit 将按主体方式调整扶手形状，而对于主体之外的部分，Revit 将默认按水平方式生成扶手。

在 Revit 2018 版本中，还支持将地形表面作为主体，沿地形表面生成栏杆扶手。结合使用自定义栏杆功能，可以将栏杆作为场地中的围墙构件，如图 8-102 所示。

在 Revit 2018 版本中，栏杆拾取主体后，Revit 将在路径草图中增加“切换草图方向”符号，如图 8-103 所示，单击该符号可反转栏杆的生成方向。

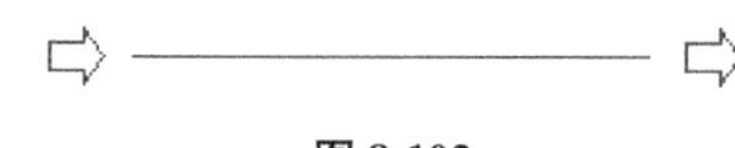
图 8-103

8.2.4 栏杆扶手参数说明

Revit 中可以通过类型属性中各项参数定义扶手栏杆的造型。栏杆扶手由扶手和栏杆两部分构成。可以分别指定扶手各部分使用的族类型，从而灵活定义各种形式的扶手。如图 8-104 所示为几种使用 Revit 定义的不同扶手。

Revit 的扶手由“扶手结构”与“栏杆”两部分构成，如图 8-105 所示。“扶手结构”可以通过栏杆扶手类型属性对话框“扶栏结构（非连续）”设置中，由一系列在“编辑扶手”对话框中定义的轮廓族沿扶手路径放样生成的带状结构。也可以通过定义顶部扶栏类型、扶手 1 及扶手 2 类型的方式生成任意形式的扶手。栏杆是指在栏杆扶手类型属性对话框“编辑栏杆位置”对话框中，由用户指定的主要栏杆样式族，按指定的间距沿扶手路径阵列分布，并在扶手的起点、终点及转角点处放置指定的支柱栏杆族。

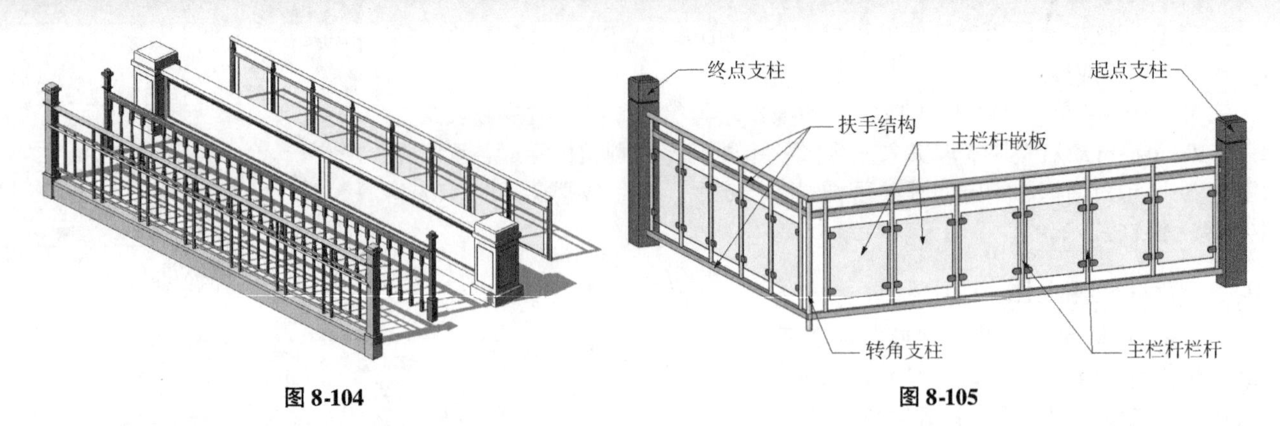

图 8-104　　图 8-105

如图 8-106 所示，在栏杆扶手类型属性对话框中，单击“扶栏结构（非连续）”后编辑按钮可打开“编辑扶手（非连续）”对话框。

在“编辑扶手”对话框中，如图 8-107 所示，可以指定各扶手结构的名称、距离“基准”的高度、采用的轮廓族类型及各扶手的材质。单击“插入”按钮可以添加新的扶手结构。虽然可以使用“向上”或“向下”按钮修改扶手的结构顺序，但扶手的高度由“编辑扶手”对话框中高度最高的扶手决定。

图 8-108 显示了使用图 8-107 所示“编辑扶手”对话框中的参数定义的扶手剖面视图，注意，最终生成的扶手的结构高度与“编辑扶手”对话框中定义的高度相同。图中垂直参照平面表示绘制扶手时，扶手中心线的位置，在“编辑扶手”对话框中，“偏移”参数用来指定扶手轮廓基点偏离该中心线左、右的距离。

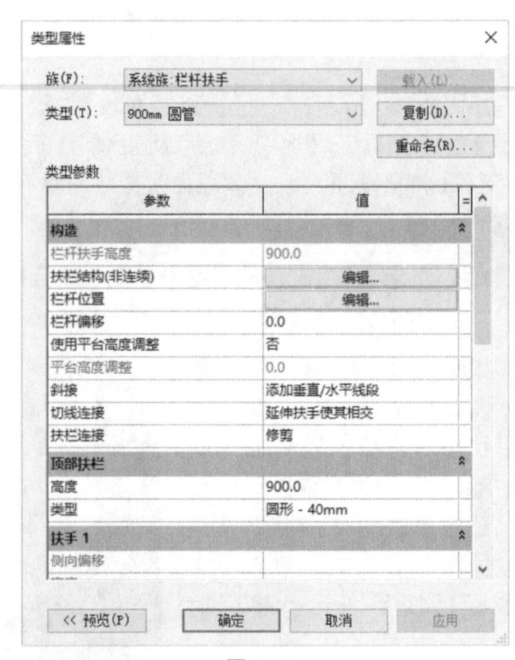

图 8-106

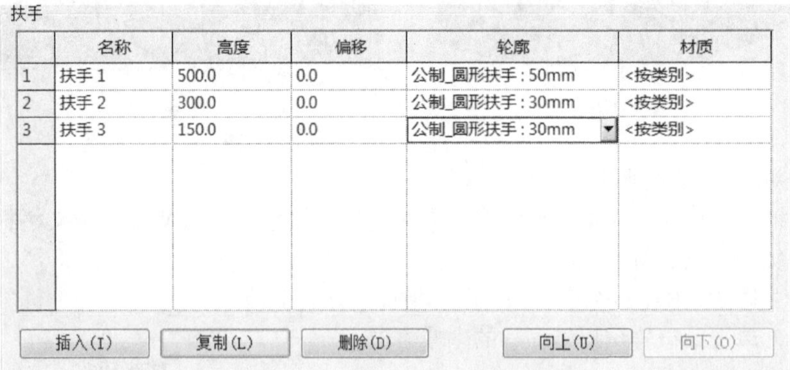

扶手

	名称	高度	偏移	轮廓	材质
1	扶手 1	500.0	0.0	公制_圆形扶手 : 50mm	<按类别>
2	扶手 2	300.0	0.0	公制_圆形扶手 : 30mm	<按类别>
3	扶手 3	150.0	0.0	公制_圆形扶手 : 30mm	<按类别>

插入(I)　复制(L)　删除(D)　向上(U)　向下(O)

图 8-107

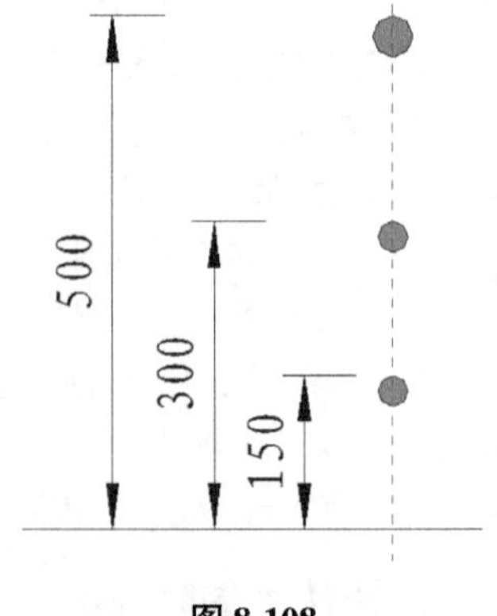

图 8-108

提示

Revit 扶手的剖面不会显示中心线。

在定义“栏杆结构”的“编辑样板位置”对话框中，可以设置主样式中使用的一个或几个栏杆或栏板。如图 8-109 所示，为扶手中定义了一个栏杆和一个嵌板，并分别定义了各样式名称为“栏杆”和“嵌板”；所使用的栏杆族分别为“不锈钢扁钢栏”和“玻璃嵌板 1”；定义“栏杆”样式中在高度方向的起点为主体，即从栏杆的主体或实例属性中定义的标高及底部偏移位置开始，至名称为“顶部扶手”的扶手结构处结束；“嵌板”样式在高度方向起点为名称为“底部扶手”的扶手结构之上 50mm 位置，至“顶部扶手”扶手结构处之下 100mm 处结束，与栏中心线偏移值为 0。

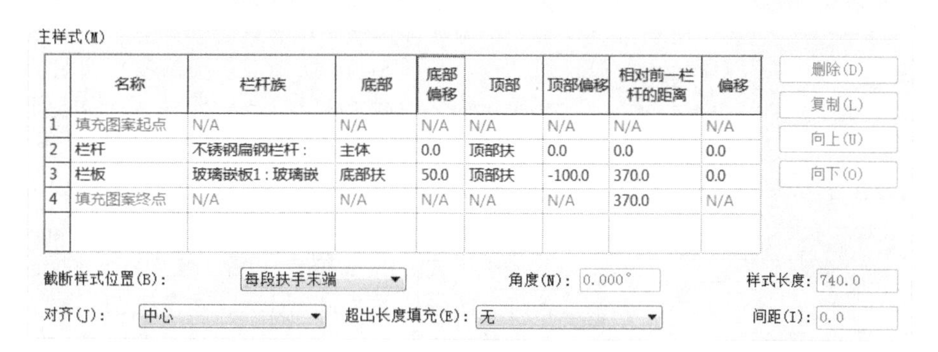
主样式(M)

	名称	栏杆族	底部	底部偏移	顶部	顶部偏移	相对前一栏杆的距离	偏移
1	填充图案起点	N/A	N/A	N/A	N/A	N/A	N/A	N/A
2	栏杆	不锈钢扁钢栏杆：	主体	0.0	顶部扶	0.0	0.0	0.0
3	栏板	玻璃嵌板1：玻璃嵌	底部扶	50.0	顶部扶	-100.0	370.0	0.0
4	填充图案终点	N/A	N/A	N/A	N/A	N/A	370.0	N/A

删除(D)　复制(L)　向上(U)　向下(O)

截断样式位置(B)：每段扶手末端　角度(N)：0.000°　样式长度：740.0

对齐(J)：中心　超出长度填充(E)：无　间距(I)：0.0

图 8-109

使用该定义的扶手结构如图 8-110 所示，请读者对照上图中定义的尺寸比较各参照的影响。

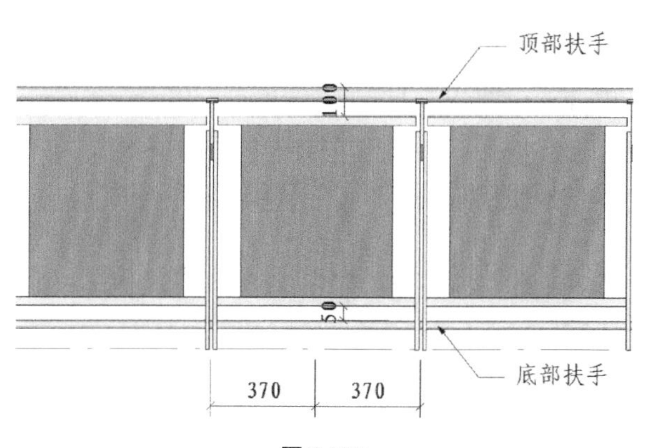

图 8-110

在主样式设置中，可以设置主样式中定义栏杆的“截断样式位置”。即当绘制的扶手带有转角时，且转角处的剩余长度不足以生成完整的主样式栏杆时，如何截断栏杆。Revit 提供了三种截断方式：每段扶手末端、角度大于或从不。还可以设置“对齐”选项，指定 Revit 第一根栏杆对齐扶手的位置。如图 8-111 所示，在设置“截断样式位置”为“从不”时，扶手在转折处的样式，即使转角处的位置不足以生成的“主样式”中定义的完整栏杆和嵌板，Revit 仍然在转角的位置生成了完整栏杆和嵌板。

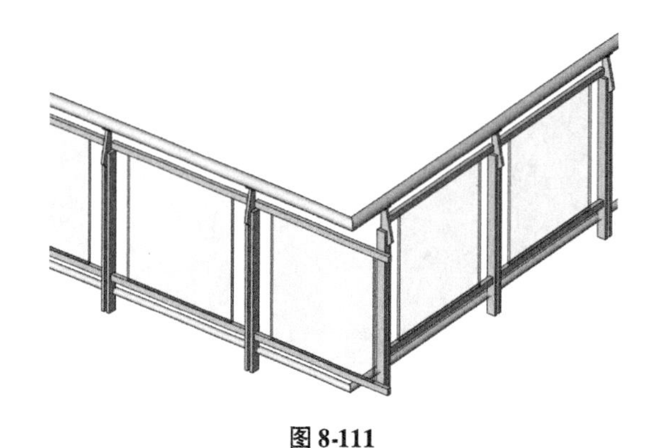
图 8-111

在“编辑栏杆位置”对话框中还可以自由指定扶手转角处、起点和终点所使用的支柱样式和使用的族。限于篇幅，请读者自行尝试其他各参数的意义。

Revit 自 2013 版本开始，提供顶部扶栏、扶手 1、扶手 2 三个系统族，用于简化定义栏杆的扶手。如图 8-112 所示，在栏杆扶手类型属性中，可分别指定顶部扶栏的高度、采用的类型以及扶手 1 与扶手 2 的类型及形式。

如图 8-113 所示，在 Revit 项目浏览器中，展开族、栏杆扶手，在扶手类型中可以定义当前项目中扶手 1、扶手 2 的类型名称及类型参数；而顶部扶栏类型中可以定义顶部扶栏的类型名称及类型参数。

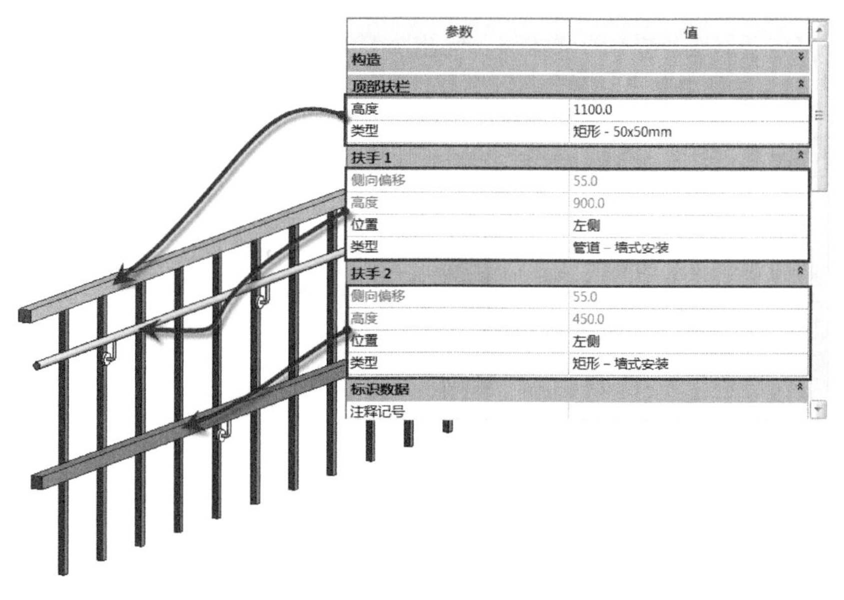

图 8-112

柱
栏杆扶手
M_嵌板 - 玻璃
M_支座 - 金属 - 圆形
M_栏杆 - 圆形
M_栏杆 - 扁钢立杆
M_栏杆 - 正方形
M_端头 - 木材 - 矩形
扶手类型
矩形 - 墙式安装
管道 - 墙式安装
栏杆扶手
顶部扶栏类型
圆形 - 40mm
椭圆形 - 40x30mm
矩形 - 50x50mm

图 8-113

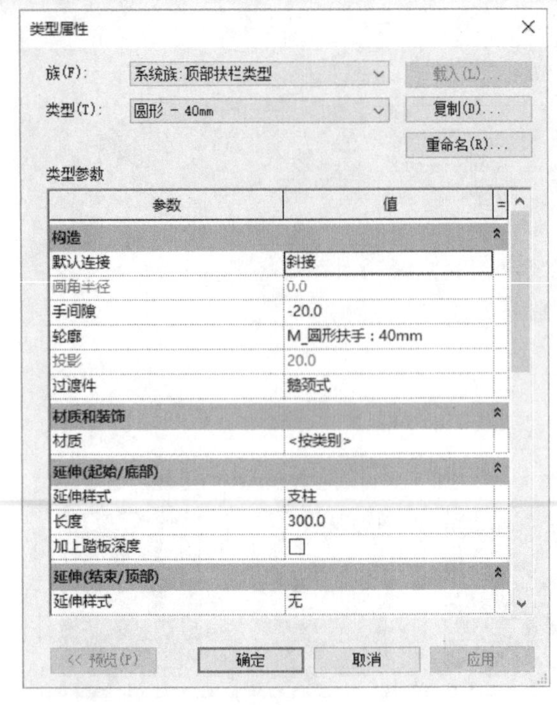

图 8-114

双击顶部扶栏中任意类型名称，打开该顶部扶栏类型属性对话框。如图 8-114 所示，在顶部扶栏类型参数中，可设置扶栏采用的“轮廓族”，与“编辑扶手”对话框中轮廓“偏移”设置类似，“手间隙”用于设置顶部扶栏的轮廓偏移值。

在顶部扶栏类型属性对话框中，还可以分别设置扶栏的起始端与结束端的延伸方式。以便于在起始端及结束端生成不同的扶手样式。Revit 提供了墙、楼层和支柱三种端部延伸样式，各样式区别如图 8-115 所示。注意顶部扶栏的高度由栏杆扶手类型属性中顶部扶栏参数组中“高度”参数决定。

而“扶手 1”及“扶手 2”由族中“扶手类型”系统族类型决定。如图 8-116 所示，在扶手类型属性对话框中，除可设置扶手的轮廓族、距离中心线的偏移值外，扶手的高度由该对话框中的“高度”决定。

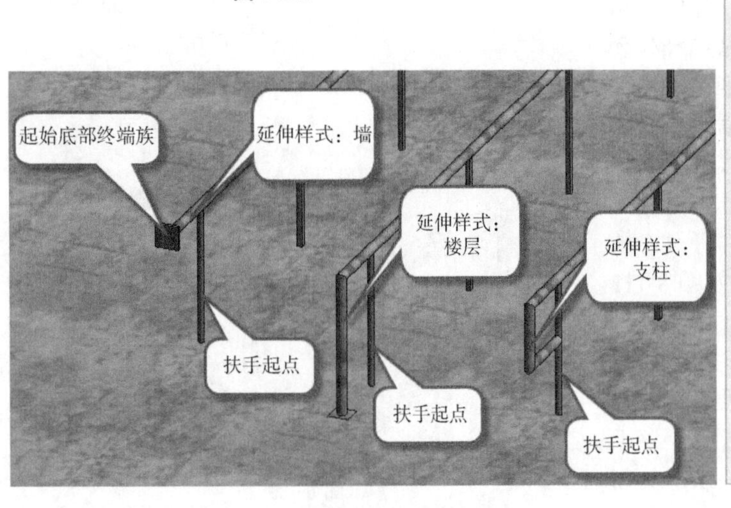

图 8-115

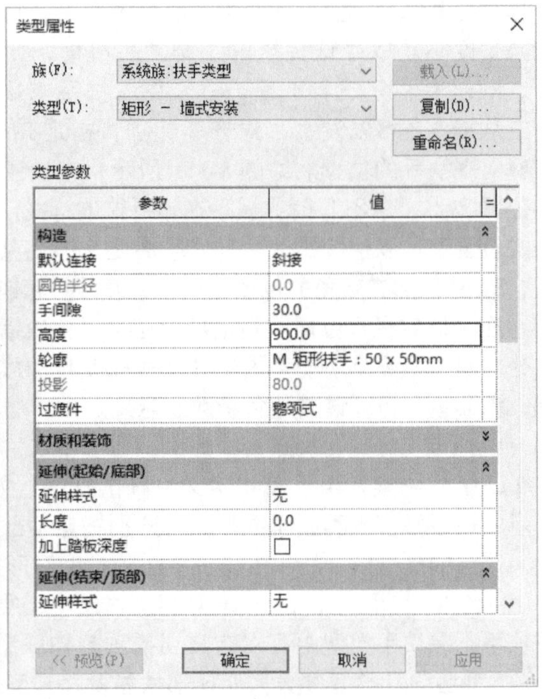

图 8-116

在扶手类型对话框中，其参数设置与顶部扶栏参数设置类似。但在扶手类型中还提供了如图 8-117 所示的支座设置参数。该参数组允许用户定义扶手类型中采用的支座族类型，并设定支座的布局方式以及放置间距。Revit 提供了固定距离、与支柱对齐、固定数量、最大间距和最小间距共计 5 种支座布局形式。

使用支座设置，可以很方便生成如图 8-118 所示的靠墙栏杆形式。

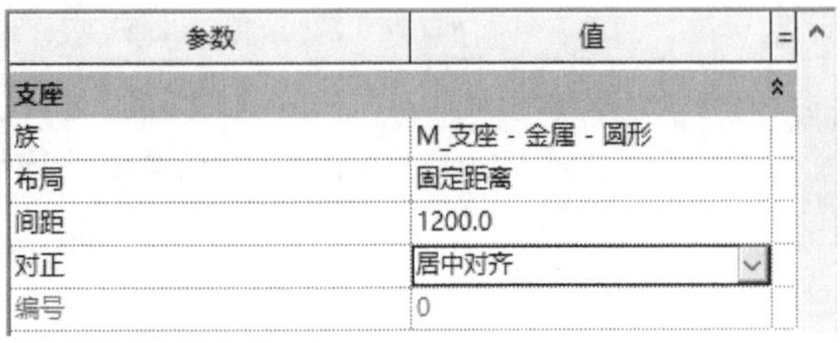

参数	值
支座	
族	M_支座 - 金属 - 圆形
布局	固定距离
间距	1200.0
对正	居中对齐
编号	0

图 8-117

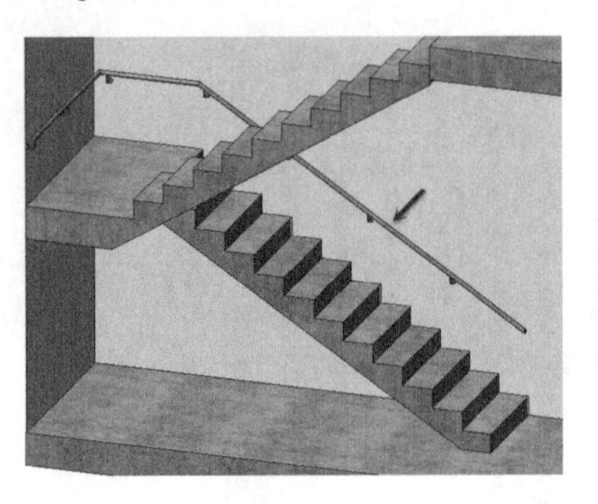

图 8-118

在 Revit 中，楼梯扶手设置非常灵活。在掌握了上述基本概念后，接下来将通过练习说明如何自定义任意形式的栏杆扶手。

8.2.5 自定义栏杆

有了前面的基础，即可以通过指定扶手结构、栏杆位置的方式自定义任意形式的扶手。下面，将以定义如图 8-119 所示扶手样式，介绍如何自定义扶手。本书将介绍两种方法来实现图中栏杆样式。

要在 Revit 中定义图 8-120 中所示扶手，首先需要将图中扶手进行拆分。该扶手由顶部扶手、中间扶手和底部扶手三部分扶手组成，各扶手间距离如图中所示。

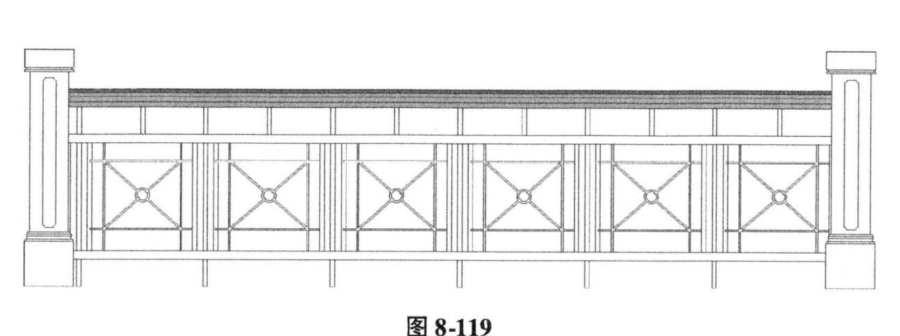

图 8-119

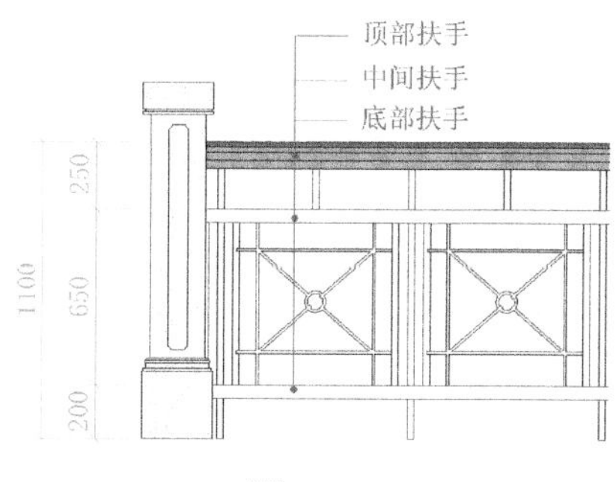

图 8-120

而构成该扶手的栏杆，则由图 8-121 所示编号为①至⑤的五个不同的栏杆图案沿扶手方向重复组成。对于扶手的起点和终点位置分别放置了高于扶手高度 100 的立柱。

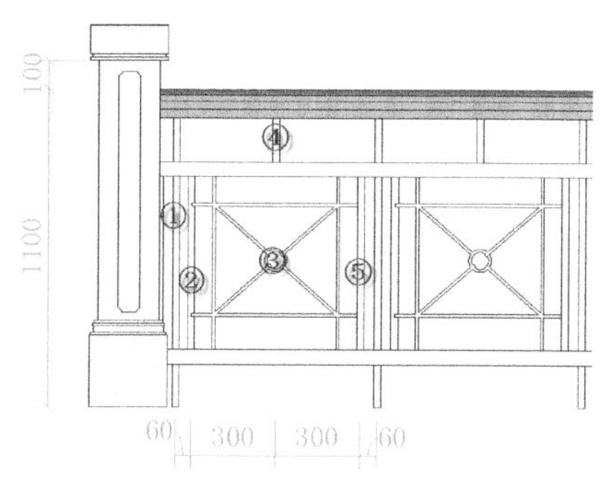

图 8-121

接下来，通过具体的操作来定义该扶手。首先需要载入定义该扶手所需要的扶手、栏杆轮廓族。

Step01 打开随书文件“第 8 章 \ RVT \ 扶手类型定义练习 . rvt”项目文件，在该项目中已绘制“900mm 圆管”类型扶手。切换至南立面视图，观察该扶手位于“标高 1”。

Step02 单击“插入”选项卡“从库中载入”面板中“载入族”工具，浏览至随书文件“第 8 章 \ RFA”文件夹，载入“顶部扶手轮廓 . rfa”“欧式立柱 . rfa”“铁艺嵌板 . rfa”“正方形扶手轮廓 . rfa”“正方形栏杆 . rfa”族文件。

提 示

展开项目浏览器“族→扶手”类别，可以查看所有可用的栏杆族。而在“族→轮廓”类别中可以查看载入的扶手轮廓。

Step03 选择栏杆图元。打开“类型属性”对话框，复制新建名称为“自定义扶手”的新类型。如图 8-122 所示，设置类型属性对话框中顶部扶栏参数类别中“类型”值为“无”，即不采用 Revit 的顶部扶栏类型。

参数	值
构造	
栏杆扶手高度	775.0
扶栏结构(非连续)	编辑...
栏杆位置	编辑...
栏杆偏移	0.0
使用平台高度调整	否
平台高度调整	0.0
斜接	添加垂直/水平线段
切线连接	延伸扶手使其相交
扶栏连接	修剪
顶部扶栏	
高度	900.0
类型	无
扶手 1	
侧向偏移	

图 8-122

提 示

在 Revit 2018 中，可设置“使用顶部扶栏”参数为“否”来关闭顶部扶栏选项。

Step04 单击“扶手结构（非连续）”后的“编辑”按钮，打开“编辑扶手”对话框。如图 8-123 所示，在扶手列表中将显示当前扶手类型中已定义的扶手轮廓。依次选择编号为 4、5、6 的扶手，单击列表正文“删除”按钮，删除原 4、5、6 号扶手轮廓。

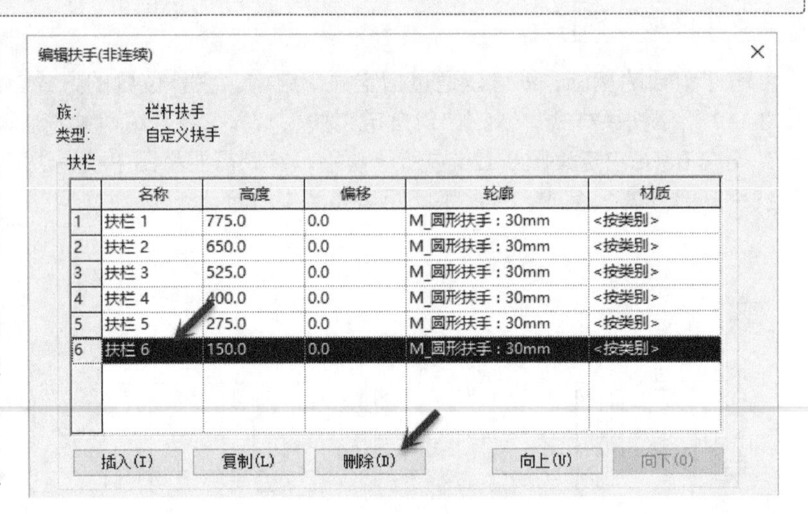

编辑扶手(非连续)

族: 栏杆扶手
类型: 自定义扶手

扶栏

	名称	高度	偏移	轮廓	材质
1	扶栏 1	775.0	0.0	M_圆形扶手 : 30mm	<按类别>
2	扶栏 2	650.0	0.0	M_圆形扶手 : 30mm	<按类别>
3	扶栏 3	525.0	0.0	M_圆形扶手 : 30mm	<按类别>
4	扶栏 4	400.0	0.0	M_圆形扶手 : 30mm	<按类别>
5	扶栏 5	275.0	0.0	M_圆形扶手 : 30mm	<按类别>
6	扶栏 6	150.0	0.0	M_圆形扶手 : 30mm	<按类别>

插入(I) 复制(L) 删除(D) 向上(U) 向下(O)

图 8-123

Step05 如图 8-124 所示，分别重命名 1、2、3 号扶手名称为顶部扶手、中间扶手、底部扶手，修改高度分别为 1100、850、200，轮廓分别为“顶部扶手轮廓”“正方形扶手轮廓：50×50”“正方形扶手轮廓：50×50”。其他参数参见图中所示。设置完成后单击“确定”按钮返回“类型属性”对话框。

扶手

	名称	高度	偏移	轮廓	材质
1	顶部扶手	1100.0	0.0	顶部扶手轮廓 : 顶部扶手	木材-樱桃木
2	中间扶手	850.0	0.0	正方形扶手轮廓 : 50 x 50	白色涂料
3	底部扶手	200.0	0.0	正方形扶手轮廓 : 50 x 50	白色涂料

插入(I) 复制(L) 删除(D) 向上(U) 向下(O)

图 8-124

提 示

单击“插入”或“复制”按钮，可新建或复制建立新的扶手结构。

Step06 单击“类型属性”对话框中“栏杆位置”后“编辑”按钮，打开“编辑栏杆位置”对话框。如图 8-125所示，修改第 2 行栏杆名称为“栏杆 1”，修改栏杆族为“正方形：25mm”，确认底部设置为“主体”，即该栏杆底部位于扶手“主体”位置。设置“底部偏移”值为 0；设置“顶部”为“顶部扶手”，设置“顶部偏移”值为 0，设置“相对前一栏杆的距离”值为 60，偏移值为 0。

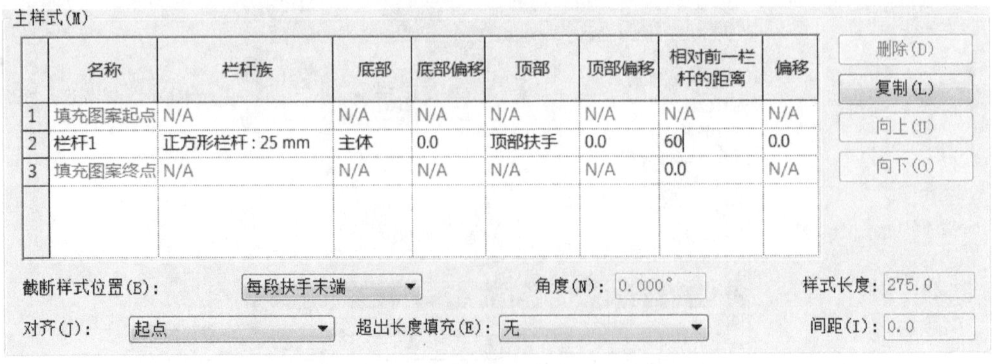

主样式(M)

	名称	栏杆族	底部	底部偏移	顶部	顶部偏移	相对前一栏杆的距离	偏移
1	填充图案起点	N/A	N/A	N/A	N/A	N/A	N/A	N/A
2	栏杆1	正方形栏杆 : 25 mm	主体	0.0	顶部扶手	0.0	60	0.0
3	填充图案终点	N/A	N/A	N/A	N/A	N/A	0.0	N/A

删除(D) 复制(L) 向上(U) 向下(O)

截断样式位置(B): 每段扶手末端　角度(N): 0.000°　样式长度: 275.0

对齐(J): 起点　超出长度填充(E): 无　间距(I): 0.0

图 8-125

提 示

底部、顶部位置可以基于主体或第 5）步中设置的扶手结构名称确定栏杆的高度。

Step07 如图 8-126 所示，单击“复制”按钮，以“栏杆 1”为基础复制建立新样式，注意，复制后的栏杆位于原样板位置之上。修改栏杆名称为“栏杆 2”，修改“底部”值为底部扶手；“顶部”设置为中间扶手，即该栏杆位于“底部扶手”位置（200mm）与“中间扶手”位置（850mm）之间。其他参数参见图中所示。单击“向下”按钮，将“栏杆 2”设置于“栏杆 1”之下。

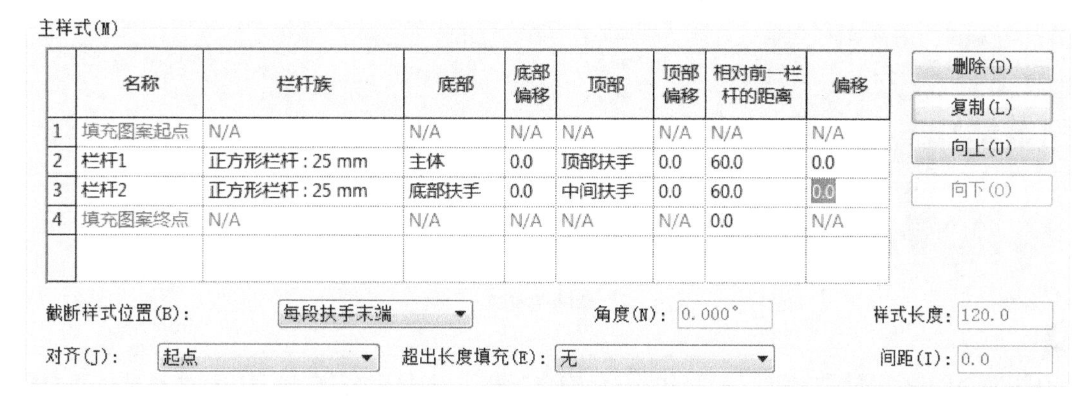

主样式(M)

	名称	栏杆族	底部	底部偏移	顶部	顶部偏移	相对前一栏杆的距离	偏移
1	填充图案起点	N/A	N/A	N/A	N/A	N/A	N/A	N/A
2	栏杆1	正方形栏杆 : 25 mm	主体	0.0	顶部扶手	0.0	60.0	0.0
3	栏杆2	正方形栏杆 : 25 mm	底部扶手	0.0	中间扶手	0.0	60.0	0.0
4	填充图案终点	N/A	N/A	N/A	N/A	N/A	0.0	N/A

删除(D) 复制(L) 向上(U) 向下(O)

截断样式位置(B)：每段扶手末端　角度(N)：0.000°　样式长度：120.0

对齐(J)：起点　超出长度填充(E)：无　间距(I)：0.0

图 8-126

Step08 重复上一步操作，如图 8-127 所示创建其他栏杆，注意各栏杆顺序。注意右下方“样式长度”显示该主样式图案总长度为 720。

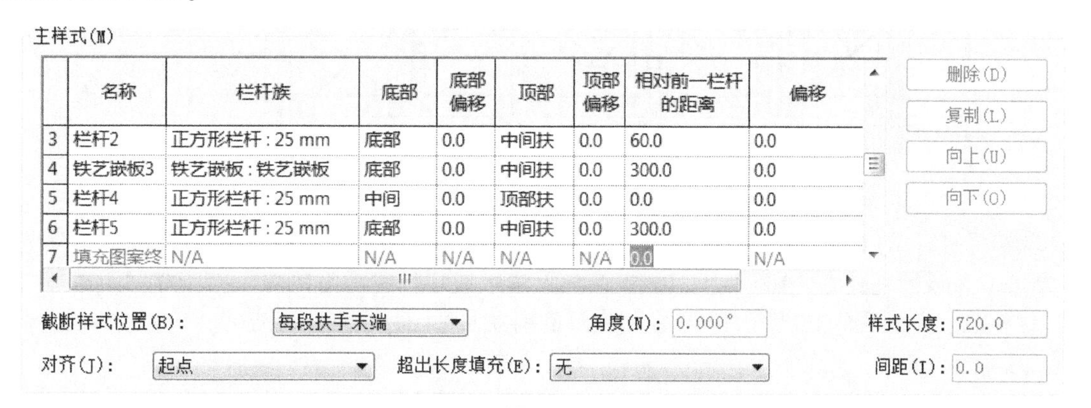

主样式(M)

	名称	栏杆族	底部	底部偏移	顶部	顶部偏移	相对前一栏杆的距离	偏移
3	栏杆2	正方形栏杆 : 25 mm	底部	0.0	中间扶	0.0	60.0	0.0
4	铁艺嵌板3	铁艺嵌板 : 铁艺嵌板	底部	0.0	中间扶	0.0	300.0	0.0
5	栏杆4	正方形栏杆 : 25 mm	中间	0.0	顶部扶	0.0	0.0	0.0
6	栏杆5	正方形栏杆 : 25 mm	底部	0.0	中间扶	0.0	300.0	0.0
7	填充图案终	N/A	N/A	N/A	N/A	N/A	0.0	N/A

删除(D) 复制(L) 向上(U) 向下(O)

截断样式位置(B)：每段扶手末端　角度(N)：0.000°　样式长度：720.0

对齐(J)：起点　超出长度填充(E)：无　间距(I)：0.0

图 8-127

提示

栏杆 4 位于铁艺嵌板正中位置，因本例中载入的栏杆族定位位置位于族中间，因此设置两栏杆间距为 0。

Step09 不修改其他参数。完成后单击“确定”按钮返回“类型属性”对话框。如图 8-128 所示，修改“栏杆偏移”值为 0。再次单击确定按钮，退出“类型属性”对话框。

Step10 此时扶手修改为图 8-129 所示。注意该扶手末段未生成栏杆图案。

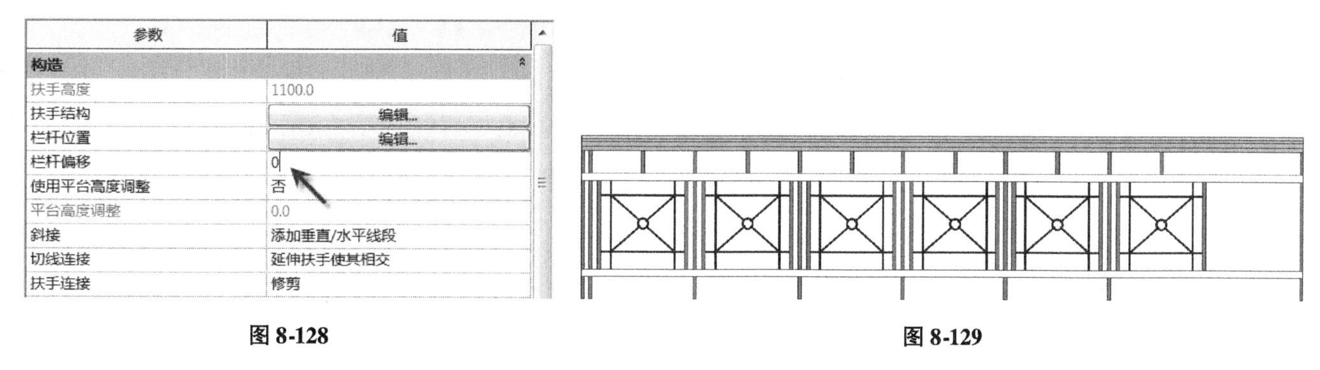

参数	值
构造	
扶手高度	1100.0
扶手结构	编辑...
栏杆位置	编辑...
栏杆偏移	0
使用平台高度调整	否
平台高度调整	0.0
斜接	添加垂直/水平线段
切线连接	延伸扶手使其相交
扶手连接	修剪

图 8-128　　图 8-129

Step11 选择扶手图元。打开“类型属性”对话框。打开“编辑栏杆位置”对话框，如图 8-130 所示，修改“对齐”方式为“中心”，完成后单击“确定”按钮两次退出“类型属性”对话框。

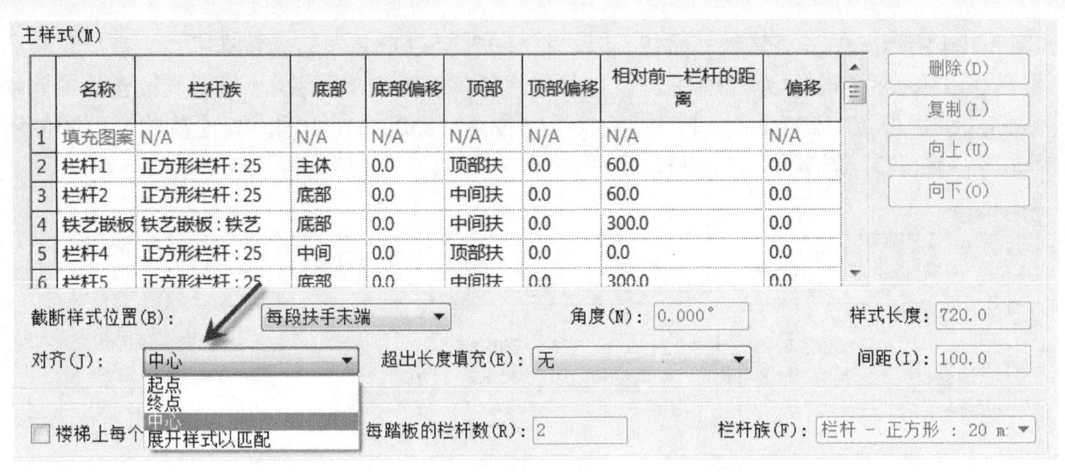

图 8-130

提 示

如图设置为“展开样式以匹配”选项，Revit 将自动调整主样式的样式总长度，使主样式能完全显示。

Step 12 Revit 修改扶手如图 8-131 所示。Revit 以扶手中心位置向两侧排列栏杆图案。

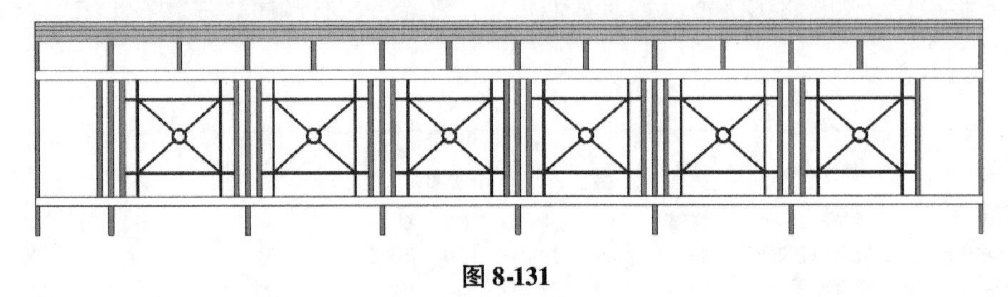

图 8-131

Step 13 再次选择栏杆，打开“编辑栏杆类型”对话框。如图 8-132 所示，修改“超出长度填充”选项为“正方形栏杆：25mm”，设置间距为“100”，即 Revit 将在无法生成栏杆主图案的位置按 100 间距放置“正方形栏杆：25mm”栏杆族。完成后单击“确定”按钮两次返回南立面视图，观察扶手变化。

图 8-132

Step 14 完成后单击“确定”按钮两次返回南立面视图，观察扶手修改为如图 8-133 所示。

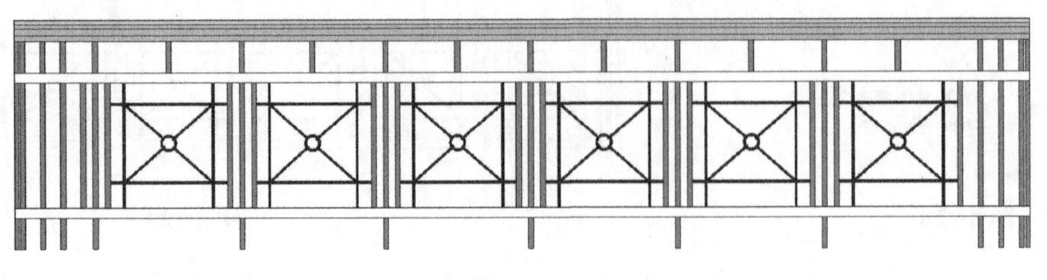

图 8-133

Step 15 选择扶手，打开“编辑栏杆位置”对话框。如图 8-134 所示，修改底部“支柱”对话框中“起点支柱”“转角支柱”“终点支柱”分别为“欧式立柱”“中式转角立柱”“欧式立柱”，确认“底部”为“主体”，“顶部”设置为“顶部扶手”；修改“顶部偏移”值为 100，分别修改各“空间”值为 100、0、－100；设置“转角支柱位置”为“每段扶手末端”，其他参数参见图中所示。完成后单击“确定”按钮两次退出“类型属性”对话框。

支柱(S)

	名称	栏杆族	底部	底部偏移	顶部	顶部偏移	空间	偏移
1	起点支柱	欧式立柱：欧式立	主体	0.0	顶部扶	100.0	100.0	0.0
2	转角支柱	中式转角立柱：中	主体	0.0	顶部扶	100.0	0.0	0.0
3	终点支柱	欧式立柱：欧式立	主体	0.0	顶部扶	100.0	-100.0	0.0

转角支柱位置(C)： 每段扶手末端　　角度(G)： 0.000°

图 8-134

提 示

“空间”用于指定支柱在立面视图中的左右偏移值。

Step16 Revit 修改扶手样式如图 8-135 所示，在扶手起点和终点位置添加了“欧式立柱”栏杆。

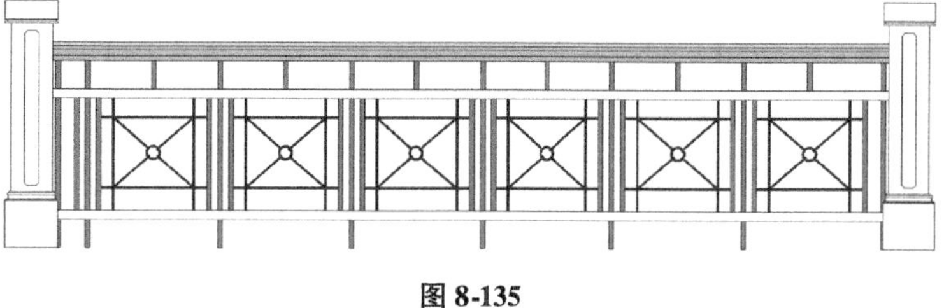

图 8-135

Step17 切换至标高 F1 楼层平面视图。选择扶手图元，单击“编辑路径”按钮返回扶手迹线编辑模式。使用“拆分”工具，单击迹线中心位置将迹线拆分为两段。完成后单击“完成编辑模式”按钮，完成扶手编辑。

Step18 切换至南立面视图，注意 Revit 在拆分位置添加了“中式转角支柱”栏杆族，如图 8-136 所示。至此完成定义任意形式扶手练习。关闭但不保存对该文件的修改。

合理设置扶手的“扶手结构”和“栏杆结构”，可以生成建筑中各类常用的重复构件。例如图 8-137 中所示建筑顶部装饰线脚为使用 Revit中扶手构件生成。Revit 允许用户使用“公制轮廓-扶手”族样板自定义任意形式的扶手轮廓。并提供了“公制栏杆”“公制栏杆-嵌板”和“公制栏杆-支柱”三个族样板，用于自定义任意形式的栏杆、嵌板和支柱族。关于族定义的更多信息，参见本书第 20 章。

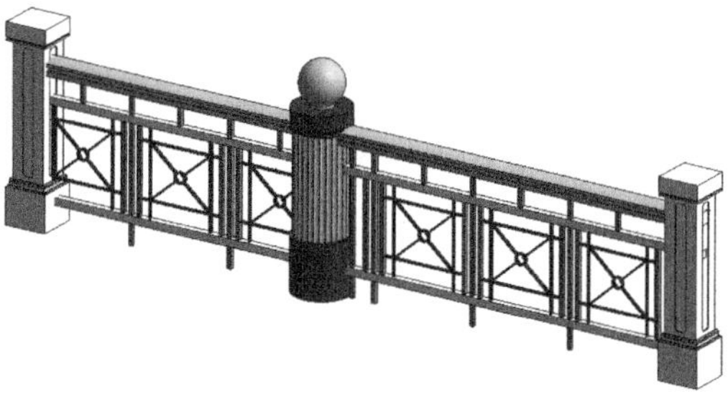

图 8-136

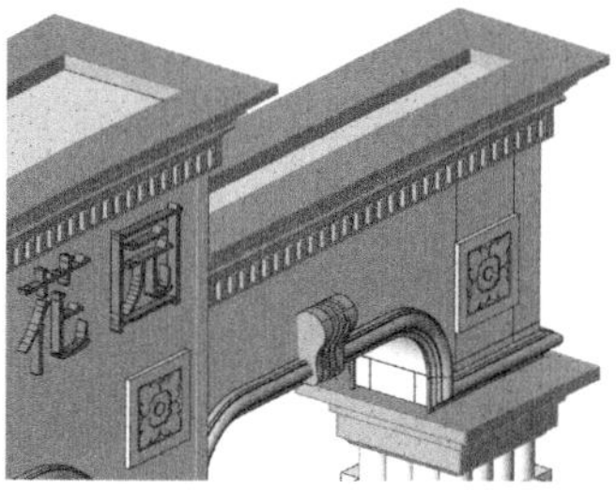

图 8-137

结合扶手的定义主体构件功能，合理定义栏杆族，可以生成如图 8-138 所示车道分隔线效果。

图 8-138

8.2.6 自定义扶栏

除通过“编辑扶手（非连续）”对话框生成扶手外，还可以利用顶部扶栏、扶手1、扶手2系统族生成本章上一节中完全相同效果的栏杆扶手。同时，Revit还允许对顶部扶栏做进一步的修改，以满足端部造型的要求。接下来通过练习说明如何使用顶部扶栏的方式生成自定义栏杆。

参数	值
构造	
默认连接	斜接
圆角半径	0.0
手间隙	0.0
轮廓	顶部扶手轮廓：顶部扶手轮廓
投影	180.0
过渡件	普通
材质和装饰	
材质	木材-樱桃木
延伸(起始/底部)	
延伸样式	无
长度	0.0
加上踏板深度	☐
延伸(结束/顶部)	
延伸样式	无

图 8-139

Step01 打开随书文件“第8章\RVT\扶手类型定义练习.rvt”项目文件，在该项目中已绘制“900mm”类型扶手。切换至南立面视图，观察该扶手位于“标高1”。

Step02 单击“插入”选项卡“从库中载入”面板中“载入族”工具，浏览至随书文件“第8章\RFA”文件夹，载入“顶部扶手轮廓.rfa”“欧式立柱.rfa”“铁艺嵌板.rfa”“正方形扶手轮廓.rfa”“正方形栏杆.rfa”族文件。

Step03 在项目浏览器中，依次展开“族→栏杆扶手→顶部扶栏”类别，双击“40mm-圆形”族类别，打开顶部扶栏类型属性对话框。复制新建名称为“自定义顶部扶手”的新类型。

Step04 如图8-139所示，修改构造参数组中“轮廓”为“顶部扶手轮廓”；设置“手间隙”值为0；修改材质为“木材－樱桃木”，其他参数参照图中所示。设置完成后单击“确定”按钮退出类型属性对话框。

参数	值
构造	
默认连接	斜接
圆角半径	0.0
手间隙	0.0
高度	850.0
轮廓	正方形扶手轮廓：50 x 50 mm
投影	50.0
过渡件	鹅颈式

图 8-140

Step05 在项目浏览器中展开“扶手类型”类别。双击“矩形-墙式安装”族类型，打开类型属性对话框。复制新建名称为“自定义中间扶手”新族类型。

Step06 如图8-140所示，修改“高度”值为850，“手间隙”为0；设置轮廓为“正方形扶手轮廓：50×50”族类型。

Step07 如图8-141所示，修改“支座”参数组中“族”为无，其他参数默认。设置完成后单击应用按钮保存该族类型参数。

Step08 以上一步中创建的扶手类型为基础，再次复制新建名称为“自定义底部扶手”新类型，修改高度值为200，其他参数不变，单击确定按钮退出类型属性对话框。

Step09 选择栏杆图元。打开“类型属性”对话框，复制新建名称为“自定义扶手使用顶部扶栏”的新类型。单击“扶栏结构（非连续）”后编辑按钮，打开“编辑扶手（非连续）”对话框。选择编号为1的扶手结构，连续单击底部“删除”按钮，直到删除该对话框中所有扶手定义。完成后单击“确定”按钮返回类型属性对话框。

Step10 如图8-142，修改顶部扶栏参数组中“类型”为“自定义顶部扶手”，设置高度为1100；设置扶手1类

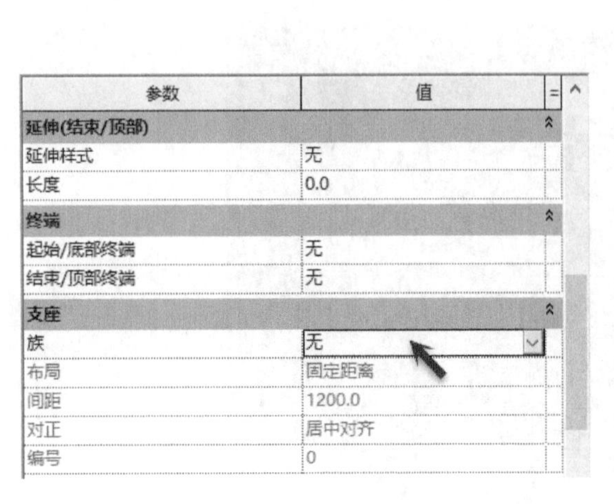

参数	值
延伸(结束/顶部)	
延伸样式	无
长度	0.0
终端	
起始/底部终端	无
结束/顶部终端	无
支座	
族	无
布局	固定距离
间距	1200.0
对正	居中对齐
编号	0

图 8-141

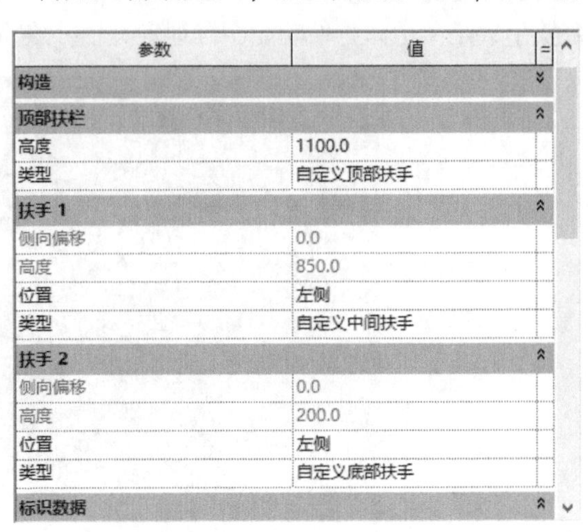

参数	值
构造	
顶部扶栏	
高度	1100.0
类型	自定义顶部扶手
扶手 1	
侧向偏移	0.0
高度	850.0
位置	左侧
类型	自定义中间扶手
扶手 2	
侧向偏移	0.0
高度	200.0
位置	左侧
类型	自定义底部扶手
标识数据	

图 8-142

型为“自定义中间扶手”，位置设置为“左侧”；扶手 2 类型为“自定义底部扶手”，位置设置为“左侧”。其他参数默认。

Step⑪打开“编辑栏杆位置”对话框。如图 8-143 所示，参考 8. 2. 5 节中栏杆位置设置对话框中各参数。注意，Revit 只允许“顶部扶栏”作为栏杆高度方向定位构件，因此将采用主体与顶部扶栏的底部偏移和顶部偏移值来设置各栏杆的高度。结果参照图中所示。

主样式(M)

	名称	栏杆族	底部	底部偏移	顶部	顶部偏移	相对前一栏杆的距离
1	填充图	N/A	N/A	N/A	N/A	N/A	N/A
2	常规栏	正方形栏杆：25	主体	0.0	顶部扶栏图	0.0	60.0
3	常规栏	正方形栏杆：25	主体	150.0	顶部扶栏图	-250.0	60.0
4	常规栏	铁艺嵌板：铁艺嵌	主体	150.0	顶部扶栏图	-250.0	300.0
5	常规栏	正方形栏杆：25	主体	850.0	顶部扶栏图	0.0	0.0
6	常规栏	正方形栏杆：25	主体	150.0	顶部扶栏图	-250.0	300.0
7	填充图	N/A	N/A	N/A	N/A	N/A	0.0

图 8-143

Step⑫完成后，单击确定按钮两次，Revit 将根据设置的扶栏及栏杆重新生成扶手。如图 8-144 所示，注意此时顶部扶栏、扶手 1 及扶手 2 与栏杆间存在偏移。切换至标高 F1 楼层平面视图，使用剖面视图工具垂直栏杆扶手方向绘制剖面线，切换至剖面视图，注意，栏杆的中心与顶部扶手栏边缘及扶手 1 和扶手 2 的边缘对齐。

Step⑬通过项目浏览器打开“自定义顶部扶手”类型属性对话框，修改“手间隙”值为 -90；结果如图 8-145所示。

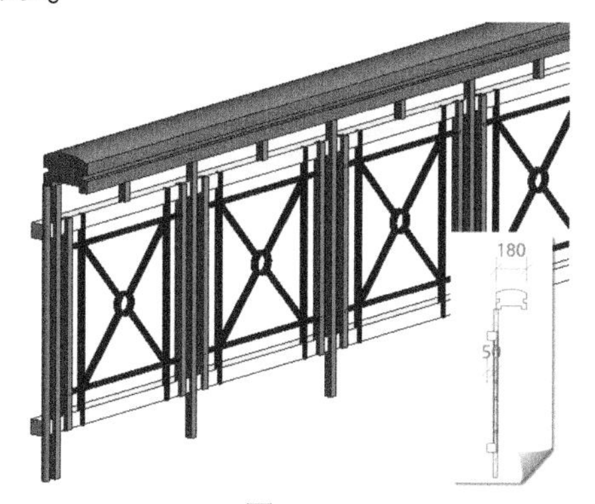

图 8-144

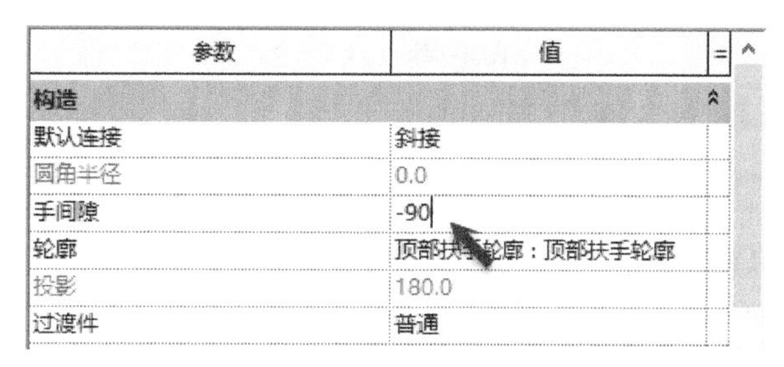

参数	值
构造	
默认连接	斜接
圆角半径	0.0
手间隙	-90
轮廓	顶部扶手轮廓：顶部扶手轮廓
投影	180.0
过渡件	普通

图 8-145

Step⑭使用类似的方式分别修改“自定义中间扶手”和“自定义底部扶手”类型参数中“手间隙”值为 -25，Revit 将自动修改扶手如图 8-146 所示。

Step⑮切换至三维视图，配合键盘 TAB 键，单击选择顶部扶栏图元。如图 8-147 所示，单击“修改 | 顶部扶栏”选项卡“连续扶栏”面板中“编辑扶栏”按钮，进入编辑连续扶栏状态。

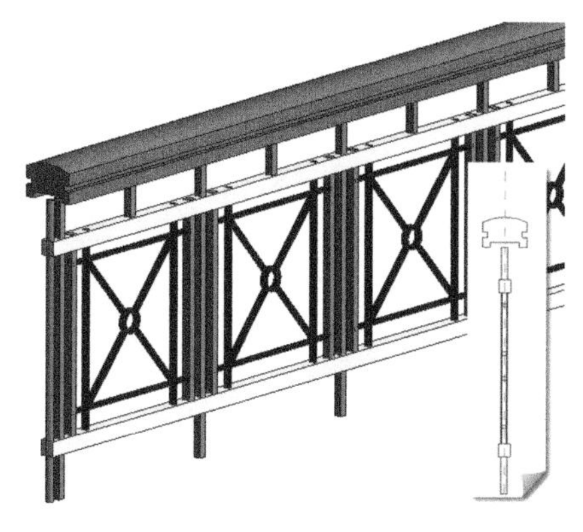

图 8-146

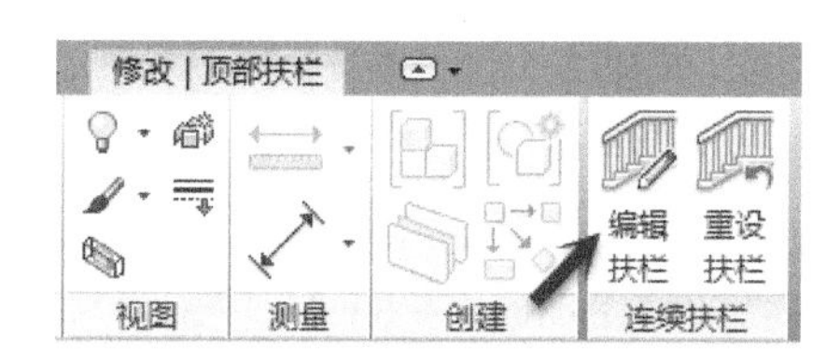

图 8-147

Step 16 如图 8-148 所示，在编辑连续扶栏上下文选项卡“轮廓”面板中，可对当前选择的扶栏轮廓进行重新调整，或单击“载入轮廓”按钮从族库中载入新的轮廓。在本操作中不修改任何轮廓。

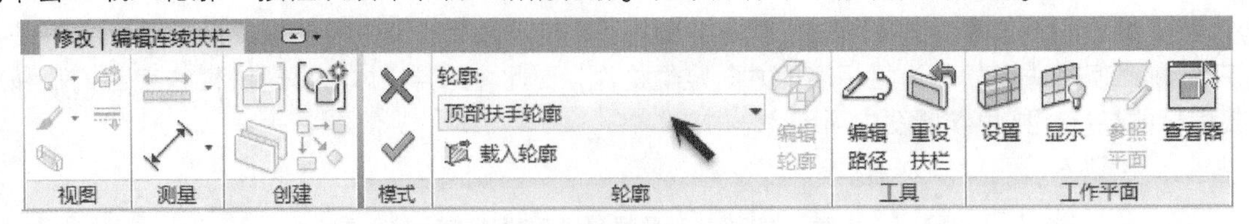

图 8-148

提 示

在轮廓列表中显示了当前项目中所有可用于扶栏放样的轮廓族。当选择“按草图”时，Revit 允许用户通过单击轮廓列表后的“编辑轮廓”按钮在位创建轮廓草图。

Step 17 单击“工具”面板中“编辑路径”按钮，进入扶栏路径草图编辑模式。切换至南立面视图，使用绘制直线工具，如图 8-149 所示，捕捉扶栏顶端左侧端点，水平向右绘制 300 直线，沿垂直方向向下绘制 600，再沿水平方向向右绘制 300，Revit 自动沿所绘制的路径生成扶栏放样图元。

Step 18 如图 8-150 所示，单击“连接”面板中“编辑扶栏连接”按钮，拾取上一步中绘制的扶栏路径第一个转角，修改连接面板中连接的方式为“圆角”，修改半径为 150。

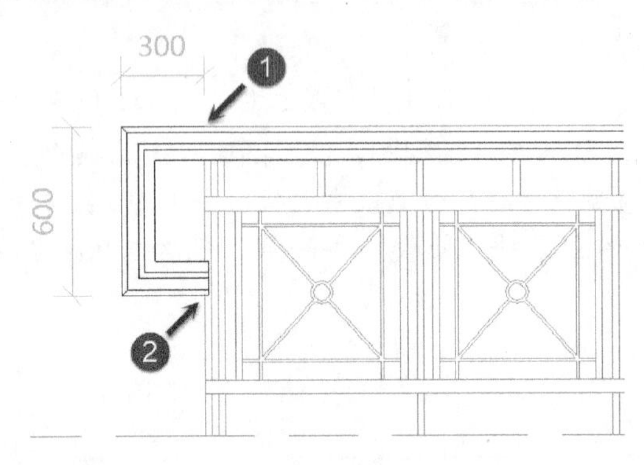

图 8-149

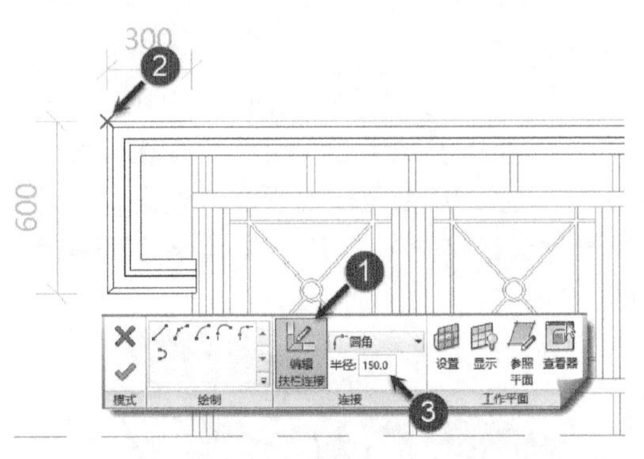

图 8-150

提 示

Revit 提供了斜接和圆角两种扶栏连接方式。

Step 19 Revit 将自动在转角位置生成半径为 150 的圆弧。结果如图 8-151 所示。

Step 20 单击“完成编辑模式”按钮完成扶栏路径编辑。再次单击“完成编辑模式”按钮，完成扶栏编辑。

Step 21 关闭该项目，不保存对文件的修改，完成本练习。

使用扶栏编辑可以对扶栏的端部形状做进一步的调整。当调整扶栏路径后，可随时单击“修改 | 顶部扶栏”上下文选项卡中“连续扶栏”面板中“重设扶栏”按钮将扶栏还原为默认状态。

值得注意的是，当在栏杆扶手的类型属性对话框中启用顶部扶栏参数时，在“编辑扶手（非连续）”对话框中设置的扶手高度不得超过顶部扶栏的高度。在复杂的栏杆体系中，可综合使用上述各参数，以满足项目工作要求。

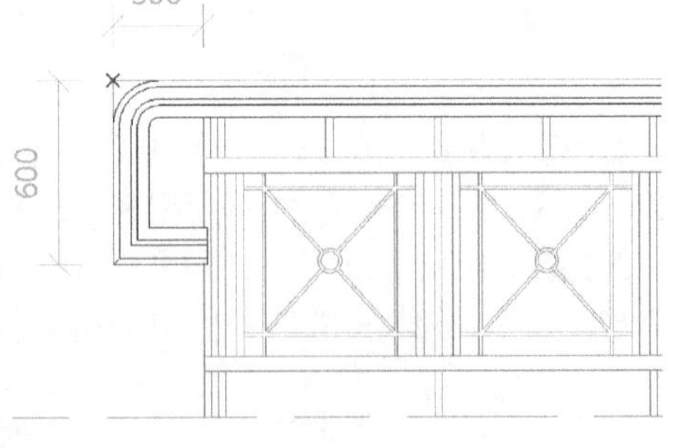

图 8-151

除顶部扶栏外，Revit 还允许对扶手 1 和扶手 2 进行类似的修改，限于篇幅，在此不再赘述。

8.3 添加坡道

Revit 提供了坡道工具，可以为项目添加坡道。坡道工具的使用与楼梯类似，有了前面添加楼梯的基础，可以非常容易使用坡道构件。下面使用坡道工具为楼梯栏杆练习项目添加坡道。

Step 01 打开随书文件“chapter8 \ RVT \ 坡道练习 . rvt”。切换至“室外地坪”楼层平面视图，适当缩放办公楼 4 ~ 5 轴线间主入口处台阶位置。单击“常用”选项卡“楼梯坡道”面板中“坡道”工具，进入“修改 | 创

建坡道草图”状态，自动切换至“创建坡道草图”上下文关联对话框。

Step02 单击“属性”面板“编辑类型”按钮，打开坡道“类型属性”对话框。复制建立名称为“综合楼-1∶12-室外”新坡道类型。如图 8-152 所示，修改类型参数中“功能”为“外部”；修改“坡道材质”为“综合楼-现场浇筑混凝土”；确认“坡道最大坡度(1/x)”为 12.0，即坡道最大坡度为 1/12；修改“造型”方式为“实体”，其余参数参照图中设定。完成后单击“确定”按钮退出“类型属性”对话框。

参数	值
构造	
厚度	150.0
功能	外部
图形	
文字大小	3.0000 mm
文字字体	宋体
材质和装饰	
坡道材质	综合楼-现场浇筑混凝土
尺寸标注	
最大斜坡长度	12000.0
标识数据	
其他	
坡道最大坡度(1/x)	12.000000
造型	实体

图 8-152

Step03 如图 8-153 所示，在“属性”面板中，修改实例参数底部标高为“室外地坪”，底部偏移为“0.0”；顶部标高为“F1”，顶部偏移值为“-20”，即该坡道由室外地坪上升至室外台阶顶部标高（到达入口处台阶楼板顶面）；修改宽度值为“4000”，其余参照图中所示。单击“应用”按钮应用设置。

限制条件	
底部标高	室外地坪
底部偏移	0.0
顶部标高	F1
顶部偏移	-20.0
多层顶部标高	无
图形	
尺寸标注	
宽度	4000.0
标识数据	

图 8-153

Step04 单击“工具面板”中“扶手类型”按钮，在弹出“扶手类型”对话框中选择扶手类型为“欧式石栏板”。完成后单击“确定”按钮退出“扶手类型”对话框。

Step05 使用“参照平面”工具，按照图 8-154 所示距离分别绘制平行与 A 轴线的参照平面；对齐 4 轴线沿垂直方向绘制参照平面与所绘制参照平面相交，并分别命名为 R-A、R-B 和 R-C。

Step06 单击“创建坡道草图轮廓”上下文关联选项卡“绘制”面板中绘制模式为“梯段”，绘制方式为“中心-端点弧”。

Step07 如图 8-155 所示，捕捉至 R-B 与 R-C 参照平面交点单击作为圆弧圆心。向左上方移动鼠标，输入 16000 作为圆弧半径，同时鼠标所在方向将作为圆弧梯段起点。沿顺时针方向移动鼠标，当显示完整梯段预览时单击完成坡道梯段绘制。绘制的方向决定坡道上升的方向。

Step08 框选全部梯段，单击“修改”面板中“旋转”工具，鼠标指针变为旋转光标。不勾选选项栏中任何选项。

Step09 默认 Revit 将以梯段几何图形中心位置作为旋转基点，并在该位置显示旋转中心符号。按住并拖动该符号至梯段圆心点（第 5 步操作中绘制的参照平面交点）位置松开鼠标左键，将以新位置作为旋转中心。

提 示

在使用旋转工具时，单击空格键，将进入移动旋转中心状态，移动鼠标至作为旋转中心的位置，单击即可将该位置设置为旋转中心。

Step10 单击坡道梯段终点位置任意一点，将以旋转中心和该点作为旋转参照基线。移动鼠标直到捕捉至办公楼台阶左侧边缘，单击完成旋转操作。对齐坡道梯段与台阶左侧边缘，如图 8-156 所示。

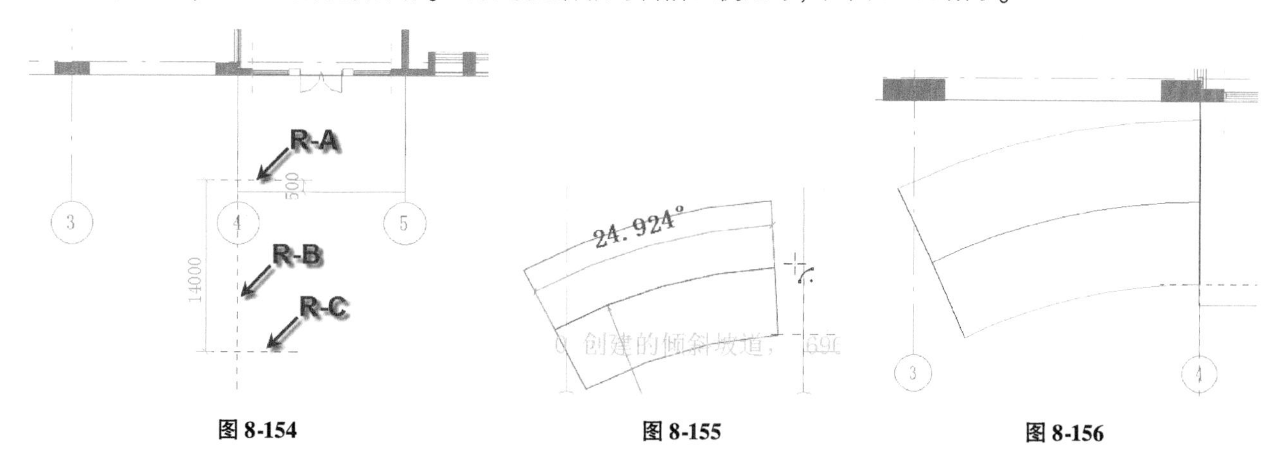

图 8-154　　图 8-155　　图 8-156

Step⑪完成后，单击“模式”面板中“完成编辑模式”按钮，完成坡道模型。按相同方式，创建台阶另外一侧坡道。

提 示

也可以使用镜像工具镜像复制生成另外一侧坡道模型。

Step⑫选择4轴线左侧坡道扶手，打开“类型属性”对话框。打开“编辑扶手结构”对话框，修改扶手路径如图8-157所示，修改“对齐”方式为“展开样式以匹配”，即由Revit自动调整样板“欧式嵌板1：欧式嵌板1”族类型尺寸，使之适合扶手长度。

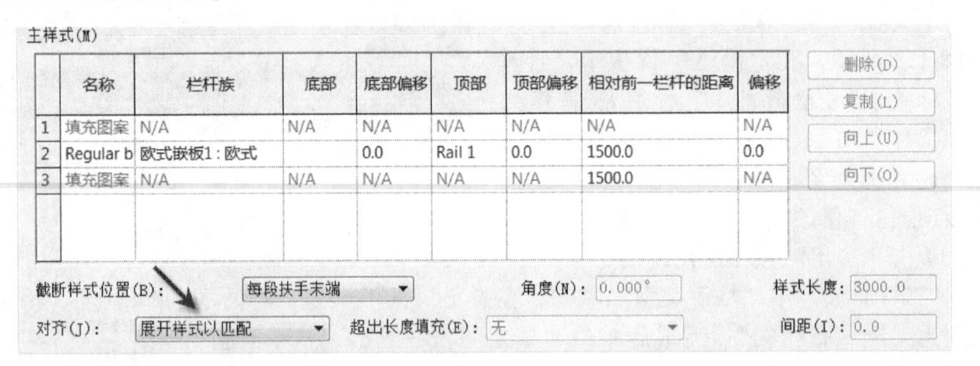

主样式(M)

	名称	栏杆族	底部	底部偏移	顶部	顶部偏移	相对前一栏杆的距离	偏移
1	填充图案	N/A	N/A	N/A	N/A	N/A	N/A	N/A
2	Regular b	欧式嵌板1：欧式		0.0	Rail 1	0.0	1500.0	0.0
3	填充图案	N/A	N/A	N/A	N/A	N/A	1500.0	N/A

删除(D)　复制(L)　向上(U)　向下(O)

截断样式位置(B)：每段扶手末端　角度(N)：0.000°　样式长度：3000.0

对齐(J)：展开样式以匹配　超出长度填充(E)：无　间距(I)：0.0

图8-157

Step⑬如图8-158所示，修改“支柱”列表中“End post”栏杆族为“无”，即在扶手末端不放置任何支柱，完成后单击“确定”按钮两次退出“类型属性”对话框。

支柱(S)

	名称	栏杆族	底部	底部偏移	顶部	顶部偏移	空间	偏移
1	Start Post	欧式立柱2：欧式立	新建扶	-1.0	Rail 1	0.0	-200.0	0.0
2	Corner Po	欧式立柱2：欧式立		-1.0	Rail 1	0.0	0.0	0.0
3	End Post	无	新建扶	-1.0	Rail 1	0.0	200.0	0.0

转角支柱位置(C)：每段扶手末端　角度(G)：0.000°

图8-158

Step⑭切换至三维视图，结果如图8-159所示。保存该文件，或打开随书文件“第8章\RVT\坡道练习完成.rvt”文件查看最终结果。

在坡道“类型属性面板”中，通过设置“造型”参数，可以设置两种不同形式的坡道造型：实体和结构板。在上述章节练习中，创建的坡道造型为“结构板”形式，坡道类似于斜楼板，如图8-160所示。一旦修改坡道造型为“实体”时，坡道板面和水平面之间，均为实体填充模型。

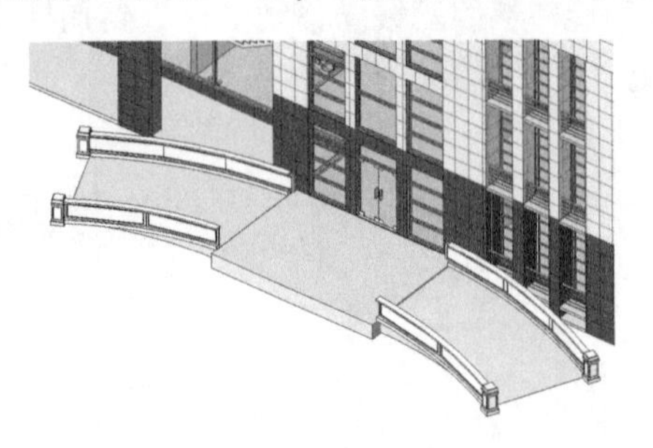

图8-159

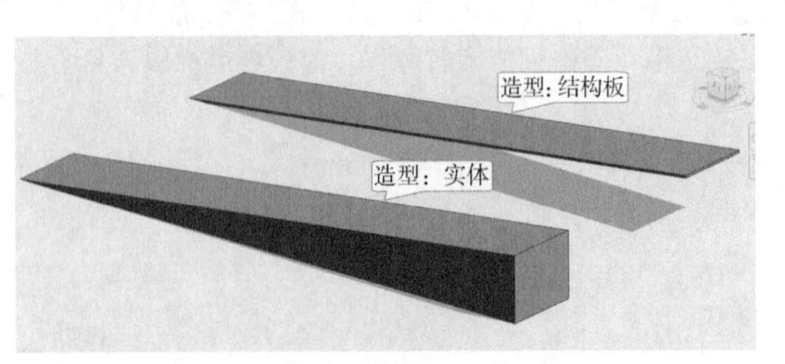

图8-160

在定义坡道时，类型属性中“最大斜坡长度”值决定创建坡道时可以创建的单一梯段最长长度。当坡道到达最长长度仍未达到设置的标高时，必须将坡道拆分为多个梯段创建坡道。

坡道计算原理和楼梯计算原理一致，都是通过确定直角三角形的斜边和直角边，求直角三角形斜边的一个过程，如图8-161所示。

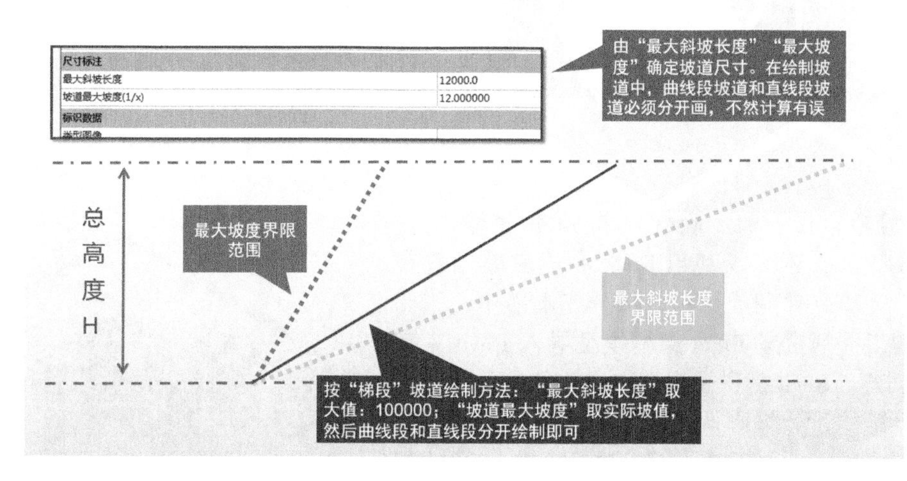

图 8-161

坡道计算值，由坡道类型属性面板中，“最大斜坡长度”及“坡道最大坡度（1/X）”两参数共同决定。“最大斜坡长度”控制坡道下限，图中绿线位置，“坡道最大坡度（1/X）”控制坡道上限，图中蓝线位置。

Revit 提供了两种坡道梯段绘制方式，第一种为按梯段，通过绘制整体梯段，自动计算踢面和边界方式，来确定坡道位置。第二种为通过手动绘制边界和踢面，来确定坡道位置。为了区别这两种坡道的绘制方式，现将两种绘制方式的计算方式详述如下：

当使用按坡道中心线投影长度绘制坡道时，Revit 通过设定坡道属性面板中底部标高和顶部标高确认坡道高度，通过坡道实际坡度值等于坡道最大坡道值，自动计算坡道长度。故采用按梯段绘制坡道时，在坡道类型属性面板中必须精确设置坡道最大坡道值，Revit 将根据该坡度值生成坡道并计算坡道的所需长度。

当使用按边界和踢面绘制坡道时，Revit 通过设定坡道属性面板中底部标高和顶部标高确认高度，通过实际绘制的坡道中心线投影长度，Revit 自动计算坡道实际坡度值。故采用按边界和草图绘制坡道时，必须绘制精确的坡道中心线投影长度，使起点踢面和终点踢面之间的距离等于坡道中心线投影长度。Revit 会自动判断当前坡道是否满足最大坡度的限制要求。

在 Revit 中绘制坡道时，一般建议采用按边界和按草图模式来绘制坡道，并应将直线段坡道和曲线段坡道分开单独绘制。

8.4 本章小结

本章使用扶手、楼梯、坡道工具为项目添加了扶手、楼梯和坡道。楼梯和坡道的使用方式基本相似，均可以通过绘制梯段方式生成楼梯或坡道图元。Revit 中的扶手工具除用于创建普通意义上的扶手外，还可以利用扶手“栏杆”沿扶手绘制方向按指定间距重复的特性，绘制任意重复图案模型。

到此已经基本掌握了 Revit 中各型构件的使用方式。灵活运用 Revit 中各类构件，可以满足设计中各种复杂的构件建模要求。相信有这些基础，各位读者就可以自行设计、修改三维建筑模型了。在下一章中，将继续为项目添加室外台阶、雨篷等外立面细节模型。

第9章 结构模型设计

在 Revit 中完成项目设计时，除使用 Revit 建立墙、门、窗、幕墙等建筑模型外，还可以利用 Revit 完成完整结构布置并结合结构分析计算软件完成结构分析。在本书中，采用链接的形式将结构工程师生成 Revit 结构模型导入 Revit 中完成建筑 BIM 模型创建。Revit 提供了布置结构构件的功能，方便结构工程师进行结构设计与协调。本项目提供了完整的结构模型，详见随书文件："第 9 章\ 综合楼_结构 . rvt"，如图 9-1 所示。

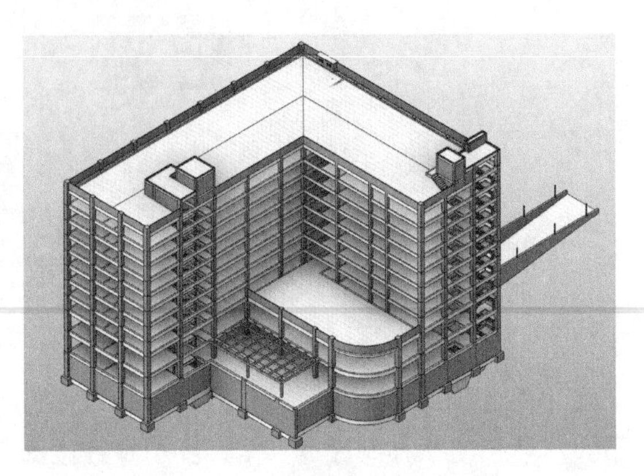

图 9-1

Revit 中提供了一系列结构工具用于完成结构模型。一般情况下，把参与承重的构件如结构柱、梁、结构楼板、基础、结构墙、桁架等视为结构构件。使用 Revit 可以在项目中布置生成这些结构构件。结构构件将不作为本书中重点内容介绍，在此仅介绍结构图元的简单用法和原理。

9.1 布置结构柱

Revit 中提供了两种不同用途的柱：建筑柱和结构柱。建筑柱和结构柱在 Revit 中所起的功能和作用并不相同。建筑柱主要起装饰和围护作用，而结构柱则主要用于支撑和承载荷载，结构工程师可以继续为结构柱进行受力分析和配置钢筋。

为了统计和计算钢筋混凝土工程中各模型数据，方便结构专业深化设计，项目中的建筑专业、结构专业的模型必须采用结构样板单独绘制。

9.1.1 综合楼主体结构柱

下面将为综合楼项目主体部分创建结构柱。

Step01 启动 Revit，在"项目"列表中选择"新建"，弹出"新建项目"对话框，如图 9-2 所示。单击"浏览"按钮，浏览至随书文件"第 9 章\ Other\ 综合楼样板_结构_2017. rte"样板文件，确认"新建项目"对话框中"新建"类型为"项目"，单击"确定"按钮，Revit 将以"综合楼样板_结构_2017. rte"为样板建立新项目。

Step02 切换至"F1 专业拆分"楼层平面视图，查看采用该样板创建的新结构模型中已经根据综合楼的要求，设定了标高、轴线、必要的视图和参照面，如图 9-3 所示。

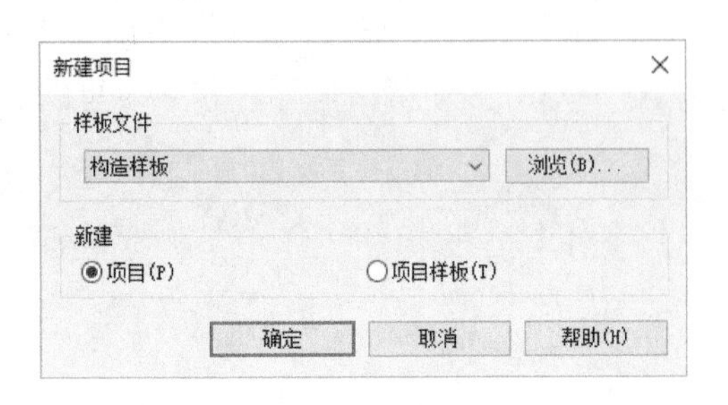

图 9-2

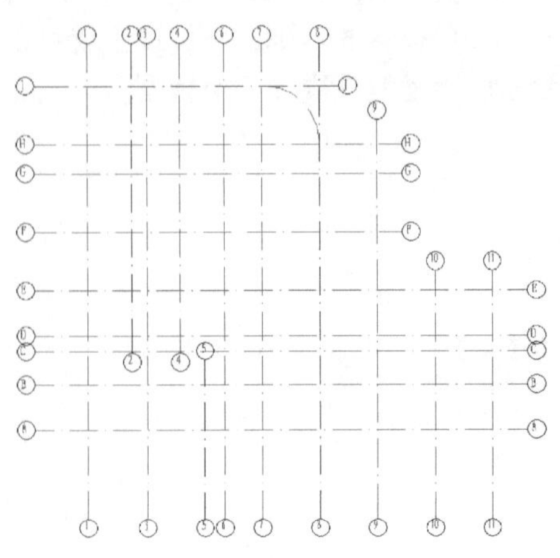

图 9-3

Step 03 如图 9-4 所示，单击“结构”选项卡面板中“柱”工具，Revit 自动切换至“修改 | 放置结构柱”上下文关联选项卡，进入放置结构柱状态。

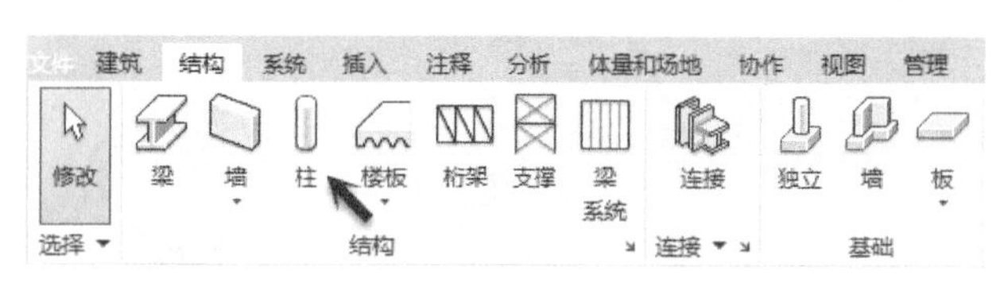

图 9-4

Step 04 确认结构柱类型列表中当前类型为“矩形截面平法柱：600×600”。如图 9-5 所示，不勾选“放置后旋转”选项，选择放置方式为“高度”，顶标高为“F2”。勾选“房间边界”选项，即结构柱将作为房间边界。

修改 | 放置 结构柱 | 放置后旋转 | 高度： | F2 | 2500.0 | 房间边界

图 9-5

提 示

结构柱属于可载入族，其类型属性中参数内容取决于结构柱族中的参数定义。Revit 提供了两种确定结构柱高度的方式：高度和深度。高度方式是指从当前标高到达的标高的方式确定结构柱高度；深度是指从指定的标高到达当前标高的方式确定结构柱高度。

Step 05 如图 9-6 所示，确认“修改 | 放置结构柱”上下文选项卡“放置”面板中结构柱的生成方式为“垂直柱”，即生成垂直于标高的结构柱。不激活“在放置时标记”选项。

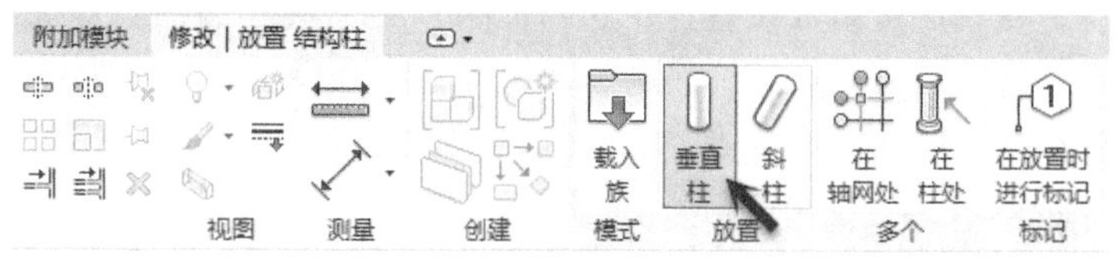

图 9-6

提 示

“在轴网处”放置功能可以在选定的轴网交点处批量创建柱，放置生成的结构柱中心与轴网交点平齐。

Step 06 按随书文件“第 9 章\Other\结构图.pdf”图纸中结构柱尺寸和位置，分别单击放置不同类型尺寸的结构柱类型，配合使用“对齐”工具，完成 F1 层结构柱精确定位。切换至三维视图，结果如图 9-7 所示。查看柱高度参数设置为“底部标高为 F1，底部偏移值为0，顶部标高为 F2，顶部偏移值为 0”。

Step 07 切换至 F1 楼层平面视图，缩放视图至 1/J 交点位置，按图 9-8 所示位置，创建梯柱 TZ1 和 TZ2，TZ1 属性参数设置为“底部标高为 F1，底部偏移值为 0，顶部标高为 F2，顶部偏移值为 0”，设置 TZ2 属性参数为“底部标高为 F1，底部偏移值为 0，顶部标高为 F2，顶部偏移值为 −2100”。

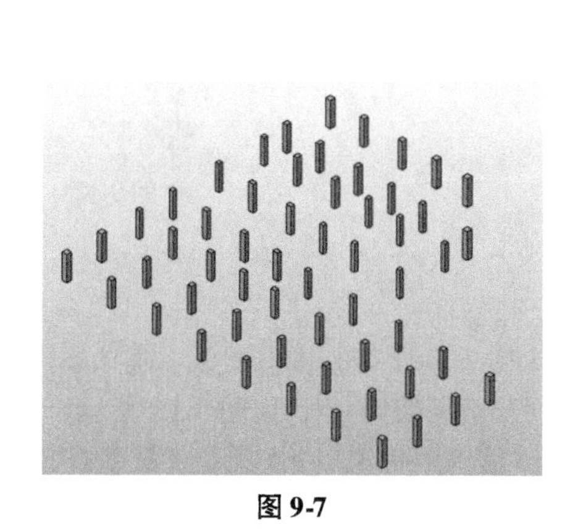

图 9-7

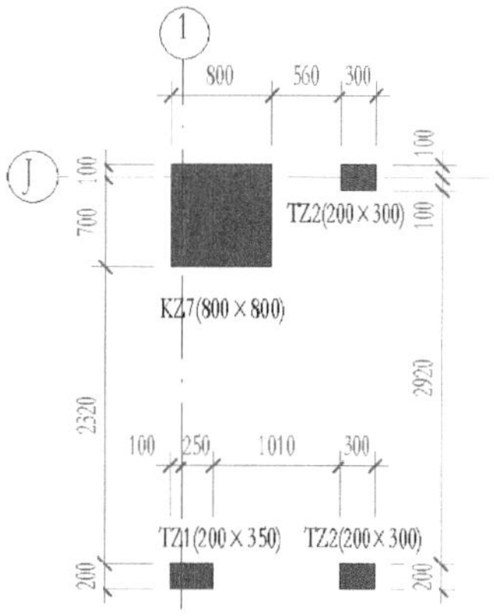

图 9-8

Step 08 缩放视图至 10/E 交点位置，按图 9-9 所示位置，创建梯柱 TZ1 和 TZ2，TZ1 属性参数设置为“底部标高为 F1，底部偏移值为 0，顶部标高为 F2，顶部偏移值为 0”，TZ2 属性参数设置为“底部标高为 F1，底部偏移值为 0，顶部标高为 F2，顶部偏移值为 −2100”。

Step 09 选择“结构柱”工具，选择结构柱类型为“圆型截面平法柱：Φ400”，设置选项栏中柱生成方式为“高度”，标高为 F2；确认柱形式为垂直柱，依次拾取 9 轴与 F 轴、G 轴线交点位置放置生成结构柱，如图 9-10 所示，设置 YZ1 属性参数为“底部标高值为 F1，底部偏移值为 −450，顶部标高值为 F2，顶部偏移值为 0”。

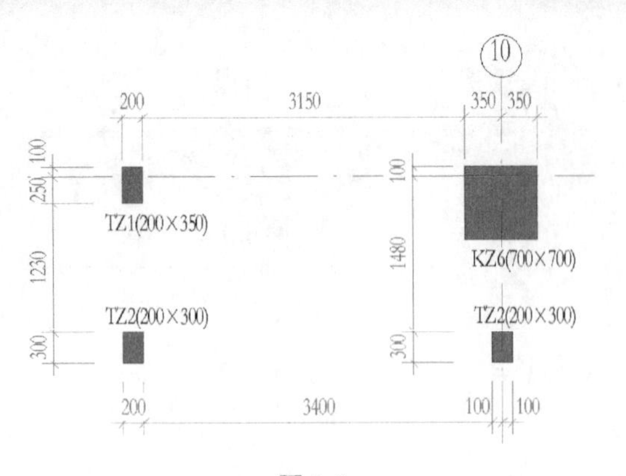

图 9-9

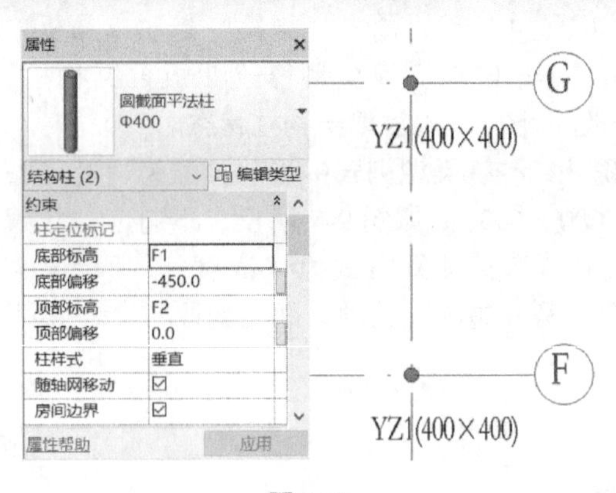

图 9-10

Step⑩在 F1 楼层平面视图中框选除圆柱 YZ1 外全部结构柱图元，配合使用“复制剪贴板”和“与选定的标高对齐”命令，对齐粘贴至 F2 标高。

Step⑪切换至 F2 楼层平面视图，按 PDF 图纸所示结构柱尺寸和位置，分别调整 F2 层结构柱位置和类型尺寸，查看柱高度参数设置为“底部标高为 F2，底部偏移值为 0，顶部标高为 F3，顶部偏移值为 0”。适当放大视图至楼梯间位置，调整梯柱属性，如图 9-11 所示，TZ1 属性参数设置为“底部标高为 F2，底部偏移值为 0，顶部标高为 F3，顶部偏移值为 0”，设置 TZ2 属性参数为“底部标高为 F2，底部偏移值为 0，顶部标高为 F3，顶部偏移值为 –2100”。

Step⑫选择 7 ~ 8 轴线与 J ~ F 轴线之间 KZ7、KZ2 结构柱，如图 9-12 所示，调整属性面板中参数“底部标高为 F2，底部偏移值为 0，顶部标高为 F3，顶部偏移值为 1500”。

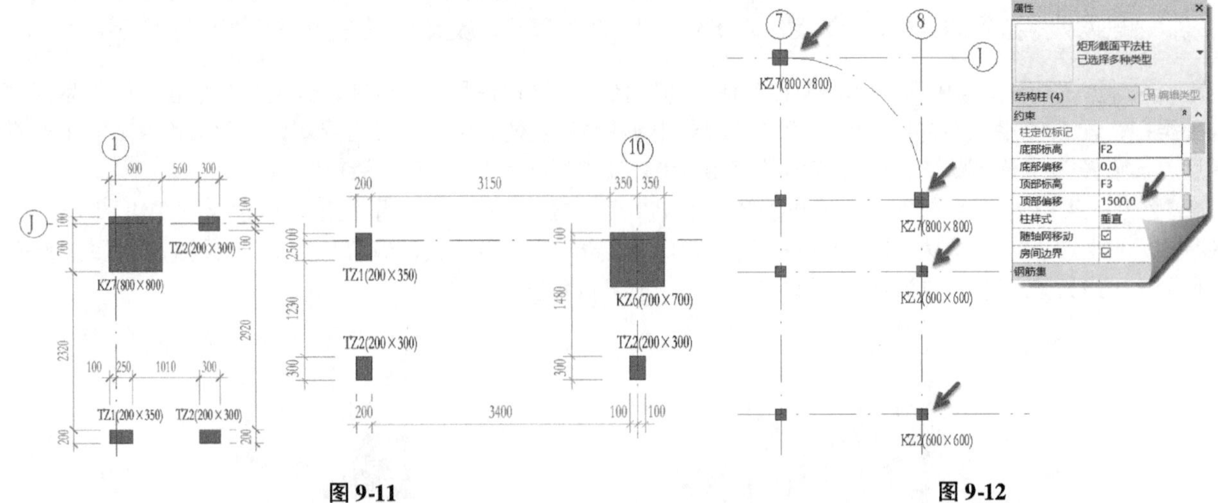

图 9-11　　图 9-12

Step⑬在 F2 视图中框选除 7 ~ 8 轴线与 J ~ F 轴线之间 KZ7、KZ2 结构柱外全部结构柱图元，配合使用“复制剪贴板”和“与选定的标高对齐”命令，对齐粘贴至 F3 标高。

Step⑭切换至 F3 楼层平面视图，选择视图中除 TZ1、TZ2 外的所有结构柱图元，确认属性面板中柱高度参数为“底部标高为 F3，底部偏移值为 0，顶部标高为 F4，顶部偏移值为 0”，如图 9-13 所示。

Step⑮如图 9-14 所示，选择 7 轴线 F 轴、G 轴与至 H 轴线交点中 F3 ~ F4 标高的结构柱，删除该图元。

约束	
柱定位标记	
底部标高	F3
底部偏移	0.0
顶部标高	F4
顶部偏移	0.0
柱样式	垂直
随轴网移动	☑
房间边界	☑

图 9-13

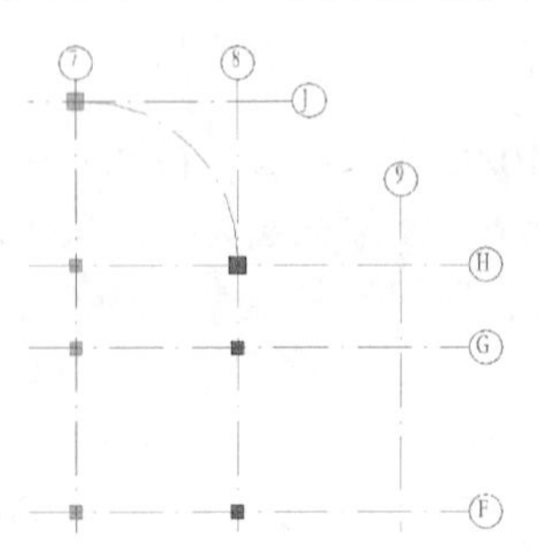

图 9-14

Step16 适当缩放视图至楼梯间位置，调整梯柱属性，如图9-15所示，TZ1属性参数设置为“底部标高值为F3，底部偏移值为0，顶部标高值为F4，顶部偏移值为0”，TZ2属性参数设置为“底部标高值为F3，底部偏移值为0，顶部标高值为F4，顶部偏移值为－1500”。

Step17 在F3视图中框选除7～8轴线与J～F轴线之间KZ7、KZ2结构柱外全部结构柱图元，配合使用“复制剪贴板”和“与选定的标高对齐”命令，对齐粘贴至F10标高。

Step18 切换至F10楼层平面，并按PDF图纸所示尺寸，调整F10～CF标高之间结构柱位置和类型，查看柱高度参数设置为“底部标高值为F10，底部偏移值为0，顶部标高值为RF，顶部偏移值为0”。适当缩放视图至楼梯间位置，调整梯柱属性，如图9-16所示，TZ1属性参数设置为“底部标高值为F10，底部偏移值为0，顶部标高值为RF，顶部偏移值为0”，TZ2属性参数设置为“底部标高值为F10，底部偏移值为0，顶部标高值为RF，顶部偏移值为－1530”。

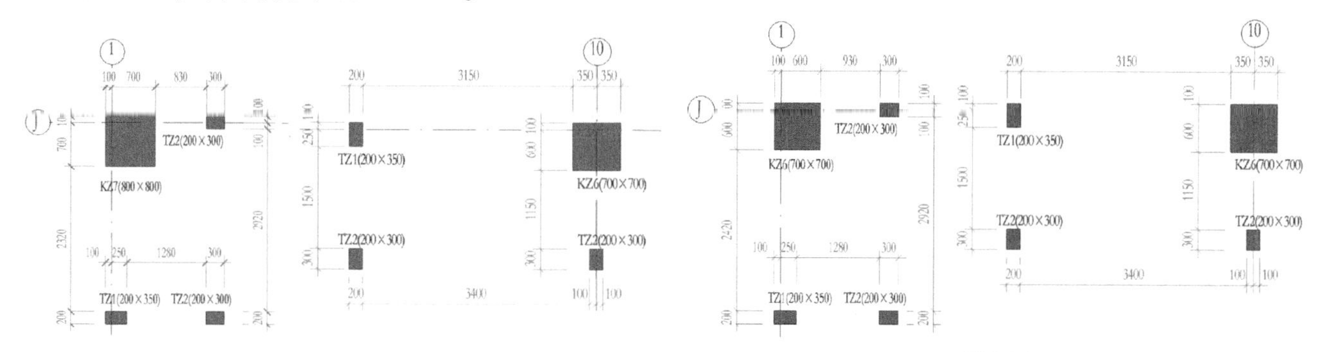

图9-15　　图9-16

Step19 切换至F3楼层平面，在F3视图中框选除7～8轴线与J～F轴线之间KZ7、KZ2结构柱外全部结构柱图元，单击“修改”选项卡“创建”面板中“创建组”工具，Revit将弹出如图9-17所示提示对话框，提示“由于组成员资格不一致，将从网格分离结构图元。”单击确定按钮确认分离结构柱。

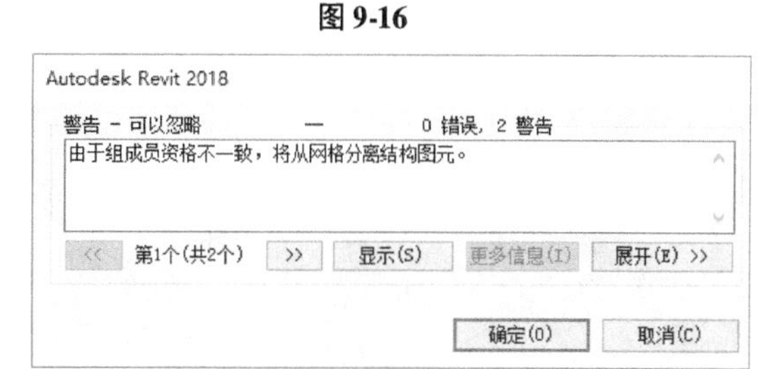

图9-17

提 示

Revit将在属性面板“柱定位标记”中记录结构柱所在轴网位置，在创建组时，Revit将给出警告信息，分离后Revit无法在结构柱明细表中统计各结构柱的定位轴网信息。

Step20 弹出“创建模型组”对话框，如图9-18所示，修改组名称为“标准层结构”，单击“确定”按钮完成组创建。

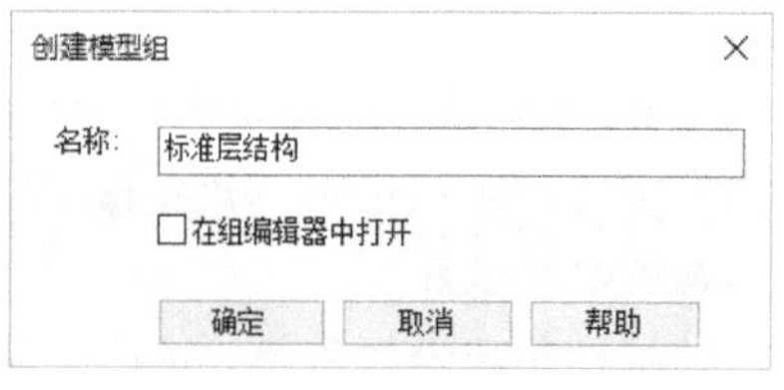

图9-18

Step21 单击任意结构柱选择“标准层结构”组实例，配合使用“复制到粘贴板”与“选定标高对齐”的方式，将该模型组粘贴至F4～F9标高。

Step22 切换至B1楼层平面，选择“结构柱”工具，按“第9章\Other\结构图.pdf”所提供的图纸及尺寸要求，放置结构柱，放置完成后查看柱高度参数设置为“底部标高值为B1，底部偏移值为0，顶部标高值为F1，顶部偏移值为0”。

Step23 缩放视图至9轴和E轴、H轴之间，调整图9-19所示A位置柱高度参数为“底部标高值为B1，底部偏移值为0，顶部标高值为F1，顶部偏移值为－450”。调整B位置柱高度参数为“底部标高值为B1，底部偏移值为－900，顶部标高值为F1，顶部偏移值为0”。调整C位置柱高度参数为“底部标高值为B1，底部偏移值为－900，顶部标高值为F1，顶部偏移值为－450”。

Step24 缩放至2号楼梯间位置，调整图9-20所示TZ2梯柱高度参数为“底部标高值为B1，底部偏移值为0，顶部标高值为F1，顶部偏移值为－2100”。

Step25 缩放至A轴下方3轴和8轴之间KZ1框架柱位置，如图9-21所示，调整框架柱高度参数为“底部标高值为B1，底部偏移值为0，顶部标高值为F1，顶部偏移值为－1300”。

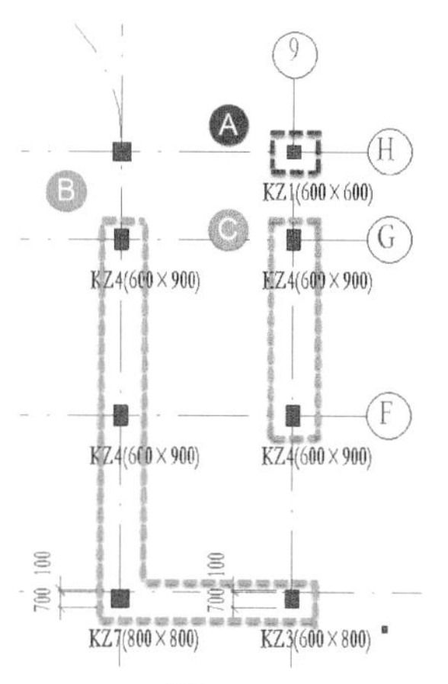

图9-19

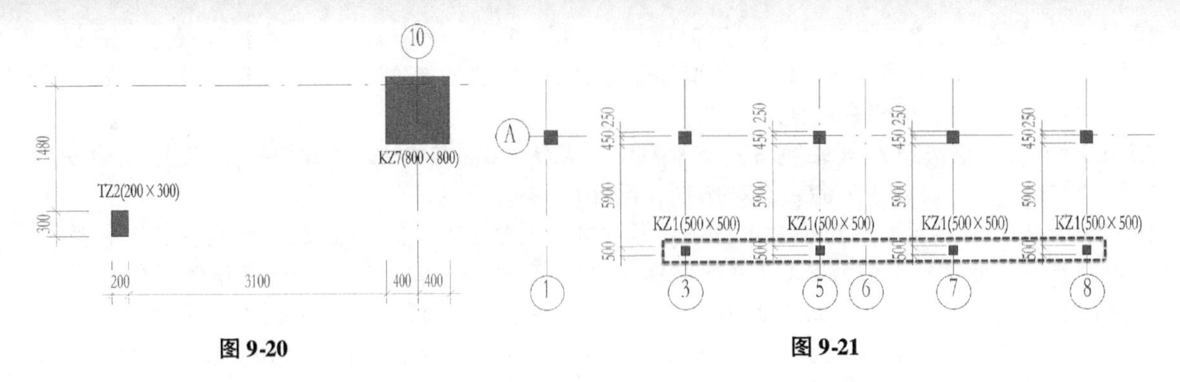

图 9-20　　　　图 9-21

Step 26 切换至 RF 楼层平面，缩放至 1 号楼梯间位置。分别选择“矩形截面平法柱”和“L 形截面平法柱”结构柱类型，按图 9-22 所示位置，创建结构柱，设置 KZ6、KZ2 框架柱高度参数“底部标高值为 RF，底部偏移值为 0，顶部标高值为 TF，顶部偏移值为 0”。设置 KZ13 框架柱高度参数“底部标高值为 RF，底部偏移值为 0，顶部标高值为 CF，顶部偏移值为 –200”。设置 KZ14 框架柱高度参数“底部标高值为 RF，底部偏移值为 0，顶部标高值为 CF，顶部偏移值为 600”。

Step 27 缩放至 2 号楼梯间位置。分别选择“矩形截面平法柱”和“L 形截面平法柱”结构柱类型，按图 9-23 所示位置，创建结构柱，设置 KZ11、KZ12、KZ15 框架柱高度参数“底部标高值为 RF，底部偏移值为 0，顶部标高值为 TF，顶部偏移值为 0”。设置 KZ14 框架柱高度参数“底部标高值为 RF，底部偏移值为 0，顶部标高值为 CF，顶部偏移值为 600”。

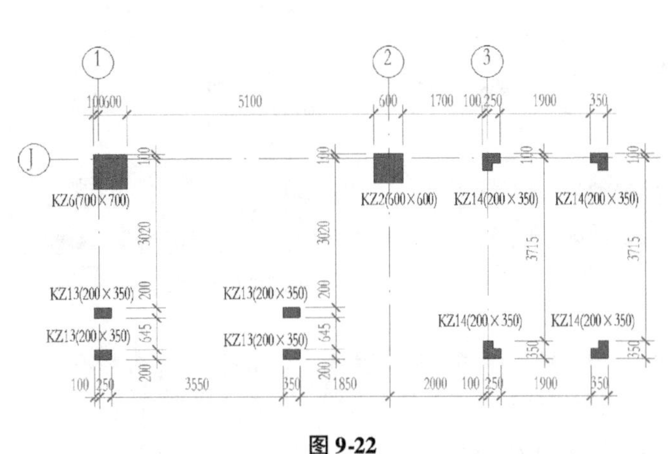

图 9-22

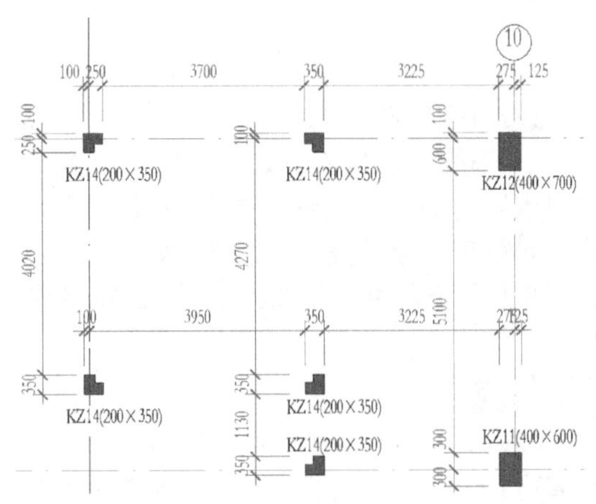

图 9-23

Step 28 至此完成结构柱创建，如图 9-24 所示，保存该文件，请参见随书文件“第 9 章\RVT\9-1-1. rvt”项目文件查看最终结果。

结构柱创建较为简单，选择结构柱类型并设置高度信息后单击即可放置结构柱。Revit 中结构柱顾名思义就是承重作用，一般在建筑内部，通常不考虑内装材质等因素，不需要考虑颜色因素。Revit 中的建筑柱指的是不含钢筋混凝土、非受力构件，在项目中主要为构造需求，如混凝土柱外皮的抹灰粉刷，或者外挂石材等。在 Revit 软件中，建筑柱一般只做装饰用。接下来将为综合楼建筑模型添加地下室车库部分建筑柱模型。

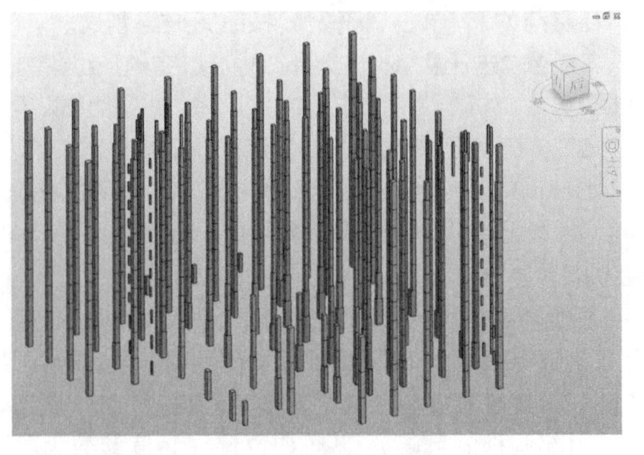

图 9-24

9.1.2　布置建筑柱

当创建完成结构柱后，需要根据结构柱位置为车库中的柱添加粉刷层、防撞条等建筑装饰，在项目中添加建筑柱即可。地下室添加建筑柱后完成效果如图 9-25 所示。接下来将介绍如何在项目中添加建筑装饰柱图元。注意，本节将在上一章中完成的扶手的项目文件中继续在地下室中添加建筑柱图元。

Step 01 打开随书文件“第 8 章\RVT\8-2-2. rvt”项目文件。切换至 B1 楼层平面视图，单击“建筑”选项

卡“构建”面板中的“柱”黑色下拉箭头，在列表中选择“柱：建筑”，进入建筑柱放置状态。自动切换至“修改 | 放置柱”上下文选项卡。

Step 02 在类型选择器中选择“建筑面柱_矩形_面层：600×1000”建筑柱类型，如图 9-26 所示，修改属性面板中底部空隙为 50，顶部空隙值为 0。

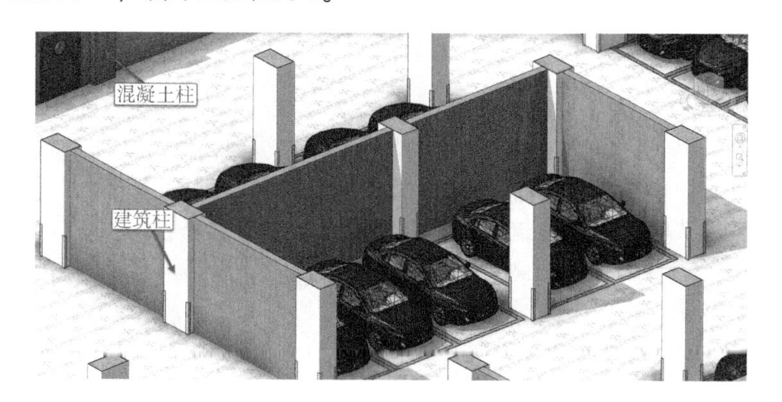

图 9-25

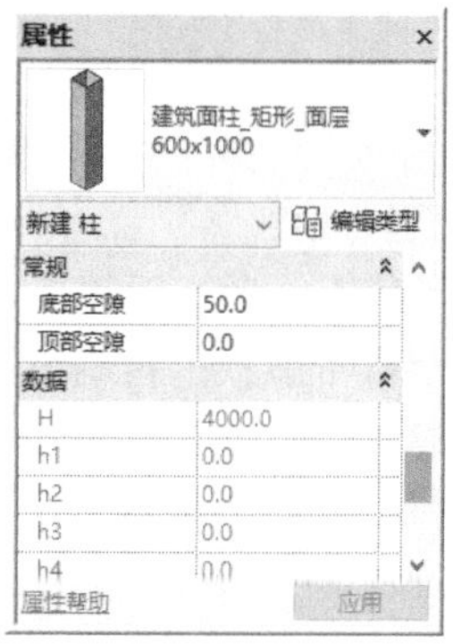

图 9-26

提 示

建筑柱属于可载入族，其实例参数名称与所使用族有关。本例中所采用建筑柱为样板中已载入族。

Step 03 设置选项栏中柱放置类型为“高度”为“F1”，如图 9-27 所示。设置完成后在 4 轴和 E 轴交线位置，放置柱。

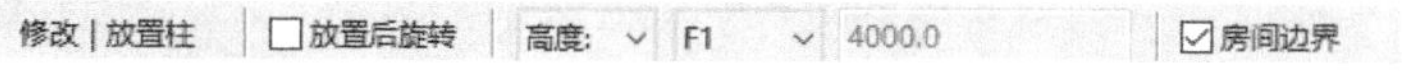

图 9-27

Step 04 选择上一步中放置完成的柱图元，按键盘“空格”键，Revit 将切换柱方向使建筑柱与结构柱一致。用对齐命令，对齐建筑柱中心至结构柱中心，结果如图 9-28 所示。

Step 05 选择上一步中放置完成的建筑柱。在柱属性面板中勾选“防撞条 1”“防撞条 2”“防撞条 3”“防撞条 4”均为可见，完成后效果如图 9-29 所示。

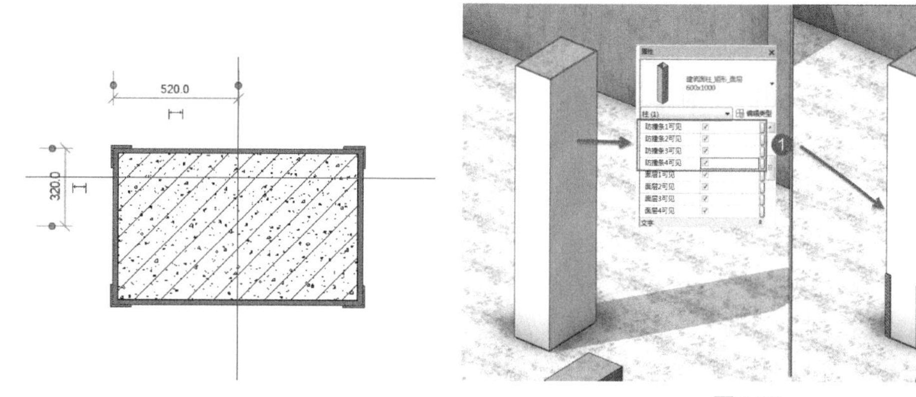

图 9-28

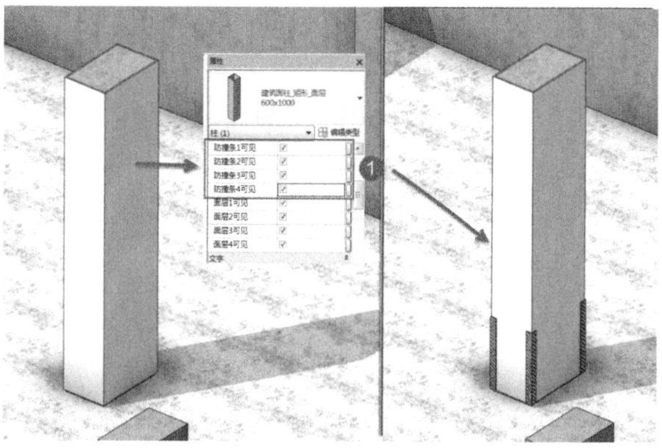

图 9-29

提 示

读者可以自行尝试勾选“面层 1 可见”“面层 2 可见”“面层 3 可见”“面层 4 可见”的区别。

Step 06 切换至 B1 楼层平面视图，配合键盘 Tab 键选择链接结构模型中结构柱图元，根据结构柱截面尺寸，通过创建匹配尺寸的建筑柱，完成 B1 层建筑柱。例如，要创建一个“300×300”截面尺寸的柱，以“600×1000”柱类型为基础，在“类型属性”面板中复制新建命名为“300×300”的新类型。如图 9-30 所示，修改尺寸标注中 b、h 数值均为“300”即可。

图 9-30

提 示

b、h 数值代表柱截面的宽度和深度，该参数由所采用的族中定义。

Step07 采用相同方法，按照结构图柱尺寸，定义其他类型柱，并逐个放置、对齐至结构柱位置，完成地下室车库中间全部建筑柱，完成后结果如图 9-31 所示。

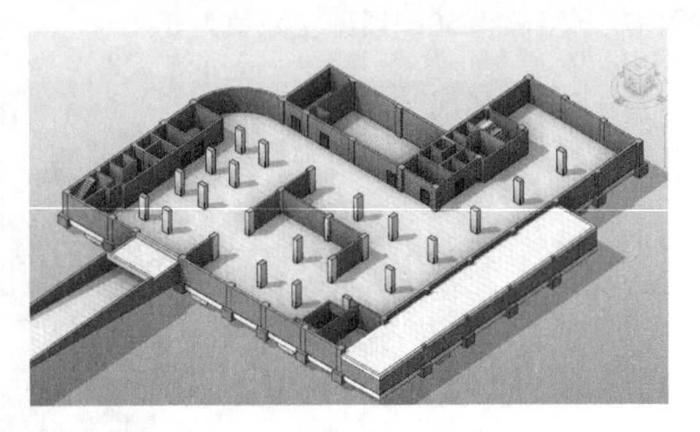

图 9-31

Step08 保存项目文件，打开随书文件“第 9 章\ RVT\ 9-1-2. rvt”查看最终成果。

在使用可载入族时，由于所有参数均由族中定义，可采用预览的方式查看各参数的控制情况。以本节中采用的建筑柱为例，如图 9-32 所示，在类型属性对话框中，单击底部左侧“预览”按钮，将打开预览窗口。在预览窗口中，切换视图至楼层平面视图，分别单击 b、h 参数，Revit 将显示该参数对应的控制位置。

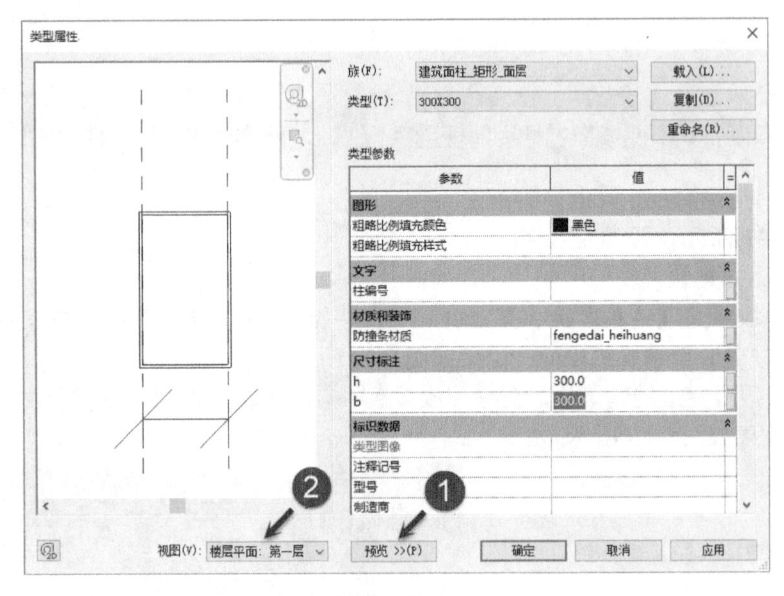

图 9-32

在设计过程中，一般情况下应由建筑师完成建筑柱布置后，再由结构工程师根据建筑柱所在的位置创建和布置结构柱。在 Revit 中除可以按上一节中介绍的单独逐个放置和基于所选择轴网交点放置外结构柱外，还可以使用如图 9-33所示“在柱处”命令基于项目中已有建筑柱放置生成结构柱，结构柱将与建筑柱自动中心对齐。注意，Revit 不允许直接基于链接模型中的建筑柱生成结构柱，如果采用链接的方式进行协同设计，需要采用复制监视的命令将链接模型中的建筑柱图元复制到当前项目中。关于复制监视的详细信息，参见本书第 23 章相关内容。

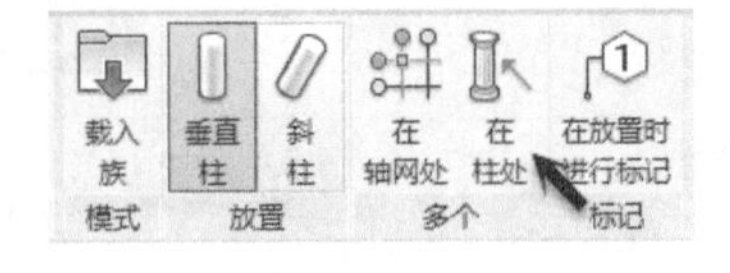

图 9-33

9.1.3 斜柱和柱附着

除创建垂直于标高的结构柱外，Revit 还允许用户创建任意角度的结构柱。如图 9-34 所示，在使用“结构柱”工具时，单击“放置”面板中“斜柱”按钮，并在选项栏中设置“第一次单击”和“第二次单击”时生成的柱的所在标高，在视图中绘制即可生成斜结构柱。

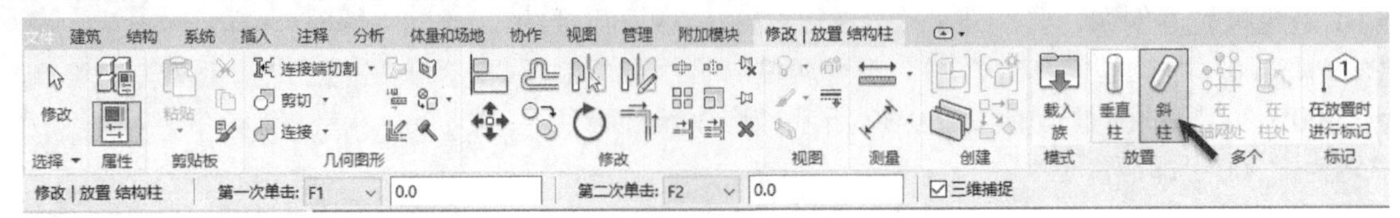

图 9-34

使用斜柱可以用于创建如图 9-35 所示复杂空间结构。

提 示

Revit 中建筑柱无法生成斜柱。

除生成本节练习中的混凝土结构柱外，通过调用不同的结构柱族，可以生成各种形式的钢结构柱族。如图 9-36 所示，本项目中车库出入口顶篷位置的钢结构模型。Revit 提供了“公制结构柱 . rft”族样板，允许用户定义任意形式的结构柱族。关于族的更多内容，参见本书第 20 章相关内容。

Revit 中，建筑柱与结构柱的顶面或底面可以附着至楼板、屋顶、梁、天花板、参照平面或标高等图元。如图 9-37 所示，选择要附着的柱图元，单击“修改柱”面板中“附着顶部/底部”再选择要附着的图元即可。

图 9-35

图 9-36

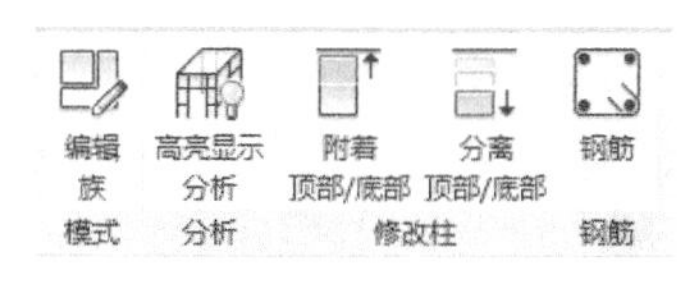

图 9-37

如图 9-38 所示，附着时，可以在选项栏中指定附着样式为剪切柱、剪切目标或不剪切；通过设置选项栏中“附着对正”选项，指定柱附着至目标时参照结构柱的位置。

如图 9-39 所示，为几种不同剪切方式及不同附着对正方式附着后的情况。

图 9-38

图 9-39

柱附着至目标图元后，可单击“分离顶部/底部”按钮，将柱与目标图元分离，Revit 将柱恢复至默认状态。

9.2 梁与桁架体系

Revit 提供了梁、支撑、梁系统和桁架共四种创建结构梁的方式。其中梁和支撑均采用在视图中与绘制墙相似的方式绘制梁而生成梁图元，梁系统则在指定的范围区域内按指定的距离阵列生成梁，而桁架则通过放置“桁架”族，通过设置族类型属性中的上弦杆、下弦杆、腹杆等使用的梁族类型，生成复杂形式的桁架图元。无论使用哪种方式均必须先载入指定的梁族文件。

9.2.1 绘制梁和梁系统

Revit 中可以与绘制墙类似的方式绘制生成任意形式的梁。下面继续为综合楼项目添加混凝土梁，学习梁的使用方法。

Step 01 接 9.1.1 节练习文件，切换至 F2 楼层平面视图，单击属性面板中“视图范围”后的“编辑”按钮，打开“视图范围”对话框。修改视图深度中标高值为相关标高 F2，设置偏移值为 -1000，单击“确定”按钮退出视图范围对话框，Revit 将在当前视图中剖切显示当前 F1 标高之下的梁图元投影。

提 示

在当时视图属性面板中，设置“视图样板为梁布置图 1:100”可以快速调整视图属性。

Step 02 单击“结构”选项卡“结构”面板中“梁”工具，如图 9-40 所示，进入放置梁状态，并自动切换至

“修改 | 放置梁”上下文选项卡。

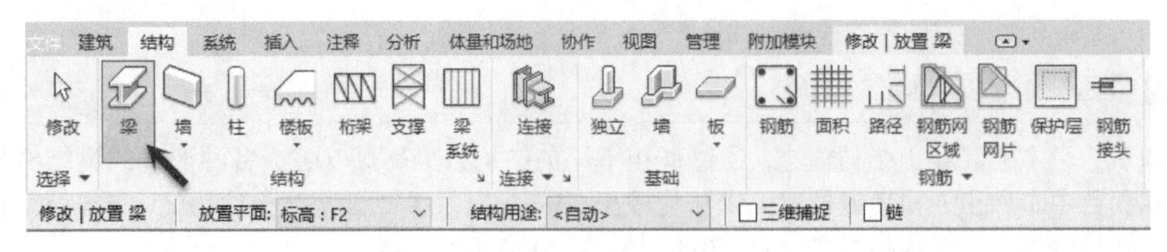

图 9-40

提 示

Revit 中梁属于可载入族。

Step03 在“类型选择器”中选择“矩形平法梁”作为当前梁类型，选择“300×800”的梁类型。如图 9-41 所示，确认“绘制”面板中绘制方式为“直线”；不激活“标记”面板中“在放置时进行标记”选项。确认选项栏中“放置平面”为“标高：F2”，不勾选“三维捕捉”和“链”选项。

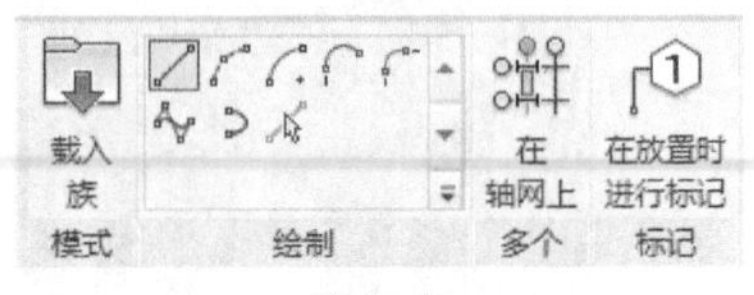

图 9-41

提 示

与生成结构柱类似，在“多个”面板中，可以设置梁的绘制方式为“在轴网上”，Revit 将沿虚线框选的轴网范围沿轴网生成梁。

Step04 适当缩放视图至 A 轴与 3 轴交点位置，移动鼠标至 A 轴线与 3 轴线交点位置单击作为梁起点，沿 A 轴线垂直向左移动至 A 轴线与 1 轴线交点位置，单击作为梁终点。Revit 将在两点间生成梁模型。按 Esc 键两次退出梁绘制模式，完成绘制。

Step05 使用“移动”工具，移动梁位置，保证梁边距 A 轴距离分别为 100 和 200，如图 9-42 所示。

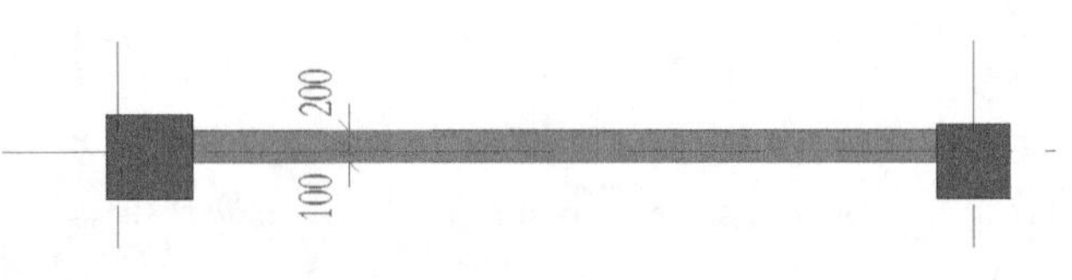

图 9-42

Step06 使用类似的方式，按 PDF 图纸中所示尺寸位置和梁类型，绘制完成 F2 层其他梁，完成后结果如图 9-43 所示，注意卫生间内框架梁标高偏移值为 -50，梁顶和板平齐。

Step07 适当缩放视图至 1 号楼梯间及 2 号楼梯间位置，按图 9-44 所示尺寸，选择“200×400”的梁类型绘制楼梯平台梁，完成后设置属性面板中“参照标高值为 F2，起点标高偏移值为 2100，终点标高偏移值为 2100”。

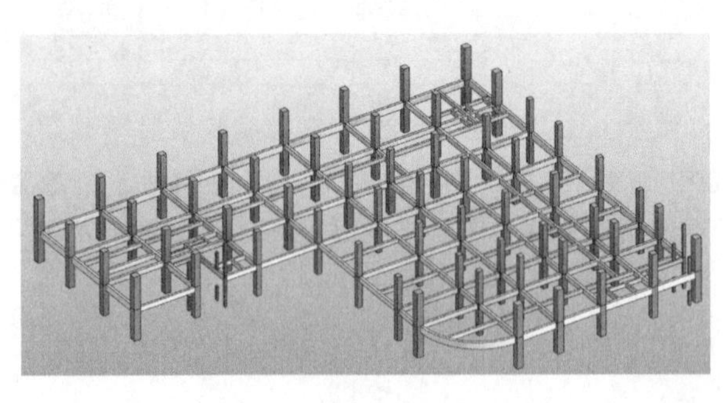

图 9-43

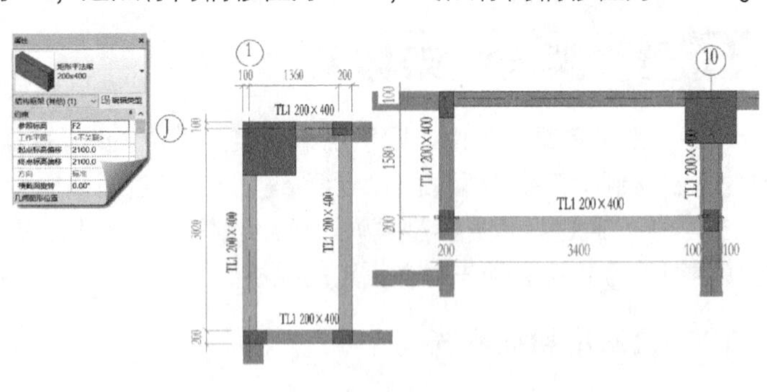

图 9-44

Step08 至此完成 F2 楼层框架梁布置，如图 9-45 所示。

Step09 切换至 F3 楼层平面视图，调整视图深度范围，使框架梁在 F3 楼层平面中可见。采用和创建 F2 楼层框架梁一致的方法，创建框架梁和平台梁，修改平台梁属性为“参照标高值为 F3，起点标高偏移值为 1500，终点标高偏移值为 1500”，如图 9-46 所示。在 F3 楼层平面中，弧形轴网位置 KL19 号梁类型需要选择为“L 截面平法梁：300×800_100×300_顶平”。注意卫生间内框架梁标高偏移值为 -50，梁顶

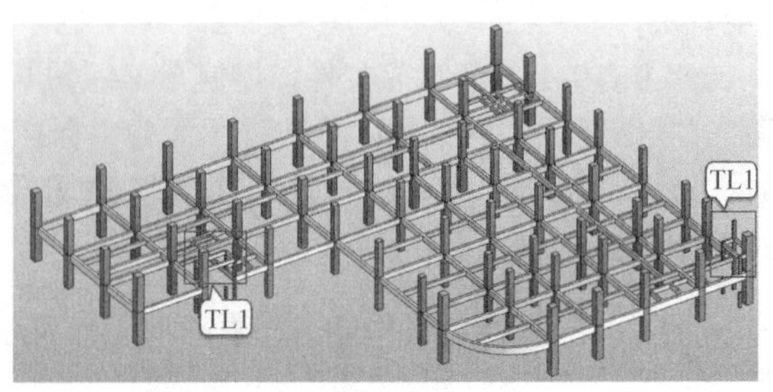

图 9-45

和板平齐。

Step 10 在 F3 楼层平面中，移动鼠标至任意框架柱位置选择“标准层结构”组，单击“编辑组”工具，进入组编辑状态。切换视图至 F4 楼层平面，保持“标准层结构组”处于编辑状态下，选择采用和创建 F3 楼层一致的方法，添加除楼梯平台梁外全部框架梁。

Step 11 单击“添加”按钮，配合键盘 Ctrl 键，将第 9) 步操作中创建的 F3 层全部 TL1 梁添加至“标准层结构组”中，单击“完成”按钮完成组编辑，Revit 将自动更新所有“标准层结构组”实例，如图 9-47 所示。

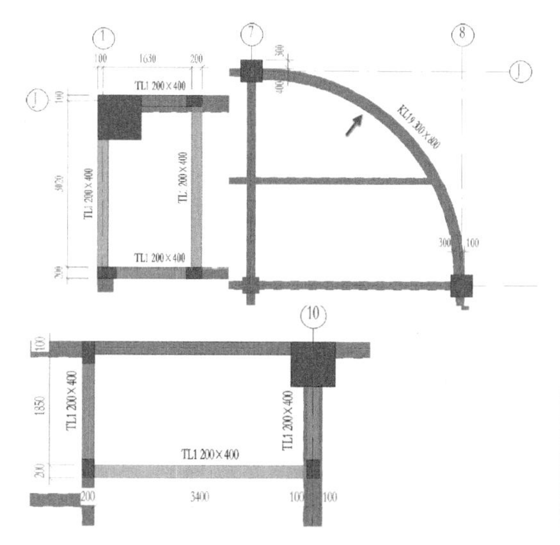

图 9-46

图 9-47

Step 12 切换至 F10 层平面视图，选择“创建梁”工具，如图 9-48 所示，创建楼梯平台梁，修改平台梁属性为“参照标高值为 F10，起点标高偏移值为 1500，终点标高偏移值为 1500”。

Step 13 切换至 RF 屋顶层平面视图，调整视图深度标高偏移值为 −1000，使框架梁在 RF 楼层平面中可见。采用和创建 F2 楼层框架梁一致的方法，参照 PDF 图纸尺寸，布置屋面层框架梁。

Step 14 切换至 TF 楼层平面视图，调整视图深度标高偏移值为 −1500，使框架梁在 TF 楼层平面中可见。缩放视图至 1 号楼梯间位置，选择“梁”工具，如图 9-49 所示尺寸，布置 TF 层框架梁，修改图中深红色线条位置梁属性为“参照标高值为 TF，起点标高偏移值为 −1250，终点标高偏移值为 −1250”。修改图中浅红色线条位置梁属性为“参照标高值为 TF，起点标高偏移值为 −1200，终点标高偏移值为 −1200”。

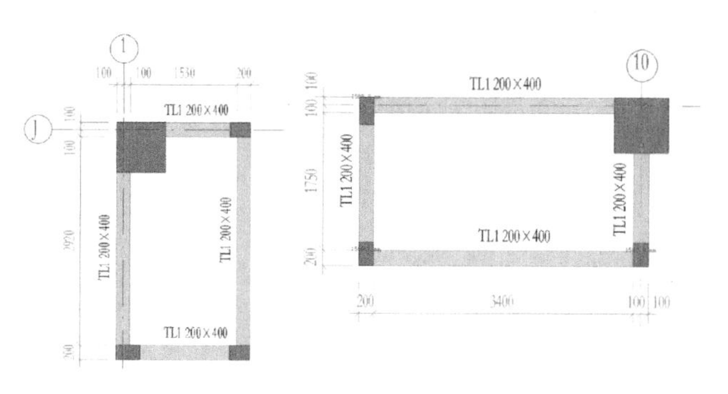

图 9-48

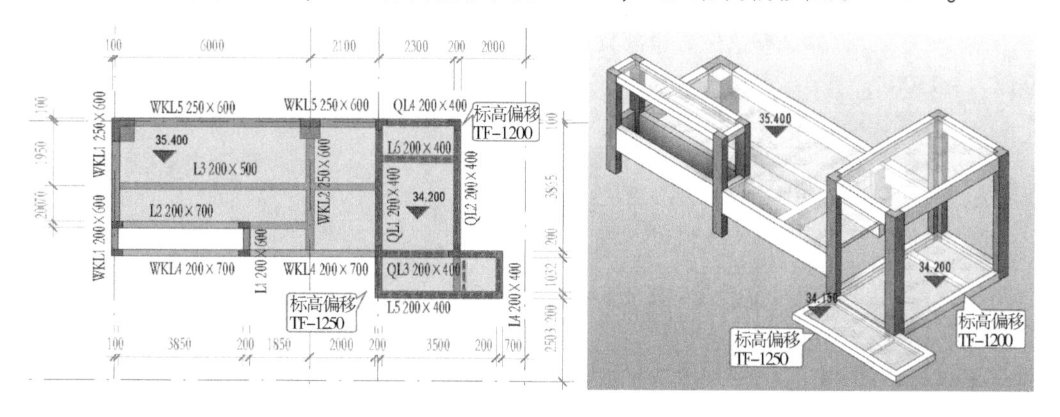

图 9-49

Step 15 缩放视图至 2 号楼梯间位置，选择“梁”工具，如图 9-50 所示尺寸，布置 TF 层框架梁，修改图中深红色线条位置梁属性为“参照标高值为 TF，起点标高偏移值为 −1250，终点标高偏移值为 −1250”。修改图中浅红色线条位置梁属性为“参照标高值为 TF，起点标高偏移值为 -1200，终点标高偏移值为 -1200”。

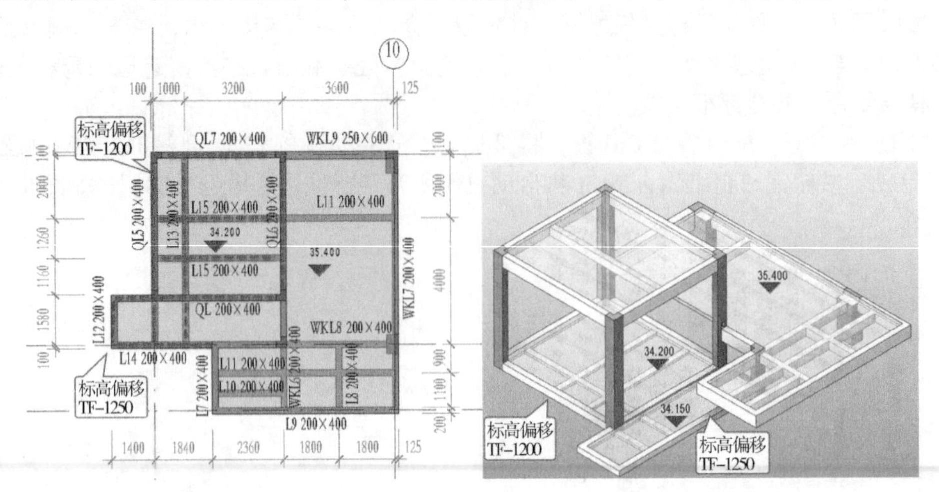

图 9-50

Step16 切换至 CF 楼层平面视图，调整视图深度标高偏移值为 -1500，缩放视图至 1 号楼梯间位置，选择“梁”工具，如图 9-51 所示尺寸，布置 CF 层框架梁，修改楼梯间屋顶梁“参照标高值为 TF，起点标高偏移值为 -200，终点标高偏移值为 -200”。修改机房顶梁“参照标高值为 CF，起点标高偏移值为 600，终点标高偏移值为 600”。

Step17 缩放视图至 2 号楼梯间位置，选择“梁”工具，如图 9-52 所示尺寸，布置 CF 层框架梁，修改机房顶梁“参照标高值为 CF，起点标高偏移值为 600，终点标高偏移值为 600”。

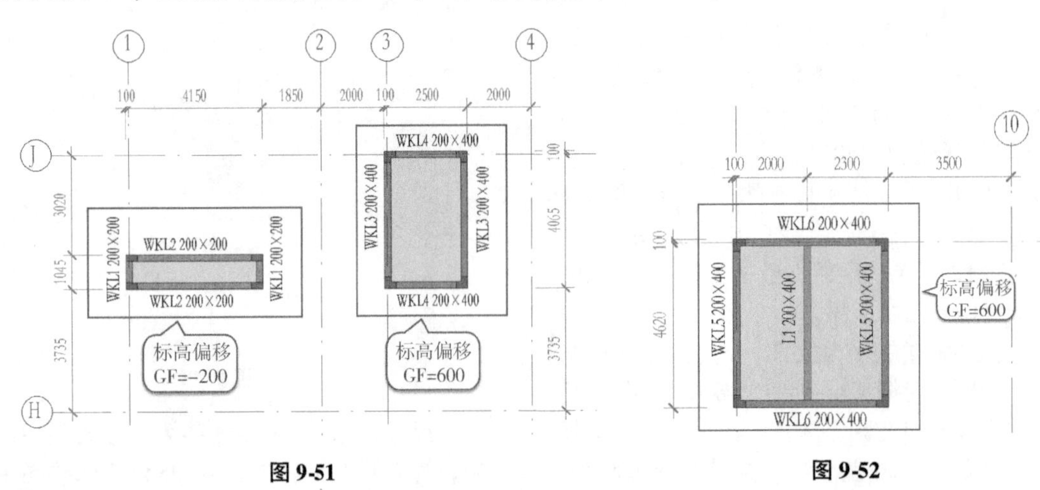

图 9-51　　图 9-52

Step18 切换至 F1 平面，调整视图深度标高偏移值为 -1500，缩放视图至 A 轴下方位置，选择“梁”工具，按图 9-53 所示，创建框架梁，并调整该位置全部梁标高属性为“参照标高值为 F1，起点标高偏移值为 -1300，终点标高偏移值为 -1300”。

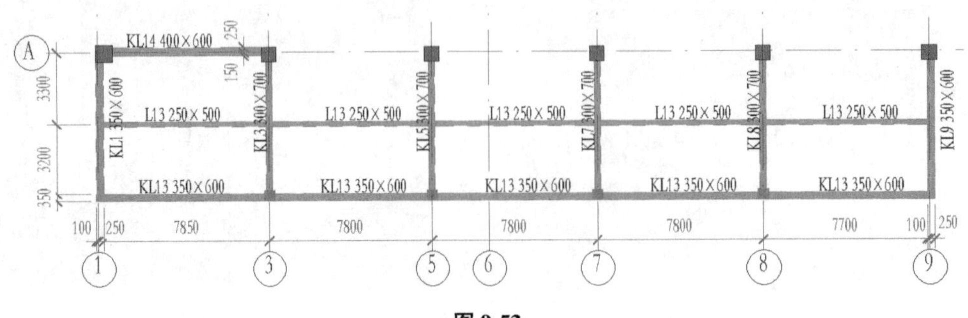

图 9-53

Step19 缩放视图至 9/H 轴交点位置，选择“梁”工具，按图 9-54 所示，创建框架梁，并调整该位置全部梁标高属性为“参照标高值为 F1，起点标高偏移值为 -450，终点标高偏移值为 -450”。

Step 20 继续使用“梁”工具，按 PDF 图纸中所示尺寸位置和梁类型，绘制 F1 层剩余位置框架梁，注意卫生间内框架梁标高偏移值为 –50，梁顶和板平齐。绘制完成后，查看 A 轴位置，1 轴和 3 轴之间存在上下两道 KL14 梁体，如图 9-55 剖面所示。

Step 21 适当缩放视图至 1、2 号楼梯间位置，按图 9-56 所示尺寸，选择“200×400”的梁类型绘制楼梯平台梁，完成后设置“属性”面板中“参照标高值为 F1，起点标高偏移值为 2100，终点标高偏移值为 2100”。

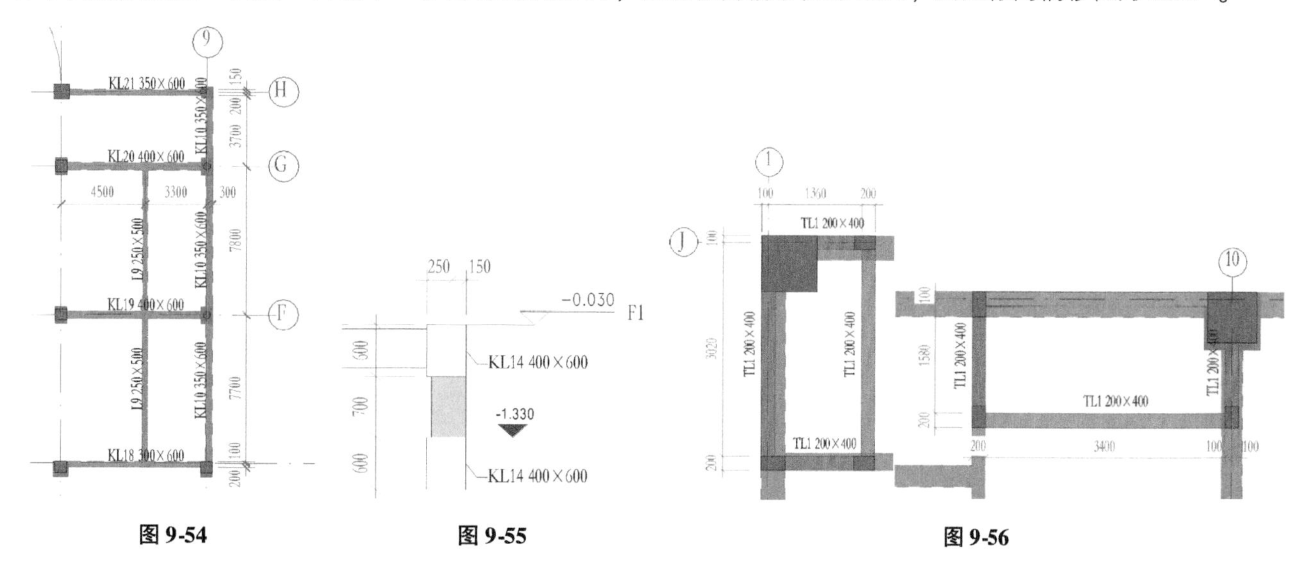

图 9-54　　图 9-55　　图 9-56

Step 22 切换至 F2 平面，单击“结构”选项卡“结构”面板中“梁”工具，如图 9-57 所示，分别选择“矩形平法梁：200×400”及“矩形平法梁：200×300”类型，按图中所示位置绘制生成梁。

Step 23 如图 9-58 所示，单击“结构”选项卡“结构”面板中“梁系统”工具，自动切换至“修改丨放置结构梁系统”上下文选项卡。

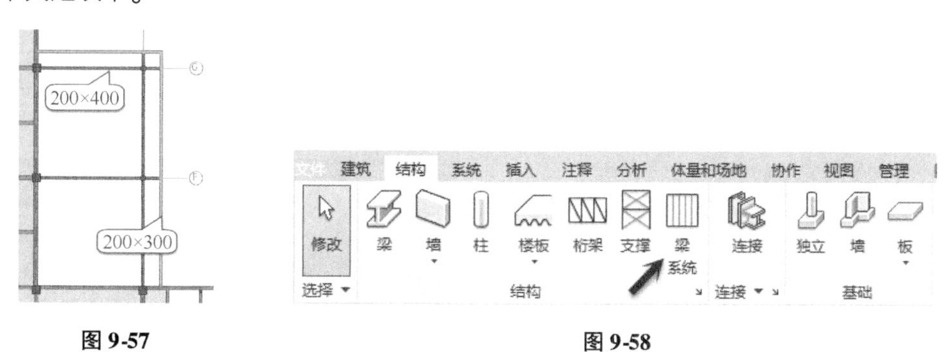

图 9-57　　图 9-58

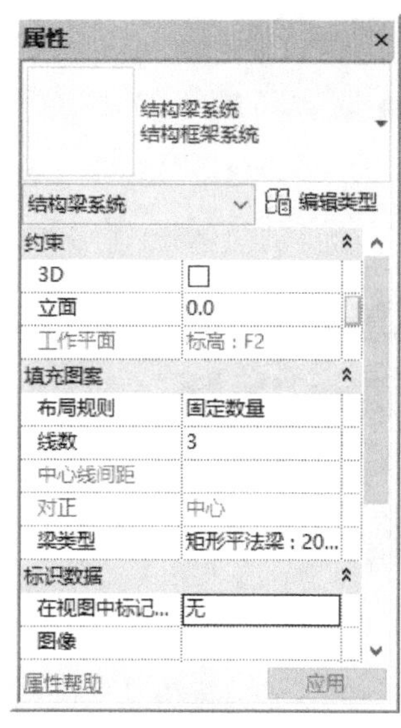

图 9-59

Step 24 如图 9-59 所示，在“属性”面板中设置布局规则为固定数量，“线数”值为 3，设置梁类型为“矩形平法梁：200×300”，确认“立面”值为 0，修改“在视图中标记”选项为“无”；其余参数为默认。

Step 25 选择“修改丨创建梁系统边界”上下文选项卡绘制面板中的“矩形”工具，绘制如图 9-60 所示，由主梁中心线构成的矩形区域。

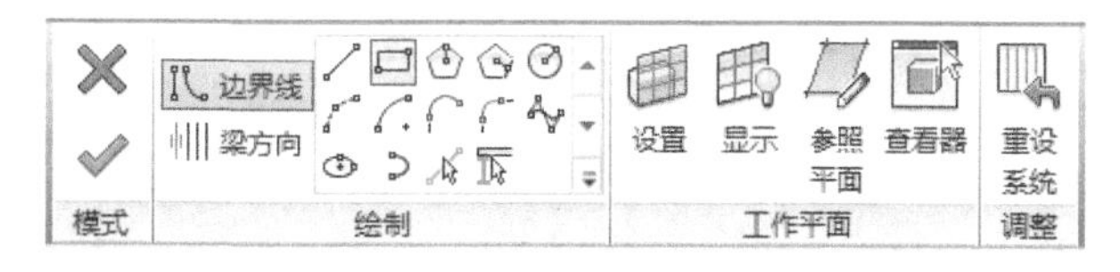

图 9-60

Step 26 如图 9-61 所示，依次捕捉图中所示结构柱中心点，以对角线的方式绘制完成矩形梁系统边界。

提 示

注意 Revit 将在跨方向上显示跨方向符号，默认沿矩形绘制方向为跨方向。

Step27 单击完成编辑模式按钮，完成 G～F 轴横向梁系统绘制，结果如图 9-62 所示。

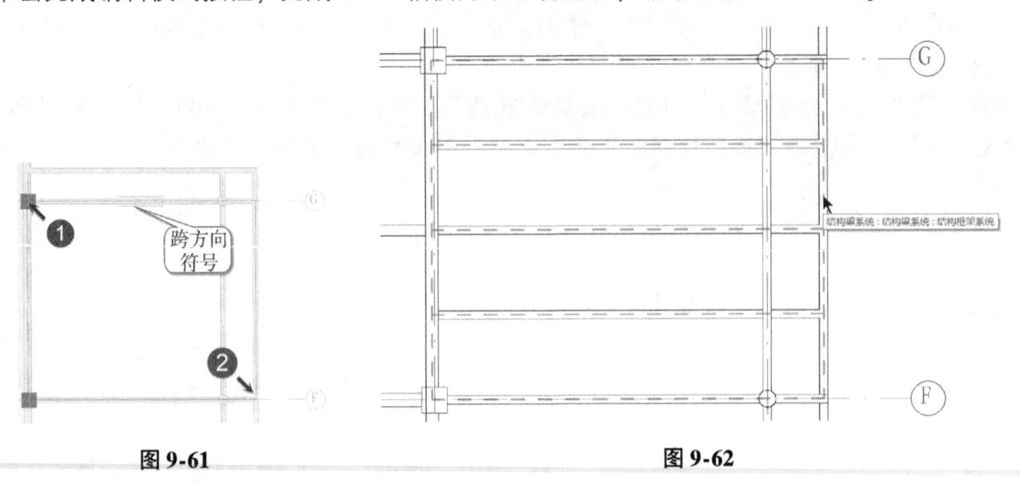

图 9-61　　图 9-62

提 示

移动鼠标至梁系统任意边界位置，单击选择梁系统，单击上下文关联选项卡中“编辑边界”按钮，将重新回到边界草图模式对梁系统进行调整。

Step28 采用相同的方法，采用相同的参数，参照图 9-63 所示，分别绘制 G～F 轴纵向梁系统、F～E 轴横向梁系统、F～E 轴纵向梁系统。

提 示

绘制梁系统时，若起始点位置和绘制方向不同，梁跨度方向将不同。单击“绘制”面板中“梁方向”按钮可修改梁跨方向。

Step29 至此完成综合楼项目主要梁及梁系统构件模型，结果如图 9-64 所示。保存该项目，打开随书文件“第 9 章\RVT\9-2-1. rvt”项目文件查看最终成果。

Revit 允许绘制包括直线、弧形、样条曲线、椭圆弧在内的多种形式的梁。与结构柱工具类似，通过载入不同的梁族，可以生成不同截面形式的梁，如图 9-65 所示。

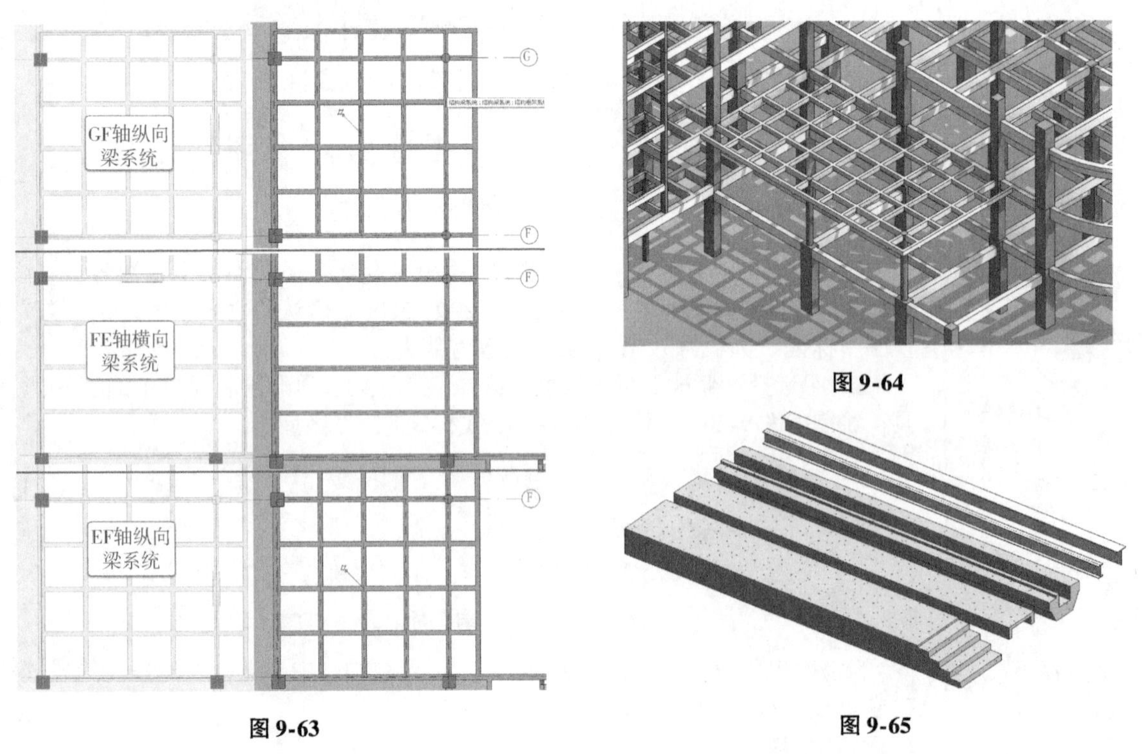

图 9-63　　图 9-64　　图 9-65

绘制梁图元后，如图 9-66 所示，可在梁属性面板中通过调整起点标高偏移、终点标高偏移值来生成空间斜梁。通过设置 Z 轴对正、Z 轴偏移等值，可设置梁的空间定位方式。在属性面板中，还可以指定梁的结构用途，

Revit 提供了大梁、托梁、檩条、水平支撑及其他几种结构用途，用于管理梁的结构用途信息。事实上，在绘制梁时，可以在选项栏中直接指定梁的结构用途。

9.2.2 其他梁构件与梁设置

除使用梁工具外，Revit 还提供支撑、梁系统和桁架工具，用于创建不同形式的梁。

支撑的使用方式类似于创建结构柱中的斜柱。不同的是它使用项目中已载入的梁族类型生成支撑图元，如图 9-67 所示。

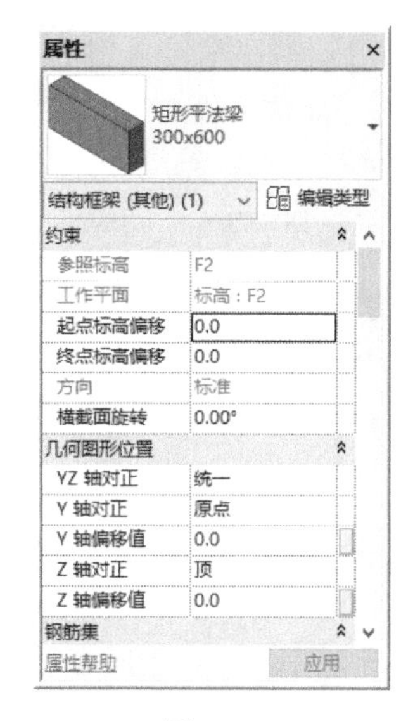

图 9-66

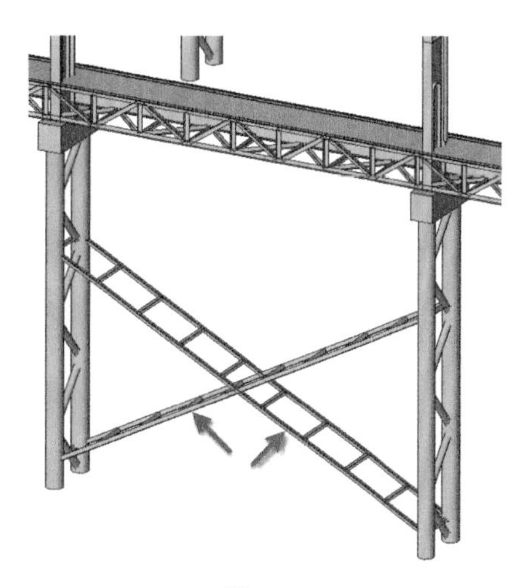
图 9-67

在楼层平面视图中绘制完成梁后，可以修改梁“属性”面板中“起点标高偏移”和“终点标高偏移”值，修改梁图元为斜梁形式。

在绘制梁和梁系统时，除放置在标高平面上之外，还可以放置在任意参照平面上。单击“常用”选项卡“工作平面”面板中“设置”按钮，弹出“工作平面”对话框，可以拾取任意参照平面。拾取参照平面后，梁和梁系统将沿参照平面方向绘制和生成。如图 9-68 所示工业厂房轻钢屋顶檩条为使用“梁系统”并放置在沿屋面梁顶部平面方向上生成。

Revit 还提供了桁架工具，通过放置桁架族，指定桁架族“类型属性”对话框中的上弦杆、垂直腹杆、斜腹杆、下弦杆等采用的梁类型，生成三维桁架图元，如图 9-69 所示。

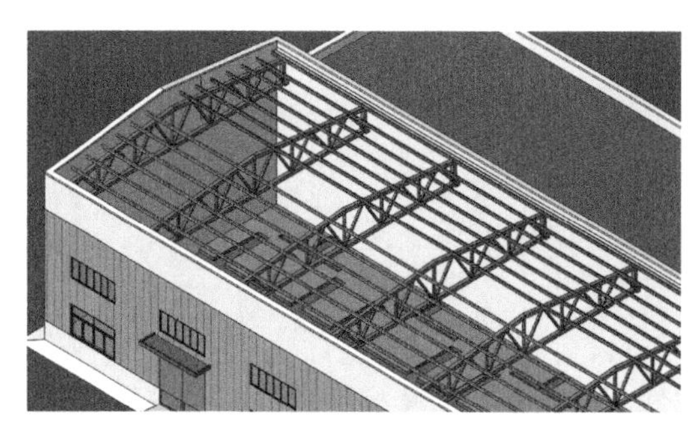
图 9-68

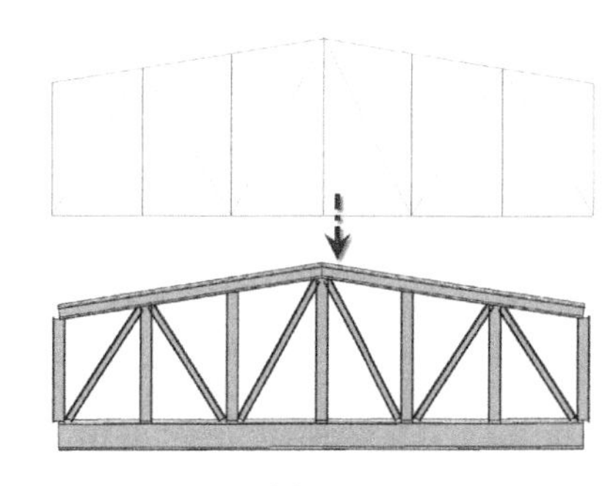
图 9-69

使用桁架族可以快速生成各类复杂桁架图元，而在定义桁架族时，仅需采用绘制二维线的方式绘制桁架定位线即可。在项目中使用该族时，通过如图 9-70 所示的“类型属性”对话框，定义沿桁架线的各方向使用何种梁类型生成真实桁架模型，大大简化了桁架模型的创建难度。

Revit 提供了“公制结构桁架 . rft”族样板文件，允许用户基于该样板创建各种形式的桁架线框模型，并在项目中依据定义生成真实桁架模型。

梁和柱可以在视图中以缩略图的方式显示。如图 9-71 所示，在默认情况下，当视图的详细程度设置为“粗略”时，梁将显示为单线；而当视图详细程度为“中等”或“精细”时则显示为真实的梁截面形状。

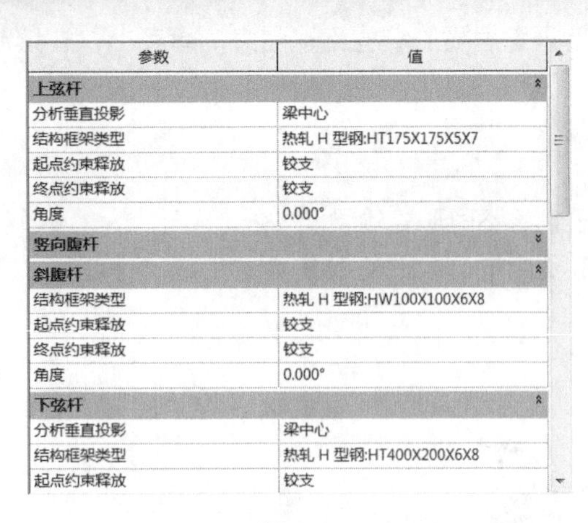

参数	值
上弦杆	
分析垂直投影	梁中心
结构框架类型	热轧 H 型钢:HT175X175X5X7
起点约束释放	铰支
终点约束释放	铰支
角度	0.000°
竖向腹杆	
斜腹杆	
结构框架类型	热轧 H 型钢:HW100X100X6X8
起点约束释放	铰支
终点约束释放	铰支
角度	0.000°
下弦杆	
分析垂直投影	梁中心
结构框架类型	热轧 H 型钢:HT400X200X6X8
起点约束释放	铰支

图 9-70

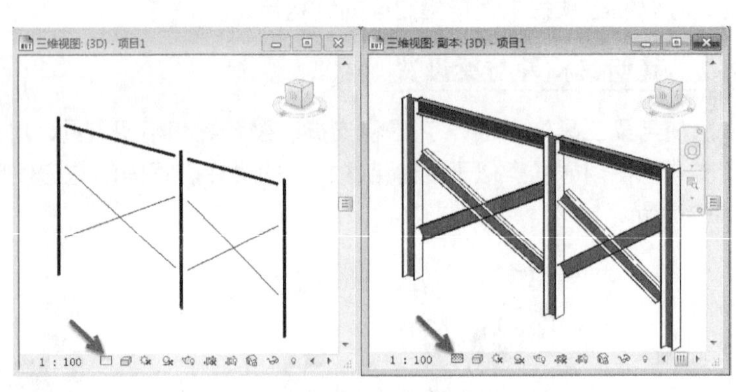

图 9-71

当梁连接到其他承重结构构件时，例如连接到结构柱，在粗略视图精度下（即梁显示为简化单线条），可以显示梁与连接图元间的间隙，以满足出图的要求。Revit 可根据默认的缩进设置调整非混凝土梁的收进和缩进。单击“结构”面板名称右侧斜箭头 ↘，可以打开“结构设置”对话框，如图 9-72 所示，可以设置梁、柱、支撑的缩进距离。

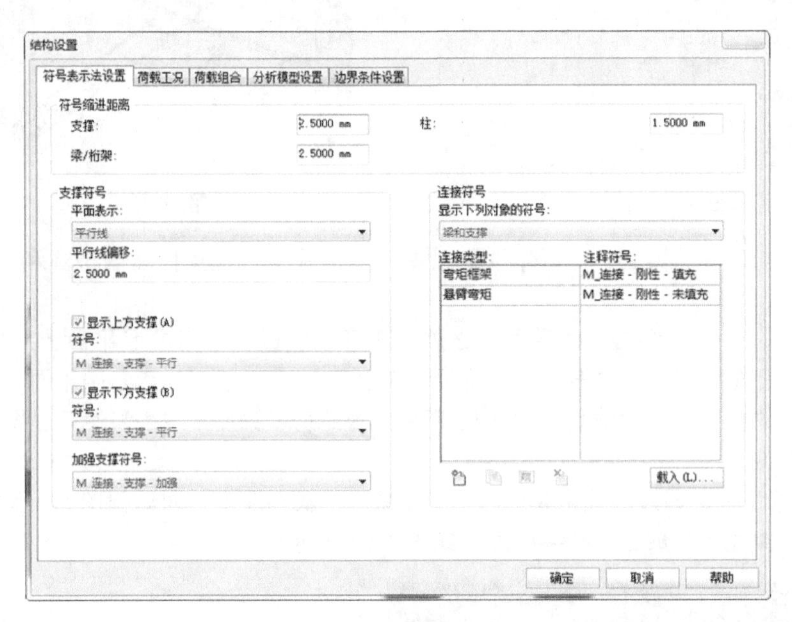

图 9-72

9.3 其他结构图元

9.3.1 结构楼梯，墙，板

Revit 结构面板中，没有结构专用的楼梯、雨篷等构件，结构模型中楼梯和建筑模型中楼梯创建方法完全一致。可通过楼梯类型来区别建筑楼梯与结构楼梯。

如图 9-73 所示，结构楼梯采用族类型为“系统族：现场浇筑楼梯”，注意，在布置结构楼梯等图元构件时，应考虑结构楼梯的标高与建筑楼梯标高差异。

Revit 中结构墙、结构楼板的用法与建筑墙和建筑楼板的用法完全相同，且结构墙、结构楼板中使用的族类型与基本墙、楼板中定义的族类型互相通用。如图 9-74 所示，在 Revit 中勾选墙或楼板的“结构”选项，即可转换为结构墙和结构楼板。Revit 会在结构墙及结构楼板的属性面板中添加“启用分析模型”“钢筋保护层”等结构相关设置选项。

打开随书文件“第 9 章 \ RVT \ 9-3-1. rvt”项目文件查看完成成果。

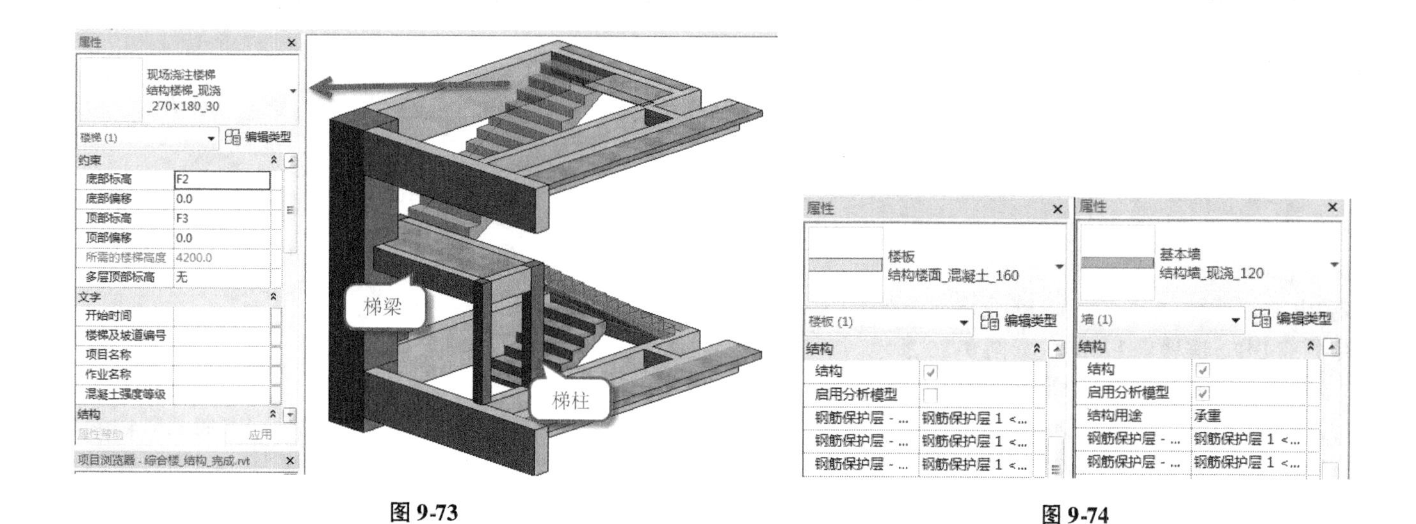

图 9-73　　图 9-74

9.3.2　结构基础和基础梁

Revit 提供了三种基础形式，分别是：条形基础、独立基础和基础底板，用于生成不同类型基础。

独立基础是将自定义的基础族放置在项目中，并作为基础参与结构计算。使用“公制结构基础.rte”族样板可以自定义任意形式的结构基础。接下来通过为综合楼模型创建独立基础说明如何在 Revit 中创建结构基础。

Step01 接 9.3.1 节，切换至 B1 楼层平面。如图 9-75 所示，单击结构面板中“基础”面板中“独立”按钮，自动切换至“修改 | 放置独立基础”上下文选项卡。

Step02 在类型选择器中选择独立基础类型为“矩形承台：CT1”。如图 9-76 所示，单击“修改 | 放置独立基础”上下文选项卡中“在柱处”命令。

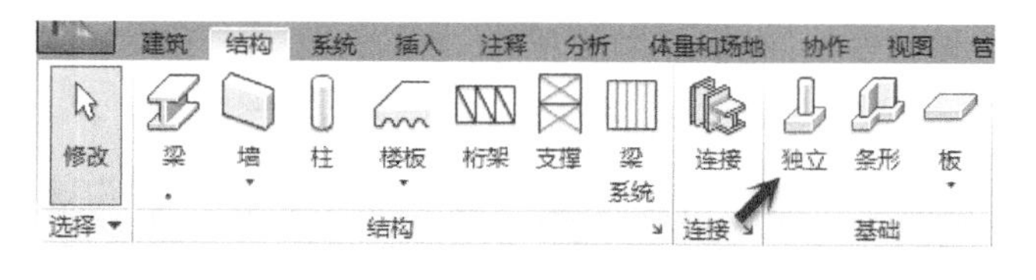

图 9-75

图 9-76

Step03 框选视图中全部结构柱图元，配合使用 Shift 键取消选择 E 轴和 9 轴位置结构柱及楼梯间楼梯结构柱，Revit 将在所选择结构柱位置显示放置基础预览，如图 9-77 所示。

Step04 单击多个面板中“完成”按钮完成选择，Revit 提示“附着的结构基础将被移动到柱的底部”，结果如图 9-78 所示。

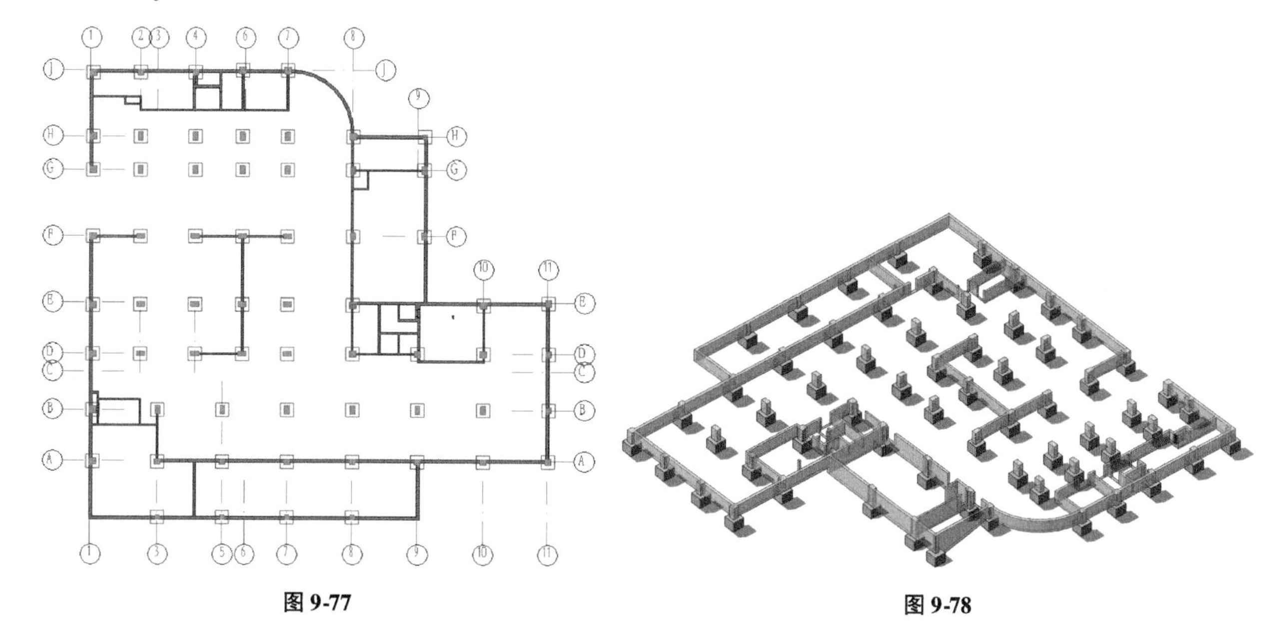

图 9-77　　图 9-78

Step05再次使用“独立”基础工具，设置基础类型为“矩形承台：CT2”。确认基础的放置方式为“在柱处”，单击E轴和9轴位置结构柱图元，单击多个面板中“完成”按钮，Revit将该位置放置独立基础，结果如图9-79所示。

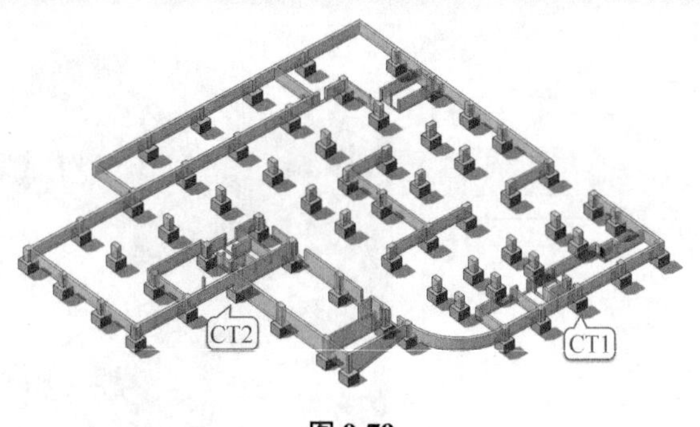

图 9-79

Step06选择绘制完成的承台模型，参考PDF图纸尺寸和高程位置，调整承台属性中“自标高的高度偏移”值，除8～9轴与E～H之间变配电室位置承台顶标高为－5.13m（参照标高BB，偏移量800）外。其余承台顶标高均为－4.23m（参照标高BB，偏移量1700），如图9-80所示。

Step07切换至B1平面视图，单击结构选项卡结构面板中“结构框架：梁”工具，选择梁类型为“矩形平法梁：400×800”，按PDF图纸所示位置，绘制B1层基础地梁。除变配电室位置承台顶标高为－5.13m（参照标高B1，偏移量－900）外。其余承台顶标高均为－4.23m（参照标高B1，偏移量0），如图9-81所示。

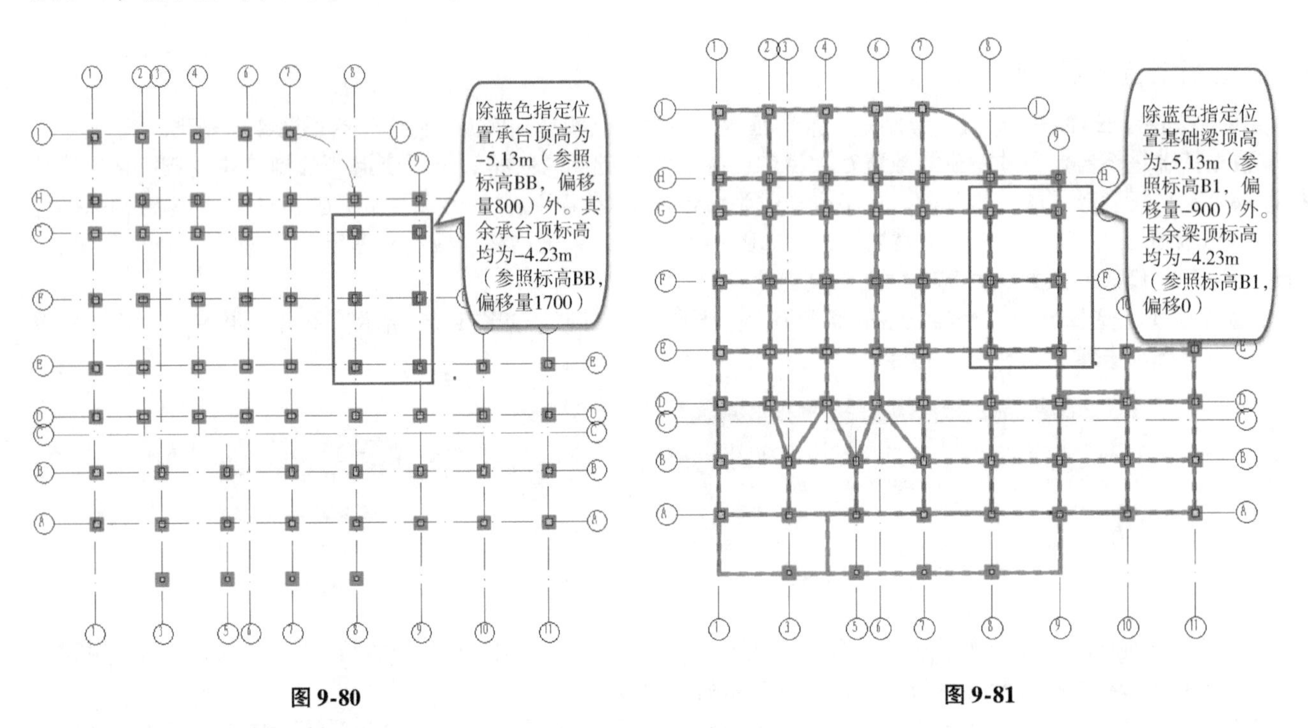

图 9-80　　　　图 9-81

Step08地梁完成效果如图9-82所示。

独立基础及地梁创建完成后，继续绘制综合楼项目基础底板模型。Revit中基础底板可以采用结构基础板进行创建，该方法同样用于创建筏板基础。

Step09切换至B1楼层平面视图。如图9-83所示，单击结构选项卡结构面板中“板”工具黑色下拉三角形，在下拉列表中选择“结构基础：楼板”，自动切换至“修改丨创建楼层边界”上下文选项卡。

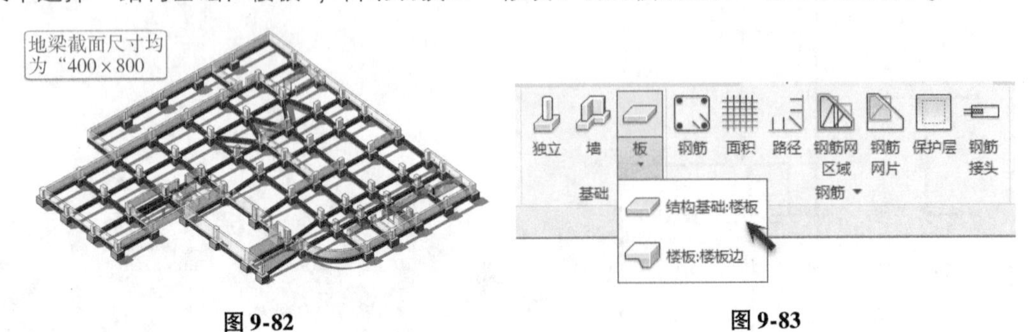

图 9-82　　　　图 9-83

Step10在类型选择器中选择类型为“基础底板_混凝土_300”基础板类型，设置属性面板中标高为“B1”，自标高的高度偏移值为“0”；确认“绘制”面板中，绘制状态为“边界线”，绘制方式为“直线，如图9-84所示，沿梁内侧边缘绘制基础底板边界，单击“完成编辑模型”按钮完成基础板绘制。

提 示

结构基础板使用方式同楼板完全一致。

Step 11 继续使用“结构基础：楼板”工具，在类型选择器中选择名称为“基础底板_混凝土_300”的板类型。确认属性面板中标高为“B1”，修改自标高的高度偏移为“－900”；按图 9-85 所示，绘制基础底板边界轮廓，单击“完成编辑模型”按钮完成基础板绘制。

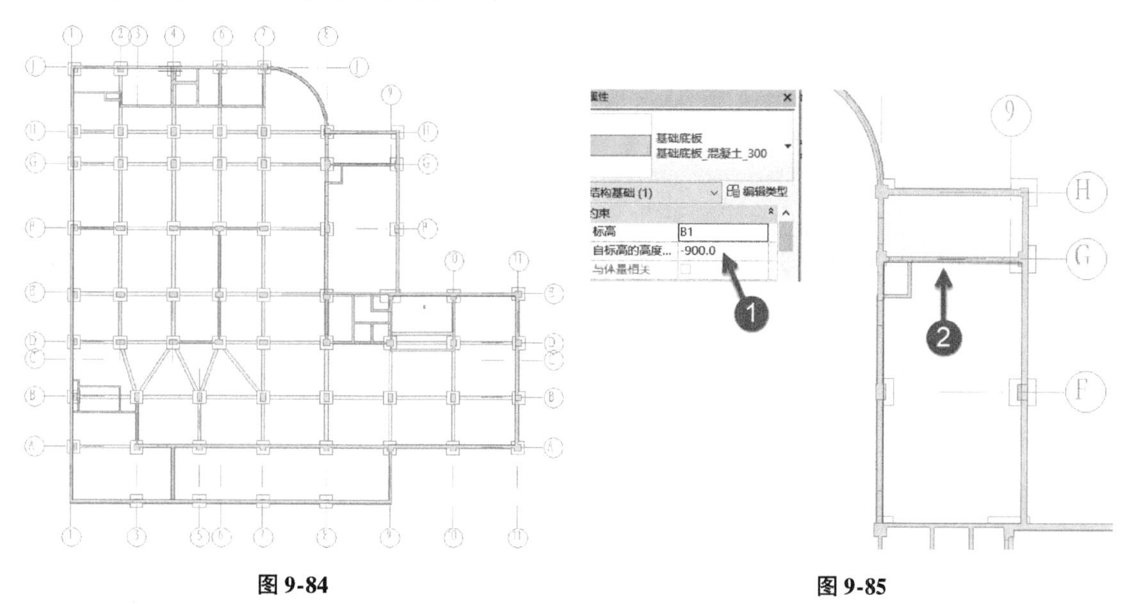

图 9-84　　图 9-85

Step 12 至此完成结构基础板创建。结果如图 9-86 所示。保存项目，或打开随书文件“第 9 章\RVT\9-3-2. rvt”项目文件查看最终完成结果。

条形基础的用法类似于墙饰条，用于沿墙底部生成带状基础模型。单击选择墙即可在墙底部添加指定类型的条形基础，如图 9-87 所示。可以分别在条形基础类型参数中调节条形基础的坡脚长度、根部长度、基础厚度等参数，以生成不同形式的条形基础。与墙饰条不同的是，条形基础属于系统族，无法为其指定轮廓，且条形基础具备诸多结构计算属性，而墙饰条则无法参与结构承载力计算。

图 9-86　　图 9-87

9.3.3 排水沟和集水坑

基础底板绘制完成后，继续添加排水沟、集水坑等排水构筑物。其中排水沟模型可以使用面洞口工具结合楼板边缘命令创建完成，集水坑构件采用放置自定义族的方式完成。接下来将继续为综合楼项目添加排水沟及集水坑图元。

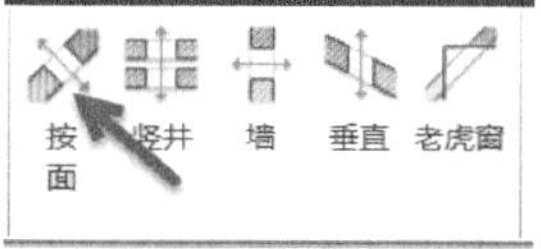

图 9-88

Step 01 如图 9-88 所示，单击“建筑”选项卡面板洞口工具面板中“按面”洞口工具。确认激活“按面”选择选项，移动鼠标至 B1 标高基础底板任意位置，单击选择该楼板。

Step 02 Revit 自动切换至“修改 | 创建洞口边界”上下文选项卡。选择绘制方式为“直线”，配合修改工具，按图 9-89 所示，绘制宽度为 300 的排水沟洞口轮廓。

Step 03 绘制完成后单击“完成编辑模型”按钮完成洞口。切换至三维视图，适当冲切三维视图，完成后结果如图 9-90 所示。

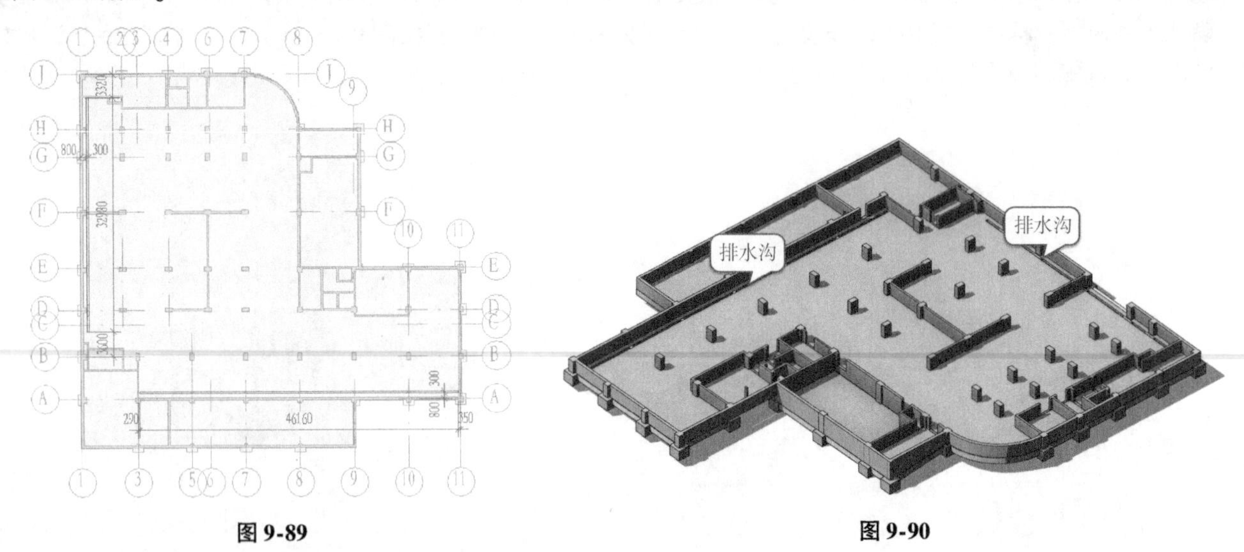

图 9-89　　图 9-90

Step 04 切换至 B1 楼层平面视图。单击结构面板中“构件”工具下拉列表中“放置构件”命令，如图 9-91 所示，自动切换至“修改 | 放置构件”上下文选项卡。

Step 05 在类型选择器中选择名称为“建筑集水坑 3 边_基于面：集水井_混凝土_1500×1200×1000”的集水坑类型，如图 9-92 所示，单击“放置”面板中“放置在面上”。

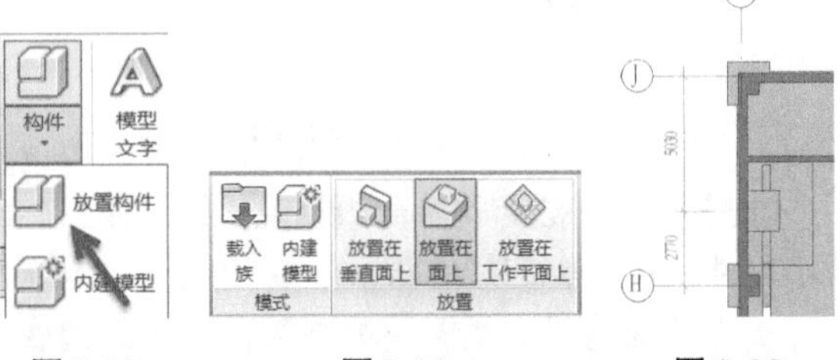

图 9-91　　图 9-92　　图 9-93

Step 06 如图 9-93 所示，移动鼠标至 1、2 轴线与 H 轴线位置，按空格键旋转集水坑方向。单击鼠标左键放置集水坑构件。使用对齐工具，将集水坑左侧内壁对齐至外墙内侧核心层表面。配合使用临时尺寸标注，使集水坑中心距 H 轴线距离为 2770mm。

Step 07 选择上一步中创建的集水坑图元，如图 9-94 所示，在属性面板中设置文字参数组中“构件编号”值为“JS01”，设置“楼板厚度”值为“300”；完成后集水坑将完全剪切结构底板。

Step 08 使用相同的方法，参照图 9-95 所示类型和位置创建其余集水坑和电梯基坑构件。在属性面板中分别为每个集水坑添加编号，并设置“楼板厚度”值均为“300”。

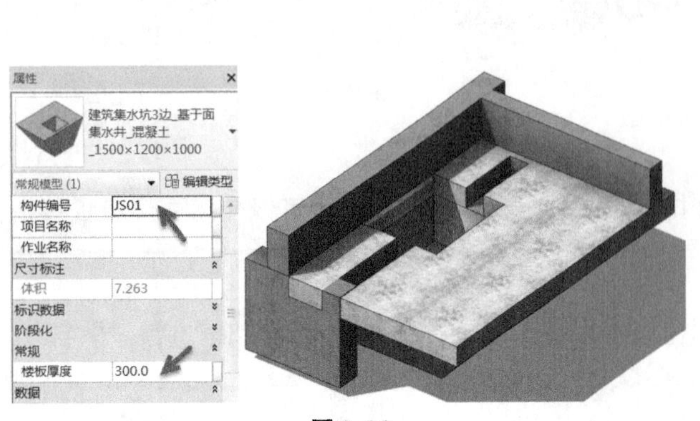

图 9-94

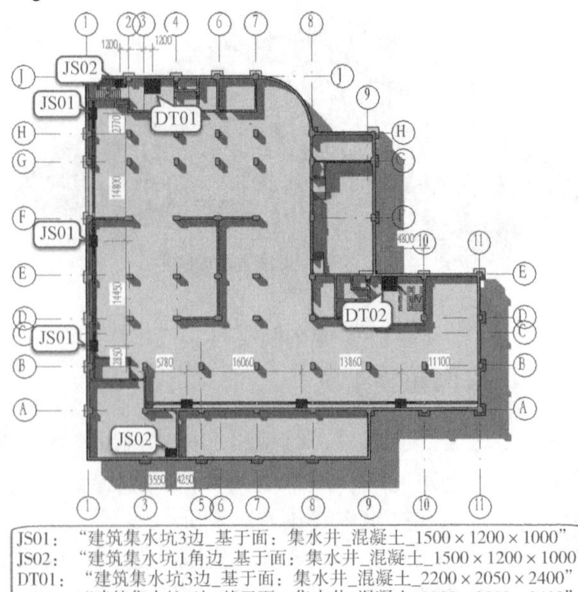

图 9-95

排水沟洞口及集水坑洞口绘制完成后，接下来将使用“板”工具继续绘制排水沟底板及排水沟侧壁模型。

Step 09 切换至 B1 楼层平面视图。选择结构面板中“板”工具下“结构基础：楼板”命令，在类型选择器中选择板基础类型为“基础底板_混凝土 200”，确认属性面板中标高为“B1”，修改“自标高的高度偏移值”为“-450”；确认“绘制”面板中，绘制状态为“边界线”，绘制方式为“直线，如图 9-96 所示，沿排水沟洞口边界绘制排水沟底板轮廓边界。完成后单击“完成编辑模型”命令，完成排水沟底板绘制。

Step 10 如图 9-97 所示，选择结构面板中“板”工具下拉列表中“楼板：楼板边”命令，自动切换至“修改 | 放置楼板边缘”上下文选项卡。

Step 11 在类型选择器中选择楼板边类型为“楼板边缘：排水沟”，其余参数为默认，如图 9-98 所示粉色边界位置所示，依次单击选择结构底板排水沟洞口边界位置，单击“放置楼板边缘”，Revit 将自动沿排水沟边缘生成楼板边缘。

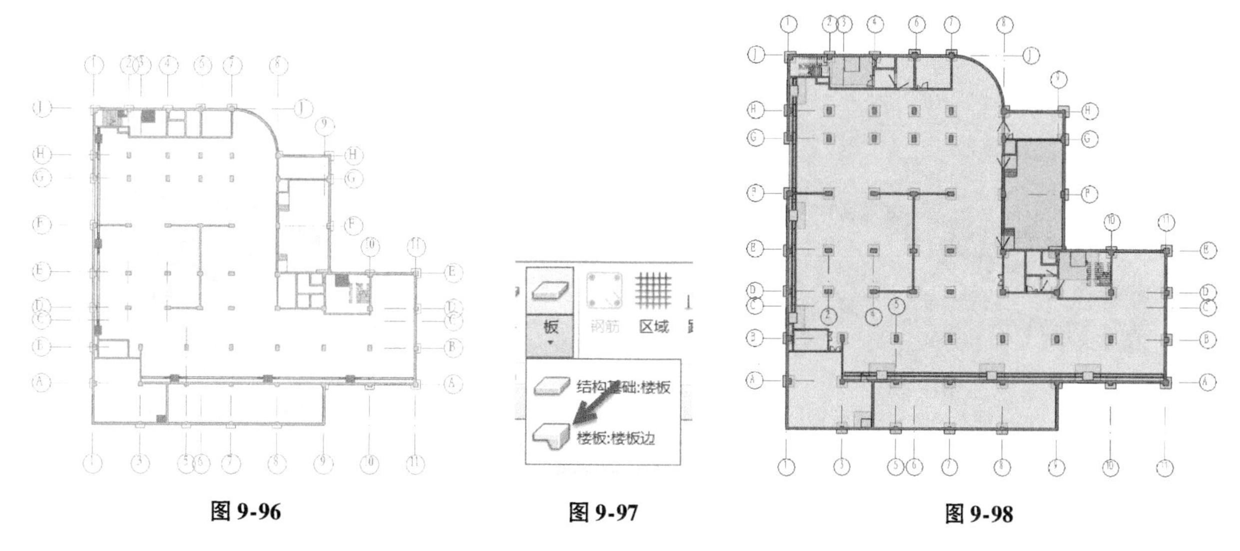

图 9-96　　图 9-97　　图 9-98

Step 12 切换至三维视图，适当调整剖面框大小，使排水沟断面可见。如图 9-99 所示，单击“修改”选项卡“几何图形”面板中“连接几何图形”工具，进入几何图元连接编辑状态，鼠标指针变为 。

提 示

在连接工具下拉列表中，还包含取消连接几何图形及切换连接顺序两个工具。

Step 13 首先单击选择楼板边模型，再次单击选择“基础底板_混凝土_300”模型图元，Revit 将楼板边缘和基础底板模型连接为一个整体，结果如图 9-100 所示。继续使用“连接”工具，连接剩余的楼板边缘构件至基础底板。

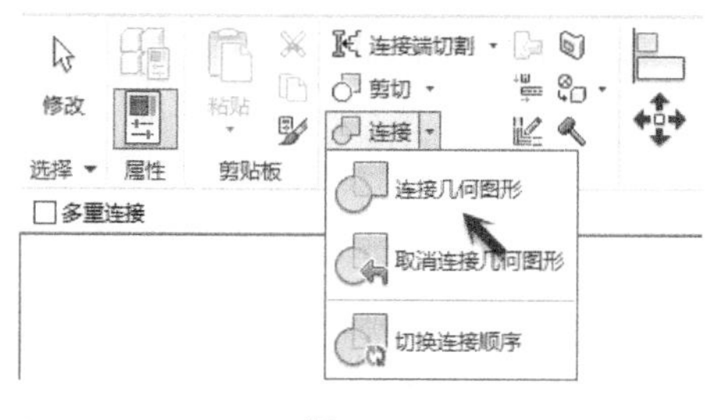

图 9-99

图 9-100

提 示

Revit 中使用操作命令时，视图左下角均会出现“首选拾取：选择要连接的实心几何图形”“其次连接：选择要连接到所选实体上的实心几何图形”等操作提示，辅助操作布置讲解。

Step 14 至此完成地下室排水设施模型创建，保存项目，完成练习，参见随书文件“第 9 章\RVT\9-3-3.rvt”查看最终成果。

集水坑模型采用自定义族模型，采用“基于面的公制常规模型.rft”族样板文件创建而成，在放置集水坑族构件时，将自动在主体楼板上完成开洞口。

洞口工具和楼板边缘工具与建筑模型和结构模型创建方法完全类似，楼板边缘工具在建筑模型中更多作用为建筑立面造型，有关楼板边缘更多创建方法，详建本书第 10 章。有关洞口的更多操作，详见本书第 13 章。

在使用“连接几何图形”工具对几何图形连接后，可以采用“取消连接几何图形”工具取消连接。还可以勾选选项栏中“多重连接”选项，使第一个选择的图元与多个相交的图元连接。在 Revit 中，“几何图形连接”工具可以连接墙与楼板等多个系统主体构件，但无法连接门、窗、楼梯、栏杆等可载入族或由可载入族嵌套生成的图元。

9.3.4 结构坡道

结构坡道和结构楼梯类似，Revit 中没有结构专用坡道，可以利用基础底板工具生成结构坡道。

接下来，继续为综合楼项目添加结构坡道，并添加坡道钢结构柱、坡道挡土墙等构件。如图 9-101 所示，结构坡道总高度为 3.6m，坡道底标高为 -4.23m，顶标高为 -0.63m，坡道坡度值为 10.2%，坡长度为 35.2m。

Step01 接 9.3.3 节练习。切换至 B1 楼层平面视图。适当缩放办公楼 G ~ F 轴线之间坡道入口位置。选择结构面板中“板”工具下“结构基础：楼板”命令，在类型选择器中选择板基础类型为“基础底板_混凝土 150”，采用和第 7 章中 7.1.6 节完全相同的尺寸参数和操作方法，创建结构坡道基础板，如图 9-102 所示。

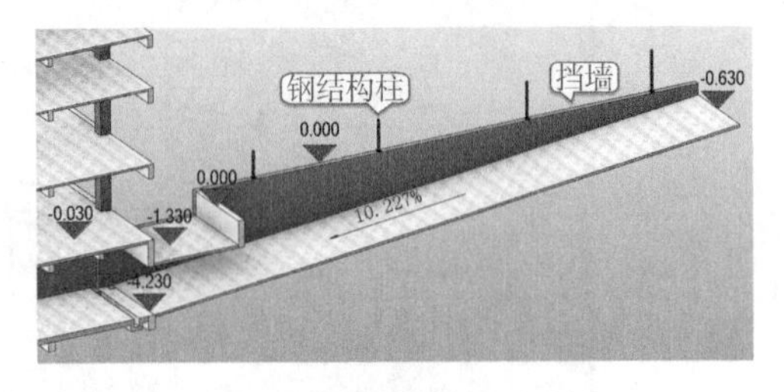

图 9-101

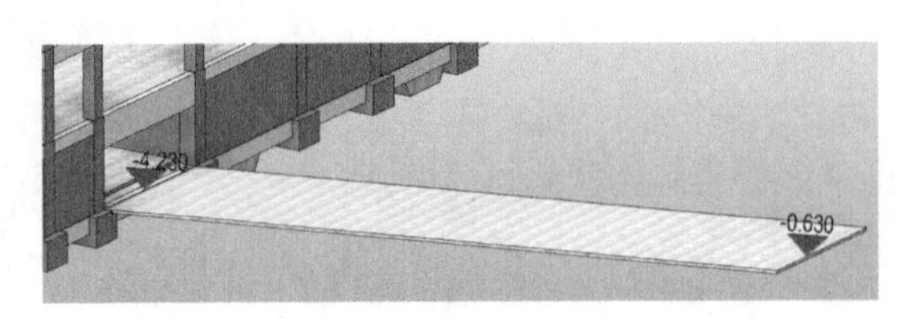

图 9-102

Step02 切换至 B1 楼层平面视图，如图 9-103 所示，单击“结构”面板中“墙”工具下拉工具列表中“墙：结构”工具，自动切换至“修改 | 放置墙”上下文选项卡。

Step03 在类型选择器中，选择当前墙类型为“结构墙_现浇_350”，如图 9-104 所示，设置属性面板中“底部约束”为 B1，“底部偏移值”为 0；设置“顶部约束”为直到“F1”，修改“顶部偏移值”为 30。

Step04 确认当前绘制方式为“直线”，如图 9-105 所示位置，沿坡道边界绘制坡道挡土墙，墙核心层表面与坡道边平齐。

Step05 单击“视图”选项卡下“创建”面板中“剖面”工具，如图 9-106 所示，在类型选择器中选择当前剖面类型为“楼梯坡道”。鼠标移动至坡道位置，按从左至右方向绘制剖面符号，Revit 将在该位置生成剖面视图。

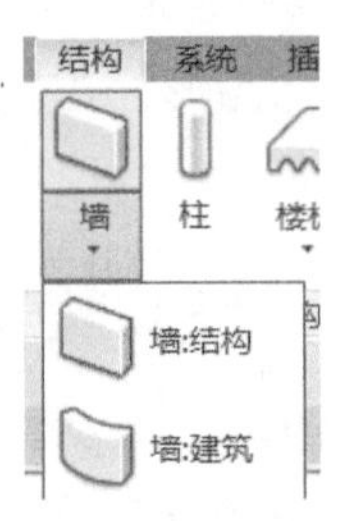

图 9-103

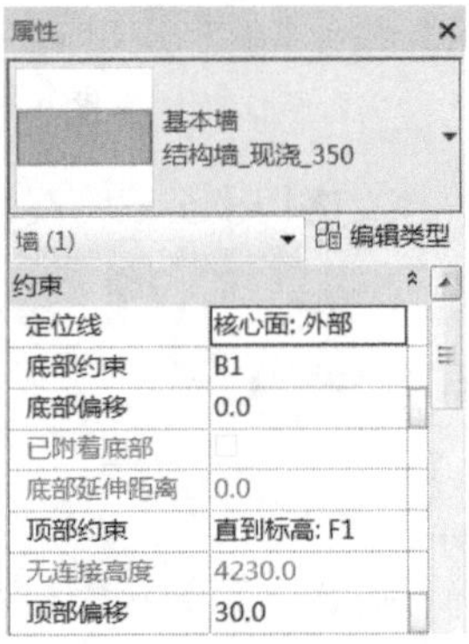

图 9-104

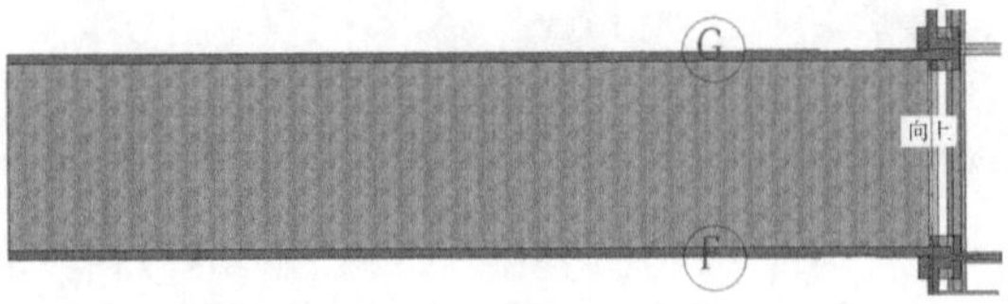

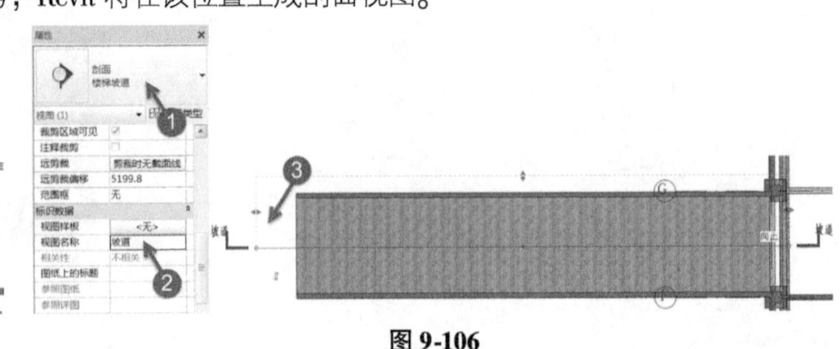

图 9-105

图 9-106

> **提示**
>
> 楼梯坡道剖面类型由项目样板中预设。Revit 允许用户自定义任意剖面类型名称。

Step06 右键单击上一步中绘制的剖面符号，在弹出的右键菜单中选择“转到视图”选项，Revit 将切换至“坡道”详图剖面视图。

Step07 选择挡土墙体图元，自动切换至“修改 | 墙”上下文选项卡，单击“模式”面板下“编辑轮廓”按钮，进入“修改 | 墙 > 编辑轮廓”命令状态，Revit 将显示墙立面轮廓草图，如图 9-107 所示。

Step 08 如图 9-108 所示，使用“对齐”工具，将墙底边轮廓对齐至坡道底边；在坡道入口位置 5000 处绘制距离墙顶 1300 轮廓，其余墙体边线位置不变，确保墙轮廓首尾闭合，单击“完成编辑模式”命令，完成墙体轮廓修改。

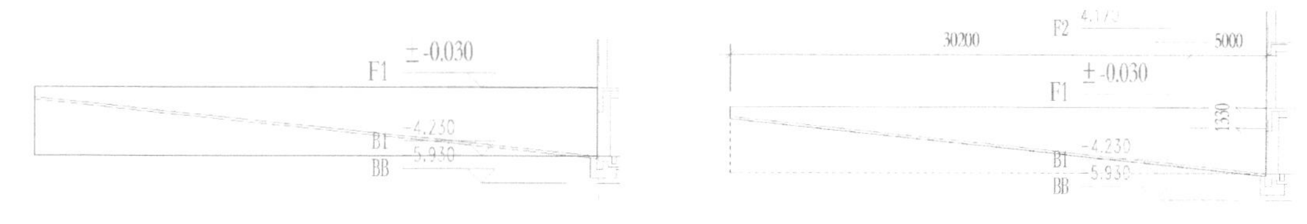

图 9-107　　　　图 9-108

Step 09 切换至 B1 楼层平面视图，右键单击剖面符号，在弹出菜单中选择“反转剖面”，将剖面方向反转。重新切换至剖面视图，重复上一步操作，修改另一侧墙体轮廓。完成后效果如图 9-109 所示。

Step 10 切换至 F1 楼层平面视图，单击”结构”面板中“楼板”工具下拉列表中“楼板：结构”命令，选择楼板类型为“结构楼面_混凝土_160”，设置属性面板中标高为“F1”，修改“自标高的高度偏移值”为“-1300”。确认“绘制”面板中，绘制状态为“边界线”，绘制方式为“直线”；按图 9-110 所示位置，绘制楼板轮廓边界，完成后单击“完成编辑模式”，完成坡道顶盖板绘制。

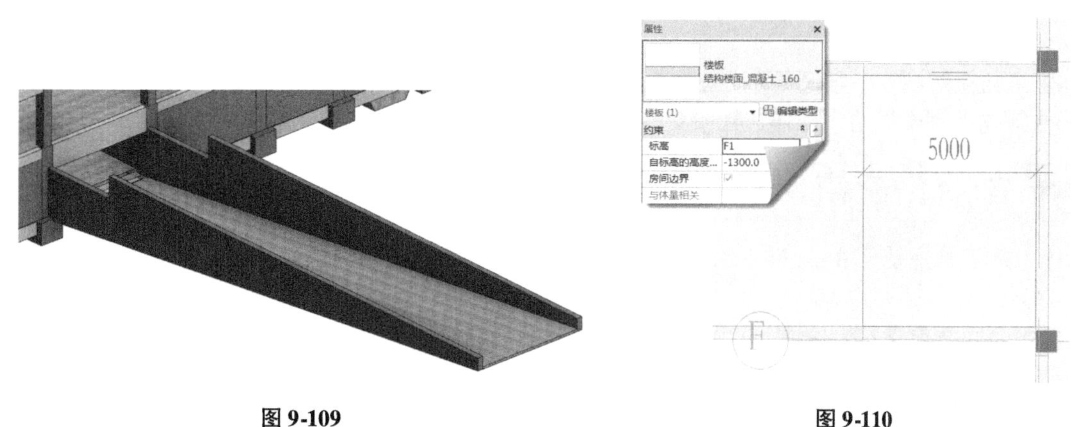

图 9-109　　　　图 9-110

Step 11 单击“结构”选项卡“结构”面板中“梁”工具，在类型选择器中确认当前梁类型为“矩形平法梁：350×1300”；设置选项栏中梁放置平面为“F1”，修改属性栏中“参照标高”为 F1，Y 轴和 Z 轴偏移量均为“30”，其余参数默认；如图 9-111 所示位置，绘制坡道顶上翻梁。

Step 12 切换至三维视图，完成后结果如图 9-112 所示。

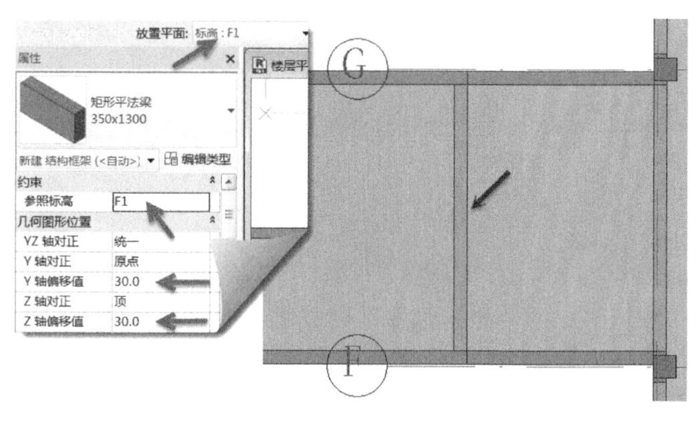

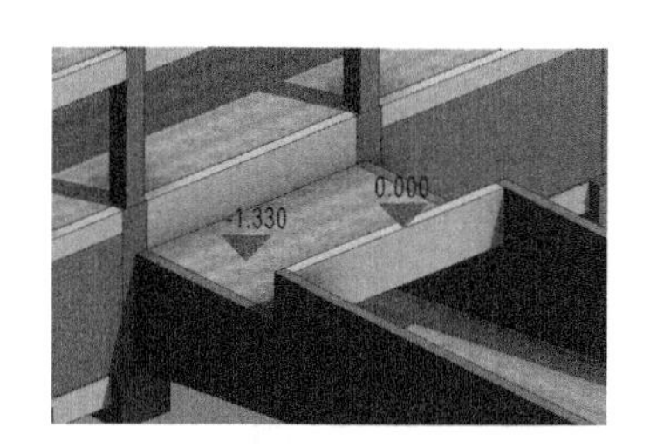

图 9-111　　　　图 9-112

Step 13 切换至 F1 楼层平面视图，单击“结构”选项卡面板中“柱”工具，设置当前柱类型为“矩形_带地脚：H600 * 250 * 6 * 10_DJ1”，不勾选选项栏“放置后旋转”选项，设置放置方式为“高度”，到达标高为“F2”。

Step 14 确认“修改 | 放置结构柱”上下文选项卡“放置”面板中结构柱的生成方式为“垂直柱”，不激活“在放置时标记”选项，按如图 9-113 所示位置，依次在坡道两侧单击放置结构柱，使用“对齐”工具，对齐结构柱中心与坡道挡墙中心。

Step⑮选择上一步中绘制的全部结构柱图元，修改属性面板中“底部偏移值”为“55”，如图 9-114 所示，钢结构柱底和挡墙顶平齐。

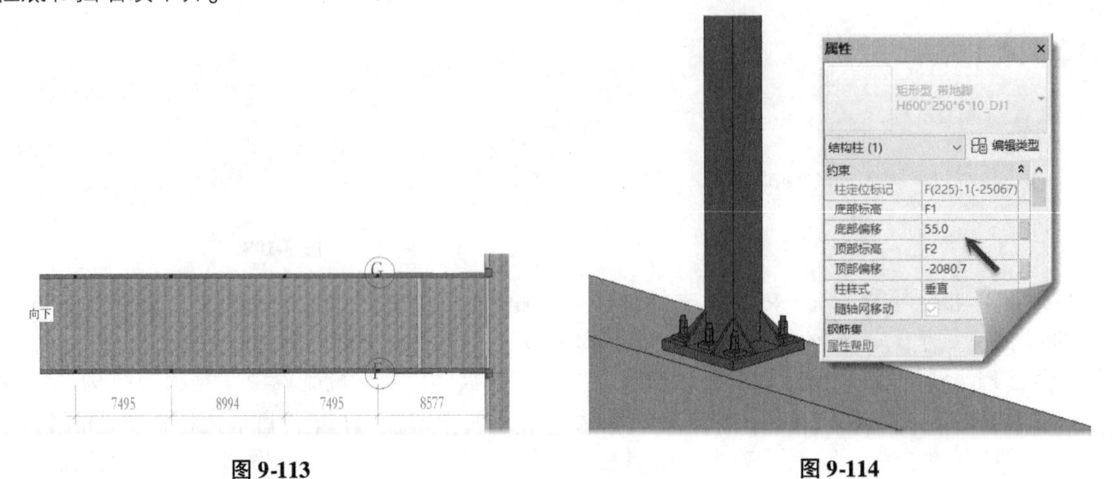

图 9-113　　图 9-114

Step⑯至此完成结构全部坡道模型绘制。保存项目，或打开随书文件“第 9 章\RVT\9-3-4. rvt”项目文件查看结果。

在结构坡道绘制过程中，坡道绘制方法和建筑坡道完全一致。结构坡道章节融合了结构墙、结构楼板、结构梁、结构柱等构件创建方法，操作过程中更多讲解各构件的位置关系和编辑方法。

9.4 自动化建模

isBIM 模术师工具是基于 Revit 软件的 BIM 插件，可以快速高效完成模型设计，提高工程师效率，减少企业成本。

isBIM 模术师主要包含四大模块，共 120 多个高效率命令功能，各模块具体功能如图 9-115 所示。

其中土建模块，可以基于链接 CAD 图纸，快速生成建筑、结构、机电全专业 BIM 模型。如图 9-116 所示，基于 F4 层设计图纸，快速生成专业构件模型。

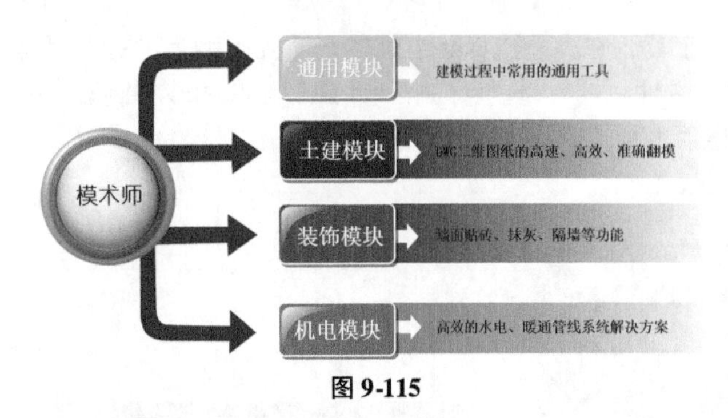

图 9-115　　图 9-116

9.5 本章小结

本章着重介绍 Revit 中结构设计的概念。使用 Revit 提供的结构构件完成综合楼项目结构柱、梁的布置，学习 Revit 中布置结构构件的方法和步骤，以及 Revit 中其他结构构件的基本概念。

结构设计是形成完整 BIM 模型并进行三维设计的重要内容。目前绝大多数建筑设计师在设计时主要考虑结构柱定位。通过 Revit 模型，可以实现与结构工程师的结构模型相互参照，协同作业。本项目采用直接与链接结构专业模型的方式形成完整 BIM 模型，实现跨专业协同作业。

第10章 外立面和细部设计

在前面几个章节中，通过使用标高、轴网、墙体、门窗、楼板、屋面、扶手、楼梯与坡道等工具，创建了综合楼项目主要建筑构件。本章将使用 Revit 中基于主体的放样工具以及构件族，完成综合楼项目的外墙装饰、室外台阶等细节模型，并进一步细化外墙墙面、室内卫生间洁具布置和室外特殊建筑构件。

10.1 创建外立面装饰墙

在一般建筑施工中，完成主体墙后，需要在外墙添加干挂石材等外墙装饰。在 Revit 中，可以通过添加外墙装饰墙的方式创建外墙装饰。本书综合楼案例中，主体模型按标高分层创建，而为保障外墙装饰整体性，外墙装饰墙模型一般整体绘制，由于外装饰墙模型涉及外立面造型，会设定多种材质或线条，例如外墙采用干挂做法，须要划分网格及计算工程量。

在本书综合楼项目中，外装饰墙墙面分为两种类型，使用在本书第 5 章中已介绍如何创建“建筑外墙_地石 700 + 花岗石_20”叠层墙和“建筑外墙_花岗石_20”普通墙类型。在 F1 ~ F2 标高范围内，采用“建筑外墙_地石 700 + 花岗石_20”叠层墙；F2 以上标高将采用“建筑外墙_花岗石_20”墙类型，如图 10-1 所示。

图 10-1

接下来，将采用“墙”工具创建综合楼外墙模型。

Step01 打开随书文件“第 9 章 \ RVT \ 9-1-2. rvt”项目，切换至项目浏览器面板，参考 5. 2. 5 中的流程，完成“建筑外墙_花岗石_20”、“建筑外墙_地石_20”两种基本墙创建。继续参考该章节，完成“建筑外墙_地石 700 + 花岗石_20”叠层墙创建，如图 10-2 所示。

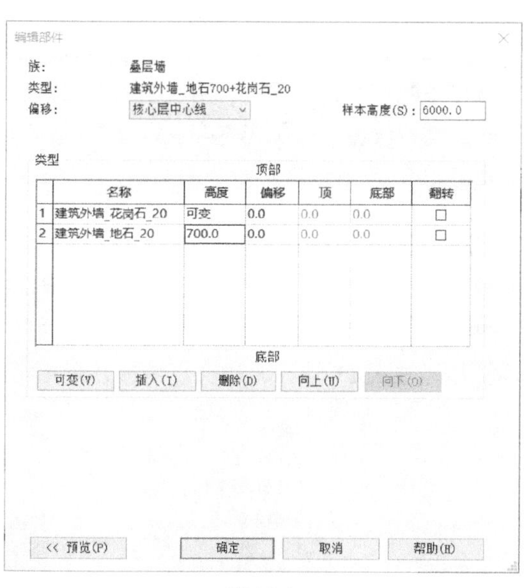

图 10-2

Step02 切换至 F1 楼层平面视图。单击“建筑”选项卡“构建”面板中“墙”工具下拉列表，在列表中选择“墙”工具，自动切换至“修改 | 放置墙”上下文选项卡。确认当前墙族类型为“叠层墙：建筑外墙_地石 700 + 花岗石_20”叠层墙类型。确认选项栏墙定位线为“核心面：内部”。

Step03 修改属性面板中“底部约束值为 F1”“底部偏移值为 0”；修改“顶部约束值为直到标高 TF”“顶部偏移值为 -1500”；适当放大视图至 F1 平面 1/J 轴外墙位置，沿1 ~ 6轴、4 ~ 11 轴、E ~ A 轴、11 ~ 1、A ~ J 轴外墙和结构柱外侧绘制“建筑外墙_地石 700 + 花岗石_20”叠层墙，如图 10-3 所示。

Step04 继续选择“叠层墙：建筑外墙_地石 700 + 花岗石_20”叠层墙类型，设置属性面板中“底部约束值为 F1”“底部偏移值为 0”“顶部约束值为直到标高 F3”“顶部偏移值为 1470”；沿 6 ~ 7 轴、H ~ E 轴位置外墙和结构柱边缘绘制叠层墙，如图 10-4 所示。

Step05 选择“建筑外墙_地石_20”基本墙类型，设置属性面板中“底部约束值为 F1”“底部偏移值为 0”“顶部约束值为未连接”“无连接高度值为 700”，设置定位线为“面层面：内部”，单击“绘制”面板中“拾取线”绘制方式，设置选项栏“偏移值”为 100. 0。移动鼠标至弧形轴网位置，Revit 将显示绘制预览。左右移动鼠标，当偏移预览方向在轴线外侧时，单击弧形轴网，生成墙体，结果如图 10-5 所示。

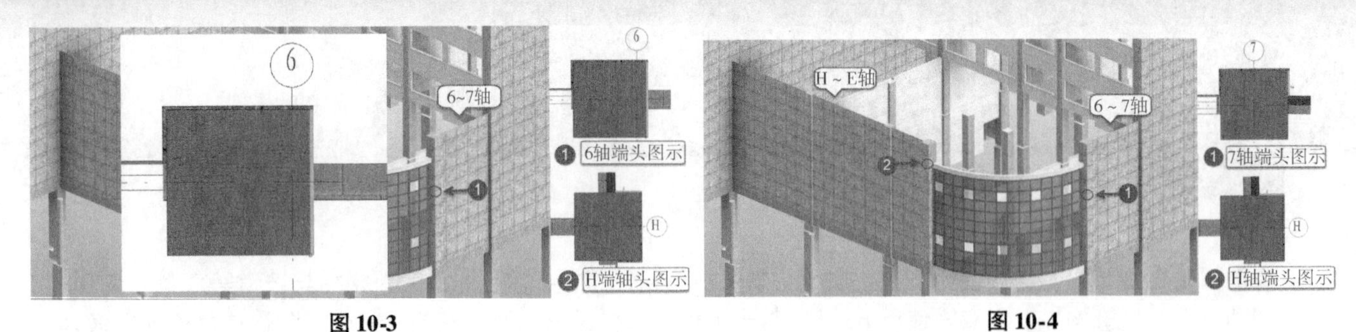

图 10-3　　图 10-4

Step06 切换至 F3 楼层平面视图，选择“建筑外墙_花岗石_20”基本墙类型，设置属性面板中“底部约束值为 F3”“底部偏移值为 -330”“顶部约束值为直到标高 F3”“顶部偏移值为 1470”；设置定位线为“面层面：内部”，单击“绘制”面板中“拾取线”绘制方式，设置选项栏“偏移值”为 100.0，采用相同的操作在轴线外侧生成墙体，结果如图 10-6 所示。

Step07 单击“修改”选项卡下“几何图形”面板中“连接”工具下拉箭头，在下拉工具列表中选择“连接几何图形”工具，单击上一步操作中创建的外墙图元，再次单击与之平行的主体砌体墙图元，Revit 将根据主体墙门窗洞口自动剪切外墙。采用该方法依次调整全部外墙图元，结果如图 10-7 所示。

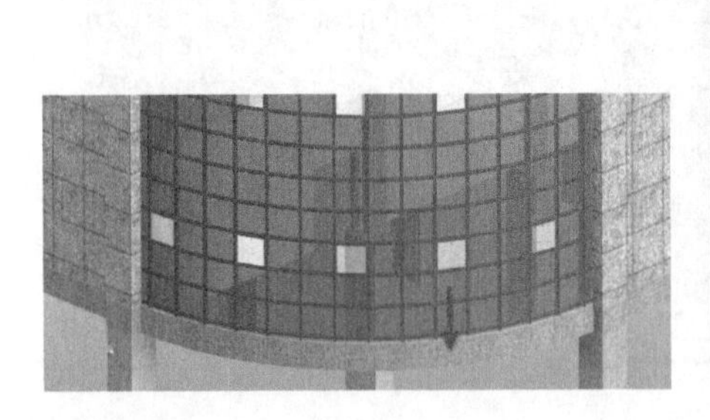

图 10-5

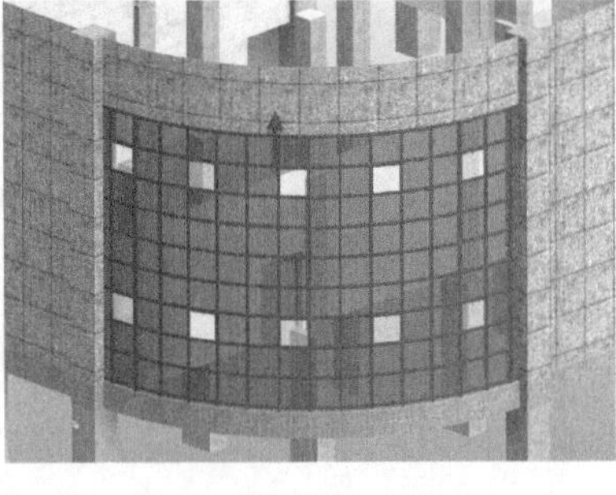

图 10-6

图 10-7

提 示

使用“连接几何图形”命令可以连接不同模型之间的剪切效果，在选项栏中勾选“多重连接”，单击选择要连接的实心几何图形，再次单击可以框选多个要连接到所选实体上的实心几何图形，连接装饰墙和砌体墙时，可以设置视图可见性中仅墙体可见，方便连接构件，连接时注意不要拾取门窗等洞口位置，否则容易报错。

Step08 切换至 F1 楼层平面视图，适当放大 4 轴和 E 轴交点位置，注意 Revit 自动连接了外墙。右键单击 E 轴线外墙图元端点，在弹出如图 10-8 所示右键快捷菜单中选择“不允许连接”，墙端自动出现连接符号 ⊩。

Step09 Revit 不再连接相临的外墙墙体。按住并拖动墙端点至砌体墙外侧，完成墙连接修改，结果如图 10-9 所示；适当放大 11 轴和 E 轴交点位置，采用相同的方法，设置墙端为“不允许连接”，拖拽调整至结构柱外侧。

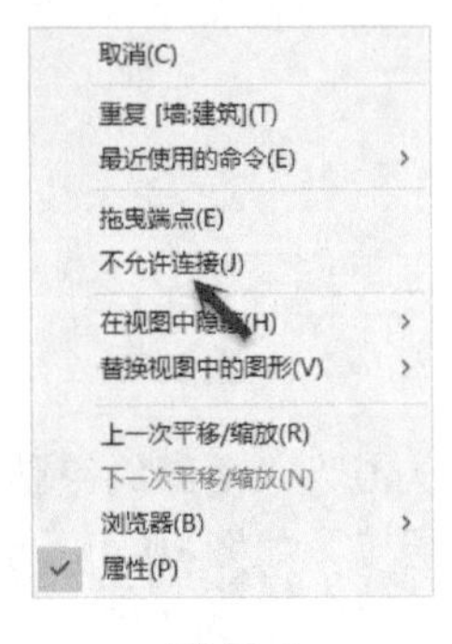

图 10-8

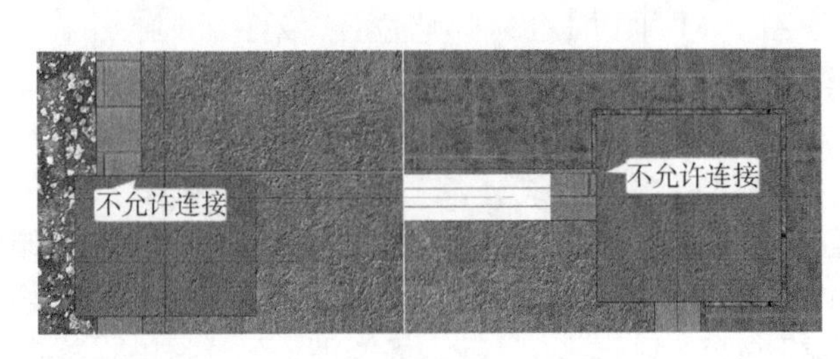

图 10-9

Step10 切换至北立面视图。如图 10-10 所示，单击选择 1 ~ 5 轴线间外墙。双击进入墙轮廓编辑状态。选择“拾取线”工具，拾取结构轮廓，配合“修剪”工具，按图中所示尺寸编辑墙轮廓，完成后单击“完成编辑模式”按钮完成墙轮廓编辑。

Step11 单击选择 4～11 轴线间外墙图元。双击进入墙轮廓编辑模式，采用相同的方法，参照图 10-11 所示尺寸，修改墙顶部轮廓。

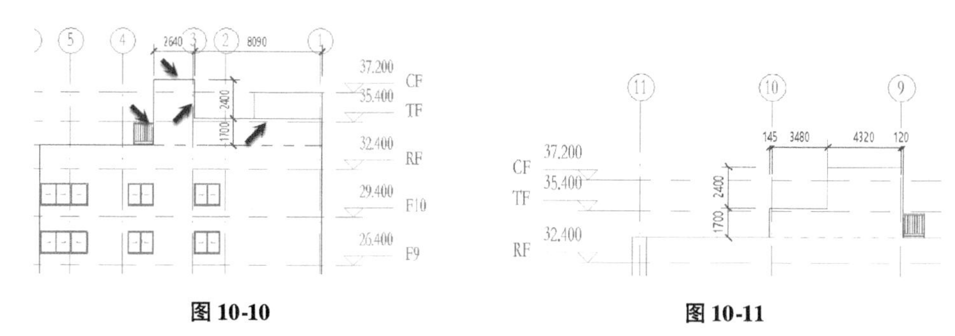

图 10-10　　　　图 10-11

Step12 缩放视图至墙体右上角位置，按图 10-12 所示尺寸，修改轮廓。

Step13 缩放视图至墙体右下角位置，按图 10-13 所示尺寸，修改轮廓。完成后单击“完成编辑模式”按钮完成墙轮廓编辑。

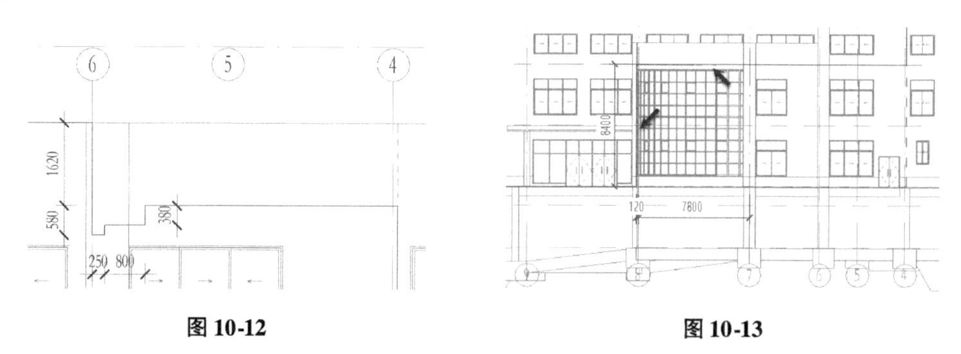

图 10-12　　　　图 10-13

提示

因在第 3 操作步骤中使用连接几何图形工具连接了外墙与主体墙图元，因此修改墙轮廓后，Revit 将弹出警告对话框，单击确认关闭该对话框。

Step14 切换至 F3 楼层平面视图，使用“墙”工具，选择墙族类型为“基本墙：建筑外墙_花岗石_20”墙类型。在属性面板中确认底部约束为 F3，确认底部偏移值为 0，修改顶部约束为 RF，修改顶部偏移值为 -120；参照如图 10-14 所示 2，3 号位置，沿砌体墙外侧绘制；修改属性面板中确认底部约束为 F3，底部偏移值为 0，修改顶部约束为 TF，修改顶部偏移值为 -1500；按图示 1 号位置，在 4 号轴线左侧 40 位置，以“核心层中心”为定位线，绘制墙体。

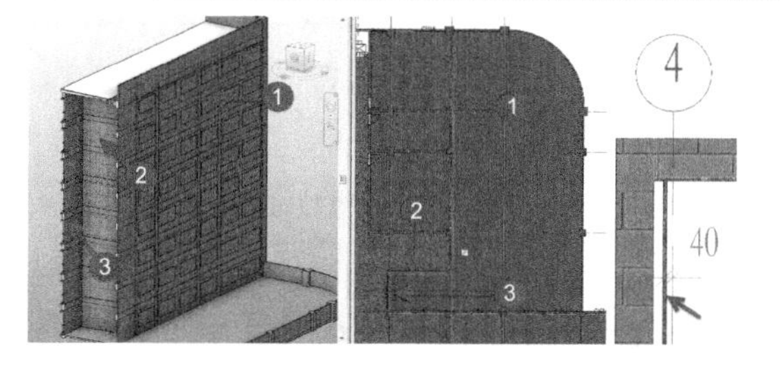

图 10-14

提示

1 号外墙需绘制到 E 轴线墙体位置。

Step15 使用“连接”工具，分别连接 1 号、2 号外墙面装饰墙及与之平行的主体墙，确保外墙面装饰墙生成与主体墙体一致的门窗洞口。

Step16 如图 10-15 所示，分别调整 1、2、3 号墙端点连接方式为“不允许连接”，分别调整各墙体间的交接关系。

Step17 切换至东立面视图。选择上一步中创建的 1 号外墙图元，双击进入墙轮廓编辑模式。参照图 10-16 所示尺寸，修改外墙轮廓。完成后单击“完成编辑模式”按钮完成外墙轮廓编辑。

Step18 切换至三维视图，编辑后外墙如图 10-17 所示。

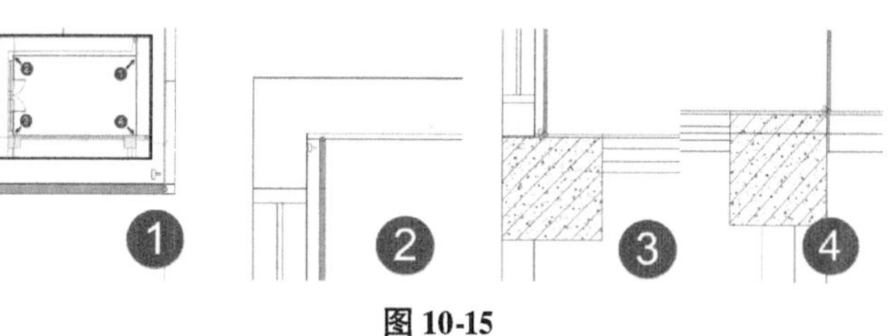

图 10-15

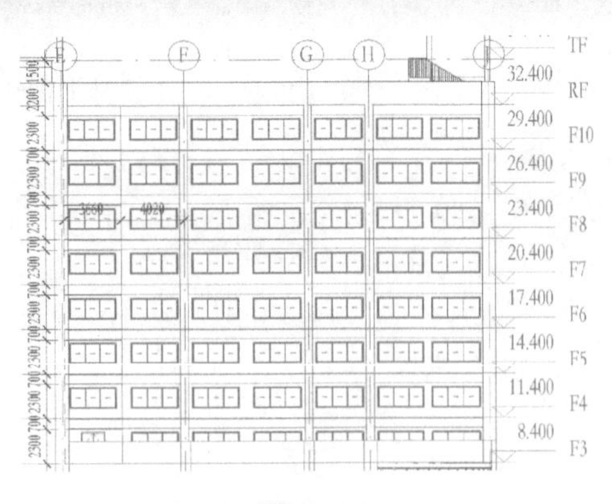

图 10-16

图 10-17

Step19 切换至 RF 楼层平面视图。适当放大显示 1 号楼梯间位置。使用“墙”工具，选择“建筑外墙_花岗石_20”墙类型。设置属性面板中“底部约束值为 RF”“底部偏移值为 0”“顶部约束值为 CF”“顶部偏移值为 800”；按图 10-18 所示，沿主体砌体墙外侧表面，绘制 1 号、2 号、3 号墙体，注意 1、2、3 号墙体须延伸至结构女儿墙外侧；设置属性面板中“底部约束值为 RF”“底部偏移值为 0”“顶部约束值为 TF”“顶部偏移值为 -120”，沿楼梯间墙外侧表面绘制 4 号、5 号装饰外墙。

Step20 切换至“三维视图：3DZ_RF1#”视图，适当调整剖面框大小，保证上图中 4 号墙体可见，如图 10-19 所示，双击 4 号墙体打开视图进入墙轮廓编辑状态，选择“拾取线”工具，依次拾取门、窗洞口边缘，生成新轮廓。确保墙轮廓首尾相连，单击“模式”面板中“完成编辑模式”命令，完成墙草图轮廓编辑。

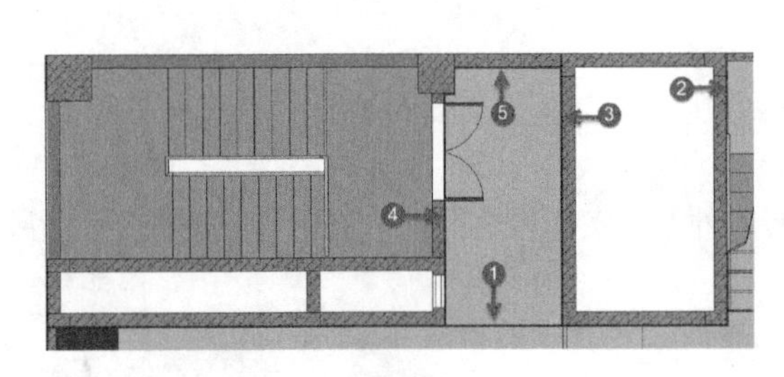

图 10-18

图 10-19

提 示

可沿 4 号墙位置绘制剖面符号创建剖面视图，以方便绘制墙草图

Step21 切换至 TF 层楼层平面视图，使用“墙”工具，确认当前墙类型为“建筑外墙_花岗石_20”装饰面墙，确认属性面板中墙“底部约束值为 TF”，“底部偏移值为 0”“顶部约束值为 CF”“顶部偏移值为 0”；如图 10-20 所示，绘制 7、8 号装饰墙。注意将墙体延伸至结构女儿墙外侧。

Step22 切换至“3DZ_RF1#”三维视图，适当调整剖面框，如图 10-21 所示，选择 1 号外墙面图元，双击进入轮廓编辑状态拾取结构图元和门窗洞口边线，使用“编辑”工具，按图中所示形式修改墙体外轮廓，完成墙体修改。

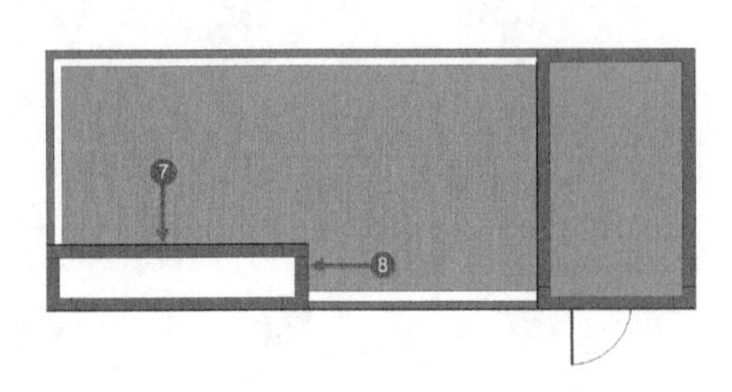

图 10-20

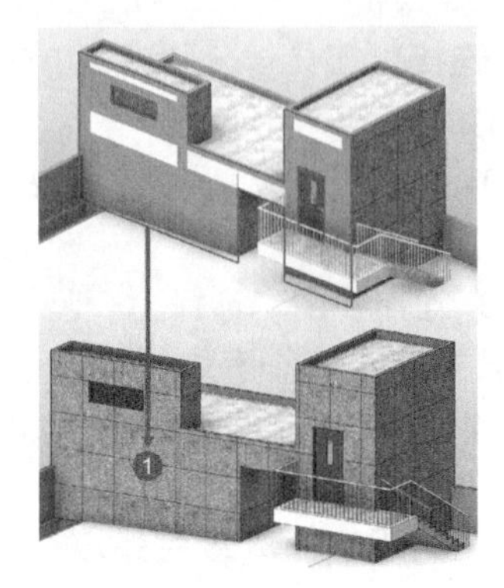

图 10-21

Step23 旋转视图，如图 10-22 所示，选择 6 号外墙面图元，双击进入轮廓编辑状态拾取结构墙体边线，使用“编辑”工具，按图中所示形式修改墙体外轮廓，完成墙体修改。

至此完成 1 号楼梯间位置屋顶外装饰墙体绘制，完成后结果如图 10-23 所示，接下来采用同样的方法，继续绘制 2 号楼梯间位置屋顶外装饰墙体。

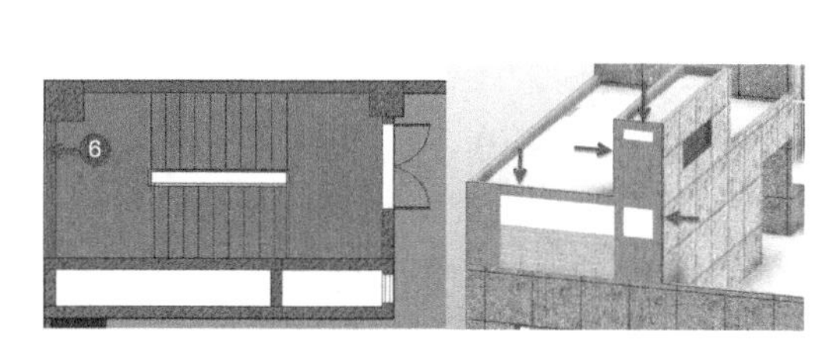

图 10-22

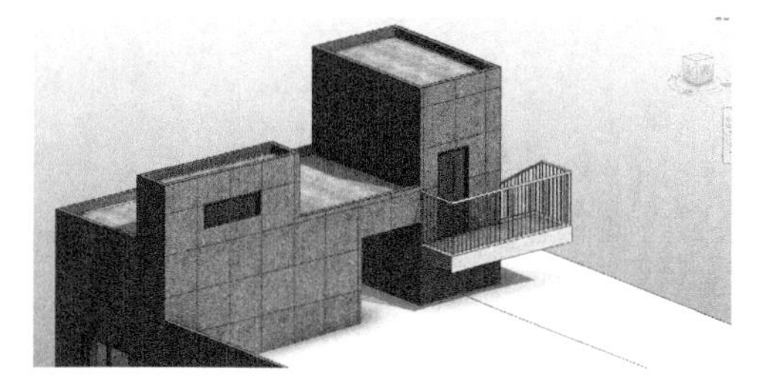

图 10-23

Step24 切换至 RF 楼层平面视图，适当放大视图至 2 号楼梯间位置。使用“墙”工具，选择墙类型为“建筑外墙_花岗石_20”装饰面墙，确认属性面板中“底部约束值为 RF”“底部偏移值为 0”“顶部约束值为 CF”“顶部偏移值为 800”，如图 10-24 所示，沿结构墙和框架柱边绘制 1 号装饰外墙，注意 1 号墙体须延伸至结构女儿墙外侧。修改属性面板“底部约束值为 RF”“底部偏移值为 0”“顶部约束值为 TF”“顶部偏移值为 –1360”，绘制 2 号装饰外墙；修改属性面板“底部约束值为 RF”“底部偏移值为 0”“顶部约束值为 TF”，“顶部偏移值为 200”，绘制 3 号装饰墙体，注意 3 号墙体在管道井位置，需切换至三维视图，保证墙体内边线和顶部女儿墙外侧平齐，楼梯间位置必须延伸至结构女儿墙外侧，和楼梯间外装饰墙面保持连接。修改属性面板中“底部约束值为 RF”“底部偏移值为 0”“顶部约束值为 TF”“顶部偏移值为 –120”，绘制 4 号装饰墙体。

Step25 切换至“3DZ_RF2#”视图，双击 1 号墙体，按图 10-25 所示，拾取框架梁底、楼梯平台顶、门洞口等位置编辑墙体形状，注意 A，B 面墙体底部边线位置需要拾取框架柱外侧，完成 1 号墙体修改。

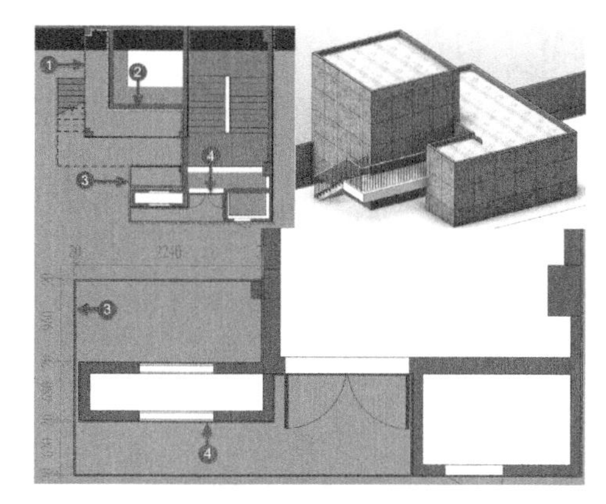

图 10-24

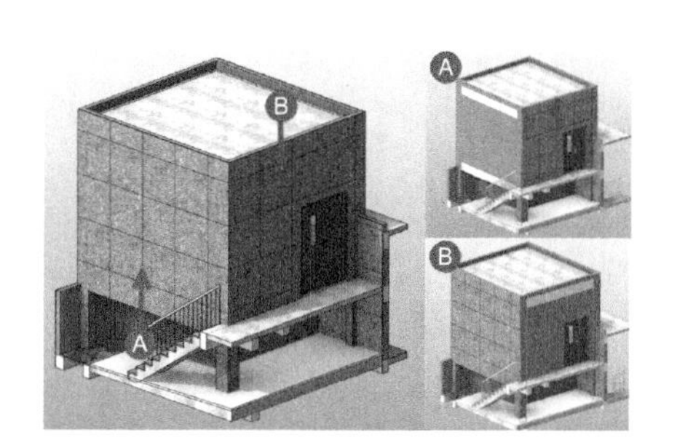

图 10-25

Step26 缩放视图至 3 号位置装饰墙图元，适当调整剖面框大小，使机房楼板和管道井楼板剖面可见。如图 10-26 所示，双击 A 墙体进入编辑状态，拾取结构楼板底面及结构墙体外侧面，按图 A 位置所示形状完成墙体修改。适当调整剖面框，如 B 图位置，双击墙体并拾取结构框架底部、平台顶部、结构柱侧边等位置，完成墙体修改。采用相同的方法，适当调整剖面框大小，按图 C、D 所示墙面轮廓，完成剩余墙体修改。

Step27 采用相同的方法，适当调整剖面框范围，依次调整 4 号位置全部外装饰墙，按图 10-27 中 A、B、C 所示，拾取百叶窗洞口边线及门洞口边线，调整墙轮廓，完成 4 号墙体修改。

Step28 继续使用“墙”工具，选择“建筑外墙_花岗石_20”装饰面墙类型，设置属性面板中“底部约束值为 RF”“底部偏移值为 0”“顶部约束值为 TF”“顶部偏移值为 –1360”，按图 10-28 中 1、2 号位置所示，沿框架柱外轮廓绘制墙体。设置属性面板中“底部约束值为 RF”“底部偏移值为 0”“顶部约束值为 TF”“顶部偏移值为 –120”，按 3 号位置所示，沿框架柱外轮廓绘制墙体。

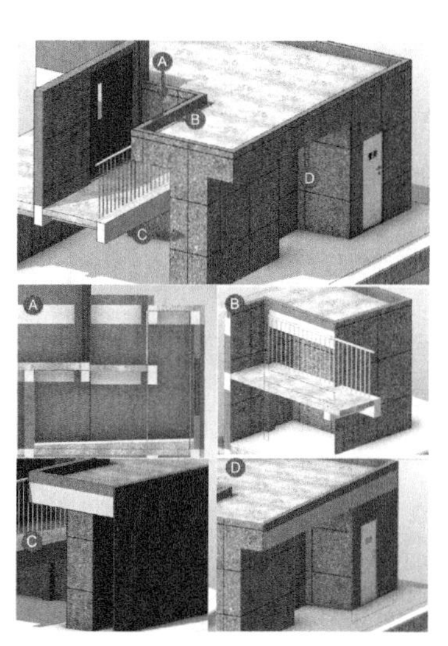

图 10-26

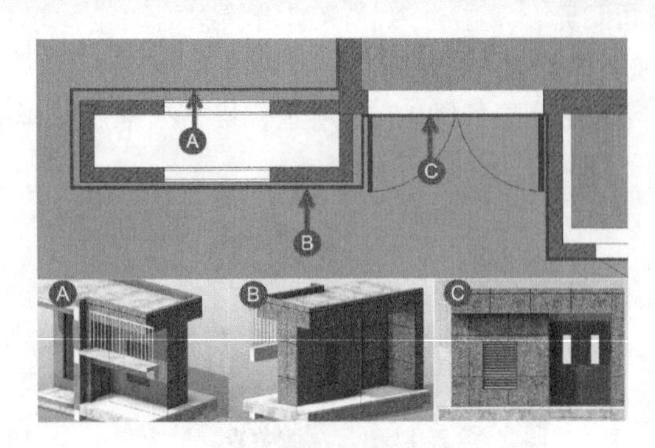

图 10-27

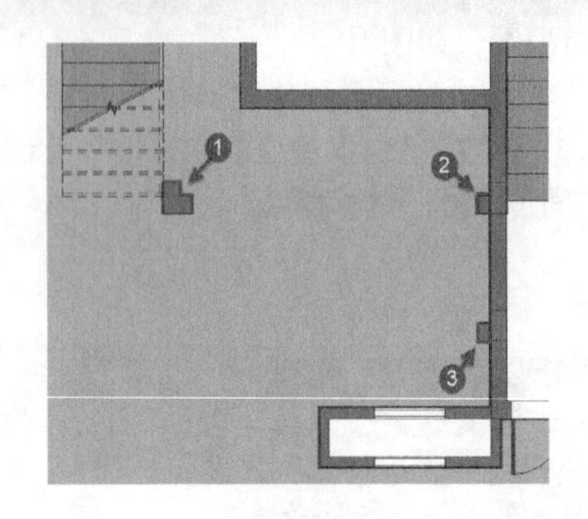

图 10-28

Step 29 至此完成全部外墙装饰面模型创建，如图 10-29 所示，保存该项目文件，完成练习，或打开随书文件“第 10 章\ RVT\ 10-1. rvt”项目文件查看最终成果。

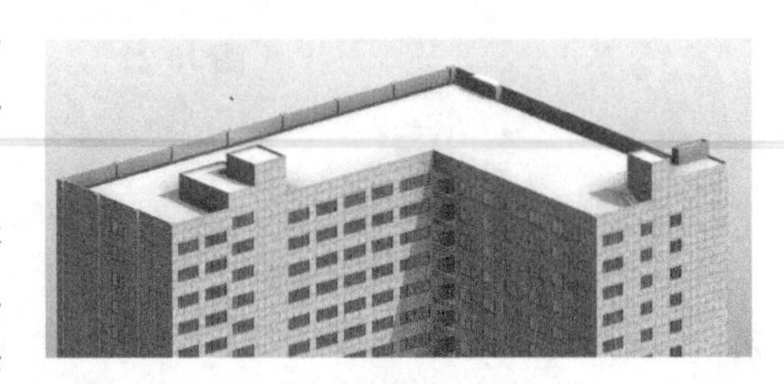

图 10-29

创建外立面装饰墙操作与第 5 章中介绍的墙体操作相同。在Revit 中，当两面平行的墙图元净距离小于或等于 152mm 时，使用连接几何图形工具可以实现两墙自动共享门窗洞口情况，在任意墙图元中添加门窗时，另一面墙体将同时生成洞口。

10.2 主体放样构件

Revit 提供了基于主体的放样构件，用于沿所选择主体或其边缘按指定轮廓放样生成实体。可以生成放样的主体对象有：墙、楼板和屋顶，对应生成的构件名称分别为：墙饰条和分隔缝、楼板边缘、封檐带和檐沟。分别对应于“建筑”选项卡“创建”面板中墙、楼板及屋顶下拉工具列表中。灵活运用这些构件，可以快速创建各类带状模型，例如室外台阶。主体放样工具将以指定的轮廓形状以主体边缘作为路径，放样生成带状三维图元。

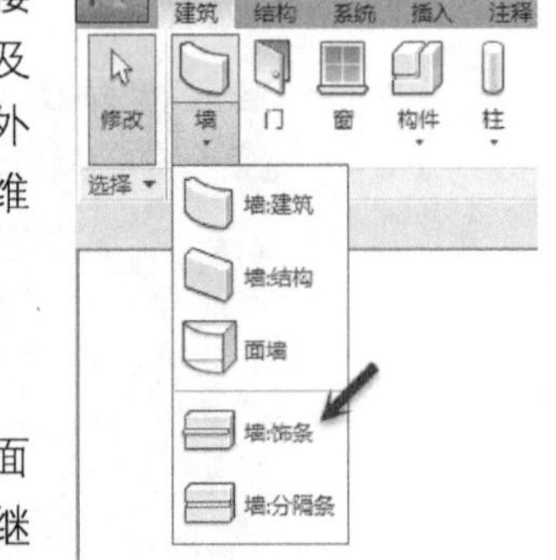

图 10-30

10.2.1 添加墙装饰条

在 Revit 中，可通过使用“墙饰条”或“分隔缝”工具按指定的轮廓沿墙表面创建带状放样模型。在使用主体放样前，必须先载入所需要的轮廓形状族。下面继续为综合楼项目添加外墙面装饰墙线。

Step 01 接上节练习，切换至默认三维视图，适当放大主入口大门、女儿墙位置。单击“插入”选项卡“从库中载入”面板中“载入族”按钮，弹出“载入族”对话框。浏览至随书文件“第 10 章\ RFA”目录，选择“轮廓_墙饰条_矩形_底平 . rfa”族文件，单击“打开”按钮将族载入至项目中。

Step 02 如图 10-30 所示，单击“建筑”选项卡“墙”工具面板黑色下拉三角形，在列表中选择“墙：饰条”。进入放置状态，并自动切换至“修改 | 放置墙饰条”上下文选项卡。

提 示

Revit 只允许在立面、剖面或者三维视图中放置墙饰条，在平面视图中，无法激活墙饰条工具。

Step 03 单击“属性”面板中“编辑类型”按钮，打开“类型属性”对话框。在“类型属性”对话框中，复制新建命名为“矩形_底平_150 × 150”新墙饰条类型。如图 10-31 所示，修改轮廓为“轮廓_墙饰条_矩形_底平：150 × 150”族类型，设置材质类型为“huagangshi_ xuehuadian_ wufeng”。其他参数默认，单击”确定“按钮退出类型属性对话框。

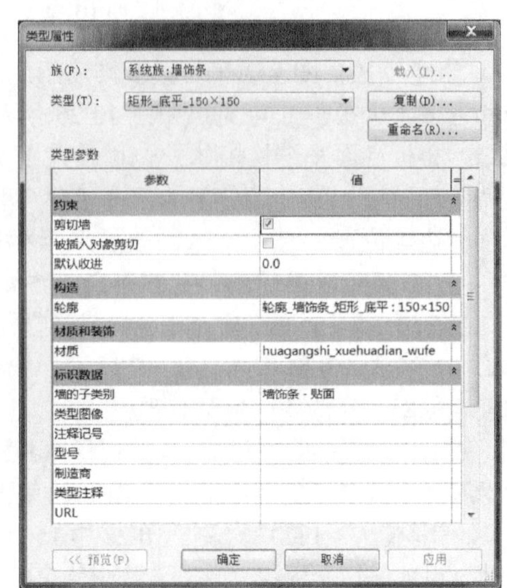

图 10-31

Step 04 单击放置面板中墙饰条生成方式为“水平”，如图 10-32 所示，单击 F2 层窗顶边缘任意位置外墙（不选择弧形墙体），Revit 将沿墙体表面生成墙饰条。

提 示

使用墙饰条时，当移动鼠标至墙体时，Revit 将显示墙饰条预览。

Step 05 如图 10-33 所示，继续单击其余墙体（不选择弧形墙体），完成后按键盘 Esc 键两次退出放置饰条命令，完成墙饰条绘制。

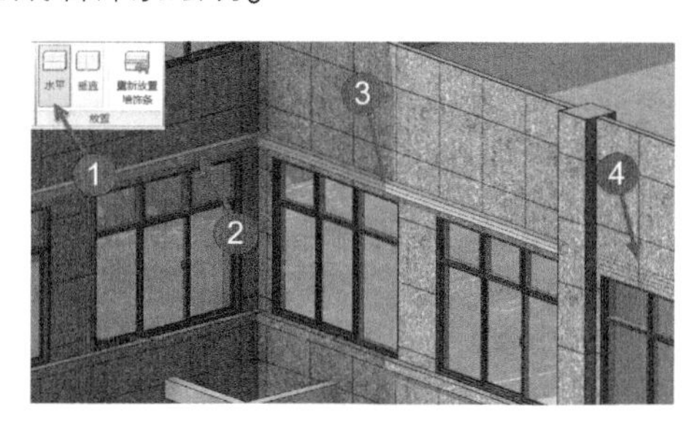

图 10-32

图 10-33

提 示

在结束墙饰条命令之前，拾取墙体生成的墙饰条属于同一个图元。

Step 06 使用对齐工具，对齐饰条顶面至 F3 窗框底面，结果如图 10-34 所示。

Step 07 单击选择墙饰条，如图 10-35 所示，按住鼠标左键选择 A 处端点并拖拽至 B 处端点。

Step 08 保证墙饰条处于选择状态下，单击“修改 | 墙饰”面板下的“添加/删除墙”工具，单击选择弧形装饰外墙，自动创建弧形墙饰条，如图 10-36 所示。

图 10-34

图 10-35

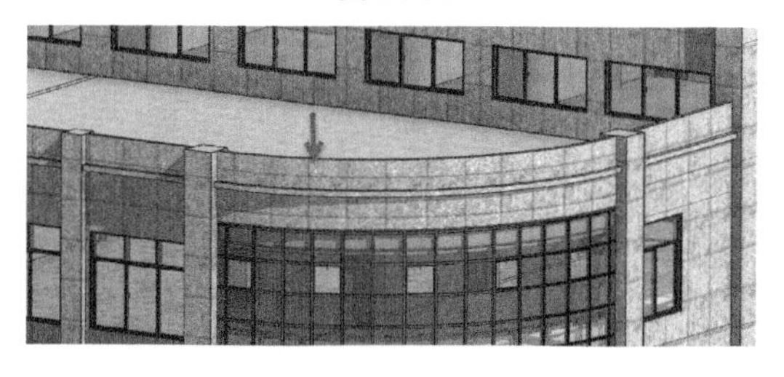

图 10-36

Step 09 采用相同步骤，如图 10-37 所示，创建 F2 窗底位置墙饰条。

图 10-37

提 示

当墙饰条与门、窗洞口相交时，墙饰条会自动断开。

Step 10 保存项目文件，或打开随书文件“第 10 章 \ RVT \ 10-2-1. rvt” 项目文件查看最终成果。

墙饰条创建完成后，选择墙饰条，Revit 将自动切换至“修改 | 墙饰条”上下文选项卡。如图 10-38 所示，单击墙饰条面板中的“添加/删除墙”工具，可以向墙饰条中添加或删除墙主体。单击新墙体即可在墙体上增加饰条，如果单击已生成饰条的墙体，Revit 将删除该墙体的饰条。注意添加新墙体后，墙饰条仍作为整体单一图元，以便于管理。

图 10-38

在墙端部生成的饰条位置，可以通过“修改转角”工具修改墙端饰条转角，在选项栏中，转角选项为“转角”，角度值为 90°，如图 10-39 所示，单击墙饰条末端截面，Revit 将生成 90°转角。

生成墙饰条后，拖拽墙饰条端点，可修改墙饰条长度，如图 10-40 所示。

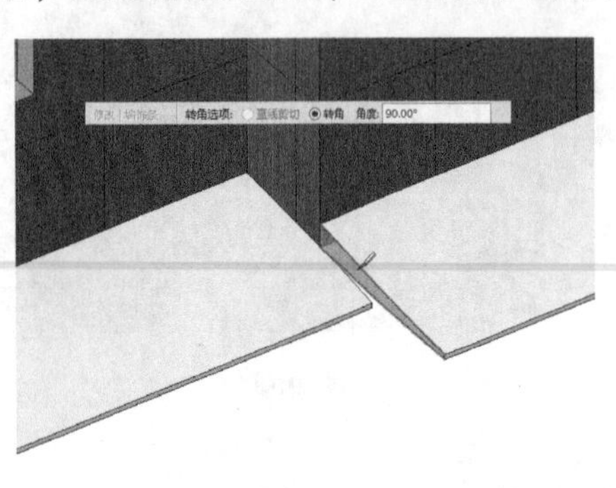

图 10-39

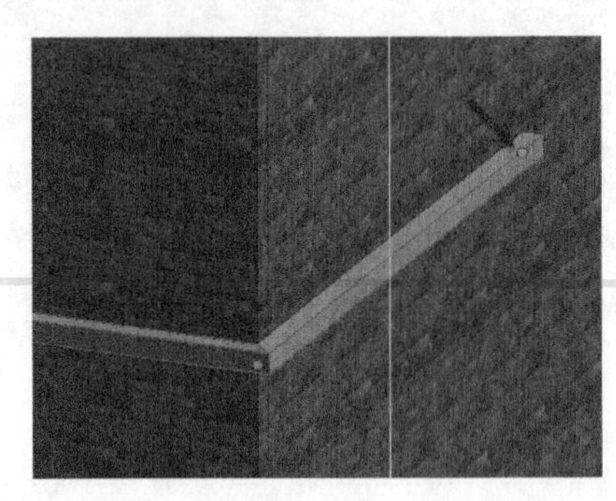

图 10-40

除使用墙饰条工具外，还可以直接在墙类型属性对话框中，通过定义墙垂直结构定义墙饰条，请读者参阅本书第 5 章相关章节。

10.2.2 创建玻璃雨篷

在 Revit 中，屋顶构件除第 7 章中介绍的基本屋顶之外，还提供了“玻璃斜窗”屋顶类型。玻璃斜窗类似于本书第 6 章中介绍的幕墙，可用于生成水平或带坡度的幕墙图元。配合使用楼板边缘放样图元，可生成完整雨篷。接下来将使用屋顶的“玻璃斜窗”及楼板边缘功能创建如图 10-41 所示的主入口玻璃雨篷。

Step 01 接上节练习，切换至 F2 楼层平面视图。适当放大 F1 层主入口大门位置。使用“载入族”工具，载入随书文件“第 10 章 \ RFA”目录中“幕墙嵌板_矩形_点抓 . rfa”族文件。

Step 02 不选择任何图元，单击“属性”面板中“视图范围”后编辑按钮，打开视图范围对话框，如图 10-42 所示调整视图范围。

图 10-41

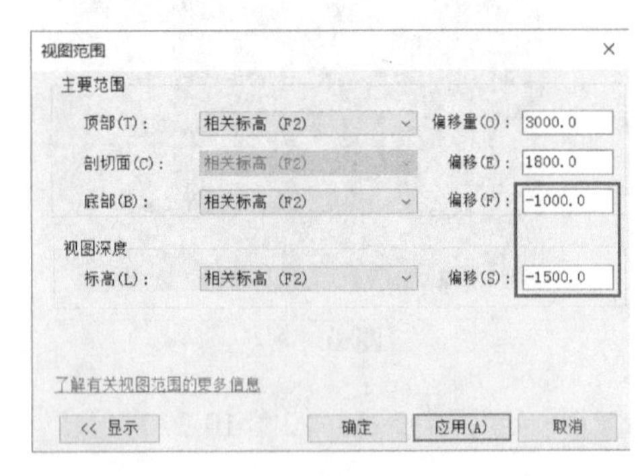

图 10-42

Step 03 单击视图面板中的"可见性 | 图形替换"按钮，确保模型类别选项中勾选屋顶、幕墙嵌板、幕墙竖梃、幕墙系统、结构柱、结构框架图元类别，确保这些类别图元在视图中显示。如图 10-43 所示，切换至 Revit 链接选项卡中，确认链接的结构模型显示设置为"按主体视图"，确保链接的结构模型中按当前主体视图的显示方式进行显示。

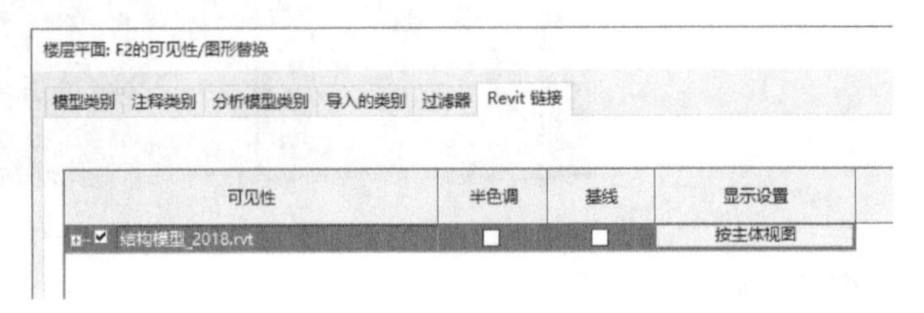

图 10-43

Step04 使用“迹线屋顶”工具，打开屋顶“类型属性”对话框，如图 10-44 所示，在“族”列表中选择“系统族：玻璃斜窗”，单击编辑类型，复制新建名称为“玻璃斜窗_点抓式”。修改类型参数中，幕墙嵌板为“幕墙嵌版_矩形_点抓：正面”；设置网格布局为无，确认网格 1 和网格 2 中竖梃内部类型为“矩形竖梃：密封胶_5 × 10”，其他参数参见图中所示。

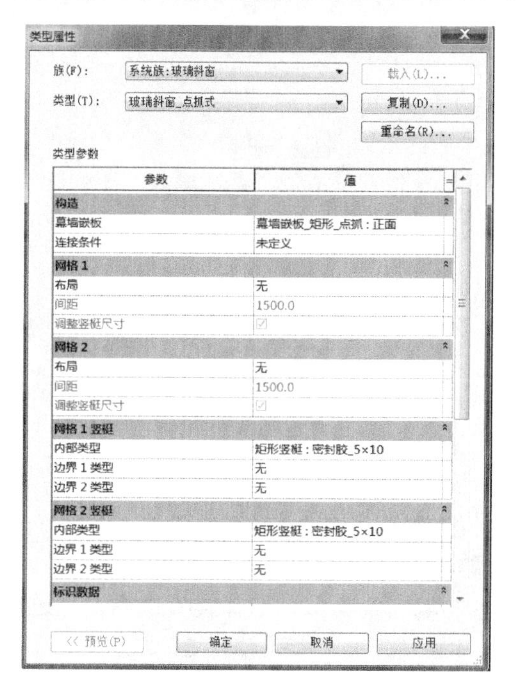

图 10-44

Step05 确认“属性”面板中屋顶“底部标高”为 F2，设置“自标高的底部偏移”值为 45。确认“绘制”面板中绘制模式为“边界线”，绘制方式为“矩形”；不勾选选项栏中“定义坡度”选项，确认“偏移量”为 0.0。

Step06 如图 10-45 所示，沿梁系统边界范围绘制矩形屋顶迹线轮廓。注意迹线中 1、4 号轮廓边线位于梁中心线位置；2、3 号轮廓边线对齐于外墙墙边。绘制完成后单击“完成编辑模式”，完成屋顶绘制。

Step07 单击“建筑”选项下“构建”面板中“幕墙网格”工具，自动进入“修改 | 放置幕墙网格”上下文选项卡，在“放置”面板中选择“全部分段”绘制方式。适当放大 F2 平面玻璃雨篷，设置视图为“线框”模式，配合使用“对齐”工具沿雨篷梁中心线位置分别放置幕墙网格，结果如图 10-46 所示，Revit 自动在每块嵌板内生成点爪式嵌板，且自动沿幕墙网格位置生成竖梃。

Step08 单击“建筑”选项下“模型”面板中“模型线”工具，自动进入“修改 | 放置线”上下文选项卡，如图 10-47 所示，选择“拾取线”绘制方法，配合“修剪”工具，沿结构梁外侧绘制模型线。

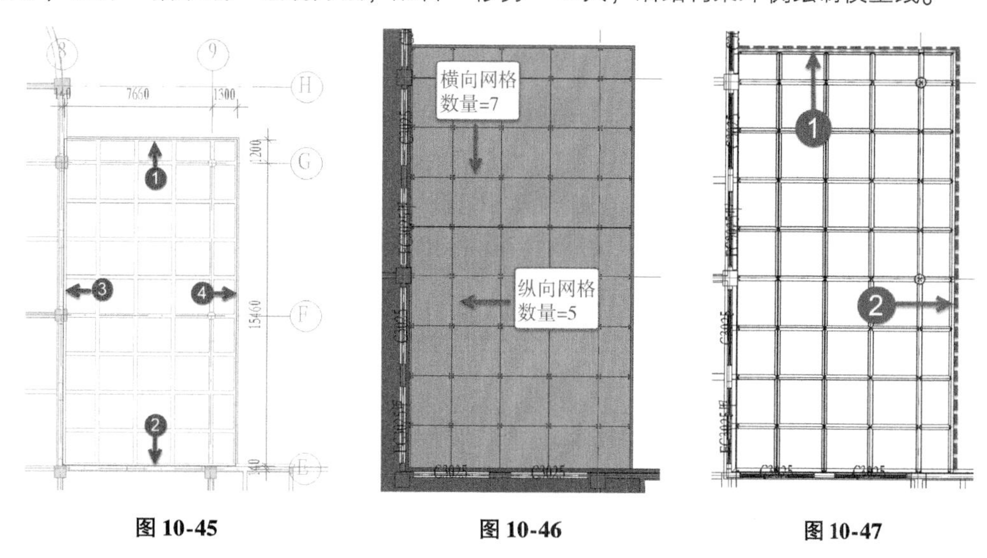

图 10-45　　图 10-46　　图 10-47

Step09 载入随书文件“第 10 章 \ RFA”目录中“轮廓_楼板边_雨篷 . rfa”族文件。单击“建筑”选项卡“楼板”工具面板黑色下拉三角形，在列表中选择“楼板：楼板边”工具，进入楼板边放置状态，自动切换至“修改 | 放置楼板边缘”上下文选项卡。

Step10 打开“类型属性”对话框，在“类型属性”对话框中，复制新建名称为“入口雨篷”的新族类型。如图 10-48 所示，修改类型属性中选择轮廓类型为“轮廓_楼板边_雨篷”，设置材质类型为“huagangshi_xuehuadian”。完成后单击“确定”按钮退出类型属性对话框。

Step11 在 F2 平面中分别单击拾取前面操作中绘制完成的模型线，Revit 沿模型线放样生成楼板边。切换至三维视图中，注意楼板边内外方向构造和设计不一致。选择楼板边，Revit 将显示左右和上下翻转控件，单击左右翻转控件符号，翻转楼板边至正确方向，结果如图 10-49 所示。

提 示

楼梯边的生成方向与模型线的绘制方向有关。

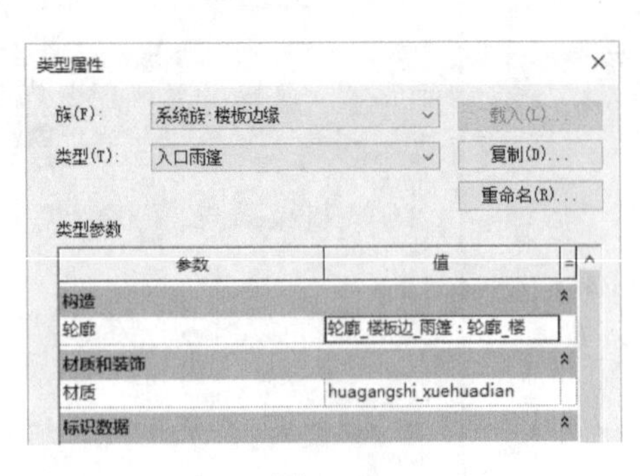

图 10-48

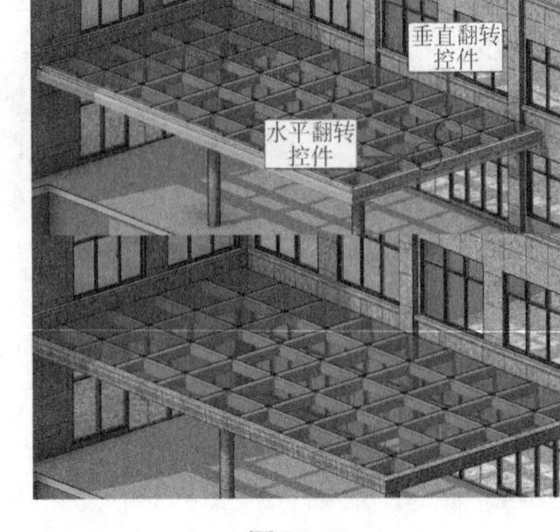

图 10-49

Step12 至此完成入口雨篷操作。保存项目文件，或打开随书文件“第 10 章\RVT\10-2-2. rvt”项目文件查看最终成果。

与墙饰条类似，选择楼板边后，可通过上下文选项卡中“添加删除线段”修改楼板边的放样主体。楼板边的主体既可以为楼板，也可以为本节中所介绍的模型线，以便于通过模型线生成任意形式的放样构件。

10.2.3　创建室外台阶

创建主体放样图元的关键操作是创建并指定合适的轮廓。在 Revit 中可以自定义任意形式的轮廓族。下面继续使用楼板边缘为综合楼项目添加生成室外台阶。要创建室外台阶，必须先创建合适的轮廓族。

Step01 接上节练习，切换至 F1 楼层平面视图，不选择任何图元，如图 10-50 所示，单击“应用程序菜单”按钮，选择“新建→族”，弹出“新族-选择样板文件”对话框。在对话框中选择“公制轮廓 . rft”族样板文件，单击“打开”按钮进入轮廓族编辑模式。

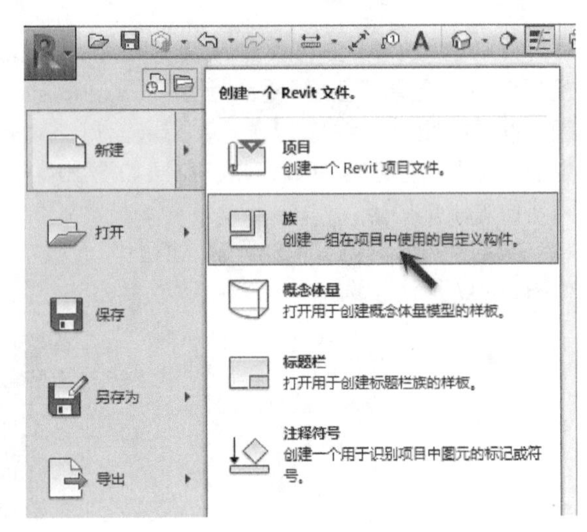

图 10-50

提 示

关于族的更多内容，参见本书第 20 章相关内容。

Step02 如图 10-51 所示，在该编辑模式默认视图中，Revit 默认提供了一组正交的参照平面。参照平面的交点位置，可以理解为在使用楼板边缘工具时所要拾取的楼板边线位置。

提 示

可以将该视图理解为室外台阶的剖面方向视图。

Step03 如图 10-52 所示，单击“创建”选项卡属性面板中“族类别和族参数”按钮，打开“族类别和族参数”对话框。

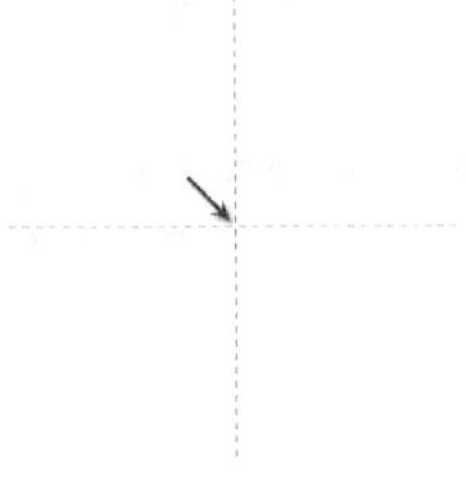

图 10-51

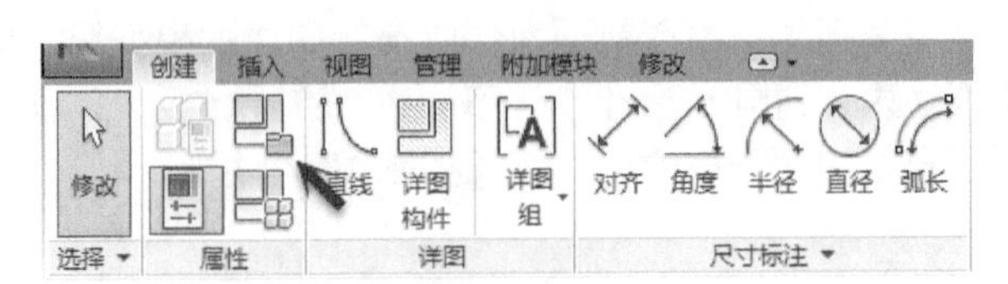

图 10-52

Step04 如图 10-53 所示，在“族类别和族参数”对话框中，修改“轮廓用途”为“楼板边缘”；其他参数默认。单击“确定”按钮退出“族类别和族参数”对话框。

提 示

设置轮廓用途后，仅可在楼板边缘中使用该轮廓。还可以通过“用于模型行为的材质”参数指定采用该轮廓时生成的放样图元的默认材质。如果希望基于已有横断面形状（如型钢）生成新的轮廓，可单击“横断面形状”进行设置。

Step05 使用“创建”选项卡“详图”面板中“直线”工具，按图 10-54 所示尺寸和位置绘制封闭的轮廓草图。

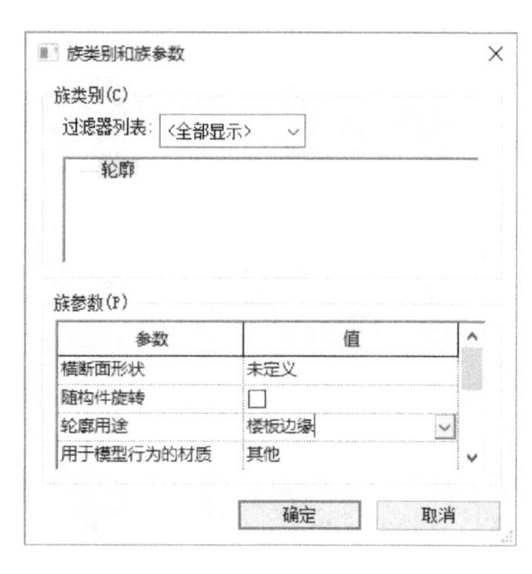

图 10-53

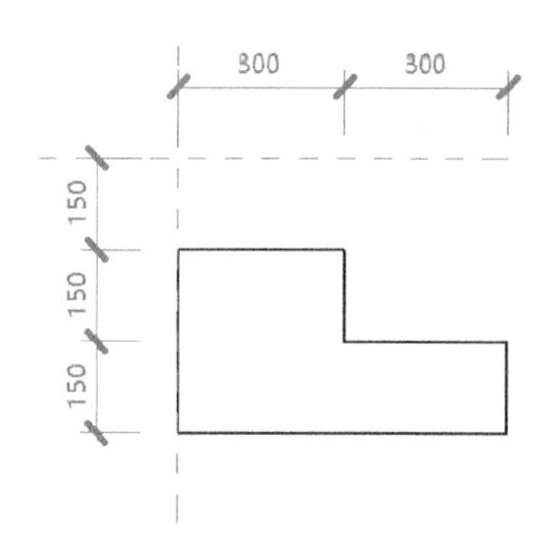

图 10-54

Step06 单击快速访问栏“保存”按钮，以名称“三级室外台阶轮廓.rfa”保存该族文件。单击“族编辑器”面板中“载入到项目中”按钮，将该族载入至综合楼项目中。

提 示

族将以.rfa 的格式保存。族创建后，必须将其载入至项目中，才能在项目中使用该族。在随书文件“第 10 章\ RFA”目录中提供了该族。

Step07 单击“建筑”选项卡“楼板”工具面板下拉列表中“楼板：楼板边”工具，打开编辑类型面板，复制新建名称为“室外 3 级台阶_300 * 150”新楼板边类型，在轮廓中选择第 6 步中创建的“三级室外台阶轮廓”族，设置材质为“dizhuan_banwucuofeng”。如图 10-55 所示，连续拾取 1、2、3、4、5、6 号室外台阶楼板边缘，Revit 将使用该轮廓生成室外台阶。

Step08 切换至三维视图，适当缩放视图至主入口位置，完成后台阶如图 10-56 所示。

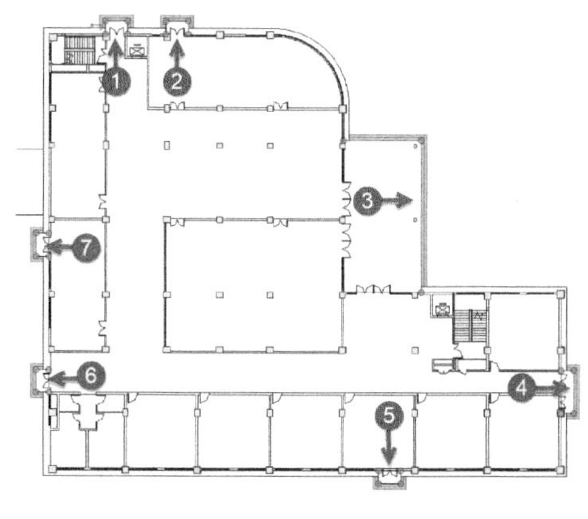

图 10-55

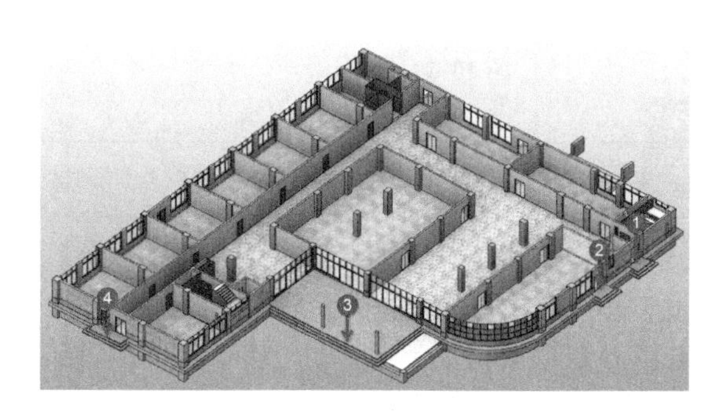

图 10-56

Step09 切换至 F1 楼层平面视图。适当显示主入口位置。使用“坡道”工具，设置当前坡道类型为“建筑人行坡道_沥青_1/12”坡道类型。如图 10-57 所示，设置坡道底部标高和顶部标高均为 F1；设置底部偏移值为 -450，顶部偏移值为 -30，设置坡道宽度为 1200mm。

Step⑩设置栏杆扶手为“无”，如图 10-58 所示，在 E 轴外墙上方 10 轴左侧位置从右向左绘制坡道梯段，配合移动工具，以梯段左下角为定位点，移动坡道梯段至 9/E 轴楼板台阶和室外楼板交点 A 位置。

Step⑪选择雨篷位置室外台阶楼板边图元，如图 10-59 所示，缩放视图至 A 点位置，单击并拖拽楼板边图元的蓝色端点直至坡道边后松开鼠标左键修改楼板边长度。

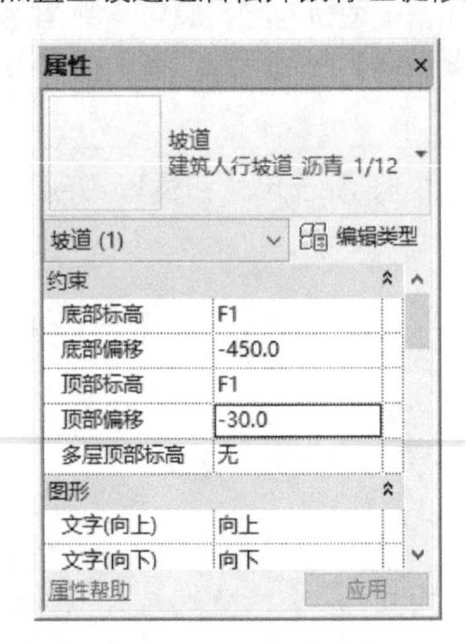

图 10-57

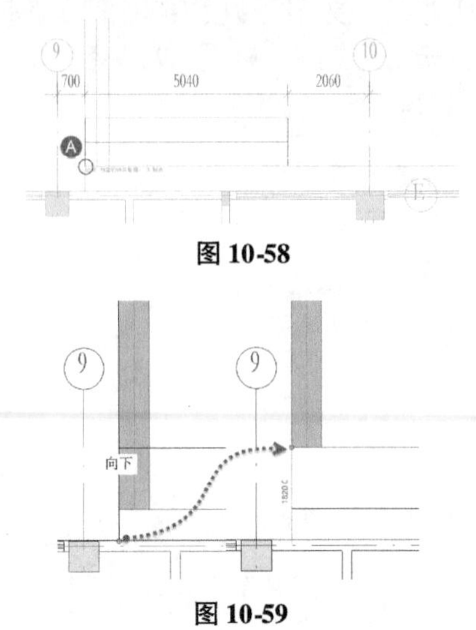

图 10-58

图 10-59

提 示

在拖拽楼板边时，Revit 无法直接捕捉坡道边缘，可对齐坡道边缘绘制参照平面，以方便拖拽时捕捉定位。

Step⑫至此完成室外入口坡道绘制，如图 10-60 所示，保存项目文件，或打开随书文件“第 10 章\RVT\10-2-3. rvt”项目文件查看最终成果。

在 Revit 中各类主体放样构件的设置方式基本相似。正如开始时介绍那样，Revit 按指定的轮廓通过拾取主体边缘作为路径进行放样，生成线性三维构件。如图 10-61 所示，为生成室外台阶时 Revit 的放样过程。在类型属性中指定的楼板边缘轮廓（图中绿色轮廓）沿拾取的边缘路径（图中红色线条）放样，生成最终台阶模型。

楼板边缘、屋顶封檐带和屋顶檐沟，除可以基于楼板、屋顶边缘生成放样主体外，还可以将“模型线”作为放样主体，沿模型线生成放样图元。如图 10-62 所示，为使用“楼板边缘”通过拾取模型线的方式，生成的任意角度的饰条。

图 10-60

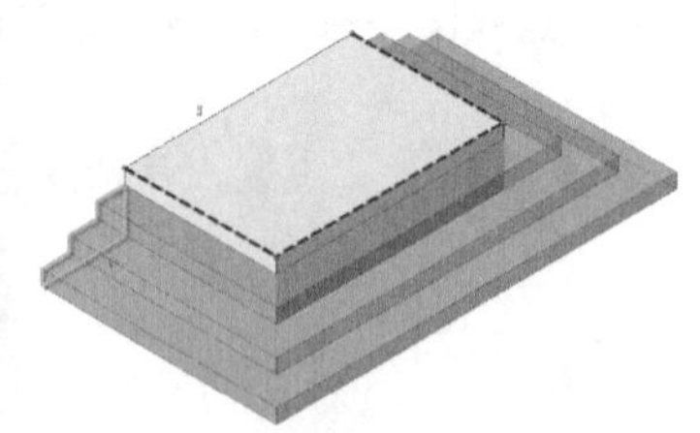

图 10-61

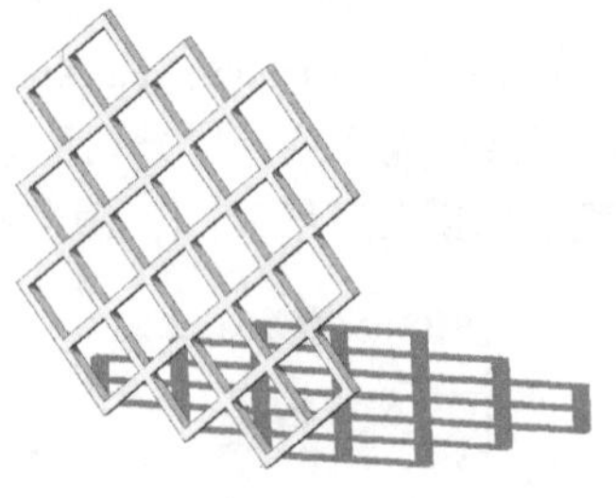

图 10-62

提 示

可以使用“常用”选项卡“模型”面板中“模型线”工具创建模型线。

默认情况下，主体放样的位置取决于所使用的轮廓族。在各类主体放样的实例参数中，还可以进一步调整轮廓的垂直偏移、水平偏移及旋转角度等参数。

在第 5 章介绍“垂直复合墙”时，使用墙“编辑部件”对话框中“墙饰条”和“分隔缝”按钮可以创建带有墙饰条和分隔缝的垂直复合墙。也可以使用墙饰条及分隔缝工具，按本节所述内容手动添加这些构件。

事实上，在 Revit 中，除上述主体放样构件外，扶手对象中的扶手定义、幕墙竖梃、楼梯类型参数中的“楼梯前缘”等图元均可通过轮廓沿指定主体放样生成。各类主体放样构件参数设置大同小异，请读者自行尝试。

Revit 提供了“公制 . rte”公用轮廓族样板，用户可以使用该族样板定义任何需要的主体放样轮廓。使用该样板定义的轮廓族可以在墙饰条、墙分隔缝、楼板边缘等各类可以使用轮廓的构件中使用，甚至在本章中介绍的楼梯实例参数“楼梯前缘轮廓”也是指定轮廓族沿踏板边缘生成的放样模型。关于族的更多信息，请参见本书第 20 章相关内容。

10.3 添加建筑构件

族是 Revit 操作的基础。除可以使用 Revit 提供的墙、楼板、扶手、楼梯等常用建筑族外，还可以利用任意自定义的族构件，为项目添加特殊的构件图元。本节中，将使用自定义的雨篷族及卫生间隔断族布置卫生间。

10.3.1 添加雨篷构件

可以将任意的特殊构件保存为单独的族文件，并在项目中载入后放置于指定位置。要使用该族，必须首先将其载入至项目中。

Step01 接上节练习，载入随书文件“第 10 章\RFA”目录下“工字钢承雨篷. rfa”族文件。切换至 F2 楼层平面视图，适当放大至 J 轴与 2 轴、4 轴之间入口位置。单击“建筑”选项卡“构建”面板中“构件”按钮黑色下拉箭头，在列表中选择“放置构件”工具。自动切换至“修改 | 放置构件”上下文选项卡。

Step02 在类型列表中选择“工字钢承雨篷”族类型，如图 10-63 所示，修改实例面板参数“尺寸标注”参数分组中雨篷长为 2300，雨篷宽为 11700，不勾选钢索可见选项，设置百叶数为 5，其余默认。

图 10-63

> **提 示**
>
> 载入的构件族中可调参数取决于族定义。

Step03 如图 10-64 所示，修改类型属性对话框中百叶材质为“jinshuqi_lenhui”；修改玻璃材质为“boli_touming_qianlan”；设置工字钢材质为“jinshuqi_lenhui”。设置完成后单击“确定”按钮，退出类型属性对话框。

Step04 如图 10-65 所示，移动鼠标至 J 轴线与 2、4 轴之间外墙表面位置，单击鼠标左键放置雨篷。按 Esc 键两次退出“放置构件”状态。使用“移动”工具，以雨篷下边侧边缘为基点，移动雨篷至 J 轴线外墙外表面位置，纠正雨篷在平面中的上下位置。配合使用临时尺寸标注修改雨篷左侧边缘至 1 轴线距离为 4550，纠正雨篷在平面中的左右位置。

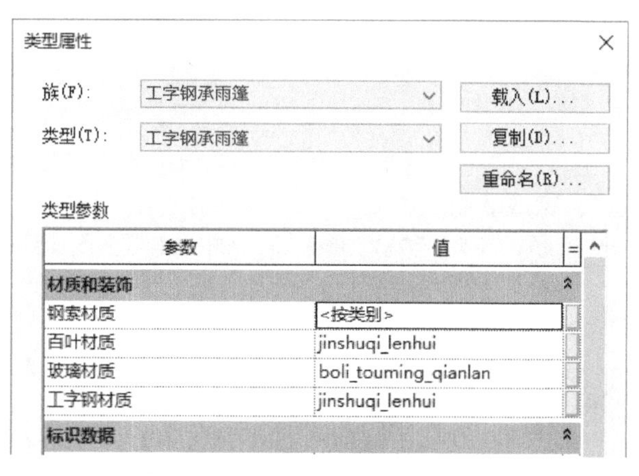

图 10-64

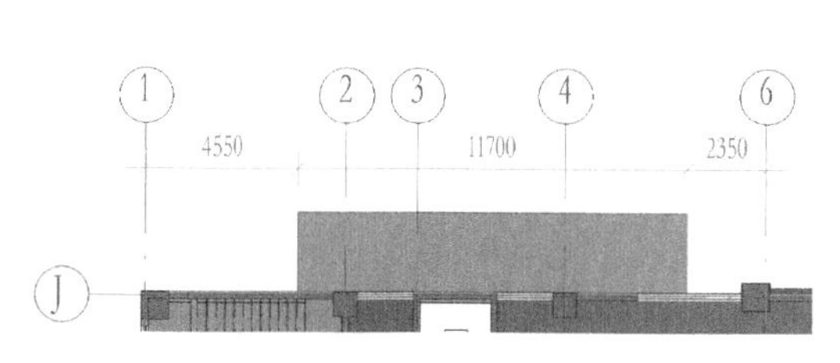

图 10-65

> **提 示**
>
> 在“工字钢承雨篷”族中，“雨篷长”“雨篷宽”尺寸参数为实例参数，因此 Revit 允许用户使用尺寸调节符号通过拖拽“造型操纵柄”的方式调节尺寸。如果使用对齐工具对齐隔断“造型操纵柄”时，会修改隔断“门边距”实例长度。

Step05 切换至默认三维视图，放大视图至雨篷位置，选择上一步中放置的雨篷图元，确认属性面板中雨篷放置标高为 F2，偏移量值为 0，结果如图 10-66 所示。

Step06 保存项目文件，或打开光盘“第 10 章\RVT\10-3-1. rvt”项目文件查看最终成果。

10.3.2 布置卫生间

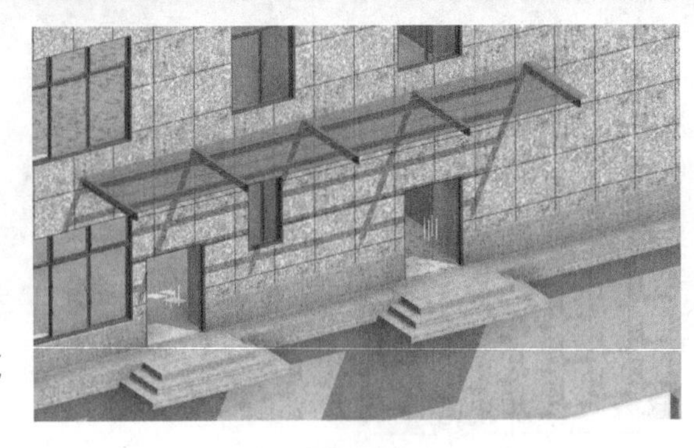

图 10-66

使用“构件”工具通过调用适当的族，可以为项目布置室内房间的家具、洁具等。接下来将为综合楼项目布置卫生间隔断。

Step01接上节练习，切换至 F1 楼层平面视图，适当放大视图至 1 ~3 轴、A ~B 轴之间卫生间位置。配合键盘 Ctrl 键载入随书文件“第 10 章\ RFA”目录中“地漏_方形.rfa、地拖盆.rfa、蹲便器.rfa、紧急呼叫按钮.rfa、靠墙 L 抓杆. rfa、靠墙立柱抓杆.rfa、卫生间隔断.rfa、洗脸盆_2 圆形_有面板.rfa、小便器.rfa、小便器隔断.rfa、坐便器.rfa”共计 11 个卫生间构件族。

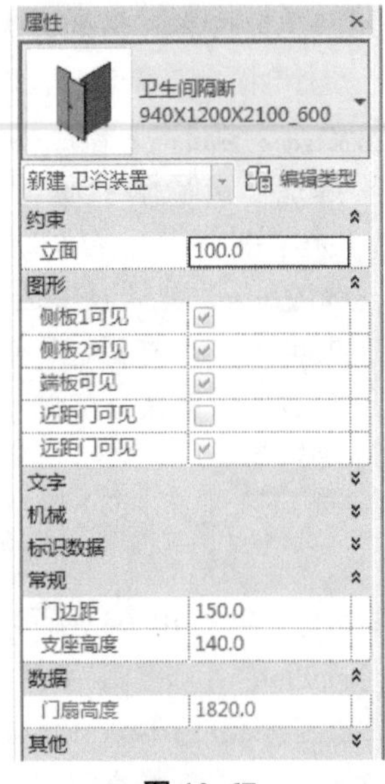

图 10-67

Step02使用“放置构件”工具，在类型选择器列表中选择“卫生间隔断：940 ×1200 ×2100_600”类型。如图 10-67 所示，修改“属性”面板中立面值为 100，勾选“图形”参数选项中“侧板 1 可见”“侧板 2 可见”“端板可见”“远距门可见”选项，设置“常规”参数选项中门边距为 150，支座高度为 140，其余参数默认。

Step03移动鼠标至 F1 平面女卫生间 1 轴和 A、B 轴中间墙体位置，Revit 自动显示隔断放置预览。单击鼠标左键放置隔断，按 Esc 键两次，完成放置。

提 示

由于隔断族在定义时采用基于墙的主体族，因此只有鼠标放置在墙面位置才会显示隔断构件预览。

Step04如图 10-68 所示，单击选择上一步中放置的隔段图元，使用“移动”工具，捕捉至隔断下边线外侧单击作为移动的起点，捕捉至结构混凝土结构柱边单击作为移动终点。

提 示

在“卫生间隔断”族中“门边距”尺寸参数为实例参数，因此 Revit 允许用户使用尺寸调节符号通过拖拽“造型操纵柄”的方式调节尺寸。如果使用对齐工具对齐隔断“造型操纵柄”时，会修改隔断“门边距”实例长度。

Step05选择上一步中完成的隔断图元，使用“复制”工具，捕捉至隔断下侧板中心线单击作为复制基点，移动鼠标至隔断上方侧板捕捉中心线单击作为复制目标位置，完成复制。

Step06选择上一步中复制生成的隔断图元，如图 10-69 所示，不勾选属性面板中“侧板 2 可见”选项，将自动隐藏卫生间隔断下方侧板。

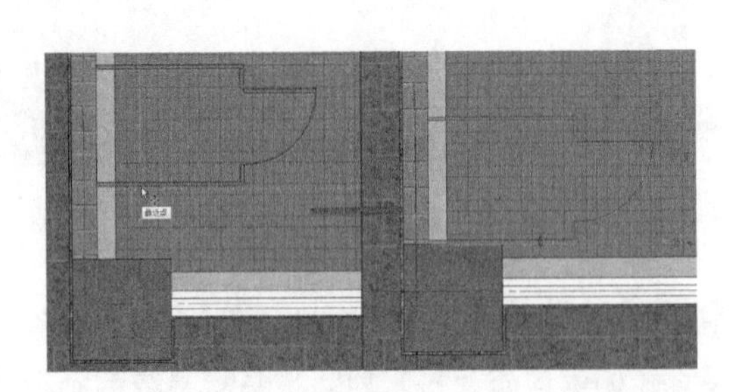

图 10-68

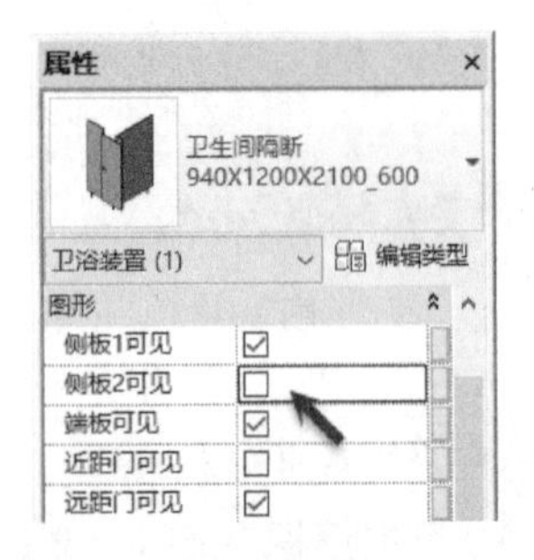

图 10-69

Step07切换至三维视图，激活三维剖面框，适当调整剖面范围框剖切显示卫生间，结果如图 10-70 所示。

提 示

可将默认“｛三维｝”视图复制并保存为“3DZ_卫生间”三维视图（局部详图），以方便后期查看。

Step 08 切换至 F1 楼层平面视图，选择复制后的卫生间隔断图元，使用“复制”工具，重复上述操作步骤，继续向上复制生成两个新的隔断图元。采用相同的方法，配合使用“镜像”工具，在中间隔墙位置创建其余位置卫生间隔断，结果如图 10-71 所示。

Step 09 适当缩放至右侧男卫生间位置，使用放置构件工具，在类型选择器列表中选择“小便器隔断：450 × 900”作为当前类型，设置属性面板中立面参数值为 300，其余参数为默认。移动鼠标至男卫生间右墙体上，Revit显示放置预览。单击鼠标左键，放置隔断到指定位置，配合使用临时尺寸标注修改隔断中心至 A 轴距离为 600。选择小便器隔断图元，使用复制命令，勾选选项栏“多个”选项，以隔断中心为起点垂直向上以 800 为间距复制生成 5 个小便器隔断图元，结果如图 10-72 所示。

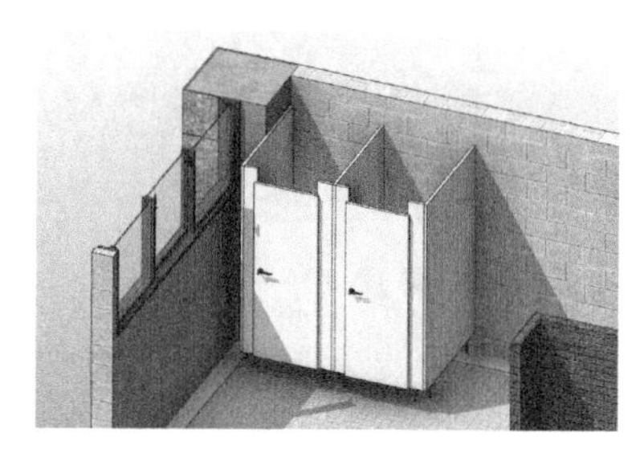

图 10-70

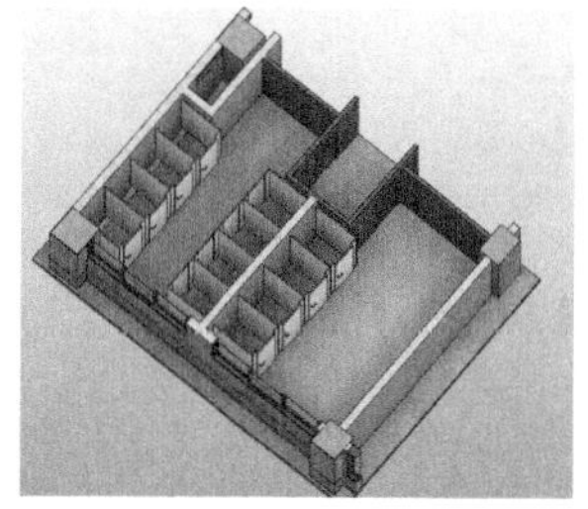

图 10-71

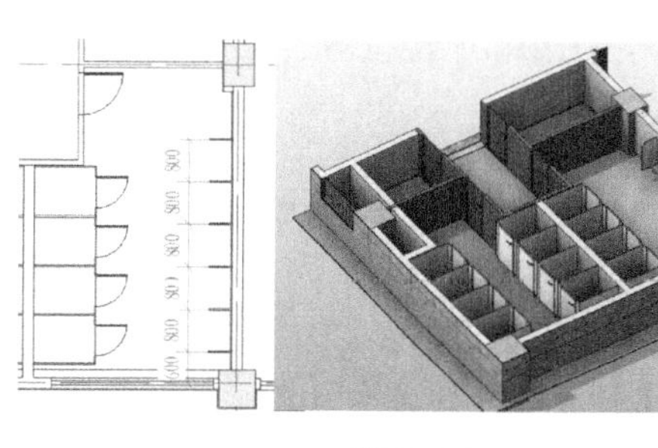

图 10-72

Step 10 使用“放置构件”工具，在类型选择器中选择“蹲便器：蹲便器”作为当前类型，设置属性面板中偏移量值为 100，其余参数为默认。如图 10-73 所示，设置“放置”面板中构件放置方式为“放置在工作平面上”，设置选项栏中放置平面为“标高：F1”。

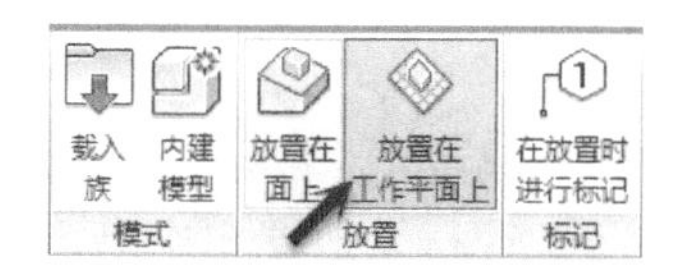

图 10-73

Step 11 如图 10-74 所示，移动鼠标至女卫生间第一个隔断内侧，按空格键将构件按 90°旋转。当捕捉至图所示位置时，单击鼠标左键放置蹲便器，完成后按 Esc 键 2 次退出放置构件状态。配合临时尺寸线调整蹲便器中心线与卫生间隔断侧板间距离为 447，使用“对齐”工具，对齐设备外边缘至砌体墙内。

Step 12 使用“复制”工具，将蹲便器图元复制到其他隔断内。配合使用“镜像”工具分别创建男、女卫生间剩余蹲便器，结果如图 10-75 所示。

Step 13 选择卫生间楼板，双击进入轮廓编辑边界状态，如图 10-76 所示，沿卫生间隔断外侧修改楼板轮廓边界，点击完成编辑修改。

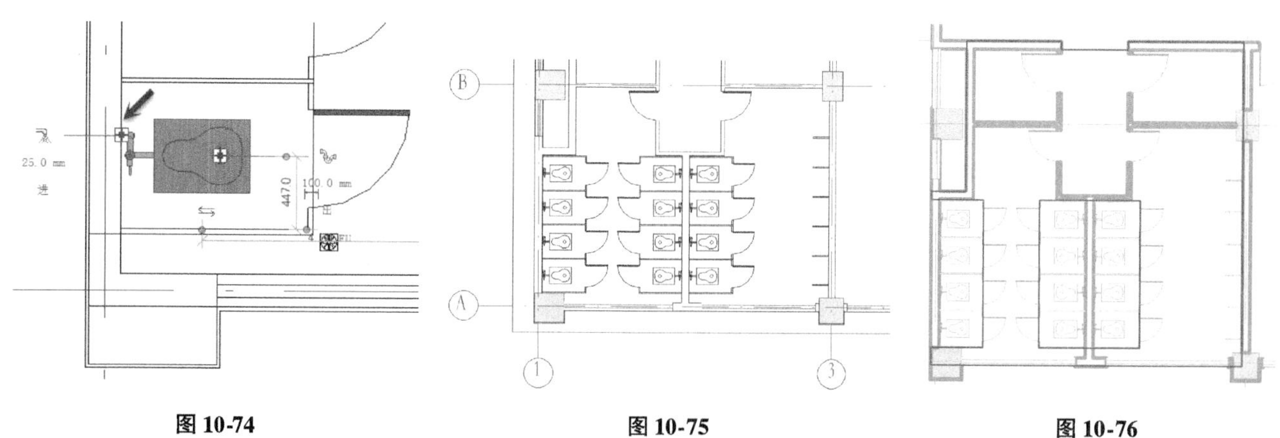

图 10-74　　图 10-75　　图 10-76

Step 14 使用“楼板”工具，在类型选择器中选择楼板类型为“室内_楼面_卫生间_30”，打开“类型属性”对话框，复制新建名称为“室内_楼面_卫生间_180”的新楼板类型。如图 10-77 所示，单击类型参数“构造”列表中“结构”参数后的“编辑”按钮，弹出“编辑部件”对话框，修改结构厚度为 180，单击“确认”完成修改。

Step 15 设置属性面板中楼板标高为 F1，设置自标高的高度偏移值为 100，如图 10-78 所示，以蹲便器隔断外侧为外边界线，蹲便器边线为内边界线，绘制男卫、女卫蹲便器位置楼板。

Step 16 使用“放置构件”工具。在类型选择器列表中选择“小便器：小便器”作为当前类型，设置属性面板中底高度值为 200；选择放置方式为“放置在工作平面上”，放置平面为“标高：F1”，其余参数为默认，移动鼠标至小便器隔板之间，按空格键1次，将构件旋转90°，单击鼠标左键放置小便器，完成后按Esc键2次退出放置构件状态。配合使用临时尺寸标注，修改小便器中心距离小便器隔板距离为400；使用“对齐”工具，对齐设备外边缘至砌体墙内边。使用“复制”工具，复制生成其他小便器图元。结果如图10-79所示。

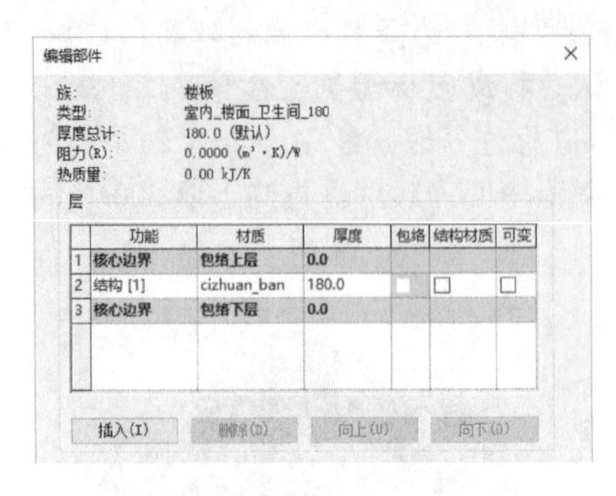

图 10-77

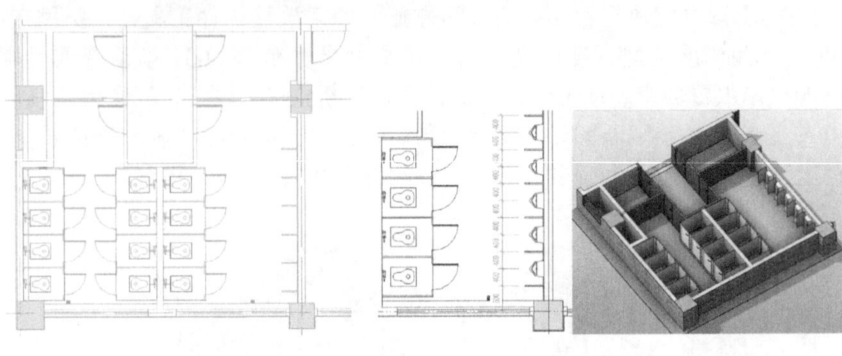

图 10-78　　图 10-79

Step 17 继续使用“放置构件”工具，选择“地拖盆：DTP5448”作为当前类型，设置属性面板中“偏移量”值为－50，确认放置方式为“放置在工作平面上”，其余参数为默认，按图10-80所示放置地拖盆图元。使用“对齐”工具，对齐拖盆下边线至水平砌体墙上外边线。

Step 18 使用“放置构件”工具，选择“洗脸盆_2圆形_有面板”族类型，打开类型属性对话框，重命名类型名称为“洗手盆_2圆形_有面板”，设置类型参数如图10-81所示，设置台面宽度为600、台面总长值为1700，其余参数默认。单击确定按钮完成参数设置。

Step 19 确认放置方式为“放置在工作平面上”；按空格键2次，将构件旋转180°。当捕捉至图10-82所示砌体墙外表面位置时，单击鼠标左键放置洗手盆。

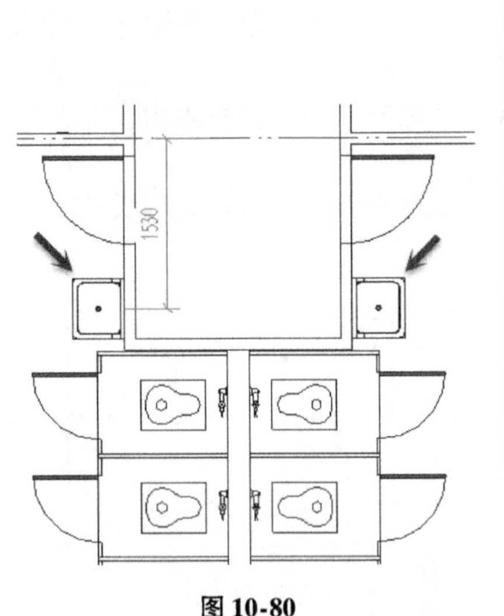

图 10-80

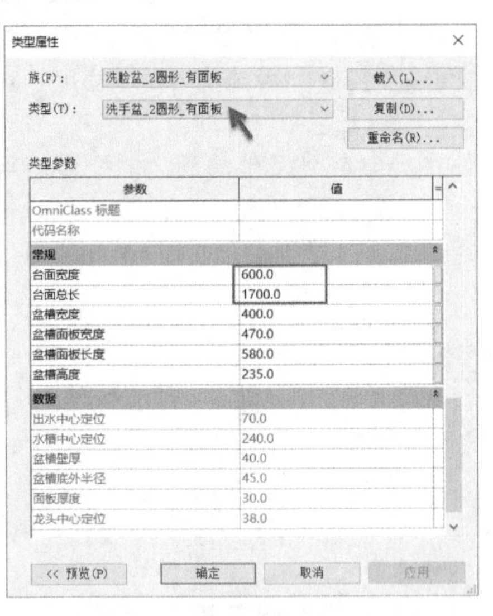

图 10-81

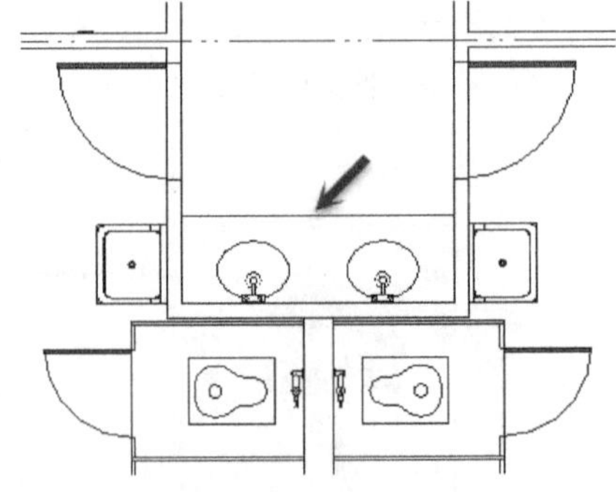

图 10-82

Step 20 切换至局部详图三维视图“3DZ_卫生间_F1”，在窗口面板中点击平铺工具，平铺局部三维视图和F1平面视图。使用“放置构件”工具，选择“地漏_方形：地漏50”族类型，确认放置方式为“放置在面上”，在三维视图中单击男、女卫生间任意楼面，在楼面位置分别放置地漏，如图10-83所示。

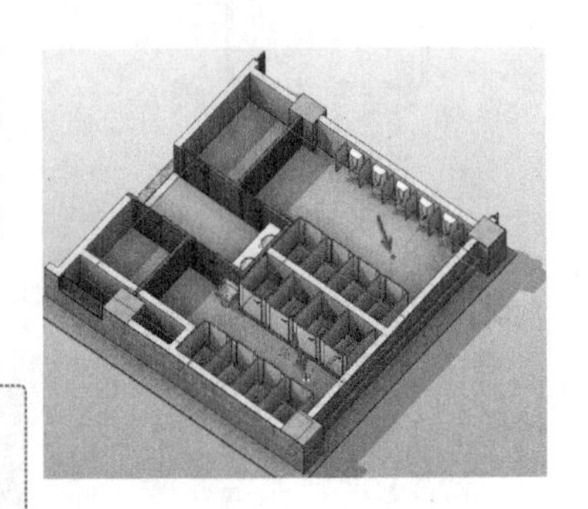

图 10-83

提 示

本项目采用的“地漏”族为基于面的族，在放置时地漏会自动开设楼面孔洞，为方便拾取面楼板，故在三维视图中进行放置操作。

Step 21 激活F1楼层平面视图，编辑视图范围，设置视图深度偏移为－100，确保地漏构件在F1平面中可见。配合使用“对齐”工具，在三维视图中对齐地漏下边线至结构梁内侧边线；配合使用临时尺寸标注，在F1平面中，调整女卫地漏中心至1轴距离为1400，调整男卫地漏中心至3轴距离为1400，结果如图10-84所示。

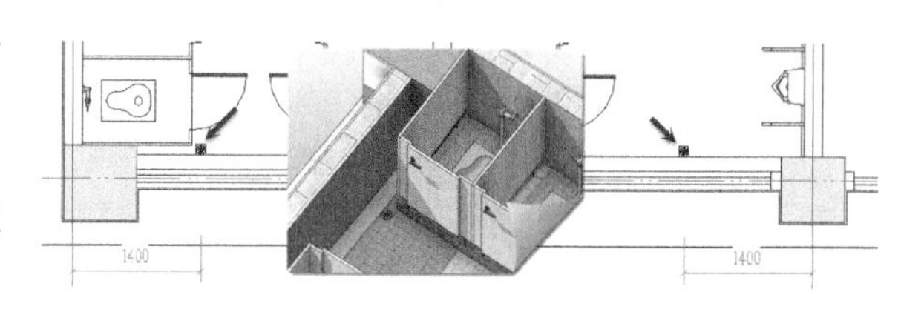

图10-84

Step22 缩放视图至1轴右侧，B轴上方无障碍卫生间位置，如图10-85所示，使用“放置构件”工具，参照图中所示构件族类型布置无障碍卫生间设备构件。其中“靠墙L抓杠”基于F1偏移量为600，“紧急呼叫按钮”基于F1偏移量为500，其余构件设备基于F1偏移量均为-50。限于篇幅，不再赘述其操作步骤。

其他楼层卫生间设备布置方式与F1层一致，可以采用创建模型组的方式，将卫生间布置复制至其余楼层。在10.3.2节操作过程中，对卫生间楼板进行了修改。其中卫生间地漏设备基于楼板为主体，需要与楼板主体图元统一成组后复制至其余楼层，以保障地漏能在楼板自动开洞。

Step23 切换至F2、F3、标准层及F10楼层平面视图，选择“室内_楼面_卫生间_30”楼板，按键盘Delete键删除除F1楼层外其余各楼层卫生间楼板图元。注意在F4~F9标高中，楼板为模型组，要删除组中的构件，需要在编辑组状态下删除楼板图元，Revit自动修改其他各组实例。

Step24 切换至F1楼层平面视图，如图10-86所示，选择上一节中创建的全部卫浴装置、楼板、电气设备、管路附件图元，单击“修改|选择多个”上下文选项卡中“创建组”工具，输入创建组的名称为“卫生间构件”，点击确定按钮完成组创建。

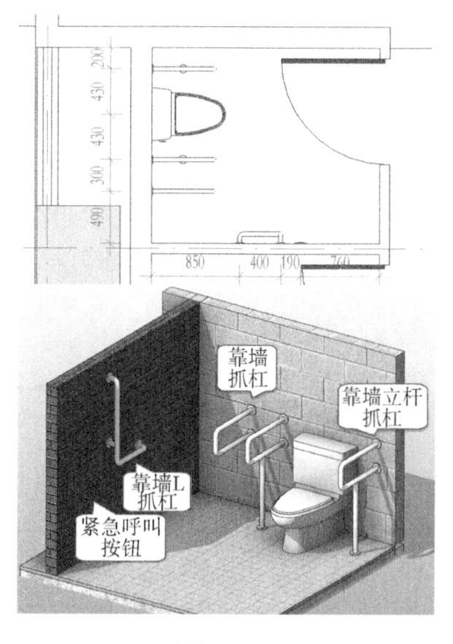

图10-85

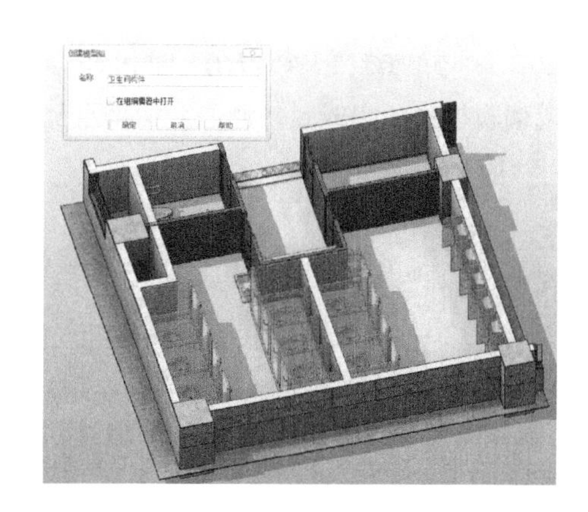

图10-86

Step25 在F1楼层平面中，保证卫生间组处于选中状态，配合使用“复制至剪贴板”对齐粘贴的方式对齐粘贴至F2~F10标高。

Step26 保存项目，或打开随书文件“第10章\RVT\10-3-2.rvt”项目文件查看最终成果。

在Revit中，会将所有载入的非门、窗和结构构件族，组织在“放置构件”工具类别中，并可通过“放置构件”工具放置这些族。

在放置构件时，按空格键可以以90°旋转图元。当光标位于墙、参照平面等图元位置时，Revit会自动旋转构件至垂直于墙面的位置，并以该位置为基础，以90°旋转。

基于某主体的图元需要成组时，必须把主体和基于主体的图元一起成组，在不同楼层复制模型组时，才能保障基于主体的图元不会丢失。

10.4 布置管井

在项目中添加楼板、天花板、卫生间等构件后，需要在楼梯间、电梯间、卫生间等部位创建洞口。在创建楼板、天花板、屋顶这些构件的轮廓边界时，可以通过边界轮廓来生成楼梯间、电梯井等部位的洞口；也可以在创建完成的楼板、天花板上使用 Revit 提供的洞口工具生成管井洞口，项目中管井位置及编号如图 10-87 所示。

Step01 接上节练习，切换至 F2 楼层平面视图，适当放大 2 号楼梯间管井位置。如图 10-88 所示，单击“建筑”选项卡“洞口”面板中“竖井”工具，进入“创建竖井洞口草图”状态。自动切换至“修改丨创建竖井洞口草图”上下文选项卡。

Step02 如图 10-89 所示，确认“绘制”面板中绘制模式为“边界线”，绘制方式为“矩形”；确认选项栏中“偏移量”值为 0.0，不勾选选项栏“半径”选项。沿砌体墙内侧绘制竖井轮廓边界草图。

Step03 单击确认“绘制”面板中绘制模式为“符号线”，绘制方式为“直线”；确认线样式面板中“线样式”为“细线”；确认选项栏中“偏移量”值为 0.0，不勾选“半径”选项，如图 10-90 所示，绘制洞口符号线。

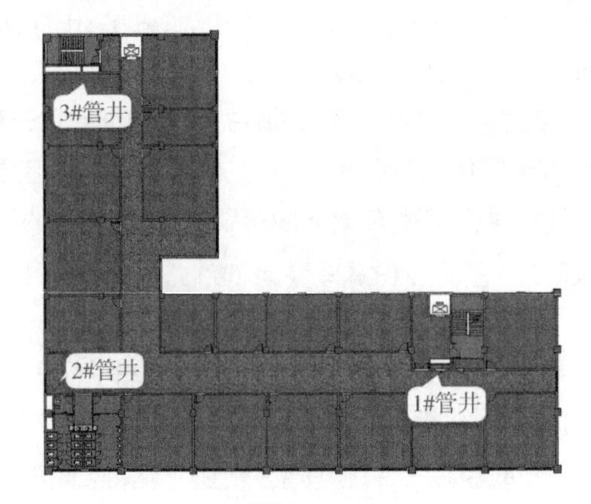

图 10-87

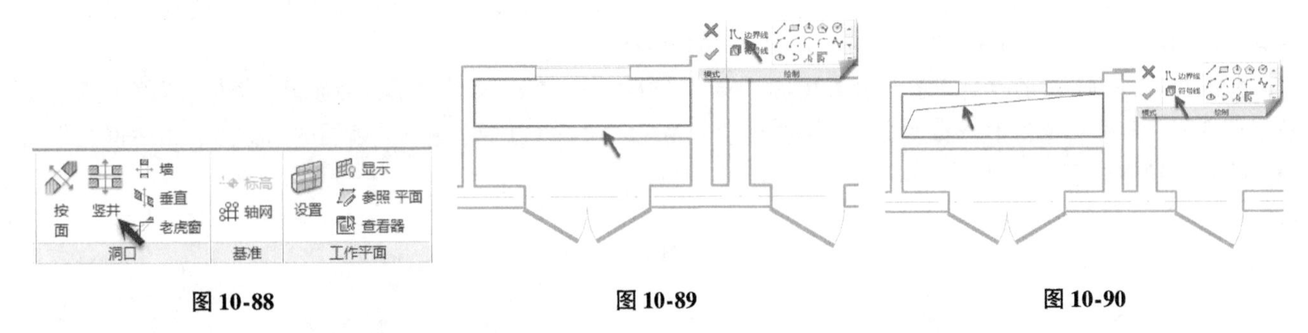

图 10-88 图 10-89 图 10-90

Step04 如图 10-91 所示，修改“属性”面板中竖井洞口“底部限制条件”为 F1 标高，“顶部约束”为“直到标高：TF”，设置“底部偏移”“顶部偏移”值均为 0，即 Revit 将在 F1 标高处至 TF 标高之间范围内创建竖井洞口。

Step05 点击完成编辑模式，完成竖井创建。切换至三维视图，激活剖面框，适当调节剖面框位置，选择竖井模型，生成竖井如图 10-92 所示。

提 示

使用“竖井洞口”工具时，竖井垂直高度范围内所有楼板、天花板、屋顶及檐底板构件洞口一次性全部创建。

Step06 使用同样的方法，放大至卫生间左侧 2 号管井位置，按如图 10-93 所示绘制竖井轮廓边界和符号线。设置属性面板 2 号竖井高度参数值为底部约束为 B1 标高，顶部约束设置为 RF 标高，确认底部偏移值为 0，修改顶部偏移值为 500。

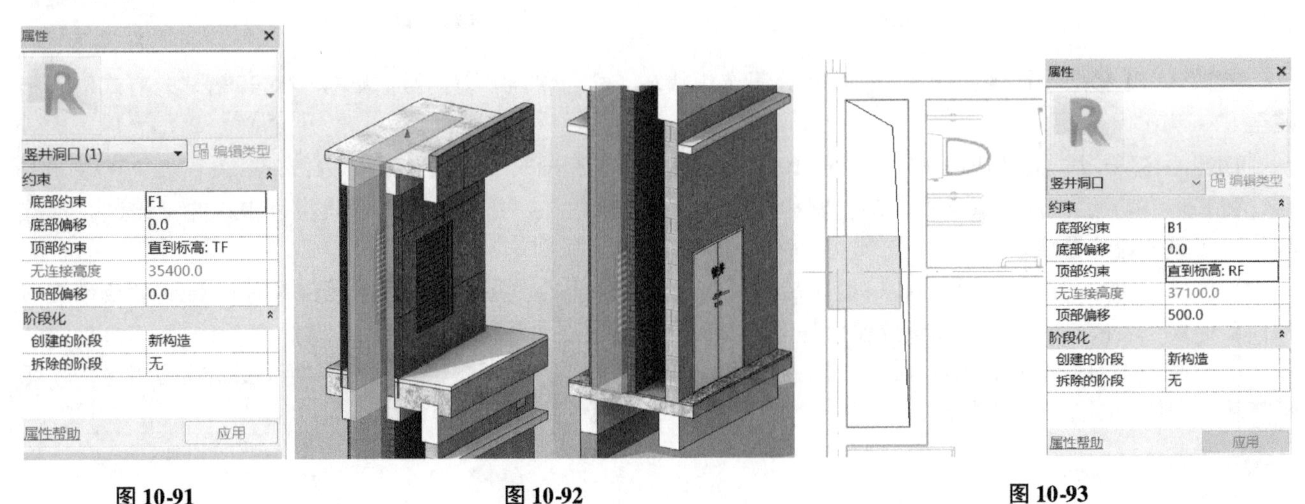

图 10-91 图 10-92 图 10-93

Step07 在 F2 楼层平面中，缩放至 1 号楼梯下方 3 号管井位置。如图 10-94 所示，绘制竖井洞口边界和符号线，修改属性栏底部约束为 B1 标高，顶部约束为 RF 标高；确认底部偏移值为 0，设置顶部偏移值为 500。

Step08 如图 10-95 所示，使用竖井工具绘制竖井洞口边界和符号线。并设置竖井底部约束为 F1 标高，顶部约束为 TF 标高；确认底部偏移值为 0，修改顶部偏移值为 500，完成烟道竖井。

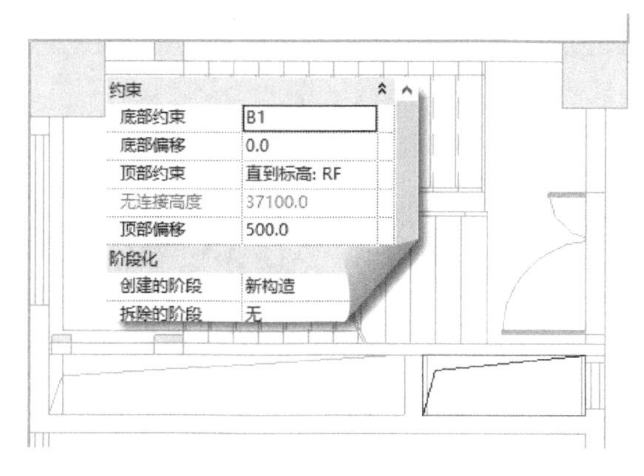

图 10-94

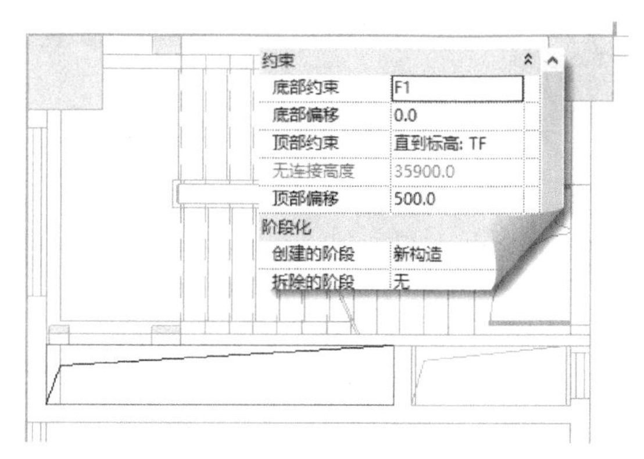

图 10-95

Step09 保存项目，或参见随书文件“第 10 章 \ RVT \ 10-4rvt”项目文件查看最终成果。

除上一节中提到的竖井洞口外，Revit 还提供了几种其他形式创建洞口的方式：面洞口、墙洞口、垂直洞口、老虎窗洞口。面洞口将垂直于所选择的屋顶、天花板、屋顶、梁或柱表面沿垂直表面方向创建洞口；墙洞口将垂直于所选择墙面创建洞口；垂直洞口将垂直所选择的屋顶、天花板、屋顶、梁或柱表面沿垂直水平面方向创建洞口，老虎窗洞口专用于屋顶，用于沿相交的两屋顶交线范围剪切屋顶，从而创建老虎窗，详见本书第 7 章相关内容。

在本书第 13 章中还将介绍 Revit 软件中洞口系统的使用方式，该章节中将全面阐述 Revit 中各种构件洞口设计思路和应用范围。

10.5 本章小结

本章介绍如何使用“主体放样”工具创建楼板边缘、墙饰条、屋顶封檐带等图元。并介绍如何创建主体放样工具中使用的轮廓族。主体放样工具的使用方式均通过使用指定的轮廓族，沿拾取的边缘或模型线生成放样模型。结合使用楼板和楼板边缘工具，可以创建室外台阶、雨篷等建筑构件。轮廓族除可用于主体放样工具外，还可以用于扶手、幕墙竖梃等对象中。

对于造型较为复杂的主入口雨篷采用玻璃斜窗绘制，而工字钢承雨篷等构件，可以单独创建族，并放置于项目中。

至此已经完成综合楼项目的绝大部分模型，也已经基本掌握了 Revit 中各型构件的使用方式。灵活运用Revit 中各类构件，可以满足设计中各种复杂的构件建模要求。相信有这些基础，各位读者就可以自行设计、修改三维建筑模型了。

第11章 场地与场地构件

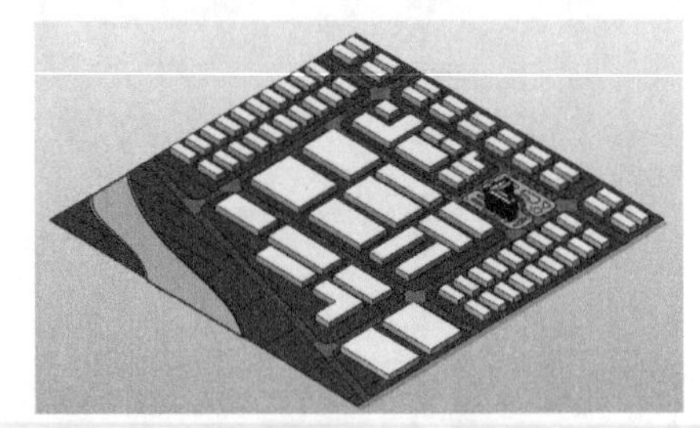

图 11-1

使用 Revit 提供的场地工具，可以为项目创建场地三维地形模型、场地红线、建筑地坪等构件，完成建筑场地设计。可以在场地中添加植物、停车场等场地构件，以丰富场地表现。

Revit 中，一般应避免在原有建筑模型中直接设计场地。尽量减少由于场地面积过大，构件数量过多，导致降低项目运行效率。如图 11-1 所示，为完成后的场地总图项目。

11.1 添加地形表面

地形表面是场地设计的基础。使用“地形表面”工具，可以为项目创建地形表面模型。Revit 提供了两种创建地形表面的方式：放置高程点和导入测量文件。放置高程点的方式允许用户手动添加地形点并指定点高程。Revit 将根据已指定的高程点，生成三维地形表面。这种方式由于必须手动绘制地形中每一个高程点，适合用于创建简单的地形模型。导入测量文件的方式可以导入 DWG 文件或测量数据文本，Revit 自动根据测量数据生成真实场地地形表面。

11.1.1 放置高程点生成地形表面

下面将使用放置高程点方式，为综合楼项目创建地形表面。

Step01 打开随书文件“chapter11 \ RVT \ 11.1.0.rvt”文件。切换至“场地”楼层平面视图。该场地项目文件中，已设置高程点定位参照面。

提示

“场地”楼层平面视图实际上是以 F1 标高为基础，将剖切位置提高到 10000m 得到的视图。

Step02 双击鼠标中键，缩放视图至整个地形边界参照面可见。单击“体量和场地”选项卡“场地建筑”面板中“地形表面”工具，自动切换至“修改 | 编辑表面”上下文选项卡，如图 11-2 所示。

Step03 如图 11-3 所示，单击“工具”面板中“放置点”工具；设置选项栏中“高程”值为 -450，高程形式为“绝对高程”。

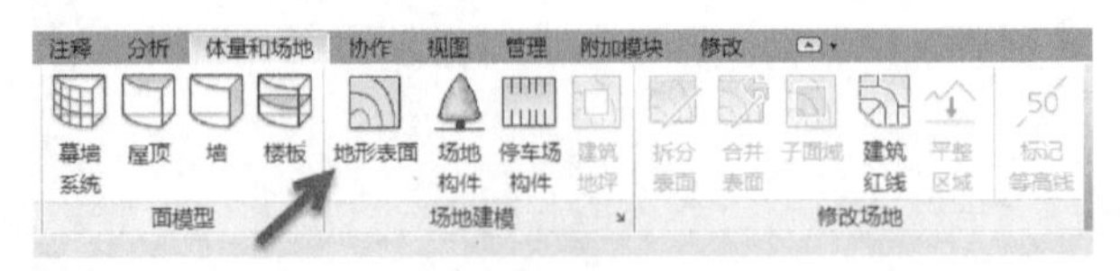

图 11-2

图 11-3

提示

“放置点”命令中高程值单位为毫米。

Step04 如图 11-4 所示，在参照面交点位置单击放置 1 号高程点。

Step05 设置选项栏中“高程”值为 1000，高程形式为“绝对高程”，在图 11-4 所示参照面相应交点放置 2 号高程点。

Step06 单击“属性”面板中“材质”后浏览按钮，打开材质对话框。在材质列表中选择“草”，该材质位于“AEC 材质”对话框“其他”材质类中，选择该材质作为该场地材质。

Step07 单击“表面”面板中“完成表面”按钮，Revit 将按指定高程生成地形表面模型。切换至三维视图，完成后地形表面如图 11-5 所示。由于本例中 1 号高程点和 2 号高程点高差为 1450，Revit 将自动生成等高线，默认等高线间距为 100。

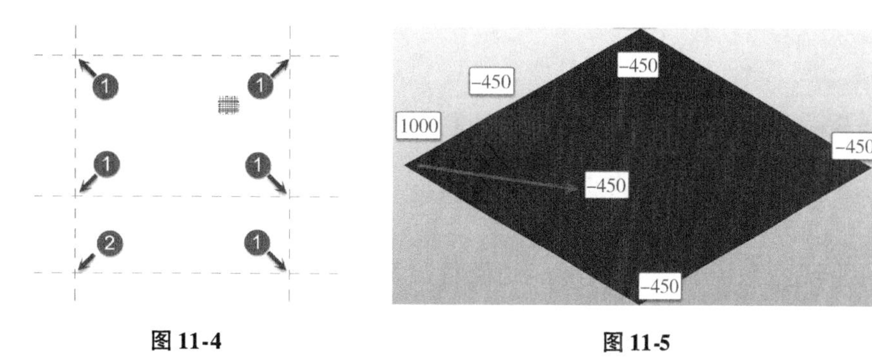

图 11-4　　　　图 11-5

11.1.2　通过导入 DWG 实例创建地形表面

Revit 支持两种形式的测绘数据文件：DWG 等高线数据文件和高程点文件，通过下面的练习说明这两种方式创建地形表面模型的方法。

Step01 打开随书文件“第 11 章\rvt\场地生成练习.rvt”文件。切换至场地楼层平面视图。如图 11-6 所示，单击“插入”选项卡“导入”面板中“导入 CAD”按钮，打开“导入 CAD 格式”对话框。

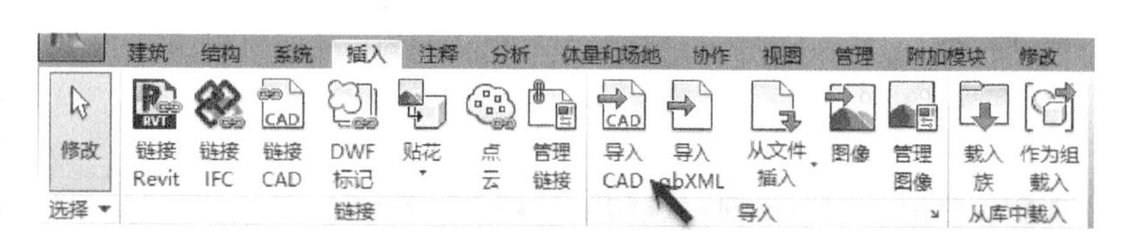

图 11-6

Step02 在“导入 CAD 格式”对话框中浏览至随书文件“第 11 章\DWG\等高线.dwg”文件。如图 11-7 所示，设置对话框底部“导入单位”为“米”；设置“定位”方式为“自动-原点到原点”；将“放置于”选项设置为“F1”标高。单击“打开”按钮导入 DWG 文件。

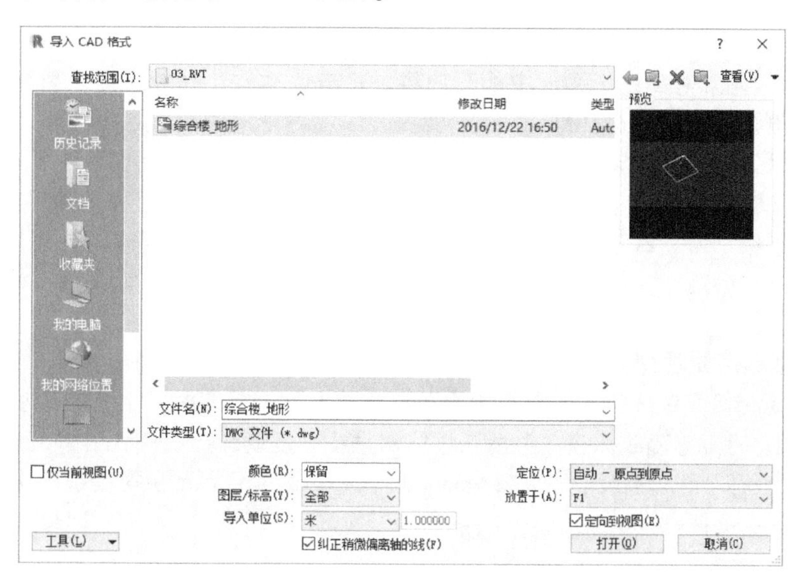

图 11-7

提 示

勾选“仅当前视图”时，Revit 将仅在当前视图中显示导入的 DWG 文件。本项目中 DWG 文件是 AutoCAD 创建的数据文件格式。AutoCAD 是目前应用最普遍的 CAD 绘图工具。

Step03 单击“地形表面”工具，进入地形表面编辑状态，自动切换至“修改丨编辑表面”上下文选项卡。如图 11-8 所示，单击“工具”面板中“通过导入创建”下拉工具列表，在列表中选择“选择导入实例”选项。

Step04 单击拾取视图中已导入的 DWG 文件，弹出“从所选图层添加点”对话框。如图 11-9 所示，该对话框显示了所选择 DWG 文件中包含的所有图层。勾选“主等高线”和“次等高线”图层，单击“确定”按钮退出“从所选图层添加点”对话框。Revit 将分析所选图层中三维等高线数据并沿等高线自动生成一系列高程点。

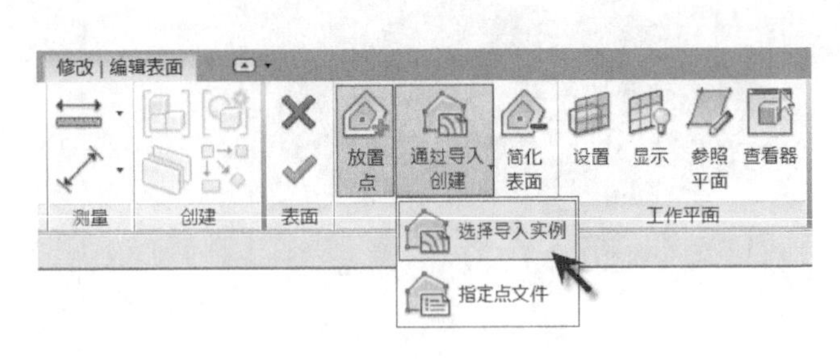

图 11-8

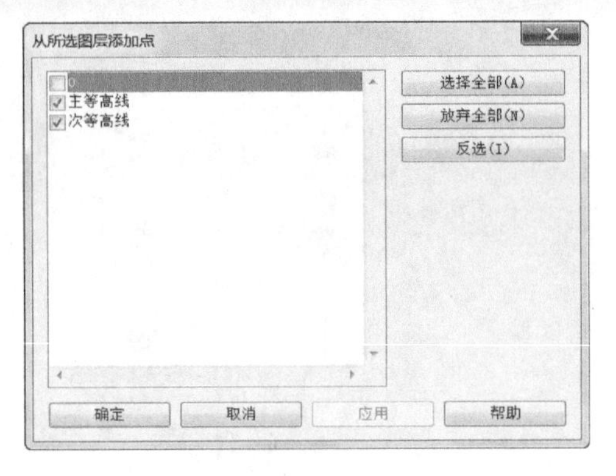

图 11-9

Step05 Revit 沿所选择图层中带有高程值的等高线生成的高程点较密，单击“工具”面板中“简化”工具弹出“简化表面”对话框，如图 11-10 所示，输入“表面精度”值为 100；单击“确定”按钮确认该表面精度，剔除多余高程点。

提 示

DWG 文件中的等高线实际上是在 AutoCAD 中绘制的多段线。导入的 DWG 文件中的所有等高线必须带有高程信息，即 Z 值。

Step06 单击“完成表面”按钮完成地形表面模型。选择导入的 DWG 文件，按 Delete 键删除该 DWG 文件。切换至 3D 视图，地形模型如图 11-11 所示，Revit 会按默认设置间距显示等高线。

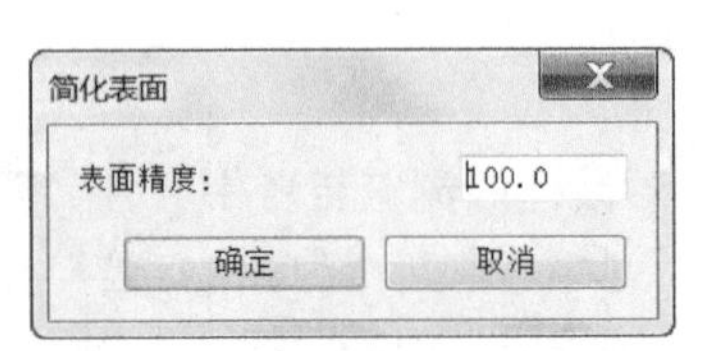

图 11-10

图 11-11

Step07 单击“体量和场地”选项卡“场地建模”面板名称右侧斜箭头，弹出“场地设置”对话框。如图 11-12 所示，不勾选“间隔”选项，单击“删除”按钮删除“附加等高线”列表中所有内容。单击“插入”按钮，插入新附加等高线，设置“开始”值为 0；“停止”值为 100000（即 100m）；修改增量为“2000”（即 2m）；设置“范围类型”为“多值”“子类别”为“主等高线”，即在地形表面 0～100m 高程范围内，按 2m 等高距显示主等高线（首曲线）。使用类似的方式插入新行，设置“开始”与“停止”值与第 1 行相同，设置增量为“10000”（即 10m），设置范围类型为“多值”，设置子类别为“次等高线”，即在地形表面 0～100m 高程范围内，每隔 10m 显示次等高线（计曲线）。设置完成后单击“确定”按钮退出“场地设置”对话框。Revit 将按场地设置中设置的等高线间隔重新显示地形表面上的等高线。

Step08 切换至场地楼层平面视图，如图 11-13 所示，修改视图比例为 1∶500。单击“体量和场地”选项卡“修改场地”面板中“标记等高线”工具，自动切换至“修改 | 标记等高线”上下文选项卡。单击“属性”面板中“编辑类型”按钮，打开等高线标签“类型属性”对话框，复制新建名称为“3.5mm 仿宋”新标签类型。修改“文字字体”为“仿宋”“文字大小”为 3.5mm。确认不勾选“仅标记主等高线”选项。

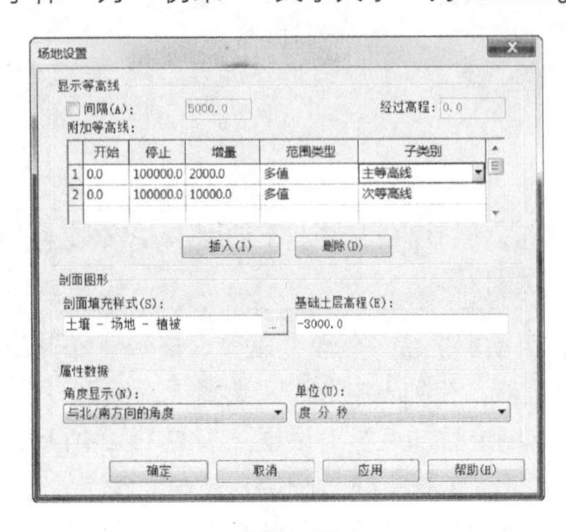

图 11-12

参数	值
图形	
颜色	黑色
文字	
文字字体	仿宋
文字大小	3.5000 mm
粗体	☐
斜体	☐
下划线	☐
仅标记主等高线	☐
单位格式	1235 [mm] (默认)
其他	
基面	项目

图 11-13

Step09 单击“单位格式”后的编辑按钮，打开“格式”对话框。如图 11-14 所示，不勾选“使用项目设置”选项，设置等高线标签“单位”为“米”，确认“舍入”方式为“0 个小数位”，其他参数采用默认值不变。单击“确定”按钮退出“格式”对话框，返回“类型属性”对话框。设置“类型属性”对话框“其他”参数组中“基面”为“项目”，即等高线的高程值以项目计算。再次单击“确定”按钮退出“类型属性”对话框。

Step10 确认不勾选选项栏中“链”选项，即不连续绘制等高线标签。适当放大视图，沿任意方向绘制等高线标签，如图 11-15 所示，等高线标签经过的等高线将自动标注等高线高程。

图 11-14

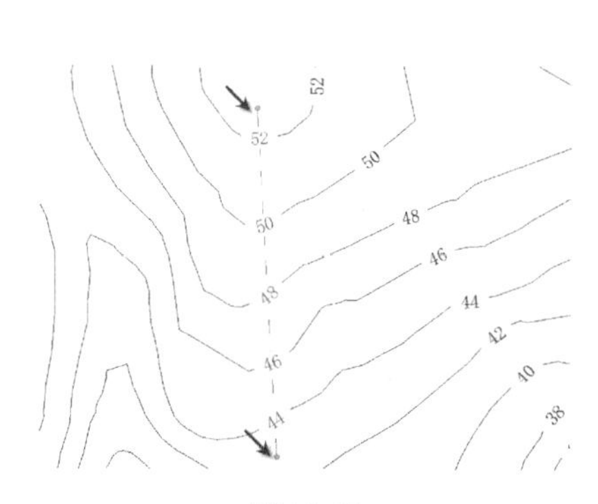

图 11-15

Step11 使用类似的方式标注其他等高线。关闭该文件，不保存对项目的修改。

在“场地设置”对话框中勾选“间隔”选项，Revit 将沿指定的间隔在地形表面上显示“间隔”等高线和“附加”等高线。“经过高程”值是指等高线偏移，例如，设置等高线间隔为 5m，经过高程为 1m，则 Revit 将在 1m、6m、11m……高程处显示等高线和附加等高线列表中设置的等高线。

在“场地设置”对话框中，还可以设置场地在被剖切时，“剖面填充样式”以及“基础土层高程”，它决定场地在剖面中被剖切时，场地在剖面中显示的填充方式及场地的厚度，如图 11-16 所示。

显示等高线后，可以使用“体量和场地”选项卡“修改场地”面板中“标记等高线”工具为视图中等高线添加高程标签。

还可以通过对象样式或视图可见性替换主等高线和次等高线的线形、线宽。其操作原理与其他对象的操作方式类似，详见本书第 14 章相关内容。在此不再赘述。

还可以通过导入测量点文件的方式，根据测量点文件中记录的测量点 X、Y、Z 值创建地形表面模型。通过下面的练习，学习使用测量点文件创建地形表面的方法。

Step01 打开随书文件“第 11 章 \ rvt \ 场地生成练习 . rvt”文件，切换至三维视图。单击“地形表面”工具，自动切换至“编辑表面”上下文选项卡。

Step02 单击“工具”面板中“通过导入创建”下拉工具列表，在列表中选择“指定点文件”选项，弹出“打开”对话框。设置“指定点文件”对话框底部“文件类型”为“逗号分隔文本”，浏览至随书文件“第 11 章 \ Other \ 高程文本 . txt”文件，单击“打开”按钮导入该文件。给出“格式”对话框。如图 11-17 所示，设置文件中的单位为“米”，单击“确定”按钮继续导入测量点文件。

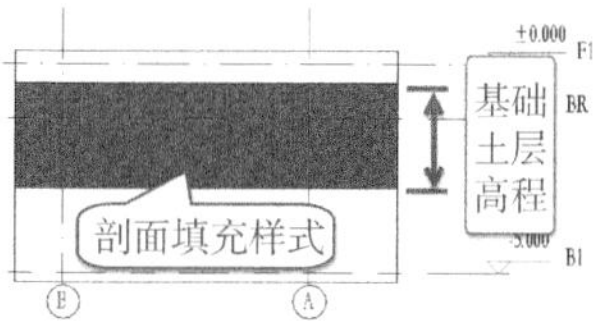
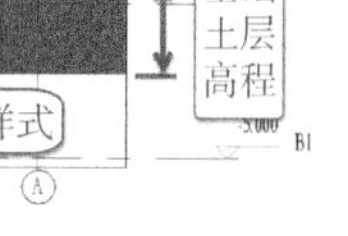

图 11-16

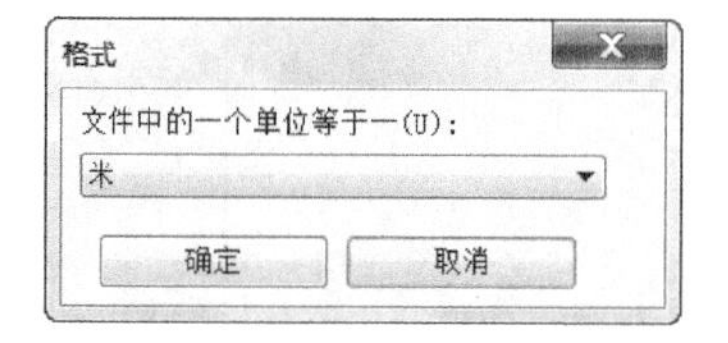

图 11-17

Step03 Revit 将按文本中测量点记录，创建所有测量点。单击“完成表面”按钮完成地形表面。关闭该项目，不保存对该文件的修改。

导入的点文件必须使用逗号分隔的文件格式（可以是 CSV 或 TXT 文件）且必须以测量点的 x、y、z 坐标值作为每一行的第一组数值，点的任何其他数值信息必须显示在 x、y 和 z 坐标值之后。Revit 忽略该点文件中的其他信息（如点名称、编号等）。如果该文件中存在 x 和 y 坐标值相等的点，Revit 会使用 z 坐标值最大的点。

11.2 建筑地坪

创建地形表面后，可以沿建筑轮廓创建建筑地坪，平整场地表面。在 Revit 中，建筑地坪的使用方法与楼板使用方法非常类似。下面将为综合楼项目添加建筑地坪，学习建筑地坪的使用方法。在综合楼项目中，建筑地坪将充当建筑内部楼板底部与室外标高间碎石填充层。

如图 11-18 所示，为本项目场地总图模型，由于项目场地道路较多，为方便讲解，在本书随书文件中提供了项目的初始模型，后续将以项目的初始场地模型为基础，继续完善相关道路、地坪图元，掌握 Revit 中创建场地地坪的一般方法。

Step 01 打开随书文件“chapter11 \ RVT \ 11. 2. 0. rvt”项目文件，切换至 F1 楼层平面视图，单击“体量和场地”选项卡“场地建模”面板中“建筑地坪”工具，自动切换至“修改 | 创建建筑地坪边界”上下文选项卡，进入“创建建筑地坪边界”编辑状态。

Step 02 在类型选择器中选择地坪类型为“垫层_150”。打开“类型属性”对话框。单击参数列表中“结构”参数后“编辑”按钮，弹出“编辑部件”对话框，如图 11-19 所示。查看完成后单击“确定”按钮返回“类型属性”对话框。再次单击“确定”按钮，退出“类型属性”对话框。

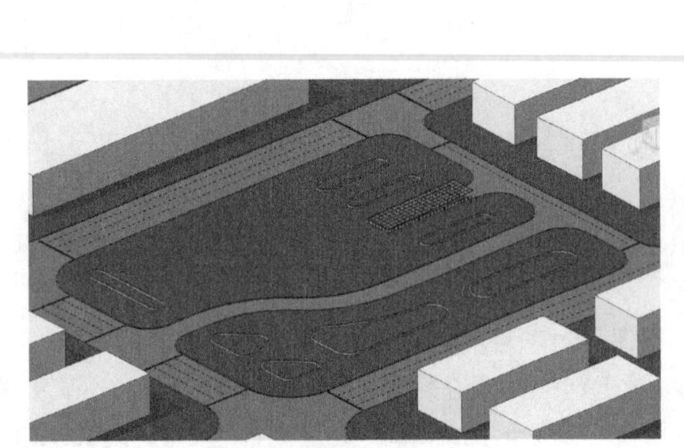

图 11-18

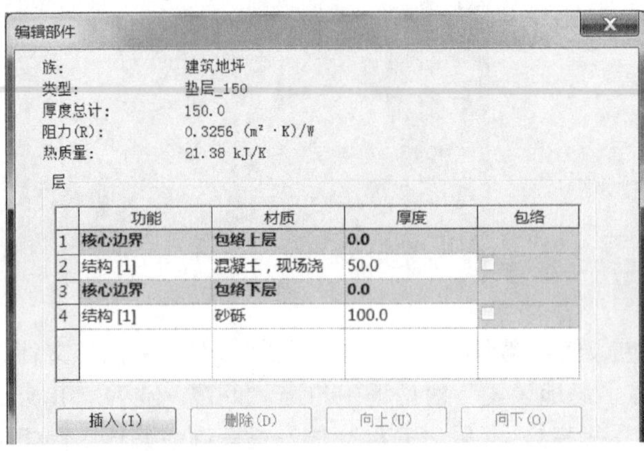

图 11-19

提 示

地坪结构层设置方法和楼板完全一致。

Step 03 如图 11-20 所示，设置“属性”面板中“标高”为 F1，“自标高的高度偏移”值为 –480，即建筑地坪顶部标高位于 F1 标高之下 480mm。

提 示

建筑地坪图元以顶面作为定位面。

Step 04 如图 11-21 所示，确认“绘制”面板中绘制模式为“边界线”，使用“拾取线”绘制方式；确认选项栏中“偏移值”为 0，拾取建筑轴线上方道路侧石内边线，以绘制楼板边界类似的方式分别沿轴网上方道路侧石内侧表面拾取生成建筑地坪轮廓边界线。

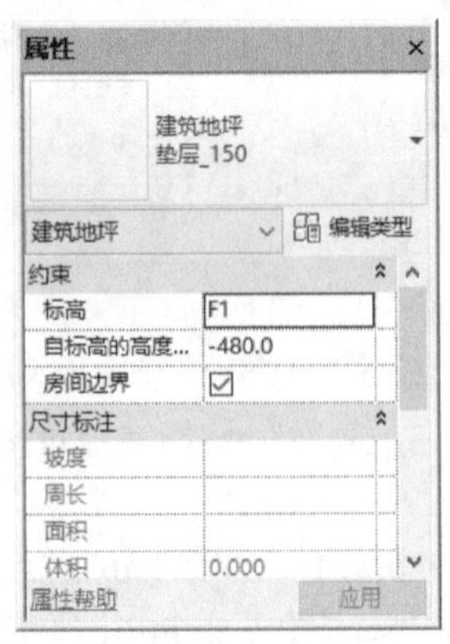

图 11-20

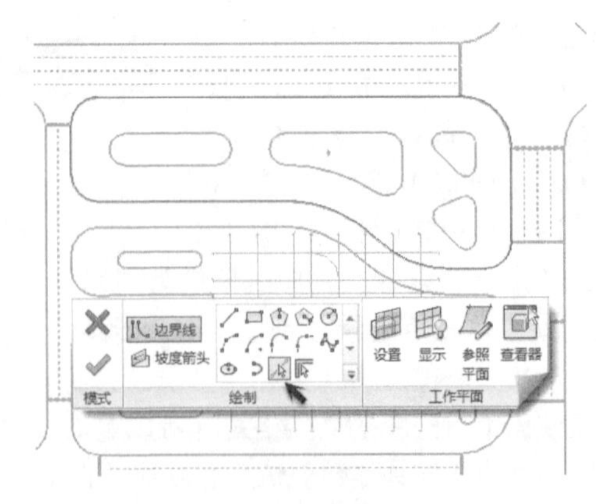

图 11-21

提 示

建筑地坪绘制方法和建筑楼板一致，但建筑地坪不允许再绘制多个闭合的边界轮廓。因此必须分别创建综合楼上方地坪和下方地坪。

Step05 Revit 将根据边界轮廓生成场地地坪。切换至三维视图，结果如图 11-22 所示。

Step06 单击“插入”选项卡“链接”面板中“链接 Revit”按钮，弹出浏览至随书文件“chapter11 \ RVT \ 综合楼_结构 . rvt”项目文件，如图 11-23 所示，确认链接定位方式为“自动-原点到原点”，然后点击右下方“打开”，确认链接文件，完成结构模型链接。采用相同的方式，链接上一章中完成的建筑项目文件。

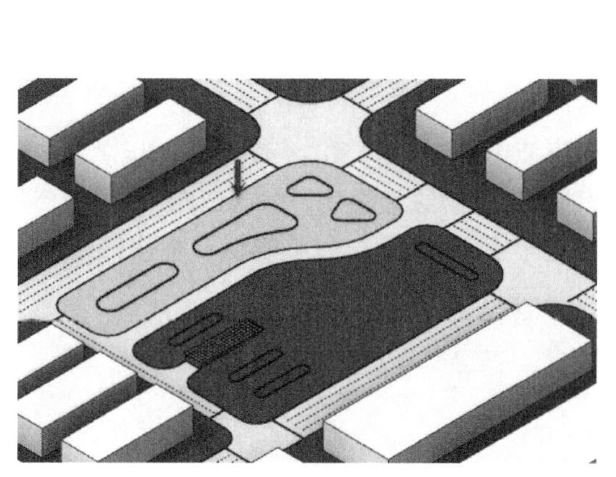

图 11-22

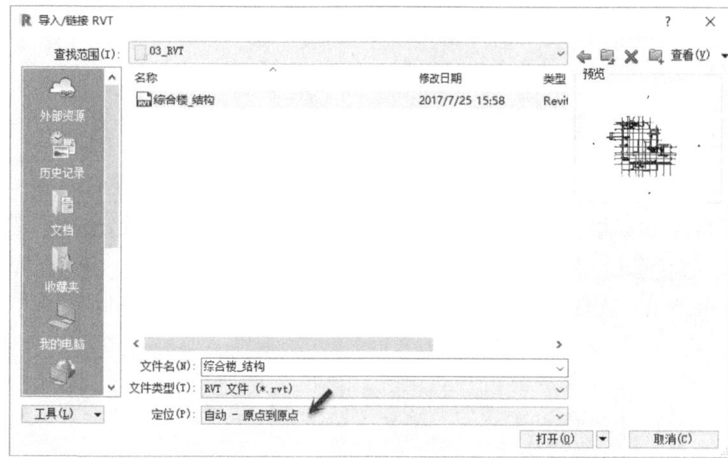

图 11-23

Step07 切换至 B1 楼层平面视图，使用建筑地坪工具，确认当前类型为“垫层_150”，如图 11-24 所示，拾取地下室结构外侧边界及坡道外侧边界，使用“修剪”工具使轮廓线首尾相连，绘制地坪边界轮廓，设置“属性”面板中“标高”为 B1，修改“自标高的高度偏移”值为 –870。完成后单击“完成编辑模式”按钮，生成地坪图元。

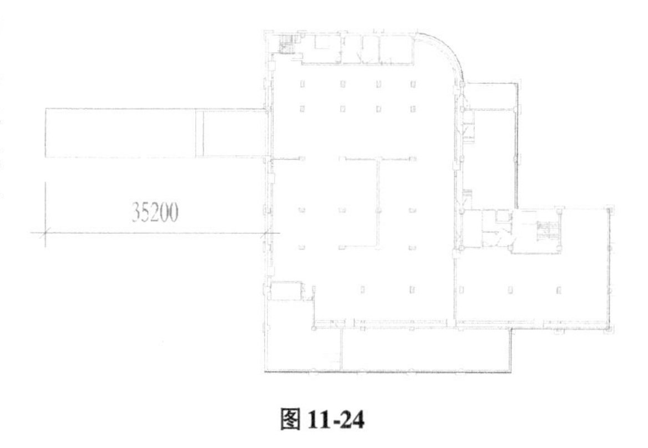

图 11-24

提 示

绘制地下室部分地坪目的是为了保证基坑开挖至地下室底部。本项目中简化基坑底部地坪，不绘制集水坑、汽车坡道等放坡地坪。

Step08 切换至 F1 楼层平面视图，使用地坪工具，确认当前地坪类型为“垫层_150”，如图 11-25 所示，依次拾取道路内侧以及结构基坑边线。设置地坪图元所在标高为 F1，修改“自标高的高度偏移”为 –480。

提 示

Revit 不允许相临地坪边界重合或者交叉，否则会出现错误提示“建筑地坪能共享边缘，但不能重叠”的警告提示。

Step09 切换至场地三维视图，如图 11-26 所示，注意建筑地坪图元会自动剪切场地图元。

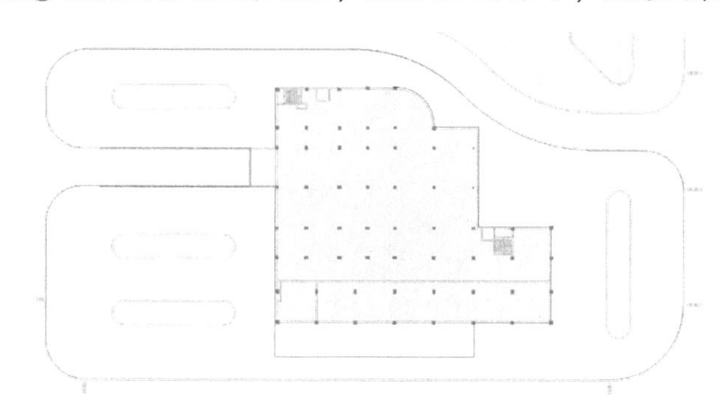

图 11-25

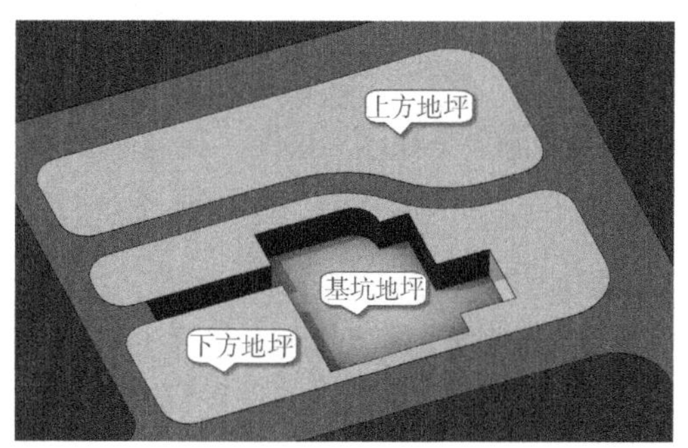

图 11-26

Step10 保存项目文件，或打开随书文件“chapter11 \ RVT \ 11. 2. 1. rvt”项目文件查看最终成果。

在创建建筑地坪时，可以使用“坡面箭头”工具创建带有坡度的建筑地坪，用于处理坡地建筑地坪。该功能用法与楼板工具完全相同，请读者自行尝试该功能的用法。建筑地坪边界不得超出场地范围，同时当场地中存在多个建筑地坪图元时，各建筑地坪图元之间边界不应交叉，否则 Revit 将无法生成建筑地坪。

11.3 场地构件

完成地坪平整工作后，可以使用“楼板”“栏杆”“墙”等工具，添加室外广场地面、道路侧平石、草坪、交通标志线等。还可以使用“场地构件”为场地添加停车场、树木、RPC 等构件，得到更为丰富的场地设计。

11.3.1 创建室外地面和草坪

Step01 切换至 F1 楼层平面，使用“楼板”工具，选择楼板类型为“室外_楼面_30”，设置楼板标高为 F1，自标高的高度偏移值为 -450，如图 11-27 所示，以道路边界、建筑项目外轮廓线为边线，绘制地面广场。

Step02 使用“楼板”工具，选择楼板类型为“室外_场地_草_100”，设置标高为 F1，确认自标高的高度偏移值为 0，如图 11-28 所示，绘制草坪楼板轮廓。

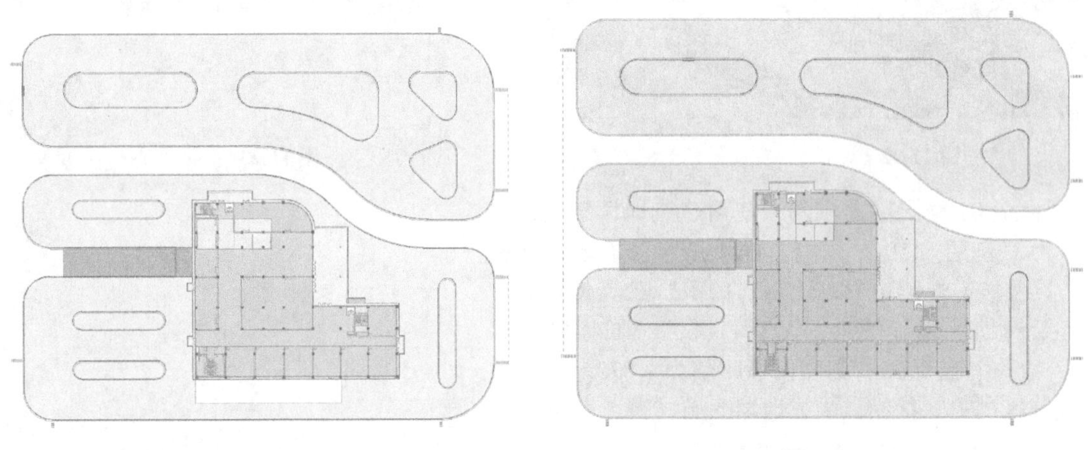

图 11-27　　图 11-28

Step03 单击“建筑”选项卡“楼梯坡道”面板中“栏杆扶手”工具下拉工具列表，在列表中选择“绘制路径”方式，设置当前扶手类型为“车道线_斑马线”。设置扶手底部标高为 F1，设置底部偏移值为 -600。如图 11-29 所示，在道路两交叉口位置分别绘制扶手作为人行横道线。

Step04 使用“栏杆扶手”工具，使用“绘制路径”方式，设置当前扶手类型为“车道线_中心线”。设置扶手底部标高为 F1，设置底部偏移值为 -600；设置扶手路径绘制方法为“拾取线”，设置选项栏偏移量为 3500；如图 11-30 所示，拾取道路右侧边缘，生成道路中心线，适当调整扶手路径两端至斑马线外侧，完成车道中心线设置。

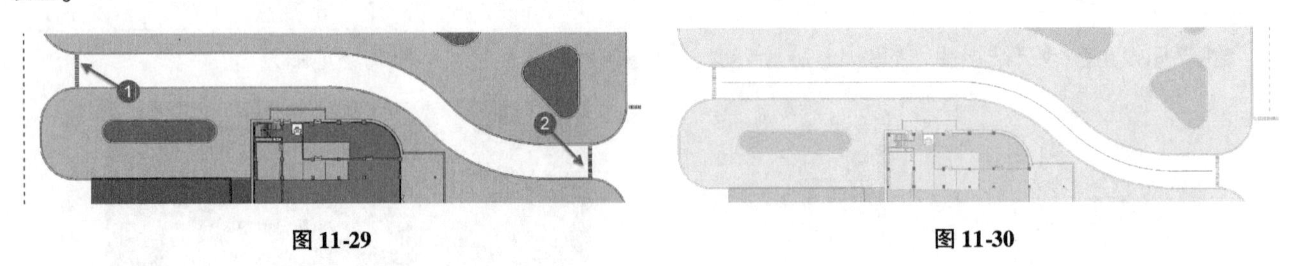

图 11-29　　图 11-30

Step05 保存项目文件，或打开随书文件“chapter11 \ RVT \ 11. 3. 1. rvt”项目文件查看最终成果。

灵活使用扶手工具，可以绘制任意线性重复图案图元。在 Revit 2018 版本中，场地可以作为扶手的主体，沿场地表面生成扶手。关于扶手的更多信息参见本书第 8 章相关内容。

11.3.2 放置 RPC 构件

Revit 提供了“场地构件”工具，可以为场地添加停车场、树木、RPC 等构件。这些构件均依赖于项目中载入的构件族，必须先将构件族载入到项目中才能使用这些构件。

Step01 接上节练习，切换至 F1 楼层平面视图。单击“插入”选项卡“从库中载入”面板中的“载入族”工具，载入随书文件“chapter11 \ RFA \ ”目标中 RPC 甲虫、RPC 男性、RPC 女性族文件。

Step02 如图 11-31 所示，切换至“体量和场地”选项卡，单击“场地建模”选项卡中“场地构件”工具，进入“修改 | 场地构件”上下文选项卡。

图 11-31

Step03 在类型选择器中选择构件类型为“RPC 树：钻天杨 - 12. 2m”，如图 11-32 所示，在沿室外楼板位置逐一放置，树木位置不必精确定位。

Step04 继续使用“场地构件”工具，在类型列表中选择“RPC 男性：Jay”，移动鼠标至室外楼板上 1 号点位置，如图 11-33 所示。Revit 将预显示该人物族，箭头方向代表该人物“正面”方向，单击鼠标左键放置该族。按键盘空格键旋转“男性：Jay”方向。使用相同的方式，在场地中 2 号点位和 3 号点位位置，分别放置“RPC 女性：Cathy”和“RPC 甲虫”。

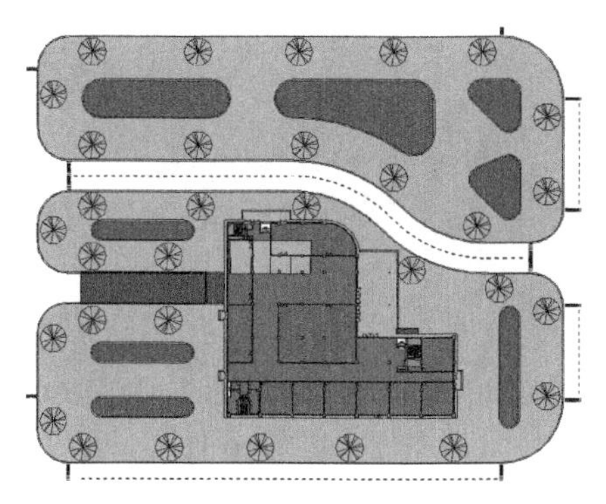

图 11-32

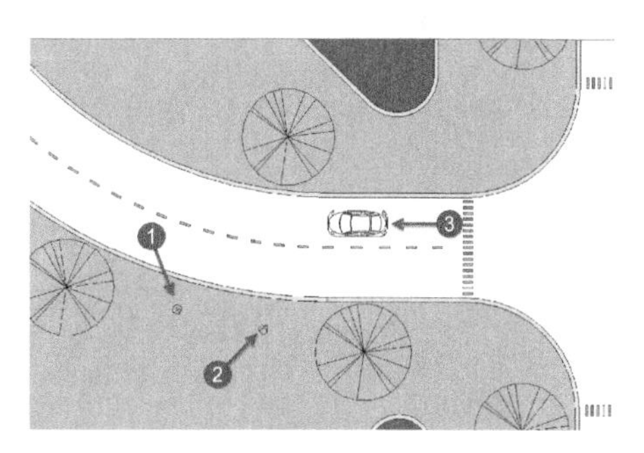

图 11-33

提 示

RPC 人物中箭头方向代表人物的正面方向。

Step05 切换至默认三维视图中，设置视觉样式为“真实”模式，查看完成后的 RPC 模型效果，如图 11-34 所示。

提 示

只有在“真实”视觉样式中，PRC 构件才会显示贴图实际模型效果，否则显示为模型面片效果。

Step06 切换至 F1 楼层平面视图，单击选择“RPC 女性：Cathy”右侧“RPC 树：钻天杨 - 12. 2m”图元，打开“类型属性”对话框，复制建立名称为“红栎_10m”的新类型。

Step07 如图 11-35 所示修改高度值为 10000，修改“注释”参数值为“日本蕨”。单击“渲染外观属性”，弹出“渲染外观库”对话框。

图 11-34

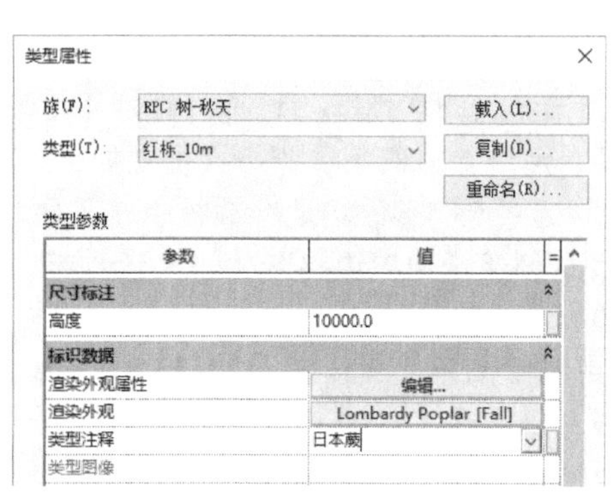

图 11-35

Step08 如图 11-36 所示，在渲染外观属性对话框，确认勾选“Cast Reflections”（投影反射）选项，不勾选“Lock View”（锁定视图）选项，其他参数默认。单击“确定”按钮返回类型属性对话框。

Step09 单击“渲染外观”类型参数后“浏览”按钮，弹出“渲染外观库”对话框，如图 11-37 所示，单击顶部“类别”列表，在列表中选择“Fall Tress”（秋树）类别，将在预览窗口中显示所有该类别渲染外观，选择“Red Oak [Fall]”，设置完成后单击“确定”按钮返回“类型属性”对话框。

Step10 切换至默认三维视图，修改完成的 RPC 树木如图 11-38 所示。保存该文件，或打开随书文件“chapter11 \ RVT \ 11. 3. 2. rvt”项目文件查看最终结果。

图 11-36

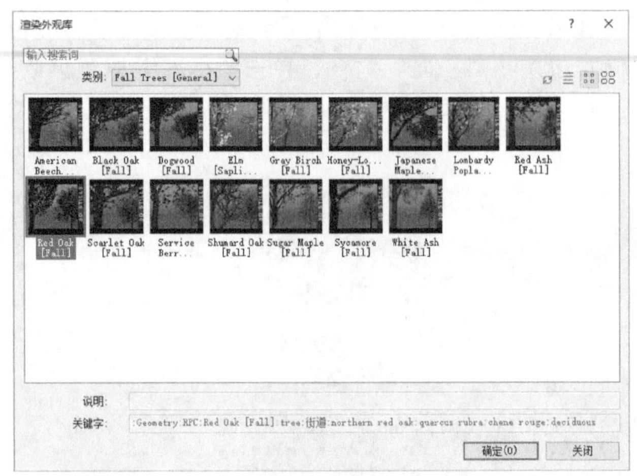

图 11-37

图 11-38

RPC 族文件为 Revit 中特殊的构件类型族。通过指定不同的 RPC 渲染外观，可以得到不同的渲染结果，以 Revit 2018 为例，RPC 材质默认路径为“C: \ ProgramData \ Autodesk \ RVT 2018 \ Libraries \ China \ 建筑 \ 配景”文件夹下；RPC 植物族文件路径为“C: \ ProgramData \ Autodesk \ RVT 2018 \ Libraries \ China \ 建筑 \ 植物 \ RPC”文件夹下。

11.4 土方平衡

在实际工程中，必须将原始的测量地形表面进行开挖、平整后，才可以作为建筑场地使用。并需要根据场地红线范围和场地设计标高计算场地平整产生的土方量。Revit 可以在创建地形表面后，绘制设计红线，并对场地进行平整开挖，通过表格统计开挖带来的土方量。通过下面的操作，介绍如何在 Revit 中绘制建筑红线并进行场地平整。

11. 4. 1 设置子面域

完成地形表面模型后，可以使用“子面域”或“拆分表面”工具将地形表面划分为不同的区域，并为各区域指定不同的材质从而得到更为丰富的场地设计。

Step01 接上节练习，切换至“场地”楼层平面视图，缩放视图至场地左下角，河流上方四条参照平面位置处，如图 11-39。单击“体量和场地”选项卡“修改场地”面板中“子面域”工具，自动切换至“修改 | 创建子面域边界”上下文选项卡，进入“修改 | 创建子面域边界”状态。

Step02 使用“绘制”工具，按图 11-40 所示尺寸，以四条参照平面为内边线，以宽度为 8000 的环形跑道，绘制子面域边界。配合使用拆分及修剪工具，使子面域边界轮廓首尾相连。

Step03 修改“属性”面板“材质”参数值为“hunningtu _

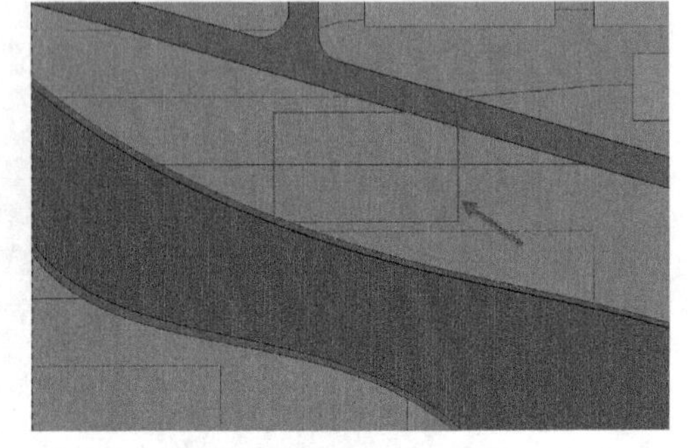

图 11-39

liqingxiliao"。设置完成后，单击"应用"按钮应用该设置。单击"模式"面板中"完成编辑模式"按钮，完成子面域。

Step 04 切换至默认三维视图，完成后场地如图 11-41 所示。保存该文件，或参见随书文件"chapter11 \ RVT \ 11. 4. 1. rvt"文件查看最终结果。

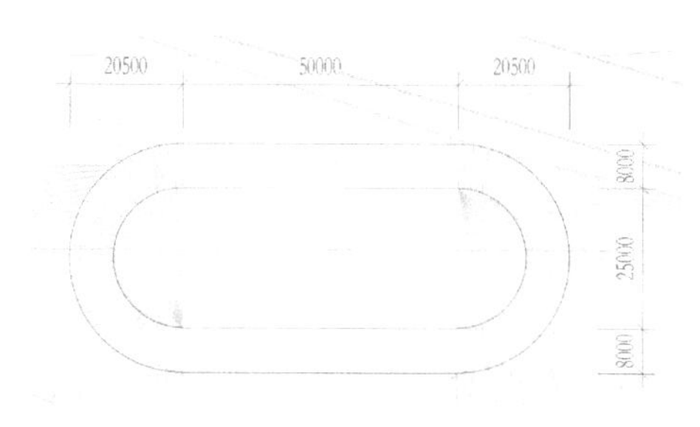

图 11-40

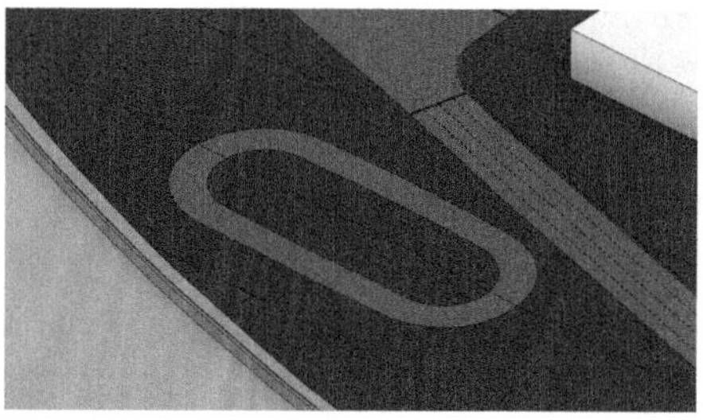

图 11-41

选择子面域对象，单击"修改地形"上下文选项卡"子面域"面板中"编辑边界"按钮，可返回子面域边界轮廓编辑状态。Revit 的场地对象不支持表面填充图案，因此，即使用户定义了材质表面填充图案，也无法显示在地形表面及其子面域中。

"拆分表面"工具与"子面域"功能类似，都可以将地形表面划分为独立的区域。二者不同之处在于"子面域"工具将局部复制原始表面创建一个新面，而"拆分表面"则将地形表面拆分为独立的地形表面。要删除使用"子面域"工具创建的子面域，只需要直接将其删除即可。而要删除使用"拆分表面"工具创建的拆分后区域，必须使用"合并表面"工具。

11. 4. 2 场地平整

Step 01 打开随书文件"第 11 章 \ rvt \ 地形整平练习 . rvt"文件。切换至场地楼层平面视图。该文件中已经通过导入 DWG 文件的方式创建了原始测量地形。

Step 02 单击"体量和场地"选项卡"修改场地"面板中"建筑红线"工具，弹出"创建建筑红线"对话框，如图 11-42 所示，单击"通过绘制来创建"的方式，进入创建建筑红线草图模式，自动切换至"修改 | 创建建筑红线草图"上下文选项卡。

Step 03 确认"绘制"面板中建筑红线的绘制方式为"直线"，勾选选项栏中"链"选项，确认"偏移"值为 0. 0，不勾选"半径"选项；依次单击 A、B、C、D 位置参照平面交点，绘制封闭的建筑红线。完成后，单击"模式"面板中"完成编辑模式"按钮完成建筑红线。结果如图 11-43 所示。

提 示

选择上步中创建的建筑红线，在"属性"面板中可以查看该红线范围的面积。

Step 04 选择地形表面图元。修改"属性"面板中"创建的阶段"为"现有"，即地形表面所在的阶段修改为"现有"。其他参数不变，单击"应用"按钮应用该设置，如图 11-44 所示。

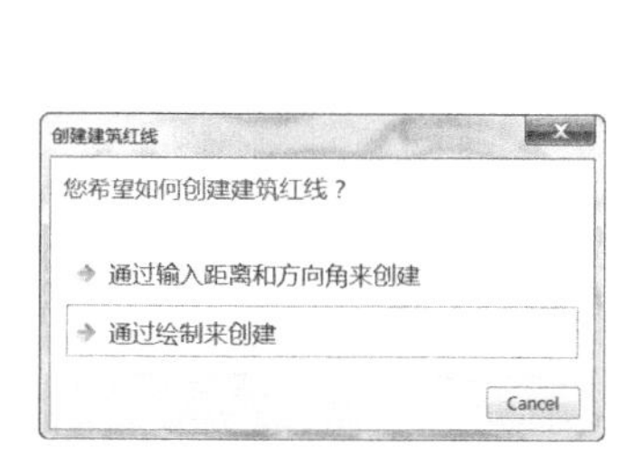

图 11-42

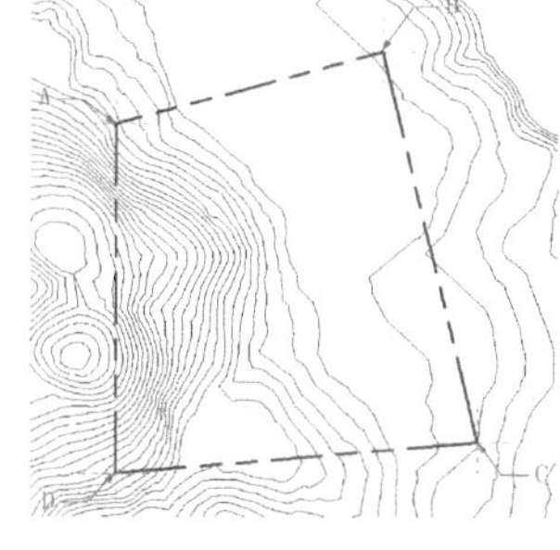

图 11-43

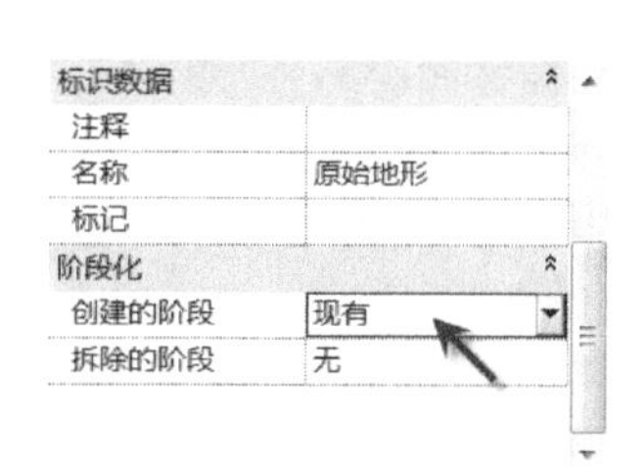

图 11-44

提 示

Revit 使用阶段记录各构件出现的时间先后顺序。在默认情况下，"现有"时间点位于"新构造"时间点之前。关于"阶段"的更多内容参见本书第 24 章。

Step 05 单击“体量和场地”选项卡“修改场地”面板中“平整区域”工具，弹出“编辑平整区域”对话框，如图 11-45 所示，选择“仅基于周界点新建地形表面”方式，单击拾取地形表面图元，Revit 将进入到“修改 | 编辑表面”地形表面编辑模式，并沿所拾取地形表面边界位置生成新的高程点。

Step 06 按 Esc 键两次，退出当前“放置点”工具。如图 11-46 所示，选择边界上靠近 A 点位置任意一个高程点，将其拖拽至 A 点处参照平面交点位置。

Step 07 使用类似的方式，分别选择任意一个边界点将其拖拽至 B、C、D 参照平面交点位置。选择其他边界点，按键盘 Delete 键将其删除。

Step 08 框选选择位于 A、B、C、D 位置的高程点，修改“属性”面板“立面”高程值为 28000（28m），即整平后的地形表面将与建筑红线形状完全一致，且整平后地形平面设计标高为 28m。

Step 09 按 Esc 键两次退出当前选择集。如图 11-47 所示，修改“属性”面板“名称”为“整平场地”。确认场地阶段为“新构造”，其他参数不变。单击“模式”面板中“完成编辑模式”按钮，完成地形表面编辑。

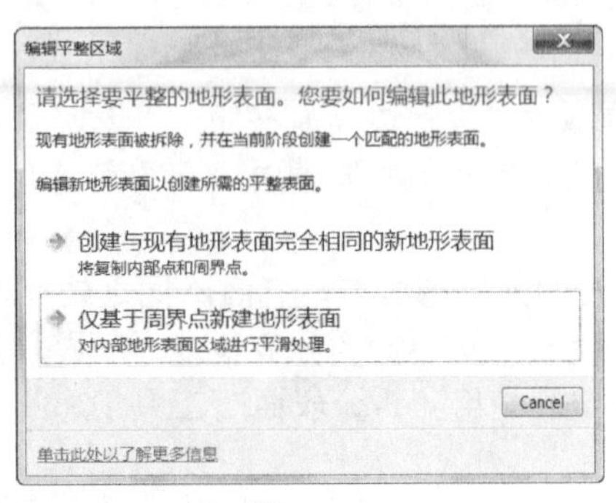

图 11-45

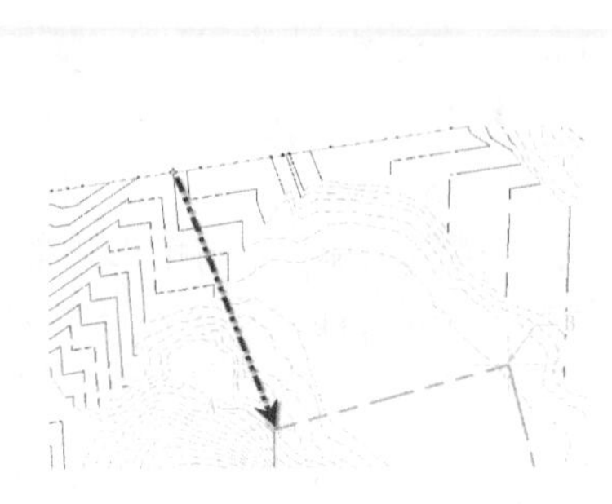

图 11-46

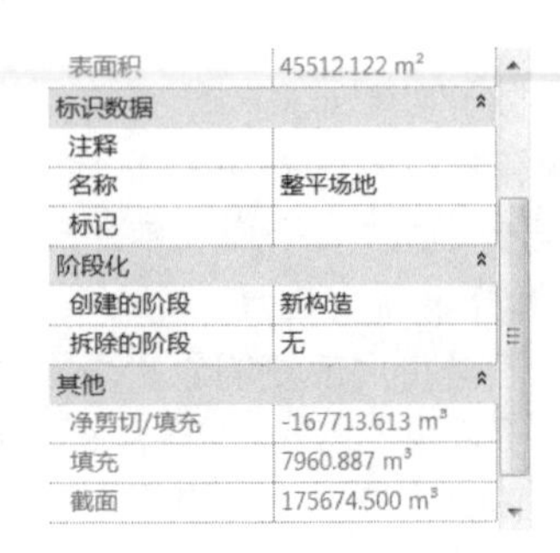

图 11-47

提 示

在属性面板中，可以看到该地形表面与原始地形表面相比较产生的“填充”土方量与“截面”（挖方）土方量值。

Step 10 切换至“明细表/数量”视图类型中“地形明细表”视图，如图 11-48 所示，在该明细表中，已经统计显示了该整平的场地的各种方量信息。至此完成场地平整练习，关闭该项目，不保存对项目的修改。

地形明细表					
名称	投影面积	表面积	填方	挖方	净填方量
整平场地	45512.12 m²	45512.12 m²	7960.89 m³	175674.50 m³	-167713.61 m³

图 11-48

提 示

表格中统计的内容与“整平场地”属性面板中显示的值相同。关于明细表的详细信息，参见本书第 18 章。

在创建“建筑红线”时，既可以采用本例操作中通过绘制来创建建筑红线，也可以通过输入距离和方向角来创建。当使用“通过输入距离和方向角来创建”选项时，Revit 将给出如图 11-49 所示的“建筑红线”对话框。分别输入每条边的长度、偏转角度、方向等生成建筑红线区域。

Revit 可以将绘制方式生成的建筑红线转换为距离和方向角方式后，通过“建筑红线”对话框修改已绘制的建筑红线，但通过距离和方向角方式创建的建筑红线则只能通过“建筑红线”对话框修改已有建筑红线。

“平整区域”工具实际是根据当前已有地形表面创建新的地形高程点，再通过编辑新地形高程点作为平整后场地地形表面。Revit 可以通过沿已有地形表面边界或复制已有地形表面的全部高程点的方式创建新地形高程点，并允许用户对已生成的高程点进行编辑和修改。

在使用“平整区域”时，必须对原地形表面和平整后新地形表面进行“阶段”划分，使得平整区域后的场地模型与原始场地模型不在同一“阶段”内。关于阶段更多信息，参见本书第 24 章相关内容。

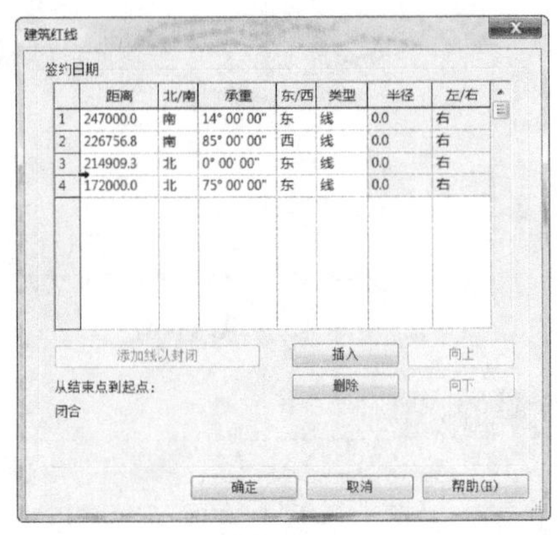

图 11-49

11.5 本章小结

本章介绍如何使用 Revit 提供的地形表面和场地修改工具，以不同的方式生成场地地形表面，并在其上划分子面域形成场地功能分区。介绍如何利用 Revit 的地形表面，通过设置不同的阶段进行场地整平设计和土方计算。使用场地构件工具为场地添加场地构件，进一步丰富场地的表现。

恭喜您，已经完成了综合楼项目的全部模型设计工作。至此已经学习了 Revit 中创建模型的所有方式。创建三维模型是 Revit 中设计的基础，在后面的章节中将利用已创建的三维模型继续完成渲染表现和施工图部分设计工作。

第12章 设计表现

在传统二维模式下进行方案设计时无法很快地校验和展示建筑的外观形态，对于内部空间的情况更是难于直观地把握。在 Revit 中我们可以实时地查看模型的透视效果、创建漫游动画、进行日光分析等，并且方案阶段的大部分工作均可在 Revit 内完成，无需导出到其他软件，即可充分表达其设计意图，如图 12-1 所示。

图 12-1

12.1 图形显示设置

在前面章节中我们了解到 Revit 共提供了 6 种模型图形表现样式：线框、隐藏线、着色、一致的颜色、真实和光线追踪。实际上，通过进行“图形显示选项”设置，Revit 可提供更多的表现效果，接下来将通过一个小模型详细介绍 6 种模型图形表现样式的区别以及如何进行“图形显示选项”设置。

12.1.1 6 种显示样式的区别

Step01 打开随书文件中“chapter12 \ RVT \ 12. 1. 1. rvt”项目文件，在项目浏览器中分别打开“显示 1”“显示 2”两个三维视图，单击“视图”选项卡“窗口”面板中“平铺”工具，平铺显示视口。

Step02 单击视图底部视觉样式按钮，弹出如图 12-2 所示模型图形样式列表，在列表中单击，分别切换显示 6 种显示模式。

Step03 各视图显示样式分别如图 12-3 所示。

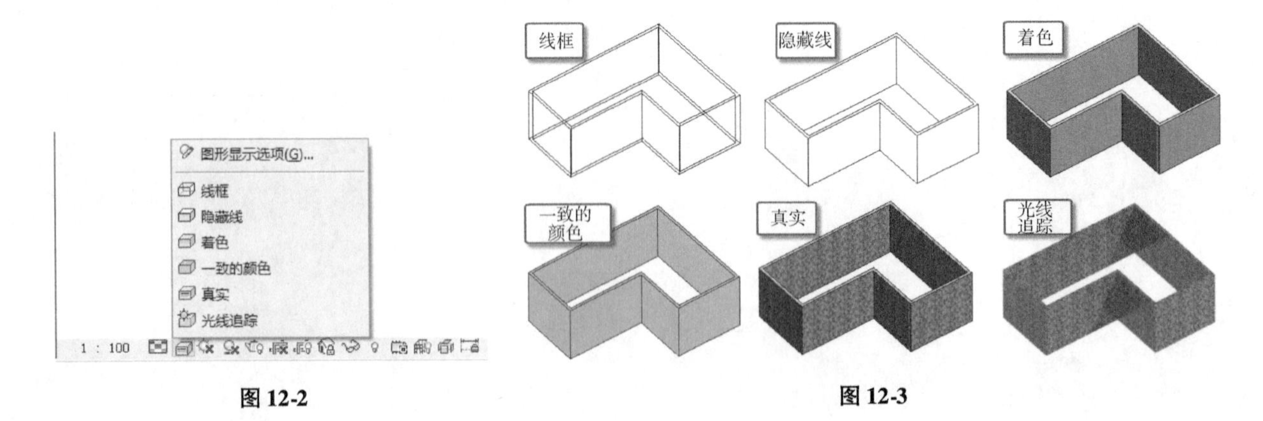

图 12-2　　图 12-3

12.1.2 关于着色和真实模式的说明

Step01 在着色、一致的颜色模式下，模型的颜色受到“材质”对话框中“图形”选项卡“着色”参数的影响，如果勾选“使用渲染外观”选项，此时 Revit 会自动提取“外观”选项卡中的材质贴图的颜色参数作为模型着色显示的颜色，否则将使用“着色”中自定义的“颜色”来显示模型着色视图样式下的外观，如图 12-4 所示。

Step02 “一致的颜色”显示方式与“着色”非常相似。二者的区别在于，“着色”模式将显示日光位置影响，模型有明暗之分，而一致的颜色则不考虑任何光照影响，使每个面颜色均一致。通过图 12-3，读者可对比二者的显示区别。

Step03 “真实”模式显示样式的模型外观是由“材质”对话框中的“外观”选项卡中定义的材质外观特性决定，有关材质设置的详细信息参见本书第 12. 2 节。

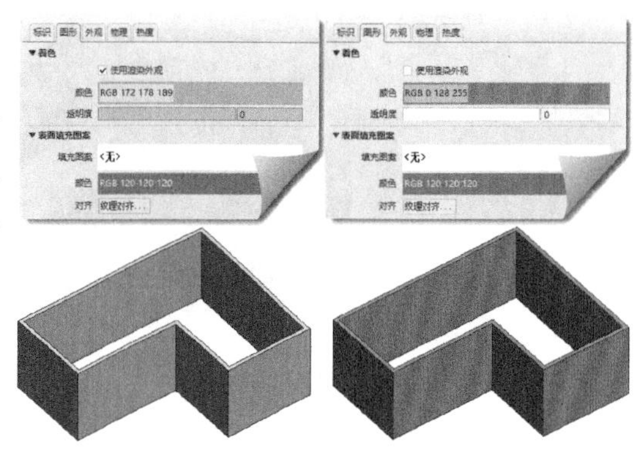

图 12-4

Step04 “光线追踪”显示样式是 Revit 中最高级的视图显示形式，可显示照片级真实感渲染效果，该模式将实时进行渲染计算，非常消耗计算机硬件资源，通常不建议在项目中使用该样式。注意 Revit 仅允许在 64 位系统中使用该模式，在 32 位系统中不支持该模式显示。

12. 1. 3 设置图形显示样式

在“图形显示选项”对话框中，可以对 5 种显示模式进行进一步设置，以得到更多的显示效果。接下来以 12. 1. 1 节中练习文件为例，说明图形显示样式设置的一般步骤。

Step01 如图 12-5 所示，单击视图底部视觉样式按钮，在弹出模型图形样式列表中选择“图形显示选项”按钮，打开“图形显示选项”对话框。

Step02 如图 12-6 所示，“图形显示选项”对话框一共分 7 个参数组，各功能影响参数详述见表 12-1。

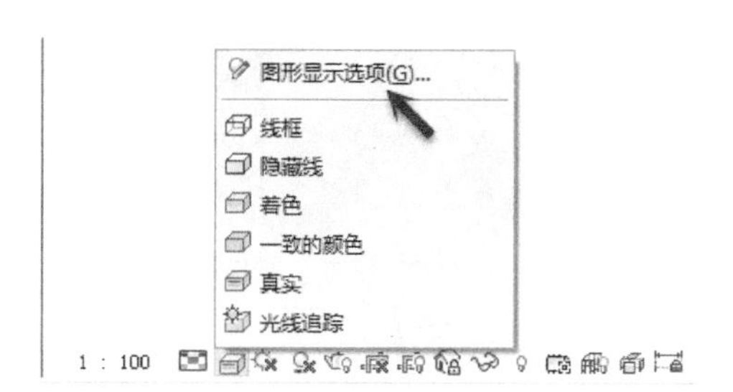

图 12-5

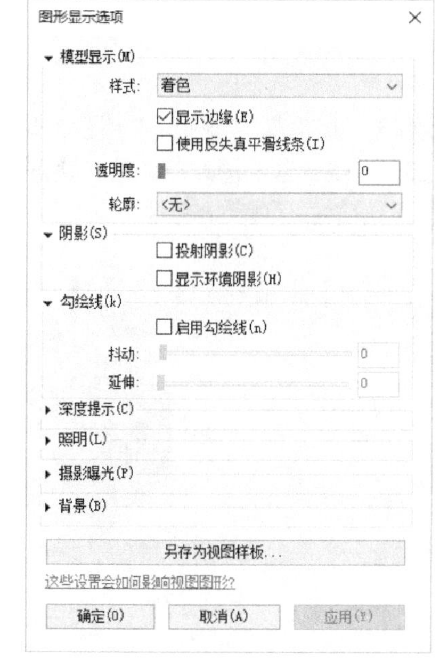

图 12-6

表 12-1

项目	主要内容
模型显示	选择预定义的 5 种视觉样式，例如“线框”或“真实”。同时可通过“显示边缘”或“使用反失真平滑线条”复选框可得到更多的视觉样式
阴影	选择“投射阴影”或“显示环境阴影”复选框以管理视图中的阴影
勾绘线	选择该复选框以启用当前视图的勾绘线，设置勾绘线抖动幅度
深度提示	选中该复选框以启用当前视图的深度提示，设置淡然浅出效果
照明	设置日光的方位及强度，以及阴影的明暗程度
摄影曝光	仅在使用“真实”视觉样式的视图中可用，控制视图曝光值
背景	在三维视图中设置模型显示的背景
另存为视图样板	保存当前“图形显示选项”设置的参数，以备将来使用

Step03 单击“模型显示”板块中“曲面”下拉菜单可以切换显示 Revit 提供的 5 种显示模式，不勾选“显示边缘”选项，Revit 将不再显示模型的边缘，如图 12-7 所示，为模型显示参数组中各参数的影响。Revit 允许用户通过“轮廓”参数中选择模型边缘的线样式。

Step04 如图 12-6 中所示，“阴影”参数组用来设置视图中模型的阴影显示。其中“环境阴影”，是用来描绘物体和物体相交或靠近的时候遮挡周围反射光线的效果，可以解决或改善漏光、飘浮和阴影不实等问题，增强空间的

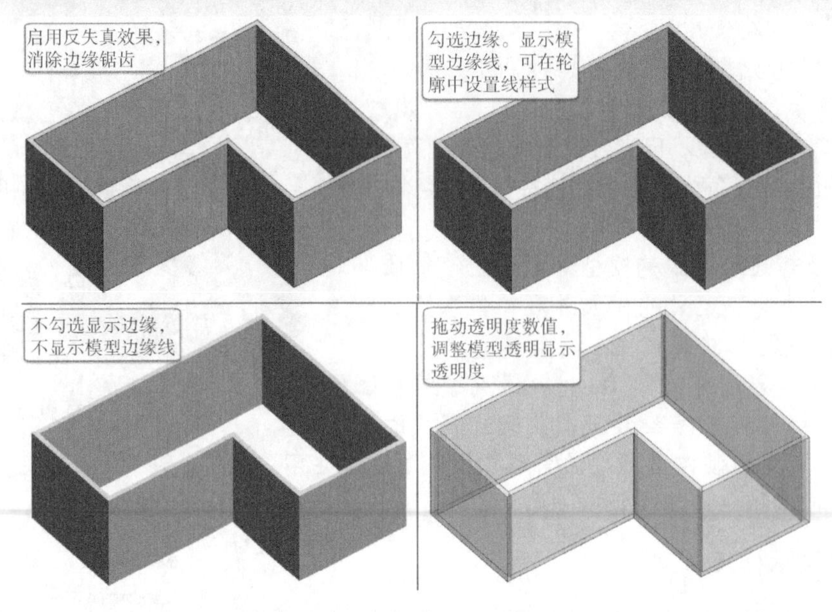

图 12-7

层次感、真实感。如图 12-8 所示，勾选“环境阴影”选项后，注意 Revit 会在墙体与地面的相交处以及墙体转角处等部位出现一些阴影，空间层次感得到增强，阴影更加真实。“投射阴影”即在视图中显示模型图元在日光、灯光等光源投射后所得到的阴影。

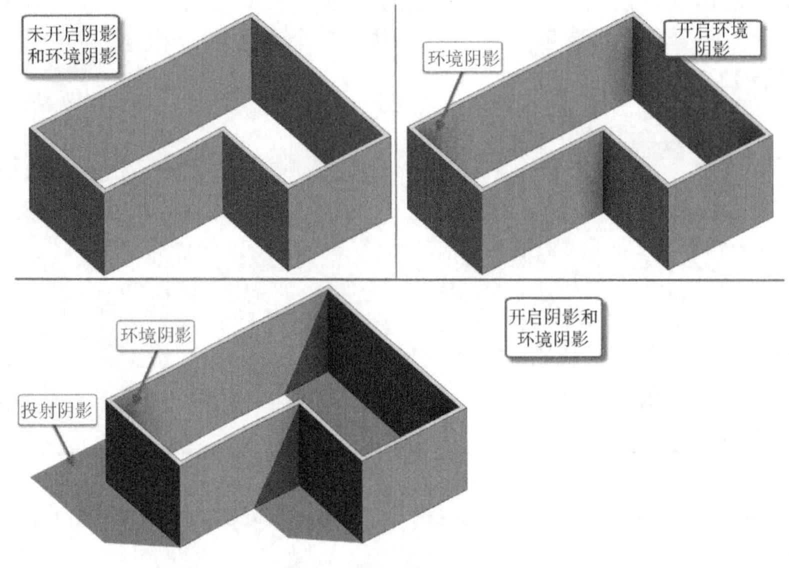

图 12-8

提 示

在视图控制栏中点击“打开/关闭阴影”按钮也可以快速地开关视图中的投射阴影。Revit 中要正常显示环境光产生的阴影需要在 Revit “选项”对话框中打开 Direct 3D 硬件加速，具体方法见第 1 章相关内容。

Step 05 如图 12-9 中所示，在“勾绘线”参数组中通过启用勾绘线功能，可以设置视图中图元边缘的手绘图形样式，通过设置抖动和延伸的值，可设置勾线的平滑程度及交点处的延伸长度。勾线功能可显示在平面、立面、剖面、漫游、三维正交视图和透视视图中。

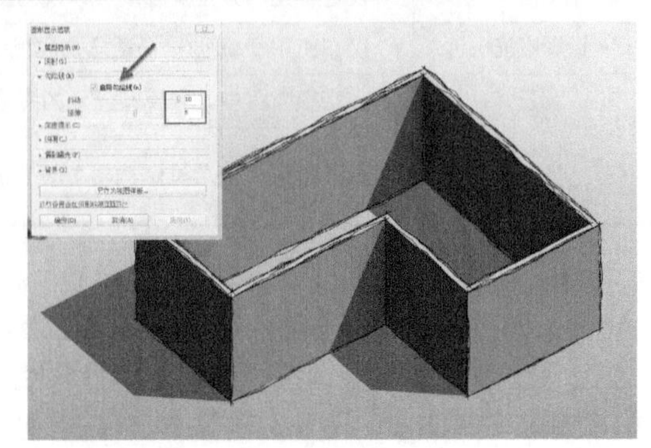

图 12-9

Step 06 如图 12-10 所示，“图形显示选项”对话框中，“深度提示”参数组用于设置立面和剖面视图的深度显示效果。该参数仅当视图规程为“建筑”和“协调”时可用。该选项可以更好地快速显示图元距视图剖切位置的远近。

提 示

“深度提示”功能为 Revit 2017 版本的新功能，该选项仅可用于立面或剖面视图。

Step 07 在标高 F1 楼层平面视图中绘制任意剖面，在视图的“属性”选项板中，启用“远剪裁”参数并指定“远剪裁偏移”值为 8500，如图 12-11 所示，使远剪裁面处于墙体中部位置。

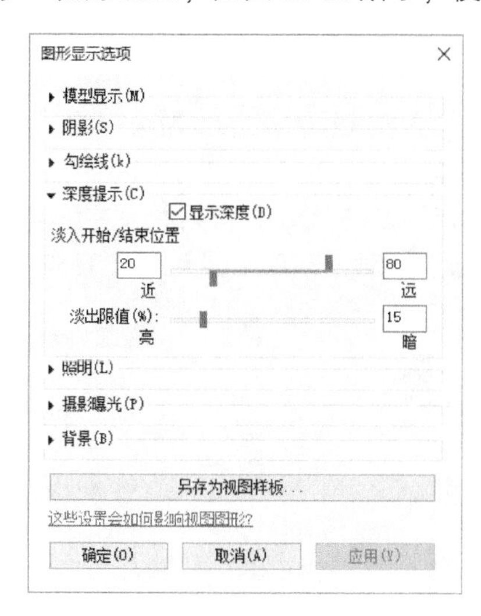

图 12-10

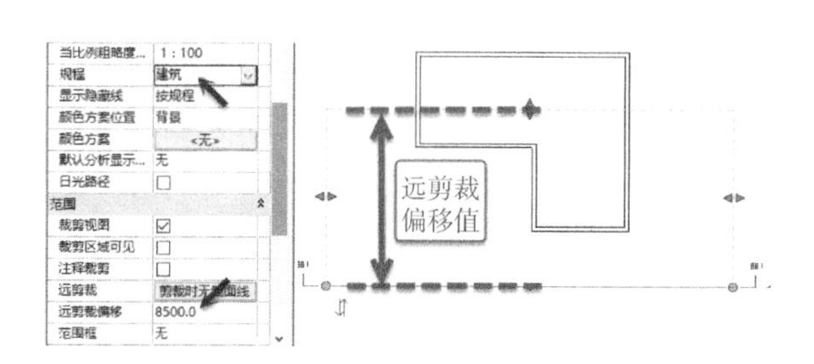

图 12-11

提 示

注意视图属性中“规程”应为“建筑”或“协调”。

Step 08 切换至剖面视图，打开“图形显示选项”对话框，展开“深度提示”参数组，勾选“显示深度”选项。分别调整近、远滑块，调整淡入开始/结束位置，如图 12-12 所示。调整“淡入限值”数值为 15，结果参照图中所示。深度提示中“近”滑块控制混合开始的距离百分比，此距离从正面视图剪裁平面测量；“远”滑块控制图元以“淡入限值”的起始距离百分比，此距离从远剪裁平面测量开始计算。

Step 09 如图 12-13 所示，“照明”参数组中“日光设置”参数用来设置日光的方位，日光、环境光和阴影滑块用来控制视图中日光和阴影的亮度，各参数用途见表 12-2。

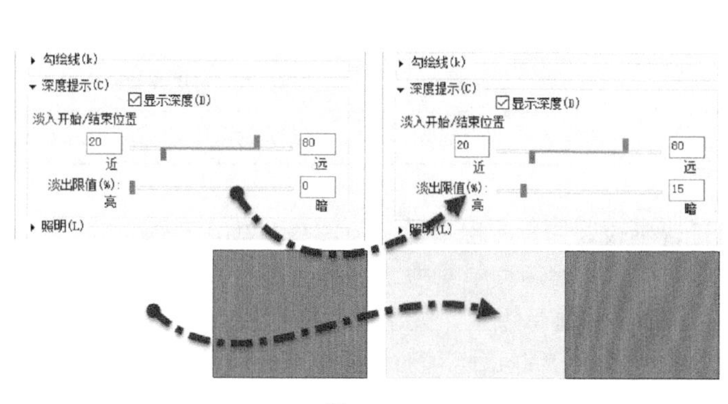

图 12-12

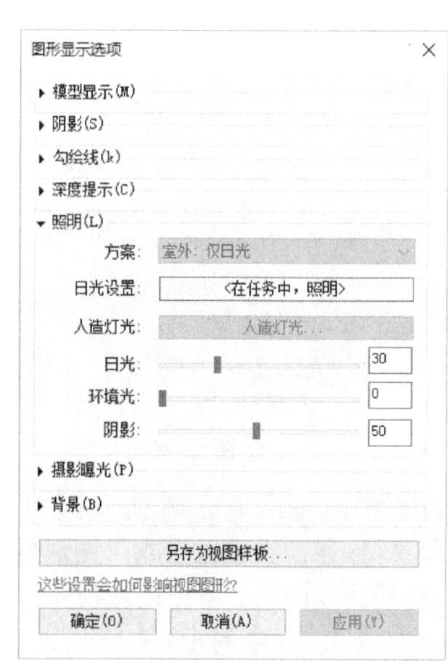

图 12-13

提 示

可在视图控制栏“打开/关闭日光路径”中，设置日光。与“照明”参数组中“日光设置”选项功能相同。

表 12-2

项目	主要内容
日光	移动滑块或输入 0 到 100 之间的值，以修改直接光的亮度
环境光	移动滑块或输入 0 到 100 之间的值，以修改漫射光的亮度
阴影	在打开“投影阴影”的前提下，移动滑块或输入 0 到 100 之间的值即可修改阴影的暗度。此选项只对投射阴影有效

Step10 在“图形显示选项”对话框中展开“摄影曝光”参数组，如图 12-14 所示，勾选“启用摄影曝光”选项，设置曝光方式为“手动”，通过曝光值滑块对图像亮度进行调整。

Step11 单击“颜色修正”按钮，打开“颜色修正”对话框，如图 12-15 所示，可对视图中高亮显示、阴影、饱和度、白点（色温）等进行进一步的调整，以得到更真实的画面。注意该选项主要用于“真实”和“光线追踪”显示模式下。

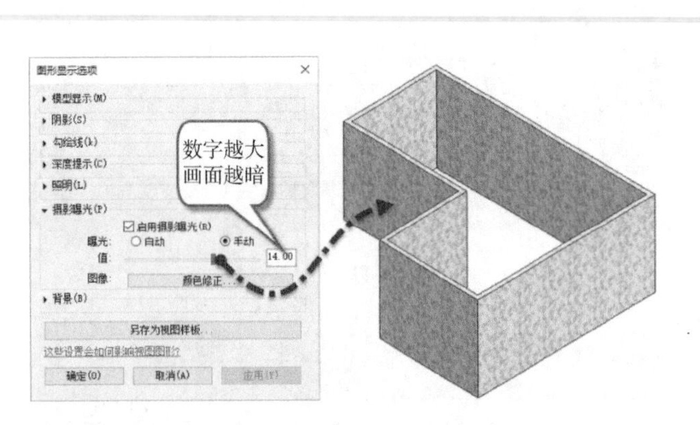

图 12-14

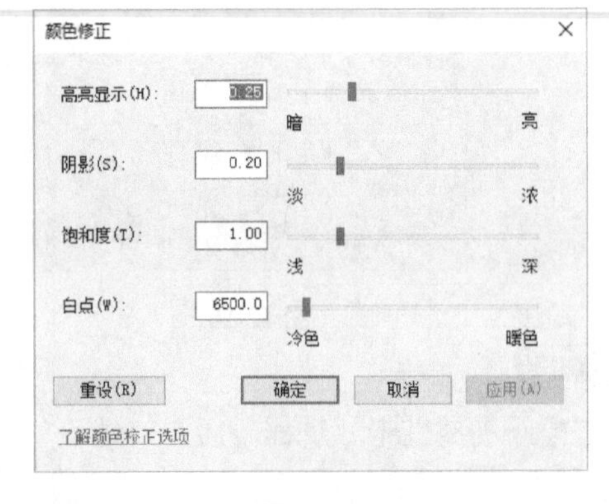

图 12-15

提 示

“摄影曝光”只在“真实”或者“光线追踪”视觉样式中，才有效。

Step12 如图 12-16 所示，“背景”参数组用来控制三维视图中的背景。Revit 提供了天空、渐变和图像三种背景形式，用于定义三维视图的背景。各参数功能参见表 12-3。

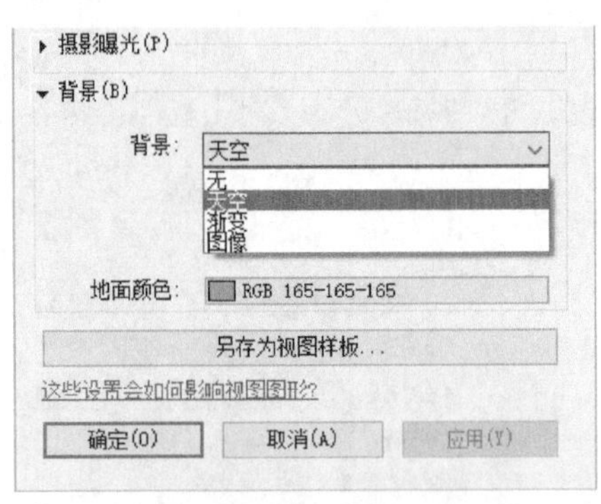

图 12-16

表 12-3

项目	主要内容
背景	选择“无”或“渐变”。“渐变”会启用天空、地平线和地面的颜色
天空颜色	选择此选项可更改天空的颜色
地平线颜色	选择此选项可更改地平线的颜色
地面颜色	选择此选项可更改地面的颜色
图像	将指定的图片文件作为模型显示的背景

在 Revit 中，“图形显示选项”中的各参数设置不仅对三维视图有效，大部分参数在平面、立面、剖面视图中也同样发挥作用。在设置完成“图形显示选项”后，在对话框中单击“另存为视图样板”可将设置保存为视图样板，在新建视图时，可以通过视图样板快速应用这些显示设置。关于视图样板的详细内容，参见本书第 14 章中相关内容。Revit 中的 6 种视觉样式，从“线框”到“光线追踪”对计算机资源消耗会逐渐增大，打开阴影也会耗费较多资源，所以用户可根据项目情况适时选择合适的表达方式。

12.2 材质管理

创建完成建筑模型后，可以利用 Revit 的渲染功能进行照片级的渲染，以便于展示设计成果。在 Revit 中要得到真实外观效果，我们需要在渲染之前对各个构件赋予材质。Revit 提供了内容丰富的材质库，这些材质均针对建筑进行过优化，几乎无需对材质进行过多的参数设置便能得到逼真的渲染效果。

本书在介绍综合楼项目的创建过程中，采用了自定义材质库，读者只需复制项目贴图库至指定路径，通过导入材质库文件的方式，即可创建综合楼项目所有所需要的材质。

提 示

Revit 自 2017 版本开始采用 Autodesk Raytracery 渲染引擎，取代之前的 MentalRay 渲染引擎。Autodesk Raytracery 是基于物理的无偏差渲染引擎，渲染过程根据物理方程式和真实着色/照明模型模拟光线流以精确地表示真实的材料。

接下来将介绍在 Revit 中设置材质的一般步骤。

12.2.1 材质浏览器

如图 12-17 所示，单击“管理”选项卡“设置”面板中“材质”工具，打开“材质浏览器”对话框。

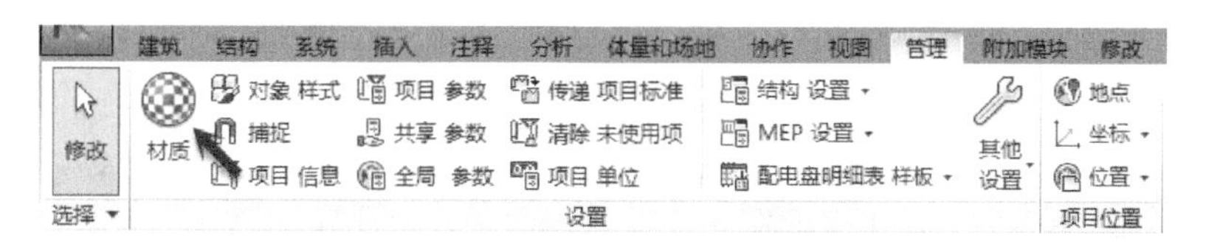

图 12-17

如图 12-18 所示，材质浏览器对话框主要分为搜索栏、项目材质、材质资源库、材质编辑器等几个部分。其中“项目材质”为当前项目中已定义的材质资源，“Autodesk 材质”为 Revit 自带默认材质库或用户自定义的材质库。

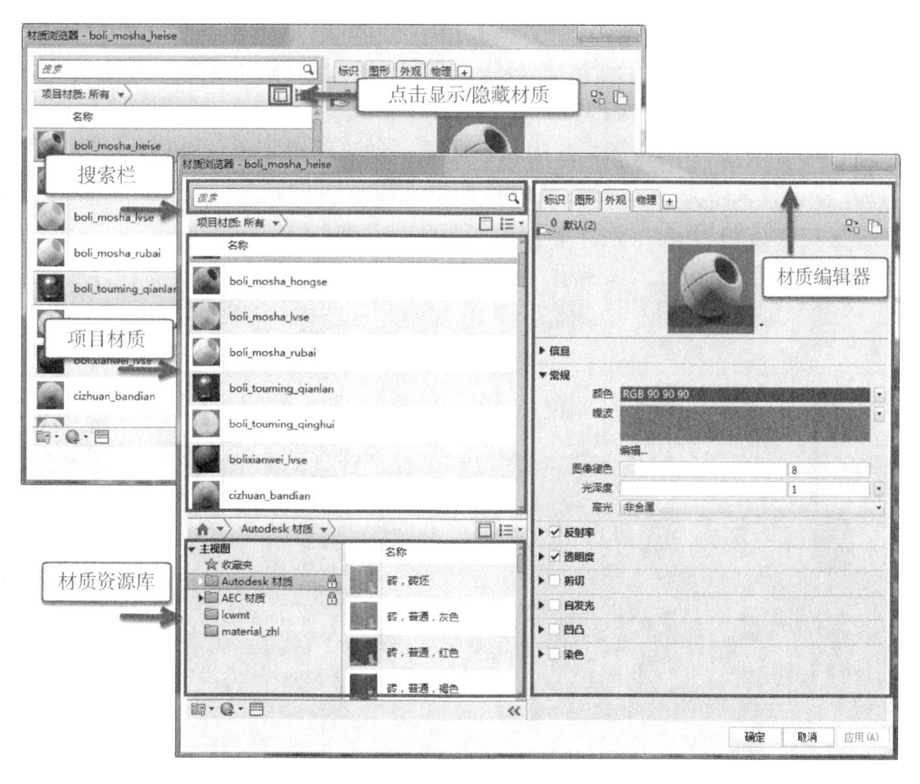

图 12-18

如图 12-19 所示，在材质浏览器对话框中，默认材质库面板为隐藏状态，单击“显示/隐藏库面板”按钮，将展开显示材质库面板。如要在项目中使用材质资源库中材质，必须将“材质资源库”中的材质拖拽至项目材质中方可在项目中使用该材质。

本书在综合楼项目中提供了自定义材质库，读者只需复制材质贴图库至指定路径，然后导入材质库文件即可创建项目所需的材质。Autodesk 的材质中通常包括程序和贴图两种类型，当采用贴图材质时，必须指定对应的贴图文件。Revit 安装时会自动安装 Autodesk 材质库，默认材质贴图路径为“C:\Program Files(x86)\Common

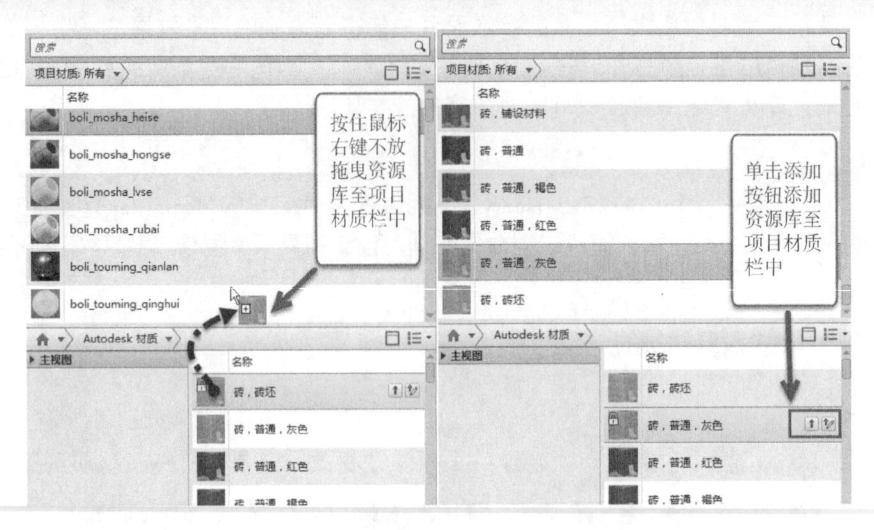

图 12-19

Files\Autodesk Shared\Materials"。可将自定义的材质库中所有贴图复制于此文件夹中，以便于后期使用和管理，否则在使用材质时会出现贴图丢失。接下来介绍如何导入已定义的材质库。

Step 01 打开随书文件中"chapter12\Other\substance"文件夹，如图 12-20 所示，该文件夹中存储了本书综合楼项目中所有定制的材质贴图，共 36 种。复制 substance 文件夹至"C:\Program Files(x86)\Common Files\Autodesk Shared\Materials"路径下。

提 示

材质命名尽量不要使用中文字符。每个贴图文件均含 2 张图片，其中"_dff"后缀为反射贴图，用于确定材质表面颜色效果；"_nrm"后缀为法线贴图，用于确定材质表面凹凸效果。

Step 02 打开随书文件中"chapter10\RVT\10.4.1.rvt"项目文件，打开"材质浏览器"对话框，如图 12-21 所示，单击材质资源库中下方的定义库按钮，在列表中选择"创建新库"选项，弹出"选择文件"对话框，在对话框中输入库名称为"综合楼材质库"，浏览至硬盘任意位置保存该库。

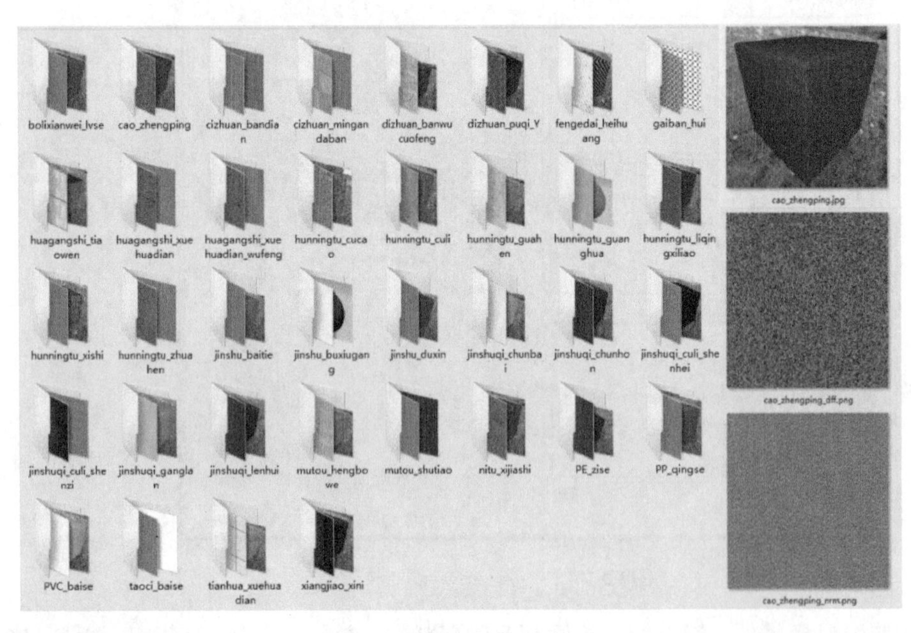

图 12-20

图 12-21

提 示

Revit 软件材质库文件扩展名为".adsklib"文件。

Step 03 注意 Revit 将在 Autodesk 材质库主视图列表中显示"综合楼材质库"名称。注意在该材质库中还未定义任何材质。如图 12-22 所示，在项目材质库中，拖拽项目材质至材质库中或在项目材质上单击鼠标右键，在右

图 12-22

键快捷菜单中选择“添加到→综合楼材质库”命令，将所选择材质添加至库中。

提 示

如果库中已经存在同名材质，Revit 会出现如图 12-23 所示“复制材质名称”重复警告，可在对话框中选择替换或者保留两者材质定义。

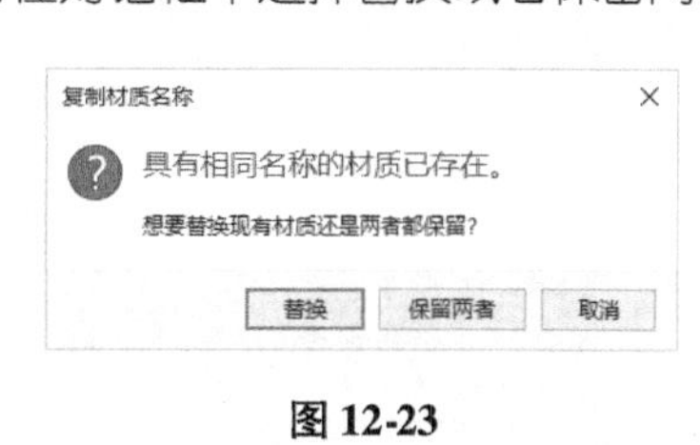

图 12-23

Step04 如图 12-24 所示，单击材质资源库下方的定义库命令，选择“打开现有库”，浏览至随书文件“chapter12\Other\material_zhl.adsklib”文件，导入现有材质库文件。

Step05 单击导入的“material_zhl”材质库，注意该库中已定义了 36 种材质，如图 12-25 所示。注意必须确认该库中所有材质贴图均存放在“C:\ProgramFiles(x86)\CommonFiles\Autodesk Shared\Materials\substance”文件夹中，否则会导致材质贴图丢失。

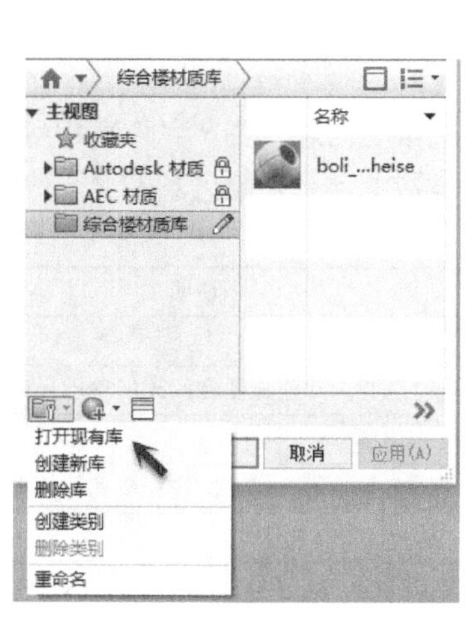

图 12-24

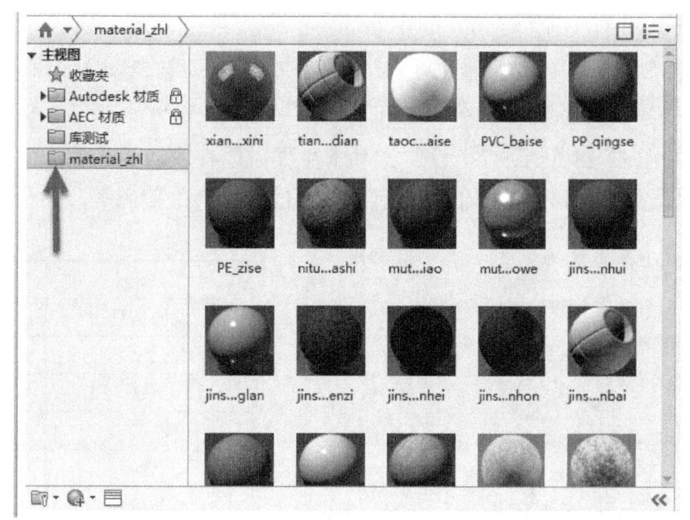

图 12-25

Step06 如图 12-26 所示，移动或者删除“.adsklib”材质库文件后，打开项目时 Revit 会提示“无法加载库”的错误警告。单击鼠标右键，在列表中选择“查找库”功能，重新指定“.adsklib”文件路径，即可再次使用材质库。

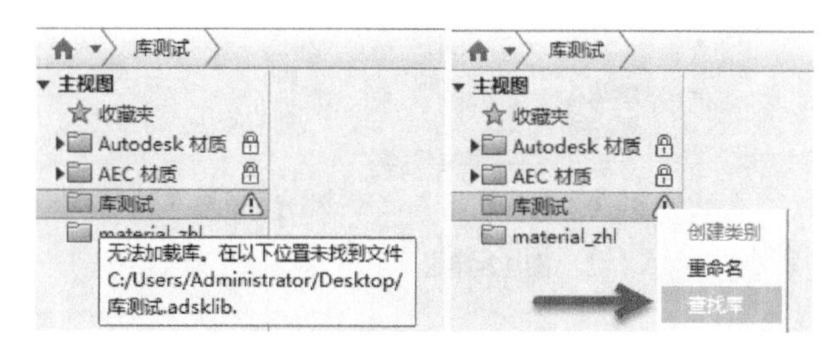

图 12-26

Step07 设定完成后，不保存该项目，完成本练习。

材质库是 Revit 提供的材质管理工具，利用材质库可以定义公司或项目层面的材质集合，减少材质的重复操作。材质库仅提供了材质的管理工具，材质库中的各项材质，需要利用 Revit 提供的材质编辑器进行编辑和定义后才可以使用。接下来将介绍如何在 Revit 中使用材质编辑器定义材质。

12.2.2 材质编辑器

Step01 打开随书文件中“chapter10\RVT\10.4.1.rvt”项目文件，打开“材质浏览器”对话框，如图 12-27 所示，单击材质库面板右下角“打开/关闭材质编辑器”符号，开启或关闭材质编辑器。在项目材质中选择

"hunningtu_ guanghua" 材质名称，Revit 会在编辑器中显示该材料的标识、图形、外观、物理等基本属性选项卡。

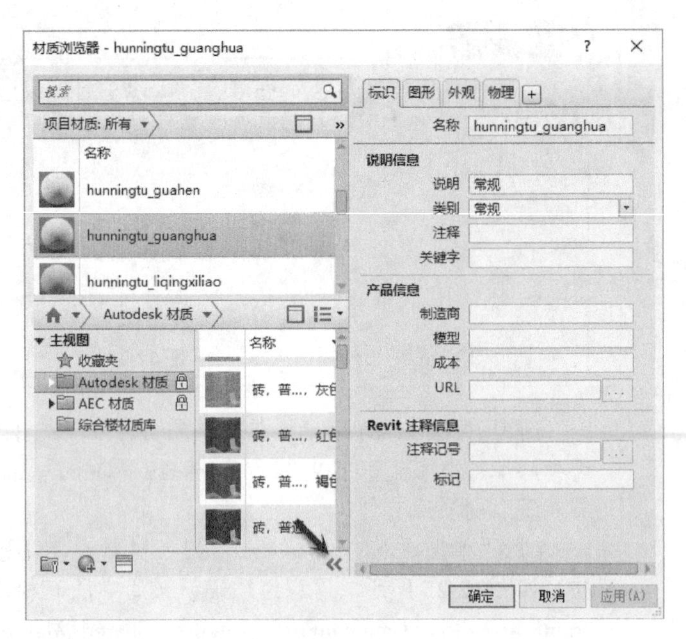

图 12-27

提 示

Revit 还提供了"热量"选项用于能量分析，可以手动添加显示该选项卡。单击"物理"选项卡后的"添加"按钮，可在列表中选择"热量"选项进行添加。

Step 02 如图 12-28 所示，"标识"选项卡主要说明在项目中与材质关联的常规信息，在"名称"中可修改材质的名称。可根据需要为材质添加信息，包括说明信息、产品信息等。关于各参数的详细功能见表 12-4。

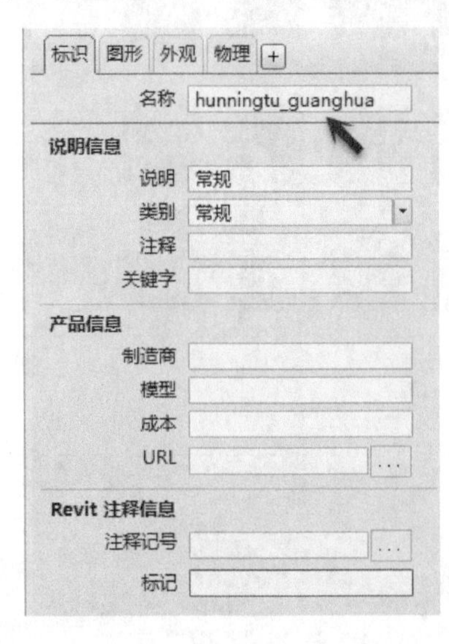

图 12-28

表 12-4

参数	说明
说明信息	
说明	材质的说明。此值显示在图元的材质标记中
类别	材质的类型
注释	与材质有关的用户定义的注释或其他信息
关键字	
产品信息	
制造商	材质制造商的名称
模型	制造商指定给材质的模型编号或代码
成本	材质成本
URL	制造商或供应商网站的 URL
Revit 注释信息	
注释记号	材质的注释记号，输入文字，或单击按钮来选择标准注释记号
标记	材质的用户定义标识号

Step 03 切换至图形选项卡。在该选项卡中可设定材质着色颜色、表面填充图案、截面填充图案，如图 12-29 所示。表面填充图案和截面填充图案分别影响图元的表面（如外立面）及截面（如被剖切时的截面）中的材质填充图案，用于完善图纸的二维表达。

Step 04 单击填充图案中"填充图案"列表，打开"填充样式"对话框，如图 12-30 所示，在该对话框中可选择表面填充图案或截面填充图案。注意 Revit 支持两种填充图案类型：绘图模式和模型模式。其中，绘图模式将根据当前视图比例自动缩放填充图案，使填充图案在打印时保持间距一致，通常用于剖面、断面的材质填充显示；而模型模式则不会随视图比例调整填充图案间距，通常用于墙外立面的做法填充。

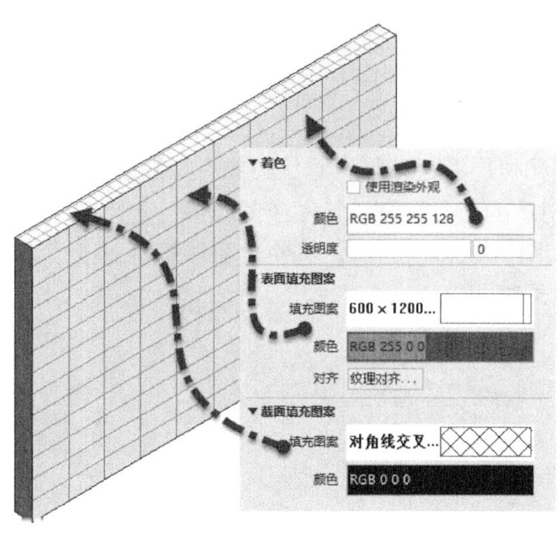

图 12-29

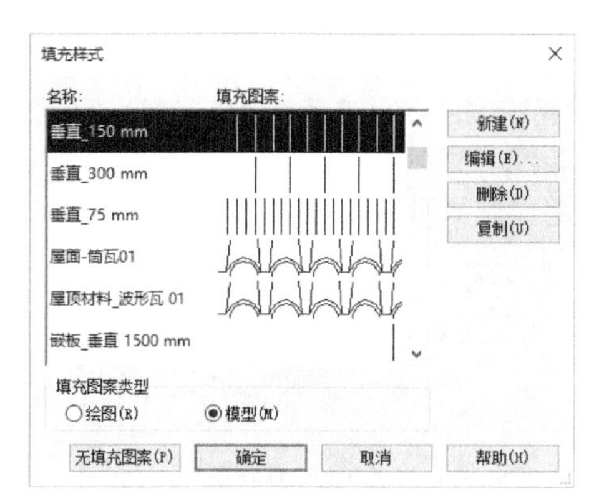

图 12-30

提 示

Revit 仅允许在表面填充图案中使用“模型”模式。

Step05 单击填充样式面板中编辑按钮，如图 12-31 所示，可自定义调整图案样式。单击“自定义”选项，可导入“. pat”格式的图案文件，该填充文件格式与 CAD 软件填充图案文件相同。

提 示

使用“纹理对齐”工具可将渲染外观的纹理与材质的表面填充图案对齐。但填充样式应为“模型”，在二维视图或三维视图中，可以将表面填充图案与模型图元对齐。

Step06 切换至“外观”选项卡，外观选项卡用于定义 Revit 材质贴图，在视图真实模式和渲染时将采用该选项卡中定义的材质贴图进行显示。如图 12-32 所示，在外观选项卡顶部将显示当前定义的材质贴图预览，单击“预览”图像后的下三角符号，可切换预览的场景。还可以调整预览缩略图的场景形状、环境光、渲染质量等。

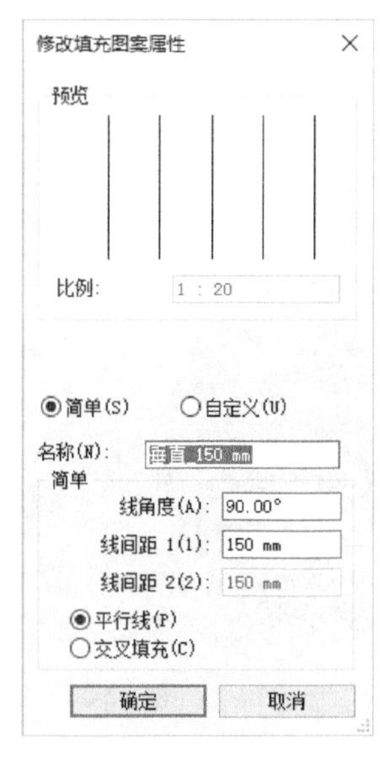

图 12-31

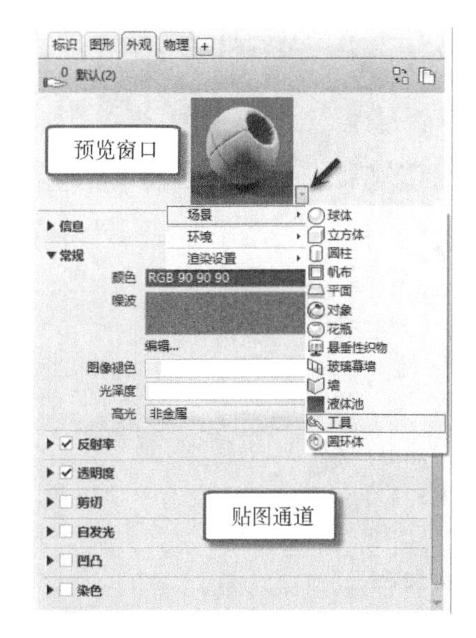

图 12-32

提 示

Revit 将采用实施渲染的方式生成预览场景以显示材质的真实效果。

Step07 在材质贴图通道中，可以在“常规”中设置材质的纹理，材质纹理可增加材质真实感。Revit 提供了程序贴图和图像两种材质纹理定义方式。如图 12-33 所示，当使用“图像”贴图时，下方的“图像名称”可为材质指定贴图文件。

提 示

为了使反射贴图获得较好的渲染效果，图像本身分辨率至少为 512×480 像素，本书提供的贴图分辨率均为 512×512。

Step 08 Revit 还提供了凹凸贴图通道，凹凸贴图使图元材质看起来具有起伏的或不规则的表面。如图 12-34 所示，Revit 使用灰度图像（亮度值：0～255）用于定义材质的凹凸贴图，贴图中的较浅（亮度值较高）区域将凸出显示，而较深（亮度值较低）区域将下凹显示。如果图像是彩色图像，将使用每种颜色的灰度值。凹凸贴图中的数量值将控制材质的凹凸程度，数量越高，凹凸效果越明显。

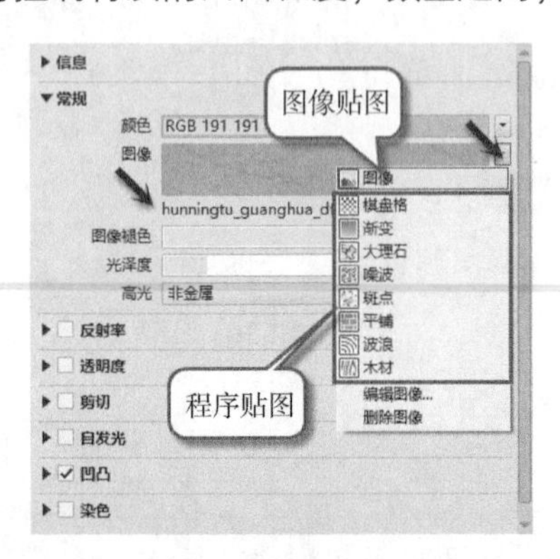

图 12-33

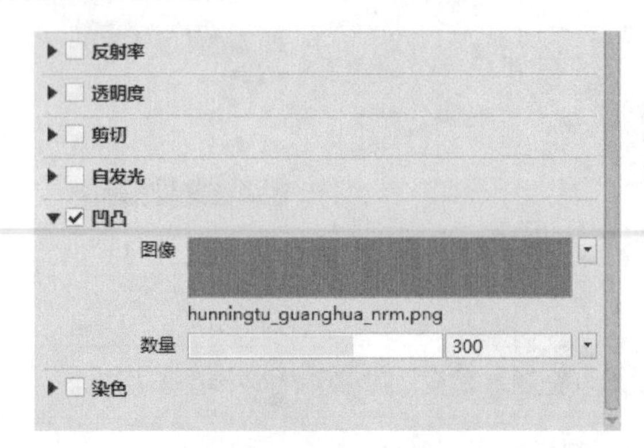

图 12-34

提 示

凹凸贴图通道中也可以使用程序贴图。

Step 09 定义贴图后，单击图像，将打开“纹理编辑器”对话框。如图 12-35 所示，通过纹理编辑器对话框可调整贴图亮度、位置、比例、重复等参数。

Step 10 “反射率”是指光线在材质光面反光的明亮程度，以自定义金属材质为例，设置反射率“直接”和“倾斜”值均为 50，在“真实”视觉模式下，查看反射效果，结果如图 12-36 所示。

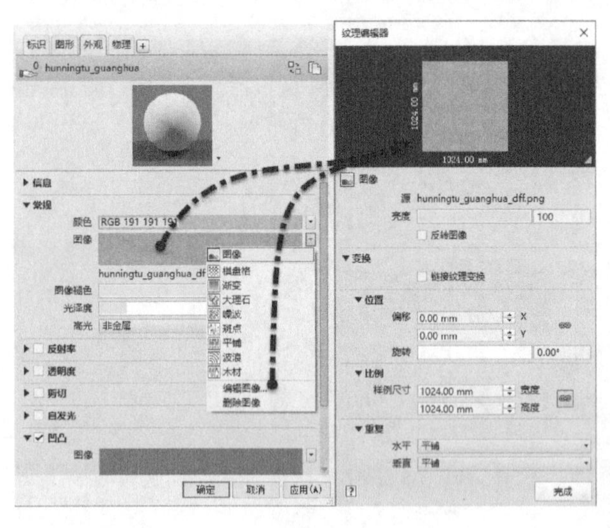

图 12-35

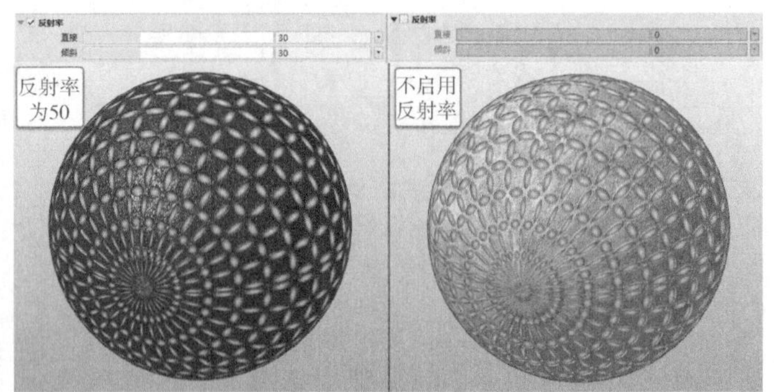

图 12-36

Step 11 “透明度”选项用于控制照射到表面的光如何被材质反射，而不是穿过表面或被表面吸收的光量。以玻璃材质为例，如图12-37所示，透明度数量越大，透明效果越好；相同透明度情况下，半透明度越大，半透明效果越好。

提 示

启用渲染后，才能呈现半透明真实效果。透明度也可以采用贴图的方式利用灰度值来定义材质中的不同区域的透明度。

Step 12 “剪切”选项用于定义剪切贴图形成镂空效果。剪切贴图采用黑白贴图，当图像中显示为黑色时，材质将显示为透明；当图像中显示为白色时，材质将显示为不透明。如图 12-38 所示，为采用剪切通道中的贴图定义的材质状态。勾选“反转图像”功能，可将原贴图中的黑白状态反转。

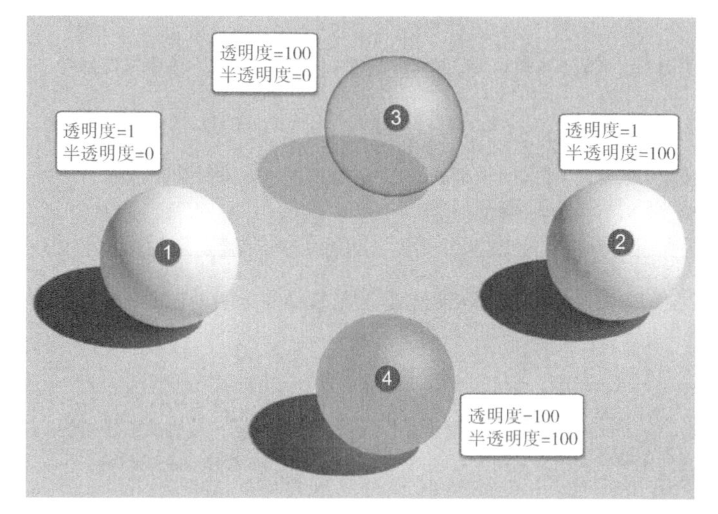

图 12-37

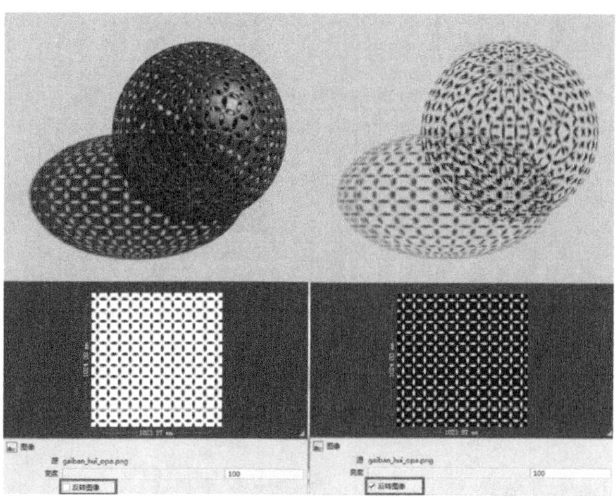

图 12-38

Step13 “自发光”一般用于 LED 等发光设备。Revit 中预定 10 种亮度效果和 8 种色温效果。如图 12-39 所示，启用材质中自发光效果，设置过滤颜色为绿色，选择“亮度”为“磨砂灯”，设置亮度值为 210000. 00；选择“色温”为“TV 屏幕”，色温值为 9320. 00，渲染后效果参见图中所示。

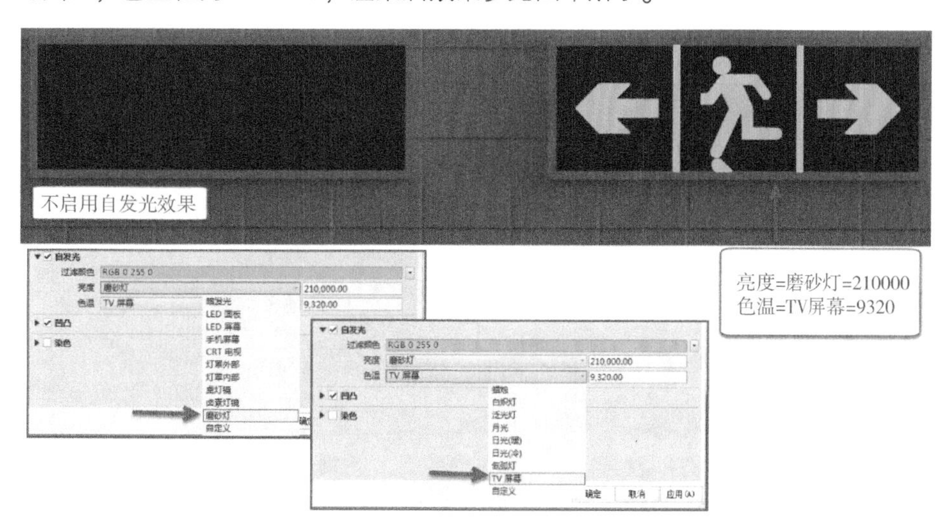

图 12-39

Step14 启用“染色”功能，通过指定颜色，可以重新调整材质颜色。启用染色后，反射贴图颜色失效。注意使用染色功能调整的材质外观颜色，外观颜色不能导入 Autodesk Navisworks Manage 软件时，Navisworks Manage 软件中将只显示材质外观着色和反射贴图。

在所有可以使用贴图的通道中，都允许使用“程序贴图”。程序贴图是由数学算法生成的图像。Revit 提供了 8 种程序贴图，每种程序贴图的用途详见表 12-5。

表 12-5

程序贴图	填充图案	说明
方格		将双色方格形填充图案应用到材质。默认的方格贴图是黑白方块的图案。组件方格可以是颜色，也可以是贴图，可以在样例预览中预览此贴图
渐变		使用渐变程序贴图可以创建高度自定义的渐变色。渐变使用几种颜色创建从一种到另一种的着色或延伸

（续）

程序贴图	填充图案	说明
大理石		可以使用大理石贴图来指定石质和纹理颜色，可以修改纹理间距和纹理宽度
噪波		可以使用噪波来减少位图和平铺的重复性，噪波程序贴图使用两种颜色，子程序贴图或两者的组合以创建随机图案
斑点		斑点贴图对于漫射贴图和凹凸贴图创建类似于花岗石和其他带图案曲面十分有用
瓷砖		可以使用“平铺”应用图像并使图像作为图案重复显示，材质浏览器提供了通常定义的建筑砖块图案，用户可以在材质编辑器中选择和修改这些图案
波		可以使用凹凸贴图来模拟水体表面。波贴图生成许多球面波的中心并将它们随机分布在球体上
木材		使用木材贴图创建木材的真实颜色和颗粒特性

Step15 Revit 还提供了物理和热量选项，用于定义材质的物理属性。其中“物理”选项卡用于定义材质的结构分析属性，“热量”属性用于定义材质的热工属性，用于能耗分析。这种理念的材质管理方式更加贴近实际运用，且让建筑模型的信息管理更加灵活。以“铜”材质为例，各项属性数值如图 12-40 所示。

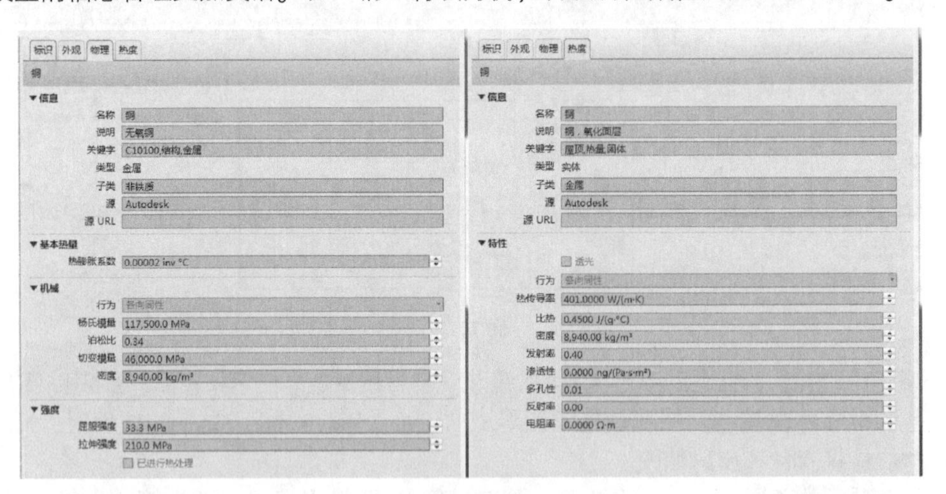

图 12-40

Revit 材质中凹凸贴图为灰度贴图（法线贴图），可以使用 Substance 软件制作生成，也可以通过 CrazyBump 或者 PhotoShop 软件制作。Revit 中材质的每个通道只允许定义一个贴图，无法实现多种贴图的叠加、融合。

12.2.3 定义材质

Revit 通过材质编辑器中各属性面板定义图元的材质渲染及物理属性。其中，最为常用的是“图形”和“外观”选项卡中的各项定义。接下来，通过定义如图 12-41 所示 3 个金属球材质说明定义 Revit 材质的一般步骤。

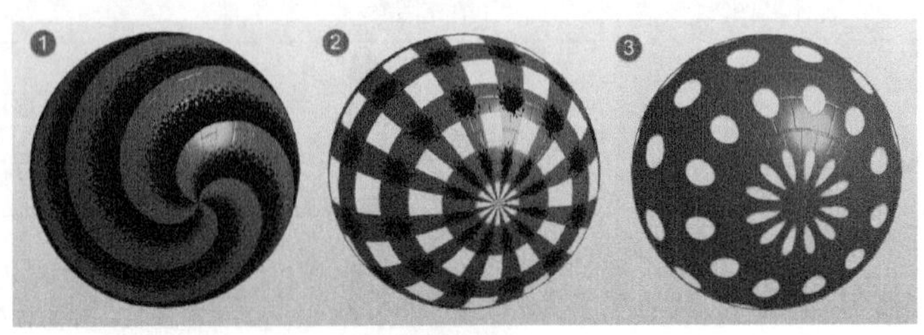

图 12-41

Step01 打开随书文件中“chapter12\RVT\12.2.0.rvt”项目文件，切换至三维视图，确认当前视觉样式为“真实”，注意该项目中已经放置 3 个灰色的球体模型。

Step02 打开材质浏览器，如图 12-42 所示，单击材质库区域下方“创建并复制材质”右侧三角符号，在弹出下拉列表中选择“新建材质”命令，项目材质区中自动出现名称为“默认为新材质”的新项目材质。

Step03 如图 12-43 所示，在项目材质库中，右键单击上一步中创建的“默认为新材质”，在弹出右键菜单中选择“重命名”，重命名材质名称为“练习_1”。

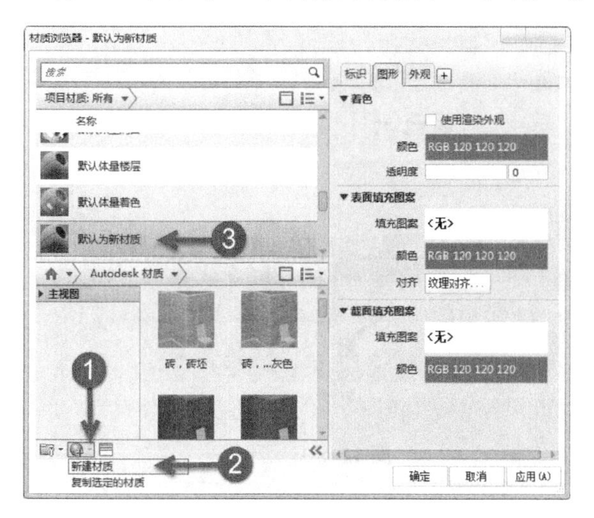

图 12-42

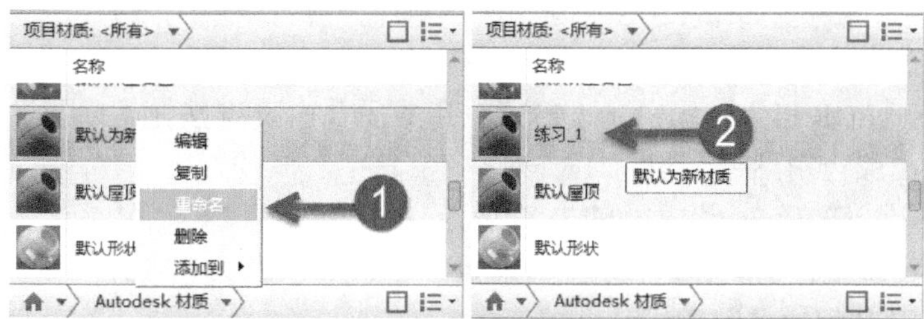

图 12-43

Step04 单击“标识”选项卡，如图 12-44 所示，注意此时材质“名称”已修改为“练习_1”。修改说明信息中“类别”为“金属”，其他参数默认。

提 示

Revit 软件中提供了 22 种材质类别，在项目材质板中，可按材质类别进行过滤，以方便在项目中选择材质。

Step05 切换至“外观”选项卡，如图 12-45 所示，修改信息参数列表中材质“名称”为“球 1”，修改“说明”为“球 1 材质”。

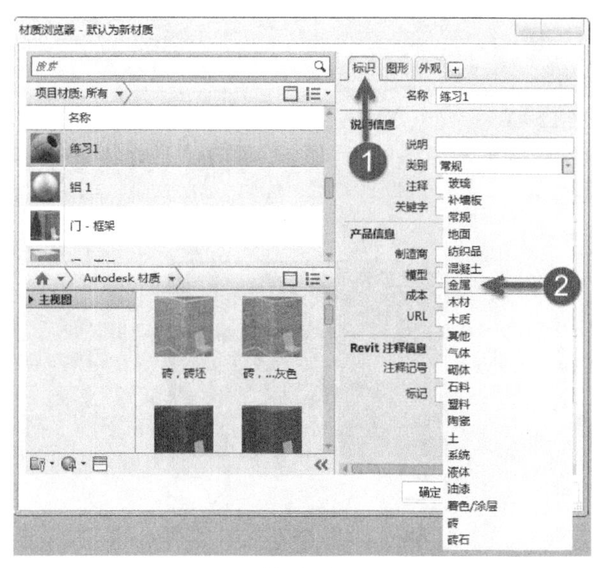

图 12-44

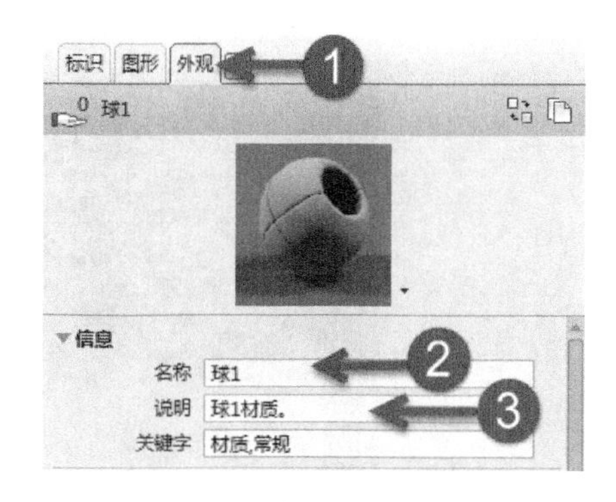

图 12-45

Step06 如图 12-46 所示，单击常规参数分类中贴图通道后方下拉箭头，在列表中选择“渐变”程序贴图，自动打开“纹理编辑器”对话框。

Step07 如图 12-47 所示，设置“渐变类型”为线性；单击颜色条任意位置添加新的渐变节点，确认当前渐变节点数量为 4 个。

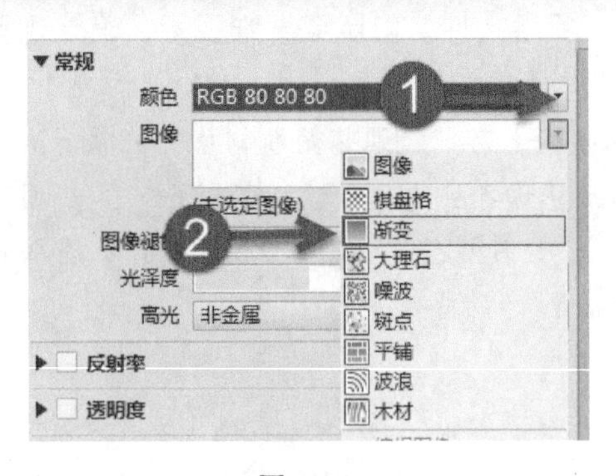

图 12-46

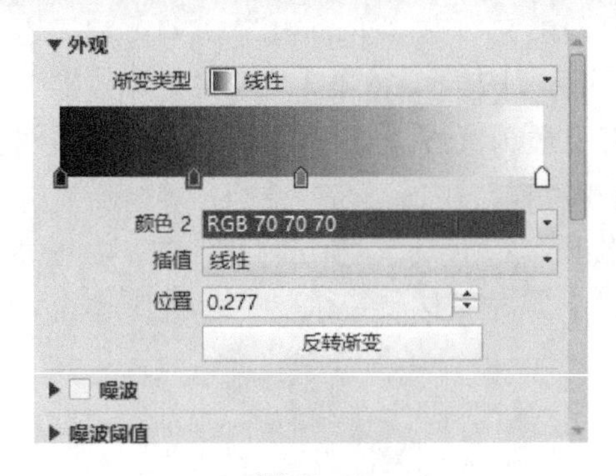

图 12-47

Step08 如图 12-48 所示，单击 1 号渐变节点，单击下方“颜色”示例，弹出“颜色”对话框。

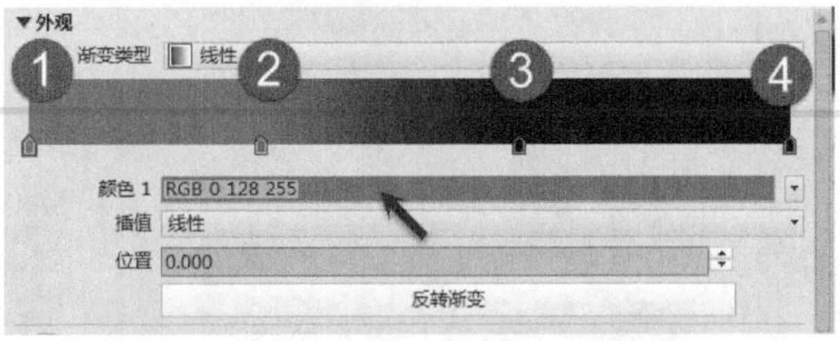

Step09 如图 12-49 所示，在“颜色”对话框中，依次输入“红（R）：0，绿（G）：128，蓝（U）：255”，即 RGB 值为“0，128，255”，完成后单击确定按钮退出颜色对话框。

Step10 使用相同的方式设置 2 号节点为水蓝色，RGB 值“0，128，255”；设置 3、4 号节点为黑色，RGB 值为“0，0，0”。

Step11 单击选择 2 号节点，如图 12-50 所示，调整节点位置值为 0.499；使用相同的方式修改 3 号节点位置值为 0.501。

Step12 勾选“噪波”选项，如图 12-51 所示，默认参数数值。注意在纹理编辑器预览图中，蓝黑分界位置，呈现“噪波”效果。

Step13 展开“变换”参数类别，如图 12-52 所示，设置旋转角度为 71°，修改样例尺寸均为 512，其余参数均默认，确认“重复”方式为“平铺”。修改后单击“完成”按钮，返回“材质浏览器”对话框。

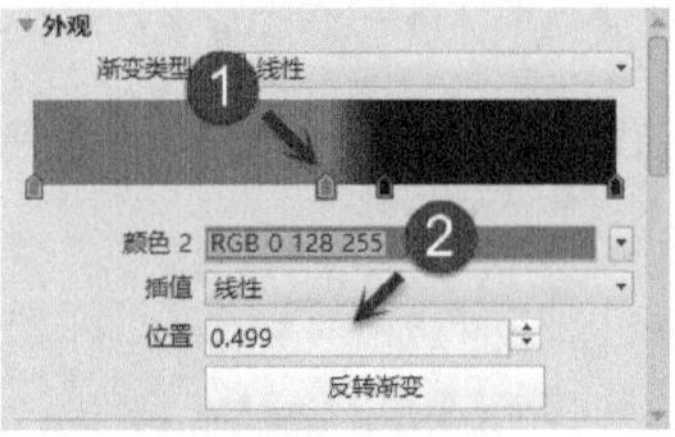

图 12-48

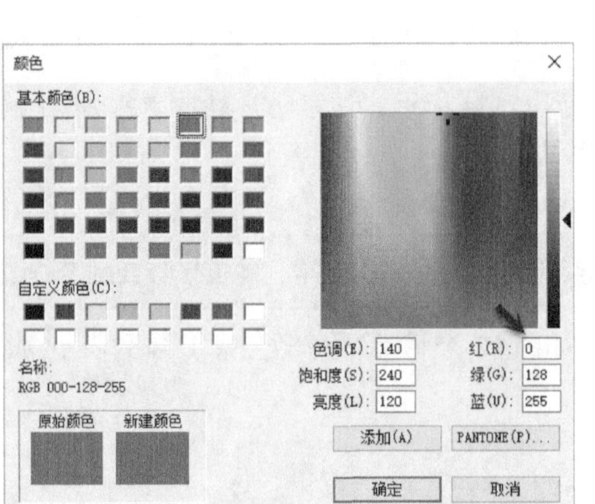

图 12-49

图 12-50

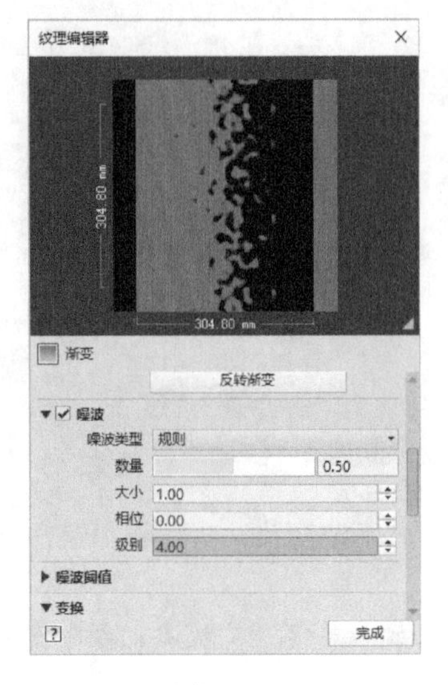

图 12-51

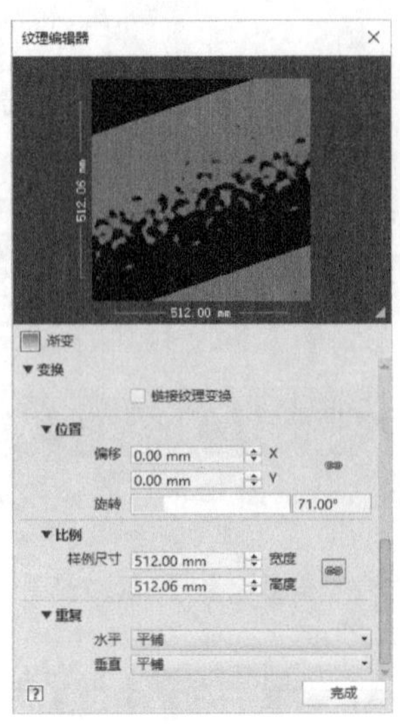

图 12-52

Step14 如图 12-53 所示，设置“高光”方式为“金属”，勾选“反射率”选项，设置反射率“直接”和“倾斜”数值均为 40。

Step15 如图 12-54 所示，勾选“凹凸”效果，单击贴图通道面板后方下拉箭头，在列表中选择“平铺”程序贴图，打开“纹理编辑器”对话框。

Step16 如图 12-55 所示，在纹理编辑器中，设置填充图案中图案类型为“1/2 顺序砌法”，瓷砖计数“每行”和“每列”数值均为 2；设置“变换”参数中角度值为 71°，设置比例中“宽度”和“高度”值均为 512mm，其余参数默认，单击“完成”按钮返回材质浏览器对话框。

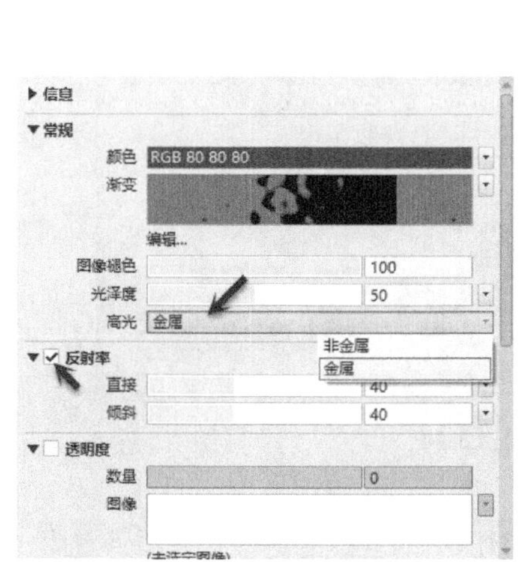

图 12-53

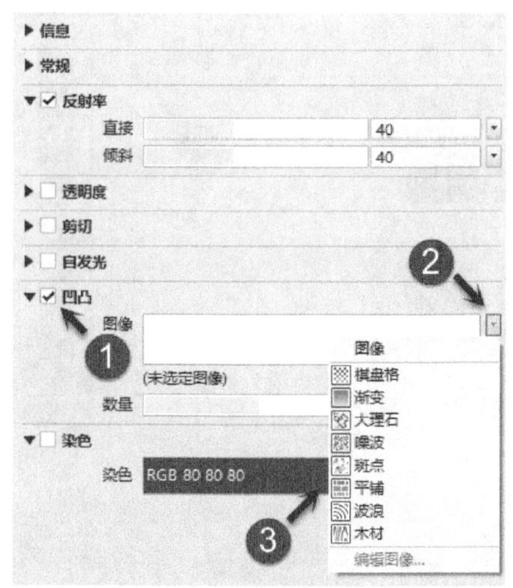

图 12-54

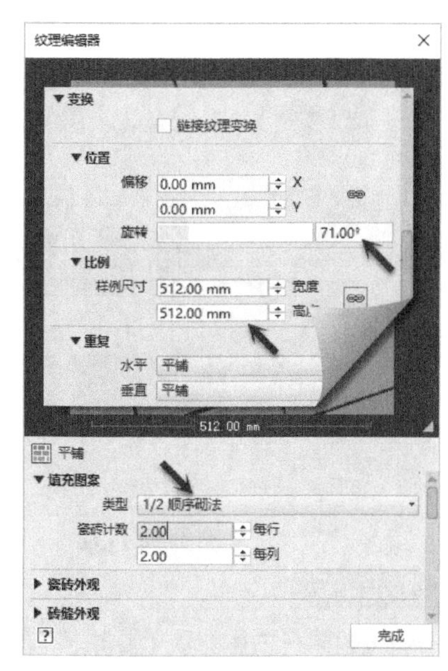

图 12-55

Step17 如图 12-56 所示，调整凹凸纹理数量值为 300，至此完成“练习 1”材质设置。单击“确定”按钮，退出材质浏览器对话框。

提 示

凹凸纹理数量越大，凹凸效果越强。

Step18 在视图中单击选择左侧第一个球图元，如图 12-57 所示，单击属性面板中“材质”后浏览按钮，弹出材质浏览器对话框。

Step19 如图 12-58 所示，在材质浏览器项目材质列表中，设置材质过滤条件为“金属”，并在项目材质列表中找到前述步骤中自定义的“练习 1”材质，双击材质名称将材质应用于所选择球体图元，Revit 将自动关闭材质浏览器对话框。注意球体已完成材质替换。

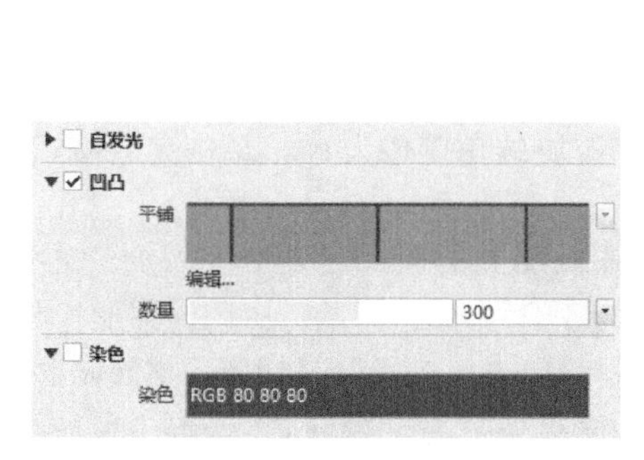

图 12-56

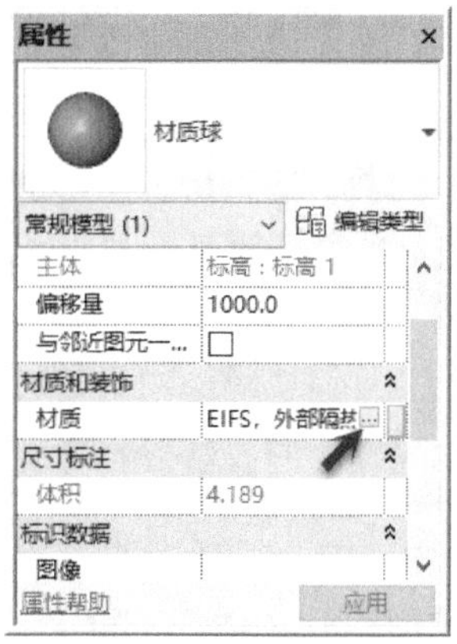

图 12-57

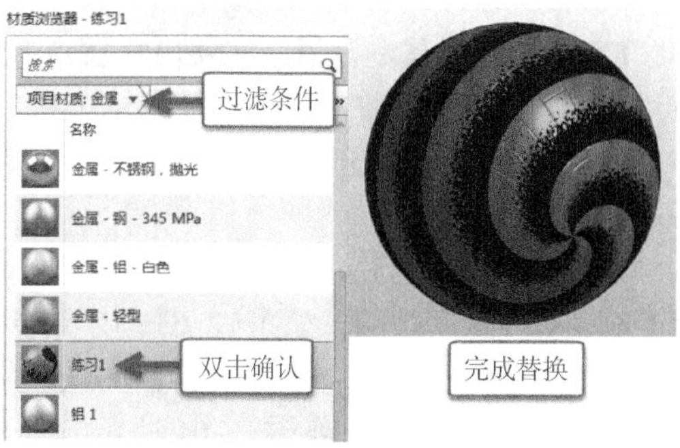

图 12-58

Step20 继续为球 2、球 3 创建一个名为“练习 2”“练习 3”的材质。打开材质浏览器，鼠标左键按住项目材质“练习1”，拖拽该材质至“综合楼材质库”中，如图12-59所示。

Step21 移动光标至综合楼材质库中“练习1”材质，单击“将材质添加到文档中”图标，Revit提示外观名称重复，单击选择“保留两个”，该材质自动命名为“练习1（1）”，如图12-60所示。

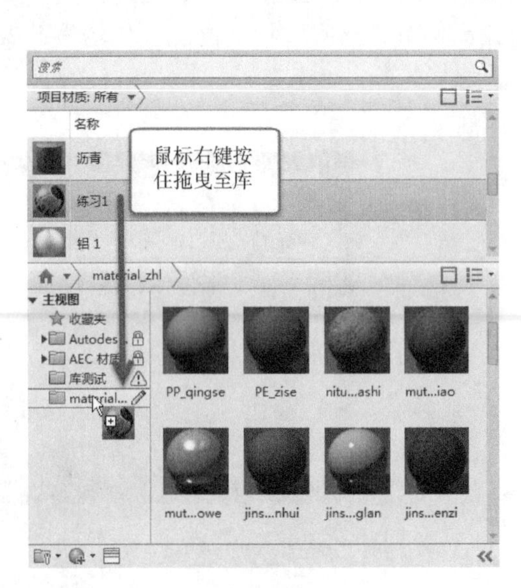

图 12-59

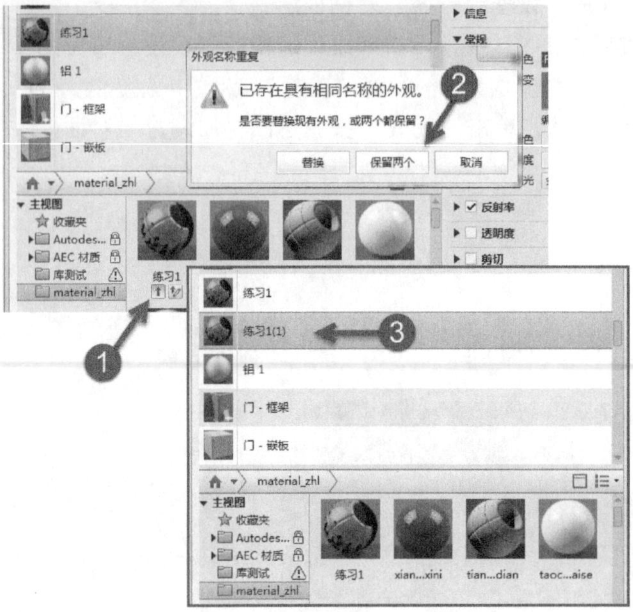

图 12-60

提 示

如果在项目材质上，直接右键点击复制，也可以复制一个材质，但该材质不是独立的材质，材质外观属性均和复制的母材质一致而且关联，修改该材质外观属性，母材质的外观也会自动修改，故不满足独立材质外观需求，所以要通过把项目材质添加至库中，通过库材质才能复制一个独立可调整外观的新材质。

Step22 移动光标至项目材质“练习1（1）”，重命名该材质名称为“练习2”。使用同样的方法，将“综合楼材质库”中“练习1”材质添加至项目材质中并重命名为“练习3”，调整材质。

Step23 单击选择第2个球体图元，采用设置第1个球材质相同的方式设置材质为“练习2”；使用相同的方式设置第3个球图元材质为“练习3”，结果如图12-61所示。

图 12-61

Step24 打开材质浏览器，在项目材质中选择“材质2”，切换至“外观”选项卡。如图12-62所示，设置渐变类型为“径向”，单击“反转渐变”选项，单击颜色按钮打开“快速编辑器”对话框，修改“旋转”角度为0°，单击“完成”按钮保存完成修改。继续调整“练习2”凹凸贴图，修改旋转角度值为0°，单击完成按钮，保存凹凸贴图修改。

Step25 在“材质浏览器”“外观”选项卡中，勾选“剪切”效果，单击贴图通道面板后方下拉箭头，选择“渐变”功能程序贴图，如图12-63所示渐变效果。设置“渐变类型”为“格子”，颜色为黑、白色，图形“样例尺寸”为512，其余参数为默认。单击完成按钮返回“材质浏览”对话框。单击“应用”按钮应用材质设置。

Step26 选择材质3，如图12-64所示，打开纹理编辑对话框，设置“渐变类型”为“径向”，单击“反转渐变”选项，反转渐变颜色，不勾选“噪波”选项，修改“旋转角度”为0°，单击“完成”按钮，返回“材质浏览器”。修改凹凸贴图中旋转角度为0°，单击“完成”按钮保存凹凸贴图修改。

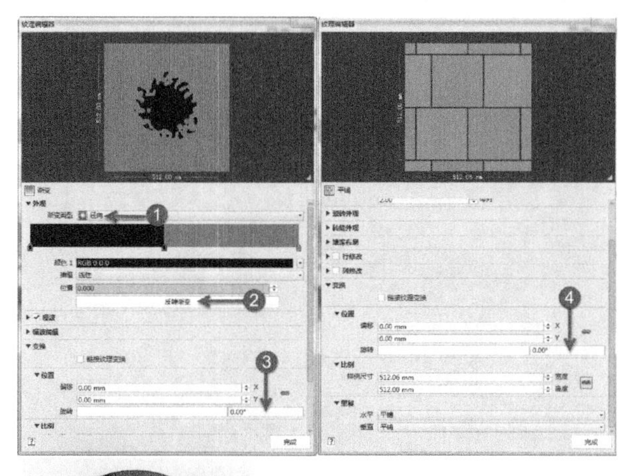

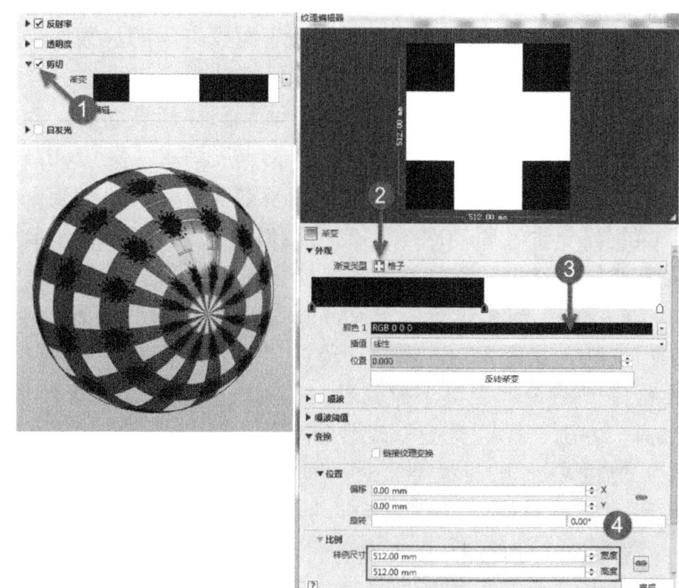

图 12-62　　图 12-63

Step 27 如图 12-65 所示，勾选“剪切”效果，单击贴图通道面板后方下拉箭头，选择“渐变”功能程序贴图，对照图中设置渐变效果，设置“渐变类型”为“径向”，颜色为黑白色，“图形比例”为 512，其余参数为默认。

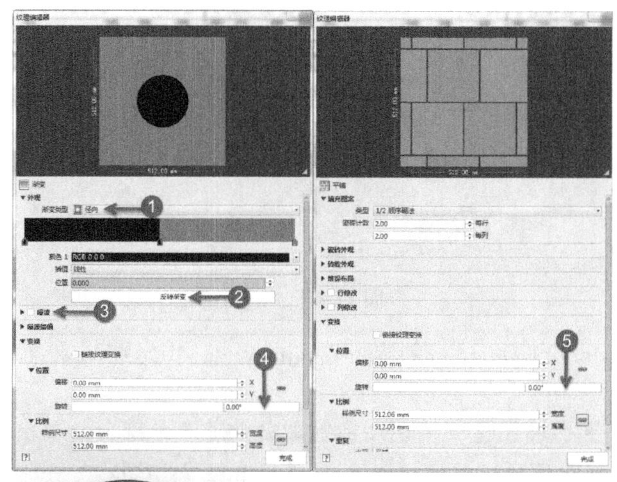

图 12-64　　图 12-65

Step 28 注意观察三维视图中 2、3 号球图元材质变化。至此完成材质练习，不保存项目修改，或打开随书文件“chapter12 \ RVT \ 12. 2. 3. rvt”查看完成后结果。

除了按图元通过材质参数指定材质之外，还可以单击“管理”选项卡“设置”面板中“对象样式”命令，按模型类别批量指定图元材质（如设定桥架模型材质），也可以用“填色”工具将材质应用于图元或族的所选面；填色工具不改变图元的材质属性。

12.2.4 使用贴花

使用“贴花”工具可以在模型表面或者局部放置图像并在渲染的时候显示出来。例如，可以将贴花用于标志、绘画和广告牌。贴花可以放置到水平表面和圆柱形表面上，对于每个贴花对象，也可以像材质那样指定反射率、亮度和纹理（凹凸贴图）。下面将在综合楼项目食堂部分入口处使用贴花工具创建一个“谷雨时代”公司 LOG 标志。与 Revit 中其他对象类似，在使用贴花之前需要先创建贴花类型。

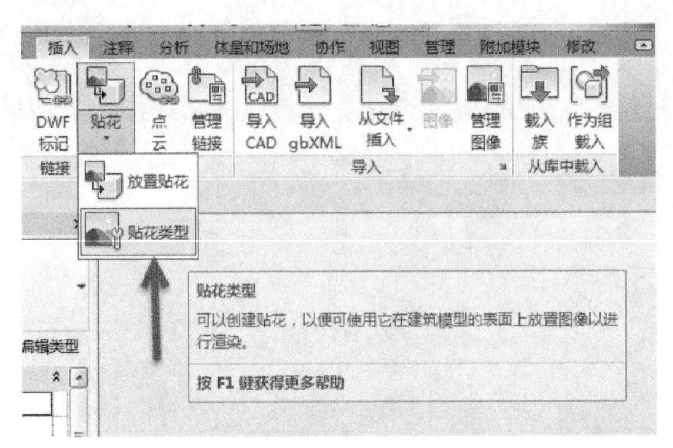

图 12-66

Step01 打开随书文件中“chapter12 \ RVT \ 12.2.4.rvt”项目文件，如图 12-66 所示，单击“插入”选项卡“链接”面板中“贴花”工具下拉列表，在列表中选择“贴花类型”工具，弹出“贴花类型”对话框。

Step02 在“贴花类型”对话框中，单击左下角“创建新贴花”按钮。弹出“新贴花”对话框，输入贴花名称为“公司 LOG”，如图 12-67 所示，单击“确定”返回“贴花类型”对话框。

Step03 单击右侧“源”的文件浏览按钮，选择随书文件“chapter12 \ Other \ 谷雨时代_dff.png”作为贴花图像，其余参数设置参照图 12-68 所示。

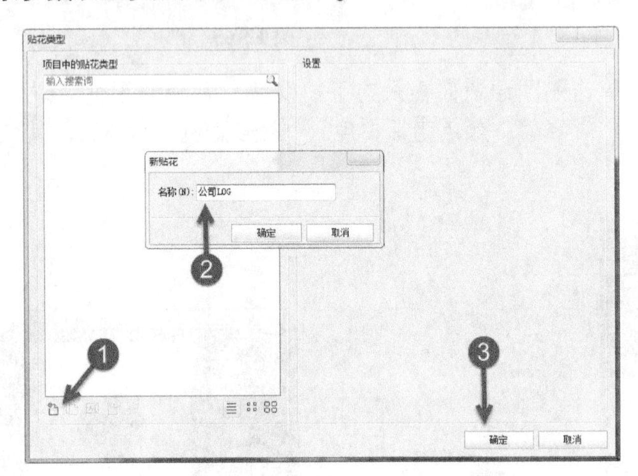

图 12-67

图 12-68

Step04 单击“凹凸填充图案”按钮，选择随书文件“chapter12 \ Other \ 谷雨时代_nrm.png”作为贴花图像，设置“凹凸度”为 100%，如图 12-69 所示。

Step05 如图 12-69 所示，希望贴花设置为六边形 LOG，需要通过设置“剪切”参数隐藏贴花其余部分。单击“剪切”下拉列表，在对话框中单击“图像文件”后的文件浏览按钮，选择随书文件“chapter12 \ Other \ 谷雨时代_opa.png”作为剪切图像，如图 12-70 所示。单击“确定”按钮完成贴花的创建。

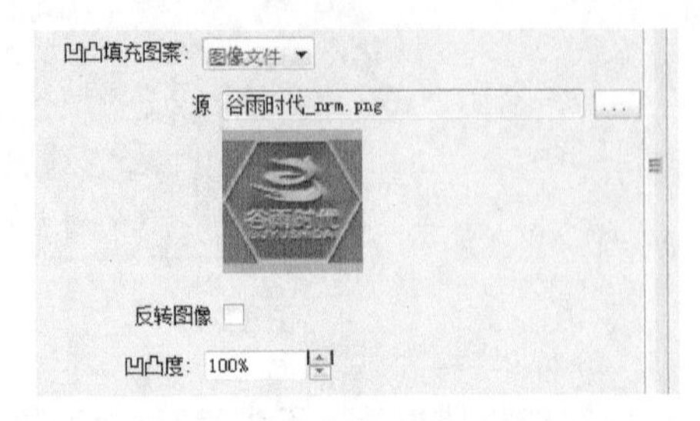

图 12-69

图 12-70

提 示

剪切图像为一张黑白图片，黑色的部分将隐藏贴花图片的对应范围，白色区域将显示对应的贴花图片范围。

Step06 切换至默认三维视图，适当缩放视图至 2 号楼梯间出屋面位置。单击“插入”选项卡“链接”面板中“贴花”工具下拉列表，在列表中选择“放置贴花”工具，自动切换至“修改 | 贴花”上下文选项卡，设置当

前贴花类型为“公司 LOG”，不勾选“固定宽高比”选项，设置属性面板中贴花尺寸“宽度”与“高度”均为 2048mm，贴花放置于 2 号楼梯间屋顶墙面，结果如图 12-71 所示。

Step07 不保存该项目，或打开随书文件“chapter12\RVT\12.2.4_完成.rvt”项目文件查看最终操作结果。

Revit 中只有在真实模式或渲染后才能正确显示贴花，否则贴花在视图中仅显示为贴花占位符（带两条交叉线的方框図）。

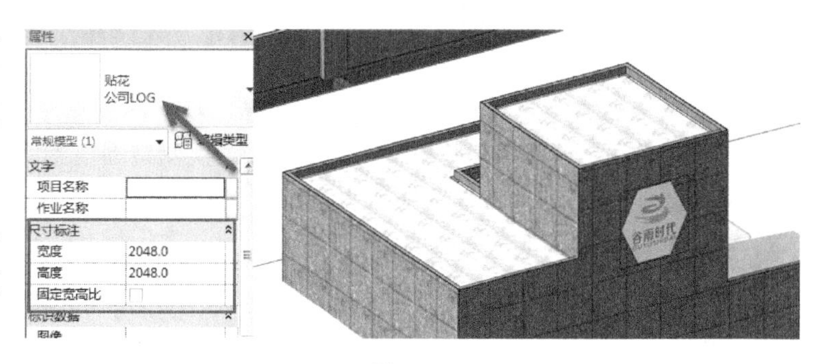

图 12-71

12.3 渲染设置

设置好材质后，可以为项目添加透视图及布景。使用“相机”工具可以在项目中添加任意位置的透视视图。

12.3.1 创建室外与室内相机视图

使用相机工具可以为项目创建任意视图。在进行渲染之前可根据表现需要添加相机，以得到各个不同的视点。接下来将以综合楼为例，分别创建室外与室内相机视图，说明 Revit 中创建相机视图的一般步骤。

Step01 打开随书文件“chapter12\RVT\12.3.1.rvt”项目文件，使用接入选项卡中“链接 Revit”工具，以“原点到原点”的方式链接随书文件同一目录下“结构模型.rvt”以及“综合楼_总图_11.4.1.rvt”项目文件。

Step02 切换至 F1 楼层平面图。如图 12-72 所示，单击“视图”选项卡中“三维视图”工具下拉列表，在列表中选择“相机”工具，自动进入放置相机模式，光标符号变为📷。

图 12-72

Step03 如图 12-73 所示，勾选选项栏“透视图”选项，设置“偏移量”值为 1750，确认“测量高度”为自“F1”标高，即相机的高度为 F1 标高之上 1750mm。

图 12-73

提 示

不勾选选项栏中“透视图”选项时，Revit 将创建轴测图。可以在平面视图中创建立面、剖面中创建相机视图。

Step04 移动光标至绘图区域中，如图 12-74 所示位置，单击确认相机位置，再次单击“目标位置”，Revit 将按指定位置生成三维透视图，同时在项目浏览器“三维视图”中生成“三维视图 1”视图。

Step05 Revit 将自动切换至三维视图中。如图 12-75 所示，被相机三角形包围的区域就是三维视图的可视范围，其中三角形的底边表示远端的视距，可分别调整相机的上下左右边界，调整视图区域。

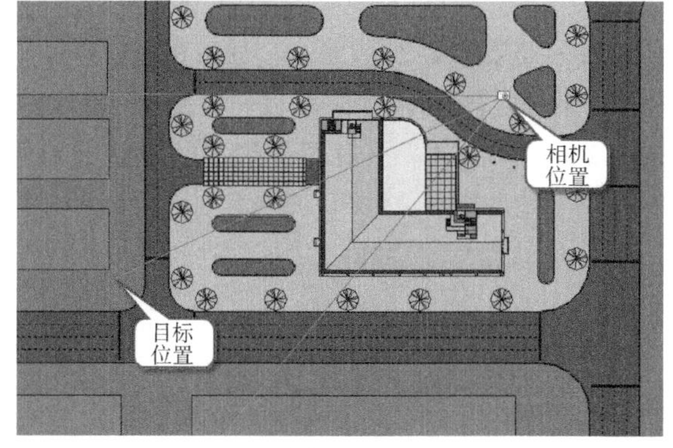

图 12-74

图 12-75

Step06 如果图 12-76 所示的三维视图“图元属性”对话框中不勾选“远剪裁激活”，则视距变为无穷远，将不再与三角形底边距离相关。在该对话框中，还可以设置相机的“视点高度（相机高度）、目标高度（视线终点高度）”等参数。同时在透视图中常常显示视图范围裁剪框，按住并拖动视图范围框的四个蓝色圆点可以修改视图范围。

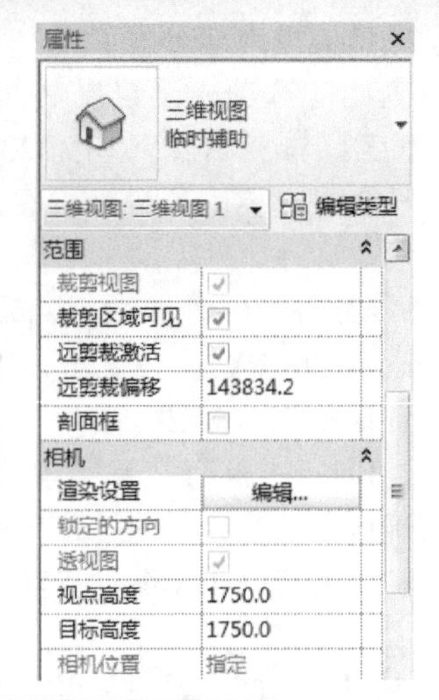

图 12-76

提示

相机在创建后将消失，可以在“项目浏览器”中相机所对应的三维视图上单击右键，在弹出的菜单中选择“显示相机”即可在视图中重新显示。

Step07 如图 12-77 所示，创建完成的相机视图，默认名称为“三维视图 1”，在“三维视图（临时辅助）”视图下可以查看，单击鼠标右键，重命名视图名称为“室外_入口”，完成室外相机创建。

Step08 切换至 F1 楼层平面视图。如图 12-78 所示，使用上一节中完全相同的方式在项目中添加相机视图，并重命名为“室内_大堂”。

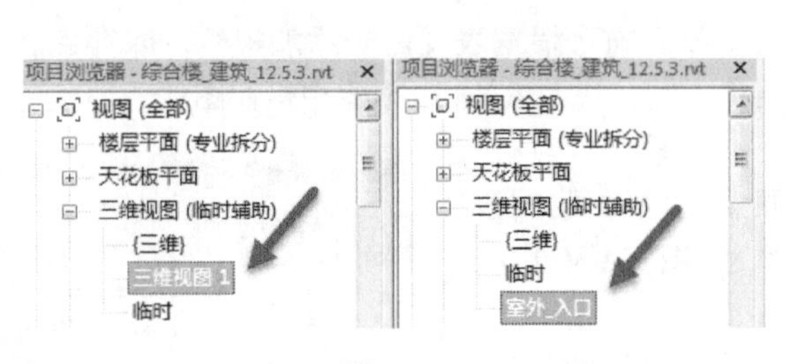

图 12-77

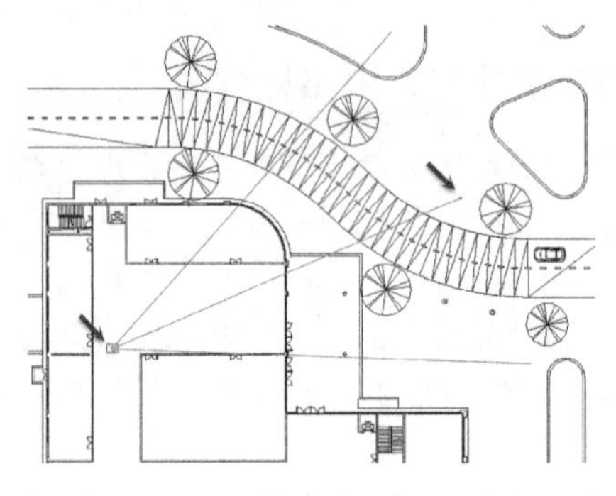
图 12-78

Step09 使用“链接 Revit”工具以“原点到原点”的方式链接随书文件中“综合楼_车位.rvt”项目文件。

Step10 切换至 B1 楼层平面，使用上一节中完全相同的方式，参照图 12-79 的位置在项目中添加相机视图，并重命名为“室内_车位”。

Step11 保存该文件，或打开随书文件“chapter12 \ RVT \ 12.3.1.rvt”项目文件，查看最终结果。

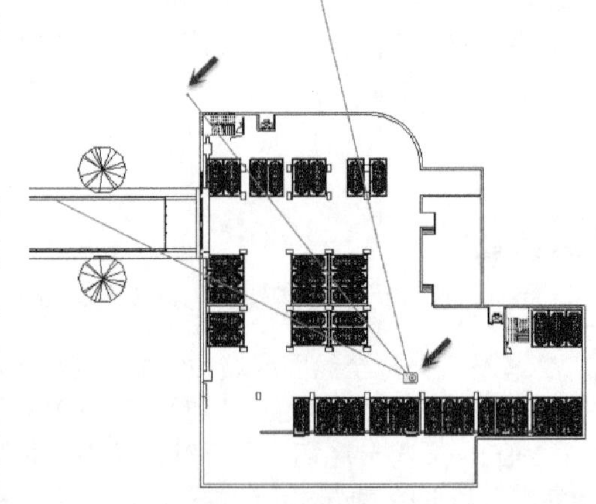
图 12-79

用相机确定好三维透视图后，为了防止不小心移动了相机而破坏了确定的视图方向，可以把三维视图保存并锁定。如图 12-80所示，方法是单击视图控制栏中的按钮，在弹出的菜单中单击“保存方向并锁定视图”，Revit 将锁定当前视图的相机方向和位置。锁定后将不能被改变视图方向。

如果要改变被锁定的三维视图方向，可以再次点击底部视图控制栏的按钮，在弹出的菜单中点击“解锁视图”即可。解锁后就可以任意修改视图方向，修改满意后可以再次单击“保存方向并锁定视图”，Revit 将再次锁定视图。修改视图方向后，如果需要回到上一次保存的视图方向，可以点击底部视图控制栏的按钮，在弹出的菜单中单击“恢复方向并锁定视图”，还原上一次视图。

注意如果希望锁定默认三维视图，Revit 将弹出如图 12-81 所示的“重命名要锁定的默认三维视图”对话框，要求用户重新命名一个新的三维视图，以区别原默认三维视图。

图 12-80

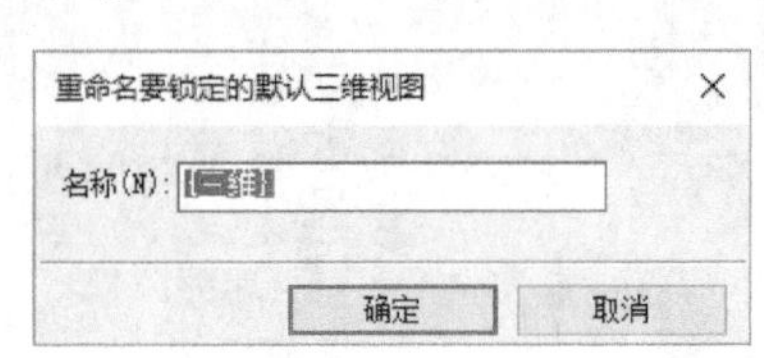

图 12-81

Revit 在项目浏览器视图类别后的括号中说明当前视图的视图类型。在综合楼项目中默认创建的三维视图为“临时辅助”类别。读者可根据需求自定义三维视图类别，例如“渲染视图”。在本书第 14 章将介绍视图类别的设置。

创建好相机后，可以启动渲染器对三维视图进行渲染。为了得到更好的渲染效果，需要根据不同的情况调整渲染设置，例如调整分辨率、照明等，同时为了得到更好的渲染速度，也需要进行一些优化设置。

12.3.2 室外日光渲染

创建完成三维视图后，可以采用 Revit 自带的渲染引擎 Autodesk Raytracery 对视图进行渲染。Revit 中，项目所在的地理位置、朝向、日期均会影响日光效果，因此必须确定项目的地理位置、朝向、日期与时刻才能模拟真实的日照效果。在本书第 22 章中将详细介绍日光和阴影分析的相关设置。日照效果同时影响渲染的结果以及视图中阴影的显示。

以“室外_入口”视图为例，说明在 Revit 中进行渲染的一般过程。

Step01 接上节练习，切换至“室外_入口”相机视图。如图 12-82 所示，单击视图控制栏中“渲染”按钮，打开“渲染”对话框。

图 12-82

Step02 渲染对话框中各项功能和用途说明如图 12-83 所示。

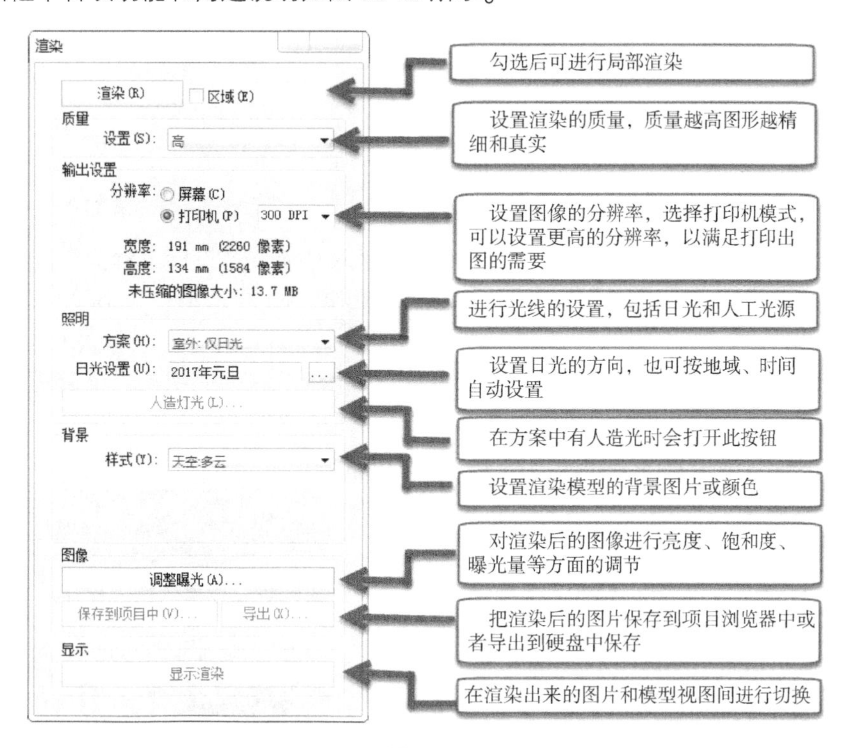

图 12-83

提 示

Revit 提供了低、中等、高、最佳和自定义共计五种渲染质量，各渲染质量的区别参见表 12-6。

表 12-6

质量	相对渲染速度	说明
草图	最快	以最快的速度渲染，渲染较粗糙，适合进行渲染外观的初步预览
低	快	以较高水平的质量快速渲染
中等	中等	以通常适合演示的质量渲染
高	慢	以适合大多数演示的高质量渲染，包含很少的人造物品，产生此渲染质量需要很长的时间
最佳	最慢	以非常高的质量渲染，包含最少的人造物品，产生此渲染质量需要最长的时间
自定义	根据设置而变化	使用“渲染质量设置”对话框中指定的设置，渲染速度取决于自定义的设置。设置方法见 12.3.3

Step03确定“照明方案”为“室外：仅日光”，单击“日光设置”后“浏览”按钮，打开“日光设置”对话框。

Step04如图 12-84 所示，在“日光设置”对话框中，设置“日光研究”的方式为“静止”，修改“日期”为“2017 年 12 月 22 日”（即冬至日），设置“时间”为“12:00”，勾选“地平面标高”选项，设置地平面的标高为“地面标高”。

Step05单击“地点”后浏览按钮，弹出“位置、气候和场地”对话框，如图 12-85 所示，在“位置”选项卡中，确认“定义位置依据”为“默认城市列表”，在“城市”列表中选择“上海，中国”其余参数默认，单击“确定”按钮返回“日光设置”对话框。

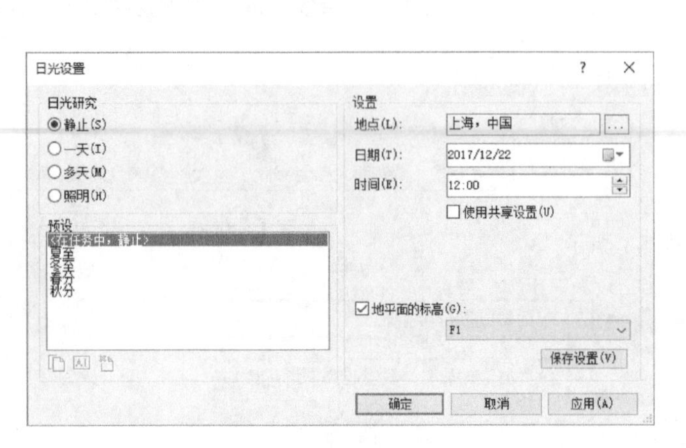

图 12-84

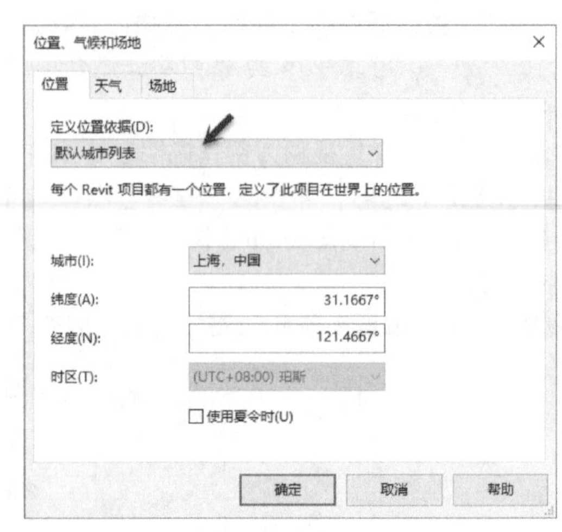

图 12-85

Step06单击“保存设置”按钮，在弹出名称对话框中，输入当前日光设置名称为“上海 2017 年冬至日”，单击“确认”按钮将当前配置保存至预览列表中，如图 12-86 所示，再次单击“确认”按钮退出日光设置对话框。

Step07完成后单击“渲染”按钮即可进行渲染。渲染完成效果如图 12-87 所示。单击“保存到项目中”按钮将渲染结果保存到项目中。

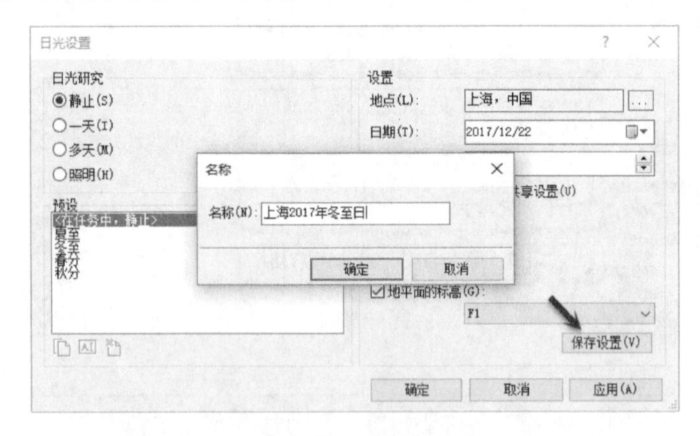

图 12-86

图 12-87

Step08单击“保存到项目中”，设置渲染图片名称为“室外_入口”，渲染的图像保存在项目浏览器的“渲染”分支中，如图 12-88 所示。

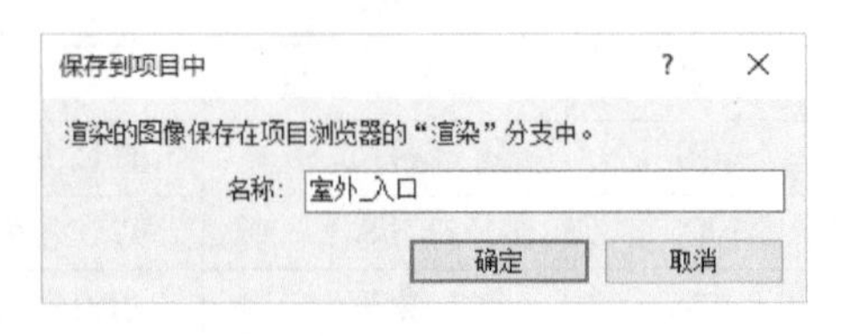

图 12-88

在确定地理位置时，可以使用 Internet 定位服务选项，通过直接在地图上确定位置的方式确定项目位置。在本书第 22 章中将详细介绍日光和阴影分析的相关设置。

12.3.3 室内日光渲染

室内渲染的过程与室外渲染类似，但在进行室内渲染时必须设置室内照明方式。室内渲染中有三种照明方式：室内日光渲染、室内灯光渲染、室内灯光及日光混合渲染。下面继续以综合楼项目为例介绍如何进行室内日光渲染和室内灯光渲染。

首先从室内日光渲染开始。

Step01 接上节练习，在项目浏览器中，双击“三维视图（临时辅助）”下“室内_大堂”视图，打开已经预设好的室内透视三维视图。

Step02 打开“渲染”对话框。单击“质量设置”下拉列表，在列表中选择“编辑”选项，打开“渲染质量设置”对话框，如图 12-89 所示，在“质量设置”中选择“自定义（视图专用）”选项，设置“光线和材质精度”为“高级”，勾选“按等级渲染”，数值为“15”。单击确认完成质量设置。

Step03 如图 12-90 所示，在“渲染”对话框中的“照明”栏中，选定“方案→室内：仅日光”，单击“日光设置”后浏览按钮，打开“日光设置”对话框，设置日光研究方式为“静止”，在列表中选择“上海 2017 冬至日”，其余参数同上一节设置。

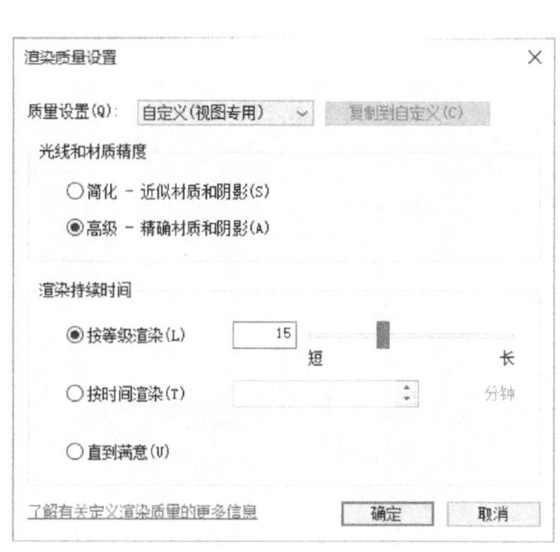

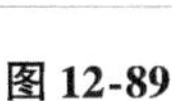
图 12-89

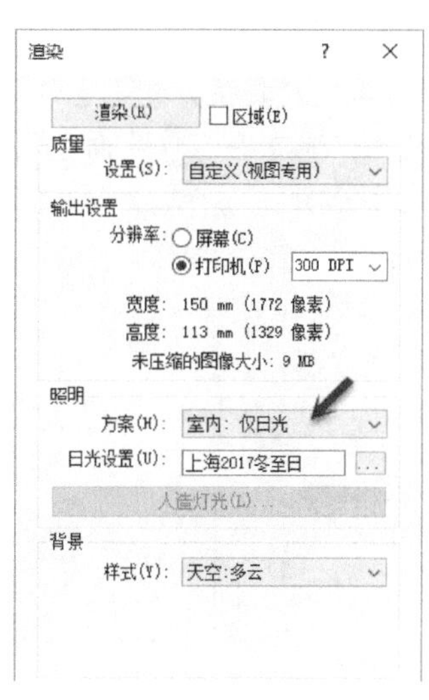

图 12-90

Step04 单击“渲染”按钮即可进行渲染。渲染完成后，单击“调整曝光”按钮，打开“曝光控制”对话框。如图 12-91 所示，适当调整“曝光值”及“高亮显示”亮度值，调整画面亮度。

Step05 调整后结果如图 12-92 所示。保存该图片至项目中，完成本练习。

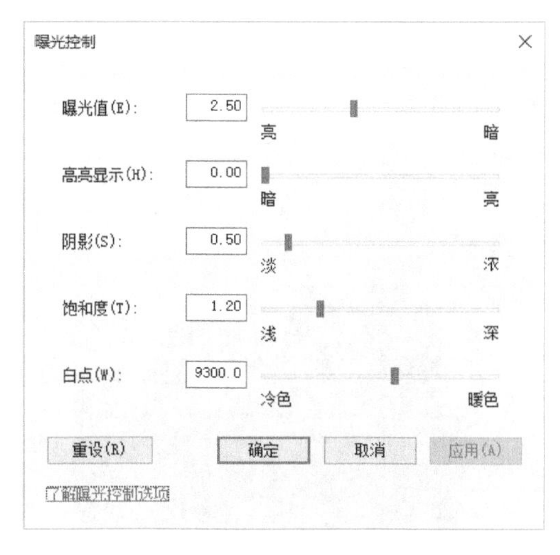

图 12-91

图 12-92

Revit 默认将洞口、门窗、幕墙等作为采光口，自动计算室内光线照明。

一般情况下不需要直接使用高质量的渲染模式。可以先从渲染草图质量图像开始，以便观察初始设置的效果。然后根据草图的情况调整材质、灯光和其他设置，并根据需要适当提高渲染质量，逐步改善图像效果。当确信材质渲染外观和渲染设置达到要求后，才使用高质量设置来生成最终图像。

12.3.4 室内人照光渲染

对于无法直接使用日光作为光源的室内场景，如地下室房间，可以选择仅室内灯光作为渲染光源。以综合楼项目中地下室为例介绍室内灯光渲染的方法和过程，包括灯光的布置及设置、渲染参数的设置两个部分。

首先需要做的是进行灯光的布置。Revit 中的灯光也是以族的形式存在的，导入一个灯具族就相当于导入了一个光源，且灯具里的参数与实际灯具参数具有同等意义，即如果设置了灯具族的灯光参数，那么在渲染的时候渲染器就会最大限度地模拟出灯具的真实发光效果。

Step01 接上节练习，切换至 B1 楼层平面视图。单击“视图”选项卡“创建”面板中“平面视图”下拉列表，在列表中选择“天花板投影平面”选项，弹出“新建天花板平面”对话框。如图 12-93 所示，在列表中选择 B1，创建 B1 标高对应的天花板平面视图。

Step02 切换至上一步中创建的 B1 天花板平面视图。单击“属性”面板中“视图范围”后“编辑”按钮，弹出“视图范围”对话框，如图 12-94 所示，设置“顶部”及“视图深度”均为“F1”标高，其余参数默认。

Step03 使用“载入族”工具载入随书文件“chapter12\RFA\灯_双管导轨.rfa”族文件。使用“放置构件”工具，确认放置模式为“放置在工作平面上”，Revit 弹出“工作平面”对话框，如图 12-95 所示，设置工作平面为“参照平面：地下室板底”。单击“确定”按钮退出“工作平面”对话框。

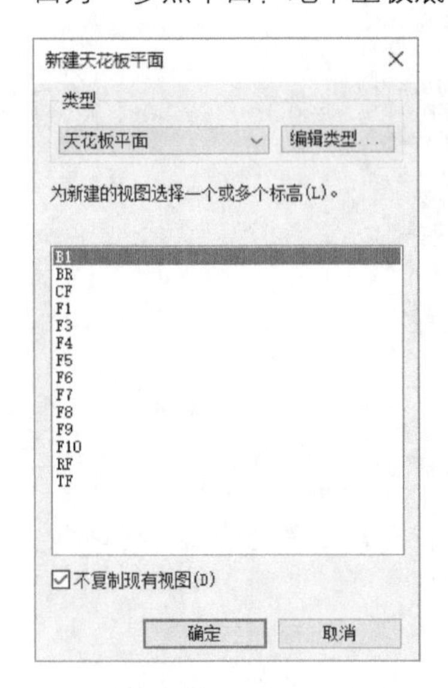

图 12-93

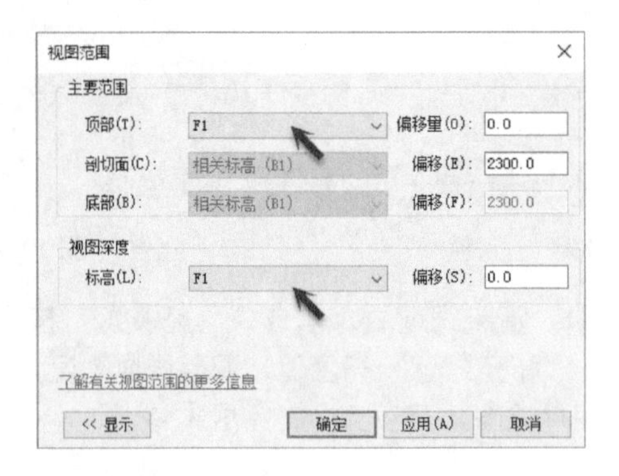

图 12-94

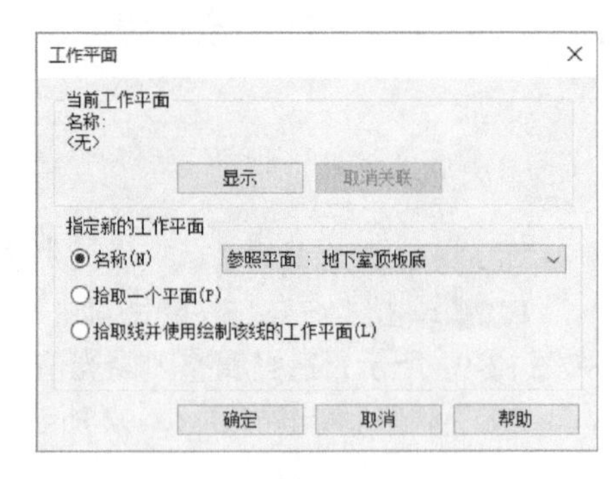

图 12-95

Step04 确认当前灯具类型为“18W-2 盏灯”。在视图中任意位置单击放置一个灯具图元，放置完成后按 Esc 键退出放置命令。单击选择灯具，Revit 将显示翻转控件，单击该控件，翻转灯具安装方向，使灯具灯管朝下，平面显示中灯管为黑色填充，如图 12-96 所示。

Step05 按图 12-97 所示位置，使用复制和阵列功能，完成其他灯具图元。

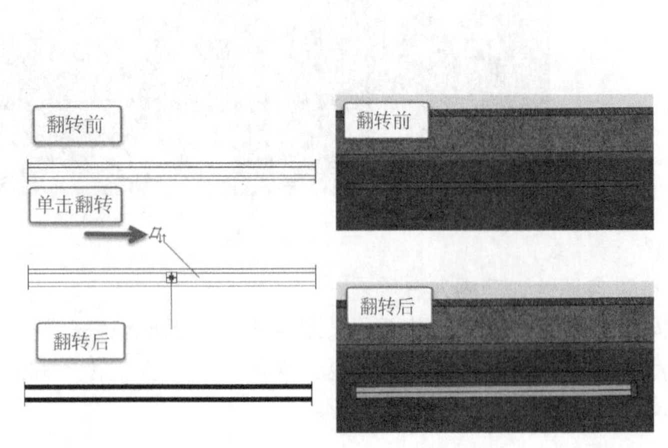

图 12-96

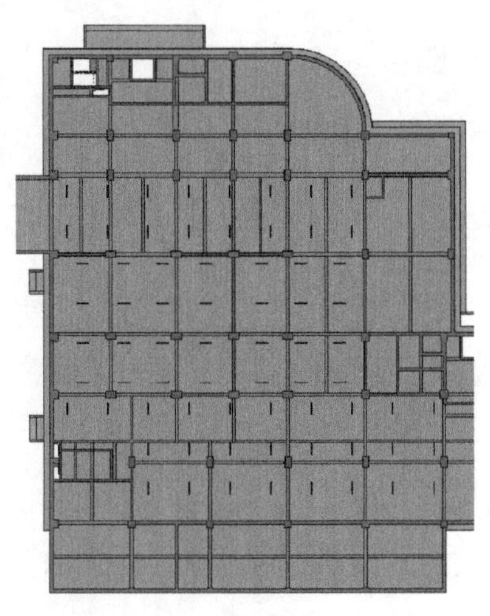

图 12-97

Step 06 选择任意灯具图元，打开“类型属性”对话框，在灯具“类型属性”对话框中还可以进一步调节灯具参数，按图 12-98 所示设置灯具颜色、初始亮度等参数。

Step 07 切换至“室内_车库”三维视图。打开“渲染”对话框，如图 12-99 所示，在“渲染”对话框中设置照明“方案”为“室内：仅人造光”。

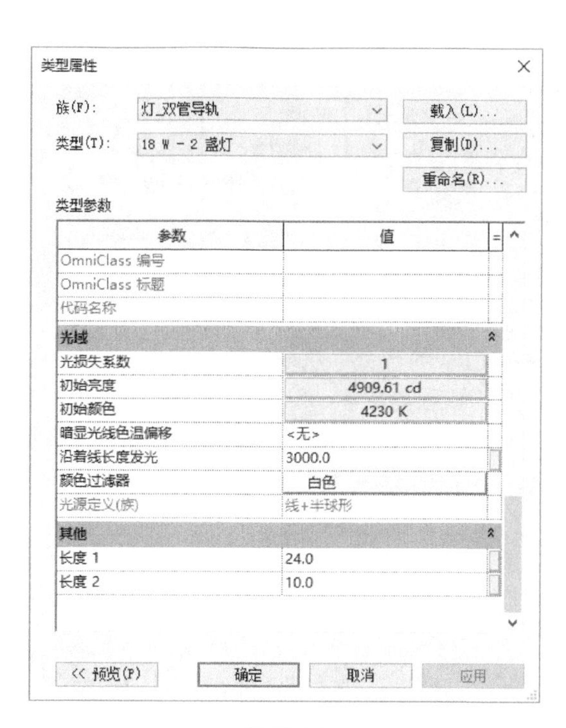

图 12-98

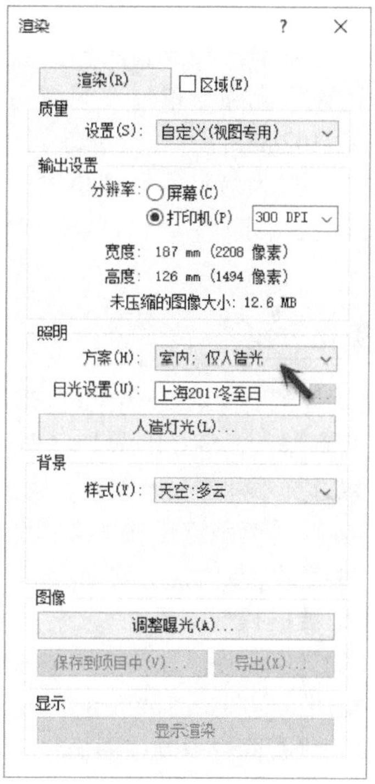

渲染

渲染(R) 区域(E)

质量 设置(S)：自定义(视图专用)

输出设置 分辨率：屏幕(C) 打印机(P) 300 DPI

宽度：187 mm (2208 像素)

高度：126 mm (1494 像素)

未压缩的图像大小：12.6 MB

照明 方案(H)：室内：仅人造光

日光设置(U)：上海2017冬至日

人造灯光(L)...

背景 样式(Y)：天空：多云

图像 调整曝光(A)... 保存到项目中(V)... 导出(X)...

显示 显示渲染

图 12-99

提 示

对于夜间情况，可不考虑外部光线对室内的影响，同时为了加快渲染速度，在此需要关闭“采光口”选项。

Step 08 单击“渲染”按钮进行渲染。渲染完成后将渲染结果保存到项目中。结果如图 12-100 所示。

Step 09 保存该文件，或打开随书文件“chapter12\RVT\12.6.4.rvt”项目文件查看最终结果。

在渲染时，Revit 可以控制已添加到项目中灯具的开或关状态。单击“渲染”对话框中“人造灯光”按钮打开“人造灯光”对话框。如图 12-101 所示，通过勾选灯光族名称前复选框可控制灯光的开或关；“暗显值”控制灯具的发光量，该值介于 0 和 1 之间，值为 1 时表示灯光完全打开（未暗显），值为 0 时表示灯光是关闭的（完全暗显）。

图 12-100

图 12-101

Revit 提供了灯光族样板，用于定义灯光族。在族中可定义光源的发光形状以及光线的分布方式。其中，“光线分布”表示光源（灯具）所发散出来的光线外形，比如筒灯，其光源形状是圆形的，而光线分布可以设置为锥形的。光源的“光线分布”共有四种类型：“球形”“半球形”“聚光灯”“光域网”。如果灯具所发散出来的光线形状不是前三种或者希望光线分布更加贴近灯具实际，那么可以通过设置光线分布为“光域网”来自定义成任何可能的分布，如图 12-102 右图所示。“光域网”是通过一个名为 IES 的文件来指定的，一般为灯具厂家提供的一个文本文件，它描述了灯光从照明设备发出来时所形成的形状以及此形状上各点的亮度。

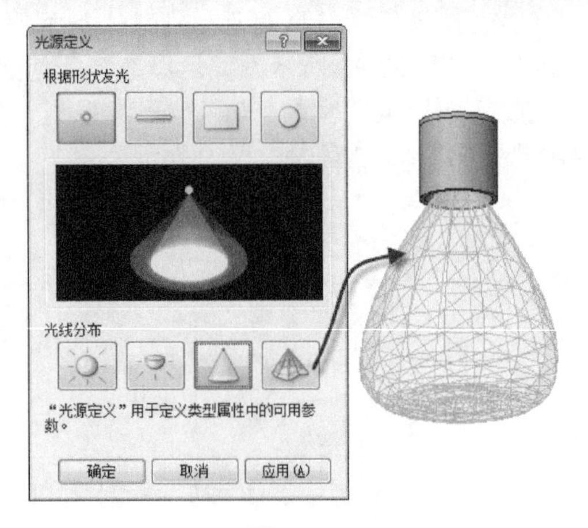

图 12-102

12.3.5 渲染优化方案

Revit 的渲染消耗的时间取决于图像分辨率和计算机 CPU 的数量、速度等因素。

一般来说分辨率越低，CPU 的数量（例如四核 CPU）和频率越多，渲染的速度就越快。根据项目或者设计阶段的需要，可以选择不同的设置参数，达到时间和质量上的一个平衡。如果有更大场景和需要更高层次的渲染建议导入到 3dsmax 等其他渲染软件或者进行云渲染，请参见 12.4 节。

以下方法会对提高渲染性能有帮助：

Step01 隐藏不必要的模型图元。

Step02 将视图的详细程度修改为粗略或中等。通过在三维视图中减少细节的数量，可减少要渲染的对象的数量，从而缩短渲染时间。

Step03 仅渲染三维视图中需要在图像中显示的那一部分，忽略不需要的区域。比如可以通过使用剖面框、裁剪区域、摄影机剪裁平面或渲染区域来实现。

Step04 优化灯光数量，灯光越多，需要的时间也越多。

12.4 云渲染和导出渲染

在 Revit 系统环境下，大型场景的渲染对计算机要求较高，一般计算机的渲染速度往往不能满足要求。为了更好地解决大型场景渲染问题，Revit 支持将模型传递给如 3ds max 等三维软件中进行渲染，或者载入到Autodesk 云服务器进行云渲染。

12.4.1 Autodesk 云渲染

进行云渲染是 Autodesk 公司推出的一项服务，它允许用户把 Revit 模型上传到云渲染服务器进行在线渲染，并且可以在云中对多个项目进行同时渲染，对于计算机硬件不足的用户来说是个不错的选择。

Step01 单击“视图”选项卡中“Cloud 渲染”按钮，弹出“Autodesk 账户登录”对话框。如图 12-103 所示，输入已注册的 Autodesk 账号和密码，单击登录按钮登录该服务。如果没有注册 Autodesk 账号可以点击本窗口中“需要 Autodesk ID”进行注册。

Step02 登录后，再次单击“在 Cloud 中渲染”按钮打开“Autodesk Cloud”对话框，如图 12-104 所示，选择需要渲染的三维视图并进行渲染设置。设置完成后单击“开始渲染”按钮，Revit 将自动上传所需要渲染的文件至 Autodesk 云服务器并开始渲染，所需渲染时间根据项目情况而定。

Step03 如图 12-105 所示，单击“视图”选项栏中“渲染库”按钮，自动打开网页，输入用户名和密码，即可查看渲染进度和渲染成果。

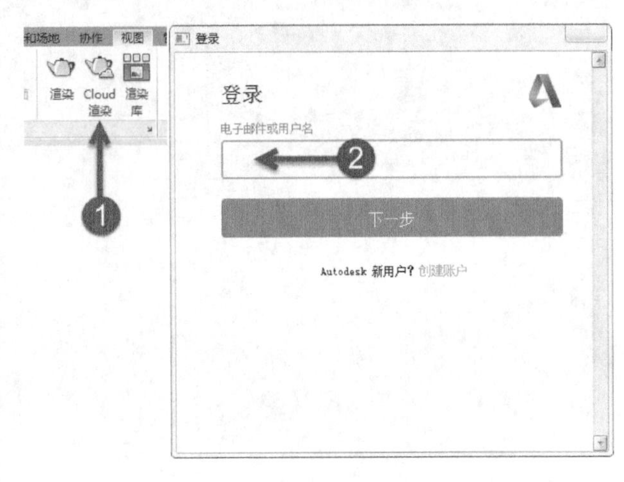

图 12-103

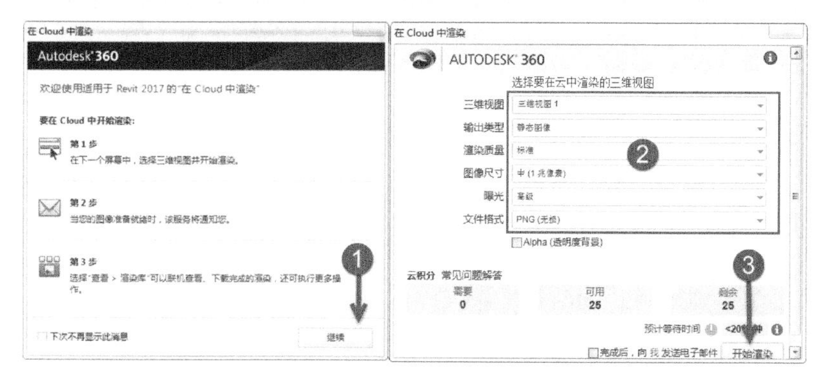

图 12-104

图 12-105

12.4.2 导出到其他软件渲染

Revit 提供了能够满足建筑师需要的基本渲染功能，根据项目的需要它也可以导出到其他软件中进行渲染。目前 Revit 支持较好的渲染软件主要有：Artlantis，3ds Max，Lumion 等。Artlantis、Lumion 在 Revit 中安装好插件后即可方便地导出，而对于 3ds Max 则可以直接导出为 FBX 格式的文件。该文件中除包括模型信息外，还将包括渲染的材质、相机的设置等信息，减少 3ds Max 中的修改工作量。下面以 3ds Max 为例介绍如何将模型导出为 FBX 格式文件：

Step01 在导出到 3ds Max 中渲染之前，确保在 Revit 中已完成模型的材质、灯光、天空等的设置，以减少在 3ds Max 中的修改工作量，同时最好使用 Revit 生成初始渲染以检查是否符合项目的基本要求。

Step02 在项目浏览器中打开需要导出的三维视图。为了减少导出后的渲染的时间，可以通过视图属性隐藏三维视图中不需要的构件，同时根据显示需要选择所需的视图详细程度，越精细，模型量越大，渲染消耗的时间将越长。

Step03 单击“应用程序菜单”按钮，在列表中选择“导出→FBX”选项，打开“导出 3ds Max（FBX）”对话框，如图 12-106 所示，选择要保存的路径并指定文件名，即可将模型导出为 FBX 格式。

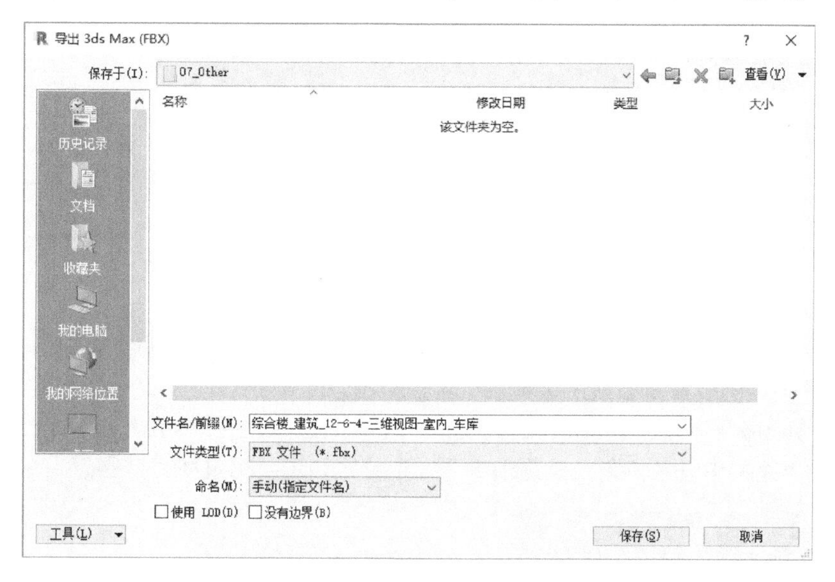

图 12-106

提 示

在导出 FBX 文件时，建议存放的路径最好不要使用中文路径，也不要放在桌面上。

Step04 打开 3ds Max，使用导入工具，导入已保存的 FBX 文件即可。

3ds Max 会导入模型、材质、灯光、摄影机的设置，以保持与 Revit 中的材质一致。

12.5 漫游动画

在 Revit 中还可以使用“漫游”工具制作漫游动画，让项目展示更加身临其境，下面使用“漫游”工具在综合楼项目建筑物的外部创建漫游动画。

Step01 接 12.3.4 节练习。切换至 F1 楼层平面视图。如图 12-107 所示，单击“视图”选项卡中“三维视图”工具下拉列表，在列表中选择“漫游”工具，自动切换至“修改 | 漫游”上下文选项卡。

图 12-107

Step02 如图 12-108 所示，确认勾选选项栏“透视图”选项，设置“偏移量”即视点的高度为“1750”，设置基准标高为“F1”。

Step03 如图 12-109 所示，沿室外道路依次单击放置漫游路径中关键帧相机位置。在关键帧之间，Revit 将自动创建平滑过渡，同时每一帧代表一个相机位置也就是视点的位置。如果某一关键帧的基准标高有变化，可以在绘制关键帧时修改选项栏的基准标高和偏移值，可形成上下穿梭的漫游效果。完成后按 Esc 键完成漫游路径，Revit 将自动新建“漫游”视图类别，并在该类别下建立“漫游 1”视图。

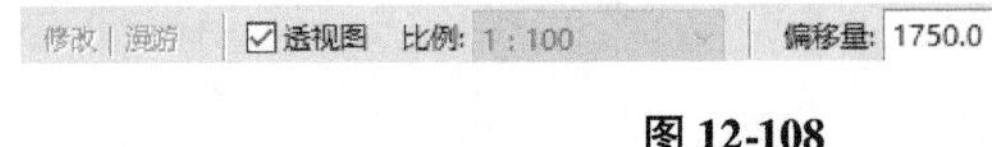

图 12-108

提 示

如果漫游路径在平面或立面等视图中消失后，可以在项目浏览器中对应的漫游视图名称“漫游 1”上点击鼠标右键，在弹出的菜单中选择“显示相机”，即可重新显示路径。

Step04 路径绘制完毕后，一般还需进行适当的调整。在平面视图中，确认漫游相机处于选中状态，自动进入“修改 | 相机”上下文选项卡。如图 12-110 所示，单击“漫游”面板中“编辑漫游”工具，漫游路径将变为可编辑状态。

Step05 如图 12-111 所示，单击选项栏中的“活动相机”下拉列表，Revit 共提供了四种方式用于修改漫游路径，分别是：“活动相机”“路径”“添加关键帧”和“删除关键帧”。

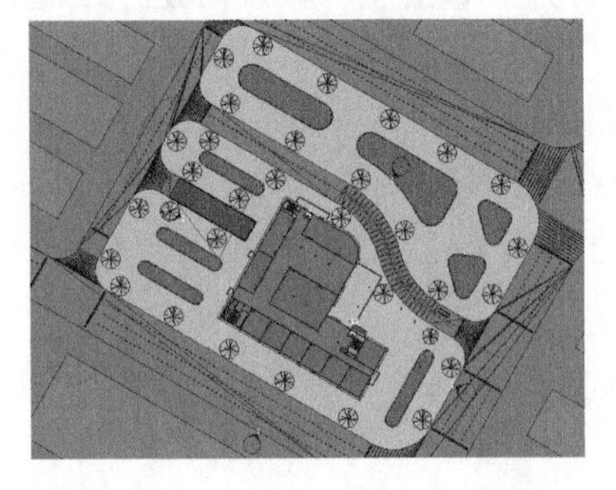

图 12-109

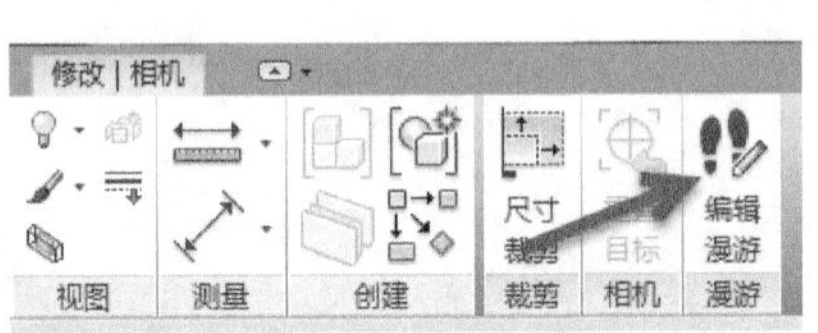

图 12-110

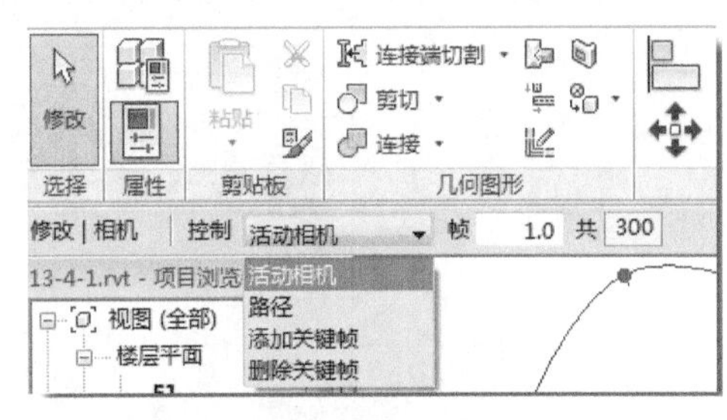

图 12-111

Step06 如图 12-112 所示，确认列表中漫游修改的选择控制方式为“活动相机”，Revit 将沿漫游路径以红色圆点显示路径中已设置关键帧的位置及当前所选择相机可视范围。

Step07 通过拖拽相机图标可修改相机所在的位置。也可以通过单击如图 12-113 所示“编辑漫游”面板中“重设相机”按钮，单击路径中任意位置，设置相机至指定位置，调整相机视线范围。

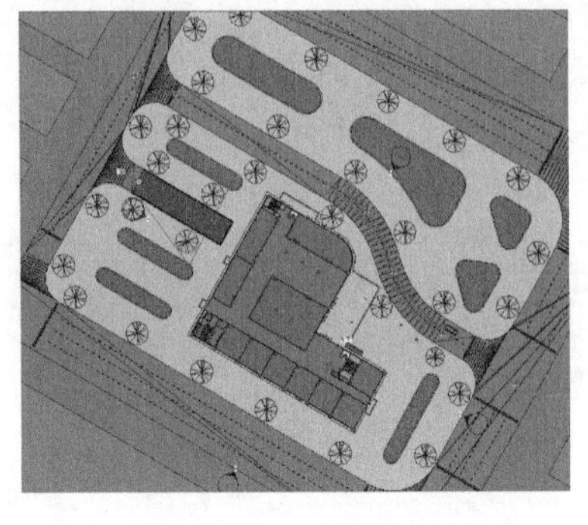

图 12-112

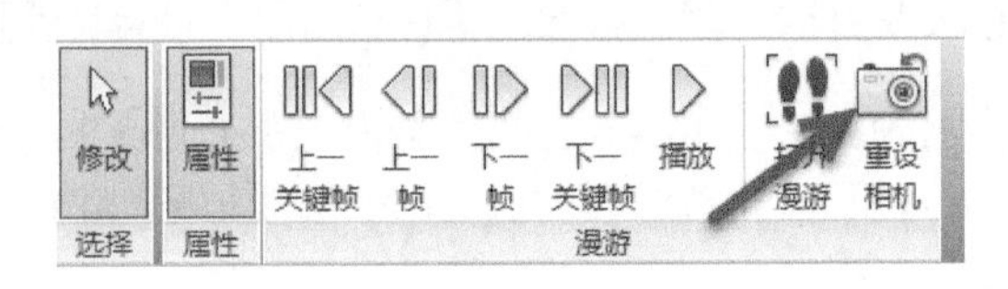

图 12-113

Step08 在选项栏中设置“控制”方式为“路径”，进入路径编辑状态。Revit 会以蓝色圆点表示关键帧。选择各关键帧，在平面视图中拖动，可调整关键帧的平面位置；切换到立面视图中按住并拖动关键帧夹点调整关键帧的高度，即视点的高度。使用类似的方式，根据项目的需要可以给路径添加或减少关键帧。

Step 09 如图 12-114 所示，单击属性面板其他参数分组中“漫游帧”参数后按钮，或者在“编辑漫游”面板中单击“帧数”位置，打开“漫游帧”对话框。

Step 10 如图 12-115 所示，可以修改当前漫游的“总帧数”和“帧/秒”的数值，以调节整个漫游动画的播放时间。

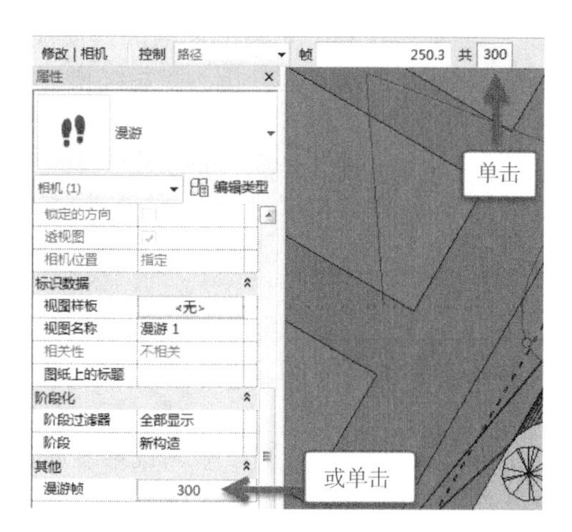

图 12-114

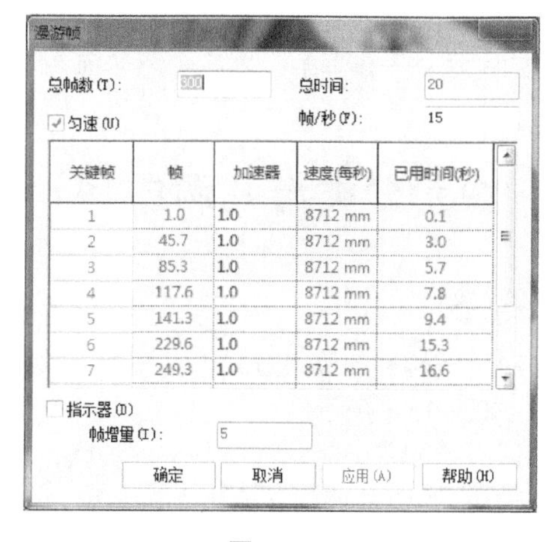

图 12-115

提 示

漫游动画总时间主要由下列条件决定：动画总时间 = 总帧数 ÷ 帧率（帧/秒）。

Step 11 完成路径和参数编辑后，切换至“编辑漫游”面板，单击“打开漫游”打开漫游视图，如图 12-116 所示。

提 示

可以在项目浏览器中对应的漫游视图名称“漫游 1”上双击鼠标左键，进入漫游视图。

Step 12 单击“漫游”面板中“编辑漫游”按钮，打开漫游控制栏，单击“播放”，回放完成的漫游，如图 12-117 所示。

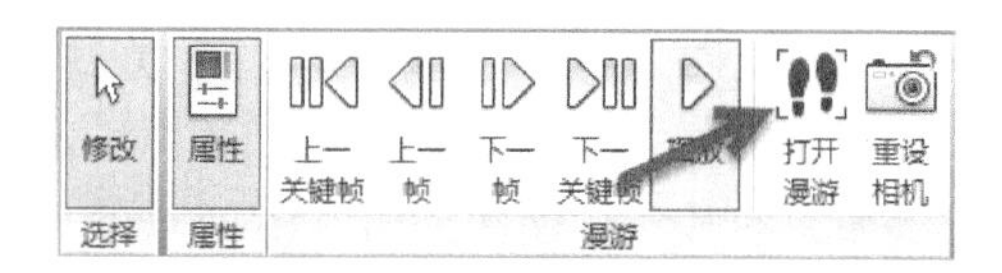

图 12-116

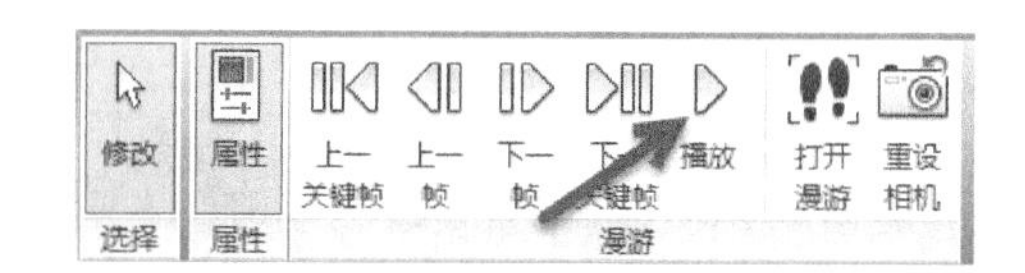

图 12-117

Step 13 单击“应用程序菜单”按钮，在列表中选择“导出→漫游和动画→漫游”选项，在出现的对话框中设置导出视频文件的大小和格式，设置完毕后，确定保存的路径即可导出漫游动画。不保存对项目的修改，完成本练习。

使用漫游工具，可以更加生动地展示设计方案，并输出为独立的动画文件，方便非 Revit 用户使用和播放漫游结果。在输出漫游动画时，可以选择渲染的方式，输入更为真实的漫游结果。

12.6 本章小结

本章介绍了如何为构件赋予材质，进行渲染的设置，不同情况下进行渲染的方法，如何做漫游动画等内容。注意理解“材质库”及“项目属性集”的概念，掌握基本渲染参数设置方法。本节内容对于建筑师进行方案设计很重要，灵活运用后将改变建筑师在设计时的模式并有助于完成方案的推敲，请读者仔细研习。

第13章 模型规则方法论

至此已经完成了综合楼项目的全部模型。并对 Revit 中的各建模工具有了完整的体验。为使读者对 Revit 中完成 BIM 模型的过程进一步理解，本章介绍如何在 Revit 进行模型规划，作深度分析，为后续项目深化和专业协同做好准备。

13.1 图元分类与孔洞体系

13.1.1 图元分类

Revit 软件中，按构件的放置方式，可将图元放置方式划分为以下 3 种模式：点放置、线放置和按草图轮廓生成的面放置，如图 13-1 所示。

Revit 中可以在绘制图元时精确绘制构件长度，也可以生成图元后通过重新编辑草图或修改属性面板中参数的方式修改图元的长度。按照图元编辑方法，可划分为以下 3 类：线编辑、面编辑、线面结合编辑，如图 13-2 所示。

点放置：单击鼠标左键放置

• 柱、门、窗、家具、卫浴、独立基础、钢筋、结构连接

线放置：在视图绘制线，确认线起点和终点

• 墙、楼梯、坡道、扶栏、参照线、模型线、梁、条形基础、桁架、支撑

面放置：在视图中绘制轮廓线，保证轮廓闭合

• 楼板、屋顶、天花板、区域、板基础、梁系统

图 13-1

线编辑：使用修剪工具直接编辑或者编辑路径线长度

• 墙、扶栏、参照线、模型线、梁、条形基础

面编辑：编辑面边界轮廓线

• 墙、楼板、屋顶、天花板、坡道、区域、板基础、梁系统

线面结合编辑：通过转换线构件后得到编辑轮廓线

• 楼梯

图 13-2

13.1.2 孔洞体系简介

Revit 中提供了洞口工具，用于创建洞口、老虎窗或竖井图元，也可以在绘制楼板、屋顶及墙立面轮廓时，通过使用嵌套封闭草图的方式完成在图元中创建洞口，还可以在制作基于主体或基于面的族时，在族中使用创建洞口，当使用这些族时，Revit 将自动在主体中创建洞口，例如，在放置门窗图元时，Revit 会自动在墙体中创建门窗洞口，当删除门窗图元时，Revit 自动删除与之关联的洞口。

依据构件放置和编辑方法，可以得出基于构件的开洞方式，一般有以下 3 种方法：

Step01 通过编辑图元轮廓开洞。

Step02 通过洞口工具面板开洞。

Step03 通过自定义族开洞

3 种方法在项目中使用的优先级推荐依次为：编辑图元轮廓、洞口工具、自定义族。

13.1.3 编辑图元轮廓开洞

编辑图元轮廓开洞适合开设大范围的洞口，如为了满足造型、水平交通、垂直交通等功能需求在项目中设置的楼梯间、电梯井、集水井。

如图 13-3 所示，可执行编辑轮廓的模型图元为：墙、楼板、屋顶、天花板、板基础、梁系统，具体操作可参考本书第 5 章和第 7 章相关内容。

注意，在 Revit 中绘制和编辑楼板等图元轮廓过程中，所有轮廓必须完全封闭。

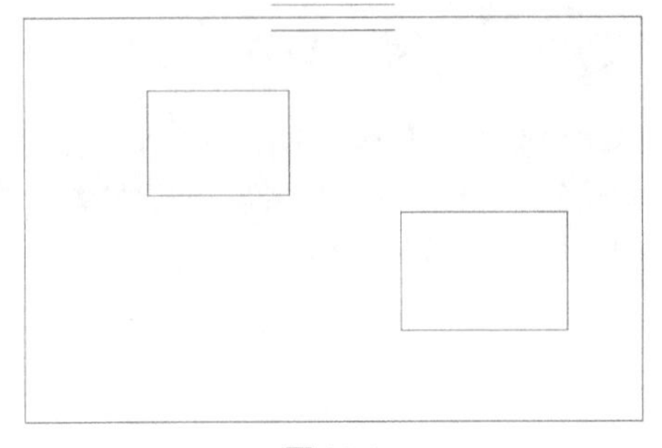

图 13-3

13.1.4 使用洞口工具开洞

Revit 中一共提供 5 种洞口工具，即按面、竖井、墙、垂直、老虎窗，如图 13-4 所示。面洞口将垂直于所选择的屋顶、天花板、屋顶、梁或柱表面沿垂直表面方向创建洞口；墙洞口将垂直于所选择墙面创建洞口；垂直洞口将垂直所选择的屋顶、天花板、屋顶、梁或柱表面沿垂直水平面方向创建洞口，详见本书第 7 章中使用洞口工具创建了屋顶洞口和天沟；老虎窗洞口专用于屋顶，用于沿相交的两屋顶交线范围剪切屋顶，从而创建老虎窗，具体操作详见本书第 7 章。

“竖井”工具适用于创建电梯井、管道井等需要垂直贯穿多个标高且上下截面一致的洞口图元，使用竖井工具可同时对竖井高度范围内的图元统一完成开洞操作。注意竖井图元仅可剪切楼板、天花板、屋顶等图元。

“按面”洞口只适用屋顶、板、天花板、梁、柱模型图元，不适用基础、楼梯、坡道、设备等其他模型图元，以图 13-5 中所示梁开洞为例，说明使用按面洞口的一般过程。

Step01 单击图 13-4 所示洞口工具面板中的“按面”工具，光标变为十，进入选择构件状态。

Step02 移动光标至结构框架梁上方，自动出现纵向放置工作面预览图，如图 13-5 所示。单击鼠标左键选择确认工作面，切换至修改 | 创建洞口边界上下文选项卡。

提 示

光标移动至结构框架下方，可出现横向放置工作面预览图，工作面位置和梁族模型中定位参照面有关。同样道理，读者可自行尝试放置基于柱面的洞口。

Step03 如图 13-6 所示，选择“矩形”绘制工具，根据需要绘制闭合轮廓边界，完成梁洞口绘制。注意，面洞口中不允许存在多个闭合轮廓。

Step04 单击完成编辑模型，完成编辑，完成后模型如图 13-7 所示。

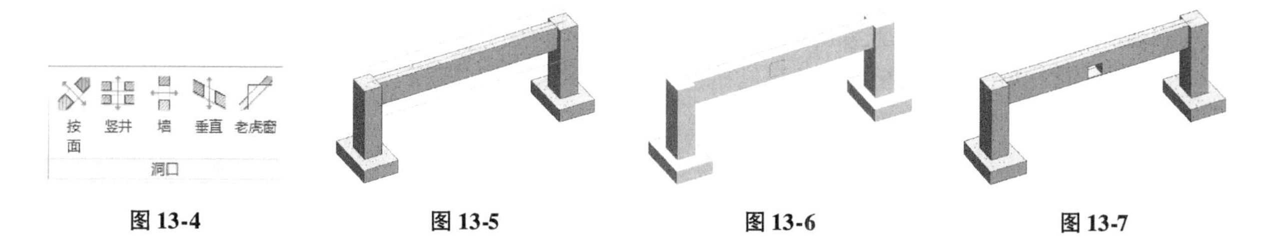

图 13-4　　图 13-5　　图 13-6　　图 13-7

13.1.5 使用自定义族开洞

自定义族开洞是指在放置族构件，同时能在放置的主体自动开洞，如穿墙套管、集水坑、电梯基坑、地漏等族构件。

可以创建基于主体的族或基于面的族样板来创建带有洞口的族，将族放置至指定工作面或主体时会自动在主体图元中生成洞口。例如在本书第 10 章中放置的卫生间地漏，使用该族时，Revit 将自动在楼板中创建洞口，如图 13-8 所示。

图 13-8

13.2 模型层次规划

Revit 中图元由多种子图元相互嵌套而成。掌握 Revit 中各图元的嵌套关系，可以更加灵活地对各图元进行设定。最典型的嵌套图元是扶手，分别由扶手轮廓放样、栏杆族、顶部扶栏等多个子图元构成。分别定义这些子图元，即可实现对扶手样式的修改。Revit 的这一特性方便项目管理，只要通过调整子图元基本构造，即可实现主体模型图元的控制。

13.2.1 模型的构造

Revit 中，主体模型和子模型关系如图 13-9 所示，Revit 中，主体图元由子图元构成，子图元又可以分解至最基础的族或二维草图轮廓。

Revit 软件中，可分解的主体图元层级构建如下：

Step01 叠层墙：叠层墙母体由多种基本墙子构件组合而成，选择叠层墙，单击鼠标右键，选择“断开”命令，即可把叠层墙转变为基本墙，该过程不可逆。

提 示

Revit 软件中，几乎所有编辑命令操作均为“先选择，后修改”。

Step02 幕墙/玻璃斜窗：幕墙模型不能分解为嵌板、竖梃基本图元，但可以在幕墙模型上解锁嵌板、竖梃，单独替换该图元，可以把嵌板替换为基本墙、门窗构件，通过指定构件，实现幕墙造型、工程量统计等需求。

扶栏：栏杆主体模型不能直接分解为栏杆、扶栏、顶部扶栏、扶手基本图元，但可以在扶栏模型上使用 Tab 键切换选择顶部扶栏或者扶手，单独对该图元直接编辑。

Step03 楼梯（按构件绘制）：楼梯模型不能分解为梯段、平台、支撑基本图元。可以选择编辑楼梯，在编辑状态下，选择基本图元，即可替换和编辑类型。编辑状态下，还可以使用“转化”工具，转化为草图，编辑草图可直接修改构造层次的踏步和梯面类型。楼梯非编辑模式下，按 Tab 键可单独切换梯段、平台、支撑基本图元，查看图元属性。

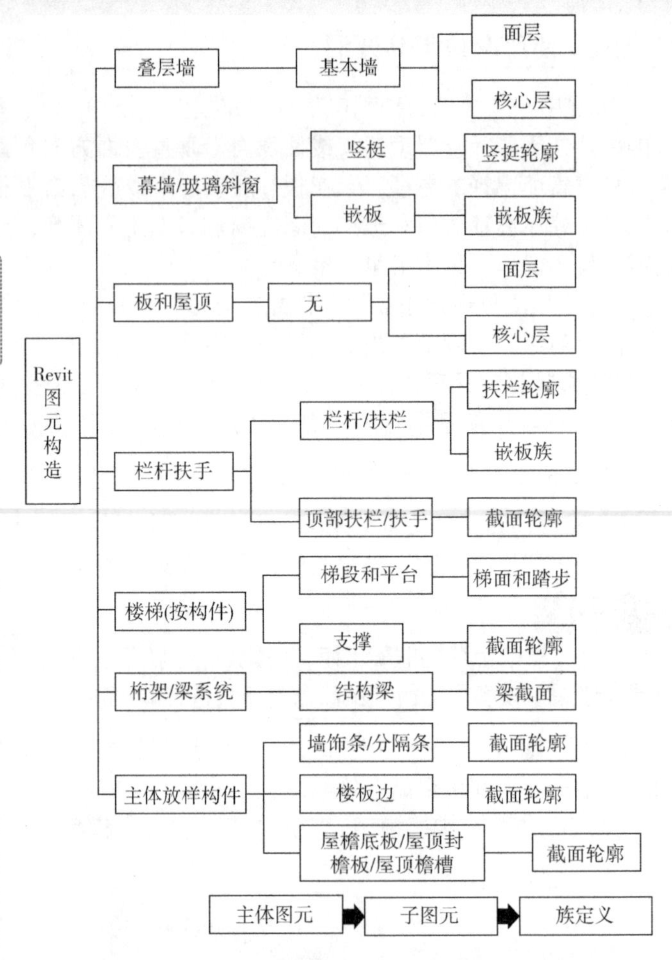

图 13-9

Step04 桁架/梁系统：桁架/梁系统都由梁构件图元组成，两个都可以分解为独立的梁构件。选择桁架图元，单击修改上下文选项卡中“删除桁架族”命令，桁架转变为结构梁；选择梁系统图元，单击修改上下文选项卡中“删除梁系统”命令，梁系统转变为结构梁。以上过程均不可逆。

Step05 主体放样构件：主体放样构件均需基于主体设置，主体可以是墙、板、屋顶、模型线，位置主要由主体决定，构造形状由轮廓决定。在 Revit 中，仅“墙饰条”会采用轮廓对墙体进行剪切以得到凹槽的效果。

13.2.2 创建零件

零件功能是指将建筑模型图元分割成个别零件，可单独添加到明细表、标记、过滤和导出。

对于包含图层或子构件的构件层级图元（例如墙），将会为这些图层创建各个构造层级的零件。对于其他构件层级的图元，则创建一个单独的零件图元。在任一情况下，生成的零件随后都可以分割成更小的零件。

自动更新零件，以反映对从中衍生的图元所做的任何修改，修改零件对原始图元没有任何影响。

13.3 本章小结

本章汇总了 Revit 模型系统的组成架构，并介绍了细分模型和模型组成，为精细化管理和项目风险量化成本控制做基础。系统了解 Revit 中各类图元的组成方式，可以更加灵活地对图元进行编辑与自定义，真正达到 BIM 一切的能力。

至此，完成了 Revit 中最为复杂，也是 BIM 工作中最为基础的模型创建部分。接下来，将继续利用 Revit 完成视图控制、添加注释等工作。

第 3 篇 图纸深化设计

第二篇中介绍如何使用 Revit 的建模功能创建建筑设计模型，并完成了综合楼项目的三维模型。在本篇中将继续使用第二篇中完成的综合楼模型，利用 Revit 的视图、注释和图纸功能完成图纸的深化设计，实现施工图出图和打印。

本篇共 5 章，详细地介绍了如何控制和修改施工图中所需各类视图，修改视图中各图元的投影、截面线型，并向视图中添加尺寸标注、文字注释等信息，以实现图纸的表达。同时在本篇中，还将介绍如何使用 Revit 的明细表功能统计各类图元对象，实现门窗表等在施工图中的要素，最后实现图纸的布置和出图。

第14章 对象管理及视图控制

要在 Revit 中创建施工图，必须根据施工图表达需要设置各视图属性，控制视图中各类模型对象的显示，修改各类模型图元在各视图中的截面、投影的线型、打印线宽、颜色等图形信息。Revit 允许用户可以根据出图需要自定义各类对象在视图中的显示样式，并根据需要生成各类视图。

14.1 对象样式管理

我们知道在 AutoCAD 中是通过“图层”进行图形的分类管理、显示控制、样式设定的。而 Revit 放弃了图层的概念，采用“对象类别与子类别”系统替代图层进行建筑信息模型的组织和管理。Revit 中各图元实例都隶属于“族”，而各种“族”则隶属于不同的对象类别，如墙、门、窗、柱、楼梯这些实际建筑中存在的模型对象类别，以及标注、文字、符号等注释对象类别。以综合楼项目为例，所有窗图元实例都属于“窗”对象类别。而每一个“窗”对象，都由更详细的“子类别”图元构成，如洞口、玻璃、框架/竖梃等，如图 14-1 所示。这种图形对象管理方式实际上是把建筑对象进行拆解，并和实际建筑的构成方式保持一致，然后分门别类进行管理，这与“建筑信息模型”这一概念达到了很好的统一。

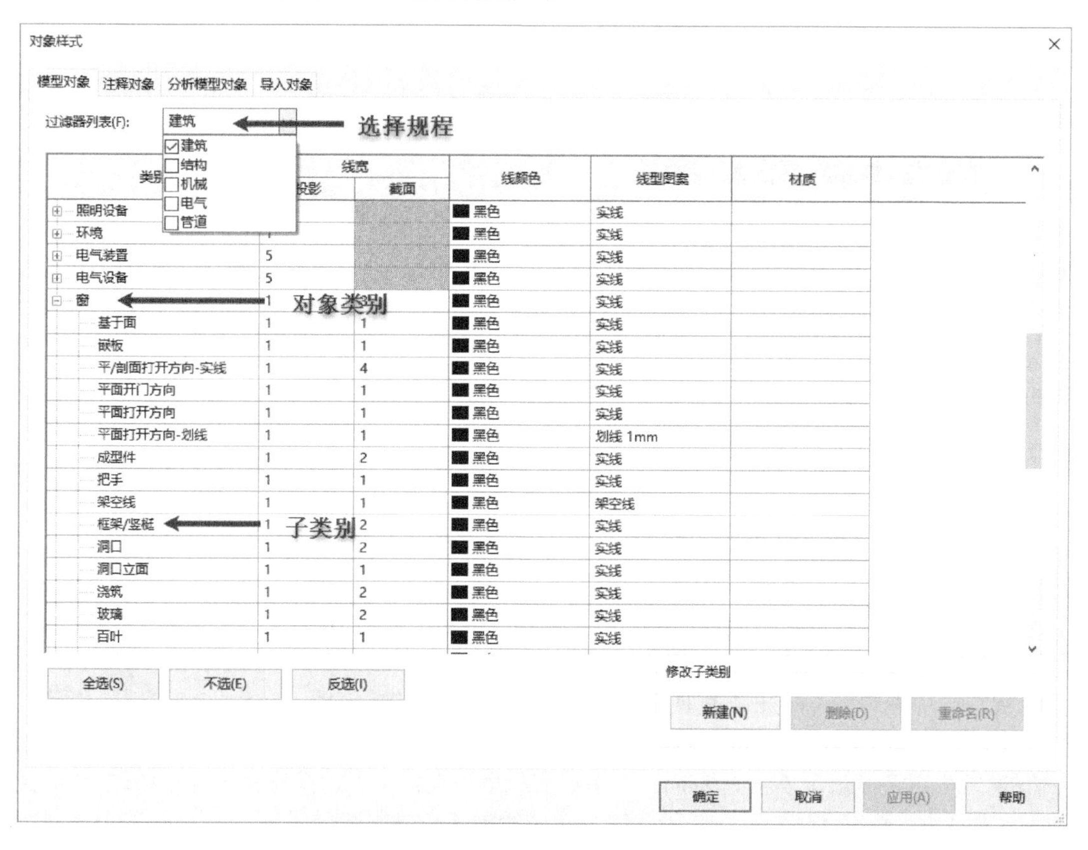

图 14-1

Revit 中实现上述管理方式主要通过“对象样式”及“可见性/图形替换”工具来实现。“对象样式”工具可以全局查看和控制当前项目中“对象类别”和“子类别”的线宽、线颜色、线型图案和材质等，如图 14-1 所示。“可见性/图形替换”则可以在各个视图中对图元进行针对性的可见性控制、显示替换等操作。

提 示

规程是 Revit 用于区分不同设计专业间模型对象类别而设置。Revit 支持显示的规程有：建筑、结构、机械、电气和管道共五种规程。在过滤器列表中可以选择所需要的规程，过滤掉其他规程中的模型对象。

下面将详细介绍 Revit 中“对象样式”管理的方法和过程，常规步骤为：线型与线宽设置、对象样式设置。

14.1.1 线型与线宽设置

通过设置 Revit 中线型、线宽等，用于控制各类模型对象在视图中投影线或截面线的图形表现。“线宽”和“线型”的设置适合于所有类别的图元对象。“线型”是由一系列基本单元沿线长度方向上重复形成的线型图案。而“线宽”则反映视图中生成的线的打印宽度值。

在 Revit 中主要通过“线样式”“线宽”“线型图案”三个工具来达到设置线型与线宽的目的。“线宽”工具用来设定图形的打印宽度，“线型图案”用来设定线型，“线样式”则是综合“线宽”和“线型图案”及“线颜色”几个条件的线样式组合。

下面以综合楼项目为例，说明设置线型与线宽的方法与步骤。

Step 01 打开随书文件“第 14 章\rvt\14-1-0.rvt”项目文件，该项目显示综合楼项目模型。切换至 F1 楼层平面视图，单击“管理”选项卡“设置”面板中“其他设置”下拉列表，在列表中选择“线型图案”选项，打开“线型图案”对话框，如图 14-2 所示。

Step 02 在“线型图案”对话框列表中显示当前项目中所有可用线型图案名称和线型图案预览。单击“新建”按钮，弹出“线型图案属性”对话框，如图 14-3 所示，在“名称”栏中输入“GB 轴网线”作为新线型图案的名称。在线型图案定义中，定义第 1 行类型为“划线”，值为 12mm；设置第 2 行类型为“空间”，值为 3mm；设置第 3 行类型为“划线”，值为 1mm；设置第 4 行类型为“空间”，值为 3mm。设置完成后单击“确定”按钮返回“线型图案”对话框。再次单击“确定”按钮退出“线型图案”对话框。

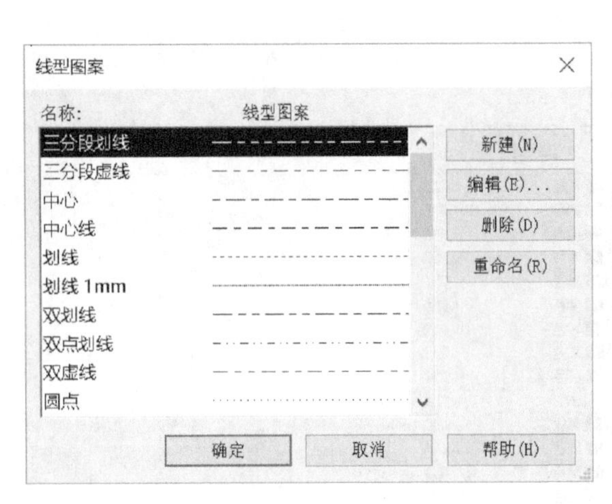

图 14-2

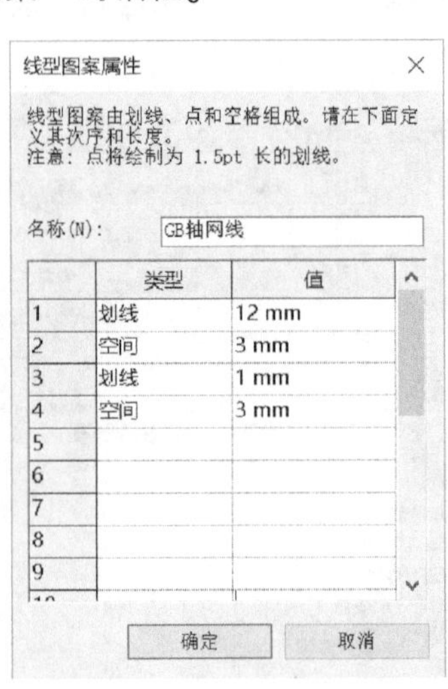

图 14-3

提 示

线型图案必须以“划线”或“圆点”形式开始。线型类型“值”都均指打印后图纸上的长度值。在视图不同比例下，Revit 会自动根据视图比例缩放线型图案。

Step 03 选择视图中任意轴线，打开“类型属性”对话框。修改“轴线中段”为“自定义”，修改“轴线中段填充图案”线型为上一步中创建的“GB 轴网线”线型名称，其余参数设置如图 14-4 所示。需注意的是，“轴线中段宽度”值的“2”并不代表其宽度是 2mm，而是线宽代号，其含义见本操作第 5)步。单击“确定”按钮退出“类型属性”对话框，Revit 将使用“GB 轴网线”重新绘制所有轴网图元。

Step 04 单击“管理”选项卡“设置”面板中“其他设置”下拉列表，在列表中选择“线宽”选项，打开“线宽”对话框，如图 14-5 所示。可以分别为模型类别对象线宽、三维透视视图线宽和注释类别对象线宽进行设置。

Step 05 Revit 共为每种类型的线宽提供 16 个设置值。在“模型线宽”选项卡中，代号 1～16 代表视图中各线宽的代号，可以分别指定各代号线宽在不同视图比例下的线的打印宽度值。单击“添加”按钮，可以添加视图比例，并指定在该视图比例下，各代号线宽的值。本处保持样本文件中线宽值，不做改动。

Step 06 切换至“透视视图线宽”和“注释线宽”选项卡，选项中分别列举了模型图元对象在透视图中显示的线宽和注释图元，如尺寸标注、详图线等二维对象的线宽设置。同样以 1～16 代号代表不同的线宽，按照

图 14-5所示，把“注释线宽”的各编号下线宽值进行修改。例如图 14-6 中显示的轴网线宽为“2”，表示各比例下打印宽度值为 0.18mm（细线）。单击“确定”按钮退出“线宽”对话框。保存该文件，或参见随书文件“第 14 章\练习文件\rvt\14-1-1.rvt”项目文件查看最终结果。

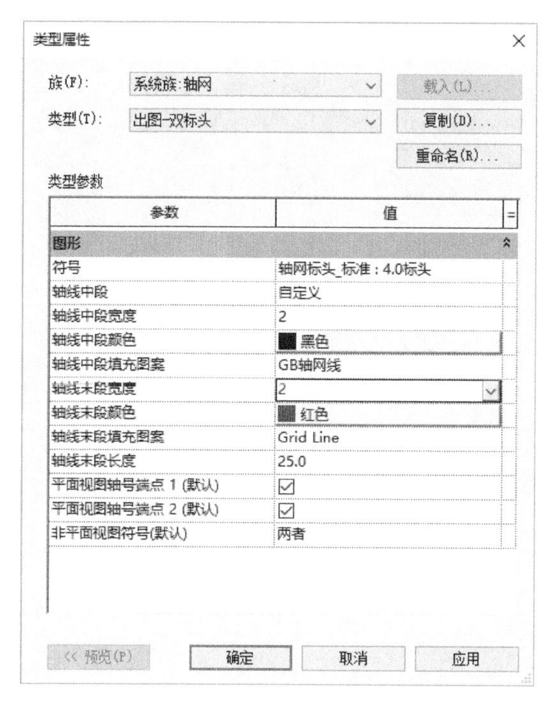

参数	值
图形	
符号	轴网标头_标准：4.0标头
轴线中段	自定义
轴线中段宽度	2
轴线中段颜色	黑色
轴线中段填充图案	GB轴网线
轴线末段宽度	2
轴线末段颜色	红色
轴线末段填充图案	Grid Line
轴线末段长度	25.0
平面视图轴号端点 1 (默认)	☑
平面视图轴号端点 2 (默认)	☑
非平面视图符号(默认)	两者

图 14-4

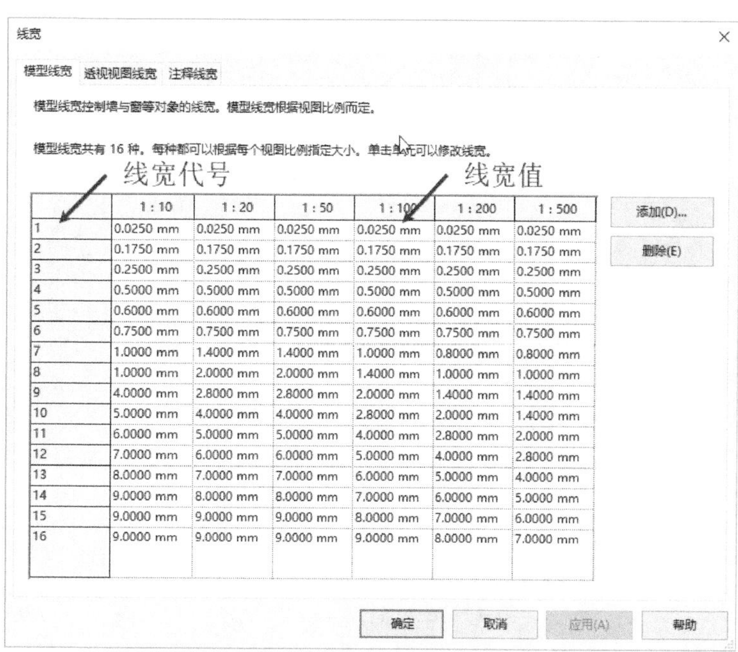

	1:10	1:20	1:50	1:100	1:200	1:500
1	0.0250 mm	0.0250 mm	0.0250 mm	0.0250 mm	0.0250 mm	0.0250 mm
2	0.1750 mm	0.1750 mm	0.1750 mm	0.1750 mm	0.1750 mm	0.1750 mm
3	0.2500 mm	0.2500 mm	0.2500 mm	0.2500 mm	0.2500 mm	0.2500 mm
4	0.5000 mm	0.5000 mm	0.5000 mm	0.5000 mm	0.5000 mm	0.5000 mm
5	0.6000 mm	0.6000 mm	0.6000 mm	0.6000 mm	0.6000 mm	0.6000 mm
6	0.7500 mm	0.7500 mm	0.7500 mm	0.7500 mm	0.7500 mm	0.7500 mm
7	1.0000 mm	1.4000 mm	1.4000 mm	1.0000 mm	0.8000 mm	0.8000 mm
8	1.0000 mm	2.0000 mm	2.0000 mm	1.4000 mm	1.0000 mm	1.0000 mm
9	4.0000 mm	2.8000 mm	2.8000 mm	2.0000 mm	1.4000 mm	1.4000 mm
10	5.0000 mm	4.0000 mm	4.0000 mm	2.8000 mm	2.0000 mm	1.4000 mm
11	6.0000 mm	5.0000 mm	5.0000 mm	4.0000 mm	2.8000 mm	2.0000 mm
12	7.0000 mm	6.0000 mm	6.0000 mm	5.0000 mm	4.0000 mm	2.8000 mm
13	8.0000 mm	7.0000 mm	7.0000 mm	6.0000 mm	5.0000 mm	4.0000 mm
14	9.0000 mm	8.0000 mm	8.0000 mm	7.0000 mm	6.0000 mm	5.0000 mm
15	9.0000 mm	9.0000 mm	9.0000 mm	8.0000 mm	7.0000 mm	6.0000 mm
16	9.0000 mm	9.0000 mm	9.0000 mm	9.0000 mm	8.0000 mm	7.0000 mm

图 14-5

Revit 会自动根据视图比例在视图中缩放显示线型图案和线宽，以保障最终出图打印时不同比例下线型图案和线宽完全相同。项目中的线型和线宽设置继承于项目样板并随项目文件一同存储。为避免在不同项目中多次设置调整线型、线宽这类基础信息，可以在项目样板中定义和设置这些内容。关于样板更多信息，参见本书第 20 章相关内容。

线宽

模型线宽　透视视图线宽　注释线宽

注释线宽控制剖面和尺寸标注等对象的线宽。注释线宽与视图比例和投影方法无关。

可以自定义 16 种注释线宽。单击一个单元可以修改相关线宽。

1	0.1400 mm
2	0.1800 mm
3	0.2500 mm
4	0.5000 mm
5	0.6000 mm
6	0.7500 mm
7	1.0000 mm
8	1.4000 mm
9	2.0000 mm
10	2.8000 mm
11	4.0000 mm
12	5.0000 mm
13	6.0000 mm
14	7.0000 mm
15	8.0000 mm
16	10.0000 mm

图 14-6

14.1.2 对象样式设置

可以针对 Revit 中的各对象类别和子类别分别设置截面和投影线型、线宽，来调整模型在视图中显示样式。下面为综合楼项目设置对象样式，调整各类别对象在视图中的显示样式。

Step01 接上节项目文件。切换至 F2 楼层平面视图，单击“管理”选项卡“设置”面板中“对象样式”按钮，打开“对象样式”对话框。该对话框中根据图元对象类别分为模型对象、注释对象和导入对象三个选项卡。分别用于控制模型对象类别、注释对象类别和导入对象类别的对象样式。

Step02 如图 14-7 所示，确认当前选项卡为“模型对象”选项卡。在过滤器列表中选择建筑，列出所有当前建筑规程中的对象类别。并分别显示各类别的投影线宽、截面线宽（如果该类别对象允许剖切显示）、颜色、线型图案及默认材质。

Step03 如图 14-8 所示，浏览至“楼梯”类别，确认“楼梯”类别，“投影”线宽代号为 2，修改“截面”线宽代号为 2，即楼梯投影和被剖切时其轮廓图形均显示和打印为 2 号线宽（参见上一节线宽设置中模型线宽设置）；确认“线型图案”为“实线”。单击“楼梯”类别前“+”展开楼梯子类别，分别修改楼梯子类别颜色为“黄色”，其他参数不变。

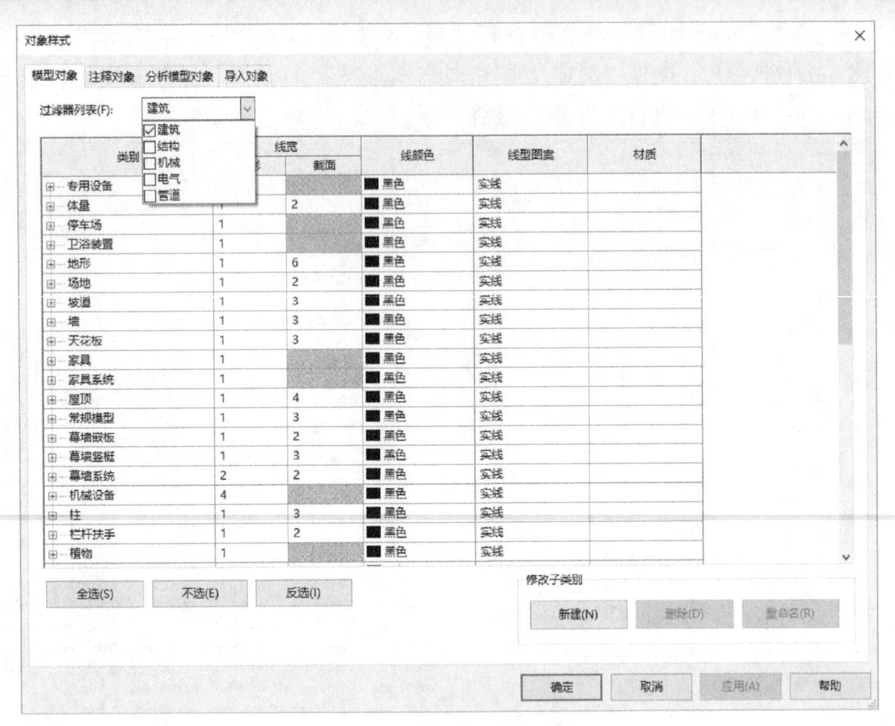

类别	线宽 投影	线宽 截面	线颜色	线型图案	材质
专用设备			黑色	实线	
体量	1	2	黑色	实线	
停车场	1		黑色	实线	
卫浴装置	1		黑色	实线	
地形	1	6	黑色	实线	
场地	1	2	黑色	实线	
坡道	1	3	黑色	实线	
墙	1	3	黑色	实线	
天花板	1	3	黑色	实线	
家具	1		黑色	实线	
家具系统	1		黑色	实线	
屋顶	1	4	黑色	实线	
常规模型	1	3	黑色	实线	
幕墙嵌板	1	2	黑色	实线	
幕墙竖梃	1	3	黑色	实线	
幕墙系统	2	2	黑色	实线	
机械设备	4		黑色	实线	
柱	1	3	黑色	实线	
栏杆扶手	1	2	黑色	实线	
植物	1		黑色	实线	

图 14-7

类别	线宽		线颜色	线型图案	材质
	投影	截面			
柱	1	3	黑色	实线	
栏杆扶手	1	2	黑色	实线	
植物	1		黑色	实线	
楼板	1	1	黑色	实线	
楼梯	2	2	黄色	实线	
<高于> 剪切标记	1	1	黄色	架空线	
<高于> 支撑	1	1	黄色	架空线	
<高于> 楼梯前缘线	1	1	黄色	架空线	
<高于> 踢面线	1	1	黄色	架空线	
<高于> 轮廓	1	1	黄色	架空线	
剪切标记	1	3	黄色	实线	
支撑	1	1	黄色	实线	
楼梯前缘线	1	3	黄色	实线	
踢面/踏板	1	3	黄色	实线	
踢面线	1	1	黄色	架空线	
轮廓	1	3	黄色	实线	
隐藏线	1	1	黄色	划线	
橱柜	1	3	黑色	实线	
照明设备	4		黑色	实线	
环境	1		黑色	实线	

图 14-8

Step 04 如图 14-9 所示，确认当前选项卡为“注释对象”选项卡。浏览至“楼梯路径”类别。单击“楼梯路径”类别前“+”展开楼梯路径子类别，分别修改楼梯路径子类别“向上箭头”和“向下箭头”颜色为“绿色”，确认线宽值为 2，其他参数不变。单击“确定”按钮退出“对象样式”对话框。

类别	线宽 投影	线颜色	线型图案
材质标记	1	黑色	实线
标高标头	1	黑色	实线
栏杆扶手标记	1	黑色	
植物标记	1	黑色	实线
楼板标记	1	黑色	实线
楼梯平台标记	1	黑色	
楼梯支撑标记	1	黑色	
楼梯标记	1	黑色	实线
楼梯梯段标记	1	黑色	
楼梯路径	1	绿色	实线
<高于> 向上箭头	1	黑色	架空线
向上箭头	1	绿色	实线
向下箭头	1	绿色	实线
文字(向上)	1	黑色	实线
文字(向下)	1	黑色	实线
楼梯踏板/踢面数	1	黑色	
橱柜标记	1	黑色	实线
注释记号标记	1	黑色	
照明设备标记	1	黑色	实线
电气装置标记	1	黑色	实线

图 14-9

Step05 Revit 按对象样式重新显示视图中楼梯图元，如图 14-10 所示。切换至其他楼层平面视图，观察 Revit 已经更新各视图中的楼梯显示样式。

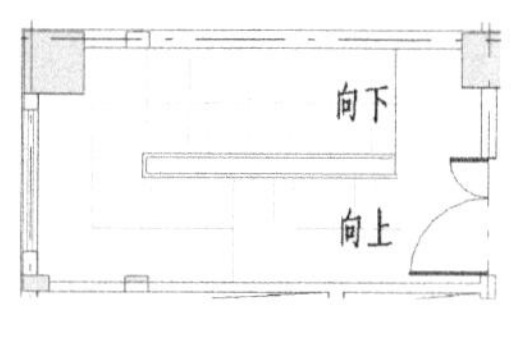

图 14-10

提 示

线宽显示需要取消细线模式，否则在细线模式下所有线宽均为细线。

Step06 切换至 F1 楼层平面视图。打开“对象样式”对话框，选择“模型对象”选项卡，展开“扶手”类别，修改“扶手”子类别中“<高于>顶部扶栏”和“顶部扶栏”颜色为“紫色”；修改“窗”类别及其“框架/竖梃”子类别均为“蓝色”；修改“门”类别及其“嵌板”和“框架/竖梃”子类别颜色均为蓝色；修改“幕墙嵌板”类别及其“玻璃”子类别颜色均为“蓝色”；修改“幕墙竖梃”类别颜色为“蓝色”；不修改其投影和截面线宽及线型。

Step07 切换至“注释对象”选项卡。修改类别列表中“轴网标头”类别颜色为“绿色”，不修改投影线宽和线型图案。设置完成后单击“确定”按钮退出“对象样式”对话框。

Step08 Revit 按对象类型设置值重新显示视图中图元。如图 14-11 所示，注意轴网标头中圆圈轮廓颜色修改为绿色，而文字的颜色不变。切换至南立面视图，注意立面视图中图元对象投影样式同样被修改。

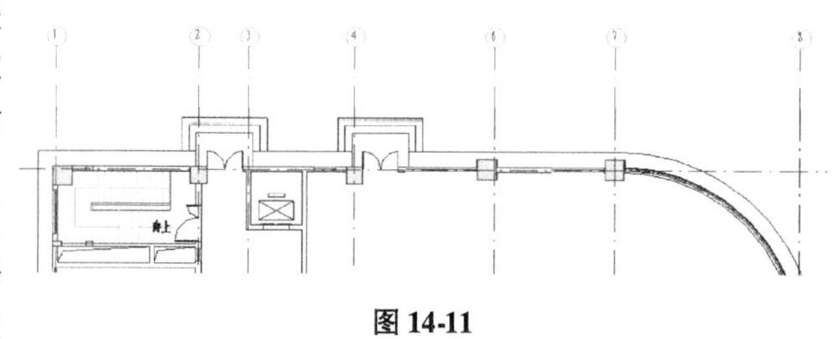
图 14-11

提 示

轴网标头中文字的颜色取决于轴网标头族中标签文字类型属性中设置的文字颜色。该特性也适用于其他标签中的文字。关于族的详细内容，请参见本书第 20 章相关内容。

Step09 切换至默认三维视图。三维视图中模型对象同样投影线颜色同样被修改。打开“对象样式”对话框。展开“模型对象”选项卡中“墙”类别。单击“修改子类别”栏目中“新建”按钮，弹出如图 14-12 所示的“新建子类别”对话框，在“名称”栏中输入“檐口”作为子类别名称；确认“子类别属于”墙类别。完成后单击“确定”按钮返回“对象样式”对话框。

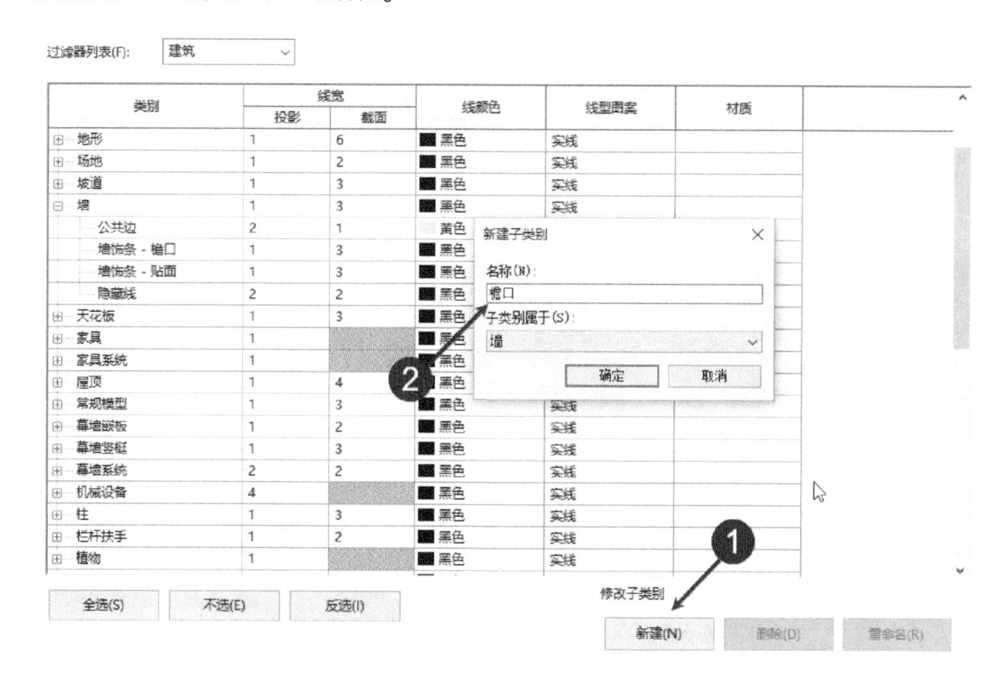

图 14-12

Step10 如图 14-13 所示，墙子类别中，新添加了名称为“檐口”的新子类别。确认“檐口”子类别“投影线宽”线宽代号为 2，修改“截面线宽”线宽代号为 3；修改“线颜色”为“黄色”，线型图案为“实线”。设置完成后单击“确定”按钮退出“对象样式”对话框。

类别	线宽		线颜色	线型图案	材质
	投影	截面			
专用设备	1		黑色	实线	
体量	1	2	黑色	实线	
停车场	1		黑色	实线	
卫浴装置	1		黑色	实线	
地形	1	6	黑色	实线	
场地	1	2	黑色	实线	
坡道	1	3	黑色	实线	
墙	1	3	黑色	实线	
公共边	2	1	黄色	实线	
墙饰条 - 檐口	1	3	黑色	实线	
墙饰条 - 贴面	1	3	黑色	实线	
檐口	2	3	黄色	实线	
隐藏线	2	2	黑色	划线	
天花板	1	3	黑色	实线	
家具	1		黑色	实线	
家具系统	1		黑色	实线	
屋顶	1	4	黑色	实线	
常规模型	1	3	黑色	实线	
幕墙嵌板	1	2	黑色	实线	
幕墙竖梃	1	3	黑色	实线	

图 14-13

Step⑪选择任意檐口模型图元，打开“类型属性”对话框。如图 14-14 所示，修改“墙的子类别”参数为“檐口”，该子类别是第 8) 步操作中新添加的子类别。完成后单击“确定”按钮退出“类型属性”对话框。注意观察视图中檐口边缘投影线的变化。

Step⑫使用类似的方式，分别修改门、窗模型对象的线宽为投影和截面线宽均为 1（细线），类别及子类别中的线颜色均为蓝色。

Step⑬保存该文件或参见随书文件“第 14 章\练习文件\rvt\14-1-2.rvt”项目文件查看最终结果。

Revit 允许为任何模型对象类别和绝大多数注释对象类别创建“子类别”。但不允许在项目中新建对象类别，对象类别被固化在“规程”中。使用族编辑器自定义族时，可以在族编辑器中为该族中各模型图元创建该族所属对象的子类别。在项目中载入带有自定义的子类别族时，族中的子类别设置也将同时显示在项目中对应的对象类别下。

使用“对象样式”对话框默认是对项目中所有视图对象表现样式进行设置和修改。Revit 也可以针对特定视图或视图中特定图元指定对象显示样式：

选择需要修改的图元后，单击鼠标右键，在弹出右键菜单中选择“替换视图中的图形→按图元”选项，可以打开“视图专有图元图形”对象样式设置对话框。如图 14-15 所示，可以分别修改各线型的可见性、线宽、颜色和线型图案。限于篇幅不再赘述，请读者自行尝试。

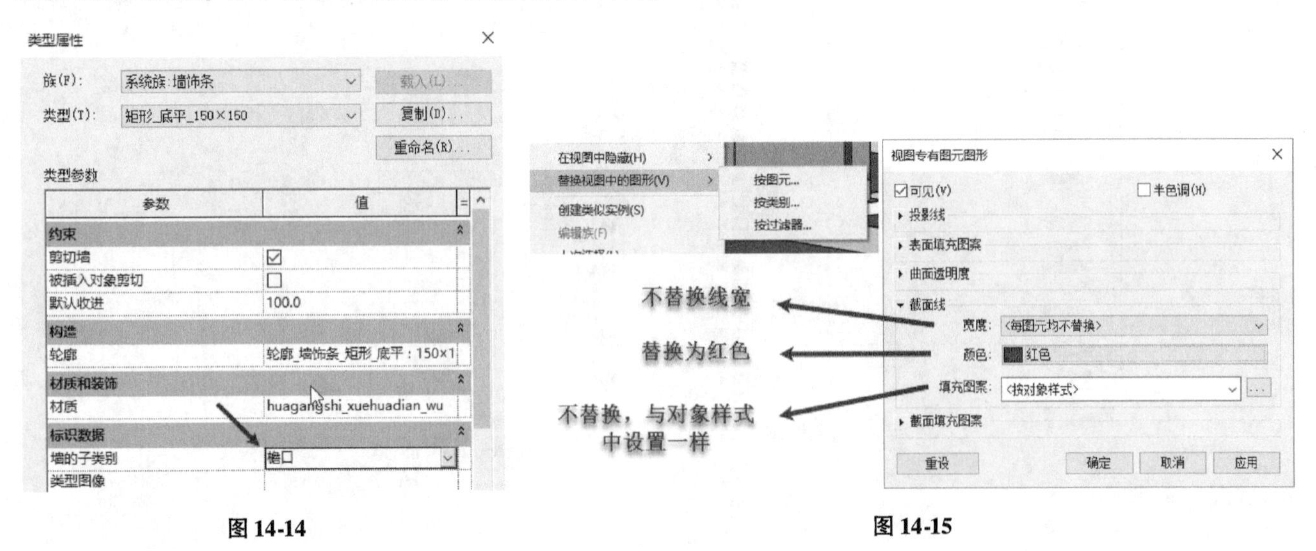

图 14-14　　　　图 14-15

14.2 视图控制

Revit 中视图是查看项目的窗口。视图按显示类别可以分为：平面视图、立面视图、剖面视图、详图索引视图、三维视图、图例视图、明细表视图共 7 大类视图。除明细表视图以明细表的方式显示项目的统计信息外，这些视图显示的图形内容均来自于项目三维建筑设计模型的实时剖切轮廓截面或投影，并可以包含尺寸标注、文字等注释类信息。

可以根据需要控制各视图的显示比例、显示范围，设置视图中对象类别和子类别的可见性。

14.2.1 视图显示属性

使用视图“属性”面板，可以调整视图的显示范围、显示比例等。接下来，继续设置综合楼视图属性，学习控制 Revit 视图属性的方法。

Step01 接上节练习。切换至 F2 楼层平面视图。该视图只显示模型 F2 标高模型投影和截面，确认不选择任何图元，“属性”面板中将显示当前视图的实例属性。

Step02 如图 14-16 所示，修改“属性”面板图形参数分组中设置基线参数：“范围：底部标高”为“F1”，“范围：顶部标高”为“F2”，“基线方向”为“俯视”，即在当前视图中显示 F1 层模型基线。注意 Revit 将在当前视图中以基线的方式显示 F1 标高图元。

Step03 再次修改“基线”中底部标高为“无”，即不在当前视图中显示其他标高的图元。确认“视图比例”为 1:100，“显示模型”为“标准”，设置“详细程度”为“粗略”，这些参数的含意与第 2 章中介绍的视图底部“视图显示控制栏”中内容完全相同。设置“墙连接显示”为“清理所有墙连接”，该选项仅当设置视图详细程度为粗略时才有效；确认视图“规程”为“建筑”，不修改其他参数。完成后单击“应用”按钮应用该设置。如图 14-17 所示，注意此时视图中不再显示基线图形和视图中墙截面显示的变化。

Step04 如图 14-18 所示，单击范围参数分组中“视图范围”后的“编辑”按钮，打开“视图范围”对话框。

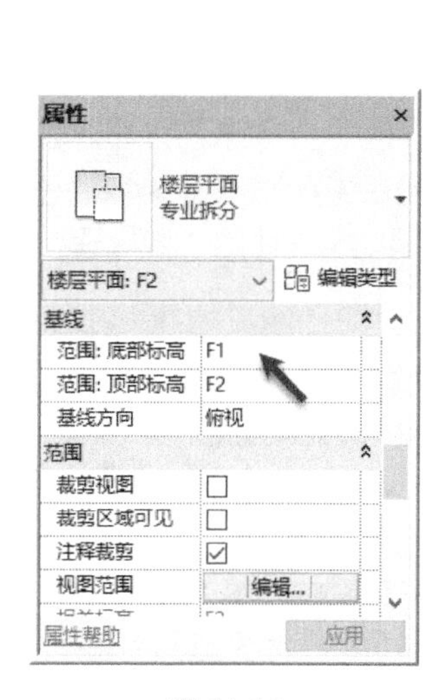

图 14-16

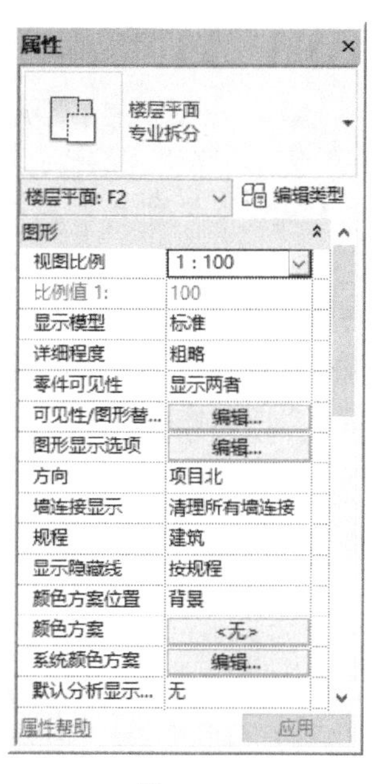

图 14-17

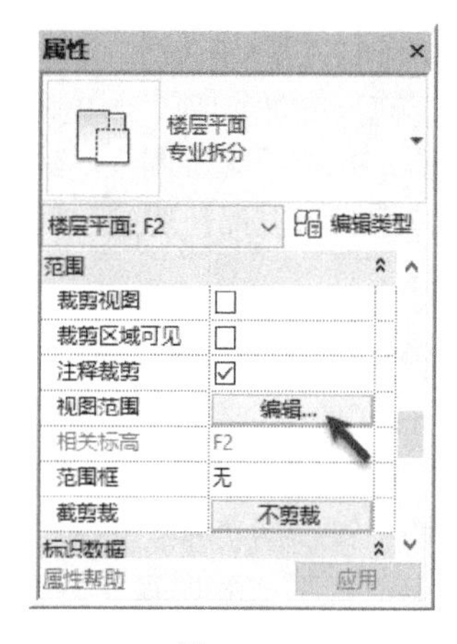

图 14-18

Step05 如图 14-19 所示，修改主要范围中顶部标高为“相关标高 F2”，偏移量为 3000；设置“剖切面”偏移值为 1200，设置底部为“相关标高 F2”，偏移值为 0；设置“视图深度”栏中“标高”为“相关标高（F2）”，设置“偏移量”值为 0。单击“确定”按钮退出“视图范围”对话框。注意当前视图中图元的显示。

Step06 再次打开“视图范围”设置对话框，修改“视图深度”标高值为“标高之下（F1）”，修改偏移值为 -450，单击确定按钮退出“视图范围”对话框，注意 Revit 将显示 F1 标高中相关室外台阶、散水等图元。

Step07 单击“管理”选项卡“设置”面板中“其他设置”下拉列表，在列表中选择“线样式”选项，打开“线样式”对话框。如图 14-20 所示，修改线“<超出>”子类别线宽代号

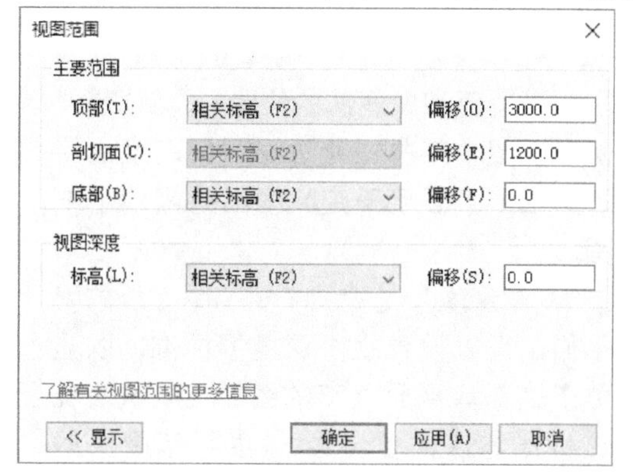

图 14-19

为 1；修改线颜色为紫色；修改“线型图案”为“实线”。设置完成后单击“确定”按钮退出“线样式”对话框。注意视图中“F1”标高以下模型在当前视图中散水等均显示为紫色细线。

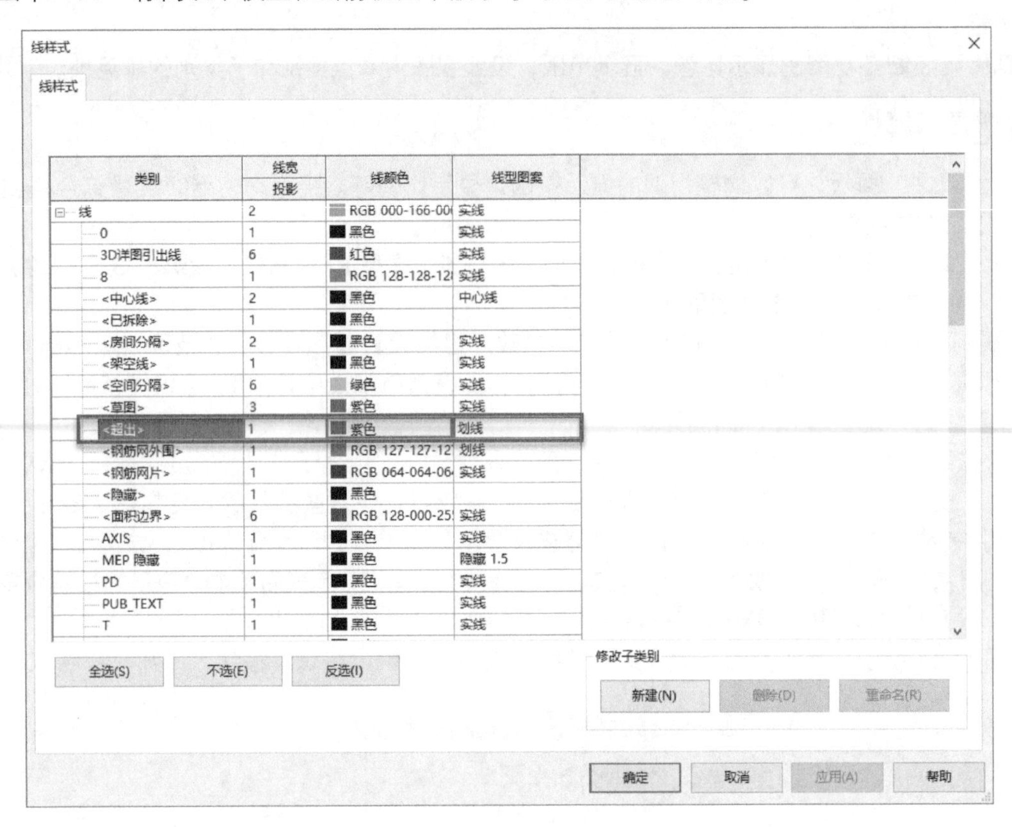

图 14-20

提 示

在“线样式”对话框中，可以新建用户自定义的线子类别。线子类别带尖括号“< >”的子类别为系统内置线子类别，Revit 不允许用户删除或重命名系统内置子类别。线子类别用于在使用“线处理”工具模型线型或使用“详图线”工具在视图中绘制二维详图时可使用的线类型。

Step 08 继续打开 F2 楼层平面视图“视图范围”对话框，修改视图深度为“相关标高 F2”，偏移值为 0。完成之后单击“确定”按钮退出视图范围对话框。注意当前视图中所有 F1 标高中图元已经消失。

Step 09 保存该文件或打开随书文件“练习文件\第 14 章\rvt\14-2-1.rvt”项目文件查看最终结果。

在 Revit 中平面视图的产生都是通过一个水平面剖切建筑并投影而成，这与实际中工程制图的原理相符合。控制视图的剖切位置、剖切后投影的可见范围是通过“视图范围”工具来实现的，每个楼层平面视图和天花板平面视图都具有“视图范围”属性，该属性也称为可见范围。“视图范围”由“主要范围”和“视图深度”两部分构成。

如图 14-21 所示，“主要范围”由“顶部平面”“剖切面”和“底部平面”构成，“顶部平面”和“底部平面”用于指定视图范围的最顶部和最底部的位置。“剖切面”是确定视图中某些图元可视剖切高度的平面。这三个平面用于定义视图范围的主要范围。

“视图深度”是视图主要范围之外的附加平面。可以设置视图深度的标高，以显示位于底裁剪平面之下的图元。默认情况下该标高与底部重合，“主要范围”的“底”不能超过“视图深度”设置的范围。

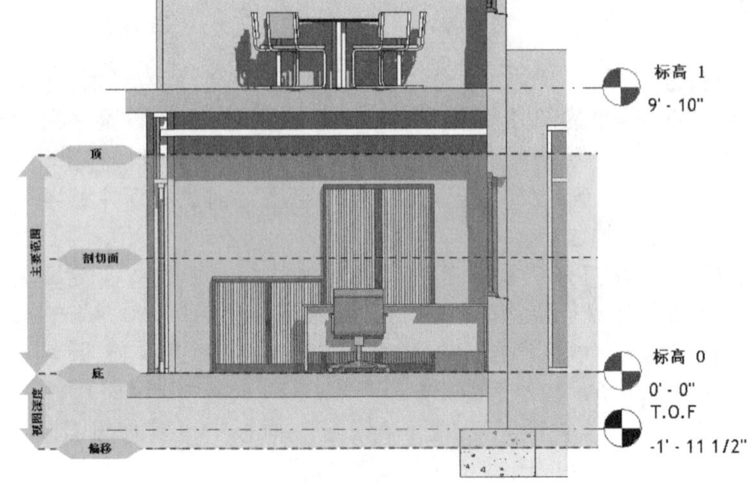

图 14-21

主要范围和视图深度范围外的图元不会显示在平面视图中，除非设置视图实例属性中“基线”参数。

在平面视图中，Revit 将使用“对象样式”中定义的投影线样式绘制属于视图“主要范围”内未被“剖切面”截断图元，使用截面线样式绘制被“剖切面”截断的图元；对于“视图深度”范围内图元使用“线样式”对话框中定义的“<超出>”线子类别绘制。注意并不是“剖切面”平面经过的所有主要范围内图元对象都会显示为截面，只有允许剖切的对象类别才可以绘制为截面线样式。

“基线”是在当前平面视图下显示的其他楼层平面视图作为参考的范围位置。例如，如果想在 F2 层平面图中看到 F1 层平面图的模型图元，可以将“范围：底部标高”设置为“F1”，“范围：顶部标高”将自动设置为高于“底部标高”的标高，即“F2”。同时可以对“底部标高和顶部标高”设置不同层高范围，如图 14-22 所示，视图中的基线范围会随之改变到相对应标高内的模型线显示，基线在平面视图中以半色调显示。

在“基线”选项板上，选择“仰视”或“俯视”作为“基线方向”。如果“基线方向”设置为“俯视”，那么基线显示时就如同从上方查看平面视图一样进行查看。如果“基线方向”设置为“仰视”，那么基线显示时就如同从下方查看天花板投影平面一样以半色调的方式显示在当前平面视图中。如图 14-23 所示，下图表示“属性”选项板中基线的设置，其中 1 为“范围：基准标高”，2 为“范围：顶部标高”，3 为“仰视”，4 为“俯视”范围。

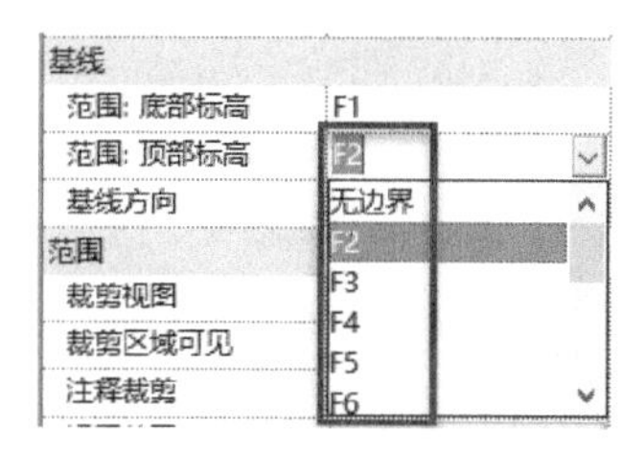

图 14-22

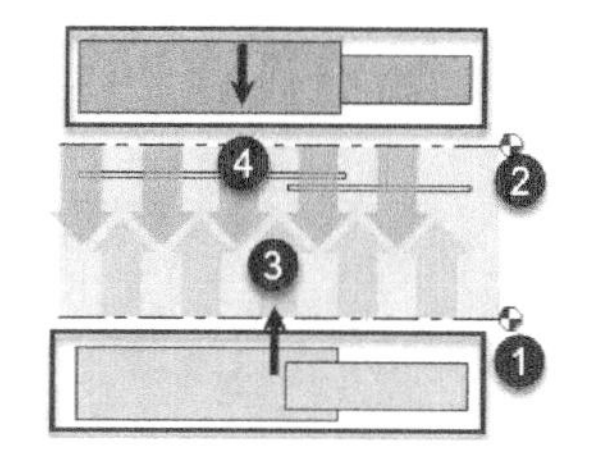

图 14-23

“规程”即项目的专业分类。项目视图的规程有：“建筑”“结构”“机械”“电气”“卫浴”或“协调”。Revit 将根据视图规程亮显属于该规程的对象类别，并以半色调的方式显示不属于本规程的图元对象，或者不显示不属于本规程的图元对象。比如选择“电气”将淡显建筑和结构类别的图元，选择“结构”将隐藏视图中的非承重墙。

使用“半色调/基线”对话框可以对“基线”视图及打开“规程”后图元的半色调显示样式进行更改。单击“管理”选项卡“设置”面板“其他设置”下拉列表，在列表中选择“半色调/基线”选项，打开如图14-24 所示“半色调/基线”对话框。在该对话框中，可以设置替换基线视图的线宽、线型填充图案、是否应用半色调显示以及半色调的显示亮度等。“半色调”的亮度设置同时将影响不同规程和“显示模型”方式为“作为基线”显示时图元对象在视图中的显示方式。

除使用视图“视图范围”对话框定义视图的显示范围外，Revit 还提供了“平面区域”工具，用于设置视图中控制指定区域的视图范围。如图14-25所示，在“视图”选项卡“平面视图”下拉列表中，选择平面区域，Revit 将进入“修改 | 创建平面区域边界”上下文选项卡。使用绘制工具绘制封闭的轮廓区域后，可以单击属性面板中“视图范围”单独指定该区域的视图范围。

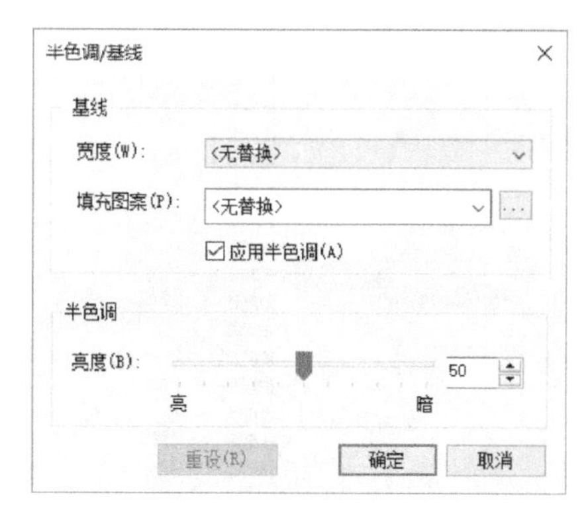

图 14-24

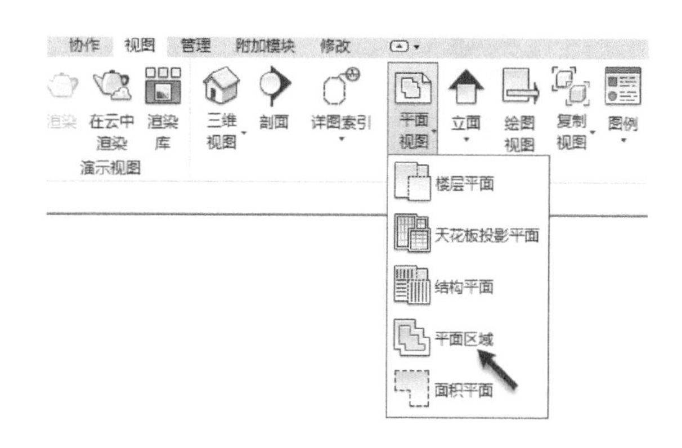

图 14-25

14.2.2 控制视图图元显示

可以控制图元对象在当前视图中显示或隐藏，用于生成符合施工图设计需要的视图。可以按对象类别控制对象在当前视图中显示或隐藏，也可以显示或隐藏所选择图元。在综合楼项目中，B1 楼层平面视图中楼梯样式显示不符合我国施工图制图标准，需调整视图中各图元对象的显示，以满足施工图纸的要求。

Step01 接上节练习。切换至 B1 楼层平面视图。单击“视图”选项卡“图形”面板中“可见性/图形”工具，打开“可见性/图形替换”对话框。与“对象样式”对话框类似，“可见性/图形替换”对话框中按模型类别、注释类别、分析模型类别、导入的类别和过滤器分为 5 个选项卡。

提 示

在应用链接和设计选项后，“可见性/图形替换”对话框中的选项卡还会提供关于 Revit 链接和设计选项的选项卡。

Step02 确认当前选项卡为“模型类别”，在可见性列表中显示当前规程中所有模型对象类别。如图 14-26 所示，展开“楼梯”类别，去除“<高于>剪切标记”“<高于>支撑”“<高于>楼梯前缘线”“<高于>踢面线”和“<高于>轮廓”子类别可见性复选框。

可见性	详细程度
☑ 楼板	按视图
☑ 楼梯	按视图
☐ <高于> 剪切标记	
☐ <高于> 支撑	
☐ <高于> 楼梯前缘线	
☐ <高于> 踢面线	
☐ <高于> 轮廓	
☑ 剪切标记	
☑ 支撑	
☑ 楼梯前缘线	
☑ 踢面/踏板	
☑ 踢面线	
☑ 轮廓	
☑ 隐藏线	

图 14-26

提 示

单击“可见性/图形替换”对话框中“对象样式”按钮将打开“对象样式”对话框。

Step03 使用类似的方式去除“扶手”类别中“<高于>扶手踢面线”“<高于>栏杆扶手截面线”和“<高于>顶部扶栏”子类别可见性复选框。Revit 将在当前视图中隐藏未被选中的对象类别和子类别中所有图元。

Step04 切换至“注释类别”选项卡，去除参照平面、参照线、参照点类别可见性复选框。设置完成后单击“确定”按钮退出“可见性/图元替换”对话框。注意视图中楼梯显示如图 14-27 所示。

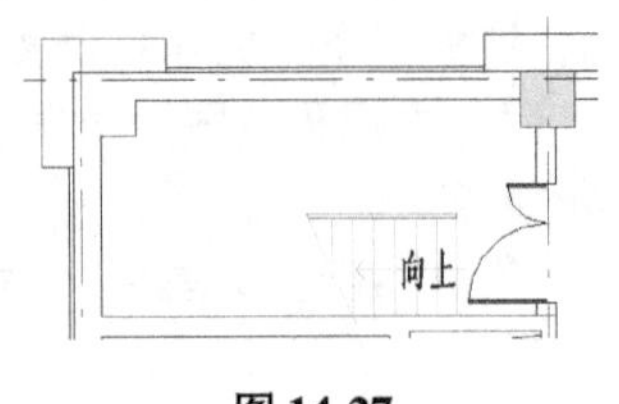

图 14-27

使用“可见性/图形替换”对话框除控制视图中图元对象的显示外，还可以控制替代当前视图中图元的表现方式。

Step05 切换至 F2 楼层平面视图，适当放大视图中任意结构柱，结构柱在视图中被剖切后截面填充图案显示为结构柱材质中定义的“截面填充图案”——混凝土图案。打开“可见性/图形替换”对话框，过滤器列表中勾选“结构”类别。如图 14-28 所示，在“模型对象”选项卡可见性类别中浏览至“结构柱”类别，单击“截

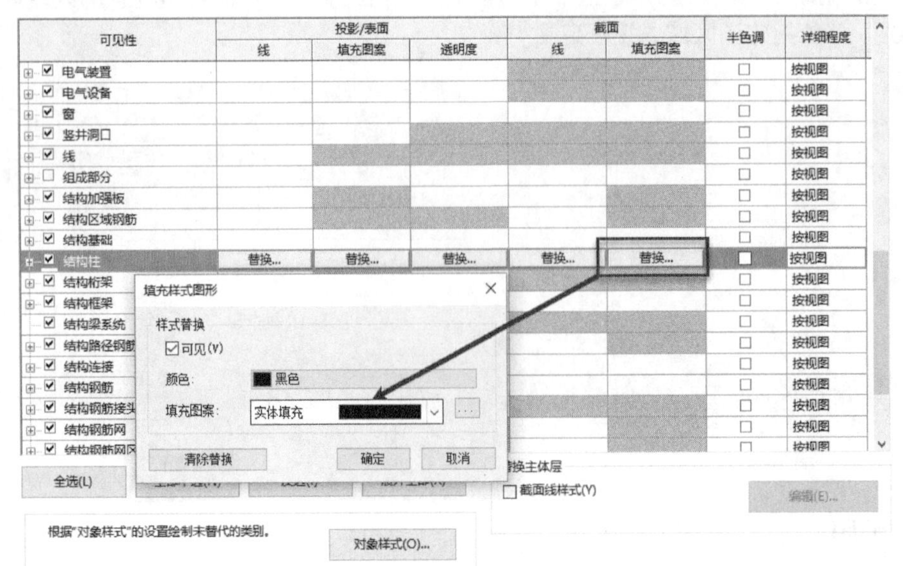

图 14-28

面填充图案”中“替换”按钮，弹出“填充样式图形”对话框。修改“颜色”为“黑色”，“填充图案”样式修改为“实体填充”，确认勾选“可见”选项，完成后单击“确定”按钮返回“可见性/图形替换”对话框。

Step06 单击“可见性/图形替换”对话框中“应用”按钮应用设置而不退出“可见性/图形”对话框。注意视图中所有结构柱截面均显示为涂黑填充样式。

Step07 勾选“可见性/图形替换”对话框底部“替换主体层”栏中“截面线样式”选项。单击“编辑”按钮打开“主体层线样式”对话框。如图 14-29 所示，修改“结构［1］”功能层“线宽”代号为 3，即显示为粗线，修改其他功能层“线宽”代号为 1，即显示为细线；确认“线颜色”均为黑色，“线型图案”均为“实心”。设置完成后单击“确定”按钮返回“可见性/图形替换”对话框。

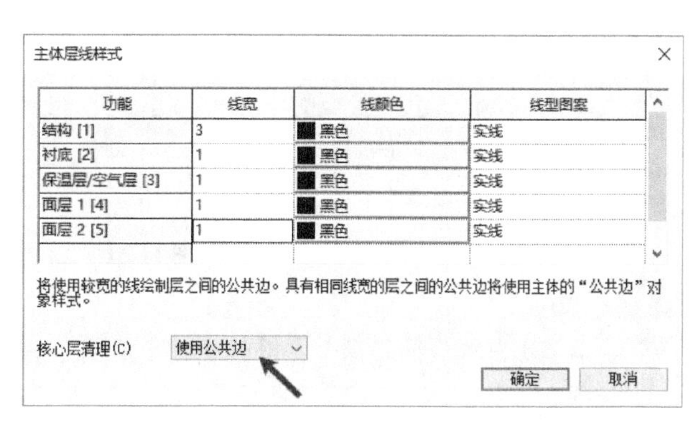

图 14-29

Step08 单击“墙”类别“详细程度”，修改墙“详细程度”为“精细”，即不论当前视图详细程度如何设置，墙都将按“精细”模式显示；单击墙“截面填充图案”中“替换”按钮，打开“填充样式图形”对话框中去除“可见”选项，完成后单击“确定”按钮返回“可见性/图形替换”对话框。

提 示

替换主体层设置不仅影响墙类别对象，同样可以对楼板、屋顶、天花板等对象进行相同的设置。

Step09 展开墙子类别，去除墙“公共边”子类别可见性。设置完成后单击“确定”按钮退出“可见性/图形替换”对话框。Revit 仅显示墙核心层和墙面，而隐藏墙类型定义中其他结构层。按类似的方式设置 F1 楼层平面视图墙显示状态，或者按照本章 14.3 节所述的方法创建视图样板，然后对其他楼层运用视图样板，达到快速设置的目的。

提 示

截图中使用了“细线”模式显示图形，所有定义的线宽均以细线来替代。使用“替换主体层”功能设置主体各功能结构替代线型，还同时适用于楼板、屋顶和天花板对象类别。

Step10 切换至 F2 楼层平面视图，打开“可见性/图形替换”对话框，切换至“注释对象”选项卡，去除参照平面、参照点、参照线、剖面、立面对象的可见性，隐藏视图中参照平面等注释对象。完成后单击“确定”按钮退出，隐藏视图中所有参照平面、立面符号和剖面符号对象。

Step11 切换至西立面视图，选择任意剖面，单击鼠标右键，在弹出如图 14-30 所示右键菜单中选择“在视图中隐藏→类别”选项，隐藏视图参照平面对象类别。使用相同的方式隐藏剖面对象类别。

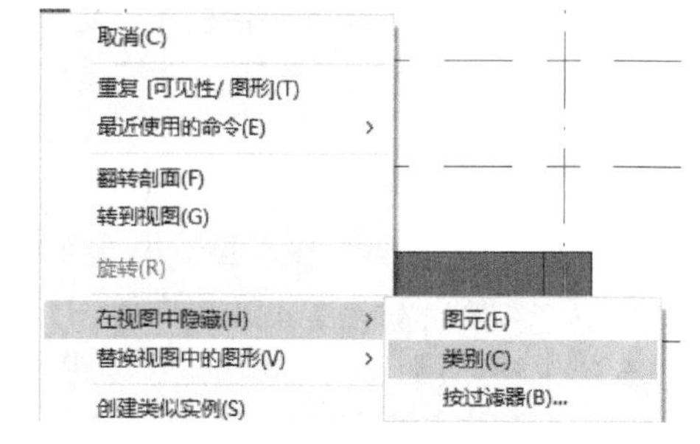

图 14-30

Step12 选择 B～H 轴线，单击鼠标右键，在弹出右键菜单中选择“在视图中隐藏→图元”选项隐藏所选择 B～H 轴线。切换至其他立面视图，使用相同的方式根据立面施工图出图需要隐藏视图中图元。

提 示

隐藏图元后，可单击视图底部视图控制栏中“显示隐藏的图元”按钮，Revit 将淡显其他图元并以红色显示已隐藏的图元。选择隐藏图元，单击鼠标右键，弹出右键菜单中选择“取消在视图中隐藏→类别或图元”即可恢复图元显示。再次单击视图控制栏中“显示隐藏的图元”按钮返回正常视图模式。

Step13 切换至 B1 楼层平面视图。如图 14-31 所示，单击“视图”选项卡“创建”面板中“范围框”工具。进入范围框绘制状态，修改选项栏“名称”为“隐藏立面轴网”，设置高度为 42m。

Step14 单击综合楼左上角外侧任意一点作为范围框起点，向综合楼右下角位置移动，直到综合楼右下角外侧空白位置单击鼠标完成范围框，包围综合楼范围绘制范围框。

Step 15 选择范围框，切换至“属性”面板，如图 14-32 所示，注意当前范围框“名称”为“隐藏立面轴网”；单击“视图可见”参数后“编辑”按钮，打开“范围框视图可见”对话框。

图 14-31

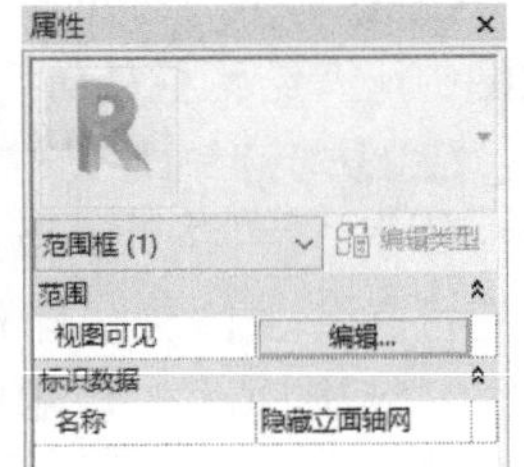

图 14-32

提示

使用范围框时，应注意范围框的高度及范围，轴网等面图元必须与范围框相交才能对图元指定范围框。

Step 16 如图 14-33 所示，修改“东立面”和“西立面”立面视图“替换”为“可见”；“BR”楼层平面视图替换为“不可见”，即范围框将显示在东立面、西立面。完成后单击“确定”按钮退出“范围框视图可见”对话框。

Step 17 选择全部轴网，打开轴网“实例属性”对话框，修改实例参数“范围框”为上一步操作中创建的“隐藏立面轴网”，完成后单击“确定”按钮退出“实例属性”对话框。

Step 18 切换至南立面视图，注意视图中轴网图元已隐藏。切换至西立面视图，在该视图中并未隐藏轴网图元。

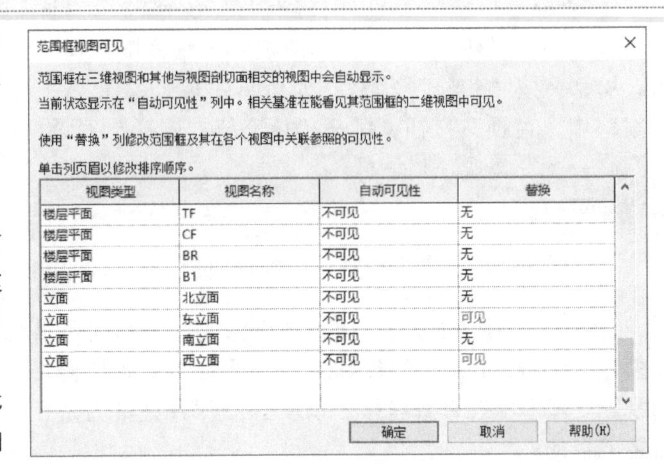

图 14-33

提示

需要在可见性替换对话框中，关闭链接文件中的轴网才能显示正确的结果。

Step 19 切换至 B1 楼层平面视图。选择范围框后再次打开范围框视图可见性对话框，设置东立面和西立面的替换值为“无”，单击“确定”按钮退出“范围框视图可见”对话框。配合键盘 Ctrl 键，依次选择 1、8、11 和 A、E、J 轴网图元，在属性面板中设置范围框为“无”，再次切换至南立面视图，注意该视图中已经出现 1、8、11 轴网；切换至西立面视图，该视图中已经隐藏了其他轴网，仅显示 A、E、J 轴网。

Step 20 保存该文件，或参见随书文件“练习文件\第 14 章\rvt\14-2-2.rvt”文件查看最终结果。

可以对轴网、标高、参照平面等图元应用范围框，以控制各图元的显示。

在本书第 2 篇介绍 BIM 建模过程中，多次使用视图显示控制栏中“临时隐藏/隔离”工具隐藏或隔离视图中对象。“临时隐藏/隔离”工具与“可见性/图形”工具不同的是，临时隐藏的图元在重新打开项目或打印出图时仍将再次显示或打印出来，而“可见性/图形”工具中隐藏则是在视图中永久隐藏图元。要将临时隐藏/隔离的图元变为永久隐藏，可以在“临时隐藏/隔离”选项列表中选择“将隐藏/隔离应用于视图”选项。

如果需要在视图中显示被其他图元对象遮挡的图元，可以使用“修改”选项卡“编辑线处理”面板中“显示隐藏对象”工具下拉列表中“显示隐藏线”工具。首先选择要在其上显示隐藏线的图元，再选择被遮挡图元即可以按被遮挡图元对象类别中“<隐藏线>”子类别设置的线型显示隐藏线。“删除隐藏线”工具与“显示隐藏线”工具作用相反。请读者自行尝试该工具的使用方法。

14.2.3 视图过滤器

除使用上一节中介绍的图元控制方法外，还可以根据图元对象参数条件，使用视图过滤器按指定条件控制视图中图元的显示。必须先创建视图过滤器，才能在视图中使用过滤条件。

Step 01 接上节练习。切换至 F1 楼层平面视图。单击“视图”选项卡“创建”面板中“复制视图”下拉选项列表，在列表中选择“复制视图”选项。以 F1 视图为基础复制新建名称为“F1 副本 1”的楼层平面视图并自动切换至该视图。不选择任何图元，修改“属性”面板标识数据参数分组中“视图名称”为“F1 外墙”。

Step02 单击“视图”选项卡“图形”面板中“过滤器”工具，弹出“过滤器”对话框。如图 14-34 所示，单击“过滤器”对话框中过滤器栏中“新建”按钮，弹出“过滤器名称”对话框中输入“外墙”作为过滤器名称，单击“确定”按钮返回“过滤器”对话框。在类别栏对象类别列表中选择“墙”对象类别；设置过滤规则列表中“过滤条件”为“功能”，判断条件为“等于”，值为“外部”，过滤条件取决于所选择对象类别中可用的所有实例参数和类型参数。

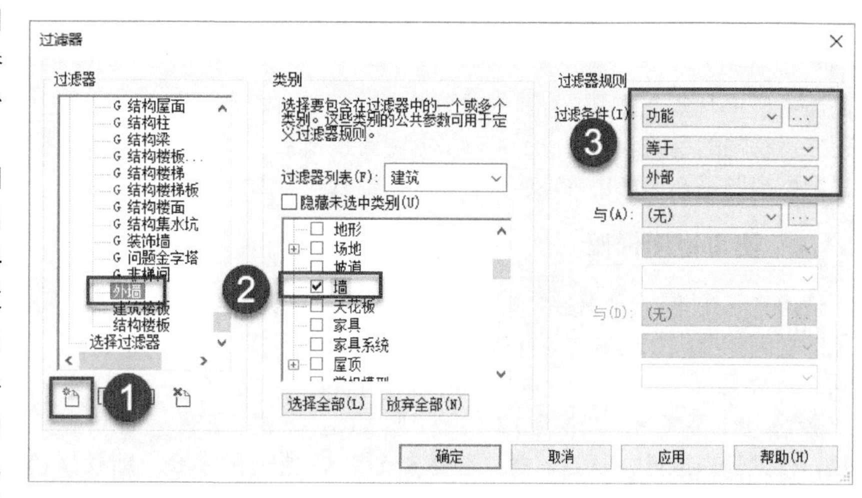

图 14-34

提 示

“视图过滤器”不同于选择多个图元时上下文关联选项卡中的“选择过滤器”。

Step03 使用类似的方式，新建名称为“内墙”的过滤器。选择对象类别为“墙”，设置过滤条件为“功能”，判断条件为“等于”，值为“内部”。设置完成后单击“确定”按钮完成过滤器设置。

Step04 打开“可见性/图形替换”对话框，切换至“过滤器”选项卡。单击“添加”按钮，弹出“添加过滤器”对话框。在对话框中列出项目中已定义的所有可用过滤器。按住键盘 Ctrl 键选择“外墙”“内墙”过滤器，单击“确定”按钮退出“添加过滤器”对话框。

Step05 如图 14-35 所示，在“可见性/图形替换”对话框中列出已添加的过滤器。替换“外墙”过滤器中“截面填充图案”颜色为“红色”，填充图案为“实体填充”；勾选名称为“内墙”过滤器中“半色调”选项。Revit 将以红色截面填充的方式显示所有功能为“外部”的墙图元。并以半色调淡显的方式显示内墙。完成后单击“确定”按钮退出“可见性/图形替换”对话框。保存该文件，或参见随书文件“练习文件\第 14 章\rvt\14-2-3. rvt”文件查看最终结果。

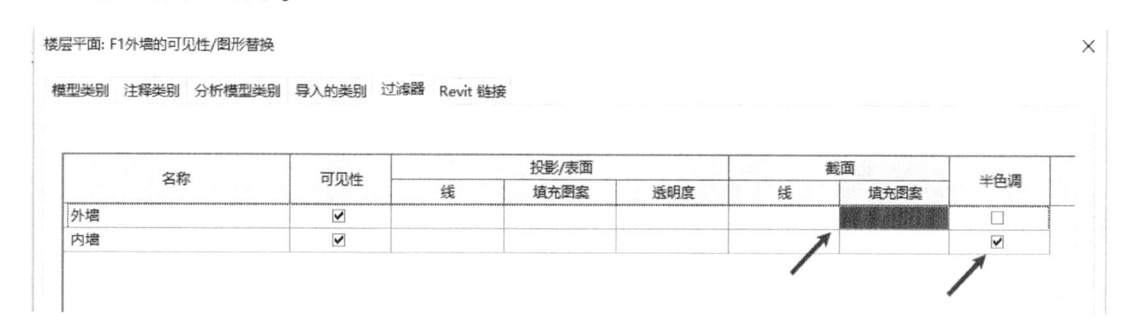

名称	可见性	投影/表面			截面		半色调
		线	填充图案	透明度	线	填充图案	
外墙	☑					■	☐
内墙	☑						☑

图 14-35

使用视图过滤器，可以根据任意参数条件过滤视图中符合条件的图元对象，并可按过滤器控制对象的显示、隐藏及线型等。利用视图过滤器可根据需要突出强调表达设计意图，使图纸更生动、灵活。

使用“复制视图”功能，可以复制任何视图生成新的视图副本。各视图副本可以单独设置可见性、过滤器、视图范围等。复制后新视图中将仅显示项目模型图元，使用“复制视图”列表中“带细节复制”还可以复制当前视图中所有二维注释图元，但生成的视图副本将作为独立视图，在原视图中添加尺寸标注等注释信息时不会影响副本视图，反之亦然。如果希望生成的视图副本与原视图实时同步关联，可以使用“复制作为相关”的方式复制新建视图副本。“复制作为相关”的视图副本中将实时显示主视图中的任何修改，包括添加二维注释信息，这在处理较大尺度的建筑如工业厂房进行视图拆分时将非常高效。同时，如果想在图纸中放置两个或多个相同的视图也可以采用这种方式实现。请读者自行尝试这几种复制视图方式的区别。

14.3 视图管理与创建视图

当项目中有多个相同的类型的视图需要进行视图显示设置时可以通过 Revit 的视图样板功能，达到快速应用视图显示特性的目的。同时，还可以根据需要在项目中建立任意类型的视图，如平面视图、剖面视图、立面视图、索引视图等，这些功能非常有助于快速生成施工图纸。

14.3.1 使用视图样板

使用“可见性/图形替换”对话框中设置的对象类别可见性及视图替换显示仅限于当前视图。如果有多个同类型的视图需要按相同的可见性或图形替换设置，可以使用 Revit 提供的视图样板功能将设置快速应用到其他视图。

Step01 接上节练习。切换至 F2 楼层平面视图。单击“视图”选项卡“图形”面板中“视图样板”下拉选项列表，在列表中选择“从当前视图创建样板”选项。在弹出“新视图样板”对话框中输入“标准层平面图 1:100”作为视图样板名称，完成后单击“确定”按钮退出“新视图样板”对话框。

Step02 弹出“视图样板”对话框，如图 14-36 所示。Revit 自动切换视图样板“显示类型”为“楼层、结构、面积平面”类型，并在名称列表中列出当前项目中该显示类型所有可用视图样板。在对话框“视图属性”板块中列出了多个与视图属性相关的参数，比如“视图比例”“详细程度”等，且这些参数继承了“F2”楼层平面中的设置。当创建了视图样板后，可以在其他平面视图中使用此视图样板，达到快速设置视图显示样式的目的。单击“视图样板”对话框中“确定”按钮完成视图样板设置。

Step03 切换至 F3 楼层平面视图。该视图仍然显示“基线”视图以及参照平面、立面视图符号、剖面视图符号等对象类别。单击“视图”选项卡“图形”面板中“视图样板”下拉工具列表，在列表中选择“将样板属性应用于当前视图”选项。弹出“应用视图样板”对话框，如图 14-37 所示。确认“显示类型”为“楼层、结构、面积平面”；在名称列表中选择上一步中新建的“综合楼-标准层”视图样板。完成后单击“确定”按钮，将视图样板应用于当前视图。

Step04 F3 视图将按视图样板中设置的视图比例、视图详细程度、“可见性/图形替换”设置等显示当前视图图形。打开视图“属性”对话框，注意视图实例属性“默认视图样板”已修改为“标准层平面图 1:100”。

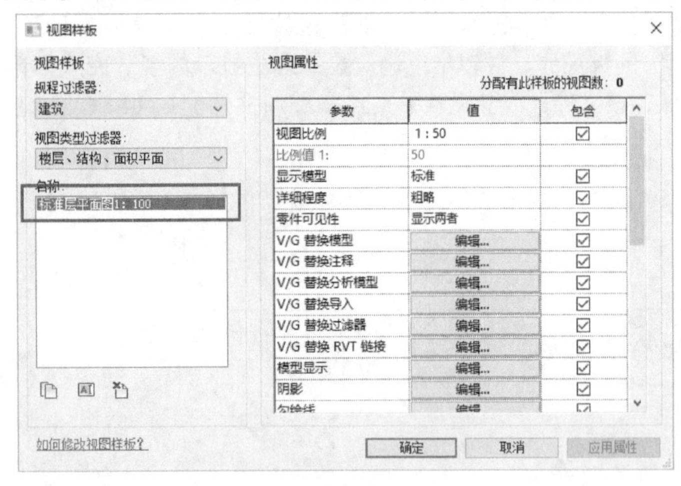

图 14-36

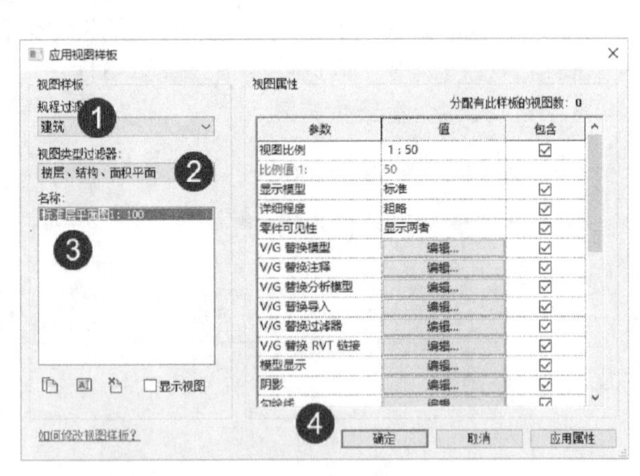

图 14-37

提 示

应用视图样板后，Revit 不会自动修改“属性”面板中“基线”的设置，但是“基线方向”会随着项目样板调整。因此，必须手动调整“基线”，以确保视图中显示正确的图元。

Step05 在项目浏览器中，右键单击楼层平面视图中 F4 视图名称，在弹出右键菜单中选择“应用样板属性”选项，打开“应用视图样板”对话框。勾选对话框底部“显示视图”选项，在名称列表中除列出已有视图样板外，还将列出项目中已有平面视图名称，如图 14-38 所示。选择“F3”楼层平面视图，单击“确定”按钮将 F3 视图作为视图样板应用于 F4 楼层平面视图。则 F4 视图按 F3 视图的设置重新显示视图图形。保存该文件或参见随书文件“练习文件 \ 第 14 章 \ rvt \ 14-3-1. rvt”文件查看最终结果。

使用视图样板可以快速根据视图样板设置修改视图显示属性。在处理大量施工图纸时，无疑将大大提高工作效率。Revit 可以过滤不同的规程视图样板，包括建筑、结构、机械、电气、卫浴和协调。同时提供了三类不同显示类型的视图样板，分别是："三维视图、漫游""楼层、结构、面积平面"和"立面、剖面、详图视图"。在使用视图样板时，应根据不同的视图类型设置好不同的视图样板，在使用时，针对不同的视图选择合适类别的视图样板。

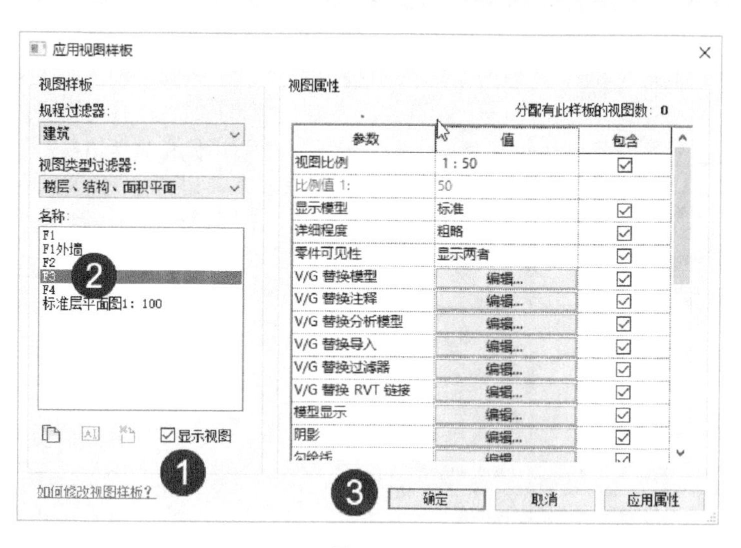

图 14-38

在 Revit 中如果某个视图中的"视图属性"定义了视图样板，则视图样板与当前视图属性单向关联：即如果修改了"视图样板"里的设置，则定义了此样板的视图会根据样板设置发生变化，若将视图样板改为"无"，则该视图会保留上一次的视图样板相关设置。但是如果在视图中定义了视图样板，则无法单独修改视图的样式，对话框中的参数将显示为灰色。

在 Revit 视图底部视图控制栏中，还提供了"临时视图属性"工具，如图 14-39 所示，它允许用户不在视图属性中定义视图样板时，通过应用临时视图样板来预览显示应用视图样板后的视图显示状态。例如，可以通过启用临时视图样板查看当前视图在施工图时的状态。

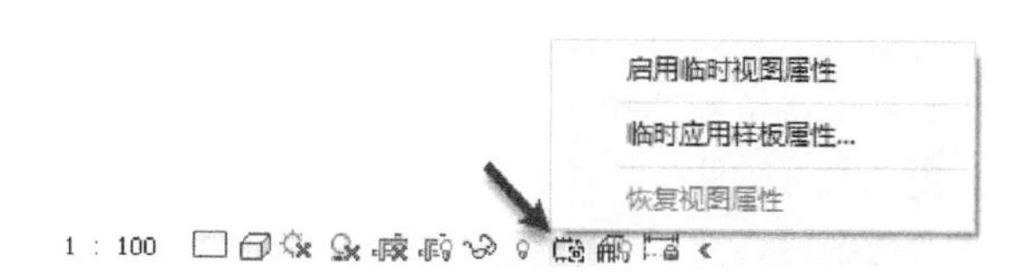

图 14-39

要启用临时视图样板，首先单击"临时应用样板属性"选项打开"临时应用样板属性"对话框，如图14-40所示，该对话框与"指定视图样板"对话框完全相同，指定视图样板后，单击菜单中"启用临时视图属性"选项，Revit 即可在当前视图中显示应用视图样板后的视图状态。启用临时视图样板时不影响用户对视图的显示属性进行调整与修改。要关闭临时视图样板，单击菜单中"恢复视图属性"即可。

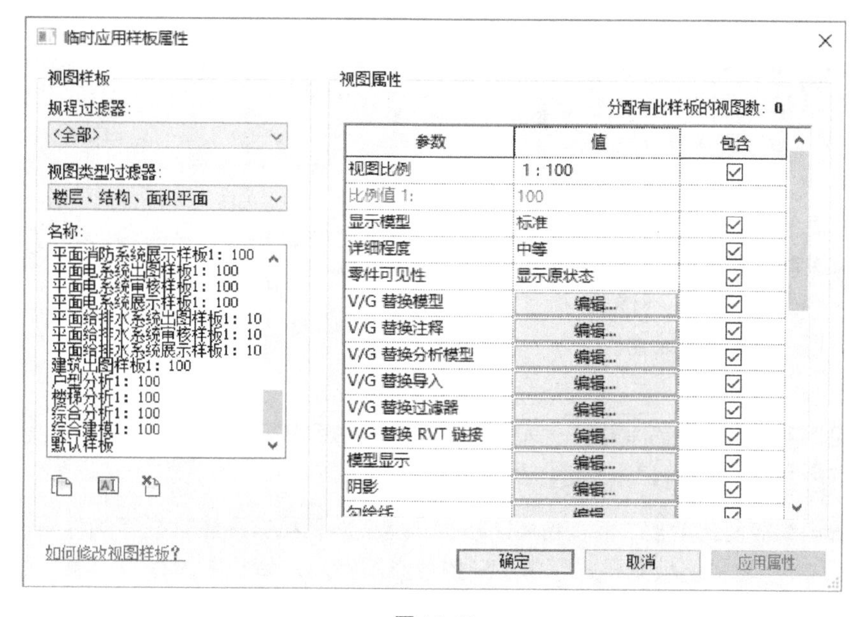

图 14-40

14.3.2 创建视图

可以根据设计需要创建任何需要的视图，达到生成施工图纸的目的。在本书第 13 章创建楼梯间洞口时，使用"剖面"工具创建了楼梯间处剖视图。事实上，使用类似的方式可以在 Revit 创建任意剖面、立面及其他视图。

Step 01 接上节练习。切换至 F1 楼层平面视图。在项目浏览器中右键单击剖面视图的名称，在弹出右键关联菜单中选择“删除”，删除所有已有剖面，视图中对应的剖面符号也将删除。

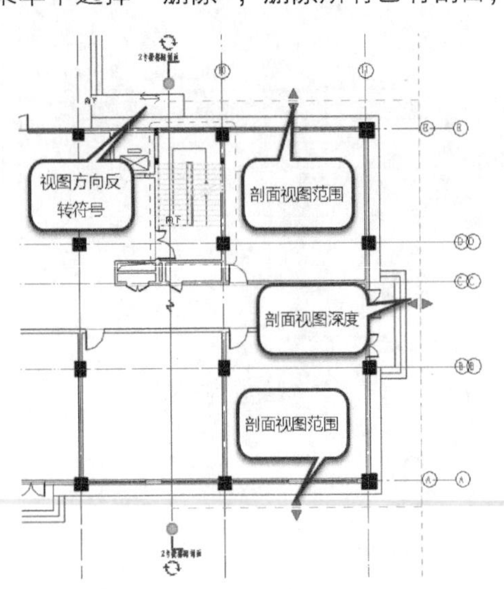

图 14-41

Step02 单击“视图”选项卡“创建”面板中“剖面”工具，进入“剖面”上下文关联选项卡。在类型列表中选择“建筑剖面”，设置选项栏偏移量为 0。适当放大左下角卫生间视图位置，沿着 1 轴垂直向下绘制剖面，如图 14-41 所示。完成后按 Esc 键两次退出剖面绘制模式。Revit 将为该剖面生成剖面视图，命名“2 号楼梯间剖面”并在“项目浏览器”中显示此视图的名称。（需要在 2 号楼板间里做剖面）

Step03 选择上一步中创建的剖面线。自动切换至“修改 | 视图”上下文选项卡。如图 14-42 所示，单击“剖面”面板中“拆分段”工具，进入剖面拆分模式。

图 14-42

Step04 如图 14-43 所示，移动鼠标至 B 轴线间剖面线位置处单击，拆分剖面线。向右下角稍微移动鼠标，将移动拆分点下方剖面线。当剖面线经过 2 轴线时，单击鼠标左键完成拆分。创建完成带转折剖的剖切面。

Step05 选择 2 号楼梯间剖面，鼠标右键转到视图，切换至生成的剖面视图。隐藏视图中参照平面类别和不需要显示的轴线。如图 14-44 所示，注意该视图“属性”面板中视图比例为“1:100”；默认视图“详细程度”为“粗略”；修改“当比例粗略度超过下列值时隐藏”参数中比例值为“1:500”，即当在可以显示剖面符号的视图中（如楼层平面视图），当比例小于 1:500 时将隐藏剖面视图符号。修改该视图名称为“剖面 1”；“远剪裁偏移”值显示了当前剖面视图中视图的深度，即在该值范围内的模型都将显示在剖面视图中。不修改其他参数，单击“应用”按钮应用设置值。

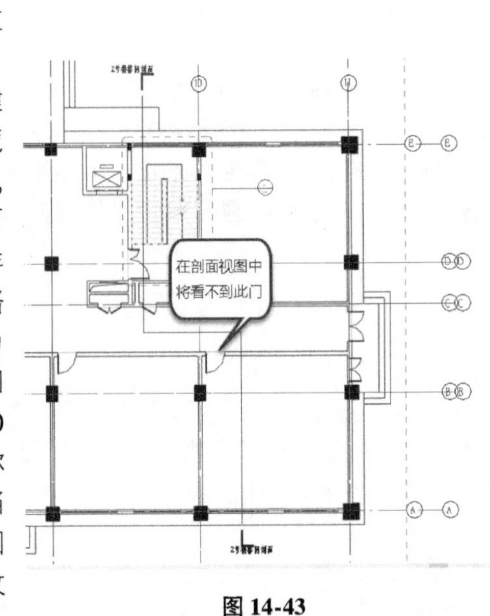

图 14-43

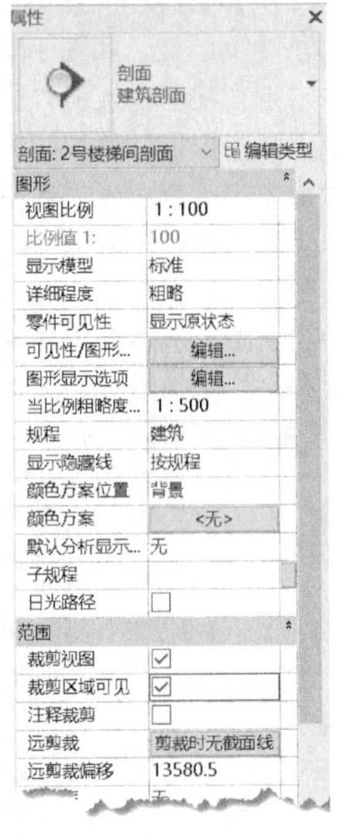

图 14-44

提示

“裁剪区域可见”参数与视图控制栏中“显示/隐藏裁剪区域”按钮功能相同。“裁剪视图”参数与视图控制栏中“打开/关闭裁剪区域”按钮功能相同。

Step06 在粗略视图详细程度显示模式下，当墙、楼板、屋顶、天花板、建筑柱等构件截面填充图案将显示为对象类型属性中定义的“粗略比例填充样式”中定义的填充图案。注意视图中楼板对象截面在剖面中显示为涂黑颜色。打开“可见性/图形替换”对话框，选择结构规程，设置结构框架对象“截面填充图案”替换为“实体填充”，颜色为“黑色”。完成后，剖面视图如图 14-45 所示。

Step07 确定当前视图的裁剪状态为“裁剪视图”，单击“隐藏裁剪区域”。

Step08 保存该视图为视图样板，命名为“综合楼-剖面”，方便以后在生成剖面时使用。根据设计需要建立其他剖面视图，并应用“综合楼-剖面”视图样板快速调整视图显示。使用类似的方式可以创建立面视图等，限于篇幅在此不再赘述。保存文件，或打开随书文件“练习文件\ 第 14 章\ rvt\ 14-3-2. rvt”文件查看最终结果。

当启用视图实例参数中“裁剪视图”选项时，可以使用裁剪区域裁剪视图的显示范围。如图 14-46 所示，为使用视图裁剪功能生成的局部剖面视图。按住并拖动剖面范围调整操作柄 可以自由调整剖面视图的显示范围。

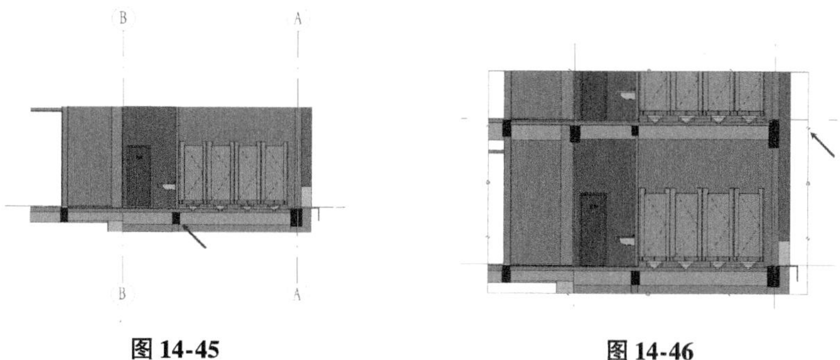

图 14-45　　　　图 14-46

单击裁剪边界中视图截断符号，可以在水平或垂直方向上截断视图。Revit 允许多次截断视图区域，并可分别调整截断后视图区域的裁剪边界，调整各截断视图区域的显示范围。当截断视图区域边界重合时，Revit 将删除截断视图，合并截断区域恢复为原始视图状态。选择截断视图边界，在截断视图内显示“移动视图区域”符号，可以移动视图区域的位置。

在本书第 8 章介绍楼梯时，显示了模型三维剖切效果。在默认三维视图中，可以打开视图实例属性中剖面框选项，在三维视图中调整剖面框大小，即可得到三维剖切视图。在 Revit 2016 版以后的版本，均有一个功能供快速剖切局部三维视图，将所需要的图元在视图中框选，在 修改|选择多个 的上下文选项卡“视图”面板中找到 功能，即可快速生成局部三维视图，通过调整剖面框大小继而修改局部三维视图范围大小，在此不再赘述，请读者自行尝试。

在创建视图时，Revit 会根据视图比例自动为视图设置不同的详细程度。单击“管理”选项卡“设置”面板中“其他设置”下拉列表，在列表中选择“详细程度”选项，打开“视图比例与详细程度的对应关系”对话框，如图 14-47 所示。

修改各视图详细程度比例列表中的值，可以设置 Revit 在指定的比例下默认使用的视图详细程度。例如，当新建比例为“1∶5”视图时，Revit默认将设置该视图详细程度为精细。

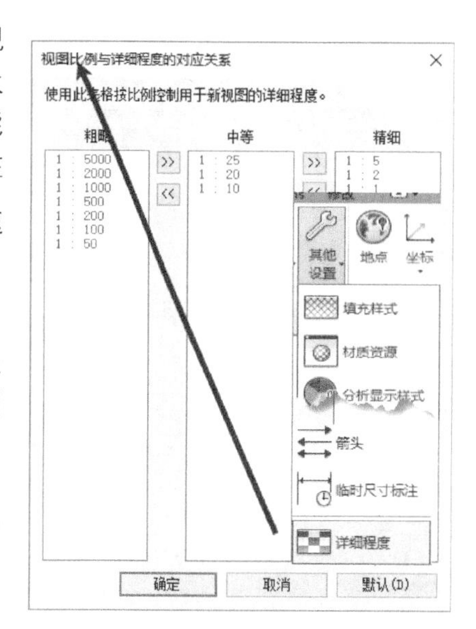

图 14-47

14.3.3　视图符号与项目浏览器

可以任意设置 Revit 中剖面标头、立面、详图索引等显示样式，用以控制这些视图符号的外观。以设置剖面线样式为例，要设置剖面线样式，必须先定义好“剖面符号”样式。

单击“管理”选项卡“设置”面板中“其他设置”下拉列表，在列表中选择“剖面标记”选项，打开剖面标记“类型属性”对话框，如图 14-48 所示。在剖面标记类型属性对话框中，可以自定义截面标记类型名称，并分别指定该类型的剖面标记剖面标头、剖面线末端使用的剖面标头符号族和“断开剖面显示样式”（即设置隐藏剖面线中间断时）的显示方式。

剖面符号设置完成后，还必须在剖面类型中设置才能生效。在绘制剖面时，打开剖面线“类型属性”对话框。如图 14-49 所示，在“剖面标记”列表中显示“剖面标记”中设置的所有剖面标记类型。在综合楼项目提供的样板中文件中，已经设置好这些内容，在此不再赘述详细操作。读者可以按图索骥，自行研究自定义剖面线样式的方式，并深入了解各参数的应用。

在 Revit 中，楼层平面、立面、剖面等均为系统族。以剖面视图为例，Revit 提供了两种系统族：剖面及详图视图。可以通过单击“类型属性”中的“复制”按钮为不同的族创建不同的视

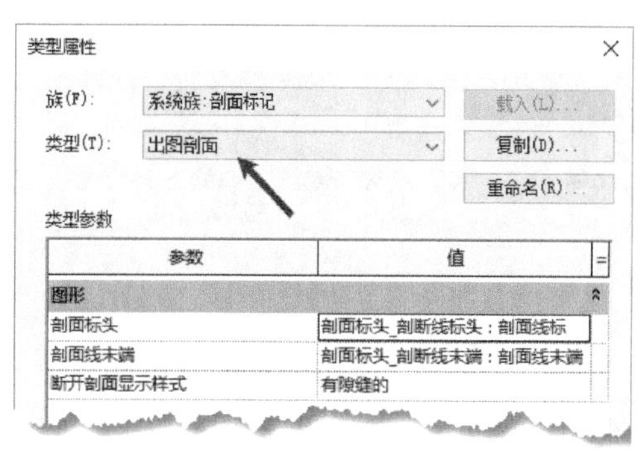

图 14-48

图符号类型。在使用不同类型的视图符号生成视图时，Revit 将自动创建与该符号名称相同的视图类别，如图 14-50 所示。

使用“M_剖面标头.rte”族样板，可以自定义任意形式的剖面标头族，以满足不同设计规范中不同的剖面线符号表达方式。在本书第 20 章中，详细介绍了如何创建剖面视图标记族的过程。

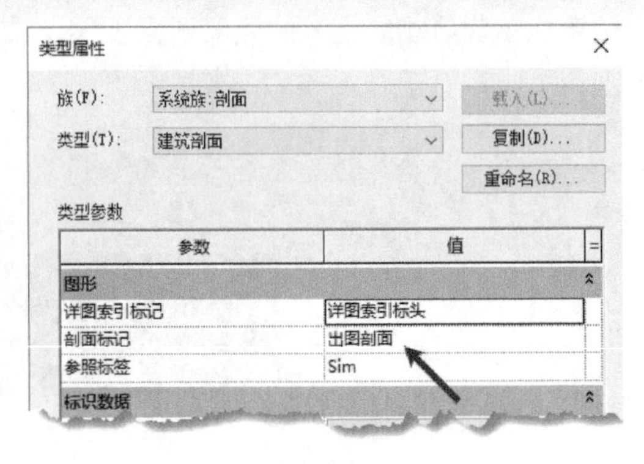

图 14-49

项目浏览器是 Revit 中浏览查看项目信息的重要窗口。可以自定义项目浏览器的组织形式，以方便组织和浏览项目视图信息和图纸信息。单击“视图”选项卡“窗口”面板中“用户界面”下拉列表，在列表中选择“浏览器组织”选项，打开“浏览组织”对话框，如图 14-51 所示。在视图选项卡中单击“新建”按钮输入浏览器组织名称，如“按比例分组显示”，单击“确定”按钮进入“浏览器组织属性”对话框。

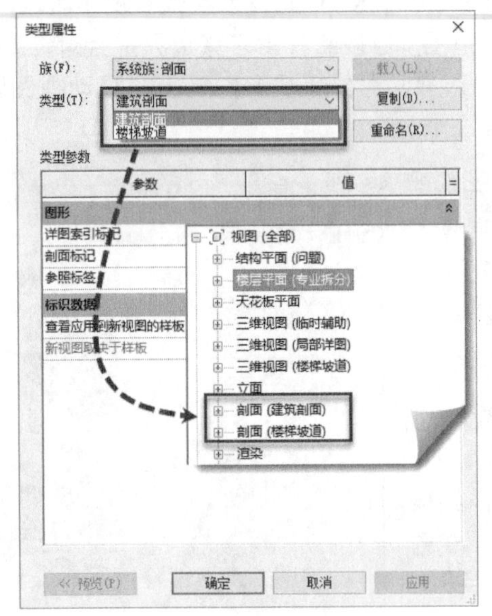

图 14-50

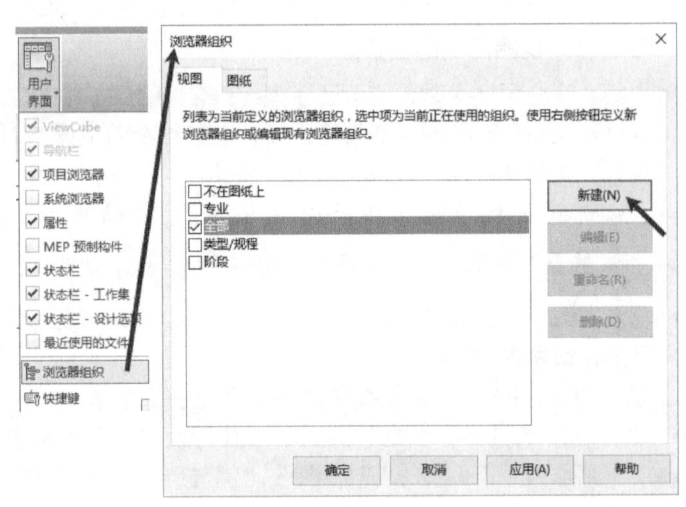

图 14-51

图 14-52

如图 14-52 所示，可以根据需要设置项目浏览器中显示的成组过滤条件。Revit 将按对话框中从上至下的优先级顺序排列组合浏览器视图。在“过滤器”选项卡中，还可以根据指定的视图条件，过滤显示符合指定条件的视图。

按上图中设置的项目浏览器显示如图 14-53 所示，将按“浏览器组织属性”中设置的文件夹形式重新组织显示项目信息。

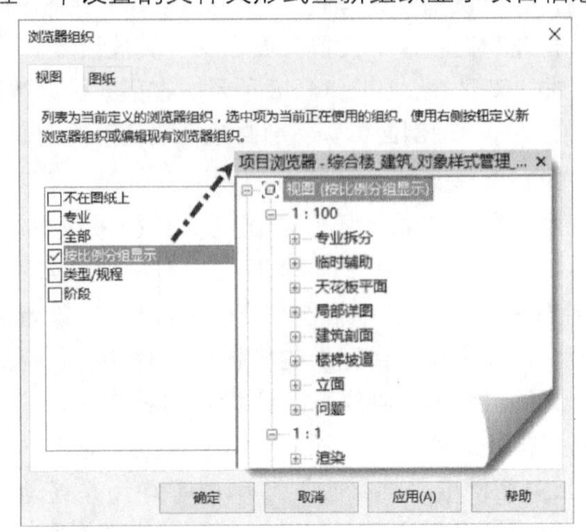

图 14-53

合理设置项目浏览器，可以方便在项目的不同阶段加快浏览项目信息的方便性。项目浏览器的设置并不复杂，读者可以自行根据设计操作习惯定制属于自己的浏览器显示方式。

14.4 本章小结

本章介绍了如何设置模型在视图中的显示状态，线型图案、线宽等与出图相关的设置内容。并介绍如何根据设计需要，控制模型在视图中的不同表现。以及如何新建要在图纸中表达的视图等。这些都是为后期进一步深化施工图设计必不可少的环节。这些都是在 Revit 中完成施工图设计的基础和准备工作。这些内容均可以在项目样板中预先定义，方便在项目中使用。

读者可以在实际操作中根据设计的进展和工作习惯，逐步建立视图。读者不必拘泥于像本章介绍那样一次性建立生成所有视图。可以结合本书后面介绍的内容，完成当前视图的标注、文字等信息后，再进入下一个视图，进行视图属性、显示模式的设置。

第15章 应用注释

在 Revit 中完成项目视图设置后，可以在视图中添加尺寸标注、高程点、文字、符号等注释信息，进一步完成施工图设计中需要的注释内容。Revit 提供了尺寸标注、高程点、坡度、符号等注释对象，使用这些对象可以在视图中添加注释信息。

在施工图设计中，按视图表达的内容和性质分为平面图、立面图、剖面图和大样详图等几种类型。上一章中，已经完成楼层平面视图、立面视图和剖面视图的视图显示及视图属性设置。下面结合综合楼项目，介绍如何完成这些视图的施工图所需要的注释信息。

15.1 平面施工图——尺寸标注、符号

在平面视图中，需要详细表述总尺寸、轴网尺寸、门窗平面定位尺寸，即通常所说的“三道尺寸线”，以及视图中各构件图元的定位尺寸。还必须标注平面中各楼板、室内室外标高以及排水方向、坡度等信息。一般来讲，对于首层平面图纸还必须添加指北针等符号以指示建筑的方位，在 Revit 中可以在布置图纸时添加指北针信息。

15.1.1 添加尺寸标注

Revit 提供了对齐标注、线性标注、角度标注、半径标注、直径标注、弧长标注共 6 种不同形式的尺寸标注，用于标注不同类型的尺寸线，如图 15-1 所示。其中对齐尺寸标注用于沿相互平行的图元参照（如平行的轴线之间）标注尺寸，而线性尺寸标注用于标注选定的任意两点之间垂直或水平方向上的尺寸。

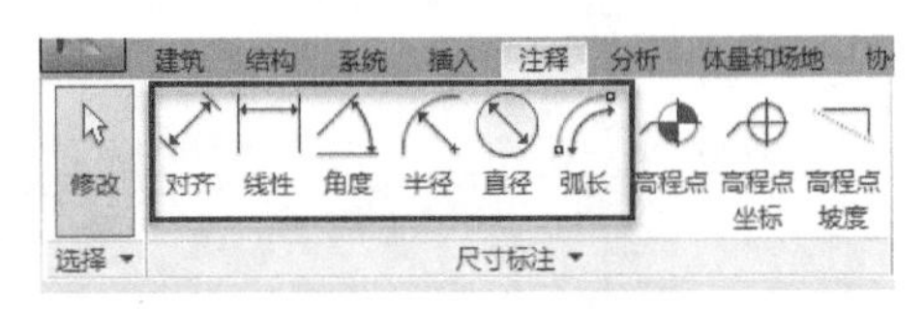

图 15-1

与 Revit 其他对象类似，要使用尺寸标注必须设置尺寸标注类型属性，以满足不同规范下施工图设计的要求。下面以综合楼项目为例，介绍如何在视图中添加尺寸标注。

Step01 接 14.3.2 节练习。切换至 F2 楼层平面视图。注意设置视图控制栏中该视图比例为 1∶100。拖动各方向的轴线控制点，调整此视图中的轴线长度并对齐，以方便进行尺寸标注。单击“注释”选项卡“尺寸标注”面板中“对齐”标注工具，自动切换至“放置尺寸标注”上下文关联选项卡。此时在“放置尺寸标注”上下文关联选项卡“尺寸标注”面板中“对齐”标注模式被激活。

Step02 确认当前尺寸标注类型为“线性尺寸标注样式：出图标注 3mm”。打开尺寸标注“类型属性”对话框，如图 15-2 所示，复制创建名称为“出图标注 3.5mm”新类型。

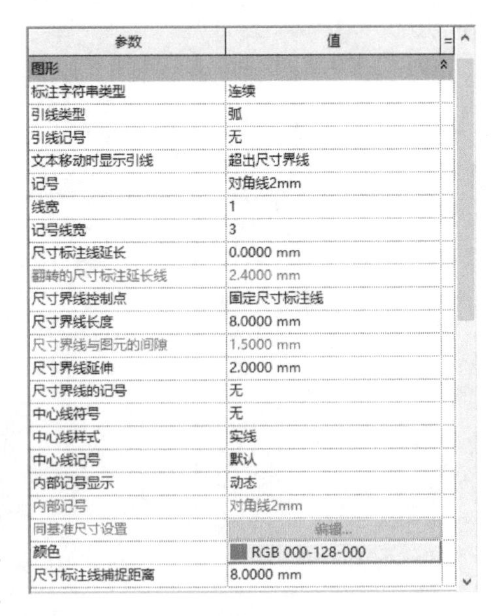

参数	值
图形	
标注字符串类型	连续
引线类型	弧
引线记号	无
文本移动时显示引线	超出尺寸界线
记号	对角线2mm
线宽	1
记号线宽	3
尺寸标注线延长	0.0000 mm
翻转的尺寸标注延长线	2.4000 mm
尺寸界线控制点	固定尺寸标注线
尺寸界线长度	8.0000 mm
尺寸界线与图元的间隙	1.5000 mm
尺寸界线延伸	2.0000 mm
尺寸界线的记号	无
中心线符号	无
中心线样式	实线
中心线记号	默认
内部记号显示	动态
内部记号	对角线2mm
同基准尺寸设置	编辑...
颜色	RGB 000-128-000
尺寸标注线捕捉距离	8.0000 mm

图 15-2

Step03 确认图形参数分组中尺寸标注类型参数中“标记字符串类型”为“连续”，“记号”为“对角线 2mm”；设置“线宽”参数线宽代号为 1，即细线；设置“记号线宽”为 3，即尺寸标注中记号显示为粗线；确认“尺寸界线控制点”为“固定尺寸标注线”，设置“尺寸界线长度”为 8mm，“尺寸界线延伸”长度为 2mm，即尺寸界线长度为固定的 8mm，且延伸 2mm；设置“尺寸标注线延长”值为 0；设置“颜色”为“绿色”；确认“尺寸标注线捕捉距离”为 8mm，即生成尺寸线时，Revit 会自动捕捉两道尺寸线间距为 8mm；其他参数参见图中所示。

提 示

尺寸标注中“线宽”代号取自于“线宽”设置对话框中“注释线宽”选项卡中设置的线宽值。

Step04 在文字参数分组中，设置“文字大小”为3.5mm，该值为打印后图纸上标注尺寸文字高度；设置“文字偏移”为0.5mm，即文字距离尺寸标注线偏移值为0.5mm；设置“文字字体”为“仿宋”，“文字背景”为“透明”，即在视图中显示被标注文字覆盖的模型图元；确认“单位格式”参数为“1235［mm］（默认）”，即使用与项目单位相同的标注单位显示尺寸长度值；不勾选“显示洞口高度”选项，确认“宽度系数”值为0.7，即修改文字的宽高比为0.7，如图15-3所示。完成后单击“确定”按钮完成尺寸标注类型参数设置。

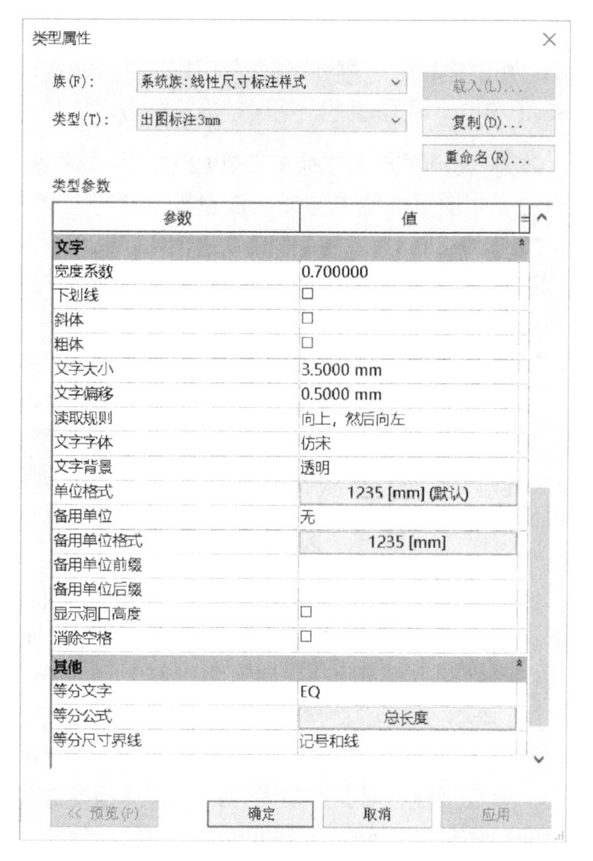

图 15-3

提 示

当标注门、窗等带有洞口的图元对象时，“显示洞口高度”选项将在尺寸标注线旁显示该图元的洞口高度。

Step05 确认选项栏中尺寸标注默认捕捉墙位置为“参照核心层表面”，尺寸标注“拾取”方式为“单个参照点”。如图15-4所示，依次单击办公楼入口处轴线、门、窗洞口边缘及幕墙外侧装饰墙洞口边缘，Revit在所拾取点之间生成尺寸标注预览。拾取完成后，向下方移动鼠标，当尺寸标注预览完全位于在办公楼南侧位置时单击视图任意空白处完成第一道尺寸标注线。

Step06 继续使用“对齐尺寸”标注工具，依次拾取1～11轴线，拾取完成后移动尺寸标注预览至上一步中创建的尺寸标注线下方；稍上下移动鼠标，当距已有尺寸标注距离为尺寸标注类型参数中设置的“尺寸标注线捕捉距离”时Revit会磁吸尺寸标注预览至该位置，单击放置第二道尺寸标注。继续依次单击1轴线、1轴线左侧垂直方向叠层墙核心层外表面、11轴线及11轴线右侧外墙核心层外表面，创建第三道尺寸标注。完成后按Esc键两次退出放置尺寸标注状态。

Step07 适当放大11轴线右侧第三道尺寸标注线。选择第三道尺寸标注线，Revit给出尺寸标注线操作控制夹点，如图15-5左侧所示。

Step08 按住“拖拽文字”操作夹点向右移动鼠标，移动尺寸标注文字位置至尺寸界线右侧，不勾选选项栏“引线”选项去除尺寸标注文字与尺寸标注原位置间引线，结果如图15-5右侧所示。完成后按Esc键退出修改尺寸标注状态。

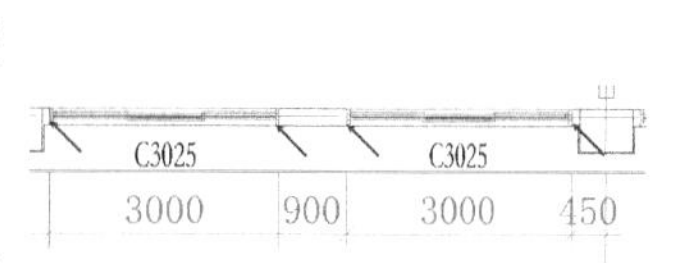

图 15-4

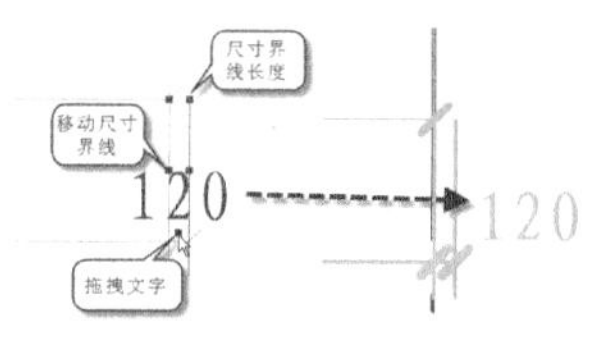

图 15-5

Step09 使用类似的方式沿综合楼添加外部尺寸线。使用对齐尺寸标注工具，确认当前尺寸标注类型为“出图标注3mm”；设置选项栏中尺寸标注默认捕捉墙位置为“参照核心层中心”，尺寸标注“拾取”方式为“整个墙”，此时选项栏“选项”按钮变为可用。单击“选项”按钮，弹出如图15-6所示“自动尺寸标注选项”对话框。勾选“洞口”和“相交轴网”选项，并设置自动尺寸标注拾取的洞口位置为“宽度”，即沿拾取墙方向自动标注该墙上的门、窗洞口宽度及与该墙图元相交的轴网。设置完成后单击“确定”按钮退出“自动尺寸标注选项”对话框。

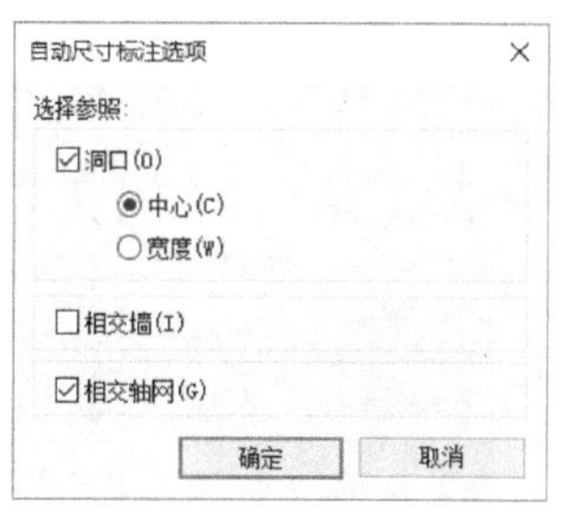

图 15-6

Step10 单击综合楼1轴线垂直外墙，Revit自动沿该墙洞口边缘和相交轴网位置生成尺寸标注预览。在1轴左侧适当位置空白处单击鼠标左键放置尺寸标注，完成后按Esc键退出放置尺寸标注状态。

Step11 选择上一步中创建的尺寸标注，自动切换至“修改尺寸标注”上下文关联选项卡。单击“尺寸界线”面板中“编辑尺寸界线”工具，进入尺寸界线拾取状态。单击拾取1/D轴线，完成后单击空白处任意位置，在原尺寸线基础上添加新尺寸界线开间。完成后按Esc键退出修改尺寸标注状态。

提 示

在“编辑尺寸界线”时，如果拾取已拾取参照的图元对象，将删除与该图元间的尺寸标注。同时，在 Revit 2017 中还可以把一组尺寸标注线进行拆分变成多组尺寸，如图 15-7 所示。

Step12 使用对齐尺寸标注完成 F2 楼层平面视图中其他门窗、洞口标注，并使用类似的方式标注台阶、楼梯与定位轴线间尺寸标注。如图 15-8 所示，为综合楼卫生间位置各构件定位尺寸标注。

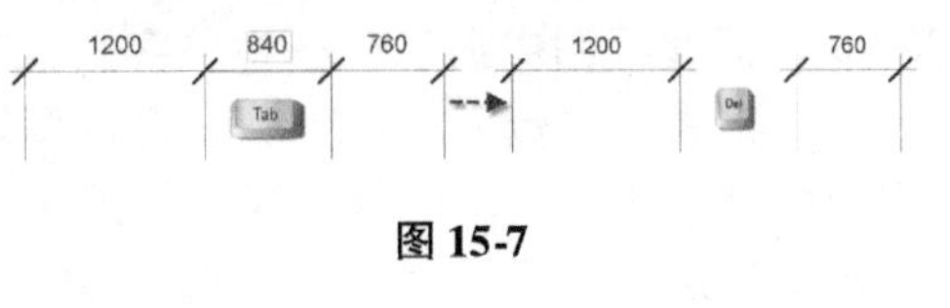

图 15-7

Step13 使用线性尺寸标注工具，以“出图标注 3. 5mm”为基础复制创建名称为“墙厚标注”的新类型，如图 15-9 所示，设置“尺寸界线长度”值为 2mm，其他参数默认。设置选项栏默认捕捉值为“核心层表面”，依次拾取卫生间墙体表面放置墙厚标注。

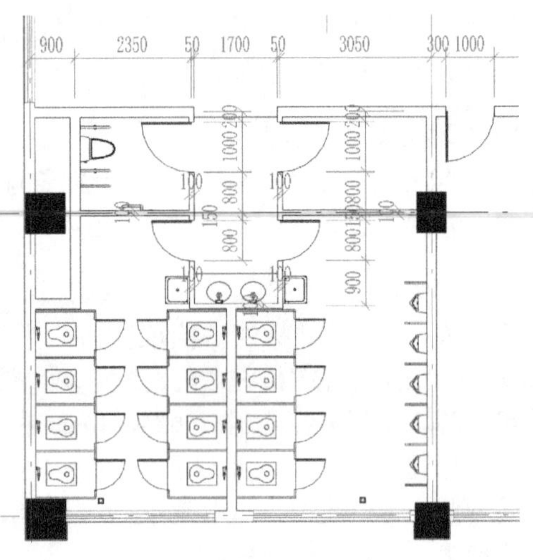

图 15-8

Step14 适当放大综合楼幕墙位置。单击“注释”选项卡“尺寸标注”面板中“半径尺寸标注”标注工具，自动切换至“放置尺寸标注”上下文关联选项卡。打开“类型属性”对话框，新建标注类型为“半径标注 3. 5mm”。

Step15 如图 15-9、图 15-10 所示，设置“图形”参数分组中“记号标记”为“实心箭头 20 度”，分别设置“线宽”和“记号线宽”参数线宽代号为 1，修改径向标注“颜色”为绿色；设置“文字”参数分组的文字大小为 3. 5mm，单位为“默认”；勾选“其他”参数分组中“显示半径前缀”选项；勾选“中心标记”选项，设置半径符号文字值为“r =”；其他参数值按默认值不变，设置完成后单击“确定”按钮退出“类型属性”对话框。拾取入口处左侧坡道外侧边缘，单击生成该弧形半径标注。完成后按 Esc 键退出放置尺寸标注状态。默认径向标注尺寸线长度起始于弧圆心位置。

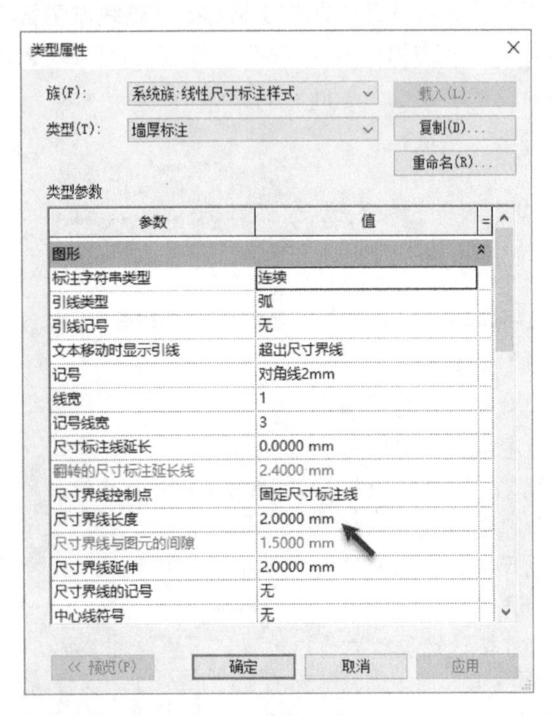

图 15-9

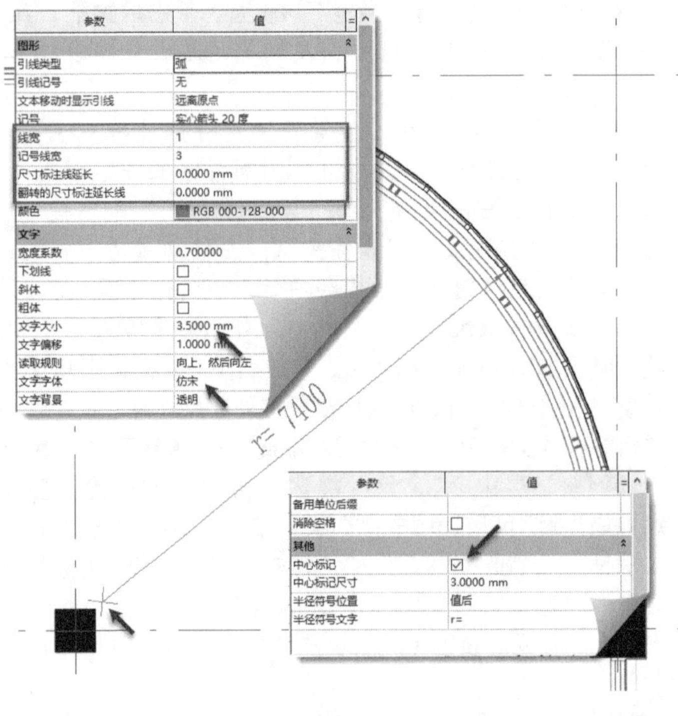

图 15-10

提 示

择径向标注尺寸线，按住并拖动径向标注尺寸线圆心位置长度控制操作夹点修改径向标注尺寸线长度。

Step16 使用弧长标注工具，确认当前弧长尺寸标注类型为“弧长标注 3. 5mm”，单击选择弧形幕墙，再次选择弧形幕墙的起始与结束端，Revit 将标注所选择范围内的弧长范围。单击放置弧长尺寸标注。使用类似的方式完成幕墙各嵌板的弧长标注，结果如图 15-11 所示。

Step 17 使用类似的方式，分别完成 F2—F10 楼层平面视图尺寸线标注。值得注意的是，在需要单独调整轴网长度的视图，比如 F2 层的纵向轴线，需要切换该视图轴网至 2D 模式，不然在“3D”轴网模式下，调整本视图的轴网长度将会影响其他楼层同为“3D”模式的轴网长度。

提 示

启用楼层平面视图实例属性中“剪裁视图”选项，并勾选“剪裁区域可见”选项。调节剪裁区域大小与轴网相交，可快速将所有与剪裁框相交的轴网转换为 2D 模式，同时调整“剪切范围框”可批量调整轴线的长度。对于各视图中存在的相同的尺寸标注，可以使用“复制”至剪切板配合使用“对齐粘贴→选择视图”或“对齐粘贴→当前视图”的方式，切换至指定楼层平面视图或当前视图。Revit 2019 支持非垂直剪切几何图形上放置标注，方便用户在弯曲的剖面视图中添加标注。

Step 18 配合过滤器，选择当前视图中所有尺寸标注图元。如图 15-12 所示，单击“复制到剪贴板”工具将所有尺寸标注图元复制到剪贴板，单击“粘贴”下拉列表，在列表中选择“与选定的视图对齐”选项。Revit 将弹出“选择视图”对话框。

提 示

注意信息仅可粘贴至指定的视图。

Step 19 如图 15-13 所示，在视图列表中选择“楼层平面：F3”，单击“确定”按钮退出选择视图对话框。切换至 F3 楼层平面视图，注意所选择的尺寸标注已经对齐粘贴至当前视图中。

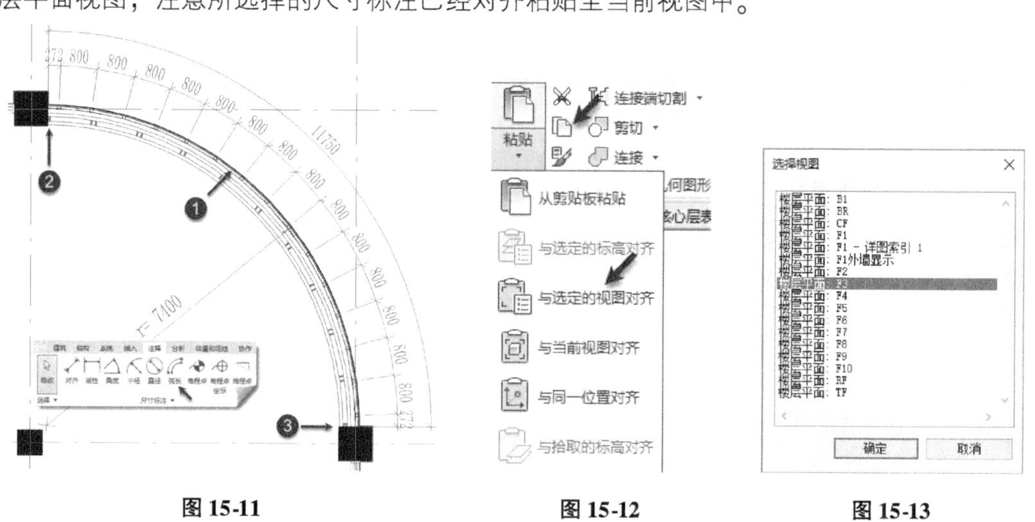

图 15-11　　图 15-12　　图 15-13

提 示

由于尺寸标注与图元紧密相关，在粘贴注释图元时，视图中不存在的图元的尺寸标注，Revit 不会进行粘贴。

Step 20 继续使用尺寸标注工具标注 F3 标高中其他图元尺寸。保存文件，或打开随书文件“练习文件\第 15 章\rvt\15-1-1. rvt”项目文件查看最终操作结果。

尺寸标注类型参数中“记号标记”列表中显示当前项目中所有可用箭头族类型。单击“管理”选项卡“设置”面板中“其他设置”下拉列表，在列表中选择“箭头”选项可以打开箭头“类型属性”对话框，这里可以通过选择“箭头样式”、是否填充以及记号尺寸等参数的组合形成不同的箭头类型，如图 15-14 所示为“实心箭头 15 度”的类型参数。“箭头宽度角”参数取决于选择的“箭头样式”，如果该箭头样式允许调节“箭头宽度角”，则可以通过调节该角度控制不同角度的箭头。Revit 共提供了：对角线、箭头、加重端点记号、圆点、立面目标、基准三角形、立方体、环共计八种系统箭头样式。

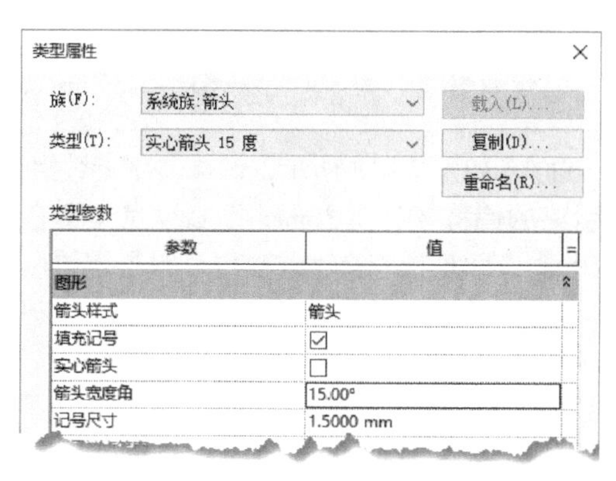

图 15-14

在尺寸标注“类型属性”对话框中，可以分别调节箭头类型和尺寸标注类型参数中“记号”形成不同样式的尺寸标注。对照图 15-15 所示尺寸标注各部位名称及尺寸标注类型参数，可以根据施工图制图规划需要设置各种样式的尺寸标注样式。

添加尺寸标注后，将在标注图元间自动添加尺寸约束。可以修改尺寸标注值修改图元对象之间位置。选择要修改位置的图元对象，与该图元对象相关联的尺寸标注将变为蓝色，与使用临时尺寸标注类似的方式修改尺寸标注值将移动所选图元至新的位置。如图 15-16 所示，选择右侧门，与该门相关的可修改尺寸值将变为蓝色，修改尺寸值即可修改门距离轴网的位置。使用移动编辑工具移动该门的位置后，Revit 会自动更新已生成的尺寸标注值。

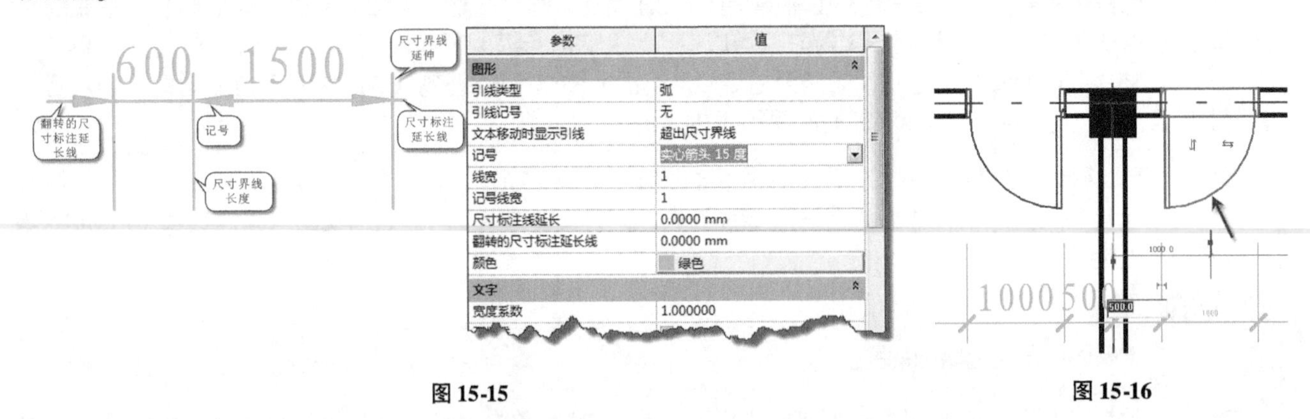

图 15-15

图 15-16

在本书第 6 章添加部分窗时，使用尺寸标注的“EQ”等分约束保持窗图元间自动等分。选择尺寸标注，在尺寸标注下方出现“锁定”标记，单击该标记可将该段尺寸标注变为锁定状态，将约束该尺寸标注相关联图元对象。当修改具有锁定状态的任意图元对象位置时，Revit 会移动所有与之关联的图元对象并保持尺寸标注值不变。将标记的尺寸标注解锁后，所有参照的几何图形也随之解锁，并取消约束。

15.1.2 添加高程点和坡度

在施工图平面图中除表达各构件定位尺寸关系外，还需标注当前平面所在楼层标高、室内外高差、屋顶排水坡度等信息。可以使用 Revit 提供的“高程点”工具在视图中自动提取构件高程。下面继续为综合楼项目添加高程点和坡度注释。

Step01 接上节练习。切换至 F2 楼层平面视图。单击“注释”选项卡“尺寸标注”面板中“高程点”工具，自动切换至“高程点”上下文关联选项卡。

Step02 打开高程点“类型属性”对话框，以“高程点：垂直”为基础，复制新建名称为“综合楼高程点标注”新高程点类型。

Step03 如图 15-17 所示，设置高程点类型参数“引线箭头”为“箭头 30 度”，不勾选“随构件旋转”选项；设置图形参数组中“引线线宽”和“引线箭头线宽”线宽代号为 1；设置高程点“颜色”为“绿色”，修改高程点“符号”为“高程点符号_三角引线：高程点”。

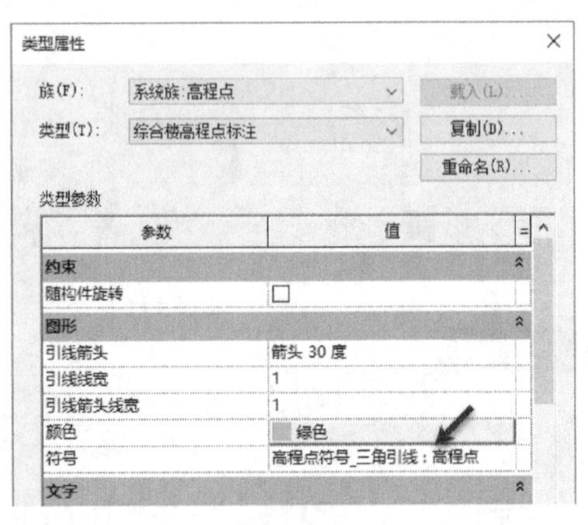

图 15-17

提示

符号用于设置高程点的符号标识，Revit 允许用户通过自定义族来自定义该标识。

Step04 如图 15-18 所示，设置文字参数组中“文字字体”为“仿宋”，设置文字大小为 3.5mm，设置“文字距引线的偏移量”为 3mm，即高程点文字在垂直方向偏移高程点符号 3mm；设置“文字与符号的偏移量”为 -10mm，即高程点文字与高程点符号定位点偏移 10mm。

Step05 单击“单位格式”参数按钮，打开“格式”对话框。如图 15-19 所示，不勾选“使用项目设置”选项，即高程点中显示的高程值不受项目单位设置影响；设置高程点“单位”为“米”，设置“舍入”为“3 个小数位”，即高程点显示小数点后 3 位；设置单位符号为“无”，即不带单位；其他参数设置参见图中所示，完成后单击“确定”按钮返回“类型属性”对话框。

图 15-18

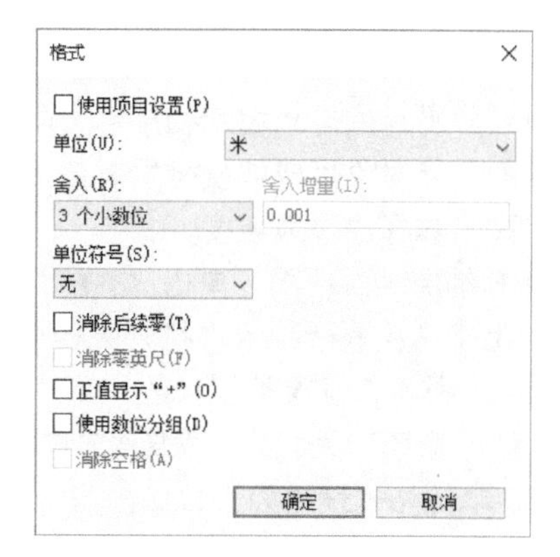

图 15-19

提 示

该设置同样适用于尺寸标注类型设置。

Step06 如图 15-20 所示，不勾选选项栏“引线”选项，设置“显示高程”为“实际（选定）高程”，即显示所选择构件位置处高程。

图 15-20

Step07 适当放在 F ~ G 轴间线公共空间位置。在平面内任意位置单击放置高程点。上、下、左、右移动鼠标，控制高程点符号方向，当高程点方向如图 15-21 所示时，单击完成高程点放置。按相同的方式在卫生间及室外雨篷位置添加高程点。

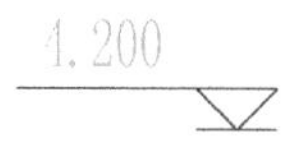

图 15-21

提 示

使用“高程点”工具在放置高程点时，通过选项栏“显示高程”参数可显示所提取构件的顶面、底面高程或同时显示顶、底面高程，如图 15-22 所示。同时，如果设置高程点类型参数“高程原点”为“相对”时，还可以指定拾取点与选项栏“相对于基面”参数中所设置标高的相对高程值。

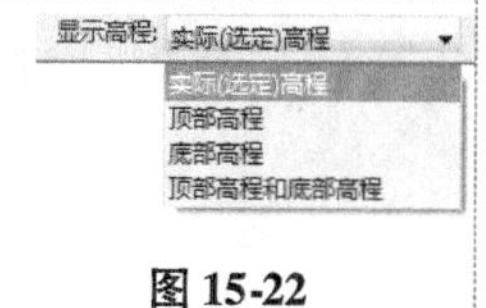

图 15-22

Step08 切换至 F1 楼层平面视图。使用高程点标注工具，打开类型属性对话框，复制新建名称为“综合楼正负零高程”新类型，如图 15-23 所示，修改“文字与符号的偏移量”为 –8mm，在高程指示器中，输入“±”，其他参数不变，确认“高程原点”设置为“项目基点”且“作为前缀/后缀的高程指示器”方式为“前缀”，即在高程点文字前显示±，且高程点值显示为项目高程（相对标高）；其他参数参见图中所示。完成后单击“确定”按钮退出“类型属性”对话框。

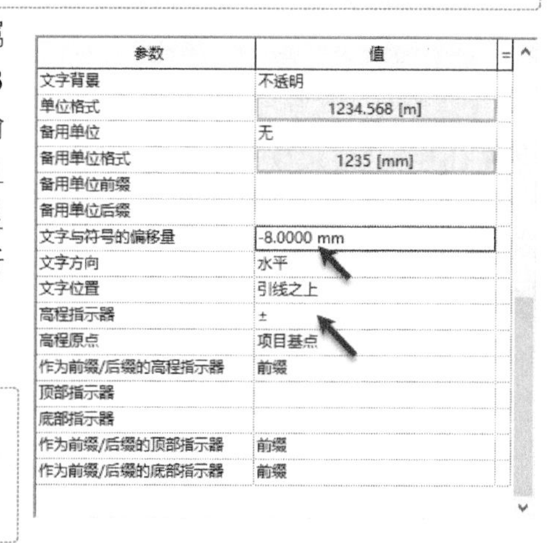

图 15-23

提 示

可以使用任意中文输入法的“软键盘→数学符号”，通过软键盘输入字符“±”。关于“项目”高程和“绝对”高程的区别，请参见本书第 4 章。

Step09 在 F1 室内办公室与走道位置单击放置高程点，注意 Revit 将显示为如图 15-24 所示形式。

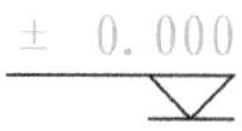

± 0.000

图 15-24

Step10 继续使用高程点标注工具，使用综合楼高程点标注类型，继续为综合楼外侧楼板、入口处台阶顶面、卫生间、室外台阶顶面位置单击放置高程点。Revit 会自动读取拾取位置楼板顶部标高值。使用类似方式放置其他楼层平面视图需要的标高符号。

提 示

由于在屋顶设置了排水坡度，因此拾取不同位置，显示的高程值并不相同。

接下来为屋顶部分需标注排水坡度和排水方向。Revit 提供了“高程点坡度”标注工具，“高程点坡度”工具用于为带有坡度的图元对象生成坡度符号。该工具可以用于提取屋顶、楼板、梁及带斜面的族图元对象的坡度，例如可以使用该工具标注屋顶坡度。

Step11 切换至 RF 楼层平面视图。单击“注释”选项卡“尺寸标注”面板中“高程点坡度”工具，自动切换至“高程点坡度”上下文关联选项卡。打开高程点坡度“类型属性”对话框，复制新建名称为“综合楼-坡度”的新类型。如图 15-25 所示，设置类型参数“引线箭头”为“实心箭头 15 度”；设置“引线线宽”和“引线箭头线宽”为 1；设置“颜色”为绿色；“坡度方向”为“向下”，即沿坡度降低方向绘制方向箭头；设置“引线长度”为 12. 0mm，单位格式设置为百分比。

Step12 在 RF 楼层平面屋顶排水坡位置单击将沿排水方向自动绘制排水坡度符号，如图 15-26 所示。完成后，保存文件，或打开随书文件“练习文\第 15 章\rvt\15-1-2. rvt”项目文件查看最终操作结果。

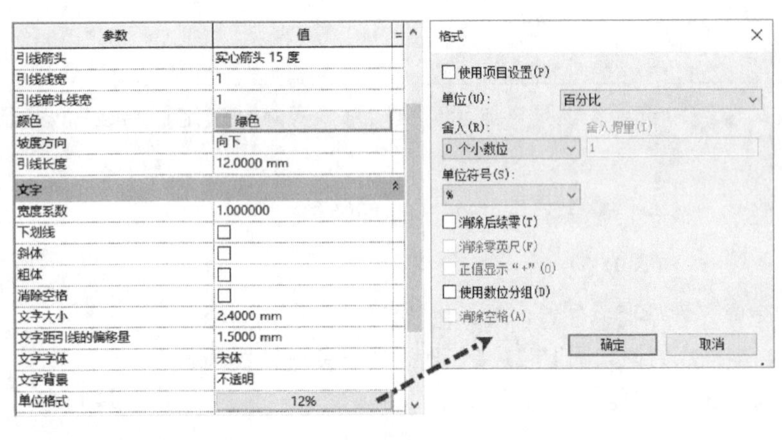

图 15-25

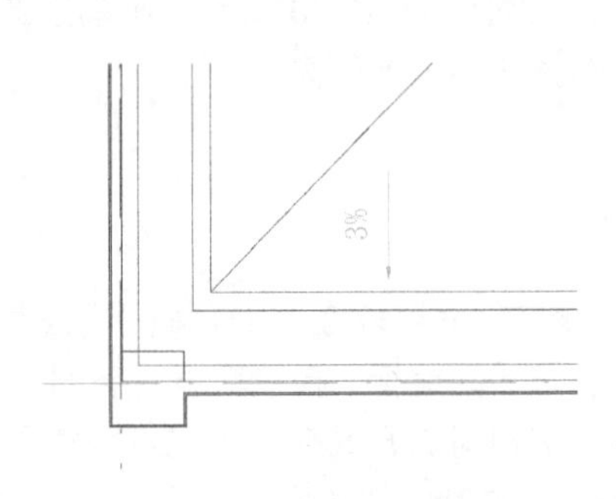

图 15-26

15. 1. 3 使用符号

通过 15. 1. 2 的介绍可以看出，Revit 可以针对有高程和坡度表面自动提取高程值和坡度值，符号与模型是联动的。但是，对于一些不希望自动提取高程或不便于进行坡度建模的情况，使用这两个工具进行符号标注会有障碍，此时我们可以采用二维符号添加这些符号以满足要求。下面以综合楼项目屋顶为例介绍采用二维图元及符号进行绘制的过程：

Step01 接上节练习，切换至 RF 楼层平面视图。单击“注释”选项卡“详图”面板中“详图线”工具，进入放置详图线状态，自动切换至“放置详图线”上下文关联选项卡。

Step02 确认详图线绘制方式为“直线”，设置当前详图线样式为“细线”。在 6、10 轴线中间以 A、B 轴为起点和终点，沿垂直方向绘制直线。

提 示

详图线工具可以绘制施工图设计中任意形式的 2 维线段，它只在当前本视图中存在，读者请体会它与模型线的区别。

Step03 使用“详图线”工具，使用与第 2）步操作完全相同的参数，按图 15-27 所示绘制详图线，作为屋面坡度线。

Step04 单击“注释”选项卡“符号”面板中“符号”工具，自动切换至“放置符号”上下文关联选项卡，如图 15-28 所示。确认当前符号族类型为“排水符号：排水箭头”，单击 6 轴左侧空白位置放置坡度符号。完成后按 Esc 键两次退出放置符号状态。

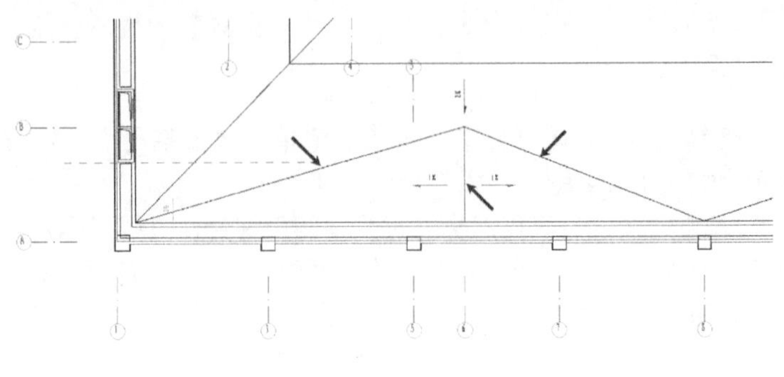

图 15-27

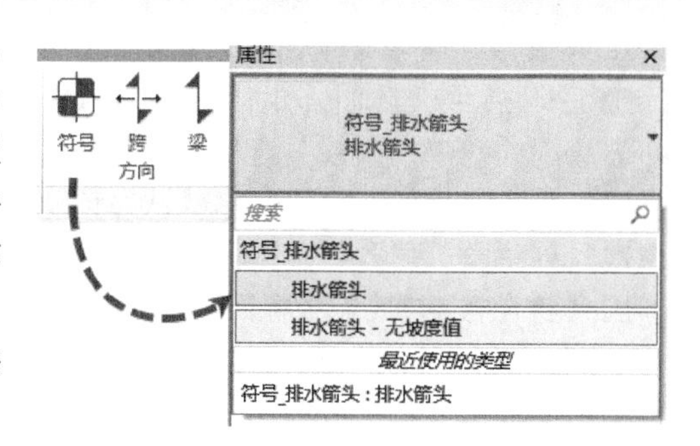

图 15-28

Step05 选择上一步中放置的坡度符号，单击坡度符号坡度值，进入文字编辑状态。输入“1”作为坡度值，自动修改坡度值为“1%”。使用类似的方式参照图 15-26 所示排水坡度符号位置放置排水坡度符号，并分别修改坡度值。保存文件，或打开随书文件“练习文件 \ 第 15 章 \ rvt \ 15-1-3. rvt”项目文件查看最终操作结果。

在使用“符号”工具时，必须载入指定的符号族。Revit 提供了“常规注释 . rte”族样板文件，允许用户使用该族样板文件自定义任意形式的注释符号，比如指北针、索引符号、标高符号等。同时，与 AutoCAD 不同，“符号”工具创建的符号（含文字）可以随视图比例的变化自动调整大小。在 Revit 中，可以灵活运用一些二维图元来达到绘图目的，在某些情况下还能简化模型创建过程，提高效率。

15. 1. 4 添加门窗标记

在添加门窗时可以自动为门窗生成门窗标记。Revit 还提供了“全部标记”及“按类别标记”工具，可以在任何时候为项目重新添加门窗标记。

Step01 接上节练习。切换至 F1 楼层平面视图。载入随书文件“练习文件 \ 第 15 章 \ rfa \ ”目录中综合楼_门标记 . rfa、综合楼_窗标记 . rfa、综合楼_幕墙嵌板标记 . rfa 和综合楼_墙标记 . rfa 族文件。

Step02 单击“注释”选项卡“标记”面板中“全部标记”按钮，打开“标记所有未标记”对话框，如图 15-29所示，这里列出了所有可以被标记的对象类别及其对应的标记符号族。

Step03 选择“当前视图中的所有对象”选项，不勾选“包括链接文件中的图元”选项，即仅为当前视图当前项目中所包含的图元进行标记；勾选“窗标记”和“门标记”类别，注意窗标记设置为“综合楼_窗标记”符号，门标记设置为“综合楼_门标记”。单击“确定”按钮，Revit 将自动进行项目中门窗的编号标注。

另外，使用“按类别标记”工具可以按照对象类别进行逐个标记，在进行标记时Revit会自动识别对象类别并为其附上符合类别的标记符号。

Step04 单击“注释”选项卡“标记”面板名称黑色下拉三角形，展开标记面板。如图 15-30 所示，单击“载入的标记”和符号选项打开“标记”对话框。

图 15-29

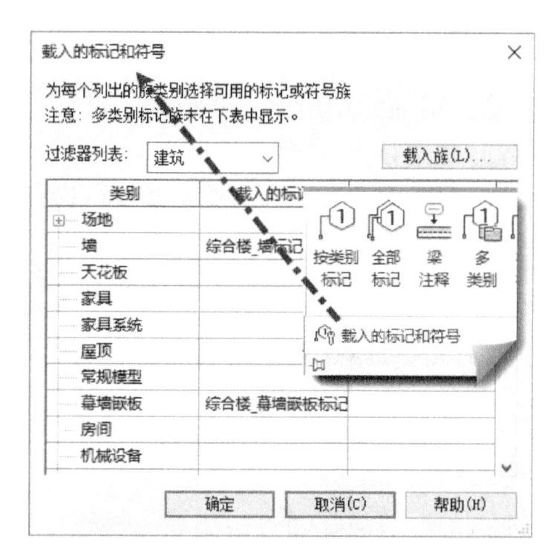

图 15-30

Step05 如图 15-30 所示，在“标记”对话框中，列举当前项目中各对象类别所有可用的标记族。注意确认墙、幕墙嵌板、窗和门类别分别设置标记为“综合楼_墙标记”“综合楼_幕墙嵌板标记”“综合楼_窗标记”和“综合楼_门标记”族。不修改其他设置，单击“确定”按钮退出“标记”对话框。

Step06 单击综合楼部分 J 轴线右侧幕墙，Revit 自动使用“综合楼_墙标记 . rfa”族生成该幕墙标记。由于“综合楼_墙标记 . rfa”提取幕墙实例参数中“标记”参数值，当前该值为空，因此显示为“?”。按 Esc 键退出标记状态。

Step07 选择该幕墙（注意不要选择幕墙嵌板），打开实例属性对话框，修改实例参数“标记”值为 QM1，

Revit 自动修改该幕墙标记内容为 QM1，结果如图 15-31 所示。

Step08 切换至东立面视图，适当放大 1F 幕墙位置，单击“注释”选项卡“标记”面板中“按类别标记”工具，去除选项栏中“引线”选项；配合键盘 Tab 键，选择综合楼入口处幕墙窗，Revit 将使用“综合楼_幕墙嵌板标记”标记幕墙门，显示名称默认为该窗族类型名称“向下开启”。循环按 Tab 键选择该幕墙窗，打开“类型属性”对话框，修改“向下开启”类型名称为“MQC-1”，完成后单击“确定”按钮退出“类型属性”对话框。因“综合楼_幕墙嵌板标记 . rfa”族读取幕墙嵌板类型名称，因此 Revit 自动修改幕墙门标记值为 MQC-1。

Step09 使用相同的方式，可以为其他需要标记的对象添加标记。对于各视图中相同位置的标记，可以使用“复制”至剪切板和“对齐粘贴→选择视图”方式对齐粘贴至相关视图。至此已完成综合楼项目平面施工图所需的注释内容。保存项目，或打开随书文件“练习文件 \ 第 15 章 \ rvt \ 15-1-4. rvt”项目文件查看最终操作结果。

使用“按类别标记”工具可以为项目中任何类别的构件添加标记注释信息。“按类别标记”工具不仅可以在楼层平面视图中标记图元，还可以在立面、剖面、详图索引等视图中标记图元对象。图元标记形式取决于所使用的标记族类别及参数定义，通过进行族文件定义可以提取 Revit 中图元对象实例参数或类型参数中任意一个或几个参数值作为标记名称。如图 15-32 所示，Revit 内定了多个标记样板对应不同的对象类别，使用“公制常规标记 . rte”族样板，可以自定义任意对象类别、形式的标记族。

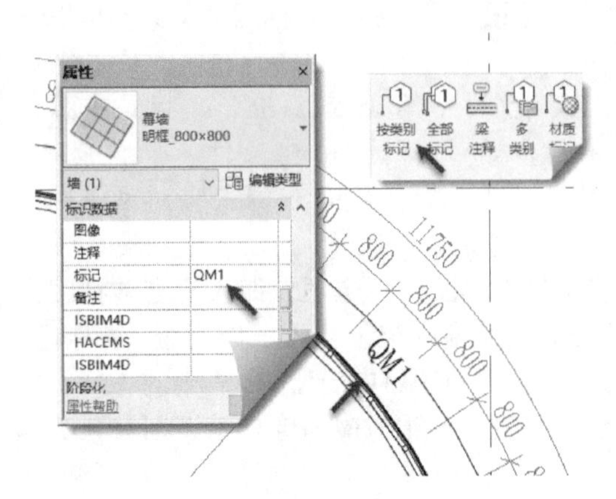

图 15-31

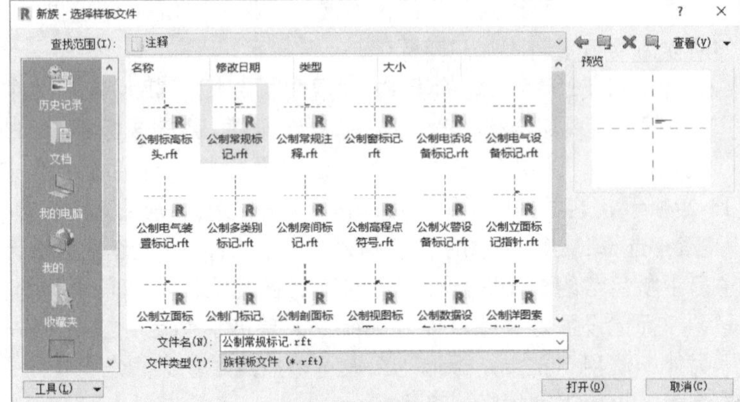

图 15-32

Revit 还提供了“材质标记”，用于提取构件中已定义的材质信息。在第 16 章中将详细介绍材质标记的使用。

在 Revit 中，除了前面介绍的尺寸标注可以被拆解的功能外，还可以对楼梯踏板数量、楼梯路径进行标注，如图 15-33 所示，请读者自行操作，这里不再赘述。

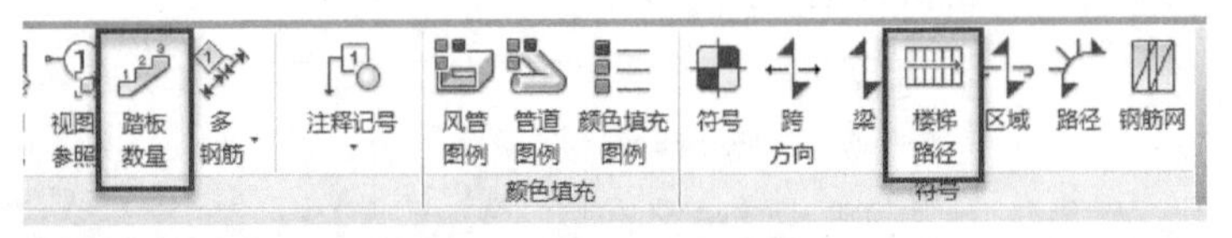

图 15-33

15.2 立面、剖面施工图——线处理、文字注释

与平面施工图类似，可以在立面视图中添加尺寸标注、高程点标注、文字说明等注释信息，得到立面、剖面施工图。

15.2.1 立面施工图

处理立面施工图时，需要加粗立面轮廓线，并标注标高、门窗安装位置的详细尺寸线。下面以综合楼项目南立面为例，说明在 Revit 中完成立面施工图一般步骤。

Step01 接上节练习。切换至南立面视图，处理立面视图中的可见性。打开视图实例属性中“裁剪视图”和“裁剪区域”可见选项。调节裁剪区域，显示办公楼部分全部模型并裁剪室外地坪下方地坪部分。

提 示

在启用视图裁剪时，Revit 除可以剪裁视图中模型图元外，还提供“注释裁剪”。启用注释裁剪后，只有裁剪范围框内的注释信息（如尺寸标注、文字等）才能在视图中显示，如图 15-34 所示。选择视图裁剪框，Revit将以绿色虚线框显示注释裁剪框的范围，按住并拖动注释裁剪框范围调节操作夹点可以调整注释裁剪范围大小。

Step02单击“修改”选项卡“视图”面板中“线处理”工具，自动切换至“线处理”上下文关联选项卡，设置线样式类型为“宽线”，如图15-35所示。

Step03在南立面视图中沿立面投影外轮廓依次单击，修改视图中投影对象边缘线类型为“宽线”，注意修改下方地坪的位置为-450，如图15-36所示。完成后按Esc键退出线处理模式。

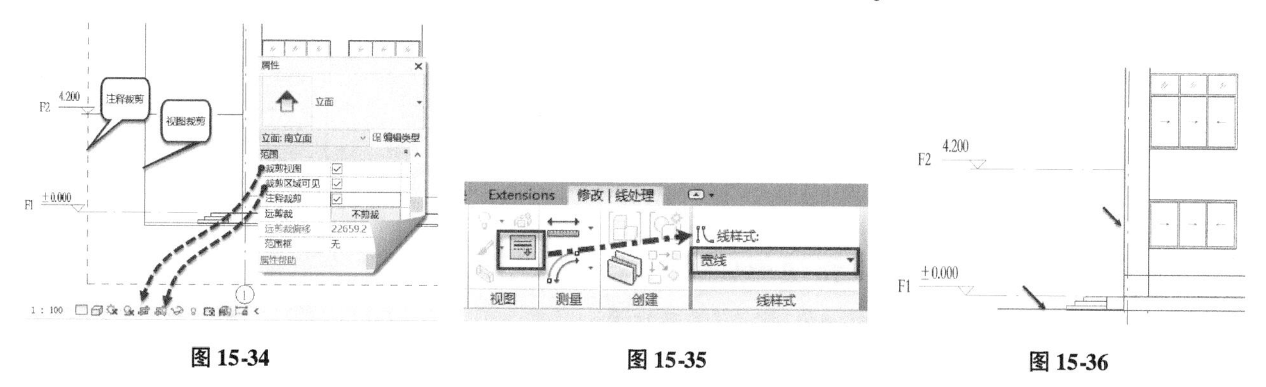

图15-34　　图15-35　　图15-36

提示

在线宽模式下需要将“细线”模式关闭，才可以区分不同线宽。

Step04适当延长底部轴线长度。使用对齐标注工具，确定当前尺寸标注类型为“出图标注3.5mm”，标注1轴线及1轴线左侧墙核心层外表面、11轴线及11轴线右侧墙核心层外表面。使用对齐尺寸标注工具，如图15-37所示沿右侧标高标注立面标高、窗安装位置，作为立面第一道尺寸标注线；标注各层标高间距离，作为立面第二道尺寸标注线；标注室外地坪标高、F1标高和CF标高作为第三道尺寸标注线。继续细化标注其他需要在立面中标注的尺寸标注。

Step05使用“高程点”工具，设置当前类型为“综合楼高程点标注”；拾取生成立面各层窗底部、顶部标高，以及门的标高，同时在最上方屋顶出屋顶位置放置标高。

Step06单击“注释”选项卡“文字”面板中“文字”工具，自动切换至“放置文字”上下文关联选项卡。设置当前文字类型为“3.5mm仿宋”；打开文字“类型属性”对话框。如图15-38所示，修改类型参数图形参数分组中“引线箭头”为“实心点3mm”，设置“线宽”代号为1，其他参照图中所示。完成后单击“确定”按钮退出“类型属性”对话框。

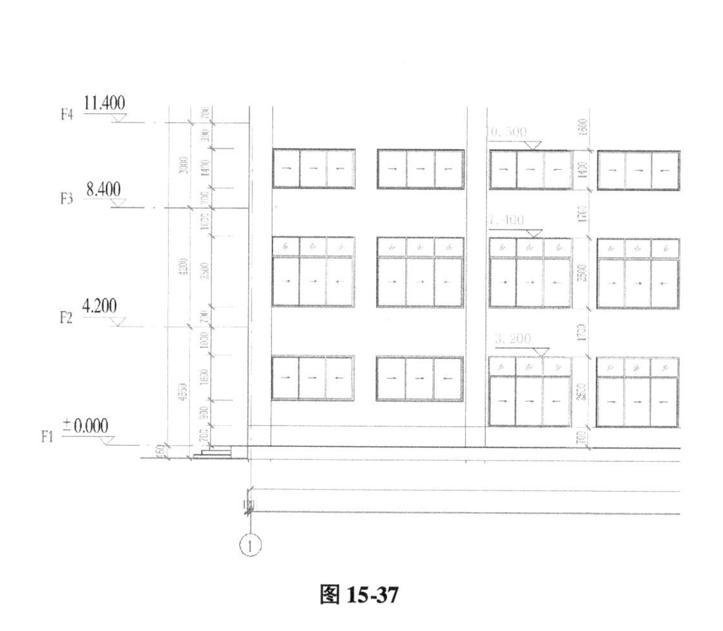

图15-37

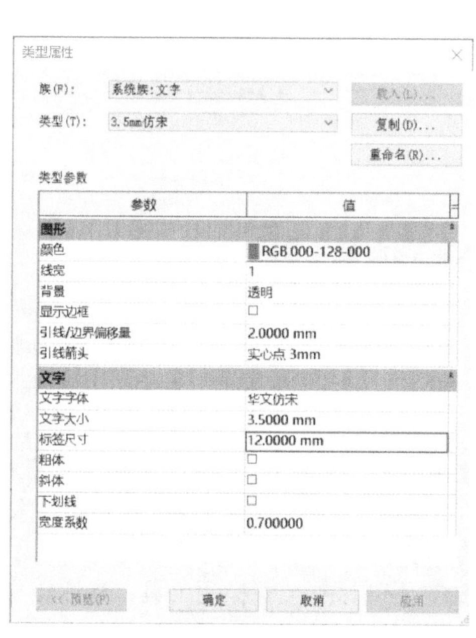

图15-38

Step07如图15-39所示“放置文字”上下文关联选项卡中，设置“对齐”面板文字水平对齐方式为“左对齐”，设置“引线”面板中文字引线方式为“二段引线”。

Step08在南立面视图中女儿墙位置单击作为引线起点，垂直向上移动鼠标绘制垂直方向引线，在女儿墙上方单击生成第一段引线，再沿水平向方向向右移动鼠标单击绘制第二段引线，进入文字输入状态；输入“花岗石”，完成后单击空白处任意位置完成文字输入，结果如图 15-40 所示。

Step 09 如图 15-41 所示，选择上一步中创建的文字图元，单击“修改 | 文字”上下文选项卡“引线”面板中“添加左侧引线”工具，Revit 将再次添加一段新的引线。

Step 10 选择新添加的引线的端点，将其拖动到下一层标高墙体位置。重复上述操作，直到将所有标高添加引线。

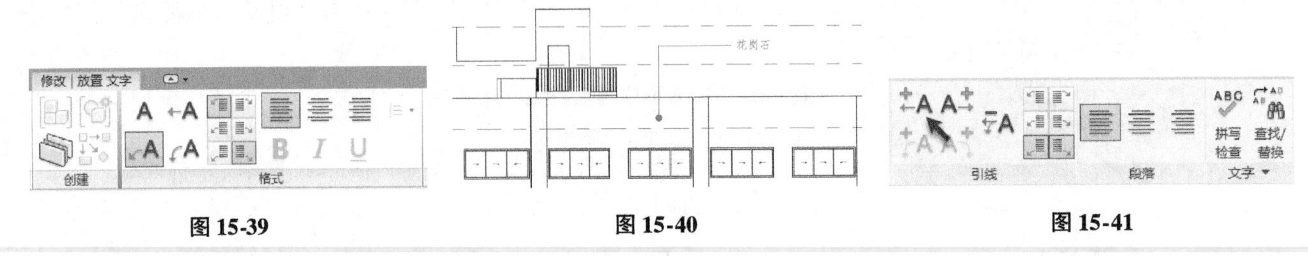

图 15-39　　图 15-40　　图 15-41

Step 11 结合本书第 4 章介绍的标高和轴网内容，处理立面视图中轴网对象、标高对象标头显示，结果如图 15-42 所示。按类似的方式处理其他立面视图，添加完成所有立面注释信息。完成后保存文件，打开随书文件“练习文件 \ 第 15 章 \ rvt \ 15-2-1. rvt”查看最终操作结果。

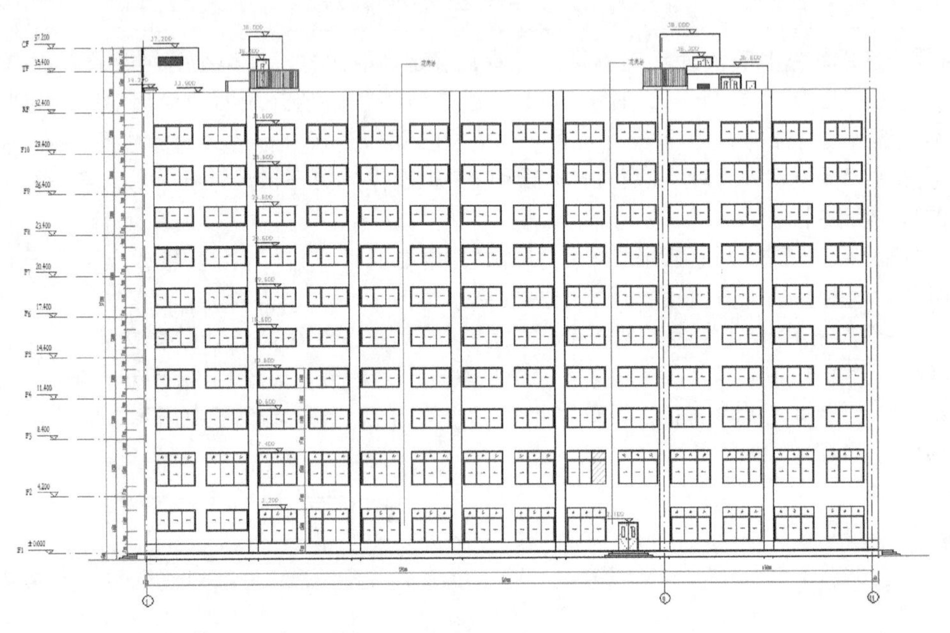

图 15-42

15. 2. 2　剖面施工图

与立面施工图类似，可以直接在剖面视图中添加尺寸标注等注释信息，完成剖面施工图表达。下面以综合楼项目剖面 1 为例，说明在 Revit 中完成剖面施工图的方法。

Step 01 接上节练习。切换至剖面 1#楼梯视图。调节视图中轴线、轴网。使用对齐尺寸标注工具，确认当前标注类型为“固定尺寸界线”，按图 15-43 所示添加尺寸标注。

Step 02 使用“高程点”工具，确认当前高程点类型为“立面空心”；依次拾取楼梯休息平台顶面位置，添加楼梯休息平台高程点标高。使用相同的设置添加剖面天花板底面标高。

Step 03 使用对齐尺寸标注工具，标注楼梯各梯段高度，结果如图 15-44所示。

Step 04 选择上一步中创建的尺寸标注。单击 B1 第一梯段标注文字，弹出“尺寸标注文字”对话框。如图15-45（左）所示，设置前缀为“161 × 13 =”，完成后单击“确定”按钮退出“尺寸标注文字”对话框。Revit 将已标注文字加上一个前缀，修改后尺寸显示为“161 × 13 =

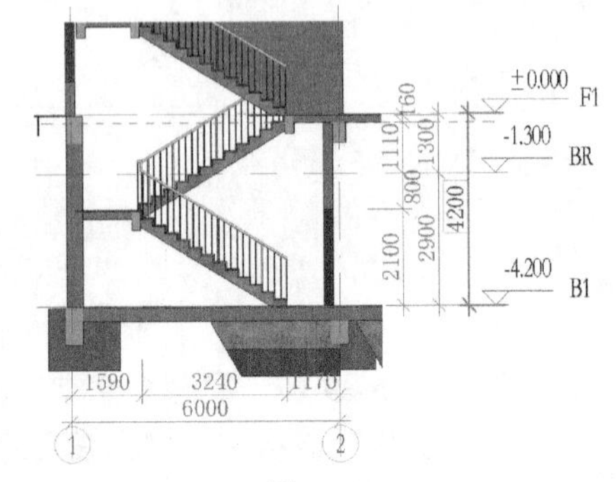

图 15-43

2100”，如图 15-45（右）所示。

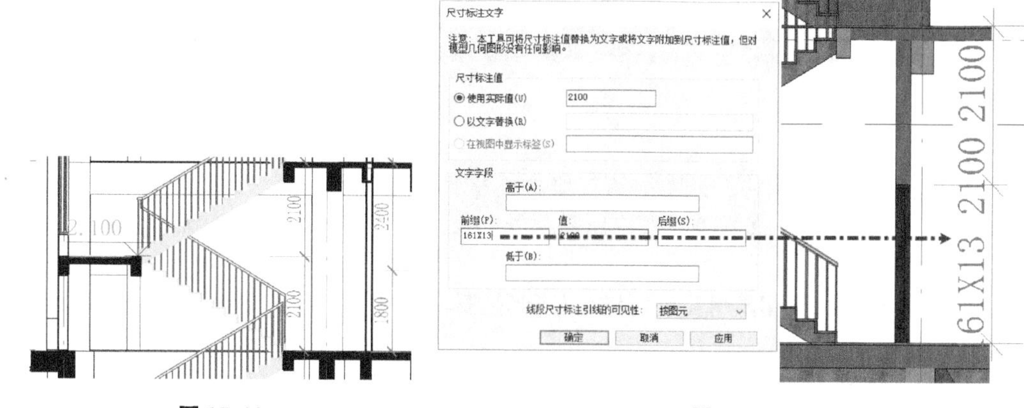

图 15-44　　图 15-45

Step05 另外也可以用文字替换的方式进行标注值替换。按同样的方法打开“尺寸标注文字”对话框，设置尺寸标注值方式为“以文字替换”，并在其后文字框中输入“150×12＝1800”，完成后单击“确定”按钮退出“尺寸标注文字”对话框，Revit 将以文字替代尺寸标注值，如图15-46所示。

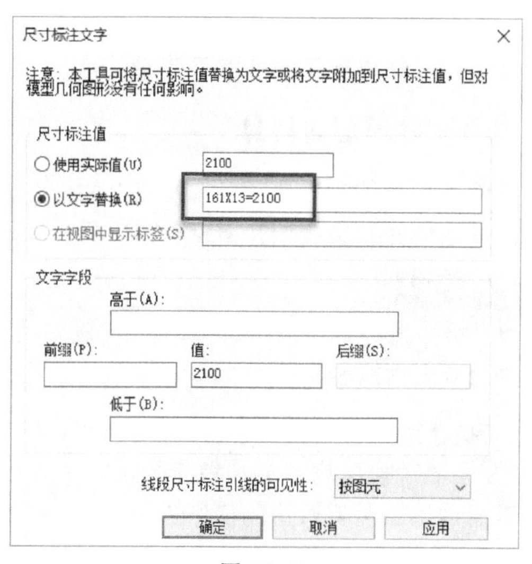

图 15-46

Step06 使用类似的方式完成其他剖面视图中注释信息。保存文件，或打开随书文件“练习文件\第 15 章\rvt\15-2-2. rvt”查看最终操作结果。

Step07 在 Revit 中使用“尺寸标注文字”对话框中替换尺寸显示时，Revit 不允许以纯数字替代尺寸文字。笔者建议各位读者在设计时创建严谨、精确建立建筑模型，或使用参数化驱动修改错误的构件尺寸。这样能保证更为精细化的设计成果，减少设计错误。如果一定要修改局部尺寸标注数值，可以为速博用户提供的 Revit Extensions “尺寸标注增强” 工具来修改错误的尺寸标注文字，有兴趣的读者可以自行研究该功能。

要完成剖面施工图还必须修改剖面视图中各图元显示，加入更多建筑剖面构件。例如：门窗过梁、楼梯休息平台处平台梁等。由于这些构件在建立模型时并未建立因此必须使用二维详图的方式进行补充。在本书下一章中将介绍相关内容。

15.3 本章小结

利用 Revit 的注释工具，可以在已有视图基础上轻松完成施工图表达需要的尺寸标注、高程点标注等注释信息内容。注释工具的使用与 Revit 其他对象类似，通过类型参数控制注释图元的样式。使用尺寸标注工具可以标注视图中任意图元对象，并可利用尺寸约束功能锁定或等分被标注的图元对象。

高程点标注工具可以提取项目中任意图元对象的高程信息。使用“全部标记”及“按类别标记”工具可以提取图元任意参数，并以文字形式显示在视图中。合理使用这些工具，可以实现将三维模型设计与二维施工图设计结合，完成建筑设计的全过程。

下一章中，将以本章介绍的内容为基础，进一步深入完成综合楼施工图设计。

第16章 剖面图深化及详图设计

Revit 提供了区域填充、详图构件、详图线等二维详图构件，用于快速高效地进行施工图的深化。虽然在 Revit 中利用三维模型可以生成绝大多数施工图中所需要的信息，但二维详图构件可以作为三维设计在施工图设计阶段非常灵活高效的补充。

同时，使用 Revit 提供的“详图索引”功能结合使用详图构件可以完成施工图设计时所需的大样详图。

16.1 使用详图工具进行剖面图深化

在施工图设计时，必须结合二维手段在施工图中添加各类二维符号以满足施工图设计信息表达要求。例如表达剖面视图中的梁、圈梁、过梁等。Revit 提供了详图构件、重复详图、剖切面轮廓、区域填充等多种详图编辑工具，以处理施工图各种二维图元。

16.1.1 处理剖面信息

使用详图编辑工具可以作为在 Revit 完成施工图设计时三维模型生成图纸的合理补充。下面继续使用区域填充、详图构件及编辑剖切面轮廓等工具，添加综合楼项目施工图设计中的剖面图中梁等信息。

提 示

以下部分为了进行软件功能的讲解，对同一种图元采用了多种绘制方法，实际工作中读者可自行选择适当方式进行绘制。

Step01 接 15.2.2 节练习并切换至剖面 2 号楼梯视图。剖面视图中有剖面梁、楼梯梁等信息，可以通过“可见性/图形替换”中“截面填充图案”来进行处理，本章采用“详图”的方法来绘制，主要针对模型中没有相关信息但出图需要表达的信息处理方式。在绘制之前需要新设置一种线型以满足绘图需要。

Step02 打开“管理”选项卡“管理”面板中“其他设置”下拉列表，在列表中选择“线样式”选项。在打开的“线样式”对话框中，单击“新建”按钮，新添加一种线型——“粗线”，线宽设置为 3，设置方式及参数如图 16-1 所示，以满足剖面中对剖切线的宽度要求。

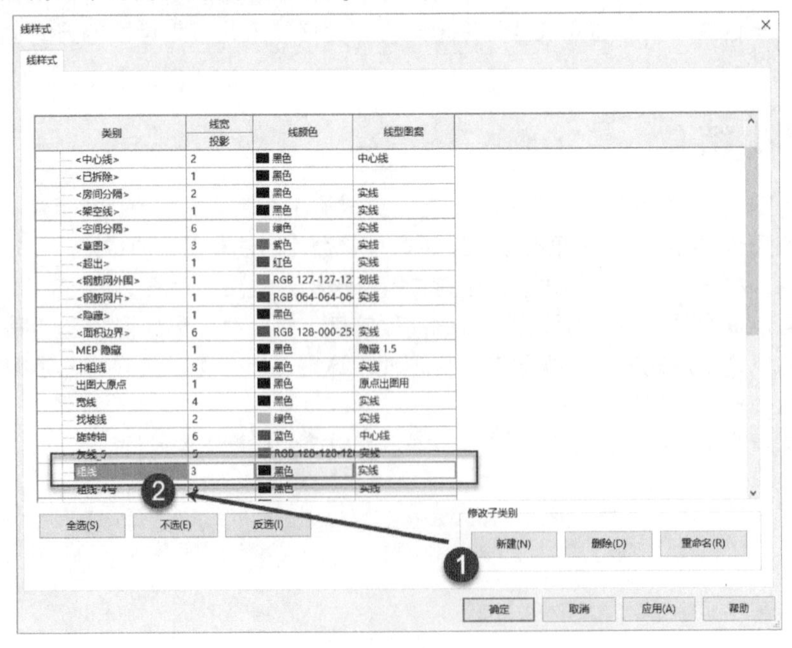

图 16-1

Step03 完成以上设置后，单击“注释”选项卡“详图”面板中“区域”下拉列表，在列表中选择“填充区域”选项，进入“创建填充区域边界”面板。在属性面板中单击“编辑类型”按钮打开“类型属性”对话框。

提示

Revit 提供了两种区域方式，填充区域和遮罩区域。遮罩区域将隐藏视图中区域范围内的所有图元，以满足二维剖面出图的要求。其操作方式与填充区域完全相同；具体操作在此不再赘述，请读者自行尝试。

Step 04 确认当前填充类型为“对角交叉线”，复制新建名称为“综合楼-剖面梁”新类型。单击“填充样式”后浏览按钮，打开“填充样式”对话框。如图 16-2 所示，在填充样式图案名称列表中选择“实体填充”，确认“填充图案类型”为“绘图”；完成后单击“确定”按钮返回“类型属性”对话框。

提示

Revit 支持两种填充图案类型：模型和绘图。模型填充图案与视图显示及视图比例无关；而绘图填充图案会随当前视图比例而调整以保障打印时填充图案间距完全一致。

Step 05 如图 16-3 所示，确认“背景”为“不透明”，即填充图案将遮盖视图中已有图元；确认填充图例“线宽”代号为 1，即细线；修改“颜色”为黑色。完成后单击“确定”按钮返回创建填充区域边界状态。

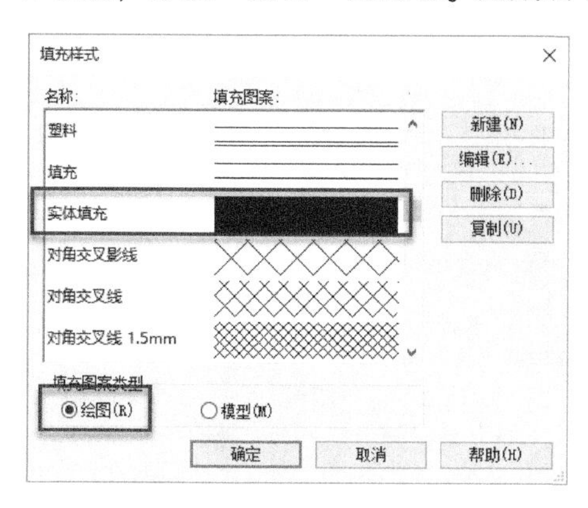

图 16-2

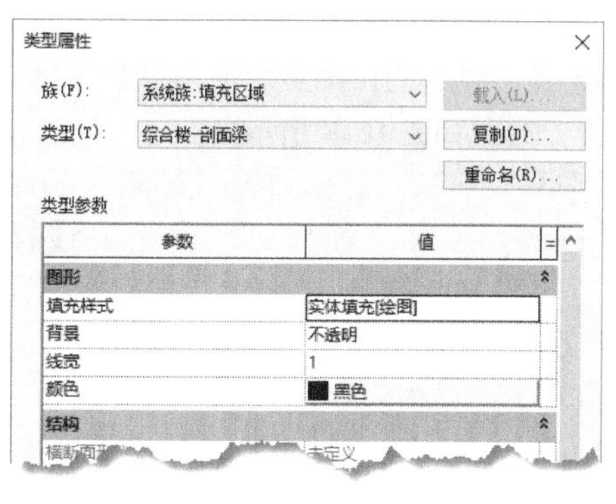

图 16-3

Step 06 确认绘制模式为“矩形”，设置线样式为第 2 步中设置好的“粗线”，按图 16-4 所示在 2 号楼梯间剖面视图中门框上方位置绘制矩形轮廓，作为填充边界。完成后单击模式面板“完成”按钮完成填充边界。Revit 将按填充边界和填充样式生成区域填充，结果如图 16-4 右侧所示。

提示

如果希望完成区域填充仅显示填充图案而不显示区域轮廓，可以选择线样式为 <不可见线>。

Step 07 载入随书文件“第 16 章\rfa\2D 剖面梁.rfa”族文件。单击“注释”选项卡“详图”面板中“构件”下拉列表，在列表中选择“详图构件”选项。自动切换至“放置详图构件”上下文关联选项卡。

Step 08 确认当前详图构件类型为“2D 剖面梁：T 型梁”，打开“类型属性”对话框，复制新建名称为“矩型梁 250×530”新族类型。按照图 16-5 所示修改类型参数，“梁高”为 600，梁宽为 300，完成后单击“确定”按钮退出“类型属性”对话框。

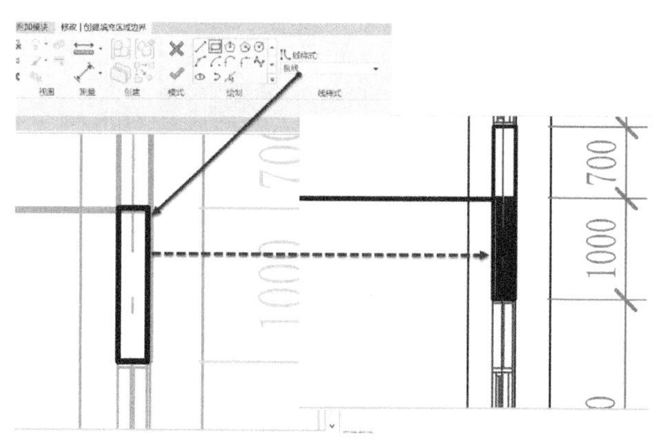

图 16-4

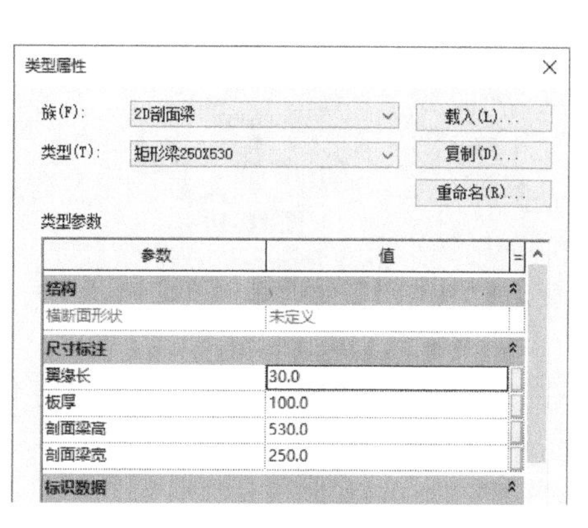

图 16-5

Step09 切换至 2 号楼梯间剖面图中，确认不勾选选项栏“旋转后旋转”选项；移动鼠标至 B-D 轴线窗子上方，选择适当位置放置构件，结果如图 16-6 所示。

Step10 选择刚刚创建的这三个详图构件梁，会自动切换至“修改 | 详图项目”选项卡，单击“创建组”图标，在出现的对话框中填入“剖面梁”作为本详图组的名字，如图 16-7 所示。

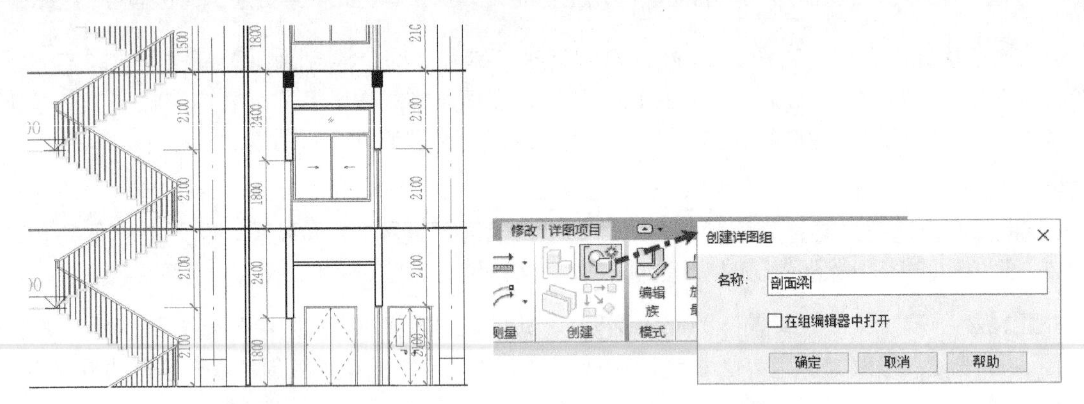

图 16-6　　图 16-7

Step11 选择上一步中创建的详图组，使用复制工具，确认选择选项栏中多个选项，沿垂直方向向上复制到其他标高剖面梁位置，结果如图 16-8 所示。

Step12 单击“注释”选项卡详图面板“区域”下拉列表中“遮罩区域”选项。设置“线样式”面板中线样式为“<不可见线>”，如图 16-9 所示，沿 B1 结构底板底部绘制封闭的遮罩轮廓范围，完成后单击“完成编辑模式”按钮完成遮罩绘制，隐藏视图中结构底板底部的全部图元。

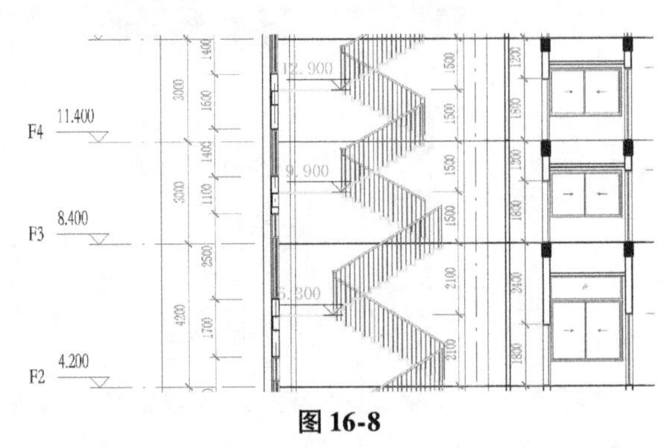

图 16-8

Step13 使用载入族工具，载入随书文件“练习文件 \ 第 16 章 \ RFA”目录中“素土夯实 . rfa”详图族文件。单击“注释”选项卡“详图”面板中“构件”工具下拉列表，在列表中选择“重复详图”选项，此时将自动切换至“放置重复详图”上下文关联选项卡。设置当前重复详图类型为“素土”，确认当前绘制方式为“直线”，如图 16-10 所示。

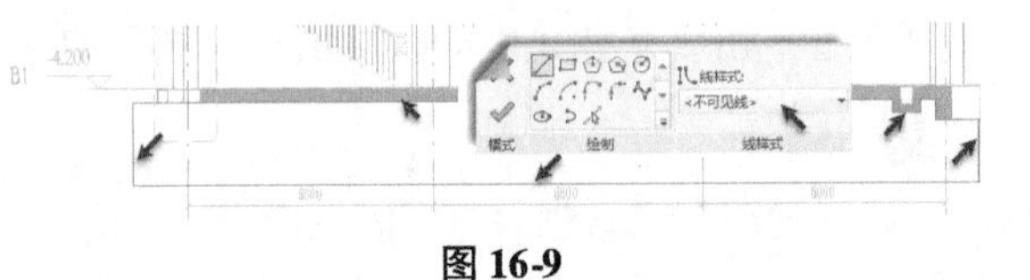

图 16-9

Step14 沿室外地坪标高位置以地形表面剖切面范围为起点和终点绘制直线，Revit 将沿绘制方向生成重复详图，至此完成剖面 1 所有施工图表达内容，结果如图 16-11 所示。

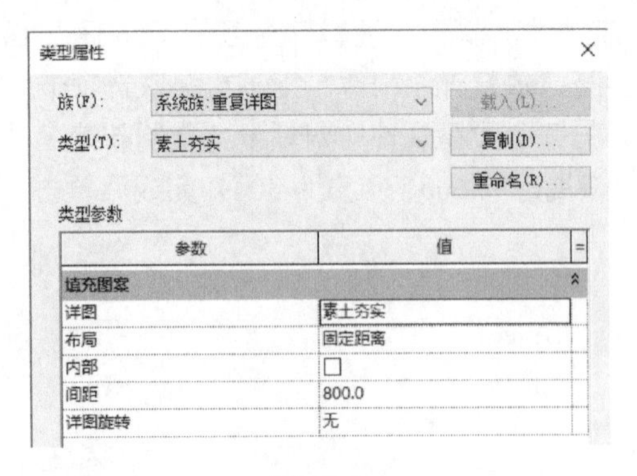

图 16-10

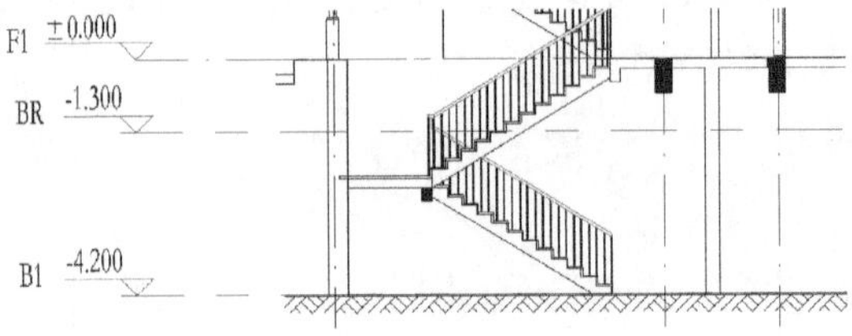

F1 ±0.000
BR -1.300
B1 -4.200

图 16-11

Step15 使用类似的方式处理其他剖面内容。完成后，保存该文件，或查看随书文件“第 16 章 \ rvt \ 16-1-1. rvt”项目文件查看最终操作结果。

Revit 在“视图”选项卡“图形”面板中提供“剖切面轮廓”工具，如图 16-12 所示。通过“剖切面轮廓”工具，可使用绘制轮廓线的方式在剖面视图中添加轮廓，使用“剖切面轮廓”工具，进入剖切面轮廓编辑模式，鼠标指针变为 。

在使用剖切面轮廓工具时，确认选项栏中编辑模式为“面”，如图 16-13 所示，单击剖面视图中被剖切的图元截面进入“创建剖切面轮廓草图”上下文选项卡。

如图 16-14 所示沿图元轮廓边界绘制需要的截面轮廓。注意截面轮廓必须首尾相连且起点与终点必须与拾取截面已有边界重合。注意剖切面轮廓箭头指向要保留轮廓方向。完成后单击“完成剖切面轮廓”按钮完成剖切面轮廓编辑。完成后截面轮廓如图中所示。

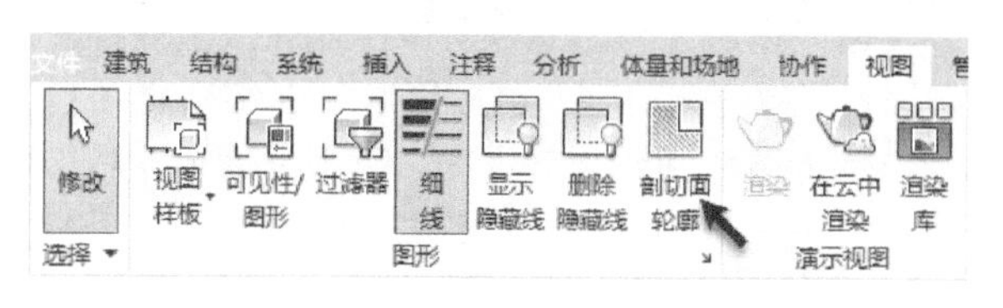

图 16-12

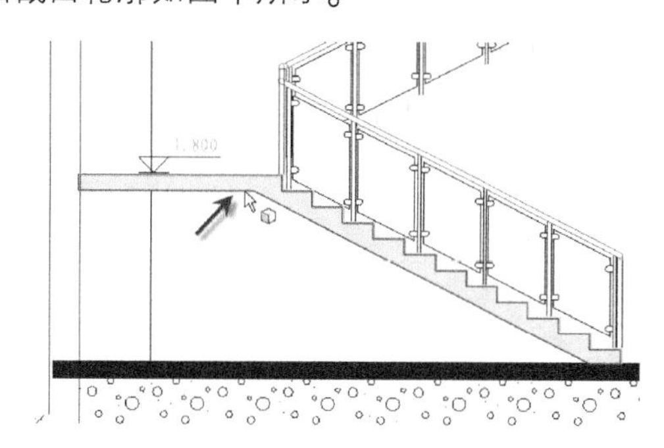

图 16-13

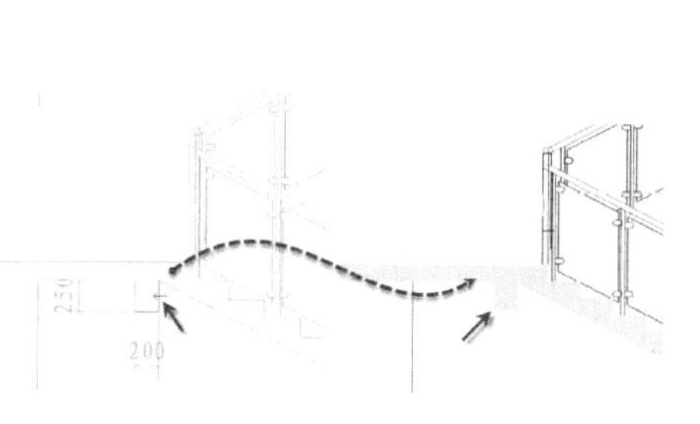

图 16-14

> **提 示**
>
> 使用编辑剖切面轮廓编辑剖切面仅在当前视图中有效，在其他视图中会被删除显示。修改剖切面轮廓后，并不会修改图元三维模型。

详图构件类似于 AutoCAD 绘图中的图块，详图构件以二维图形的方式生成视图中需要的信息。使用“公制详图构件 . rte”族样板文件可以定义任意形式的详图构件族。使用“重复详图”工具，可以将项目中已载入的详图构件族沿指定直线方向重复布置。例如本节中使用的“素土”类型重复详图，是按绘制直线范围重复如图 16-15 所示详图构件。

在使用重复详图时，可以在重复详图类型参数中设置重复的“详图”构件族，设置“布局”方式以指定详图构件的重复的方式并设置重复的“间距”以及是否旋转详图构件等。如图 16-16 所示，为“素土”类型重复详图的类型参数设置。

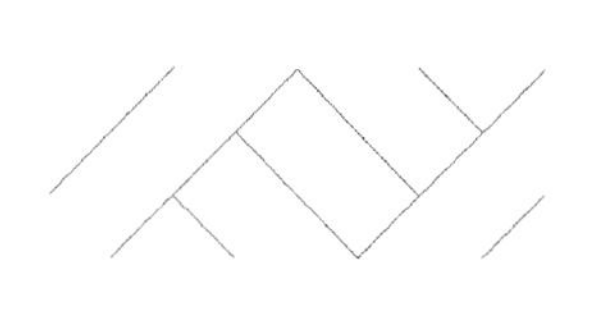

图 16-15

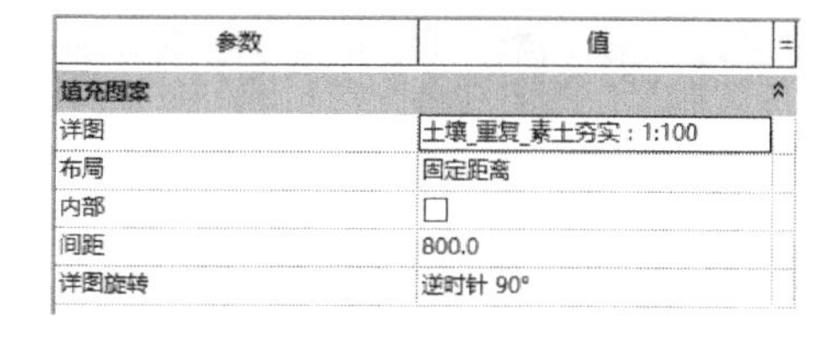

参数	值
填充图案	
详图	土壤_重复_素土夯实 : 1:100
布局	固定距离
内部	☐
间距	800.0
详图旋转	逆时针 90°

图 16-16

> **提 示**
>
> “详图项目”属于“模型对象”类型图元。

当在同一位置放置不同的详图构件、区域填充等详图图元时，可以调节各构件的显示顺序。选择要调整顺序的详图对象，如图 16-17 所示单击上下文关联选项卡“排列”面板中放置顺序调整按钮即可。

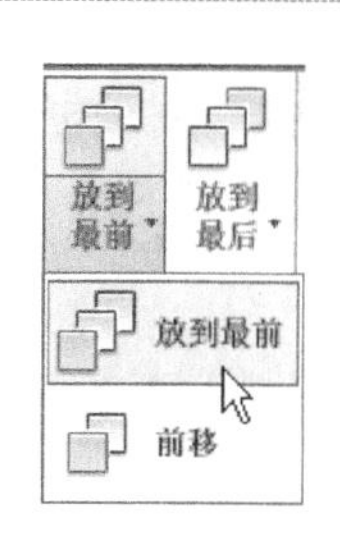

图 16-17

Revit 提供了填充可用间距、固定距离、固定数量、最大间距共 4 种详图布局方式。

1）填充可用间距：表示详图构件将沿路径长度进行重复，因此间距等于构件宽度。

2）固定距离：表示详图构件从路径始端开始按照为“间距”参数指定的确切值进行等距排列。

3）固定数量：表示固定数目的详图构件沿路径进行排列，同时进行间距调整以容纳该数目的构件。使用此方式定义重复详图后，需要在重复详图“实例属性”对话框中设置“数量”参数。

4）最大间距：表示详图构件沿路径长度等距排列，其最大间距是为“间距”指定的值。实际采用的间距可能较小，以确保路径两端不会出现非完整构件。

勾选“内部”参数选项可以控制生成重复详图时，详图图案仅在路径长度范围之内。读者可以自行研究不同布局方式对重复详图生成的影响。在综合楼项目使用的样板中，已经定义了建筑设计中常用的“素土夯实”和“自然土壤”两种重复详图。可根据需要在施工图设计中定义更多类型重复详图，在此不再赘述。

16.1.2 使用详图线

Revit 提供了“详图线”工具，可以在图纸中绘制二维线。详图线只在绘制它的视图中可见，属于视图专有图元，而模型线则在任何视图中可见，具有三维属性。在实际工程使用详图线并配合符号族，可以完成三维投影中无法表达的图形内容。工具使用很简单，本处不再赘述，在 15.1.3 也有相应说明，请读者参考。

绘制详图线或模型线时，可以指定所使用的详图线的类型。详图线的类型取决于“线样式”对话框中的线子类别的定义。

Revit 提供了详图线与模型线间相互转换工具。如图 16-18 所示，选择所绘制线图元后，单击“修改 | 线”上下文选项卡“编辑”面板中“转换线”工具，即可在模型线与详图线间相互转换。

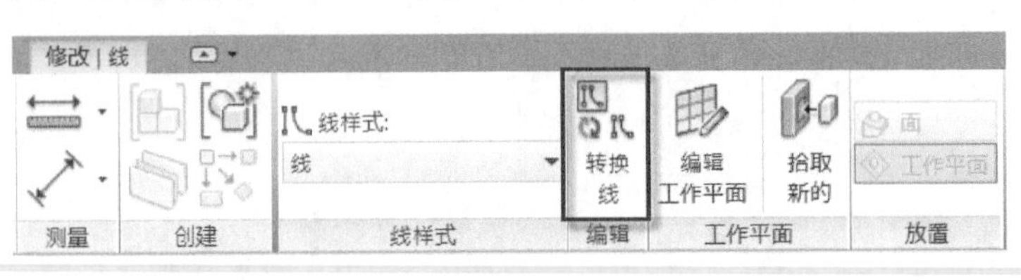

图 16-18

16.2 详图索引及详图视图的创建

详图绘制有三种方式，即“纯三维”“纯二维”及“三维 + 二维”。对于某些楼梯详图、卫生间等一些详图因为模型建立时信息基本已经完善，可以通过详图索引直接生成，此时索引视图和详图视图模型图元是完全关联的。对于一些节点大样如屋顶挑檐，大部分主体模型已经建立，只需在详图视图中补充一些二维图元即可，此时索引视图和详图视图的三维部分是关联的。而有些节点大样因为无法用三维表达或者可以利用已有的 DWG 图纸，那么可以在 Revit 中生成的详图视图中采用二维图元的方式绘制或者直接导入 DWG 图形，以满足出图的要求。在实际工作中，大部分情况下都是采用“三维 + 二维”的方式来完成我们的设计，下面将对此种详图创建方法做说明，并介绍如何利用原有 DWG 图纸来创建详图。

16.2.1 生成详图

Revit 提供了详图索引工具可以将现有视图进行局部放大用于生成索引视图，并在索引视图中显示模型图元对象。下面继续使用详图索引工具为综合楼项目生成索引详图，并完成详图设计。

Step01 接上节练习。切换至 F1 楼层平面视图。单击“视图”选项卡“创建”面板中“详图索引”工具，自动切换至“详图索引”上下文关联选项卡，选择“矩形”。

Step02 修改族为“系统族：详图视图”，单击“复制”按钮复制新建名称为“综合楼-详图视图索引”的新详图索引名称。如图 16-19 所示，修改“详图索引标记”为“详图索引标头”，设置“剖面标记”为“无剖切号”，修改“参照标签”为“参照”。完成后单击“确定”按钮退出“类型属性”对话框。

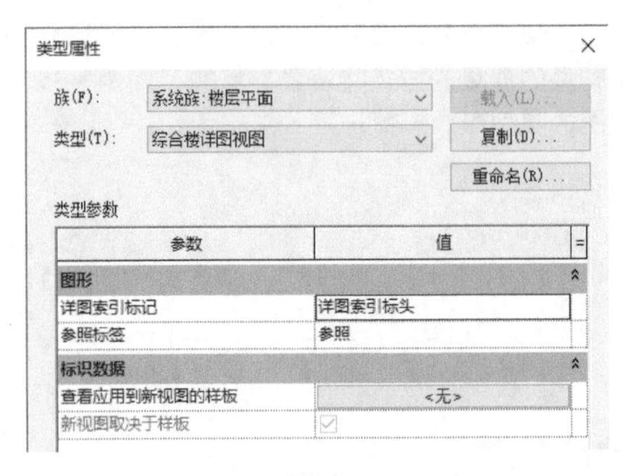

图 16-19

> **提 示**
>
> “剖面标记”参数用于控制详图索引作为剖切面显示在“相交视图”时的标记样式。

Step03 不勾选“参照”面板中“参数其他视图”选项。适当放大综合楼部分卫生间位置，按图 16-20 所示位置作为对角线绘制索引范围。Revit 在项目浏览器中自动创建“详图视图”视图类别，并创建名称为“详图 0”详图视图，修改该视图名称为“F1-卫生间详图”。

> **提 示**
>
> 在项目浏览器中，Revit 将根据视图的类型名称组织视图类别。例如，在本例中，由于使用的详图索引的类型名称为“综合楼-详图视图”，因此在项目浏览器中，将生成“详图视图（综合楼-详图视图）”视图类别。

Step 04 切换至“F1-卫生间详图”视图。根据出图的要求，调整视图可见性。精确调节视图裁剪范围框，在视图中仅保留卫生间部分。单击底部视图控制栏“隐藏裁剪区域”按钮，关闭视图裁剪范围框。

Step 05 载入随书文件“练习文件\第16章\RFA”目录中“M_折断线.rfa”族文件。使用“注释”上下文选项卡“详图”面板中“详图构件”工具，选择详图构件类型为“M_折断线：M_虚线”，按空格键将折断线翻转90°，单击A轴线左侧被详图索引截断的内墙放置折断线详图。按Esc键退出放置详图构件模式。如图16-21所示，选择放置的详图构件，通过拖拽范围夹点修改折断线形状。使用类似的方式在其他被打断的墙位置添加“折断线”。

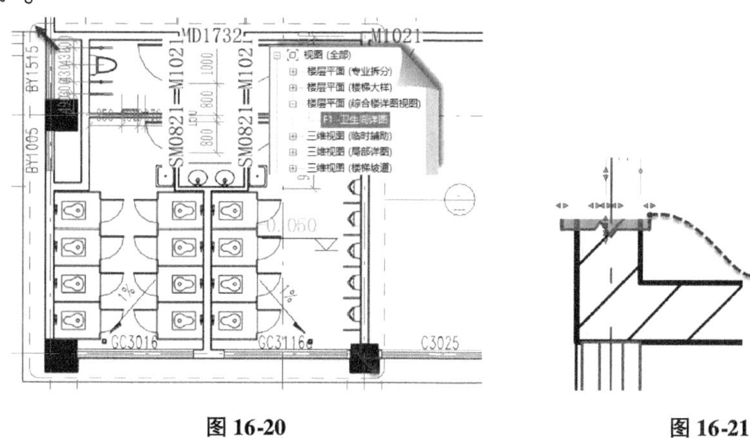

图 16-20　　图 16-21

提 示

因该详图构件包含不显示边界的遮罩区域，因此将隐藏折断线下方图形。在使用时需注意折断线的放置方向。

Step 06 载入随书文件中“第16章\rfa\地漏2D.rfa”族文件，并放置到合适位置。注意放置时的标高应为F1，否则在视图中看不到此构件。

Step 07 使用按类别标记、尺寸标注标注该详图视图，配合使用详图线、坡度箭头、自由标高符号等二维工具，完成卫生间大样的标注，结果如图16-22所示。

提 示

注意注释对象必须位于“注释裁剪”范围框内才会显示。

Step 08 不选择任何图元，“属性”面板中将显示当前视图属性。如图16-23所示，注意可以根据图形中显示的需要重新设置详图索引视图的视图显示范围。

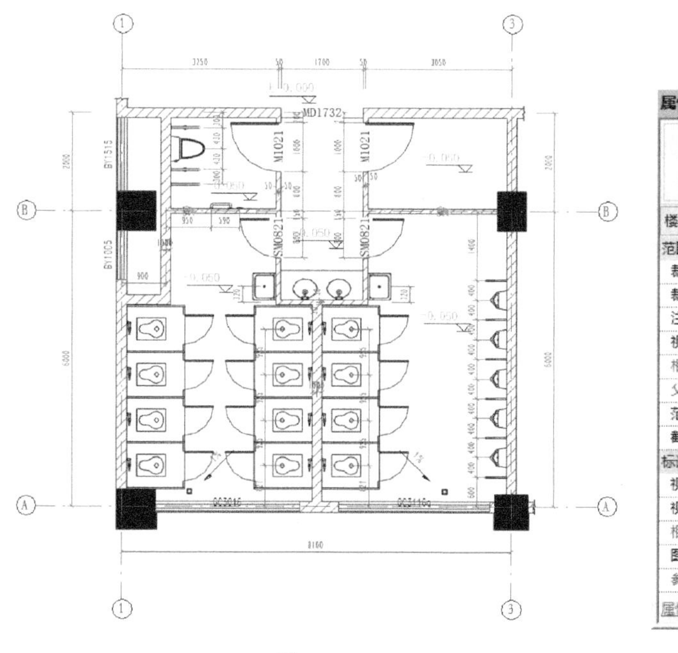

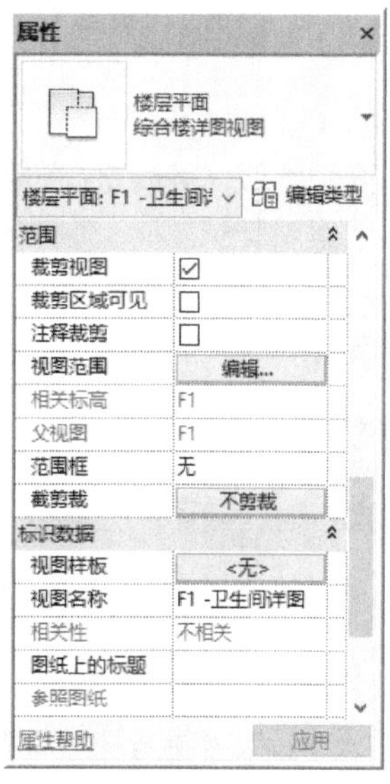

图 16-22　　图 16-23

Step 09 单击“视图”选项卡“图形”面板中“视图样板”下拉列表中的“管理视图样板”工具，打开“视图样板”对话框。选择“建筑平面-详图视图”样板，单击“V/G 替换模型”后的编辑按钮，打开此视图样板的“可见性/图形替换”对话框。勾选“可见性/图形替换”对话框底部“替换主体层”栏中“截面线样式”选项。在“模型类别”选项卡中单击“编辑”按钮打开“主体层线样式”对话框，修改“结构 [1]”功能层“线宽”代号为 3，即显示为粗线，修改其他功能层“线宽”代号为 1，即显示为细线；确认“线颜色”均为黑色，“线型图案”均为“实线”。设置完成后单击两次“确定”按钮返回“视图样板”对话框。采用同样的方法和参数设置，对“综合楼-剖面”样板进行修改。

Step 10 切换至 F1 楼层平面视图。使用详图索引工具，确认详图索引类型为“楼层平面：楼梯大样”；不勾选参照面板中“参数其他视图”选项。在 1 轴处楼梯位置沿楼梯间范围创建详图。切换至该视图，重命名视图名称为“1 号楼梯间大样”，并设置视图可见性及添加剖断符号及尺寸标注信息，结果如图 16-24 所示。

Step 11 采用类似操作，完成办公楼其他大样。完成后，保存文件，或打开随书文件“第 16 章 \ rvt \ 16-2-1. rvt”项目文件查看最终操作结果。

在楼层平面视图中使用“详图索引”工具时，可以使用两种详图索引族：楼层平面和详图视图。“楼层平面”索引直接按当前楼层平面视图中显示的图元显示在新建的索引视图中，并将索引视图作为“楼层平面”视图类型。而“详图索引”则以剖切面的形式重新在指定高度剖切视图并生成新的“详图视图”类别视图。注意不论使用何种形式的详图索引，索引视图中图元仍与原模型相互关联。

可以在详图视图实例属性中指定详图视图的视图深度。如图 16-25 所示，默认情况下的详图视图深度与索引视图即主视图相同，可以通过修改“远剪裁设置”参数，重新指定详图索引视图深度。

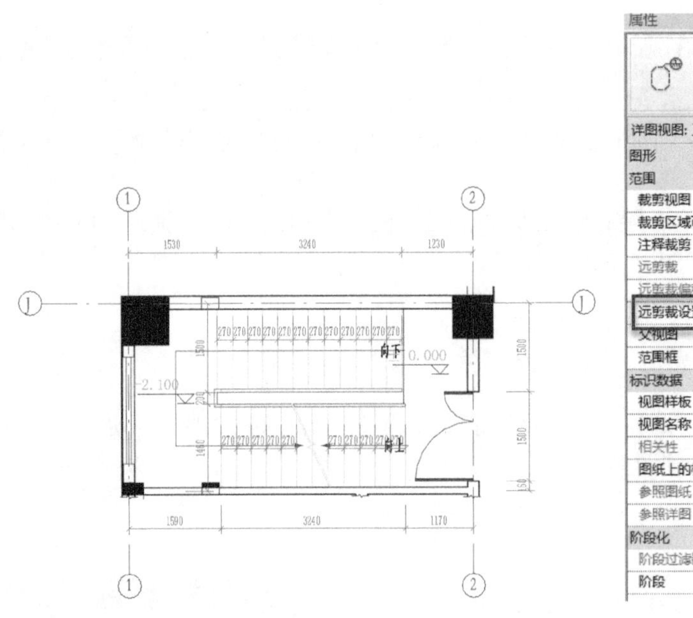

图 16-24

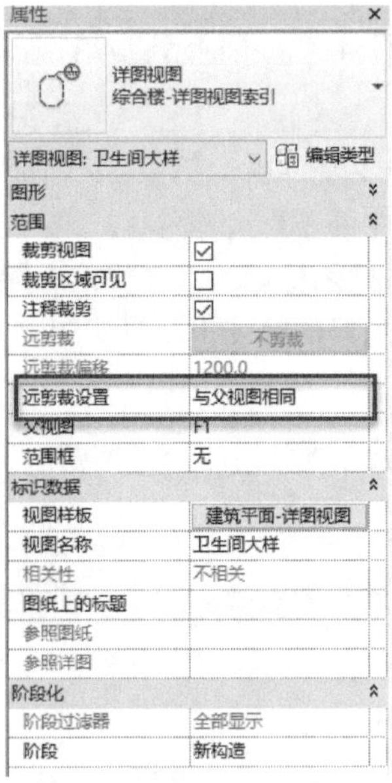

图 16-25

与剖面标头符号类似，可以定义详图索引的标头符号。在“管理”选项卡“设置”面板“其他设置”下拉列表中选择“详图索引标记”，打开详图索引“类型属性”对话框，可分别设置详图索引标头符号族和绘制索引范围内的圆角半径。使用详图索引工具时，在详图索引类型属性对话框中通过“详图索引标记”类型参数指定详图索引标记类型。

16.2.2 绘图视图及 DWG 详图

在创建详图索引时，除可以直接索引显示视图中模型图元外，还可以使新建的详图索引指向其他绘图视图。

Step 01 接上节练习。切换至 2 号楼梯间剖面视图。使用详图索引工具，如图 16-26 所示，打开类型属性对话框，确认当前“族”名称为“系统族：详图视图”，复制新建名称为“做法大样”的新视图类型，参数设置参照图中所示。设置完成后单击“确定”按钮退出类型属性对话框。

Step 02 适当放大 F1 标高任意楼板位置，沿楼板绘制详图范围，如图 16-27 所示。Revit 将根据所选择的范围新建详图视图，并组织在项目浏览器“详图视图（做法大样）”视图类别中。

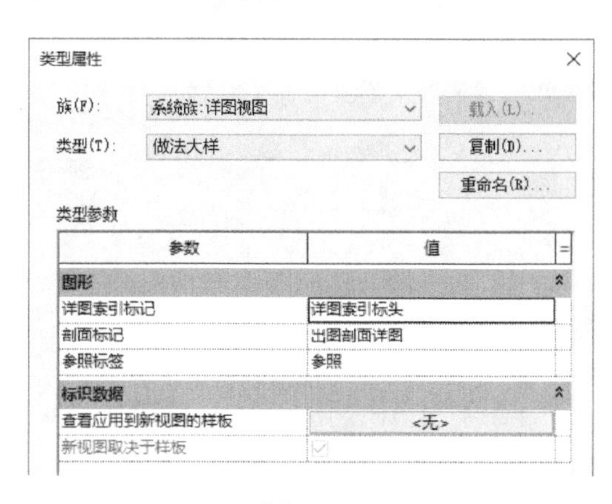

图 16-26

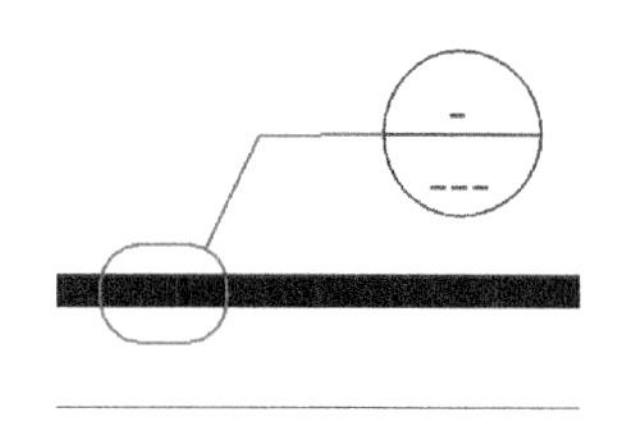

图 16-27

Step 03 切换至该详图视图。设置视图比例为 1:25，修改视图的显示精度为“精细”，确认视图的视觉样式为“隐藏线”。设置视图可见性，隐藏视图中标高、裁剪框等图元。打开“可见性图形替换”对话框，修改“楼板”类别中“截面填充图案”，如图 16-28 所示。该填充图案来自于项目样板中预设的填充图案。

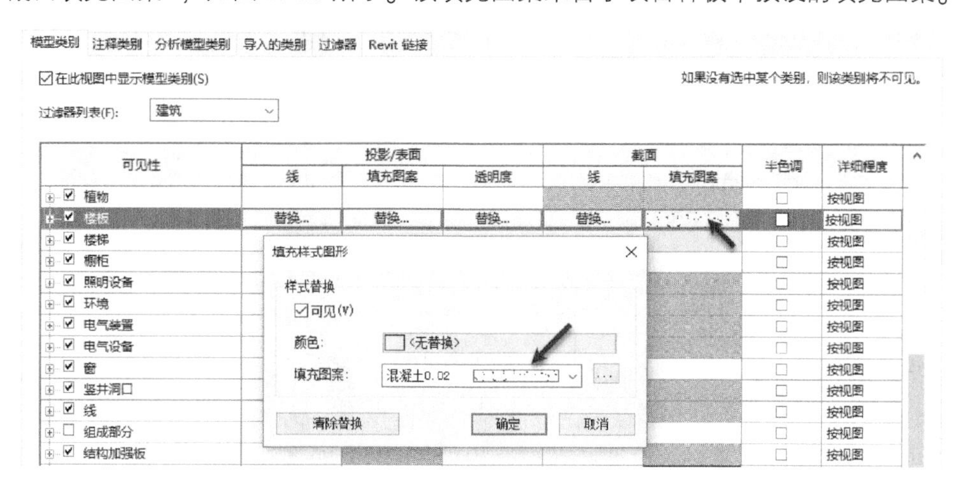

图 16-28

Step 04 注意当前视图中下方 120 厚楼板来自于结构的链接模型，因此需要对“Revit 链接”中的可见性图形替换进行设置。切换至“Revit 链接”选项卡，设置“结构模型”的显示设置为“自定义”，打开 RVT 链接显示设置对话框，如图 16-29 所示。在模型类别中，设置模型类别的显示方式为“自定义”，修改楼板类别的截面线及截面填充图案如图中所示。完成后，单击确定按钮两次退出“可见性图形替换”对话框。注意 Revit 已经显示为正确的填充图案及线型。

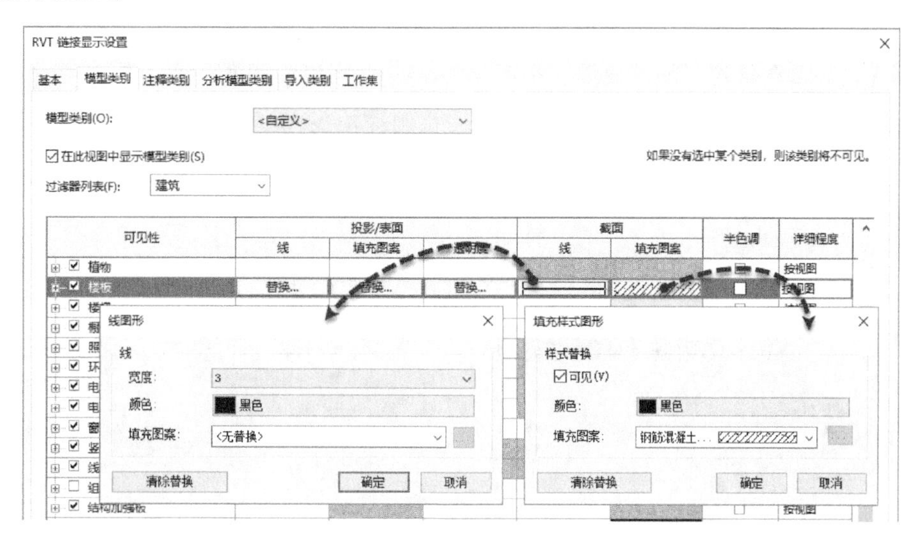

图 16-29

Step05使用“注释”选项卡中“符号”工具，向楼板两端添加折断符号。使用文字工具，设置文字的类型为“立面注释 3.5mm”，激活“两段”式引线，按图 16-30 所示，添加文字注释。

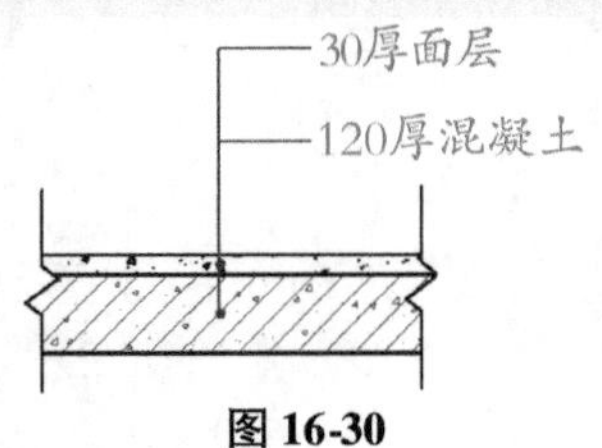

图 16-30

提示

也可以使用填充工具完成楼板做法中的材质填充显示。

Step06切换至 2 号楼梯间剖面视图。使用详图索引工具，选择“详图视图：做法大样”的类型。如图 16-31 所示，勾选“参照”面板中“参照其他视图”选项，在视图列表中选择“<新绘图视图>”选项。

Step07按图 16-32 所示位置在 C 轴线屋顶位置绘制详图索引范围。Revit 会自动建立“绘图视图（详图）”视图类别。并将生成的索引视图组织在该视图类别中，修改该视图名称为“女儿墙防水大样”。

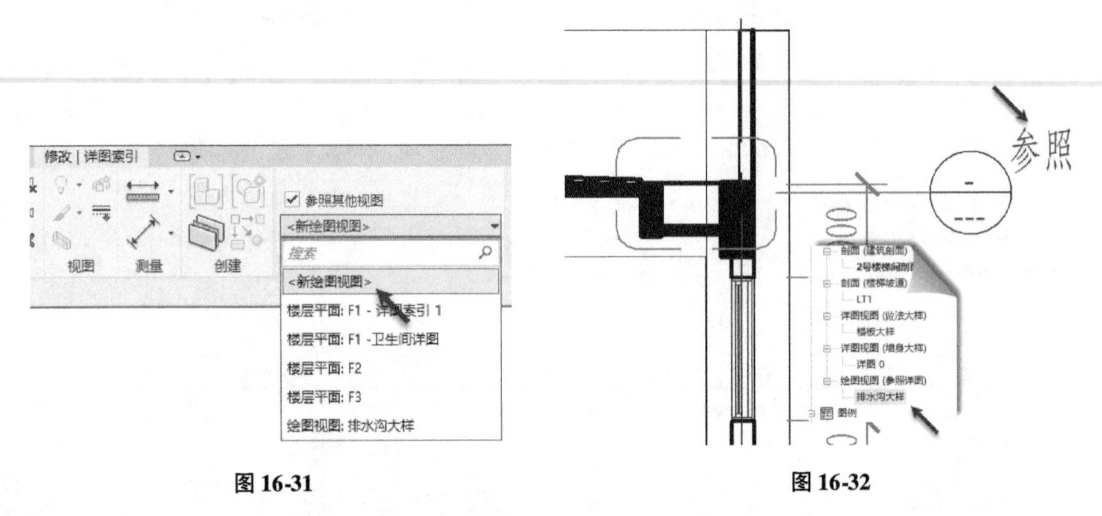

图 16-31　　图 16-32

Step08切换至该视图。目前新绘图视图中内容为空白。单击“插入”选项卡“导入”面板中“导入 CAD”按钮，打开“导入 CAD 格式”对话框。确认对话框底部“文件类型”为“DWG 文件”，浏览至随书文件“第 16 章\DWG\排水沟详图.dwg”文件，设置“颜色”为“黑白”，即将原 DWG 图形各图元颜色转换为黑色；设置导入“单位”为“毫米”，其他选项采用默认值，单击“打开”按钮导入 DWG 文件。导入 DWG 文件后，如图 16-33 所示。

提示

Revit 会按原 DWG 文件中图形内容大小显示导入 DWG 文件。视图比例仅会影响导入图形的线宽显示，而不会影响 DWG 图形中尺寸标注、文字等注释信息的大小。

Step09单击“视图”选项卡“创建”面板中“图例”工具下拉列表，在列表中选择弹出“图例”工具，弹出“新图例视图”对话框。如图16-34所示，输入“名称”为“门窗大样”，设置比例为 1:50，单击“确定”按钮建立空白图例视图，并自动新建“图例视图”视图类别，Revit 将自动切换至该视图。

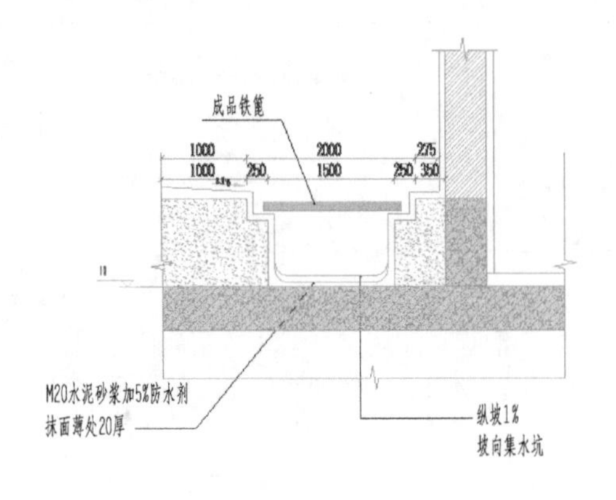

图 16-33

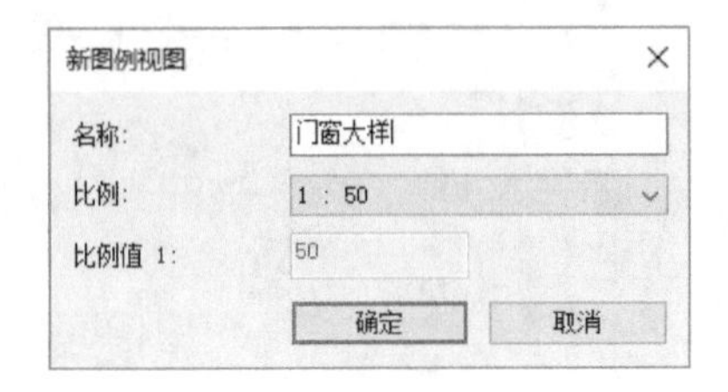

图 16-34

Step10在项目浏览器中依次展开“族→门→双扇平开玻璃门→M1521”，按住并拖动 MLC1 族类型至视图中空白位置单击放置该构件图例。完成后按 Esc 键退出放置图例模式。

Step⑪选择视图中已放置图例对象。如图 16-35 所示，设置选项栏中“视图”方向为“立面：前”，视图将显示 M 族类型的立面投影模型。

修改 | 图例构件
族: 门 : 双扇平开玻璃门 : M1521
视图: 立面 : 前
主体长度:

图 16-35

Step⑫首先使用尺寸标注工具标注该门立面详细尺寸，然后载入随书文件中“第 16 章 \ rfa \ 符号_视图标题 . rfa”符号族为此门窗创建视图标题。放置此符号族到图例视图中，修改视图名称和比例，结果如图 16-36 所示。

50 700
700 50
50
2040
10
M1521
1: 50

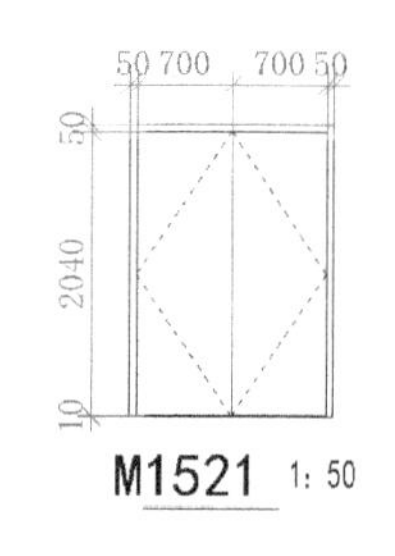

图 16-36

Step⑬重复 5）~7）步骤的方法添加其他门窗图例到“门窗大样”图例视图中。完成后保存文件，或打开随书文件“第 16 章 \ rvt \ 16-2-2. rvt”项目文件查看最终操作结果。

使用导入 DWG 方式可以确保在施工图设计阶段能最大限度发挥和利用已有 DWG 详图、大样资源，加快施工图阶段设计进程，并可以利用 Revit 的强大视图管理功能管理完整项目资源。

“图例”工具可以创建项目中任意族类型的图例样例。在图例视图中可以根据需要设置各族类型在图例视图中的显示方向。图例视图中显示的族类型图例与项目所使用的族类型自动保持关联，当修改项目中使用的族类型参数时图例会自动更新，从而保障设计数据的统一、完整和准确。

16.3 本章小结

本章介绍如何利用区域填充、详图构件、重复详图、详图线等完成施工图中需要表达的二维信息。利用详图索引功能，可以为项目生成任意需要的详图索引，配合注释工具完成项目详图设计。使用图例功能生成族的大样。在 Revit 中，项目中所有信息都将通过强大的参数化变更引擎有序地组织在一起，实现项目信息处处关联，从而更保障在设计变更时信息的准确。这是在 Revit 中完成施工图设计的优势。

至此，已完成综合楼项目施工图纸表达中所有内容。读者可以根据这部分介绍的工具和使用方式处理任何项目的施工图纸。在下一章中，将介绍如何在 Revit 中进行构件统计。

第17章 房间和面积报告

模型创建完成后，为表达设计项目的房间分布、房间面积等信息，可以使用 Revit 的房间工具创建房间，配合房间标记和明细表视图统计项目房间信息。Revit 还提供了面积平面工具，用于创建专用面积平面视图，表达项目占地面积、套内面积和户型面积等信息。Revit 可以根据房间边界、面积边界自动搜索并在封闭空间内生成房间和面积。

17.1 房间和图例

Revit 中的“房间”工具用于在项目中创建房间对象。“房间”属于模型对象类别，可以像其他模型对象图元一样使用“房间标记”提取并显示房间各参数信息，如房间名称、面积、用途等。Revit 还可以根据房间的属性在视图中创建房间图例，以彩色填充图案直观标识各房间。

17.1.1 创建房间

只有具有封闭边界的区域才能创建房间对象。在 Revit 中，墙、结构柱、建筑柱、楼板、幕墙、建筑地坪、房间分隔线等图元对象均可作为房间边界。Revit 可以自动搜索闭合的“房间边界”，并在闭合房间边界区域内创建房间。在创建房间时可以同时创建房间标记，以在视图中显示房间的信息，比如房间名称、面积、体积等。下面将为综合楼项目添加房间和房间标记，学习如何使用房间工具创建和修改房间。

房间布置的基本过程是：进行房间面积、体积计算规则设置，放置房间，放置或修改房间标记。首先对综合楼第一层进行房间布置。

Step01 接上节练习，切换至 F1 楼层平面视图。如图 17-1 所示，单击“建筑”上下文选项卡“房间和面积”面板名称下拉三角形展开“房间和面积”面板，单击“面积和体积计算”工具后进行房间面积、体积计算规则设置。

Step02 如图 17-2 所示，在“计算”选项卡中确认体积计算方式为“仅按面积（更快）”，即仅计算面积而不计算房间体积；设置房间面积计算规则为“在墙核心层中心”，即按墙中心线位置作为房间边界线计算面积。完成后单击“确定”按钮退出“面积和体积计算”对话框。

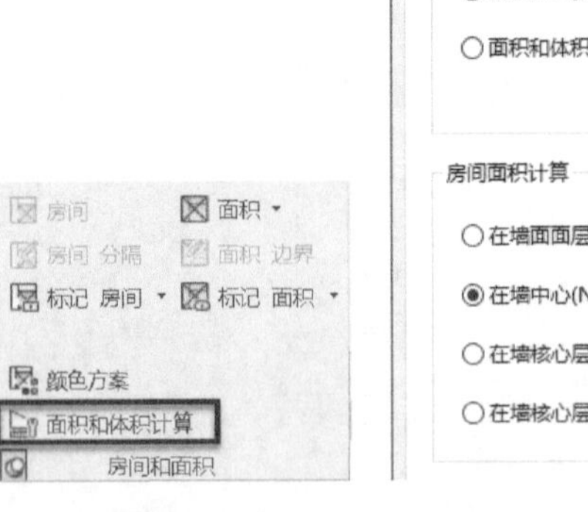

图 17-1

图 17-2

Step03 单击“建筑”上下文选项卡“房间和面积”面板中“房间”命令，切换至“修改 | 放置房间”选项卡，进入放置房间模式。设置“属性”面板中确认房间标记类型为“标记_房间_有面积_施工_仿宋_3mm-0-67”类型；如图 17-3 所示，确认激活“在放置时进行标记”选项。设置房间上限为标高 F1，“偏移”值为 3100，即房间高度到达当前视图标高 F1 之上 3100，其他参数参见图中所示。

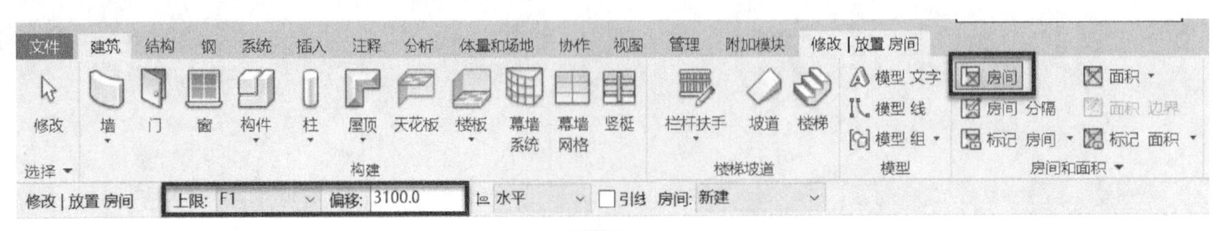

图 17-3

提 示

单击“修改 | 放置房间”上下文选项卡中“高亮显示边界”工具可以高亮显示视图中所有可以作为房间边界的图元。

Step04 如图 17-4 所示，移动鼠标至办公楼部分任意房间内，Revit 将以蓝色显示自动搜索到的房间边界。单击放置房间，同时生成房间标记显示房间名称和该房间面积。按 Esc 键两次退出放置房间模式。

提 示

在没有设置房间颜色方案前，房间对象默认是透明的，在选择房间图元后高亮显示，请读者不要误认为房间边界内没有任何图元。

Step05 注意此模型是按照建筑结构分专业制作，故在结构柱位置建筑墙体没有绘制，在此位置无法形成封闭轮廓，因此需要采用“房间分隔线”工具手动添加正确的房间边界。

Step06 单击“建筑”选项卡“房间和面积”面板中“房间分隔”命令，进入“修改 I 绘制房间分隔”草图绘制模式，确认绘制模式为“直线”，按图 17-5 所示沿入 10 轴线在 CE 轴线间绘制房间分隔线，完成后按 Esc 键退出绘制模式。

Step07 注意 Revit 会自动修改房间的划分，并重新显示新的房间面积。配合 Tab 键，选择到房间图元，注意此时 Revit 将沿墙表面及绘制的房间边界生成新的房间范围。

Step08 在已创建“房间”对象的房间内移动鼠标，当房间对象亮显时单击选择房间（注意，不要选择房间标记）。在“属性”面板中，修改房间“编号”参数值为 101，即定义该房间门牌号为 101 房间；设置“名称”为“办公室”。单击“应用”按钮后该房间标记名称被自动修改为“办公室”，如图 17-6 所示。

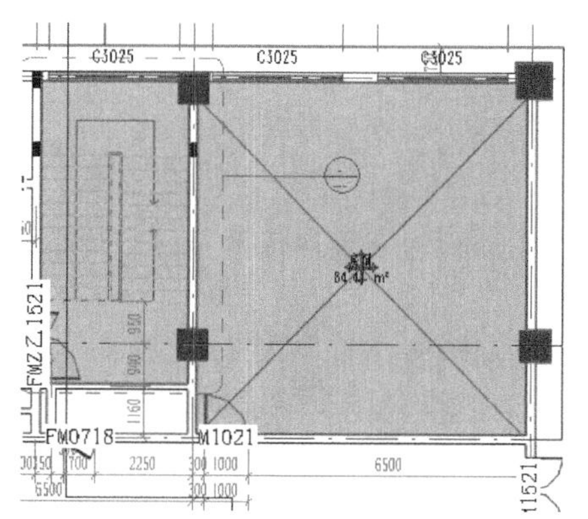

图 17-4

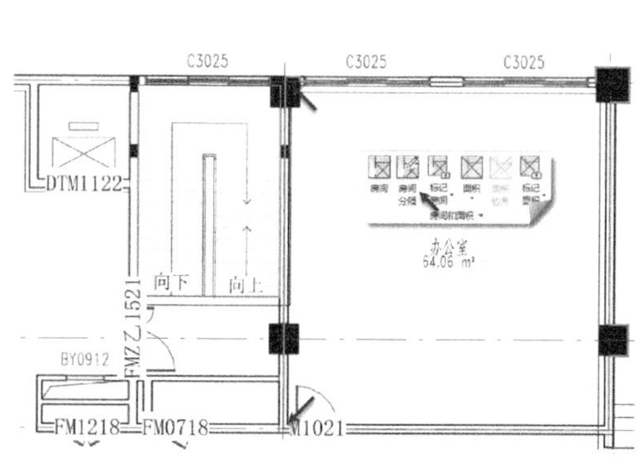

图 17-5

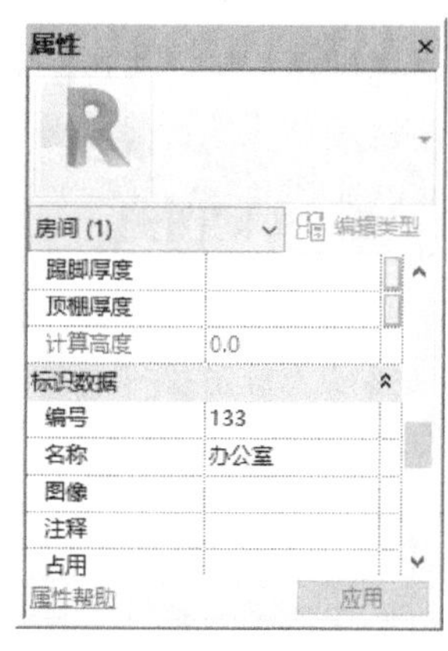

图 17-6

提 示

读者也可以双击房间名称进入标记文字编辑状态修改房间名称。其效果与修改实例参数名称完全一致。同时房间标记还可以进行删除、移动等操作，但是需注意的是房间标记和房间对象是两个不同的图元，即使删除了房间标记房间对象还是存在的。

Step09 使用类似的方式完成其他层房间布置，对于所有未形成正确封闭区域的房间使用“房间边界”工具绘制封闭房间边界生成封闭房间区域。注意入口大厅的房间分隔线的位置如图 17-7 所示。

Step10 完成后，保存该文件，并参照随书文件“第 16 章 \ rvt \ 17-1-1. rvt”项目文件查看最终操作的结果。

在绘制房间分隔线时，由于房间分隔线与墙体重叠，Revit 会给出分隔线重叠的警告对话框，如图 17-8所示。由于 Revit 中墙体将默认作为房间的分隔线，因此会造成墙体与绘制的分隔线重叠。

如图 17-9 所示，选择任意内墙图元，在属性面

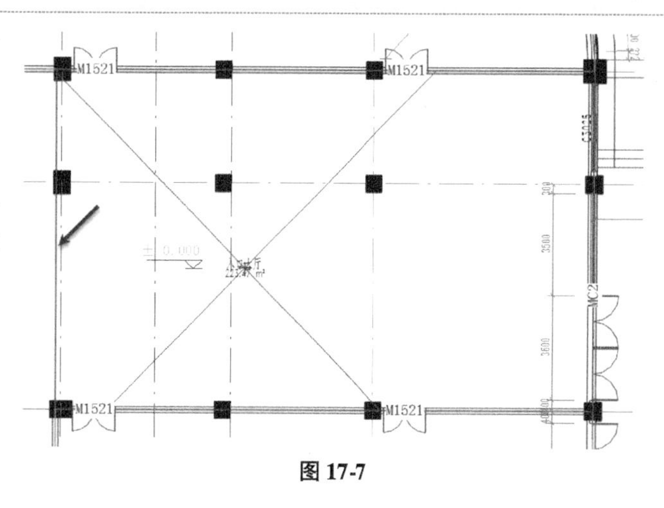

图 17-7

板中注意到 Revit 默认勾选了“房间边界”选项，因此查找房间边界时 Revit 会自动以墙为房间分隔。在操作时，可以不理会 Revit 给出的此警告信息。

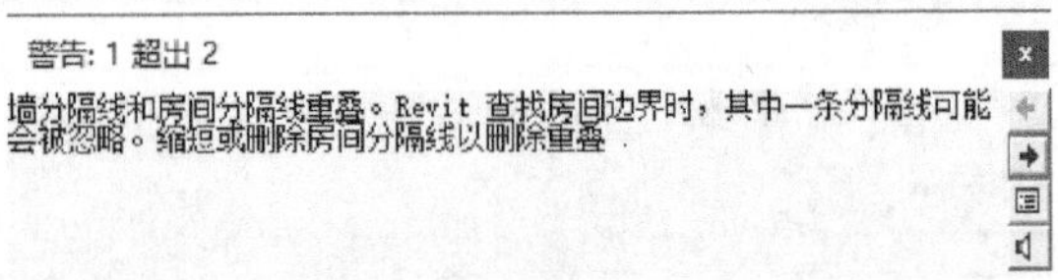

警告: 1 超出 2

墙分隔线和房间分隔线重叠。Revit 查找房间边界时，其中一条分隔线可能会被忽略。缩短或删除房间分隔线以删除重叠。

图 17-8

在实际工作中，还会遇到房间空间形状并不是立方体的，比如带有斜墙的房间，那么在计算房间面积时必须指定一个房间面积计算高度作为房间面积计算的依据。要设置“计算高度”需首先切换至立面、剖面视图，选择该房间图元的基准标高，在标高“属性”面板中“计算高度”参数即是 Revit 在计算该标高房间面积时的计算截面位置，如图 17-10 所示。如果选择“自动计算房间高度”选项，则 Revit 会按楼层平面视图范围设置中剖切面位置计算房间面积。

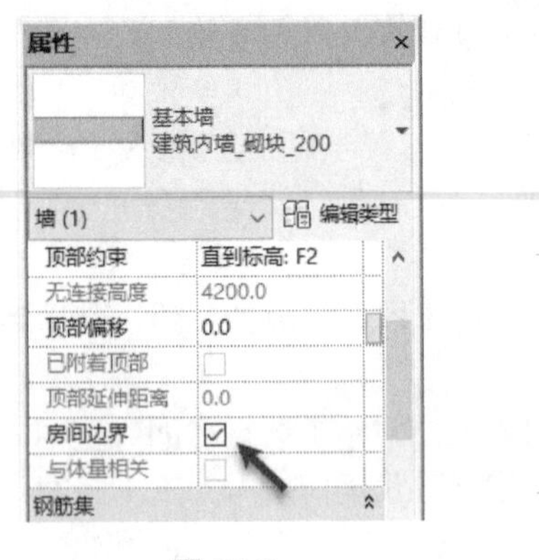

图 17-9

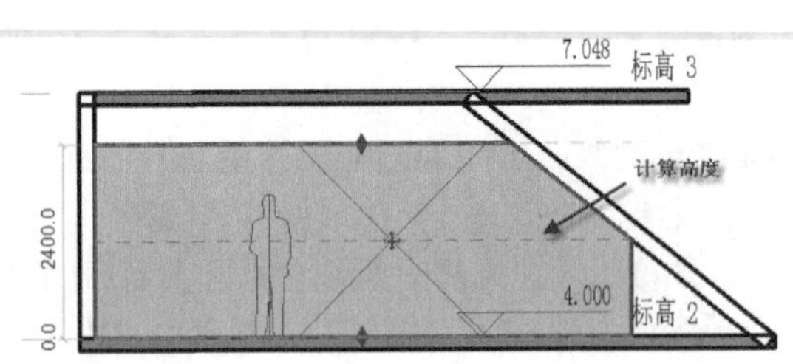

图 17-10

房间体积则是在房间面积值基础上乘以房间高度得到的房间体积值。因此，房间计算高度的设置也将同时影响房间体积的计算。房间体积在进行房间节能计算时，是非常重要的计算参数。

17.1.2 房间图例

添加房间后，可以在视图中添加房间图例，并采用颜色块等方式用于更清晰地表现房间的范围、分布等。下面继续为综合楼项目添加房间图例。

Step01 接上节练习。如图 17-11 所示，在项目浏览器中右键单击 F1 楼层平面视图，在弹出右键快捷菜单中选择“复制视图→复制”，复制新建新视图。切换至该视图，重新命名该视图为“F1-房间图例”。按快捷键 VV，打开“可见性/图形替换”对话框。在“可见性/图形替换”对话框中，切换至“注释类别”选项卡，不勾选当前视图中剖面、详图索引符号、轴网和参照平面等不必要的对象类别。

Step02 单击“建筑”选项卡“房间和面积”面板中“标记房间”命令，确认当前房间标记类型为“标记_房间_有面积_施工_仿宋_3mm-0-67”类型，不勾选选项栏“引线”选项；依次取其视图中各房间对象在视图中添加房间标记，如图 17-12 所示。由于在上一节中已经设置了房间属性，因此放置房间标记后会自动显示正确的房间名称。完成后按 Esc 键退出放置房间标记模式。

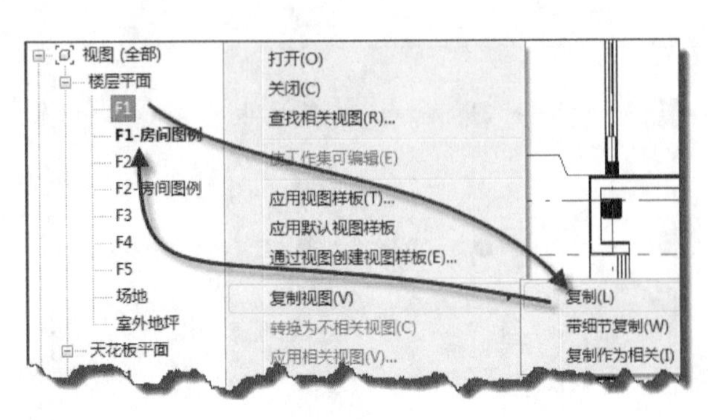

图 17-11

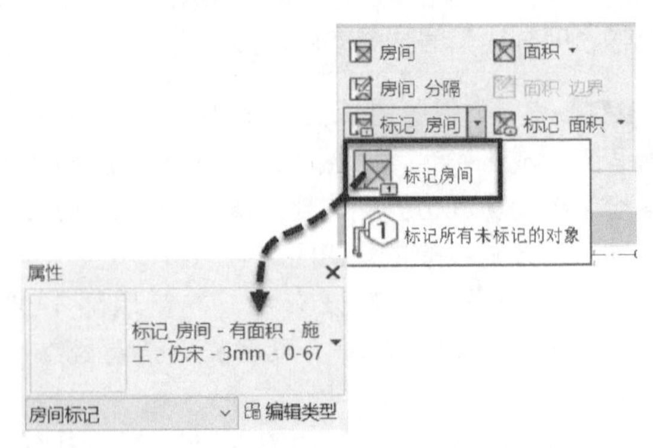

图 17-12

还可以在“房间和面积”面板中“标记”工具下拉列表里选择“标记所有未标记的对象”对话框，如图 17-13所示，在“类别”列表中选择要使用的“房间标记”的类型，单击“确定”按钮，一次性对视图内的全部房间进行标记。

Step 03 如图 17-14 所示，单击“建筑”选项卡“房间和面积”面板名称黑色三角形展开“房间和面积”面板，单击“颜色方案”工具后进行房间图例方案设置。在弹出的“编辑颜色方案”对话框中的左侧方案列表中设置类别为“房间”，单击“重命名”按钮修改方案的名称为“按名称显示”；在右侧方案定义中，修改“标题”为“一层房间图例”，选择“颜色”设置为“名称”，即按房间名称定义颜色。Revit 弹出“不保留颜色”对话框，提示用户如果修改颜色方案定义将清除当前已定义颜色，单击“确定”按钮确认；在颜色定义列表中自动为项目中所有房间名称生成颜色定义，完成后单击“确定”按钮完成颜色方案设置。

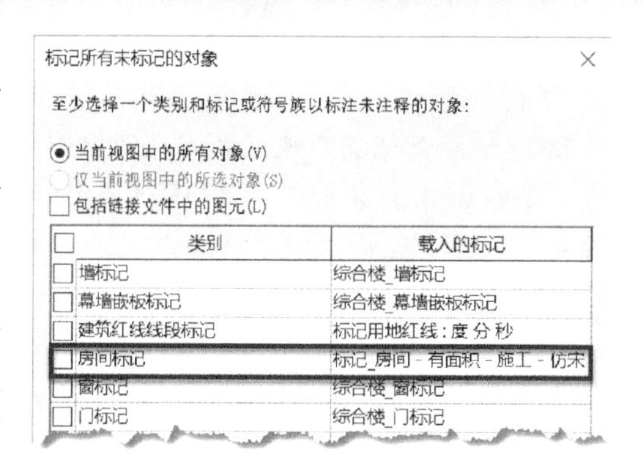

图 17-13

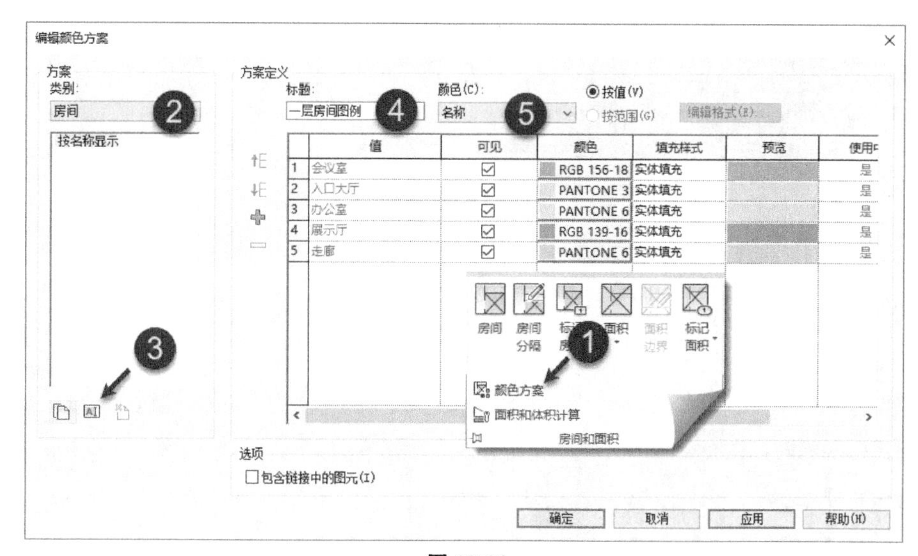

图 17-14

提 示

在“编辑颜色方案”对话框中单击颜色列表左侧向上、向下按钮移动行工具可调整房间名称各行顺序。同时，在“颜色”列中可以对自动生成的图例颜色进行更改，在“填充样式”列中可以对图例的填充样式（默认是“实体填充”）进行更改。

Step 04 单击“注释”选项卡“颜色填充”面板中“颜色填充图例”命令，确认当前图例类型为“仿宋 3mm”；单击“编辑类型”打开“类型属性”对话框，如图 17-15 所示，修改“显示的值”选项为“按视图”，即在图例中仅显示当前视图中所包含的房间图例。其他参数参照图中所示。

提 示

“显示的值”参数设置为“全部”时，将显示当前项目中所有房间图例。在图例“类型属性”对话框中，可以设置和调整图例的显示大小、文字特性等内容。请读者自行尝试该操作。

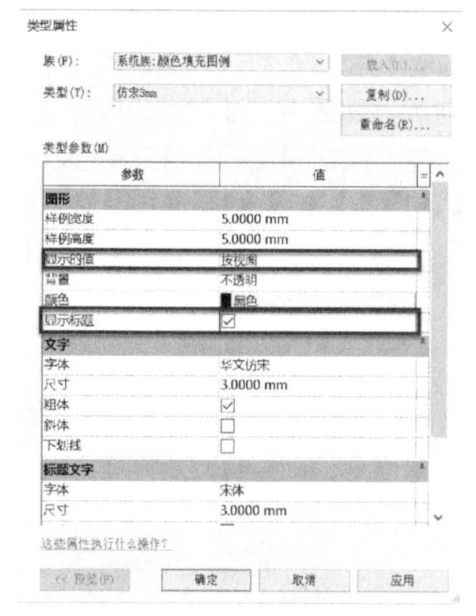

图 17-15

Step 05 在视图空白位置单击放置图例，弹出如图 17-16 所示“选择空间类型和颜色方案”对话框。选择“空间类型”为“房间”，选择“颜色方案”为之前设定的“方案”，单击“确定”按钮移动鼠标至视图中空白位置单击放置图例。

提 示

选择视图中创建的图例将自动切换至“修改 | 颜色填充图例”上下文关联选项卡，单击“方案”面板中“编辑方案”按钮，可再次打开“编辑颜色方案”对话框。

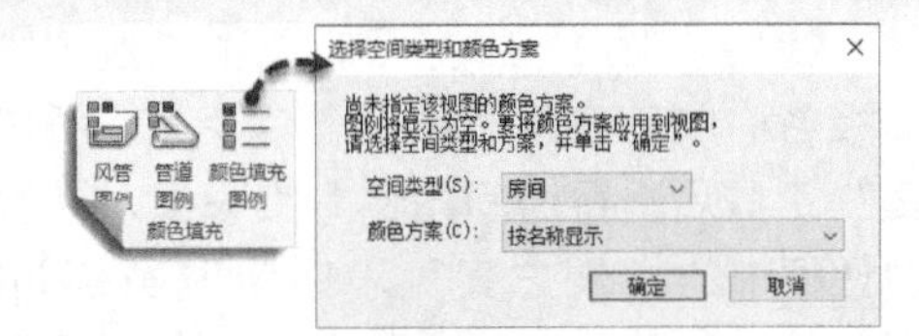

图 17-16

Step06 Revit 将按第 3) 步操作中设置的颜色方案填充各房间，结果如图 17-17 所示。

Step07 使用类似的方式，生成其他楼层平面房间图例视图。保存文件，或参见随书文件“第 17 章 \ rvt \ 17-1-2. rvt”查看最终操作结果。

提 示

可以在当前视图“实例属性”对话框中定义视图显示的默认“颜色方案”类型。还可以设置“颜色方案位置”调整颜色方案作为前景绘制还是作为视图背景绘制，当使用“背景”时视图中墙等模型图元会遮挡图例填充图案，如图 17-18 所示，请读者自行尝试该操作。

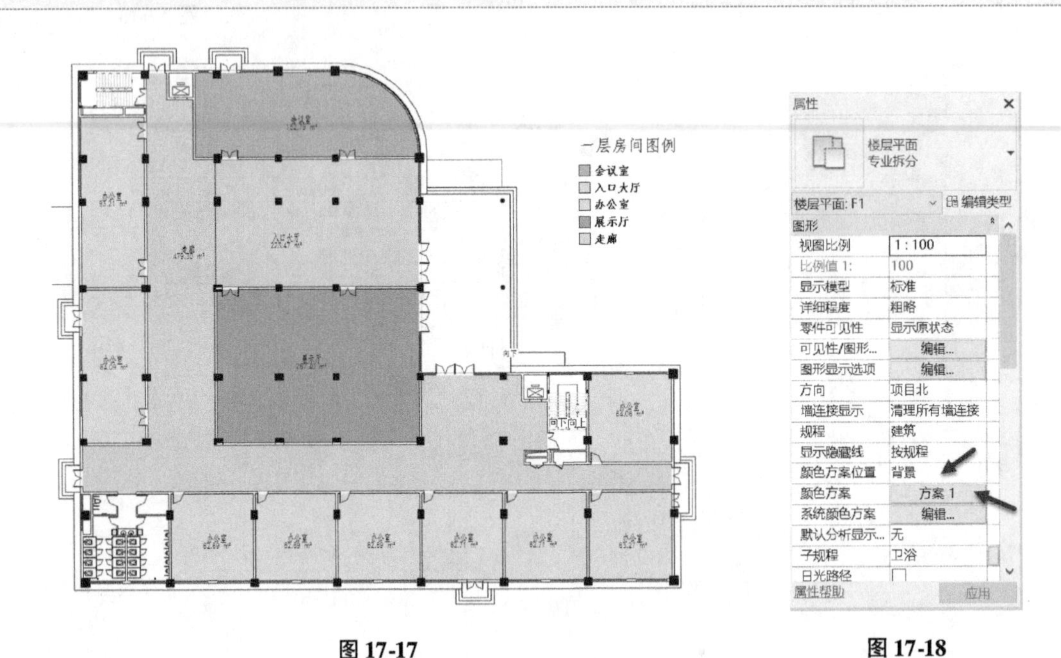

图 17-17

图 17-18

17.2 面积分析

可以使用“面积平面”工具在项目中创建面积平面，通过自动搜索或绘制面积边界显示项目各类面积，如占地面积、楼层平面面积等，Revit 将自动计算面积边界范围内的面积。Revit 可以根据面积平面的类型将“面积平面”工具创建的视图组织在不同的面积平面视图类别中。下面继续为综合楼创建面积平面，以计算综合楼项目的占地面积，其创建过程与“房间”的创建过程有许多相似之处，请读者体会。

Step01 接上节练习。打开“面积和体积计算”对话框，切换至“面积方案”选项卡，如图 17-19 所示，单击“新建”按钮建立新面积方案，修改方案“名称”为“综合楼基底面积”，输入“说明”为“综合楼基底面积”。完成后单击“确定”按钮退出“面积和体积计算”对话框。

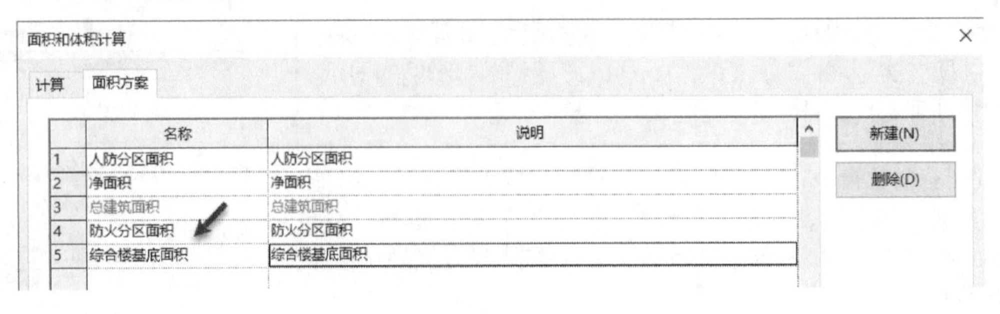

图 17-19

提 示

“总建筑面积”面积方案为系统内置方案，不可修改或删除。

Step02 单击“建筑”选项卡“房间和面积”面板中“面积”工具下拉列表，在列表中选择“面积平面”工具，弹出“新建面积平面”对话框。如图 17-20 所示，选择面积类型为“综合楼基底面积”，在标高列表中选择面积平面视图为“B1”标高，确认视图比例为“1∶100”，单击“确定”按钮确认。

Step03 Revit 弹出如图提示对话框，询问用户是否按自动搜索的 B1 标高外墙边界作为面积边界，选择“否”不使用自动搜索功能。

Step04 Revit 将创建“面积平面（综合楼基底面积）”视图类别并自动切换至该视图，为了让视图更加简洁，可以按键盘快捷键 VV，打开“可见性/图形替换”对话框，切换至“注释类别”选项卡，根据项目需要隐藏视图中剖面符号、详图索引符号、轴网和参照平面等不必要的对象类别。

Step05 如图 17-21 所示，单击“建筑”选项卡“房间和面积”面板中“面积边界线”工具，进入放置面积边界线状态。确认当前绘制方式为拾取线，确认不勾选选项栏中“应用面积规则”选项，确认偏移值为 0。沿 B1 面积平面视图中综合楼外墙外轮廓拾取生成首尾相连的面积边界线。

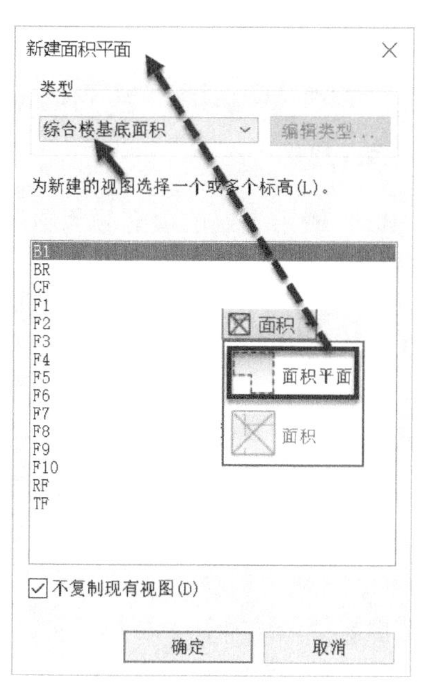

图 17-20

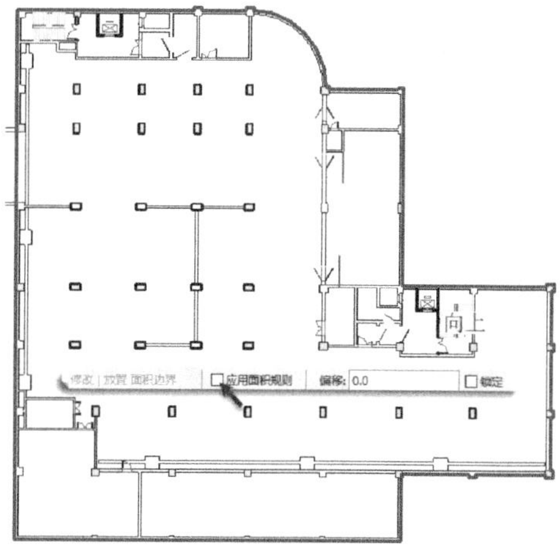

图 17-21

提 示

如果选择“应用面积规则”选项，当在面积图元的“属性”面板中改变面积类型时，Revit 会自动改变墙边界的定位位置（墙中、墙面等）。通过应用面积规则，面积边界的位置会按面积类型的改变而更新。面积类型包含了被 Revit 应用于面积边界的面积测量规则。

Step06 单击“面积”工具下拉列表中“面积”工具。确认激活“在放置时进行标记”选项；修改“属性”面板设置标记类型为“标记_面积”，在选项栏中不勾选“引线”选项，确认面积的类型为“新建”；移动鼠标至上一步中绘制的面积边界线内部单击，在该面积边界线区域内生成面积。按 Esc 键退出放置面积模式。

Step07 选择上一步中创建的面积对象，如图 17-22 所示，修改“属性”面板中面积名称为“基底面积”，修改“面积类型”为“楼层面积”。

提 示

因在第 4）步中我们并未选择“应用面积规则”选项，所以修改“面积类型”时并不会影响到最终计算的面积。

Step08 按 Esc 键取消当前任何选择集。“属性”面板中将显示当前视图属性信息。如图 17-23 所示，单击“颜色方案”参数按钮，打开“编辑颜色方案”对话框。在方案类别中选择“面积（综合楼基底面积）”，修改方案标题为“基底面积”，修改颜色排列方式为“名称”，即按面积平面中面积名称填充颜色。弹出“不保留颜色”对话框，提示用户如果修改颜色方案定义，将清除当前已定义颜色，单击“确定”按钮继续。完成后单击“确定”按钮退出“编辑颜色方案”对话框。

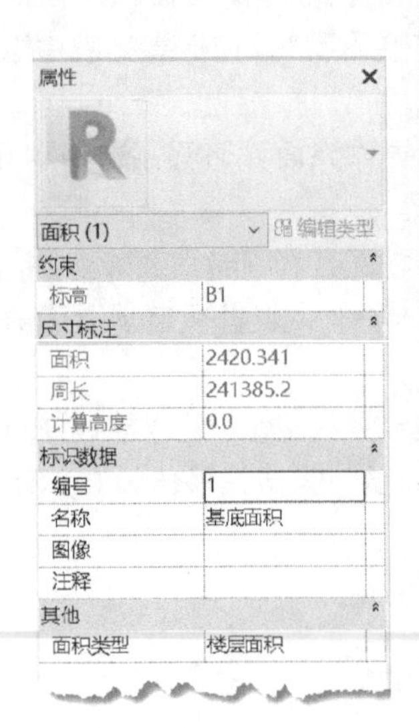

图 17-22

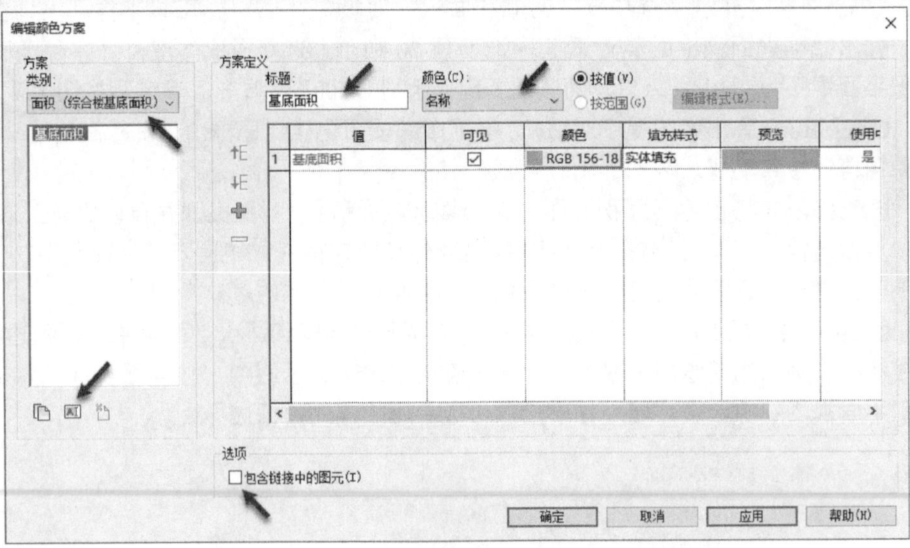

图 17-23

Step 09 单击“属性”面板中“应用”按钮应用该颜色方案，Revit 使用设置的填充颜色显示面积平面范围。保存文件，或参见随书文件“第 17 章 \ rvt \ 17-2-1. rvt”项目文件查看最终操作结果。

合理使用面积工具可以表达楼层中各部分的面积。例如在由多个单元户型组成的住宅平面中，可以建立面积平面并绘制各户型的面积边界，分别显示各户型的总建筑面积信息。房间面积与面积均可以使用“明细表/数量”工具生成统计明细表，请读者自行尝试该功能。

17.3 本章小结

本节介绍如何使用房间工具为项目添加房间并在视图中生成房间图例，以更直观表达项目房间分布信息。房间面积、颜色图例等均与项目模型关联，当修改模型后房间面积信息将同时自动修正。

使用面积工具，可以按标高生成各种需要的占地面积、区域面积等表达视图。可以在项目中定义多种类别的面积视图，以表达不同功能的的面积平面。

以上都是在方案阶段经常用到的图面表达方式，下一章将继续介绍如何在 Revit 中对模型进行更加丰富的表现。

第18章 明细表统计

使用明细表视图可以统计项目中各类图元对象，生成各种样式的明细表。Revit 可以分别统计模型图元数量、材质数量、图纸列表、视图列表和注释块列表。在进行施工图设计时最常用的统计表格是门窗统计表和图纸列表。

18.1 门窗统计

18.1.1 使用构建明细表

使用“明细表/数量”工具可以按对象类别统计并列表显示项目中各类模型图元信息。例如，可以使用“明细表/数量”工具统计项目中所有门、窗图元的宽度、高度、数量等信息。下面继续完成综合楼项目门、窗构件明细表统计，并学习明细表统计的一般方法。

Step01 可以根据需要定义任意形式的明细表。单击“视图”选项卡“创建”面板中“明细表”工具下拉列表，在列表中选择“明细表/数量”工具，弹出“新建明细表”对话框，如图 18-1 所示。在“类别”列表中选择“门”对象类型，即本明细表将统计项目中门对象类别图元信息；修改明细表名称为“综合楼-门明细表”，确认明细表类型为“建筑构件明细表”，其他参数默认。单击“确定”按钮打开“明细表属性”对话框。

Step02 如图 18-2 所示，在“明细表属性”对话框“字段”选项卡中，“可用的字段”列表中显示门对象类别中所有可以在明细表中显示的实例参数和类型参数。依次在列表中选择类型、宽度、高度、注释、合计和框架类型参数，单击“添加”按钮添加到右侧“明细表字段”列表中。在“明细表字段”列表中选择各参数，单击“上移⬆E”或“下移⬇E”按钮按图中所示顺序调节字段顺序。该列表中从上至下顺序反映明细表从左至右各列的显示顺序。

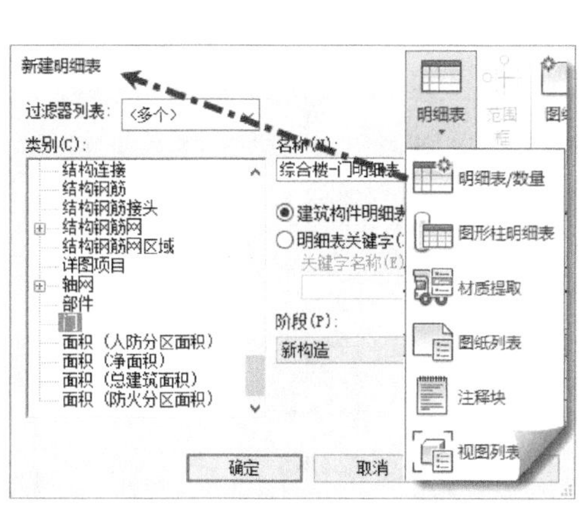

图 18-1

图 18-2

提 示

并非所有图元实例参数和类型参数均可作为明细表字段。在族参数中，仅使用共享参数才能显示在明细表中。

Step 03 如图 18-3 所示，切换至“排序/成组”选项卡。设置“排序方式”为“类型”，排序顺序为按“升序”排列；不勾选“逐项列表每个实例”选项，即 Revit 将按门“类型”参数值在明细表中汇总显示已选字段。

Step 04 切换至“外观”选项卡，如图 18-4 所示，确认勾选“网格线”选项，设置网格线样式为“细线”；勾选“轮廓”选项，设置轮廓线样式为“中粗线”，去除“数据前的空行”选项；确认勾选显示标题和显示页眉选项，分别设置页眉文字和正文文字样式为“仿宋”，设置文字大小为 3.5mm。完成后单击“确定”按钮完成明细表属性设置。

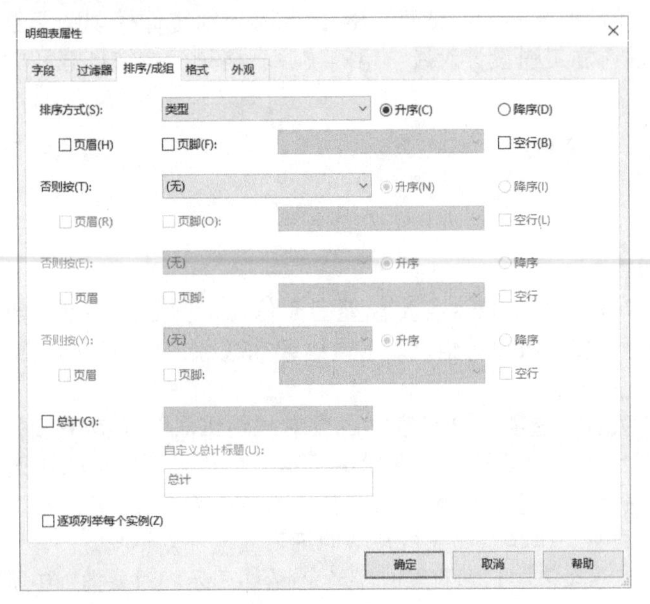

图 18-3

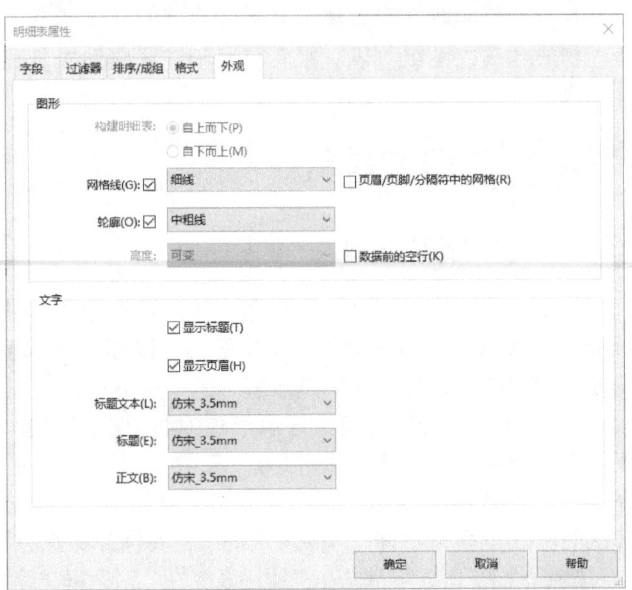

图 18-4

Step 05 Revit 自动按指定字段建立名称为“综合楼-门明细表”新明细表视图并自动切换至该视图，如图18-5所示，并自动切换至“修改 | 明细表/数量”上下文关联选项卡。

提 示

仅当将明细表放置在图纸上后，“明细表属性”对话框“外观”选项卡中定义的外观样式才会发挥作用。

Step 06 在明细表视图中可以进一步编辑明细表外观样式。如图 18-6 所示，按住并拖动鼠标选择“宽度”和“高度”列页眉，单击“明细表”面板中“成组”工具，合并生成新表头单元格。

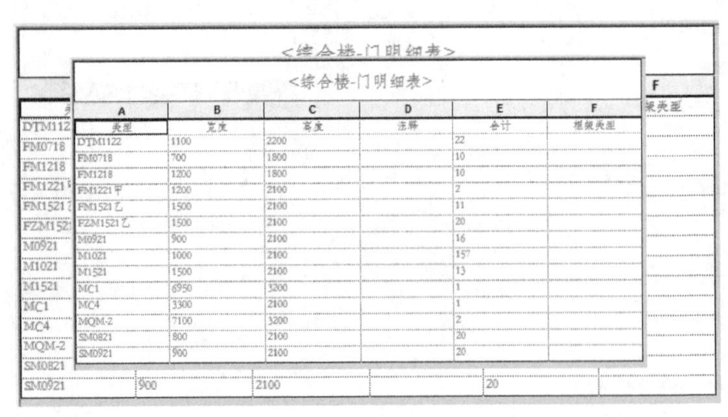

图 18-5

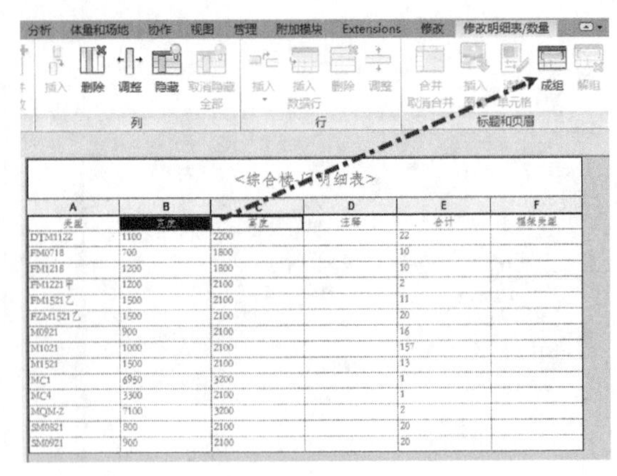

图 18-6

Step 07 单击合并生成的新表头行单元格，进入文字输入状态，输入“尺寸”作为新页眉行名称，结果如图 18-7所示。

Step 08 单击表头各单元格名称，进入文字输入状态后可以根据设计需要修改各表头名称。如图 18-8 所示，修改各表头名称。

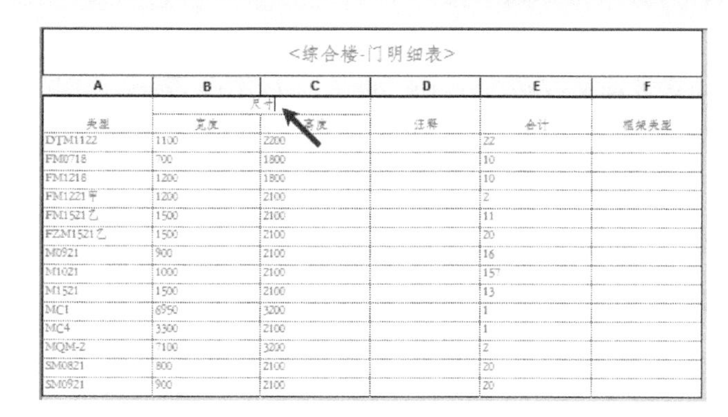

<综合楼-门明细表>					
A	B	C	D	E	F
	尺寸				
类型	宽度	高度	注释	合计	框架类型
DTM1122	1100	2200		22	
FM0718	700	1800		10	
FM1218	1200	1800		10	
FM1221甲	1200	2100		2	
FM1521乙	1500	2100		11	
FZM1521乙	1500	2100		20	
M0921	900	2100		16	
M1021	1000	2100		157	
M1521	1500	2100		13	
MC1	6950	3200		1	
MC4	3300	2100		1	
MQM-2	7100	3200		2	
SM0821	800	2100		20	
SM0921	900	2100		20	

图 18-7

<综合楼-门明细表>					
A	B	C	D	E	F
	尺寸				
门编号	宽度	高度	参考图集	樘数	类型
DTM1122	1100	2200		22	
FM0718	700	1800		10	
FM1218	1200	1800		10	
FM1221甲	1200	2100		2	

图 18-8

提 示

修改明细表表头名称不会修改图元参数名称。

Step09 在明细表属性窗口中点击“过滤器”后面的“编辑”按钮，打开“明细表属性”对话框，并自动切换至“过滤器”选项卡。

Step10 如图 18-9 所示，设置过滤条件为“宽度”“不等于”“1000”，同时第二组过滤条件变为可用。修改第二组过滤条件为“高度”“不等于”“2100”，即在明细表中显示所有“宽度不等于 1500 以及高度不等于 2100”的图元。完成后，单击“确定”按钮返回“实例属性”对话框。再次单击“确定”按钮返回明细表视图，注意明细表中不再显示所有宽度为 1000 或高度为 2100 尺寸门。

Step11 重复上述第 9）步操作打开“明细表属性”对话框，切换至“格式”选项卡。如图 18-10 所示，在字段列表中选择“类型”字段，单击“条件格式”按钮打开“条件格式”对话框，设置条件的字段为“宽度”，测试方式为“大于”，值为 1500；修改背景颜色为“绿色”，单击“确定”按钮两次退出“明细表属性”对话框。

图 18-9

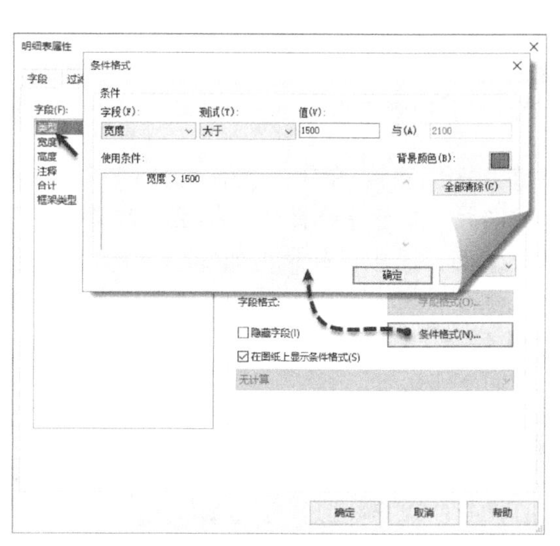

图 18-10

Step12 Revit 将在“类型”单元格中，将所有宽度大于 1500 的门采用绿色的背景进行填充，以方便显示满足条件的门图元，如图 18-11 所示。

<综合楼-门明细表>					
A	B	C	D	E	F
	尺寸				
类型	宽度	高度	注释	合计	框架类型
DTM1122	1100	2200		22	
FM0718	700	1800		10	
FM1218	1200	1800		10	
MC1	6950	3200		1	
MC2	7100	3200		2	
MD1722	1700	2200		8	
MD1732	1700	3200		2	

图 18-11

提 示

选择页眉中任意单元格，单击如图18-12所示的“外观”面板中“着色”按钮，可为页眉指定相应的颜色填充。还可以使用“边界”及“字体”工具，分别修改表格中边界与字体。

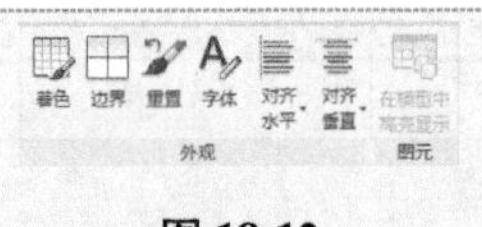

图 18-12

Step13 如图18-13所示，字段列表中列举当前明细表中所有可用字段。选择“合计”字段，注意该字段已修改为“樘数”（上述第8）步操作中，修改该字段表头名称为“樘数”），设置“对齐”方式为“中心线”，即明细表中该列统计数据将在明细表中居中显示。完成后单击“确定”按钮两次返回明细表视图。注意该字段统计数值全部居中显示。

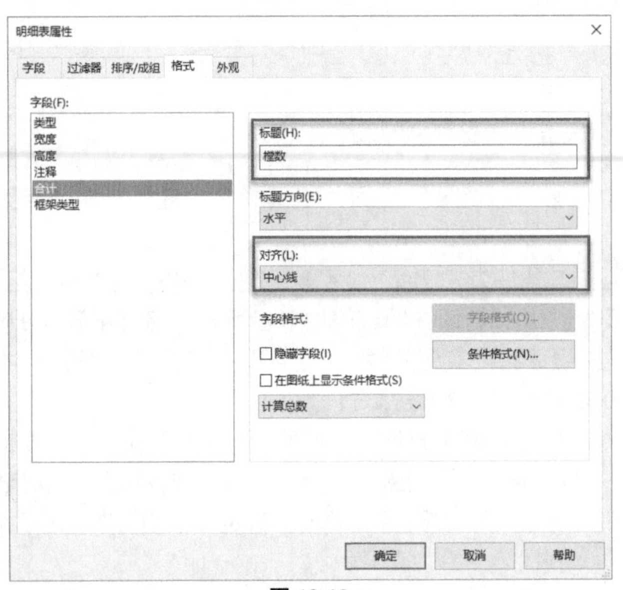

图 18-13

提 示

可以分别设置字段在“水平”和“垂直”标题方向上的“对齐”方式。

Step14 在明细表视图中，选择“MC1”行，在“修改明细表/数量”选项卡“图元”面板中选择“在模型中高亮显示”，Revit将自动切换至包含该图元的视图中，并弹出如图18-14所示的“显示视图中的图元”对话框。单击“显示”按钮可以在包含该图元的不同视图之间切换；当切换至F1楼层平面视图时，单击“关闭”按钮退出，完成后将选择项目中所有MC1实例。

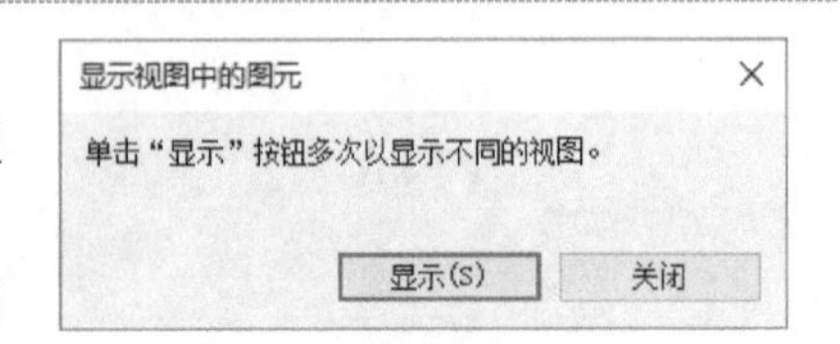

图 18-14

提 示

选择行后，可以单击“明细表”面板中“删除”行按钮来删除明细表中的门类型，但要注意Revit将同时从项目模型中删除图元，请谨慎操作。

Step15 打开MLC-1“实例属性”对话框，修改实例参数构造参数分组中“框架类型”参数为“双扇平开门”，完成后单击“应用”按钮。

Step16 切换至“综合楼-门明细表”视图，注意MLC-1行中“类型”单元格内容被修改为“双扇平开”，同样的方法可以修改其余门“类型”，如图18-15所示。

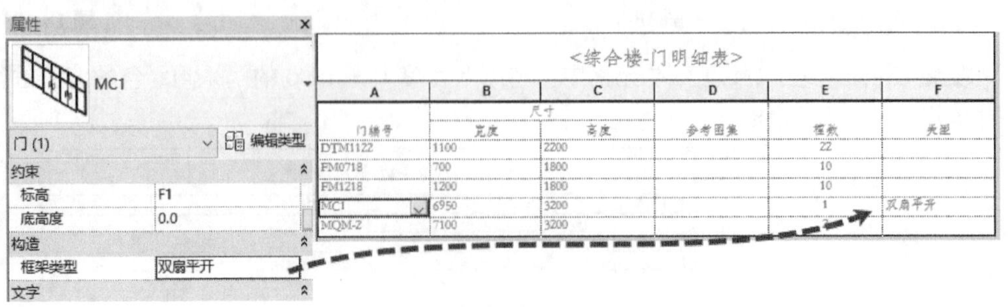

图 18-15

提 示

如果直接修改门 MC1 明细表中“类型”为“双扇平开”，MC1 所对应的实例参数将做更改，即明细表和对象参数是关联的。

Step17 切换至 F1 楼层平面视图。单击“插入”选项卡“导入”面板中“从文件插入”下拉列表，在列表中选择“插入文件中的视图”选项。浏览至随书文件“第 17 章\ rvt\ 综合楼-窗明细表 . rvt”文件，单击“打开”按钮弹出“插入视图”对话框。如图 18-16 所示，设置视图类型为“显示所有视图和图纸”，在视图列表中勾选“明细表-综合楼-窗明细表”，单击“确定”按钮，Revit 给出“重复类型”对话框，单击对话框中“确定”按钮导入该视图。

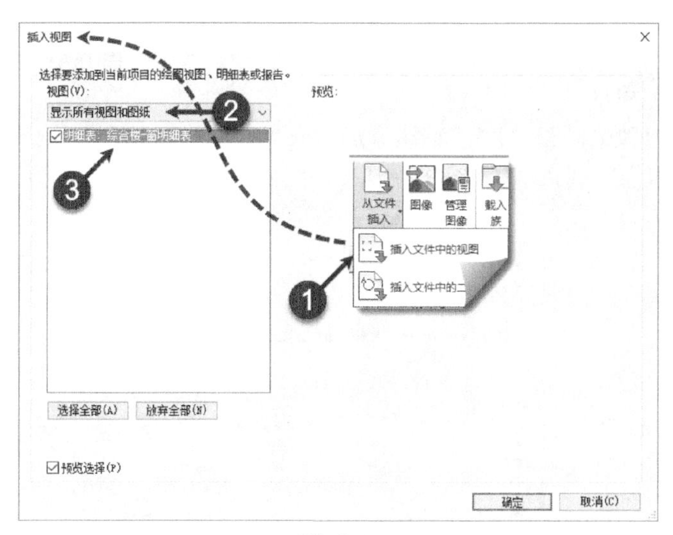

图 18-16

提 示

仅在非明细表视图中才允许使用“插入视图”工具。

Step18 Revit 将按该明细表视图设置的样式生成名称为“综合楼-窗明细表”的新明细表视图，如图 18-17 所示。

可以在明细表中添加计算公式，例如可以利用公式计算窗洞口面积。

Step19 打开综合楼-窗明细表的“明细表属性”对话框并切换至“字段”选项卡。单击“计算值 f_x”按钮，弹出“计算值”对话框。如图 18-18 所示，输入字段名称为“洞口面积”，设置字段类型为“面积”，单击“公式”后的“…”按钮打开“字段”选择对话框，选择宽度计高度字段形成“宽度 × 高度”公式。完成后单击“确定”按钮返回“明细表属性”对话框，修改“洞口面积”字段位于列表最下方，单击“确定”返回明细表视图。

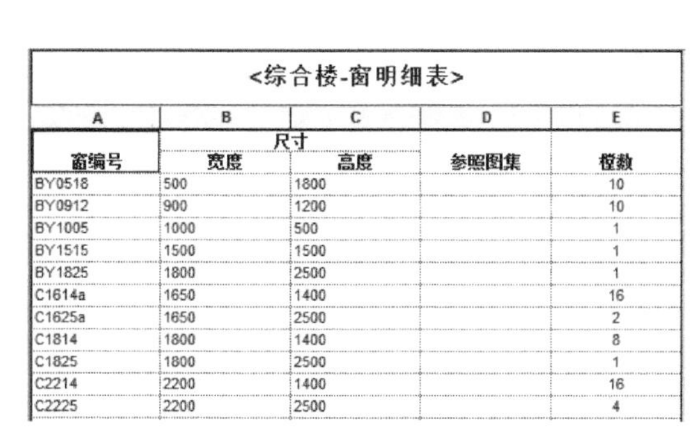

<综合楼-窗明细表>

A	B	C	D	E
	尺寸			
窗编号	宽度	高度	参照图集	樘数
BY0518	500	1800		10
BY0912	900	1200		10
BY1005	1000	500		1
BY1515	1500	1500		1
BY1825	1800	2500		1
C1614a	1650	1400		16
C1625a	1650	2500		2
C1814	1800	1400		8
C1825	1800	2500		1
C2214	2200	1400		16
C2225	2200	2500		4

图 18-17

图 18-18

Step 20 如图 18-19 所示，Revit 将根据当前明细表中各窗宽度和高度值计算洞口面积，并按项目设置的面积单位显示洞口面积。保存项目，或打开随书文件“第 17 章\rvt\18-1-1.rvt”项目文件查看最终操作结果。

<综合楼-窗明细表>					
A	B	C	D	E	F
	尺寸				
窗编号	宽度	高度	参照图集	樘数	洞口面积
BY0518	500	1800		10	0.90
BY0912	900	1200		10	1.08
BY1005	1000	500		1	0.50
BY1515	1500	1500		1	2.25
BY1825	1800	2500		1	4.50
C1614a	1650	1400		16	2.31
C1625a	1650	2500		2	4.13
C1814	1800	1400		8	2.52
C1825	1800	2500		1	4.50
C2214	2200	1400		16	3.08
C2225	2200	2500		4	5.50

图 18-19

Step 21 打开综合楼-窗明细表的“明细表属性”对话框并切换至“字段”选项卡。单击“合并参数”按钮，弹出“合并参数”对话框。如图 18-20 所示，输入合并参数名称为“洞口尺寸”，选择左侧明细表参数里面的“宽度”点击“添加参数”按钮，将参数添加到合并参数中，修改分隔符“X”。继续添加“长度”参数，并且删除分隔符。点击确定完成后单击“确定”按钮返回“明细表属性”对话框，修改“洞口尺寸”字段位于列表最下方，单击“确定”返回明细表视图。

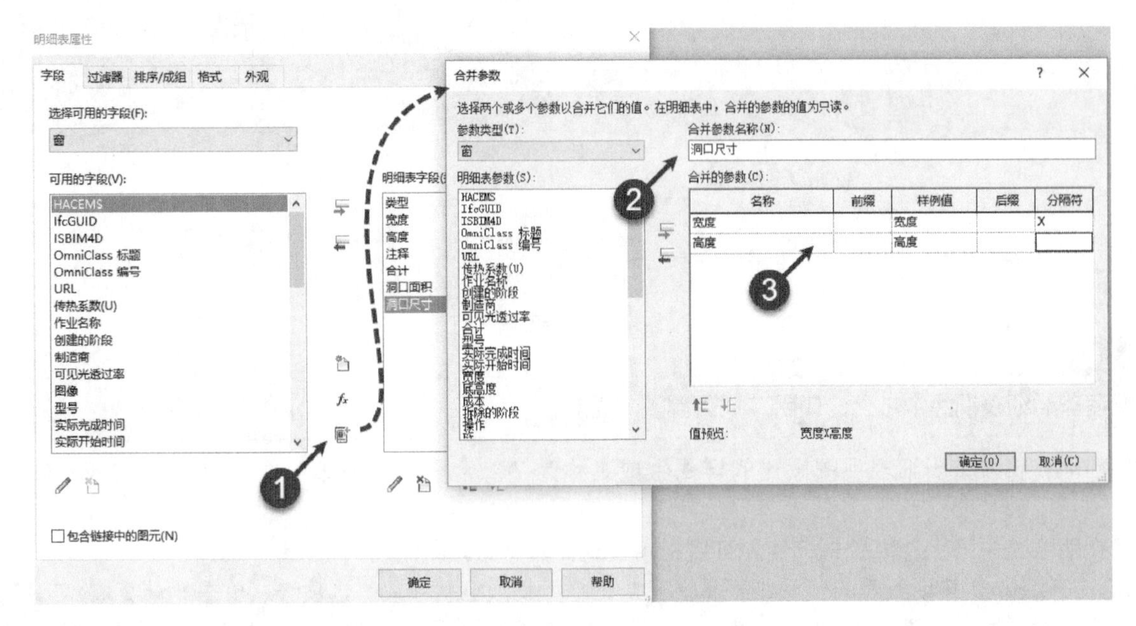

图 18-20

提 示

单击“参数”选项卡“计算”工具，可以直接向明细表中添加计算公式；单击“设置单位格式”按钮对当前单元格中的单位进行设置与调整。选择任意单元格，可以单击如图 18-21 所示修改明细表数量选项卡“参数”面板中参数名称来修改该列的参数显示。

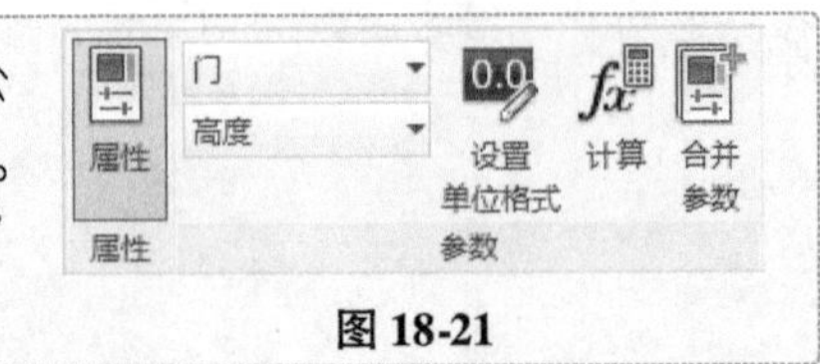

图 18-21

Step 22 如图 18-22 所示，Revit 将根据当前明细表中宽度和长度两个参数值合并在一个洞口尺寸参数下进行显示，并按照不同尺寸来显示洞口尺寸。保存项目，或打开随书文件“第 17 章\rvt\18-1-1.rvt”项目文件查看最终操作结果。

<综合楼-窗明细表>						
A	B	C	D	E	F	G
	尺寸					
窗编号	宽度	高度	参照图集	樘数	洞口面积	洞口尺寸
BY0518	500	1800		10	0.90	500X1800
BY0912	900	1200		10	1.08	900X1200
BY1005	1000	500		1	0.50	1000X500
BY1515	1500	1500		1	2.25	1500X1500
BY1825	1800	2500		1	4.50	1800X2500
C1614a	1650	1400		16	2.31	1650X1400
C1625a	1650	2500		2	4.13	1650X2500
C1814	1800	1400		8	2.52	1800X1400
C1825	1800	2500		1	4.50	1800X2500
C2214	2200	1400		16	3.08	2200X1400
C2225	2200	2500		4	5.50	2200X2500
C2814a	2850	1400		16	3.99	2850X1400

图 18-22

Revit 允许将任何视图（包括名细表视图）保存为单独 RVT 文件，用于与其他项目共享视图设置。单击“应用程序菜单”按钮，在列表中选择“另存为→库→视图”选项，弹出“保存视图”对话框，如图 18-23所示。

在对话框中选择显示视图类型为“显

示所有视图和图纸”，在列表中勾选要保存的视图，单击确定按钮即可将所选视图保存为独立 RVT 文件，如图 18-24所示。或在项目浏览器中右键单击要保存的视图名称，在弹出右键菜单中选择“保存到新文件”也可将视图保存为 RVT 文件。

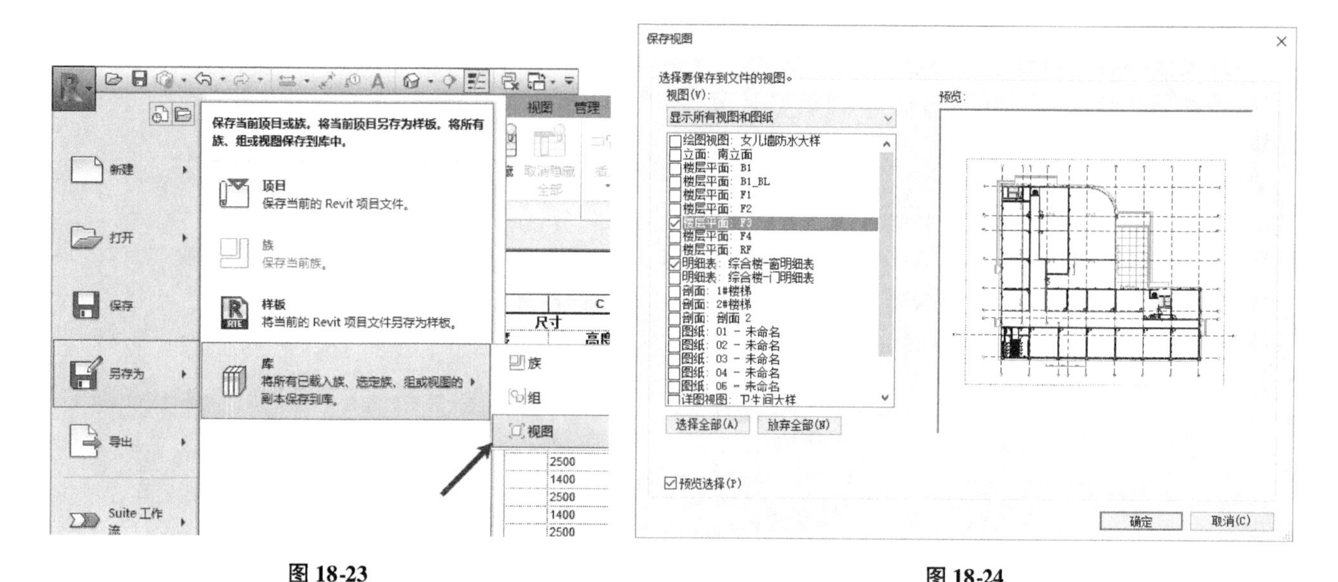

图 18-23

图 18-24

Revit 仅会保存视图属性设置而不会保存视图中模型对象图形内容。对于包含重复详图、详图线、区域填充等详图构件的视图，在保存视图时将随视图同时保存这些详图构件，用于与其他项目共享详图。使用“从文件插入”→“插入文件中的二维图元”选项即可插入这些保存的图元。

Revit 中“明细表/数量”工具生成的明细表与项目模型相互关联，明细表视图中显示的信息源自 BIM 模型数据库。可以利用明细表视图修改项目中模型图元的参数信息，以提高修改大量具有相同参数值的图元属性时的效率。

18.1.2 明细表关键字

使用“明细表/数量”工具除可以创建构件明细表外，还可以创建“明细表关键字”明细表。所谓“明细表关键字”是通过新建“关键字”控制构件图元其他参数值。下面使用明细表关键字完善综合楼项目“综合楼-窗明细表”中表格内容。

Step01 接上节练习。切换至 F1 楼层平面视图。选择任意窗实例，在“属性”对话框中查看“标记数据”参数分组包括“注释”“标记”“图像”“ISBIM4D”和“HACEMS”5 个实例参数。不修改任何参数继续下一步操作，后面将对此参数做一个对比。

Step02 使用“明细表/数量”工具，打开“新建明细表”对话框。如图 18-25 所示，在“类别”列表中选择“窗”对象类别，设置明细表类型为“明细表关键字”，确认“关键字名称”为“窗样式”，单击“确定”按钮打开“明细表属性”对话框。

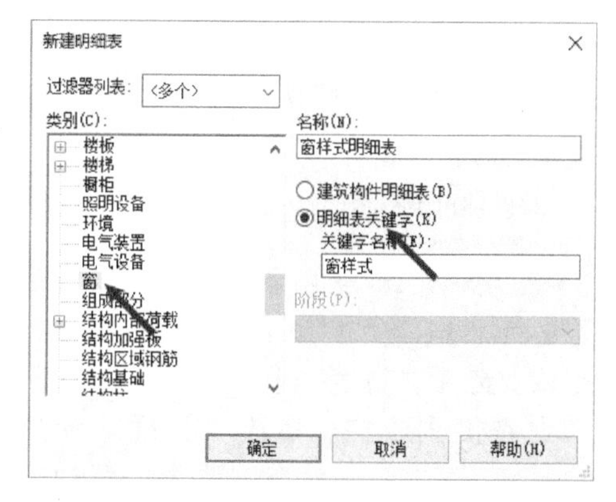

图 18-25

Step03 在“明细表属性”对话框中，列举窗类型中所有可以与“明细表关键字”关联的窗参数。添加“注释”参数至右侧“明细表字段”列表中。

提 示

注意，明细表字段列表中默认已添加第 2）步中创建的关键字名称“窗样式”。

Step04 单击“新建参数”按钮，打开“参数属性”对话框。如图 18-26 所示，注意“参数类型”默认为“项目参数”且不可修改，输入参数名称为“窗构造类型”，参数类型为“文字”，设置数据分组方式为“标识数据”，即该参数将放置在“标识数据”参数分组中。注意该参数将作为实例参数且不可更改。完成后单击“确定”按钮返回“明细表属性”对话框。

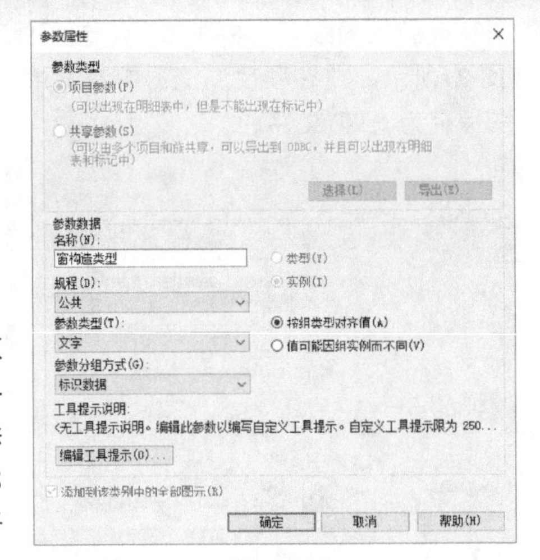

图 18-26

Step05 注意"明细表字段"列表中新增加"窗构造类型"参数。单击"确定"按钮创建"窗样式明细表"视图并自动切换至该视图。如图 18-27 所示，单击"明细表"面板"行"工具中"插入数据行"按钮两次，在关键字明细表中新建两行明细表数据。注意关键字名称自动按顺序会命名为 1、2；分别设置各行注释和构造类型值分别为："03J609""塑钢平开窗"和"07J604""塑钢推拉窗"。

Step06 切换至 F1 楼层平面视图。选择任意窗实例，注意实例参数中新添加"窗样式"和"窗构造类型"参数名称。切换至"综合楼-窗明细表"，打开"明细表属性"对话框，在"合计"字段后依次添加"窗样式"和"窗构造类型"参数至明细表字段列表，按图 18-28 所示，修改明细表中各关键字的位置。单击"合并参数"按钮，打开"合并参数"对话框。

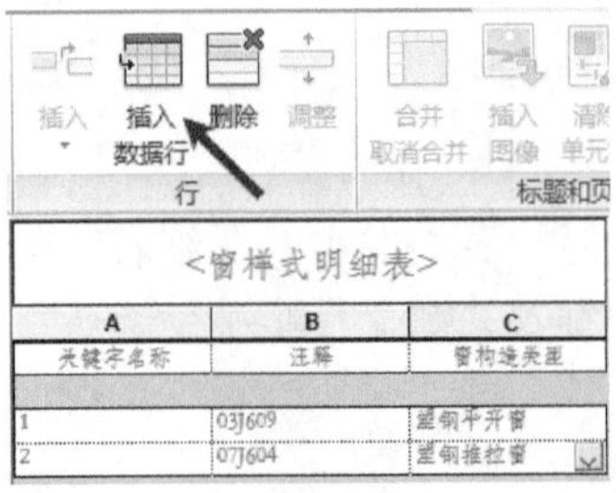

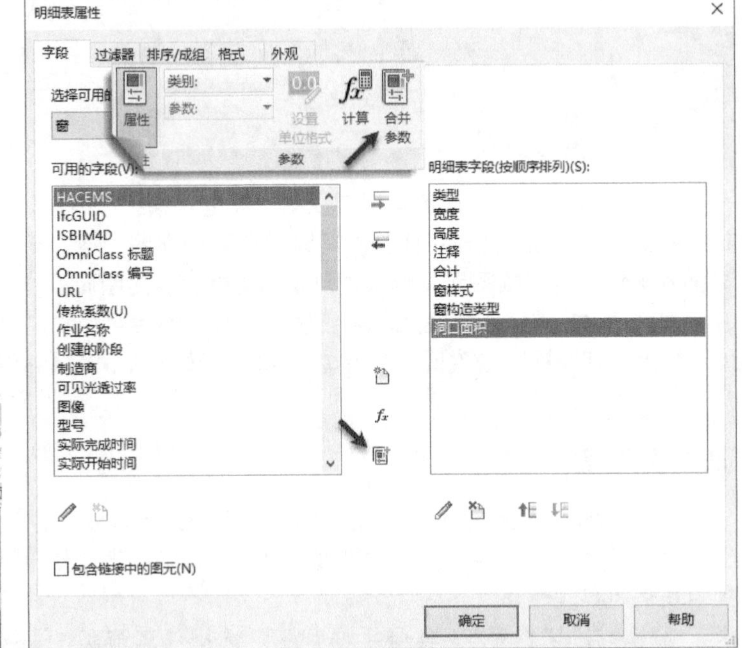

图 18-27

图 18-28

提 示

在明细表视图中，单击"参数"面板中"合并参数"按钮也将打开"合并参数"对话框。

Step07 如图 18-29 所示，输入"合并参数名称"为"洞口尺寸"，在左侧"窗"参数列表中依次选择"宽度"和"高度"参数将其添加到右侧列表中。修改"宽度"参数的"分隔符"为"X"，删除"高度"参数后的分隔符。完成后单击"确定"按钮两次返回明细表视图。

Step08 在明细表中，按图 18-30 所示修改各行"窗样式"单元格值，注意 Revit 会同时修改"参照图集"（取自"注释"参数值）和"窗构造类型"值，实现以关键字驱动相关联参数值。

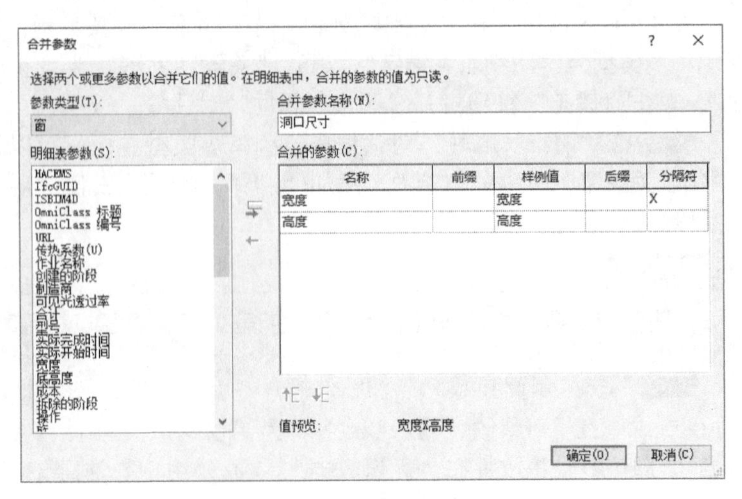

图 18-29

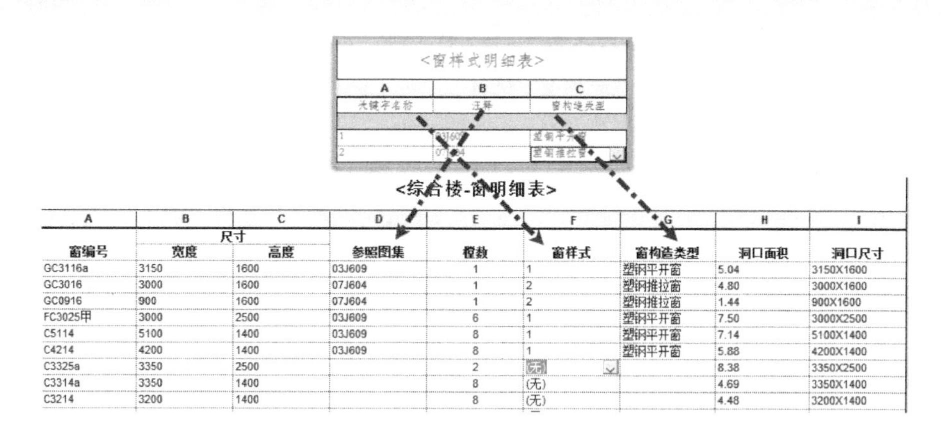

<窗样式明细表>

A	B	C
关键字名称	注释	窗构造类型
1	03J609	塑钢平开窗
2	07J604	塑钢推拉窗

<综合楼-窗明细表>

A	B	C	D	E	F	G	H	I
	尺寸							
窗编号	宽度	高度	参照图集	樘数	窗样式	窗构造类型	洞口面积	洞口尺寸
GC3116a	3150	1600	03J609	1	1	塑钢平开窗	5.04	3150X1600
GC3016	3000	1600	07J604	1	2	塑钢推拉窗	4.80	3000X1600
GC0916	900	1600	07J604	1	2	塑钢推拉窗	1.44	900X1600
FC3025甲	3000	2500	03J609	6	1	塑钢平开窗	7.50	3000X2500
C5114	5100	1400	03J609	8	1	塑钢平开窗	7.14	5100X1400
C4214	4200	1400	03J609	8	1	塑钢平开窗	5.88	4200X1400
C3325a	3350	2500		2	(无)		8.38	3350X2500
C3314a	3350	1400		8	(无)		4.69	3350X1400
C3214	3200	1400		8	(无)		4.48	3200X1400

图 18-30

提示

由于在创建综合楼模型时，采用了模型成组的方式，因此在修改窗参数时，由于涉及组中所有图元的调整，因此必须先将窗解组后才能修改窗格式。

Step09 选择“窗样式”数据列，单击鼠标右键，在弹出右键关联菜单中选择“隐藏列”选项，在明细表视图中隐藏该数据列。

Step10 切换至 F1 楼层平面视图。选择任意窗实例，在“实例属性”对话框可以发现窗户的实例属性对话框中“注释”参数和“窗结构类型”参数值已修改为与明细表中相同的参数值。保存文件，或打开随书文件“第 17 章 \ rvt \ 18-1-2. rvt”项目文件查看最终操作结果。

使用“关键字”明细表可以通过选择关键字同时控制所有与该关键字关联的图元参数。定义不同对象类别的关键字明细表时，可以显示在关键字明细表中的默认参数并不相同，可以按上述操作中所述步骤通过自定义项目参数与关键字关联。关于参数的更多信息，请参见本书第 20 章。

18.2 材料统计

材料的数量是项目施工采购或项目概预算基础，Revit 提供了“材质提取”明细表工具，用于统计项目中各对象材质生成材质统计明细表。“材质提取”明细表的使用方式与上一节中介绍的“明细表/数量”类似。下面使用“材质提取”统计综合楼项目中墙材质。

Step01 接上节练习。单击“视图”选项卡“创建”面板中“明细表”工具下拉列表，在列表中选择“材质提取”工具，弹出“新建材质提取”对话框。如图 18-31 所示，在“类别”列表中选择“墙”类别，输入明细表名称为“综合楼－墙材质明细”，单击“确定”按钮，打开“材质提取属性”对话框，该对话框与上一节中介绍的“明细表属性”对话框非常相似。

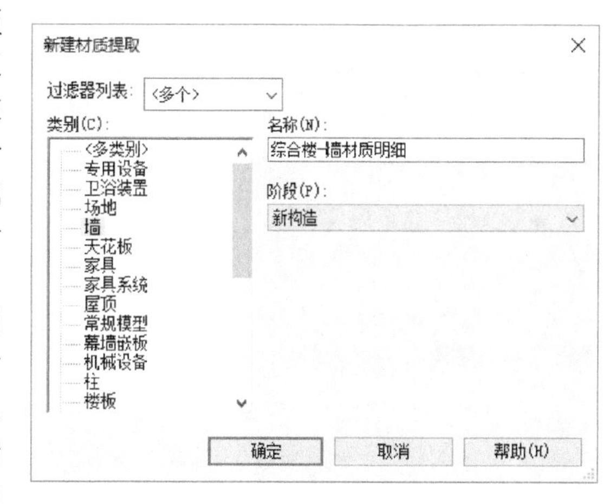

图 18-31

Step02 依次添加“材质：名称”和“材质：体积”至明细表字段列表中。切换至“排序/成组”选项卡，设置排序方式为“材质：名称”；不勾选“逐项列举每个实例”选项。单击“确定”按钮完成明细表属性设置，生成“综合楼－墙材质明细”明细表，如图 18-32 所示。注意明细表已按材质名称排列，但“材质：体积”单元格内容为空白。

Step03 打开明细表视图“实例属性”对话框，单击“格式”参数后“编辑”按钮打开“材质提取属性”对话框并自动切换至“格式”选项卡。如图 18-33 所示，在“字段”列表中选择“材质：体积”字段，选择“计算总数”选项。完成后单击“确定”按钮两次返回明细表视图。

提示

单击“字段格式”按钮可以设置材质体积的显示单位、精度等。默认采用项目单位设置。

Step 04 Revit 会自动在明细表视图中显示各类材质的汇总体积，如图 18-34 所示。保存文件，或打开随书文件“第 17 章\ rvt\ 18-2-1. rvt” 项目文件查看最终操作结果。

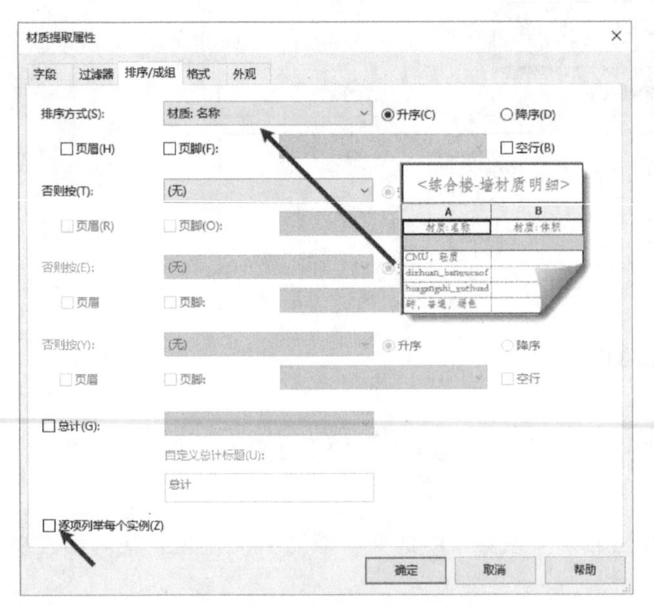

图 18-32

图 18-33

使用“应用程序菜单→导出→报告→明细表”选项，可以将所有类型的明细表导出为以逗号分隔的文本文件，大多数电子表格应用程序如 Microsoft Excel 可以很好地支持这类逗号分隔的文本文件，将其作为数据源导入至电子表格程序中。

其他明细表工具的使用方式都基本类似，读者可以根据需要自行创建各种明细表。限于篇幅在此不再赘述。

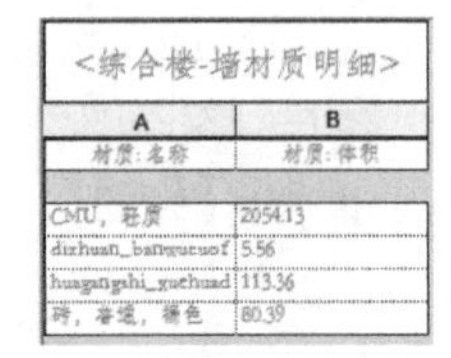

<综合楼-墙材质明细>

A	B
材质: 名称	材质: 体积
CMU，轻质	2054.13
dizhuan_banqucuof	5.56
huagangshi_yuehuad	113.36
砖，普通，褐色	80.39

图 18-34

18.3 本章小结

利用明细表统计功能，可以统计项目中各图元对象数量、材质、视图列表等统计信息。可以通过设置“计算值”功能在明细表中进行数值运算。明细表中数据与项目信息实时关联，是 BIM 数据综合利用的体现。因此在 Revit 中进行项目设计时需制定和规划各类信息的命名规则，例如材质的命名规则等，以方便在项目的不同阶段实现信息共享和统计。

下一章中将继续以综合楼项目为基础，介绍如何利用 Revit 完成布图和打印。

第19章 布图与打印

在 Revit 中可以将项目中多个视图或明细表布置在同一个图纸视图中，形成用于打印和发布的施工图纸。Revit 可以将项目中视图、图纸打印或导出为 CAD 文件格式与其他非 Revit 用户进行数据交换。

19.1 图纸布图

19.1.1 图纸布置

使用 Revit “新建图纸” 工具可以为项目创建图纸视图，指定图纸使用的标题栏族（图框）并将指定的视图布置在图纸视图中形成最终施工图档。下面继续完成综合楼项目图纸布置。

Step01 单击 “视图” 选项卡 “图纸组合” 面板中 “图纸” 工具，弹出 “新建图纸” 对话框。如图 19-1 所示，单击 “载入” 按钮载入随书文件 “第 19 章\rfa\A0 公制.rfa” 族文件。确认 “选择标题栏” 列表中选择 “A0 公制”，单击 “确定” 按钮以 A0 公制标题栏创建新图纸视图并自动切换至该视图。该视图组织在 “图纸（全部）” 视图类别中。在项目样板中默认已经创建两个默认图纸视图，因此该图纸视图自动命名为 “003-未命名”。

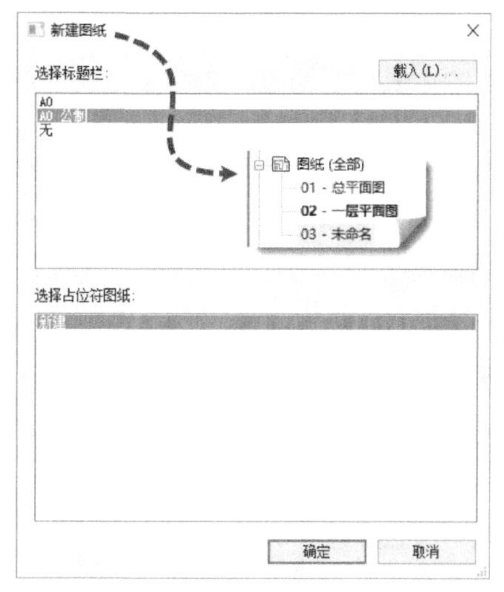

图 19-1

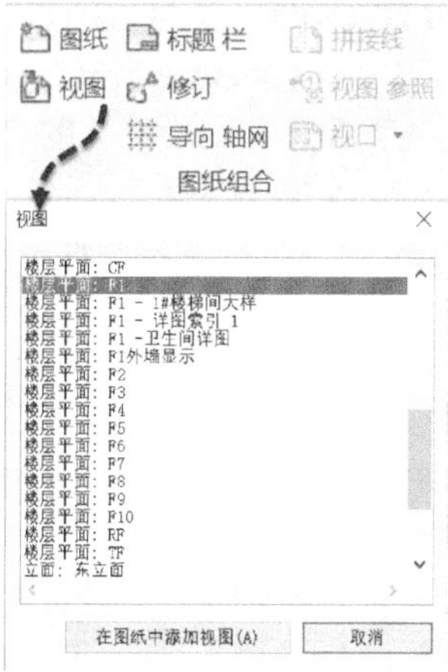

图 19-2

Step02 单击 “视图” 选项卡 “图纸组合” 面板中 “视图” 工具，弹出 “视图” 对话框，在视图列表中列出当前项目中所有可用视图，如图 19-2 所示。选择 “楼层平面：F1”，单击 “在图纸中添加视图” 按钮，Revit 给出 F1 楼层平面视图范围预览。确认选项栏 “在图纸上旋转” 选项为 “无”；当显示视图范围完全位于标题栏范围内时单击放置该视图。

Step03 在图纸中放置的视图称为 “视口”。Revit 自动在视图底部添加视口标题，默认将以该视图的视图名称命名该视口，如图 19-3 所示。

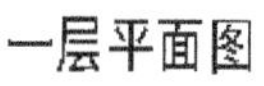

一层平面图

图 19-3

Step04 打开本视图的 “剪裁视图” 功能，让剪裁框去除多余的图元信息使图面更加规整。

Step05 载入随书文件 “第 19 章\rfa\视图标题.rfa\分式标题.rfa” 族文件。选择图纸视图中视口标题，打开 “类型属性” 对话框，复制新建名称为 “综合楼-视图标题” 新类型。修改类型参数 “标题” 使用的族为 “视图标题” 族。确认 “显示标题” 选项为 “是”，不勾选 “显示延伸线”，其他参数如图 19-4 所示。完成后单击 “确定” 按钮退出 “类型属性” 对话框。

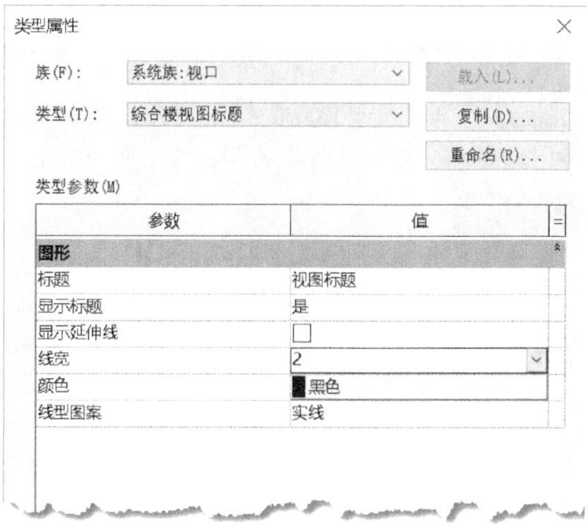

Step06 此时视口标题类型样式修改为如图 19-5 所示样式。选择视口标题，按住并拖动视口标题至图纸中间位置。

Step07 在新建的图纸中选择刚刚放入的视口，打开视口 “实例属性” 对话框。修改 “图纸上的标题” 为 “一层平面图”，注意 “图纸编号” 和 “图纸名称” 参数已自动修改为

图 19-4

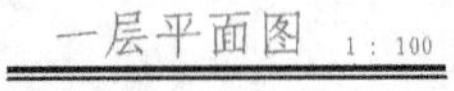

当前视图所在图纸信息，如图 19-6 所示，单击“应用”按钮完成设置，注意图纸视图中视口标题名称同时修改为“一层平面图”。

一层平面图 1 : 100

图 19-5

Step08 单击“注释”选项卡“符号”面板中“符号”工具，进入“放置符号”上下文关联选项卡。设置当前符号类型为“指北针”，在图纸视图右上角空白位置单击放置指北针符号。

提 示

在图纸视图中可使用文字、详图线等详图工具在图纸中添加注释图元。

Step09 点击项目浏览器图纸编号，打开图纸“实例属性”对话框。如图 19-7 所示，修改“图纸名称”为“一层平面图”，确认勾选“显示在图纸列表中”选项，修改“序号”值为 3（该参数在后面生成图纸统计表时，将作为统计表图纸序号），其他参数根据实际情况修改。完成后单击“确定”按钮退出“实例属性”对话框，注意项目浏览器中图纸视图名称修改为“003-一层平面图”。

提 示

修改如“绘图员”等参数将影响标题栏（图框）中引用该参数的字段值。

Step10 使用类似方式创建其他平面及立面、剖面图纸。同时，一个图纸中可以放置多个视图，除了用前述的方法放置视图外，还可以通过拖拽的方式把视图放入图纸中：在二层平面图纸状态下，通过“项目浏览器”找到“详图视图-楼板做法大样”，单击此视图并按住鼠标左键不放把此视图拖入二层平面图图纸视图中合适位置即可。

Step11 选择刚刚放入的“楼板做法大样”视图，打开本视图的“属性”对话框，更换其视图标题为“视图标题-分数式-有图名”。此时会发现视图标题会自动根据视图所在图纸的详图编号及参照图纸（索引图纸）填充分子分母，与制图规范保持一致，如图 19-8 所示。

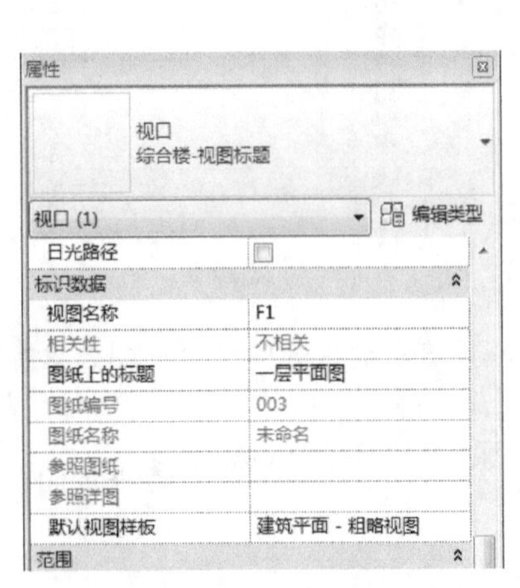

图 19-6

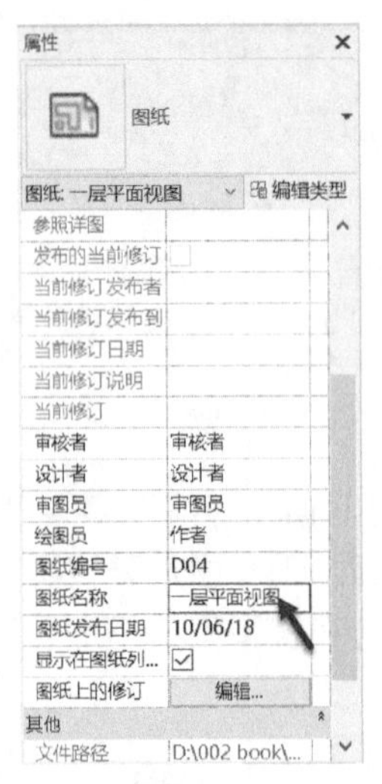

图 19-7

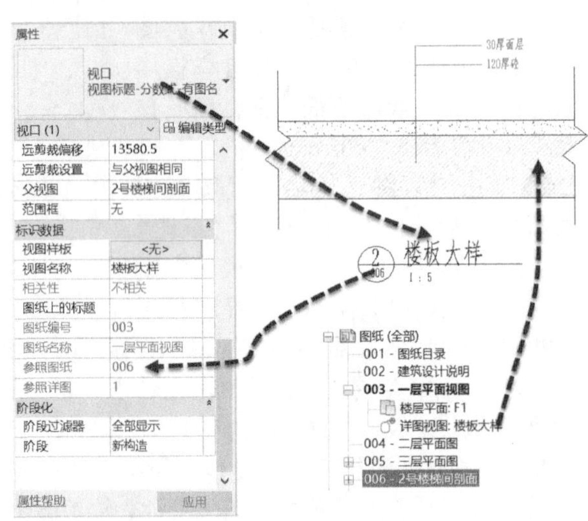

图 19-8

Step12 打开“楼板做法大样”详图视图所在的“参照图纸”即 006 号图，会发现此图纸中的剖面 1 索引符号也已经自动更新，表示该详图索引视图放置于第 6 页图纸中 2 号楼梯间大样，并与制图规范保持一致，如图19-9所示，

提 示

在一层平面图纸中，大样详图视口的实例参数“详图编号”表示该视口在当前图纸视图中的编号顺序。可以根据需要修改详图编号值，Revit 将自动修改详图索引符号中对应的编号值，但需要注意在同一图纸视图中详图编号是唯一的，不允许重复。

Step13 单击“插入”选项卡“导入”面板中“从文件插入”工具下拉列表，在列表中选择“插入文件中的视图”工具，弹出“打开”对话框。浏览至随书文件“第 19 章 \ rvt \ 建筑说明 . rvt”项目文件，单击“打开”按钮弹出如图 19-10 所示“插入视图”对话框。在“插入视图”对话框中设置“视图”显示内容为“显示所有视图和图纸”，在视图列表勾选全部视图，单击“确定”按钮插入所选视图。当提示与当前项目存在“重复项目”对话框时，单击“确定”按钮确认。

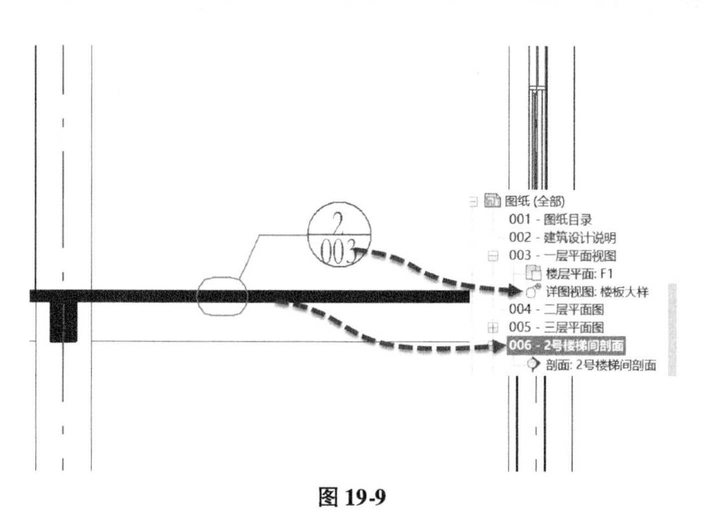

图 19-9

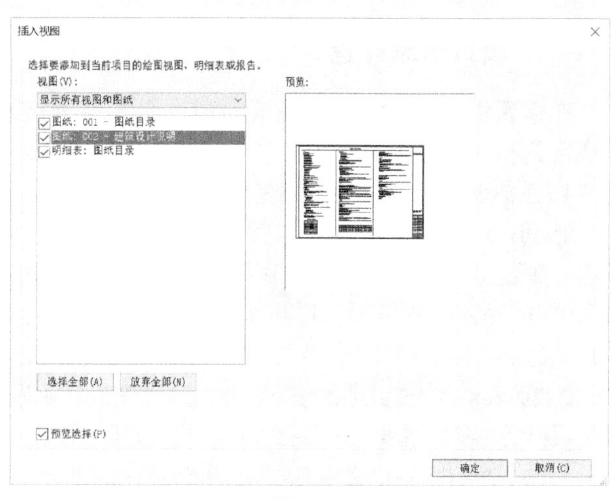

图 19-10

Step14 在项目浏览器中删除原"002-一层平面图"和"001-总平面图"图纸视图。右键单击"01-图纸目录"图纸视图名称，在弹出右键上菜单中选择"重命名"，弹出"图纸标题"对话框。如图 19-11 所示修改图纸"编号"为"001"，单击"确定"按钮按新图纸编号显示图纸视图名称。切换至该图纸视图，Revit 已经按当前项目包括的图纸编号和名称重新更新图纸目录内容。

图纸标题

001	编号
图纸目录	名称

确定　取消

图 19-11

Step15 使用相同的方式修改"02-建筑设计说明"为"002-建筑设计说明"。切换至该图纸视图，Revit 已导入全部图纸说明。

Step16 展开项目浏览器中"明细表/数量"类别，按住并拖动"综合楼-门明细表"至图纸视图中松开鼠标左键，出现明细表放置预览。在图纸视图空白位置单击放置明细表视图，如图 19-12 所示。按住并拖动明细表中列宽控制符号▼可以分别调节明细表各列在图纸中的宽度。

提 示

在图纸视图中通过项目浏览器拖拽的方式放置视图适用于所有类型的视图。

Step17 使用类似的方式在图纸中放置"综合楼-窗明细表"和"综合楼-墙材质明细"明细表。保存项目，或打开随书文件"第 19 章\rvt\19-1-1.rvt"项目文件查看最终操作结果。

在导入视图时，如果图纸视图中包含明细表，将同时导入已保存的"图纸目录"明细表视图。因此在上述操作中插入"图纸目录"图纸视图时可以正确显示当前项目的图纸信息。

Revit 允许将不同视图比例的视图布置在同一图纸中。当修改项目模型时 Revit 会同时更新视图和图纸视图。Revit 仅允许将视图放置在唯一的图纸视图中。如果需要在多张图纸上使用同一视图，可以使用视图复制工具创建多个不同的视图副本。

如图 19-13 所示，可以使用"浏览器组织"对话框中定义各图纸视图在项目浏览器中的显示方式。单击"新建"按钮，读者可以根据自己的习惯建立图纸显示过滤器，并应用到项目中。关于"浏览器组织"的定义方法，详见本书第 14.3.3 节相关内容。

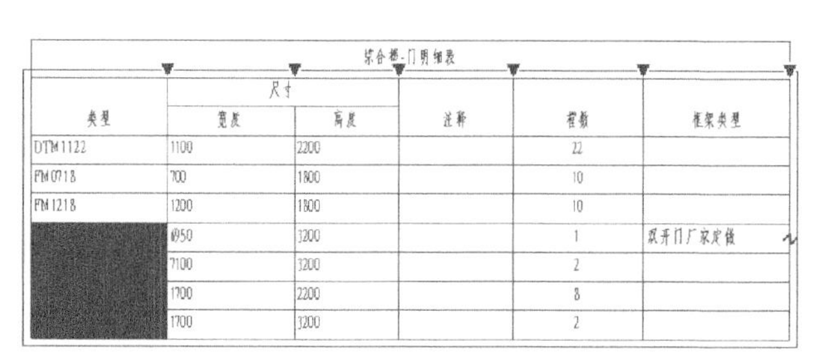

综合楼-门明细表

类型	尺寸		注释	樘数	框架类型
	宽度	高度			
DTM1122	1100	2200		22	
FM0718	700	1800		10	
FM1218	1200	1800		10	
	6950	3200		1	双开门厂家定做
	7100	3200		2	
	1700	2200		8	
	1700	3200		2	

图 19-12

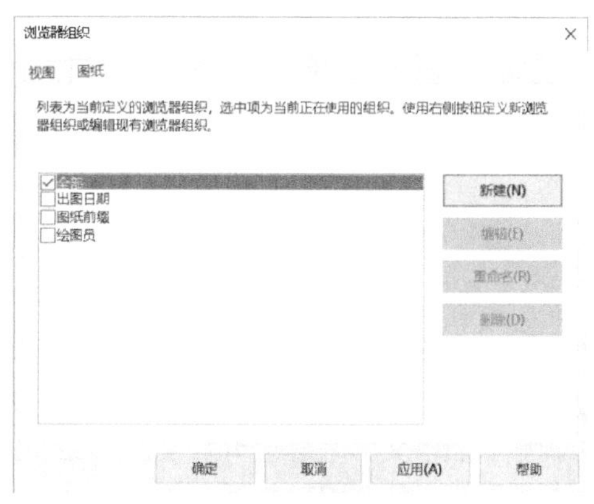

图 19-13

19.1.2 项目信息设置

在标题栏中除显示当前图纸名称、图纸编号外，还将显示项目的相关信息，如项目名称、客户名称等内容。可以使用“项目信息”工具设置项目的信息参数。

Step01 接上节练习。单击“管理”选项卡“项目设置”面板中“项目信息”工具，弹出项目信息“实例参数”对话框。如图 19-14 所示，根据项目实际状况或按图中所示内容输入各参数信息。单击“确定”按钮完成“项目信息”设置。

Step02 Revit 会根据项目信息设置自动修改图纸标题栏中所有引用项目信息参数的字段。保存项目，或打开随书文件“第 19 章\rvt\19-1-2. rvt”项目文件查看最终操作结果。

Revit 提供了“A0 ~ A4 公制 . rte”和“新尺寸公制 . rte”族样板文件，用于自定义各种标准尺寸和非标准尺寸的标题栏族文件。可以使用“共享参数”为标题栏族或项目信息添加更多参数内容，在本书第 20 章中将详细介绍族和共享参数相关内容，在此不再赘述。

图 19-14

19.1.3 图纸的修订及版本控制

处理建筑项目时，不可避免要对图纸进行修订。Revit 可以记录、追踪这些修订，例如记录修订的位置、修订的时间、修订的原因和执行者，并可以把这些修订信息发布到图纸上。在 Revit 中，对图纸进行修订和版本控制的程序为：输入修订信息（包含修订版本、日期、修订人等）→添加云线→为云线指定修订→图纸发布（查看修订明细表）。

Step01 继续上节练习或打开随书文件“第 19 章\rvt\19-1-2. rvt.”继续本节练习。如图 19-15 所示，单击“视图”选项卡“图纸组合”面板中“修订”按钮打开“图纸发布/修订”对话框，如图 19-15 所示。

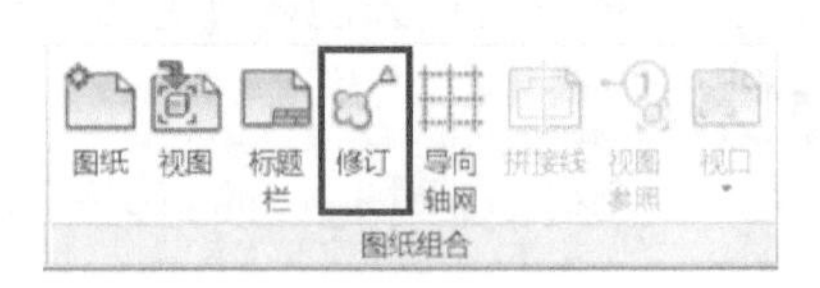

图 19-15

Step02 “图纸发布/修订”对话框默认有一个修订信息，点击右侧“添加”按钮可以添加一个新的修订信息，并按图 19-16 所示修改两个修订信息。单击“确定”按钮并退出“图纸发布/修订”对话框。

图纸发布/修订

序列	修订编号	编号	日期	说明	已发布	发布到	发布者	显示
1	1	数字	2018.8.1	一次提资	□	结构专业	建筑师	云线和标记
2	2	数字	2018.9.1	二次提资	□	结构专业	建筑师	云线和标记

添加(A) 删除(L)
编号
◉ 每个项目(R)
○ 每张图纸(H)
行
上移(M) 下移(V) 向上合并(U) 向下合并(D)
编号选项
数字(N)... 字母数字(P)...
弧长(N) 20.0
确定(K) 取消(C) 应用(P)

图 19-16

Step03 打开“F1”楼层平面视图。单击“注释”选项卡“详图”面板中“云线”工具，自动切换至“创建云线批注草图”上下文关联选项卡。使用“绘制线”工具按如图 19-17 所示，沿发生问题的图形周围绘制云线批注，完成后单击“完成编辑”完成云线批注。

Step04 选择上一步中创建的云线批注，如图 19-18 所示修改属性面积中“修订”列表中修订版本为“序列 1-一次提资”，即本次校审内容属于工程项目的“一次提资”阶段发现的问题。

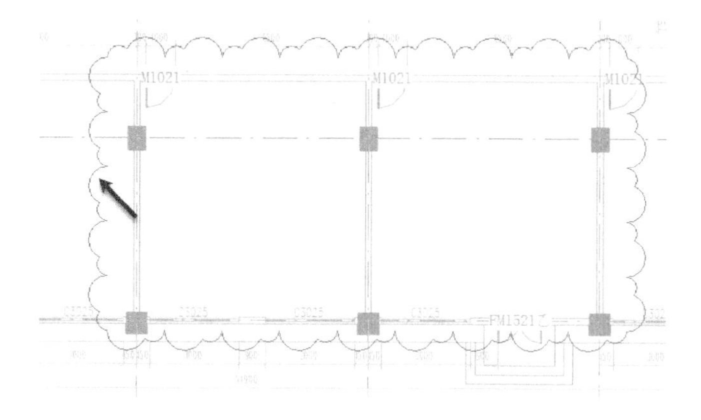

图 19-17

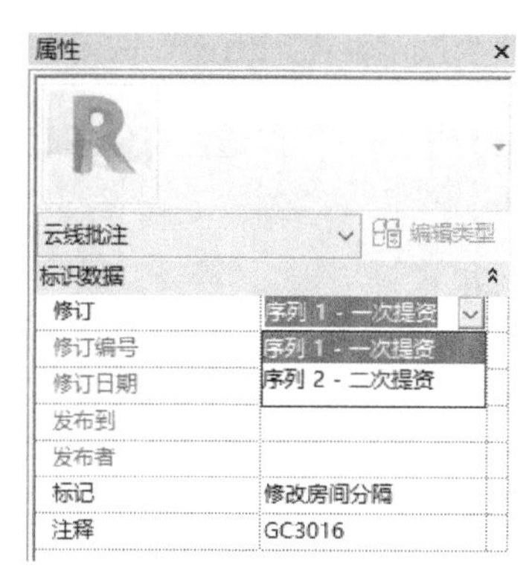

图 19-18

Step05 按上述操作，可以为项目中存在的所有问题进行添加云线批注并指定修订信息，完成后就可以发布本次修订。

Step06 单击“视图”选项卡“图纸组合”面板中“修订”按钮打开“图纸发布/修订”对话框，单击第 1 行“一次提资”修订中“已在布”复选框，如图 19-19 所示。单击“确定”按钮并退出“图纸发布/修订”对话框。再次选择第 3) 步中创建的云线批注对象，注意选项栏批注已显示为“修订 1（已发布）-一次提资”。

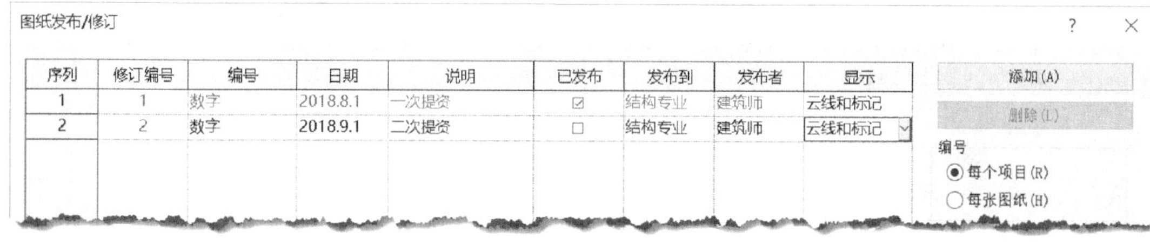

图 19-19

提 示

修订发布后，Revit 将不再允许用户向已发布的修订中添加或删除云线批注。

Step07 打开图纸视图中“P001 一层平面图”，放大显示到右侧标题栏修订栏中，可以发现此处已经自动为图纸添加修订信息，如图 19-20 所示。

提 示

要在图纸上显示修订明细表，需要图纸中包含修订明细表的标题栏，具体信息查看第 18 章。

Step08 保存项目，或打开随书文件“第 19 章 \ rvt \ 19-1-3. rvt”项目文件查看最终操作结果。

在“图纸发布/修订”对话框中，通过调整各序列的“显示”属性可以指定各阶段修订是否显示云线或标记等修订痕迹，如图 19-21 所示。

在添加修订时可以设置修订的方式为按项目或按图纸。按项目添加的修订其编号在项目中是唯一的（类似于 Revit 轴网的编号）。而按图纸添加的修订，其编号会根据当前图纸上的修订顺序自动编号。在添加云线批注后打开云线批注的实例属性对话框，可以查看修订编号值，如图 19-22 所示。

编号	日期	修订说明
1	2018-9-10	第一次提资

图 19-20

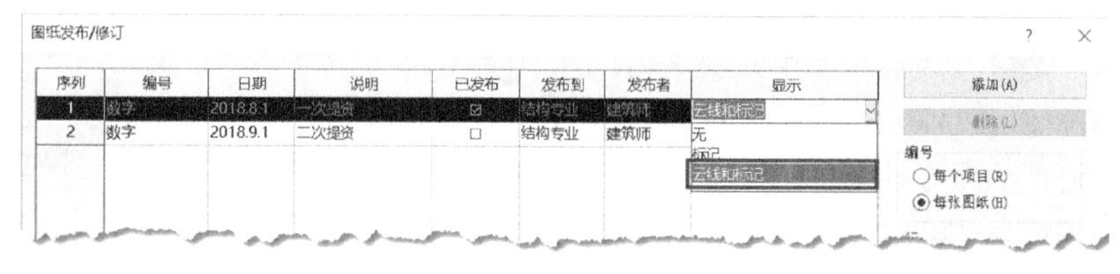

图 19-21

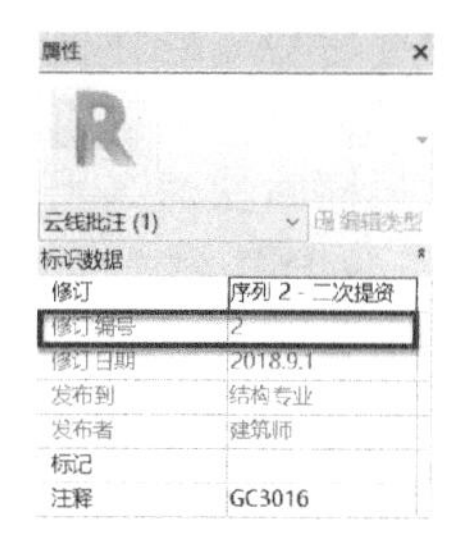

图 19-22

使用修订功能配合批注云线，可以方便项目经理和项目负责人控制和记录项目进度，并控制整体项目的质量。

19.2 打印与图纸导出

图纸布置完成后，可以通过打印机完成图纸视图的打印或将指定的视图或图纸视图导出为 CAD 文件，以便交换设计成果。

19.2.1 打印

Revit 的图纸打印输出一般采用输出为 PDF 的方式。PDF 文件非常便于图档的共享，在实际工程运用很多。目前 Revit 没有提供直接输出 PDF 文件的工具，如果要创建 PDF 文档需要先安装外部 PDF 打印机。可供参考的 PDF 打印机有：PDFactory，PDFcreator，Adobe PDF Printer，Microsoft Print 等。下面以 Microsoft Print 为例介绍打印方法。

Step01 接上节练习。单击“应用程序菜单”按钮，在列表中选择“打印”选项，打开“打印”对话框，如图 19-23 所示。在“打印机”名称列表中选择本次打印要使用的打印机名称；Revit 可以使用 Windows 系统中配置的所有打印机。

Step02 在“打印范围”栏中可以设置要打印的视口或图纸。如果希望一次性打印多个视图和图纸，请选择“所选视图/图纸”选项，单击“选择”按钮打开如图 19-24 所示“视图/图纸集”对话框。只勾选对话框中“显示”区域“图纸”选项以只显示图纸视图部分，在列表中选择需要打印的图纸（本处不勾选目录、说明、大样图等，因为图纸大小与其他的图纸大小不一致）。默认 Revit 会将所做的选择保存为“设置 1”，以方便下次打印时快速通过“名称”列表快速设置需要打印的视图或图纸，或者可以单击“另存为”按钮存为新设置文件。完成后单击“确定”按钮返回“打印”对话框。

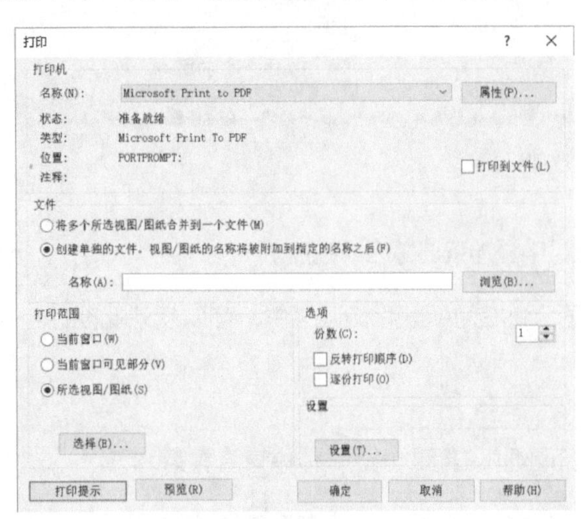

图 19-23

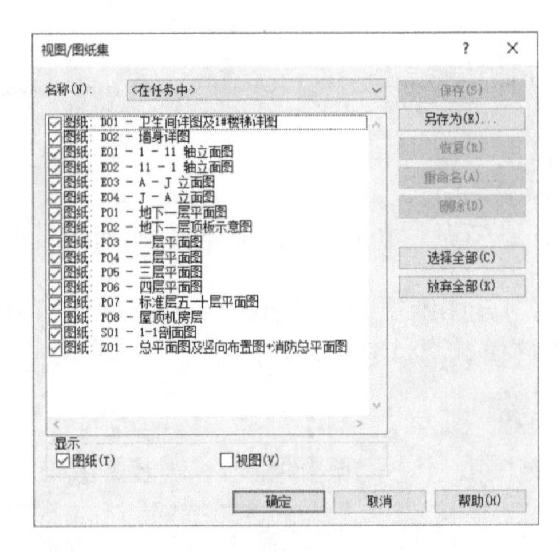

图 19-24

Step03 单击“打印”对话框中“设置”按钮，打开“打印设置”对话框，如图 19-25 所示。设置本次打印采用的纸张尺寸、打印方向、页面定位方式（“页面位置”）、打印缩放及打印质量和色彩；在“选项”栏中，可以进一步设置打印时是否隐藏视图边界、参照平面等选项。设置完成后，可以单击“另存为”按钮将打印设置保存为新配置选项，并命名为“A0 全部图纸打印”，方便下次打印时快速选用。单击“确定”按钮返回“打印”对话框。

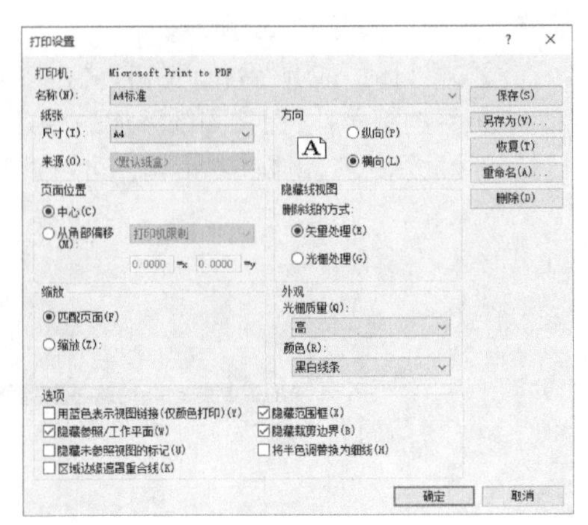

图 19-25

Step04 单击“打印”按钮，将所选视图发送至打印机，并按打印设置的样式打印出图。Revit Architecture 会自动读取标题栏边界范围并自动与打印纸张的打印边界对齐。用同样的方法打印其余为 A1 图幅的图纸。在随书文件“第 19 章 \ other \ 完整图纸 PDF \ ”目录中，提供了使用打印方式生成的 PDF 文档。请读者使用

Adobe Reader或者其他 PDF 浏览器打开以查看项目全部图纸。

Step05保存项目文件或打开随书文件“第 19 章\RVT\19-2-1. RVT\”项目文件查看最终结果。

提 示

如果想打印为 PLT 文件，在“打印”对话框中勾选“打印到文件”选项即可。

19.2.2 导出为 CAD 文件

一个完整的建筑项目必须要求与其他专业设计人员（如结构专业、给水排水专业）共同合作完成。因此使用 Revit 的用户必须能够为这些设计人员提供 CAD 格式的数据。Revit 可以将项目图纸或视图导出为 DWG、DXF、DGN 及 SAT 等格式的 CAD 数据文件，方便为使用 AutoCAD、Microstation 等 CAD 工具的设计人员提供数据。以最常用的 DWG 数据为例，介绍如何将 Revit 数据转换为 DWG 数据。虽然 Revit 不支持图层的概念，但可以设置各构件对象导出 DWG 时对应的图层，以方便在 CAD 中的运用。

Step01接上节练习。单击“应用程序菜单”按钮，在列表中选择“导出 ›选项→导出设置 DWG/DXF”选项，打开“DWG/DXF 导出图层”对话框，如图 19-26 所示。对话框中可以分别对 Revit 模型导出为 CAD 时的图层、线形、填充图案、字体、CAD 版本等进行设置。在“层”选项卡列表中指定各类对象类别及其子类别的投影和截面图形在导出 DWG/DXF 文件时对应的图层名称及线型颜色 ID。进行图层配置有 2 种方法，一是可以根据要求逐个修改图层的名称、线颜色等；二是通过加载图层映射标准进行批量修改。

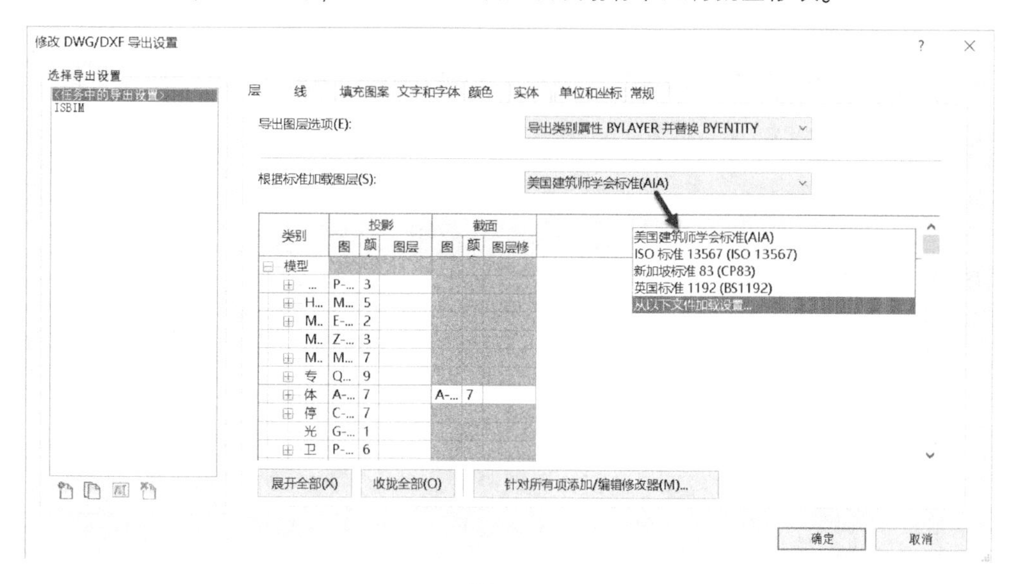

图 19-26

Step02单击“根据标准加载图层”下拉列表按钮，Revit 中提供了 4 种国际图层映射标准，以及从外部加载图层映射标准文件的方式。选择“从以下文件加载设置”，在弹出的对话框中选择随书文件“第 19 章\other\exportlayers-Revit-tangent. txt”配置文件，确定后退出选择文件对话框。

提 示

可以单击“另存为”按钮将图层映射关系保存为独立的配置文本文件。

Step03继续在“DWG/DXF 导出图层”对话框选择“填充图案”选项卡，打开填充图案映射列表。默认情况下 Revit 中的填充图案在导出为 DWG 时选择的“自动生成填充图案”即保持 Revit 中的填充样式方法不变。但是如混凝土、钢筋混凝土这些填充图案在导出为 DWG 后会出现无法被 AutoCAD 识别为内部填充图案而造成无法对图案进行编辑的情况。要避免这种情况可以点击填充图案对应的下拉列表，选择合适的 AutoCAD 内部填充样式即可，如图 19-27 所示。

Step04可以继续在“DWG/DXF 导出图层”对话框中对需要导出的线形、颜色、字体等进行映射配置，设置方法和填充图案的设置类似，请自行尝试。

Step05设置完成后，单击确定返回“导出 CAD 格式”对话框。如图 19-28 所示，对话框左侧顶部“选择导出设置”确认为“<任务中的导出设置>”，即前几个步骤进行的设置，在对话框右侧“导出”设置选择“<任务中

的视图/图纸集 >”，在“按列表显示”中选择“模型中的图纸”，即显示当前项目中的所有图纸，在列表中勾选要导出的图纸即可。双击图纸标题，可以在左侧预览视图中预览图纸内容。Revit 还可以使用打印设置时保存的“设置 1”快速选择图纸或视图。

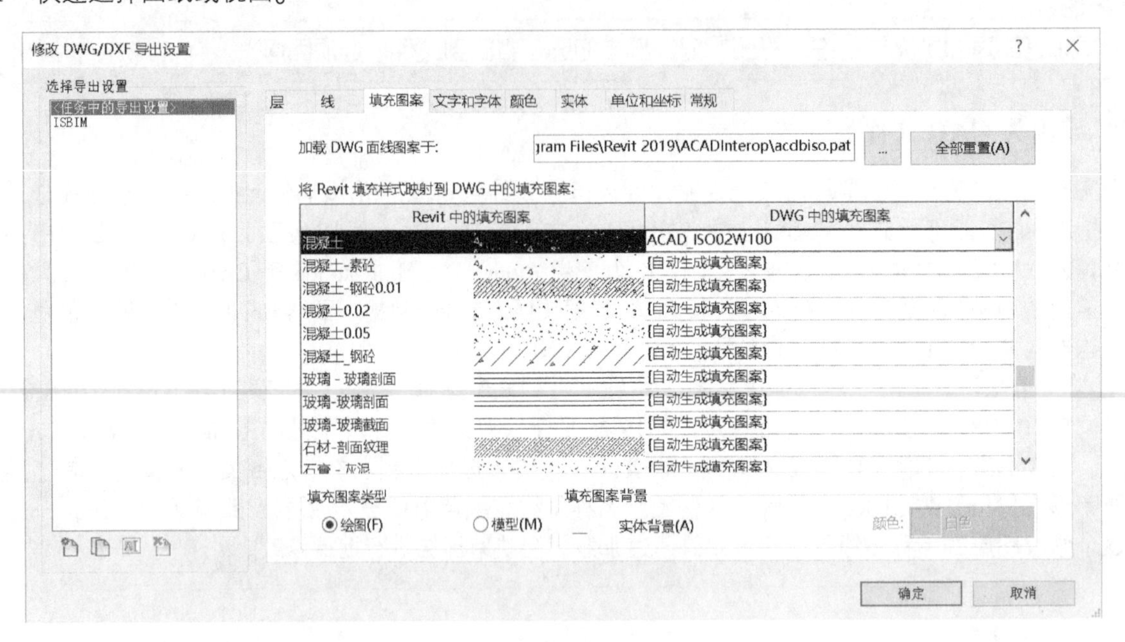

图 19-27

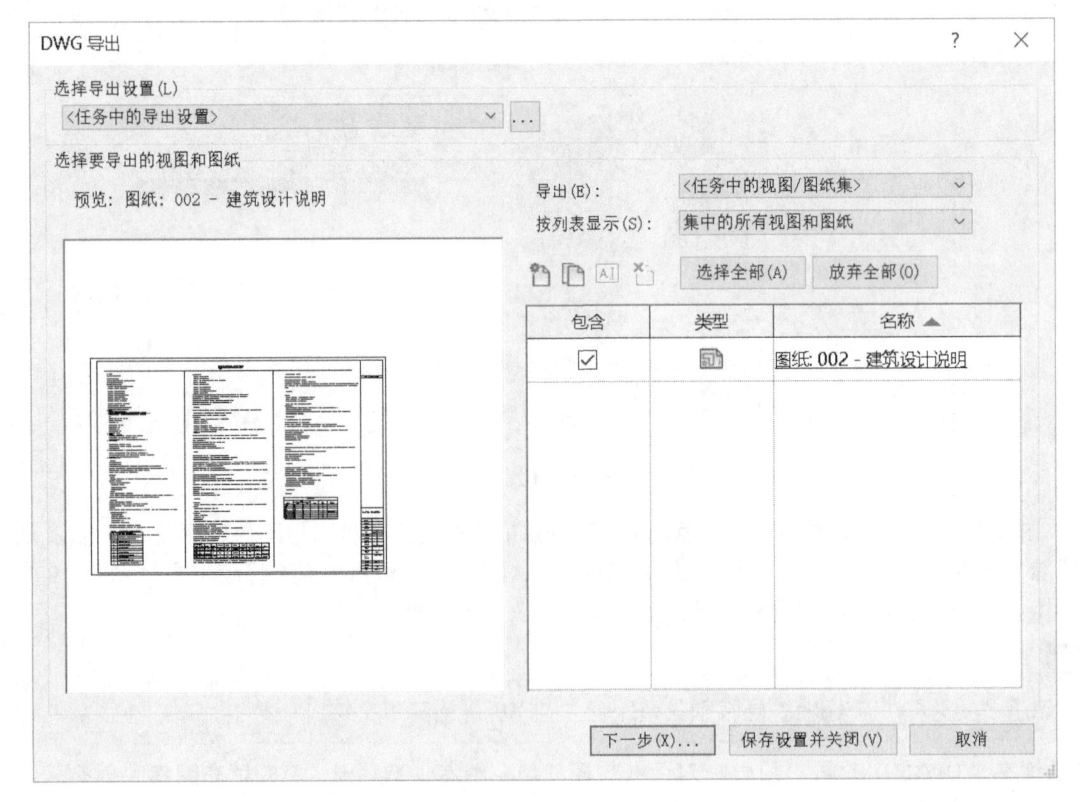

图 19-28

Step06 完成后单击“下一步”按钮，打开“导出 CAD 格式”对话框，如图 19-29 所示。指定文件保存的位置和 DWG 版本格式和命名的规则，单击“导出”按钮，即可将所选择图纸导出为 DWG 数据格式。如果希望导出的文件采用 AutoCAD 外部参照模式，请勾选对话框中“图纸上的外部参照视图”，此处设置为不勾选。

Step07 图 19-30 为导出后的图纸 DWG 图纸列表，导出后会自动命名。

Step08 如果使用“外部参照方式”导出后，Revit 除将每个图纸视图导出为独立的与图纸视图同名的 DWG 文件外，还将单独导出与图纸视图相关的视口为独立 DWG 文件，并以外部参照的方式链接至与图纸视图同名的

DWG 文件中。要查看 DWG 文件，仅需打开与图纸视图同名的 DWG 文件即可。

图 19-29

图纸002-设计总说明-图纸 - 002 - 建筑设计说明	2018/10/6 17:02	DWG 文件	105 KB
图纸002-设计总说明-图纸 - 002 - 建筑设计说...	2018/10/6 17:02	PCP 文件	23 KB

图 19-30

提 示

导出时，Revit 还会生成一个与所选择图纸、视图同名的 . pcp 文件。该文件用于记录导出 DWG 图纸的状态和图层转换的情况，使用记事本可以打开该文件。

Step 09 如图 19-31 所示为 AutoCAD 中打开导出后的 DWG 文件情况。将在 AutoCAD 的布局中显示导出的图纸视图。在随书文件“第 19 章\DWG\”文件夹中，提供了综合楼项目导出的所有 DWG 文件，读者可以使用 AutoCAD 查看图纸导出结果。

Step 10 保存项目文件或打开随书文件“第 19 章\RVT\19-2-2. RVT\”项目文件查看最终结果。

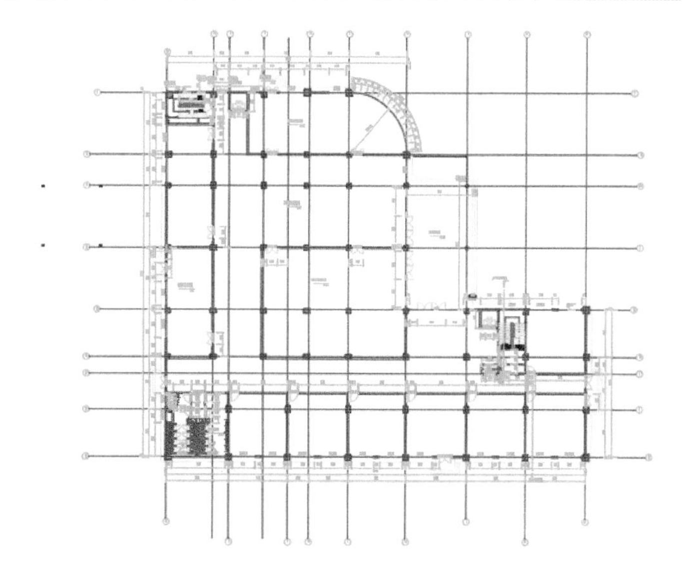

图 19-31

除导出为 CAD 格式文件外，还可以将视图和模型分别导出为 2D 和 3D 的 DWF 文件格式。DWF 文件全称为：Drawing Web Format（Web 图形格式），是由 Autodesk 开发的一种开放、安全的文件格式，它可以将丰富的设计数据高效率地分发给需要查看、评审或打印这些数据的任何人。DWF 文件高度压缩，因此比设计文件更小，传递起来更加快速。它不需要用户安装 AutoCAD 或 Revit 软件，只需要安装免费的 Design Review 即可查看 2D 或 3D DWF 文件。

导出 DWF 文件非常简单，只需单击“应用程序菜单按钮”，在选项中选择“导出→DWF/DWFX”，弹出“DWF”导出设置。如图 19-32 所示，在“DWF 导出设置”对话框中选择要导出视图，设置 DWF 属性和项目信息即可。

目前 DWF 数据支持两种数据格式：DWF 和 DWFx。其中 DWFx 格式的数据在 Vista 或以上版本的系统中可以不需要安装任何插件，直接在 Windows 系统中像查看图片一样查看该格式的图形文件内容。目前 Autodesk 公司的所有产品包括 AutoCAD 在内均支持 DWF 格式数据文件的导出操作。

完成项目设计后，可以使用“清除未使用项”工具，清除项目中所有未使用的族和族类型，以减小项目文件的体积。单击“管理”选项卡“项目设置”面板中“清除未使用项”工具，打开“清除未使用项”对话框。如图 19-33 所示，在对象列表中，勾选要从项目中清除的对象类型，单击“确定”按钮即可从项目中消除所有已选择项目内容。

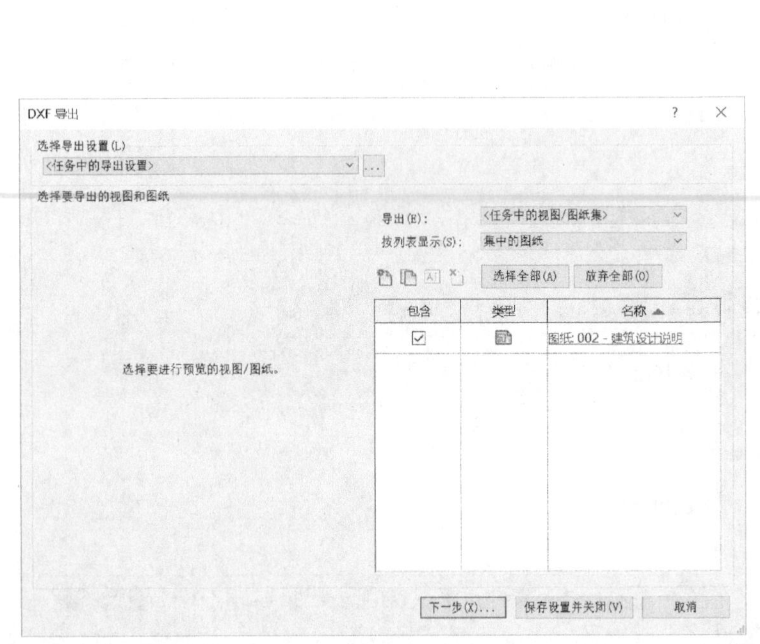

图 19-32

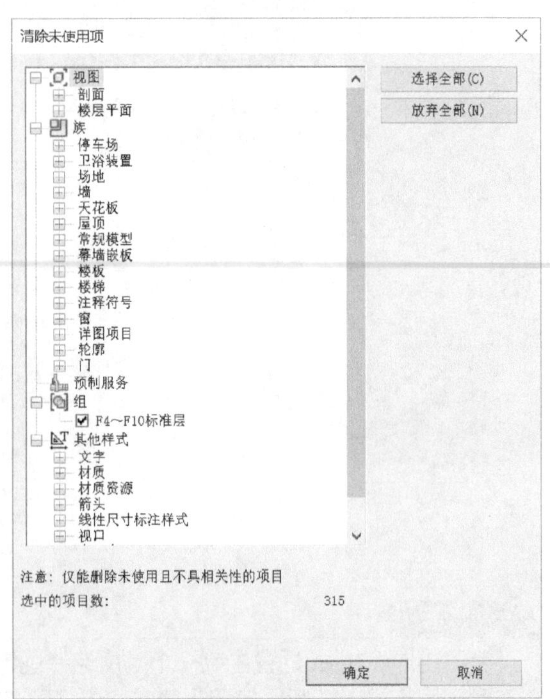

图 19-33

19.3 本章小结

使用图纸视图可以根据施工图档的要求有序组织项目中各视图。当不同比例的视图布置于同一图纸上时Revit会自动调整各视图的大小，以满足最终出图的要求。

可以在 Revit 中直接打印布置好的图纸，也可以导出为其他格式的 CAD 文件与其他专业进行数据交换。使用 DWF 格式文件，可以更安全、高效地将设计成果分享给他人。

到本章为止，已经完成了综合楼项目从建模到生成施工图纸的全部内容。笔者希望通过综合楼项目实例，使各位读者在操作过程中理解 Revit 的设计理念，进一步理解 BIM 概念以及 Revit 中三维设计的设计流程和设计管理方式。在实际工作中选择一个自己的项目开始三维设计吧，实战才是学习的最佳途径。

第 4 篇
高级应用

上一篇中完成了 Revit 中施工图设计的全部操作步骤，至此读者已掌握了 Revit 中完成项目正向设计的全部流程。 在设计过程中，除使用本书前 3 篇中介绍的基本操作及表现外，还必须能够灵活定义项目设计中需要的各类族文件，进行项目设计管理，协同设计管理等高级应用。 本篇将介绍在 Revit 中实现项目管理和协同设计的高级应用内容。

本部分共 7 章。 介绍如何在 Revit 中实现模型管理、高级设计应用、自定义任意类型的族、自定义样板等内容。 这些内容是灵活、高效运用 Revit 的基础。

第20章 族与项目样板

族是 Revit 项目的基础。不论模型图元还是注释图元，均由各种族及其类型构成。安装完成 Revit 后，默认在% System% \ Program Data \ Autodesk \ RVT 2017 \ Libraries \ China 目录下提供了内容丰富的族库供用户在项目中使用。在模型过程中常常需要自定义各种类型的模型族和注释族以满足要求。Revit 提供了族编辑器，允许用户在族编辑器中创建和修改各类族。本章将介绍如何使用族编辑器自定义族。

20.1 族基本概念

20.1.1 族概念

族（Family）是构成 Revit 项目的基本元素。Revit 中族有两种形式：系统族和可载入族。系统族已在 Revit 中预定义且保存在样板和项目中，用于创建项目的基本图元，如墙、楼板、天花板、楼梯等。系统族还包含项目和系统设置，这些设置会影响项目环境，如标高、轴网、图纸和视图等。可载入族为由用户自行定义创建，独立保存为 .rfa 格式的族文件。Revit 不允许用户创建、复制、修改或删除系统族，但可以复制和修改系统族中的类型，以便创建自定义系统族类型。由于可载入族高度灵活的自定义特性，因此在使用 Revit 时最常创建和修改的族为可载入族。Revit 提供了族编辑器，允许用户自定义任何类别、任何形式的可载入族。

可载入族分为三种类别：体量族、模型类别族和注释类别族。在本书第 14 章中，介绍了体量族的概念及应用方式。模型类别族用于生成项目的模型图元、详图构件等。注释类别族用于提取模型图元的参数信息，例如在综合楼项目中使用“门标记”族提取门“族类型”参数。

族属于 Revit 项目中某一个对象类别，例如门、窗、环境等。在定义 Revit 族时，必须指定族所属的对象类别。Revit 提供后缀名为“. rft”的族样板文件。该样板决定所创建的族所属的对象类别。根据族的不同用途与类型提供了多个对象类别的族样板。在模板中预定义了构件图元所属的族类别和默认参数。当族载入到项目中时，Revit 会根据族定义的所属对象类别归类到对应的对象类别中。在族编辑器中创建的每个族都可以保存为独立的格式为“. rfa”的族文件。

Revit 的模型类别族分为：独立个体族和基于主体的族。独立个体族是指不依赖于任何主体的构件，例如家具、结构柱等。基于主体的族是指不能独立存在而必须依赖于主体的构件，例如门、窗等图元必须以墙体为主体而存在。基于主体的族可以依附的主体有：墙、天花板、楼板、屋顶、线、面，Revit 分别提供了基于这些主体图元的族样板文件。

20.1.2 族类型与族参数

在建立综合楼项目模型时多次应用图元“属性”面板和“类型属性”对话框调节构件实例参数和类型参数，例如门的宽度、高度等。Revit 允许用户在族中自定义任何需要的参数。可以在定义族参数时选择“实例参数”或“类型参数”，实例参数将出现在“属性”面板中，类型参数将出现在“类型属性”对话框中。

图 20-1 所示为定义门族时需定义的各类型参数。当在项目中使用该族时，可以在类型属性对话框中调节所有族中定义的参数。

如图 20-2 所示，在使用该族时类型属性对话框中显示参数与族中定义的参数完全相同。

在使用族时，可以将经常使用的类型参数组合保存为族类型。在项目中应用族时，均是插入该族的某一个类型的实例。

定义族时所采用的族样板中会提供该类型对象默认族参数。这些族参数可以用于明细表统计时作为统计字段使用。可以在族中根据需要定义任何族参数，这些参数可以将根据定义参数时的参数类型出现在“属性”面板或类型属性对话框中，但这些参数无法在明细表统计时作为统计字段使用。如果希望自定义的族参数出现在明细表统计中，必须使用共享参数。在接下来的章节中，将详细介绍如何定义注释族和模型族，如何定义族参数及共享参数。

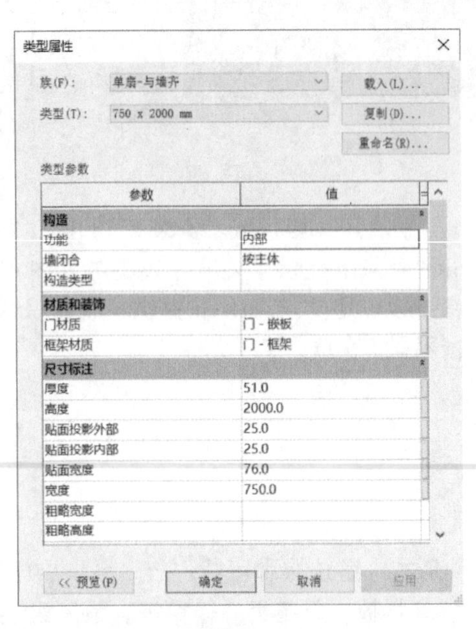

图 20-1

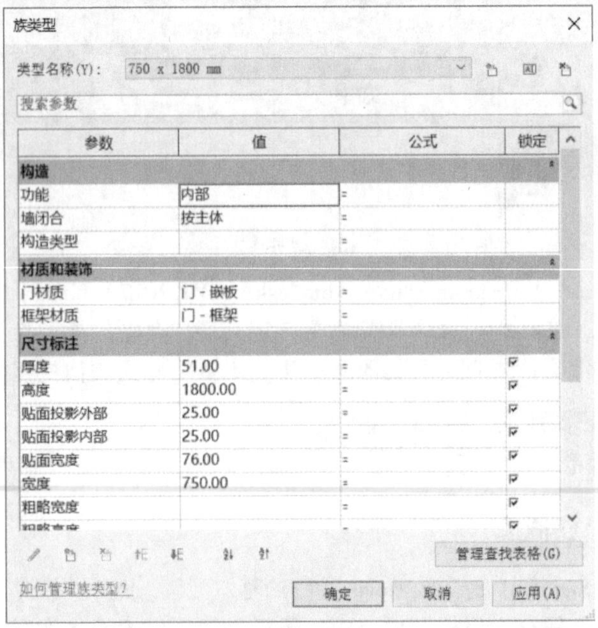

图 20-2

20.2 创建注释族

注释类型族是 Revit 非常重要的一种族，它可以自动提取模型族中的参数值，自动创建构件标记注释。使用“注释”类族模板可以创建各种注释类族，例如门标记、材质标记、轴网标头等。

20.2.1 门标记族

使用“公制门标记.rft”族样板，可以创建任何形式的门标记。创建其他类型的标记族过程与门标记类似。下面以创建如图 20-3 所示门标记为例，说明创建门标记族的一般过程。该门标记读取门对象类型参数中“类型标记”参数值。

Step01 启动 Revit 2017。在 Revit 界面中选择“新建→族”，弹出“新建族-选择族样板”对话框，双击“注释”文件夹，选择“公制门标记.rft”作为族样板，单击“打开”按钮进入族编辑器状态。该族样板中默认提供了两个正交参照平面。参照平面交点位置表示标签的定位位置。

Step02 如图 20-4 所示，勾选属性面板中“随构件旋转”选项。该选项决定当为门添加该门标记族时，标记族将随门的放置方向自动旋转。

Step03 单击“创建”选项卡“文字”面板中“标签”工具，自动切换至“修改 | 放置标签”上下文选项卡。如图 20-5 所示，设置“格式”面板中水平对齐和垂直对齐方式均为居中。

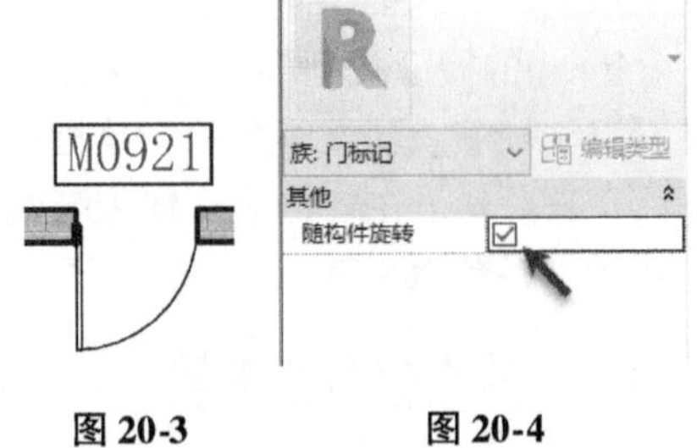

图 20-3　　图 20-4

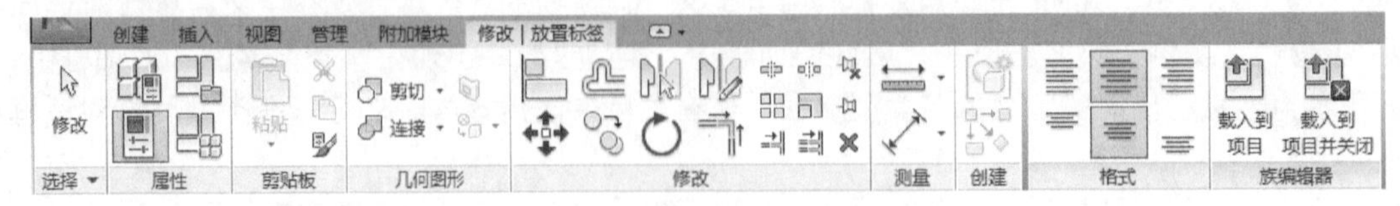

图 20-5

Step04 确认“属性”面板中，标签类型为“3mm”。打开“类型属性”对话框，复制新建名称为“3.5mm”的新标签类型。如图 20-6 所示，该对话框中类型参数与文字类型参数完全一致。修改文字“颜色”为“蓝色”，修改“背景”为“透明”；设置“文字字体”为“仿宋”，修改“文字大小”为 3.5mm，其他参数参照图中所示。完成后单击“确定”按钮退出“类型属性”对话框。

提 示

标签文字的字体高度会自动随项目中视图比例的变化而调整。

Step05 移动鼠标至参照平面交点位置单击鼠标左键，弹出“编辑标签”对话框。如图 20-7 所示，在左侧“类别参数”列表中列出门类别中所有默认可用参数信息。选择“类型注释”参数，单击“将参数添加到标签”按钮 将参数添加到右侧“标签参数”栏中。修改样例值为 M1，单击“确定”按钮关闭对话框，将标签添加到视图中。

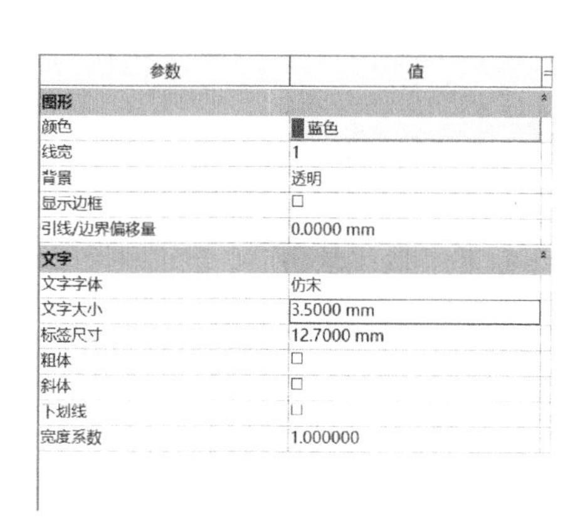

图 20-6

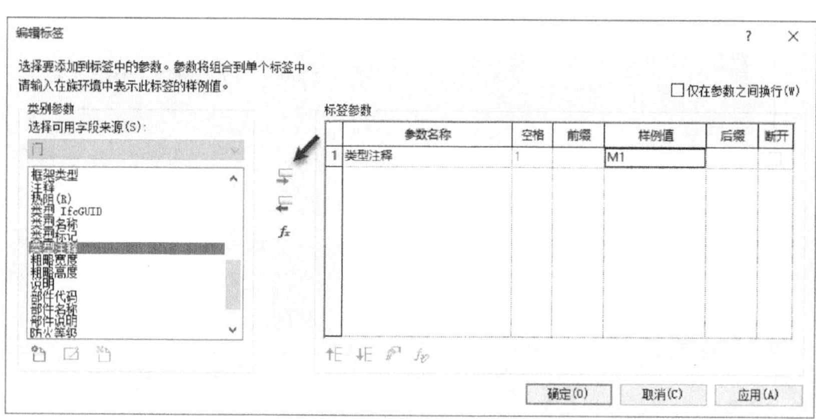

图 20-7

提 示

样例值用于设置在标签族中显示的样例文字，在项目中应用标签族时，该值会被项目中相关参数值替代。

Step06 适当移动标签使样例文字中心对齐垂直方向参照平面，底部稍偏上于水平参照平面。单击“创建”选项卡“详图”面板中“直线”工具，设置子类别为“门标记”；使用矩形绘制模式，按图 20-8 中所示位置绘制矩形框。

提 示

添加标签参数后，选择标签参数，单击“标签”面板中“编辑标签”工具，可打开“编辑标签”对话框再次进行标签编辑。

Step07 保存文件，命名为“门类型注释 . rfa”。新建项目，载入该标签，在项目中创建墙和门图元，标签显示如图 20-9 所示，该标签将提取门类型属性对话框中“类型标记”的参数值。如果项目中门“类型标记”参数值为空，则标记将显示为空白。

如果已经打开项目文件，单击“族编辑器”面板中“载入到项目中”工具可以将当前族直接载入至项目中。在随书文件“第 20 章 \ rfa \ 门类型注释 . rfa”族文件中显示了完成后的族状态，请读者自行查看。

20. 2. 2 创建材质标签

在上一节练习中，由于“门类型注释 . rfa”族文件基于“公制门标记 . rft”族样板创建，在该族样板中，已经预设该族属于“门标记”类别，该族仅可用于提取“门”类别图元的参数信息。Revit 并未提供全部对象类别的族样板，例如并未提供“材质标记”的族样板文件。使用“公制常规标记 . rft”族模板，通过定义族类别可以定义 Revit 任意构件标签。下面以定义材质标记为例，说明如何使用族样板进行扩展。

Step01 以“公制常规标记 . rft”为族样板新建注释符号标记族。注意在该族样板中除提供正交的参照平面外，还以红字给出该族样板的使用说明。选择该红色文字，按键盘 Delete 键删除。

Step02 如图 20-10 所示，单击“创建”选项卡“属性”面板中“族类别和参数”工具，弹出“族类别和族参数”对话框。

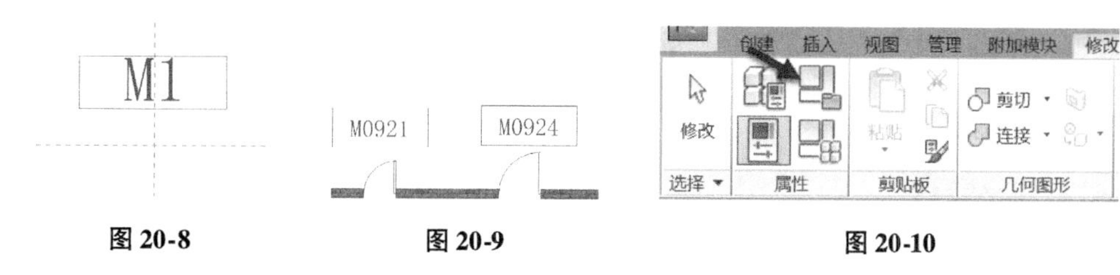

图 20-8　　图 20-9　　图 20-10

Step03 如图 20-11 所示，在“族类别和族参数”对话框“族类别”列表中列出 Revit 默认规程中包括的所有

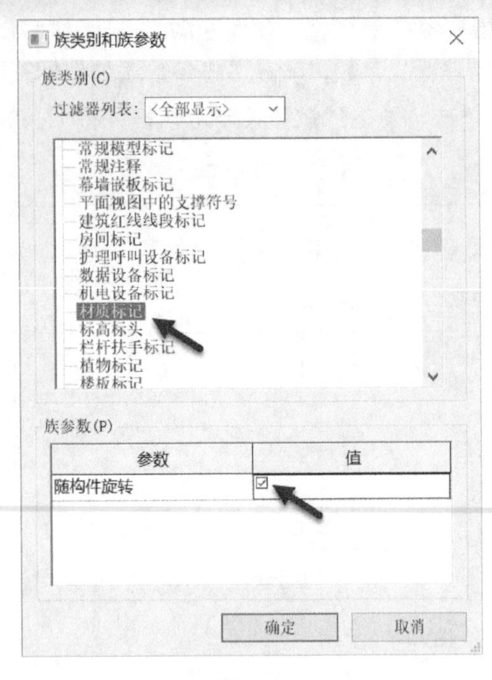

图 20-11

构件类别。在列表中选择“材质标记”，勾选下方族参数栏“随构件旋转”选项，即该标签将随构件的旋转而旋转。单击“确定”按钮退出“族类别和族参数”对话框。

Step04 使用标签工具，使用与上一节中介绍门标记类似的过程放置标签。注意设置材质标签文字的水平对齐方式为“左对齐”。在“编辑标签”对话框中，添加“名称”参数至右侧标签参数列表中，结果如图 20-12 所示。

Step05 保存该文件，或打开随书文件“第 20 章 \ rfa \ 材质名称标记 . rfa”族文件查看最终操作结果。载入该文件至任意项目中，使用“材质标记”工具标记任意对象，该标签将显示材质的名称。

在注释族中均通过标签定义要显示的对象参数值。在族中可以同时插入多个标签以显示对象的不同参数值。各参数之间可以通过勾选

材质名称

图 20-12

“断开”选项，用于在各参数间自动换行。对于长度、面积、体积等参数信息，Revit 允许在标签中设置这些参数的单位格式。如图 20-13 所示，在项目中使用定义“公制标高标头 . rft”样板定义标高标头族时，“立面”（即标高值）在项目中的单位格式为“米”，并将保留 3 位有效数字。

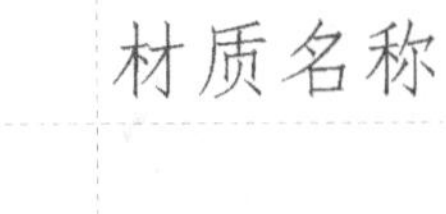

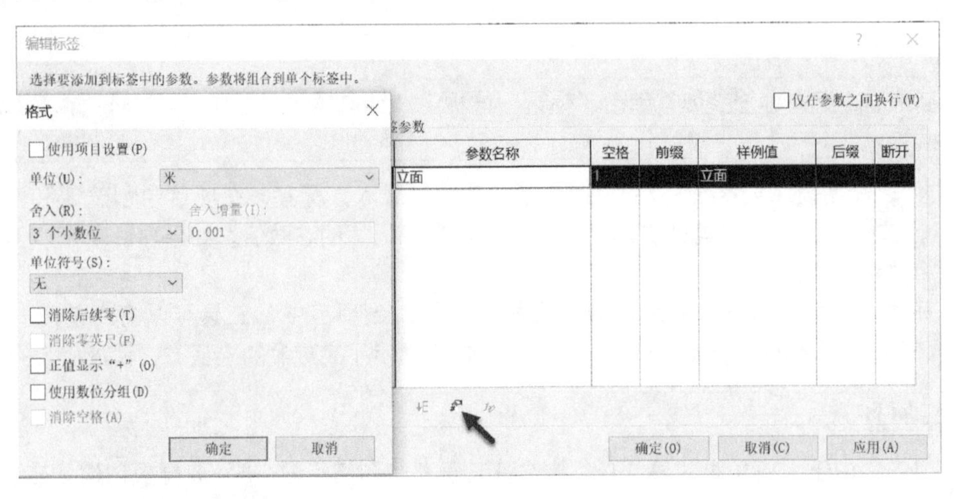

图 20-13

提 示

如果不在注释族中设置单位格式，则将采用 Revit 项目单位中设置的相关单位。

在标签族中，还可以为标签中各参数添加前缀与后缀。在“编辑标签”对话框各参数位置输入前缀或后缀即可。请读者自行尝试该功能。

“编辑标签”参数列表中，仅会列出属于该对象类别的所有公用参数或共享参数，对于族中自定义的族参数，无法出现在标签当中。例如，对于自定义门族中自定义的族参数的“把手高度”，由于并非所有的门类别图元都具备该参数，因此该参数将无法显示在“编辑标签”列表中。在定义族时，可以将自定义的参数定义为“共享参数”，以便于在标签族中引用该参数。在后面的章节中，还将介绍共享参数与族参数的使用。

20.2.3 标题栏与共享参数

创建标题栏族的过程与注释族过程类似。在新建族时选择“标题栏”目录下的图纸样板即可。在创建标题栏时除使用标题栏样板中提供的默认族参数外，常常需要使用自定义的参数。使用“新尺寸公制”可以创建自

定义的参数。如果希望该参数能出现在图纸统计表中则可以创建“共享参数”。下面以创建 A2 图纸标题栏为例，说明创建图纸族的一般过程。

Step 01 单击“应用程序菜单”按钮，在列表中选择“新建→标题栏”弹出“新图框-选择样板文件”对话框并自动切换至族样板库“标题栏”文件夹。选择“A2 公制 . rtf”族样板文件。单击“确定”按钮进入族编辑器模式，在族样板中显示了 A2 图纸的边界范围。

提示

单击“新建→族→标题栏”也可以打开“新图框-选择样板文件”对话框。Revit 提供了 A0 ~ A4 标准图幅的图纸标题栏样板；如果需要创建非标准尺寸的标题栏，可以使用“新尺寸公制 . rft”族样板自定义图幅尺寸。

Step 02 单击“管理”选项卡“设置”面板中“对象样式”工具，打开“对象样式”对话框。如图 20-14 所示为标题栏类别新建名称为“粗边框线”子类别，确认“线型图案”为“实心”。完成后单击“确定”按钮退出“对象样式”对话框。

提示

将标题栏载入到项目中后，可以修改标题栏各子类别的线宽和线型。

Step 03 使用“直线”工具，设置当前线类型为“粗边框线”，沿标题图纸边界内侧绘制图纸打印边框。

Step 04 设置当前线型为“图框”，按图 20-15 所示尺寸绘制标题栏形式。

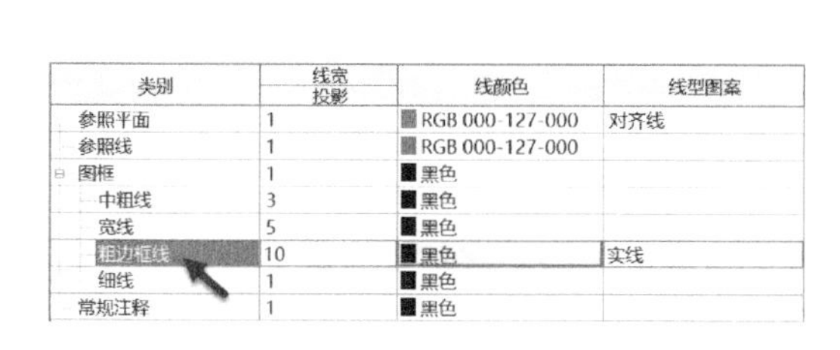

类别	线宽 投影	线颜色	线型图案
参照平面	1	RGB 000-127-000	对齐线
参照线	1	RGB 000-127-000	
图框	1	黑色	
中粗线	3	黑色	
宽线	5	黑色	
粗边框线	10	黑色	实线
细线	1	黑色	
常规注释	1	黑色	

图 20-14

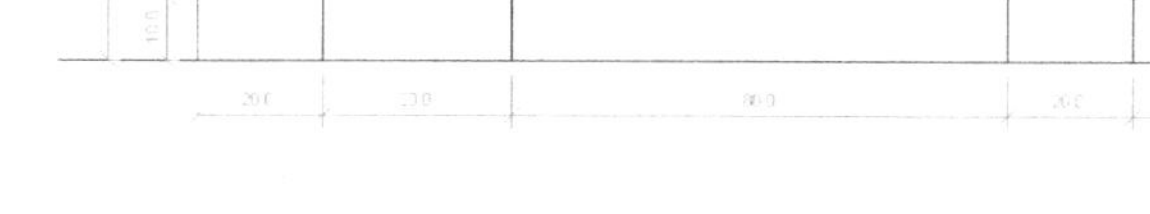

图 20-15

Step 05 单击“创建”选项卡“文字”面板中“文字”工具，在“类型属性”对话框中复制建立名称为“4mm”新文字类型，修改文字大小为 4mm，修改文字“颜色”为“蓝色”，修改文字字体为“仿宋”。在标题栏左上方第一栏中输入“北京互联站技术服务有限公司”作为标题栏中设计单位名称。使用相同的方式建立“3. 0mm”新文字类型，修改文字“颜色”为“蓝色”，修改文字字体为“仿宋”，文字大小为 3. 0mm。按图 20-16所示，在各栏内输入文字内容。

Step 06 使用“标签”工具，分别建立类型名称为“3mm”和“5mm”的新标签类型。设置标签文字“颜色”为“红色”，标签文字“背景”为“透明”；设置文字字体为修改文字大小分别为 3mm 和 5mm，字体为“仿宋”。确认“格式”面板中标签文字的对齐方式为水平“左对齐”，垂直方向“正中”对齐。

Step 07 确认当前标签类型为 5mm，单击标题栏“项目名称”后空白单元格弹出“编辑标签”对话框。将“项目名称”参数添加到“标签参数”栏中。完成后单击“确定”按钮退出“编辑标签”对话框。使用类似的方式，选择标签类型为 3mm，按图 20-17 所示将参数添加至标题栏中。

北京互联立方技术服务有限公司		项目名称	
		建设单位	
项目负责		图纸编号	
项目审核		图号	
制图		出图日期	

图 20-16

北京互联立方技术服务有限公司		项目名称	项目名称
		建设单位	
项目负责	图纸名称	图纸编号	项目编号
项目审核		图号	A101
制图		出图日期	2017.1.1

图 20-17

提示

出图日期可根据自定义日期格式在“编辑标签”对话框中修改。

在族样板提供的默认标题栏可用参数中并未提供建设单位、项目负责、项目审核、制图等参数。接下来将使用自定义参数的方式建立共享参数。

Step08 使用标签工具，确认当前标签类型为 3mm。在标题栏“建设单位”后空白单元格内单击打开“编辑标签”对话框。如图 20-18 所示，单击“参数类别”栏底部“添加参数”按钮。弹出“参数属性”对话框。在“参数属性”对话框中，单击“选择…”按钮，弹出询问对话框，点击“是”，打开“编辑共享参数”对话框。

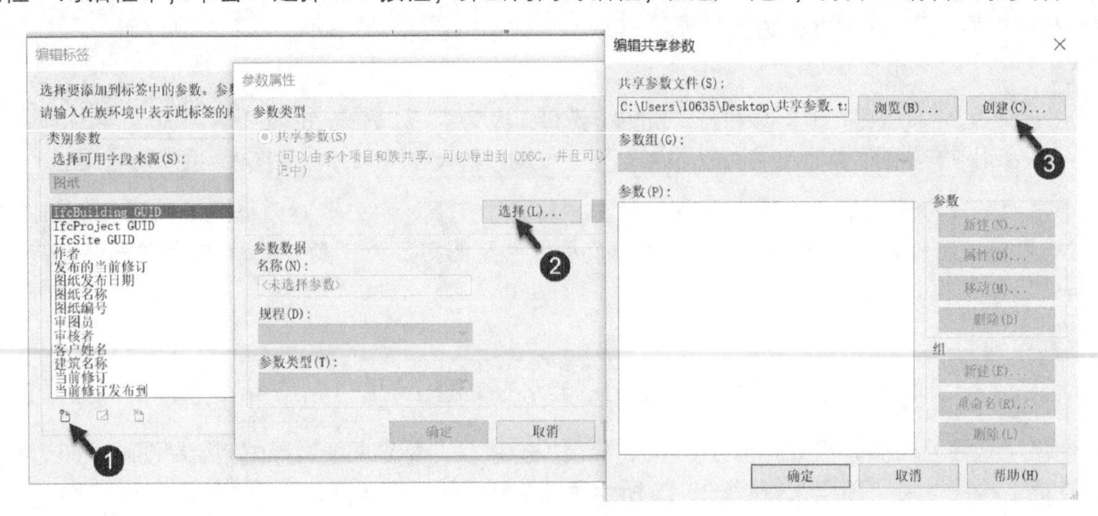

图 20-18

Step09 在“编辑共享参数”对话框中，单击“创建”按钮弹出“创建共享参数文件”对话框。浏览至硬盘任意文件夹，输入共享参数名称为“标题栏共享参数”，完成后单击“确定”按钮返回“编辑共享参数”对话框。

Step10 如图 20-19 所示，单击“编辑共享参数”对话框中“组”中“新建”按钮弹出“新参数组”对话框。输入参数组名称为“标题栏信息”，单击“确定”按钮返回“编辑共享参数”对话框。新建的参数组名称出现在“参数组”列表中。

Step11 如图 20-20 所示，单击“参数”栏“新建”按钮弹出“参数属性”对话框。输入参数名称为“建设单位”，设置参数类型为“文字”，完成后单击“确定”按钮返回“编辑共享参数”对话框。使用类似的方式添加名称为“项目负责”“项目审核”和“项目制图”参数，参数类型为“文字”。

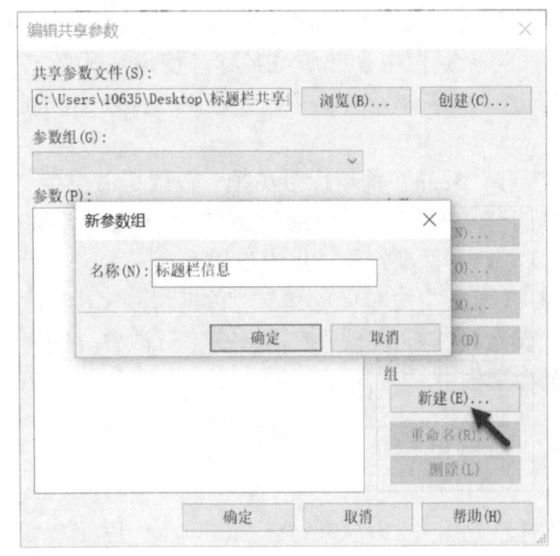

图 20-19

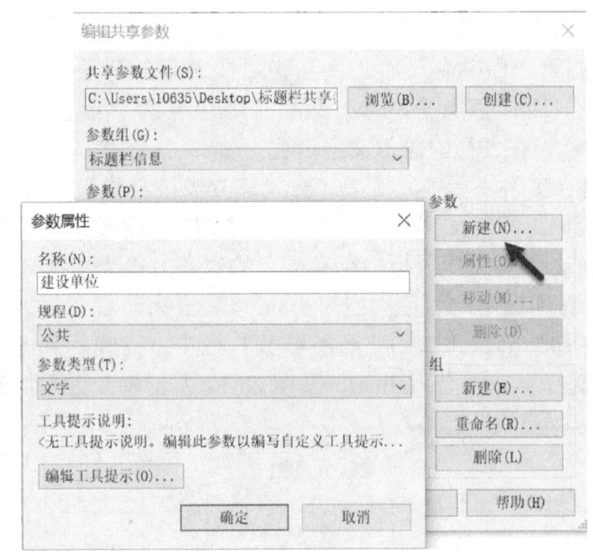

图 20-20

Step12 单击“编辑共享参数”对话框中“确定”按钮返回“共享参数”对话框，注意该对话框中列表显示“标题栏项目信息”组中包含上一步中创建的所有共享参数名称。选择“建设单位”共享参数，单击“确定”按钮返回“参数属性”对话框；再次单击“确定”按钮返回“编辑标签”对话框。此时在“类别参数”列表中显示上一步中新建的共享参数名称。选择“建设单位”参数添加至“标签参数”列表中，完成后单击“确定”按钮退出“编辑标签”对话框。

Step 13 使用标签工具，单击“项目负责”栏空白单元格，在弹出“编辑标签”对话框中单击“添加参数”按钮，弹出“参数属性”对话框。单击“选择”按钮，弹出“共享参数”对话框；确认当前参数组为“标题栏共享参数”，选择“项目负责”参数，单击“确定”按钮两次返回至“编辑标签”对话框将“项目负责”参数添加到“标签参数”列表中，完成后单击“确定”按钮退出“编辑标签”对话框。使用类似的方式，分别为“项目审核”和“制图”空白栏中添加“项目审核”和“项目制图”共享参数，完成后标题栏显示如图20-21所示。

北京互联立方技术服务有限公司		项目名称	项目名称
		建设单位	建设单位
项目负责	项目负责	设计编号	项目编号
项目审核	项目审核 图纸名称	图　号	图纸编号
制　图	项目制图	出图日期	图纸发布日期

图 20-21

Step 14 保存该文件，命名为“A2标题栏.rfa”族文件。建立任意空白项目并载入该标题族。使用该标题栏建立空白图纸，注意标题栏中“项目名称”“图纸名称”等“标签”参数值已经被当前项目信息和图纸信息中各参数替代。选择标题栏，注意“项目名称”“设计编号”等标签可单击进入修改状态，对信息进行修改，但添加的共享参数“项目负责”等显示为“?”，且无法修改上一步中添加的所有共享参数值。

提 示

只有“标签”才可以在项目中修改值，在标题栏族中添加的文字无法在项目中修改。

Step 15 单击“管理”选项卡“设置”面板中“共享参数”工具，弹出“编辑共享参数”对话框，如图20-22所示。该对话框显示当前项目中使用的共享参数的文件位置、参数组名称及该参数组下的所有可用参数。单击“确定”按钮退出“编辑共享参数”对话框。

提 示

在族中定义共享参数后如果移动或修改了共享参数文件的位置，可以在“编辑共享参数”对话框中单击“浏览”按钮浏览至指定的共享参数文件。

Step 16 单击“设置”面板中“项目参数”工具，弹出“项目参数”对话框。该对话框中显示当前项目中所有可用共享参数。单击“添加”按钮打开“参数属性”对话框。如图20-23所示，选择参数类型为“共享参数”，单击“选择”按钮弹出“共享参数”对话框，确认当前参数组为“标题栏项目信息”，在参数列表中选择“建设单位”，单击“确定”按钮返回“参数属性”对话框。设置参数为“实例”参数，在右侧对象类别列表中选择“项目信息”，即该参数将作为“项目信息”对象类别的实例参数。修改“参数分组方式”为“文字”

图 20-22

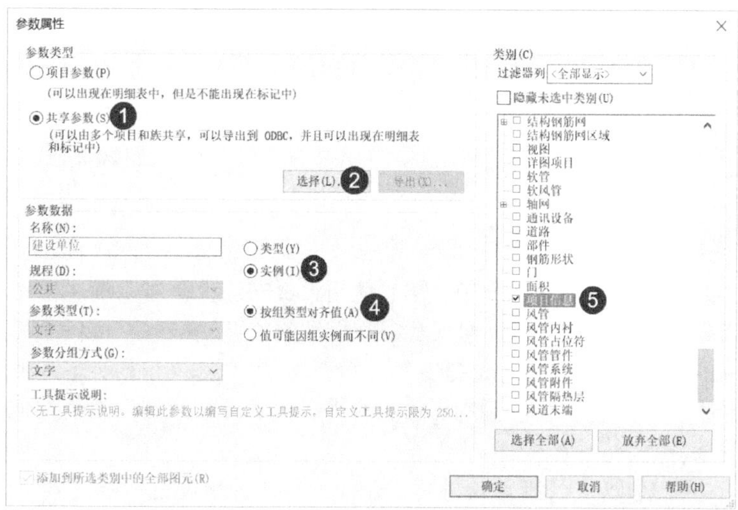

图 20-23

提 示

必须先将要使用的共享参数文件和共享参数组添加至项目中，才可以添加共享参数。参数分组方式仅决定该参数在使用时所处的参数分组位置，不会改变共享参数的类型。

Step 17 完成后单击“确定”按钮返回“项目参数”对话框。重复上一步操作，使用相同的方式为“项目信息”对象类别添加“项目负责”“项目审核”和“项目制图”共享参数。依次单击“确定”按钮直到退出“项

目参数”对话框。

Step 18 单击“设置”面板中“项目信息”工具，打开项目信息实例属性对话框，如图 20-24 所示，在实例参数中出现“建设单位”“项目负责”“项目审核”和“项目制图”几个参数。根据实际情况修改参数值，单击“确定”按钮退出“实例属性”对话框。注意 Revit 会自动修改标题栏中对应的参数值。

参数	值
文字	
建设单位	盖德集团
项目负责	王君峰
项目审核	王君峰
项目制图	影响思维
标识数据	
组织名称	
组织描述	
建筑名称	
作者	
能量分析	
能量设置	编辑...
其他	
项目发布日期	出图日期
项目状态	项目状态
客户姓名	所有者
项目地址	## 街道
项目名称	项目名称
项目编号	项目编号

图 20-24

Step 19 关闭项目，不保存对项目的修改完成本练习。本书随书文件“第 20 章 \ rfa \ A2 标题栏 . rfa”提供了最终完成后图纸标题族。在随书文件“第 20 章 \ Other \ 标题栏共享参数 . txt”文件提供了本次练习生成的共享参数文件。

使用共享参数可以根据需要灵活为族和项目添加自定义的且可以统计到明细表和标记中的参数。在制作门标记等标签族时，可以通过在门标签族中载入共享参数的方式，添加自定义的参数至标签中。要在项目中使用共享参数，必须先使用“共享参数”工具载入指定的共享参数文件，选择该共享参数文件中包括的参数组，再使用“项目参数”工具，将共享参数添加至指定对象类别中。当将应用了共享参数的项目给其他人时，共享参数文件的位置必须随项目一起发送。否则其他用户打开带有共享参数的项目后，虽然可以修改共享参数的值，但却无法在自定义标记族时使用该参数。

共享参数是 Revit 十分有用的信息扩展功能。请读者仔细体会共享参数的作用，使 Revit 真正成为建筑信息模型的创建模型和信息的创建与管理工具。

共享参数是以文本的方式记录的。如图 20-25 所示，为本操作中创建的共享参数的文本内容，用户可以使用记事本等文字处理工具，查看共享参数文件中的共享参数内容，可以看到其中包含的共享参数分组名称、共享参数的名称以及各共享参数的数据类型等信息。笔者并不推荐用户自行修改该文本文件的内容，以防止出现共享参数错误。

标题栏共享参数 - 记事本

文件(F) 编辑(E) 格式(O) 查看(V) 帮助(H)

```
# This is a Revit shared parameter file.
# Do not edit manually.
*META	VERSION	MINVERSION
META	2	1
*GROUP	ID	NAME
GROUP	1	标题栏信息
*PARAM	GUID	NAME	DATATYPE	DATACATEGORY	GROUP	VISIBLE	DESCRIPTION	USERMODIFIABLE
PARAM	d4c8e619-a119-443c-96a5-cfa98a3bb9b0	建设单位	TEXT		1	1		1
PARAM	20deac29-0d5b-4b39-bd9c-9ec3c877f4cd	项目审核	TEXT		1	1		1
PARAM	4e6d6b9c-daf4-4aff-85b3-dcea743042cd	项目制图	TEXT		1	1		1
PARAM	3c81e4f8-799c-499c-895b-e92055ec3eef	项目负责	TEXT		1	1		1
```

图 20-25

20.2.4　创建符号族

在生成图纸的过程中，需要使用大量的注释符号以满足二维出图的要求。例如，指北针、可任意书写坡度值的坡度符号、可任意书写标高值的标高符号等。Revit 提供了注释符号族样板，用于创建这类注释符号族。下面将创建可输入任意值的排水坡度符号为例，说明如何创建符号族。

Step 01 以“公制常规注释 . rft”为族样板新建注释符号标记族。注意在该族样板中除提供正交的参照平面外，还以红字给出该族样板的使用说明。选择该红色文字，按键盘 Delete 键删除。

Step 02 打开“族类别和族参数”对话框，如图 20-26 所示，确认当前族类别为“常规注释”，不勾选“族参数”列表中“随构件旋转”“使文字可读”和“共享”参数选项。单击“确定”按钮退出“族类别和族参数”对话框。

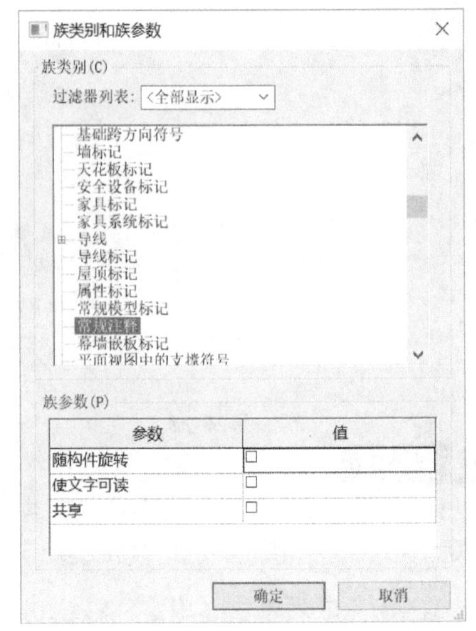

图 20-26

提 示

在族编辑器中，任何类别的族均具备族参数选项。在创建族前可以根据需要查看族样板中默认的族参数设置。

Step03 使用线工具，设置线样式为“常规注释”，以参照平面交点为起点，向右绘制长度为 15mm 的直线。使用填充区域工具，在“编辑类型”对话框中设置截面填充样式“<实体填充>”，其他参数保持不变，按如图 20-27 所示尺寸绘制封闭箭头区域。

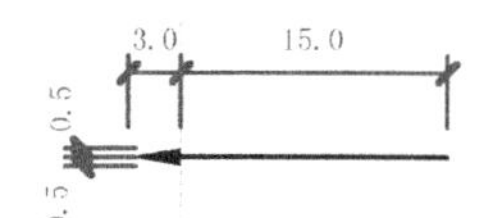

图 20-27

提 示

将视图显示设置为“细线”模式将有助于绘制和编辑。

Step04 使用“标签”工具。复制建立名称为 3.5mm 的新标签类型，设置标签文字“颜色”为“蓝色”；“文字字体”为“仿宋”；“文字大小”为 3.5mm。移动鼠标至直线中间位置空白处单击鼠标左键，弹出“编辑标签”对话框。由于该类型的图元没有任何可用的公共参数，因此“类别参数”列表中未显示任何参数名称。

Step05 单击“类别参数”底部的“添加参数”按钮，打开“参数属性”对话框。如图 20-28 所示，输入参数名称为“坡度值”，修改“参数类型”为“坡度”，修改参数的类别为“实例”参数，修改“参数分组方式”为“文字”，完成后单击“确定”按钮退出参数属性对话框。返回“编辑标签”对话框。

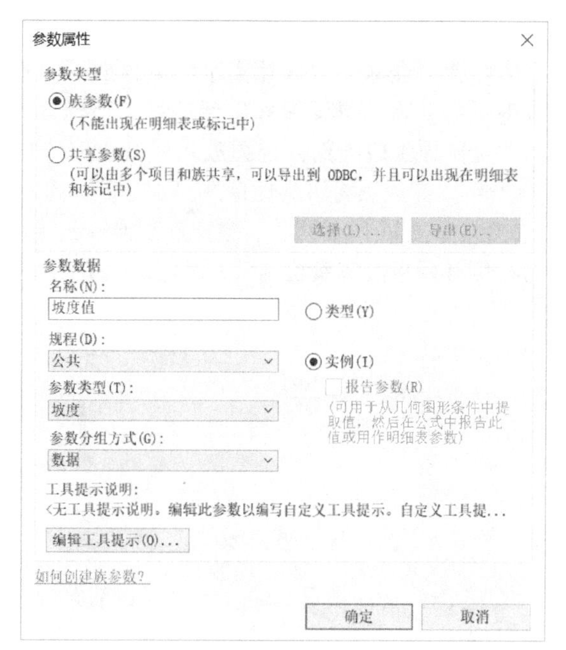

图 20-28

Step06 如图 20-29 所示，将上一步中创建的“坡度值”参数添加到右侧“标签参数”列表中，单击“编辑参数的单位格式”按钮，弹出“坡度值”参数的格式对话框。注意该参数默认为“使用项目设置”，即在项目中使用该参数时，值的显示方式将与按项目单位设置中坡度单位的设置相同。

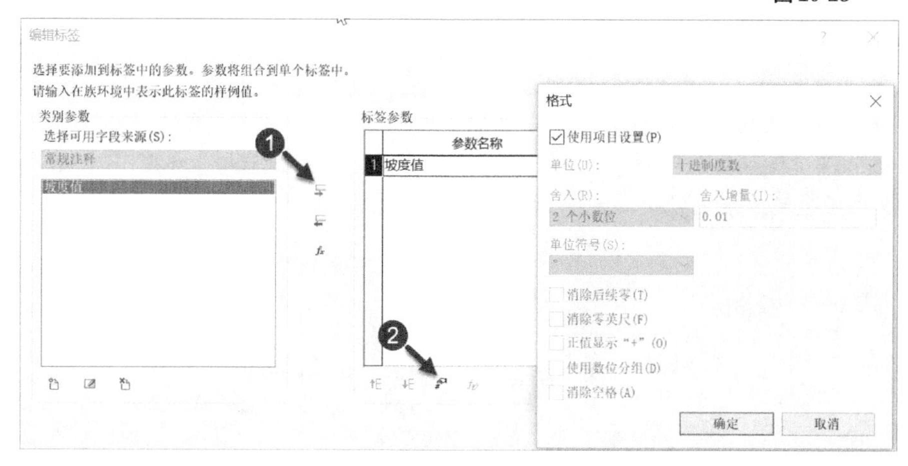

图 20-29

Step07 保存该族。将该族载入到任意空白项目中。使用“注释”选项卡“符号”面板中“符号”工具，放置该坡度符号。根据需要修改坡度符号的坡度值。由于“坡度值”参数为实例参数，因此每个坡度值符号均可以自由修改坡度值。结果如图 20-30 所示，注意注释符号可以随当前视图比例的变化而自动缩放大小。至此完成坡度符号族。打开随书文件“第 20 章\rfa\坡度符号.rfa”查看最终完成结果。

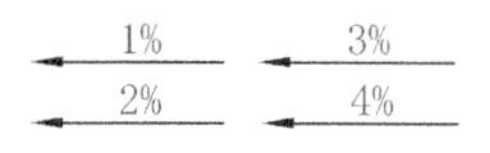

图 20-30

使用类似的方式，还可以创建指北针、图集索引号、多层标高符号等多种注释符号，在此不再赘述，请读者自行尝试。

20.2.5 视图符号

可以根据出图规范的需要，创建任意形式的视图符号，例如，剖面剖切标头、立面视图符号、详图索引标头等。下面，以创建如图 20-31 所示的剖面标头为例，说明创建视图符号的一般过程。

注意剖切符号由起始端和结束端两个不同的符号构成，因此要定义完整的剖切符号，须分别定义首、尾两个不同的剖切标头符号。

Step01 以“公制剖面标头.rft”为族样板新建注释符号标记族。注意在该族样板中除提供正交的参照平面外，还以红字给出该族样板的使用说明。选择该红色文字，按键盘 Delete 键删除。注意剖面线将结束于右侧垂直参照平面与水平参照平面交点位置。

Step02 确认样板中默认给出的剖面标头圆半径为 6。使用填充区域工具，按图 20-32 所示尺寸绘制涂黑部分填充图案。

Step03 使用“标签”工具，复制建立名称为 3.5mm 的新标签类型，设置标签文字“颜色”为“蓝色”；“文字字体”为“仿宋”；“文字大小”为 3.5mm。移动鼠标至圆中间上方位置空白处单击鼠标左键，弹出“编辑标签”对话框。将“详图编号”参数添加至标签参数列表中。使用相同的方式，在圆下方添加“图纸编号”参数。即当剖面生成的剖面视图放入图纸中时，自动填写该剖面所在视图的图纸编号及详图编号值，结果如图 20-33所示。完成后将该族保存为“国际剖面符号_起始符号.rfa”族文件。

Step04 重复第 1）步操作，创建新剖面标头族，将默认自带符号删除。使用区域填充工具，按图 20-34 所示尺寸沿右侧参照平面位置绘制填充区域。完成后将该族保存为“国际剖面符号_末端符号.rfa”族文件。

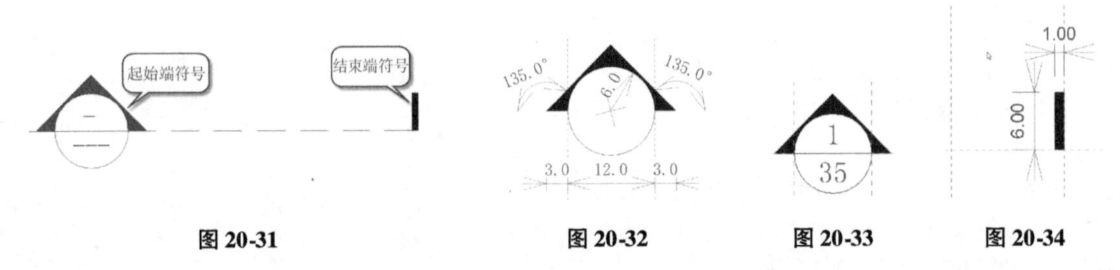

图 20-31　　图 20-32　　图 20-33　　图 20-34

Step05 新建空白项目文件。将“国际剖面符号_起始符号.rfa”和“国际剖面符号_末端符号.rfa”载入至当前项目中。

Step06 如图 20-35 所示，单击“视图”选项卡“创建面板”中“剖面”命令，点击属性面板中“编辑类型”，打开类型属性对话框。复制新建名称为“国际剖面符号”新类型，在类型参数面板中点击“剖面标记”参数浏览按钮，打开“剖面标记”参数类型对话框。

Step07 如图 20-36 所示，复制新建名称为“国际剖面符号”新类型，分别修改“剖面标头”和“剖面线末端”为第 5）步中载入的“国际剖面符号_起始符号.rfa”和“国际剖面符号_末端符号.rfa”族。完成后单击“确定”按钮两次退出类型属性对话框。

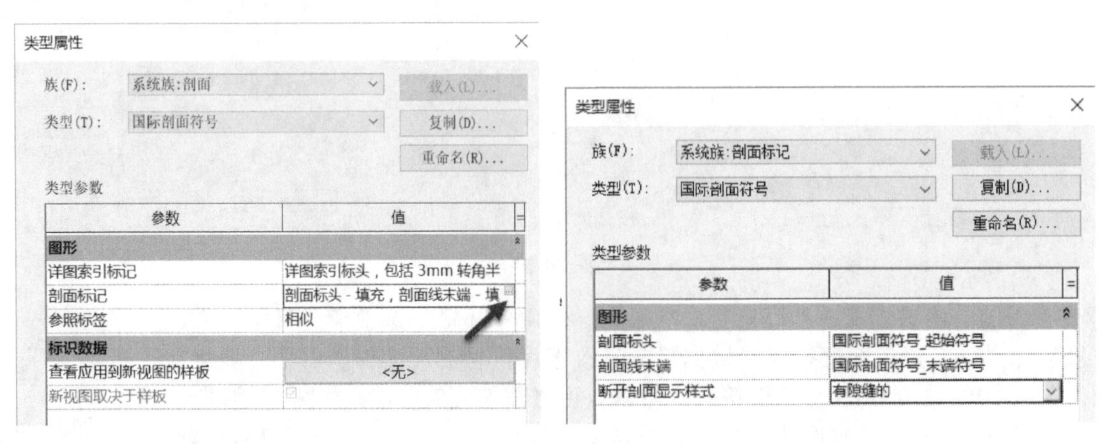

图 20-35　　图 20-36

Step08 在视图任意位置绘制剖切线，注意剖切线已显示为国际剖切标头符号样式。关闭所有打开的项目和族文件，完成本练习。打开随书文件“第 20 章\rfa”目录下的“国际剖面符号_起始符号.rfa”和“国际剖面符号_末端符号.rfa”族文件查看最终完成结果。

除剖面标头外，还可以定义包括立面符号、详图索引符号在内的所有视图符号。其过程和方法与自定义剖面符号类似。在此不再赘述，请读者自行尝试。

灵活掌握注释族的创建，可以使在 Revit 中更方便生成符合要求的施工图纸。所有注释族的创建过程均类似。读者在实际工作过程中可以逐步积累注释族。

20.3 创建模型族

除创建注释符号族外，使用模型族样板可以创建各类模型族。创建模型族的过程与创建注释族过程类似，选择适当的族样板并在族编辑器中建立模型即可。要创建模型族必须先了解 Revit 的建模方式。在本书第 13 章中，分别创建了洞口和放样轮廓族，它们均属于 Revit 的模型族。

20.3.1 建模方式

在族编辑器中，可以创建两种形式的模型：实心形式和空心形式。空心形式用于从实体模型中扣减空心形式。如图 20-37 所示，Revit 分别为实心建模形式和空心建模形式提供了 5 种不同的建模方式，分别是：拉伸、融合、旋转、放样和放样融合 5 种建模手段，通过绘制草图轮廓并配合这 5 种建模工具可以生成各种不同的模型。

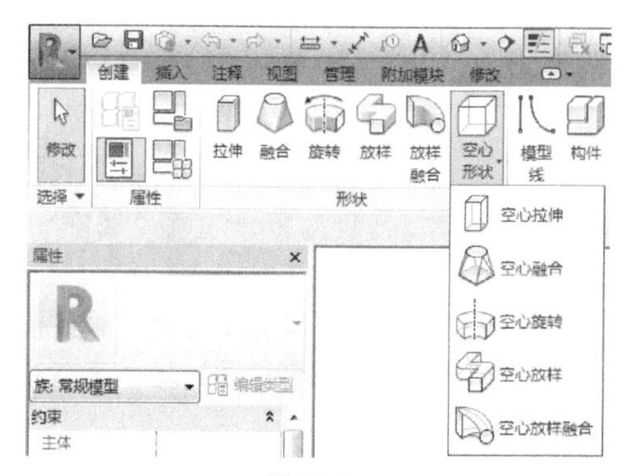

图 20-37

其功能见表 20-1。

表 20-1

建模方式	草图轮廓	模型形式	说　明
拉　伸			是指定的拉伸轮廓草图，拉伸指定高度后生成模型
融　合			允许用户指定模型不同的底部形状和顶部形状，并指定模型的高度，Revit 在两个不同的截面形状间融合生成模型
旋　转			用户指定的封闭轮廓，绕旋转轴旋转指定角度后生成模型
放　样			用户指定路径，垂直于指定路径的面上绘制封闭轮廓，封闭轮廓沿路径生成模型
放样融合			结合了放样和融合模型的特点，用户指定放样路径，并分别给路径起点与终点指定不同的截面轮廓形状，两截面沿路径自动融合生成模型

无论使用哪种建模方式，均必须首先在指定的工作平面上绘制二维草图轮廓，然后 Revit 再根据二维草图轮廓生成三维形状。空心形状的创建与实心一样。

提 示

Revit 在属性面板提供了“实心/空心”，用于形状空心、实心的转换。

如果出现空心未剪切实心的情况，使用“修改”选项卡“几何图形”面板中“剪切”和“连接”工具可以指定几何图形间剪切和连接的关系。Revit 共提供了 4 种几何图形编辑工具：“连接几何图形”工具将多个实心模型连接在一起；“取消连接几何图形”工具分离已连接的实心模型；“剪切几何图形”工具使用空心形式模型剪切实心形式模型；“不剪切几何图形”工具空心模型不剪切实心模型。如图 20-38 所示，为使用实心拉伸与空心拉伸并剪切几何图形后形成的三维形状。

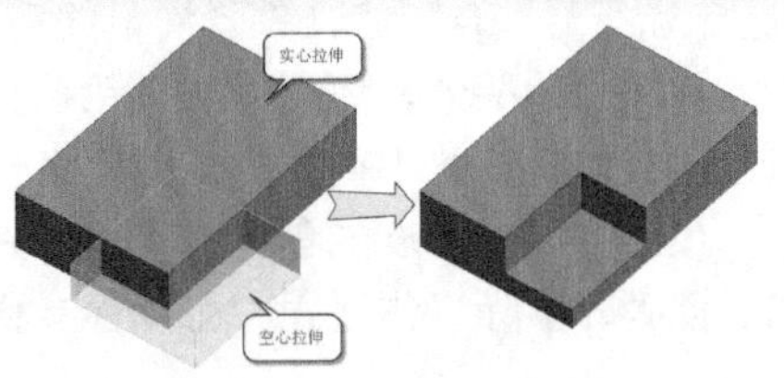

图 20-38

20.3.2 创建矩形结构柱

接下来，以创建矩形结构柱族为例，说明如何创建模型族。与注释族类似，要创建指定类别的族，必须选择合适的族样板。

Step01启动 Revit。单击“应用程序菜单”按钮，选择“新建→族”选项打开“新族-选择样板文件”对话框。选择“公制结构柱.rft”族样板文件，单击“打开”按钮进入族编辑器，默认将进入“低于参照标高楼层平面视图”。

提示

Revit 还提供了“公制柱.rft”族样板文件，该样板用于创建建筑柱。

Step02不选择任何对象，注意“属性”面板中显示当前族的族参数特性。不勾选“在平面视图中显示族的预剪切”选项，该选项决定所创建的结构柱族在楼层平面中显示时，是按族中预设的楼层平面剖切位置显示结构柱截面，还是按项目中实际的楼层平面视图截面位置显示结构柱截面。不勾选该选项表示按项目中的实际视图截面位置显示结构柱剖切截面。不修改其他任何参数，单击“应用”按钮应用该设置。

提示

“属性”面板在族编辑器中默认显示为当前族类别的族参数属性。不同类别的族参数有所不同。该面板中内容与“族类别和族参数”对话框中“族参数”列表中内容相同。

Step03确认当前视图为“低于参照标高”楼层平面视图。如图 20-40 所示，为公制结构柱族样板中提供的信息。如图 20-40 所示，参照平面 A、B 分别代表结构柱左右和前后方向的中心线位置，参照平面 A 与参照平面 B 的交点位置代表结构柱的插入定位点。参照平面 A1、A2 的位置代表结构柱宽度方向的边界位置；参照平面 B1、B2 的位置代表结构柱深度方向的边界位置。在族样板中，默认已经为各参照平面标注了尺寸标注，且使用了等分约束将约束了代表中心位置的参照平面 A 和参照平面 B。并为参照平面 A1 和 A2、B1 和 B2 的尺寸标注加了标签“宽度”和“深度”，这些标签称为族参数。

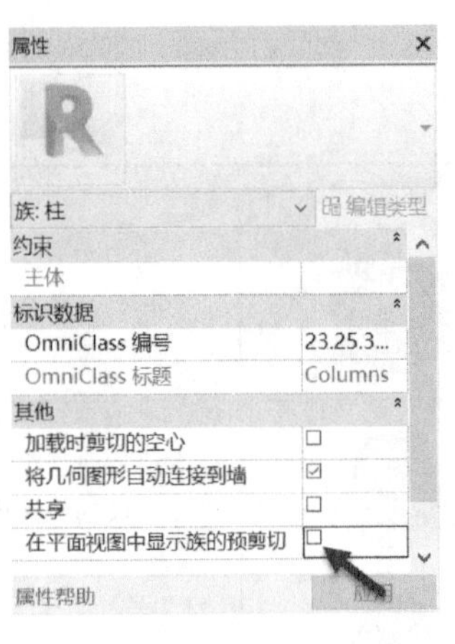

图 20-39

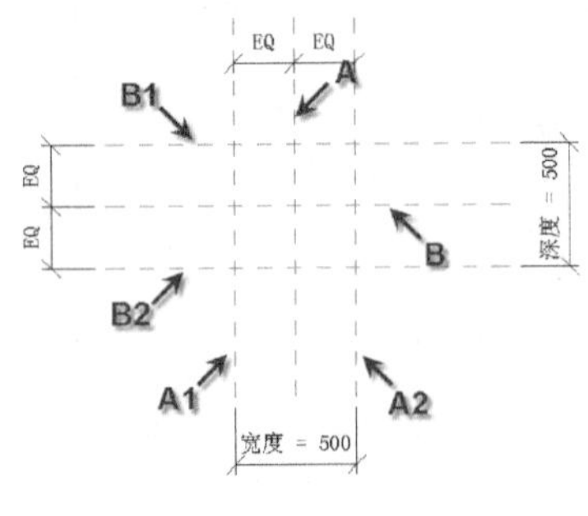

图 20-40

提示

关于尺寸标注标签的操作，参见第 15 章内容。

选择参照平面，可以在“属性”面板中查看各参照平面的“名称”及“是参照”选项中的作用。“是参照”代表在项目中使用该结构柱时，尺寸标注可以捕捉到所有“是参照”的参照平面位置。如果不希望尺寸标注捕捉到参照平面，可以将“是参照”中的选项设置为“无”。

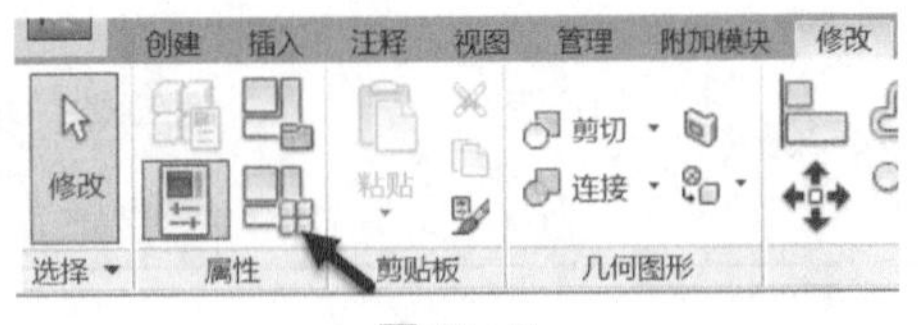

图 20-41

Step04如图 20-41 所示，单击“属性”面板“族类型”工具，打开“族类型”对话框。

提示

在族编辑器中，结束操作后，默认将返回“修改”选项卡中。可以在 Revit“选项”对话框“用户界面”选项卡中修改族编辑器中的默认工具选项卡位置。

Step05如图 20-42 所示，在“族类型”对话框中，显示了当前族中所有可用的族控制参数。修改“深度”值为 600，单击“应用”按钮，注意视图中标签名称为“深度”的尺寸标注值被修改为 600，同时该尺寸标注所关联的 B1、B2 参照平面位置也随尺寸值的变化而移动。由于使用了等分约束，参照平面 B 将与参照平面 B1 与 B2

保持等分关系。分别修改“深度”和“宽度”值为任意其他值，观察各参照平面的位置变化。

Step 06 如图 20-43 所示，单击“创建”选项卡“形状”面板中“拉伸”工具，进入“修改 | 创建拉伸”上下文选项卡。该选项卡内容与 Revit 中创建楼板边界等图元时非常相似。

Step 07 单击“工作平面”面板中“设置工作平面”工具，弹出“工作平面”对话框，如图 20-44 所示，注意当前工作平面为“标高：低于参照标高”，即当前视图所在的标高平面。不修改任何参数单击“确定”按钮退出“工作平面”对话框。

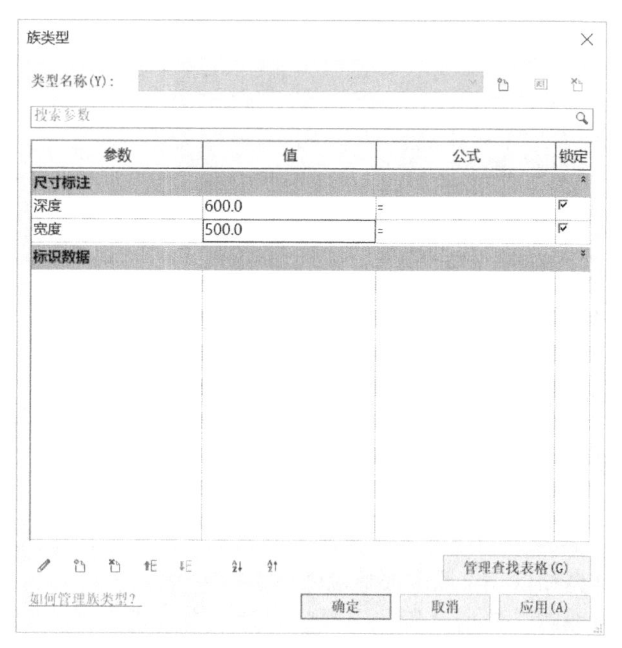

图 20-42

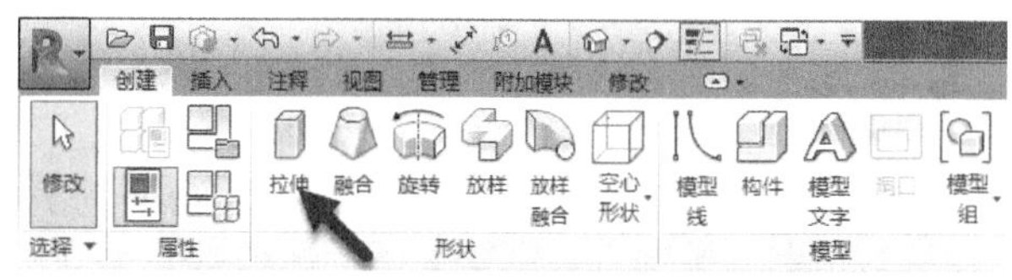

图 20-43

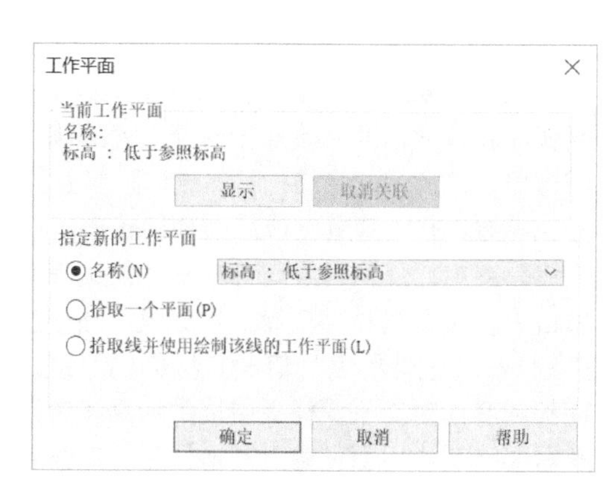

图 20-44

Step 08 使用“矩形”绘制方式，如图 20-45 所示，分别捕捉参照平面的交点作为矩形的对角线顶点，沿参照平面绘制矩形。

提 示

注意不要使用“创建”选项卡“模型”面板中“模型线”工具绘制矩形。该矩形无法生成拉伸形状。

Step 09 打开“族类型”对话框，分别修改“深度”和“宽度”值，注意所绘制的轮廓线将随参照平面位置的变化而自动变化。完成后单击“确定”按钮退出“族类型”对话框。

Step 10 单击“完成编辑模式”按钮，完成拉伸草图。切换至默认三维视图，Revit 已经生成了三维立方体。如图 20-46 所示，再次打开“族类型”对话框，修改“深度”和“宽度”值，注意立方体的宽度和深度将随参数的变化而变化。

提 示

每完成一步操作即通过“族类型”对话框修改参数值进行验证，可以避免族在使用时出现不可预知的问题。

Step 11 选择拉伸立方体。“属性”面板中给出所选择拉伸的工作平面、拉伸起点、拉伸终点的位置等信息。其中拉伸终点值-拉伸起点值为当前拉伸的厚度值，如图 20-47 所示。

图 20-45　图 20-46　图 20-47

因结构柱高度需根据项目的需要而自动变化，因此需要控制结构柱族的拉伸高度随项目的需要而变化。

Step⑫切换至前立面视图。如图 20-48 所示，选择拉伸立方体，按住并拖动拉伸高度操作夹点直到“高于参照标高”标高位置松开鼠标左键，出现锁定标记，单击该标记变为锁定标记，锁定拉伸顶面与“高于参照标高”标高平面位置。使用类似的方式锁定拉伸底面与“低于参照标高”标高平面位置。

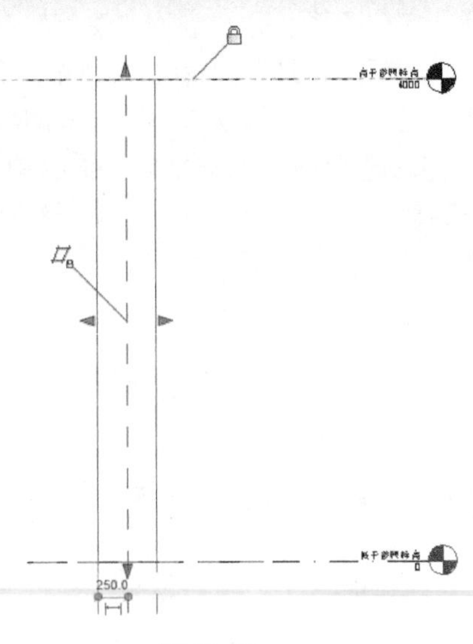

图 20-48

提 示

要使拉伸底部出现锁定符号，可先将拉伸底部拖离低于参照标高位置，再拖回至低于参照标高位置，也可以采用修改面板中“对齐”命令，将结构柱底边与参照平面对齐。

Step⑬保存该族，输入该族名称为“矩形结构柱 . rfa”。新建任意空白项目，载入该族至项目中。在项目中放置结构柱，分别修改结构柱的宽度和深度参数，并修改底部标高和底部偏移、顶部标高和顶部偏移为任意值，注意“矩形结构柱”族已随参数的变化而自动变化。至此完成本练习。打开随书文件“第 20 章\rfa\矩形结构柱 . rfa”查看完成后结构柱状态。

在族编辑器中，任何时候均可单击“族编辑器”面板中“载入到项目中”选项将当前族编辑器中的族载入至指定项目中。要创建拉伸实体，必须先在指定的工作平面上创建封闭的二维草图轮廓，再通过指定拉伸的“拉伸起点”和“拉伸终点”值确定拉伸的厚度。如果需要将高度作为可变参数，在结构柱样板中，仅需要将拉伸的顶部和底部附着于族样板中提供的高于参照平面标高和低于参照平面标高即可。

如果需要将工作平面设置为其他位置，在绘制拉伸草图时，使用“工作平面”对话框中“指定新的工作平面”选项拾取新的工作平面即可指定。创建模型后，单击选择模型，单击“修改拉伸”上下联选项卡“工作平面”面板中“编辑工作平面”工具，可以为拉伸构件重新设置工作平面。

注意并不是所有的族样板中均提供“高于参照标高”和“低于参照标高”标高平面。使用其他族样板创建的拉伸还可以创建自定义的参数来控制拉伸的高度，也可以通过“族类型和族参数”对话框，将族类别修改为其他指定类别。修改族类别后，仍然可以使用原公制结构柱族样板中提供的高于参照标高和低于参照标高的族高度定位方式。

20.3.3 创建窗族

上一节中创建的矩形结构柱族中，可以修改结构柱族中的宽度、深度及高度，仅利用“公制结构柱”样板中默认提供的参数，无法在项目中修改柱材质、模型可见性等参数。在定义族时，可以根据需要添加任意控制参数，达到参数化修改的目的。下面以建立如图 20-49 所示的窗族为例，说明如何在 Revit 中建立模型族。该窗族除可以调节窗宽度和高度尺寸外，还可以通过参数控制窗中间横梃是否显示。

Step01单击“应用程序菜单”按钮，选择“新建→族”选项打开“新族-选择样板文件”对话框。选择“公制窗 . rft”族样板文件，单击“打开”按钮进入族编辑器模型。

Step02在项目浏览器中切换至“参照标高”楼层平面视图，该族样板默认提供了主体墙和洞口宽度的参照平面，并设置了洞口“宽度”的参数。

图 20-49

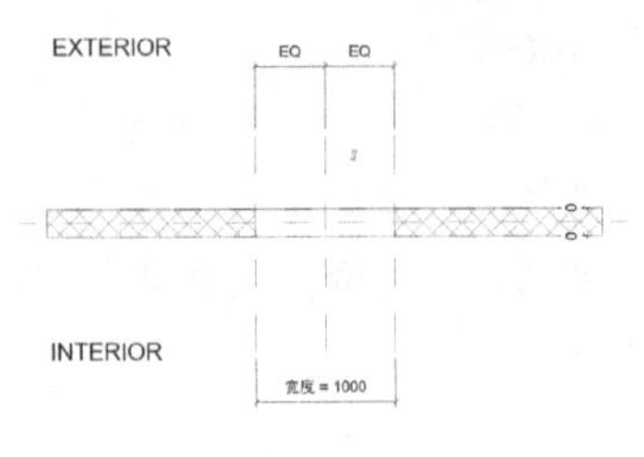

图 20-50

Step03打开“族类别和族参数”对话框，在“族类别”列表中选择“窗”，勾选“总是垂直”选项，设置窗始终与墙面垂直，不勾选“共享”选项，单击“确定”按钮关闭对话框。

提 示

“共享”参数用于当构件被用于嵌套族，允许在明细表中单独统计构件数量。将族载入到项目中时，族模板中提供的主体墙不会载入。

Step04 切换至内部立面视图，在该立面视图中，Revit 提供了“默认窗台高度”“高度”参数，用以控制默认窗台的高度以及洞口的高度值。

Step05 单击“创建”选项卡“拉伸”命令，自动切换至“修改/创建拉伸”上下文选项卡，使用矩形绘制方式，确认选项栏“偏移量”设置为 0；上、下、左、右沿参照平面交点位置绘制窗框轮廓，单击“锁定”符号标记锁定轮廓线与参照平面间位置。继续使用矩形绘制方式，确认选项栏“偏移量”设置为 −60，继续上、下、左、右沿参照平面交点位置绘制内部轮廓，单击模式面板中的完成编辑模式按钮，完成该窗框拉伸。

Step06 打开“族类型”对话框。分别修改“宽度”“高度”和“默认窗台高”参数值为 1500、1200 和 600，测试所绘制的轮廓已随各参数值的变化而变化。

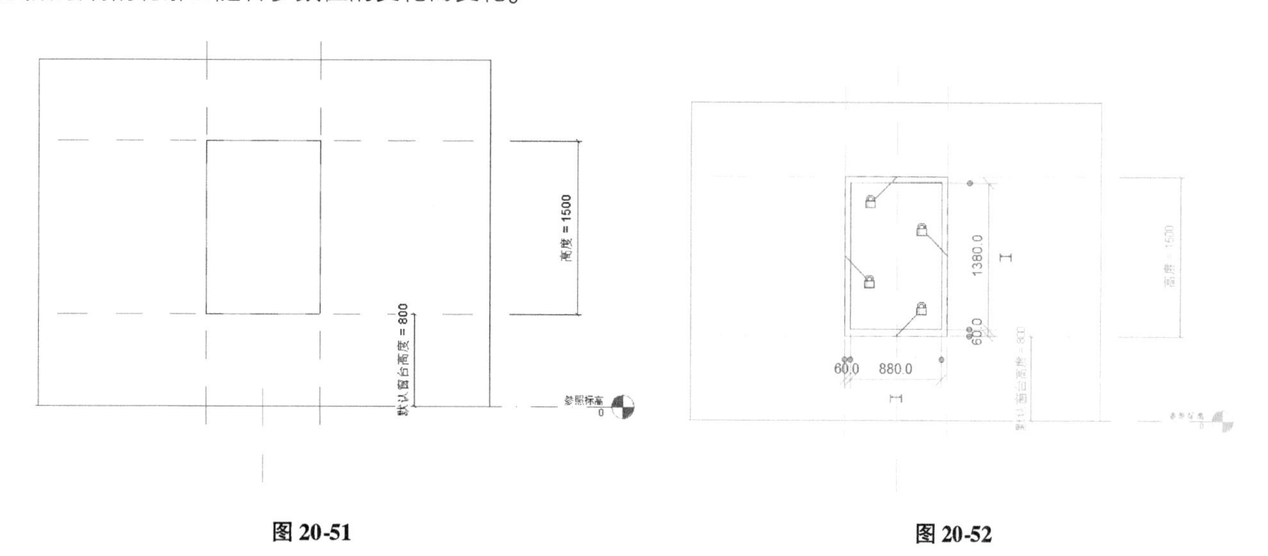

图 20-51　　　　图 20-52

Step07 如图 20-53 所示，选中拉伸，单击“修改/拉伸”上下文选项卡工作平面面板“编辑工作平面”命令，设置指定参照平面为中心（前/后）参照。

提 示

设置工作平面可以使图元根据参照平面的设置而更改。

Step08 如图 20-54 所示，设置“属性”面板中“拉伸终点”为 30，“拉伸起点”为 −30，即在中间工作平面两侧分别拉伸 30mm；修改“子类别”为“框架/竖梃”，即设置所建拉伸模型为窗“框架/竖梃”子类别。

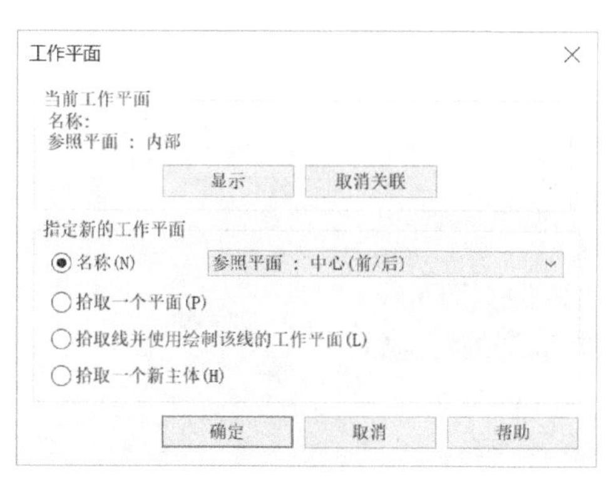

图 20-53

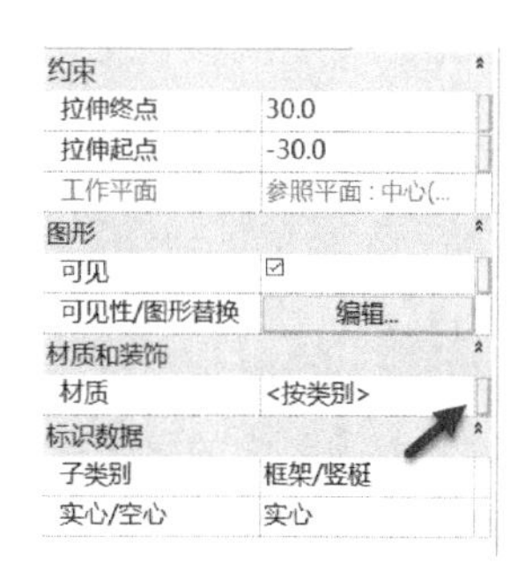

图 20-54

提 示

使用“管理”选项卡“设置”面板“对象样式”工具，打开“对象样式”对话框，在该对话框中可以修改窗子类别名称及线型等。

Step09 单击“材质”参数列最后的参数关联按钮▯，打开“关联族参数”对话框，单击“添加参数”按钮，弹出“参数属性”对话框。设置“参数类型”为“族参数”，设置“名称”为“窗框材质”，选择参数类型为“类型”参数。添加参数后，材质后的▯显示为▤。

提 示

在“添加参数”对话框“兼容类型的现有参数”列表中，仅显示当前族中所有“材质”类型参数名称，而族样板中自带族参数“默认窗台高度”，“高度”等参数属于长度类型参数，不会出现在该列表中。

Step⑩切换至三维视图，观察绘制的窗框。打开“族类型”对话框，分别修改宽度、高度值，测试当参数改变时，窗框的变化。

Step⑪切换至内部立面视图。使用相同的方式按图 20-55 所示尺寸和位置创建左侧窗扇草图轮廓。设置拉伸实例参数中“拉伸终点”为 20，“拉伸起点”为 -20，其余设置与窗框拉伸实例参数设置相同。单击“完成编辑状态”完成当前拉伸创建左侧窗框。

Step⑫使用相同的方式拉伸右侧窗框。切换至 3D 视图，此时窗模型显示如图 20-56 所示。打开“族类型”对话框，分别调节各宽度、高度参数，观察窗框模型随参数的调整而变化。

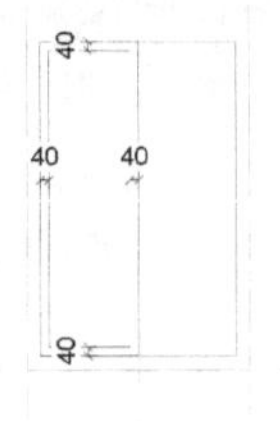

图 20-55

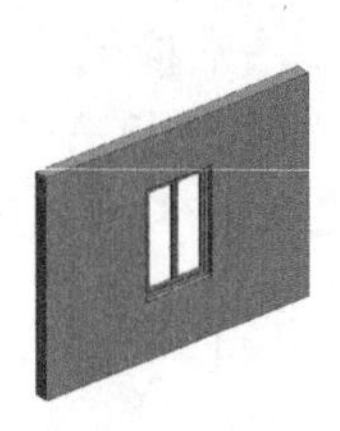

图 20-56

提 示

由于拉伸草图中不能出现重合的边界，因此左右窗框必须分开使用两个单独的拉伸工具创建。

Step⑬切换至内部立面视图，使用实体拉伸工具，按图 20-57 所示绘制窗玻璃拉伸轮廓。设置拉伸图元属性中“拉伸终点”为 3，“拉伸起点”为 -3，设置拉伸图元子类型为“玻璃”。单击“完成编辑模式”为窗添加玻璃。

Step⑭切换至“外部”立面视图。使用“参照平面”工具按图 20-58 所示在窗中间位置绘制水平参照平面，并对该参照平面添加 EQ 等分约束。

Step⑮使用拉伸工具，按图 20-59 所示在左、右窗扇内绘制拉伸轮廓。沿水平轮廓边界和参照平面间添加对齐尺寸标注。设置指定工作平面为中心（前/后）；设置拉伸实例参数中，“拉伸终点”为 20，“拉伸起点”为 -20；指定“材质”参数为“窗框材质”；设置“子类别”为“框架/竖梃”。完成后单击“完成编辑模式”按钮完成拉伸，为窗添加中间横梃。

图 20-57　　图 20-58　　图 20-59

Step⑯切换至三维视图。打开“族参数”对话框，调节族中各参数，测试模型随族的变化。注意无论窗“高度”如何修改，上一步中创建的横梃都将位于窗中间位置。

Step⑰选择横梃拉伸图元，单击“属性”面板“可见性”参数后按钮关联参数按钮▯，添加名称为“横梃可见”的参数。注意该“参数类型”为“是/否”。

提 示

使用相同的方式，还可以为拉伸的拉伸起点、拉伸终点等添加控制参数。

按建筑设计标准的要求，窗在平面图中显示为双线，而 Revit 默认显示的是窗模型的实际剖切结果。因此需要控制模型的可见性并绘制符号线代表窗在平面视图中的显示样式。

Step⑱选择所有窗框和玻璃模型，注意不要选择洞口图元，自动切换至“修改 | 选择多个”上下文选项卡。单击“模式”面板中“可见性设置”工具打开“族图元可见性设置”对话框。如图 20-60 所示，取消勾选“平面/天花板平面视图”和“当在平面/天花板平面视图中被剖切时（如果类别允许）”选项，单击“确定”按钮关闭对话框。切换至“参照标高”楼层平面视图，所有拉伸模型已灰显，表示在平面视图中将不显示模型的实际剖切轮廓线。

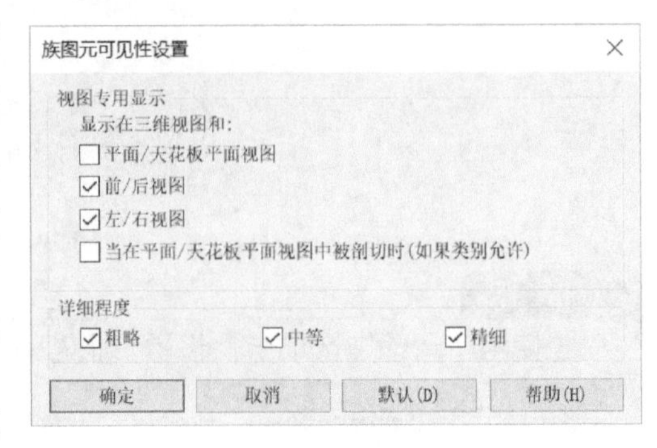

图 20-60

提 示

在族编辑器中，不会隐藏设置不可见的图元。

Step19 单击“注释”选项卡“详图”面板中“符号线”工具，自动切换至“修改丨放置符号线”上下文关联选项卡。设置符号线样式为“窗［截面］”，绘制样式为“直线”；设置选项栏中“平面”为“标高：参照标高”。单击捕捉“左”参照平面为起点，“右”参照平面为结束点，在窗模型两侧绘制水平符号线。

提示

每种子图元均提供对应子图元名称的两种符号线类型：截面线和投影线。分别用于控制子图元对象在视图中被剖切和投影时的线型和线样式。

Step20 使用“对齐尺寸”标注工具，如图20-61所示，使用“对齐标注”方式，设置捕捉参照“首选”为“墙表面”，标注墙面与符号线尺寸并为该尺寸添加等分约束。

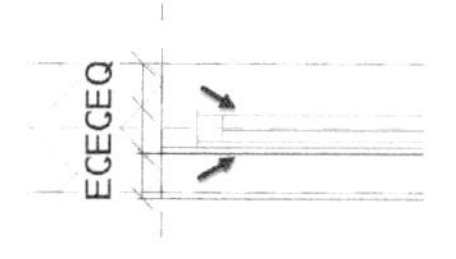

图 20-61

Step21 使用类似的方法，在“族图元可见性设置”对话框中，去除“左/右视图”选项，在族中添加剖面视图，在剖面视图中绘制符号线。当窗被剖面视图符号剖切时将显示符号线。

提示

在剖面视图中绘制符号线时，需指定符号线的绘制工作平面为“中心（左/右）”。

Step22 切换至参照标高楼层平面视图。单击“常用”选项卡“控件”面板中“控件”工具，自动切换至“修改丨放置控制点”上下文选项卡。如图20-62所示，确认“控制点类型”面板中当前控制点为“双向垂直”，在参照标高视图中墙“放置边”一侧窗中心位置单击放置内外翻转控制称号。

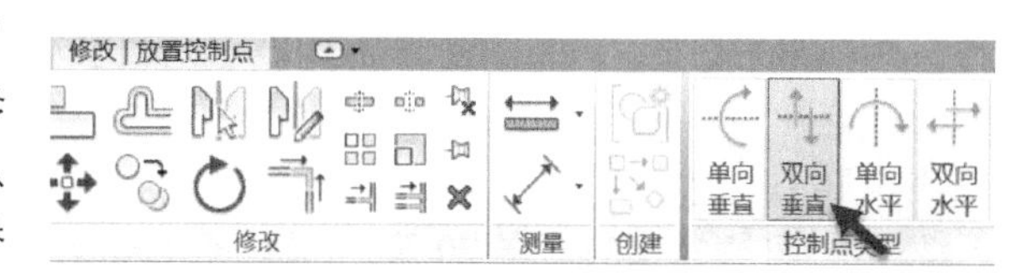

图 20-62

提示

在族中可以同时放置多个控制符号。

Step23 打开“族类型”对话框，分别修改宽度、高度、默认窗台高度值为1500、1800和900，勾选横梃可见选项，单击“重命名”按钮，修改族类型名称为C1518。单击“新建”按钮，输入新族类型名称为C0912，修改宽度、高度和默认窗台高度值为900、1200和900，不勾选横梃可见选项，单击确定按钮退出“族类型”对话框。保存该族，并重命名为“双扇窗.rfa”。

Step24 新建空白项目。绘制任意墙体，载入该窗族，注意窗族默认包含C1518和C0912两个类型。分别创建该窗族两个类型的实例，平面中已显示为符合我国制图规范要求的4线窗。新建不同的窗类型，通过勾选类型参数中“横梃可见”参数控制窗中间横梃是否可见。至此完成窗族练习。

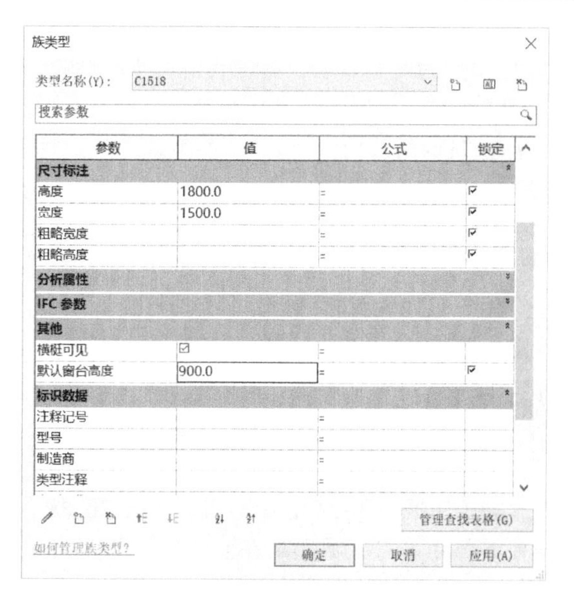

图 20-63

在绘制族二维表达符号线时，不要使用“创建”选项卡“模型”面板中“模型线”。模型线属于模型图元，它可以显示在任何视图中。而符号线属于注释图元，只会显示在绘制的视图类型中。Revit提供了模型线与符号线间相互转换的工具。选择已绘制的线后，单击“修改丨线”上下文选项卡“编辑”面板中“转换线”工具，如图20-64所示，可以在符号线与模型线之间互相转换。

Revit中，并非所有类型的模型族都允许被剖切。家具、家具系统、RPC、照明设备、植物、停车场等类别的族不允许被剖切。即该类别的族仅能显示为在视图中的投影。

可以在“族类型”对话框中，单击“新建”按钮建立不同的族类型，并分别指定族各类型的参数。当在项目中载入设置了类型的族时，Revit会同时载入族的所有预设类型和参数值。

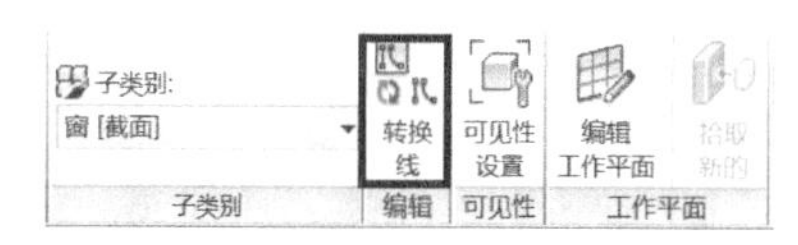

图 20-64

在使用“族图元可见性设置”对话框中设置族图元可见性时，还可以为选定的模型指定在何种视图详细程度下可见。如图 20-65 所示的桌族，可以分别设置各细节模型图元在不同视图详细程度下的可见性。当在项目中应用该族时，Revit 会根据当前视图的详细程度，自动控制该族实例的模型的可见性。

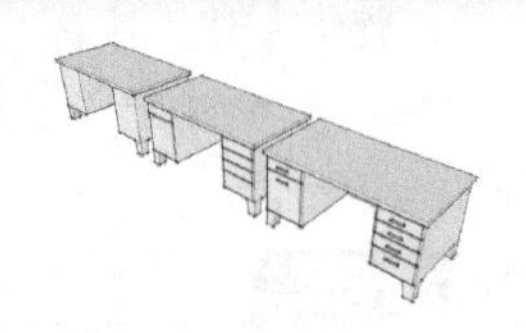
图 20-65

Revit 还允许直接在项目中单击设计栏“常用”选项卡“构建”面板中“构件”工具下拉列表，在下拉工具列表中选择“内建模型”工具，在项目中直接创建族。这类在项目中直接建立的模型称为“在位族”。使用在位族可以方便在项目中创建各种自由样式模型，但在位族仅能应用在本项目中，无法像其他族那样与其他项目共享。一般来说笔者不鼓励用户过多使用在位族。在设计过程中，可以不断积累各类自定义族，形成完整的常用构件族库。

与注释族类似，在定义模型族时可以通过“族类别和族参数”对话框修改模型族的族类别，以扩展有 Revit 默认提供的族样板的功能。如图 20-66 所示，在“族类别和族参数”对话框中，选择“族类别”中指定类别即可将族定义为该类别。

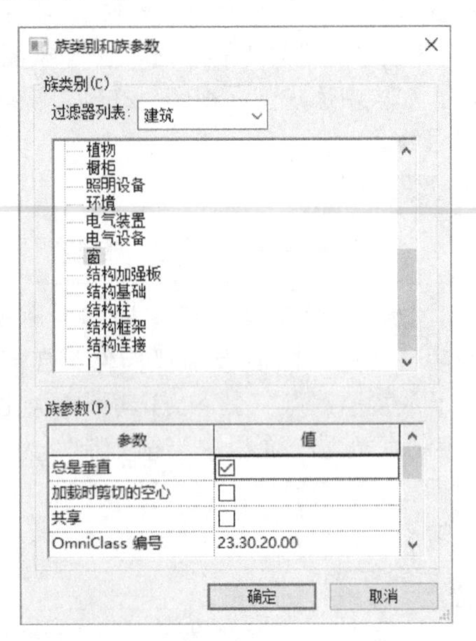

图 20-66

20.3.4 嵌套族

在定义族时可以在族编辑器中载入其他族（包括模型、轮廓、详图构件、注释符号等族），并在族编辑器中组合使用这些族。将多个简单的族嵌套组合在一起形成复杂的族构件称为嵌套族。下面以一个百叶窗为例说明在 Revit 中如何制作嵌套族。

Step01 打开随书文件“第 20 章\rfa\嵌套族百叶窗_初始.rfa”族文件。切换至三维视图，注意该族文件中已经使用拉伸形状完成了百叶窗窗框。

Step02 单击“插入”选项卡“从库中载入”面板中“载入族”工具，载入随书文件“第 20 章\rfa\嵌套族_百叶片.rfa”族文件。

Step03 切换至“参照标高”楼层平面视图，单击“创建”选项卡“模型”面板中“构件”工具，如图 20-67 所示，在平面视图中墙外部位置单击放置百叶片；使用“对齐”工具，对齐百叶片中心线至窗中心参照平面，单击“锁定”符号锁定百叶片与窗中心线（左/右）位置。

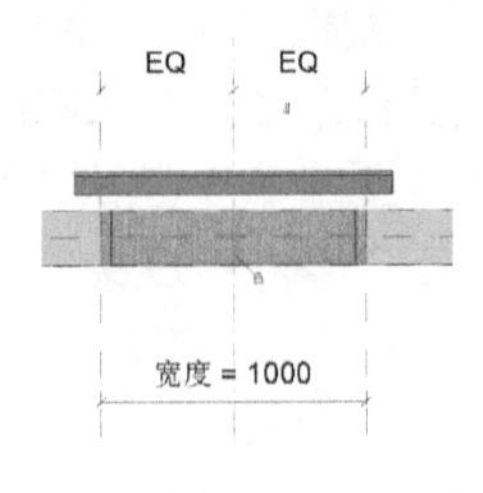

图 20-67

Step04 选择百叶片，打开“类型属性”对话框。单击“百叶长度”参数后关联族参数按钮打开“关联族参数”对话框，该列表中显示当前“嵌套族百叶窗_初始”族中所有类型参数。选择“宽度”参数，单击“确定”按钮返回“类型属性”对话框，此时“百叶片”族中“百叶长度”参数与面叶窗_初始族中“宽度”并联。使用相同的方式关联百叶片的“百叶材质”参数与“嵌套族_百叶窗_初始”族中的“百叶材质”关联。单击“确定”按钮关闭“类型属性”对话框。

> **提示**
>
> 百叶片类型参数中的“百叶材质”参数在“嵌套族_百叶片”族中定义。

Step05 切换至外部立面视图。如图 20-68 所示，使用“绘制参照平面”工具距离在窗“底”参照平面上方 90mm 处绘制参照平面，修改实例参数“名称”为“百叶底”。在“百叶底”参照平面与窗底参照平面添加尺寸标注并添加锁定约束。使用“对齐”工具对齐百叶片底边至“百叶底”参照平面并锁定与参照平面间对齐约束。

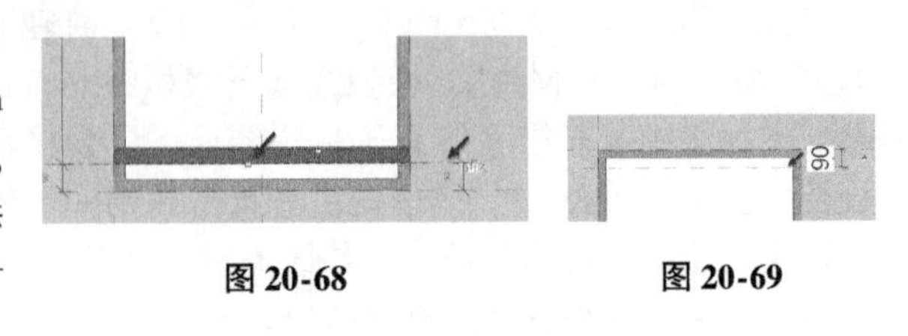

图 20-68　　图 20-69

Step06 如图 20-69 所示，在窗顶部绘制名称为“百叶顶”参照平面。标注百叶顶参照平面与窗顶参照平面间尺寸标注并添加锁定约束。

Step07 切换至“参照标高”楼层平面视图，使用“对齐”命令，对齐百叶中心线与墙中心线。单击“锁定”按钮锁定百叶中心与墙体中心线位置，如图 20-70 所示。

Step08 切换至外部立面视图。选择百叶片，单击“修改”面板中“阵列”工具，按如图 20-71 所示设置选项栏中阵列方式为“线性”，勾选“成组并关联”，设置“移动到”选项为“最后一个”。

Step09拾取百叶片上边缘作为阵列基点，向上移动至“百叶顶”参照平面。使用“对齐”工具对齐百叶片上边缘与百叶顶参照平齐，单击“锁定”符号锁定百叶片与百叶顶参照平面位置。

Step10选择阵列数量临时尺寸标注，单击选项栏标签列表中“添加标签”选项打开“参数属性”对话框。通过选项栏新建名称为“百叶数量”族参数，类型为“类别”参数。

Step11打开“族类型”对话框，修改“宽度”参数为1200，“百叶数量”参数为18，其他参数不变，单击“确定”按钮。百叶窗如图20-72所示。

Step12打开“族类型”对话框。单击参数栏中“添加”按钮，弹出“参数属性”对话框。如图20-73所示，输入参数名称为“百叶间距”，修改参数类型为“长度”，设置为“类型”参数。单击“确定”按钮返回“族类型”对话框。修改“百叶间距”参数值为“50”，单击“应用”按钮应用该参数。

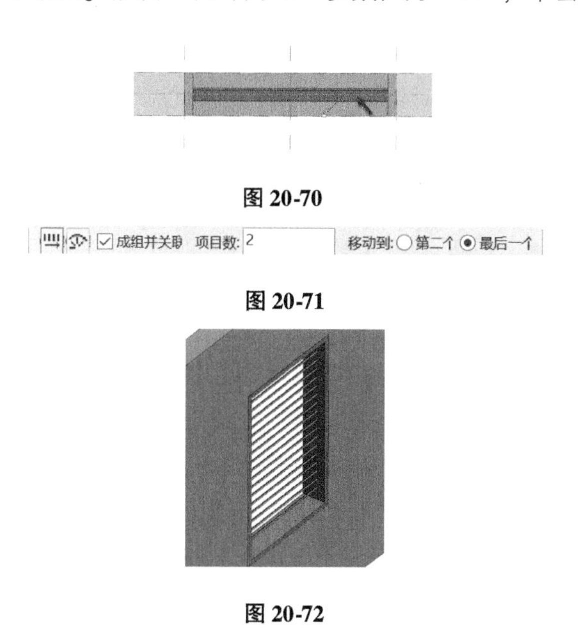

图 20-70

图 20-71

图 20-72

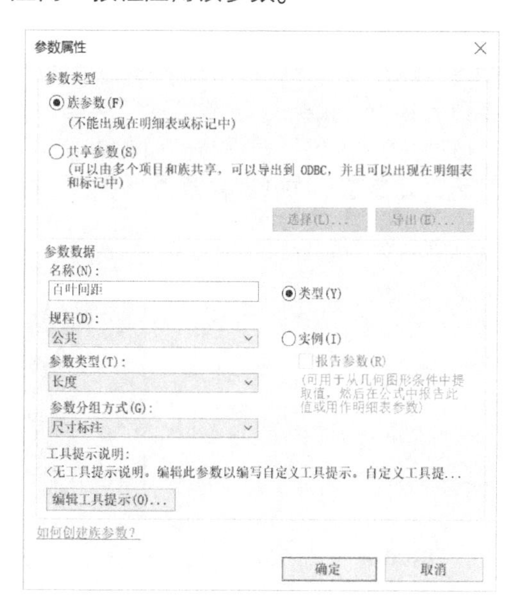

图 20-73

提 示

务必单击“应用”按钮使参数及参数值生效后再进行下一步操作。

Step13如图20-74所示在“百叶数量”参数后公式栏中，输入“（高度－180）/百叶间距”，完成后单击“确定”按钮关闭对话框，Revit会自动根据公式计算百叶数量。

Step14保存族文件。打开随书文件“第20章\rfa\嵌套族百叶窗_完成.rfa”族文件查看最终结果。建立空白项目，载入该百叶窗族，使用“窗”工具插入百叶窗，如图20-75所示，注意Revit会自动根据窗高度和“百叶间距”参数自动计算阵列数量。

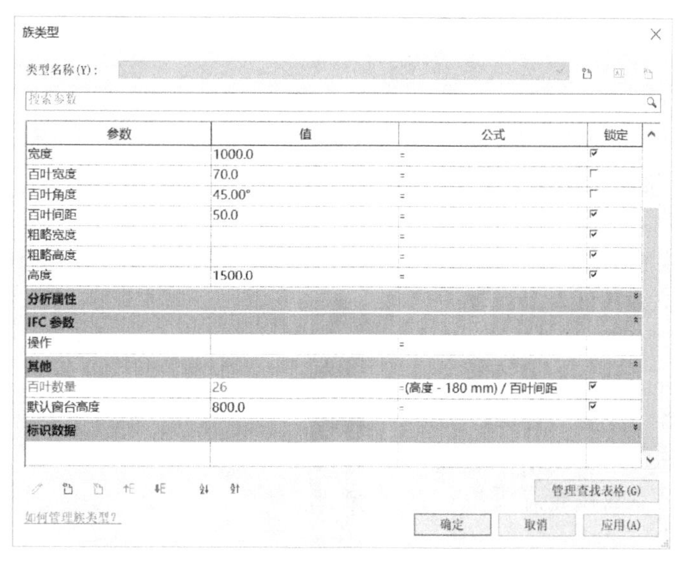

图 20-74

图 20-75

使用嵌套族可以制作各种复杂的族构件。将复杂的构件族简化为一个或多个简单的构件并嵌套使用，可以大大简化族的操作，降低出错的风险。如何简化复杂族，需要大量的实践经验，只有通过大量的实践操作，才能体会其中的关联关系。

20.3.5 嵌套族控制

在使用嵌套族时，如果载入的族中包含多个类型，可以通过使用“族类型”参数选择要使用的族类型。接下来，以门联窗族为例，说明如何使用族类型参数。

Step01打开随书文件“第20章\rfa\门联窗_初始.rfa”族文件。该族已创建了简单的单扇平开门模型。

Step02单击“插入”选项卡“从库中载入”面板中“载入族”工具，载入随书文件同一目录下“双扇窗.rfa”族文件。该族为本章第20.3.3节中创建的双扇窗族。

Step03切换至参照标高楼层平面视图。使用“常用”选项卡“模型”面板中“构件”工具在门洞右侧插入“双扇窗：C1518”。如图20-76所示，使用对齐工具对齐窗左侧至门沿右侧参照平面并锁定。

Step04切换至外部立面视图。如图20-77所示，对齐窗顶部至门顶部参照平面位置并锁定。

Step05选择窗图元。单击选项栏“标签”选项下拉列表，选择“添加标签”选项，打开“参数属性”对话框。输入参数名称为“窗类型”，设置为“类型”参数。单击“确定”按钮退出“添加标签”对话框。

Step06打开“类型属性”对话框。如图20-78所示，“窗类型”参数中可以指定双扇窗族中包含的族类型。选择族类型为“双扇窗：C0912”，单击“确定”按钮，窗族类型已修改为C0912。

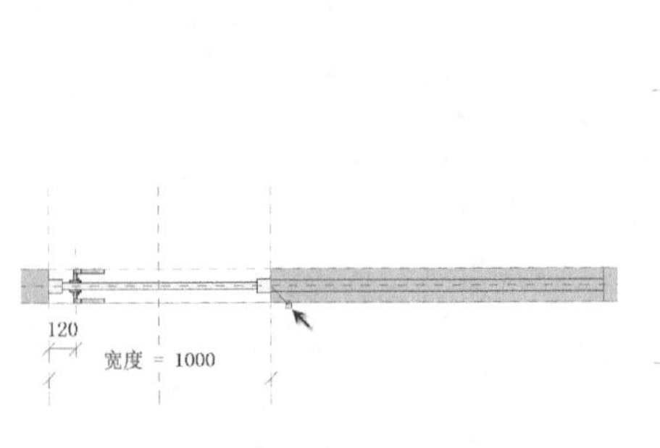

图20-76

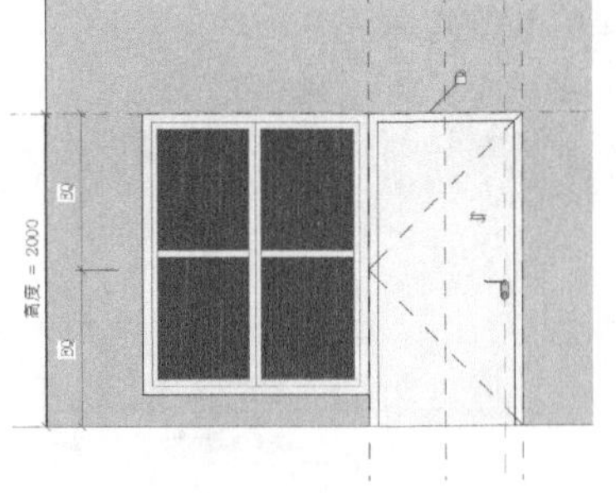

图20-77

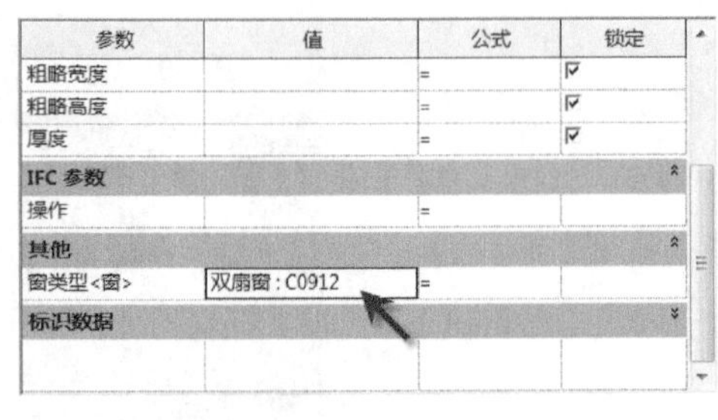

参数	值	公式	锁定
粗略宽度		=	☑
粗略高度		=	☑
厚度		=	☑
IFC 参数			
操作		=	
其他			
窗类型<窗>	双扇窗：C0912	=	
标识数据			

图20-78

Step07切换至参照标高楼层平面视图。使用剖面工具，沿门洞口中心线左侧绘制垂直于墙面的剖面线，如图20-79所示。

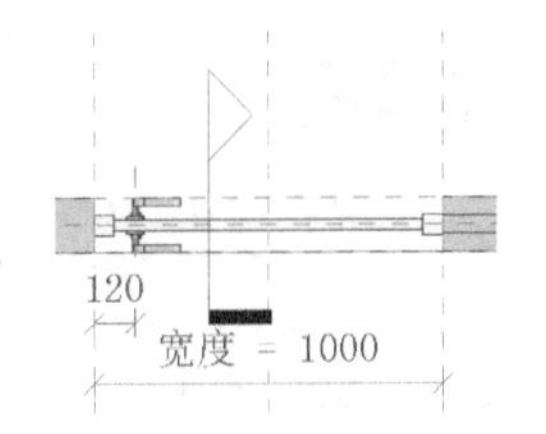

图20-79

Step08切换至剖面视图。载入随书文件“第20章\rfa\详图项目_过梁.rfa”族文件。单击“注释”选项卡“详图”面板中“详图构件”工具，在门洞口顶部放置“详图项目_过梁：详图项目过梁”。如图20-80所示，使用对齐工具对齐详图底边缘至门洞口顶部参照平面并锁定，对齐详图中心至a墙中心线并锁定。

Step09选择“详图项目_过梁”图元，单击“可见性”面板“可见性设置”工具，打开“族图元可见性设置”对话框。勾选“仅当实例被剖切时显示”选项，设置完成后单击“确定”按钮退出“族图元可见性设置”对话框。

Step10选择“详图项目_过梁”图元。单击“属性”面板中“可见”参数后关联参数按钮，为该参数添加名称为“过梁可见”是否类型参数，参数类型为“族参数”的“类型”参数，完成后保存该族。

Step11新建空白项目。绘制任意基本墙体。载入该族或载入随书文件“第20章\rfa\门联窗_完成.rfa”族文件，使用门工具放置任意实例。修改类型参数，结果如图20-81所示。注意当在剖面视图中剖切该门联窗图元时，将根据参数设置是否显示过梁。至此完成本练习。

使用嵌套族时，由于窗族被嵌套至主体门族中，在项目中必须使用“门”工具将其放置“门联窗”。在放置标签时，由于本操作中使用的“双扇窗”族在族类别和族参数设置中，并未勾选共享选项（详见

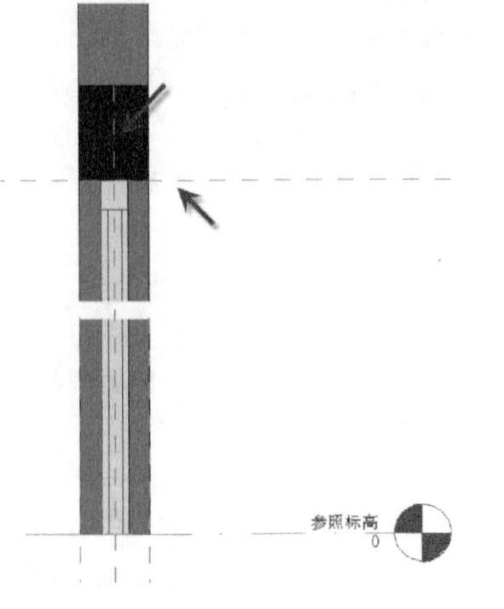

图20-80

图20-81

本章第 20.3.3 节第 2）步操作），因此门联窗族也仅可以使用“门标记”提取门的属性值，同时在明细表数量中进行统计时，也将仅统计为门的数量。

如果双扇窗族在族类别和族参数对话框中勾选为“共享”，则在项目中使用门联窗族时，将在明细表中分别统计门和窗的数量。在添加图元标记时，可以通过 Tab 键选择窗图元，单独进行标记。

20.4 参数驱动

配合族类型编辑器中公式可以使族具备更为复杂的参数关系。在公式中还可以加入数学运算符、条件判断等高级参数功能，用于创建更为智能、更为复杂的参数化族。在本书第 14 章中介绍的体量，均可以使用本章中介绍的各种参数驱技巧，实现参数化控制。

20.4.1 外部数据驱动

在 Revit 中，任何族均可以实现外部数据驱动。使用外部数据驱动的方式可以使族类型和族参数管理起来更加容易。下面以本章第 20.3.3 节中创建的双扇窗为例，介绍如何使用外部数据驱动族参数。

Step01 将随书文件“第 20 章\ rfa\ 双扇窗外部驱动 . rfa”族文件复制到本地硬盘任意目录。打开该族，该族为本章第 20.3.3 节中创建的双扇窗族。打开“族类型”对话框，注意该族“宽度”“高度”“默认窗台高度”“横梃可见”等参数可以修改，且已经在族中内建了 C1518 和 C0912 两个族类型。

Step02 打开 Windows 记事本工具。在记事本中输入“宽度##length##millimeters，高度##length##millimeters，默认窗台高##length##millimeters，横梃可见##other##”（不包含双引号，以英文逗号开始）。

Step03 在新的一行中，输入如下数据，结果如图 20-82 所示。

A，900，900，600，0

B，900，1200，600，0

C，1200，1500，900，1

D，1200，1800，900，1

平扇窗外部驱动 - 记事本
文件(F) 编辑(E) 格式(O) 查看(V) 帮助(H)
,宽度##length##millimeters,高度##length##millimeters,默认窗台高度##length##millimeters,横梃可见##other##
A,900,900,600,0
B,900,1200,600,0
C,1200,1500,900,1
D,1200,1800,900,1

图 20-82

Step04 完成后，以“双扇窗外部驱动”为文件名，保存至第 1）步操作中“双扇窗外部驱动 . rfa”族相同的位置。注意保存时选择文本的编码方式为 Unicode（默认值为 ANSI 编码）。

Step05 新建空白项目。绘制任意基本墙体。载入本地硬盘双扇窗外部驱动 . rfa 族文件。由于双扇窗外部驱动族文件具有与之同名的外部驱动文本文件，Revit 将弹出“指定类型”对话框，如图 20-83 所示，在类型列表中列出第 3）步操作中输入的所有参数。按住鼠标左键，框选 A、B、C、D 所有类型，单击“确定”按钮，载入该族。

图 20-83

Step06 使用窗工具，注意在窗类型选择器中，“双扇窗外部驱动”除包含族中内建的族类型外，还包括 A、

B、C、D 四个新类型。选择 A 类型，打开类型属性对话框，注意宽度、高度、默认窗台高度值均为第 3）步中输入的 900、900 和 600。且未勾选横梃可见选项。分别查看 B、C、D 类型中各参数的设置。关闭所有文件，不保存对项目和族的修改，完成本练习。

要使用外部数据驱动必须将外部驱动数据文本文件放置在与要驱动的族在同一目录下，且文件名称与族文件名称必须相同。

外部驱动数据文件第一行为参数声明，以英文逗号“,”开始，依次是“参数名称##参数类型##单位”，每个参数间使用英文逗号分隔。参数名称区分大小写，必须与 Revit 中定义的族参数的名称完全一致。但并非所有的族中定义的参数都写进外部驱动数据文件中。

对于长度（Length）、面积（Area）等类型参数必须声明该类别参数的使用单位，例如本例中高度、宽度、默认窗台高度均为长度类型参数，因此必须使用“高度##length##millimeters”的方式声明该参数。

在使用外部数据驱动时，可以使用公式。公式必须以等号“=”开头，且公式内容必须为实数。例如，可以在驱动文件中将参数值写为“=900+900”或“=30*sin30”，在导入时，Revit 会自动计算该公式的结果。注意外部数据驱动文件的公式中不能引用其他参数，例如，不能在外部数据驱动文件中使用“=宽度+高度”公式，该公式由于试图引用族参数宽度和高度，因此 Revit 将会在使用该驱动文件时报告错误。

使用外部驱动数据，适合处理同一族具备大量不同类型的情况，例如，自定义了 L 型钢族，希望输入国标所有 L 型钢的截面尺寸和参数时，可以采用外部数据驱动的方式来完成，方便批量编辑和修改。

20.4.2 应用公式

在族中，可以使用公式控制各参数的值。例如在本章里 20.3.4 节中，使用了简单的数学公式自动计算百叶数量。在 Revit 中公式分为两类：数学运算与条件公式。基本应用参见表 20-2。所有公式均以“=”号开始。事实上在 Revit 中输入长度时，可随时输入“=”进入公式计算状态。

表 20-2

类型	运算符	功能	示例
数学运算	+、-、*、/	加减乘除运算	=900+300；=（宽度-500）/2+500
	X^Y	X 的 Y 次方	=长度^3
	log	对数	=log5
	sqrt	平方根	=sqrt（16）
	sin、cos、tan	角度的正弦、余弦、正切	=sin（30）；=长度*cos（控制角度）
	asin、acos、atan	反正弦、反余弦、反正切	
	exp	e 的 x 次方	=e3p
	abs	绝对值	abs（-3）=3
条件判断	if	条件为真时，输入第一个值，否则输出第 2 个值	if（宽度>3000，500，200），当宽度值大于 3000 时，取值 500，否则取值 200
	and	与，当所有条件都满足时，输出是	and（宽度>3000，宽度<5500），当宽度值大于 3000 且小于 5500 时，条件为真
	not	非，当条件满足时，输出否	not（a>b），用于判断当 a 小于或等于 b 时，条件为真
	or	或，两个条件中有一个满足，即输出真	or（宽度<500，宽度=900），当宽度值小于 500 或等于 900 时，条件均为真
	隐式判断	判断是否	横梃可见=高度>1500，即当高度大于 1500 时，横梃可见，否则不可见

在 Revit 中，上表中所述的运算符可以混合使用，形成复杂判断与运算条件。限于篇幅，本书不再赘述。

20.5 全局参数

在编辑族的过程中，需要在族的编辑环境中进行，Revit 2017 提供全局参数，用以在项目中添加参数值，控制项目图元，创建的全局参数可用于创建明细表、排序和过滤。接下来以实例介绍全局参数的使用方法。

Step01 在项目环境中建立如图 20-84 所示房间，并用测量的方式将其测量尺寸。

Step02 选中尺寸后，在修改/尺寸上下文选项卡中设置其参数名称，如图 20-85 所示。

Step03 参数设置好后，在管理上下文选项卡设置面板全局参数命令中进行修改，可发现项目的全局参数发生变化，如图 20-86 所示。

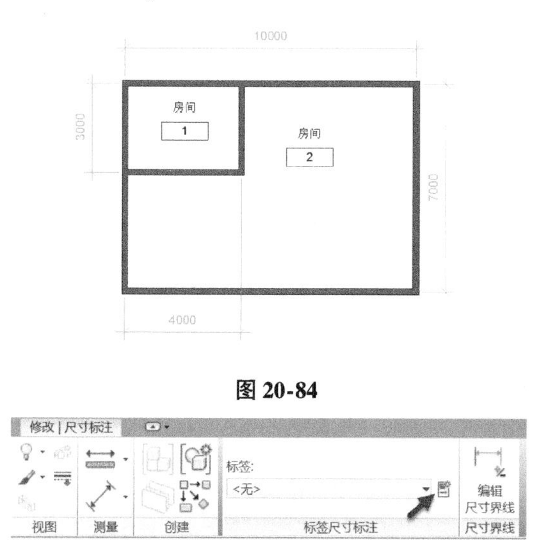

图 20-84

图 20-85

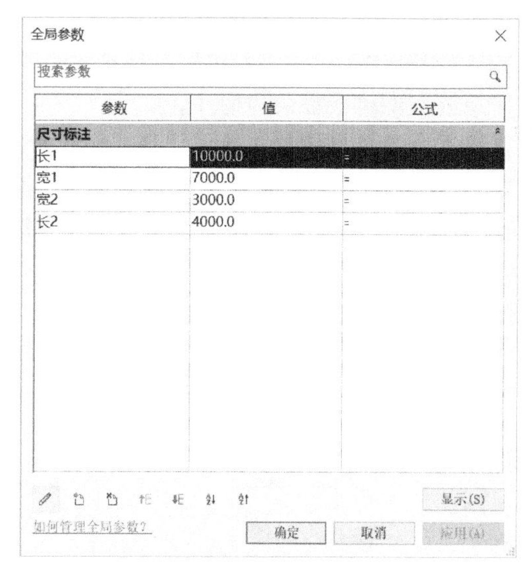

图 20-86

20.6 定义项目样板

在 Revit 中创建的项目都将基于项目样板。项目样板中定义了项目的初始状态，如项目的单位、材质设置、视图设置、可见性设置、载入的族等信息。选择合适的项目样板开始工作，将起到事半功倍的效果。

在 Revit 中有几个方式创建项目样板。在完成设计项目后，单击“应用程序菜单”按钮，在列表中选择“另存为→项目样板”，可以直接将项目保存为 . rte 格式的样板文件。当使用该样板文件新建项目时，新项目中将包含保存的项目样板中所有设置内容，包括已放置的模型和注释图元。可以在另存为样板前删除所有已放置图元，以创建干净的项目样板。

另外一种办法是通过已有项目样板，通过修改项目样板的项目单位、族类型、视图属性、可见性等设置形成新的样板文件并保存。如图 20-87 所示，在新建项目时选择新建的类型为“项目样板”即可。

在使用空白项目样板建立样板时，如果希望导入已有项目中包含的视图属性、材质设置等信息，可以打开项目，使用“管理”选项卡“设置”面板中“传递项目标准”工具，打开“选择要复制的项目”对话框，如图 20-88 所示。在列表中选择要传递的项目中包含的设置内容，单击“确定”按钮可将所选择项目标准传递至当前项目或样板文件中。

图 20-87

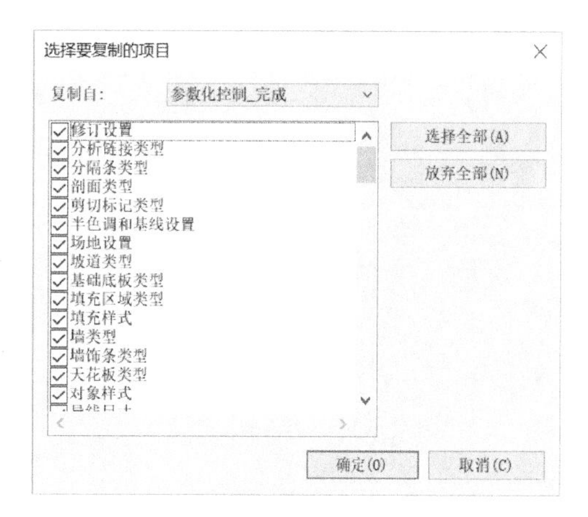

图 20-88

使用项目传递可以在各项目和样板间快速传递设置内容。在定义样板或创建项目时，将大大提高生成效率。相比较而言，笔者更推荐在完成项目的过程中不断完善项目样板。

20.7 本章小结

本章介绍了 Revit 最重要的概念——族。Revit 为用户提供了多种常用族样板，可以创建各种族构件。通过基本族样板，可以扩展定义各对象类别的族和注释族。使用共享参数可以在族和项目中共享自定义的参数。无论多么复杂的族，都可以由 Revit 提供的 5 种基本的建模方式生成。在族中可以使用嵌套其他族的方式形成嵌套族，由多个简单族文件构成复杂的构件。

对于需要输入大量类型参数的族，可以采用外部数据驱动的方式驱动族参数。族中强大的数学计算与条件判断功能可以使 Revit 的族千变万化。

Revit 允许用户自定义项目样板，项目样板是项目初始化的条件。定义适合自己工作习惯的项目样板，可以大大提高 Revit 中项目的设计进程。

掌握 Revit 中族的定义是灵活运用 Revit 的基础。希望读者通过本章介绍的案例多加思考，能随心所欲地定义所需的各类族。

第21章 体量与体量研究

Revit 提供了概念体量工具，用于在项目前期概念设计阶段为建筑师提供灵活、简单、快速的概念设计模型，如图 21-1 所示。使用概念体量模型可以帮助建筑师推敲建筑形态，可以统计概念体量模型的建筑楼层面积、占地面积、外表面积等设计数据。还可以根据概念体量模型表面创建生成建筑模型中墙、楼板、屋顶等图元对象，完成从概念设计阶段到方案、施工图设计的转换。

利用 Revit 灵活的体量建模功能，可以创建 NURBS 曲面模型，并通过将该曲面转换为屋顶、墙体等对象，在项目中创建复杂对象模型。在 Revit 中，还可以对概念体量的表面进行划分，配合使用“自适应构件”生成多种复杂表面机理。配合使用参数化建模工具 Dynamo，通过参数控制的方式生成多种有机形状，如图 21-2 所示。

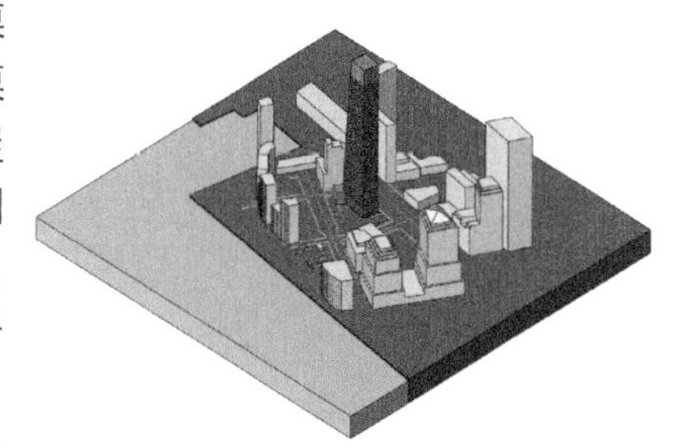

图 21-1

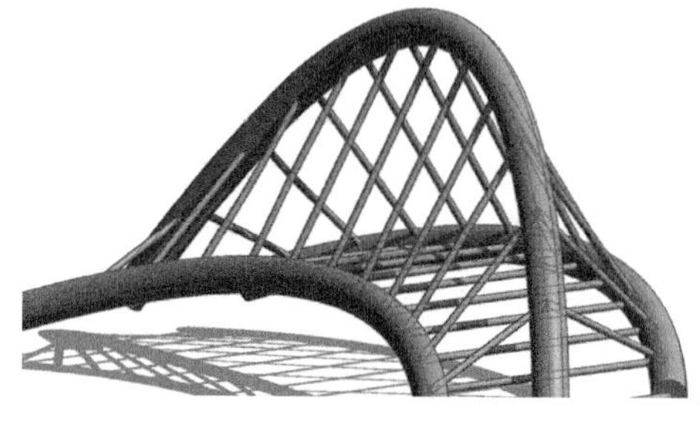

图 21-2

21.1 创建体量

Revit 提供了两种创建概念体量模型的方式：在项目中在位创建概念体量或在概念体量族编辑器中创建独立的概念体量族。在位创建的概念体量仅可用于当前项目，而创建的概念体量族文件可以像其他族文件那样载入到不同的项目中使用。

要在项目中在位创建概念体量，单击“体量和场地”选项卡“概念体量”面板中“内建体量”工具，输入概念体量名称即可进入概念体量编辑状态。要创建独立的概念体量族，单击“应用程序菜单”按钮，在列表中选择“新建→概念体量”，在弹出“新建概念体量-选择样板文件”对话框中选择“公制体量 . rte”族样板文件，单击“打开”按钮即可进入概念体量族编辑模式。启动 Revit 时，在“最近使用的文件”欢迎界面中单击族类别中的“新建概念体量”同样可以进入概念体量编辑状态。概念体量编辑模式界面如图 21-3 所示。

图 21-3

不论以何种方式创建概念体量模型，创建概念体量模型的过程均完全相同。本书以创建独立体量族为例介绍概念体量的创建和修改过程。

21.1.1 概念体量中定位

如图 21-4 所示，进入概念体量族编辑状态后，在“公制体量.rte”族样板中提供了基本标高平面和相互垂直且垂直于标高平面的两个参照平面。这几个面可以理解为空间 X、Y、Z 坐标平面，三个平面的交点（图 21-4 中箭头所指位置）可理解为坐标原点。在创建概念体量时，通过指定轮廓所在平面以及距离原点的相对距离定位轮廓线的空间位置。

要创建概念体量模型，必须先创建标高、参照平面、参照点等工作平面，再在工作平面上创建草图轮廓，然后将草图轮廓转换生成三维概念体量模型。下面以创建简单楔形体为例，说明在 Revit 中创建概念体量模型时空间定位及建模方法。注意在创建体量时，项目默认长度测量单位为毫米。

Step01 启动 Revit，进入创建概念体量模式，默认将进入三维视图。单击“创建”选项卡“基准”面板中“标高”工具，进入“修改 | 放置标高”模式。确认勾选选项栏“创建平面视图”选项；如图 21-5 所示，在三维视图中移动鼠标到默认标高之上，当临时尺寸标注显示为 45000mm 时，单击放置标高。完成后按 Esc 键两次退出放置标高模式。

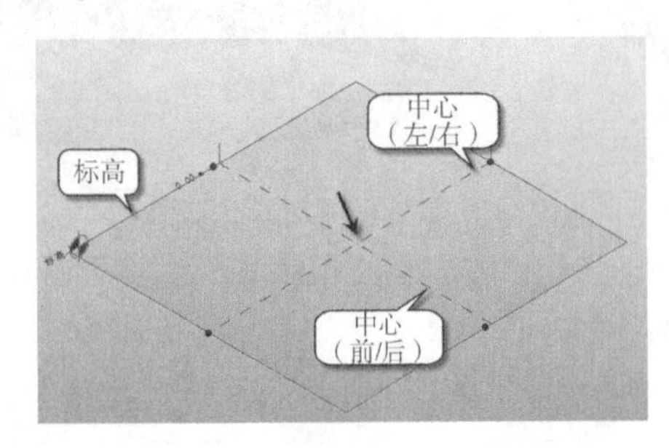

图 21-4

图 21-5

Step02 如图 21-6 所示，单击“创建”选项卡“工作平面”面板中“显示”工具，将以蓝色显示当前激活的工作平面。在视图中单击“标高 1”，激活作为当前工作平面。

图 21-6

Step03 切换至“标高 1”楼层平面视图。如图 21-7 所示，设置绘制模式为“模型线”，绘制方式为“矩形”；绘制面板中设置定位方式为“工作平面”；确认选项栏“放置平面”为“标高：标高 1”，其他参数参照图中所示。

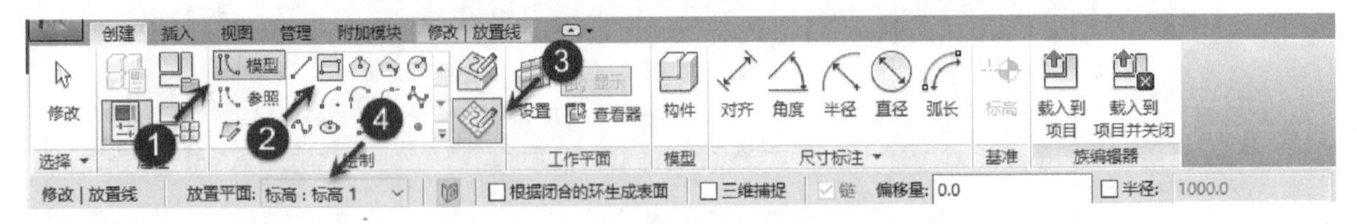

图 21-7

Step04 按图 21-8 所示尺寸在中心参照平面位置绘制矩形。注意在概念体量中选择草图对象时，Revit 默认会选择完整的草图轮廓。在选择时配合使用 Tab 键可以选择指定的轮廓边。

Step05 切换至“标高 2”楼层平面视图。使用类似的方式，在“标高 2”上绘制如图 21-9 所示矩形轮廓。

Step06 切换至三维视图，按住 Ctrl 键分别选择两矩形轮廓。单击“形状”面板中“创建形状”工具下拉列表，在列表中选择“实心形状”选项。Revit 将根据轮廓位置自动创建生成三维概念体量模型，如图 21-10 所示。

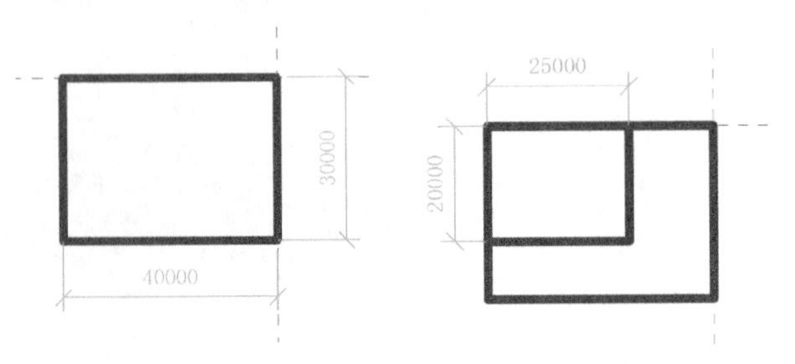

图 21-8　　图 21-9

Step 07 设置绘制模式为“模型线”，绘制方式为“直线”；绘制面板中设置定位方式为“在面上绘制”；勾选选项栏“三维捕捉”选项；如图21-11所示，依次捕捉上一步中生成的多边形相邻三边的中点，沿各表面绘制封闭的空间三角形。完成后按Esc键两次退出绘制模式。

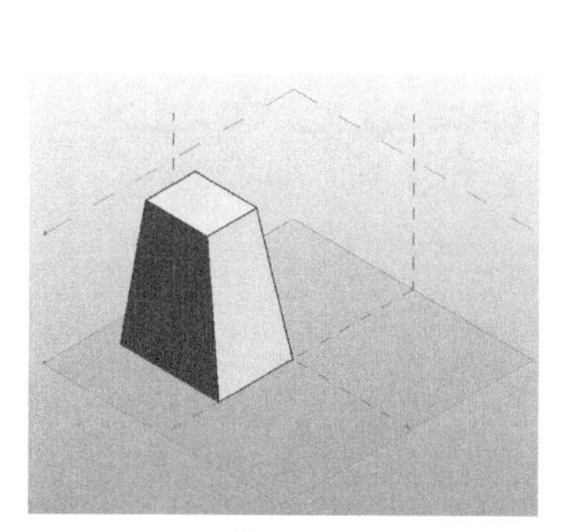

图21-10

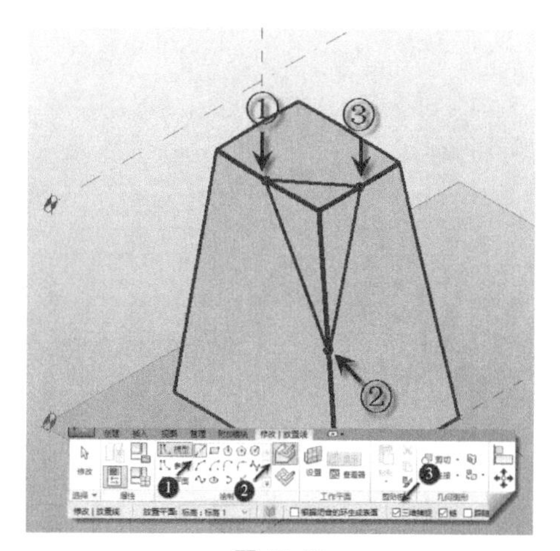

图21-11

提 示

勾选“三维捕捉”选项后，选项栏中将显示“跟随表面”选项，并允许用户设置绘制时跟随表面的方式。

Step 08 选择上一步中创建的封闭空间三角形。单击“形状”面板中“创建形状”工具下拉列表，在列表中选择“空心形状”选项。Revit将根据轮廓位置自动创建生成三维概念体量模型。如图21-12所示，Revit会给出基于该轮廓的所有形状选项（空心体或空心平面）。

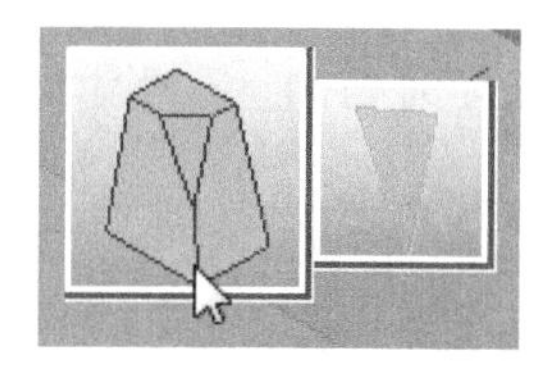

图21-12

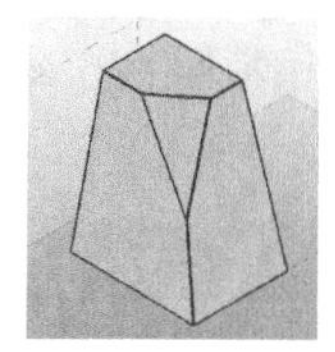

图21-13

Step 09 单击选择“空心体”创建选项。完成后形状如图21-13所示。Revit将使用空心体形状剪切已创建的实心形状。

Step 10 如图21-14所示，单击“绘制”面板中“模型线”选项，确认绘制方式为“直线”；确认绘制定位方式为“在面上绘制”；确认勾选选项栏中“三维捕捉”选项。

Step 11 如图21-15所示，依次捕捉斜面空间三角形顶点与空间三角形底边中点，绘制空间线。完成后按Esc键两次退出模型线绘制模式。

图21-14

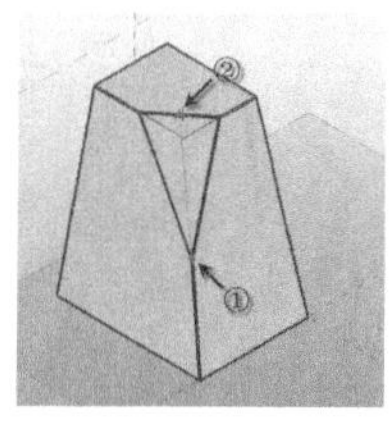

图21-15

提 示

绘制时，高亮显示的“面”将作为绘制的工作平面。

Step 12 再次使用“参照线”绘制模式。选择绘制方式为“点图元”，如图21-16所示，移动鼠标至上一步中绘制的模型线上任意位置单击，在模型线上放置“点图元”。完成后按Esc键两次退出绘制模式。

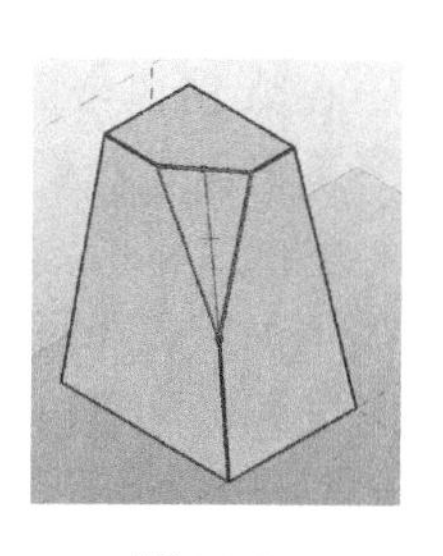

图21-16

Step 13 单击上一步中创建的“点图元”，Revit将以该点作为当前工作平面，该工作平面垂直于该点所在的模型线。如图21-17所示，修改“属性”面板中“规格化曲线参数”值为0.5，“测量”方式为“起点”，即修改该点自模型线起点开始至模型线总长度50%的位置（即模型线的中间），注意Revit将自动修改该点在模型线上的位置。

Step 14 单击“工作平面”面板中“查看器”工具，弹出“工作平面查看器”窗口，如

图 21-18 所示，该窗口将显示垂直于当前工作平面的视图，以方便用户在绘制时准确定位。

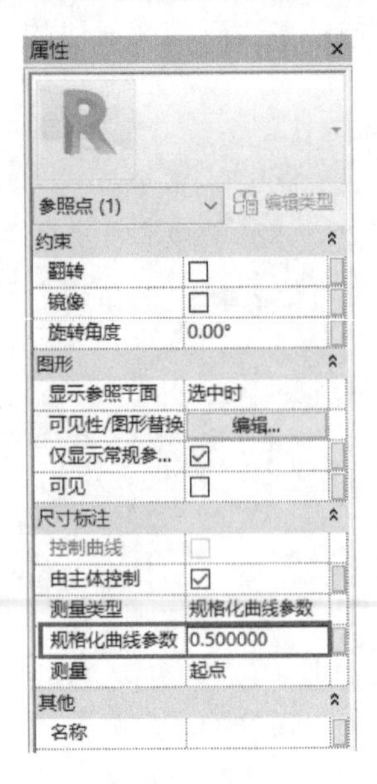

图 21-17

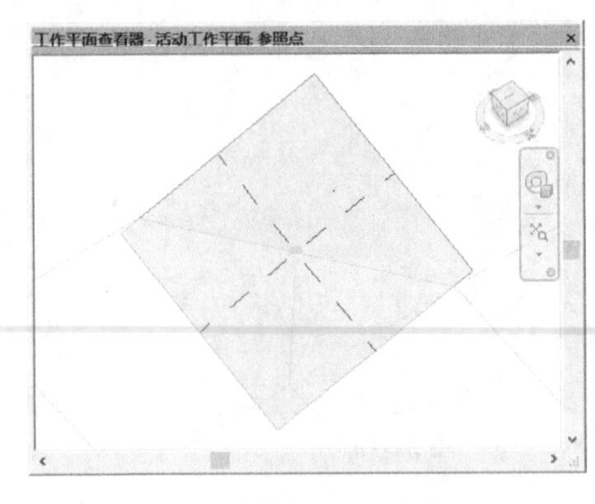

图 21-18

Step15 使用“绘制”面板中“模型线”工具，绘制方式为“矩形”；设置绘制定位方式为“在工作平面绘制”，不勾选选项栏中“三维捕捉”选项。激活“工作平面查看器”窗口，捕捉窗口中定位参照平面交点，作为矩形起点，绘制长度为 2500、宽度为 1500 的矩形。配合使用“旋转”和“移动”工具，修改矩形位置如图 21-19 所示。

提 示

可以右键单击三维视图中的 ViewCube，在弹出的右键菜单中选择“定向到视图→三维视图→工作平面查看器”选项，将当前三维视图旋转为垂直于工作平面的视图。

Step16 在“工作平面查看器”窗口中单击选择矩形轮廓。单击“形状”面板“创建形状”工具，Revit 将创建生成拉伸实体。保持实体顶面处于选择状态，修改临时尺寸线值为 8000，修改拉伸实体高度为 8000，结果如图 21-20 所示。按 Esc 键两次，退出所有选择集。关闭并不保存该文件，退出体量创建模式。

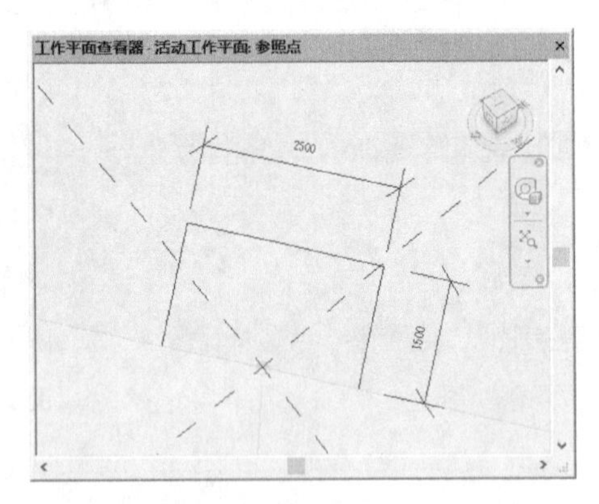

图 21-19

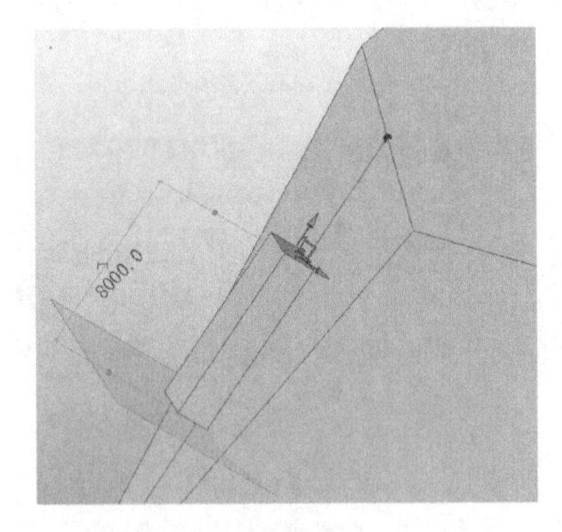

图 21-20

在第 16）步操作中，选择拉伸实体表面后，Revit 将显示橙色坐标系。Revit 共提供了两种坐标系，彩色坐标系及橙色坐标系。彩色坐标系分别用红、绿、蓝色代表世界坐标的 X、Y、Z 方向。在该坐标系下，将沿世界坐标方向（即公制体量样板 . rfa 族样板中默认的正交参照平面方向与标高方向）移动所选择对象；而橙色坐标系表示由所选择对象自身方向确定的坐标系，称为局部坐标系，在该坐标系下，将沿垂直于对象或平行于对象的方向移动和修改所选择对象。选择对象后，如果该对象显示橙色坐标系，可以通过按键盘空格键，在局部坐标系与世界坐标系间进行切换。

在创建概念体量模型时，所有轮廓都必须绘制在当前工作平面上。只需要单击拾取参照点即可将所选工作平面设置为当前工作平面。除可以将参照平面、标高和对象表面作为定位面外，还可以将“参照点”作为当前工作平面。参照点分为自由点、基于主体的点和驱动点三种类型。在后面的操作中，将逐步介绍这三种点的区别。

21.1.2 创建各种形状

使用“创建形状”工具可以创建两种类型的体量模型对象：实体模型和空心模型。一般情况下，空心模型将自动剪切与之相交的实体模型。空心模型可以自动剪切创建的实体模型。使用“修改”选项卡“编辑几何图形”面板中“剪切几何图形”和“取消剪切几何图形”工具可以控制空心模型是否剪切实体模型。与 Revit 其他族类似，在创建概念体量时可以为概念体量创建参数化驱动约束。

“创建形状”工具将自动分析所拾取的草图。根据拾取草图形态可以生成拉伸、旋转、扫掠、融合等多种形态的对象。例如，当选择两个位于平行平面的封闭轮廓时，Revit 将以这两个轮廓为端面以融合的方式创建模型。表 21-1 中列举出 Revit 中创建概念体量模型的方式。

表 21-1

拾取内容	生成结果	生成方式	备注
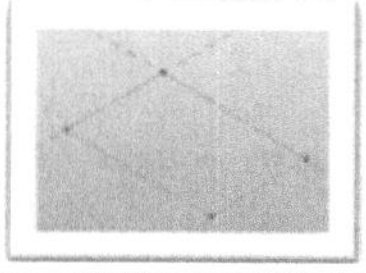		拉伸	单一封闭轮廓
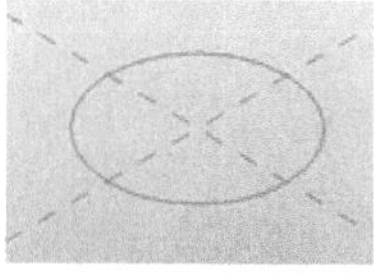	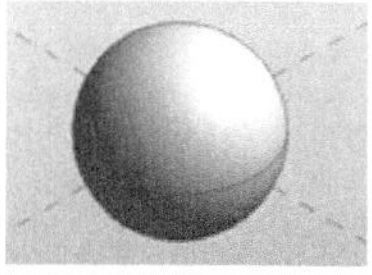	旋转	单一圆形封闭轮廓（可选）
		旋转	位于同一平面内的直线和封闭轮廓
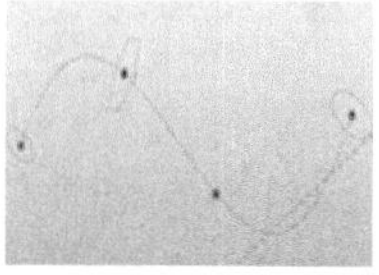	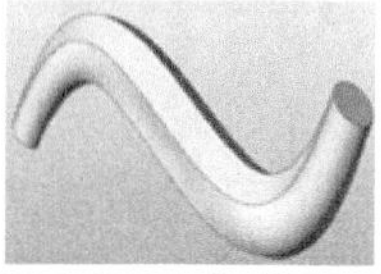	融合放样	路径和所有垂直于路径的多个封闭轮廓
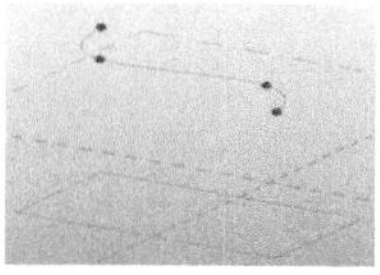		融合	位于相互平行的不同平面上的封闭轮廓或非封闭轮廓
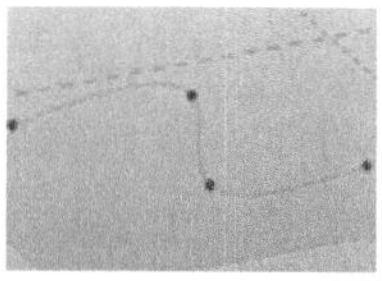	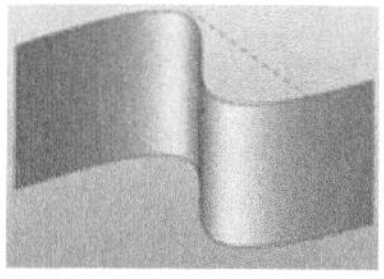	拉伸	单一非封闭轮廓线
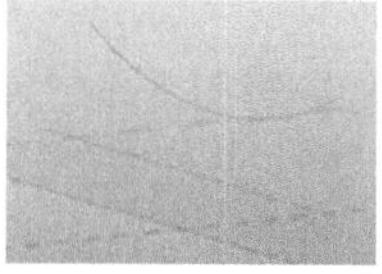	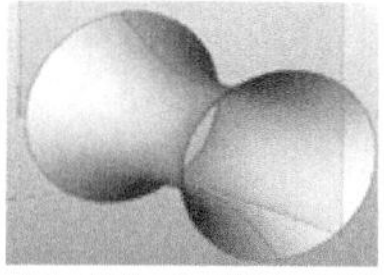	旋转	位于同一平面内的曲线和直线
	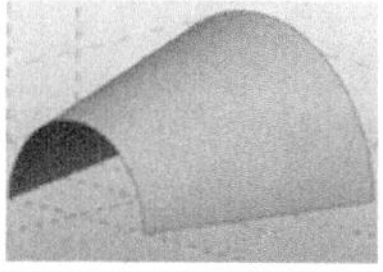	放样	位于相互平行的不同平面内的非封闭轮廓
		放样融合	路径和所有垂直于路径的封闭轮廓

21.1.3 创建和编辑曲面

创建基本概念体量模型后，可以灵活编辑和修改概念体量模型的点、边和面，从而生成复杂概念体量模型。通过下面的练习，介绍如何编辑和修改体量模型。

Step01 启动 Revit，进入创建概念体量族模式。切换至标高 F1 楼层平面视图。如图 21-21 所示，使用“参照平面”工具，在“中心（左/右）”两侧 30m 位置绘制参照平面后，按 Esc 键完成参照平面绘制。

Step02 切换至三维视图。单击“常用”选项卡“工作平面”面板中“显示”工具，高亮显示当前工作平面。单击激活“中心（左/右）”参照平面，将该参照平面设置为当前工作平面。

Step03 单击“ViewCube”中“右”立面，切换视图方向至“右”侧三维视图方向。单击“常用”选项卡“绘制”面板中“中心—端点弧”工具，默认将进入“模型线”绘制模式。自动切换至“修改 | 放置线”上下文选项卡。如图 21-22 所示，拾取标高与参照平面交点单击作为圆心，依次拾取中心参照平面两侧标高作为起点和终点绘制半径为 30m 的半圆弧。完成后按 Esc 键两次，退出绘制模式。

提 示

也可以切换至东立面视图中进行上述操作。

Step04 单击“ViewCube”任意角点，切换三维视图方向至任意等轴测视图。选择上一步中创建的圆弧，单击“形状”面板中“创建形状”工具，Revit 将以该圆弧为基础创建曲面。结果如图 21-23 所示。

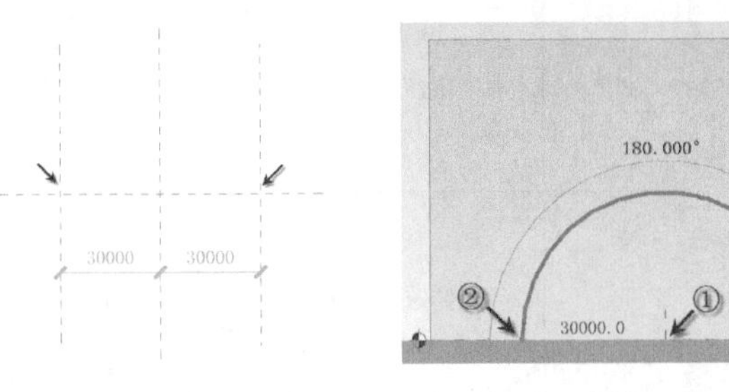

图 21-21　　图 21-22

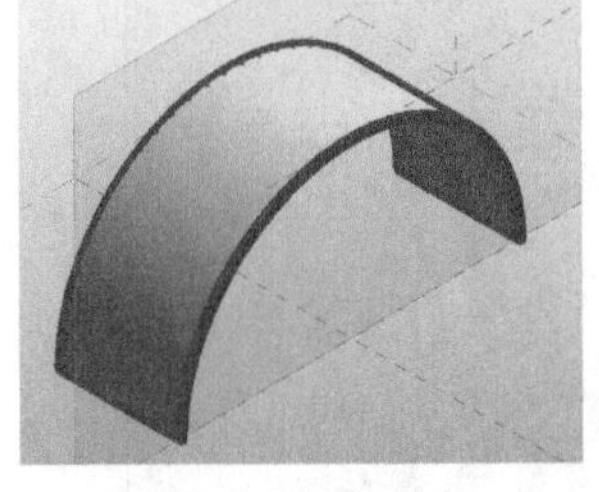

图 21-23

Step05 切换至 F1 楼层平面视图。配合使用 Tab 键，选择曲面位于“中心（左/右）”参照平面处的圆弧轮廓边。Revit 将显示彩色坐标系。如图 21-24 所示，按住坐标系红色箭头，并移动鼠标，将沿红色坐标方向（X 方向）移动边界轮廓，当边界轮廓捕捉至右侧 30m 参照平面位置时，松开鼠标。使用类似的方式修改另外一侧边界轮廓至左侧 30m 参照平面位置。

提 示

按住体系中的坐标轴，将约束在该坐标轴方向上修改或移动图元。按住坐标系中坐标轴间的平面，将约束在该平面方向上修改或移动图元。

Step06 切换至默认三维视图。选择曲面，Revit 自动切换至“修改 | 形式”上下文选项卡。如图 21-25 所示，单击“形状图元”面板中“透视”工具，Revit 将以透视的方式显示曲面。在该模式下，可以查看曲面形状中可编辑的轮廓、边以及控制点图元。

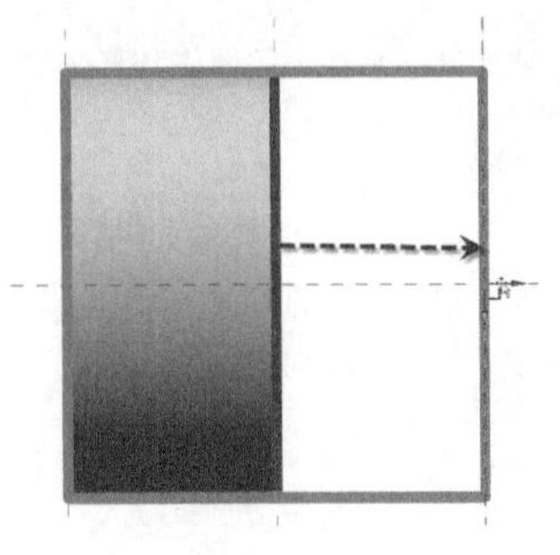

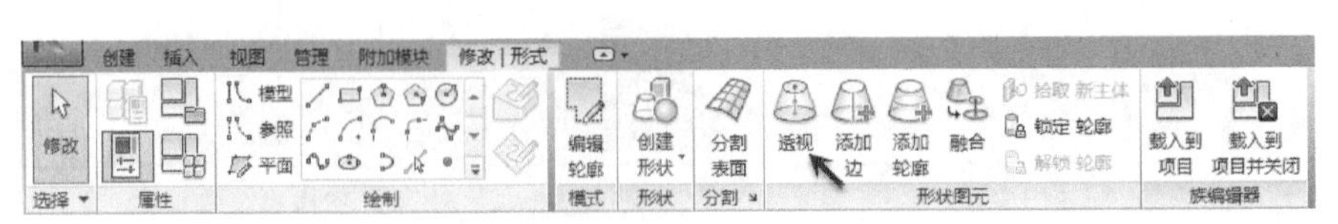

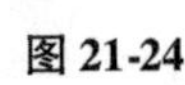

图 21-24　　图 21-25

Step07 保持曲面处于选择状态。单击“形状图元”面板中“添加轮廓”工具，在曲面中任意一点单击，Revit将在拾取点位置沿曲面表面生成新轮廓曲线。如图 21-26 所示。该曲线与本操作第 3）步中绘制的半圆弧相同。

Step08 切换至标高 F1 楼层平面视图。选择上一步中添加的轮廓曲线，将其修改至“中心（左/右）”参照平面位置。

Step09 切换至默认三维视图。选择上一步中添加的轮廓曲线，Revit 将给出该圆弧半径长度的临时尺寸标注。修改该圆弧半径为 15m。结果如图 21-27 所示。

Step10 切换至标高 F1 楼层平面视图。Revit 将显示所有可编辑图元。选择左下方参照点控制，使用“移动”工具，沿水平向右移动 10m，切换至三维视图曲面，修改为如图 21-28 所示形状。注意移动该点时，将修改原边界曲线的形状。

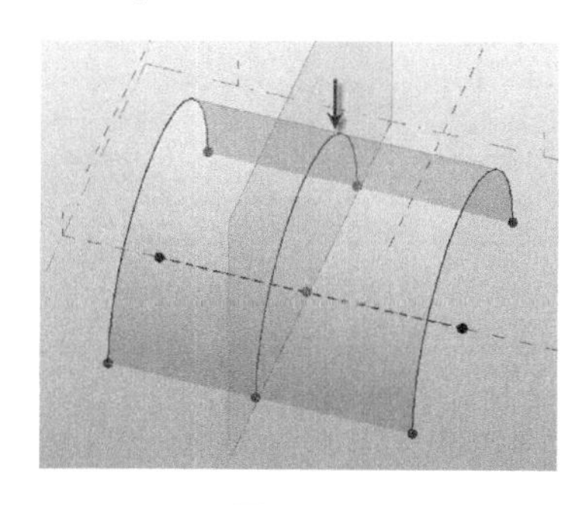

图 21-26

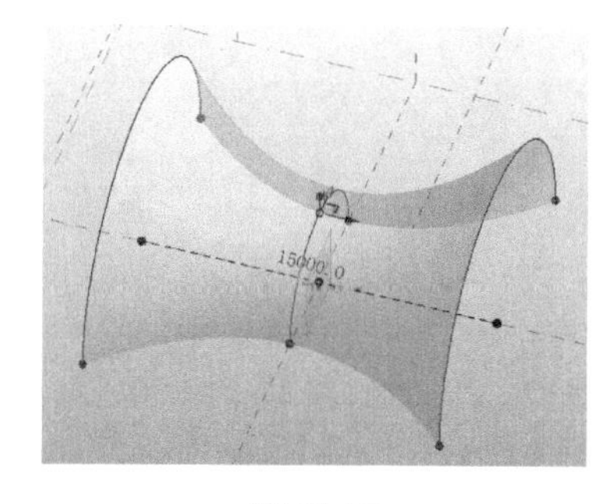

图 21-27

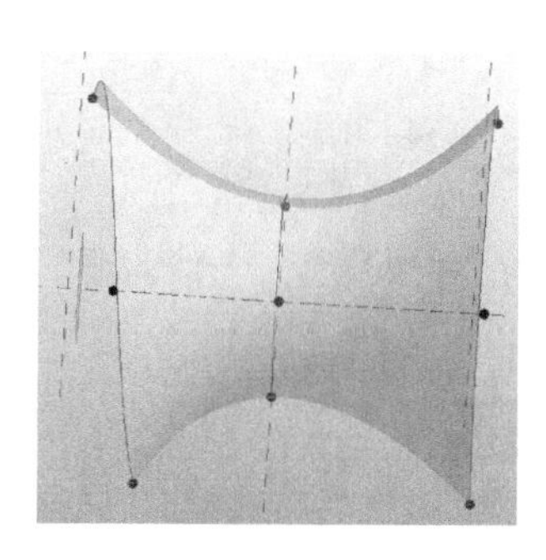

图 21-28

提 示

控制点移动后，由于该点自身的坐标系不再与世界坐标系方向一致，因此将切换为橙色坐标系。

Step11 切换至标高 F1 楼层平面视图。选择曲面图元，单击“形状图元”面板中“添加边”工具，移动鼠标至“中心（前/后）”参照平面附近单击，将沿曲面方向添加边界。完成后按 Esc 键退出添加边模式，Revit 会自动在轮廓线与边交点处添加新控制点。

提 示

为曲面添加边后，曲面及轮廓线会被新添加的边划分为独立的段。

Step12 选择上一步中添加的边，使用“移动”工具，捕捉边界线与“中心（左/右）”参照平面轮廓交点，将其移动至“中心（左/右）”与“中心（前/后）”参照平面交点处。切换至默认三维视图，结果如图 21-29 所示。

Step13 切换至标高 F1 楼层平面视图，选择图 21-29 中箭头所示位置点图元。使用移动工具沿水平方向向右移动 6m。Revit 将重新调整轮廓曲线并调整曲面形状，以适应修改后点图元的位置。

Step14 使用“点图元”工具，确认绘制方式为“在面上绘制”，分别捕捉左右两轮廓曲线中任意位置，单击放置点图元。该点图元将跟随轮廓线的变化而变化，因此称为基于主体的点。结果如图 21-30 所示。

提 示

基于主体的点无法改变主体的形状，而仅能沿主体移动，用于确定垂直于主体的工作平面。基于主体的点比驱动对象形状的驱动点小。

Step15 单击上一步中创建的①号点，将该点激活为当前工作平面。使用“绘制”面板中“圆形”工具，捕捉该点作为圆心，绘制半径为 1000 的圆形轮廓。完成后按 Esc 键退出绘制模式。

Step16 配合键盘 Ctrl 键，分别选择圆形及①号点所在边界的所有曲线，单击形状面板中“创建形状”工具，创建放样形状，结果如图 21-31 所示。

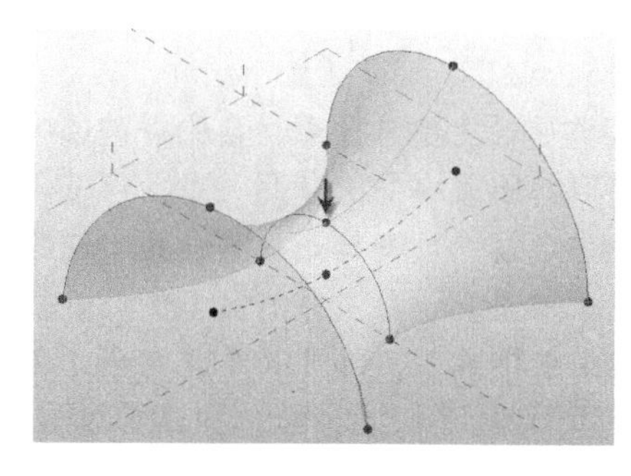

图 21-29

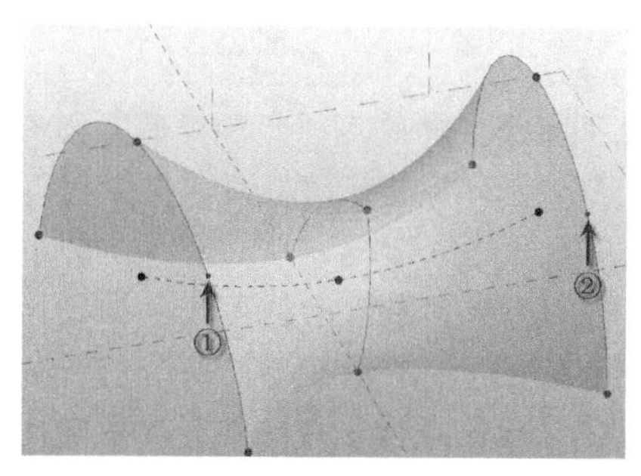

图 21-30

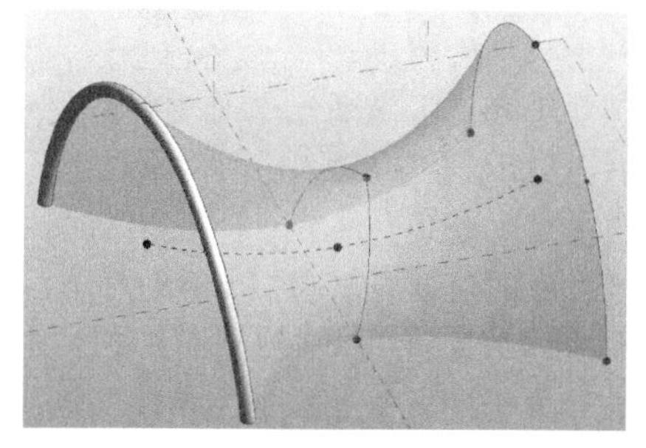

图 21-31

提示

添加边后，轮廓边界将被划分为独立的两条边界。

Step17 使用类似的方式以②号点为工作平面和圆心，绘制半径为1000的圆形轮廓，并创建放样。

Step18 如图21-32所示，单击“绘制”面板中“矩形”工具，勾选选项栏“三维捕捉”选项，并勾选“跟随表面”选项，设置“投影类型”为“跟随表面UV”。

图 21-32

提示

仅当勾选“三维捕捉”选项后，才会出现“跟随表面”选项。

Revit提供了三种表面跟随的方式，分别是：自上而下、与标高平行和跟随表面UV。自上而下的方式将保障所绘制的形状在楼层平面视图方向上保持与所绘制的形状一致的方式投影至曲面，该方式很类似于“垂直洞口”的效果。与标高平行可保障所绘制的图形在立面方向上保障水平方向图元与标高平行。跟随表面UV则保障所绘制矩形边界将沿曲面自身UV坐标方向投影绘制。在本章第21.2.1节中，将介绍曲面的UV坐标。

Step19 如图21-33所示，移动鼠标至曲面表面，当曲面表面高亮显示时，在任意位置单击作为矩形第1点，沿曲面移动鼠标，在适当位置单击作为矩形第二点，完成矩形绘制。该矩形将自动投影至矩形表面。

Step20 选择上一步中绘制的矩形。使用“空心形状”工具，Revit将生成空心“面”。单击选择该“面”，继续使用“空心形式”工具，将创建空心体。按Esc键两次完成当前操作。Revit将利用空心形状剪切曲面。单击曲面，再次单击“形状图元”面板中“透视”工具，取消曲面透视，结果如图21-34所示。保存该文件，或打开随书文件“第21章\rvt\创建和编辑曲面.rvt”文件查看最终结果。

“形状图元”面板中还提供了“锁定轮廓”“融合”等体量表面编辑工具，请读者自行尝试该编辑功能。除体量曲面外，其他形式的曲面均支持类似的操作方式，在此不再赘述。

“点图元”是概念体量设计中非常重要的定位图元。确定了点在空间的位置，通过连接空间点生成曲线，再利用曲线通过放样等方式生成各种曲面、实体，是Revit中概念体量设计的基本工作步骤。如图21-35所示，为利用“点”工具及“通过点的样条曲线”创建的空间圆管。

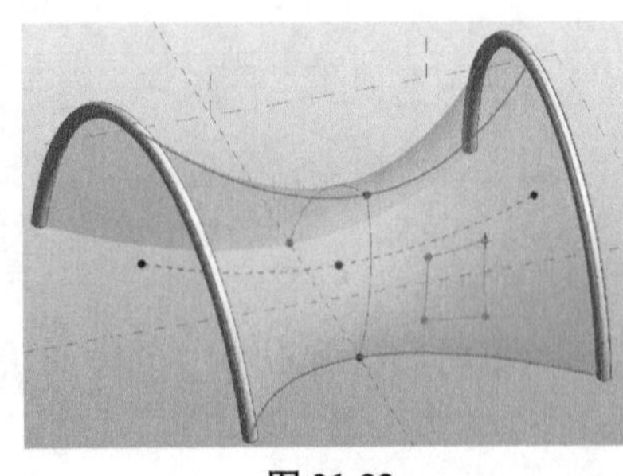

图 21-33

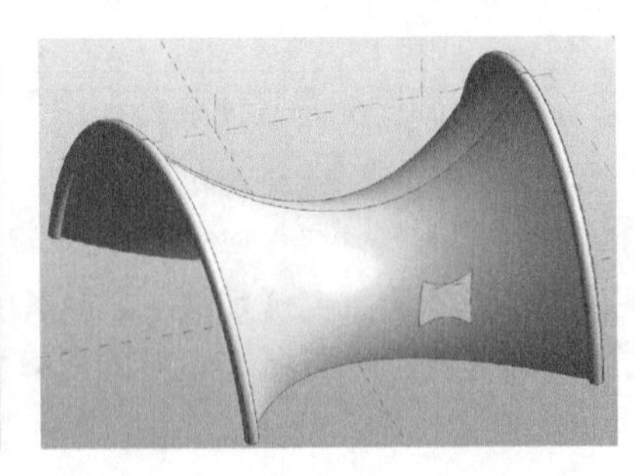

图 21-34

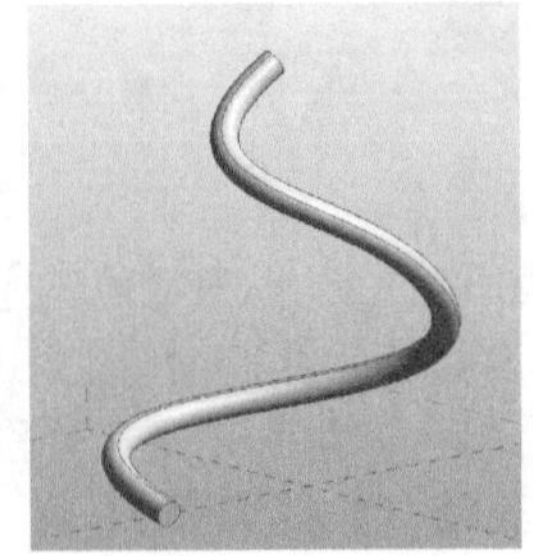

图 21-35

Revit中点图元分为自由点、驱动点和基于主体的点。自由点是放置在工作平面上的参照点，自由点被选中后会显示三维控件，它可以移动到三维工作空间内的任何位置，并始终保持对其所属平面的参照关系。当使用自由点生成线、曲线或样条曲线时，通常会自动创建驱动点。基于主体的点是放置在现有样条曲线、线、边或表面上的参照点。它们比驱动点小，每一个点都提供自己的工作平面，用以添加垂直于其主体的几何图形。基于主体的点随主体的变更而移动，并且可以沿主体图元移动。每个基于曲线上主体的点，都可以通过调整“属性”面板中“规格化曲线参数”选项精确设置该点位于曲线的长度百分比，用于精确指定点在曲线上的位置。

在样条曲线上创建基于主体的点后，选择该点，单击选项栏“生成驱动点”选项，可以将基于主体的点修改为驱动点，通过修改该点进一步修改样条曲线的样式。

在概念体量设计阶段不必过多考虑精确的尺寸关系。更多的是通过拖拽、移动等自由编辑功能修改概念体量的形式，待形式满足设计要求后，再编辑深化、确定精确的体量形状。

21.1.4 导入其他模型作为概念体量

除使用概念体量环境创建概念体量外，还可以在概念体量模式下导入其他三维建筑工具建立三维模型，作为Revit 的概念体量。导入的外部模型同样可用于体量分析、转换生成 Revit 建筑设计模型等。在创建概念体量模式下，单击“插入”选项卡“导入”面板中“导入 CAD”工具，浏览至要导入的模型，设置图形单位即可导入三维模型。

Revit 支持导入包含在 DWG、DXF 和 SAT 文件中的 ACIS 对象。也可以导入 SketchUP 创建的“.skp”格式的模型文件，Revit 支持 SketchUP8.0 或更早版本格式的 SKP 文件，当使用高版本 SkechUP 创建模型时，请另存为 8.0 格式的 SketchUP 文件再导入 Revit 中。否则将无法在 Revit 中编辑和修改导入的外部模型，也无法为导入的模型添加控制参数。当使用 Rhino 或 3ds MAX 创建了复杂曲面造型时，必须将其模型另存或导出为 DWG、DXF 或 SAT 格式的 ACIS 对象才能导入 Revit 中。

21.1.5 关于曲面

在计算机中，有两种方式用于描述曲面：多边形曲面及 NURBS 曲面。多边形曲面也称为 Polygon 曲面或面片曲面，使用多边形（通常为三角形或四边形）的方式描述曲面，常用于渲染、动画与概念设计等领域。例如椭圆球、立方体等，计算机在处理这些图形时，均是由无数个被细分的多边形构成图形。因为多边形是由一些平坦的三角形构成，所以本身的精度很低。而图形的精度则取决于构成该图形的多边形数量，所以对于多边形曲面，即使是顺滑的曲面，其依然是由一些平坦的三角形构成，例如对于一张人脸形状的对象，通常需要数百万个三角形，以满足显示精度的要求。多边形曲面满足大部分计算机图形渲染、动画与游戏产业的要求，但并不能满足涉及造型及设计领域的需求。在设计中常用的 SketchUp、3ds max 等均使用多边形曲面记录对象。

NURBS 是非均匀有理 B 样条曲线（Non-Uniform Rational B-Splines）的缩写。NURBS 由 Versprille 在其博士学位论文中提出，1991 年，国际标准化组织（ISO）颁布的工业产品数据交换标准 STEP 中，把 NURBS 作为定义工业产品几何形状的唯一数学方法。使用 NURBS 则可以精确的创建高难度的自由形态的产品，而且在构建上能够满足制造所需的精度要求，NURBS 更加接近于真实中的平滑曲面，并且可以极为精确地控制曲面质量和形态，常用于工业设计的最终模型的构建。几乎所有的 CAD、CAM、CAE 工具都是使用的这种模式，常见的设计工具如 Revit、Rhino（犀牛）等。因此，在 Revit 体量中导入其他三维工具创建的模型时，推荐导入 Rhino 等 NURBS 曲面工具创建的曲面，方便后期在 Revit 中应用。

21.2 有理化表面

创建完成概念体量模型后，可以对概念体量模型中的“面”进行分割，并在分割后的表面中，沿分割网格为概念体量模型指定表面图案，以增强方案表现能力。

21.2.1 使用 UV 网格分割表面

可以使用表面分割工具对体量表面或曲面进行划分，划分为多个规则的网格，即以平面风格图案的形式替代原曲面对象。方格中每一个顶点位置均由原曲面表面点的空间位置决定。例如，在曲面形式的建筑幕墙中，幕墙最终均由多块平面玻璃嵌板沿曲面方向平铺而成，要得到每块玻璃嵌板的具体形状和安装位置，必须先对曲面进行划分才能得到正确的加工尺寸。这在 Revit 中称为有理化曲面。

要实现有理化曲面，必须先使用“分割表面”工具对表面进行有网格划分。表面可以通过 UV 网格（表面的自然网格分割）进行分割，也可以根据标高、参照平面、模型线等图元按用户指定的方式分割表面。下面通过操作说明如何对表面进行划分。

Step 01 打开随书文件“第 21 章\rvt\使用 UV 分割表面.rfa”项目文件。切换至默认三维视图。该项目中已经创建了曲面表面。

Step 02 单击该曲面，使该曲面处于选择状态，自动切换至“修改 | 形式”上下文选项卡。如图 21-36 所示，单击“分割”面板中“分割表面”工具，进入“分割的表面”编辑模式，自动切换至“修改 | 分割的表面”上下文选项卡。

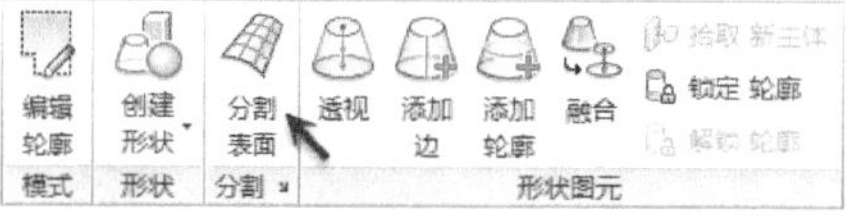

图 21-36

提 示

只有取消体量表面的“透视”模式，才可以显示分割。

Step03 如图 21-37 所示，确认激活“UV 网格和交点”面板中“U 网格”和“V 网格”模式，修改选项栏“U 网格”生成方式为“距离”，输入3000 作为 U 网格距离值；修改“V 网格”生成方式为“距离”，输入3000 作为 V 网格距离值。其他参数默认。

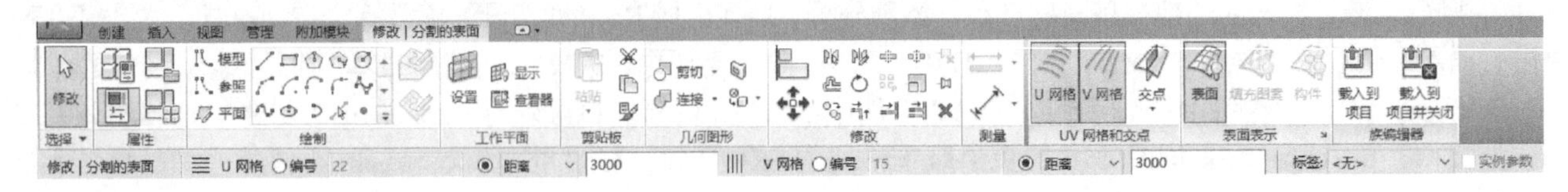

图 21-37

Step04 Revit 将以指定的距离沿曲面的 U、V 方向生成网格，结果如图 21-38 所示。

Step05 确认曲面处于选择状态。单击曲面中部“配置 UV 网格布局”图标，进入修改 UV 网格布局模式。如图 21-39 所示，该模式下显示了 UV 网格布局由 UV 对正坐标（图中 A 所示）、U 方向测量网格带（图中 B 所示）、V 方向测量网格带（图中 C 所示）组成。

Step06 曲面 UV 网格对正坐标用于定义曲面 UV 网格分割的计算起点。按住并拖动 UV 网格对正坐标，当移动鼠标至曲面角点位置时，如图 21-40 所示，松开鼠标左键，Revit 将自动放置 UV 网格对正坐标至临近角点位置。同时，Revit 将以曲面角点为基点，重新以坐标位置为原点调整曲面 UV 网格。

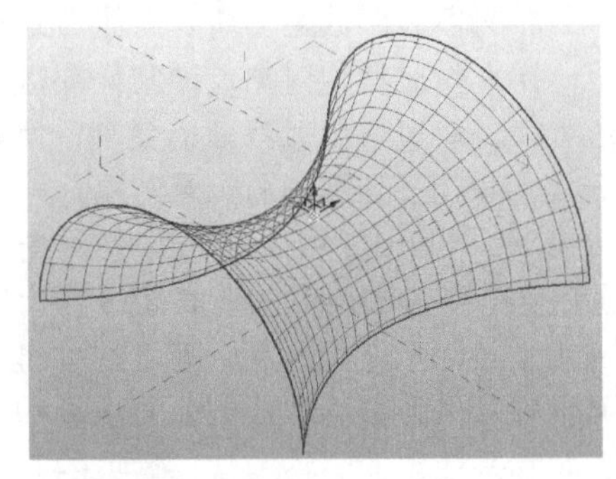

图 21-38

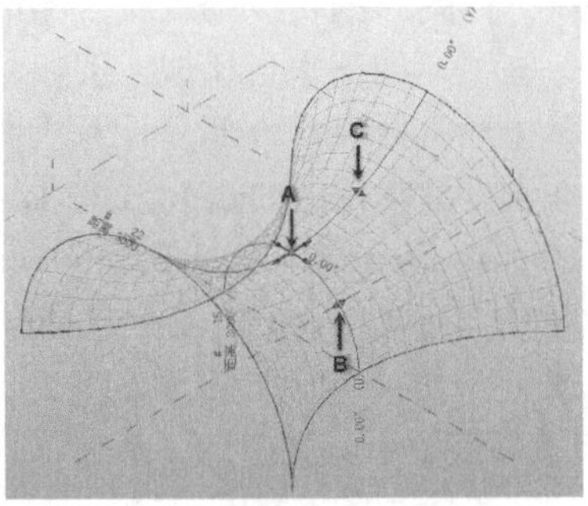

图 21-39

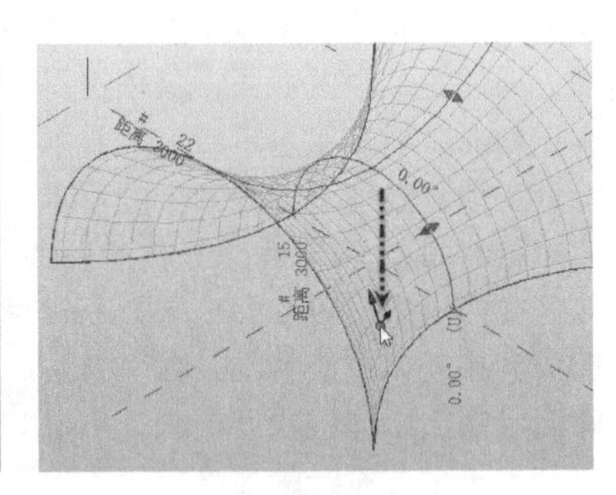

图 21-40

提 示

网格对正坐标类似于第 6 章介绍的幕墙网格坐标，在此不再赘述。

Step07 在划分网格时，Revit 按 UV 方向测量网格带作为分割测量基准。如图 21-41 所示，按住并拖动 UV 方向测量网格带操作夹点，直到图中所示边界位置松开鼠标左键，Revit 将根据 U 方向测量网格带所在位置重新按第 3）步中指定的 3000 距离计算 U 方向网格数量，注意 U 方向网格数量修改为 31。

提 示

本操作中按 3m 间隔生成 U、V 方向网格。Revit 沿测量网格带的弦长（而非曲线长度）划分 U、V 网格。因此，指定在曲面上不同的网格分隔带位置，由于各网格分格带总长度不同，得到的分隔数量也不同。

Step08 分别单击 U、V 方向测量网格带的角度值，修改 U、V 网格方向分别为 30°，Revit 将沿曲面方向放置 UV 网格，结果如图 21-42 所示。完成后按 Esc 键退出 UV 网格编辑模式。

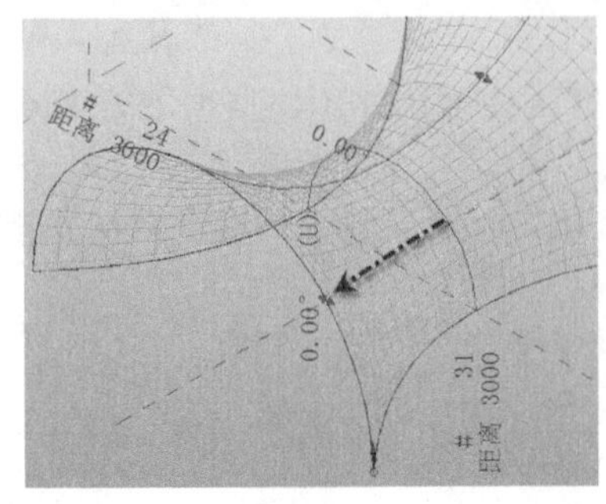

图 21-41

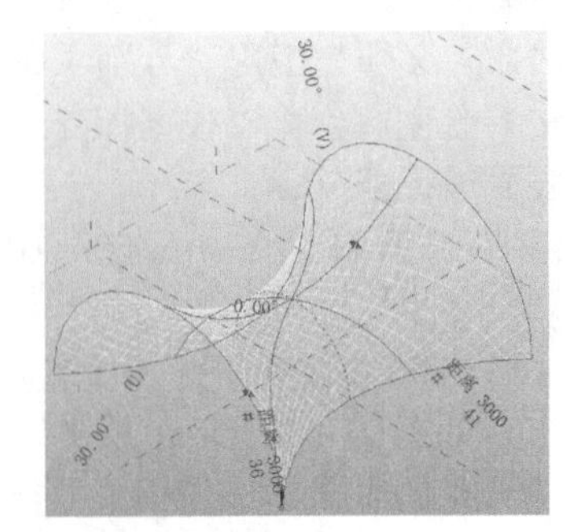

图 21-42

Step09 选择曲面，自动切换至“修改 | 分割的表面”上下文选项卡。如图 21-43 所示，单击“UV 网格和交点”面板中“U 网格”和“V 网格”，可以激活或关闭曲面的 U、V 网格显示。

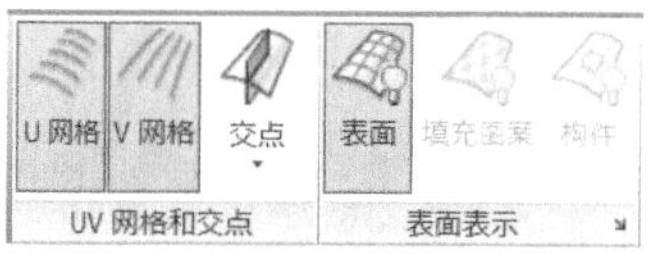

Step10 单击“表面表示”面板名称栏右下方箭头符号，打开“表面表示”对话框。如图 21-44 所示，勾选“表面”选项卡中“原始表面”“节点”和“UV 网格和相交线”选项，完成后单击“确定”按钮退出“表面表示”对话框。

图 21-43

提 示

“表面表示”对话框中通过修改“样式/材质”可以弹出材质对话框，为曲面表面指定材质。

Step11 Revit 将按指定方式重新显示曲面。结果如图 21-45 所示。关闭该文件，不保存对该文件的修改。完成本练习。

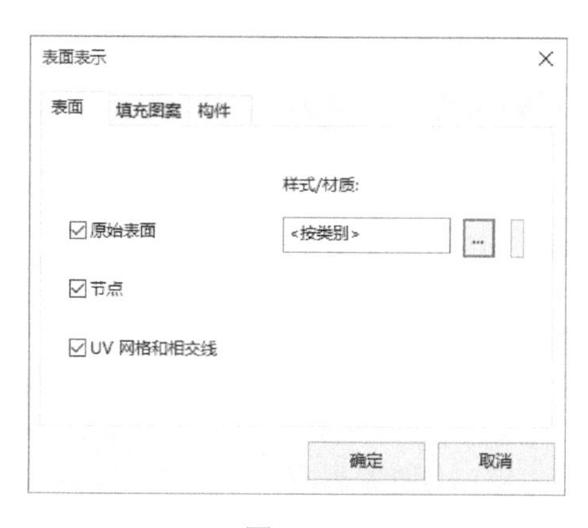

图 21-44

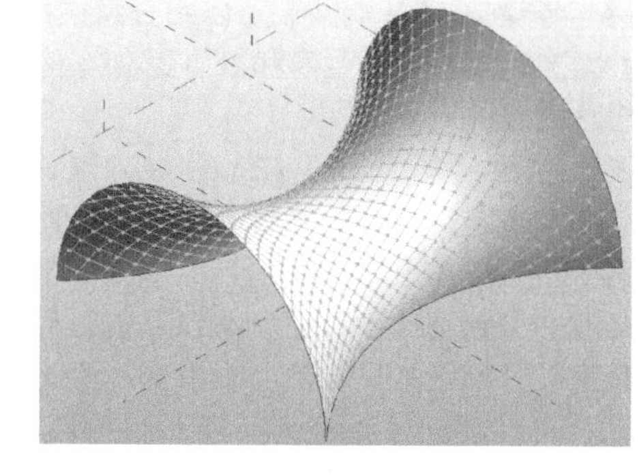

图 21-45

UV 网格用在概念设计环境中，相当于 XY 网格。UV 网格将沿曲面方向，将曲面划分为不同的区域。UV 网格的划分取决于 UV 方向测量网格带和 UV 网格对正坐标的位置。

21.2.2 使用任意网格划分表面

除根据曲面 UV 网格分割曲面表面外，还可以根据标高、参照平面、模型线分割表面。通过下面练习，介绍如何通过参照平面、标高图元对形状表面进行任意形式的划分。

Step01 打开随书文件“第 21 章\rvt\利用任意网格划分曲面.rfa”体量文件。切换至南立面视图。该项目中创建了垂直于标高的表面模型以及参照平面和标高图元。

Step02 选择表面模型。单击“分割”面板中“分割表面”工具，默认将采用 UV 方式划分表面。

Step03 单击取消“UV 网格和交点”面板中“U 网格”和“V 网格”工具，取消曲面默认的 UV 网格分割。

Step04 如图 21-46 所示，单击“交点”下拉列表中“交点”工具，进入“修改 | 分割的表面”编辑状态。

Step05 按住 Ctrl 键依次选择视图中所有参照平面和标高图元，单击“交点”面板中“完成”按钮完成表面分割，Revit 将以所选择的参照平面和标高划分表面。

Step06 切换至默认三维视图，结果如图21-47所示。

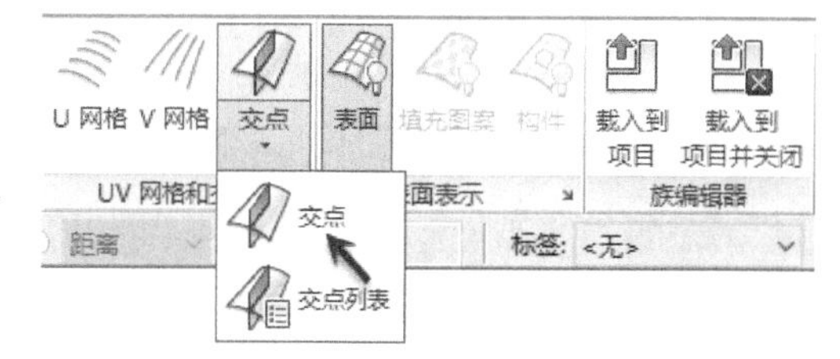

图 21-46

Step07 选择曲面，单击“UV 网格和交点”面板“交点列表”工具下拉列表中“交点列表”工具，打开“相交命名的参照”对话框，如图 21-48 所示，可以查看所有已命名的分割平面，并通过复选框控制该平面是否参与分割表面。注意本项目中，4 个自定义的参数平面并未命名。因此在单击确定后，这 4 个参照平面将不再分割曲面。

Step08 切换至南立面视图。选择参照平面，单击参照平面名称，如图 21-49 所示，分别将参数平面命名为 R1、R2、R3 和 R4。

Step09 再次选择曲面，打开“相交命名的参照”，注意在列表中出现上一步中命名的 R1 ~ R4 参照平面名称。勾选 R1 ~ R4 参照平面复选框，单击“确定”按钮，注意 Revit 将重新分割曲面表面。关闭该项目，不保存对项目的修改，完成本练习。

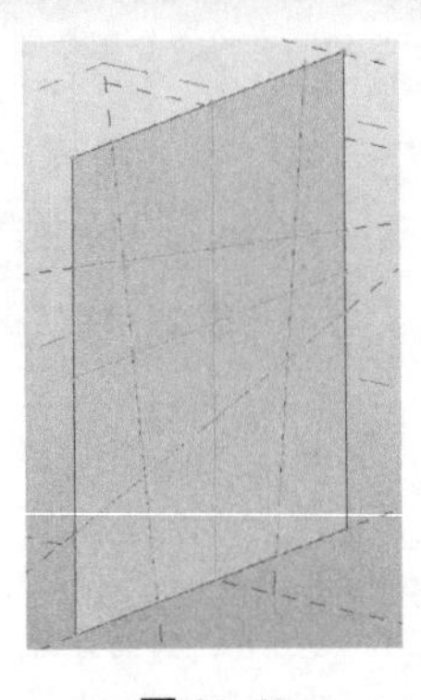

图 21-47

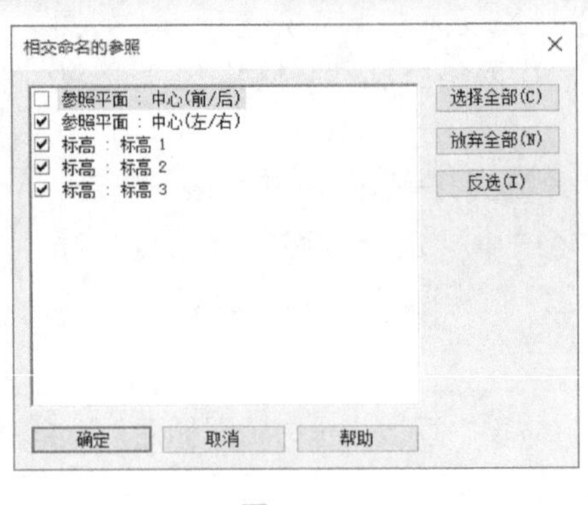

图 21-48

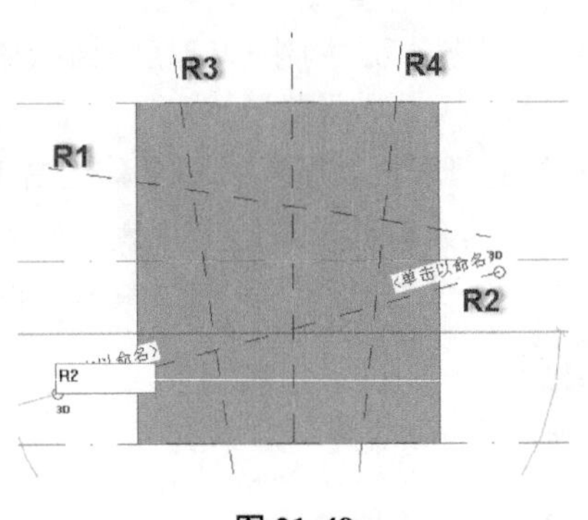

图 21-49

21.2.3 分割曲线路径

Revit 提供了“分割路径”功能，可以沿任意曲线对曲线进行分割，使得对曲线的控制功能进一步增强。可以按固定数量、固定距离、最大距离和最小距离 4 种方式对曲线进行分割。接下来，通过练习介绍如何利用分割路径功能对任意曲线进行分割。

Step01 打开随书文件“第 21 章\rvt\曲线分割.rfa”体量文件。切换至默认三维视图，该族中定义了一个曲面以及一条空间曲线。

Step02 选择空间曲线，如图 21-50 所示，单击“分割”面板“分割路径”工具，进入“修改 | 分割路径”模式，并自动在路径上按默认方式放置了路径分割点。注意路径分割点属于基于主体的点，因此以较小的点显示。

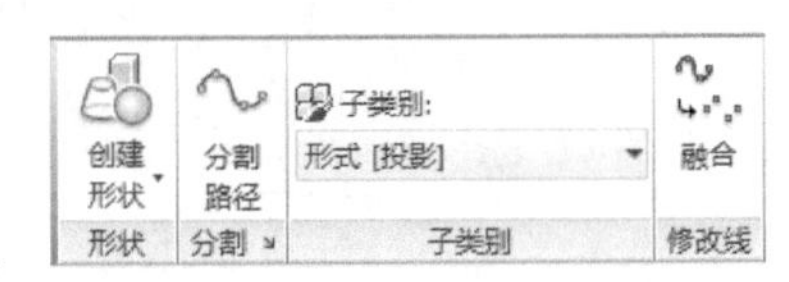

图 21-50

提 示

单击“分割”面板右下角箭头位置，可打开“默认分割设置”对话框，对默认分割的方式进行设置。

Step03 如图 21-51 所示，确认曲线处于选择状态，注意“属性”面板中“布局”的方式为“固定数量”，即按指定的数量平均分割曲线。修改“数量”为 8，确认测量类型为“弦长”，即按弦长的方式等分路径；勾选“显示节点编号”选项，注意此时曲线显示的分割点为 8 个，且按曲线绘制的顺序显示了分割点编号。

Step04 修改“属性面板”中“布局”方式为“固定距离”，输入“距离”为 6000，确认“测量类型”为“线段长度”，注意曲线将按新的设置重新计算，结果如图 21-52 所示。

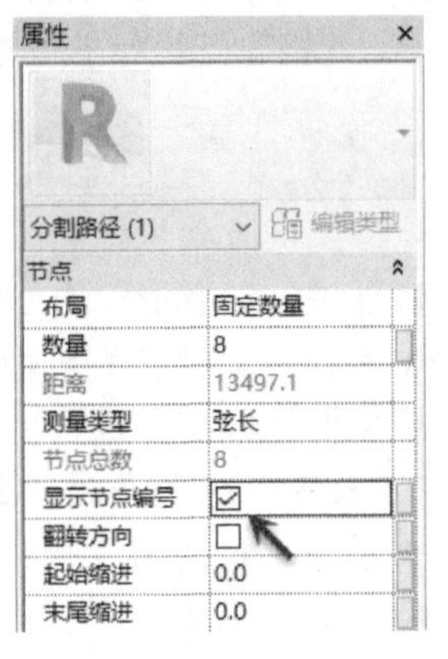

图 21-51

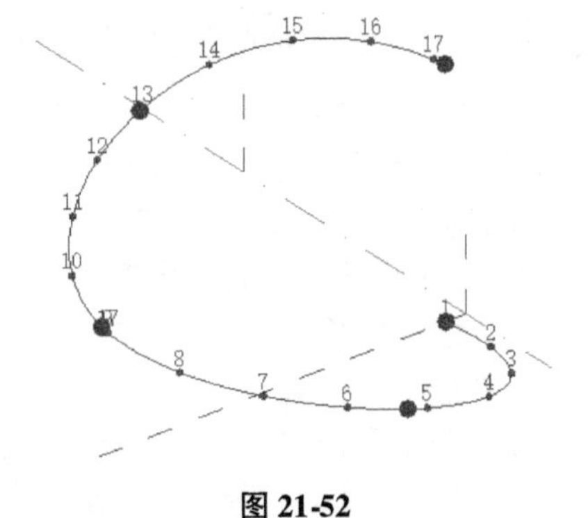

图 21-52

Step05 勾选属性面板中“翻转方向”选项，注意曲线的分割点编号被翻转。调整“测量类型”为“线段长度”，注意对比与“弦长”方式分割点位置的区别。

提 示

弦长是指节点间的弦长距离；线段长度是指节点间的曲线长度。

Step06 选择族中曲面，单击“形状图元”面板中“透视”工具，进入曲面透视显示模式。如图 21-53 所示。选择①号曲面边界，使用“分割路径”工具对该路径进行分割。勾选属性面板中“显示节点编号”选项，注意在曲面较小圆弧端为该边的起始编号。勾选“翻转方向”选项，翻转该路径的分割起始位置。

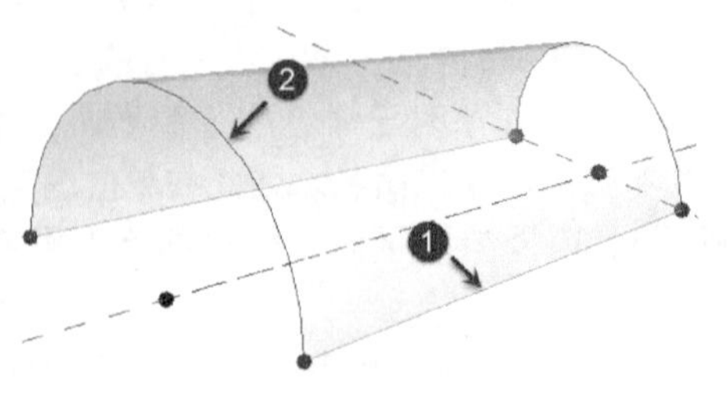

图 21-53

节点	
布局	固定数量
数量	6
距离	3863.6
测量类型	弦长
节点总数	6
显示节点编号	☑
翻转方向	☑
起始缩进	3000.0
末尾缩进	3000.0

图 21-54

Step07 修改属性面板“起始缩进”与“末尾缩进”值均为 3000，如图 21-54 所示。注意

Revit将重新计算路径分割的起始位置。

Step08 单击属性面板“数量”参数后“添加关联参数”按钮，弹出“关联族参数”对话框。如图21-55所示，单击关联族参数对话框底部“新建参数”按钮，弹出“参数属性”对话框，确认参数类型为“族参数”，设置参数数据名称为“分割数量”，参数形式为“实例”参数，其他默认。单击确定按钮返回关联参数对话框；再次单击确定按钮，将“分割数量”参数赋给“数量”属性参数。

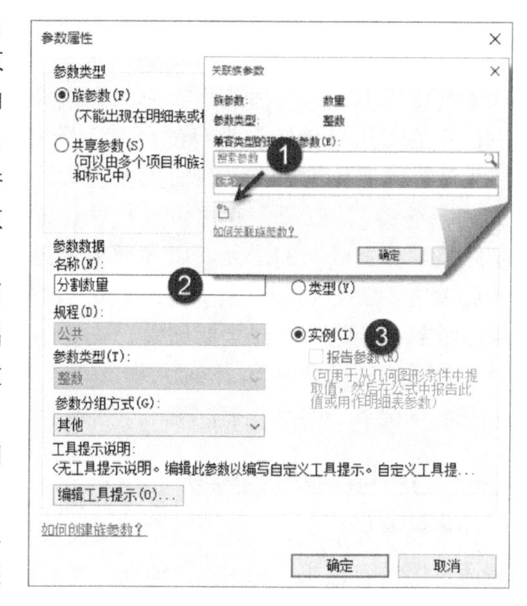

图 21-55

Step09 选择②号圆弧边界，单击“分割路径”工具对该曲面的边缘进行分割。默认将被等分为6个节点。勾选“显示节点编号”选项，确保编号起始该边界的分割起点为①号曲面边界位置。修改属性面板“起始缩进”与“末尾缩进”值均为3000。

Step10 重复第8）步操作步骤，为②号圆弧边界分割数量添加“分割数量”关联族参数。

Step11 单击“插入”选项卡“从库中载入”面板中“载入族”按钮，载入随书文件“第21章\rvt\自适应梁.rfa”族文件。

Step12 单击“创建”选项卡“模型”面板中“构件”工具，进入构件放置状态。确认当前构件族为“自适应梁”。如图21-56所示，捕捉至①号曲面边界1号分割节点位置单击作为自适应梁族的起点；捕捉至②号圆弧边界1号分割节点位置单击作为自适应梁族的终点，完成自适应梁的绘制，按Esc键两次退出“构件”放置状态。

Step13 单击选择上一步操作中放置的自适应梁构件。如图21-57所示，单击“修改”面板中“重复”工具，Revit将沿分割路径方向自动布置其余自适应梁构件。

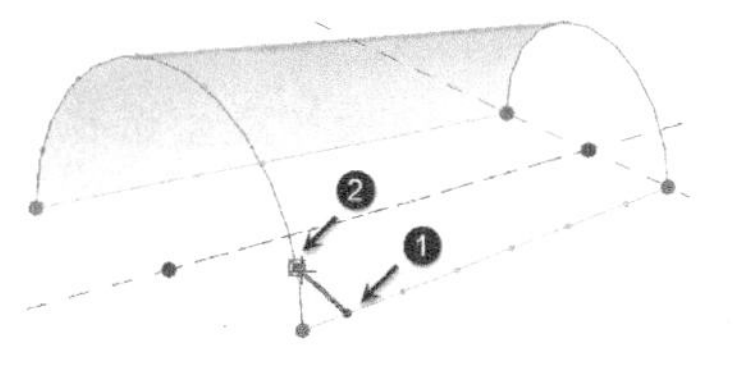

图 21-56

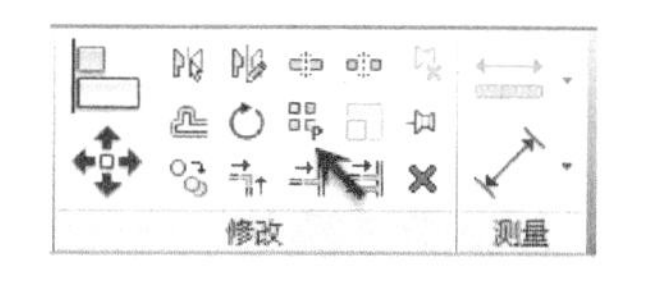

图 21-57

Step14 单击“修改”选项卡“属性”面板中“族类型”按钮，打开“族类型”对话框，如图21-58所示，修改“分割数量”值为“15”，单击应用按钮，完成参数修改。

Step15 注意Revit将自动修改分割节点的数量，并自动在各分割节点间生成自适应梁。结果如图21-59所示。分别选择①号曲面边界和②号圆弧边界，修改起始缩进和末尾缩进的属性值，观察各参数值的变化对模型的影响。至此完成本操作练习。关闭该文件，不保存对文件的修改。

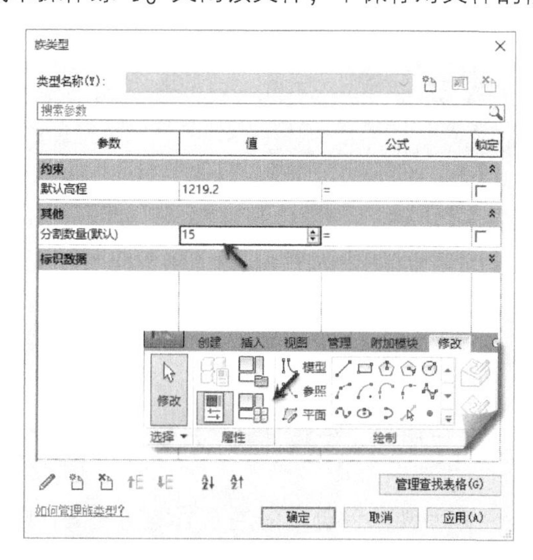

图 21-58

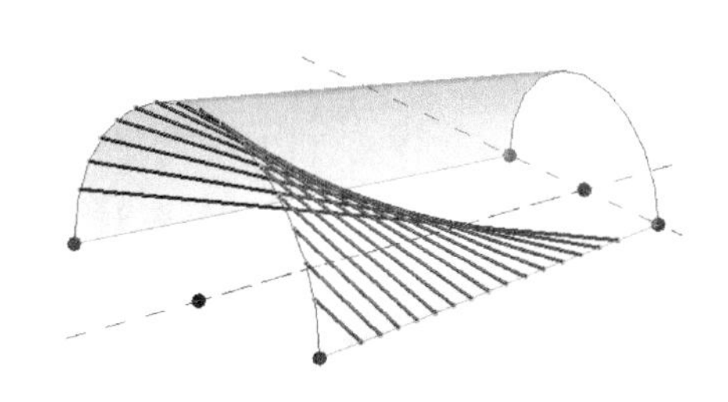

图 21-59

起始缩进和末尾缩进也可以根据参数控制的需要添加族关联参数。

Revit 可以利用分割路径功能对于任意曲面边界、轮廓或曲线进行任意地分割。结合自适应构件，可以方便在各节点位置生成可参数控制的模型。利用这种方式可以非常方便地处理需要有规律变化的建筑模型，如图 21-60 所示的异形建筑模型。

本节操作中的“自适应梁族”为自适应族。自适应族可以通过驱动点位置的变化自动修改自身的形状。配合自适应族以及重复工具，可以生成规律变化的模型。在使用重复工具后，将对应用重复的图元生成“中继器”，以便于在主体形状变化时（例如分割的数量变化）会继续按规律生成新的图元。如果需要停止中断器的功能，可以选择图元后单击如图 21-61 所示的“中继器”面板中“删除中继器”按钮，停用中继器。删除中继器不会删除已创建的模型，但在后续的曲线变化时，自适应的模型将不再随曲线变化。

在本章接下来的章节中，将深入介绍自适应族的使用。

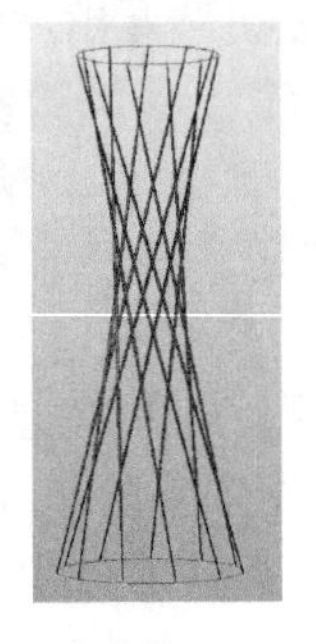

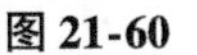

图 21-60

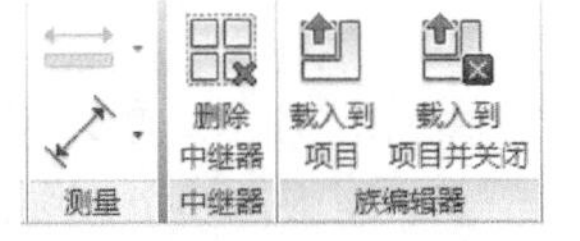

图 21-61

21.2.4 使用表面填充图案

体量表面分割后，可以按指定的图案填充表面，用于设计和细化复杂建筑表面，增强方案的表现能力。接下来通过操作介绍如何利用表面填充图案进行有理化表面研究。

Step 01 打开随书文件“第 21 章\rvt\表面填充图案.rfa”体量文件。切换至默认三维视图，该项目中创建了体量曲面表面，并已经利用 UV 网格对表面进行了划分。

Step 02 单击“插入”选项卡“载入族”工具，浏览至随书文件“第 21 章\rfa\锥状幕墙.rfa”族文件。

Step 03 选择体量表面，进入“修改|分割的表面”上下文选项卡。单击“属性”面板“类型选择器”列表中“矩形：锥状幕墙（隐藏嵌板）”表面填充图案族类型。Revit 将用所选择的表面填充图案族填充表面中已划分的网格，结果如图 21-62 所示。

Step 04 选择体量表面，修改“属性”面板“类型选择器”中表面填充图案族类型为“矩形：锥状幕墙（显示嵌板）”，Revit 将按所选择填充图案重新生成表面图案，结果如图 21-63 所示。

Step 05 注意，图中箭头所示位置边界由于未形成完整的 UV 网格，因此仅显示了部分填充图案模型。选择体量表面，如图 21-64 所示，修改“属性”面板中“边界平铺”选项为“悬挑”。单击“应用”按钮应用该设置，Revit 将以完整的填充图案显示边界位置。

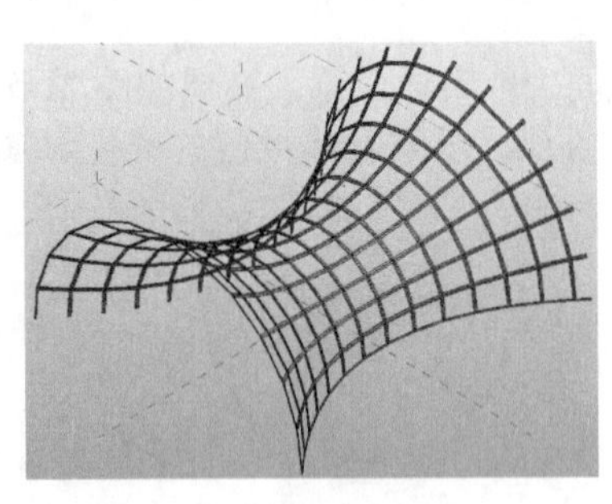

图 21-62

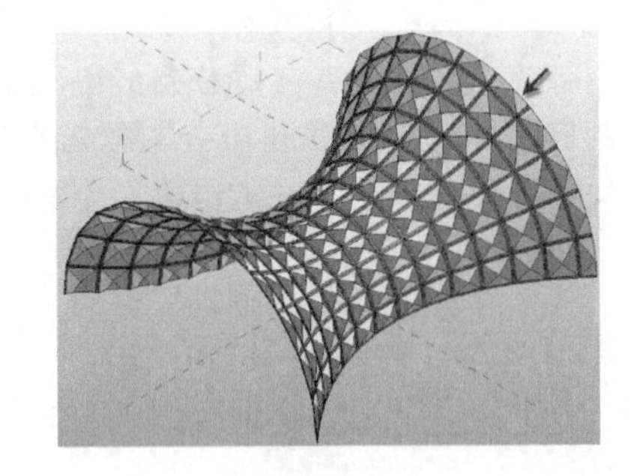

图 21-63

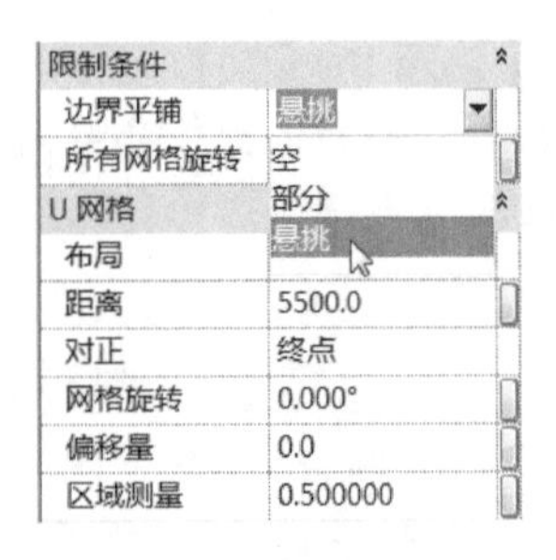

图 21-64

提示

显示完整填充图案后，将扩大体量表面范围。

Step 06 使用其他表面填充图案替换表面，查看其他填充图案的表面填充状态。关闭该文件，不保存对体量的修改，完成本练习。

应用表面填充图案后，可以在属性面板中对填充图案进行旋转、反转等操作，请读者自行尝试这些选项对填充图案的影响。

除使用自动表面填充图案替换分割曲面外，Revit 还允许手动放置自适应的表面填充图案。自适应表面填充图案允许用户指定填充图案沿表面网格的顶点位置，并根据选定的顶点位置，生成填充图案模型。通过下面的练习，学习如何手动放置自适应填充图案。

Step 01 打开随书文件“第 21 章\rvt\自适应表面填充练习.rfa”概念体量文件。切换至南立面视图。该概念体量表面基于交点划分了分割网格。

Step02 打开“表面表示”对话框，如图21-65所示，勾选“表面”选项卡中“节点”选项，单击“确定”按钮显示分割网格的交点。

Step03 单击“插入”选项卡“从库中载入”面板中“载入族”按钮，载入随书文件“第21章\rfa”目录中“自适应嵌板族.rfa”族文件。单击“常用”选项卡“模型”面板中“构件”工具，自动切换至“修改|放置构件”上下文选项卡，确认“属性”面板“类型选择器”中当前族类型为“自适应嵌板族：实体嵌板”族类型。如图21-66所示，在体量表面左上角网格内依次拾取网格交点，Revit将沿拾取的网格点生成嵌板。

Step04 切换“属性”面板“类型选择”中当前族为“自适应嵌板族：玻璃嵌板”。如图21-67所示，移动鼠标至上一步骤中分割区域右侧区域中，依次拾取分割表面中顶点，Revit将依据所拾取交点生成嵌板。

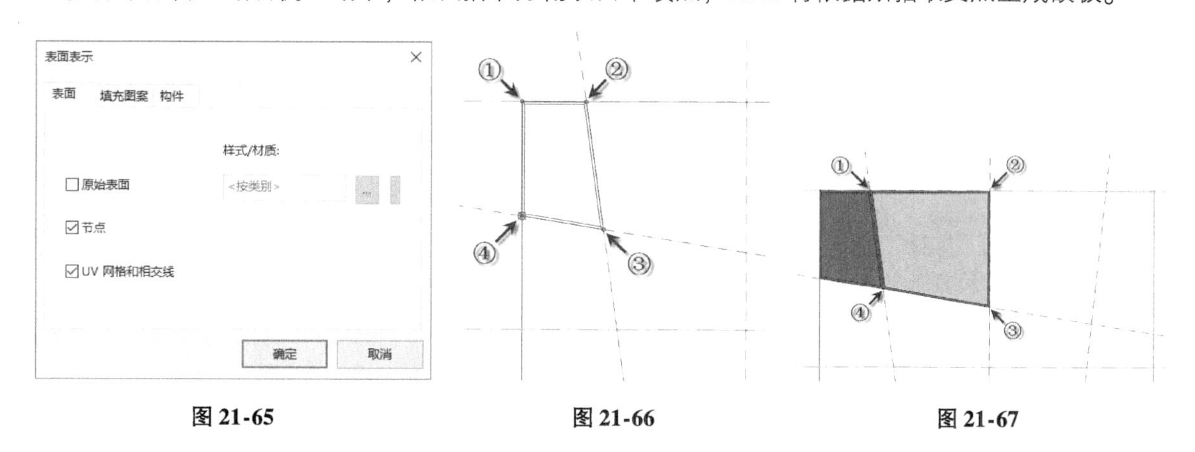

图21-65　　图21-66　　图21-67

Step05 重复上述操作步骤，参照图21-68所示位置，按照上述步骤中相同的顺序顺时针拾取，布置左侧第二列分割区域。注意第二列中左侧第一网格内选择“自适应嵌板族：玻璃嵌板”族类型，第二网格内选择“自适应嵌板族：实体嵌板”族类型。完成后按Esc键两次退出构件放置状态。

Step06 配合键盘Ctrl键，依次选择已创建的4个嵌板图元，单击“修改”面板中“重复”工具，Revit将根据所选择嵌板的规律生成其余嵌板，结果如图21-69所示。

Step07 关闭该文件，不保存对体量的修改。完成本练习操作。

自适应嵌板族中，定义了自适应点，在使用自适应嵌板族时，需指定与嵌板族中自适应点数量相同的分割表面交点。例如，本练习中使用的“自适应嵌板族”定义了4个自适应驱动点，因此在体量表面中使用该族时，需拾取4个点，以生成正确的嵌板族。

在分割的表面创建自适应嵌板后，使用“重复”工具可以将这些嵌板按相同的规律沿表面重复生成。注意所选择的图元不同时，“重复”生成的结果也将不同。如果21-70所示，当只选择本练习中第一行的左侧①号嵌板时，Revit将沿表面重复生成该嵌板；而选择第一行①号和②号嵌板时，将沿第一行的分割网格重复生成所选择的嵌板。读者可自行尝试不同的嵌板选择集使用“重复”工具后生成的不同结果。

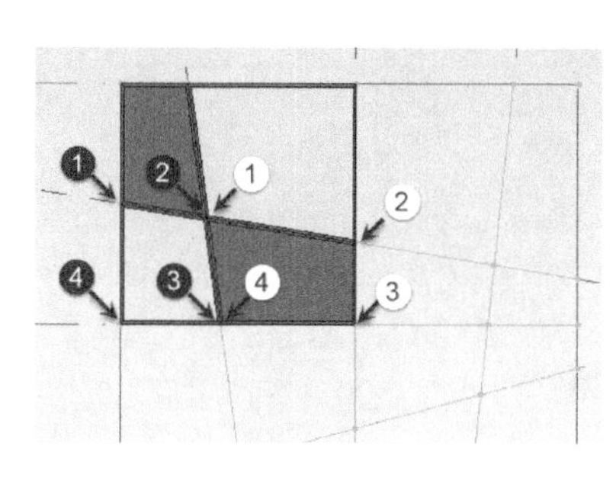

图21-68

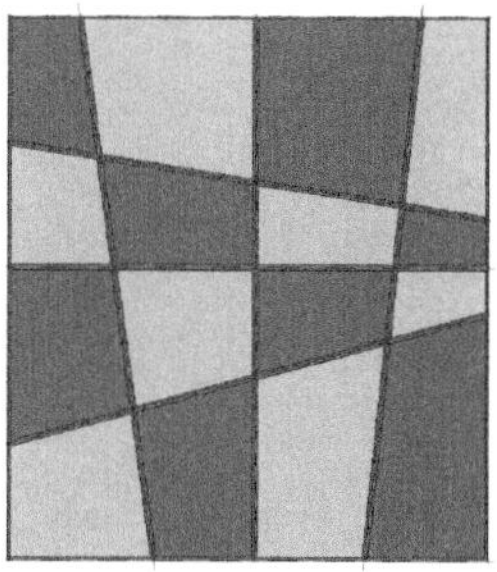

图21-69

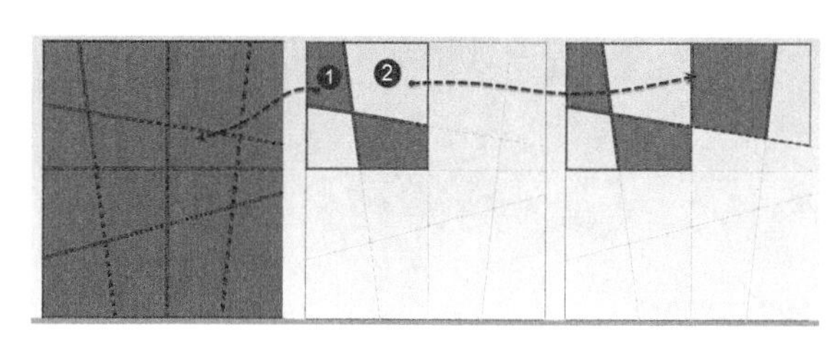

图21-70

21.2.5　创建表面填充图案

Revit提供了“基于公制幕墙嵌板填充图案.rft”和“自适应公制常规模型.rft”两种族样板，分别用于创建表面填充图案和自适应表面填充图案族。在本章21.2.3节中使用的“自适应梁”构件以及21.2.4节中的锥状幕墙和自适应嵌板族均采用这两种族样板创建。“基于公制幕墙嵌板填充图案.rft”族样板通常用于创建表面分割较为规则的矩形网格填充图案。而“自适应公制常规模型.rft”通常用于创建基于指定的控制点位置生成的、形状变化较多的图元。这两种图案的建模方法与流程与在体量中建模的方法和流程完全相同。

以本章 21.2.4 节中使用的锥状幕墙和自适应嵌板族为例，说明如何在 Revit 中创建体量表面填充图案。首先以创建锥状幕墙嵌板族为例，说明如何利用“基于公制幕墙嵌板填充图案.rft”创建规则嵌板文件。

Step01 启动 Revit。单击“应用程序菜单按钮”中“新建→族”，弹出“新族-选择样板”对话框。选择“基于公制幕墙嵌板填充图案.rft”族样板文件，单击“打开”按钮，进入族编辑器模式。

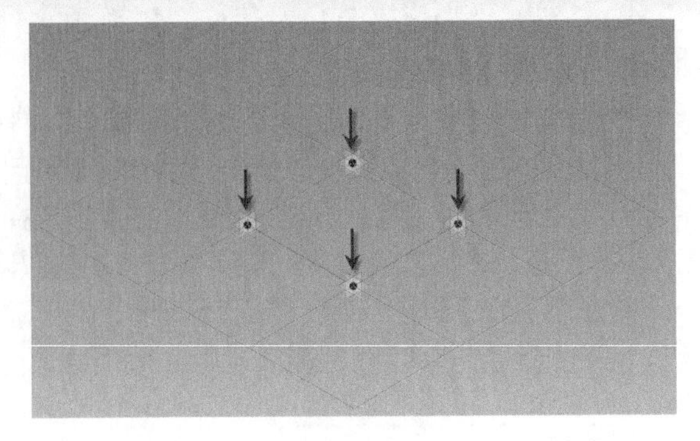

图 21-71

Step02 如图 21-71 所示，该族样板中提供了代表表面分割网格的网格线，以及代表体量表面嵌板图案定位点的参照点及参照线。选择网格线，修改“属性”面板中“水平间距”与“垂直间距”值，参照点及参照线将随网格尺寸的变化而变化。这些点称为驱动点。

提 示

选择网格线，在“属性”面板“类型选择器”中可以切换表面填充图案网格划分方式。不同形式的表面填充图案占用不同的分割网格数量。

Step03 确认当前填充图案样式为“矩形”。如图 21-72 所示，移动鼠标至样板中任意已有参照点位置。配合使用键盘 Tab 键，当位于驱动点水平方向平面高亮显示时单击，将该平面设置为当前工作平面。

提 示

当移动鼠标至驱动参照点位置时，将显示驱动点的点编号。驱动点可以认为是局部坐标系中的原点，可以确定三个方向的工作平面。

Step04 单击“绘制”面板中“点图元”工具，移动鼠标到上一步中选择的驱动点位置，当捕捉至驱动点时，单击放置图元。

Step05 使用相同的方式，拾取对角线位置驱动点水平方向工作平面，并捕捉至驱动点放置点图元。

Step06 配合键盘 Ctrl 键，选择本操作 4)、5) 步中放置的点图元（注意不要选择驱动点图元）。如图 21-73 所示，修改“属性”面板“偏移量”值为 800，单击“应用”按钮，将点图元移动至驱动点上方 800 位置。

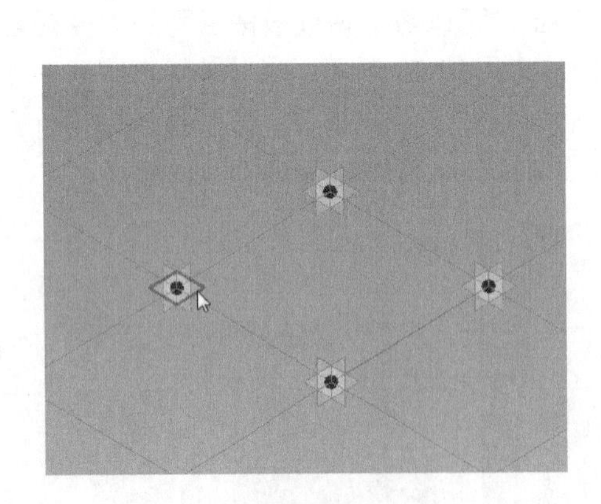

图 21-72

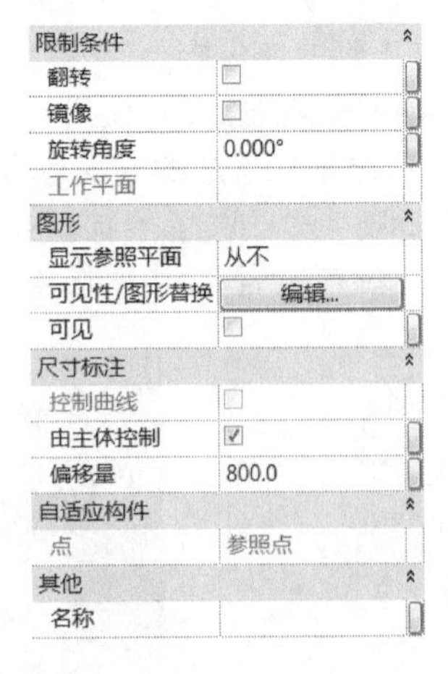

图 21-73

提 示

属性面板中“偏移量”“由主体控制”“旋转角度”等参数均可以通过添加关联参数的方式，允许用户在后期应用该族时像修改门宽度和高度那样对族参数进行修改。关于关联参数的更多信息，参见本书第 20 章。

Step07 选择网格图元，分别修改“水平间距”与“垂直间距”值，注意参照点将随网格尺寸的变化而变化。

Step08 单击“绘制”面板中“参照线”工具，确认绘制方式为“直线”，勾选选项栏“三维捕捉”选项，不勾选“跟随表面”选项，分别捕捉第 6）步中参照点图元作为起点和终点，绘制参照线。完成后按 Esc 键两次，退出绘制模式。结果如图 21-74 所示。

Step09 使用“参照线”工具，确认绘制方式为“直线”，使用与上一步相同的选项，分别捕捉默认驱动点与上一步中绘制的参照线中点，绘制空间参照线，结果如图21-75所示。完成后按Esc键两次退出绘制模式。

Step10 使用“点图元”工具，如图21-76所示，沿任意默认水平参照平线上拾取任意一点单击，放置点图元。完成后按Esc键两次，退出绘制模式。

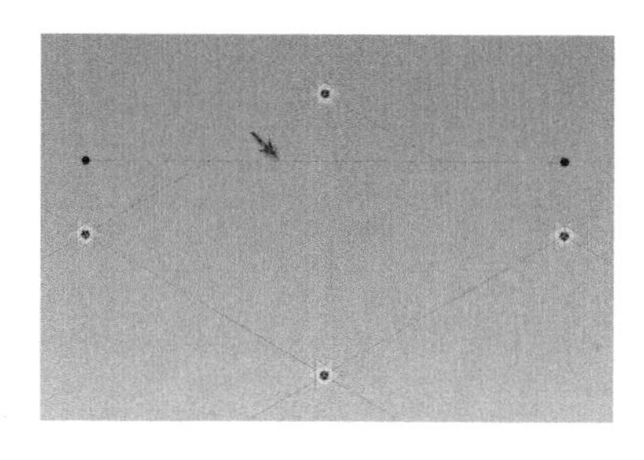

图21-74

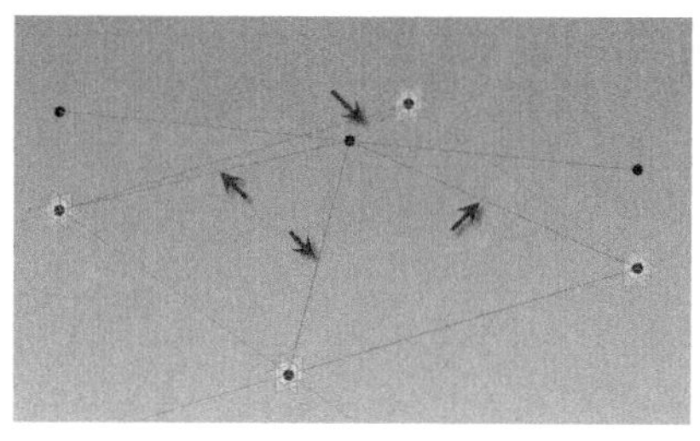

图21-75

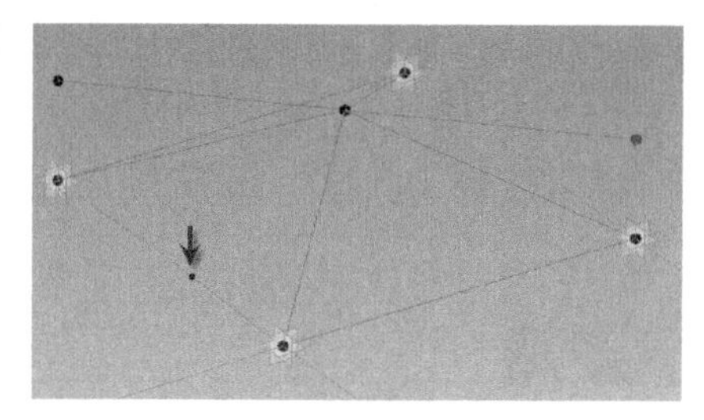

图21-76

Step11 单击上一步中放置的点图元，该点位置将确定垂直于参照线的工作平面。单击“绘制”面板中“模型线”工具，确认绘制方式为“矩形”，确认绘制定位方式为“在工作平面上绘制”；不勾选选项栏“三维捕捉”选项，捕捉上一步中绘制的点图元作为第一点，如图21-77所示，绘制长、宽值分别为300、150的矩形。

Step12 配合使用键盘Ctrl键，选择上一步中绘制的矩形及所有默认水平参照线，单击“形状”面板中“创建形状”工具，沿水平参照线创建放样，结果如图21-78所示。

Step13 配合使用键盘Ctrl键，如图21-79所示，选择水平及相邻空间参照线。单击“创建形状”工具，Revit将给出形状创建选项，选择创建方式为“平面”，Revit将以所选择的参照平面区域创建空间三角面。

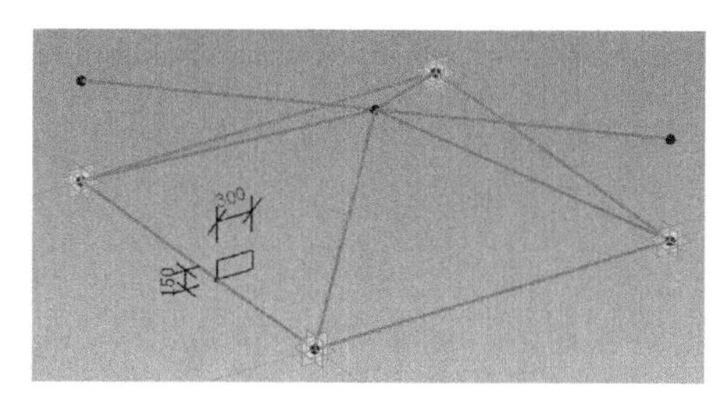

图21-77

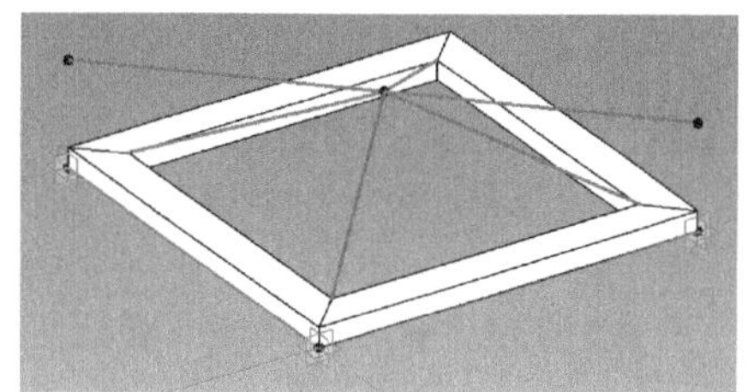

图21-78

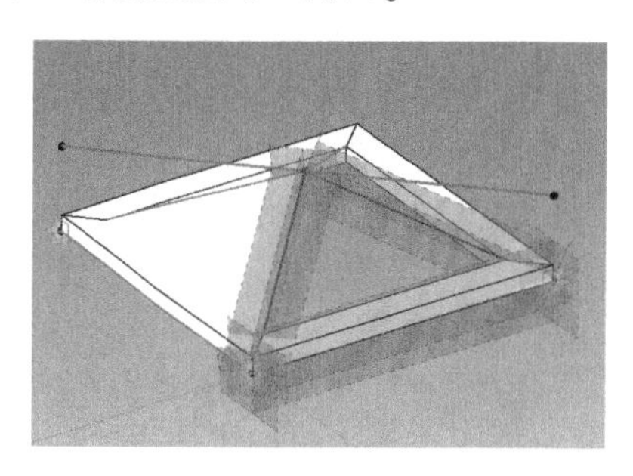

图21-79

Step14 重复上一步骤，创建完成其他空间面，结果如图21-80所示。保存该表面填充图案族，打开随书文件“第21章\rvt\表面填充图案.rfa”体量文件，载入本练习中创建的嵌板族文件，参照本章21.2.4节内容重新有理化该项目，该表面填充图案族已发挥作用。至此完成本练习。

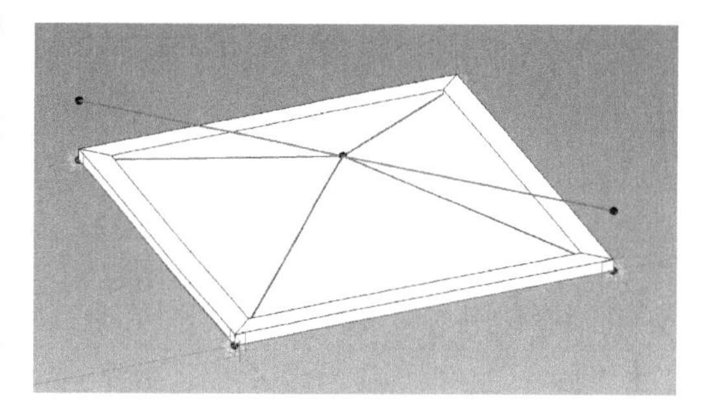

图21-80

在体量表面中使用“基于公制幕墙嵌板填充图案”创建的嵌板族时，族中提供的各驱动顶点将与各表面划分网格的顶点重合，从而根据实际的表面划分形式改变表面填充图案的形状。在使用表面填充图案族进行体量表面有理化时，Revit将按体量表面实际分割尺寸自动调整表面填充图案形状。在填充图案族中各驱动顶点占用的网格数量，也将同样影响在体量中有理化表面时占用的表面划分网格数量。

除创建基于规则分割网格的表面填充图案族外，还可以创建任意形式的自适应表面填充图案。以21.2.4节自适应族为例，说明如何创建自适应表面填充图案族。

Step01 启动Revit。单击“应用程序菜单按钮”中“新建→族”，弹出“新族-选择样板”对话框。选择“自适应公制常规模型.rft”族样板文件，单击“打开”按钮，进入族编辑器模式。该族编辑器模式与体量族非常相似。

Step02 切换至参照标高楼层平面视图。使用“点图元”工具，如图21-81所示，在视图中任意位置单击放置4个点图元。完成后按Esc键两次退出绘制模式。

Step03 选择上一步中创建的所有参照点，如图21-82所示，单击“自适应构件”面板中“使自适应”工具，Revit将所选择的点图元转换为“自适应驱动点”，并依次为点添加自适应编号。

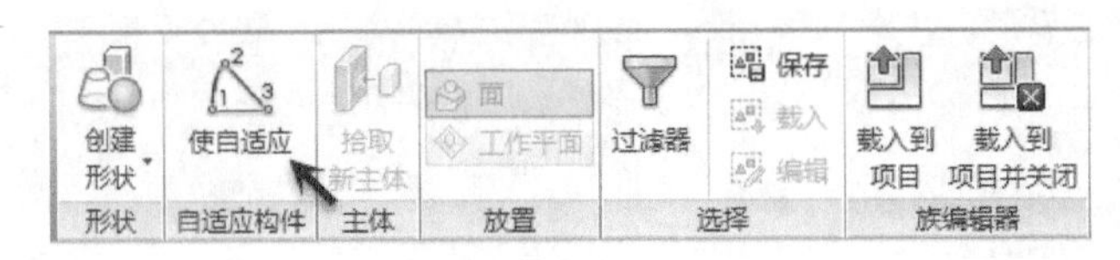

图 21-81　　　　图 21-82

提 示

创建自适应点后，选择自适应点，可以通过直接修改编号文字的方式或通过“属性”面板修改自适应点的编号。自适应编号代表在使用该填充图案时拾取放置点的顺序。

Step 04 使用“参照线”工具，确认绘制方式为“直线”。勾选选项栏“三维捕捉”选项，不勾选“跟随表面”选项；依次捕捉第 2）步中创建的自适应驱动点，绘制封闭四边形，结果如图 21-83 所示。完成后按 Esc 键两次，退出绘制模式。

提 示

绘制完成后，分别选择各自适应驱动点，使用“移动”工具移动各自适应驱动点位置，参照线应随各点位置的变化而调整。

Step 05 切换至默认三维视图。使用“点图元”工具，沿任意默认水平参照线上拾取任意一点单击，放置点图元。完成后按 Esc 键两次，退出绘制模式。单击该点，将该点激活为当前工作平面，该工作平面垂直于参照线点所在的参照线。

Step 06 单击“绘制”面板中“模型线”工具，确认绘制方式为“矩形”，确认绘制定位方式为“在工作平面上绘制”；不勾选选项栏“三维捕捉”选项，捕捉上一步中绘制的点图元作为第一点，绘制长、宽值分别为 100、50 的矩形，如图 21-84 所示。

Step 07 配合键盘 Ctrl 键，选择上一步中绘制的矩形及所有水平参照线，单击“形状”面板中“创建形状”工具，沿水平参照线创建放样。

Step 08 选择所有水平参照线，单击“创建形状”工具，Revit 将给出形状创建选项，选择创建方式为“平面”，Revit 将以所选择的参照平面区域创建空间三角面，结果如图 21-85 所示。

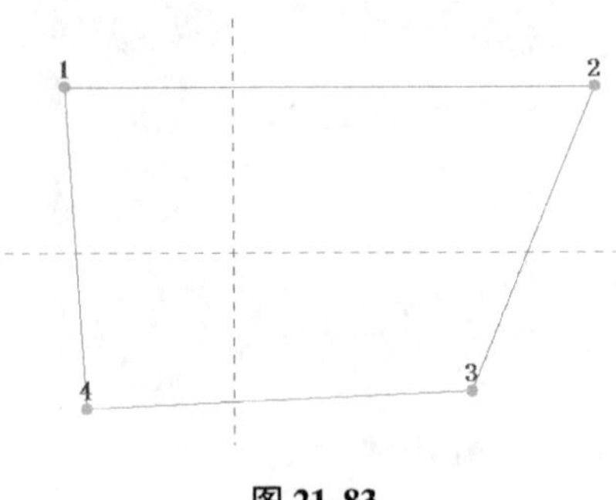

图 21-83

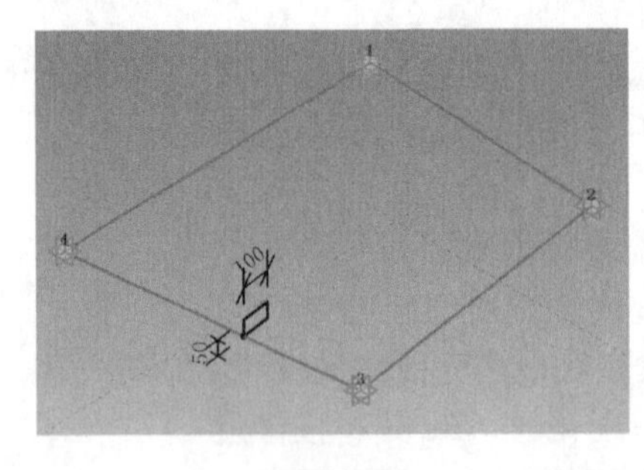

图 21-84

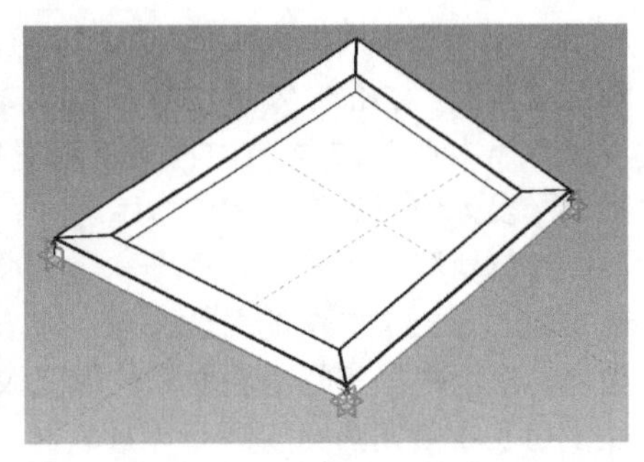

图 21-85

Step 09 保存该表面填充图案族，打开随书文件“第 21 章 \ rvt \ 利用参照平面分割曲面 . rfa”体量文件，载入本练习中创建的嵌板族文件，参照本章 21. 2. 4 节内容重新有理化该项目，该表面填充图案族已发挥作用。至此完成本练习。

在使用自适应表面填充图案时，必须按自适应表面填充图案族中指定定义的“自适应驱动点”的顺序和数目在体量表面中拾取参照点，否则可能会生成无法预知的表面填充图案形状。

参照线与模型线类似，均可以通过“创建形状”工具创建生成指定的体量形状。区别在于参照线仅用于定位而不会显示在项目中。在参照线或模型线上添加点图元时，除可以将该点定义为垂直于参照线的工作平面外，该点的“实例”属性中还包含“规格化曲线参数”等特性。如图 21-86 所示，在指定该点为“规格化曲线参数”时，可以精确控制该点位于所在参照线的位置。例如，图中所示的位置为控制该点位于参照线点起始方向开始计算参照线总长度 40% 的位置。通过控制该参数，可以精确控制表面填充图案的形状。

在定义表面填充图案族时，可以为表面填充图案族添加关联参数，实现对形状的实时控制与统计。添加关联参数的方法与 Revit 中的族添加关联参数的方式完全相同，详见本书第 20 章相关内容。

在创建自适应构件时，可以根据自适应点的特性确定在使用该构件时的图元生成方向，特别是在采用基于单独自适应点生成诸如表面的节点位置的幕墙固定节点填充图案时确定自适应构件的坐标方向。如图 21-87 所示，在自适应点的属性面板中，可以设置自适应构件的“定向到”参数。该参数决定自适应构件族放置在其他构件上或在项目环境中时，自适应构件的放置方向。

Revit 提供了基于主体、基于全局以及综合主体与全局放置平面与 Z 方向的设置选项。一般情况下采用实例与主体的方式生成的结果基本一致。而采用全局的方式则所有的构件坐标均与全局坐标一致。如图 21-88 所示，左侧为采用实例或全局方式放置生成的构件，可以看到每个构件都与所在节点位置的 XYZ 坐标一致；而右侧为采用全局方式生成的构件，每个构件的坐标都保持与全局坐标（项目 XYZ）一致。

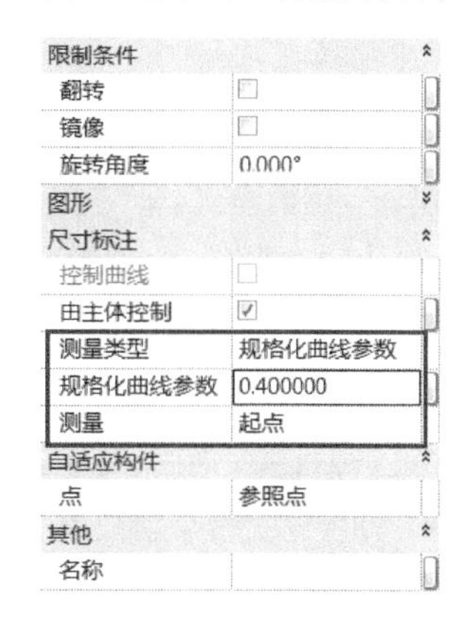

图 21-86

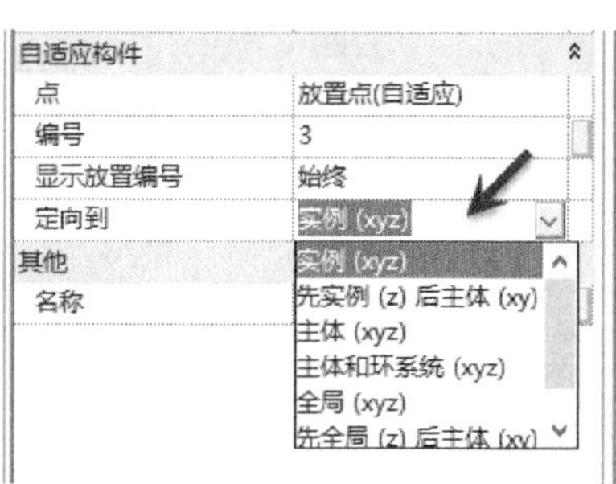

图 21-87

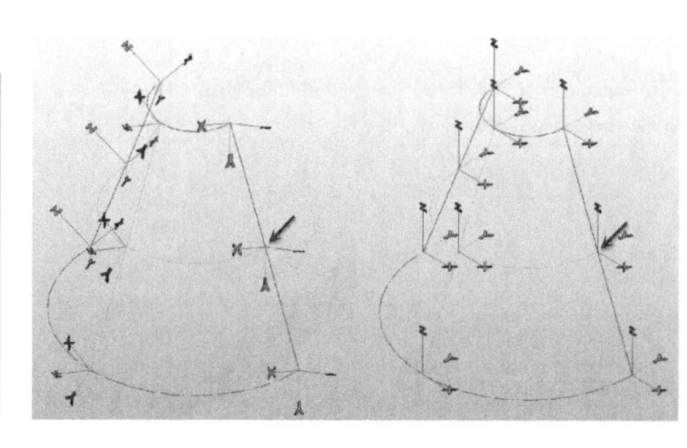

图 21-88

21.3 体量研究

在进行概念设计时，除通过体量模型推敲建筑概念形态外，还必须了解各形态体量模型的各楼层建筑面积、总建筑面积等设计信息。完成概念体量模型后，使用 Revit 提供的体量研究功能，可以快速计算和统计概念体量的楼层面积、总建筑面积等设计信息。

21.3.1 体量研究的内容

必须将概念体量模型族载入到项目中，才能进行体量分析和研究。可以使用 Revit 的明细表统计功能以明细表格的方式统计得到当前体量的楼层面积、各楼层周长、外表面积等信息。下面以综合楼体量为例，介绍如何在 Revit 中完成体量研究。

Step01 打开随书文件“第 21 章\ rfa\ 体量研究综合楼办公楼部分 . rfa”族文件。切换至默认三维视图。在该族中，已创建了综合楼办公楼部分概念体量模型。该模型高度为 10. 8m。不对该体量做任何修改，关闭该概念体量模型文件。使用相同的方式查看同一目录中“体量研究综合楼食堂部分 . rfa”概念体量文件，该概念体量高度为 4. 2m。

Step02 打开随书文件“第 21 章\ rvt\ 综合楼体量研究 . rvt”项目文件，项目中已经根据综合楼项目创建了项目标高信息。在项目浏览器中，展开“明细表/数量”视图类别，切换至“体量楼层明细表”视图，注意该明细表视图当前值为空。

Step03 切换至 F1 楼层平面视图。载入随书文件“第 21 章\ rfa\ ”目录中“体量研究综合楼办公楼部分 . rfa”和“体量研究综合楼食堂部分 . rfa”族文件。

Step04 单击“体量和场地”选项卡“概念体量”面板中“放置体量”工具，因当前视图中未开启体量对象显示，因此给出“显示体量已启用”提示对话框，单击“确定”按钮打开体量显示。自动切换至“放置体量”上下文选项卡。

提 示

关于视图对象显示的更多信息参见本书第 16 章相关内容。

Step05 如图 21-89 所示，确认当前体量族为“体量研究综合楼办公楼部分”，确认“放置”面板中体量放置方式为“放置在工作平面上”，不勾选选项栏“放置后放置”选项，确认“放置平面”为“标高：F1”。在视图中空白位置单击放置体量。

Step06 使用类似的方式放置“体量研究综合楼食堂部分”概念体量模型。配合键盘空格键，将食堂模型旋转90°后放置在办公楼主体模型的左后方。切换至三维视图，放置后结果如图21-90所示。

Step07 选择办公楼部分体量。自动切换至“修改、体量”上下文选项卡。单击“体量”面板中“体量楼板”工具，弹出如图21-91所示“体量楼层”对话框，在列表中显示当前项目中所有可用标高名称。勾选F1、F2、F3标高，单击“确定”按钮退出“体量楼层”对话框。Revit将按体量轮廓在F1、F2、F3标高创建体量楼板边界。

Step08 使用相同的方式，为食堂部分F1标高创建体量楼层。切换至“体量楼层明细表”视图。如图21-92所示，在该明细表中列出各标高的楼层面积及外墙表面积值。保存该项目文件，或打开随书文件“第21章\rvt\02综合楼体量研究完成.rvt”项目文件查看最终操作结果。

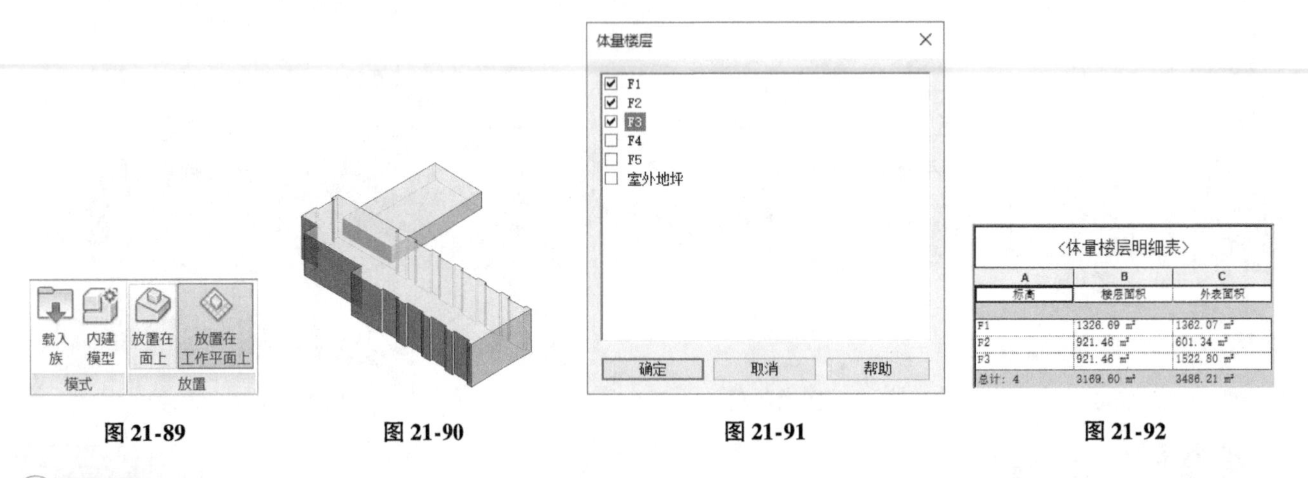

图21-89　　图21-90　　图21-91　　图21-92

提示

该表内容根据当前项目中体量楼层自动计算。可以根据需要自定义明细表内容，关于明细表详见本书第18章。

利用体量分析可以快速统计得出方案设计中所需的设计信息。可以为体量模型开启日光和阴影研究等分析功能，进一步研究各体量间的阴影和遮挡关系。

Revit还允许用户在完成体量楼层分析后，通过基于“云”的运算方式，完成对概念体量包括能耗、采光等在内的绿色分析，帮助建筑师在概念设计阶段，更好的优化设计方案，真正实现绿色、节能、低碳的建筑设计方案。关于能耗分析的详细内容，参见本书第22章。注意，只有由体量创建的“实体”模型才可以创建楼层表面。

21.3.2　转换为设计模型

完成概念体量模型后，可以通过拾取体量模型的表面生成墙、幕墙系统、屋顶、楼板等建筑构件。将概念体量模型转换为建筑设计模型，实现由概念设计阶段到初步设计阶段的过渡。下面继续以上一节中练习为例，介绍如何由体量模型转换生成建筑设计模型。

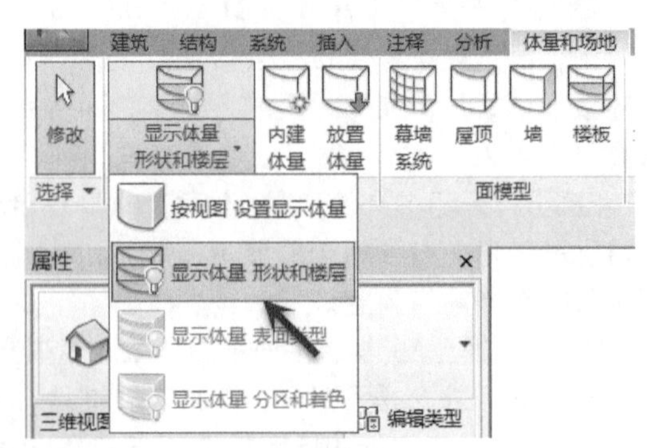

图21-93

Step01 接上节练习。切换到三维视图。默认视图中未显示体量模型。如图21-93所示，单击“体量和场地”选项卡“概念体量”面板中“显示体量形状和楼层”工具，在视图中临时启用体量模型显示。

提示

默认情况下，视图可见性中体量显示被关闭。通过“显示体量形状和楼层”选项，可以在当前视图中临时打开体量的显示。关于视图可见性的详细信息，参见本书第16章。

Step02 单击“概念体量”面板中“面模型”选项卡“楼板”工具。自动切换至“修改|放置面楼板”上下

文选项卡，进入“修改丨放置面楼板”状态。

Step03 设置当前楼板类型为“楼板：混凝土120mm”；设置选项栏“偏移”值为0.0，确认勾选“选择多个”选项。依次单击选择各体量楼层轮廓，完成后单击“多重选择”面板中“创建楼板”，即可按各体量楼层边界作为楼板边界生成楼板。拾取生成的面楼板顶面标高与各体量楼层所在标高相同。

提 示

单击“常用”选项卡“构建”面板中“楼板”工具下拉列表，在列表中选择“面楼板”也可以拾取体量楼层生成楼板。

Step04 选择“面模型”列表中“墙”工具，自动切换至“放置墙”上下文选项卡。设置墙类型为“基本墙：砖墙240mm-外墙-带饰面”，确认墙绘制方式为“拾取面”；设置选项栏中墙基准“标高”为“F1”，墙“高度”为“自动”，墙“定位线”为“面层面：外部”。

Step05 如图21-94所示，依次单击办公楼和食堂部分体量模型垂直方向外表面，沿外体量模型外表面轮廓生成墙。Revit自动对齐墙外表面与体量模型外表面。完成后按Esc键退出拾取面墙模式。

提 示

可配合使用Tab键一次性选择全部体量表面。

Step06 单击“面模型”面板中“幕墙系统”工具，进入“修改丨放置面幕墙系统”上下文选项卡。确认“多重选择”面板中“选择多个”选项。确认“属性”面板“类型选择器”中幕墙系统类型为“幕墙系统”。如图21-95所示，拾取办公楼部分幕墙位置表面，完成后单击“创建系统”生成幕墙系统。

提 示

幕墙系统的应用设置与本书第6章中介绍的幕墙类型属性设置完全相同，请读者参考第6章相关内容对幕墙系统进行设置。

Step07 选择“面模型”列表中“屋顶”工具，自动切换至“修改丨放置面屋顶”上下文选项卡。设置当前屋顶类型为“基本屋顶：混凝土-带构造层”；不激活“多重选择”面板“选择多个”选项，设置屋顶所在“标高”为“F4”，设置“偏移”值为“0.0”；分别拾取办公楼部分和食堂部分体量顶面，按顶面形状生成屋顶。按Esc键退出放置面屋顶模式。

Step08 配合键盘Tab键，选择全部办公楼部分墙图元，注意拾取体量表面生成的墙实例属性中会自动勾选“与体量相关”参数，如图21-96所示。修改墙体“底部约束”为“室外地坪”；修改“顶部约束”为“F5”，Revit将自动修改所有已选择墙体高度。

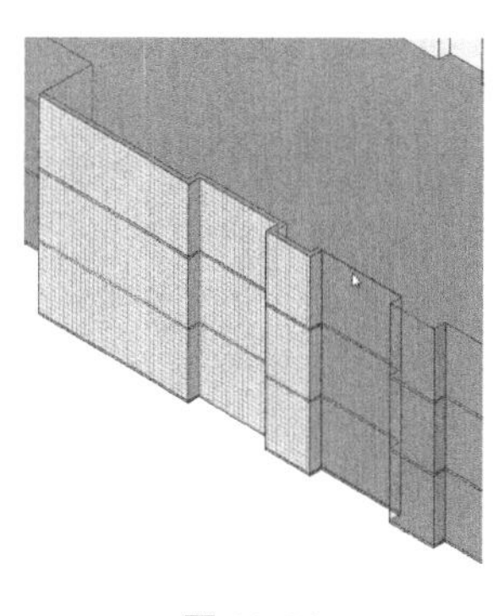

图21-94

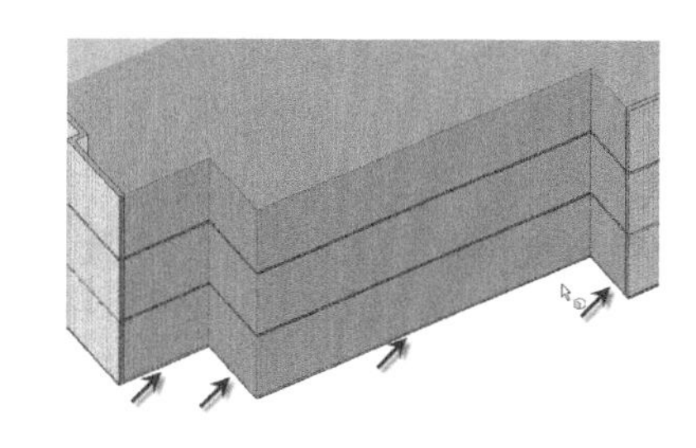

图21-95

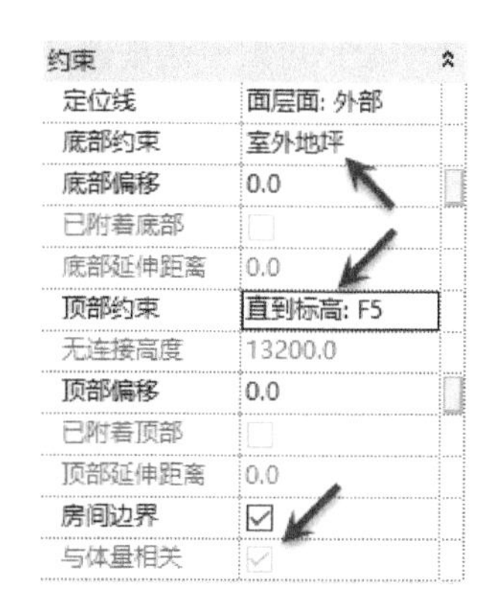

图21-96

Step09 选择办公楼主体中与面幕墙重叠部分墙体，修改墙体“底部约束”为“F4”，其他参数不变。使用类似的方式修改食堂部分墙体的“顶部约束”为“F2”，“顶部偏移”值为“1800”。单击“体量和场地”选项卡“概念体量”面板中“按视图设置显示体量”选项，关闭当前视图中体量显示。结果如图21-97所示。

Step10 保存该文件，或查看随书文件“第21章\rvt\03综合楼生成模型.rvt”项目文件最终操作结果。

Revit会自动保持面模型图元与概念体量模型之间关联。当修改概念体量模型后，选择已生成的图元对象，单击如图21-98所示上下文选项卡中“面模型”面板中“面的更新”工具即可重新按新概念体量表面生成构件图元。可以像其他图元一样修改和编辑由体量表面生成的各构件图元实例和类型参数。当使用“面的更新”工具重新生成构件图元后，所有调整的参数将复原以适应新的体量表面。

在项目设计过程中，利用概念体量模型使用“面模型”工具生成斜墙、幕墙系统、特殊曲面屋顶等特殊建筑构件。利用概念体量模型，通过选择复杂造型的体量表面可以创建幕墙系统。幕墙系统类似于幕墙构件，通常是指表面形状较为复杂的幕墙。幕墙系统同样由嵌板、幕墙网格和竖梃组成，在创建幕墙系统之后，可以使用与幕墙相同的方法添加幕墙网格和竖梃。

完成表面模型后，可以继续使用 Revit 的各类模型构件图元继续深化和细化模型，以完成最终设计。通过这种由概念体量经过不断细化的设计流程，称为“自顶向下”的设计流程。在 Revit 中，使用这种方式既可以满足快速方案推敲过程，又可以根据概念方案经过细化得到最终设计模型直到完成施工图纸。

除可以转换 Revit 体量工具创建的表面模型外，Revit 还可以将在体量中导入的外部三维模型表面转换为建筑设计构件。如图 21-99 所示，为通过使用 SAT 三维数据格式，在体量中导入由 Rhino 创建的 NURBS 曲面，使用幕墙系统工具转换为幕墙系统模型。

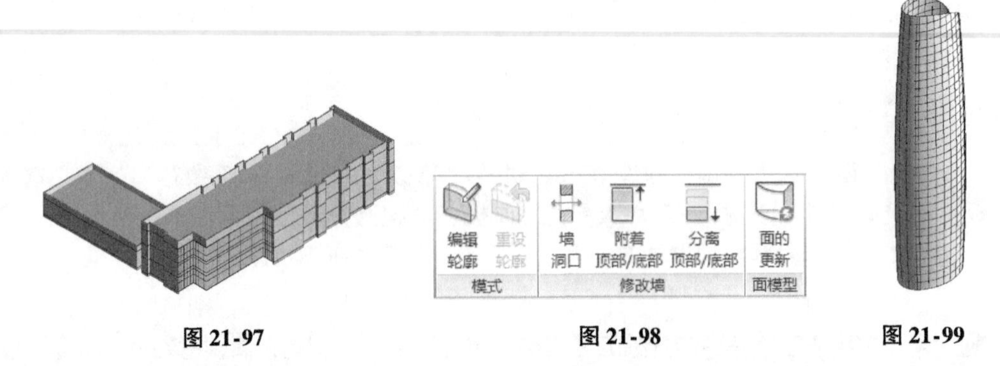

图 21-97　　图 21-98　　图 21-99

在导入其他三维工具创建的体量表面时，建议导入 NURBS 曲面，NURBS 曲面可以保持曲面的完整性，方便在项目中使用。如果导入 Polygon 形式的曲面，则导入的曲面将由无数三角形表面或四边形网格面构成，在使用“面墙”工具时，每一个三角形表面或四边形网格面将转换为独立的墙图元，造成后期编辑与管理困难。

21.4 本章小结

概念体量是 Revit 中非常重要的功能。利用概念体量工具，可以灵活创建和编辑概念体量模型，在项目概念设计阶段推敲建筑形态。结合体量分析工具，可以在不生成建筑设计模型的情况下得到概念设计中楼层面积等设计信息，以便帮助建筑师进一步修改编辑体量。

利用概念体量，可以灵活创建自由形态的曲面模型。可以沿 UV 方向及参照平面交线对体量表面进行分割。配合使用表面填充图案族，可以对体量表面进行有理化分析。体量还可以作为第三方造型软件创建的造型与工程设计模型之间的联系桥梁。

利用面模型工具，可以将概念体量模型直接转换生成建筑设计模型。完成从概念设计到方案设计的过滤。Revit 会自动关联概念体量模型和面模型，可随时使用“面的更新”工具，根据概念体量模型重新生成面模型。

体量的创建过程与 Revit 中族的创建过程十分类似，可以为体量模型添加控制参数，以方便在使用该族时通过参数调节体量形态。添加参数的过程与创建族参数的过程完全一致，各位读者可参考本书第 20 章中相关内容。

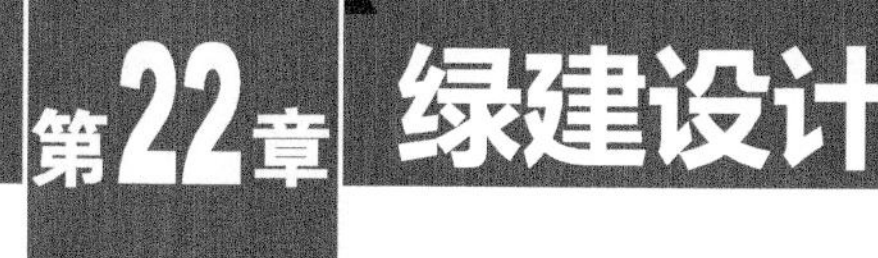

第22章 绿建设计

建筑的节能生态已经受到了全球范围内的广泛关注。2009 年 11 月 25 日，中国国务院常务会议决定，2020 年中国单位 GDP 二氧化碳排放比 2005 年下降 40% ~45%。另有数据表明，建筑项目在建造和运营过程占二氧化碳排放比例的 60%，因此绿色建筑设计是实现低碳经济目标的重要内容。建筑的绿色设计是控制建筑物各项技术性能最有效的手段之一，而如果在设计之初就考虑生态技术因素，将对整个项目的节能环保起到指导作用。Revit 与绿色设计之间有着很好的联系，它为建筑师提供了有效、轻松的途径，以便在设计流程初期了解其设计决策对建筑性能的影响。

22.1 BIM 与绿建设计

BIM（Building Information Modeling）可以包含除建筑几何形体以外的很多专业信息，其中也包括许多用于执行绿色设计分析的信息，利用 Revit 创建的 BIM 模型通过 gbXML（见 22.3.1 节相关内容）这一座桥梁可以很好地把建筑设计和绿色设计紧密地联系在一起，设计将不单单是体量、材质、颜色等的组合，而是动态的、有机的统一。

基于 Revit 的绿色建筑设计分析可以分为前期概念分析与后期的性能分析两大步骤。Revit 本身提供一些基本的绿色建筑设计工具，比如进行日照分析、能耗分析（基于云计算）等，配合 Ecotect Analysis 等工具，可以快速完成前期概念分析工作；而在施工图设计中，需要提供报建的绿色建筑分析结果，可以将 Revit 模型导出至斯维尔等工具中进行建筑性能分析，并生成计算书。

22.1.1 前期概念分析工具

如果要进行更加全面的设计和分析，则需要借助于外部软件。以下是几个较适合建筑师使用的绿色设计分析软件，供读者参考。

1）Virtual Environment：

Virtual Environment（简称为 <VE>）是由 IES（Integrated Environmental Solutions）公司为建筑师、环境与设备工程师、规划师等所提供的一个独特的、集成化的建筑性能分析工具。它可以使用同一个模型对建筑中的热环境、光环境、设备、日照、流体、造价以及人员疏散等方面的因素进行精确地模拟和分析。此工具除可以通过 gbXML 继承和使用 Revit Architecture 模型以外，还提供了与 Revit Architecture 直接接口的插件。

2）Autodesk Project Vasari：

Autodesk Project Vasari 是 Autodesk 实验室的一款免费产品，主要用于进行概念设计以及进行绿色建筑设计方面的分析。它采用和 Autodesk Revit 相同的 BIM 引擎，并且集成了基于云计算的分析工具。主要功能包含以下几个方面：

①通过类似于 Revit 体量建模的方式自由创建和编辑形体，并快速获得分析数据，从而得到最优、最有效的方案设计。

②模拟太阳辐射、日照轨迹，进行 CFD 分析、能耗分析。

③无须导出到外部软件即可在云端进行绿色设计分析。

④查看丰富的、可视化的能耗分析，并进行对比。

下载 Autodesk Project Vasari 请访问 Autodesk Labs 站点 http：//labs.autodesk.com/utilities/vasari/。

3）Autodesk Ecotect Analysis：

Ecotect 是 Autodesk 于 2008 年在 Square One Research 有限公司和安德鲁·马歇尔博士（Dr. Andrew Marsh）手中收购的产品，是市场上比较全面的概念化建筑性能分析工具，目前已经发展为 Autodesk Ecotect Analysis 2011。Ecotect Analysis 提供了许多即时性分析功能，比如光照、日照阴影、太阳辐射、遮阳、热舒适度、可视度分析等，而且得到的分析结果往往是实时的、可视化的，很适合建筑师在设计前期把握建筑各项性能。Ecotect 提供了简单强大的建模功能，还可以通过 gbXML 数据格式直接将 Revit 中的模型数据导入到 Ecotect 中，如图 22-1 所示。

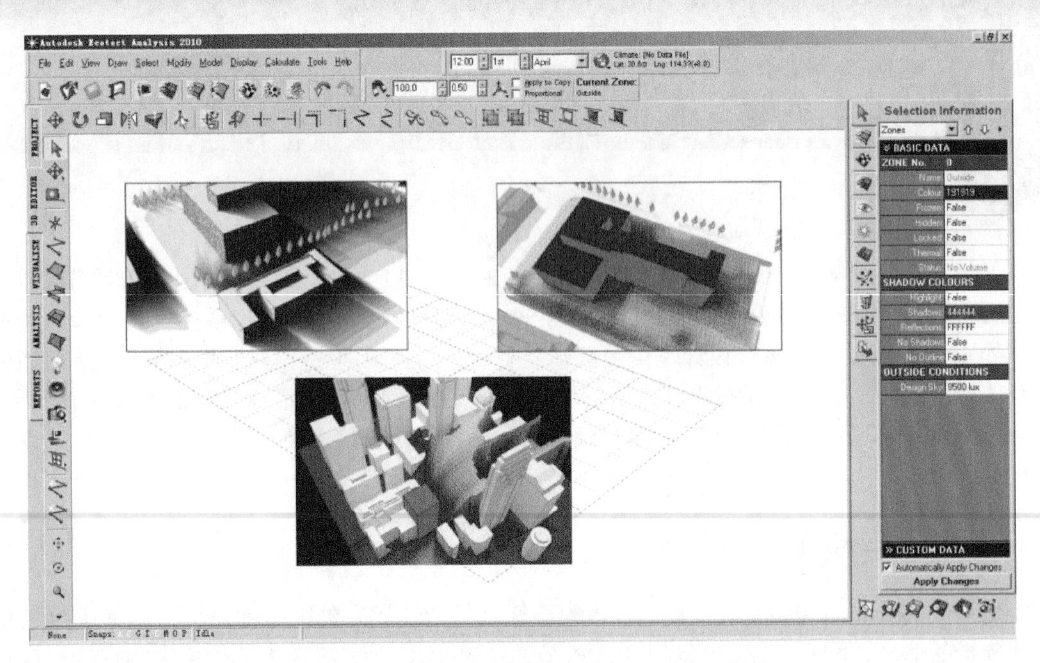

图 22-1

本书首先介绍 Revit 自带的一些绿色建筑分析工具，然后以 Autodesk Ecotect Analysis 2011 为例，介绍如何让 Revit Architecture 中的模型满足 Autodesk Ecotect Analysis 分析的要求并与之协同工作。

22.1.2 建筑性能分析工具

目前国内较为流行的建筑性能分析工具包括斯维尔、天正节能等建筑性能分析工具。与上一节中所述工具不同，此类工具更加符合我国的绿色建筑分析功能要求。

BIM 模型可以通过导出为 DWG 或直接安装相应绿色建筑工具插件的方式导出至斯维尔等建筑性能分析工具中，以满足建筑性能分析的要求。

22.2 Revit 中的日照分析

在 Revit 中，可以对项目进行日光分析，以反映自然光和阴影对建筑室内外空间和场地的影响，同时日光的显示为真实模拟且可以动态输出为视频文件。进行日光分析的主要步骤是：项目位置的设定、阴影及日光路径开启、分析（包含静态和动态的）、输出成果。

22.2.1 项目位置的设定

项目位置即项目所处的地理位置，要进行准确的日照分析首先需要设定项目位置。在设定之前先介绍两个概念：项目北和正北。

项目北：是指绘图时视图的顶部，那么绘图窗口的底部自然就是“项目南”。项目北与建筑物的实际方位没有联系，只是一个画图的方位而已，默认情况下 Revit 的工作视图为项目北，如图 22-2 所示。

正北：是指项目的真实地理朝向。

如果项目的地理方位不是正南北向，那么绘图时视图的方向和项目实际的方向就会不同，也就是说项目北与正北会存在一个角度；反之，如果项目的朝向刚好是正南北向，那么绘图时视图的方向和项目实际的方向就是一致的，即项目北与正北的方向相同。在进行日光分析时，是以建筑的真实地理位置及朝向作为分析基础的，那么在 Revit 中就需要指定建筑物的地理位置以及朝向（正北）。

打开随书文件“练习文件\第 22 章\rvt\22-2-1.rvt”练习文件，假设本项目的地理位置在重庆江北，建筑朝向为南偏东 15°，则可通过下列方式对建筑物的朝向进行设置：

Step01 单击“管理”选项卡“项目位置”面板中“地点”工具，打开“位置、气候和场地”对话框。切换至“位置”选项卡，如图 22-3 所示。在此选项卡“项目地址”中输入项目地点的关键词，比如“重庆”，然后点击“搜索”按钮进行搜索，找到正确的地址后即确定了本项目的地理位置。

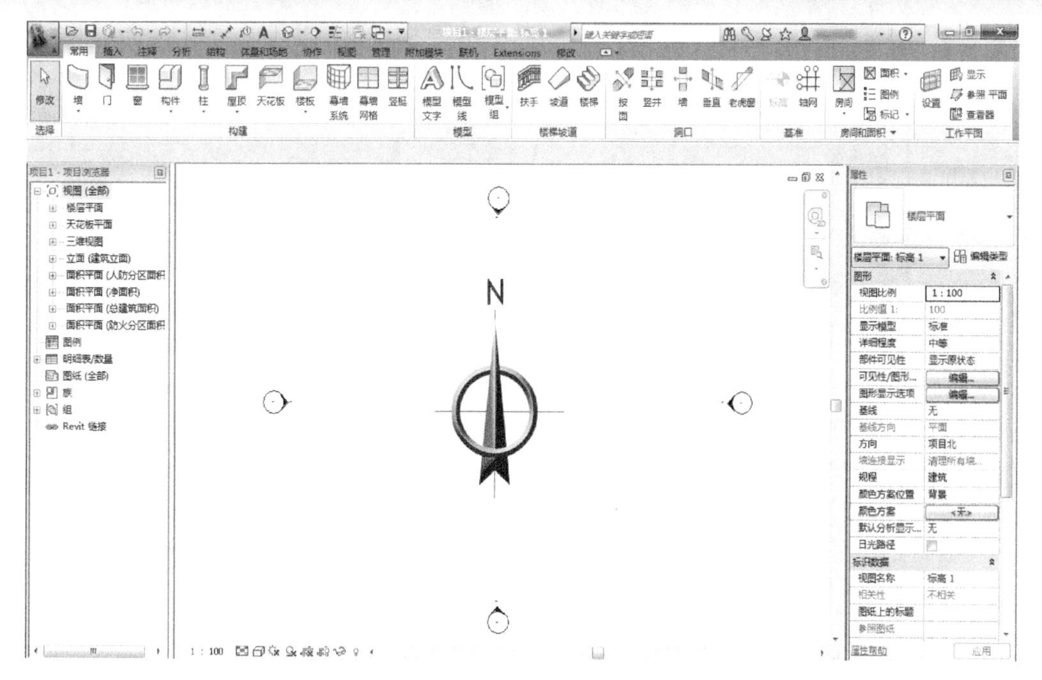

图 22-2

提 示

除了通过在 Internet 中搜索项目地址外，还可以通过点击“定义位置依据”下拉列表中的“默认城市列表”进行手工设置。

Step 02 地理位置确定后，接着设置项目的方向即“正北”。在“位置、气候和场地”对话框中切换至“场地”选项卡，默认情况下项目北与正北方向一致，如图 22-4 所示。

Step 03 切换至“F1”楼层平面视图，当前视图的默认显示方向是项目北，要指定项目的正确地理位置，需要把工作视图的显示方向改为“正北”。如图 22-5 所示，修改视图属性中“方向”为“正北”，完成后单击“应用”按钮确认。

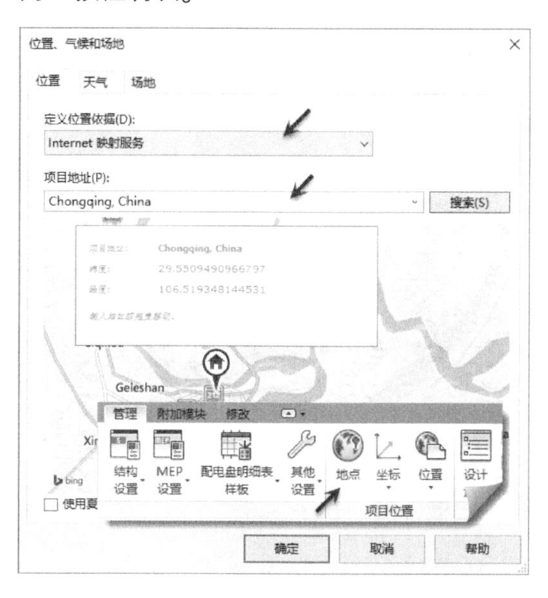

图 22-3

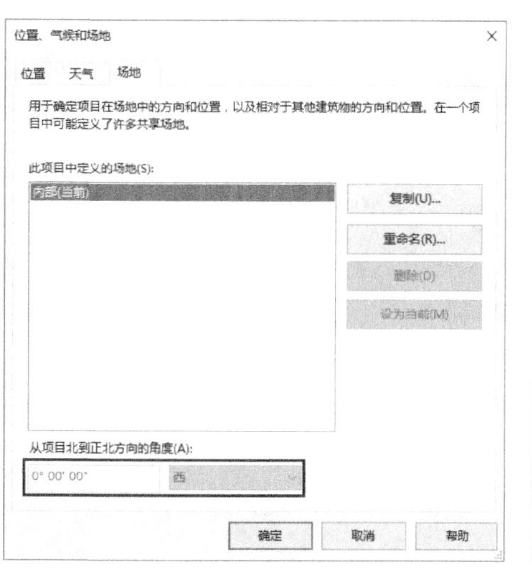

图 22-4

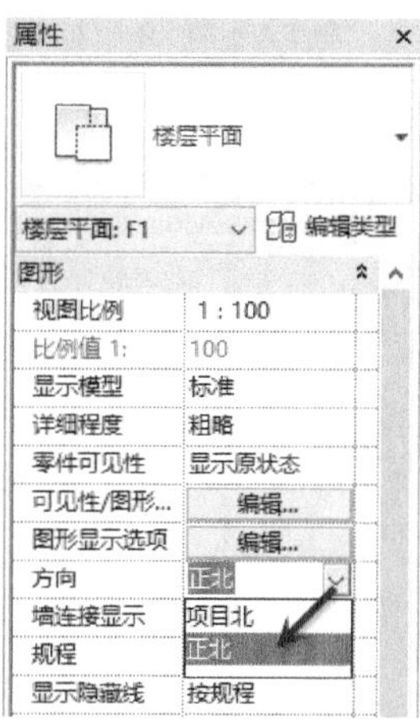

图 22-5

Step 04 单击“管理”选项卡“项目位置”面板中“位置”工具下拉列表，在列表中选择“旋转正北”工具，用与“旋转”编辑工具类似的方式指定项目旋转角度，结果如图 22-6 所示。

提 示

在运行“旋转正北”命令时，还可以直接在选项栏上“从项目到正北方向的角度”输入一个值作为旋转角度，如图 22-7 所示。

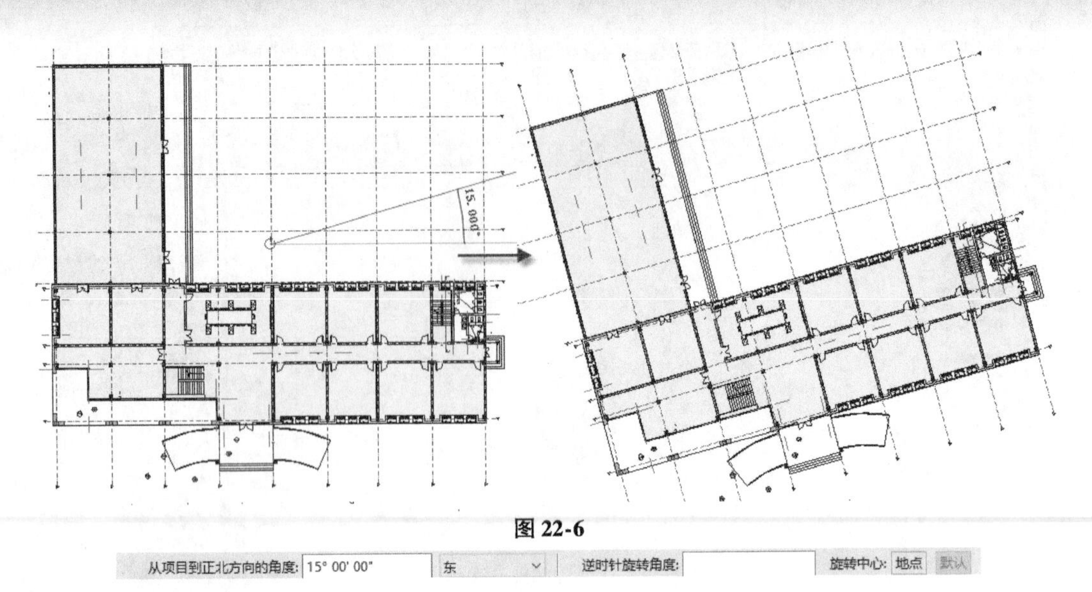

图 22-6

从项目到正北方向的角度: 15° 00' 00" 东 逆时针旋转角度: 旋转中心: 地点 默认

图 22-7

Step05 打开“管理地点和位置”对话框，通过刚才的设置会发现建筑的地理方位已经发生了变化，如图 22-8 所示。在设置完成正北后，为方便绘图时操作，可以按类似于第 2）步操作把视图显示方向再修改为“项目北”。此时建筑物在绘图窗口的显示将重新变为正南北向即“项目北”的方向。保存该文件，或打开随书文件“练习文件\第 22 章\rvt\22-2-1 完成.rvt”项目文件查看最终操作结果。

22.2.2 设置阴影及日光路径

设置了建筑的正北方向后即可打开阴影和设置太阳的方位，为日光分析做进一步准备。

Step01 接上节练习。在项目浏览器中打开默认三维视图“{三维}”。单击视图底部“视觉样式”按钮，在弹出选项中选择“图形显示选项”，打开图形显示选项对话框，如图 22-9 所示。

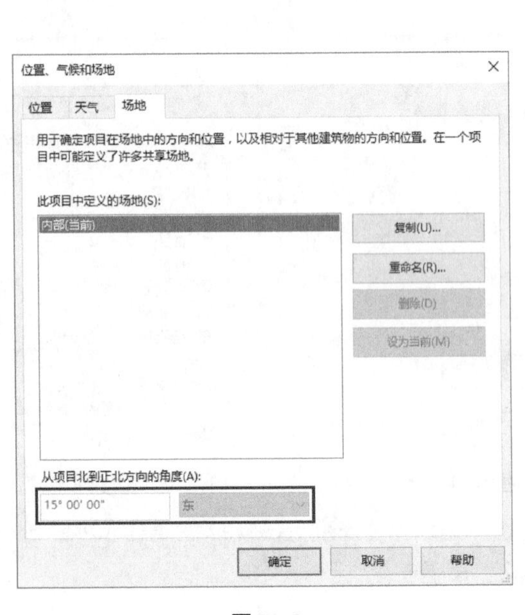

图 22-8

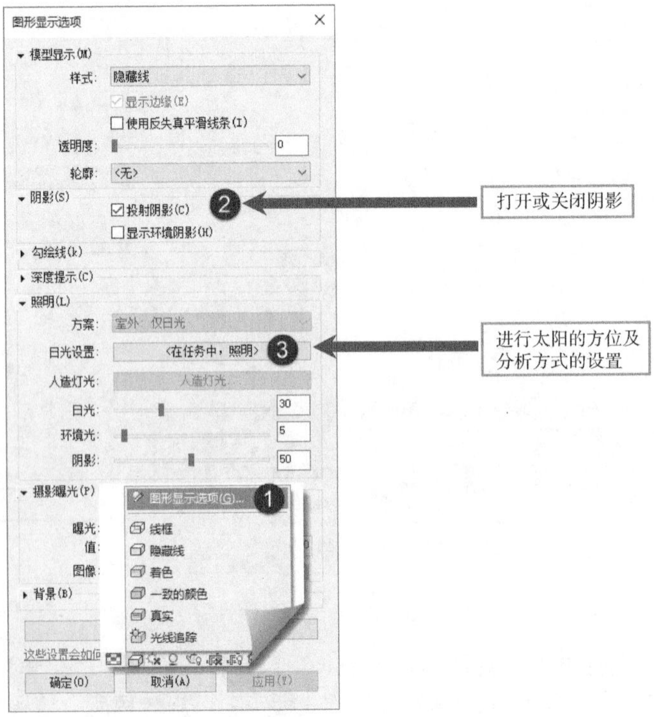

图形显示选项
模型显示(M)
样式: 隐藏线
显示边缘(E)
使用反失真平滑线条(I)
透明度: 0
轮廓: <无>
阴影(S)
投射阴影(C) 2 打开或关闭阴影
显示环境阴影(H)
勾绘线(K)
深度提示(C)
照明(L)
方案: 室外: 仅日光
日光设置: <在任务中，照明> 3 进行太阳的方位及分析方式的设置
人造灯光: 人造灯光...
日光: 30
环境光: 5
阴影: 50
摄影曝光(P)
曝光:
值:
图像:
背景(B)
图形显示选项(G)... 1
线框
隐藏线
着色
一致的颜色
真实
光线追踪
确定(O) 取消(A) 应用(Y)

图 22-9

Step02 展开“阴影”选项栏，勾选“投射阴影”即可打开阴影显示。展开“照明”设置选项，注意“日光设置”显示为“<在任务中，照明>”，单击“确定”按钮，退出“图形显示选项”对话框完成阴影的开启。

提 示

单击视图控制栏中"打开/关闭阴影"按钮，也可打开本视图中阴影的显示。还可以通过"阴影"滑块控制阴影显示的颜色深度（数字越大，阴影越浓），读者可自行尝试相关选项。

Step03 如图 22-10 所示，单击视图控制栏中"日光路径"按钮，在弹出列表中选择"打开日光路径"选项。

图 22-10

Step04 因上一步骤"图形显示"选项对话框中，"日光设置"显示为"<在任务中，照明>"，Revit 将给出"日光路径-日光未显示"提示对话框，如图 22-11 所示。单击选择"改用指定的项目位置、日期和时间"选项，Revit 将在视图中显示太阳运行轨迹。

Step05 打开阴影和日光路径后的三维视图如图 22-12 所示。图中黄色轨迹位置显示当天太阳各时刻的运动轨迹，并分别注明了当前日期、当前日期的日出与日落时间以及当前时刻的太阳位置，并在视图中显示当前时刻下阴影的状态。

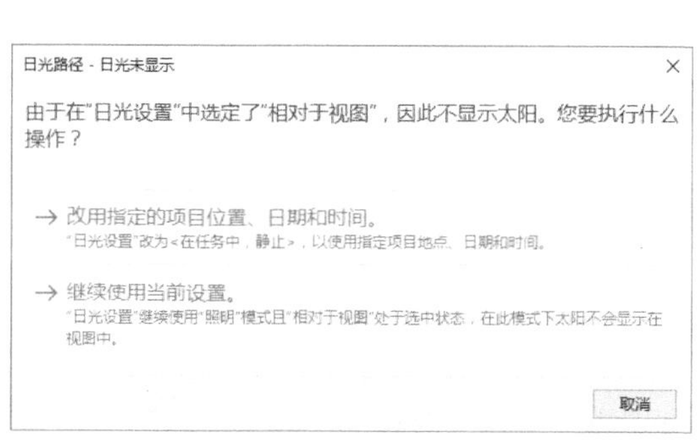

图 22-11

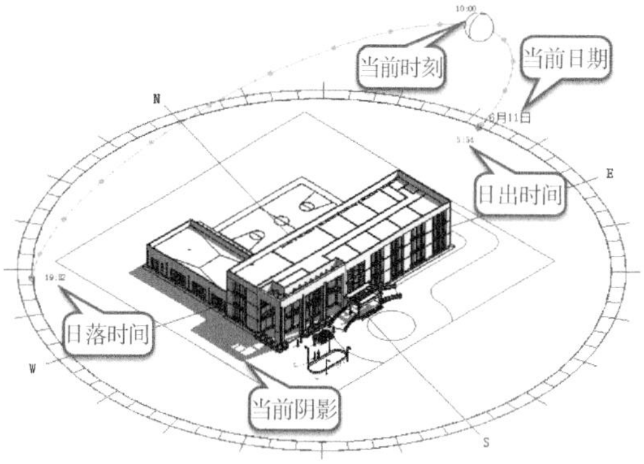

图 22-12

提 示

单击当前日期及当前时刻，可分别对日期及时刻进行修改，请读者自行尝试，并注意观察阴影的变化。

Step06 如图 22-13 所示，单击视图控制栏中"日光路径"按钮，在弹出列表中选择"日光设置"选项，打开"日光设置"对话框。注意在该对话框"日光研究"中，已设置为"静止"，同时在"设置"选项中已设置"日期"及当前"时间"与上一操作步骤中的日期、时间一致。同时注意"地点"已设置为 22.2.1 节中的地理位置。

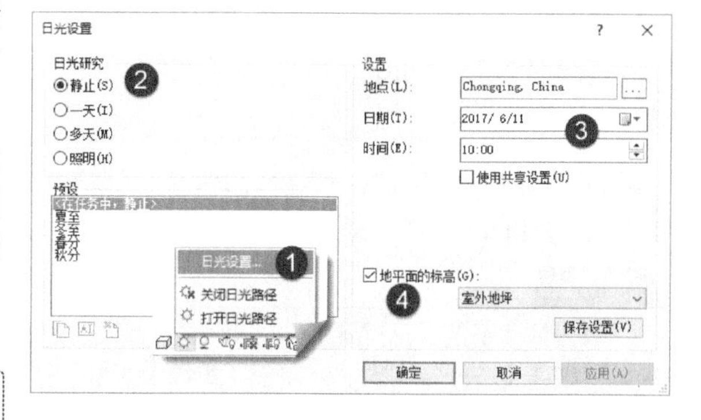

图 22-13

提 示

因本练习第 4）步骤中在"日光路径-日光未显示"提示对话框中选择"改用指定的项目位置、日期和时间"选项，因此在"日光设置"对话框中"日光研究"中的选项被设置为"静止"。

Step07 确认勾选"地平面的标高"选项，在标高列表中选择地平面的标高为"室外地坪"标高。Revit 将在该标高位置显示阴影。清除"地平面的标高"时，Revit 将在地形表面所在的标高上投射阴影。

Step08 单击"保存设置"按钮，弹出"名称"对话框，输入"重庆 6 月 11 日静止分析"单击"确定"按钮，退出"名称"对话框，并在"预设"列表中新增"重庆 6 月 11 日静止分析"预设日光设置。完成后再次单击"确定"按钮退出日光设置对话框。保存该文件，完成本练习。

启用阴影后，Revit 将根据阴影的设置在项目视图中显示阴影。Revit 允许用户在三维视图、平面视图、剖面视图及立面视图等几乎所有的视图中启用阴影，并允许用户在不同的视图中通过不同的"预设"设置显示不同的日光阴影状态。

22.2.3 日光分析

Revit 中可以利用阴影进行日照阴影遮挡分析。Revit 一共提供了四种模式：静止分析、一天内动态分析、多天动态分析和照明，可以分别模拟一个具体时刻或者一天、多天中动态的日照和阴影情况。

接下来通过练习说明几种不同的日照分析方式的使用方法。

Step01 接上节练习，在项目浏览器中切换至默认三维视图“{三维}”，打开“日光设置”对话框，如图22-14所示。选择“日光研究”中研究方案为“静止”，在“预设”列表中选择上一节中建立的“重庆 6 月 11 日静止分析”，注意 Revit 自动设置当前日期为 2017 年 6 月 11 日，时间设置为上午 10:00，“地点”保持之前所设定的项目位置。

Step02 设置完成后，单击“确定”按钮返回三维视图，Revit 将按设置的日光位置和之前设定的“正北”方向投射阴影。结果如图 22-15 所示。

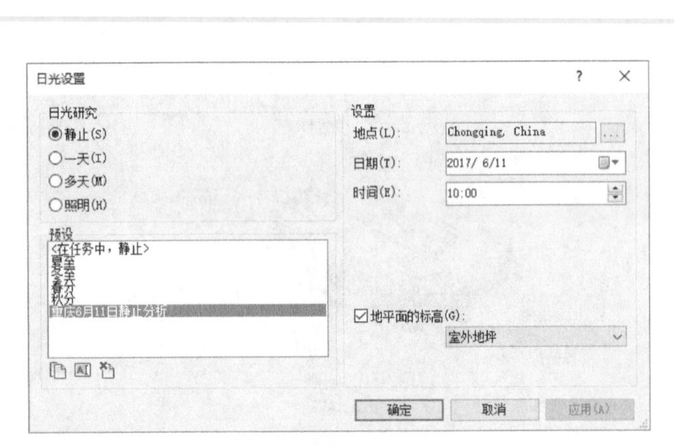

图 22-14

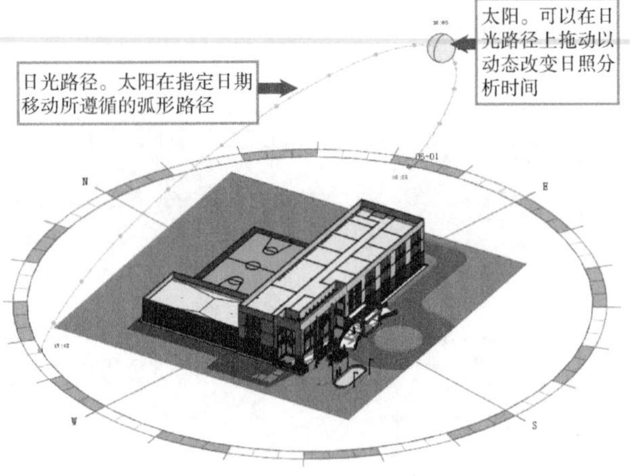

图 22-15

Step03 再次打开“日光设置”对话框，修改“时间”为 14:00，单击“确定”按钮退出日光设置对话框，注意此时视图中阴影的变化，此时视图中太阳位置同样发生变化。

提 示

可随时单击“预设”中的设置名称，切换至已保存的指定日期和时间设置，以查看当日指定时刻的阴影状态。

Step04 移动鼠标至视图中太阳位置，按住鼠标左键，可沿太阳轨迹位置移动太阳至指定时刻，以实时观察该位置时的太阳阴影状态，如图 22-16 所示。注意修改太阳位置时将同时修改“日光设置”中的时间设置。

提 示

当按住太阳位置标记时，Revit 将显示两条垂直的轨迹线，一条用于显示当前日期中不同时刻的轨迹，另外一条用于显示当前时刻下不同日期的太阳轨迹，沿这两个方向拖动太阳符号可分别调整日期和时间。

接下来，将采用一天的动态分析的方式来分析项目一天中的阴影变化。动态分析将以动画的方式显示阴影的变化。为了与静态分析的视图区别，需要再复制一个新的三维视图。

Step05 在项目浏览器中切换至默认三维视图“{三维}”，单击鼠标右键复制一个新的三维视图并命名为“一天日光研究”。

Step06 打开“日光设置”对话框，选择“日光研究”方案为“一天”，“地点”保持之前所设定的项目位置。设置日期为“2017 年 6 月 11 日”，勾选“日出到日落”选项，即模拟指定日期内从日出到日落的全过程。设置“时间间隔”为“15 分钟”，即画面中显示每隔一小时生成一帧图像，其他参数如图 22-17 所示。点击“确定”后退出设置。

提 示

时间间隔越短，生成的动画帧数越高，分析时阴影的显示越平滑。

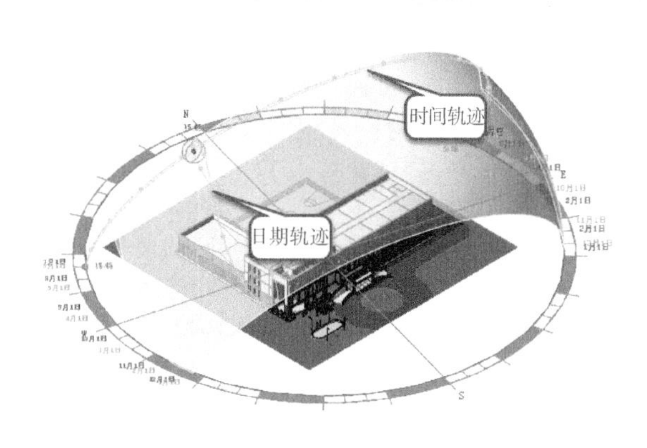

图 22-16

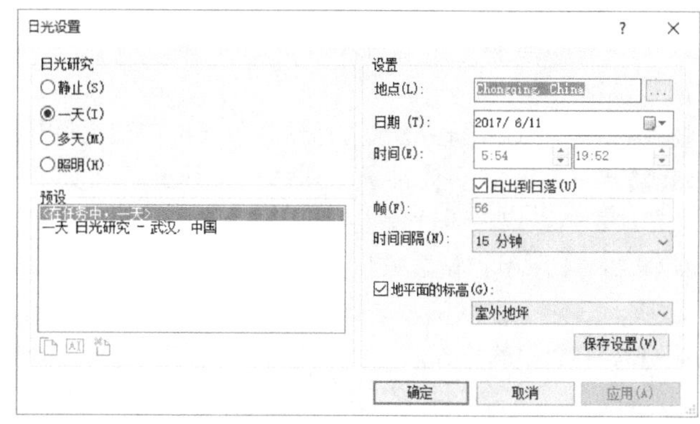

图 22-17

Step 07 如图 22-18 所示，单击视图控制栏中“日光路径”按钮，在弹出的菜单中选择“日光研究预览”选项。

Step 08 注意选项栏中将出现如图 22-19 所示预览播放控制条。单击“播放”按钮，可以在视图中播放显示一天内各时刻阴影的变化。

图 22-18　　图 22-19

图 22-20

Step 09 如图 22-20 所示，单击“应用程序菜单”按钮，在列表中选择“导出→图像和动画→日光研究”选项，打开“长度/格式”对话框。

Step 10 如图 22-21 所示，在“长度/格式”对话框中，设置“输出长度”为“全部帧”，设置“视觉样式”为“真实”，设置“尺寸标注”为“1280”，即导出视频文件的分辨率大小，其余参数 Revit 会自动填写和计算。勾选“包含时间和日期戳”选项，即在导出视频中包含时间和日期。设置完成后单击“确定”按钮，Revit 将弹出“导出动画日光研究”对话框。

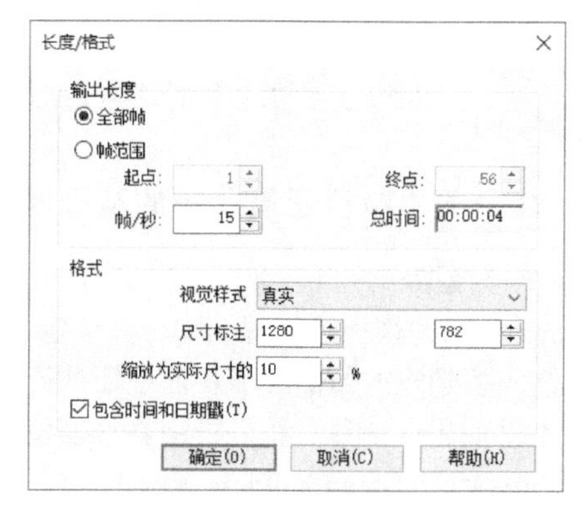

图 22-21

Step 11 在“导出动画日光研究”对话框中指定保存路径并输入文件名称后，单击“确定”按钮，当提示选择压缩格式时，默认为“全帧（非压缩的）”，建议在下拉列表中选择压缩模式为“Microsoft Video 1”，以免产生过大的视频文件。读者可打开随书文件“练习文件\第 22 章\rvt\”项目文件查看最终导出结果。

Step 12 打开“日光设置”对话框，设置“日光研究”为“多天”，修改“日期”范围如图 22-23 所示，设置时间为“17:00 到 17:00”，即将在日期范围内模拟 17:00 时刻的阴影变化。设置“时间间隔”为“一天”，完成后单击“确定”按钮退出日光设置对话框。

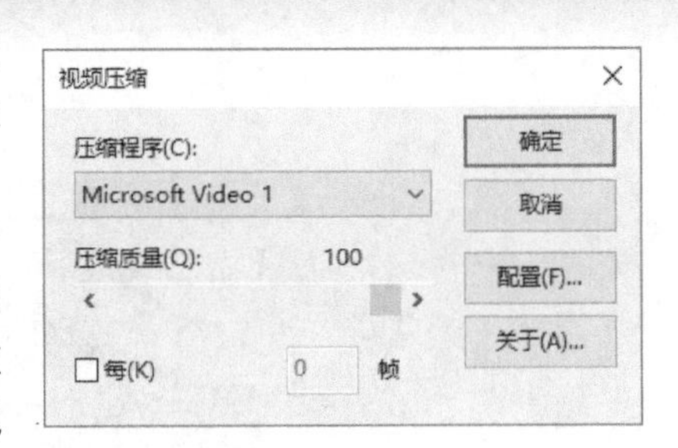

图 22-22

Step 13 打开“日光研究预览”，预览各日期中日光阴影的变化情况。

Step 14 再次打开“日光设置”对话框，设置“日光研究”方式为“照明”，该方式允许用户通过设置方位角与仰角的方式定义视图中照明的位置。如图 22-24 所示，设置方位角为 135°，仰角为 35°，勾选“相对于视图”选项，其他参数默认，单击“确定”按钮退出日光设置对话框。注意观察视图中阴影的位置。

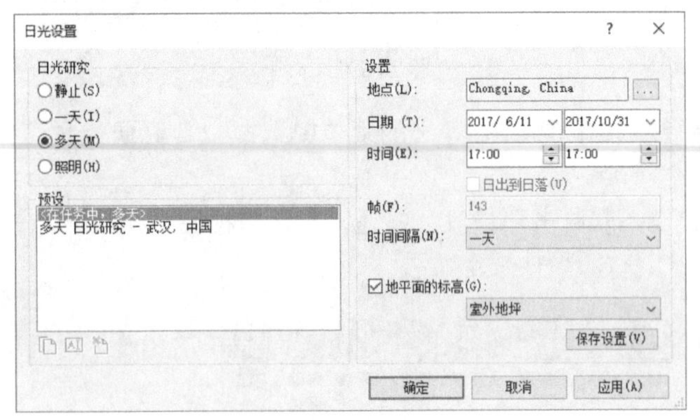

图 22-23

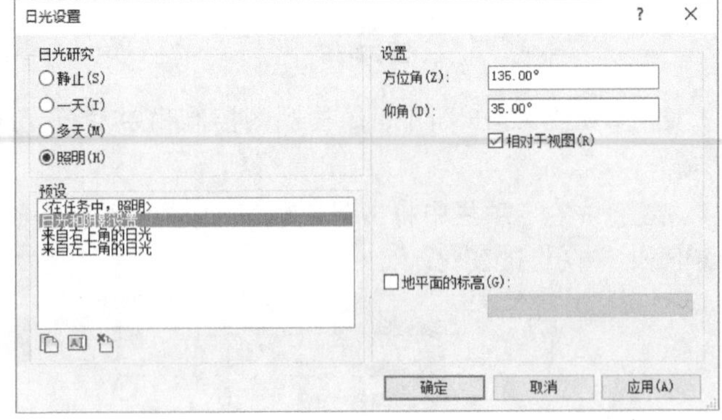

图 22-24

Step 15 配合键盘 Shift 键和鼠标中键旋转视图，注意无论如何旋转图形，阴影将始终在指定方向和位置生成。

Step 16 至此完成日光和阴影研究练习。关闭当前文件，不保存对文件的修改。

Revit 提供的四种模式中，静止和照明都是静态的阴影显示，而一天和多天是动态阴影显示。在多天状态下，在设置了日期范围后，如果起止时间与结束时间不同，且在时间间隔设置为小时的情况下，Revit 将分别显示每一天指定的时间范围内的阴影；而如果设置时间间隔为一天、周或月，则按起始时间为基准显示多天内的阴影。

可以将任意启用了日光分析的视图保存为图片，以快速对比分析不同设置的阴影状态。如图 22-25 所示，在项目浏览器中包含日照分析结果的视图中单击鼠标右键，在弹出的菜单中选择“作为图像保存到项目中”，输入视图名称并设置分辨率后保存，可以将已经完成的日照分析图形保存在项目浏览器“渲染”节点下。

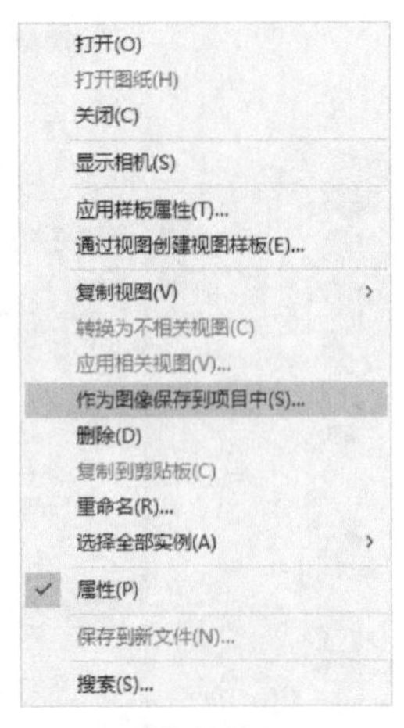

图 22-25

22.3 与绿建设计相适应的模型处理原则

22.3.1 几个关于绿色建筑分析的基础问题

Step 01 物理模型和分析模型

用 Revit 构建的模型是物理模型，其中包含了很多复杂的图形元素。但是在进行生态分析时，例如能耗分析，却无需太多建筑方面的细节，而是要进行一些简化以加快建模和分析的速度，同时需要房间体积等在建筑设计时所不常使用的信息。我们把由物理模型转换为生态分析所需要的模型称为分析模型，如图 22-26 所示。

Step 02 gbXML（Green building XML）

gbXML 即绿色建筑 XML，是一种开放的 XML 格式，其中包含了建筑的模型、材质、体积、人工照明、空调等信息，已被 HVAC（Heating Ventilation and Air Conditioning，供热通风与空调工程）软件业界广泛接受并成为数据交换标准，目前大部分绿色建筑分析软件都支持 gbXML。Revit Architecture 的项目文件可以直接导出为 gbXML 文件而把物理模型变为分析模型，这将一定程度上避免了在绿色建筑分析软件中的重复建模，增加了项目的连接度和效率。如图 22-27 所示是 gbXML 文件内容的一部分，其中使用“XML”扩展标记语言描述了一个建筑的位置、面积，以及其中一个房间（客厅）的名称、面积和体积等信息。

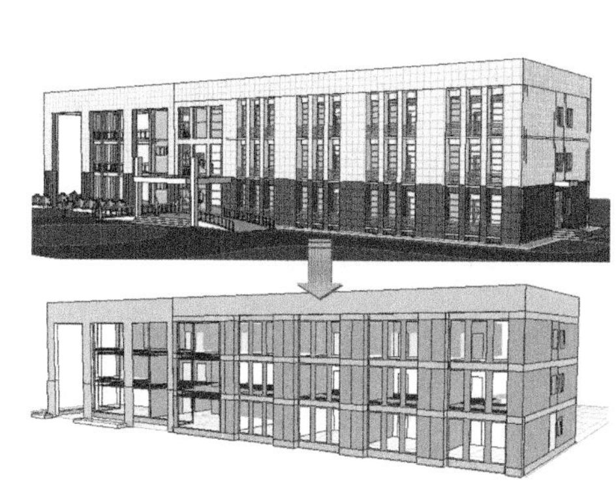

图 22-26

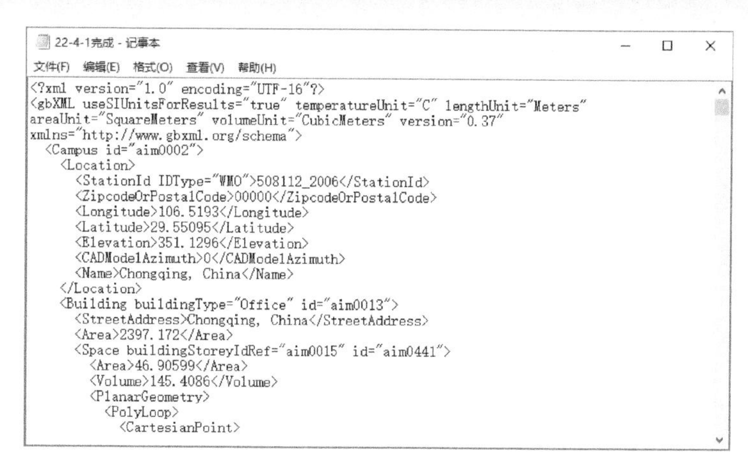


```
<?xml version="1.0" encoding="UTF-16"?>
<gbXML useSIUnitsForResults="true" temperatureUnit="C" lengthUnit="Meters"
areaUnit="SquareMeters" volumeUnit="CubicMeters" version="0.37"
xmlns="http://www.gbxml.org/schema">
  <Campus id="aim0002">
    <Location>
      <StationId IDType="WMO">508112_2006</StationId>
      <ZipcodeOrPostalCode>00000</ZipcodeOrPostalCode>
      <Longitude>106.5193</Longitude>
      <Latitude>29.55095</Latitude>
      <Elevation>351.1296</Elevation>
      <CADModelAzimuth>0</CADModelAzimuth>
      <Name>Chongqing, China</Name>
    </Location>
    <Building buildingType="Office" id="aim0013">
      <StreetAddress>Chongqing, China</StreetAddress>
      <Area>2397.172</Area>
      <Space buildingStoreyIdRef="aim0015" id="aim0441">
        <Area>46.90599</Area>
        <Volume>145.4086</Volume>
        <PlanarGeometry>
          <PolyLoop>
            <CartesianPoint>
```

图 22-27

提 示

XML 格式的数据可以使用 IE、FireFox 等 HTML 浏览器打开。

Step03 房间在生态分析中的作用

由边界图元围合而成的空间即是房间的体积，其中墙、柱、屋顶、楼板、天花板、幕墙系统、房间分隔线、建筑地坪是计算房间体积时使用的边界图元，按照第 16 章所述，创建了“房间”后，房间体积就包含在“房间”信息中。在各种绿色建筑分析软件中，大部分都是以“房间”作为基本计算单元，只有在建筑模型中定义了房间且包括建筑模型的整个体积时，才能得到正确的分析模型。目前绝大部分的绿色建筑分析软件都会利用房间这个概念来进行相关的分析，Autodesk Ecotect Analysis 和 IES（VE）均是如此。

提 示

房间一定是被边界图元围合的，只有在围合的情况下才能产生正确的房间体积，也只有在围合的情况下才能导出正确的分析模型。如果没有被房间包围的构件将不会被定义为边界图元，不会参与到能耗分析中，但可以被认为是遮阳等构件。

22.3.2 模型的处理原则

AutodeskEcotect Analysis 是建筑设计前期阶段进行概念性生态分析的工具，与暖通工程师所使用的专业工具不同，无需对模型进行过于精确的处理。常规情况下，在 Revit 中的模型越简单越好，常规的处理原则如下：

Step01 务必要包含基本的墙、楼板、屋顶、门窗、幕墙等边界图元，这些图元构成了房间的边界，是分析的基础。同时记得让边界图元彼此相连围合，这样才能创建房间，即便某些情况下无法围合，可以用“房间分隔线”帮助实现。

Step02 重点处理主要的空间，对于次要的、对生态分析影响不大的空间可以简化，比如储藏间等，也可以把一些小空间进行合并。也不要加入与分析无关的元素比如家具等，这些东西会加大建模量，但对分析模型没有影响。

Step03 某些非空调区域可以考虑合并在一起，例如楼梯间、卫生间、电梯间等。

Step04 不太明确的情况下，可以考虑与专业建筑工程师、环境与设备工程师联合调整模型。

22.4 导入 Autodesk Ecotect Analysis 前的模型处理

导入到 Autodesk Ecotect Analysis 之前需要对模型进行一些处理以满足创建分析模型的需要，其中最为重要的就是创建具有正确体积的房间。我们继续以本书的综合办公楼模型为例，说明导入到 Autodesk Ecotect Analysis 的方法。

22.4.1 放置房间

在第 16 章中我们已经给各个楼层放置了房间，但对于进行概念性的生态分析还需要按照前节所述的原则调整一下房间。主要有三个地方需要调整：卫生间、楼梯间及走道。调整的方案是，把 8 ~ 9 轴线间卫生间和楼梯间合并为一个分析房间，3 ~4 轴线的楼梯间和走道合并为一个分析房间，如图 22-28 所示。

为了分析模型的简洁，需要关闭柱图元对象的“房间边界”属性，以简化房间的形状。

Step01 打开随书文件中“练习文件\ 第 22 章\ rvt\ 22-4-1. rvt”项目文件。选择平面图中任意一个柱，单击鼠标右键，在列表中选择“选择全部实例”选项将选中所有的柱图元。如图 22-29 所示，在“属性”对话框中取消勾选“约束”参数组中“房间边界”选项。单击“应用”按钮完成设置。

Step02 此时柱将不再是边界图元，Revit 会自动调整房间边界范围，房间组成形式如图 22-30 所示。

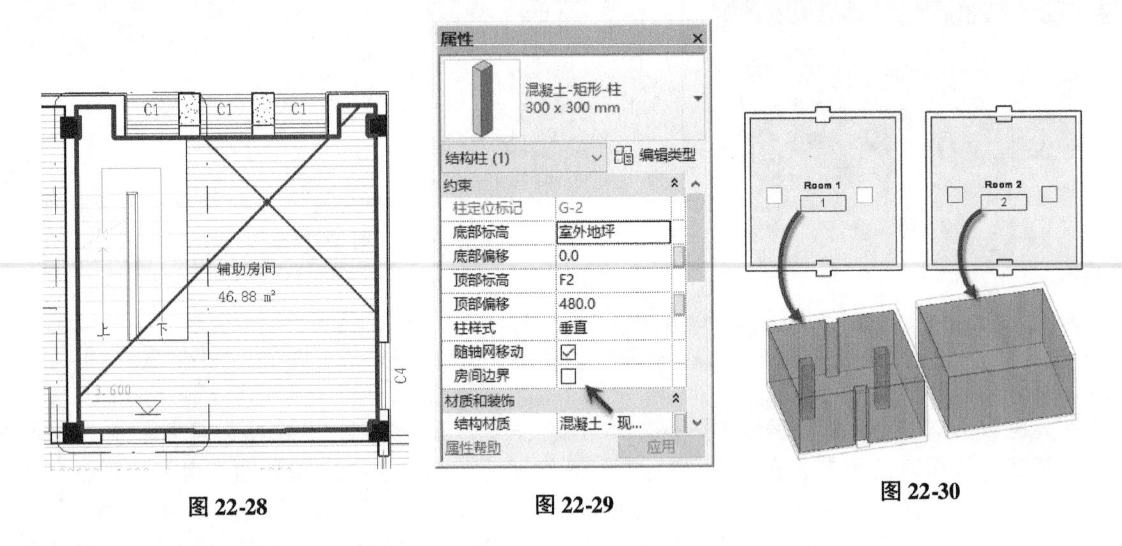

图 22-28　　图 22-29　　图 22-30

22. 4. 2　调整房间的空间高度

对于分析空间，一般需要由墙体、楼板（屋顶）、门窗来限定，由这些构件限定的空间体积即是进行相关分析的基础。在导出为 gbXML 文件时，必须让体积充满整个房间，否则将会在进行相关分析的时候出现错误或者无法进行。

要查看体积是否充满房间，可以在剖面图中检查。步骤为：

Step01 接上节练习，转入“剖面 1”剖面视图，打开“可见性/图形替换”对话框。如图 22-31 所示，在“可见性/图元”对话框“模型类别”选项卡中勾选“房间”对象类别，并勾选“内部填充”及“颜色填充”子类别。单击“确认”按钮退出“可见性/图形替换”对话框。

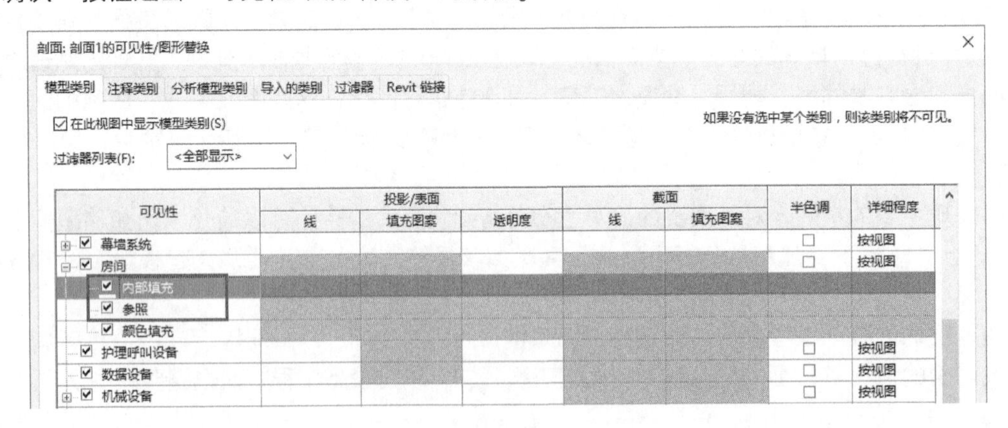

图 22-31

Step02 Revit 将在视图中显示房间剖面填充，如图 22-32 所示。此时可以查看房间的高度并未到达楼板顶面或者屋顶顶面，需要进一步调整房间的高度以充满这个房间，达到分析要求。

Step03 如图 22-33 所示，选择要修改高度的房间，拖动房间高度操纵柄至上一层楼板板面位置，修改该房间高度。重复此步骤，然后逐个修改房间的高度直至达到要求。此种方法不适合要调整大量房间的情况。

Step04 切换至 F1 楼层平面视图，框选选择视图中的所有图元，如图 22-34 所示，单击“过滤器”按钮，在构件选择对话框中只选择“房间”，将会选中本层所有房间元素。修改“属性”面板中“高度偏移”值为“3600”（楼层高度），所选房间高度将全部修改。

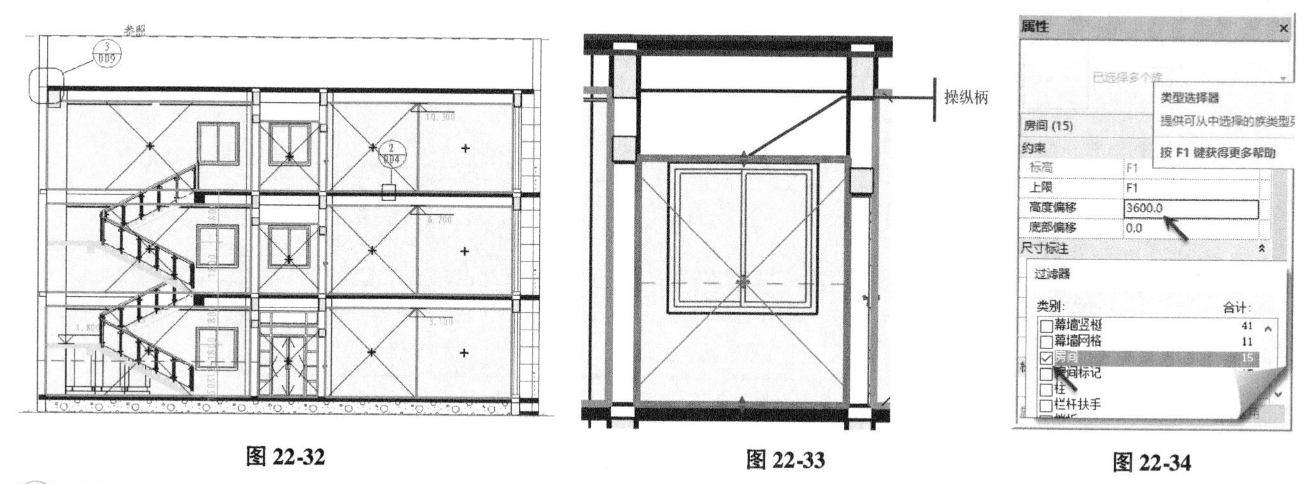

图 22-32　　图 22-33　　图 22-34

提 示

在实例属性中设置房间高度时也可以设置“上限”参数为上一层标高，而设置“高度偏移”为 0，此方法的好处是可以在改变建筑层高时，房间高度会联动。

Step05 使用“明细表/数量”工具创建房间明细表，设置如图 22-35 所示明细表参数。修改“排序/成组”选项卡中的排序方式为“高度偏移”，不勾选“逐项列举每个实例”选项，明细表将按“高度偏移”排序。单击“确定”按钮完成明细表设置。

Step06 切换至明细表视图，修改明细表视图中“高度偏移”单元格数值为 3600，Revit 将同时修改项目中的房间高度的数值。

要正确导出为 gbXML 文件，必须先计算房间的体积。默认情况下 Revit 不计算房间体积，下面为项目打开房间的体积计算。

Step07 单击“建筑”选项卡，“房间和面积”面板下拉列表中“面积和体积计算”工具，打开“面积和体积计算”对话框。如图 22-36 所示，在“计算”选项卡“体积计算”栏中选择“面积和体积”，单击“确定”按钮退出“面积和体积计算”对话框。Revit 将自动计算各房间的体积信息。

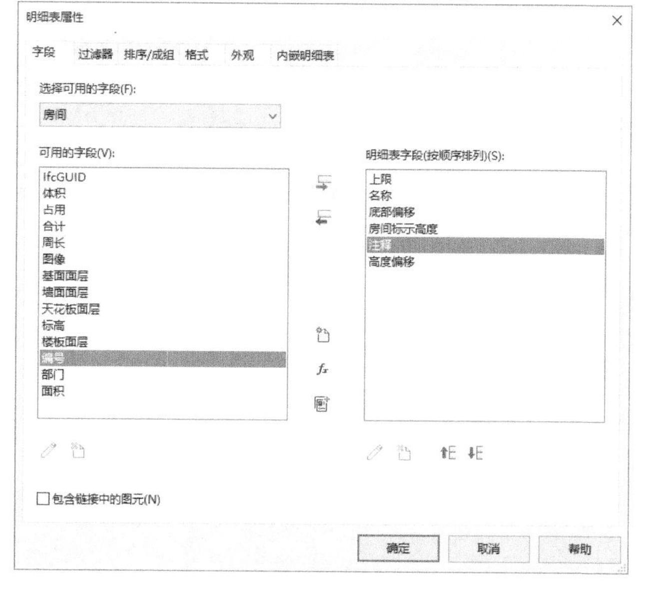

图 22-35

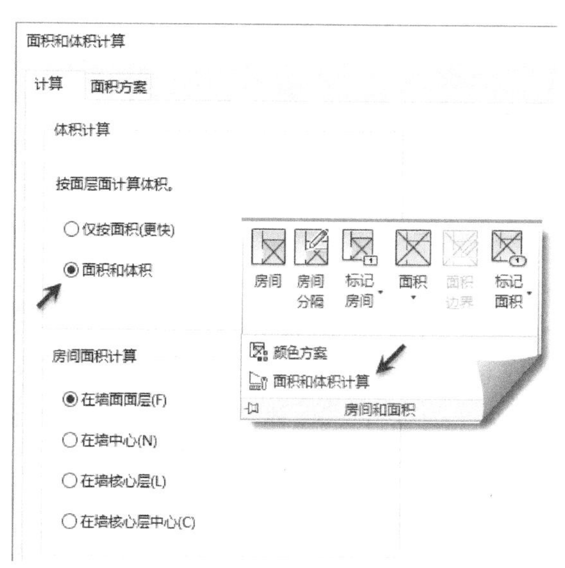

图 22-36

提 示

由于体积计算可能影响 Revit 性能，因此在需要导出为 gbXML 或者进行明细表统计时，才启用体积计算。

Step08 转到“剖面 1”视图，会发现此时的房间高度发生了变化。这是因为综合楼项目中创建了天花板，打开体积计算后，当房间设置高度大于天花板高度时，Revit 将以天花板顶面定义为实际空间的高度，并按照这个边界计算体积，如图 22-37 所示。

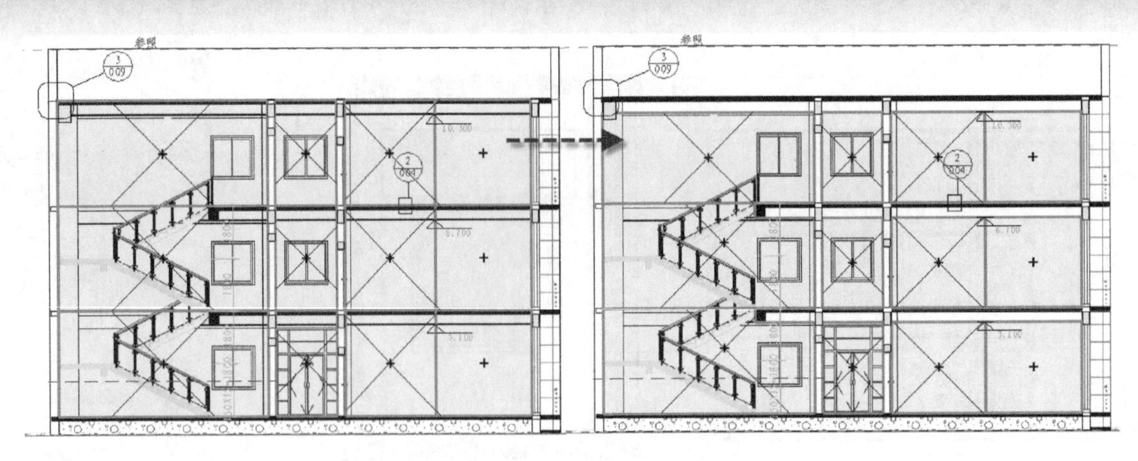

图 22-37

Step 09 保存该文件，完成本练习操作。在未启用体积计算时，选择任意房间图元，在房间属性中，体积将显示为“未计算”；在启用房间体积计算后，Revit 将为每个房间自动计算体积信息，并自动添加体积计算结果，如图 22-38 所示。

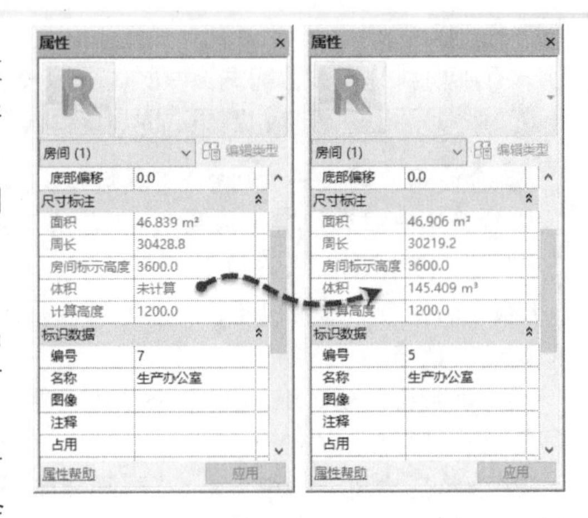

图 22-38

项目中放置房间后又将房间对象删除会产生未放置房间。利用房间明细表可以检查是否存在未放置的房间。如图 22-39 所示，如果明细表中存在“上限”显示为“未放置”的房间，表示项目中存在未放置的房间，可直接在明细表中单击鼠标右键，在弹出列表中选择“删除行”删除未放置的房间。必须删除这些房间才能继续，否则在导出到 gbXML 时也会提示出错。

此外，如果项目中存在坡屋顶，房间高度要超过屋顶高度才能得到正确的分析体积。在打开体积计算后，多出的房间部分会被软件自动截掉，如图 22-40 所示。

房间明细表

上限	名称	底部偏移	房间标示高度	高度偏移	注释
未放置	女卫生间	0	0	0	
未放置	盥洗室	0	0	0	
未放置	女卫生间	0	0	0	
未放置	盥洗室	0	0	0	
未放置	女卫生间	0	0	0	
未放置	盥洗室	0	0	0	
F1	食堂	0	3300	3300	
F1	生产办公室	0	3600	3600	
F1	生产办公室	0	3600	3600	

图 22-39

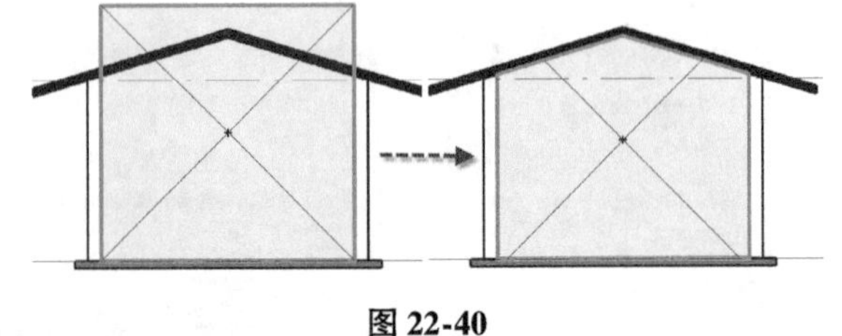

图 22-40

22.5 导入到 Autodesk Ecotect Analysis

创建了正确的房间并打开体积计算以后就可以导入到 Autodesk Ecotect Analysis 中进行生态分析了，而导入到 Autodesk Ecotect Analysis 的方式即是前面所述的 gbXML 文件格式。首先必须将 Revit 的模型文件导出为 gbXML 格式。

22.5.1 导出 gbXML

Step 01 接上节练习。切换至三维视图。单击“应用程序菜单”按钮，在列表中选择“导出→gbXML”，弹出“导出 gbXML”对话框，如图 22-41 所示。选择导出方式为“使用房间/空间体积”选项，单击“确定”按钮，打开“导出 gbXML 设置”对话框。

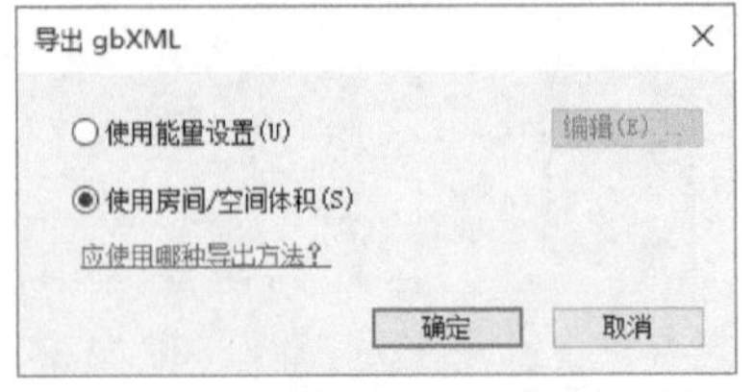

图 22-41

提 示

仅可在三维视图下导出 gbXML 文件。

Step 02 如图 22-42 所示，在“导出 gbXML”对话框“常规”选项卡下修改“建筑类型”为“办公室”“导出文件复杂性”为“简单的着色表面”，确认项目的地点为重庆，其他参数默认。

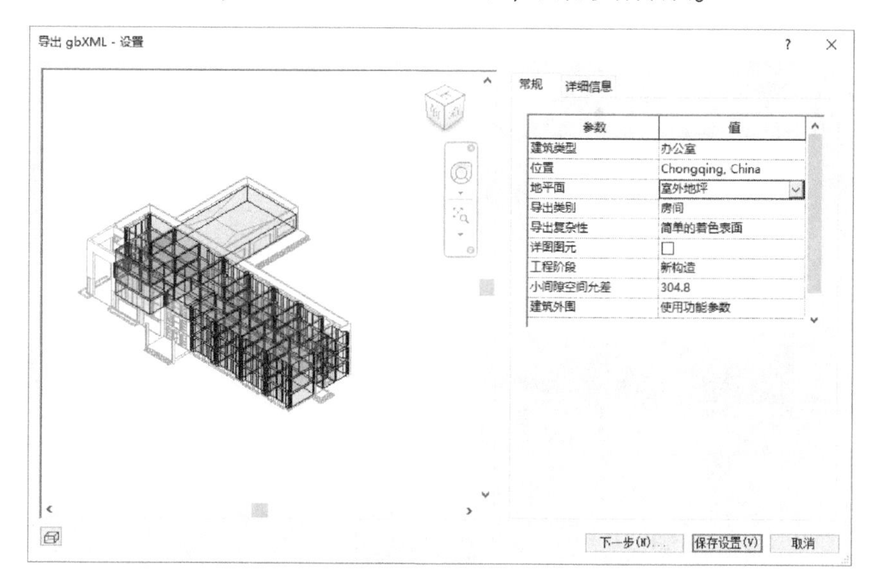

图 22-42

提 示

如果没有打开体积计算，会出现询问是否打开“面积和体积”设置的消息对话框，单击“是”按钮可以打开房间体积计算。

Step 03 在“导出 gbXML”对话框中，切换至“详细信息”选项卡，如图 22-43 所示，在右侧面板中展开“建筑模型”，可按标高查看各标高的房间设置情况。

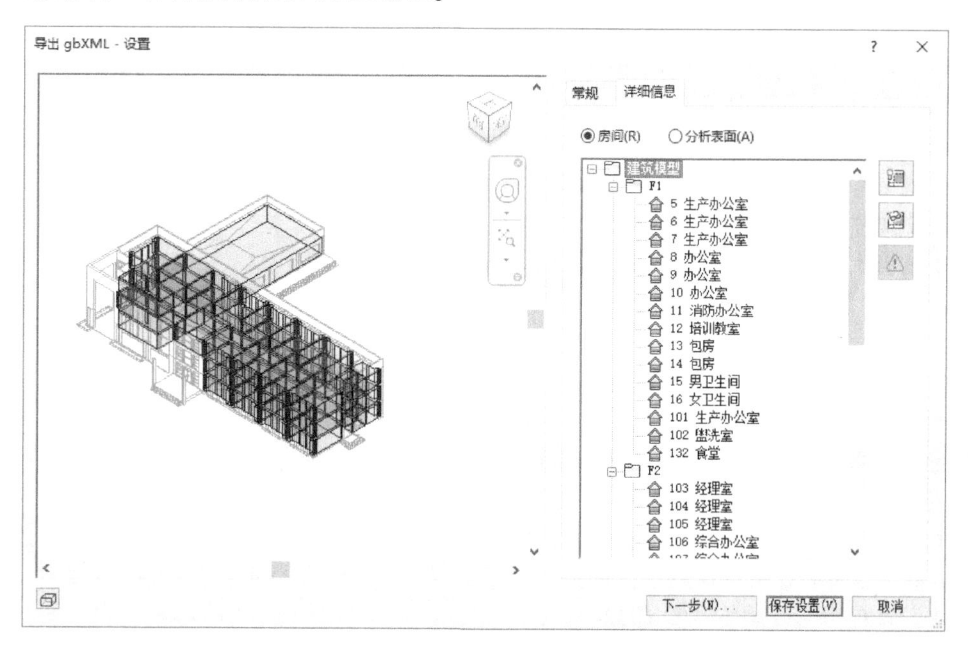

图 22-43

Step 04 选择任意房间，单击右侧高亮显示按钮，可在预览图中高亮显示所选择的房间；单击隔离显示按钮，将只在模型预览中隐藏所有未高亮显示的房间，以便于查看房间的位置。

Step 05 单击“下一步”按钮，弹出“导出 gbXML-保存到目标文件夹”对话框，输入文件名，单击“保存”按钮将 gbXML 文件保存至任意位置。完成本练习，关闭项目文件，不保存对文件的修改。

提 示

gbXML 文件的后缀格式为“. xml”。

如图22-44所示，在“导出gbXML-设置”对话框“详细信息”选项卡中，当存在未放置或没有边界的错误房间时，将给出错误标志⚠，并在发生错误的房间前显示该错误符号。选择显示错误标记的房间，单击对话框右侧查看错误信息按钮⚠，将显示出现错误的原因。

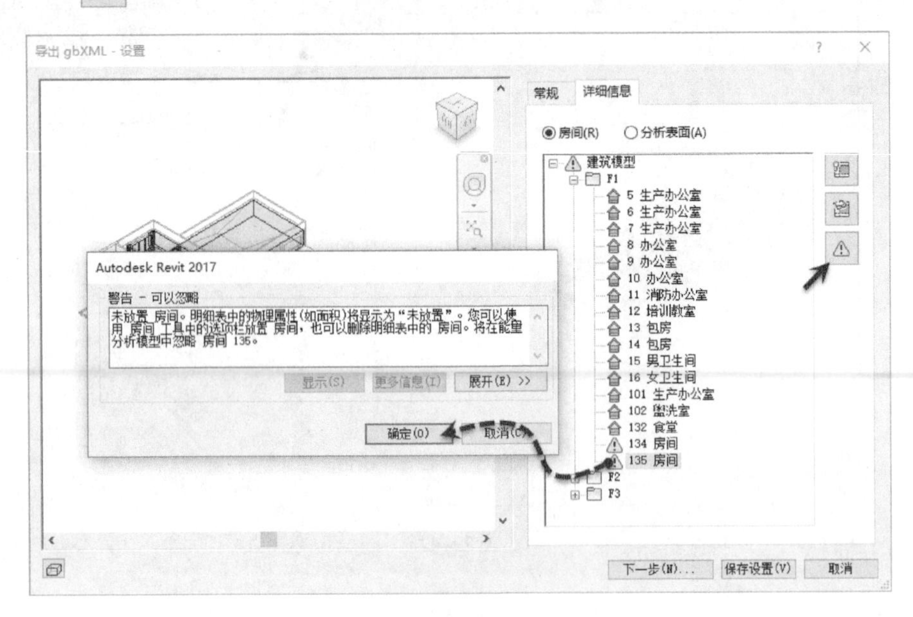

图 22-44

常规情况下，房间出现错误有两类原因：一是在模型中取消了房间的放置而没有在明细表中删除房间，二是房间高度并未接触到边界图元如楼板、天花板等，致使房间体积计算存在错误。可利用明细表定位并删除这些房间后重新导出gbXML文件。

在“导出gbXML设置”对话框中，“建筑类型”按照“ASHRAE”（美国供暖、制冷与空调工程师学会）标准指定建筑的类型，常规有“办公室”“住宅”“旅馆”等，这些参数将影响到建筑的能耗等分析结果。“地平面”参数指定建筑的地平面标高，此标高下的表面被视为地下表面，默认标高为零。“导出复杂性”是指导出的分析模型的复杂程度，比如是否导出遮阳表面（着色表面）以及幕墙洞口的处理方式等。

图 22-45

22.5.2 导入 Ecotect

在Revit中导出gbXML文件后，因中文版操作系统的原因，还需要对gbXML文件的编码进行调整才能导入Ecotect中，否则会出现导入失败的情况。

Step01 用Windows自带的记事本程序打开已经保存的gbXML文件，另存为一个副本，如图22-45所示，在保存时选择文件编码为“ANSI”，否则在导入到Autodesk Ecotect Analysis 2011中时会出现乱码。

Step02 运行Autodesk Ecotect Analysis 2011，如图22-46所示，在“File”菜单中选择“import→Modle/Analysis Data”选项，在“Import model data”对话框中选择上一步新保存的“gbXML”文件。

Step03 Autodesk Ecotect Analysis读取“gbXML”文件后将打开“Import XML Data”对话框。在这里对导入的数据进行一些设置，例如材质的设置、区域的设置等，如图22-47所示。

提 示

Import XML Data对话框中各参数的设置方法请参看Autedesk Ecotect Analysis相关资料。

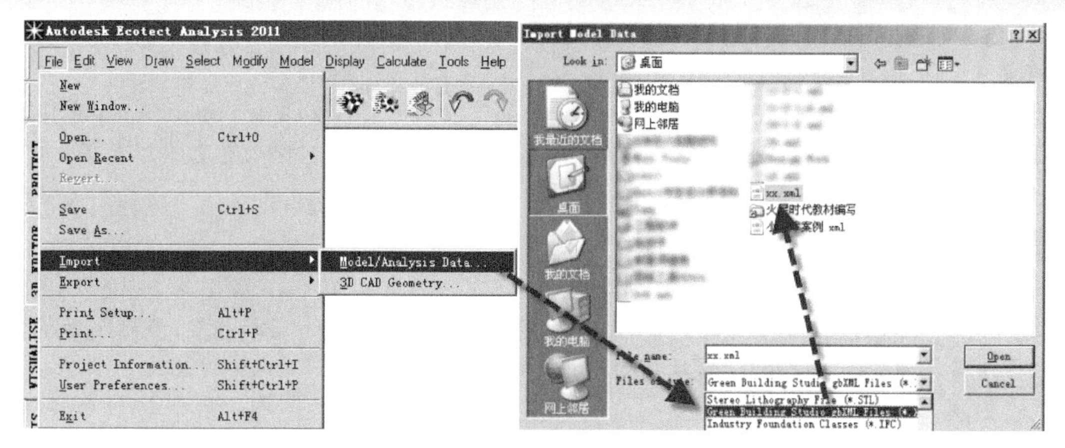

图 22-46

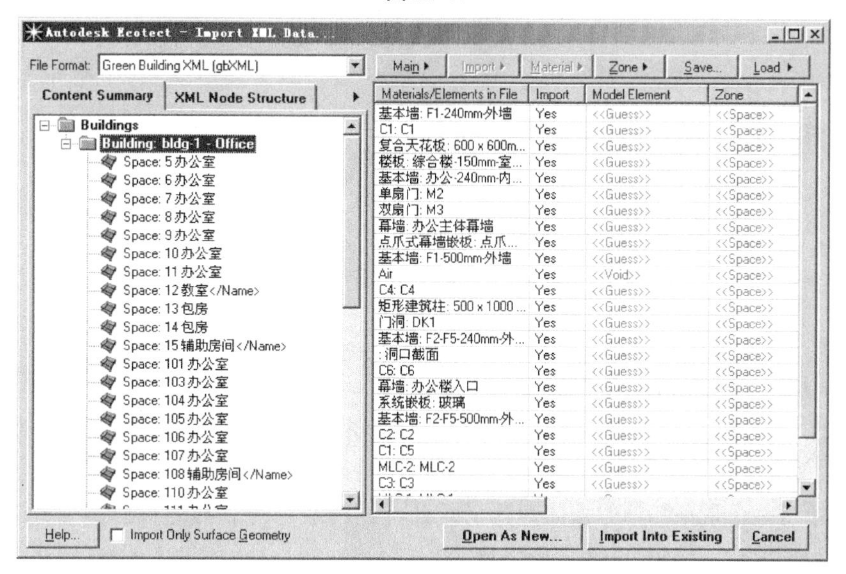

图 22-47

Step 04 设置完成后选择 “Open As New” 按钮（以新文件的方式导入）或者 “Import Into Existing” 按钮（导入到现有的文件中）将信息导入到 Autodesk Ecotect Analysis 中，导入结果如图 22-48 所示。

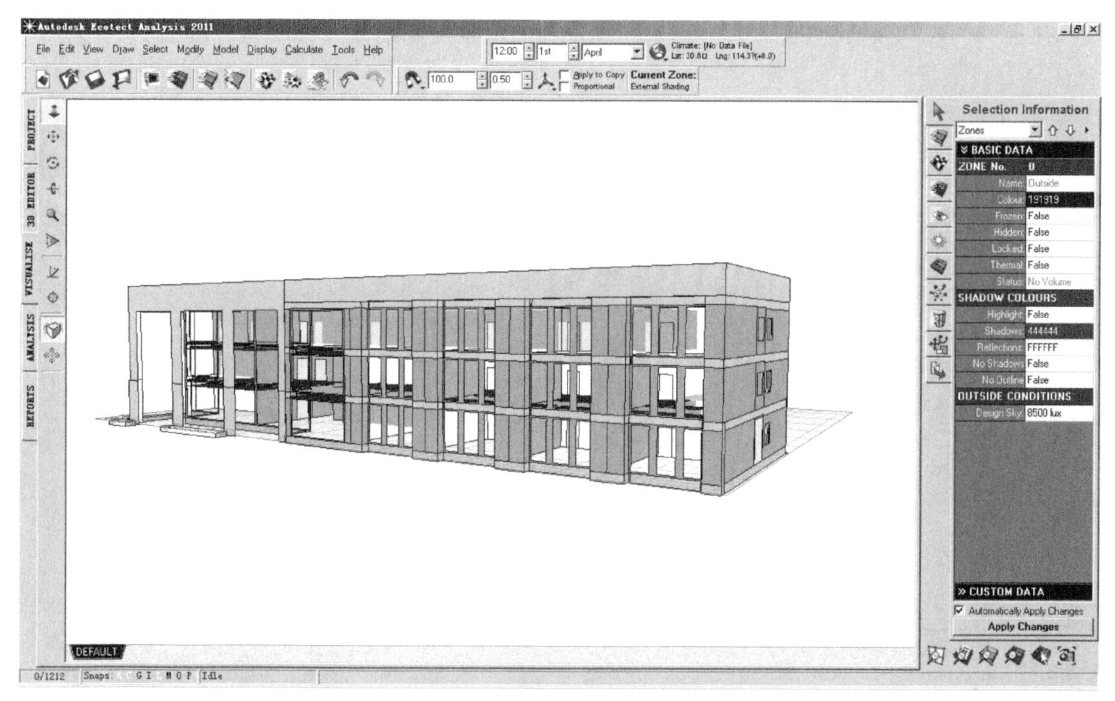

图 22-48

Step05 导入 Ecotect 后，gbXML 文件中的模型将全部以单面的方式存在，模型已经由物理模型转换为以房间为基础的分析模型。

Step06 如果对分析模型不满意，还可以在 Revit 中调整后再次导入至 Autodesk Ecotect Analysis 中，也可以直接在 Autodesk Ecotect Analysis 中修改导入的分析模型，直至满足要求为止。导入成功后，接下来可以使用 Autodesk Ecotect Analysis 分析功能来继续完成节能、采光等分析工作。

提示

只有当导出的数据中包括了建筑模型的整个体积时才能在 Autodesk Ecotect Analysis 中进行有效的能量分析。图 22-49 说明不同情况的房间体积导入到 Ecotect 时对分析模型的影响，黄色的部分没有被房间包围，在分析模型中无法参与到某些分析活动（如能量分析）中来。

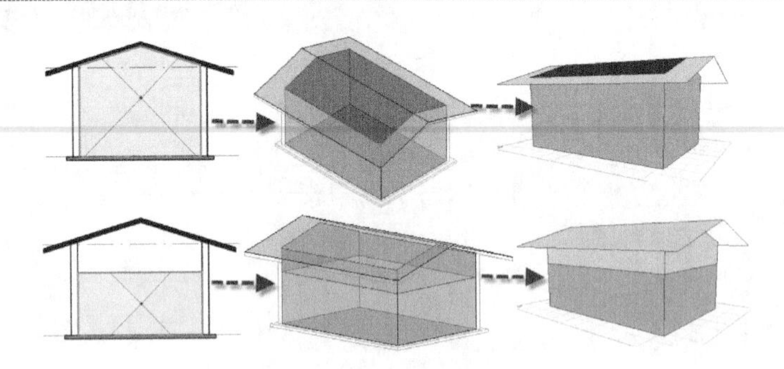

图 22-49

本书仅介绍如何将 Revit 创建的 BIM 模型数据导入到 Autodesk Ecotect Analysis 工具的一般过程，关于 Autodesk Ecotect Analysis 的具体使用请参阅该软件相关的资料，在此不再详述其操作。

22.6 导入斯维尔绿建

目前在国内绿建设计中，常采用斯维尔绿建分析软件，进行绿色建筑节能设计、能效评价、暖通负荷、建筑通风、采光分析及日照分析。利用 Revit 生成的建筑信息模型，可以通过生成 CAD 图纸的方式导出至斯维尔绿建软件中，作为绿建分析模型。

如图 22-50 所示，在 Revit 中创建各楼层平面视图后，通过将各楼层平面视图导出为 DWG 格式的 AutodCAD 图纸，再次将 DWG 格式的图纸导入至绿建分析软件中，即可利用斯维尔的相关图纸处理功能，对 DWG 图纸进行处理。

如图 22-51 所示，在导入 DWG 图纸后，利用斯维尔中的搜索房间功能，根据导入的 DWG 图纸中相关的图层信息自动生成各计算房间。

生成计算房间后，根据楼层表组装生成完整的三维绿建计算模型，结果如图 22-52 所示。

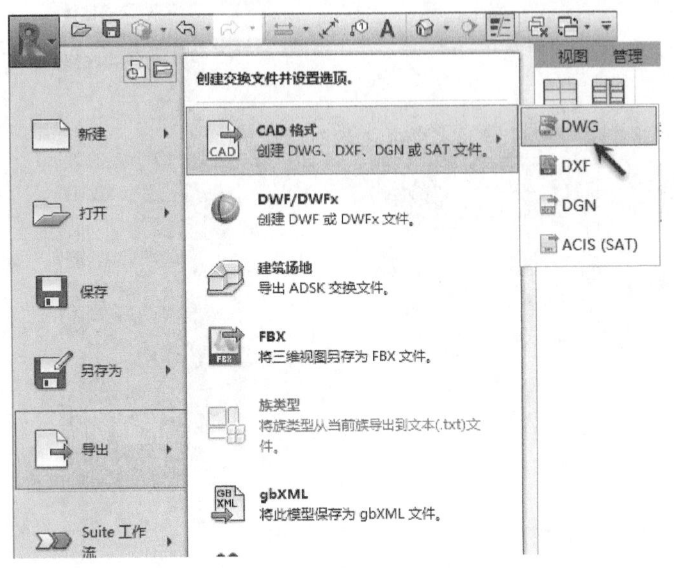

图 22-50

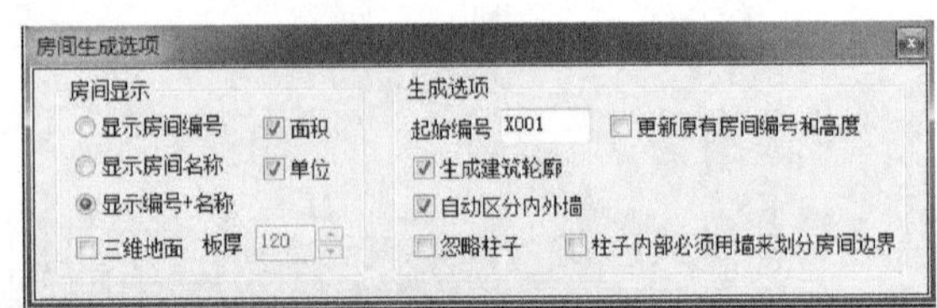

图 22-51

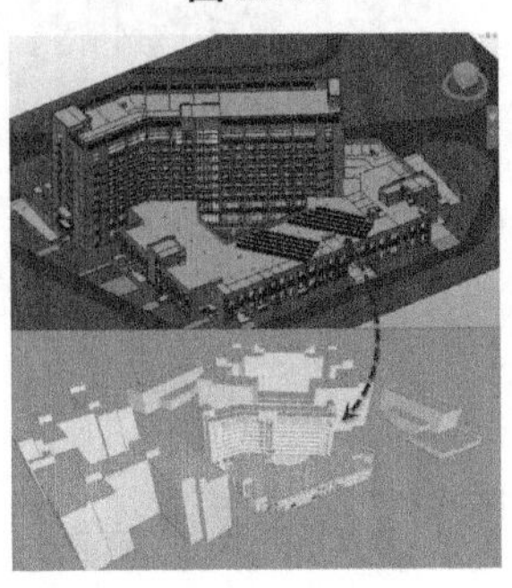

图 22-52

目前，斯维尔也在研发基于 Revit 的插件，可以更加方便地将 Revit 创建的模型导入至斯维尔绿建分析工具中。如图 22-53 所示，安装该插件后，将在 Revit “附加模块” 选项卡中添加 “外部工具” 选项，并可在该选项中执行 “导出斯维尔” 工具。

图 22-53

运行该工具后，将要求用户指定导出的路径，并对 Revit 中的标高与楼层编号进行对应设置。如图 22-54 所示，设置完成后，该插件将导出为 *. sxf 格式文件。

在斯维尔绿建软件中，利用绿建软件自带的生成楼层表和查找房间功能，可将导出的 “. sxf” 文件组装生成绿建分析模式，并继续在绿建分析软件中进行相应的分析，如图 22-55 所示。

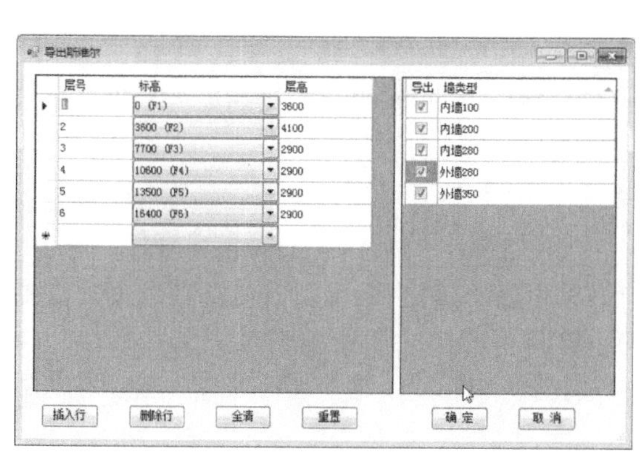

图 22-54

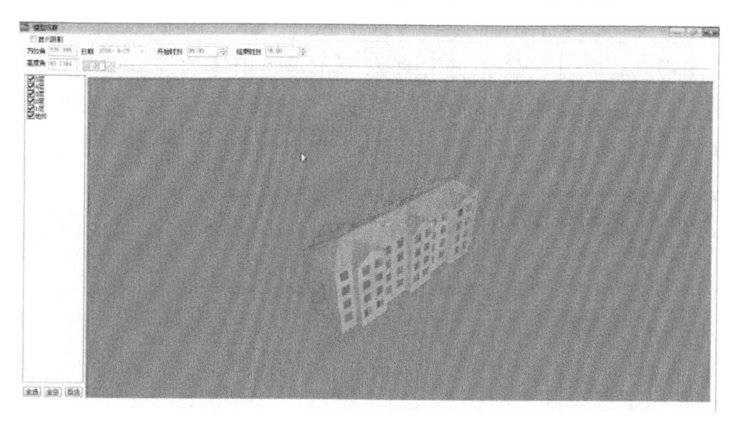

图 22-55

通过 DWG 格式，可以在将 Revit 文件导出为 DWG 格式后再导入绿建软件中进行分析计算，其优点是方便灵活，可以将任意形式的 BIM 数据通过转换为 DWG 的方式导入至绿建分析工具中。而利用插件的方式则更加直接方便，但对 BIM 模型的规则性要求较高。

22.7 本章小结

将设计信息在不同的领域中分享和延续是 BIM 的重要特征。本章介绍了 BIM 与绿色设计的联系，并对相关绿色设计软件做了简单介绍。同时说明了如何利用 Revit 的 “导出为 gbXML” 功能实现与 Autodesk Ecotect Analysis 之间的数据共享，从而完成从建筑设计到生态可持续分析的操作。各位读者可以参阅更多关于可持续设计的资料，设计更合理、更科学、更环保的绿色建筑。

第23章 协同工作

任何建筑工程项目都需要建筑、结构、给水排水、设备等专业共同参与协作完成。如何在三维模式下实现各专业间协同工作和协同设计，是建筑工程行业推动三维应用时要实现的最终目标。Revit 系列工具提供了统一的工程建设行业三维设计 BIM 数据平台，BIM 的优势即是可以在多参与方之间共享数据。

在 Autodesk Revit 平台上，可以方便地在 Revit 各专业间共享设计信息和设计数据。Revit 提供了链接或工作集的方式用于共享设计数据，完成各专业间或专业内部协同工作。

23.1 使用链接

在 Revit 平台上，Revit 除可以完成建筑专业外，还可以完成结构和机电的相关 BIM 工作。各专业间可以通过 Revit 中提供的协同工作的功能实现多专业间协作。在 Revit 中，最简单的协同工作方式是使用“链接”功能，在当前项目中链接其他专业模型数据文件。配合使用 Revit 的碰撞检查功能完成构件间碰撞检查等涉及质量控制的内容。

23.1.1 链接

下面以一个简单的练习说明如何在 Revit 中通过链接实现建筑和结构专业间三维协作和碰撞检查。注意在进行下面的练习操作时，各位读者应转换角色为项目设计管理人员，以审核和校对的视角来理解 Revit 带来的协作价值。要完成下面的练习，假定读者现在的角色是给水排水设计人员，需要为刚刚完成的卫浴布置中完成的管线与结构专业进行楼板预留孔洞的校核。检查结构的预留孔洞是否满足卫浴布置要求。

Step01 复制随书文件“第 23 章\rvt”目录至本地硬盘，打开“主体项目_卫浴.rvt”项目文件。切换至三维视图，该项目为使用 Revit 的“系统”功能创建了卫浴装置及管线。

Step02 如图 23-1 所示，单击“插入”选项卡“链接”面板中“链接 Revit”工具，打开“导入/链接 RVT”对话框。

图 23-1

Step03 浏览至随书文件“第 23 章\rvt\主体项目_结构.rvt”项目文件，该项目为使用 Revit 创建的墙体及楼板模型。如图 23-2 所示，修改“导入/链接 RVT”对话框底部“定位”方式为“自动—原点到原点”，单击“打开”按钮载入“主体项目_结构.rvt”项目。Revit 将自动按原点对齐链接模型与当前模型。

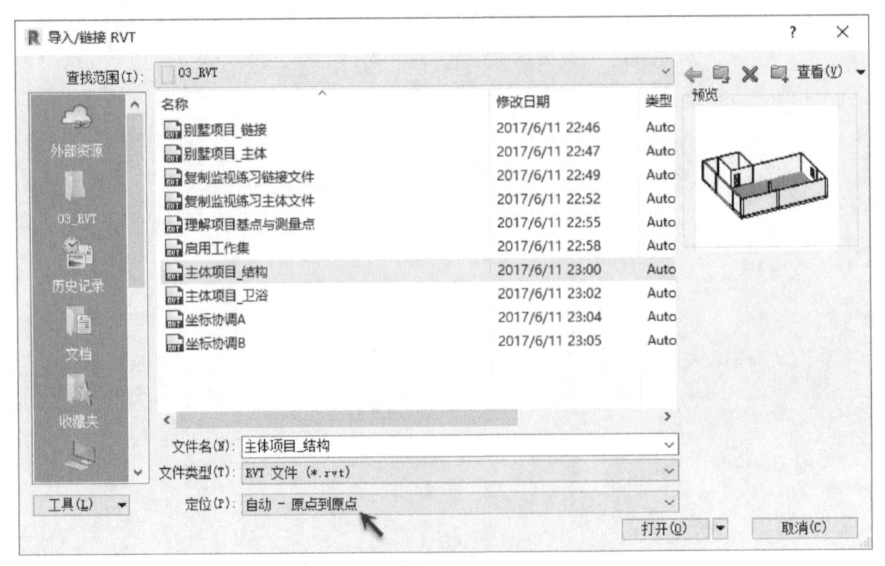

图 23-2

接下来，将利用 Revit 的碰撞检查功能检查当前项目中的楼板预留孔洞是否与链接的卫浴模型中的管线干涉和碰撞。

Step04 如图 23-3 所示，单击“协作”选项卡“坐标”面板中“碰撞检查”下拉工具列表，在列表中选择“运行碰撞检查”工具。

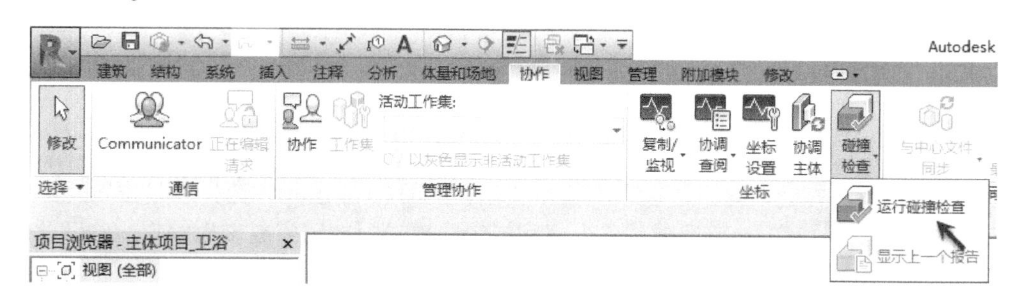

图 23-3

Step05 弹出如图 23-4 所示“碰撞检查”对话框。左侧“类别来自”列表中选择“当前项目”，在对象类别列表中选择“管件”和“管道”类别复选框；右侧“类别来自”列表中选择“主体项目_结构.rvt”链接模型，下方构件列表中将列出该文件中包括的所有对象类型，在列表中勾选“楼板”类别复选框，单击“确定”按钮。Revit 将根据所选择的图元类别进行碰撞检查。

提 示

必须指定至少两类不同的对象进行碰撞检查。

Step06 Revit 会自动检查当前项目中“楼板”实例和链接项目中管件、管道实例是否存在碰撞干涉。如果项目中存在冲突，则给出如图 23-5 所示冲突报告，在报告中将显示发生冲突的图元对象类别，图元的类型和图元 ID 号等。选择列表中图元，Revit 将在视图中亮显该图元。注意与管道发生碰撞的楼板 ID 为 440765。

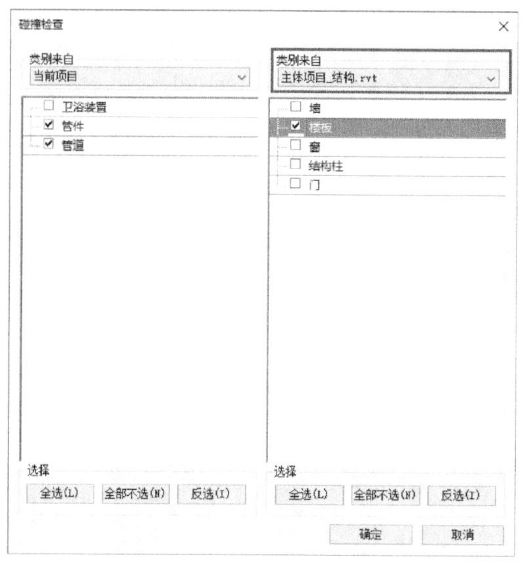

图 23-4

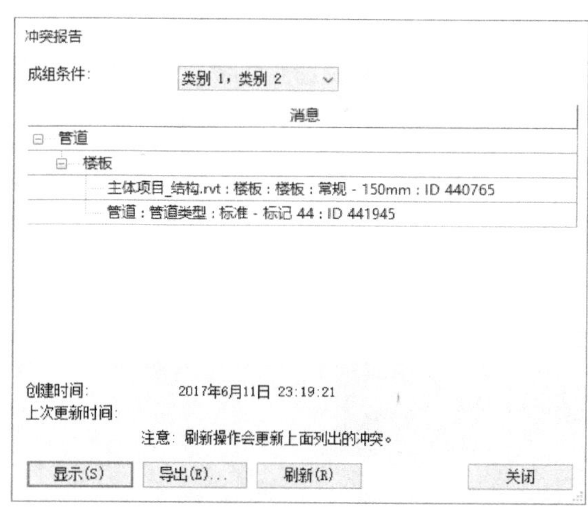

图 23-5

提 示

如果视图中图元较多，可以单击“冲突报告”底部“显示”按钮，Revit 将自动查找与所选图元相关视图。

Step07 单击“冲突报告”对话框中“导出”按钮，可将检测的结果导出为“.html”格式的文件。使用 IE、FireFox 等 HTML 浏览器可以打开该检测报告。单击“关闭”按钮关闭“冲突报告”对话框。

Step08 启动新 Revit 应用程序，在新程序中打开“主体项目_结构.rvt”项目文件。切换至 F1 楼层平面视图，如图 23-6 所示，单击“管理”选项卡“查询”面板中“按 ID 选择”工具，打开“按 ID 号选择图元”对话框。

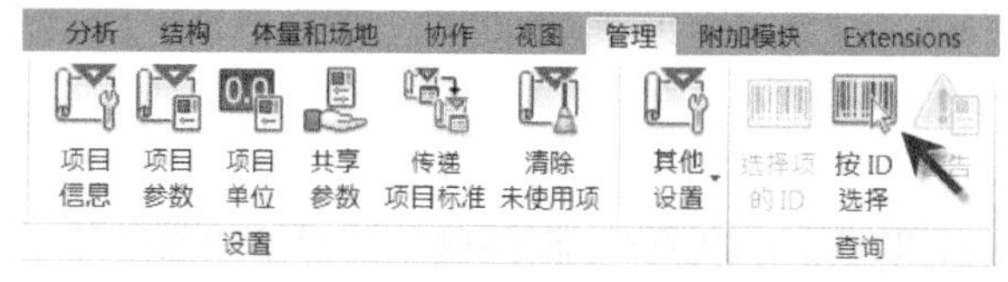

图 23-6

提 示

必须启动新的 Revit 程序才能打开被链接的项目，否则 Revit 会从当前项目中卸载链接项目。

Step 09 如图 23-7 所示，在“按 ID 号选择图元”对话框中，输入第 6）步骤中碰撞检测报告给出的楼板 ID 号 440765，单击确定按钮选择该楼板。

提 示

输入图元 ID 后，单击“显示”按钮可以在视图中高亮预览将要选择的图元。

Step 10 单击“编辑边界”按钮，返回楼板轮廓编辑状态，如图 23-8 所示，选择洞口位置矩形轮廓边界，使用“移动”工具水平向右移动 300mm，完成后单击“完成编辑模式”按钮完成楼板编辑。注意此时洞口已向右移动 300mm。完成后保存该文件。

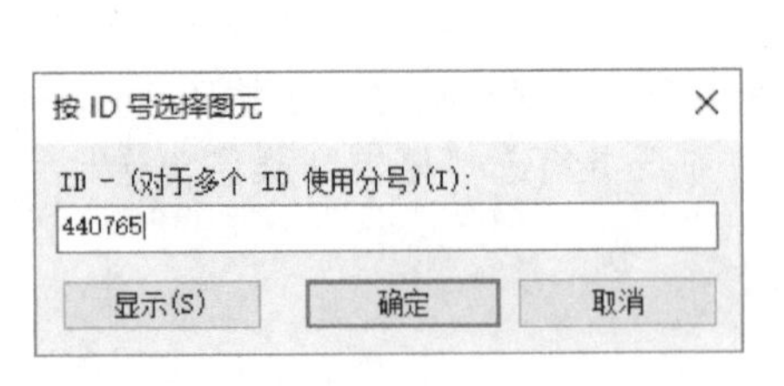

图 23-7

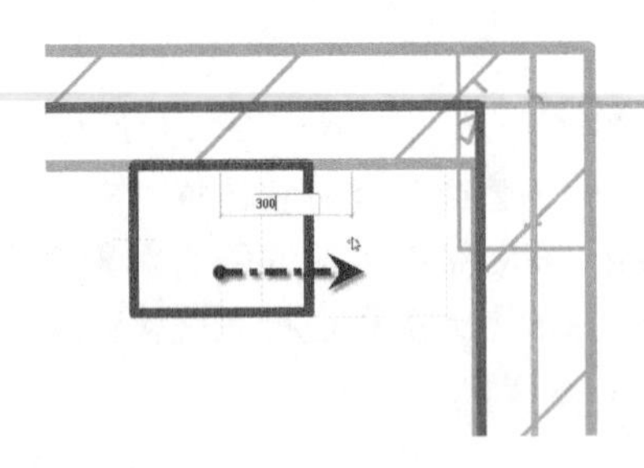

图 23-8

Step 11 切换 Revit 程序窗口至“主体项目_卫浴”项目。单击“插入”选项卡“链接”面板中“管理链接”工具，打开“管理链接”对话框。如图 23-9 所示，切换至“Revit”选项卡，在该选项卡中列举当前项目中已链接的 Revit 项目文件，以及载入的文件状态、参照类型、路径类型等。选择“主体项目结构”链接文件，此时“管理链接”对话框底部各操作按钮变为可用。单击“重新载入”按钮载入当前链接项目的最新状态，单击“确定”按钮退出“管理链接”对话框。

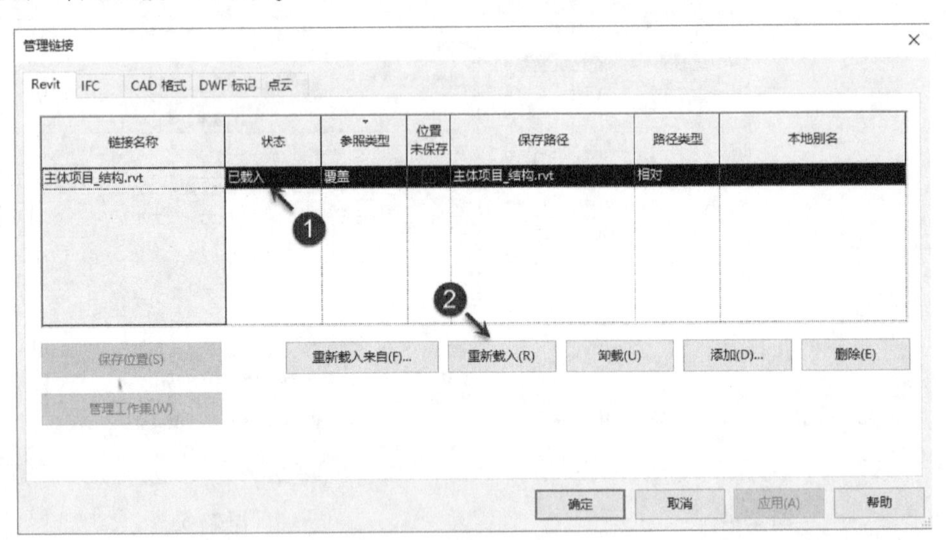

图 23-9

Step 12 重复第 5）步操作，再次检查楼板与管道和管件间碰撞，Revit 将给出如图 23-10 所示对话框，表明当前项目中楼板预留孔洞位置正确，不再存在与管线间的冲突。不保存对项目文件的修改，关闭所有项目文件，完成本练习。

图 23-10

使用链接模型和碰撞检查功能，可以在设计过程中随时检查和查看各专业配合时是否发生错、漏、碰、缺等设计问题，避免由于人为判断失误造成设计错误，这是使用 Revit 这类三维设计工具提升设计质量的非常重要的价值。

Revit 中每一个图元都由系统自动分配一个唯一的 ID 号。选择图元后，使用“管理”选项卡“查询”面板中“选择项的 ID”工具，可以查看所选择图元的 ID 号。ID 号码是三维世界中各构件图元的唯一身份证号码，因此，图元 ID 可以在多人协作中起到快速定位图元的作用，也可以在后期 Navisworks 等施工浏览模拟工具中，利用图元 ID 的唯一性，与 Revit 中的构件进行定位。

23.1.2 管理链接模型

在“管理链接”对话框中，可以设置链接文件的各项目属性以及控制链接文件在当前项目中的显示状态。Revit 中参照文件支持两种不同类型的参照方式：附着型和覆盖型。区别在于，如果导入的项目中包含链接时（即嵌套链接），如图 23-11 所示，链接文件中的覆盖型的链接文件将不会显示在当前主项目文件中（与项目 C 中链接的 B 项目参照方式无关）。笔者建议使用“覆盖”型链接以防止在多次链接时形成循环嵌套。

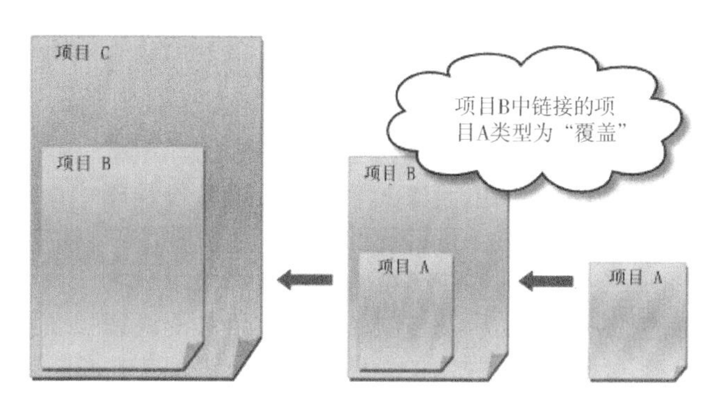

图 23-11

Revit 可以记录链接文件位置的路径类型为相对路径或绝对路径。如果使用相对路径，当将项目和链接文件一起移至新目录中时，链接关系保持不变。Revit 尝试按照链接模型相对于工作目录的位置来查找链接模型。如果使用绝对路径，然后将项目和链接文件一起移至新目录时链接将被破坏。Revit 尝试在指定目录查找链接模型。

在“管理链接”对话框中选择参照文件，此时“管理链接”对话框底部各操作按钮变为可用，使用“重新载入来自”按钮可以重新指定参照文件的位置和文件名称；当参照的外部文件发生变更修改时，单击“重新载入”按钮向当前项目中重新载入参照项目，以保证当前项目显示的参照文件为最新状态；使用“卸载”按钮可以从当前项目中隐藏所选参照文件内容模型，如果希望从当前项目中删除链接文件，单击“删除”按钮即可。

除控制链接项目外，还可以在视图中控制链接项目在主体项目视图中的表现方式。默认情况下，Revit 将仅在当前项目视图中显示链接模型的投影。通过下面练习说明如何控制链接文件在主体项目视图中的显示。

Step01 打开随书文件“第 23 章\RVT\别墅项目_主体.rvt”项目文件。使用“自动—原点到原点”的方式链接“别墅项目_链接.rvt”项目文件。

Step02 切换至 F1 楼层平面视图，注意视图中仅显示链接的项目模型按当前项目视图范围设置所产生的投影。由于当前视图范围设置为“当前标高之下 -900”，因此在视图中除显示 F1 标高内图元截面外，还将显示低于 F1 标高的模型图元。

提 示

请读者自行查看当前 F1 楼层平面视图的视图范围设置，具体方法参见本书第 16 章相关内容。

Step03 单击“视图”选项卡“图形”面板中“可见性/图形”工具，打开“可见性/图形替换”对话框，注意在对话框中出现“Revit 链接”选项卡。切换至“Revit 链接”选项卡，如图 23-12 所示，列表中显示当前项目中已链接的所有 Revit 项目文件，且链接项目显示设置为“按主体视图”。

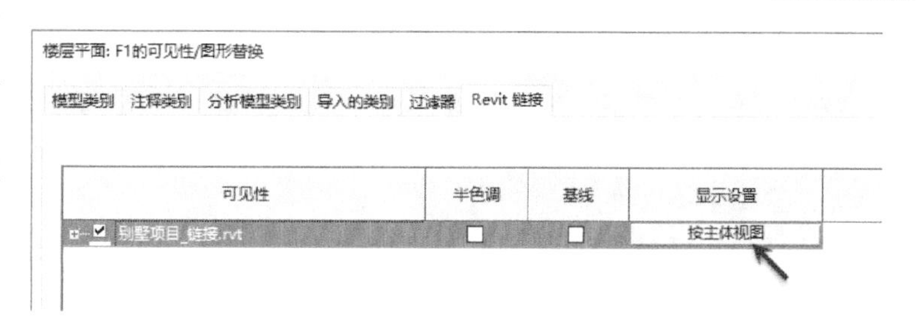

图 23-12

Step04 单击“显示设置”栏中“按主体视图”按钮，打开“RVT 链接显示设置”对话框。如图 23-13 所示，在“基本”选项卡中设置链接文件的显示方式为“自定义”；修改“链接视图”中显示链接项目文件中的视图为“楼层平面：一层平面图”，即在当前楼层平面视图中显示链接项目中“一层平面楼层平面视图”；修改“视图范围”为“按链接视图”，即按链接项目中的视图设置显示在当前视图当中。

Step05 切换至“模型类别”选项卡。如图 23-14 所示，修改“模型类别”显示方式为“自定义”，此时可以修改模型类别列表中各图元类别的可见性和在视图中的显示。修改“墙”截面填充图案替换为“实体填充”，颜色为红色，确认勾选“填充样式图形”对话框中“可见”选项，完成后单击“确定”按钮返回“可见性/图

形替换”对话框。再次单击“确定”按钮退出“可见性/图形替换”对话框。

Step06 注意此时 F1 楼层平面视图中将按链接文件中“一层平面图”中的视图范围和视图内容显示尺寸标注，且链接进的墙均变为“涂黑”。关闭项目文件，不保存对文件的修改。

在链接项目时，Revit 提供了三种显示链接模型的方法：按主体视图、按链接视图和自定义。按主体视图选项表示链接到当前项目中的模型将按当前项目视图中的设置、可见性设置等显示模型的实时剖切形态；按链接视图将在当前视图中显示指定的与当前视图类型相同的原链接项目中保存的视图，包括原链接项目视图中添加的注释等均将显示在当前视图中；自定义将允许用户自定义原链接项目中视图的显示状态，例如进行可见性控制和替换等。

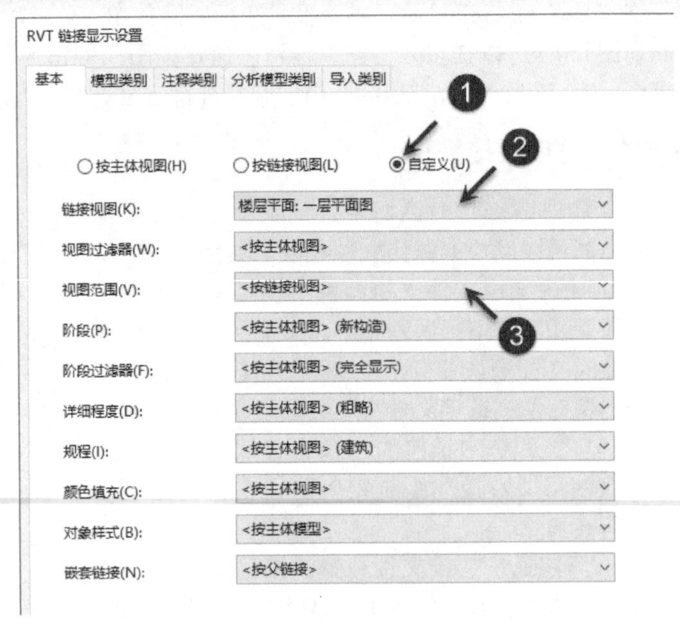

图 23-13

除可以将链接文件中的视图映射至当前项目外，链接项目中的阶段、详细程度、对象样式等均可进行精确的映射控制，请读者自行尝试该设置。

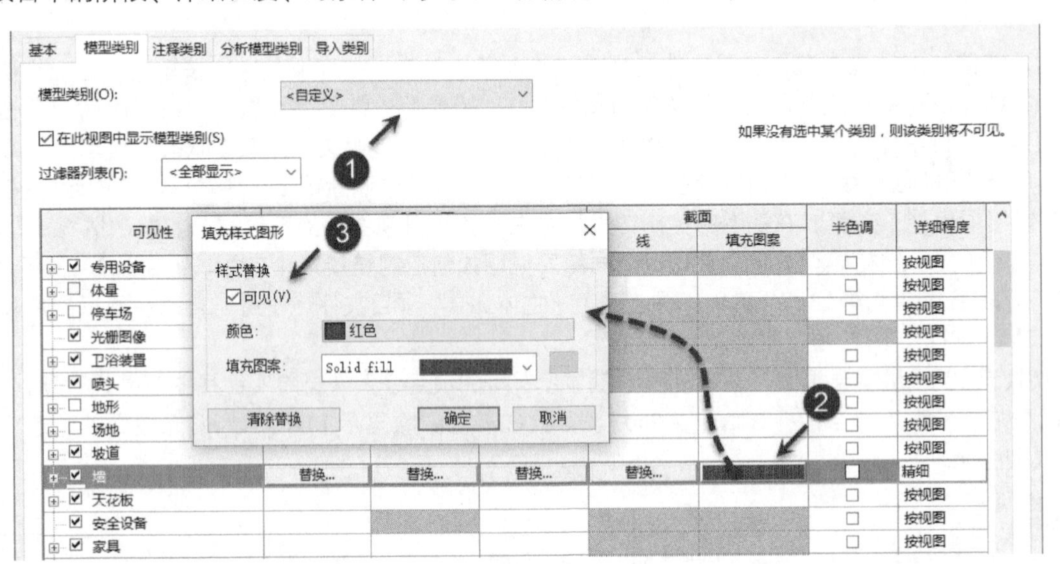

图 23-14

在主体项目中选择任意链接项目中的模型，自动切换至“修改 RVT 链接”上下文选项卡。如图23-15所示，在“链接”面板中包括“绑定链接”和“管理链接”两个工具。

注意在 Revit 中导入链接文件时，要选择链接文件，必须确保激活如图 23-16 所示的“选择链接”选项，否则将无法选择链接文件。

单击“绑定链接”工具，可以将链接文件绑定到当前项目中。弹出如图 23-17 所示“绑定链接选项”对话框，可以将链接文件以“附加详图组”的方式绑定到当前项目中。

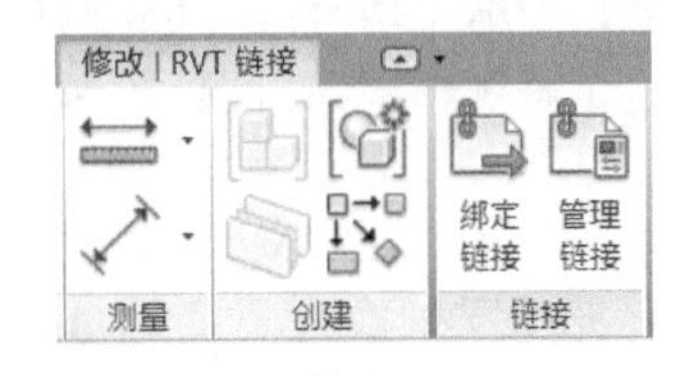

图 23-15

图 23-16

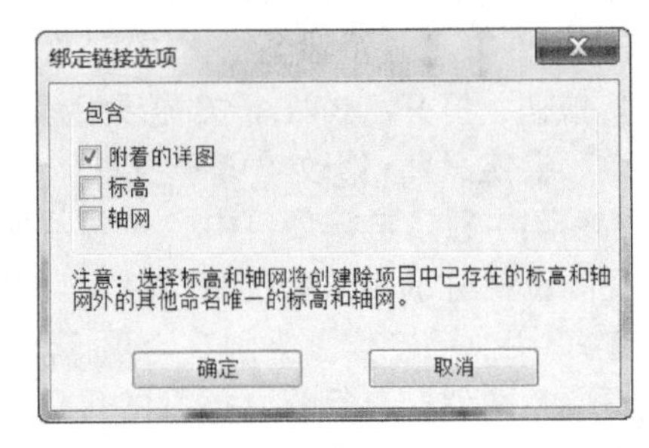

图 23-17

绑定链接后，原链接项目文件中的模型将作为 Revit “组” 插入到当前项目中，组的名称默认与链接文件名相同。绑定后的模型将不再受原链接文件的影响。绑定后 Revit 会给出提示询问用户是否删除链接，以节约内存。

除可以将链接文件转换为组之外，还可以将已经生成的组文件转换为链接。在本书前面介绍“使用组”时，可以将项目中的组重新指定为链接文件，选择组后，单击“成组”面板中“链接”工具，即可弹出“转换为链接”对话框，如图 23-18 所示。可以选择将已选择的组文件另存为一个新的项目，将删除组实例，用一个指向组文件的链接替代原组实例，也可以将所选择的组实例删除，并使用新的链接文件代替原来的组文件。由于链接的工作效率高于组，因此使用这种方式可以加快 Revit 模型的运行效率。在处理大量的模型时，可以采用链接的方式，而不是采用组。

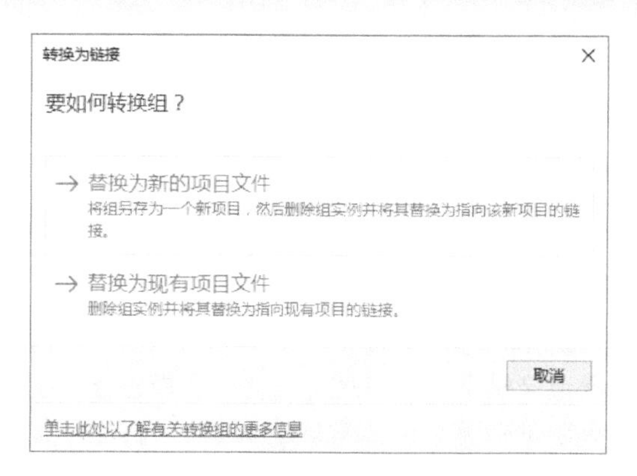

图 23-18

23.1.3 复制与监视

在链接图元时，可以将被链接的项目中的轴网、标高等图元复制到当前项目中，以方便在当前项目中编辑修改。但为了当前项目中的轴网、标高等图元保持与链接项目中轴网、标高保持一致，可以使用“复制/监视”将链接项目中的图元对象复制到主体项目中，用于追踪链接模型中图元的变更和修改，以便及时协调和修改当前主项目模型中的对应图元。例如，结构专业设计人 S 链接了建筑专业设计人员 A 的建筑模型，并基于建筑设计模型在结构软件中进行结构柱、梁、结构楼板等结构图元的布置。为方便操作，S 将建模模型中的轴网、标高等图元复制到当前项目中，并希望当链接的建筑模型中修改了标注或轴网后，当前项目中的标高和轴网可以自动变更和修改。要达到此目的，必须使用 Revit 提供的“复制/监视”功能监视链接文件当中的标高、轴网等图元的变化。

Revit 可以监视和跟踪项目中的标高、轴网、结构柱、墙（及墙体上的门、窗洞口）和楼板图元的变更。下面通过练习说明如何在 Revit 中启用“监视”功能，跟踪项目的变化。

Step 01 复制随书文件“第 23 章 \ rvt”目录至本地硬盘。打开“复制监视练习主体文件 . rvt”项目文件。切换至 F1 楼层平面视图。当前视图中已经根据建筑专业的轴网在项目中重新创建了轴网，并创建了卫浴装置、管道等卫浴模型图元。

接下来需根据链接的结构模型在当前项目中复制创建与链接模型中形状完全一致的建筑楼板以满足建筑出图要求，并跟踪链接模型中轴网的变化以及时修正当前主体模型中楼板和轴网。

Step 02 使用“链接 Revit”工具，采用“原点到原点”的方式链接同一目录中“复制监视练习链接文件 . rvt”项目文件。注意链接文件中的轴网与当前主体项目文件中的轴网完全重合。

Step 03 如图 23-19 所示，单击“协作”选项卡“坐标”面板中“复制/监视”工具下拉列表，在列表中选择“选择链接”选项，在视图中单击选择“复制监视练习链接文件”链接文件模型，自动切换至“复制/监视”上下文选项卡。

Step 04 单击“工具”面板中“选项”工具，打开“复制/监视选项”对话框。如图 23-20 所示，切换至“墙”选项卡，

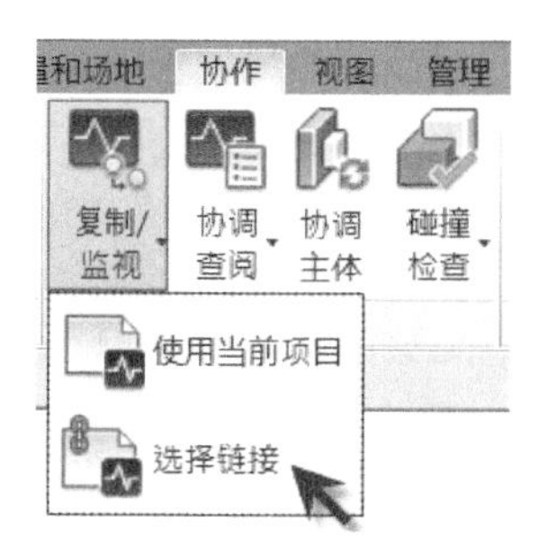

图 23-19

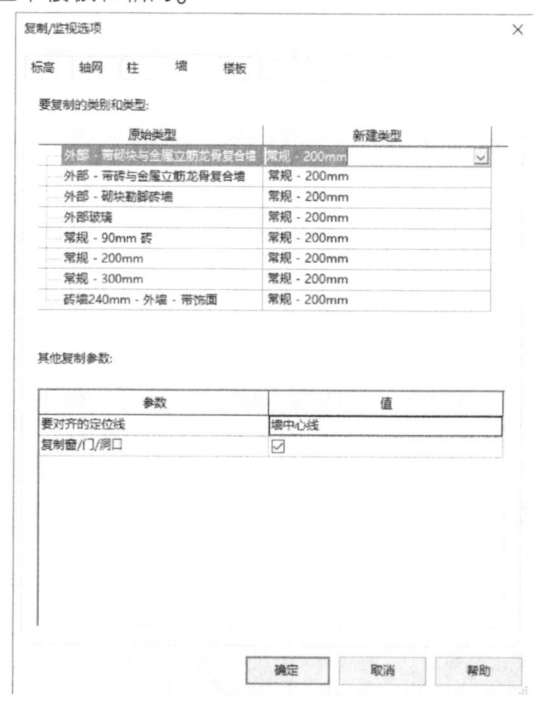

图 23-20

该选项卡“原始类型”列表中列举被链接的项目文件中包括的所有可用墙类型。设置“新建类型”均为“常规200mm”，即当复制链接模型中的墙类型至当前项目中时，在当前项目中均采用“常规200mm”墙类型。勾选“复制窗/门/洞口”选项，单击“确定”按钮退出“复制/监视选项”对话框。

提示

在其他选项卡中可以指定标高、轴网等对象的复制类型。“新建类型”中列举的楼板类型为当前主体项目中包含的楼板类型。

Step 05 如图23-21所示，单击“工具”面板中“复制”工具，勾选选项栏中“多个”选项；配合键盘Ctrl键选择链接模型中所有墙体，完成后单击选项栏中“完成”按钮，Revit将根据链接模型中墙位置在当前主体项目中复制创建类型为“常规200mm”的墙图元，并在复制创建的楼板旁出现“监视”标识。

提示

可以配合使用选项栏中“过滤器”工具对已有集中选择图元进行过滤。

对于主体项目中已创建的图元对象，Revit可以监视当前项目中对象与链接项目中同类对象的相对位置。为保证当结构工程师修改轴网时当前项目对应的轴网能及时修正，可以监视该轴网对象与链接项目中轴网。

Step 06 以监视轴网B为例。单击“工具”面板中“监视”工具，选择当前项目中B轴网图元，再单击链接项目中的B轴网图元，在轴网B处放置监视标识，表示将监视当前项目中轴网与链接项目中轴网的位置关系。完成后单击“复制/监视”面板中“完成”工具完成复制和监视图元设置。此时Revit将监控当前项目中已复制图元和指定的监视图元与链接项目中的差异和位置关系。

Step 07 启动新Revit程序。在新Revit程序中打开“复制监视练习链接文件.rvt”项目文件。切换至F1楼层平面视图。修改B轴线与A轴线间间距为3300，修改C轴线卫生间门距离2轴线墙体净距离为300，并翻转门开启方向，完成后保存对项目的修改文件。

Step 08 返回“复制监视练习主体文件.rvt”Revit窗口。选择项目中链接文件，单击“链接”面板中“管理链接”工具，打开“管理链接”对话框，单击“重新载入”按钮重新载入“复制监视练习链接文件.rvt”链接文件。由于当前项目中监视的图元与链接文件中的图元存在差异，Revit给出如图23-22所示警告对话框。单击“确定”按钮退出该警告对话框。

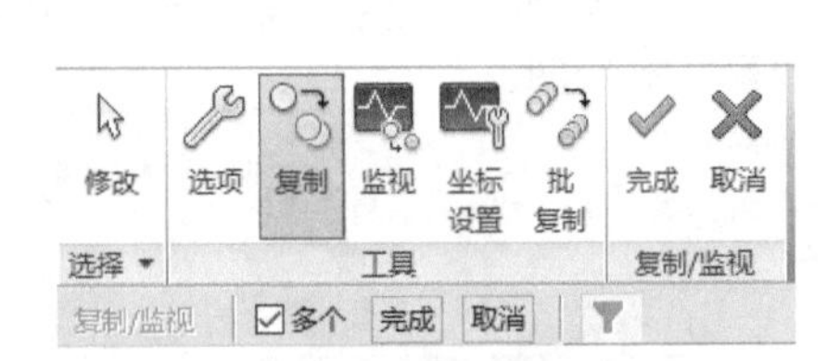

图 23-21

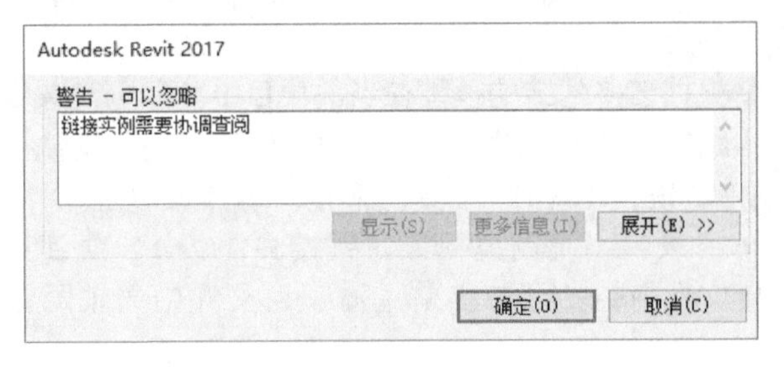

图 23-22

Step 09 单击“协作”选项卡“坐标”面板中“协调查阅”下拉工具列表，在列表中选择“选择链接”选项，单击链接项目中任意图元，选择“主体项目结构”链接。给出如图23-23所示“协议查阅”对话框，在该对话框中列出Revit发现的所有被监视图元与链接模型中存在差异的图元。设置“矩形直墙洞口”类别中操作选项为“移动→基本墙：常规200mm中的洞口”选项，轴网类别操作中选择“修改轴网：B选项，单击“确定”按钮接受上述设置，Revit将立即按链接中相同的洞口位置重新生成当前项目中被监视的墙体洞口，并按链接模型中轴网位置修改当前轴网，以保障被监视的图元完全一致。关闭项目，不保存对项目的修改，完成本练习。

使用“复制/监视”工具可以让Revit自动跟踪当前项目与链接项目中的差异，从而大大减少多专业协同过程中因项目修改而造成的专业间模型不匹配的问题。可以在“协调查阅”对话框中对发现的协调问题图元指定如何操作：

推迟：不做任何操作，并记录该协调状态为“推迟”。Revit自动记录该问题至“推迟”问题组。

拒绝：不修改当前项目中任何图元，并不接受链接模型中的变更，该记录仍然存在，并自动归类为“拒绝”问题组。

接受差值：不修改当前项目中的任何图元，接受链接项目与当前主体模型间的差异。并删除该问题记录。

修改图元：根据监视的图元不同而略有不同，即修改主体项目的图元与链接项目中监视的图元完全一致。

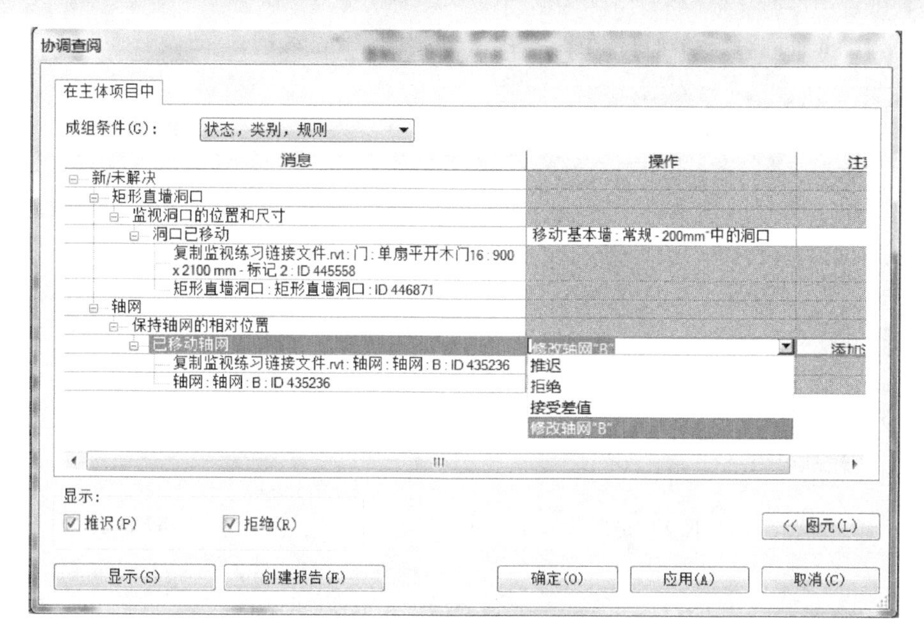

图 23-23

同时删除该问题的记录。

单击“协调查阅”对话框中“创建报告”按钮，可以将协调中发现的问题生成“HTML”格式的报告文件。不论“拒绝”或“推迟”Revit 在协调过程中发现的问题，例如对于被机电专业“拒绝”修改的问题，项目负责人必须找出有效协调该设计问题的方式。

23.2 坐标协调

在链接 Revit 项目文件时，可以“自动－中心到中心、自动－原点到原点、自动共享坐标或手动－原点、手动－基点、手动－中心”的方式指定链接模型与当前主项目的定位关系。本章前述操作过程中均采用“自动－原点到原点”的方式对齐链接模型的项目原点与当前主体模型的项目原点位置。

23.2.1 项目基点与测量点

Revit 使用项目坐标记录项目的坐标位置。每个项目均具备项目基点与测量点。项目基点记录项目的定位点位置，测量点则记录当前项目中世界坐标（大地坐标）原点位置。

项目基点与测量点之间的相对关系，决定项目的定位坐标。下面，通过练习说明如何控制项目基点与测量点。

Step01 打开随书文件“第 23 章\rvt\理解项目基点与测量点.rvt”项目文件。切换至场地楼层平面视图。该项目中创建了简单的四坡屋顶建筑模型，并标注了右上角建筑坐标点，如图 23-24 所示。

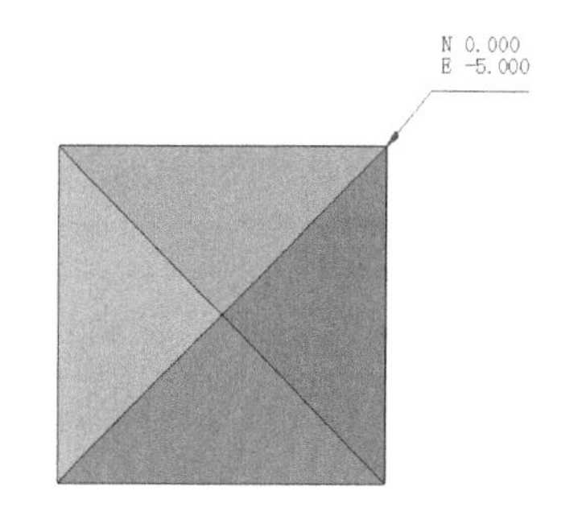

图 23-24

> **提 示**
>
> 使用“注释”选项卡“尺寸标注”面板中“高程点坐标”工具，可以标注项目任意位置的高程点坐标值。

Step02 单击“视图”选项卡“图形”面板中“可见性/图形”工具，打开场地楼层平面视图的“可见性/图形替换”对话框。如图 23-25 所示，展开“模型类别”选项卡中“场地”类别，勾选“测量点”和“项目基点”子类别中可见性对话框，单击“确定”按钮退出“可见性/图形替换”对话框，在当前视图中显示测量点和项目基点对象。

> **提 示**
>
> 视图中“测量点”符号为△，项目基点符号为⊗。

Step03 配合键盘 Tab 键，选择项目基点，使用“移动”工具沿垂直方向向上移动 10m，如图 23-26 所示，由

于项目基点被修改，Revit 会同时移动项目模型图元并修改项目坐标值为 10，-5。

图 23-25

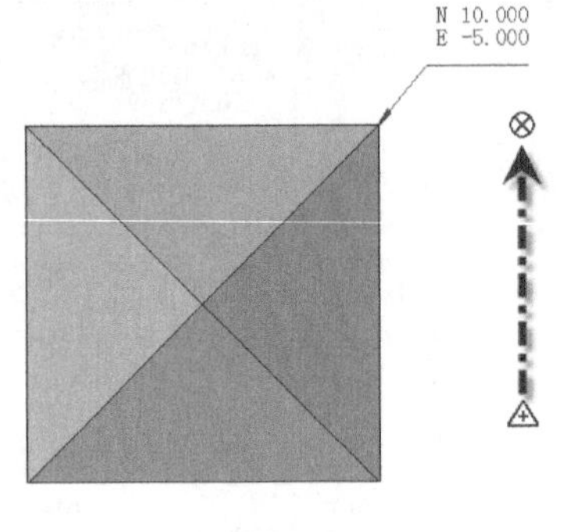

图 23-26

提 示

移动项目基点时，Revit 将同时移动项目模型及立面符号等注释图元。

Step 04 选择项目基点，单击项目基点的“修改点的裁剪状态”状态图标，如图 23-27 所示，修改项目基点的裁剪状态为不裁剪。使用“移动”工具，将项目基点沿水平方向向右移动 10m，注意在点的裁剪状态为不裁剪时，移动项目基点的位置，不会改变项目的坐标值，也不会平移项目模型图元和注释图元。

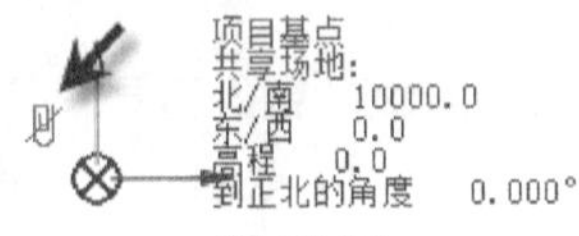

图 23-27

提 示

当修改点的裁剪状态后，移动项目基点只会修改项目基点的位置，而不会改变项目的相对坐标关系。再次单击“修改点的裁剪状态”，将恢复项目基点的定位功能。

Step 05 单击选择“测量点”，使用“移动”工具，沿水平方向向右移动 10m，注意项目中标注的坐标点坐标会随测量原点的移动而修改。

Step 06 保持测量点处于选择状态，单击测量点的“修改点的剪裁状态”状态图标，如图 23-28 所示，修改测量点的裁剪状态为不裁剪。使用移动工具沿垂直方向向下移动 10m，注意当测量点不裁剪时，移动测量点不会修改项目中已有高程点定位坐标。关闭该项目，不保存对项目的修改，完成本练习。

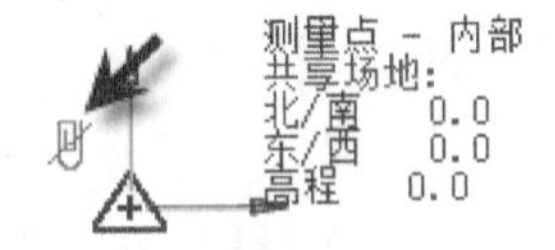

图 23-28

提 示

当测量点的位置处于不剪裁状态时，移动测量点会修改测量点与真实测量点之间的坐标值。

事实上，Revit 中的高程点坐标显示的是高程点位置与测量点间的距离值。Revit 利用测量点与项目基点记录和管理项目内部各模型间的关系。在不剪裁点状态下，移动项目基点的功能与使用“管理”选项卡“项目位置”面板中“位置”下拉列表中“重新定位项目”功能相同。

除可以使用移动工具移动测量点和项目基点位置外，还可以直接修改点的“北/南”“东/西”和“高程”值，直接修改点至指定位置。

修改了项目基点“高程”值后，项目的标高值及高程点标注中高程点值取决于标高及高程点标注的类型属性设置中显示值的方式。以标高值显示为例，如图 23-29 所示，修改标高类型属性对话框中“基面”为“测量点”，则可显示项目的真实高程值（距离测量点的高程值），而设置为“项目基点”时，则标高值将显示为与项目基点的相对高程值。高程点标注的类型属性设置中也有类似的设置，请读者自行尝试。

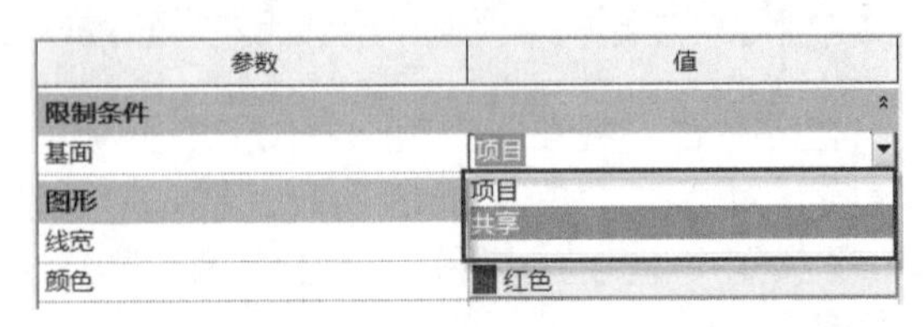

图 23-29

23.2.2 使用共享坐标

项目基点与测量点只能用于记录项目内部的图元间相对坐标关系。对于链接项目，Revit 提供了“共享坐标”，用于记录各链接文件间的相对位置关系。

通过下面的练习学习如何在 Revit 中利用坐标协调项目间坐标和相对位置。

Step01 复制随书文件“第 23 章\ rvt\ ”目录至本地硬盘，打开“坐标协调 A. rvt”项目文件，切换至 F1 楼层平面视图。打开视图“可见性/图形替换”对话框，在“模型类别”选项卡中展开“场地”对象类别，勾选“测量点”和“项目基点”子类别，单击“确定”按钮，使测量点和项目基点在视图中可见。注意在当前项目中测量点和项目基点均位于左下角 1 轴线与 A 轴线交点位置。

Step02 如图 23-30 所示，单击“管理”选项卡“项目位置”面板中“地点”工具，打开“位置、气候和场地”对话框。

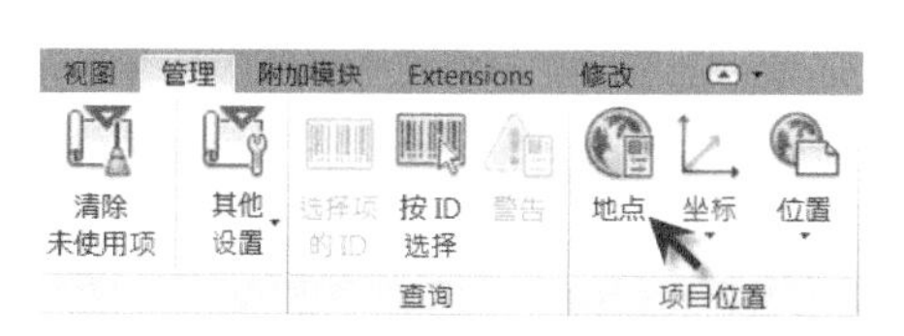

图 23-30

Step03 在“位置、气候和场地”对话框中，切换至“场地”选项卡。如图 23-31 所示，在“此项目中定义的场地”列表中显示当前项目包括已定义的位置。不修改当前对话框中任何内容，单击“确定”按钮退出“管理地点和位置”对话框。

Step04 启动新 Revit 应用程序。在新程序窗口中打开“坐标协调 B. rvt”项目文件，切换至 F1 楼层平面视图。打开“测量点”和“项目基点”子类别。注意“项目基点”位于 B 轴线与 2 轴线交点处，且位于测量基点左下方，距离分别为垂直方向（Y 轴，南北方向）和水平方向（X 轴，东西方向）2000mm，即该项目基点 X、Y、Z 坐标为“－2000，－2000，0”。重复 2）、3）步操作，查看该项目仅包括一个名称为“内部”的位置。不修改任何设置，关闭项目文件。

提 示

名称为“内部”的位置为 Revit 项目中预设的默认位置。每个项目必须拥有 1 个位置。

Step05 切换至“坐标协调 A”，使用“链接 Revit”工具按“自动—原点到原点”方式链接“坐标协调 B. rvt”文件。

提 示

使用“原点到原点”的方式链接项目的项目，链接项目中“项目基点”位置与当前项目的“项目基点”自动对齐。

Step06 选择“坐标协调 B. rvt”链接，使用“移动”工具，以 B 轴线与 2 轴线交点为基点移动至左下方“－3000，－3000”位置，如图 23-32 所示。

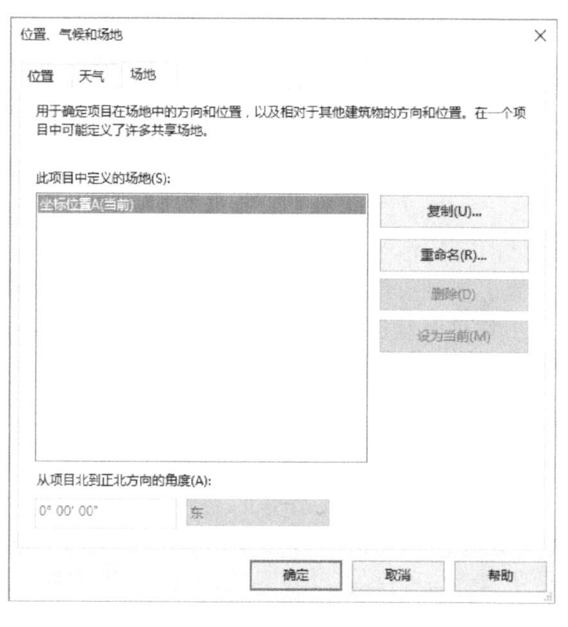

图 23-31

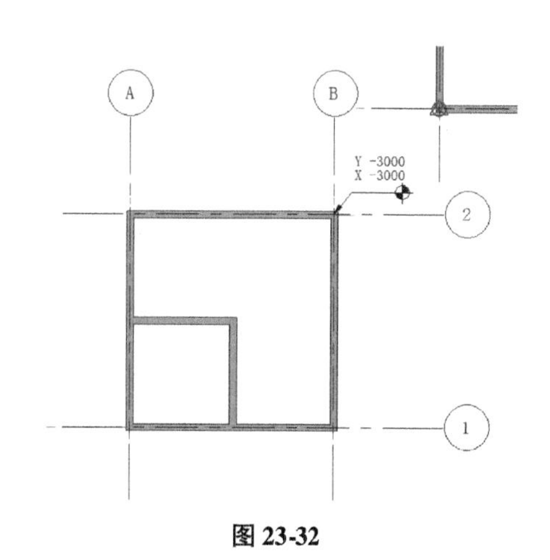

图 23-32

Step07 如图 23-33 所示，单击“管理”选项卡“项目位置”面板中“坐标”下拉工具列表，选择“发布坐标”选项，单击链接模型中任意图元，将当前模型相对位置共享给“坐标协调 B”项目。

Step08 片刻后，将弹出“坐标协调 B. rvt”链接项目的“位置、气候和场地”对话框，并自动切换至“场地”选项卡。单击“复制”按钮弹出“名称”对话框，输入新位置名称为“-3000，-3000”，单击“确定”按钮创建新共享坐标名称。再次单击“确定”按钮退出“管理地点和位置”对话框。

Step09 单击“保存”按钮保存当前项目，Revit 给出如图 23-34 所示“位置定位已修改”对话框。提示用户已经通过当前项目发布了共享坐标，是否将该共享的位置发布到链接文件中，选择“保存”选项将共享坐标存入链接项目中。

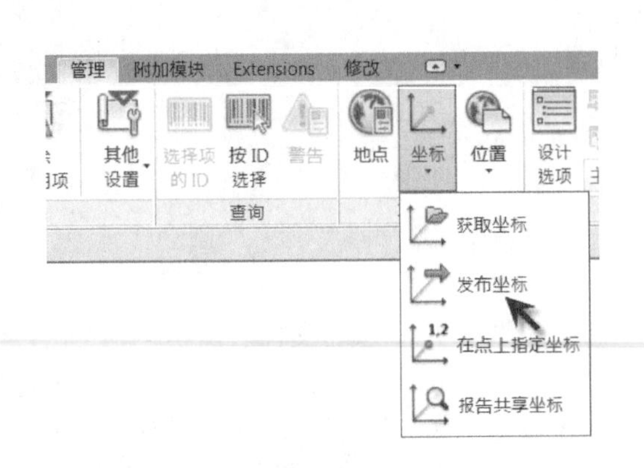

图 23-33

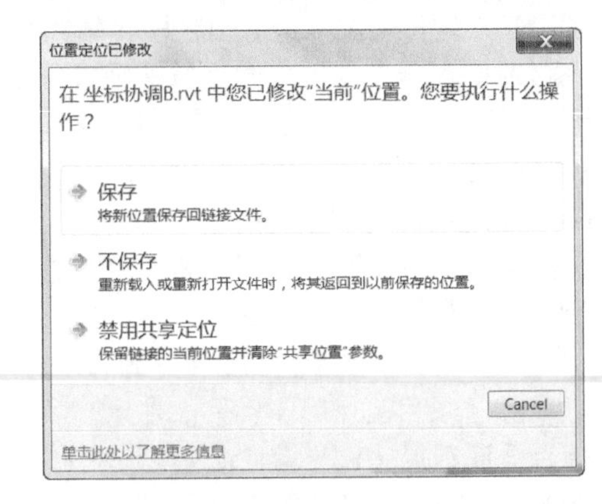

图 23-34

Step10 选择已链接的“坐标协调 B”项目，使用“复制”工具，以 B 轴线与 2 轴线交点为基点复制至“12000，-3000”位置。再次使用“发布坐标”工具，选择“12000，-3000”位置链接模型。单击“保存”按钮，以“12000，-3000”为名称命名该共享坐标位置并保存至链接项目文件中。

Step11 在新 Revit 程序窗口中打开“坐标协调 B. rvt”项目，打开“位置、气候和场地”对话框，切换至“场地”选项卡，该文件中已经新建“-3000，-3000”和“12000，-3000”两个地点，表示已经记录了在参照主体项目中的坐标位置。不对该项目做任何修改关闭项目文件。

Step12 打开“管理链接”对话框，从当前项目中删除链接的“坐标协调 B. rvt”项目文件。再次使用链接工具，浏览至“坐标协调 B. rvt”项目文件，如图 23-35 所示，设置“定位”方式为“自动—通过共享坐标”，单击“打开”按钮链接该项目文件。

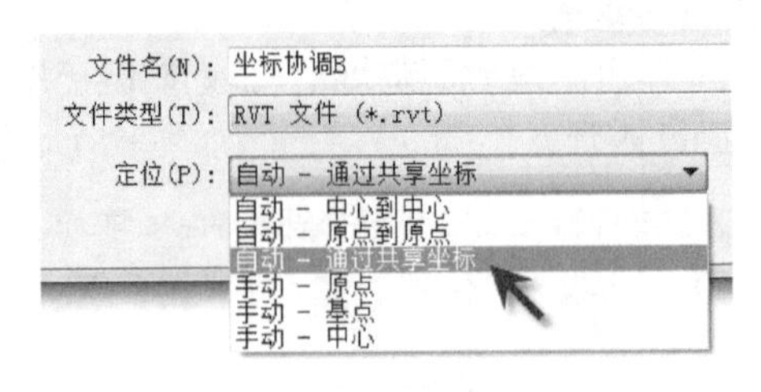

图 23-35

Step13 Revit 弹出“管理地点和位置”对话框。在位置列表中选择“-3000，-3000”并单击“确定”按钮确认，Revit 将在“-3000，-3000”位置放置链接文件。使用相同的方式链接项目至共享位置 B。关闭当前项目文件，并不保存修改。

Revit 通过使用“共享坐标”记录链接文件的相对位置，并将坐标定义保存在链接文件的位置列表中。在重新指定链接文件时，可以通过使用“共享坐标”达到快速定位的目的。在 Revit 的场地上布置总图时，使用共享坐标将非常有利于控制场地中各建筑物的相对位置。

发布共享坐标后，如果希望修改链接项目与当前主体项目的相对位置，可以使用项目位置“坐标”下拉列表中“在点上指定坐标”工具，通过输入指定位置的新坐标来重新确定链接项目的共享坐标位置，Revit 将重新按指定位置更新已发布的共享坐标。使用“获取坐标”工具可以从链接的项目文件中向当前主体项目中发布坐标。其过程与上述发布坐标过程类似，请读者自行尝试。

23.3 使用工作集

使用链接功能可以在各专业间轻松实现协作设计。Revit 还提供了“工作集”协作模式，允许多人同时操作同一个中心项目，Revit 通过不同的工作集，记录每个人对项目的修改和变更权限，实现多人同时基于同一个中心项目模型同时修改，将每个人的修改结果实时反馈给所有参与项目的工程师。由于 Revit 系列软件均基于相同 Revit 技术，因此可以在各专业间均启用工作集的方式进行协作。注意，所有参与协同工作的软件均必须为相同的版本，确保项目数据的兼容性和完整性。

Revit 的工作集将所有人的修改成果通过网络共享文件夹的方式保存在中央服务器上，并将他人修改的成果实时反馈给参与设计的用户，以便在设计时可以及时了解他人的修改和变更结果。要启用工作集，必须由项目负责人在开始协作前建立和设置工作集，并指定共享存储中心文件的位置，并定义所有参与项目工作的人员权限。

例如，项目经理需要通过工作集的方式组织建筑专业与结构专业的设计人员共同工作，完成设计工作。项目经理需要规划好参与的人员和模型中工作集的设置，以及每个参与工作的人的具体操作权限。下面，通过实际操作，理解 Revit 中工作集的操作方式。以下操作将在两台不同的计算机中完成，分别命名为建筑师计算机和结构师计算机，在建筑师计算机中设置共享文件夹为“中心文件”，并允许所有网络访问该文件夹的用户拥有写入该文件夹的权限。同时读者需要调整所处角色，需要扮演项目经理、建筑设计师、结构设计师三种不同的角色，通过不同的角色扮演，理解 Revit 工作集的操作方式。本例中，所有软件版本均采用 2017 版本。

23.3.1 工作集设置

工作集由项目经理或项目管理者在开始共享工作前设置完成，并保存于服务器中心共享文件夹中，以确保所有用户均具备可以访问并修改中心文件的权限。

Step01 在本地硬盘任意位置新建名称为“中心文件”的空白文件夹，并设置该文件夹为网络共享文件夹，设置允许所有网络用户拥有文件夹的读写权限。通过网上邻居的“映射网络驱动器”功能，分别在建筑师计算机和结构师计算机中将“中心文件”共享文件夹映射为“Z:”。

提示

要使用 Revit 的工作集功能，必须确保所有计算机均能正确访问共享文件夹，文件的 UNC（Universal Naming Convention：通用命名规则）名称必须完全一致。

Step02 将随书文件“第 23 章\启用工作集.rvt”项目文件复制至本地硬盘任意位置。在建筑师计算机上启动 Revit。打开本地硬盘中“启用工作集.rvt”项目文件。该项目为本书案例“综合楼项目”的一层模型项目文件，并添加了结构柱。

Step03 切换至 F1 楼层平面视图。在项目浏览器“视图”类别中单击鼠标右键，在右键快捷菜单中选择“浏览器组织”，打开视图“浏览器组织”对话框。如图 23-36 所示，修改视图类型为“规程”，即按视图“规程”过滤显示各视图。单击“确定”按钮退出类型属性对话框。

提示

视图过滤类型可以根据需要自定义。

Step04 Revit 将按视图属性面板中设置的“规程”重新分类组织视图，结果如图 23-37 所示。

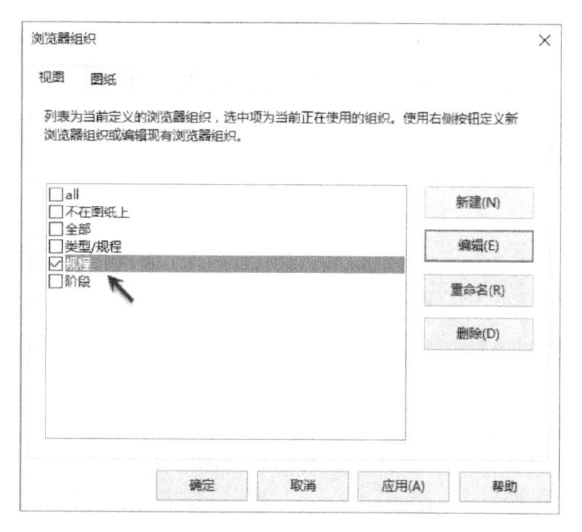

图 23-36

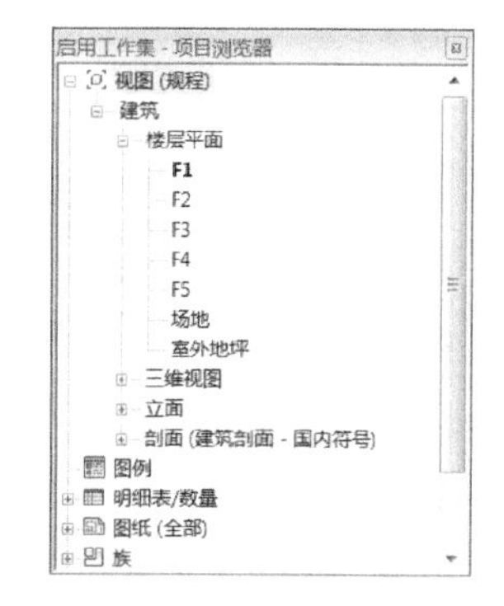

图 23-37

接下来，请读者转换自己的角色为项目经理，将安排建筑师与结构师二人共同协同工作。

Step05 如图 23-38 所示，单击“协作”选项卡“管理协作”面板中“协作”工具，弹出“工作”对话框。

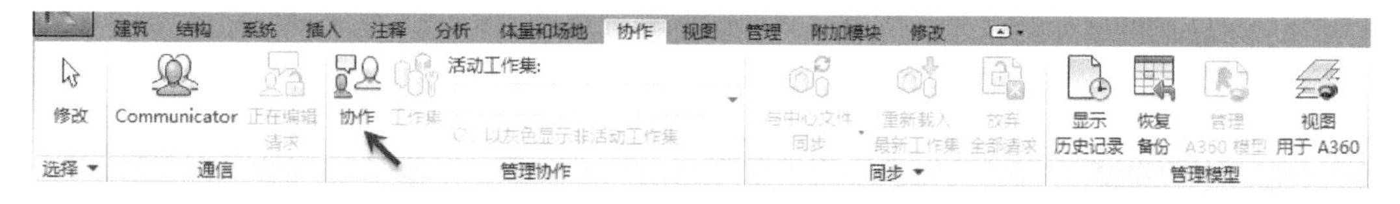

图 23-38

Step06 如图 23-39 所示，在“协作”对话框中，选择“使用局域网协作”选项，单击“确定”按钮，启动局域网协作模式。注意此时“管理协作”面板中“工作集”按钮变为可用状态。

提 示

除使用局域网进行协作外，Revit 还支持基于 Autodesk 的 A360 云端进行协作。

Step07 单击“管理协作”面板中“工作集”按钮，启动工作集模式。Revit 将打开如图 23-40 所示“工作集”对话框。注意在该对话框中 Revit 自动建立了“共享标高和轴网（Shared Levels and Grid）”工作集和“工作集 1（Workset 1）”。Revit 自动将标高和轴网放置于“共享标高和轴网（Shared Levels and Grid）”工作集中，项目中非标高和轴网图元默认移动到“工作集 1（Workset 1）”中。单击选择 Workset 1，单击“重命名”按钮，将工作集重命名为“建筑师”。

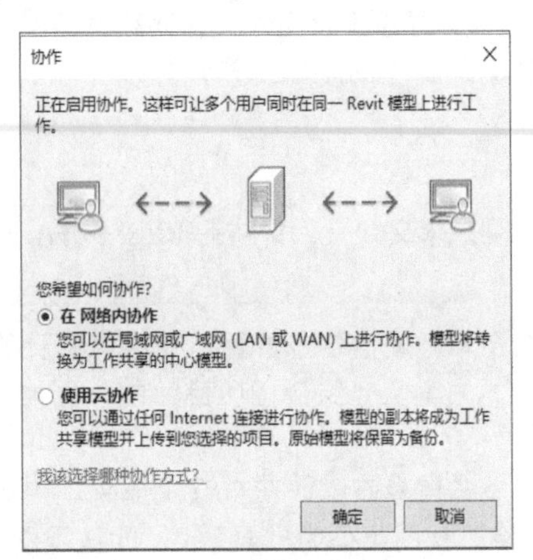

图 23-39

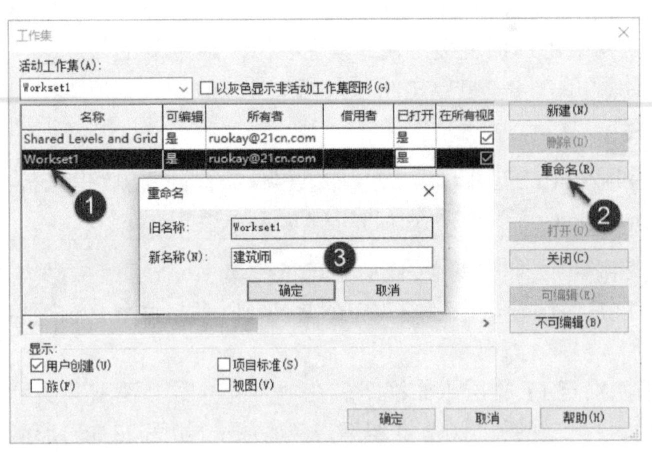

图 23-40

提 示

标高和轴网是所有参与工作人员的定位基础，因此 Revit 默认将标高和轴网图元移动至单独的工作集中，进行管理。

Step08 如图 23-41 所示，在“工作集”对话框中，列举了当前项目中已有的工作集名称（上一步中创建的共享标高、轴网和建筑师）、该工作集的所有者等信息。单击“新建”按钮，弹出“新建工作集”对话框，输入新工作集名称为“结构师”，确认勾选“在所有视图中可见”选项，单击“确定”按钮，退出“新建工作集”对话框，为项目添加“结构师”工作集。

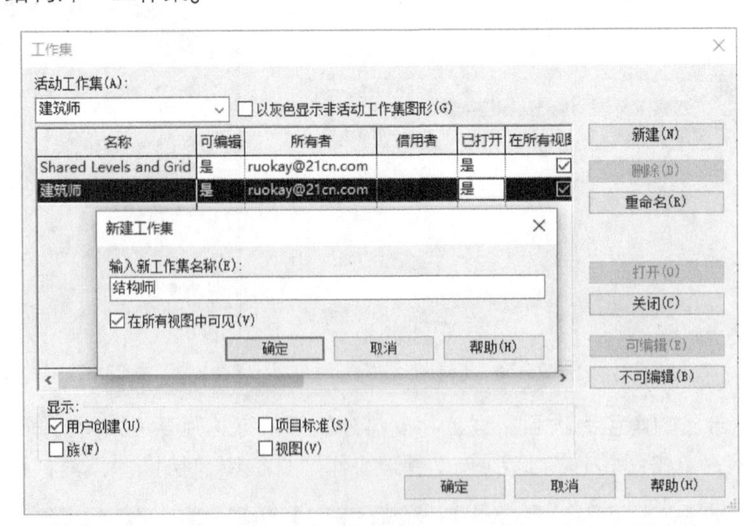

图 23-41

Step09 至此，已完成工作集的创建工作。不修改其他任何参数，单击“确定”按钮，退出“工作集”对话框。弹出“指定活动工作集”对话框，如图 23-42 所示，提示用户是否将上一步中新建的“结构师”工作集设置为活动工作集，单击

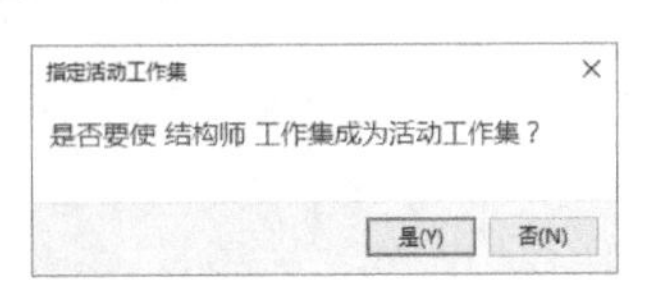

图 23-42

“否”，不接受该建议。

提 示

在“工作集”对话框中可以重新指定任意工作集为当前激活工作集。

Step10 在视图中框选所有图元，配合使用“过滤器”过滤选择视图中所有结构柱图元。注意“属性”面板“标识数据”参数组中添加了“工作集”和“编辑者”参数。且结构柱的工作集默认设置为“建筑师”。如图23-43所示，修改“属性”面板中“工作集”参数值为“结构师”，单击“应用”按钮应用该设置。此时所选择结构柱将属于“结构师”工作集。

提 示

由于在第5）步操作中将“剩余图元移动到”名称为“建筑师”的工作集，因此结构柱默认工作集为“建筑师”。

Step11 单击应用程序菜单按钮，在弹出列表中选择“另存为→项目”选项，弹出“另存为”对话框，修改文件名称为“启用工作集—中心文件.rvt”，选择保存路径为本操作第一步中映射的网络驱动器“Z:”。单击“选项”按钮，弹出“文件保存选项”对话框，如图23-44所示，在“文件保存”对话框“工作共享”栏中，默认勾选了“保存后将此作为中心模型”选项。即该保存的文件将作为中心文件共享给所有用户。单击“保存”按钮保存该项目文件。

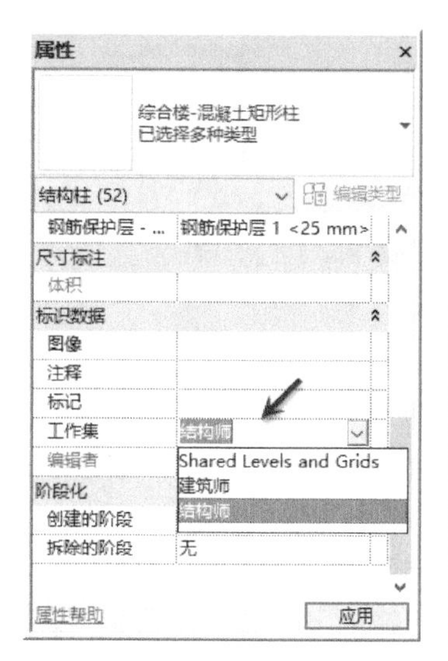

图 23-43

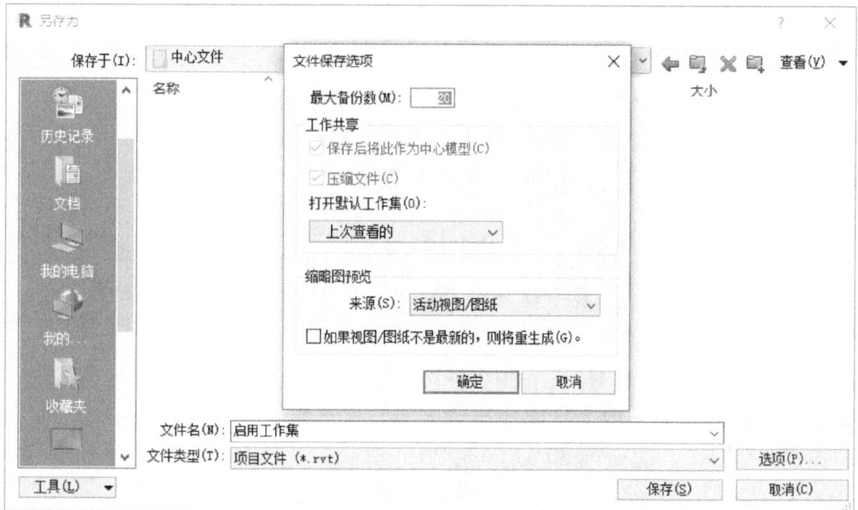

图 23-44

提 示

启用工作集后第一次保存项目文件时，所保存的项目将默认作为中心文件。保存中心文件时，必须将中心文件保存于映射后的网络驱动器中，以确保保存的路径为UNC路径。在任何时候另存为项目时，均可通过“文件保存选项”对话框中将所保存的项目设置为中心文件。

Step12 再次打开“工作集”对话框，如图23-45所示，设置所有工作集的“可编辑”选项均为“否”，即对于项目经理来说，所有的工作集均变为不可编辑，完成后单击“确定”按钮退出工作集对话框。

提 示

当工作集变为不可编辑时，Revit将去掉该工作集的所有者。即当前用户不再拥有所选工作集的编辑和修改权限。

Step13 单击“协作”选项卡“同步”面板中“与中心文件同步”工具，弹出“与中心文件同步”对话框，如图23-46所示。如有必要请输入本次同步的注释信息，单击“确定”按钮将工作集设置与中心文件同步。完成后，关闭Revit，完成项目经理的工作集设置工作。

项目经理设置完成工作集后，由于项目经理并不会直接参与项目的修改与变更，因此在设置完成工作集后，需要将所有的工作集释放，即设置所有工作集均不可编辑。如果项目经理需要参与中心文件的修改工作，或需要保留部分工作集为其他用户所不能修改，则可以将该工作集的可编辑特性设置为“是”，这样在与中心文件同步后，其他用户将无法修改被项目经理占用的工作集图元。

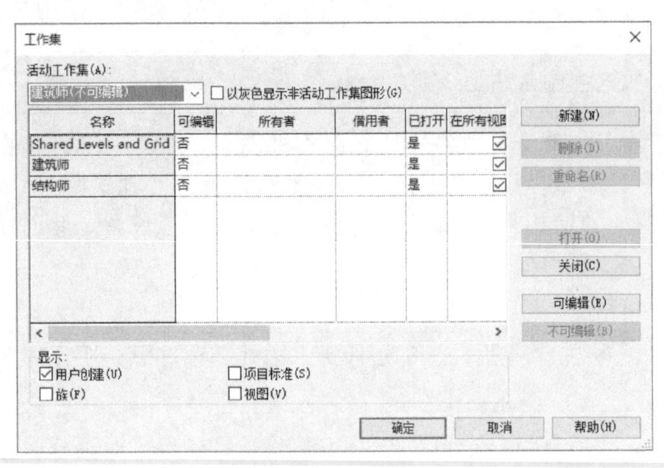

图 23-45

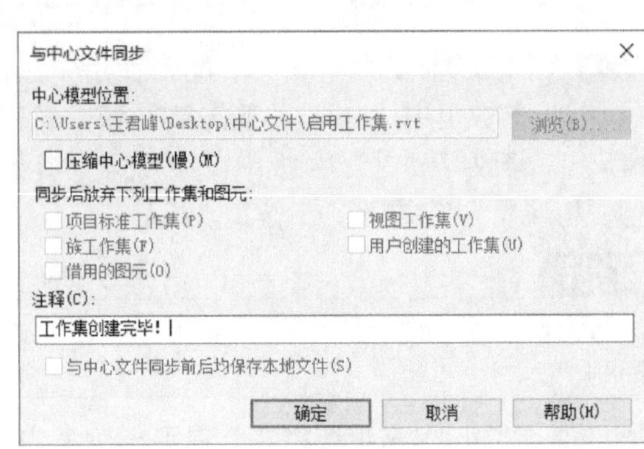

图 23-46

所有修改数据必须与中心文件同步后，才会生效。Revit 通过为每一个图元实例属性中添加“工作集”参数的方式，控制每个图元所属的工作集。

23.3.2 编辑与共享

项目经理设置完工作集后，作为建筑师和结构师角色的人员将以中心文件为基础，开展各自的设计工作。接下来，将继续以工作集为基础，分别完成建筑师与结构师的工作。

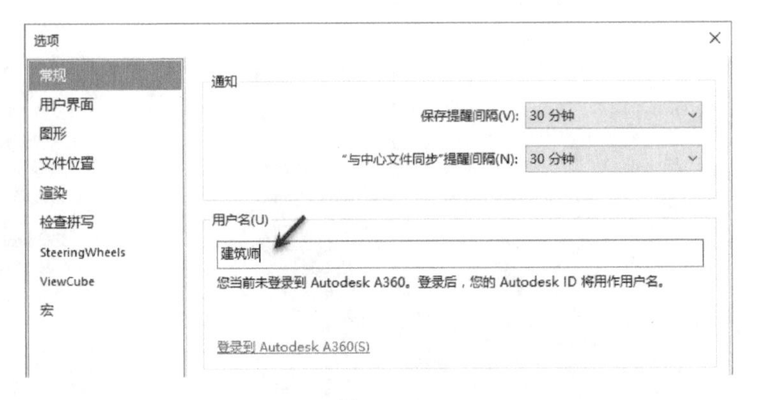

图 23-47

Step 01 接上节练习。启动 Revit。单击“应用程序菜单”按钮，在列表中单击“选项”，打开“选项”对话框。如图 23-47 所示，切换到“常规”选项卡，修改“用户名”为“建筑师”，确认“与中心文件同步提醒间隔”设置为“30 分钟”，即每隔 30 分钟提示用户进行与中心文件同步操作；“工作共享更新频率”处于“频率较高”一侧，即工作集中的消息通知将在较短的时间内通知给用户。完成后单击“确定”按钮退出“选项”对话框。

提 示

“用户名”中设置的用户名将出现在“工作集”对话框的“所有者”栏目中。

Step 02 打开映射网络驱动器“Z:”中的“启用工作集—中心文件.rvt”项目文件，默认将切换至上次保存时的 F1 楼层平面视图。打开“工作集”对话框，如图 23-48 所示，修改“共享标高和轴网”及“建筑师”工作集的“可编辑”选项为“是”，注意“共享标高和轴网”及“建筑师”工作集的所有者将变为“建筑师”，该名称为上一步修改的“用户名”中设置的名称。确认活动工作集为“建筑师”，完成后，单击“确定”按钮退出“工作集”对话框。

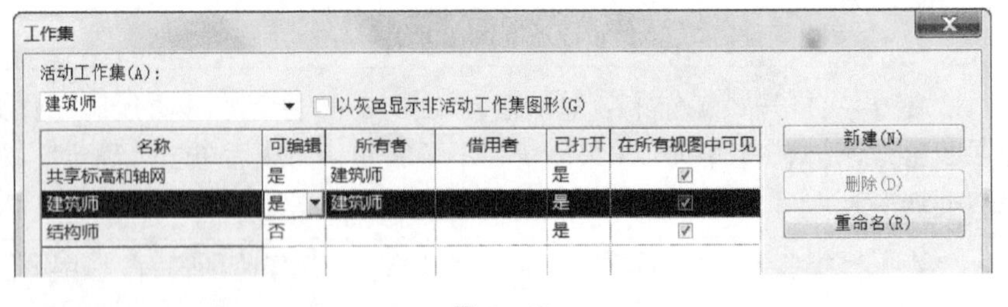

图 23-48

Step 03 单击“与中心文件同步”工具，同步建筑师的当前工作集设置。适当放大 F1 楼层平面视图，选择任意结构柱图元，由于结构柱图元属于“结构师”工作集，且该工作集“建筑师”本人并未获得可编辑权限，因此将显示“图元不可编辑”状态符号。按 Esc 键，取消当前选择，不对当前项目做任何修改。

Step04 切换至“结构师计算机”，启动 Revit。重复第 1）步操作，修改“用户名”为“结构师”。打开映射网络驱动器“Z:”中的“启用工作集——中心文件 . rvt”项目文件。打开“工作集”对话框，如图 23-49 所示，将显示“共享标高和轴网”及“建筑师”工作集的所有者为“建筑师”，即“结构师”本人将无权限修改这两个工作集中的图元。修改“结构师”工作集的“可编辑”属性为“是”，“结构师”本人将拥有对结构师工作集的控制权限。设置活动工作集为“结构师”。单击“确定”按钮，退出“工作集”对话框。

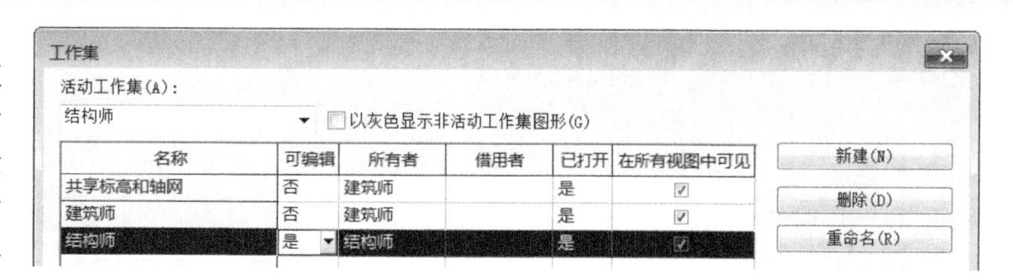

图 23-49

Step05 单击“与中心文件同步”按钮，弹出“与中心文件同步”对话框。如图 23-50 所示，由于结构师打开的中心文件位于网络驱动器中，因此默认将勾选“与中心文件同步前后均保存本地文件”选项，即 Revit 将在“结构师计算机”本地硬盘中创建一个本地文件，以便于加快与项目修改的速度。

提 示

本地文件默认保存在当前用户的 My Documents 目录下，即可以通过“我的文档”找到 Revit 自动保存的本地文件，一般来说，Revit 会以“中心文件名称 + 当前用户名”的方式命名本地文件。

Step06 在 Revit 中新建“F1”标高的楼层平面视图。如图 23-51 所示，修改视图“属性”面板中“规程”值为“结构”，单击“应用”按钮应用该设置，Revit 将自动在项目浏览器视图类别中新建生成“结构”视图类别。

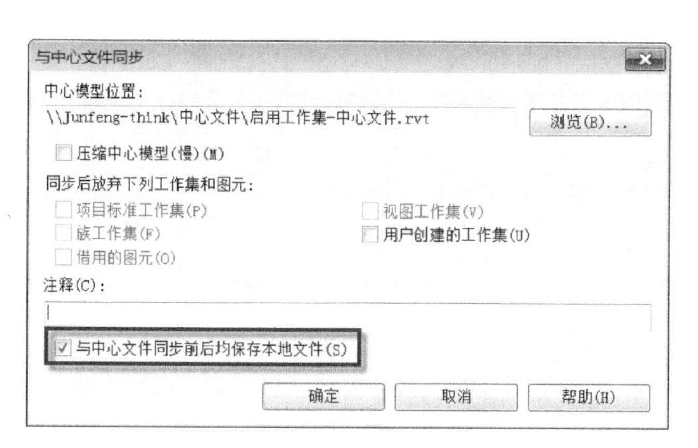

图 23-50

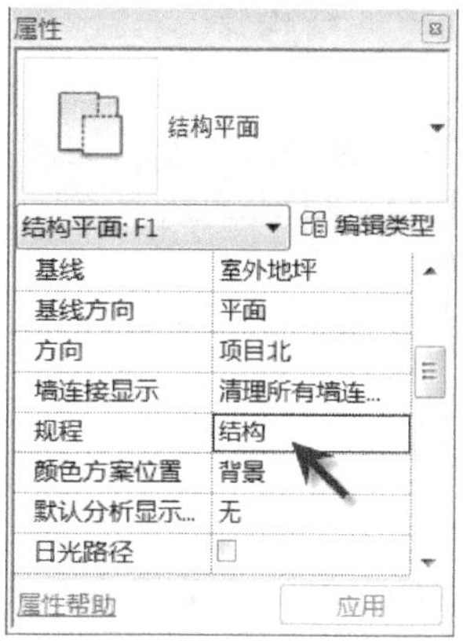

图 23-51

提 示

“结构”规程将仅显示结构柱、楼板、结构墙等属于结构类别的图元，而建筑隔墙等图元将自动在视图中隐藏。

Step07 使用“梁”工具，在“类型选择器”中选择“矩形梁加强版：240 × 500mm”。复制新建类型名称为“300 × 500mm”新梁类型，并修改“L_梁宽”值为“300”。以 B 轴线与 1 轴线交点为起点，以 B 轴线与 9 轴线交点为终点，沿 B 轴线绘制矩形梁。修改梁“属性”面板中“Z 方向对正”方式为“底”，完成后单击“与中心文件同步”按钮将项目当前状态与中心文件同步。

Step08 切换至“建筑师计算机”。单击“协作”选项卡“同步”面板中“重新载入最新工作集”工具，Revit 自动从中心文件读取工作集的最新状态。注意项目浏览器视图列表中出现“结构”视图类别。切换至剖面 1 视图，注意 B 轴线位置已经出现“结构师”创建的矩形梁。

由于该梁定位错误，建筑师建议结构师修改梁的定位方式。建筑师可以借用该图元。

Step09 选择梁。由于该矩形梁属于“结构师”工作集，“建筑师”无修改权限。因此“属性”面板中“Z 方向对正”等参数均为不可用状态。单击“使图元可编辑”状态符号，Revit 将弹出如图 23-52 所示错误对话框。提示“建筑师”用户当前无权限修改该图元。单击“放置请求”按钮，向“结构师”用户请求该图元可编辑。Revit 给出已向该图元的工作集拥有者“结构师”发出了请求，单击“关闭”按钮关闭提示对话框。

Step⑩切换至“结构师计算机”。由于在协同工作过程中，建筑师已放置了编辑请求，Revit 将弹出“已收到编辑请求”信息提示框，如图 23-53 所示。

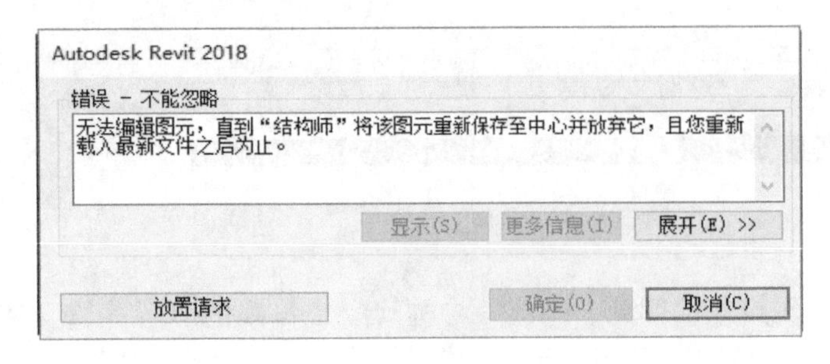

图 23-52

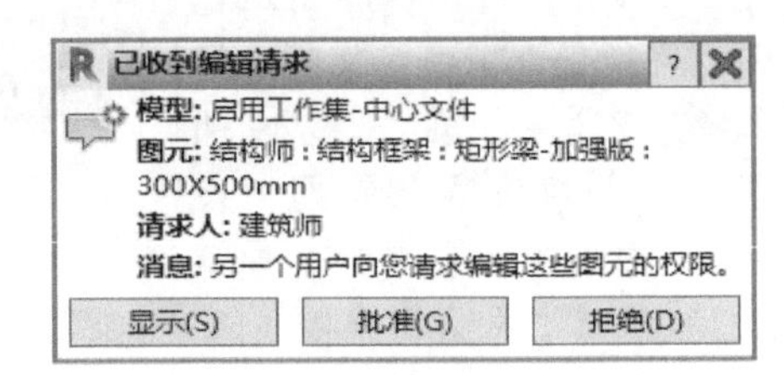

图 23-53

Step⑪单击“协作”选项卡“同步”面板中“正在编辑请求”按钮，打开“编辑请求”对话框。如图 23-54 所示，展开“他人的未决请求”类别，可以查看所有发生的图元变更请求，并可查看所请求图元的 ID 等详细信息。Revit 会以请求发生的时间和请求发起者来命名请求。单击请求名称，单击“授权”按钮，允许“建筑师”修改该图元。单击“关闭”按钮，关闭“编辑请求”对话框。

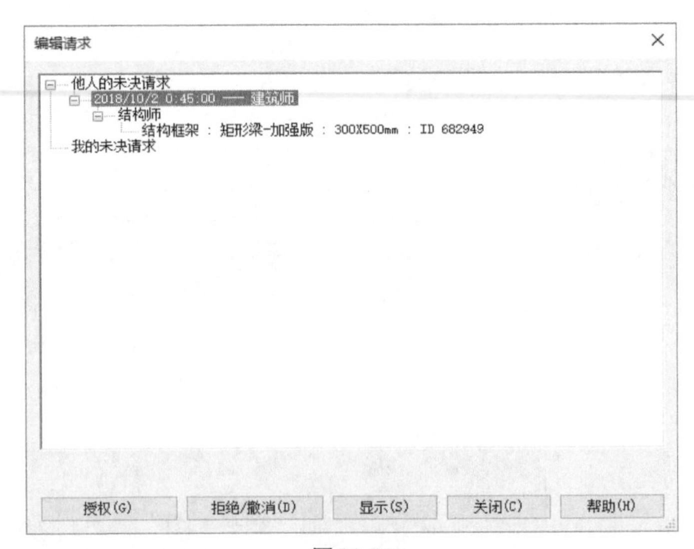

图 23-54

Step⑫切换至“建筑师计算机”。再次选择“梁”图元，由于“结构师”已经授权了该图元可以由“建筑师”修改，因此梁属性面板中“Z 方向对正”值变为可用。修改该值为“顶”，完成后将该项目与中心模型同步。

提 示

同步后，属于“结构师”工作集的图元将自动失去编辑权限。

Step⑬切换至“结构师计算机”。使用“重新载入最新工作集”工具，更新中心文件工作集状态。注意梁已经被“建筑师”修改“Z 方向对正”方式为“顶”对齐。关闭 Revit Structure 中项目文件，由于启用了工作集，Revit 将给出如图 23-55 所示的“可编辑图元”对话框，提示用户在关闭项目时是否保留对工作集图元的所有权限。选择“保留对图元和工作集的所有权”选项，保留对工作集和图元的权限。

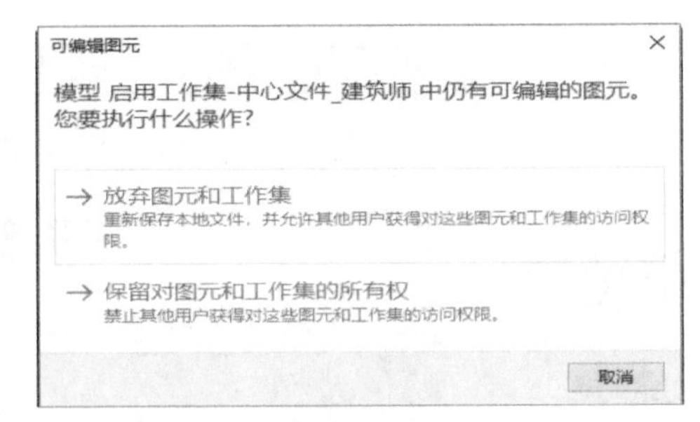

图 23-55

Step⑭切换至“建筑师计算机”。关闭项目文件。当提示是否保留工作集中的图元权限时，选择“保留对图元和工作集的所有权”选项，完成本练习。

Revit 使用工作集区分工作集中的图元及所属用户。当其他用户需要编辑非本用户的工作集中图元时，必须经由拥有该工作集的用户同意，才可以变更和修改。在完成工作关闭项目文件时，为防止用户工作集被其他用户误修改，建议选择“保留对图元和工作集的所有权”选项。

可以随时单击“同步”面板中“显示历史记录”工具，查看指定项目的修改记录，如图 23-56 所示。历史记录中将显示每一次同步完成时的修改过程。并记录每个过程的具体修改者（工作集拥有者）以及注释内容。在与中心文件同步时，可以通过“与中心文件同步”对话框中的“注释”选项填写修改的记录。

23.3.3 工作集的其他设置

在打开具有工作集的中心项目文件时，用户可以根据需要载入指定的工作集，如图 23-57 所示。这在处理大型项目时，可以合理地利用工作集将模型划分为不同的工作集中，编辑时仅打开并显示指定部分的工作集，加快了计算机的响应速度。其道理与拆分为不同的独立模型文件相似。但工作集可以更好地保持项目的完整性。

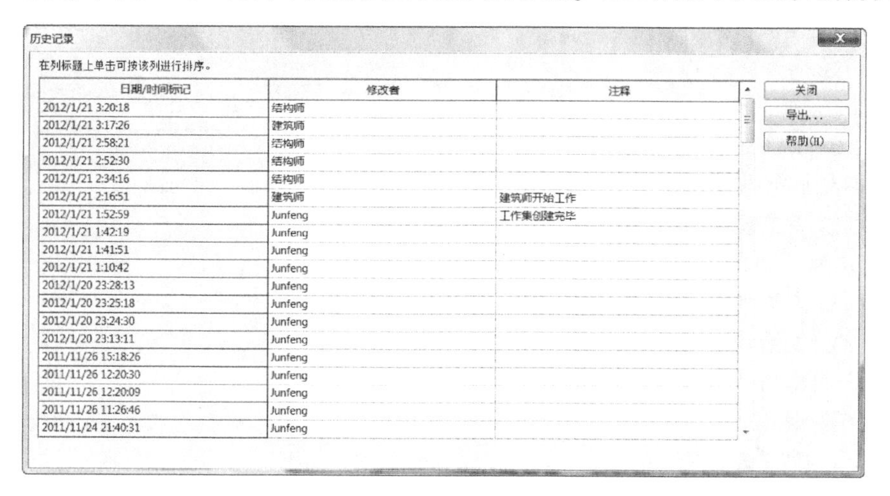

图 23-56

在打开项目文件时，如果勾选“从中心分享”选项，将在打开后的项目文件中去除所有已创建的工作集，恢复到原始未共享项目状态。

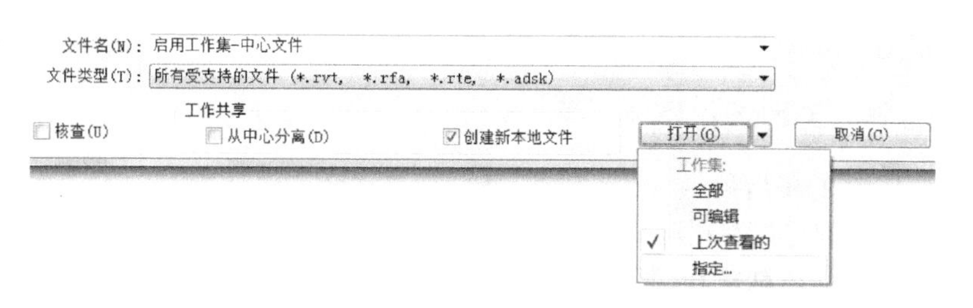

图 23-57

在打开项目后，还可以根据需要控制各工作集在视图中的可见性。除在“工作集”对话框中，控制“在所有视图中可见”选项外，在“视图可见性图形替换”对话框中，会添加“工作集”选项卡，用于控制各工作集的可见性，如图 23-58 所示。

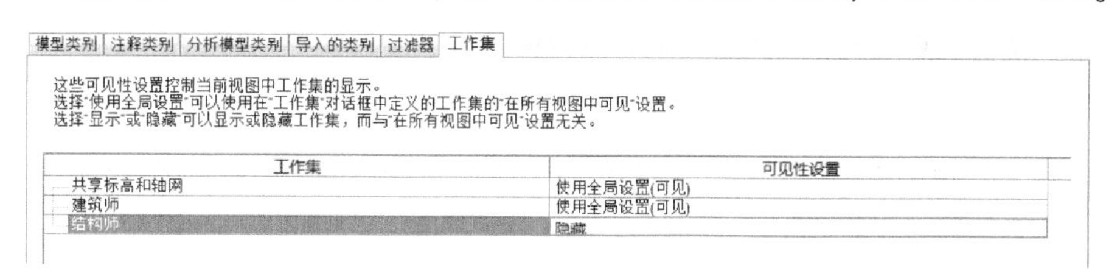

图 23-58

启用工作集后，Revit 会在视图控制栏中，添加“工作集共享显示”控制工具，如图 23-59 所示。可以分别按检出状态、所有者、模型更新和工作集四种不同的模式显示在当前视图中，以不同的颜色显示工作集，方便用户区分。

如图 23-60 所示，其为以“工作集”方式显示项目中不同的工作集图元。在该模式下，属于不同工作集名称的图元以不同的颜色显示在视图中，方便用户区分。

单击“工作共享显示”列表中“工作共享显示设置”选项，将打开“工作共享显示设置”对话框。如图 23-61 所示，可以分别设置不同显示状态的替代颜色。

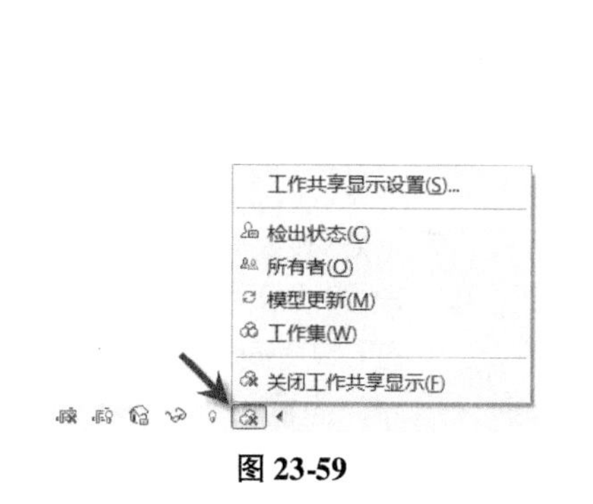

图 23-59

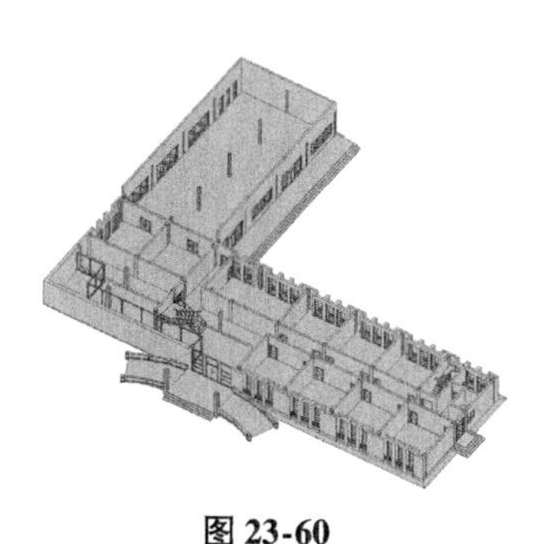

图 23-60

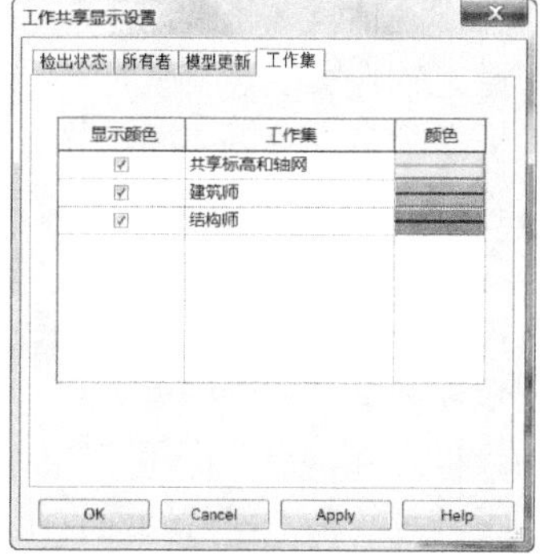

图 23-61

在启用工作集时，除可以显示工作集名称外，Revit 还提供了几种自动创建的工作集，包括视图工作集、族工作集和项目标准工作集。这几种工作集默认由 Revit 系统自动管理，任何用户都不允许修改这些工作集的内容。但可以将这些工作集中的指定对象修改为“可编辑”状态，即该用户将拥有该类别图元的修改权限。如图 23-62 所示，可以将“结构师”用户创建的“结构平面：F1”设置为可编辑状态，“结构师”用户将同时拥有该视图中尺寸标注等注释图元的修改和编辑权限。否则任何用户都将可以在该视图中添加尺寸标注，但任何用户在与中心文件同步后，都将失去对尺寸标注图元的修改权限。

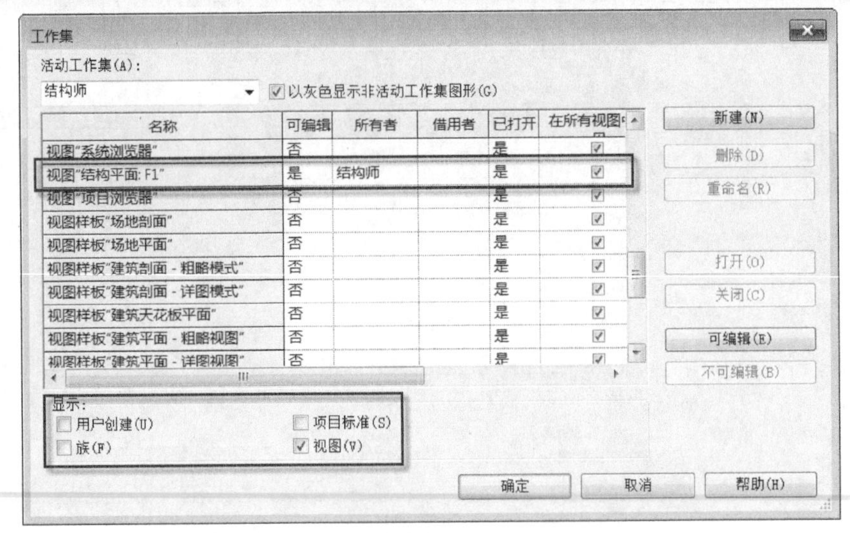

图 23-62

23.3.4 跨地域协作

如图 23-63 所示，要启用工作集和链接，必须保障所有的用户均在相同的局域网内，且具备相应的共享读写权限。除可以在局域网内实现工作共享外，Revit 还提供了 Revit Server，用于实现跨 Internet 的工作共享服务。

但必须在具备 IIS 服务的 Windows Server 2008 或 Windows Server 2008 R2 服务器版本中，并且必须配备 IIS 服务，才能安装 Revit Server 工具。该工具提供在 Revit 的安装界面下。

Revit Server 中的使用方式与本地局域网类似，由于涉及较多的服务器配置方面功能，本书不再详述其具体功能，可以查看 Revit 的用户手册，以掌握 Revit Server 的使用方式。

展开 Revit 程序“协作”选项卡“同步”面板，其提供了“连接到 Revit 服务器”功能，打开“连接到 Revit 服务器”对话框，如图 23-64 所示，输入 Revit 服务器 IP 地址，即可访问位于 Revit Server 服务器上的 Revit 项目中心文件。

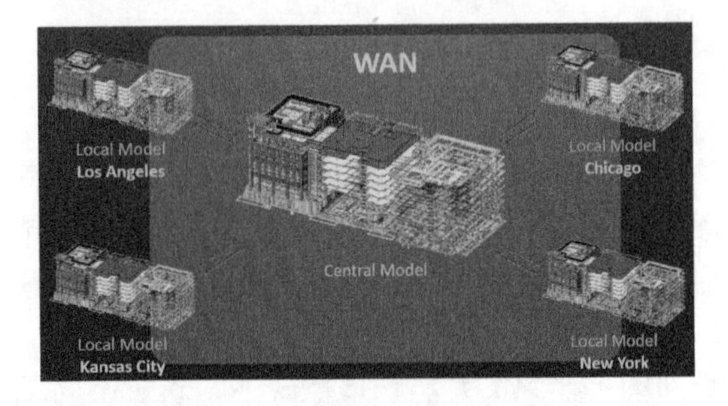

图 23-63

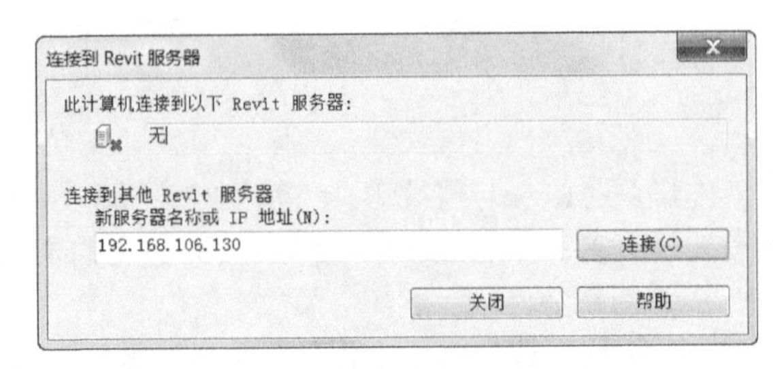

图 23-64

23.4 协同工作的准备

协同工作的精髓在于管理。Revit 提供的功能仅仅是在工具层面上提供了管理的支撑。但管理的理念与方法，无法通过软件实现。

要实现多人多专业间协同工作，将涉及专业间协作管理的问题，仅凭借 Revit 自身的功能操作，无法完成高效的协作管理。在开始协同设计前，必须为协同设计做好准备工作。准备工作的内容包括确定协同工作方式，确定项目定位信息、确定项目协调机制等。

确定协同工作的方式，即采用链接还是采用工作集的方式。Revit 平台中，链接是最容易实现的数据级协同方式，它仅需要参与协同的各专业用户使用链接功能将已有 RVT 数据链接至当前模型即可，而工作集的方式是更高级的工作方式，它允许用户实时查看和编辑当前项目中任何变化。但工作集的方式带来的问题是参与的用户越多，管理越复杂。笔者的建议是，根据项目工作过程的特点，优先将项目拆分为不同的独立模型，采用链接的方式链接生成完成的模型。在独立模型的内部可以根据需要再启用工作集的模式，以方便沟通和修改。

对于联系非常紧密的工作，可以采用工作集的模式。例如，多个工程师同时参与同一个项目建筑专业的设计工作，即不同建筑师负责设计单体建筑中某一个区域，最终需要合成为一个完整的设计项目时，可以考虑采用工作集的方式，以便于多个建筑师之间及时交互。而对于联系并非紧密，且不需要实时查看其他专业内容的工作，例如，建筑专业与机电专业间，可以采用链接的方式进行设计，这样只需要在特定的提资阶段更新提资的链接模型，即可以查看预留孔洞、碰撞检查等功能。

在采用工作集的模式进行协作时，需对参与人员的工作进行明确的分工，且尽量减少交叉工作。例如，对于两个建筑师共同完成的建筑设计项目，不能将工作集划分为建筑师 A 负责内墙的布置，建筑师 B 负责内部门窗洞口和平面尺寸标注的布置。因为，建筑师 B 在放置门窗时，会要求建筑师 A 的内墙工作集权限，造成过多的编辑请求。可以考虑让建筑师 A 完成内墙、门窗和平面尺寸的布置，建筑师 B 负责楼梯、楼板、阳台、剖、立面视图等工作，尽量减少交叉作业。

在开始协同工作前，务必要确定多人间的定位轴网和标高，且不允许任何人私自改动该定位文件。各专业均需根据要求链接该定位文件至当前项目中，且必须采用“原点至原点”的链接定位方式，确保所有参与项目人员最终生成的模型可以正确定位。

在项目中，还需要明确构件的命名规则、文件保存的命名规则等。确保多人工作的顺利进行。我们一直强调 Revit 中的模型为“建筑信息模型”，除需要关注长、宽、高等几何尺寸信息外，在多人协作过程中，必须确保完整统一的“信息”，确保项目的顺利实施。

项目经理需要制定项目级的协同设计标准，企业可以根据自身的状况制定企业级三维协同设计标准，而行业可以制定符合行业发展要求的行业 BIM 标准，甚至国家标准。这些基础工作，是实现 BIM 设计协作乃至行业协作的基础。

23.5 本章小结

协同设计是 Revit 平台下最高级的管理模式，使用协同设计模式可以实现项目由单兵做战提升至团队化工作。链接是最简单的协同工作模式，在无需改变现有专业间协调的模式下，通过调用链接文件，实现项目冲突检查和协调。可以利用复制/监视功能监视项目中各图元构件的变化。

工作集是 Revit 中最高级形式的团队协作模式。它允许通过指定不同的工作集来划分项目中各图元的编辑权限，从而实现实时设计协调。这种模式也将是建筑工程设计中协同工作的目标和发展方向。

Revit 中启用共享的工具应用并不复杂。但项目管理者必须具备项目协同工作的管理理念和管理方法。无论使用何种工作共享方式，必须针对项目的特点进行完整的共享规划，并制定详细的权限与管理方式。这是项目协同管理中重要的基础工作。而利用 Revit 提供的项目共享工具，则可以轻松实现链接及工作集的共享操作。

第24章 工程阶段化

工程阶段是指一个项目在建造过程中的时段。比如一个需要改造的建筑，就可以分为三个阶段：现有的构造、拆除构件、新建或改建构件。在用 Revit 进行设计时就可以对一个需要改造的项目进行阶段化操作，其设计结果能反映出改造前与改造后的不同，或者是对拆除或新建的材料和构件（如门窗）的数量进行统计等。如图 24-1 所示，此为一个办公楼的加层改造项目，在 Revit 中仅通过一个项目文件就可以丰富地表述改造前后的对比，并能够完成相关施工图的表达。

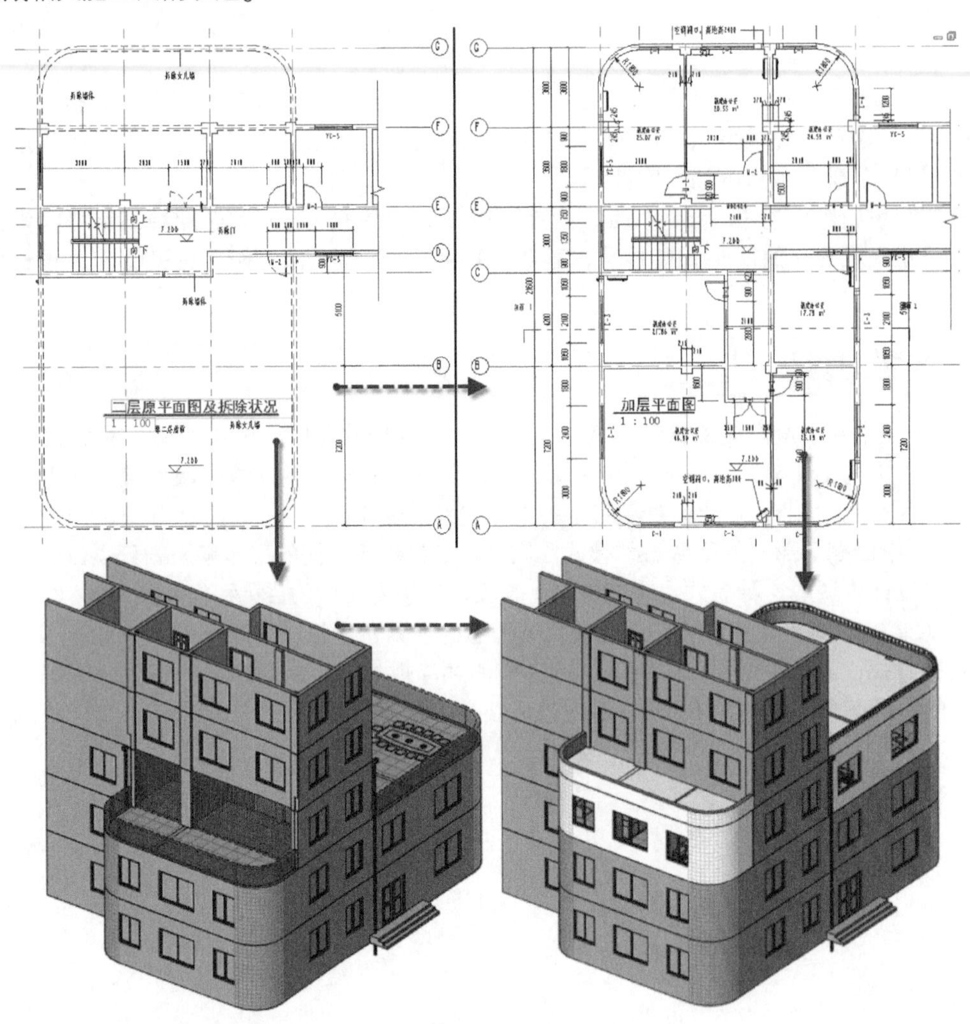

图 24-1

为了便于读者理解，这一章首先通过一个实例让大家对工程阶段化有一个直观的了解，然后再对其中的细节设置做进一步讲解，请读者把握这个讲解思路。

Revit 实现设计的阶段化大致需要三个步骤：设置工程的阶段、对各个构件图元赋予阶段、通过“阶段过滤器”控制各阶段的图元显示。

24.1 设置工程的阶段

24.1.1 规划工程阶段

在使用阶段之前，需要先规划好这个项目的阶段。一个项目阶段的划分可以有很多种，应主要考虑的划分原则是：与实际建造阶段一致、适合设计成果的需求。比如同样一个改造项目，我们可以把它的阶段分为现有的构造阶段、拆除构件阶段、新建或改建构件阶段，也可以简化为现有的构造阶段、工程改造阶段（包含拆除和新建）。下面以一个改造项目为例介绍如何在 Revit 中确定工程的阶段，为了简单起见，我们这里把此项目划分为“现有的构造阶段”“工程改造阶段”两个阶段。

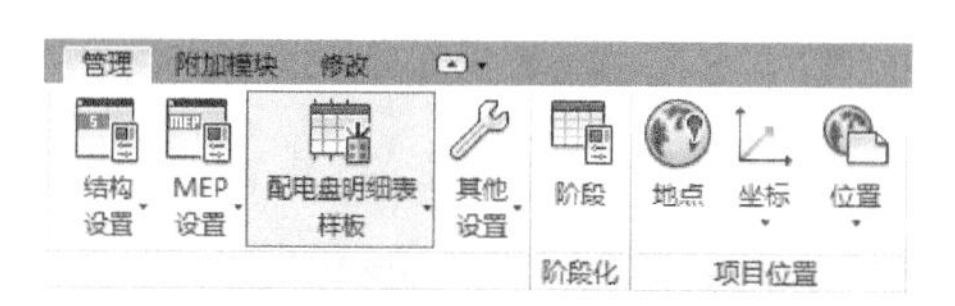

图 24-2

Step01 打开随书文件“第 24 章\RVT\24.1.1 阶段示例.rvt”项目文件。如图 24-2 所示，点击“管理”选项卡“阶段化”面板中“阶段”工具，打开“阶段化”对话框。

Step02 在“阶段化”对话框中可以修改各阶段名称。默认的状态下工程阶段为“现有”和“新构造”两个阶段，为了方便理解，我们把这两个阶段的名称改为“阶段 1-现有”和“阶段 2-改造”，并给出相关说明，结果如图 24-3 所示。

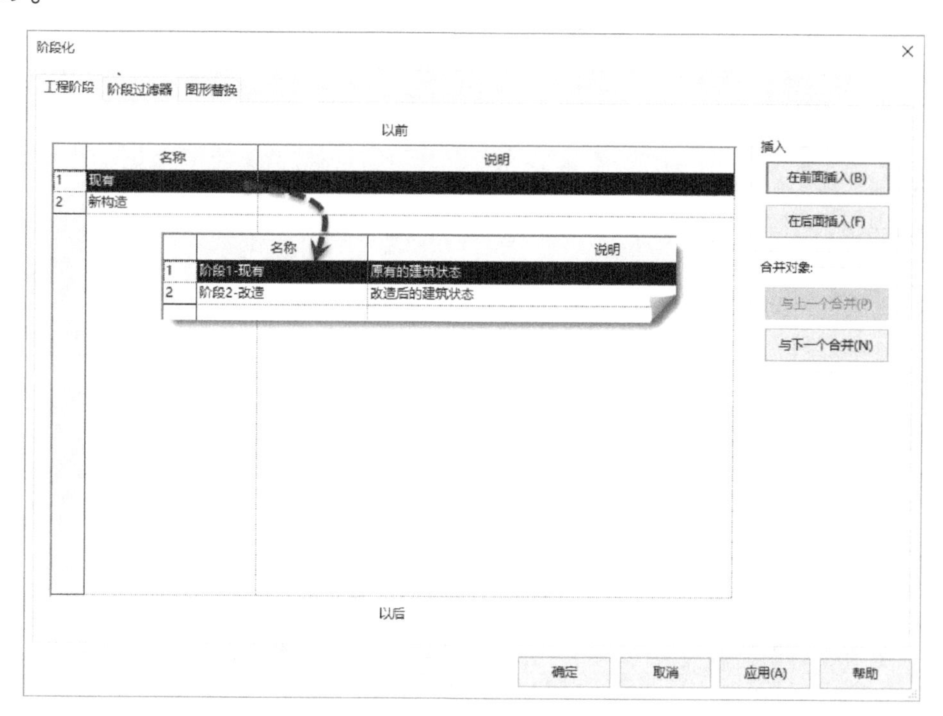

图 24-3

Step03 与工程进度类似，工程阶段是有顺序的，请注意阶段名称前的序号。如果要插入新的阶段一定要注意排序，因为在添加阶段之后就不再允许重新排列。点击“阶段化”对话框中“在前面插入”或“在后面插入”按钮，可以插入新的阶段。在本操作中不修改任何阶段，单击“确定”按钮保存并退出工程阶段的设定。

提 示

在此文件中，我们已经设置好了相关的“阶段过滤器”（即视图显示组合）以及“图形替换”（即各阶段图元的显示方法），关于它们的工作方法和设置细节将在下一节做讲解。

24.1.2 设置视图的工程阶段

规划好项目的工程阶段后，可以为各个项目视图设置不同的阶段，即进行视图“阶段化”。这决定了当前视图所处的阶段，与“阶段过滤器”配合使用可以使模型图元在当前视图中按需显示。

Step01 切换至 F1 楼层平面视图，不选择任何图元，在“属性”面板中将显示当前楼层视图的属性。如图 24-4所示，修改视图“阶段”为之前规划好的“阶段 1-现有”，“阶段过滤器”设置为“全部显示”，点击“应用”按钮，即设置了当前视图的工程阶段。设置之后本视图内所有操作均基于此阶段，默认情况下，新绘制的图元也均属于此阶段。

Step02 在 F1 视图内按图 24-5 所示绘制墙、门、窗模型图元，并添加尺寸标注等信息。

为了呈现出“阶段 1-现有”和“阶段 2-改造”这两个阶段，需要为每个阶段复制一个视图，并为新建的视图设定相应的工程阶段。

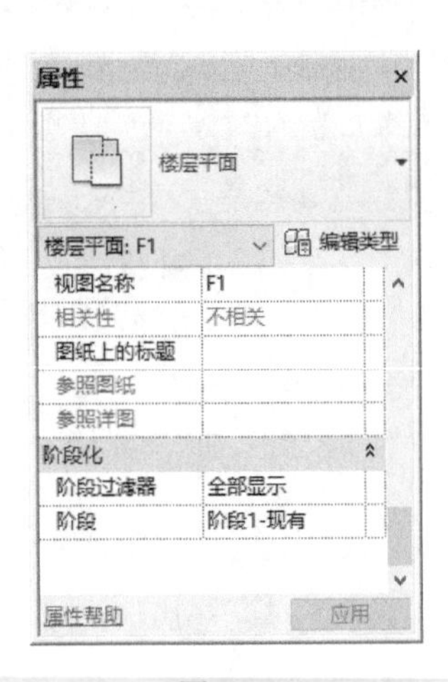

图 24-4

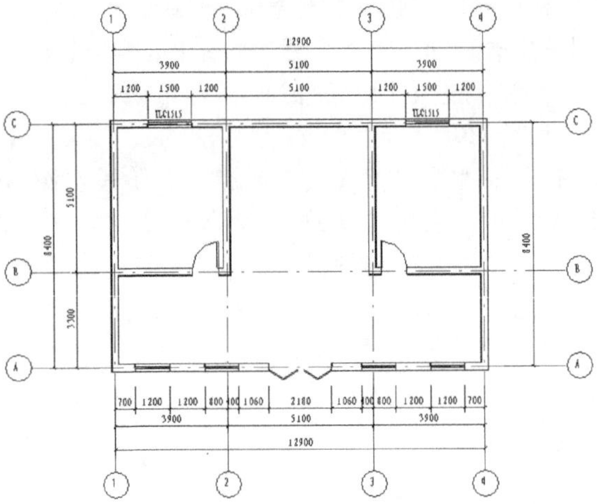

图 24-5

Step03 在“项目浏览器”中选择右键单击 F1 楼层平面视图，在弹出的菜单中选择“复制视图→带细节复制”选项，完成后将在“项目浏览器”中出现新的视图“副本：F1”。选择“副本：F1”，点击鼠标右键，在弹出的菜单中选择“重命名”，将视图名称改为“F1-改造”。

Step04 修改“F1-改造”视图的工程阶段为“阶段 2-改造”，此时“F1-改造”这个视图就处于“阶段 2-改造”阶段。因项目中已有的模型图元均不属于“阶段 2-改造”阶段，所以 Revit 会淡显所有的已创建的模型图元，如图 24-6 所示。

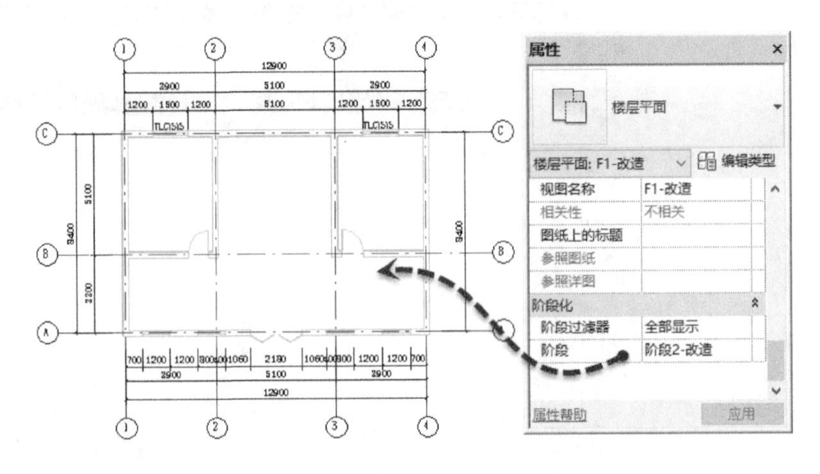

图 24-6

提 示

本例中我们在项目模板中已经设置了在改造阶段现有图元是灰度显示，图元的显示方式还可以以其他方式呈现出来，主要由“阶段过滤器”和“图元组合”共同确定，具体方法见 24.3。

Step05 使用相同的方式对默认三维视图进行相同的阶段设置。为了把项目浏览器中视图排列更为有序和直观，可以把视图按阶段进行排列。点击“视图”选项卡“窗口”面板中“用户界面”下拉列表，在列表中选择“浏览器组织”，打开“浏览器组织”对话框，在“视图”选项卡列表中勾选“阶段”类别，如图 24-7 所示。

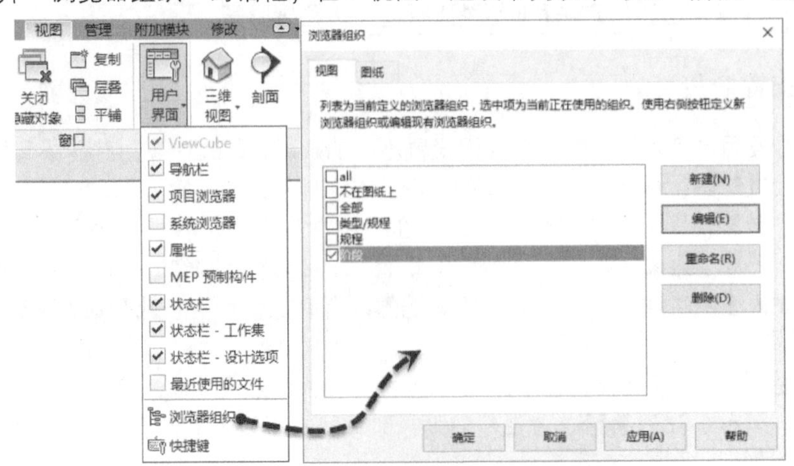

图 24-7

Step06点击“编辑”按钮，打开“浏览器组织属性”对话框，按照图 24-8 所示，切换至“成组和排序”选项卡，对成组条件进行设置，完成后点击两次“确定”退出设置过程。完成后“项目浏览器”将按照阶段重新排列。

图 24-8

Step07保存文件或者打开随书文件“第 24 章\ RVT\ 24. 1. 2 阶段示例 . rvt” 查看本节结果。

Revit 可以针对任何视图分别设置阶段属性，以控制图元在该视图的显示。在本例操作中，仅对 F1 楼层平面视图和默认三维视图进行阶段设置，读者还可以根据需要对立面等视图指定不同的阶段。

24.2 对各个图元赋予阶段

工程阶段设定完成后，接着就需要对各个图元进行设置，主要是赋予各个图元阶段属性，比如确定一段墙在此时是拆除还是保留或是新建。此项目中原有内墙和门需要拆除，然后重新砌筑内墙分隔新的室内空间。设置的方法如下：

Step01接上一节练习。打开“F1-改造”视图平面图，选择内部的墙体和门，分别打开“实例属性”对话框，如图 24-9 所示，修改“创建的阶段”为“阶段 1-现有”，拆除的阶段为“阶段 2-改造”，表示这些内墙和门图元在“阶段 1-现有”这个阶段创建，然后在“阶段 2-改造”阶段被拆除。相对于工作阶段“阶段 2-改造”而言，之前在“阶段 1-项目”中创建的图元均是现在存在的图元，即“现有”图元。

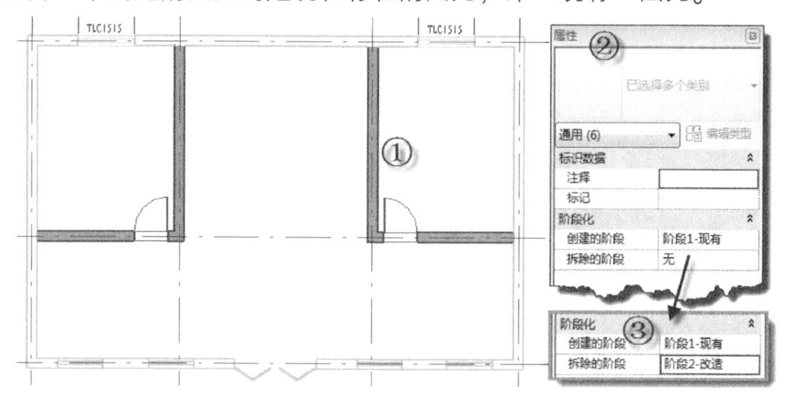

图 24-9

提 示

要拆除一个图元，除上述方法外，还可以使用“拆除工具”。方法是选择“修改”选项卡“几何图形”面板中“拆除”工具，如图 24-10 所示。此时鼠标会变为🔨，单击需要拆除的图元即可。

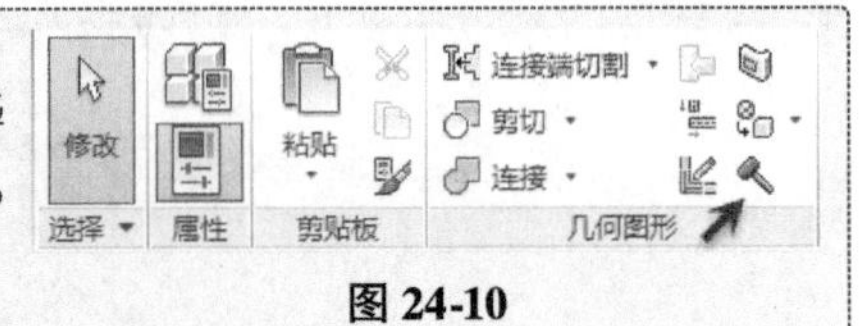

图 24-10

Step 02 内墙拆除后，平面图中的墙体的颜色和线型将更新，注意拆除的墙体中门也同时修改为拆除状态，如图 24-11 所示。

Step 03 按图 24-12 所示位置使用“墙”工具绘制新的墙体并插入新的门窗，此刻注意新建墙体、拆除墙体和原有墙体在显示上的区别。选择任意墙体，注意此时墙“属性”面板中墙“创建的阶段”参数默认为“阶段 2-改造”，表示这个墙体是阶段 2 中创建的新图元。

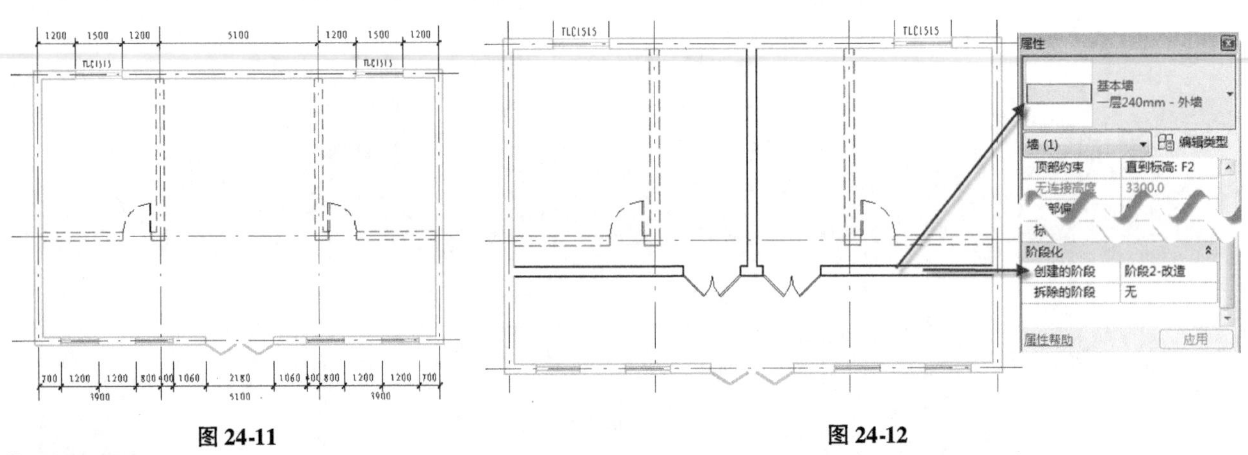

图 24-11　　图 24-12

提 示

Revit 在默认情况下按当前工作视图的“阶段”属性作为所有新绘制的图元的创建阶段属性，所以在本例中创建墙图元时默认“创建的阶段”为“阶段 2-改造”。同时，图元的“创建的阶段”也可以随时修改为需要的值。

Step 04 平铺显示“F1”“F1-改造”“{3D}”“3D-改造”几个视图，请读者体会其中的不同，如图 24-13 所示。保存文件或者打开随书文件“第 24 章\RVT\24.2 阶段示例.rvt”，查看本节结果。

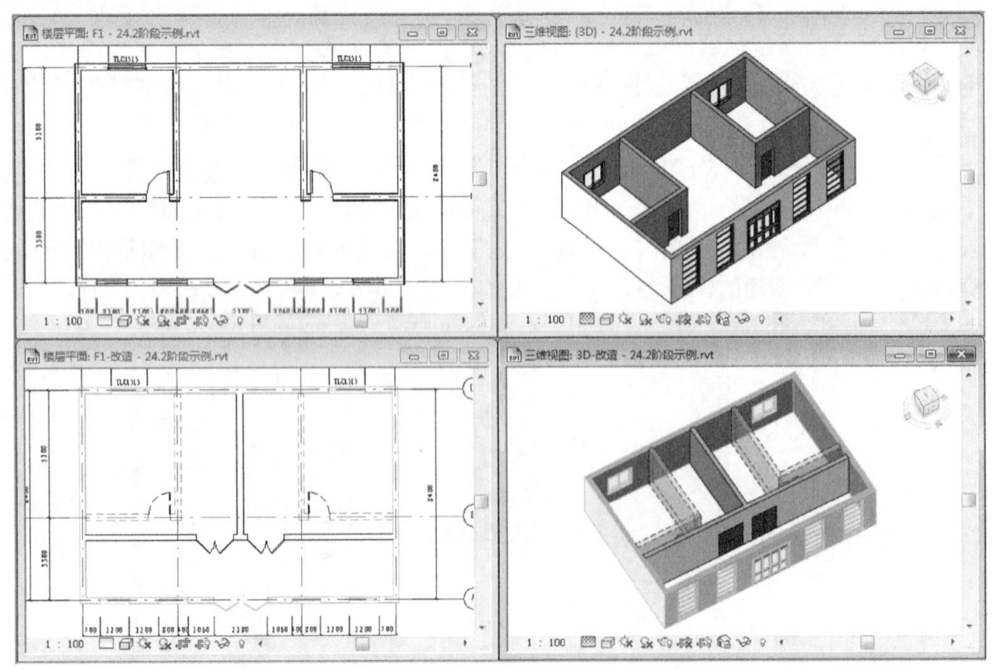

图 24-13

24.3 通过“阶段过滤器”控制各阶段的图元显示

在前面的步骤中，所有视图的“阶段化”属性里“阶段过滤器”参数均设置为默认的“全部显示”，这个参数决定了当前视图里的图元是以何种方式显示的。可以根据需要自定义各阶段图元在视图中的显示，比如在“阶段2-改造”中，可能只想显示新绘制的墙体，而不显示拆除的墙体，或者原有的墙体的颜色不为灰色而是其他颜色，这些都是由如图24-14所示的“阶段过滤器”和“图形替换”决定的。通过下面的练习学习如何使用“阶段过滤器”控制视图的显示。

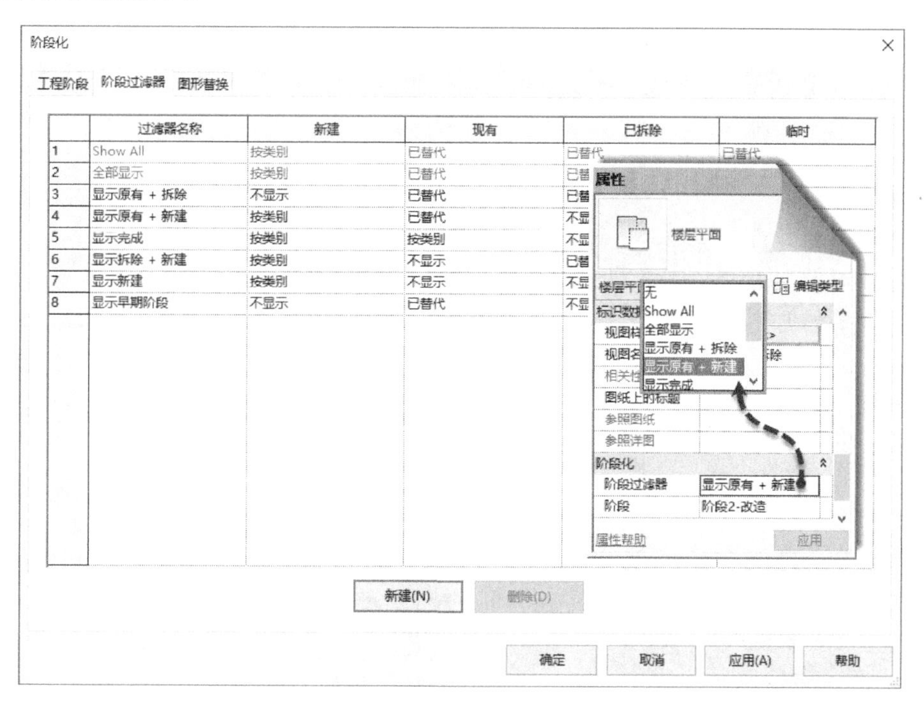

图 24-14

24.3.1 修改视图的“阶段过滤器”

Step01 在“F1-改造”视图下打开视图“属性”对话框，修改“阶段化”属性里“阶段过滤器”为“显示原有+新建”，表示仅显示原有的图元（阶段1中创建的图元在阶段2之前，即相对于阶段2而言，阶段1中创建的图元为“原有”）和在此阶段中新建的图元，拆除的墙体将不再显示，如图24-15所示。

Step02 以“F1-改造”视图为基础复制创建一个名称设为“F1-原有和拆除”的楼层视图，修改此视图“阶段化”里“阶段过滤器”为“显示原有+拆除”，“阶段”为“阶段2-改造”。此时视图将仅显示阶段1中原有的图元和本阶段拆除的图元，新建图元将不再显示，如图24-16所示。

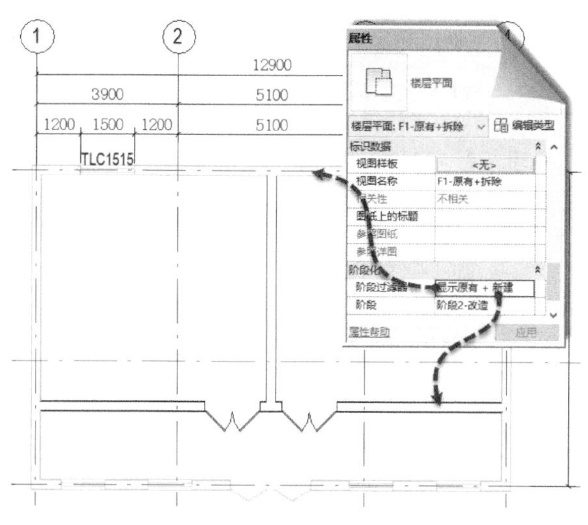

图 24-15

图 24-16

Step03 如图 24-17 所示，如果将“阶段 1-现有”阶段分组中“F1”楼层平面视图属性里的“阶段过滤器”选为“显示原有 + 拆除”，Revit 将隐藏当前视图中所有图元。因为“F1”楼层平面视图的当前工作阶段为“阶段 1”，而在“阶段 1”之前不再具有更早的阶段设置，即相对于“阶段 1”而言没有原有的图元。同理相对于“阶段 1”而言也没有拆除的构件，因为拆除的行为是在“阶段 2”里发生的，所以在 F1 视图里使用“显示原有 + 拆除”阶段过滤器将不会显示任何模型图元。

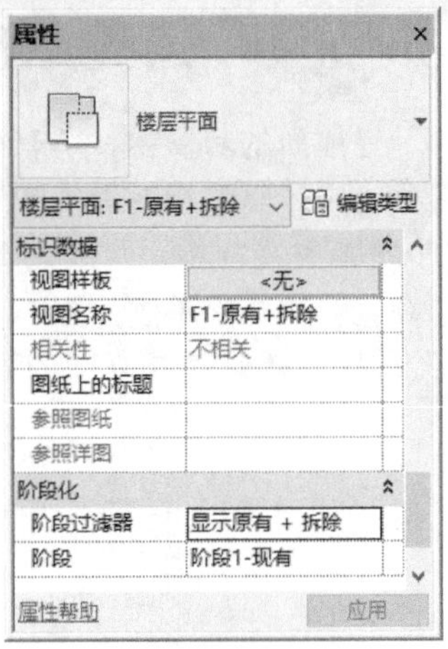

图 24-17

提 示

如果要显示所有阶段的全部图元，不要对视图应用阶段过滤器，即把“阶段过滤器”设置为“无”。

24.3.2 解读阶段过滤器

图元的显示是由阶段过滤器决定的，下面我们将进一步解读“阶段过滤器”是如何控制视图显示的。

Step01 点击“管理”选项卡“阶段化”面板中“阶段”工具，打开“阶段化”对话框并切换至“阶段过滤器”选项卡。Revit 在项目模板中已经集成了几个常用的阶段过滤器，包含“全部显示”“显示拆除 + 新建”“显示原有 + 拆除”等，如图 24-18 所示蓝色方框区域。

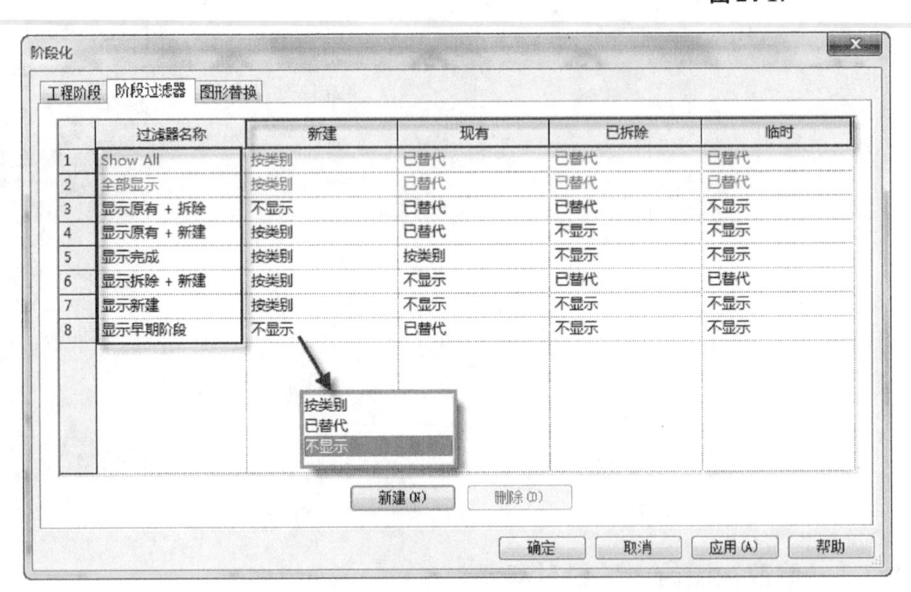

图 24-18

Step02 如图 24-18 所示红色方框区域，每个过滤器中均对应了“新建”“现有”“已拆除”“临时”四种阶段状态，各个阶段状态含义见表 24-1。

表 24-1

阶段状态	阶段状态的含义
新建	图元是在当前视图的阶段中创建的
现有	图元是在早期阶段中创建的，并继续存在于当前阶段中
已拆除	图元是在早期阶段中创建的，在当前阶段中已拆除
临时	图元是在当前阶段期间创建并且在当前阶段拆除，通常表示临时施工设施

Step03 这四个阶段状态又分别有“按类别”“已替代”“不显示”三种图元显示方式，如图 24-18 所示橙色方框区域，各个图元显示方式的含义见表 24-2。通过指定每个阶段状态的图元显示方式，再经过组合就能得到不同的“阶段过滤器”。

表 24-2

图元显示方式	图元显示方式的含义
按类别	根据“管理→设置→对象样式”对话框中的定义显示图元，即与系统设置的图元显示一致
已替代	图元将不按系统设置显示，而根据“阶段化”对话框“图形替换”选项卡中指定的方式显示图元（如图 24-18 所示）
不显示	图元不显示

Step04 “图形替换”选项卡用来设置图元在阶段下的独立显示方式，以替换图元在“对象样式”中的图元显示设置，即“阶段过滤器”中阶段状态设置为“已替代”时的显示方式，如图24-19所示。示例中的“现有”截面显示设置为“灰色”线，“已拆除”截面显示设置为“红色”线，材质设置为“拆除阶段”（此材质为透明蓝色材质，在三维视图的时候才能体现）。

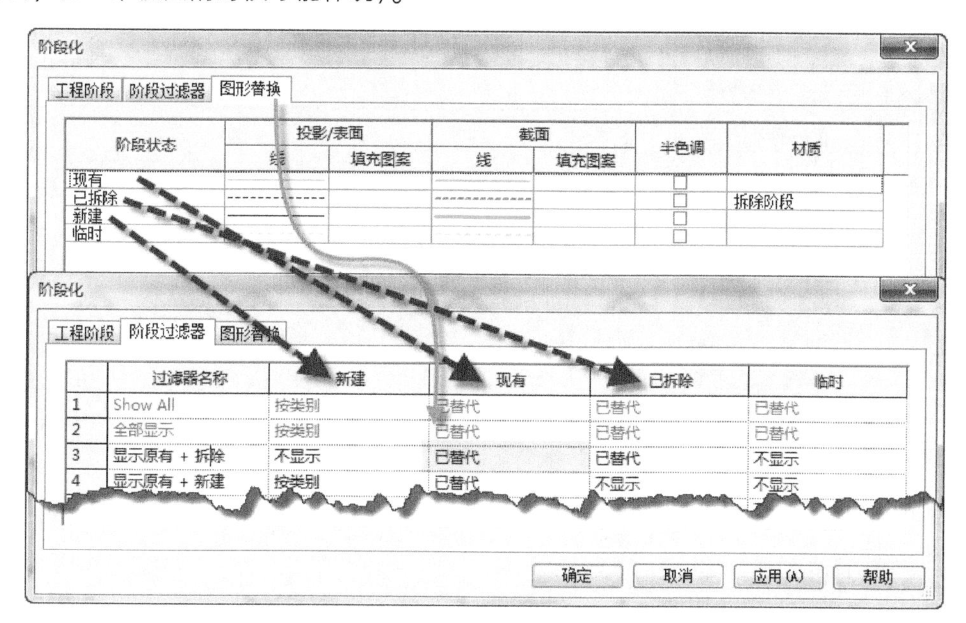

图 24-19

提 示

“图形替换”中参数设置方法与“对象样式”对话框设置方法相同，请读者参照相关章节。

Step05 图24-20以“全部显示”和“显示原有+拆除”为例说明阶段过滤器的显示组合，读者也可比对前两节中的图元显示帮助理解。

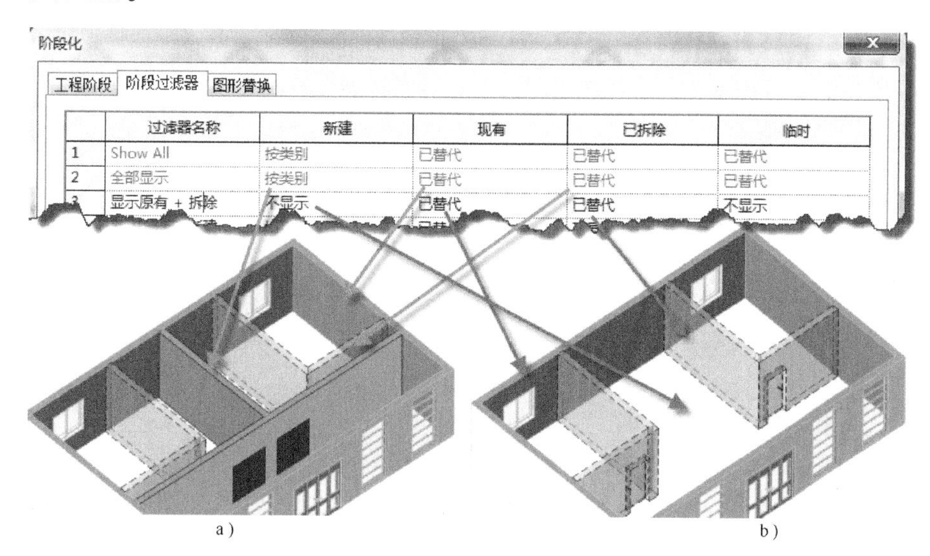

图 24-20

a）全部显示 b）显示原有+拆除

24.3.3 阶段过滤器在明细表上的应用

除了对模型图元运用阶段以外，还可以对明细表运用阶段。比如我们可以运用阶段单独统计新加入的门窗个数，或者仅统计拆除的门窗个数。下面以门表为例：

Step01 打开门明细表实例属性，修改其中的“阶段化”里的“阶段过滤器”和“相位”参数分别为“显示新建”“阶段2-改造”，如图24-21所示。

Step02 打开门明细表，如图 24-22 所示，可以发现统计的门仅为在阶段 2 中新加入的门。

Step03 同样的方法可以统计拆除的门等，请读者自行尝试。

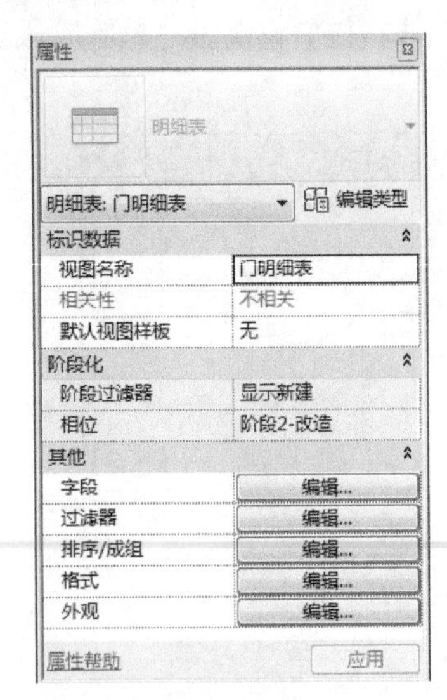

图 24-21

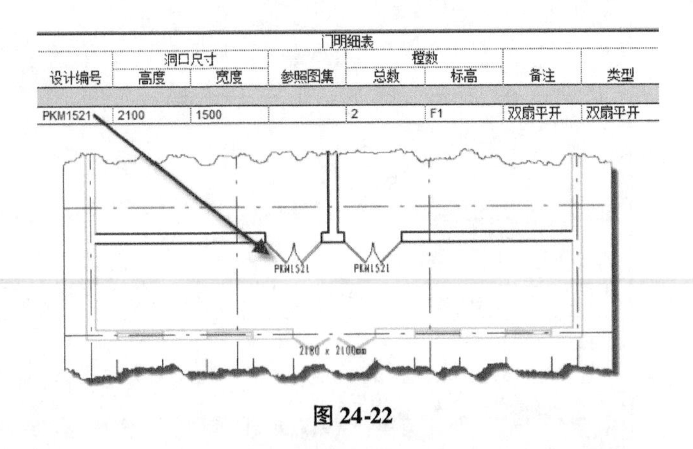

图 24-22

24.4 本章小结

本章首先通过一个实例讲解了工程阶段化，Revit 所提供的这个功能对于大部分读者应该是首次接触。它对于一些改造工程是一个非常有效的工具，而且也会在场地、分析模型导出等地方用到，对于它的充分理解和使用，希望读者在实际项目中来提炼。

第25章 使用设计选项

设计过程中对于设计细节常常有多种可选设计方案，以进一步推敲和对比建筑细节。例如：建筑外轮廓确定的情况下，内部可以有不同的分隔布置模式；建筑可以设计不同风格的屋顶形式、不同样式的入口方案等。Revit 提供了“设计选项”工具，允许在同一模型内通过不同的设计选项实现多种设计方案并可以在不同的设计方案间进行对比，以便推敲、选择最佳设计方案。

25.1 应用设计选项

要创建设计选项必须先创建设计选项集，再在选项集内创建不同的设计选项。设计选项集用于记录特定位置不同方案的模型信息。例如：在布置不同的内墙分隔时，可以为内墙分隔方案创建设计选项集；而在处理不同形式的屋顶方案时，可以创建屋顶设计选项集等。在设计过程的任何时候都可拥有多个设计选项集。

下面以综合楼项目食堂部分创建如图 25-1 所示两种不同形式的内墙分隔实例，说明如何使用设计选项创建两种不同形式的室内分隔方案。

图 25-1

Step01 打开随书文件“第 22 章\ rvt\ 设计选项练习 . rvt”项目文件。该项目为本书主操作案例模型。切换至“F1”楼层平面视图。该视图复制于综合楼项目 F1 标高楼层平面视图。

Step02 单击“管理”选项卡“设计选项”面板中“设计选项”工具，打开“设计选项”对话框。如图 25-2 所示，Revit 将所有现有图元放置于“主模型”选项类别中。单击“选项集”中“新建”按钮创建“选项集 1”，并自动在该选项集下添加“选项 1（主选项）”设计选项。选中选项集列表中“选项集 1”，单击“选项集”栏中“重命名”按钮，重命名选项集名称为“食堂室内布置”，单击“确定”按钮重命名选项集名称。

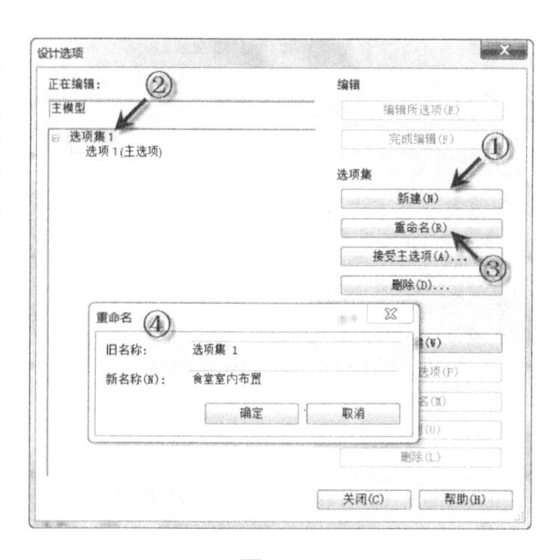

图 25-2

Step03 在设计选项列表中选择“选项 1（主选项）”，单击“编辑”栏中“编辑所选项”按钮，“选项 1（主选项）”将高亮显示，表示正在编辑该选项。单击“关闭”按钮退出“设计选项”对话框。Revit将淡显项目中“主模型”内的所有图元。

Step04 使用“墙”工具，设置当前墙类型为“综合楼-240mm-内墙”，确认选项栏墙高度为“F2”，墙“定位线”为“核心层中心线”；沿 G 轴线在 1 轴线和 3 轴线间绘制水平方向内墙。修改该墙实例参数“顶部偏移”值为“480”。

Step05 使用“门”工具，选择当前门类型为“双扇门：M1521”，分别距 1 轴线和 3 轴线 400mm 处沿上一步中创建的内墙上创建门图元，结果如图 25-3 所示。

Step06 打开“设计选项”对话框，如图 25-4 所示，选择“选项 1（主选项）”，单击“完成编辑”按钮完成当前设计选项。

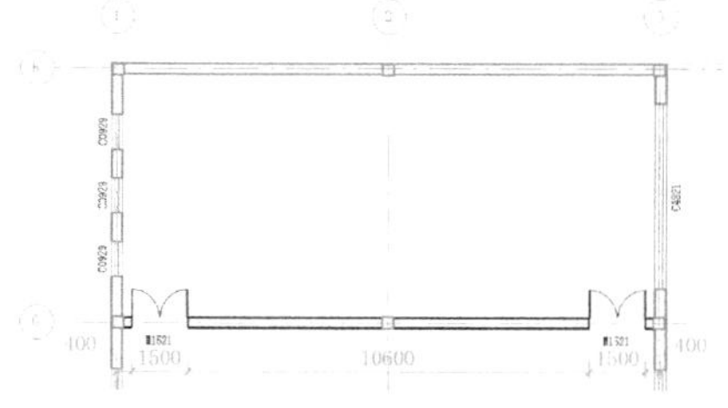

图 25-3

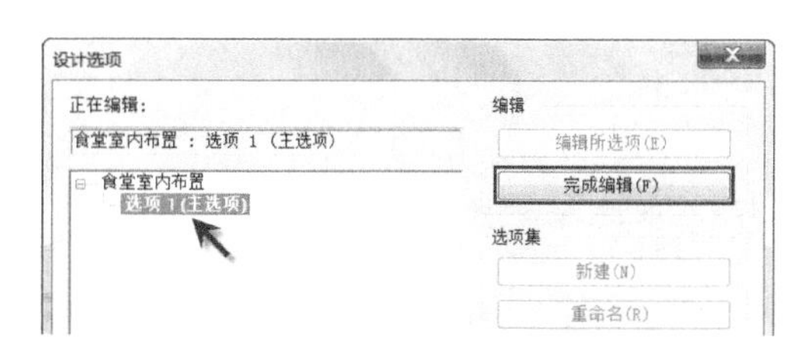

图 25-4

Step07 如图25-5所示，单击“设计选项”对话框“选项”栏中“新建”按钮，为“食堂室内布置”选项集创建新选项，默认将命名为“选项2”。选择设计选项列表中“选项2”，单击“编辑所选项”按钮进入“选项2”编辑状态。单击“关闭”按钮退出“设计选项”对话框。

提示

选择选项名称，单击“选项”栏中“重命名”按钮可以重命名选项名称。

Step08 注意Revit将隐藏第5)步中创建的属于“选项1”的墙和门图元。如图25-6所示，使用“墙”工具，按第5）步相同的设置绘制墙并修改墙实例参数“顶部偏移”值为“480”；按图中所示尺寸和位置分别添加“双扇门：M1521”和“单扇门：M1021”门图元。

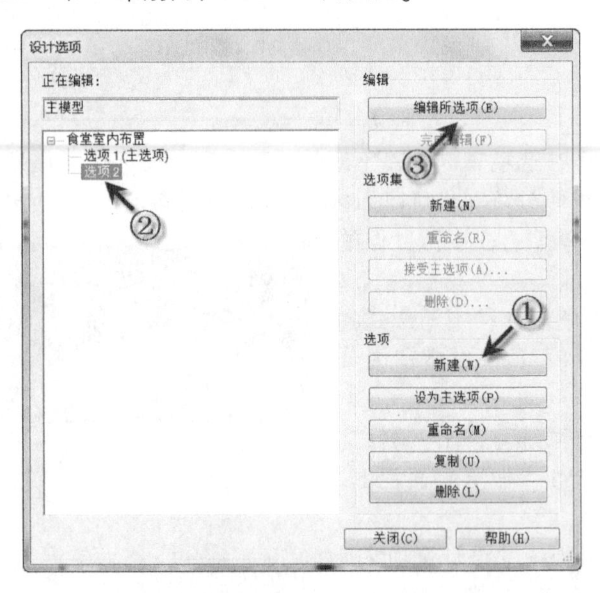

图25-5

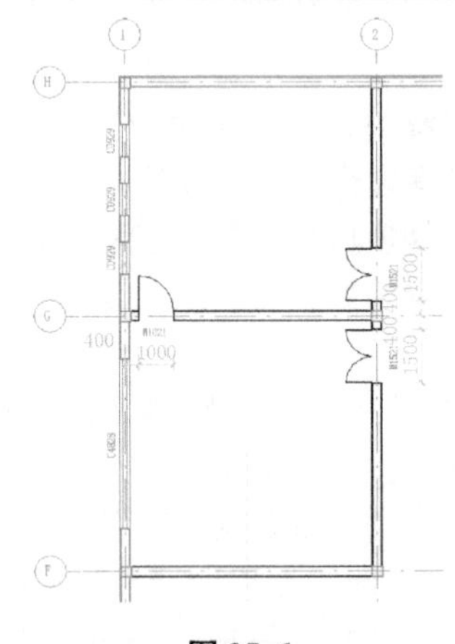

图25-6

Step09 如图25-7所示，单击“管理”选项卡“设计选项”面板设计选项列表中“主模型”选项，完成“选项2”设计。Revit将显示“食堂室内布置”选项集中主选项“选项1”中图元内容。该操作与单击“设计选项”面板中“完成编辑”按钮效果相同。

提示

在设计选项列表中，选择不同的选项。可以直接进入该选项编辑内容。

Step10 打开“可见性/图形替换”对话框，注意该对话框中出现“设计选项”选项卡。如图25-8所示，切换至“设计选项”选项卡，在列表中显示项目中所有已有设计选项集。修改“食堂室内布置”选项集的设计选项为“选项2”。单击“确定”按钮退出“可见性/图形替换”对话框。注意当前视图将显示主模型图元和“选项2”模型。

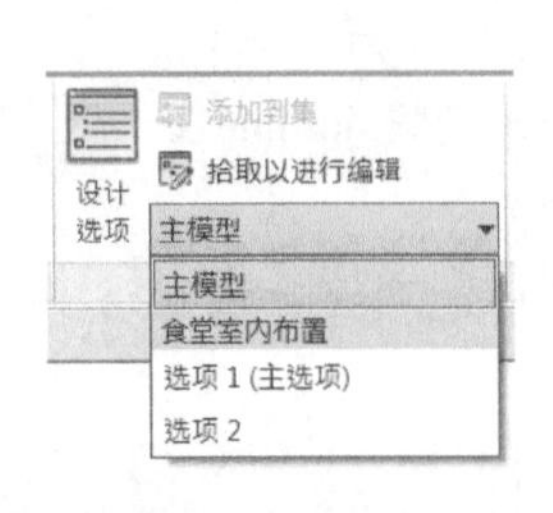

图25-7

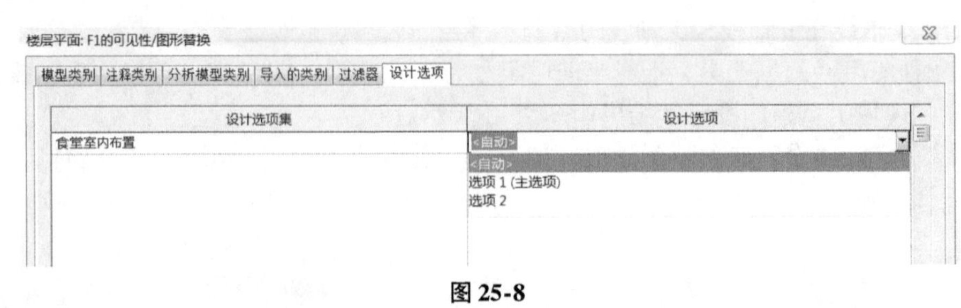

图25-8

提示

Revit会在视图中默认显示主模型图元和选项集中“主选项”内容。

Step11 切换至“综合楼-门明细表”明细表视图。打开明细表视图“可见性/图形”对话框，修改当前视图“设计选项”为“选项2”，注意明细表中门编号为“M2”的数量会根据当前显示的设计选项更新。

主模型中的图元不能作为设计选项中的主体或参照设计选项中的图元。例如，主模型中的墙将无法附着在设计选项中绘制的屋顶，设计选项中的门、窗等基于主体图元将无法放置在主体模型中的墙图元之上。可以将主模型中的图元移动到指定设计选项中，以方便在选项中对主体图元进行修改。

Step⑫切换至“F1 设计选项”楼层平面视图。单击“管理”选项卡“设计选项”面板设计选项列表中“主模型”选项，切换当前选项集为“主模型”。选择食堂外墙，单击“设计选项”面板设计中“添加到集”工具，打开“添加到设计选项集”对话框。如图 25-9 所示，在下拉列表中选择要添加的选项集，并在列表中选择要添加到的设计选项，单击“确定”按钮即可将所选图元添加到所选择的选项中。

图 25-9

提 示

启用设计选项后，图元的实例属性对话框中“标识数据”参数分组中将新增“设计选项”实例参数。该参数为只读参数。

Step⑬打开“设计选项”对话框。如图 25-10 所示，在设计选项列表中选择“食堂室内布置”选项集的“选项 2”设计选项，单击“选项”栏中“设为主选项”按钮，将“选项 2”设置为主选项。单击“选项集”栏中“接受主选项”按钮，Revit 将给出警告对话框，提示将删除该选项集中除主选项之外的所有设计选项中创建的图元。单击“是”按钮确认。接受主选项后，Revit 将从项目中删除该选项集。单击“关闭”按钮退出“设计选项”对话框。关闭该项目，不保存对项目的修改。

启用设计选项后，可以指定与各选项中图元相关的立面符号、剖面符号、详图索引符号等在显示各设计选项时的可见性。以剖面符号为例，选择剖面符号打开“实例属性”对话框，如图 25-11 所示，“在选项中可见”参数可以指定该剖面视图默认显示的设计选项内容。

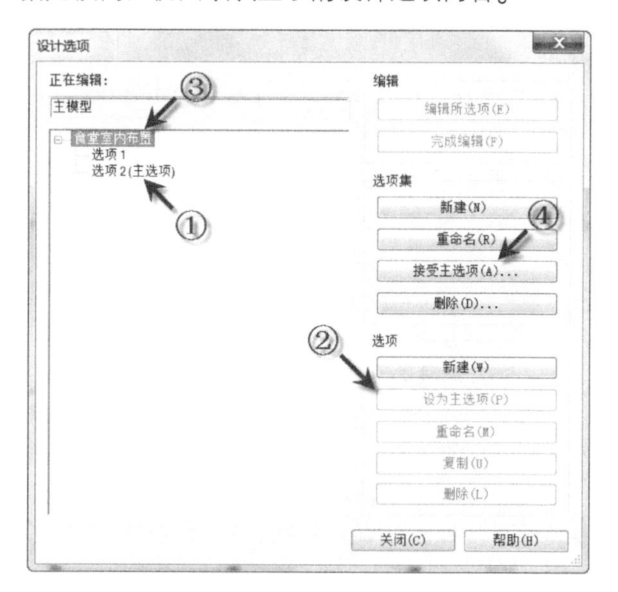

图 25-10

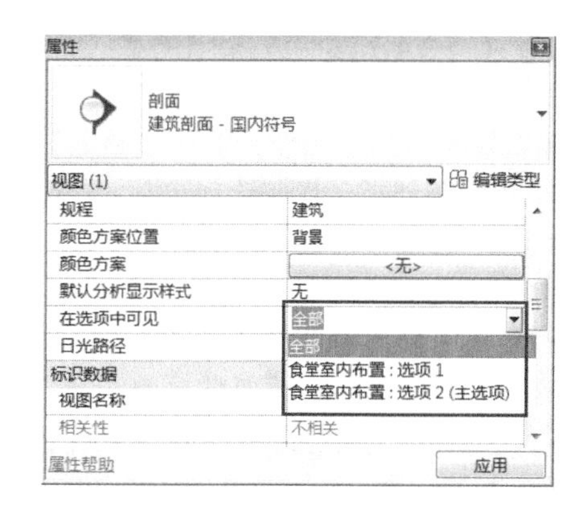

图 25-11

25.2 本章小结

设计选项允许用户在同一个项目模型中实现多种不同的设计意图。要使用设计选项必须先创建一个或多个设计选项集，并分别为设计选项集指定多个不同的设计选项，再通过视图“可见性/图形替换”对话框中，分别指定在视图中要显示的各设计选项集中的不同选项的组合，以显示不同的选项方案。

将选定的方案设置为主选项后，接受主选项将删除选项集中所有选项并将主选项图元合并到主模型选项集中。使用设计选项，可以为项目定义多种不同的设计细节，通过多种方案的组合和比选，选择最优设计方案。

第26章 使用组与部件

在 Revit 中进行项目设计时，可以将项目中一个或多个图元成组。成组后的组中的图元将作为组实例存储在项目中。修改任意一个组实例时，所有组实例都将自动修改，避免图元重复修改。在项目中创建重复的大量图元时，使用组可以大大提高图元创建效率。

组可以单独保存为独立的 RVT 格式文件，也可以将独立的项目文件作为组的方式载入到当前项目模型中，例如，可以载入几个标准户型项目文件作为组，快速生成项目户型平面。

Revit 还提供了“创建部件”工具，用于拆分指定图元为单体建筑构件，方便施工图深化设计。

26.1 使用组

26.1.1 创建组

使用“创建组”工具可以为项目中任何图元创建生成组。Revit 的组包括两种类型：模型组、详图组。模型组的全部图元都是由模型图元组成，而详图组则由尺寸标注、门窗标记、文字等注释类图元组成。如果在创建组时，所选择的图元既包含模型类别图元，又包含注释类别图元，则 Revit 将创建模型组的同时，再创建包含注释信息的“附加详图组”。附加详图组同样由注释图元构成，但它属于“模型组”的一部分。可以在项目浏览器中查看项目中已包含的所有组名称。生成组后，Revit 将组中所有图元对象作为一个组实例，可以像编辑其他图元一样编辑修改组实例。通过下面的练习，学习组的各种操作。

Step01 打开随书文件“Chapter 26 \ rvt \ 创建组练习 . rvt”项目文件。该项目为普通高层商住楼模型，已完成墙体、楼板、屋顶等大部分图元，并创建了部分门、窗。

Step02 切换至“F5”楼层平面视图。该项目中，已经为左侧 1 ~ 11 轴线间住宅创建了门窗、阳台及门窗标记。

Step03 配合使用 Ctrl 键选择北侧 2 ~ 8 轴线间 J 轴线位置所有阳台共 2 个（阳台由楼板、楼板边缘及扶手构成），自动切换至“选择多个”上下文选项卡。如图 26-1 所示，单击“创建”面板中“创建组”工具。

Step04 弹出如图 26-2 所示“创建模型组”对话框。在“名称”栏中输入“标准层阳台”作为组名称，不勾选“在组编辑器中打开”选项，单击“确定”按钮将所选择图元创建生成组。按 Esc 键退出当前选择集。

Step05 单击组中任意楼板或楼板边图元，Revit 将选择“标准层阳台”组中所有图元。自动切换至“修改 | 模型组”上下文选项卡。使用“镜像-拾取轴”工具，确认勾选选项栏“复制”选项；单击拾取 11 轴线作为镜像轴，镜像复制生成“标准层阳台”组实例。

Step06 配合 Ctrl 键选择 2 ~ 20 轴线所有“标准层阳台”模型组实例，单击“剪贴板”面板中“复制到剪贴板”工具将所选模型组复制至剪贴板中。在“粘贴”工具下拉列表中，选择“与选定标高对齐”选项，弹出“选择标高”对话框，配合 Ctrl 键选择 F6 ~ F15 所有楼层标高，单击“确定”按钮将所选择标准层阳台组粘贴至其他标高。切换至默认三维视图，查看粘贴后结果。

Step07 切换至“F5”楼层平面视图。选择 2 轴线右侧“标准层阳台”组图元，自动切换至“修改 | 模型组”上下文选项卡。如图 26-3 所示，单击“成组”面板中“编辑组”工具，进入组编辑模式，Revit 将弹出“编辑组”面板并高亮显示隶属于组中的模型图元。

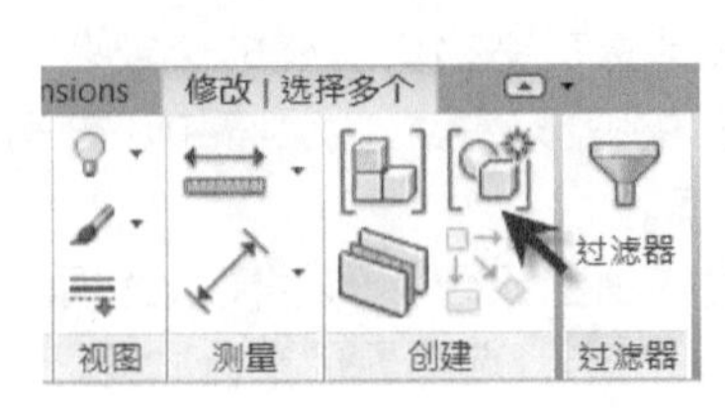

图 26-1

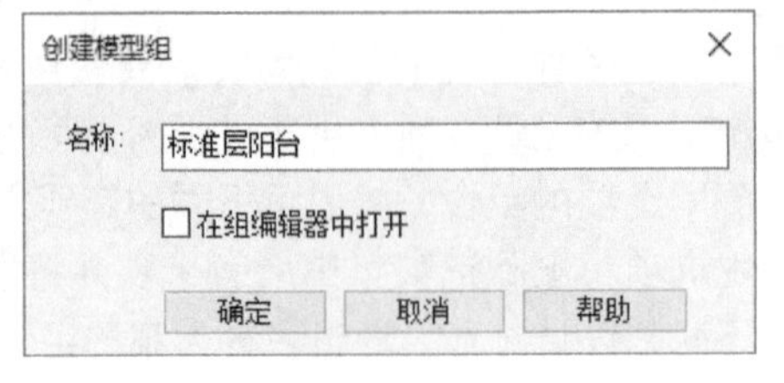

图 26-2

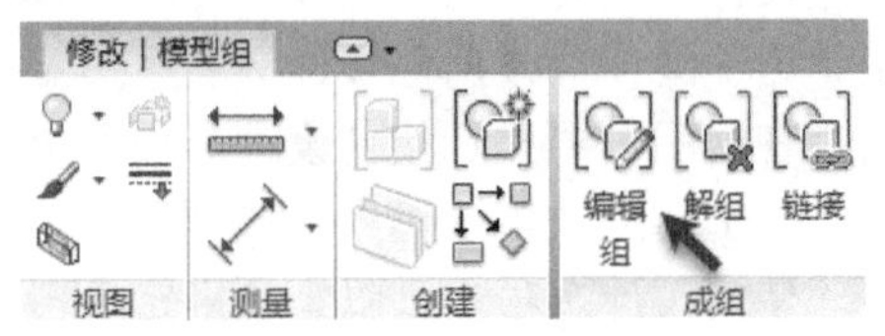

图 26-3

提 示

双击任意模型组，也将进入“编辑组”状态。

Step08 如图 26-4 所示，单击“编辑组”面板中“添加”按钮，Revit 将亮显所有非隶属于当前组的图元。适当缩放视图，单击南侧 2～8 轴线间 A 轴线位置阳台共 2 个（分别拾取楼板、楼板边缘及扶手）。完成后，单击“编辑组”面板中“完成”按钮完成组编辑。切换至默认三维视图，注意 Revit 会同时更新所有组实例，生成南侧 A 轴线阳台。

Step09 切换至“F5”楼层平面视图。配合使用过滤器，选择 1～11 轴线间所有门窗图元及门窗标记图元。单击“创建”面板中“创建组”工具，因所选图元中既包含模型类别图元又包含注释类别图元，弹出“创建模型组和附着的详图组”对话框，如图 26-5 所示。分别输入模型组名称为“标准层门窗”，附着的详图组名称为“标准层门窗标记”，单击“确定”按钮完成组创建。Revit 将分别创建名称为“标准层门窗”的模型组和名称为“标准层门窗标记”的详图组且该详图组与模型组相关联，称为“附着详图组”。

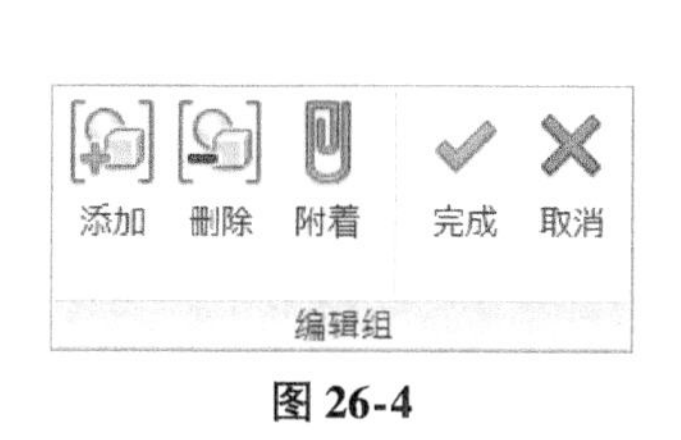

图 26-4

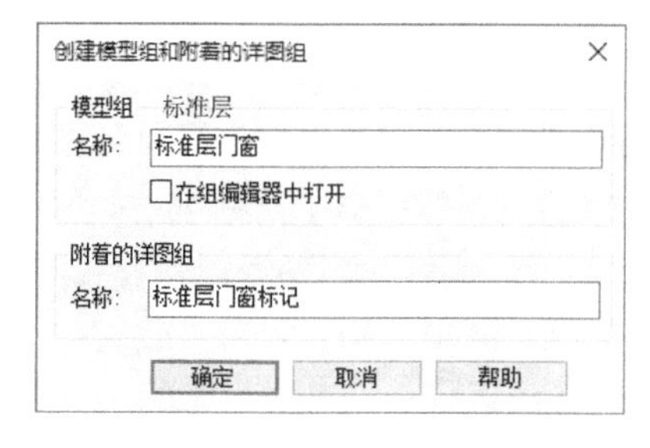

图 26-5

Step10 单击任意门图元选择“标准层门窗”模型组。使用“镜像-拾取轴”工具，以 11 轴为镜像轴，为另一侧墙体镜像复制创建门窗组。

Step11 选择 11 轴线右侧由上一步中创建的“标准层门窗”组实例。单击“成组”面板“附着的详图组”工具，弹出“附着的详图组放置”对话框。如图 26-6 所示，“附着的详图组”列表中显示所有与该模型组相关联的详图组。勾选“楼层平面：标准层门窗标记”详图组，单击“确定”按钮，为镜像生成的“标准层门窗”组中门窗图元添加标记。

Step12 配合键盘 Ctrl 键盘，选择视图中“标准层门窗”组实例共 2 个。单击“复制到剪贴板”工具，将其复制到剪贴板。使用“粘贴”下拉列表中“与选定的标高对齐”选项，对齐粘贴至 F4、F6～F15 标高。

Step13 切换至“F4”楼层平面视图。适当放大 J 轴线与 2～8 轴线间楼梯间两侧门联窗位置。由于该位置靠近平台边缘，因此必须去掉该门联窗。配合键盘 Tab 键，选择“标准层门窗”组中门联窗图元，如图 26-7 所示，单击“从组中排除组图元”标记，将该门联窗从组实例中排除。完成后按 Esc 键，退出选择模式，Revit 将从组实例中删除该门联窗，同时墙体恢复为未插入门窗洞口状态。从组实例中排除组成员门联窗后，可以使用窗工具在该位置放置任意形式的窗。具体过程在本练习中不再赘述。

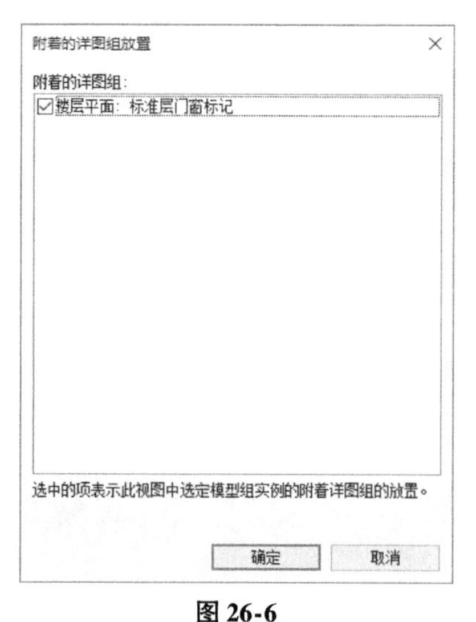

图 26-6

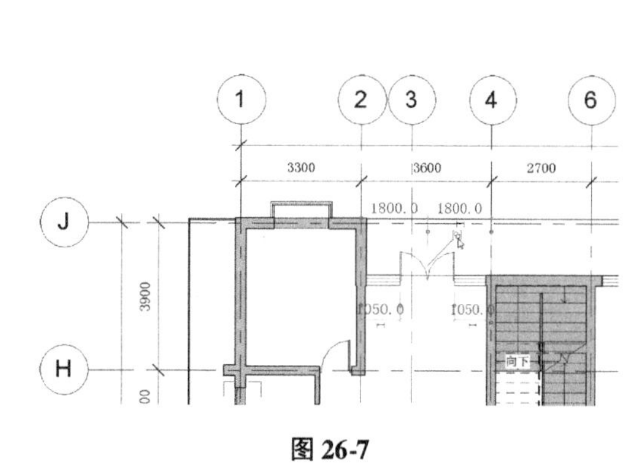

图 26-7

提 示

排除的组成员仅在当前组实例中生效，不会影响其他已生成的组实例。

Step14重复上一步操作，继续排除 F4 楼层平面视图中 6 ~ 8 轴、14 ~ 16 轴、18 ~ 20 轴线间与 J 轴线位置门联窗。切换至默认三维视图，查看修改后结果。

Step15如图 26-8 所示，展开项目浏览器“组→模型”类别，可以查看当前项目中所有可用模型组。展开“标准层门窗”，可以查看该模型组中包含的附加详图组。

Step16在“标准层阳台”模型组上单击鼠标右键，在弹出右键菜单中选择“保存组”，弹出“保存组”对话框。指定保存位置，输入文件名称，如果该模型组中包含附着的详图组，还可以勾选对话框底部“包含附着的详图组作为视图”选项将附着详图组一同保存。关闭该文件，不保存对项目文件的修改，完成本练习。

创建模型组后，Revit 默认会在组的中心位置创建组坐标原点，并在组坐标原点创建组局部坐标系，如图 26-9 所示。按住并拖动组原点可以修改组原点的位置。在旋转组实例时，默认将按组原点位置绕 Z 轴线旋转。Revit 通过记录组中各成员对象与组原点的相对位置来确定组实例中各成员图元的相对位置。注意修改组坐标原点位置时，不会移动或修改组中各隶属图元的位置。注意创建组时，组坐标的 Z 值零点位于组中图元所在的标高位置。

图 26-8

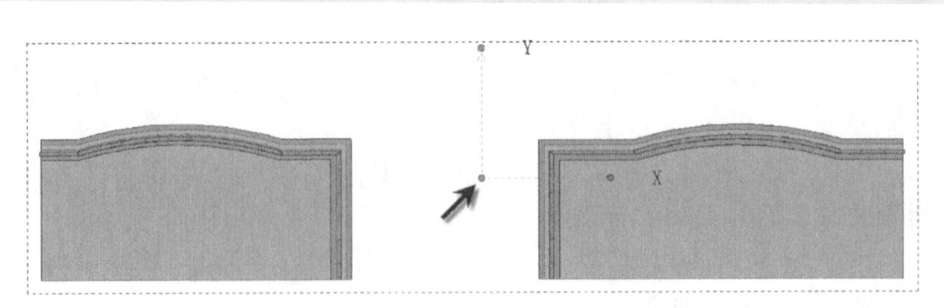

图 26-9

选择模型组实例，打开“实例属性”对话框，可以修改当前组实例所在标高及组原点相对标高偏移量，如图 26-10 所示，“参照标高”和“原点标高偏移”参数用于修改组实例在项目中的空间高度位置。

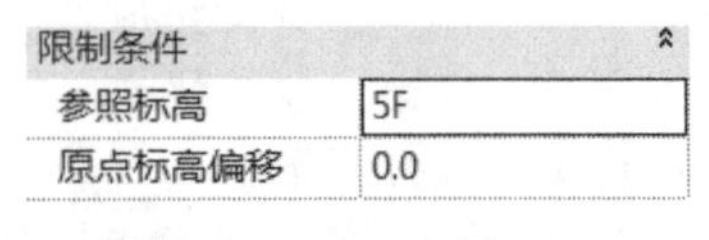

限制条件	
参照标高	5F
原点标高偏移	0.0

图 26-10

每一个组都是系统族“模型组”或“详图组”的类型。因此，可以像 Revit中的其他图元一样，复制创建多个不同的新“类型”，以便于组的编辑和修改。

要将组保存为独立的组文件，除在项目浏览器中通过右键单击将组保存为独立组文件外，还可以单击“应用程序菜单”按钮，在列表中选择“另存为→库→组”，同样可以访问“保存组”对话框。保存组时，默认“文件名”为“与组名相同”，即 Revit 将以组相同的名称保存组文件。组将保存为与 Revit 项目相同的“rvt”格式，方便与其他项目共享。

26. 1. 2 载入组

可以将任何 RVT 项目文件作为组导入到项目文件中。如果是附加详图组，还可以导入与模型组对应的附加详图。以导入组的方式导入 RVT 项目文件可以实现项目图元的重复利用。下面使用导入组的方式快速创建楼层平面组合，说明如何导入 RVT 组文件。

Step01以随书文件“第 26 章\ rte\ 项目模板 2017. rte”为项目样板建立新项目。切换至 F1 楼层平面视图。如图 26-11 所示，单击“插入”选项卡“从库中载入”面板中“作为组载入”工具。

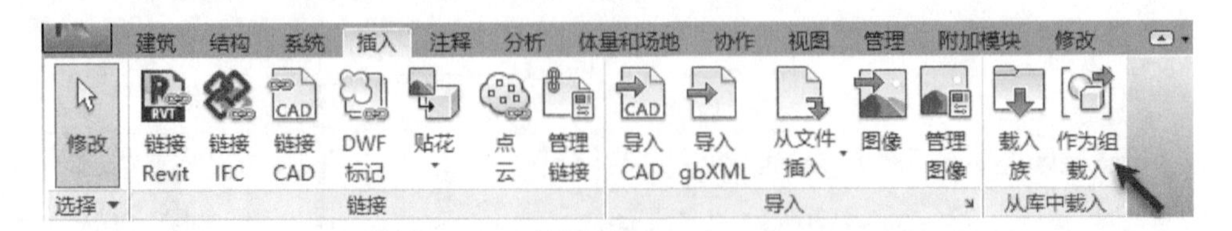

图 26-11

Step02 Revit 打开如图 26-12 所示“将文件作为组载入”对话框。浏览至随书文件“第 26 章\ rvt\ B1 户型. rvt”文件。确认勾选对话框下方“包含附着的详图”“包含标高”和“包含轴网”选项，单击“打开”按钮载入“B1 户型. rvt”文件。当提示当前项目与组文件存在“重复类型”时单击“确定”按钮确认。

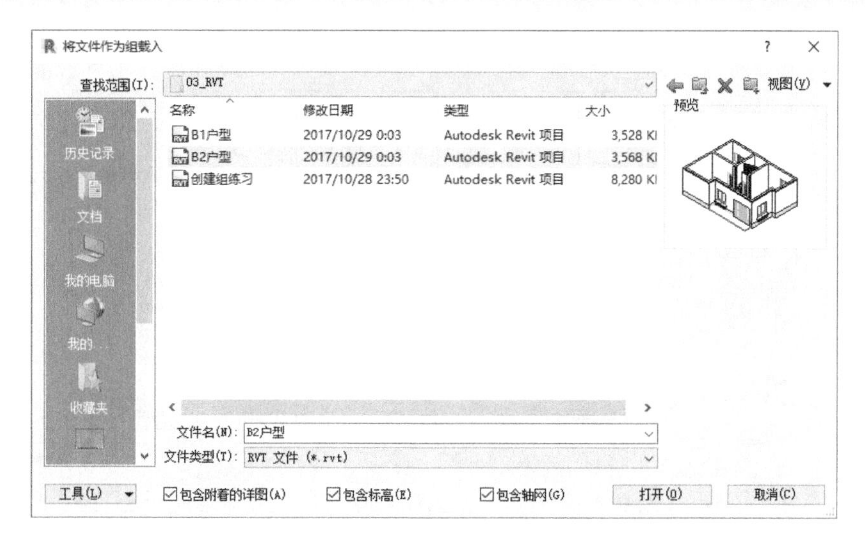

图 26-12

提 示

当载入的组中包含与当前项目同名的图元对象时，将给出重复类型对话框。

Step03 如图 26-13 所示，单击“建筑”选项卡“模型”面板中“模型组”下拉工具列表，在列表中选择“放置模型组”工具，自动切换至“修改 | 放置组”上下文选项卡。确认当前组类型为“B1 户型”，在视图中任意空白位置单击放置模型组。完成后按 Esc 键退出放置组模式。

Step04 注意放置组时 Revit 会自动放置原组中轴网。切换至立面视图，已经载入原组中标高。且 ±0.000 标高与当前项目 ±0.000 标高对齐。

Step05 切换至 F1 楼层平面视图。选择组实例，使用“镜像-拾取轴”工具，确认勾选选项栏“复制”选项，拾取 1 轴线镜像生成新组实例。Revit 会自动重新命名组实例中各轴网编号。因镜像复制后生成的新组中 1 轴线墙重叠，Revit 给出警告对话框。无需理会该警告，按 Esc 键关闭警告对话框。

图 26-13

Step06 移动鼠标至 1 轴线垂直墙位置。循环按键盘 Tab 键，直到垂直墙高亮显示时单击选择墙，墙附近将出现“从组中排除图元”符号。单击该符号从组实例中删除该墙对象。使用类似的方式排除组中重合的垂直和水平方向轴线图元。

Step07 选择任意组实例，单击“成组”面板中“附着的详图组”工具，将与该模型组关联的附着的“楼层平面：注释信息”详图组添加到当前视图中。使用相同的方式添加另一组实例的附加详图。

提 示

由于在模型组中排除了部分图元，因此可能造成在添加附着的详图组时部分尺寸标注因无法找到参照对象而被删除。

Step08 使用“作为组载入”工具载入随书文件“第 26 章 \ rvt \ B2 户型 . rvt”文件。选择左侧镜像后生成的模型组实例（注意不要选择附着的详图组），单击“图元”面板组类型列表，修改模型组为“B2 户型”组，将模型组实例替换为 B1 户型，并自动添加附着的详图组。

提 示

在替换组时，Revit 会自动维持与原组实例相同的镜像、旋转状态。

Step09 分别选择各模型组实例，单击“成组”面板中“解组”工具将组分解为独立图元。重新编辑轴网编号和尺寸标注。完成后如图 26-14 所示。保存该文件，或打开光盘“第 26 章 \ rvt \ 户型完成 . rvt”项目文件查看最终结果。

使用组工具，可以将库中多个标准的户型快速组合生成项目方案文件。在快速处理标准化住宅等项目布置时，可以加快前期方案布置的速度。

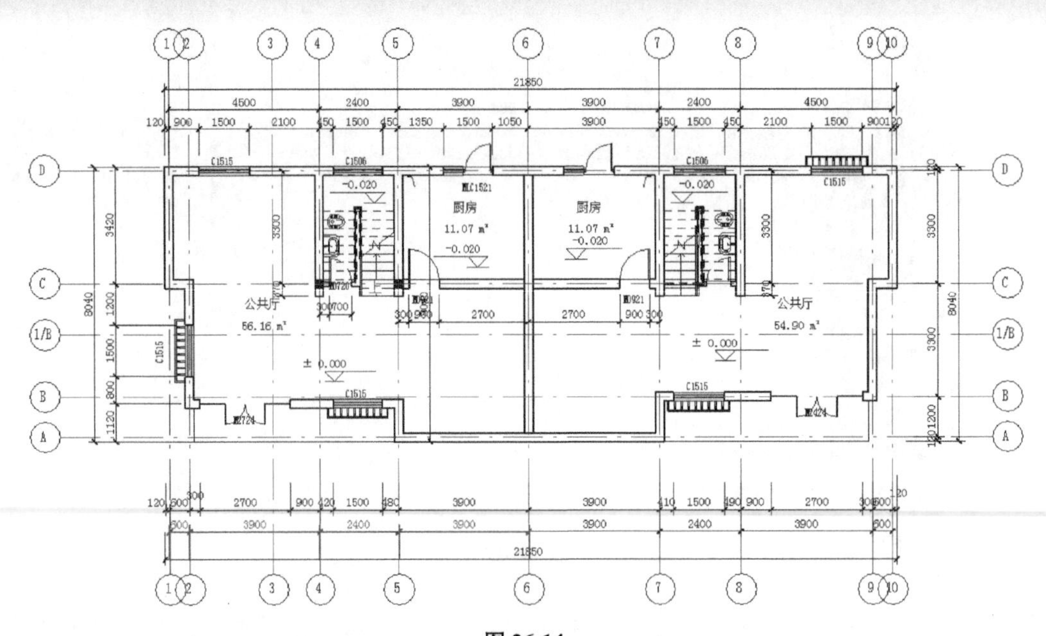

图 26-14

从组中排除图元会在当前组实例中将图元隐藏。可以在原图元位置配合 Tab 键，当选项栏提示“已排除的图元”时单击选择该对象，该对象旁将出现“将排除的图元恢复到组实例”图标，可将排除的图元恢复至组实例中。也可以选择包括排除图元的组实例，如图 26-15 所示，单击“成组”面板中“恢复所有已排除成员”工具恢复组中各成员。

还可以将组实例替换为链接文件。选择组实例，单击“成组”面板中“链接”工具弹出如图 26-16 所示“转换为链接”对话框，在该对话框中指定组与链接的替换关系。注意，只有模型组才可以转换为链接。关于链接的更多内容，参见本书第 23 章相关内容。

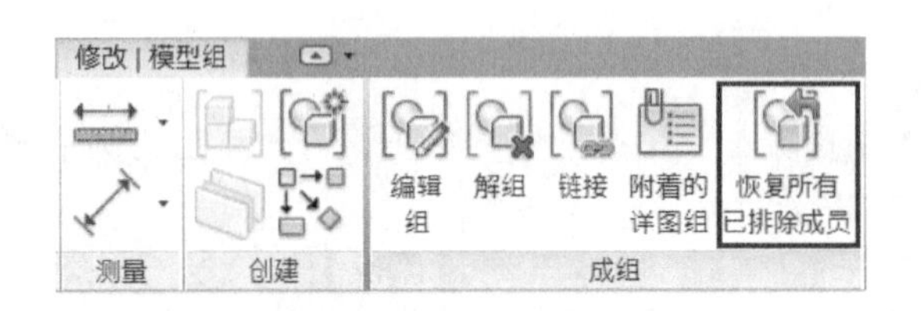

图 26-15

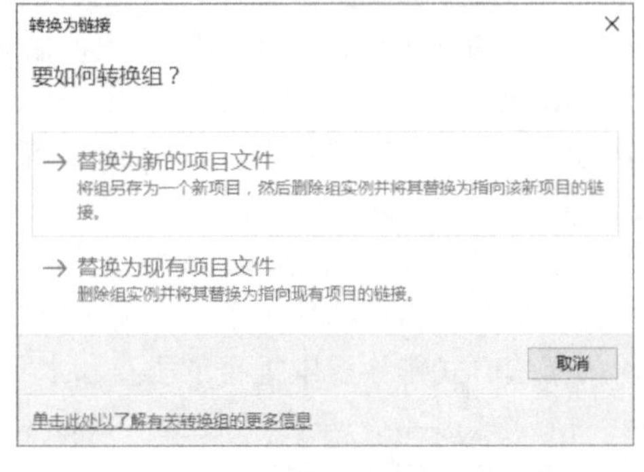

图 26-16

26.2 使用部件

在进行施工图详图设计时，需要对构件的节点、细部连接方式等进行详细设计。在施工过程中，通常需要根据施工顺序和计划安排，将整体对象划分为不同的区域或子区域进行施工。例如，对于整层的楼板，在施工设计时会根据施工要求划分为不同的区域进行浇筑。为进一步细化图元对象节点设计，Revit 提供了“零件”与“部件”工具，可以将楼板、墙体等对象划分为更细小的零件图元，并为每一个零件创建视图，便于进行施工详细设计。

26.2.1 创建零件

使用“零件”工具可以将设计模型中的某些图元衍生生成零件图元。生成零件图元后，可以通过零件分割工具将零件图元划分为更小的零件来支持构造建模过程。划分后的零件图元可以使用零件明细表进行统计，使用标签对零件做标记，便于进行施工阶段的详细设计。该工具主要为在施工阶段对设计阶段模型进行深化，以满足施工工艺、工序的要求。

例如，在建筑专业设计时，采用楼板工具创建了完整的楼板模型，但在施工时，该楼板必须根据施工要求按施工分区或根据施工工艺分层进行浇筑。要实现此应用，可以通过 Revit 的零件工具，将楼板拆分为不同区域、不同层的零件。下面，通过实际操作介绍如何在 Revit 中创建零件，并对零件进行统计。

Step 01 打开随书文件“第 26 章\ rvt\ 创建零件练习 . rvt”项目文件，默认将打开 F1 楼层平面视图。该项目中已创建了一个包含设备房和控制间两个区域的设备房模型，并为模型创建了楼板、墙和门图元。由于设备房中需要放置质量较大的设备，因此该房间的楼板材质将采用 C20 混凝土。并在参照平面范围内处理楼板表面填充形式。

Step 02 切换到默认三维视图。选择楼板图元，单击视图控制栏“临时隐藏/隔离”工具，在列表中选择“隔离图元”，隔离显示所选择楼板，隐藏其他图元。打开楼板类型属性对话框，单击“类型属性”对话框中“结构”后编辑按钮，打开“编辑部件”对话框，该楼板结构由 150 厚的结构层及 30 厚的衬底构成。不修改任何参数，单击“取消”按钮两次退出类型属性对话框。

Step 03 确认楼板仍处于选择状态。如图 26-17 所示，单击“创建”面板中“创建部件”工具，Revit 将依据所选择的楼板图元衍生为零件。并自动切换为“修改 | 零件”上下文选项卡，给出“部件”选项卡。按 Esc 键退出当前选择。注意 Revit 已经依据楼板的结构层定义创建了两个零件。接下来将零件进行零件划分。

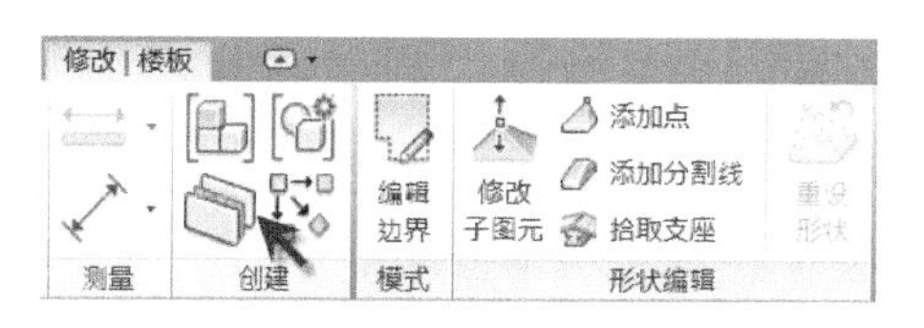

图 26-17

Step 04 150 厚楼板部分在设备间与控制间部分混凝土强度等级不同，因此需要划分为不同分区。单击选择底部 150 厚楼板零件，Revit 自动切换至“修改 | 零件”上下文选项卡。如图 26-18 所示，单击“部件”选项卡中“分割部件”工具，进入“修改 | 分区”上下文选项卡。

提 示

由于所选择的图元已经转换为零件，因此“创建”面板中“创建部件”工具变为不可用。

Step 05 切换至 F1 楼层平面视图。设备房和控制间分区基于 B 轴线分割。如图 26-19 所示，单击“相交参照”工具，打开“相交命名的参照”对话框。

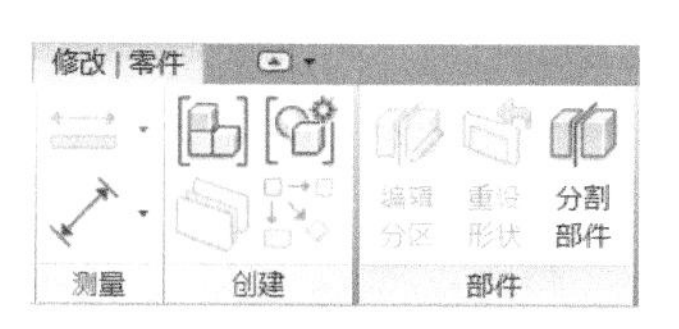

图 26-18

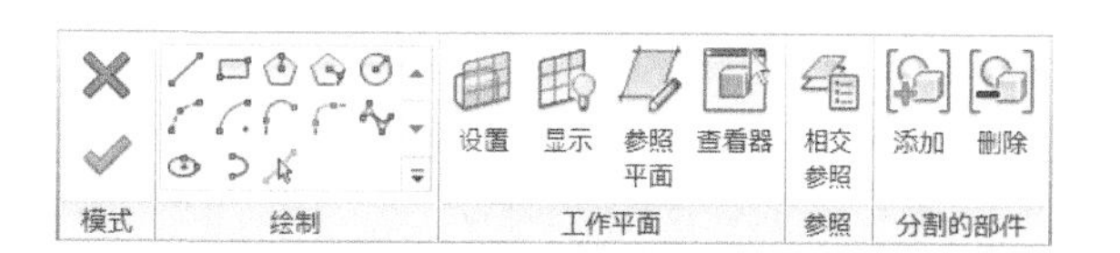

图 26-19

Step 06 如图 26-20 所示，单击“过滤器”列表，切换命名参数类别为“轴网”，Revit 将在列表中显示所有可用轴网。选择“轴网：B”，单击“确定”按钮，退出“相交命名的参照”对话框。

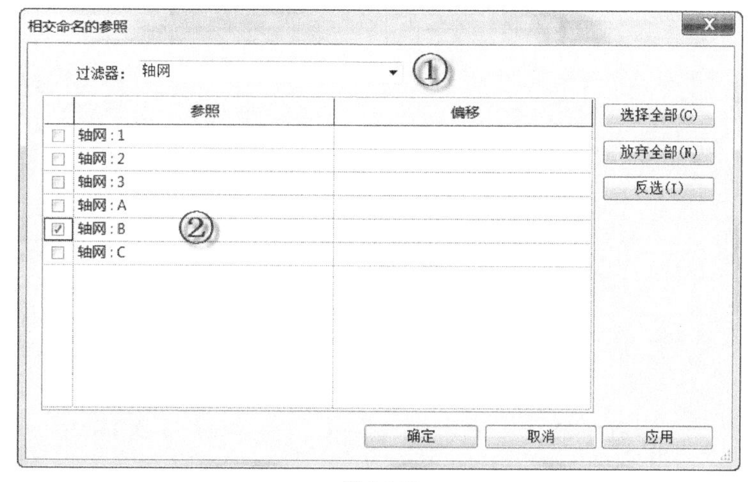

图 26-20

提 示

如果希望使用参照平面划分区域，则必须在参照平面“属性”面板“名称”参数中设置参照平面名称。

Step 07 单击“模型”面板中“完成编辑模式”按钮，完成编辑模式。切换至默认三维视图，适当缩放视图，注意 150 厚楼板部分已经以 B 轴线为边界拆分为两部分。

Step 08 选择拆分后 B～C 轴线间 150 厚零件（宽度较窄部分），切换至“修改 | 零件”上下文选项卡。单击“部件”面板中“编辑分区”工具，进入分区编辑模式，切换至“修改 | 分区”上下文选项卡。单击“分割的部件”面板中“添加”工具，进入零件添加模式，Revit 将亮显不属于本分区的零件。如图 26-21 所示，单击选择 30 厚面层零件。完成后单击“完成编辑模式”按钮完成分区编辑，注意 30 厚面层零件也采用相同的分区进行了划分。

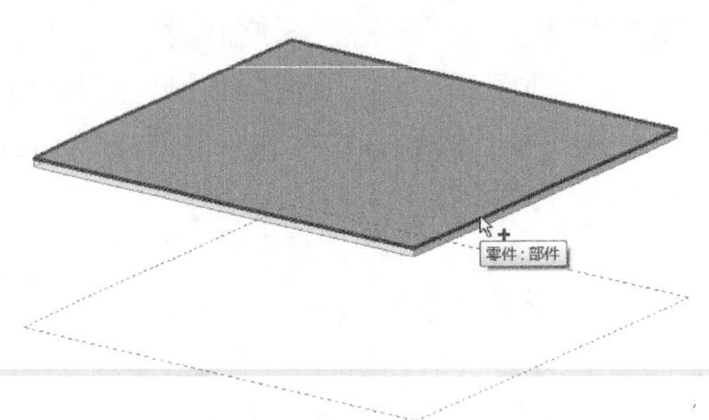

图 26-21

提 示

在分区中添加零件后，所有添加至该分区的零件均采用相同的划分模式进行划分。

Step 09 选择拆分后 B～C 轴线间 30 厚面层零件，单击“部件”面板中“分割部件”工具，进入“修改 | 分区”上下文选项卡。切换至 F1 楼层平面视图，使用“绘制”面板中“矩形”工具，如图 26-22 所示，沿参照平面区域绘制矩形。完成后单击“完成编辑模式”按钮完成分区绘制。切换至三维视图，查看修改分区后零件形式。

提 示

由于所选择的 30 厚面层零件与 B～C 轴线间 150 厚零件不属于同一零件，因此该操作不会划分 150 厚零件。

Step 10 确认当前视图为默认三维视图。选择 B～C 轴线间 150 厚零件，修改“属性”面板中“注释”值为“设备间楼板”；不勾选“通过原始分类的材质”，零件“材质”变为可修改，修改“材质”为“C20 现场浇筑混凝土”，其他参数默认。单击“应用”按钮应用该设置。

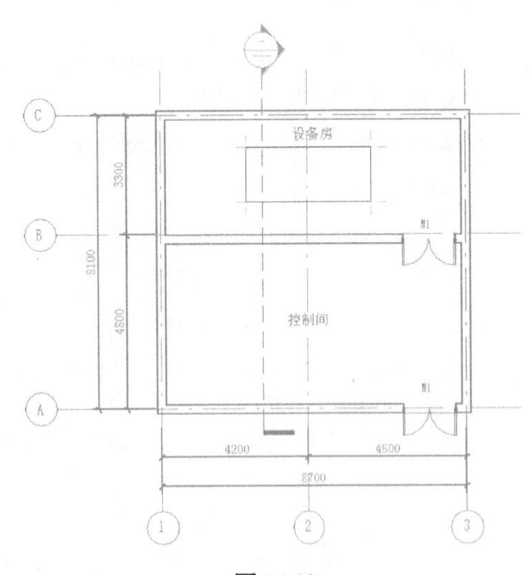

图 26-22

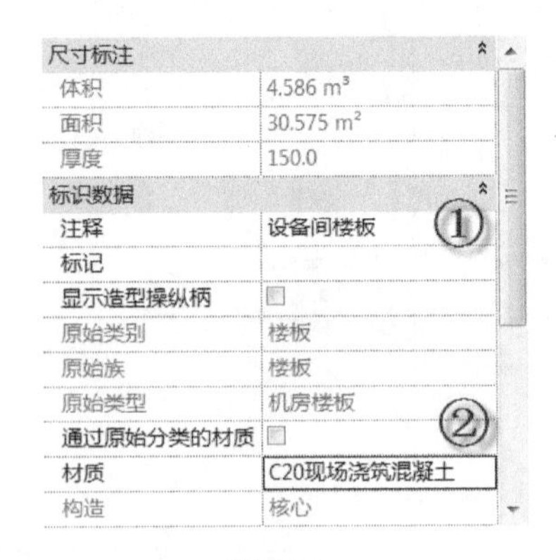

图 26-23

提 示

“显示造型操纵柄”选项将为零件添加拖拽控制夹点，用于修改零件的大小。请读者自行尝试该选项。

Step 11 重复上一步操作，按图 26-24 为其他零件添加注释及修改材质信息。图中未标注“材质”的零件保持勾选属性面板中“通过原始分类材质”选项。

Step 12 切换至“部件明细表”视图，如图 26-25 所示，拆分后的零件信息已经自动统计在明细表中。

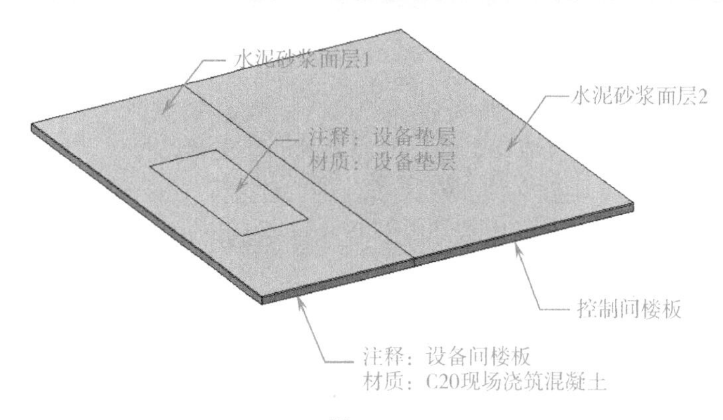

图 26-24

部件明细表			
注释	材质	面积	体积
设备间楼	C20现场浇筑混凝土	30.57 m²	4.59 m³
控制间楼	C15现场浇筑混凝土	43.98 m²	6.60 m³
水泥砂浆	混凝土 - 砂/水泥砂浆面层	43.98 m²	1.32 m³
水泥砂浆	混凝土 - 砂/水泥砂浆面层	25.17 m²	0.76 m³
设备面层	设备垫层	5.40 m²	0.16 m³

图 26-25

Step13 切换至“剖面 1”剖面视图。注意该视图中默认并未显示拆分后的零件。不选择任何图元，如图26-26所示，修改“属性”面板“部件可见性”参数值为“显示部件”，即在该剖面视图中显示所有零件，单击“应用”按钮，应用该设置。

Step14 Revit 将在视图中显示所有已拆分零件。保存该项目，或打开随书文件“第 26 章\rvt\创建零件练习完成.rvt”项目文件查看最终完成结果。

图形	
视图比例	1:50
比例值 1:	50
显示模型	标准
详细程度	精细
部件可见性	显示部件（显示部件 / 显示原状态 / 显示两者）
可见性/图形替换	
图形显示选项	
当比例粗略度超过...	
规程	建筑
颜色方案位置	背景

图 26-26

Revit 可以为以下类别的图元创建零件：墙（不包括叠层墙和幕墙）、楼层（不包括已编辑形状的楼层）、屋顶（不包括具有屋脊线的屋顶）、天花板、结构楼板和基础。Revit 将根据图元的结构定义按层创建不同的零件。Revit 使用分区管理不同的零件的划分方式。

由于零件是主体图元衍生图元，因此 Revit 将保留原图元。在视图“属性”面板中设置“部件可见性”为“显示部件”选项后，Revit 将自动打开视图“可见性/图形替换”对话框“模型”选项卡中“零件”图元类的可见性。在视图中创建零配件时，Revit 会自动修改视图“属性”面板中“部件可见性”为“显示部件”状态。当在视图中显示零件时，将自动隐藏主体图元。

零件隶属于主体图元。创建零件后，当修改原主体图元时，例如进行添加/删除结构层、修改结构层厚度、修改图元（如墙）内外的方向、材质、修改几何形状、添加洞口等操作时，Revit 将自动更新和重新生成这些零件。请读者自行尝试该操作，在此不再赘述。

使用“分割部件”工具时，可以在“属性”面板中，设置分割部件间的间隔，如图 26-27 所示。

当设置分割部件间隔后，会在各分割部件间生成指定尺寸间隔，生成结果如图26-28 所示。在进行挂板等细部设计时，可以生成更精细的三维细部模型。

除在分割的部件间生成矩形间隔外，Revit 还允许用户按指定的分割轮廓生成指定形状的分隔带形状，只需要在编辑部件时，在属性面板中设置“分段轮廓类型”参数即可，结果如图 26-29 所示。注意“分段轮廓类型”参数中使用的轮廓只能在轮廓形式中使用“公制分区轮廓.rft”族样板制作的轮廓族。

Revit 还允许设置分段轮廓与在边缘位置的匹配方式，如图 26-30 所示。Revit 提供了互补、镜像及旋转三种匹配方式，用于调整部件间接口方式。请读者自行尝试各选项的区别。

图 26-27

图 26-28

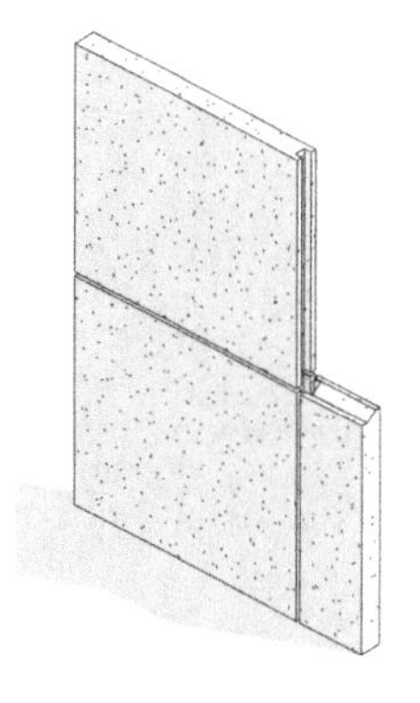

图 26-29

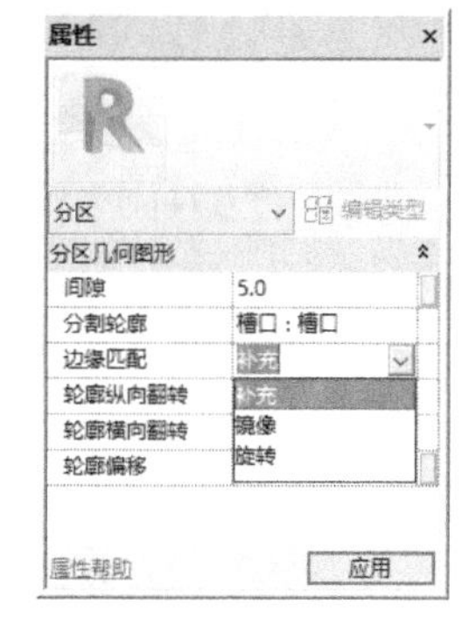

图 26-30

26.2.2 创建部件

创建零件图元后，可以为每个零件图元创建零件视图，以方便表达各零件的尺寸。Revit 提供了“创建部件”工具，用于为指定的零件创建部件视图。下面通过练习说明为零件创建部件视图的一般步骤。

Step01 打开随书文件“第 26 章\rvt\创建部件练习.rvt”项目文件。在该项目中，创建了 12m×12m 的墙体。切换至南立面视图，在该视图中，已经创建间距为 800 的参照平面，选择任意参照平面，注意已经对各参照平面进行了命名。

Step02 切换至默认三维视图，单击 View Cube，将当前视图方向设置为左前。选择墙图元，打开类型属性对话框，注意该墙体由 200 厚核心层及 60 厚面层组成。不修改任何参数，关闭类型属性对话框。

Step03 选择墙图元，使用“创建零件”工具按默认墙构造创建零件。选择外部 60 厚面层零件，单击“修改 | 组成部分”上下文选项卡“零件”面板中“分割零件”按钮进入零件分区修改状态。使用“相交参照”的方式，在“相交命名的参照”对话框中，如图 26-31 所示，切换过滤器至“参照平面”类别，单击“选择全部”按钮，选择全部参照平面，单击“确定”按钮退出相交命名的参照对话框，Revit 将自动根据所选择的参照平面划分零件分区。

Step04 切换至属性面板。如图 26-32 所示，设置“间隙”值为 2，在“分割轮廓”列表中选择“槽口：槽口”；设置“边缘匹配”的方式为“补充”，其他参数默认。适当放大视图，注意分割的零件边缘已添加槽口的分割方式。

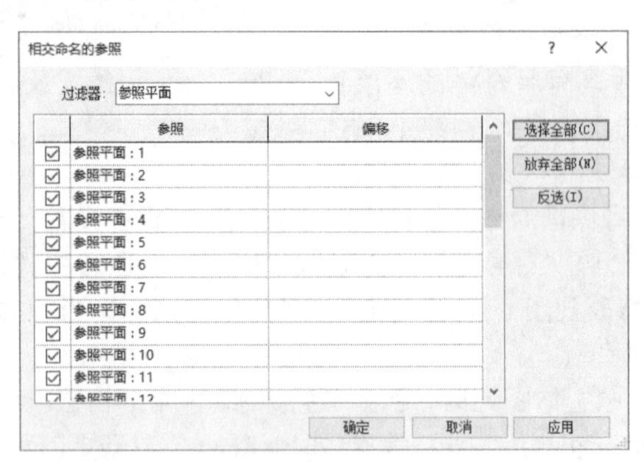

图 26-31

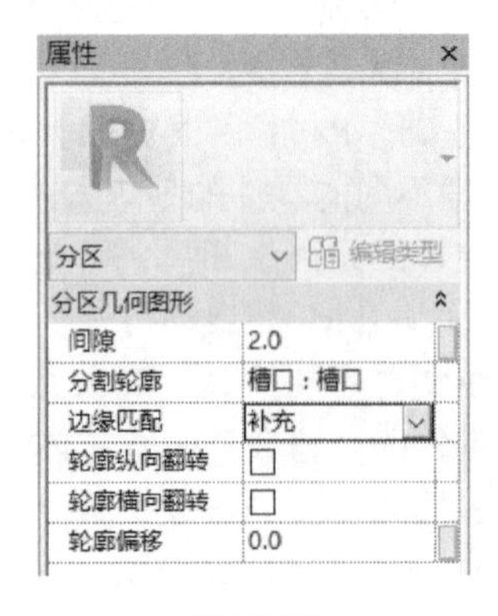

图 26-32

提 示

Revit 提供了补充、镜像、旋转三种边缘匹配的方式，请读者自行尝试各匹配方式的区别。

Step05 打开“项目浏览器”面板，如图 26-33 所示，依次展开“族”→分割轮廓→槽口族→槽口类型，在槽口类型名称上单击鼠标右键，在弹出右键菜单中选择“类型属性”，打开槽口“类型属性”对话框。

Step06 如图 26-34 所示，在类型属性对话框中，修改“槽口宽度”值为 25，槽深度值为 30；完成之后单击“确定”按钮退出“类型属性”对话框。

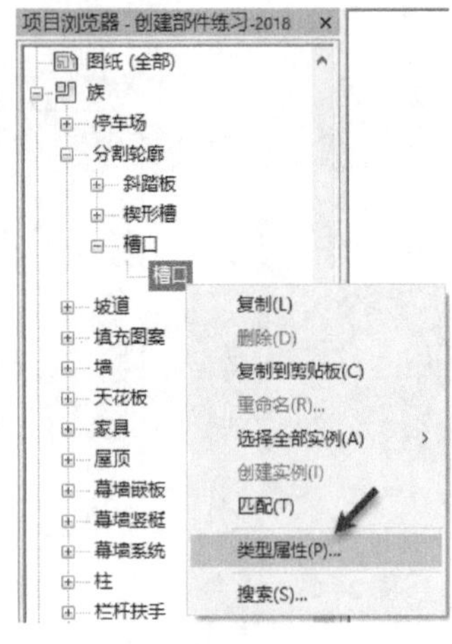

图 26-33

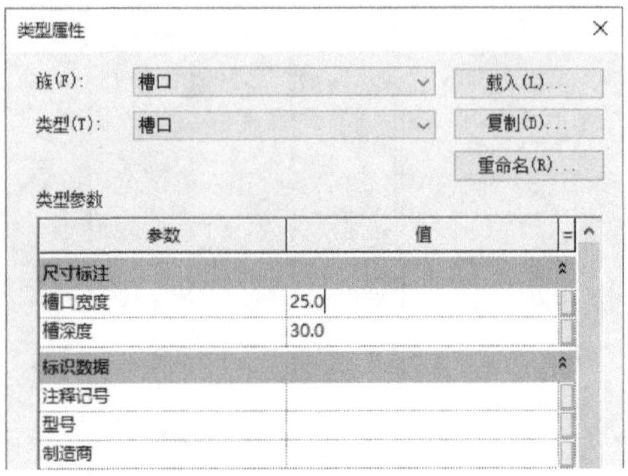

图 26-34

Step07 单击“修改分区”上下文选项卡“模式”面板中“完成编辑模式”按钮，完成当前零件划分。在三维视图中注意观察各零件的边缘，如图 26-35 所示。

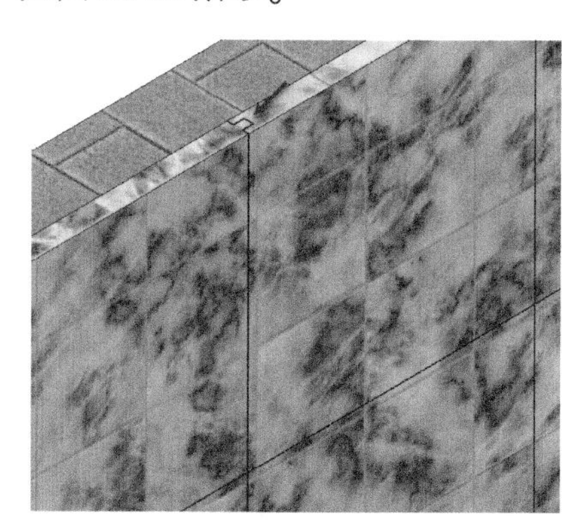

图 26-35

Step08 单击选择左上角拆分后零件，自动切换至“修改丨组成部分”上下文选项卡。如图 26-36 所示，单击“创建”面板中“创建部件”工具，弹出“新建部件”对话框。

Step09 如图 26-37 所示，修改“类型名称”为“外墙挂板”，单击确定按钮，创建的名称为“外墙挂板”的新部件。

Step10 如图 26-38 所示，Revit 在项目浏览器中，添加名称为“部件”的新类别。展开该类别，可以找到上一步中创建的“设备间楼板”部件。

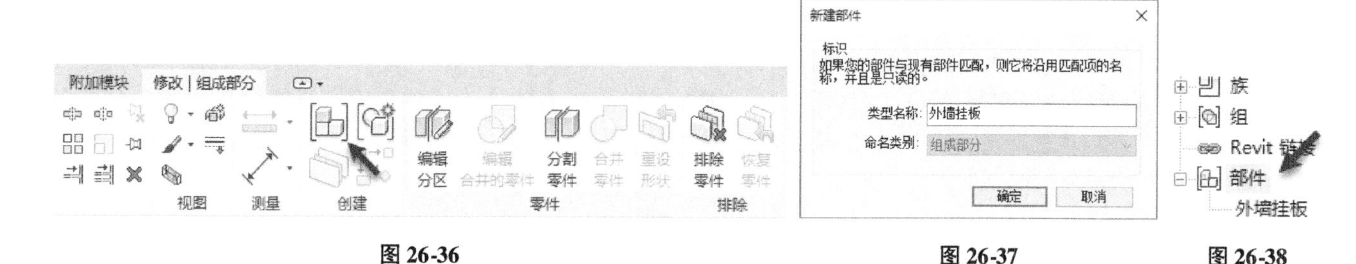

图 26-36　　图 26-37　　图 26-38

Step11 单击选择上一步中创建的部件，Revit 自动切换至“修改丨部件”上下文选项卡。如图 26-39 所示，单击“部件”面板中“编辑部件”工具，进入编辑构造状态。该模式很类似于本章 26.1 中介绍的编辑组状态。

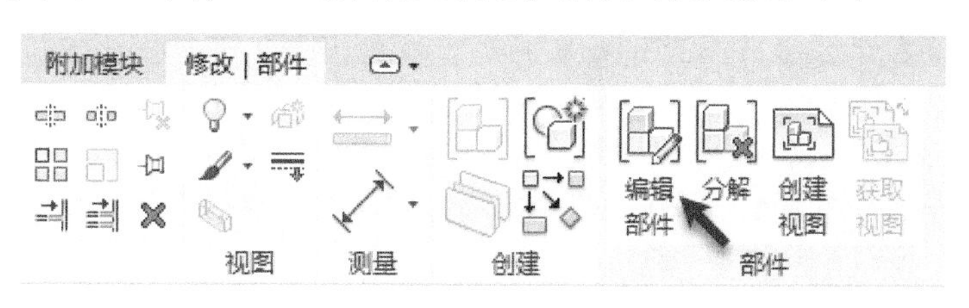

图 26-39

提示

由于该零件已经创建为部件，因此“创建部件”工具变为不可用。

Step12 单击“编辑构造”面板中“添加”工具，如图 26-40 所示，依次拾取左上角区域的 3 个零件，将其添加到当前的部件编组中。完成后单击“完成”按钮完成部件编辑。

Step13 确认“外墙挂板”部件仍处于选择状态。单击“部件”面板中“创建视图”工具，弹出“创建部件视图”对话框。如图 26-41 所示，勾选“要创建的视图”列表中所有视图选项，设置默认比例值为“1∶20”，标题栏族为“A2 公制”，单击“确定”按钮退出“创建部件视图”对话框。

提示

单击各视图后“类型来源”按钮将打开“视图样板”，为该视图指定视图样板。

Step14 展开项目浏览器“部件”类别“设备间楼板”部件，Revit 已为该部件创建了上一步中选择的视图和

空白图纸，如图 26-42 所示。双击视图名称，切换至指定视图，查看零件在各视图中的显示状态。配合使用“注释”选项卡中尺寸标注、文字等注释图元，根据设计需要在各视图中对零件进行详细尺寸标注，并可将视图布置于图纸中，具体操作参见本书第 17、20 章，在此不再赘述。

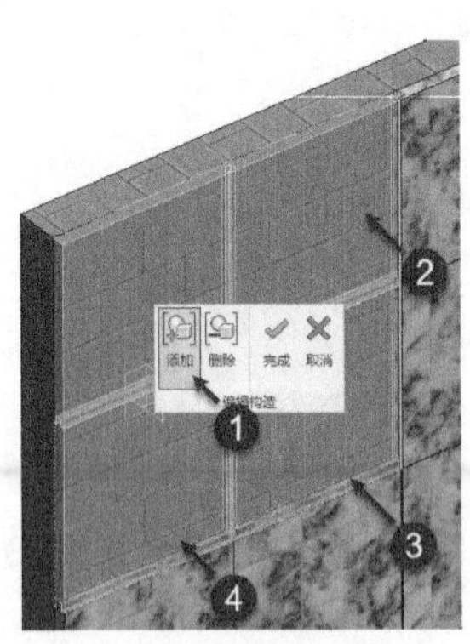

图 26-40

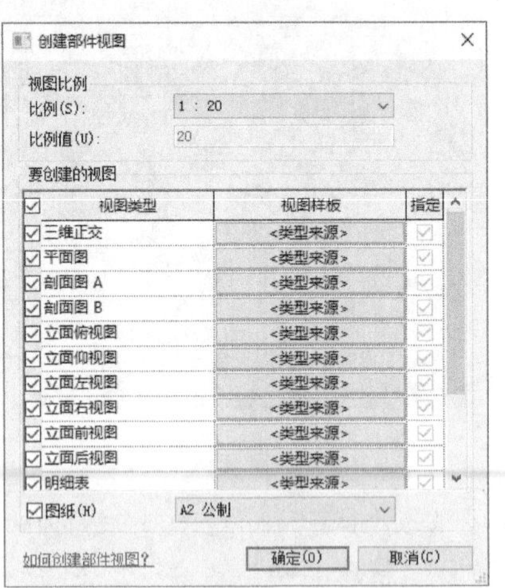

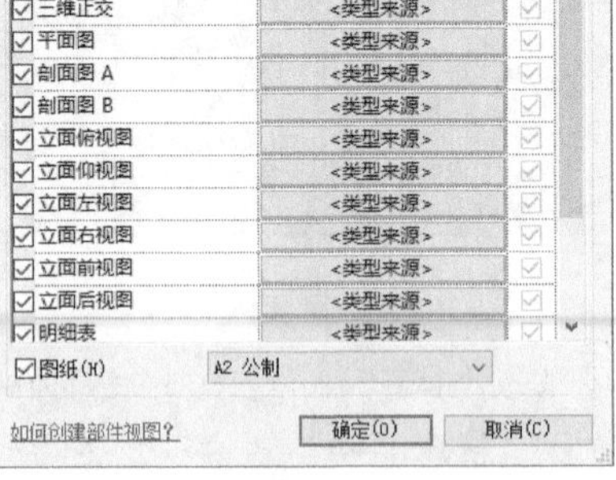

图 26-41

图 26-42

提 示

部件中创建的视图不能放置于项目图纸中，只能放置于部件中的图纸视图。

Step 15 至此完成创建部件练习。关闭该项目，当弹出“保存文件”对话框提示是否要将修改保存到项目中时，选择否，不保存对文件的修改，完成本练习。

创建部件工具可以将已划分的一个或多个零件，组合为部件，为部件生成部件视图，方便生成深化设计图纸。创建部件后，如要取消部件，可以选择部件后单击“部件”面板中“分解”工具，将部件重新分解为零件。

26.3 本章小结

使用成组工具可以将项目中多个图元构成组图元，并可以使用复制、移动等编辑工具修改组实例。当变更组实例时，所有相关组实例都将同时变更。在处理具有大量重复图元的构件时，使用组可以大大加快修改和变更效率。可以以 RVT 文件的格式将项目中的组保存为独立的外部项目，并使用作为组载入的方式导入其他 RVT 格式文件。合理使用组工具，是在 Revit 中提高设计效率的基础。

Revit 通过零件工具可以将楼板、墙等构件根据需要衍生为零件。零件可以根据需要通过区域划分，划分为多个零件。可以将一个或多个零件创建为部件，在创建部件后，可以根据需要添加部件视图和图纸视图，便于设计深化表达。

附　录

附录一　安装Revit

如果已经购买了Revit，则可以通过软件安装介质直接安装Revit。如果还未购买该软件，可以从Autodesk官方网站（http：//www. autodesk. com. cn）下载Revit的30天全功能试用版安装程序。Revit可以直接安装在64位版本的Windows 7、Windows 8或10操作系统上。

在安装Revit前，请确认操作系统满足以下要求：保证C盘有10 G以上的剩余空间，内存不小于4G。操作系统为Windows 7 SP1 64 bit Home Premium或更高级版本，Windows 8. 1或Windows 10 Pro版。目前Revit不再支持32位操作系统，需要配置8G以上的内存，1920×1080或更高分辨率的显示器，建议配备双显示器，并需要独立显卡以便更高效地处理大型设计项目文件。在安装前，请关闭杀毒工具、防火墙等系统保护类工具，以保障安装顺利进行。在安装过程中，可能要求连接Internet下载族库、渲染材质库等内容，请保障网络连接畅通。

要安装Revit，请按以下步骤进行。

Step01打开安装光盘或下载解压后的目录。如图A-01所示，双击Setup. exe启动Revit Architecture安装程序。

Step02片刻后出现如图A-02所示“安装初始化”界面。安装程序正在准备安装向导和内容。

图 A-01

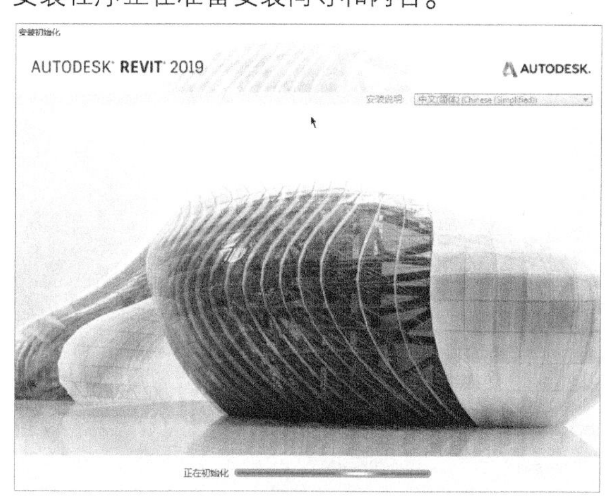

图 A-02

Step03准备完成后，出现Revit安装向导界面。如图A-03所示，单击“安装”按钮可以开始Revit的安装。如果需要安装Revit Server或Revit二次开发工具包，请单击“安装工具和实用程序”按钮，进入工具和实用程序选项。

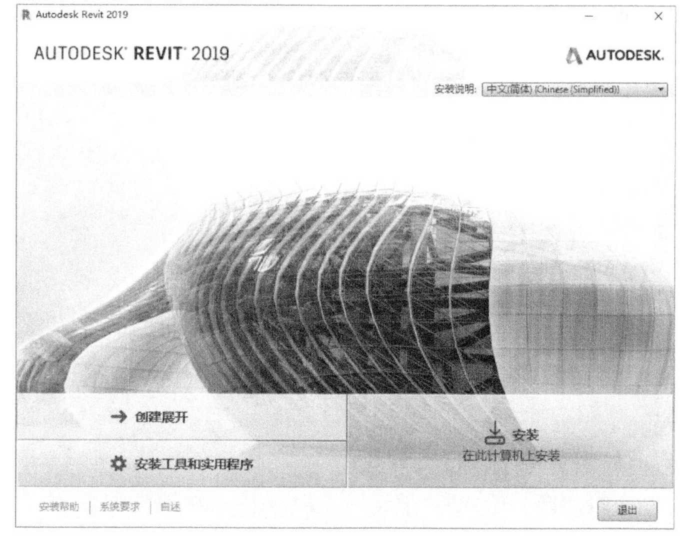

图 A-03

Step04 单击“安装”按钮后，弹出软件许可协议页面。如图 A-04 所示，Revit 会自动根据 Windows 系统的区域设置，显示当前国家语言的许可协议。选择底部“我接受”选项，接受该许可协议，然后单击“下一步”按钮。

Step05 如图 A-05 所示，进入“配置安装”页面。Revit 产品安装包中包括 Revit 和 Autodesk Revit Content Libraries（Revit 内容库）两个产品，以及包含共享的渲染材质库组件。根据需要勾选要安装的产品。除非硬盘空间有限，否则笔者建议安装全部产品内容。Revit 默认将安装在 C:\ Program Files\ Autodesk\ 目录下，如果需要修改安装路径，请单击底部“浏览”按钮重新指定安装路径。单击关闭并返回到产品列表按钮，单击底部“安装”按钮，开始安装。

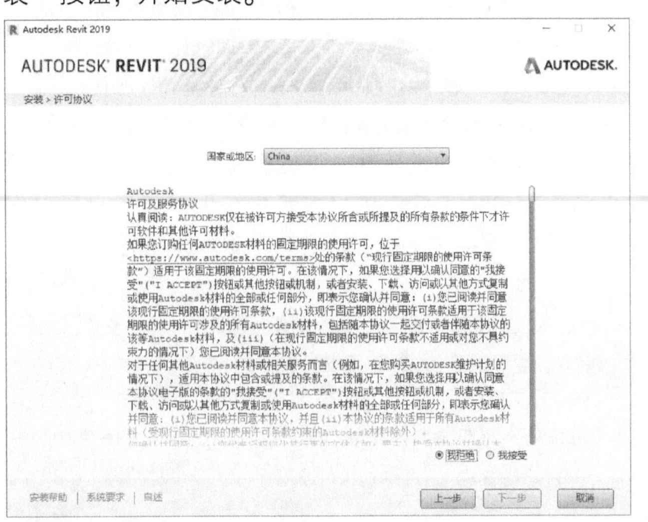

图 A-04

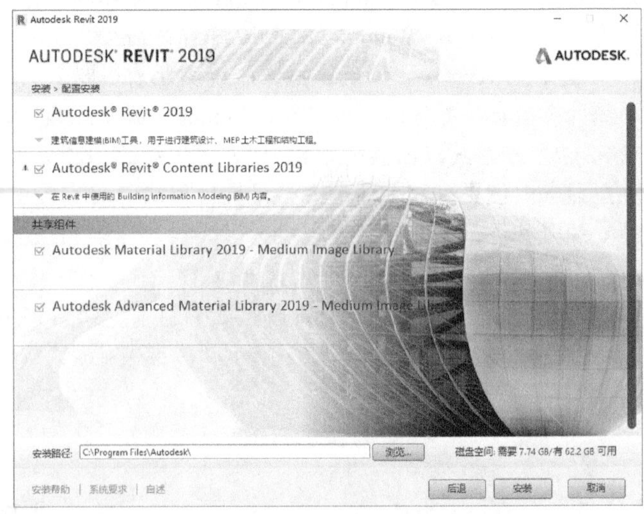

图 A-05

> **提示**
>
> 如果要配置各产品的详细信息，可以单击各产品名称下方的展开按钮查看产品的详细信息。Revit 是面向全球的产品，包含了世界各主要国家的内容库。

Step06 Revit 将显示安装进度，如图 A-06 所示。右上角进度条为当前正在安装项目的进度，下方进度条显示整体安装进度状态。

Step07 等待，直到进度条完成。过程中，可以欣赏到靓丽的安装画面。完成后 Revit 将显示“安装完成”页面，如图 A-07 所示。单击“完成”按钮完成安装。

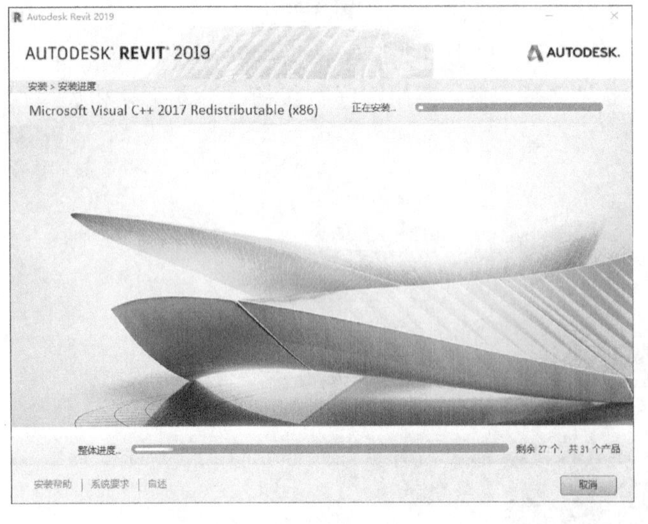

图 A-06

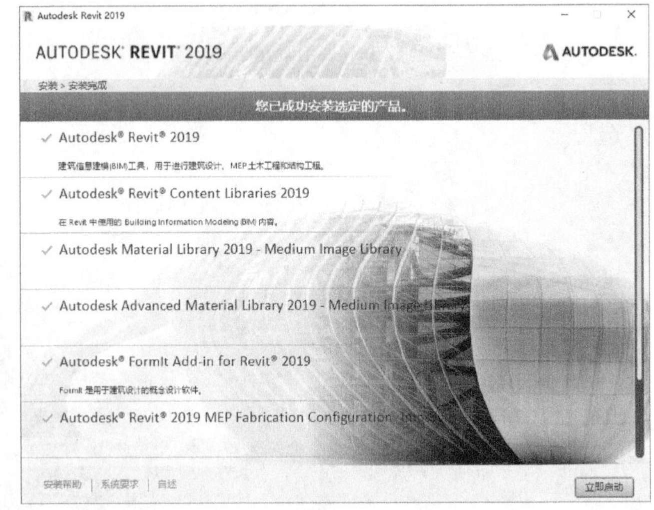

图 A-07

Step08 启动 Revit，启动界面如图 A-08 所示。

Step09 如图 A-09 所示，Revit 给出许可协议对话框。在 30 天内，可以随时点击“激活”按钮激活 Revit。

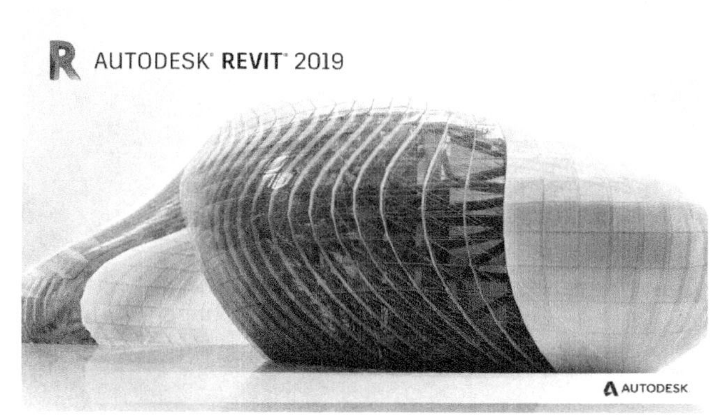

图 A-08

图 A-09

试用期满后，必须注册 Revit 才能继续正常使用，否则 Revit 将无法再启动。注意安装 Revit 后，授权信息会记录在硬盘指定扇区位置，即使重新安装 Revit 也无法再次获得 30 天的试用期。甚至格式化硬盘后，重新安装系统，也无法再次获得 30 天的试用期。

附录二　常用命令快捷键

1. 常用快捷键

除通过 Ribbon 访问 Revit 工具和命令外，还可以通过键盘输入快捷键直接访问至指定工具。在任何时候，输入快捷键字母即可执行该工具。例如要绘制墙，可以直接按键盘“WA”键即可使用该工具。只要不是双手使用鼠标，使用键盘快捷键将加快操作速度。

建模与绘图工具常用快捷键

命令	快捷键
墙	WA
门	DR
窗	WN
放置构件	CM
房间	RM
房间标记	RT
轴线	GR
文字	TX
对齐标注	DI
标高	LL
高程点标注	EL
绘制参照平面	RP
按类别标记	TG
模型线	LI
详图线	DL

编辑修改工具常用快捷键

命令	快捷键
图元属性	PP 或 Ctrl + 1
删除	DE
移动	MV
复制	CO
旋转	RO
定义旋转中心	R3 或空格键
阵列	AR
镜像-拾取轴	MM
创建组	GP
锁定位置	PP
解锁位置	UP

（续）

命令	快捷键
匹配对象类型	MA
线处理	LW
填色	PT
拆分区域	SF
对齐	AL
拆分图元	SL
修剪/延伸	TR
偏移	OF
在整个项目中选择全部实例	SA
重复上上个命令	RC 或 Enter
恢复上一次选择集	Ctrl + ←（左方向键）

捕捉替代常用快捷键

命令	快捷键
捕捉远距离对象	SR
象限点	SQ
垂足	SP
最近点	SN
中点	SM
交点	SI
端点	SE
中心	SC
捕捉到云点	PC
点	SX
工作平面网格	SW
切点	ST
关闭替换	SS
形状闭合	SZ
关闭捕捉	SO

视图控制常用快捷键

视图控制	快捷键
区域放大	ZR
缩放配置	ZF
上一次缩放	ZP
动态视图	F8 或 Shift + W
线框显示模式	WF
隐藏线显示模式	HL
带边框着色显示模式	SD
细线显示模式	TL
视图图元属性	VP
可见性图形	VV/VG
临时隐藏图元	HH
临时隔离图元	HI

（续）

视图控制	快捷键
临时隐藏类别	HC
临时隔离类别	IC
重设临时隐藏	HR
隐藏图元	EH
隐藏类别	VH
取消隐藏图元	EU
取消隐藏类别	VU
切换显示隐藏图元模式	RH
渲染	RR
快捷键定义窗口	KS
视图窗口平铺	WT
视图窗口层叠	WC

2. 自定义快捷键

除了系统保留的快捷键外，Revit 允许用户根据自己的习惯修改其中的大部分工具的键盘快捷键。

下面以给“修剪/延伸单一图元”工具自定义快捷键“EE”为例，来说明如何在 Revit 中自定义快捷键。

Step01 单击“视图”选项卡“窗口”面板中“用户界面”下拉列表，单击“快捷键”选项，或者直接输入快捷键命令 KS，打开“快捷键”对话框。

Step02 如图 B-01 所示，在“搜索”文本框中，输入要定义快捷键的命令的名称“修剪”，将列出名称中所有包含“修剪”的命令。

图 B-01

提 示

也可以通过“过滤器”下拉框找到要定义快捷键的命令所在的选项卡，来过滤显示该选项卡中的命令列表内容。

Step03在“指定”列表中，选择所需命令“修剪/延伸单一图元”，同时，在“按新建”文本框中输入快捷键字符“TE”，然后单击“指定”按钮。新定义的快捷键将显示在选定命令的“快捷方式”列，结果如图 B-02 所示。

Step04如果用户自定义的快捷键已被指定给其他命令，则 Revit 给出“快捷方式重复”对话框，如图 B-03 所示，通知用户所指定的快捷键已指定给其他命令。单击确定按钮忽略该提示，按取消按钮重新指定所选命令的快捷键。

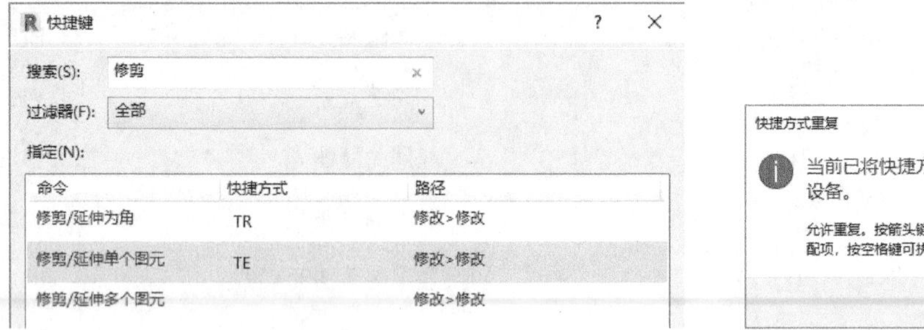

图 B-02

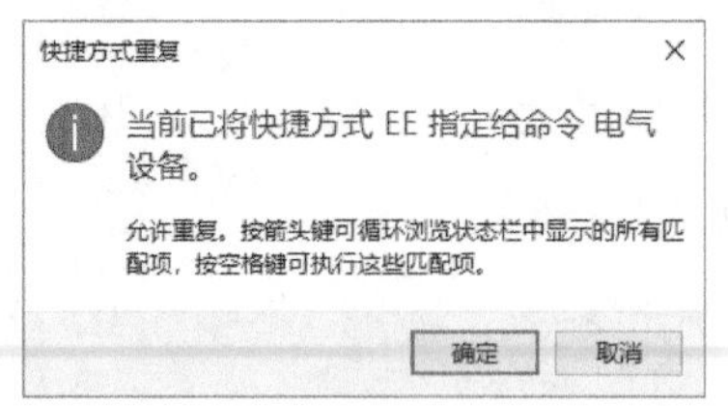

图 B-03

Step05单击“快捷键”对话框底部“导出”按钮，弹出“导出快捷键”对话框，如图 B-04 所示，输入要导出的快捷键文件名称，单击“保存”按钮可以将所有已定义的快捷键保存为 .xml 格式的数据文件。

图 B-04

Step06当重新安装 Revit 时，可以通过“快捷键”对话框底部的“导入”工具，导入已保存的 .xml 格式快捷键文件。

同一个命令可以指定多个不同的快捷键。例如，打开“属性”面板可以通过输入 PP 或 Ctrl + 1 两种方式。快捷键中可以包含 Ctrl 和 Shif + 字母的形式，只需要在指定快捷键时同时按住 Ctrl 或 Shit + 要使用字母即可。

当命令的快捷键重复时，输入快捷键时 Revit 并不会立即执行命令，会在状态栏中显示使用该快捷键的命令名称，并允许用户通过键盘上、下箭头循环选择所有使用该快捷键的命令，并按空格键执行所选择的命令。